Jahrbuch

der

Hafenbautechnischen Gesellschaft

Fünfunddreißigster Band

1975/76

Mit 3 Bildnissen und 297 Abbildungen im Text und auf zwei Tafeln

Springer-Verlag Berlin Heidelberg GmbH 1977

Schriftleitung

Erster Baudirektor a. D. Prof. Dr.-Ing. Arved Bolle, Elmshorn
Baudirektor Dipl.-Ing. Reinhart Kühn, Hamburg

Additional material to this book can be downloaded from http://extras.springer.com

ISBN 978-3-642-81109-8 ISBN 978-3-642-81108-1 (eBook)
DOI 10.1007/978-3-642-81108-1

Softcover reprint of the hardcover 1st edition 1977. Library of Congress Catalog Card Number: 67-37
2060/3050

Inhaltsverzeichnis

Binnenwasserstraßen

Register

Register

Ehrungen

Ehrenmitglied

Am 17. September 1975 wurde anläßlich der 37. Hauptversammlung in München

Herr Erster Baudirektor i. R. Dipl.-Ing.
Kurt Feuerhake

in dankbarer Würdigung seiner großen Verdienste um die Gesellschaft als Geschäftsführer, danach als geschäftsführendes Vorstandsmitglied, schließlich als Vorstandsmitglied in insgesamt 24 Jahren,

in Anerkennung seiner Leistungen beim Wiederaufbau und beim weiteren Ausbau des Hamburger Hafens

zum Ehrenmitglied ernannt.

Ehrenmitglied

Am 17. September 1975 wurde anläßlich der 37. Hauptversammlung in München

Herr o. Professor Dr.-Ing.
Erich Lackner

in seiner Eigenschaft als erster und bisher einziger Vorsitzender des Fachausschusses zur Vereinfachung und Vereinheitlichung der Berechnung und Gestaltung von Ufereinfassungen — zugleich stellvertretend für diesen Ausschuß, dessen nunmehr 25jährige, höchst erfolgreiche Tätigkeit die Wissenschaft von den statischen und konstruktiven Problemen der Hafenbauwerke in ungewöhnlichem Ausmaß bereichert und verfeinert und dabei internationale Anerkennung gefunden hat,

in Anerkennung seiner hervorragenden Leistungen als Beratender Ingenieur, die er bei schwierigen Hafenbauvorhaben im In- und Ausland erbracht hat,

in Würdigung seiner wissenschaftlichen Arbeiten auf hafenbaulichem Gebiet

zum Ehrenmitglied ernannt.

Ehrenmitglied

Am 17. September 1975 wurde anläßlich der 37. Hauptversammlung in München der Verleger

Herr Dr. jur. et rer. pol.
Paul Schroedter

in dankbarer Würdigung seiner großen Verdienste um das wissenschaftliche Schrifttum auf den Gebieten des Seeverkehrs, des Wasserbaus, sowie des Baus und der Bewirtschaftung von Häfen,

in besonderer Anerkennung seiner Förderung aller Arbeitsbereiche der Gesellschaft in seiner Eigenschaft als Herausgeber der Schiffahrtszeitschrift „Hansa" — seit 25 Jahren Organ der Hafenbautechnischen Gesellschaft —, der Zeitschrift „Transportdienst" sowie des Handbuches für Hafenbau und Umschlagtechnik

zum Ehrenmitglied ernannt.

Dipl.-Ing. Gerhard Goedhart sen. †

Am 19. Oktober 1976 verstarb unser Ehrenmitglied und langjähriges Vorstandsmitglied, Dipl.-Ing. Gerhard Goedhart sen., Gesellschafter der Rheinischen Tiefbau-Gesellschaft mbH, im 84. Lebensjahre in Lübeck.

Herrn Goedharts Wirken war Zeit seines Lebens eng mit den Geschicken der deutschen Naßbaggerei-Industrie verbunden. Aufbau und Entwicklung der Rheinischen Tiefbau-Gesellschaft wurden entscheidend von ihm geprägt.

In der Hafenbautechnischen Gesellschaft hatte er schon vor dem Kriege dem Vorstand angehört. Später erwarb er sich große Verdienste um unsere Gesellschaft durch tatkräftige und opferbereite Mitwirkung beim Wiederaufbau nach dem Kriege. Von 1949 bis 1969 gehörte er wieder dem Vorstand an und trug viel zur gedeihlichen Entwicklung der Gesellschaft bei. In Ansehung seiner Verdienste ernannte ihn die 31. Hauptversammlung am 15. 9. 1966 zum Ehrenmitglied.

1970 und 1972 machte er der HTG besonders großzügige und zukunftsträchtige Geschenke durch die 1. und 2. Goedhart-Spende zur Förderung jüngerer Mitglieder, die inzwischen segensreiche Wirkung entfaltet haben und in die Zukunft hineinwirken.

Die Hafenbautechnische Gesellschaft wird dem Verstorbenen ein ehrendes, dankbares Andenken bewahren.

Prof. Dr.-Ing. E. h. Dr.-Ing. Arnold Agatz 85 Jahre

Der Ehrenvorsitzende der Hafenbautechnischen Gesellschaft, Professor Dr.-Ing. E.h. Dr.-Ing. Arnold Agatz, ist am 23. 8. 1976 85 Jahre alt geworden. Er war 30 Jahre lang Vorsitzender unserer Gesellschaft. Anstelle einer Würdigung seiner Person und seines Schaffens, die von Freunden in zahlreichen Veröffentlichungen aus Anlaß verschiedener Jubiläen erfolgte, wird im folgenden Beitrag ein Bericht über seine Leistungen als Ingenieur von Dr. jur. Karl Löbe abgedruckt, der im Jahrbuch Nr. XX/1976 der Wittheit zu Bremen erschienen ist. Für die Leser unseres Jahrbuches ist dieser Bericht durch Zeichnungen einiger bedeutender Bauwerke, die den Lebensweg von Professor Agatz markieren, erweitert worden.

Die Schriftleitung

Ein erfülltes Ingenieurleben

Von Dr. jur. **Karl Löbe**, Bremen

Eine Laudatio zum Geburtstag am 23. August 1976 soll diese Darstellung ganz gewiß nicht sein. Eine solche gehört in die in- und ausländische Fachpresse, wo sie seit seinem 60. Geburtstag im Fünfjahresrhythmus vielfältig erschienen ist, immer wieder ergänzt durch das, was der Jubilar inzwischen an Leistungen hinzugefügt hatte. Hier soll es darauf ankommen, den Mann und sein Werk in Beziehung zu Bremen zu setzen. Daß der weltbekannte Wasser- und Hafenbauer einst in bremischen Diensten sich seine Sporen verdient hat, wird zwar auch dem Ruhm seiner Wahlheimat zugerechnet werden; aber voran soll die schlichte Frage stehen, was aus der Fülle seiner Arbeiten für Bremen von Nutzen ist.

Diese Absicht der folgenden Ausführungen geht auf Gespräche zurück, die wir im Laufe der letzten anderthalb Jahre geführt hatten, anfangs ganz zwanglos, um in Erlebtem zu kramen, wobei ich ihn nach Einzelheiten über Dinge fragte, die inzwischen zur bremischen Geschichte gehören und die mir für andere Arbeiten zuverlässige Unterlage sein sollten. Dabei zeigte er mir etwa sieben Bände Aufzeichnungen, die er für seine Familie im Laufe der vergangenen Jahre niedergelegt hatte. Unter dem Eindruck dieser Schilderungen schlug ich vor, möglichst ausführliches Material dem bremischen Staatsarchiv zur Verfügung zu stellen; denn für so manche künftige wissenschaftliche Arbeit werde das wertvolle Quelle sein. Dorthin gehöre alles, was er getan und was ihm begegnet sei. Hier soll von dem Bremischen die Rede sein.

Nun habe ich gelesen, was eigentlich nur für wenige ihm nahestehende Menschen geschrieben wurde, und das Bild, das ich von ihm hatte, ist an manchen Stellen anders geworden. Ich glaubte, ihn gut zu kennen. Vor 44 Jahren sah ich ihn zum ersten Mal und bei einem frühen Höhepunkt seines Schaffens. Es war der erhebende Augenblick, als der Schnelldampfer „Bremen" 1931 von der Columbuskaje in Bremerhaven ablegte und in die fertiggestellte Nordschleuse einfuhr. Es war seine Columbuskaje und seine Nordschleuse. Mein Onkel, der spätere Hafenbaudirektor Enno Becker, erläuterte mir Studenten die hohe Kunst dieser Bauwerke. In den 40 Jahren Berufsleben im Verkehr habe ich dann oft Agatz' Rat eingeholt, um sein Urteil gebeten und mir seine Erfahrungen schildern lassen. Von 1952 bis 1964 saßen wir zusammen im Aufsichtsrat der Mittelweser-AG, er als Vertreter Bremens und zugleich als technischer Berater und Vertrauensmann der in dieser Gesellschaft mit dem Bund zusammengeschlossenen Länder, ich als Mitglied des Vorstandes. Aber erst jetzt, als ich — nun unabhängig vom beruflichen Zwang — sein ganzes Leben verfolgen, seine Aufgaben überdenken, seine Gedanken nachempfinden konnte, ist mir die Reichweite seiner Persönlichkeit ganz zum Bewußtsein gekommen.

Der Bericht über seine Leistungen als Ingenieur kann nur das Gerüst einer Würdigung sein. Gewiß ist er ein Großer auf diesem Arbeitsfeld, auf dem Wissen, Können und Erfahrungen am Ergebnis genauer und offenkundiger gemessen werden können als auf vielen anderen Gebieten. Aber mit der Betrachtung nur seiner Ingenieurtätigkeit würde man ihm nicht gerecht werden können. So manche Aufgabe wäre ihm gar nicht gestellt worden, wenn man nicht von seiner Fähigkeit gewußt hätte, die Arbeit klar abzuschätzen, sie organisatorisch zu durchdringen und den ermittelten Weg überzeugend vorzutragen, auch das Risiko nicht zu verbergen, kurz, dem Auftraggeber das Objekt umfassend vorzustellen, ehe die erste Ramme zuschlug und der erste Bagger angriff. So hat er niemand etwas versprochen, was nicht gehalten werden konnte, und hat nichts verkleinert, um etwa eine Sache leichter in Gang zu bringen, wie es sonst gegenüber den Mitwirkenden aus der Finanz, der Politik und der Verwaltung oft ein beliebtes Spiel ist. Wenn er in Sitzungen Zahlen vortrug oder Konstruktionsvorschläge gegeneinander abwog, konnte er stocknüchtern wirken. Beschrieb er aber einen Bau als Ganzes, seine Einbindung in die Umgebung, seinen wirtschaftlichen Hintergrund, seine Funktion, so konnte er mitreißen, das um so mehr, als er das vermochte, was — man möge mir verzeihen — bei Technikern nicht das Gewohnte ist: er konnte seine Sache, und auch sehr Kompliziertes, so darstellen, daß der Laie folgen konnte, daß der Zuhörer mitging und der Verantwortliche mitzutragen bereit war.

Angeboren war ihm diese Fähigkeit offenbar nicht. Denn als er seine Eltern von der Richtigkeit seines Entschlusses überzeugen wollte, auf das Abitur zu verzichten und lieber zur See zu fahren, machte er keinen Eindruck, und sie verdarben ihm auch seine Bewerbung als Seekadett auf einem Schulschiff des Norddeutschen Lloyd. So machte er denn am Leibnizreformgymnasium in Hannover 1911 das Abitur und entschloß sich, weil es für die christliche Seefahrt nun zu spät war, zum Studium des Fachgebietes Grundbau, See- und Hafenbau an der Technischen Hochschule Hannover.

Als er hörte, daß in Bremerhaven das Kaiserdock II gebaut wurde, bewarb er sich im Sommer 1912 beim Hafenbauamt Bremerhaven als Baueleve für drei Monate. Die Antwort war enttäuschend: es sei kein Platz für ihn frei; er solle sich beim Schleusenbau in Brunsbüttelkoog bewerben. In seiner Beharrlichkeit erreichte er es aber, wenigstens beim Molenbau in der Geesteeinfahrt mithelfen zu dürfen.

Das Studium mußte er wegen des Militärdienstes 1913 unterbrechen und dann von 1914 bis 1918 an die Front. Was am Studium versäumt war, holte er später nach und bestand im November 1918 das Diplom-Examen mit Auszeichnung. Kurze Zeit war er Assistent in Hannover bei Professor Otto Franzius, der die Schleuse am Bremer Weserwehr repariert hatte und ein Enkel des berühmten Bremer Oberbaudirektors Franzius war. Auch bei der Fischereihafendirektion Bremerhaven war er tätig und promovierte im Juli 1919 über „Die technische und wirtschaftliche Entwicklung der deutschen Hochseefischereihäfen". Die Arbeit erschien auch im Buchhandel. Vier Reisen auf einem Fischdampfer sollten das Seemannsblut beruhigen. Von Oktober 1919 bis Dezember 1922 arbeitete er für die Siemens-Bauunion an Wasserkraftanlagen, hatte die örtliche Bauleitung beim U-Bahnbau in Berlin und war Oberbauleiter der Arbeitsgemeinschaft Siemens-Bauunion, Gebr. Rank und Habermann & Guckes für den Bau der Fischereihafen-Doppelschleuse im damaligen Wesermünde. Die Praxis lehrte ihn unter anderem auch, daß das Rüstzeug seines Studiums der Ergänzung bedurfte, und er ließ es sich sauer werden, diese Lücken zu schließen. Eines wußte er sicher: auf seinen künftigen Baustellen mußte Seewind zu schnuppern sein.

In bremischen Diensten

Die Schleuse war in jener Zeit kurz nach Kriegsende eine der ganz wenigen Großbaustellen. Seine Erfahrungen, unter anderem auch mit dem neuen Gußbetonverfahren, legte er in einem Buch nieder, durch das er auf sich aufmerksam machte. Es trug dazu bei, mit seiner Bewerbung um Einstellung in den bremischen Staatsdienst Erfolg zu haben. Er wollte nicht das unstete Leben eines von einer Firmenbaustelle zur anderen im Land herumgeschickten Bauleiters führen und seine Familie ständig allein lassen zu müssen. Es reizte ihn aber auch, an den Großbauten zu wirken, die Bremen sich in Bremerhaven vorgenommen hatte. Die bremische Verwaltung suchte für dieses Sondervorhaben einen in moderner Theorie und Bauweise ausgebildeten Ingenieur und war bereit, die vorgesehenen Baumaßnahmen bis zu einem gewissen Grade aus der Routineverwaltung auszugliedern. Der junge Mann, der da kam, empfand diese immerhin ungewöhnliche Freiheit immer noch als unangenehme Begrenzung seiner bisherigen Arbeitsweise in einer Firma.

Freilich hatte er die Zeit längst hinter sich, die man als praktische Lehre bezeichnen könnte. Aber was jetzt zu lernen war, nämlich der Umgang mit Behörden, Vorgesetzten, Kommissionen, Deputationen, Politikern, mit Haushalten und Verwaltungsvorschriften, war nicht minder etwas Neues, auch eine Lehrzeit, und sogar eine, die ihm nach dem zweiten Krieg sehr zustatten kommen sollte. Auch zwangen diese Bauten viel mehr, als es eine Firmenbauleitung verlangt, sich mit dem gesamtwirtschaftlichen Verbund zu beschäftigen.

Die deutschen Seehäfen, insbesondere die beiden Großhäfen Hamburg und Bremen sahen sich nach dem ersten Weltkrieg in mehrfacher Hinsicht einer neuen Situation ihrer Wettbewerbslage gegenüber. Der Außenhandel, das große Rückgrat des wertvollen Stückgutverkehrs, lag darnieder.

Es fiel sehr schwer und dauerte viele Jahre, die zerrissenen Fäden wieder zu knüpfen, die den hanseatischen Außenhandel mit der Welt verbunden hatten. Die vernichtete Währung und der Mangel an Eigenkapital waren die schlimmsten Hemmnisse. Die Reichsregierung tat sich schwer, der Wirtschaft die dringend notwendige Freiheit des Handels zu geben, so daß nur unzureichend und zu spät der Markt billiger Importmöglichkeiten ausgenutzt werden konnte. Die Kaufkraft des deutschen Binnenlandes war gering und konnte nur ein schwacher Motor für das Anlaufen industrieller Fertigungen sein. Der Export traf auf ausländische Industrien, denen der Krieg kaum etwas Negatives hatte anhaben können. Die Auswirkungen des Krieges auf Deutschland, die Bedingungen des Waffenstillstandes und des Friedensvertrages, die Aufhebung der deutschen Seehafentarife der Eisenbahn, die Zerschlagung der deutschen Handelsflotte und anderes mehr hatten zur Folge, daß die niederländischen und belgischen Rheinmündungshäfen mit ihren Umschlagzahlen die deutschen Seehäfen überflügelten. 1913 war Hamburg noch stärker als Rotterdam gewesen. Jetzt wuchs der Vorsprung Rotterdams und auch der Antwerpens stetig, und er sollte von den deutschen Häfen nie wieder eingeholt werden.

Bremen, der kleinere der beiden, sah sich besonders schwerem Wettbewerb ausgesetzt, weil sein Einzugsgebiet den starken Konkurrenten im Westen näher liegt als dasjenige Hamburgs. Es mußte also trotz aller Erschwernisse der Nachkriegszeit darauf sehen, sein Rüstzeug so wirksam wie möglich herzurichten. Seine Möglichkeiten, die Wirtschaft zu beleben und die Verkehrstarife zu beeinflussen, waren gering. Aber es war Herr seines Hafens. Und deshalb wurde das Wagnis unternommen, ihn auszubauen trotz finanzieller Not und ungewisser Zukunft. Aus der Vorkriegszeit hatte man einen gewissen Optimismus gelernt. Immer größer wurde die Umschlagmenge, immer höher die Anforderung an die Leistungsfähigkeit der Hafenanlagen. Jetzt nach dem Krieg schien der Verkehr aufs neue zu fordern. Obwohl die Wirtschaft noch krank war, schwoll der Hafenverkehr so an, daß im Jahre 1923 die Gesamtzahl des Umschlags die der Vorkriegszeit erreichte. Wenn auch die Zusammensetzung dieses Verkehrs eine andere war als früher und der Anteil echten Handelsgutes nur wenig ausmachte, so glaubte man doch hoffen zu können und wollte bereit sein.

Der junge Ingenieur hatte sich weisungsgemäß gerade mit einem neuen Ausbauplan der bremischen Häfen beschäftigt und dabei zu seinem Nutzen alles Wichtige über Werden und Gestalt der Hafenanlagen in sich aufgenommen, als allen Planungsfreuden entgegen ein bestimmtes Objekt in Angriff zu nehmen war, der Neubau von rund 1000 m Kaje im heutigen Überseehafen, dem damaligen Hafen II. Agatz wurde Regierungsbauleiter und hatte die konstruktive Gestaltung des Bauwerks und die Durchführung des Baus zu übernehmen. Das verlangte die Auffrischung theoretischer Kenntnisse durch zusätzliche Arbeit außerhalb der Dienstzeit, brachte aber auch die Genugtuung, in einer Auseinandersetzung über den einzuschlagenden Weg schließlich bestätigt zu werden. Dagegen mußte er sich belehren lassen, daß er Aufträge nicht einfach selbst vergeben dürfe, auch nicht im Namen des Amtes, sondern daß diese Zuständigkeit bei der Deputation liege, einem Gremium aus Vertretern des Senats und der Bürgerschaft, wie es seit dem vorigen Jahrhundert für bestimmte Aufgabenbereiche der öffentlichen Verwaltung nach Bedarf eingesetzt wurde. Auch das war ein Stück Lehre für eine lange Zeit; denn nach dem zweiten Krieg sollte der nun nicht mehr ganz so stürmische und unruhige Mann noch viel mit verschiedenen Deputationen zu tun bekommen.

Im übrigen aber ließ man ihm viel Bewegungsfreiheit. So konnte er ungehindert einem neuen Gedanken folgen, den Gußbeton nicht mehr von hohen Gießtürmen aus einzubringen, wie sie zuerst beim Bau des Panamakanals verwendet worden waren, sondern von einer auf der Baugrubenböschung fahrenden Betonierungsanlage. Auch hier wie schon beim Bau der Fischereihafenschleuse suchte er die neuen Erfahrungen und Beobachtungen grundsätzlich zu verarbeiten, indem er die Ergebnisse in einem Buch niederlegte. Einige Aufsätze in Fachzeitschriften folgten. Es war nun schon das zweite Mal, daß von einem Bau in einem Seehafen der Weser Neues berichtet wurde.

Während dieser Bau noch lief, erhielt Agatz einen ungewöhnlichen und auch wenig angenehmen Auftrag von seinem obersten technischen Vorgesetzten. Dieser drückte ihm die statische Berechnung der Columbuskaje in den bremischen Häfen in Bremerhaven in die Hand mit dem Auftrag, sie nachzuprüfen. Dieser komplizierte Großbau am Ufer der sich zur weiten Trichtermündung dehnenden Außenweser war gerade begonnen worden. Der Größe des finanziellen Aufwandes stand hier für Bremen eine wirtschaftliche Sicherheit gegenüber. Es war kein Zweifel, daß der Fahrgastverkehr mit den Großschiffen des Norddeutschen Lloyd wiederaufleben und für Stadt und Hafen seinen Nutzen bringen würde. Der Lloyd hatte mit der Ausführung seiner weitreichenden Pläne bereits begonnen, und es war nach Jahrzehnten des erfolgreichen Zusammenarbeitens vor dem Kriege jetzt undenkbar, daß Bremen seinen repräsentativen Partner im Stich lassen könnte. Aber auch hier hatte der internationale Wettbewerb Spannungen gebracht, die äußerste Anstrengungen erforderten. Es stand also beim Bau dieser ersten in bremischen Häfen erbauten Seekaje einiges auf dem Spiel, nicht nur im Hinblick auf den Termin der Fertigstellung, sondern vor allen für das Gelingen überhaupt.

Die in Bremerhaven tätigen Bauleiter hatten Agatz eine um 20 bis 30 Jahre längere Erfahrung voraus. Es konnte also Verstimmungen geben, mochten seine Berechnungen so oder so auskommen. Die Aufgabe wurde ihm trotz dieses vorsichtigen Hinweises nicht erspart. Sie sollte für ihn schicksalhaft werden. Intensive Arbeit ließ ihn zu dem Ergebnis kommen, daß die vorgesehene Pfahlgründung höhere Belastungen würde aufnehmen müssen, als sie in Bremerhaven errechnet waren. Dieses peinliche Ergebnis veranlaßte ihn zu einer gründlichen Überarbeitung seiner Berechnungen. Aber sie änderte nichts. Beklommen berichtete er seinem Oberbaudirektor, erhielt aber keinen Bescheid. Als er sich seinen beiden Kollegen in Bremerhaven mitteilte, um die unangenehme Situation zu überwinden, wurde er von ihnen als Greenhorn abgewiesen.

Einstweilen sah es für ihn nicht nach der Möglichkeit einer Bewährung an einem Großbau aus. In Bremerhaven wurde weitergearbeitet. Die Kaimauer im Hafen II war fertig, und es folgte nun eine für den jungen Baurat langweilige Leitung der Baggerarbeiten im Hafengebiet. In dieser Zeit erwachte der Gedanke, seine berufliche Entwicklung „auf ein zweites Gleis zu stellen", wie er sich einmal ausgedrückt hat. Mit der Praxis des Bauens sollte die wissenschaftliche Arbeit einhergehen. Dazu mußte man Privatdozent werden, natürlich möglichst im nahen Hannover. Aber würde das, was er bisher getan hatte, für die Zulassung ausreichen? Sollte er nicht lieber versuchen, eine Position im Ausland zu erlangen, um der Routine zu entgehen, die ihm, wie er zu wissen glaubte, den Schwung nehmen würde?

Der Gedanke, aus der bremischen Hafenbauverwaltung wieder auszuscheiden, machte ihm aber ebenfalls zu schaffen. Er war in diesen Jahren mit den Angelegenheiten eines großen Seehafens nicht nur in Berührung gekommen, sondern er hatte sie ganz erfaßt, denn jeder Baufortschritt im Hafen hatte seine Begründung in vielfachen wirtschaftlichen Zusammenhängen. Man mußte von ihnen wissen, wenn richtig und zweckentsprechend gebaut werden sollte, und man mußte sich auch an ein eigenes Urteil wagen, um die Entwicklungen der nahen Zukunft zu berücksichtigen. Bei der engen Beziehung zwischen Wirtschaft und Verwaltung, die in Seehäfen üblich ist, in Bremen nach alter Gewohnheit wie etwas Selbstverständliches, kam viel Sachkenntnis und viel Wissen um die Dinge draußen zusammen. Wer also lernen wollte, der konnte viel Wertvolles aufnehmen. Und zu denen hat Agatz immer gehört, bis in sein Alter hinein, als er von sich hätte sagen können, nun werde ihm wohl nicht mehr viel beigebracht werden können. Seine Aufgeschlossenheit für Menschen und Dinge hat nie nachgelassen. Diese Bereitschaft zur Auseinandersetzung mit Neuem ist wohl auch einer der Gründe dafür, daß er so lange innerlich jung geblieben ist. Und es ist wiederum selbstverständlich in einem so relativ kleinen Raum wie Bremen, daß solche Eigenschaften bemerkt werden und schnell Beziehungen entstehen. Er stand bald mehr mit den für Hafen und Hafenentwicklung wichtigen Kreisen in Verbindung, als es sonst einem Angehörigen der Verwaltung, erst recht der Wasserbauverwaltung gelingt. Er war Bremer geworden, und das ist etwas, was man im allgemeinen nicht wieder verliert. Die wissenschaftliche Betätigung in Hannover neben dem Amt in Bremen hätte dazu gepaßt; der Entschluß ins Ausland zu gehen, hätte die Trennung, bedeutet.

Das alles ging in ihm um, ausgelöst durch die rebellierenden Gedanken eines jungen Menschen, der sich etwas zutraute und in der nur kleinen Verwaltung mit einem langsamen Fortkommen rechnen mußte. Aus allen Zweifeln wurde er dann befreit, als ihm eine, die für sein späteres Leben entscheidende große Aufgabe angetragen wurde.

Schicksalhafte Columbuskaje

Die Columbuskaje, später mit ihren Fahrgasteinrichtungen in aller Welt als der große Bahnhof am Meer bekannt, sollte zu dem Zeitpunkt fertig sein, zu dem man sich für die Feier der hundertjährigen Wiederkehr des Tages der Gründung Bremerhavens zu rüsten hatte. Gewiß hat Bremen zur Feier dieses Tages nicht eine Hafenanlage für viele Millionen bauen wollen. Hinter diesem Bau standen, wie gesagt, sehr umfassende Überlegungen, und nur die Zeitumstände nach dem unglücklichen Kriegsausgang waren der Grund, daß er nicht schon früher ausgeführt worden war. Aber nun ließ es sich bei einigem Druck auf das Bautempo einrichten, die Einweihung mit der Jahrhundertfeier zusammenfallen zu lassen. Obwohl die Propaganda niemals zu den besonderen Stärken Bremens gehört hat, hatte man sich um einen besonderen Rahmen bemüht, hatte viel angekündigt und viele hohe und wichtige Persönlichkeiten zum Festakt eingeladen. Alles schien auf bestem Wege zu sein. Da traf in Bremen die niederschmetternde Nachricht ein, die neue Kaje sei in Bewegung und zeige bedenkliche Risse. Sie war, wie sich später herausstellte, auf einer Länge von 120 m gebrochen. Augenzeugen haben mir von der Erregung erzählt, die den beiden Senatoren für Verkehr und

Finanzen bei dem sofortigen Besuch in Bremerhaven anzumerken war. Zu denen, die auch mit gewichtigem Grund erregt sein konnten, gehörte die Leitung des Norddeutschen Lloyd, der mit der Inbetriebnahme der Columbuskaje seine Passagierfahrt in einen größeren Rahmen stellen wollte.

Es war also nicht nur ein finanzielles Unglück, was da passiert war, und die Wogen der Kritik und Enttäuschung gingen hoch. So schlimm sah es aus, daß die Gefahr bestand, die Mauer könnte in der Länge der Bruchstelle in die Weser stürzen. Um das zu verhindern, wurden große Mengen Sand vor dem Fuß der Mauer verklappt. Dem Senat war an einer sofortigen Untersuchung der Ursachen nicht in erster Linie deshalb gelegen, gegen Schuldige disziplinarisch vorzugehen, sondern um bald für Abhilfe sorgen zu können. Nicht der Oberbaudirektor oder ein Auswärtiger in ähnlichem Rang wurde mit dieser Untersuchung beauftragt sondern der Baurat Agatz, weil man nach seiner erfolgreichen Arbeit an der Fischereihafenschleuse und am Bau der Hafenmauer im Hafen II zu ihm Vertrauen für eine solche Aufgabe hatte.

Für Agatz war dieser Auftrag noch delikater als jene Überprüfung der statischen Berechnung. Wie unangenehm er aber wirklich war, wurde erst deutlich, als er feststellte, daß die Schadensursache nicht nur in der fehlenden Bodenstatik, sondern auch in der falsch eingeschätzten Dichtigkeit der tragfähigen Sandschicht lag. Zunächst ermittelte er, daß die vorher niedergebrachten Bohrungen zur Bodenuntersuchung im Abstand von 100 m für eine zuverlässige Beurteilung des Baugrundes nicht ausgereicht hatten. Der Untergrund war wesentlich schlechter, als man ihn für das Bauwerk zugrundegelegt hatte. Ferner ergab sich im Untergrund auf Einzelstrecken ein höherer Wasserüberdruck auf die Mauer, und schließlich ergab sich beim Herausziehen von 27 Zug- und Druckpfählen über die ganze Kaimauer verteilt, daß sie alle bis auf einen beim Rammen zerstört worden waren.

Die weiteren Untersuchungen auf der stromab gelegenen Strecke der Mauer ergaben, daß diese auf etwa 270 m ebenfalls bereits rund 35 cm vorgegangen war und sich mit dem um 6,5 m höheren Ansteigen des rutschgefährlichen Lauenburger Tones deckte. Es war also auch hier bei der Freibaggerung auf Solltiefe mit einem Abgleiten der Mauer zu rechnen, und es mußte deshalb eine entsprechende Verstärkung vor und hinter der Mauer angeordnet werden.

Diese Ermittlungen genügten Agatz noch nicht, denn sie gaben noch keine schlüssige Erklärung dafür, daß die Mauer so schnell nach dem Bau einen Teilstreckenbruch zeigte. Weitere Untersuchungen vermittelten ihm dann die Antwort. Auf dem mittleren Teil der Bruchstelle fand er einen versandeten Kleipriel von rund 12 m Oberflächenbreite und rund 7 m Tiefe, der diagonal auf die Mitte der Bruchstelle zulief. Dadurch entstand eine weitaus größere Rutschfläche als auf den übrigen Mauerstrecken. Hinzu trat noch ein größerer Druck des artesischen Grundwassers. Taucheruntersuchungen ergaben zudem, daß auch die vordere Spundwand gebrochen war, die Kaje also in einiger Zeit auf der ganzen Länge gefährdet sein würde. Die Bauleiter in Bremerhaven konnten darauf hinweisen, daß sich in den Jahrzehnten vorher solche Bockpfahlkonstruktionen als billige und im Betrieb einer Kaimauer bewährte Gründungen erwiesen hätten. Aber deren bisherige Höhe lag im Durchschnitt zwischen 12 und 15 m. Bei einem Geländesprung auf 19 m mußten sie jedoch versagen, weil das dicht gedrängte Pfahlrostbündel die untere tragfähige Sandschicht so verdichtete, daß die Pfähle nicht mehr unversehrt 3 bis 5 m tief eingerammt werden konnten. Auch die vordere Spundwand aus Holzpfählen war hier zu schwach und wies Rammbeschädigungen auf. Der hintere Entwässerungskanal war nach kurzer Zeit verschlammt.

Agatz erstattete seinen Bericht so, daß die Bremerhavener Kollegen möglichst geschont wurden. Es hat denn auch kein Disziplinarverfahren gegeben. Zwei Gutachter wurden beauftragt, das Untersuchungsregsbnis auszuwerten und ihre Ansicht zu Möglichkeiten einer Verstärkung der Mauer zu äußern. Es waren Geheimrat Professor de Thierry von der Technischen Hochschule Berlin-Charlottenburg und Professor Dr. Krey von der Versuchsanstalt für Wasserbau in Berlin.

Was lag für die bremische Verwaltung näher, als nun den Berichterstatter auch mit der Reparatur des Schadens zu beauftragen? Dieser Entschluß wurde sehr gefördert durch den Hauptinteressenten, durch den Norddeutschen Lloyd, dessen Leitung zu dem jungen Baurat Vertrauen gefaßt hatte. Der Reederei brannte die Betriebsfähigkeit der Columbuskaje auf den Nägeln, weil es keinen Ersatz für die Abfertigung der großen Schiffe gab. Die 32000 BRT große „Columbus" wurde behelfsmäßig im Vorhafen der Kaiserschleuse und in der Schleuse selbst abgefertigt. Der Lloyd trug sich bereits mit der Absicht, zwei neue, rund 50000 BRT große Schiffe in Auftrag zu geben. Für sie würde es dann nur die Columbuskaje als möglichen Abfertigungsplatz geben. Für die Instandsetzung der Kaje war also höchste Eile geboten.

Am 19. und 20. April 1927 hatte man einweihen wollen. Nun war es nach Untersuchungen, Auswertungen und neuen Überlegungen schon September geworden. Was jetzt geschaffen werden mußte, war eher ein Neubau als eine Reparatur. Und doch mußten die Kosten in Grenzen gehalten werden, weil — wie noch zu zeigen sein wird — noch größere Bauten zu verkraften waren. Bei aller gebotenen Sparsamkeit mußte aber jetzt Endgültiges, für die nächsten Jahrzehnte Vollkommenes geschaffen werden. Die auf den ersten Blick einfachste Lösung, vor die angeschlagene Mauer eine starke neue vorzusetzen, mußte wegen der enormen Kosten ausscheiden. Agatz entschloß sich, das Vorhandene möglichst zu nutzen und immer streckenweise das als Verstärkung anzubringen, was zur Sicherung des Bauwerks unabdingbar erschien. Er teilte deshalb die ganze Mauer in 5 Konstruktionsabschnitte nach folgenden Gesichtspunkten:

Als vorderer Abschluß wurde eine schwere Stahlspundwand vorgerammt, die an einer rückwärtigen Betonplatte auf Stahlbetonpfählen verankert wurde. Sie wurde rund 6 m tief in die tragfähige Sandschicht eingerammt, um das Bauwerk gegen Grundbruch zu sichern. Die vorhandene, aber beschädigte Holzspundwand wurde dadurch gesichert, daß zwischen ihr und der Außenwand Basaltblöcke eingefüllt wurden. Die vorhandene Mauer wurde von dem großen Erddruck entlastet, indem eine Stahlbetonplatte zwischen der alten Mauer und der Verankerungsplatte eingebracht wurde. Für die Entwässerung wurde ein Kiesfiltersickerschlitz mit selbstanspringenden Pumpen angelegt und dadurch der am Bruch mitschuldige Wasserüberdruck beseitigt. Die Bruchstelle erhielt die größte rückwärtige Verstärkungsplatte. Die beiden angrenzenden Strecken von 150 und 200 m erhielten nur die vordere Verstärkung mit der Basaltsteinhinterfüllung, weil sie wesentlich geringere Horizontalausweichungen aufwiesen. Eine weitere Strecke von rund 300 m erhielt wegen der festgestellten Verschiebungsgefahr auf der unteren Tonschicht wieder eine zusätzliche, aber erheblich schwächere Verankerungsplatte. Auf der Reststrecke zur Nordschleuse hin genügte die vordere Stahlspundwand mit Steinhinterfüllung. Etwa 5 Millionen erforderten diese Maßnahmen.

Im September 1927 wurden 8 Baufirmen zu Angeboten aufgefordert. Ende Oktober erhielt die Firma Philipp Holzmann AG Hamburg den Zuschlag für die erste Strecke. Im Sommer 1928 war der Schaden behoben. Seither hat die Kaje ohne Beanstandungen ihren Dienst getan.

Großbaustelle um die Nordschleuse

Von seiner Gründung im Jahre 1857 an hatte sich der Norddeutsche Lloyd vornehmlich der Passagierfahrt gewidmet und hier in planmäßigem Aufbau und mit großem Einsatz einen hohen Rang im internationalen Wettbewerb errungen. Seine Basis dafür war immer Bremerhaven gewesen, und der Ausbau der Hafenanlagen hatte sich über mehr als ein halbes Jahrhundert in einer Art Partnerschaft zwischen Bremen und dem Lloyd vollzogen. Was baulich zu geschehen hatte, schlug die Reederei vor, und es hatte sich erwiesen, daß Bremen gut daran tat, diesen Anregungen zu folgen.

Seit der schöne Schnelldampfer „Columbus" fuhr und dann gegen Ende der zwanziger Jahre die „Bremen" und die „Europa" hinzukamen, hatte ein neuer Abschnitt in dieser Entwicklung begonnen. Früher konnte er wegen des unglücklichen Ausgangs des Krieges nicht einsetzen. Aber er wurde dennoch als Fortsetzung des früheren Weges empfunden. Dafür spricht auch, daß die Nordschleuse in Bremerhaven, die einen neuen und größeren Weg in den Innenhafen eröffnen sollte, schon 1912 begonnen worden war. Die Rammarbeiten im Außenhaupt und der Bodenaushub mußten dann während des Krieges eingestellt werden. Als sie nach 14 Jahren wiederaufgenommen wurden, standen dem Vorhaben nicht nur andere Verhältnisse der Schiffahrt gegenüber, sondern es konnten auch neue Erkenntnisse im Bauwesen, nicht zuletzt auch die beim Bau der Columbuskaje gesammelten Erfahrungen eingesetzt werden. Ehe diese neue Schleuse zur Verfügung stand, konnten große Schiffe nur durch die sogenannte große Kaiserschleuse in den Innenhafen einfahren und zu den Dockanlagen gelangen. Da die Möglichkeit, Schiffe in Bremerhaven ins Trockendock zu bringen, ein wesentlicher Teil der Hafenbasis der Passagierfahrt war, würde also Bremerhaven im Falle eines Ausfalls der Kaiserschleuse überhaupt als Angelpunkt dieses Weltverkehrs ausscheiden. Inzwischen war hinzugekommen, daß die neuen, auch die fremden neuen Schiffe, in die Kaiserschleuse nicht mehr paßten.

Neben diesem Grund des Verkehrs sah sich Bremen zur Ausführung der Großbauten in Bremerhaven auch dadurch veranlaßt, daß es vertragliche Verpflichtungen gegenüber dem Lloyd und auch gegenüber dem Staat Preußen übernommen hatte. Auch ohne solche Verträge aber hätte Bremen seinen gemeinsamen Weg mit dem Lloyd fortsetzen müssen. So wie die Reederei in früheren Jahrzehnten stets einen stattlichen Beitrag zur Verzinsung der bremischen Investitionen aufgebracht und dem Arbeitgeber Seehafen die Belebung gebracht hatte, mußte auch weiter die Entwicklungsmöglichkeit offengehalten werden; denn zu damaliger Zeit wäre es kaum möglich gewesen, die dortigen Hafenanlagen wirtschaftlich auszulasten, wenn auf die Passagierfahrt hätte verzichtet werden müssen. Es war also einmal wieder eine der Schicksalsstunden angebrochen, die Bremen öfter erlebt und die es zum großen Wagnis aufgerufen hatten.

Dieses Wagnis war einmal ein finanzielles. Bauten für rund 30 Millionen standen an, und zwar in einer Zeit, in der es der Wirtschaft nicht so gut ging, wie vielfach angenommen wurde. Im Jahre

1928 hatte der Verkehr der bremischen Häfen nach Umfang und Wert der umgeschlagenen und gehandelten Güter erst wieder das Niveau der letzten Vorkriegsjahre erreicht. Das Wagnis war aber auch ein technisches. Die Sorgen mit der Columbuskaje hatten gezeigt, mit welchen Tücken des Baugrundes gerechnet werden mußte. Auch war die Nordschleuse zu dieser Zeit die größte Schleuse in Europa, und man mußte voraussehen, daß sie andere Probleme aufwerfen würde wie die gute alte Kaiserschleuse, die damals schon ein Menschenalter im Betrieb war.

Unter solchen Umständen war es ein Beweis ungewöhnlichen Vertrauens, daß der Baurat Agatz die Leitung dieser Großbauten erhielt, die sich wie eine neue Schiffsstraße aneinanderschlossen. Ein Schiff, das die Nordschleuse passiert hatte, sollte in einem rund 400 m langen Wendebecken gedreht werden, einen mit einer Drehbrücke überspannten Verbindungskanal durchfahren und in ein vergrößertes und verstärktes Trockendock verholen. Von diesen Anlagen war nur wenig vorhanden. Es mußte also eine Großbaustelle werden, wie man sie in der bremischen Hafengeschichte nur selten gesehen hatte.

Über den Umfang der Aufgabe gab sich Agatz keinen Illusionen hin. Und es wird ihn wohl kaum überrascht haben, daß er die Stellen, mit denen er in der Verwaltung zu tun hatte, an die neuen Dimensionen erst gewöhnen mußte. Es fing damit an, daß er bei der senatorischen Dienststelle und bei der zuständigen Deputation — zunächst vergeblich— die Stellen von 24 Ingenieuren beantragte. Man hielt das für bei weitem zu aufwendig, wollte aber nicht nach eigenem Urteil endgültig ablehnen. So wurde eine Autorität des Wasserbaus um Begutachtung gebeten, Geheimrat Gustav Meyer, der die Seeschleusen am Nordostseekanal gebaut hatte. In einer Deputationssitzung erklärte er mit wenigen, aber offenbar eindrucksvollen Worten, er halte nach seinen Erfahrungen die von Agatz gestellte Forderung für zu gering. Er selbst würde in diesem Fall etwa 40 Stellen verlangen. Im übrigen halte er die vom Norddeutschen Lloyd geforderte Frist von 4 Jahren für die Fertigstellung für zu kurz. Unter der Wirkung dieses Gutachtens wurden nicht nur die 24 Stellen bewilligt, sondern der Bauleiter erhielt in der Zukunft weitgehend freie Hand.

Zunächst ging es um die Nordschleuse. Ihren Bau hatte man 1912 bewilligt. Mit dem Bodenaushub und den Rammarbeiten für die Schleusenhäupter hatte man unverzüglich begonnen. Um die Abmessungen hatte es Auseinandersetzungen gegeben, die deshalb bemerkenswert sind, weil die Sprecher der Schiffahrt die Maße für zu groß hielten. Hafenbaudirektor Claußen setzte sie aber durch. Wie man es damals nicht anders wußte, sollte die Gründung der Mauerkörper der Schleusenhäupter mit Kalktrassbeton unter Wasser hergestellt werden. Für den dauerhaften Bestand der Schleuse wurde es ein Glück, daß nun, 18 Jahre später, mit neuen Erkenntnissen gearbeitet werden konnte. Auch war nach dem geringen Baufortschritt nun noch Zeit genug, die Abmessungn nachneuen Anforderungen zu korregieren. Ursprünglich sollte die Schleuse Schiffe bis 40000 BRT auf nehmen können, aber noch gewisse Reserven enthalten. 1929 wurden als Abmessungen zugrundegelegt für die Kammerlänge 372 m, für die Kammerbreite 60 m und für die Durchfahrtbreite in den Häuptern 45 m. Schiffe bis zu 60000 BRT sollten passieren können. Die Häuptersohle wurde gegenüber dem ursprünglichen Maß um 1 m tiefer gelegt, weil man auf eine etwa kommende Vertiefung der Außenweser Rücksicht nehmen wollte.

Zwar mit gebotener Eile, aber doch in sehr sorgfältiger Auswahl stellte Agatz seine Arbeitsgruppe zusammen. Sie kam schließlich auf 10 Diplomingenieure, 20 Techniker und Zeichner, 8 Personen für die Verwaltungsarbeit sowie Büropersonal. Um möglichst in den 4 Jahren fertig zu werden, bildete er folgende Gruppen, die weitgehend selbständig an die Arbeit gingen: 1) Konstruktionsbüro für Schleuse, Kaimauern, Mole und Dock, 2) Untergrundaufschluß und Grundwasserentlastung, 4) Erd- und Rammarbeiten, 4) Betonarbeiten, 5) Molenbau und Naßbaggerarbeiten, 6) Dockverlängerung, 7) Drehbrücke.

Um mit der Beschaffenheit des Untergrundes nicht überrascht zu werden, wurde sehr sorgfältig untersucht. Es ergaben sich in der unteren tragfähigen Sandschicht Höhenunterschiede bis zu 7 m und Unterschiede in der Stärke der Schicht zwischen 1 und 10 m, was auf die Einwirkungen der Eiszeit zurückzuführen ist. Es erschien notwendig, die Lage der Schleuse so einzurichten, daß die Gefahrenstellen möglichst vermieden wurden. Hier waren aber Grenzen gesetzt. Ganz verschieben konnte man das Bauwerk deshalb nicht mehr, weil der nahe Weserdeich und die Zufahrt der Eisenbahn zur Columbuskaje Festpunkte bildeten. Da entschloß sich Agatz, die Schleuse in der Längsachse um 180 Grad zu drehen. Dadurch kamen die 45 m langen Torkammern zur Landseite hin, und der Eisenbahndamm blieb in genügender Entfernung von der gefährdeten Kaimauer des Vorhafens. Auf diese Weise wurde auch der Geländesprung für die Strecke der Außendeichs-Kaimauer geringer, und man brauchte sich um ihre Standfestigkeit keine Sorge zu machen.

Bei den Kaimauern wurden die Erfahrungen mit der Columbuskaje besonders beachtet. Der Pfahlabstand wurde in Längs- und Querrichtung breiter gehalten. Als vorderer Abschluß wurde eine schwere Stahlspundwand so gerammt, daß ihr oberer Teil noch weit unter der Wasserwechselzone lag und dadurch Rostangriff vermieden werden konnte. Der Stahlaufbau erhielt einen biegungssteifen doppelt-T-förmigen Querschnitt. Was für eine hervorragende Längsversteifung er bietet, wurde deutlich, als im Kriege zwei 500 kg-Bomben oberhalb der Rostplatte trafen, aber nur geringfügigen Schaden anrichteten.

Erde und Wasser sind schwer berechenbare Gegner. Das hatte Agatz in einem Artikel und in einem Vortrag einmal gesagt. Jetzt sollte er es mit beiden wiederum zu tun bekommen. Der Aufschluß des Untergrundes hatte ergeben, daß in der wasserführenden Sandschicht unter der 10 bis 12 m starken Kleidecke artesisches Grundwasser anstand. Das bedeutete, daß Setzungen auch der in der Nähe schon vorhandenen Bauten zu befürchten waren, wenn man an die Grundwasserabsenkung ging. Im Bereich der Schleusenhäupter mußte der Grundwasserspiegel um rund 15 m abgesenkt werden. Um die Wirkungen festzustellen, wurde in der späteren Schleusenkammer eine Probeanlage für die Absenkung aufgebaut. Das Ergebnis warnte zur Vorsicht. Der Einflußbereich der Absenkung erstreckte sich auf eine Entfernung von etwa 1 000 m. Durch die künstliche Drainage war eine Setzung der Kleischicht zu erwarten. Demzufolge hatte man, da die Baugruben der Schleusenhäupter rund 20 m tief werden mußten, mit einem gewissen Wandern der bestehenden Bauwerke im Einflußgebiet zu rechnen.

Solche erregenden Erkenntnisse wurden jeweils dem gesamten Arbeitsstab mitgeteilt, und es hat manche interessante Diskussion gegeben. Man stellte denn auch beim Fortgang des Baus fest, daß die gesamte Geländeoberfläche in Bewegung geraten war. Die alten Festpunkte, an die man sich bei der Vermessung angehängt hatte, wurden plötzlich zweifelhaft. Ja es ergab sich, daß auch aus anderen Gründen als wegen der jetzt laufenden Wasserabsenkung Bewegungen stattfanden. Das bis dahin als Festpunkt angesehene Binnenhaupt der Kaiserschleuse hatte sich im Laufe von 35 Jahren auf dem unter der Sandschicht anstehenden Lauenburger Ton um rund 40 mm gesetzt. Agatz zog einen erfahrenen Geodäten der Wasser- und Schiffahrtsverwaltung hinzu, und alle neuen Festpunkte und die für die Bauwerksabmessungen erforderlichen Standlinien wurden laufend kontrolliert.

Es war nun, wie die Bauleitung vermutete, davon auszugehen, daß mit der Entwässerung der 10 bis 12 m starken Kleischicht durch die Absenkungsanlage deren Auftrieb fortgenommen würde und in den 4 Baujahren sich eine zusätzliche Belastung auf den Lauenburger Ton unter der Sandschicht ergeben könnte. Dadurch könnte die spätere Setzung der Bauwerke während des Betriebes geringer ausfallen. Die Richtigkeit dieser Überlegungen ergab sich, als die Einzelbauwerke errichtet waren und der empfindliche Untergrund auf die verschiedenen Belastungen unterschiedlich reagierte.

Es gab also kritische Zeiten während des Baus. Zwar wurde in zwei Schichten gearbeitet, um die Frist zu wahren. Wenn aber Gefahren in der Luft lagen, wurde gelegentlich sogar eine dritte Schicht eingelegt. Bei solcher Präzision der Arbeit konnte jede Unterbrechung von außen folgenschwer werden. So machte sich Agatz mit dem örtlichen Leiter der Gewerkschaft bekannt, zeigte ihm die Baustellen, erklärte ihm die Risiken und bat ihn, dafür zu sorgen, daß Lohnkämpfe nicht in solchen Gefahrenzeiten ausgetragen würden. Das wurde zugesagt, und das gegenseitige Vertrauen hat sich die ganze Zeit über bewährt und gelohnt.

Bei den Häuptern mußte auf jeden Fall die Sandschicht mit Stahlspundwänden durchrammt und dadurch eine wasserdichte Baugrube gewonnen werden. Aber auch bei der Umrandung der gesamten Schleusenkammerfläche mußten einfassende Stahlspundwände bis in den Ton durchgerammt werden. Denn um Kosten und Zeit zu sparen, mußte man auf eine Betonsohle der Schleusenkammer verzichten und sich mit einer 1½ m starken Kleidecke über der Sandschicht zufriedengeben. Das war aber nur möglich, wenn der hydrostatische Wasserdruck, unter dem die Sandschicht stand, mit Hilfe der Umrandung aufgehoben wurde. Dieses Verfahren ersparte 3 Monate Bauzeit.

Beim Bau der Außendeichskaimauern mußte der Landesschutzdeich durchstochen werden. Um die dadurch möglichen Gefahren im Griff zu behalten, wurde mit einzelnen Baugrubenabschnitten gearbeitet und dafür die im allgemeinen sturmflutfreie Sommerzeit gewählt. Dennoch gelang es in einer Sturmnacht nur in härtester Arbeit und mit vorbereiteten Sandsäcken, ein Überfluten des Deichkopfes zu verhindern, was besonders an der Nahtstelle zwischen Deich und Bauwerk kritisch geworden wäre.

Auch als es an den Bau der Brücke über den Verbindungshafen ging, war auf die Komplikationen des Untergrundes Rücksicht zu nehmen. Mit Sicherheit war mit späteren Setzungen der verschiedenen Fundamente zu rechnen. Agatz entschloß sich deshalb, eine ungleicharmige Drehbrücke zu wählen, die dem Straßen- und dem Eisenbahnverkehr zu dienen hatte. Dabei wurde zur Sicherheit das Drehlager so eingerichtet, daß es notfalls verstellt werden konnte, um Veränderungen auszugleichen. Seither hat sich erwiesen, daß diese Entscheidung richtig war. Es ist sogar bisher niemals nötig geworden, das Drehlager zu verstellen.

Bei der Verlängerung des Trockendocks forderte der Gegner Erde die Ingenieure wieder einmal heraus. Als für die Verlängerung des Docks der Boden ausgehoben wurde, war man nicht darauf gefaßt, wieviel Erschütterungen die Böschungswände der Baugrube aushalten würden. Eine Böschung 1:3 hatte hier jahrzehntelang keine Komplikationen gebracht; diese hatte sogar noch eine zusätzliche Berme von 2 m in der Mitte. Erschüttert wurde das Gelände einmal durch das Rammen einer Spundwand, die den Böschungsfuß zu sichern hatte, und ferner durch den Verkehr schwerer Lastwagen, die einen Materialschuppen des Dockbetriebes räumten, der nahe der Böschung stand. Das war dem schlechten Baugrund zuviel Unruhe, und plötzlich rutschten rund 30000 cbm Boden in die Baugrube ab.

Eine Rücksicht auf den unzuverlässigen Grund war es auch, bei der erforderlichen Absenkung des Grundwassers nicht nur den Bereich des Neubaus sondern das gesamte Dock einzubeziehen, um ungleiche Setzungen zu vermeiden; denn man wußte nicht, wie sich der alte Kalktrass-Stampfbeton des verhandenen Baukörpers bei der Wasserabsenkung verhalten würde. Diese Vorsicht hat sich gelohnt.

Am 1. August 1931 war die Nordschleuse betriebsbereit. Die gesetzte Vierjahresfrist war also eingehalten worden, sehr zur Erleichterung des Norddeutschen Lloyd, aber auch für das Prestige des Seehafens Bremerhaven, der nun neben der vorbildlichen Abfertigungsanlage der Columbuskaje eine Dockmöglichkeit für die damals größten Schiffe anbieten konnte. Das Kaiserdock II war auf 335 m verlängert und entsprechende Verstärkungen waren am gesamten Bauwerk angebracht worden. Am 10. August fand die denkwürdige Einweihung statt, bei der die „Bremen“ nach ihrer 27. Reise nach New York und zurück den oben erwähnten neuen Weg durch Nordschleuse und Innenhafen zum Dock zum ersten Mal befuhr. Den packenden äußeren Eindrücken dieser konzentrierten Darstellung von Leistungen der Ingenieurkunst stand eine nur bescheidene Feierstunde gegenüber, in der Senator Dr. Apelt vor den Mitgliedern der Deputation, Vertretern der Stadt Wesermünde, des Norddeutschen Lloyd, der bremischen Wirtschaft und vor dem Personal der Baustellen die Bedeutung dieses Baugeschehens würdigte und, an Agatz gewandt, mit warmen Worten des Dankes davon sprach, daß Bremen in ihm hier den richtigen Mann zur richtigen Stunde gefunden habe.

Apelt betonte aber auch, daß dieses Ereignis zugleich den schmerzlichen Abschied des verdienten Bauleiters von Bremen bedeute, ja daß die Bewährung durch diesen Bau den Abschied mit herbeigeführt habe; denn fortan werde Agatz als Hochschullehrer wirken und an der Technischen Hochschule Berlin-Charlottenburg sein großes Wissen und Können an die akademische Jugend weitergeben. Diese Bemerkung des Senators deutet an, daß sich im persönlichen Leben des Leiters der Großbaustelle Bremerhaven einiges verändert hatte, dessen Schilderung jetzt nachzuholen ist.

Die Leistungen Agatz' an der Columbuskaje und seine Beauftragung mit den folgenden Bauten in Bremerhaven waren weit über die Fachwelt der Ingenieure hinaus bekanntgeworden. Wie früher schon suchte er in kurzen Arbeitspausen seinen sich selbst erteilten Anschauungsunterricht fortzusetzen, indem er die baulichen Anlagen der deutschen und europäischen Seehäfen an Ort und Stelle studierte. Dabei war es oft für ihn eine wertvolle Einführung — später bedurfte er einer solchen nicht mehr —, daß ihn der Norddeutsche Lloyd empfahl, vor allem dessen damaliger Generaldirektor Glässel. Besonders der Bau im Hafen II in Bremen-Stadt und das Unternehmen Columbuskaje hatten Glässels Respekt gefordert. Er bot deshalb Agatz an, Studienreisen auch nach Übersee zu machen, um sich umzusehen und sich weiter auszubilden; freie Passage auf allen Lloydschiffen stehe ihm dafür zur Verfügung.

Mit den leitenden Ingenieuren der anderen Häfen verband Agatz bald ein freundschaftliches Verhältnis, das zum Beispiel in den ausländischen Rheinmündungshäfen auch den Krieg überdauerte, was bei der Ablehnung alles Deutschen in den ersten Nachkriegsjahren einiges heißen will. Grundlage war der fachliche Respekt und die Aufrichtigkeit des Gedankenaustausches. Die Bauten, die Agatz an der Weser geschaffen oder in der Hand hatte, wurden international beachtet und verschafften ihm bald überall Eingang, wie es überhaupt das große Glück eines Ingenieurs ist, daß sein Wirken von einer internationalen Gemeinde Gleichgebildeter und Gleichgesinnter verstanden wird.

Im Jahre 1926 hatte Agatz sich den Beginn eines großen Schleusenbaus in Ijmuiden angesehen. Solche Maßnahmen verfolgte er auch in den weiteren Jahren, was dem späteren Bau der Nordschleuse zustatten kam. Diese Besuche brachten ihn in engen Kontakt besonders mit dem Bauleiter, dem Staatsingenieur Ringers, der später niederländischer Verkehrsminister wurde. 1927 fuhr Agatz nach Antwerpen, weil er erfahren hatte, daß der dortige Scheldekai auf mehreren 100 m Länge ausgewichen war und weil man auch dort einen Großschleusenbau vorhatte. 1927 und 1928 besichtigte er die Häfen Rotterdam, London, Southampton, Plymouth und Liverpool. Im letzteren reichte die Empfehlung des Lloyd nicht aus, und dem noch unbekannten Hafeningenieur wurde die Hafenbesichtigung verweigert. Aber er tarnte sich als Hafenarbeiter und sah, was er sehen wollte. Im Jahre 1929, also gerade zur rechten Zeit, sah er die Fahrgastanlagen in den Seehäfen Amsterdam, Le Havre und Cherbourg. Für solche Besichtigungen reichte das Geld eines Baurats, wenn er freie Schiffspassagen hatte. Aber es reichte nicht mehr, wenn er Glässels Angebot folgen wollte, sich auch in Übersee umzusehen. Also mußte er sich mit der bremischen Verwaltung ins Benehmen setzen. Wohl in keiner Verwaltung der Welt kommt man aus allen möglichen formalen Gründen von sich aus auf den Gedanken, daß eine ungewöhnliche Anforderung auch außergewöhnlich honoriert werden muß. Agatz bat darum, ihn nicht mehr als Baurat, sondern als Hafenbaudirektor zu bezahlen, verzichtete aber ausdrücklich auf diesen Titel. Auf die Fürsprache des ehrenamtlichen Finanzsenator Bömers sprang man über den eigenen Schatten und gewährte ihm das höhere Gehalt. Mit Beginn des Jahres 1931 wurde er dann auch in der Form Hafenbaudirektor im Dienstbereich Bremerhaven. Ende September des Jahres schied er aus dem bremischen Staatsdienst aus.

Der alte Wunsch, akademischer Lehrer zu werden, meldete sich bei ihm schon im Jahre 1928 wieder. Dieses Mal erschien er durchführbar, denn er konnte auf den Umbau der Columbuskaje hinweisen, und seine Bewerbung als Privatdozent wurde von seinem akademischen Lehrer Professor Franzius in Hannover unterstützt. So hielt er jeweils im Wintersemester eine doppelstündige Vorlesung in der Woche und behandelte darin besondere Bauwerke in den Seehäfen. 1929 übernahm er zeitweise die Vertretung des im Ausland weilenden Franzius und damit den Lehrstuhl für Wasserbau.

Im Jahre 1930 hielt er einen Vortrag auf Einladung des Deutschen Betonvereins über die konstruktive Gestaltung der Nordschleuse und deren Bauausführung. Unter den Zuhörern saßen auch die Mitglieder des Lehrkörpers der Bauingenieurfakultät der Technischen Hochschule Carlottenburg, gewissermaßen unter der Führung des Lehrstuhlinhabers de Thierry, der Agatz vorher gefragt hatte, ob er sein Nachfolger werden wolle. Die Glückwünsche nach dem Vortrag waren eine Vorentscheidung für die Berufung. Agatz hatte aber zur Bedingung gemacht, erst die Großbauten in Bremerhaven fertigstellen zu dürfen, was sich bis in den Herbst 1931 hinziehen könne. Dem Preußischen Ministerium für Kunst und Wissenschaft stellte er für seine künftige Arbeit als Hochschullehrer ebenfalls Bedingungen, um die sich zähe Verhandlungen bis zu seiner Berufung im März 1931 entspannen. Er hatte eine gute Verhandlungsposition, weil ihm Bremen die Bestellung zum Oberbaudirektor in Aussicht gestellt hatte. Er wollte die Arbeiten in Bremerhaven nicht im Stich lassen und sagte Bremen die Weiterarbeit bis Ende September 1931 zu, nachdem sich auf seine Bitte Geheimrat de Thierry bereiterklärt hatte, das Ordinariat so lange zu übernehmen. Bremen versprach Agatz, wenn er die Nordschleuse noch fertigstelle, einen Ehrensold von 50000 Mark. Das war gewiß höchst ehrenvoll, aber — wie sich später herausstellte — nicht sehr viel wert. Denn ein Jahr nach dieser Zusage wurde ihm bedeutet, dem bremischen Staat gehe es schlecht und er möge sich mit einem Fünftel der versprochenen Summe zufriedengeben.

Die Flutung der Nordschleuse war eigentlich das Zeichen für den Abschluß der Arbeit in Bremerhaven. Die Restarbeiten und das Freibaggern der Baustelle brachten nichts besonderes mehr. Mit der Flutung verschwand auch der „Konzertsaal", von dem er gelegentlich erzählt hatte. Als nämlich die Kammer noch leer war, schufen die beiden 20 m hohen und zwischen 10 und 12 m breiten Schleusentor-Kammerhäupter eine großartige Akustik wie in einem modernen Konzertsaal. Da aber von Ingenieuren nicht auch noch musikalisches Können verlangt werden kann, haben sie dort niemals ein Orchester zusammengestellt, obwohl sie, was kameradschaftliche Zusammenarbeit betraf, so harmonisch wie ein Orchester zusammengewirkt hatten.

Der Bau der Nordschleuse wurde in einem Buch beschrieben. Auch die leitenden Mitarbeiter und die leitenden Persönlichkeiten der beteiligten Unternehmen schrieben mit, so daß die Gemeinsamkeit des Schaffens auch in dieser Form ihren Ausdruck fand. Die Einweihung am 10. August 1931 bedeutete, daß man 4 Monate vor dem gesetzten Termin fertig geworden war. In einem Rückblick schrieb Agatz: „. . . trotz aller Fortschritte in der Technik sind die Angriffsweisen der natürlichen Gegner Erde und Wasser noch immer durch einen Schleier verhüllt . . . Es ist die Tragik des Wasserbauers, daß seine Bauwerke als Bauten der Tiefe nur während der Ausführung dem menschlichen Auge voll sichtbar sind, um nach der Vollendung zu oft mehr als Dreiviertel ihrer gewaltigen Höhe für immer in Erde und Wasser zu verschwinden . . . Fast 4 Jahre sind an der Nordschleusenanlage rund 1100 Arbeiter, 30 Techniker, 15 Verwaltungs- und Kaufleute und 12 Akademiker bei Bauherrn und Unternehmen tätig gewesen . . . Sie waren aufeinander angewiesen und sind in die gemeinsame Aufgabe hineingewachsen . . . Mühe und Arbeit, Enttäuschungen, Erfolge und gelegentliche Mißerfolge gegenüber den Gegnern Erde und Wasser haben das feste Band der Zusammengehörigkeit geschlungen . . ."

Professor an der Technischen Hochschule

Jener 1. Oktober 1931 war also der Abschied aus dem Dienst für Bremen. Er sah aus, als sei er ein endgültiger, denn noch war von einem Konstruktionsbüro neben der Hochschultätigkeit keine Rede und deshalb kein Anlaß zu sehen, mit bremischen Baumaßnahmen je wieder in Berührung zu kommen. Und doch erscheinen die folgenden Jahre bis zum Kriegsende — von Bremen aus gesehen — wie eine nur der persönlichen Entwicklung dienende Zwischenzeit. Denn von 1945 bis 1973, fast 30 Jahre lang, hat Agatz später wieder unmittelbar im bremischen Hafenbau gewirkt, und seit Kriegsende ist Bremen auch wieder sein Wohnsitz. Für ihn selbst sind die Jahre von 1931 bis in den Krieg hinein diejenigen des lebendigsten und interessantesten Schaffens gewesen, in denen er seinen Namen in der internationalen Fachwelt weiter bekanntgemacht und befestigt hat. In dieser Zeit hat er auch die Beziehung zwischen Wissenschaft und Praxis am fruchtbarsten werden lassen.

Daß er auch in dieser Zeit indirekt mit Bremen verbunden blieb und seine Arbeit dort von Nutzen war, wissen nur wenige. Der persönliche Kontakt mit den Bremer Hafenbauern bestand fort. Ich erinnere mich an Besuche in seinem Berliner Ingenieurbüro zusammen mit Vertretern des Hafenbauamts, bei denen über alle möglichen Vorhaben gesprochen und seine Meinung eingeholt wurde. Sein Büro führte als offiziellen Auftrag statische Berechnungen aus und machte Vorschläge für die konstruktive Gestaltung eines Baudocks in Bremen, lieferte den Konstruktionsentwurf für ein Trockendock in Wesermünde/Bremerhaven sowie für eine dortige Hellinganlage, lieferte die statische Berechnung und konstruktive Gestaltung für eine überdeckte U-Bootwerft in Bremen und in Bremen-Farge sowie Berechnung und Gestaltung für eine überdeckte U-Boot-Schleuse, die mit einem Dock kombiniert sein sollte. Bei den letzteren Bauvorhaben war man in Bremen nur mit halbem Herzen. Ich habe selbst Verhandlungen mit hohen Marinestellen mitgemacht, in denen Bremen sich verzweifelt bemühte, diese militärischen Bauten, wenn sie schon an die Weser kommen mußten, viel weiter weg von der Stadt zu legen, weil sie für feindliche Bombenangriffe wie ein Magnet wirken würden. Es war aber vergebliches Bemühen. Als ich einen Teilnehmer nachher fragte, warum solche umfangreichen und sehr teueren Objekte derart übers Knie gebrochen werden müßten und über unsere Hafenanlagen einfach verfügt werde, antwortete er hinter der vorgehaltenen Hand, das Oberkommando habe keinen Verhandlungsspielraum mehr, weil dem Führer gemeldet sei, die Bauten seien schon fertig.

Wie kam Agatz an solche Aufträge? War er nicht durch und durch ein Ziviler und war er nicht in den Jahren nach 1933 allen Annäherungen an die Nationalsozialisten sorgfältig aus dem Wege gegangen? Alles kam dadurch, daß es in damaliger Zeit undenkbar war, an einer für die Staatsführung interessanten Stelle zu stehen und nicht herangezogen zu werden. Der in der Praxis erfahrene Inhaber eines Lehrstuhls für Hafenbau mit gründlichen Kenntnissen des Seehafenwesens mußte die Augen der Kriegsmarine auf sich lenken. So erhielt Agatz zu Weihnachten 1935 vom Oberkommando die Aufforderung, zusammen mit seinem Kollegen Bock in Köln ein Ingenieurbüro einzurichten. Dieser Aufforderung konnte man nicht ausweichen. Bock übernahm den Stahlwasserbau, Agatz die gesamten Hafenbauwerke. Diese Arbeit lief neben der Tätigkeit an der Hochschule. Die sogenannten Zivilingenieure hatten für Kriegszwecke zu arbeiten.

Im Laufe der Jahre hat Agatz aus diesem Büro etwas ganz anderes gemacht und den Schwerpunkt der Arbeit auf wirklich zivile Aufträge im In- und Ausland verschoben. Von militärischem Einsatz hatte er aus dem ersten Krieg genug, und es gelang ihm nur mit Glück und mehr zufälligen Verbindungen, sich einer kurzen militärischen Übung zu entziehen, die man ihm zugedacht hatte und ihn danach zum Reserveoffizier befördern wollte. Schließlich befreite ihn ein Admiral von der wiederholten Aufforderung zur Übung, indem er ihn als Reserveoffizier zur Marine versetzen ließ und ihn für seine Ingenieurarbeit UK-stellte.

Nach solchen Bindungen an die militärische Sphäre stand Agatz der Sinn ganz und gar nicht. Er fühlte sich glücklich und zufrieden in seiner Lehrtätigkeit. Im Laufe der ersten zwei Jahre gelang es ihm in oft mühevoller Kleinarbeit, den Lehrbetrieb mit modernen Unterlagen aus dem Gebiet des Verkehrswasserbaus, des Grundbaus und des Seebaus auszustatten. Da er geeignete Assistenten nicht vorfand, übernahm er drei bewährte Mitarbeiter aus seinen Bauaufgaben. Den akademischen Unterricht lockerte er mit vielen Diapositiven und Bildsammlungen auf, die aus dem In- und Ausland stammten und die er zum Teil selbst gefertigt hatte. Zum Gegenstand der Übungen und Vorträge in den Seminaren machte er moderne Bauaufgaben aus der ganzen Welt, wobei er aus der eigenen Erfahrung mit sich selbst und mit Kollegen Wert darauf legte, daß seine Schüler lernten, die Dinge verständlich und einleuchtend vorzutragen. Eine besondere Freude war es für ihn zu empfinden, wie die Studenten ihn verstanden und mitgingen. Die Mitwirkung seiner Assistenten Martinsen, Wolter, Bergfeld, Schultze und Lackner hat er wiederholt dankbar erwähnt. So manches Erlebte hatte ihm gezeigt, daß es für die Bildung einer gedeihlichen Arbeitsatmosphäre auf charakterliche Eigenschaften nicht weniger ankommt als auf das Können.

Auslandsreisen und Aufträge

Nachdem diese Mannschaft bereit war, konnte es sich Agatz leisten, seine Reisen zur eigenen Fortbildung wiederaufzunehmen. Sein Arbeitsprogramm setzte sich in den folgenden Jahren bis in die Kriegszeit hinein aus drei Hauptgebieten zusammen, aus der Lehrtätigkeit in Berlin, aus den Aufgaben seines Ingenieurbüros und aus dem, was er im Ausland zu lernen trachtete und was er dort zu tun bekam. Fast 14 Jahre dauerte das, 14 Jahre, die prall gefüllt mit Arbeit, aber auch mit schönen Erlebnissen mit Menschen und Landschaften in anderen Erdteilen waren und die ihm den Weitblick und die Reife des Urteils brachten, die ihn später ausgezeichnet haben. Seine Studenten spürten diese Weite, und so mancher hat die Verbindung zu ihm nie aufgegeben. In jedem Sommersemester pflegte er eine achttägige Exkursion zu veranstalten, auf der die Seehäfen Hamburg, Bremen/Bremerhaven, Danzig, Wilhelmshaven, Emden und der Nordostseekanal als Modelle für den Verkehrswasserbau angesehen wurden, die ost- und westfriesischen Inseln für den Seebau und Küstenschutz, und wo für die Seeschiffahrt die Aufgaben ausländischer Hafenverwaltungen in Southampton und London studiert wurden. Der überall dort bekannte Professor wurde von den einheimischen Kollegen freundlich unterstützt, und bei fröhlichem Umtrunk wurde abends sachgemäß vertieft, wo man eine Vertiefung für nötig hielt.

Seine zur Gewohnheit gewordene Neigung, alles bei einem Bau praktisch Erlebte unverzüglich auch wissenschaftlich zu durchdringen und auf seinen Gehalt an grundsätzlichen Erkenntnissen zu prüfen, führte zu immer neuen Veröffentlichungen in Form von Büchern oder Ausarbeitungen für Fachzeitschriften. Das wiederum brachte ihm im In- und Ausland so manchen Auftrag zu Vorträgen ein. Sie wurden für ihn Anlaß, sich hinterher in dem betreffenden Gebiet umzusehen. Von solchen Erlebnissen kann er farbenfrohe Schilderungen geben. Reiseziele waren neben den europäischen Ländern wiederholt Amerika und der Ferne Osten. Nach einem Vortrag in Stockholm bereiste er Schweden mit den Seen, der Trollhätte-Schleusentreppe und den Häfen, Mitwirkung bei internationalen Kongressen führte ihn nach Brüssel, London, New York und Montreal, zu einer Schiffsreise auf dem St. Lorenzstrom und zu einer Besichtigung des Hafens Halifax auf Neuschottland. Es ist kaum möglich, im Rahmen dieser Darstellung sein Ingenieur-Wanderleben einerseits und seine Reisen mit vielen Erlebnissen andererseits vollständig wiederzugeben. Jedesmal kam er mit neuen Kenntnissen und Erkenntnissen wieder, auch mit neuen persönlichen Verbindungen. Er hat gewiß keine ihm gestellte Aufgabe jemals vernachlässigt. Aber er brachte das fertig, was viele Menschen in noch so hohen Stellungen nicht mehr können: er machte sich frei, wo es immer möglich war, um sich umzusehen, was auf seinem Gebiet in der Welt geschah. Wurde er nach etwas gefragt oder wurde ihm eine Aufgabe gestellt, konnte er sogleich vor Augen haben, was man da und dort in dieser Sache getan und welche Erfahrungen man damit gemacht hatte. Seine weitreichenden persönlichen Verbindungen erlaubten es ihm, zu jeder Frage seines Bereichs eine Fülle von Material zusammenzutragen wie kaum einer.

Eine Aufgabe wurde ihm im Jahre 1934 angetragen, die ihm besonders lieb werden sollte. Die Hafenbautechnische Gesellschaft wählte ihn zu ihrem Vorsitzenden. Dieses Amt hat er bis 1964 innegehabt und wurde dann Ehrenvorsitzender. Dem Kreis Gleichgesinnter hat er manche Stunde seines Lebens gewidmet und seine ganze Persönlichkeit für die Zwecke dieser prominenten Vereinigung eingesetzt. Die Jahrestagungen hatten hohen wissenschaftlichen Rang, boten aber auch Gelegenheit zu gutem persönlichen Gespräch und nicht zuletzt zu fröhlicher Geselligkeit. Gleich zu Anfang seiner Amtsführung mußte er dem Problem gegenübertreten, das damals keinem Vorsitzenden einer irgendwie bedeutsamen Vereinigung erspart blieb, der politischen Gleichschaltung, die meistens zu einer Verödung der geistigen Auseinandersetzung führte. Die persönliche Mitgliedschaft in der NSDAP war für einen Vorsitzenden das Mindeste, was verlangt wurde, reichte aber oft nicht einmal aus, und ein nicht selten ungeeigneter Parteigänger wurde an die Spitze gestellt. Agatz gelang es, seine Vereinigung von solchen Einflüssen freizuhalten, indem er ein kleines Wagnis auf sich nahm. Er ging zu Generaladmiral Raeder, legte seine Sorge offen dar und bat ihn, die Schirmherrschaft über die HTG zu übernehmen. Es folgten einige bange Minuten, in denen Raeder sich bedachte. Dann sagte er mit der Begründung zu, die Arbeit der HTG berühre die Interessen der Marine. 1935 stimmte die Hauptversammlung zu, nachdem Agatz seinen Schritt in einer Form vorgetragen hatte, die jedem Mitglied eine vielleicht gewagte Stimmabgabe ersparte. Man konnte das „Führerprinzip“ auch in einem guten und nützlichen Sinne anwenden!

Mit den Interessen der Marine hatte Raeder nicht zuviel gesagt. Nicht nur der Vorsitzende Agatz, sondern auch mehrere Mitglieder der HTG haben in den nächsten Jahren ihre Kenntnisse für Bauten der Marine eingebracht. Das Ingenieurbüro erhielt eine Reihe von Konstruktionsaufträgen, die oft mit der Bauleitung verbunden waren. Besonders große Objekte waren der Bau einer Seeschleuse für Großschiffe in Wilhelmshaven und Trockendockanlagen dort sowie die U-Bootbunkerwerftanlagen in Bremen. Alle diese Anlagen sollten so konstruiert werden, daß sie Bombentreffer möglichst ungefährdet überstehen könnten. Das war eine Auflage, die sich seit Kriegsbeginn an vielen Stellen des Bunkerbaus in den Seehäfen schon deshalb als unerfüllbar erwies, weil man die Entwicklung der Bomben nicht einschätzen konnte. Von irgendwelchen wirtschaftlichen Gesichtspunkten konnte dabei überhaupt keine Rede sein.

Die Schleusenhäupter in Wilhelmshaven erhielten eine Bombenschutzdecke von 4,5 m Stärke und darunter dreifache Torkammern, von denen eine als Reserve vorgesehen war. Auch die beiden Trockendockanlagen sollten so geschützt werden. Das größte Problem war aber ihre Konstruktion bei einer Wassertiefe von bis zu 16 m unter mittlerem Hafenwasser. Für das große Reparaturdock wurde eine bis dahin noch nicht angewendete Verankerung gewählt, die aus entgegengesetzt verlaufenden Schrägpfählen bestand. Mit den erforderlichen Ramm-, Zug- und Einspülversuchen ist dann auch begonnen worden. Im Verlauf des Krieges wurden die weiteren Arbeiten eingestellt.

Zu lernen war aber doch vieles. Es wurden umfangreiche Testversuche mit eingerütteltem Sandboden und mit eingerüttelten Verankerungsteilen in Stahl unternommen. Ihre Ergebnisse wurden fortentwickelt, als 10 Jahre später der Auftrag kam, in Emden ein Trockendock zu konstruieren.

Als das Baudock in Bremen bis auf das Dockhaupt fertiggestellt war, sollte hier die Fertigung von U-Boot-Sektionen im Schutz vor Bomben untergebracht werden. Die Untersuchungen hatten ergeben, daß der Sohle und den Seitenmauern erhebliche Zusatzbelastungen zugemutet werden konnten. Nachdem etwa 100 m überdacht waren, machte der Kriegsausgang weiteren Arbeiten ein Ende. Nicht anders erging es der dann im Bau steckengebliebenen U-Boot-Werft ind Bremen-Farge mit einer stattlichen Länge von 431 m. Das 74 bis 105 m breite und 25 m hohe Bauwerk erhielt eine 4,5 m starke Überdachung, die später auf 7 m verstärkt werden sollte. Ein besonderes Problem dieses Bauwerks war die Funktion der Schleusenanlage, mit der die fertigen Boote zu Wasser gebracht werden sollten, in die Weser ausfahren konnten und hinter der auch die erforderliche Tauchprobe in rund 21 m Wassertiefe vorgenommen werden sollte.

Andere Aufträge der Marine waren die Konstruktionen von Unterständen für die Schnellboote, die an den Küsten von Frankreich, Belgien, Holland, Norwegen, Jugoslawien, Griechenland und Rumänien gebaut werden sollten, dazu Werftanlagen für Schnellboote und andere Fahrzeuge. Auch die Ausbesserung zerstörter Hafenbauwerke wurde verlangt.

Wie man damals sogar mit prominenten Ingenieuren umging, zeigt folgende Begebenheit. Todt, Chef der gleichnamigen NS-Bauorganisation, rief im Frühjahr 1941 Agatz an, er habe sich mit 20 Mitgliedern der Hafenbautechnischen Gesellschaft in einer Woche bei ihm einzufinden. Zweck sei ein Einsatz in Frankreich. Darauf ging Agatz zu den Admiralen Raeder und Bastian, die beide das Ausscheiden aus der Mitarbeit bei der Marine ablehnten. Todt habe sich auch nicht mit ihnen in Verbindung gesetzt. Es ging um das sogenannte Unternehmen Seelöwe gegen England.

Ein persönlich und sachlich nicht so delikater Auftrag, eher ein bizarrer, wurde Agatz im Sommer 1937 gestellt. Ein Mitglied der Arbeitsgruppe für den Vierjahresplan erschien bei dem Wasserbauprofessor in der Hochschule und teilte mit, Göring wünsche eine Expedition von Experten nach der in den Gewässern des St. Lorenzgolfes (Kanada) liegenden Insel Anticosti, um Aufschluß darüber zu gewinnen, ob mögliche Holzvorräte und -qualitäten den Ankauf der Insel lohnten. Die forstwirtschaftlichen, juristischen und kaufmännischen Teilnehmer seinen bereits benannt; er möge die technischen zusammenstellen und die Führung des Ganzen übernehmen. Im Juli meldete Agatz, daß alles bereit sei. Aber erst im November, also nach Einbruch des Winters im Bereich des St. Lorenzgolfes, kam der endgültige Entschluß Görings. Das Vorhaben wurde dennoch ausgeführt und ein umfangreicher Bericht erstattet, der den Kaufwert der Insel, den Baumbestand, den Holztransport auf der Insel, den Umschlag auf das Schiff, den Seetransport und den ankommenden Umschlag in Emden behandelte.

Das kürzeste Gutachten, das Agatz jemals erstattet hat, dürfte eine „Anhörung“ bei hoher Generalität im März 1944 in Paris gewesen sein. Mit Übersendung der Fahrkarte und Vorbestellung des Schlafwagens wurde er von der Organisation Todt, die nach dessen Tod einen neuen Chef bekommen hatte, dringend aufgefordert, nach Paris zu kommen. Dort wurde er zu einer Besprechung im Stehkonvent gebracht, an der drei Generäle, ein OT-General und ein Marine-Hafenbaudirektor teilnahmen. Gegenstand des Gesprächs und Frage an Agatz: wie kann man den atlantischen Meeresstrand gegen das Anlaufen feindlicher Landungsfahrzeuge sichern? Durch zur See geneigte eingerammte Holzpfähle mit Stahlspitze? Oder durch Betonpfähle? Oder durch schwere spanische Reiter aus Stahlbeton? Oder durch schwere Betonpyramiden mit Stahlspitze? Zu den beiden ersten Fragen nahm der Gutachter Agatz ein Streichholz aus der Tasche und zerbrach es mit den Worten: „So wird es mit den Pfählen gehen, wenn 500 t-Landungsboote darauflaufen.“ Zu den beiden letzteren Vorschlägen erkundigte er sich mit freundlichem Lächeln bei dem General, der sein Mißfallen durch Knurren zum Ausdruck gebracht hatte, ob Herr General schon einmal auf einer

Badeinsel gewesen sei. Ja? Auf Sylt? Ausgezeichnet! Dann habe er sicher beobachtet, daß große Steine durch die Gezeiten, erst recht bei Sturm durch die herumrollenden Wellen im Sand verschwinden. So werde es auch diesen künstlichen Hindernissen gehen. Ob er denn nichts anderes wisse, wollte die enttäuschte Runde erfahren, Nein, weil es hier um Naturkräfte gehe. Schweigen. „Werde ich noch gebraucht? Ich könnte sonst den Mittagszug noch erreichen." Barsche Antwort: nein, Gespräch mit ihm sei ja zwecklos!

Drei Monate später wurde er an die Kanalküste gerufen, wo die am Strand erbauten Geschützbunker freigewaschen und am Umkippen waren — wie jene Steine auf Sylt. Sein Rat: Verlegt die Bunker 100 m zurück in die Dünen, da stehen sie sicher! Der Pionieroffizier fiel in Ohnmacht: „Das ist ausgeschlossen, der Führer hat diesen Standort befohlen!" „Dann kann ich Ihnen nicht helfen."

Es lag wohl nicht an der Kürze dieser beiden Gutachten, daß sie nicht honoriert wurden. Der geringe Respekt vor hohen Uniformen hätte immerhin noch repariert werden können. Denn im März 1945 wurde Agatz zur Ausbildung beim Regiment Großdeutschland einberufen. Da half ihm eine feindliche Bombe, indem sie die Decke des U-Boot-Bunkers in Bremen-Farge durchschlug und Raeder ihn unverzüglich von Berlin nach Bremen in Marsch setzte, um einen genauen Bericht über den Schaden zu bekommen. Es sollte der einzige Ingenieurauftrag werden, den er nicht erfüllte. Seine Reise dauerte vom 26. März bis zum 26. Mai 1945 für die Strecke Berlin–Pyrmont–Bremen, für einen Verkehrsingenieur also etwas lange.

In Hannover war die durch mehrere Bombenangriffe unterbrochene Reise zunächst zu Ende. Züge nach Bremen fuhren nicht. Er versuchte es über Pyrmont und gelangte durch das brennende Hannover, seine Heimatstadt, zum Vorortbahnhof Linden, wo er den wohl letzten Zug nach Pyrmont bestieg. Das Unglück wollte es, daß sich die Amerikaner und dann auch die Engländer dasselbe Reiseziel ausgesucht hatten und kurz nach ihm dort eintrafen. Erst nach Wochen erlangte er die Reisegenehmigung nach Bremen. Er fuhr auf einem Damenfahrrad und wollte zunächst bei Freunden in einem Dorf vor Bremen einkehren. Dort glaubte man in dem seltsamen Reisenden einen plündernden Polen zu erkennen und verschloß alle Türen. Bis der dort auch anwesende Dr. Kranz ausrief: „Das ist ja der Professor!"

Wieder in Bremen

Agatz hat später die nun folgende Zeit von 1945 bis 1963 als seine Meisterjahre bezeichnet. Für die sehr verschiedenartigen, immer in einer Hinsicht komplizierten Aufgaben brachte er eine Erfahrungsreife mit, die ihm bei den früheren Großaufträgen noch nicht zur Verfügung stand. Diese Erfahrungen erstreckten sich nicht nur auf das Technische sondern ebenso auf alles, was mit Krieg, Gewalt, Unwirtschaftlichkeit und militärischer Urteilsschwäche zusammenhing. Er war eingesetzt worden für Dinge, deren Aussichtslosigkeit bald kaum noch verborgen bleiben konnte. Aber das war noch in einer Atmosphäre der Achtung vor der Persönlichkeit geschehen. Jetzt aber wurde er in den Dienst der Besatzungsmacht gezwungen, und wenn dieser Dienst auch einer im bremischen Interesse war und wenn auch die Formen des Umgangs in dem Maße besser wurden, wie sich das Feindbewußtsein der Amerikaner abbaute, so hat er doch in der ersten Zeit für sich und seine Mitarbeiter manches harte Wort hinnehmen müssen.

Als man sich zu Anfang in Ergriffenheit wiedersah, die früheren Senatoren und Deputationsmitglieder, die Leute aus dem Hafen und der ehemalige Bremerhavener Hafenbaudirektor, kam das Gespräch natürlich sogleich auf die Zerstörungen im Hafen und wie man ihrer am besten Herr werden könnte. Ohne Zustimmung des zuständigen amerikanischen Generals ging das nicht. Als der hörte, daß der bekannte Ingenieur in Bremen sei, ließ er ihn wie einen Arrestanten durch die Militärpolizei holen und befahl ihm, ab sofort zusammen mit den zur Verfügung stehenden Fachkräften seines Ingenieurbüros in amerikanische Dienste zu treten und ausschließlich nach seinen Weisungen im Hafen und im Stadtgebiet Bremen zu arbeiten. Der Bremer Senat habe im Hafen nichts zu sagen. Agatz hat das alles als tiefe Erniedrigung empfunden. Aber andere haben sich noch mehr gefallen lassen müssen. Als ich nach Rückkehr aus der Gefangenschaft den damals fast siebzigjährigen Senator Dr. Apelt aufsuchte, sagte er mir niedergeschlagen, er müsse unter sehr deprimierenden Umständen arbeiten und die Besatzungsmacht habe ihm sogar das Betreten des Hafens verboten.

Als es soweit war, daß man miteinander reden konnte, gaben manche Offiziere ihre Zurückhaltung auf, und es hat später Soldaten und amerikanische Zivilisten gegeben, die den Hafen gefördert und vertreten haben, wie es ein Bremer nicht mit mehr Interesse hätte tun können. Andere blieben eisig, und als Agatz es wagen konnte, nach dem Grund zu fragen, hielt man ihm die Wilhelmshavener Bauzeichnungen vor die Augen, die seine Unterschrift trugen. Im übrigen war das Mißtrauen gegen jeden Deutschen anfangs so groß, daß man keinen selbständig in Dingen gewähren lassen wollte, an denen die Besatzungsmacht interessiert war. Und am Hafen und seinen Einrichtungen sowie auch an den städtischen Anlagen war sie wegen des Nachschubverkehrs besonders interessiert. Deshalb kam es einfach nicht in Betracht, daß ein privates Ingenieurbüro unabhängig von ihr in diesem Hafen zu Werke ging. Es mußte ihrer Befehlsgewalt unterstellt sein.

Mit einigem Risiko war es also verbunden, wenn Agatz sich bemühte, seine den Amerikanern vorgeschlagenen und dann von ihnen befohlenen Maßnahmen vorher vertraulich mit Bürgermeister Kaisen und Hafensenator Apelt abzustimmen. Auch von dort erhielten die Amerikaner Vorschläge, und Agatz hatte zu ihnen Stellung zu nehmen, ob das so erforderlich sei. Zwei Jahre hat diese Konstellation gedauert. Einiges konnte man mit einigem Humor ertragen, so etwa den Auftrag, eine Kirche für das Militärlager in Bremen-Grohn zu konstruieren und dabei die Belehrung einzustecken, die Deutschen hätten in den Kasernenbereichen keine Kirchen und seien also Heiden. Aber anderes hat auch sehr wehgetan, so der Augenblick, als der Erbauer der Nordschleuse in Bremerhaven und des „Bahnhofs am Meer" zusehen mußte, wie die „Europa" still von der Kaje ablegte, um an Frankreich abgeliefert zu werden.

Da nicht abzusehen war, wie diese Verhältnisse sich normalisieren könnten und was dann aus ihm werden solle, versuchte Agatz, wieder Kontakt zu seiner Hochschule in Berlin zu bekommen und seine Rückkehr vorzubereiten. Als sich da etwas anbahnte, verweigerten die Amerikaner ihm die Rückkehr mit dem Hinweis, dort würden ihn die Russen für sich beanspruchen. Er zweifelte anfangs an der Richtigkeit dieser Annahme, sah sich dann aber eines Besseren belehrt, als tatsächlich ein Beauftragter aus Karlshorst mit entsprechenden Papieren erschien und ihm Angebote überbrachte, die verlocken sollten. Sein ganzes Büro solle er mitbringen, und es werde für alle auf das beste gesorgt werden. Dreimal kam ein solches Angebot. Aber er hatte keine Meinung dafür, von einem Kommando unter das andere zu geraten. Für kurze Zeit wurde er sogar noch von der amerikanischen Militärpolizei verhaftet mit der Begründung, er konspiriere mit den Russen. Da konnte sich Agatz die Bemerkung nicht verkneifen, von Konspiration könne schon deshalb keine Rede sein, weil die Russen doch Verbündete der Amerikaner seien.

Am 31. März 1947 endete seine Dienstzeit für die Besatzung. Am 11. April gab ihm die 522 Engineer Composite Group einen Abschiedsempfang mit allen Ehren. Der Briefwechsel mit den Offizieren war herzlich.

Präsident der Hafenbauverwaltung

Bremen bot Agatz an, wieder für den Hafen zu arbeiten. Da die Verhältnisse in Berlin unklar blieben, hier aber eine Aufgabe in einem vertrauten Bereich gestellt wurde, sagte er zu, bat aber darum, ihm eine Entscheidung für den Übertritt in das Beamtenverhältnis noch nicht abzuverlangen. So wurde einstweilen ein Privatdienstvertrag geschlossen mit der Zustimmung Bremens, daß er die Leitung seines Ingenieurbüros zunächst beibehalten werde. Er verschwieg bei diesen Verhandlungen nicht, daß er zur Zeit auf eine Beamtenstellung in Bremen keinen Wert lege.

Er führte die Dienstbezeichnung Präsident der Hafenbauverwaltung. Nicht alle Mitglieder des Hafensenators gewöhnten sich sogleich an diese Funktion, die es früher nicht gegeben hatte. Die beiden technischen Behörden, die Hafenbauämter in Bremen-Stadt und Bremerhaven, dort lange mit der allgemeinen Kommunalverwaltung verbunden im „Hansestadt Bremischen Amt Bremerhaven", der Außenstelle der gesamten bremischen Verwaltung für das Hafengebiet Bremerhaven im Gegensatz zur Großstadt Wesermünde, hatten bis dahin in der senatorischen Dienststelle keinen Exponenten. Die meisten sahen aber bald ein, daß es angesichts der ungeheuren Zerstörungen im Hafen auf Altgewohntes nicht mehr ankommen konnte. Der neuen Funktion kam wie durch einen Zufall zu Hilfe, daß im Senatsressort Finanzen der vortreffliche Staatsrat Enno Ramdohr für den Haushalt verantwortlich war, mit dem zu arbeiten für jeden, der noch einen Funken Idealismus besaß, eine Freude war. Und dieser Ramdohr war zudem ein Schulfreund des mit seinen wohlbegründeten Haushaltswünschen kommenden Agatz.

Die neue Funktion bewährte sich deshalb besonders, weil in der Sache der Vorteil entstand, daß das Senatsressort gegenüber den anderen senatorischen Behörden in der weitaus wichtigsten Sparte, dem Wiederaufbau des Hafens, technisch-sachverständig vertreten wurde und ferner die Mittelanforderungen der beiden Hafenbauämter an höherer Stelle durch einen technischen Fachmann aufeinander abgestimmt werden konnten. Man muß sich dabei vor Augen halten, daß der Hafen anfangs mehr Geld schluckte, als sämtliche anderen kommunalen Aufgaben Bremens zusammen bekamen. Im Persönlichen war die neue Funktion von Vorteil, weil Agatz alles Wesentliche mit den ihm wohlbekannten Hafenbaudirektoren besprechen konnte. Es waren in Bremen Hafenbaudirektor Enno Becker, an dessen Stelle nach seiner Pensionierung Dr.-Ing. Ralph Lutz trat, und in Bremerhaven Hafenbaudirektor Otto. Die Zusammenarbeit lief deshalb gut, weil Agatz nicht den falschen Ehrgeiz entwickelte, in alles Konstruktive einzugreifen, sondern den beiden Ämtern freie Hand ließ und den Fähigkeiten der Leiter vertraute. Er selbst bekümmerte sich um die Einpassung des gesamten Wiederaufbaus der Häfen und aller sonstigen Verkehrseinrichtungen in die technischen und finanziellen Möglichkeiten, die Bremen sich in damaliger Lage zumuten konnte. Deshalb stellte er zwei Vierjahrespläne so auf, wie es ihm sein technisches Wissen um die bremischen Häfen und seine Erfahrungen, aber auch seine Beurteilung kommender Entwicklungen eingaben.

Die zentrale Aufgabe, oft im Stillen geleistet und durchaus nicht immer dankbar, hatte wieder einmal den richtigen Mann zur richtigen Stunde gefunden, wie es einst bei den Bremerhavener Großbauten gesagt worden war. Sie verlangte den erfahrenen Ingenieur, den mit allen Gegebenheiten vertrauten Planer, den instinktsicheren Organisator, den überzeugenden Fürsprecher und nicht zuletzt den im Umgang verbindlichen Menschenkenner. Diese Eigenschaften pflegen dem Menschen nicht in die Wiege gelegt zu werden.

Dieser Arbeitsabschnitt nach dem Kriege wieder in bremischen Diensten endete am 31. Dezember 1953. Jeder weiß, daß das Ergebnis eines Baus oder Wiederaufbaus niemals das alleinige Verdienst eines Einzelnen ist. Es könnte aber immerhin die Frage gestellt werden, ob dieses Ergebnis auch dann erreicht worden wäre, wenn dieser oder jener nicht mitgewirkt hätte oder ausgefallen wäre. Da kann es keinen Zweifel geben, daß Agatz von allen am wenigsten hätte entbehrt werden können.

Als er am 31. Dezember 1953 ausschied, zeigte der Wiederaufbau gewaltige Fortschritte, die bei Kriegsende wohl niemand für möglich gehalten hätte. Vom Schuppenraum waren in den Hafenanlagen in Bremen-Stadt bei Einstellung der Kampfhandlungen noch 12% vorhanden, jetzt waren 43% wiederhergestellt. Beim Speicherraum, der zu ebenfalls rund 12% noch erhalten geblieben war, standen wieder 27%. Von den Kränen war ein Drittel übriggeblieben, das zweite Drittel jetzt hinzugekommen, zum Teil in besserer und leistungsfähigerer Gestalt, wie es auch für einen Teil des Schuppenraums gesagt werden kann. Von den bis auf 43% zerstörten Brücken war alles wieder aufgebaut, die Hafenbahn war bis auf einen kleinen Rest wieder intakt, desgleichen die Kajen. Der Hafen war also schon wieder ziemlich funktionsfähig.

Das war in vielen Hinsichten nicht nur ein Vorteil, sondern die Rettung. Denn es ist eine alte Regel im Verkehrsleben, daß ein Verkehr, der nicht oder nicht gefällig angenommen wird und deshalb abwandert, kaum jemals wiedergewonnen werden kann. Hätte sich Bremen in diesen Anfangsjahren, als der Verkehr erstaunlich früh und lebhaft wieder zu fließen begann, wegen der Beeinträchtigung seiner Leistungsfähigkeit dem Seeverkehr verweigern müssen, wäre dieser Schaden kaum wiedergutzumachen gewesen. Es ist zu bedenken, daß nach diesem zweiten verlorenen Krieg die Wettbewerbslage der deutschen Häfen sich wiederum verschlechtert hatte. Die Gründe sind bekannt. Zum Beispiel war die Tarifsituation ungünstiger geworden, die Devisen- und Zollgrenzen gegenüber den konkurrierenden europäischen Häfen waren fortgefallen, die Zonengrenze schnitt Hinterland ab, die heimische Wirtschaft war zerschlagen, das Eigenkapital fehlte mehr als je. Da hätte selbst ein intaktgebliebener Hafen einen schweren Stand gehabt.

Dem Präsidenten der bremischen Hafenbauverwaltung brauchte darüber niemand eine Belehrung zu geben. Er kannte alle konkurrierenden Seehäfen des In- und Auslandes mit ihren wirtschaftlichen Basen, und von seinen zahlreichen Auslandsreisen hatte er auch einen Überblick über die Kräfte mitgebracht, die man dort einzusetzen vermochte. In jenen ersten Jahren des allumfassenden Wiederaufbaus Bremens hat auch er sich dem Fluidum der allgemeinen Anstrengung hingegeben, das eine seither nicht wieder erreichte Gesundheit des öffentlichen Lebens und des Zusammenwirkens der Bürger der Stadt herbeigeführt hatte. Als ihm im Sommer 1949 die damalige Zweizonen-Verkehrsverwaltung, die in Bielefeld und in einem benachbarten Dorf saß und von einem Direktor für Verkehr, dem Professor Dr.-Ing. Frohne, geleitet wurde, die Bestellung zum Ministerialdirektor als Leiter der Abteilung Wasserstraßen antrug, konnte ihn das gegenüber der Aufgabe in Bremen nicht verlocken.

Als er auf Aufforderung Kaisens aus dem Privatdienstvertrag am 27. September 1949 in das bremische Beamtenverhältnis zurückgekehrt war, mußte er schweren Herzens aus seinem Ingenieurbüro ausscheiden und es seinen bewährten Mitarbeitern Dipl.-Ing. Barth, Dr.-Ing. Kranz und Dr.-Ing. Lackner in die Hand geben. Er hatte dort zeitweise an die 50 Kräfte beschäftigt.

Zum Wiederaufbau gehörte übrigens auch wieder ein größeres Objekt in Bremerhaven. Dort waren im Kriege die Fahrgastanlagen an der Columbuskaje zerstört worden. Der Passagierverkehr drängte wieder. Als erste Reederei wollte die Schweden-Amerika-Linie mit dem Dampfer „Gripsholm" den Dienst aufnehmen. Dafür konnte man nur den Vorhafen der Kaiserschleuse anbieten. Wegen der Eile wurde eine neue Zollhalle auf dem Kleiboden nur flach fundiert, indem Stahlbetonhohlkästen von geringem Gewicht eingelassen wurden. So entstand mit den dazugehörigen Gleisanlagen die Fahrgastanlage I. Als die US-Line und dann auch der Norddeutsche Lloyd hinzukamen, mußte mehr geschaffen werden. Die alte Seebäderkaje wurde in den Jahren 1951/52 durch eine neue Kaimauer für Großschiffe ersetzt und im Anschluß daran die Fahrgastanlage II erbaut. Der Rundbau, in dem die Restauration untergebracht war, und die anschließende Wartehalle sind dann ein oft gezeigtes Bild in Presse und Büchern geworden, das meistens auch die gewaltige „United States" davor sehen ließ. Ein weiterer Liegeplatz wurde bald erforderlich. Er entstand stromab und wurde durch ein Rampenwerk mit der Anlage II verbunden. Der Stahlbetonbau der Fahrgastanlage III vollendete den Gesamtkomplex einer großzügigen Konzentration des internationalen Passagierdienstes, der alles Frühere weit übertraf. Mehrere Staaten und mehrere Reedereien nahmen diese Anlagen in Anspruch. Sie stimmten damals in ihrem Urteil überein, der Passagierverkehr zur See werde trotz der Entwicklung der Luftfahrt seinen Platz behalten. Einige Jahre später wußte man es anders. Der Verkehr hat zu allen Zeiten solche Unwägbarkeiten geboten. Heute dienen die Anlagen dem Kreuzfahrtverkehr, und auch der Fährverkehr mit England hat Nutzen davon. Die Columbuskaje hat eine neue Aufgabe im Stückgutverkehr bekommen.

Als das Tätigkeitsverhältnis als bremischer Beamter erneuert wurde, war sich der Senat darüber im klaren, daß Agatz nicht nur die geachtete Stellung eines Hochschullehrers aufgab sondern auch die Freiheit, Nebenaufgaben zu übernehmen. Deshalb legte ihm Bremen keinen Stein in den Weg, als er noch während seiner bremischen Amtszeit zweimal ins Ausland, nach Indien und nach Thailand gerufen wurde. Und als der Zeitpunkt herankam, in dem sich Beamte pensionieren lassen können, gestand man ihm den Abgang zu, den er als Hochschullehrer gehabt hätte. Er wurde aus bremischen Diensten emeritiert. Freilich ließ man ihn nicht ganz ohne Verpflichtung ziehen. Er erklärte sich bereit, bis auf weiteres als Berater dem Senator für Häfen, Schiffahrt und Verkehr zur Verfügung zu stehen, eine Aufgabe, die nicht im Laufe der Jahre mit dem Älterwerden allmählich versiegte, wie er es vielleicht selbst anfänglich vor Augen gehabt hatte, sondern die eines noch fernen Tages mit einem Paukenschlag enden sollte, mit der Großleistung eines Achtzigjährigen.

Zunächst erhielt er — gewissermaßen als Abschluß seiner Beamtentätigkeit in Bremen — einen wenig angenehmen Auftrag des Senats. Er sollte die bremische Bauverwaltung reorganisieren. Es war eine Aufgabe, bei der er auf keinen befriedigenden Abschluß hoffen konnte, weil ein solcher nicht in seiner Hand lag sondern bei politischen Instanzen, die möglicherweise andere Gesichtspunkte entscheiden lassen würden als diejenigen eines Ingenieurs. So ist es dann auch gekommen. Der Auftrag wurde am 30. Oktober 1953 erteilt, ohne daß man vorher mit ihm Fühlung genommen hatte. Er sollte ein Jahr lang aus der Hafenbauverwaltung ausscheiden, die ihm liebgeworden war. Es ergab sich, daß der Bausenator persönlich ihn dem Senat für diesen Auftrag vorgeschlagen hatte, sicherlich eine Auswirkung des schon in den zwanziger Jahren begründeten Vertrauensverhältnisses. So waren wenigstens hier keine peinlichen Spannungen zu befürchten.

Agatz traf sofort eine wesentliche Entscheidung, indem er es ablehnte, die Leitung der gesamten Bauverwaltung zu übernehmen. Er wollte unbefangen bleiben und von außen her sich ein Urteil bilden. So entstand aus ständigen Kontakten mit den einzelnen Stellen und einer fast täglichen Aussprache mit dem Senator Stück für Stück das Gerüst eines Organisationsplans, dem er einen eingehenden Bericht anfügte. Es kam aber noch ein zweiter Teil des Auftrages hinzu, der nicht weniger schwierig und auch voller Veranwortung war. Er sollte vorschlagen, welche Persönlichkeit die neue Oberleitung unter dem Senator erhalten sollte, wobei niemand einen Zweifel hatte, daß man nach einem Auswärtigen Ausschau zu halten habe. So diffizil dieser Auftrag auch war, so konnten der Fachsenator und der Senat davon ausgehen, daß kaum jemand, der Bremen nahestand, einen solchen Überblick über in Betracht kommende Persönlichkeiten haben könne als Agatz, der Vorsitzende der Hafenbautechnischen Gesellschaft, das Mitglied zahlreicher technischer Gremien und ein Mann mit sehr weitreichenden personellen Beziehungen. Er zog denn auch umfangreiche Erkundigungen in Hamburg, Hannover, München und Kiel ein und schlug schließlich einen als geeignet und entwicklungsfähig bezeichneten Stadtbaurat vor, mit dem er sich vorher gründlich besprochen hatte. Das Befürchtete trat aber dann ein, und der Bewerber zog seine herausgeforderte Bewerbung zurück. Das gute Verhältnis zum Bausenator blieb erhalten, und ich habe selbst gehört, wie beide voneinander mit freundlicher Hochachtung sprachen.

Das, was Agatz zur Erfüllung seines Auftrages tun konnte, hatte er getan. Es lag nun nahe, in die alte Stellung als Präsident der Hafenbauverwaltung zurückzukehren. Aber dort hatte man, ohne sich mit ihm ins Benehmen zu setzen, eine wesentliche Veränderung veranlaßt. Er sollte zwar technisch tätig werden, aber die beiden wichtigen Sachgebiete Haushalt und Finanzen hatte man ihm abgenommen. Das war für sein Tätigkeitsverhältnis eine Art Änderung der Geschäftsgrundlage, die hinzunehmen er nicht bereit war. So verlangte er seine Entlassung und wurde emeritiert.

Emeritiert, aber weiter im Senatsauftrag

Aber bald folgte ein neuer Auftrag des Senats. Es war nach langen Vorverhandlungen, Wettbewerbsberechnungen und Standortprüfungen des Unternehmens gelungen, die Klöcknerwerke zur Ansiedlung eines neuen Tochterunternehmens an der Weser innerhalb des Stadtgebietes Bremens zu bewegen. Obwohl das in Betracht kommende Gelände unterhalb des Industriehafens seit Jahrzehnten als Wirtschaftsgelände vorgesehen war, war noch nicht alles im bremischen Eigentum, und es ergab sich in den Besprechungen auch, daß von seiten der Stadt eine Reihe von Vorleistungen zur Erschließung des Geländes notwendig wurden, die im Vertrag niedergelegt wurden. Diese Maßnahmen griffen in die Zuständigkeit mehrerer bremischer und außerbremischer Behörden ein, und es war nicht nur Entgegenkommen sondern Notwendigkeit, dem Unternehmen zu ersparen, mit jeder dieser Stellen eigene Verhandlungen zu führen. Deshalb wurde Agatz mit der Koordinierung beauftragt und bildete einen Arbeitsstab Klöckner-Projekt, in welchem alle beteiligten Senatsressorts mit ihren Ämtern und alle sonstigen Stellen einschließlich der Bundesbahn sowie die in dieser Sache wichtigsten Persönlichkeiten aus dem Haus Klöckner zusammengefaßt waren. Die erste Sitzung dieses Arbeitsstabes fand am 12. Februar 1954 statt, die letzte am 13. September 1959.

Parallel lief ein Beraterauftrag der Klöckner-Werke für Fragen der Fundierungsart für die schweren Hütten- und Walzwerkanlagen.

Da mit erheblichen und dauernden Erschütterungen und außerdem im Laufe der Jahre mit Werksumbauten zu rechnen war, sah er von einer Pfahlgründung ab, obwohl sie billiger geworden wäre als nun den 4—6 m hoch anstehenden Kleiboden eines alten Weserbettes auszuheben, dafür Baggersand aus der Weser einzurütteln und darauf eine massive Gründung für die Werksanlagen zu schaffen.

Die Lagerplätze für die Erzumschlagsanlagen in Bremerhaven sollten auf früherem Wiesengelände errichtet werden, wo der Klei 10—14 m hoch anstand. Es wurde gewagt, 3—5 m hoch Sand zur Erhöhung der Lastverteilung und des Scherwiderstandes des Kleibodens aufzuschütten und auf eine weitere Fundierung zu verzichten.

Nach Jahren des Betriebes kamen wie erwartet die Setzungen zum Stillstand, so daß die Plätze also ausreichend tragfähig geworden waren. Jedoch wich der Klei an den Rändern zur Seite und gefährdete die Pfahlfundierung der Kranbahnen. Sie hielt aber so lange stand, bis auch diese Bewegung zur Ruhe kam.

Später wurde die Klöckner Anlage in Bremen noch mit Hochöfen ausgerüstet. Die Hütte Bremen ist heute das Paradepferd im Stalle Klöckner.

In diese Zeit fielen zwei kleinere, aber in ihrer Art besondere Aufträge. Auf Einladung der Technischen Hochschule und der Verkehrshochschule in Dresden hielt Agatz in der Zeit zwischen 1953 und 1956 Gastvorlesungen. Themen waren zum Beispiel „Der Fischereihafen Bremerhaven und die Lösung seiner Umschlag- und Verkehrsprobleme“, „Die Ingenieurfunktion in einem Seehafen“ und „Die Hafenverkehrsprobleme in Indien“. Der andere Auftrag waren technische Beratungen einmal für eine französische Baufirma wegen eines Trockendockbaus in Marseille von 1960 bis 1968 und zum zweiten für die Stadt Lübeck wegen der Linienführung der Herrenbrücke mit Rücksicht auf den späteren Ausbau der Hafenanlagen am Breitling.

Die Aufgabe in Thailand

Zu einer Zeit nach dem Kriege, in der es Deutsche noch schwer hatten, im Ausland wieder Anerkennung zu finden, nahm die Thailändische Regierung alte Beziehungen zu Agatz wieder auf und lud ihn Anfang 1952 zu einem Besuch ein, um sich seines Rates wieder zu bedienen. Vom 23. März bis zum 25. Mai 1952 führte er diese Reise aus; es war die dritte in dieses Land, in welchem weder japanische noch englische Bemühungen ihn aus seiner Gutachteraufgabe hatten verdrängen können. Man mußte also wohl zufrieden mit dem gewesen sein, was er vor dem Kriege dort geleistet hatte. Es war ein großes Objekt gewesen.

Im Juni 1937 hatte nämlich der thailändische Wirtschaftminister im Auftrag seiner Regierung eine internationale Ausschreibung für die Anlage eines neuen Seehafens in Bangkog — Klong Toi erlassen. Der frühere Generaldirektor des Norddeutschen Lloyd, Glässel, bat Agatz, sich an dieser Ausschreibung zu beteiligen. Da es auch im Interesse des Außenhandels und indirekt um den Goodwill Bremens ging, Agatz dem Lloyd auch zu Dank verpflichtet war, versprach er sorgfältige Prüfung. Die zunächst vorliegenden Unterlagen waren unzureichend und mußten durch einen Bericht der Völkerbundkommission aus dem Jahre 1933 ergänzt werden. Auch dann reichte die Information für eine solche Aufgabe eigentlich noch nicht. Für eine Informationsreise nach Bangkok aber war es zu spät. Agatz mußte sich dadurch helfen, daß er seine Vorschläge in mehrere Varianten gliederte. Zum Termin gingen Vorschläge in Thailand ein aus Japan, Dänemark, Frankreich, Italien, England und Thailand selbst. Seine Entwürfe leitete Agatz über die Hamburg-Siam

Compagnie in Bangkok. Mit deren Inhaber Paul Lamzies war Agatz seit vier Jahrzehnten eng befreundet. Dieser war seit 1924 in Siam tätig und kannte die wechselvollen Verhältnisse sehr genau. Ihm verdankte Agatz manchen wertvollen Ratschlag.

Agatz erhielt für seinen Entwurf 2000 Bath mit dem Bescheid, seine Vorschläge würden für die geeignetsten für die Aufstellung eines Generalplanes gehalten. Er wurde zu einer eingehenden Besprechung mit dem thailändischen Gesandten nach London gebeten und daraufhin als Generalberater der Regierung beauftragt. Er hatte zunächst einen Generalplan aufzustellen, sollte in jedem Jahr drei Monate sich in Thailand aufhalten, im übrigen die Arbeiten in Deutschland leisten und einverstanden sein, diesen Gesamtauftrag ohne zeitliche Begrenzung anzunehmen.

Das war ein großer persönlicher Erfolg; denn andere Teilnehmer an der Ausschreibung hatten sich wochenlang vorher an Ort und Stelle informiert. Vom 7. Mai bis 22 Juli 1938 konnte er sich nun in Land und Stadt, vom Land her und vom Wasser her umsehen, Persönlichkeiten vieler Zuständigkeiten kennenlernen und sich so sachliche und personelle Voraussetzungen für seinen komplizierten und umfassenden Auftrag schaffen. Das Entgegenkommen war groß, die Arbeisatmosphäre gut, das Land mit seinen ganz andersartigen Verkehrs- und Wirtschaftsverhältnissen voller Reiz. Außer einer Empfehlung der Regierung, wo der neue Hafen etwa liegen sollte, waren keinerlei Richtlinien für die Planung gegeben, was die Verantwortung des Beraters vergrößerte. Es war die wirtschaftliche und wasserbauliche Ausrichtung des Hafens zu ermitteln, Überlegungen über den voraussichtlichen Güterumschlag mußten zuverlässig angestellt werden, die Ausrüstung mit Schuppen, Speichern, Straßen- und Eisenbahnanlagen, die Gestalt der Kaimauern, die Regulierung der Mündung des Flusses Mena und der Ausbau eines genügend tiefen Unterwasserkanals durch die Barre waren zu konstruieren und zu veranschlagen. Alles war Neuland, also für einen Planungsingenieur eine herrliche Aufgabe, allerdings auch eine voller Risiken.

Als diese drei Monate vergangen waren, konnte ein großer Koffer voll Arbeit für das Berliner Büro mitgenommen werden. Natürlich bekamen auch die Studenten ihren Anteil an diesen Erlebnissen in Gestalt von Schilderungen und Seminarthemen. Als die zweite Reise im Mai 1939 angetreten wurde, waren baureife Entwürfe erarbeitet, und wenig später hatte Agatz bereits die Bauarbeiten zu kontrollieren. Er hatte auch Erkundungsreisen für weitere Häfen zu unternehmen, die im Süden des Landes an der Ost- und Westküste liegen sollten. Verbunden damit war ferner eine Untersuchung über einen Seekanal im Süden durch die Malakkahalbinsel. Da brach der Krieg aus. Agatz erhielt von der Thairegierung den Auftrag, seine Tätigkeit auch weiterhin auszuüben.

Im Dezember 1939 wurde Agatz über den deutschen Gesandten angewiesen, auf dem schnellsten und zugleich sichersten Weg nach Deutschland zurückzukehren. Das von der deutschen diplomatischen Vertretung gebuchte Schiff benutzte er zu seinem Glück nicht, sondern nahm nach Beratung mit seinen zwei Thaiministern einen japanischen Frachter, der ihn in einer zwölftägigen Sturmfahrt über Formosa nach Kobe in Japan brachte. Von dort konnte er mit Unterbrechungen zu Schiff und mit der Eisenbahn von Tokio über Osaka, Korea und Harbin, wo es bis 35 Grad kalt wurde, mit der Transsibirischen Bahn nach Moskau und eine Woche später von dort über Wilna, Posen und Frankfurt an der Oder nach rund 19000 km zurückkommen.

Nun ergab sich 1952, daß der Krieg diese alte Beziehung zu Thailand nicht gestört hatte. Der neue Hafen hatte sich bewährt und gut entwickelt. Er sollte jetzt erweitert werden. Aber auch auf organisatorischem Gebiet war manches für seine höhere Leistungsfähigkeit zu tun. Ein neuer Generalplan war aufzustellen. Außerdem wurden erste planerische Ideen für zwei neue Häfen Songkhla und Phuket erbeten. Ein umfassener Schlußbericht nach einer vierten Reise wurde Abrundung und Abschluß dieser überaus reizvollen und erfahrungsträchtigen Gesamtaufgabe.

Aufgaben in drei Erdteilen

Ein Auftrag in Nicaragua schloß sich beinahe unmittelbar an. Indirekter Auftraggeber war der Präsident von Nicaragua; vorgeschlagen hatte den Gutachter Agatz die Stahl-Union Düsseldorf. Zu beurteilen waren die Häfen Corintho, St. Juan del Sur an der Pazifischen und Bluefields-El Bluff an der Atlantikküste. Es ging um Fragen der wirtschaftlichen Entwicklung des Seehafenverkehrs und der Verkehrsplanung. Das damals noch wenig erschlossene Land stellte der Erkundung der örtlichen Verhältnisse ziemliche Schwierigkeiten entgegen. So konnte manches nur vom Flugzeug aus, anderes nur von See her beurteilt werden. Da der Gutachter allmählich gewohnt geworden war, sich mit ungewöhnlichen Verhältnissen abzufinden, nahm er sich einen kleinen Kutter und fuhr damit die betreffenden Küstenstreifen entlang. Weil man an das Ufer nahe heran mußte, war stets eine nicht ungefährliche Überwindung der hohen Brandungswellen erforderlich. Dieser Auftrag endete mit einem ausführlichen Bericht und technischen Vorschlägen über den möglichen Ausbau der Häfen.

In einem gewissen Zusammenhang mit dem Thailand-Auftrag stand die Heranziehung zum Ausbau des indischen Hafens Kandla, der für das Land Ersatz schaffen sollte für den an Pakistan verlorenen Hafen Karatschi und Entlastung bringen sollte für den großen Hafen Bombay. Man hatte international ausgeschrieben, und die deutsche Firma Butzer in Dortmund hatte das Angebot abgegeben, das dem Gutachter des Bauherrn wegen der guten konstruktiven Durcharbeitung als das günstigste erschien. Agatz als beauftragter Gutachter hatte sich, ehe er seine Empfehlung aussprach, mit den sehr schwierigen Baubedingungen zu beschäftigen, die wegen des tückischen Untergrundes mit rund 10 m starken Kleischichten denjenigen in Bremerhaven nicht unähnlich waren. Er mußte in Wasser und tiefen Schlamm hineingehen, um die vorhandenen Bauwerke der Uferbefestigung beurteilen zu können. Die Meßpunkte für die Höhenlage der neuen Bauten mußten erst geschaffen werden. Da Bauholz in genügender Qualität und Menge nicht vorhanden war, war alles in Stahlbeton auszuführen. Problematisch war, daß die indische Kommission sich bei der Wahl des Standortes des Hafens früher auf einen englischen Ingenieurbericht gestützt hatte, der ganz unzulänglich war. So war auch die Frage, wie eine sichere Zufahrt von See her über die Barre und das Creek-System einzurichten sei, nicht berücksichtigt worden. Für das Hafenprojekt selbst mußte Agatz die nicht von ihm zusammengestellten Angebotsbedingungen prüfen und berücksichtigen, ehe er sich ein Urteil über die eingereichten Angebote selbst bilden konnte. Noch während seines Aufenthaltes auf dieser ersten Indienreise 1951 wurde der Zuschlag erteilt, und der Bau begann. Errichtet wurden Kaimauern, Speicher, Schuppen, Kran- und Eisenbahnanlagen, eine Dockanlage und ein Ölpier, wobei spätere Verstärkungen der Leistung und Erweiterung offengehalten wurden, zu denen er ebenfalls sein Urteil abzugeben hatte.

Eine zweite Reise nach Indien von Februar bis August 1954 wurde dadurch ausgelöst, daß auf den Baustellen allerlei Schwierigkeiten aufgetreten waren, die dem deutschen Unternehmen schwer zu schaffen machten. Agatz wurde zu Hilfe gerufen, um Vorschläge für die Überwindung der Hindernisse zu machen und mit dem Leiter des indischen Baustabes unmittelbar in Verbindung zu treten. Er fand sehr unerfreuliche Verhältnisse vor, die entstanden waren durch persönliche Reibereien zwischen indischen und deutschen Stellen, an denen beide Schuld trugen, aber auch durch mangelhafte Organisation des Bauablaufs und durch Abweichungen von den konstruktiven Plänen. Es gelang einigermaßen, das Schiff wieder flott zu machen, wobei ihm persönliche Beziehungen von der ersten Reise her zustatten kamen. Mit Menschen umzugehen, hatte er vor langer Zeit schon gelernt.

Während der Jahre 1952 und 1953 war Agatz für die Port Authority of Thailand wiederum in Bangkok, wo er den ersten Hafenplan nunmehr den inzwischen veränderten Verkehrs- und Umschlagsverhältnissen anpaßte und für den Südhafen Songhkla einen Ausbauplan entwarf.

Im Zusammenhang wiederum mit der Tätigkeit in Indien stand ein Gutachterauftrag in der Türkei im Januar 1953, wo Schwierigkeiten der deutschen Baufirma beim Ausbau des Hafens Haydar Pasa/Istambul, vor allem bei der Gründung der Bauwerke, aufgetaucht waren. Auch zu der Ausschreibung des Hafens Mersin am Mittelmeer wurde seine Mitarbeit erbeten. Diese Reise bot dem Hafenbau-Professor willkommene Gelegenheit, mit ehemaligen Studenten der Technischen Hochschule Berlin-Charlottenburg, die aus der Türkei stammten, wieder in Verbindung zu treten. Sie waren in den Jahren von 1931 bis 1945 seine Schüler gewesen. Daß auch Verbindungen zu leitenden Persönlichkeiten der Ministerien entstanden, war bei der Bedeutung der Projekte nur natürlich.

In den Jahren 1953 und 1954 gab es auch in Deutschland für den international erfahrenen Ingenieur zu tun. In Emden hatten sich die Nordseewerke GmbH zum Bau eines großen Bau- und Reparaturdocks entschlossen, weil eine derartige Anlage für eine Großwerft in dieser Lage am Eingang des Englischen Kanals unentbehrlich erschien. Die Überlegungen hatten ergeben, daß ein Trockendock die beste Lösung sei. Da die Sohle des Docks auf 13 m unter Mittelhochwasser liegen sollte, mußte mit einem sehr starken Auftrieb gerechnet werden. Eine hiergegen genügend starke Betonsohle war nach der Konstruktion unbefriedigend und in wirtschaftlicher Hinsicht nicht zu vertreten. Dr. Lackner hatte einen Entwurf für eine dünne, gegen den Baugrund vorgespannte, verankerte Docksohle gefertigt und Agatz um Unterstützung bei dem Konstruktionsvorschlag und bei der Bauausführung gebeten. Beide führten dann den Auftrag aus. Dabei kamen die Erfahrungen aus der Wilhelmshavener Zeit zustatten, und es wurden die Versuche, die Voraussetzungen für eine Sohlenverankerung an darunterliegenden, eingespülten Konstruktionsteilen und alsdann eingerütteltem Boden zu schaffen, unverzüglich wieder aufgenommen. Sie erbrachten Ergebnisse, auf die man sich verlassen konnte, und es wurde entsprechend gebaut. Es wurde der erste Bau mit einer solchen Tiefenverankerung. In den seither vergangenen 20 Jahren hat er sich bewährt.

Einer der kompliziertesten und auch in persönlicher Hinsicht schwierigsten Aufträge wurde der Weiterbau eines neuen Seehafens in Greenville in Liberia. Kompliziert war er, weil die Hafen- und

Molenbauwerke dem ungeheueren Andrang der Antlantikwellen standhalten sollten. Diese hatten in den Anfängen des Baus eine Probe ihrer vernichtenden Macht gegeben, als sie aus einer im Bau befindlichen Molenstrecke mehrere 1000 cbm Gestein herausbrachen. Die ersten Entwürfe für diesen Hafen stammten von einem deutschen Ingenieur, der Agatz persönlich bekannt war und den er menschlich hoch schätzte. Aus der Unzulänglichkeit des bisherigen Baugeschehens waren bereits erhebliche Geldforderungen entstanden, die mit Sicherheit auch zu Auseinandersetzungen mit der liberianischen Regierung führen würden. Da Agatz auf einer ersten Informationsreise, zu der ihn die von der liberianischen Regierung beauftragte Reederei und Handelsfirma aufgefordert hatte, zu der Überzeugung kam, daß das ganze Projekt schon im Ansatz unzureichend angelegt war, hätte es nahegelegen, das offen zu sagen, um nicht nur freie Hand für einen neuen Anfang zu gewinnen, sondern um sich auch von allen schon entstandenen und möglicherweise noch kommenden Verflechtungen von Ersatzansprüchen auf jeden Fall freizuzeichnen. Dieser Weg erschien ihm aber dem am Bau beteiligten Unternehmen, vor allem aber dem Kollegen gegenüber nicht fair. Deshalb machte er sich an die risikovolle Arbeit, aus dem Vorhandenen das Bestmögliche zu machen und beide Partner so weit wie möglich aus ihren Schwierigkeiten zu befreien.

Das ist ihm gelungen. Freilich waren weitere 14 Reisen von einer bis zu drei Wochen Dauer von 1957 bis 1964 erforderlich, um Unterlagen zu beschaffen, Strömungsverhältnisse zu ermitteln und unter Einsatz aller Erfahrungen zu konstruieren. Sodann hat er auch den Baufortschritt im einzelnen kontrolliert. 1964 war nicht nur alles gerettet sondern auch der neue Hafen betriebsbereit. Er hat sich seither bewährt und soll noch weiter ausgebaut werden. Auch dafür hatte Agatz planerisch bereits Vorsorge getroffen. Die in seinen privaten Arbeitsberichten aufbewahrten Konstruktionszeichnungen lassen kaum erkennen, wieviel Sorge hinter ihnen stand.

Versuch eines Ruhestandes

Der große Baumeister war nun in die Jahre gekommen, in denen man auszuruhen trachtet. Ja, der normale Ruhestand pflegt bei den meisten Menschen zu der Zeit beginnen, in der Agatz den schwierigen Liberia-Auftrag übernahm, und als er ihn zum glücklichen Ende gebracht hatte, war er 73 Jahre alt.

Dieses Jahr 1964 erschien ihm der rechte Zeitpunkt, sich von einer ganzen Reihe von Nebenfunktionen zurückzuziehen, denen sich ein Mann seiner Leistung und Reichweite einstmals nicht entziehen konnte. So gab er den langjährigen Vorsitz in seiner geliebten Hafenbautechnischen Gesellschaft ab und wurde mit der Wahl zum Ehrenvorsitzenden dankbar geehrt. 30 Jahre lang hatte er diese international respektierte Vereinigung durch viele Fährnisse, aber auch durch viele glückliche Zeiten geleitet. Um in Zukunft die Berechnungsverfahren auf dem Gebiet der Ufereinfassungen auf eine allgemein anerkannte Grundlage zu stellen, gründete Agatz 1949 den Ausschuß Ufereinfassungen der HTG, dem später auch die Gesellschaft für Erd- und Grundbau beitrat. Professor Dr.-Ing. Lackner wurde von Agatz zum Vorsitzenden berufen. Dieser Ausschuß hat dann in der 5. erweiterten Auflage der Sammelveröffentlichungen der Empfehlungen Agatz' mit folgenden Worten gedacht:

„Dem Altmeister des deutschen Hafenbaues Herrn o. Professor em. Dr.-Ing. Dr.-Ing. E.h. Arnold Agatz, dem Initiator und langjährigen Förderer des Ausschusses anläßlich der bevorstehenden Vollendung seines 85. Lebensjahres in Verehrung und Dankbarkeit gewidmet.

Arbeitsausschuß Ufereinfassungen der Hafenbautechnischen Gesellschaft und der Deutschen Gesellschaft für Erd- und Grundbau."

Bald darauf gab er nach 16 Jahren den Vorsitz im Küstenausschuß Nord- und Ostsee ab, blieb aber auf Bitten Bremens noch Mitglied des Verwaltungsausschusses. 1964 schied er als Mitglied des Verwaltungsrates des Zentral-Vereins für deutsche Binnenschiffahrt aus und blieb lediglich korrespondierendes Mitglied. Er legte in diesem Jahr die Mitgliedschaft im Aufsichtsrat der Fischereihafen-Betriebsgesellschaft Bremerhaven nieder, die er seit 1948 innegehabt hatte. Er gab die Mitgliedschaft in der Permanenten Kommission des Internationalen Verbandes der Schiffahrtskongresse auf, wo er als Vertreter der deutschen Seehafenbelange seit 1951 gewirkt hatte. Die gleiche Zeit war er Mitglied des Aufsichtsrats der Norddeutschen Hütte Bremen und beendete 1964 auch die seit 1952 bestehende Mitgliedschaft im Aufsichtsrat der Mittelweser-AG, in der als er Vertreter Bremens oft entscheidend geholfen hatte und wo er stellvertretender Vorsitzender neben dem Vertreter des Bundes war. Die seit 1954 laufende Mitgliedschaft als Vorstandsmitglied des Deutschen Verbandes technisch-wissenschaftlicher Vereine beendete er gleichfalls 1964 und bat zur selben Zeit, ihn als Mitglied des Vorstandsrates des Deutschen Museums in München zu entlassen; freilich mußte er sich noch bis 1970 als Mitglied des Verwaltungsausschusses zur Verfügung stellen.

Eine Anzahl anderer Ämter mußte er noch behalten. Es waren genug, um ihn noch weiter zu beschäftigen, wie er es gewohnt war. Denn er hat sich niemals in ein Gremium wählen lassen, ohne auch dafür zu arbeiten, wie ich aus persönlichem Erleben bestätigen kann. Solche Ämter waren für ihn kein Zierrat, mit dem sich oft ältergewordene Personen behängen lassen. Freilich war es für Organisationen verlockend, einen solch angesehenen Mann mit an ihrer Spitze oder in ihren Reihen zu wissen.

Es hätte also nun, wo es auf die Mitte der siebzig zuging, eine Zeit beschaulichen Betrachtens einer reichen und anerkannten Lebensarbeit einsetzen können. Ein bißchen war allerdings noch zu tun. Ja es gab noch einmal einen größeren Auftrag, als er im April 1965 von der Regierung des Landes Nordrhein-Westfalen zum Hauptkoordinator Binnenschiffahrt für den Generalverkehrsplan dieses Landes bestellt wurde und bis zum Dezember 1966 hier tätig war. Mit seiner Arbeit als Planungs- und beratender Ingenieur hing es zusammen, daß er von 1959 bis 1972 Mitglied des Aufsichtsrats der Klöckner Werke AG Duisburg blieb, wo er sich insbesondere um die Werksanlagen in Bremen und um die Gründung der Kranbahnen und Erzlagerplätze in Bremerhaven zu kümmern hatte. Von 1959 bis 1972 blieb er auch Mitglied der Werksgruppe des Beirats Eisen- und Stahlerzeugung der Klöcknerwerke. Als die Klöcknerhütte in Bremen noch ein juristisch selbständiges Unternehmen war, gehörte er auch deren Aufsichtsrat an.

Noch einmal ein Großauftrag

Aber ehe es ein wirklicher Ruhestand wurde, hatte ihm das Schicksal noch einmal eine große Arbeit zugedacht, eine, nach der es ihn gewiß nicht verlangte. Denn seit längerer Zeit hatte er mit Sorge zugesehen, wie an einem großen und für Bremen überaus wichtigen Projekt gearbeitet wurde, ohne den Tücken des Baugrundes den gebührenden Respekt zu erweisen. Und wer kannte diesen Baugrund besser als er, der ihn bei der Columbuskaje, der Nordschleuse, der Drehbrücke, dem Kaiserdock, in den Hafenbecken und auf der Geländeoberfläche bei der Gründung der Hochbauten kennengelernt hatte!

Bremerhaven sollte Containerstation ersten Ranges werden. Mit den großen Schiffahrtsunternehmen des Auslandes hatte man Abreden über die Qualität der Anlagen und über den Termin der Betriebsbereitschaft getroffen. Der Senat hatte sein Wort gegeben. Die Bremer Lagerhaus-Gesellschaft stand in vertraglichen Verpflichtungen. Aber beim Bau des heutigen Containerkreuzes Bremerhaven gerieten nicht nur die Termine in Gefahr, sondern dem ganzen Bau drohte ein Unglück.

Agatz sah sich in einer schwierigen Lage. Er sah, was passieren konnte, und er war formell noch immer Berater des Fachsenators in technischen Angelegenheiten. Er war also verpflichtet zu warnen, und er tat es auch, deutlich, aber in taktvoller Form. Er wollte nicht eingreifen, denn man hatte ihn bisher nicht um seine Meinung gefragt, und der Senator wünschte offensichtlich ein solches Eingreifen auch nicht, weil er seiner Sache sicher zu sein glaubte. Aber andere, die auch ein Urteil über die Dinge beanspruchen durften, Leute mit Orts- und Sachkenntnis aus Bremerhaven, ließen ihn ihre Besorgnisse wissen.

Das war gewiß keine angenehme Lage für einen Mann, der die Risiken kannte und schon einmal eine Situation erlebt hatte, die der jetzigen nicht unähnlich war. In seinen persönlichen Aufzeichnungen findet sich folgender Satz: „Als sich dann Ende 1969 weitere Schwierigkeiten bei der Durchführung der Rammarbeiten an Spundwänden und Pfählen für die Stromkaje in Bremerhaven herausstellten und im weiteren Verlauf der Bauarbeiten auch die Firmengemeinschaft keine Lösung fand, entschloß sich der Hafensenator im März 1970, der Firmengruppe den Auftrag zu entziehen."

Das ist sehr neutral und bescheiden ausgedrückt. Der Hintergrund dieser Schilderung war Verwirrung und hohe Erregung in den technischen Stellen, im Hause des Fachsenators, im Rathaus und auch in der Bürgerschaft. Und es war nicht immer schön anzusehen, wie sich einige bemühten, dem politischen Zündstoff aus dem Wege zu gehen.

Am 5. März 1970, als das Ganze einem Eklat zutrieb, wurde Agatz in das Rathaus gebeten. Der Präsident des Senats ließ sich informieren, wobei Agatz das zusammenfaßte, was er im Laufe der Zeit dem Senator vorgetragen hatte. Danach erklärte er mit Nachdruck, er werde es immer ablehnen, vor dem Senat oder der Bürgerschaft ein Urteil über die Schuld am Bauversagen abzugeben. Obwohl man den greisen Mentor nicht gehört hatte, war er auch dieses Mal fair und überlegen, wenn er auch über das Vergangene tief verletzt sein mußte. Aber abgesehen von diesem persönlichen Moment war es immer bremische Verwaltungspraxis gewesen, alle diejenigen ohne Rücksicht auf Rang und Stellung in Verwaltung oder Wirtschaft an den Tisch zu holen, die zu einem anstehenden Projekt etwas sagen konnten.

Nachdem man sich in der Landesregierung und im Parlament genügend über die Sache ausgelassen hatte, nicht immer sachlich und auch nicht immer zugreffend, wurde Agatz am 28. April 1970 vom Senat beauftragt, die Oberleitung für die konstruktive Gestaltung und für die Baudurchführung der Stromkaje in Bremerhaven zu übernehmen.

Er sollte einmal wieder Retter in der Not sein, wie er es schon öfter gewesen war und wie es an sein Gefühl von Fairneß hohe Anforderungen stellte. Sein Hausarzt hatte vor den bestimmt eintretenden gesundheitlichen Folgen einer derartigen Überbeanspruchung in seinem Alter gewarnt. Diese Schäden sind dann 1974 auch eingetreten. Wer hätte es nicht verstanden, wenn er gesagt hätte, er habe ja rechtzeitig gewarnt, man solle nun sehen, wie man aus der Patsche komme, und man solle einen Mann damit in Ruhe lassen, der auf seinen achtzigsten Geburtstag zugehe? Das hat er aber nicht gesagt, sondern er hat sich sofort zur Verfügung gestellt und dann eine Arbeit geleistet, die in diesem Alter nahezu unglaublich ist.

Schon seit dem Gespräch mit dem Bürgermeister beschäftigte sich Agatz mit der Frage, wie der entstandene Schaden am besten repariert und künftiger Schaden noch abgewendet werden könne. Firmen waren aufgefordert worden, Vorschläge für die Weiterführung des Baus zu machen und eine bessere konstruktive Lösung für die Gestaltung der Kaje zu finden. Diese Vorschläge unterzog er einer eingehenden Prüfung, wobei ihn besonders interessierte, ob und auf welche Weise die bereits gerammten Pfähle und Spundwände in die neue Konstruktion übernommen werden könnten.

Daneben liefen Untersuchungen über die Ursachen des Versagens der Beteiligten beim Bau der ersten 200 m der Kaje; denn dieses Urteil war für alles Weitere von Bedeutung, ganz abgesehen von der Notwendigkeit einer Prüfung aus Gründen der Verwaltungsdisziplin. Ferner war zu überlegen, was an zusätzlichen Ermittlungen über die Wertigkeit des ausgetauschten Bodens auf der ganzen Kaistrecke noch erforderlich war.

Er hatte sich in Erwartung dessen, was nun alles auf ihn einstürmen würde, freie Hand für sein Vorgehen ausbedungen. Und diese Freiheit brauchte er jetzt; denn in den folgenden Monaten ging es auf den Baustellen mit Energie voran, am Verhandlungstisch aber oft turbulent zu. Jüngere Teilnehmer an den Besprechungen haben mir erzählt, wie sehr sie Arbeitspräzision und Ausdauer des alten Herrn in nicht selten fünf- bis siebenstündigen Sitzungen bewunderten. Dazu mußte die Lagerhaus-Gesellschaft auf ihre eingegangenen Verpflichtungen hinweisen, nach denen der erste Liegeplatz für ein Vollcontainerschiff zu Anfang 1971 bereit sein müsse. Den zuerst genannten Termin vom 1. Januar lehnte Agatz als unmöglich erreichbar sofort ab. Er glaubte aber, sich verpflichten zu können, im April fertig zu sein.

Um dieses — angesichts der Probleme immerhin gewagte — Versprechen einlösen zu können, mußte Generalstabsarbeit geleistet werden Erstes Ziel war also, rund 1000 m Stromkaje in der unverhältnismäßig kurzen Zeit von rund zwei Jahren fertigzustellen. Dafür war erforderlich

1. schnelle Wahl eines Kajenquerschnitts, der den schwierigen Verhältnissen des Untergrundes jederzeit angepaßt werden konnte
2. kurzfristiger ergänzender Bodenaufschluß und schnelle Ermittlung der für die statischen Berechnungen erforderlichen zusätzlichen bodenmechanischen Kennwerte,
3. eine Lenkungsgruppe für Konstruktion und Bausausführung sofort zusammenzustellen aus Persönlichkeiten, die gründliche Erfahrung und ebenso gründliches theoretisches Wissen einbringen konnten und bei denen eine gegenseitige ständige Unterrichtung und eine reibungsfreie Zusammenarbeit zu erwarten waren,
4. alle beteiligten Stellen und Funktionen in einem Organisationsplan zu koordinieren, in welchen auch klargestellt wurde, wer zu welchen Anweisungen befugt war.

Folgende Dienststellen waren beteiligt: das Hansestadt Bremische Amt Bremerhaven als Vertreter des Bauherrn, die Unternehmergruppe unter Führung der Philipp Holzmann AG, die die geeignetsten Vorschläge gemacht hatte, mit Beteiligung der Firma G. W. Rogge/Bremerhaven, Wayss & Freytag KG/Bremen, Hochtief AG/Bremen und Siemens Bauunion GmbH/Bremen. Ferner waren beteiligt der Prüfingenieur, die Bauoberleitung, die örtliche Bauaufsicht und der Sonderbeauftragte des Senats.

Die Organisation für die konstruktive Gestaltung setzte sich zusammen aus dem Konstruktionsbüro der Firma Holzmann AG/Hamburg für den Entwurf, Professor Dr. Lackner als Prüfingenieur, der Neubauabteilung des Hansestadt Bremischen Amtes und dem Lenkungsstab, zu dem außer Agatz und Lackner gehörten Hafenbaudirektor Wollin und Oberbaurat Lüninghöner, Direktor Dr.-Ing. e.h. Dr.-Ing. Schenk und Dipl.-Ing. Hauschopp. Der Lenkungsstab war entscheidende Instanz, gab aber als solcher keine Anweisungen an die nachgeordneten Stellen sondern nur durch die dafür zuständigen Mitglieder des Lenkungsstabes. Weisungsempfänger bei der Bauausführung waren die Bauleitung der Firma Holzmann für die Unternehmergruppe, die örtlichen Einzelleitungen der Unternehmen, die örtliche Bauaufsicht des Ingenieurbüros Professor Dr. Lackner und dessen obere Bauleitung sowie die Neubauabteilung des Amtes.

Diese Gesamtorganisation hat sich nicht nur bewährt, sondern sie war geradezu die unabdingbare Voraussetzung für ein Ineinandergreifen der vielen Räder. Ohne sie wäre unter dem täglich spürbaren Zeitdruck eine heillose Verwirrung entstanden. Von April 1970 bis August 1973 hat dieser „Generalstab" 65 Routinesitzungen abgehalten, die in Zeitabschnitten von einer bis zu drei Wochen stattfanden. In wöchentlichen Baubesichtigungen und technischen Besprechungen mit dem Leiter der Neubauabteilung des Hansestadt Bremischen Amtes, Oberbaurat Lüninghöner, überzeugte sich Agatz außerdem von dem Fortschreiten der Arbeiten. Hierzu schreibt er in seinem Lebensbericht: „Für das Hansestadt Bremische Amt war es ein Glück, diesen fähigen Ingenieur für diese Aufgabe zur Verfügung stellen zu können."

Es ergab sich aus den zusätzlichen, oben erwähnten Untersuchungen, daß der Entwurf der Firma Holzmann durch einige Maßnahmen ergänzt werden mußte. Viel Sachkenntnis und Erfahrung kamen zusammen. Daß beides aber auch in der rechten Form eingesetzt wurde, war schließlich der Grund für den Erfolg, daß die gesetzten Termine fast genau eingehalten werden konnten. Der erste Liegeplatz wurde am 24. April 1971 in Betrieb genommen, der zweite am 17. September und der dritte im März 1973. Damit gelang es, den bremischen Häfen noch zur rechten Zeit das Instrument in die Hand zu geben, mit dem die führende Stellung im überseeischen Containerverkehr errungen und behauptet werden konnte. In einer Veröffentlichung schreibt Agatz: „Möge die Stromkaje an der Außenweser für das Containerkreuz Bremerhaven auch für die Zukunft ihre Wertigkeit im Umschlagbetrieb beweisen und der Welt Kenntnis geben von der Entschlußfreudigkeit der Freien Hansestadt Bremen, für ihre Häfen im Dienste einer weltumspannenden Schiffahrt und eines weltweiten Handels die erforderlichen Anlagen von den Ingenieuren auch unter schwierigen Bedingungen kurzfristig bauen zu lassen."

Als das alles klar war, bat der Altmeister den Senat, ihn von seinen Verpflichtungen zu entbinden. Das geschah durch Senatsbeschluß vom 19. Januar 1973. Er hatte mit dieser letzten auch eine der größten Aufgaben erfüllt, die ihm Bremen jemals gestellt hatte. Er war ihr nicht ausgewichen. Er hat keinen Gedanken daran verloren, daß ein immerhin mögliches Mißlingen bei dem Zusammenwirken so vieler Beteiligter am Schluß seines beruflichen Wirkens vielleicht seinen Namen noch verdunkeln könnte. Er hat sich dieser Aufgabe gestellt, wie er es immer getan hatte, und die gute Lösung war sein Erfolg, errungen im 83. Lebensjahr!

Ehrungen, aber innere Freiheit

Ich kenne ihn seit Jahrzehnten, habe also vieles von seiner Arbeit mit ansehen dürfen, und wo ich sie nicht sehen konnte, hat er mir davon erzählt. Diese Arbeit insgesamt war nicht nur voller sachlicher Erfolge, voller Nutzen für die Bauherren, voller innerer Befriedigung für ihn; sondern sie war auch voller Anerkennung und voller Ehrungen. Immer wieder habe ich mich gefragt, was für ein Mensch das ist, der soviel kann und soviel wagt und soviel Widerhall dabei findet. Was für ein Mensch ist das, der international im weiten Kreis der Fachwelt Geltung genießt, ja berühmt ist, und der doch mit einem Vorarbeiter auf der Baustelle so sprechen kann, als brauchte er Rat und unterhalte sich mit einem Gleichgestellten — und der das tut, ohne diesen Eindruck zu wollen? So ist er, damals schon ein großer Mann, auch mit mir umgegangen, der ich noch ein kleiner Regierungsassessor war, als ich ihn kennenlernte.

Heute weiß ich, was ihn davor bewahrt hat, durch Ruhm und Ehrungen den Boden unter den Füßen zu verlieren. Es sind seine Menschenkenntnis und seine innere Ausgewogenheit, die sich in einem überlegenen Humor zu erkennen gibt. Er hat zuviel erlebt, als daß man ihm etwas vormachen könnte. Zwar ist er empfindsam, und die vielen Rammen und Bagger, die er in seinem Leben in Gang gesetzt hat, haben ihn nicht hart machen können. Aber er hat längst gelernt, welches Gewicht er den Dingen zuzumessen hat, die an ihn herangetragen werden.

Wir standen bei einem Kongreß in London Ende der fünfziger Jahre auf einem großen Staatsempfang in der berühmten Tate-Gallery zusammen, ein paar Engländer und ein paar Deutsche. Der Herzog von Edinburgh hatte uns freundliche Worte gesagt, und nun war der Verkehrsminister dran. Manchen drückte der ungewohnte Frack an Kragen und Weste. Agatz bewegte sich in einem Kreis Internationaler, als trage er täglich einen Frack. Und doch hatte ich etwas an ihm auszusetzen: „Na, Herr Professor — ein Bremer und Orden?!" Dabei hatte es mir ein in Gold und Silber funkelnder Halsorden besonders angetan. Darauf Agatz auf meine freundliche Mißbilligung mit einem Augenzwinkern: „Die sind doch alle hier, die mir was verliehen haben. Geht nicht anders."

Inzwischen wäre, wenn es ihm darauf ankäme, noch manches zusätzlich anzulegen. Am 25. August 1961 wurde ihm das Große Verdienstkreuz des Verdienstordens der Bundesrepublik Deutschland „in Anerkennung der um Staat und Volk erworbenen besonderen Verdienste" verliehen. Am 7. Mai 1962 erhielt er den Goldenen Ehrenring des Deutschen Museums in München, am 21. September 1964 den Stern zum Großen Verdienstkreuz des Verdienstordens.

Die Technische Universität Berlin hatte ihn schon am 10. Februar 1958 zu ihrem Ehrensenator ernannt „in Anerkennung der Verdienste um das Ansehen der Technischen Universität, die durch die ehemalige Lehrtätigkeit und durch erfolgreiches Wirken im In- und Ausland auf dem Gebiet des Grund- und Hafenbaus erworben wurden". Aber am meisten ergriffen hat ihn vielleicht die hohe Ehrung durch seine Heimathochschule, die Technische Hochschule Hannover, die ihm im Jahre 1951 die Würde eines Dr.-Ing. ehrenhalber verliehen hatte „in Würdigung der hervorragenden international anerkannten wissenschaftlichen und praktischen Leistungen als Bauingenieur, insbesondere auf dem Gebiet des Grund-, See- und Hafenbaus". Als er darauf Worte des Dankes an seine früheren akademischen Lehrer für seine berufliche Ausbildung sagte, hob er auch dankbar hervor, daß ihm Senator Dr. Apelt stets die Freiheit des Handelns gewährt habe.

In seinen persönlichen, nur für die Familie bestimmten Aufzeichnungen fand ich die folgenden Sätze, in denen der als Mensch ganz und gar nicht nüchterne Ingenieur auf sein Leben zurückblickt:

„Wenn ich an meine Reisen in die Welt und um die Welt denke, so waren sie trotz allem Zwang und Drang, trotz aller Mühsal und Schwierigkeiten der mir gestellten Aufgaben für mich Erlebnisse, die ich aus meinem Leben nicht missen möchte. Gaben sie mir doch die Möglichkeit, nicht nur meine technischen Kenntnisse zu erweitern, sondern mich auch mit den Eigenschaften des betreffenden fremden Landes und seiner Bewohner zu befassen. Erst durch diese Kenntnisse konnte es mir gelingen, technische Anlagen in Vorschlag zu bringen oder in die Tat umzusetzen, die sich dem Charakter des Landes harmonisch einfügen.

Ich habe auf diesen Reisen viele Freunde im Ausland gewonnen. So mancher von ihnen hat sein Leben schon beschließen müssen. Die neue Generation weiß kaum noch von ihnen. Ich habe die Erinnerung an sie und ihre Heimat bewahrt . . . Unvergeßlich die Tropennächte unter dem klaren Sternenhimmel in der ungestörten Natur mit ihren ungewohnten Tierlauten. Unvergeßlich die vielen Zwiegespräche mit den mir zu Freunden gewordenen ausländischen Kollegen über den Sinn und Zweck eines menschlichen Lebens nach der Religion, zu der sich der einzelne bekennt. Unvergeßlich das Erlebnis, eine große Aufgabe zu meistern mit dem immer wieder geglückten Versuch, die harmonische Zusammenarbeit mit den Mitarbeitern an der jeweiligen Aufgabe herzustellen, wie ich sie auch in meinem Ingenieurbüro stets gesucht und gefunden habe . . . Ein glückliches Familienleben mit Frau und Kindern war die Grundlage, auf der ich schaffen konnte . . . es war ein erfülltes Leben, in dem ich Glück bringen und selbst Glück empfangen durfte."

Auswahl aus den Veröffentlichungen des Jubilars

1919 Die technische und wirtschaftliche Entwicklung der deutschen Hochseefischereihäfen. Hannover 1919: Kommissions-Verlag B. Lockemann

1923 Organisation und Betriebsführung der Betontiefbaustellen. Berlin 1923: Springer

1927 Die rationelle Bewirtschaftung des Betons. Berlin 1927: Springer

1931 Der Bau der Nordschleusenanlage in Bremerhaven in den Jahren 1928—1931. Zusammen mit Mitarbeitern. Berlin 1931. Ernst und Sohn

1935 Abmessungen der Bauten der Seehäfen, insbesondere der Schleusen, Kais, Ausbesserungsdocks, festen und beweglichen Brücken unter Berücksichtigung der künftig zu erwartenden Abmessungen der großen Fahrgastschiffe. Bericht 85 zum XVI. Internationalen Schiffahrtskongreß Brüssel 1935. Neuzeitliche Entwicklung im Seehafenbau. Veröffentlicht in Russko-Germanskogowestnika, Heft 12, Moskau

1936 Der Kampf des Ingenieurs gegen Wasser und Erde im Grundbau. Berlin 1936: Springer

1937 Landverlust und Landgewinn an der Westküste Schleswig-Holsteins. Bauingenieur 18, S. 203 (1937), Springer-Verlag. Steel Sheet Piles and Steel Bearing Piles. The Structural Engineer, Whitehall 15, S. 443 (1937). Influence de l'abaissement des niveau des eaux souterraines par suite d'èquisements pour les besoins industriels et de la population et par suite de fondations profondes necesseitées par la construction des bâtiments. 1. Congrès international d'urbanisme souterrain, Paris 1937. 2. Section, Rapport 10

1939 Der Seehafen Bangkok/Thailand. Jahrbuch der Hafenbautechnischen Gesellschaft, Bd. 18, 1939/40. Berlin: Springer

1940 Die Technik der Binnenhäfen. In: Die Binnenhäfen, ihre wirtschaftspolitischen, verkehrspolitischen, betriebswirtschaftlichen und technischen Probelme. Stuttgart und Berlin 1940

1948 Ingenieuraufgaben beim Wiederaufbau unserer Städte und der Verkehrswege. Auszug aus dem Vortrag ‚Ingenieuraufgaben beim Wiederaufbau Bremens'. VDI-Zeitschrift Nr. 1 (Jan. 1948), VDI-Verlag

1949 Die Aufgaben der Hafenbau- und Hafenbetriebstechnik. Schiff und Hafen, Heft 6 (Sept. 1949) anläßlich der HTG-Tagung

1950 Berechnung und konstruktive Gestaltung von Trockendocken und Seeschleusen. Jahrbuch der Hafenbautechnischen Gesellschaft, Band 19, 1941/1949. Berlin: Springer
Die Seehäfen des mitteleuropäsichen Festlandabschnittes und ihre kontinentalen Verbindungswege. Hansa Nr. 34/35 (26. 8. 1950)

1954 Der Seehafen Bangkok. Jahrbuch der Hafenbautechnischen Gesellschaft, Band 22, 1952/1954. Berlin: Springer

1955 Facts and Figures on the Ports. The Port Engenieer, Calcutta

1956 Die Ingenieurfunktionen in einem Seehafen. Hansa 1956
Grundsätzliche Zukunftsfragen der See- und Binnenhäfen. Hansa, Nr. 44/45 (1956)

1958 Die Entwicklung der Seehäfen des mitteleuropäischen Festlandkontinents. Hansa, Heft 23/24 (2. 6. 1958)
Der Ausbau der Häfen Rotterdam (Europoort), Wismar und Rostock. Verhandlungen der Bremischen Bürgerschaft, 1958

1959 Seehäfenprobleme — Die Stellung der Seehäfen Mitteleuropas. Veröffentlicht von der Industrie- und Handelskammer Bremerhaven am 23. 10. 1959

1961 Gliederung und Aufgaben der Binnenhäfen. Festschrift für Prof. Most, ‚Verkehr und Wirtschaft', herausgegeben vom Zentral-Verein für deutsche Binnenschiffahrt
Der Einfluß der fortschreitenden technischen und wirtschaftlichen Entwicklung auf die Seehäfen des mitteleuropäischen Teiles des Kontinents. Hansa, Heft 18 (1961).
Planung, Bau und Betriebseinrichtung des Hafens Greenville-Liberia. Jahrbuch der Hafenbautechnischen Gesellschaft, Band 25, 1962. Berlin: Springer
Grundsätze und Wege einer Rationalisierung in den Binnenhäfen. Hansa, Heft 14 (1961)

1962 Trends in Cargo Handling and Transport Methods. (Der Einfluß der fortschreitenden technischen und wirtschaftlichen Entwicklung auf die Seehäfen des mitteleuropäischen Teiles des Kontinents.) Dock and Harbour Authority, London, No. 496 (February 1962)

1963 Hundertjährige Entwicklung der Hafenumschlagsanlagen in Bremen und Bremerhaven. Jubiläumszeitschrift, ‚100 Jahre Schiffahrt, Schiffbau, Häfen', Schiffahrts-Verlag Hansa

1966 Der technische Fortschritt auf dem Gebiet des Grund- und Verkehrswasserbaues in dem Zeitabschnitt von 1911 bis 1966. Bauingenieur, Heft 9 (1966), Sep.

1970 Schiff- und Hafenbau, Handel und Schiffahrt — ein unteilbares Ganzes. Jahrbuch der Schiffbautechnischen Gesellschaft, 1970, ferner in: Schiff und Hafen, Heft 12 (1970) sowie in: Hansa, Nr. 23 (1970)

1972 Bau der Stromkaje für das Containerkreuz in Bremerhaven — Allgemeine Grundlagen. Bautechnik Nr. 695 (1972)

1976 Schlußbetrachtungen zur Containerkaje Bremerhaven. Bautechnik 1976, Erfahrungen mit Grundbauwerken. Agatz/Lackner. Berlin 1976: Springer

1976/77 Erfahrungen mit Grundbauwerken. Berlin 1977: Springer

Für den Abdruck des vorstehenden Aufsatzes im Jahrbuch der HTG erscheint es angebracht, der technisch sachverständigen Leserschaft näheren Aufschluß über einige größere Bauwerke zu geben, die Agatz als gewisse Marksteine seines Schaffens betrachtet und die die Bedeutung seiner Arbeit über den bremischen Rahmen hinaus deutlich machen.

Deshalb folgen hier Konstruktionszeichnungen mit einigen Erläuterungen, die die Schilderungen im Text ergänzen. Den Wortlaut dieser Erläuterungen habe ich aus Unterlagen entnommen, die Agatz mir aus seinen tagebuchhaften Aufzeichnungen zur Verfügung stellte.*

* Ein großer Teil dieser Abbildungen wurde mit freundlicher Genehmigung des Springer-Verlages dem Buch Agatz/Lackner „Erfahrungen mit Grundbauwerken" entnommen.

Bruch und Verstärkung der Columbuskaje Bremerhaven 1927/28

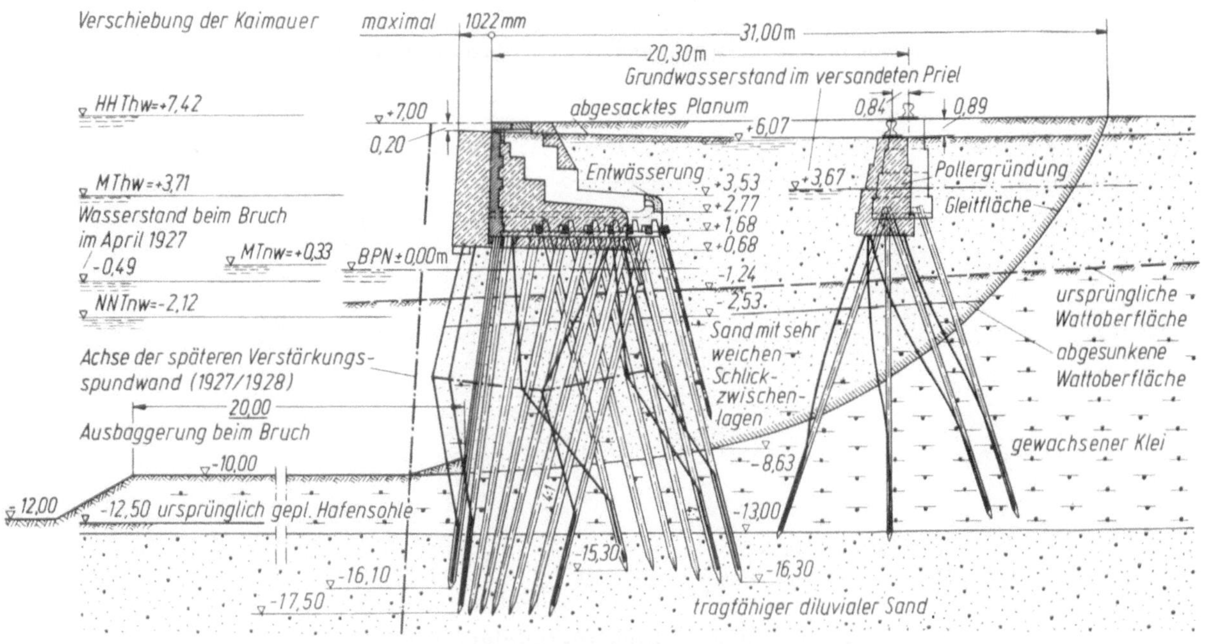

Abb. 1. Der Bruch der Columbuskaje

So sah die gebrochene Columbuskaje aus. Abb. 2 zeigt, wie die Bruchstrecke wiederhergestellt wurde. Bei der Stahlspundwand ergaben sich Schwierigkeiten, weil es seinerzeit schwere Profile noch nicht gab. Man mußte sich deshalb mit einer Lamellenverstärkung der Larssen-Spundwände auf der gefährdeten Länge abfinden. Die Auswahl dieser sparsamen Verstärkung hat in den folgenden Jahrzehnten zu Beanstandungen keinen Anlaß gegeben.

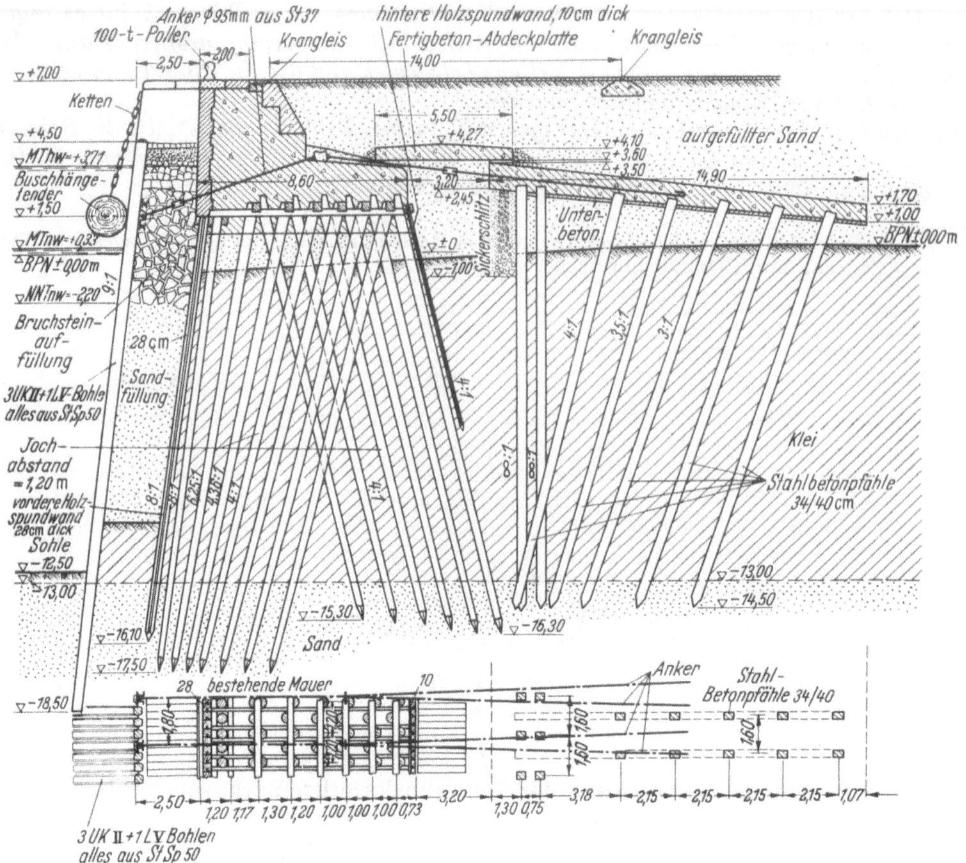

Abb. 2. Der vorn und rückwärts schwer verstärkte Querschnitt auf der Bruchstrecke

Der Bau der Nordschleusenanlage 1929/31

Wie in den Abb. 3 und 4 gezeigt, wurden die Probleme der Nordschleuse in Bremerhaven gemeistert. Um den sehr ungünstigen Untergrundverhältnissen auszuweichen, wurde die Schleuse gegenüber der Lage von 1913/14 um 47 m verschoben und um 180 Grad in der Längsachse gedreht. Die Querschnitte der rd. 2100 m langen Kaimauerstrecke wurden der jeweiligen Wertigkeit des Untergrundes angepaßt, wodurch wesentliche Ersparnisse erzielt werden konnten. Die rd. 12 m breiten und 20 m hohen Torkammern mußten wegen der Schiebetore und des Straßenverkehrs als Halbrahmen ausgebildet werden.

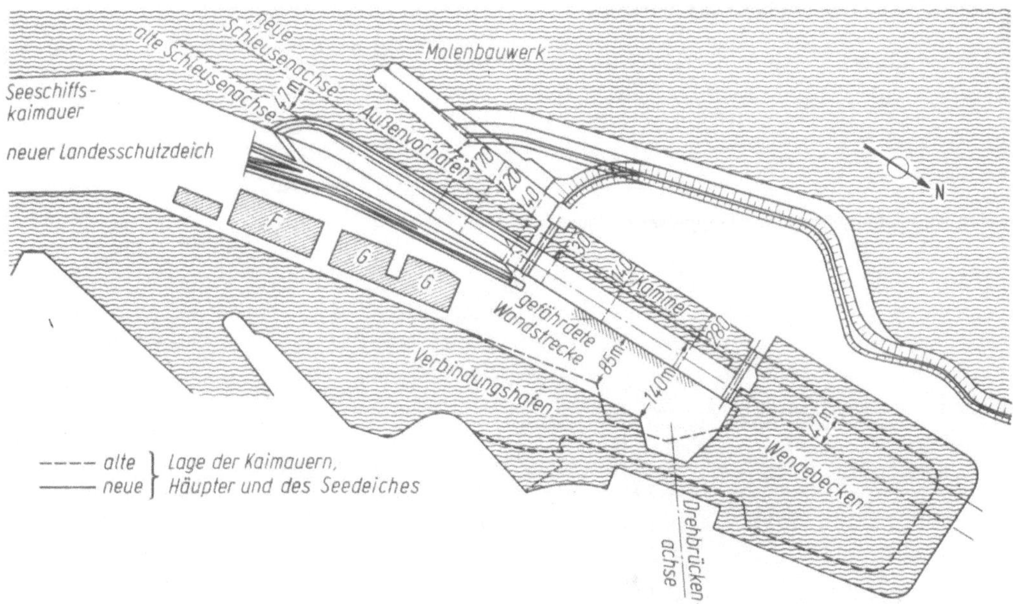

Abb. 3. Die Verschiebung um 47 m und Drehung in der Längsachse um 180°

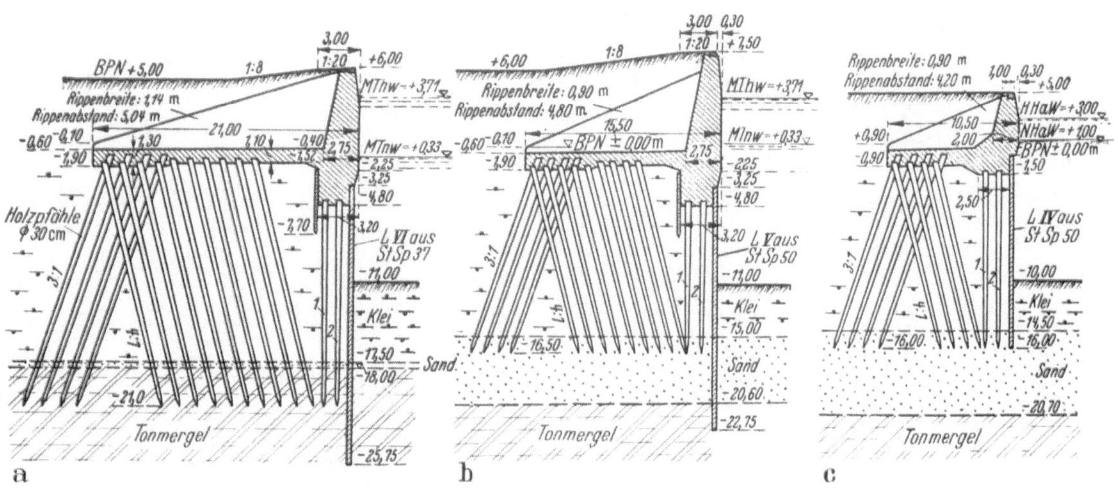

Abb. 4. Die 3 Grundquerschnitte der Anlage

Die Bauwerke in Wilhelmshaven 1936/44

In Wilhelmshaven galt es, nicht den finanziell günstigsten Querschnitt, sondern den gegen Bomben sichersten zu wählen. Deshalb mußten die Achsen der Doppelschleusen so weit voneinander entfernt liegen, daß eine Bombe nicht gleichzeitig beide Schleusen in Mitleidenschaft ziehen konnte. Die Außen- und Binnentorbauwerke erhielten jeweils drei Tore mit den zugehörigen bombengeschützten Torkammern, von denen je eine als Reserve dienen sollte. Die Kaimauerquerschnitte erreichten die beachtliche freie Höhe bis zu 20 und 21,5 m. Im übrigen siehe Agatz/Lackner: Erfahrungen mit Grundbauwerken. Berlin 1977, Springer.

Wegen der geforderten großen Tiefenlage der Docksohle wurde erstmalig ein Querschnitt mit Pfahlrostverankerung vorgeschlagen. Das im Bau befindliche Dock wurde dann am Kriegsende gesprengt.

Abb. 6. Der 21,5 m hohe Kaimauerquerschnitt am Vorhafen

Abb. 5a u. b. Lageplan und Querschnitt der Doppelseeschleuse

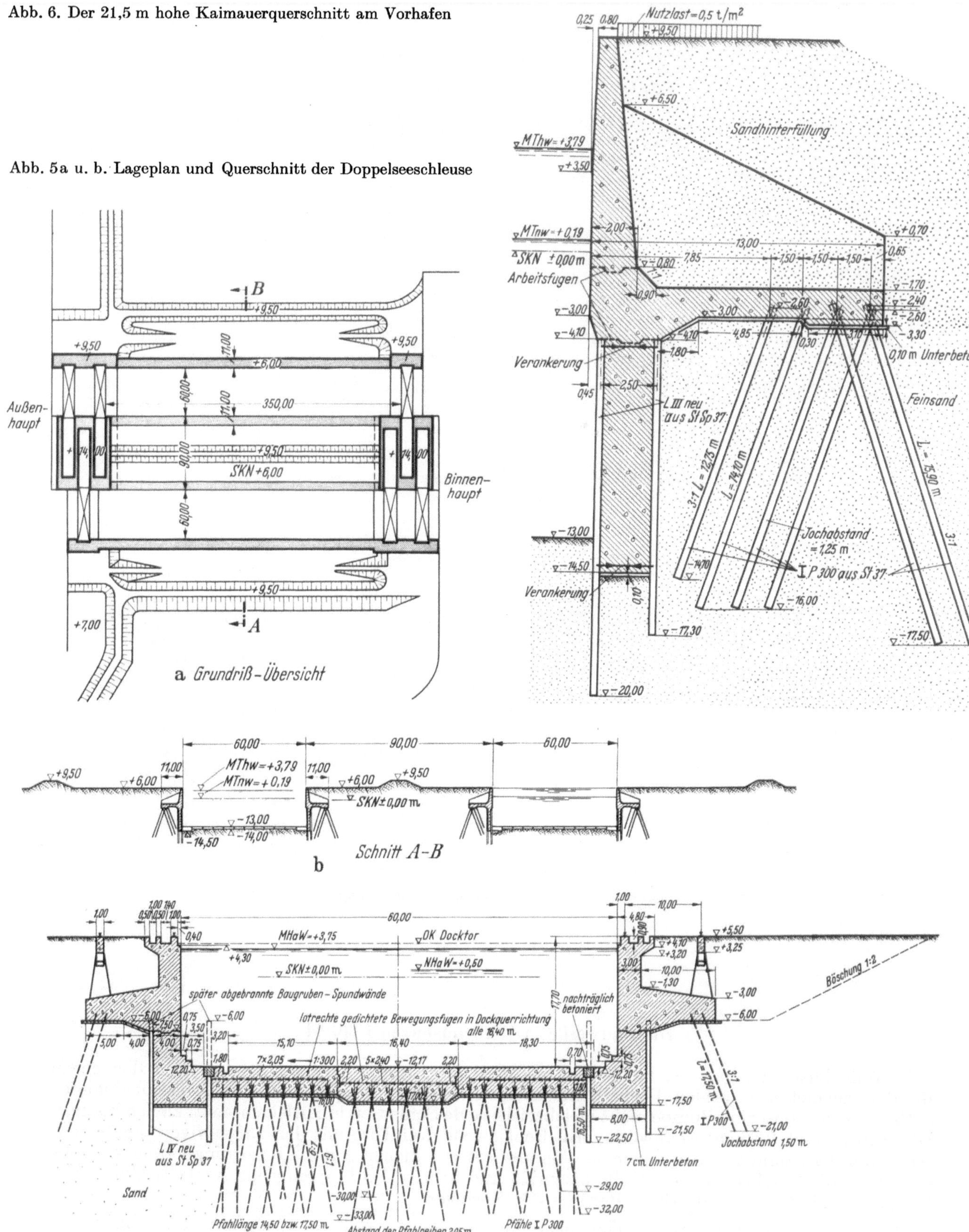

Abb. 7. Der Querschnitt mit Pfahlverankerung für ein Reparaturdock

Die Bunker- und Dockanlagen in Bremen 1936/45

Bei den Neuanlagen in Bremen handelte es sich einmal um ein Baudock, das wegen der schwierigen Untergrundverhältnisse beim Entwurf und Bau zwei Querschnitte mit und ohne Mitte- und Seitenplomben erforderte.

Um den Grundwasserauftrieb auf die Sohle zu vermeiden, wurde diese durch Stahlspundwände eingefaßt und sicherheitshalber mit besonderen Grundwasserentlastungsrohrdurchlässen versehen.

Bei der späteren Ausbildung als bombengeschützte U-Boot-Werft mußten die wesentlich höhere Belastung durch aufgehöhte Seitenmauern mit der schweren Bombenschutzdecke von 4,5 m noch durch eine Mittelpfeilerreihe im schwierigen Untergrund abgefangen werden.

Die bombengeschützte U-Boot-Werft in Bremen-Farge hatte die stattlichen Abmessungen von 431 m Länge, 74 bzw. 105 m Breite und 25 m hohe Seitenmauern, die in der ersten Ausbaustufe eine 4,5 m dicke Überdachung besaß und die z.T. auf 7 m verstärkt wurde. Bei diesem Bauwerk lag die Schwierigkeit darin, die erheblichen Belastungen des Untergrundes möglichst gleichmäßig aufzufangen, so daß ungleiche Setzungen nicht zu erwarten waren.

Das Schleusendock hatte drei Funktionen zu erfüllen:

das Ein- und Ausschleusen der U-Boote,

das Trockenlegen der Kammer als Reparaturdock,

eine Tauchprobe zu gewährleisten durch Hochstauen des Wasserspiegels.

Bei den hohen Bodenbelastungen durch das gewaltige Betonbauwerk und der Gründungnsähe des Lauenburger Tones und Mergels mußte die Frage entschieden werden ob,

eine durchgehende Gründungsplatte mit zusätzlichen rund 80000 cbm Beton und rund 9000 t Betonstahl verwendet werden sollte.

Da einerseits gute Erfahrungen mit dem Lauenburger Ton vorlagen und ein eingehendes Bodengutachten eine mittlere Bodenpressung von 8 kg/cm² zuließ, wurden die Streifenfundamente gewählt.

Durch entsprechende konstruktive Maßnahmen und Anordnungen von Bewegungsfugen konnte die bis zu 5 cm größte Setzung aufgefangen werden.

Im übrigen siehe: Agatz/Lackner, a. a. O.

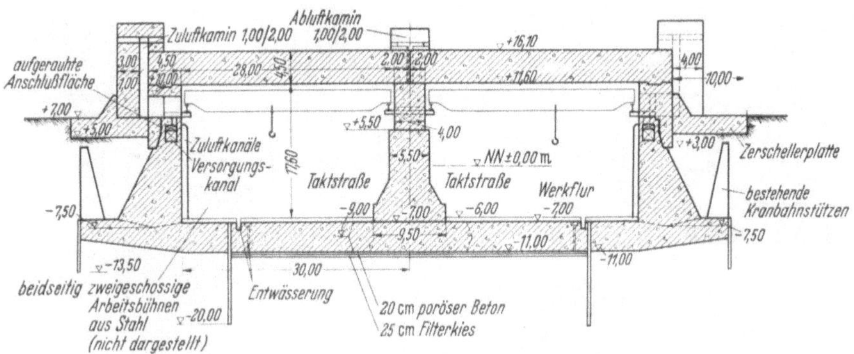

Abb. 8. Zum Werftbunker ausgebautes Baudock (Querschnitt)

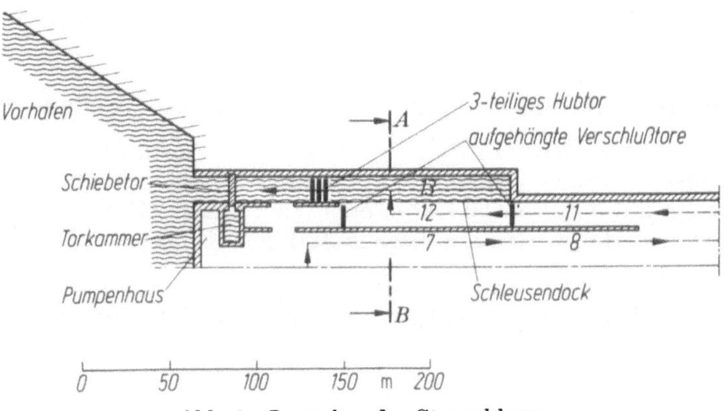

Abb. 9a Lageplan der Stauschleuse

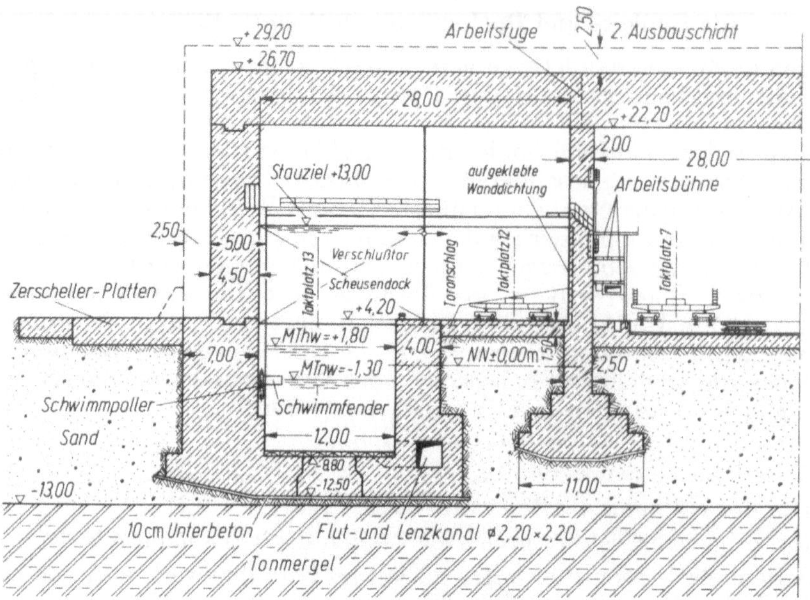

Abb. 9b. Querschnitt der Stauschleuse

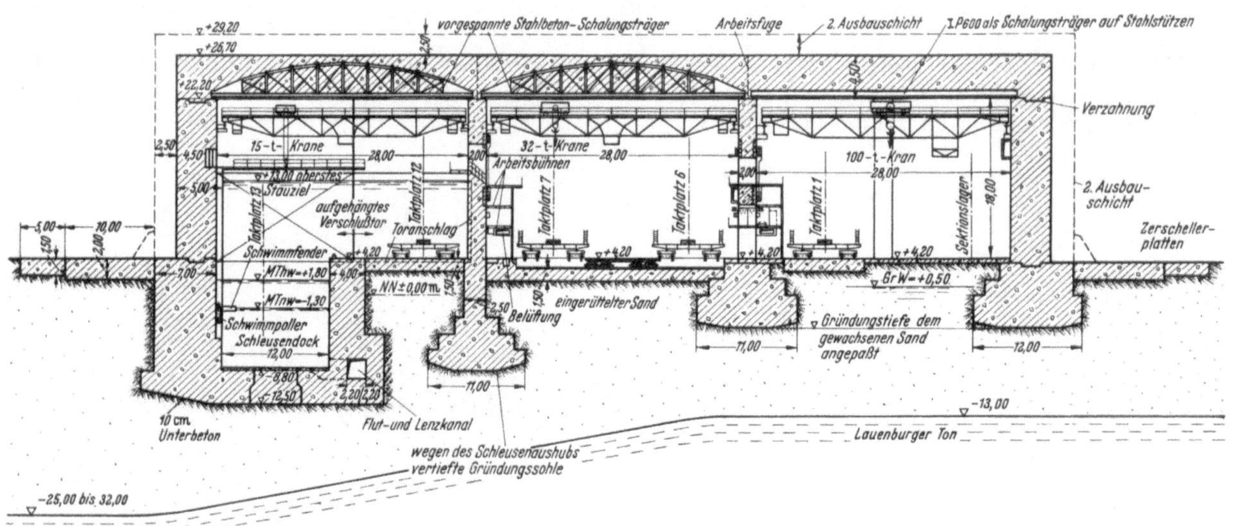

Abb. 10. Lageplan und Querschnitt des Werftbunkers für U-Boot-Sektionen

Der Hafen Klongtoi Bangkok und die Menambarre in Thailand 1938/39

Während des 1. und 2. Aufenthaltes in Bangkok 1938/1938* bestand für Agatz die Schwierigkeit, daß er allein auf sich gestellt ohne entsprechend geschultes Ingenieurpersonal sich zum erstenmal ohne örtliche Erfahrungen auf den Fernen Osten einstellen mußte. Das Problem lag also neben der Technik in erster Linie darin, das Vertrauen der zuständigen Minister und Gremien zu erlangen.

* Siehe: Der Seehafen Bangkok/Thailand. Aufsatz Agatz im Jahrbuch der HTG, Bd. 18, 1939/40

Die Hafenaufgabe:

Ein gesamtes neues Hafenprojekt mit allen Einzelheiten auf grüner Wiese zu entwerfen.
Der Plan war so anzulegen, daß er auch in Zukunft Änderungs- bzw. Ergänzungsmöglichkeiten zuließ.
Das gesamte Gelände war in seinen Abmessungen durch die Regierungsmaßnahmen festgelegt und ließ Erweiterungen über die vorgeschriebenen Grenzen nicht zu.
Der Gesamtplan hatte den 1. Ausbau entlang der Menamstrecke vorzusehen.

Die konstruktive Gestaltung der Kaimauern und Kaischuppen:

Aufgrund der angeordneten Bohrungen ergaben sich noch schlechtere Untergrundverhältnisse als Agatz sie in Bremerhaven angetroffen hatte. Es war also besondere Vorsicht geboten. Agatz empfahl, für die Bauwerke möglichst Baustoffe zu verwenden, die im Land selbst greifbar waren. So wurden statt der teueren Stahlbetonpfähle Holzpfähle gewählt, die im Landesinnern vorkommen, die aber nach den Bremerhavener Erfahrungen mit den Köpfen unter Wasser bleiben mußten und so die nötige Dauerhaltbarkeit garantierten.

Betonkies war an der Küste zu gewinnen. Zement wurde im Land hergestellt.
Die Stahlspundwand wurde mit ihrem Kopf so tief gelegt, daß sie die obere Gefahrengrenze der Korrosion vermied.
Auch für die Kaischuppen wurden Holzpfähle mit Stahlbetonaufständerung gewählt, um das Gelände zur Entlastung des Druckes auf die Kaimauer niedriger als das umliegende Gelände zu erhalten.
Die Schuppen und Speicher wurden in Stahlbetonausführung gewählt.
Die Ausarbeitung der internationalen Ausschreibung und Bearbeitung der eingegangenen Angebote nebst Vertragsverhandlungen.

Die zusätzlichen Aufgaben:

Neben diesen Hafenfragen umfaßte der Vertrag mit der Regierung auch noch die Menamregulierung mit Unterwasserkanal durch die Barre, die der Mündung des Menams vorlag, und seine Befeuerung und Betonnung.
Grundsätzlich wurde das Freihafensystem für den neuen Hafen Bangkok-Klongtoi empfohlen.
Es wurden dann noch eingehend die Organisationsfragen und Personalschulungen durchgesprochen.
Untersuchung über das spätere Hafenerweiterungsprogramm.
Feststellung der Im- und Exportmengen, die über den Hafen Klongtoi gehen.
Beschaffung der Unterlagen für die Bestellung von Peilbooten.
Bericht mit Planentwürfen für eine neue Trasse eines Seekanals durch die Malakkahalbinsel im Süden von Thailand.

Die endgültige Ausarbeitung des Generalplanes erfolgte in Berlin mit Unterstützung durch Herrn Prof. Dr. Ing. Schultze.

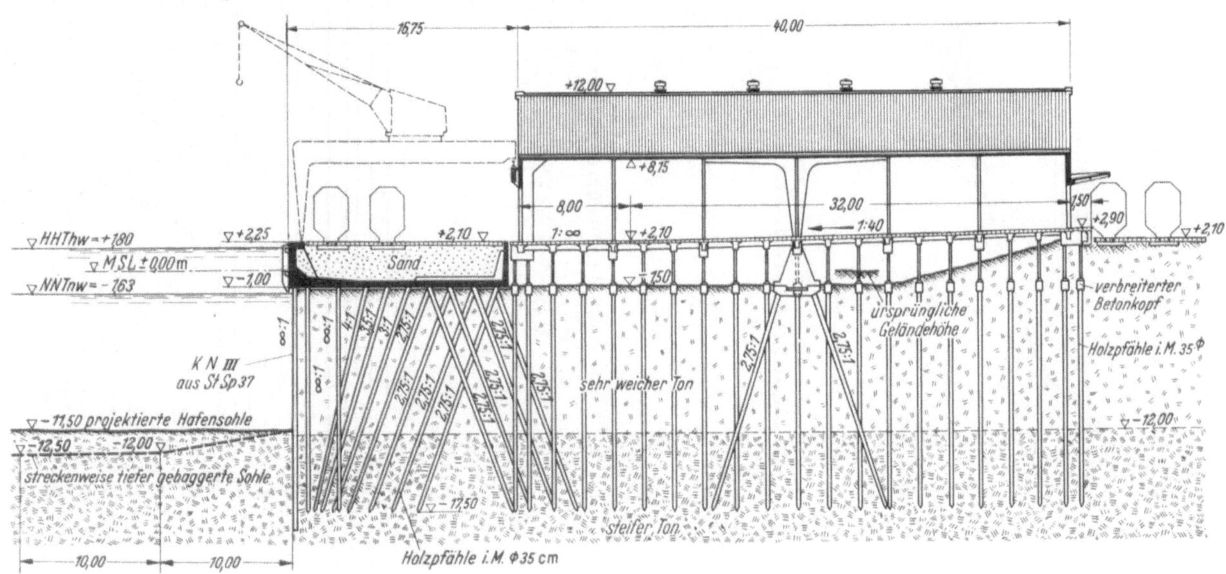

Abb. 12. Kaiquerschnitt mit Kaischuppen

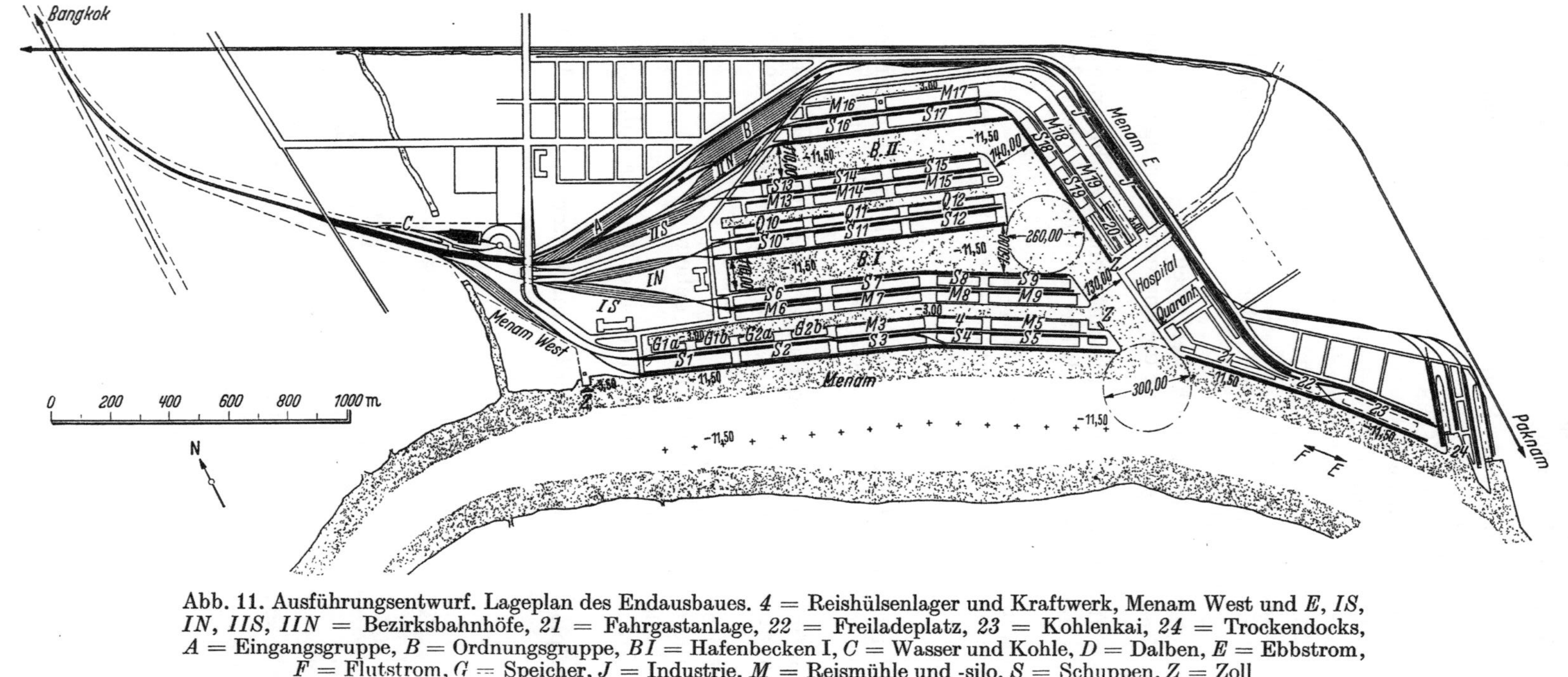

Abb. 11. Ausführungsentwurf. Lageplan des Endausbaues. *4* = Reishülsenlager und Kraftwerk, Menam West und *E*, *IS*, *IN*, *IIS*, *IIN* = Bezirksbahnhöfe, *21* = Fahrgastanlage, *22* = Freiladeplatz, *23* = Kohlenkai, *24* = Trockendocks, *A* = Eingangsgruppe, *B* = Ordnungsgruppe, *BI* = Hafenbecken I, *C* = Wasser und Kohle, *D* = Dalben, *E* = Ebbstrom, *F* = Flutstrom, *G* = Speicher, *J* = Industrie, *M* = Reismühle und -silo, *S* = Schuppen, *Z* = Zoll

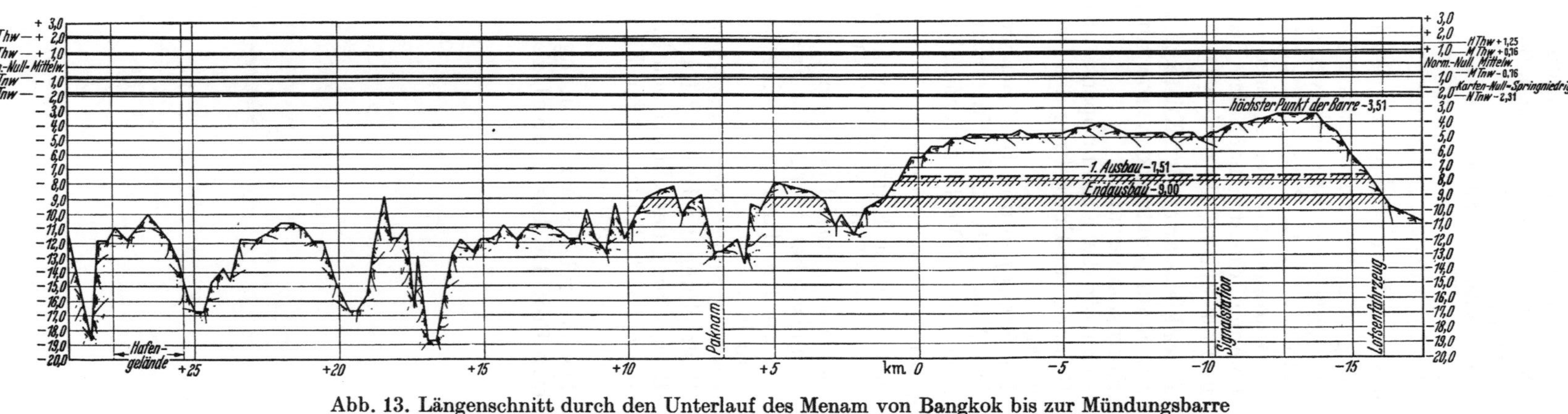

Abb. 13. Längenschnitt durch den Unterlauf des Menam von Bangkok bis zur Mündungsbarre

Der neue Hafen Kandla in Indien 1951/54

Neben der allgemeinen Beratung der Regierung löste Agatz folgende Aufgaben:

— die zweckmäßigste konstruktive Gestaltung der Einzelbauwerke und ihre Anpassung an die überaus schwierigen Untergrundverhältnisse,

— die Anpassung der Kaischuppen und Speicher an die zu fordernden Maßnahmen für Schiffsverkehr, Güterumschlag und Lagerung;

— Kaischuppen und Speicher wurden zwar vorerst nur eingeschossig, aber mit einem späteren Ausbau für ein zweites Geschoß vorgesehen;

— zur Entlastung des Untergrundes wurde das Gelände unter den Schuppen und Speichern gegenüber dem anstehenden Gelände niedriger gehalten;

— die Fundierung der Kaischuppen auf Pfählen trug zur Entlastung des Bodendrucks auf die Kaimauer bei.

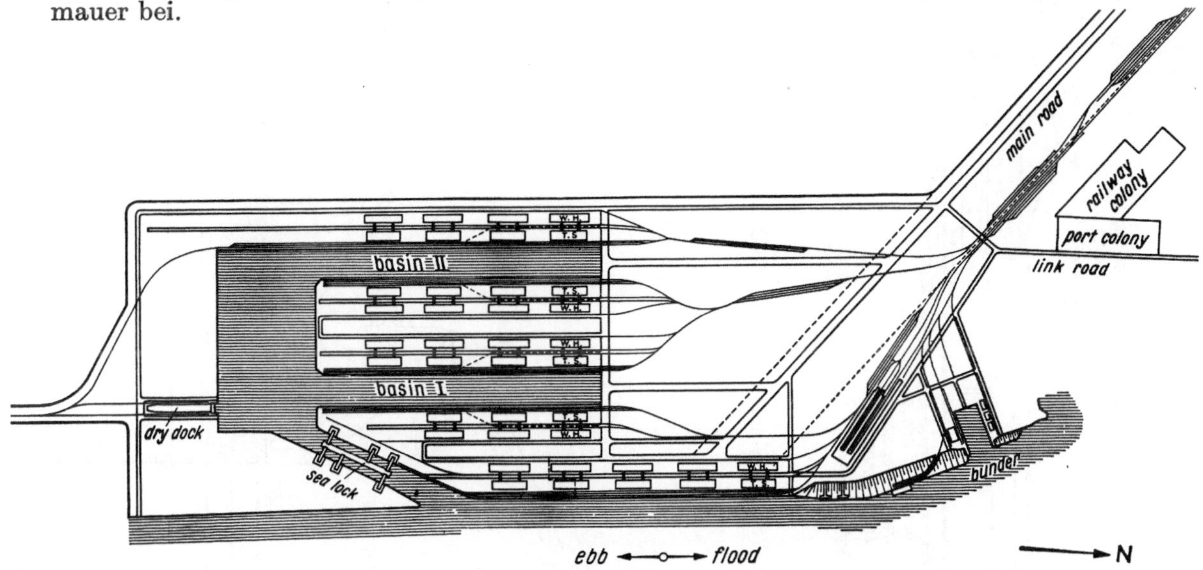

Abb. 14. Der erste Hafenausbau und die spätere Erweiterung als Schleusenhafen

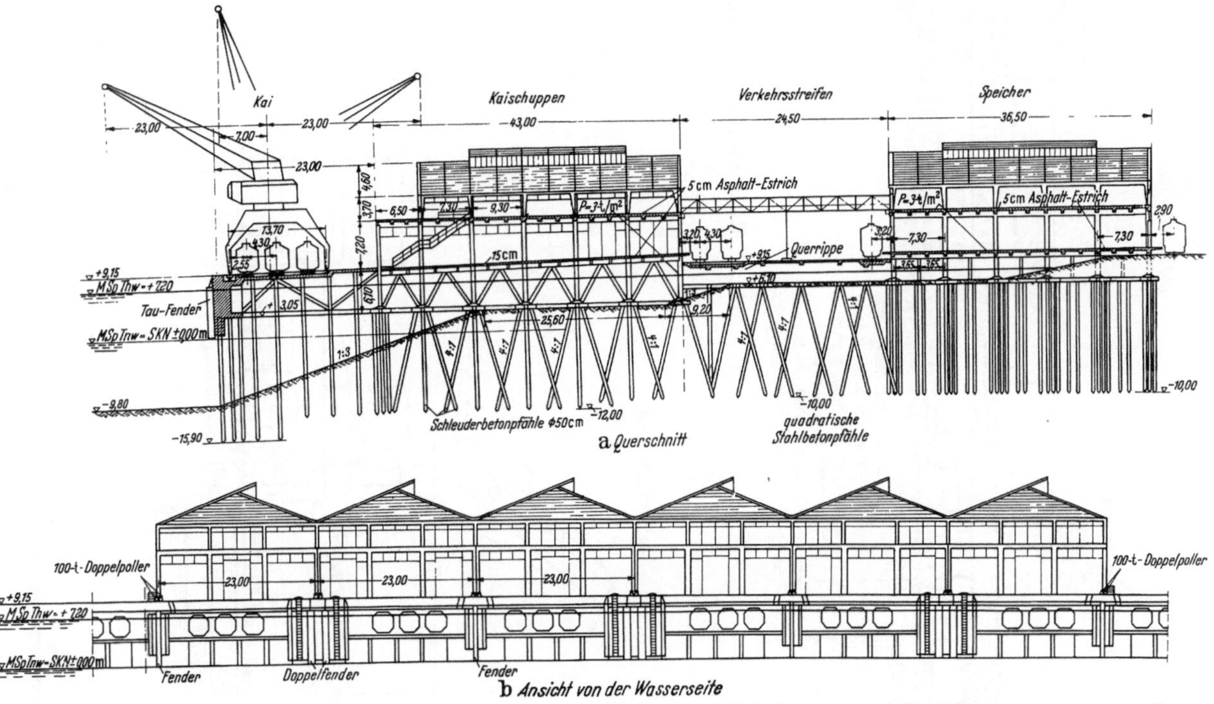

Abb. 15. Querschnitt und Aussicht von Kaimauer, Kaischuppen und Speicher

In den ganzen Verhandlungen und Überlegungen war Agatz auf sich allein gestellt und hatte den verschiedenen Führungs- und Aufsichtsgremien die entsprechend begründete Auskunft zu erteilen. Dieses war für ihn insbesondere eine wertvolle Ergänzung, da er so die Auffassung führender indischer Ingenieure dabei kennenlernte.

Der ergänzte Hafenplan Klongtoi/Bangkok 1952/53

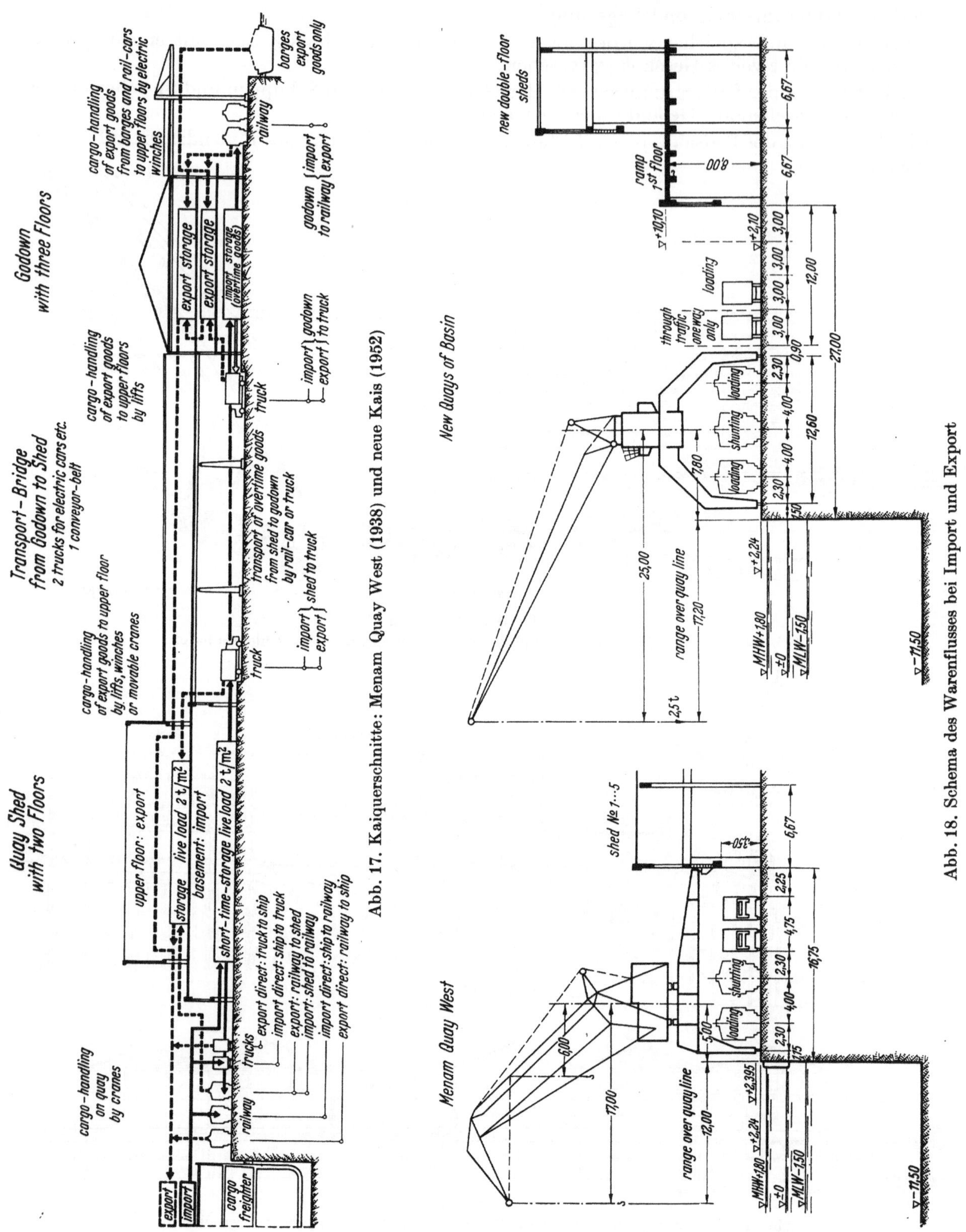

Abb. 17. Kaiquerschnitte: Menam Quay West (1938) und neue Kais (1952)

Abb. 18. Schema des Warenflusses bei Import und Export

Während des 3. und 4. Aufenthaltes in Bangkok 1952/1953*, als sich nach dem zweiten Weltkrieg die Wirtschaftsverhältnisse in Thailand und die Verhältnisse im Weltverkehr im Umbruch befanden, wünschte die thailändische Regierung die erneute Anwesenheit von Agatz, um den 1938/39 aufgestellten 1. Hafenentwurf daraufhin zu überprüfen, ob die geänderten Wirtschafts- und Verkehrsverhältnisse auch eine teilweise Änderung des 1. Entwurfes verlangten. Die Aufgaben in diesen Jahren erstreckten sich also auf:

— Feststellungen der zu erwartenden Gütermengen im Im- und Export.

— Möglichst reibungslose Einführung des Straßen- und Eisenbahnverkehrs mit den dazugehörigen Anlagen für den Hafen Klongtoi. Auch hier stellte sich wiederum heraus, daß eine Gesamtplanung auch in den Einzelanlagen erforderlich war, um die zu erwartenden Umschlags- und Verkehrsmengen in dem von der Regierung festgesetzten Hafengebiet aufzunehmen.
Die Gesamtplanung war so anzuordnen, daß Änderungen bzw. Ergänzungen jederzeit möglich waren.
Auf jeden Fall sollte jedoch zwischen dem Menamkai Ost und West bei späteren Änderungen die Zufahrt zu den hinteren Hafenbecken erhalten bleiben.

— Ausarbeitung des Güterflusses vom Kai durch Kaischuppen für Zwischen- und in den Speicher für Dauerlagerung bis zur Abfuhr durch Eisenbahn oder Lastwagen.

Hinzu traten dann noch folgende Aufgaben:

— Überprüfung der vorhandenen Organisation im Hafen und Vorschläge für die Verbesserung.

— Vorschläge für die Einarbeitung in die Probleme eines Seehafens durch Entsendung von Personal in die deutschen Seehäfen.

— Abschnittsweise Fertigstellung der Durchbaggerung der Barre auf den vorgesehenen, für den ungestörten Schiffsverkehr erforderlichen Querschnitt.

— Beschaffung weiterer Peilboote.

— Planung und Entwurf einer Salzverladeanlage an der Menammündung mit Lagerhallen.

— Planung und Entwurf für eine neue Reismühle im Hafen von Klongtoi.

— Planung und Entwurf einer Dolphinreihe im Menam auf dem gegenüberliegenden Teil des Hafens Klongtoi für den Wasserumschlag von Seeschiffen.

— Bearbeitung der einzelnen Hafendienststellen für Umschlag — Zwischenlagerung — Dauerlagerung — See- und Landverkehr — Zoll.

Die endgültige Ausarbeitung des neuen Generalplanes für den Hafen Klongtoi mit Querschnitten und eingehendem Bericht erfolgte in Bremen mit Unterstützung durch Prof. Dr. W. Müller und Oberbaurat Jung.

Der Hafenplan Songkhla/Thailand 1952/53

Da die thailändische Regierung Aufklärung darüber wünschte, ob Ergänzungshäfen im Süden des Landes erforderlich waren, wurde Agatz mit dieser Untersuchung beauftragt. Neben einem Vorentwurf für einen Ergänzungshafen auf der Seite des Indischen Ozeans auf der Insel Phuket für den Export von Zinn, Gummi und Wolfram sollte ein endgültiger ausbaufähiger Entwurf für einen Südhafen in Songkhla von Agatz aufgestellt werden.

Die erforderlichen Untersuchungen wurden mit Hilfe von Marinepersonal durchgeführt und dann aufgrund dieser Ergebnisse in dem Franzius-Institut der Technischen Hochschule Hannover die entsprechenden eingehenden Modellversuche für die Lageplangestaltung des Hafens und die Führung der Molen durchgeführt.

Die verschiedenen Ausbaumöglichkeiten wurden so angeordnet, daß im 1. Ausbaustadium nur unter dem Schutz der Wellenbrecher ein Wasserumschlag durchgeführt werden konnte.

Das zweite Ausbaustadium umfaßte den Ausbau des Molenkais mit Schuppen für den Güterumschlag im geschützten Hafen selbst.

Weitere umfangreichere Ausbaumöglichkeiten für die Zukunft waren auf einer entsprechend breiten Hafenzunge möglich.

Für Hafennebenanlagen war ein entsprechend großes Gebiet angeordnet.

Um den Wasserverkehr zum großen Inlandsee zu ermöglichen, war ein entsprechend großer Durchstich der Landzunge vorgesehen.

Auch dieser Generalplan wurde in Bremen fertiggestellt, wobei Oberbaurat Jung unterstützte.

* Siehe Aufsatz Agatz: Der Seehafen Bangkok. Jahrbuch der HTG, Bd. 22, 1952/1954

Additional material from *1975/76*,
ISBN 978-3-642-81109-8 (978-3-642-81109-8_OSFO1),
is available at http://extras.springer.com

Das verankerte Baudock in Emden 1953/54

Das Baudock in Emden. Über die Ausführung im einzelnen vgl. Agatz/Lackner: Das große neue Trockendock der Nordseewerke Emden GmbH. Hansa 1950/51.

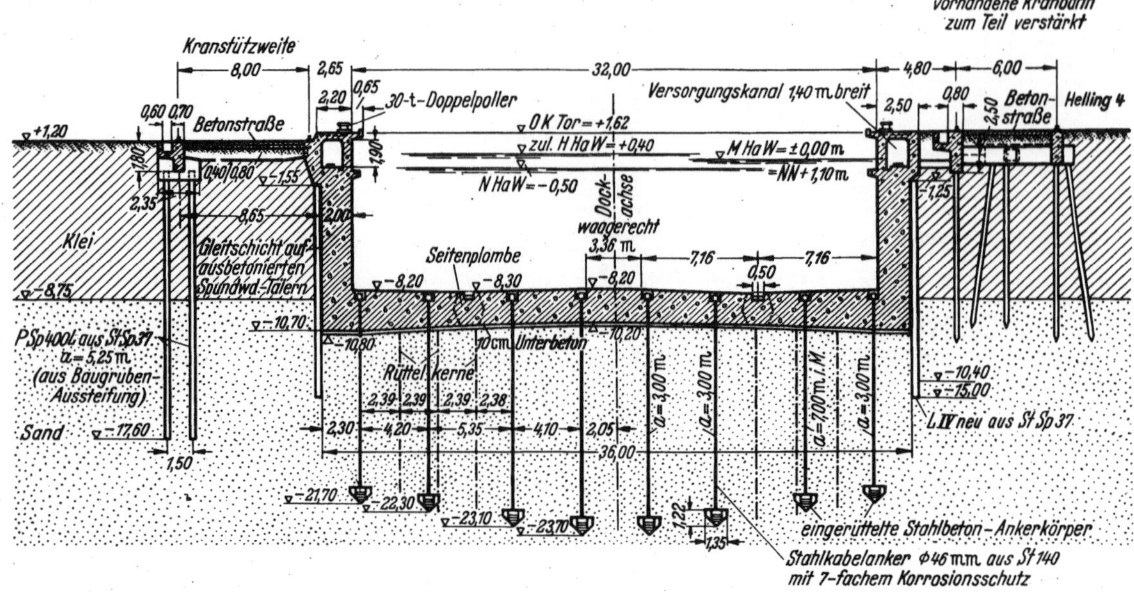

Abb. 20. Der verankerte Baudockquerschnitt

Entwurf und Bau eines Hafens in Greenville/Liberia 1956/64

Für den Zivilingenieur Agatz bestand der Nachteil darin, daß er erst nach erfolgter Planung und Beginn der Bauarbeiten für die Mole und nach zweimaliger vergeblicher Schüttung des Wellenbrechers hinzugezogen wurde.

Der neue Querschnitt des Wellenbrechers wurde im Franzius-Institut der Technischen Universität Hannover eingehend geprüft. Der Bauvorgang für die Molenkaimauer erfolgte nunmehr im Schutz der jeweils um 60 m vorgezogenen Wellenbrecherschüttung.

Da über die Untergrundverhältnisse vor Baubeginn keine Aufklärung erzielt werden konnte und die Molenkaiführung bei dem bereits vorhandenen Baufortschritt nur eine geringe Kaiverschiebung zuließ, wurde die jeweils fertiggestellte Kaistrecke mit je drei 25 t schweren Betonblöcken zusätzlich belastet.

Als die Setzung auf einer Strecke dann laufend zunahm, wurde nach Feststellung des hier vorhandenen Schlammtrichters die Kopfausbildung der Kaimauer so geändert, daß eine wesentliche Entlastung auch auf die Dauer erzielt werden konnte.

Auch für diese Hafenplanung wurden die möglichen Erweiterungen geprüft und in einem entsprechenden Entwurf in Bremen festgelegt, der Ergänzungs- und Erweiterungsmöglichkeiten jederzeit zuließ. Auch bei diesen Arbeiten unterstützte mich Oberbaurat Jung.

(Siehe Aufsatz Agatz: Planung, Bau und Betriebseinrichtung des Hafens Greenville/Liberia. Jahrbuch der HTG, Bd. 25/1962.)

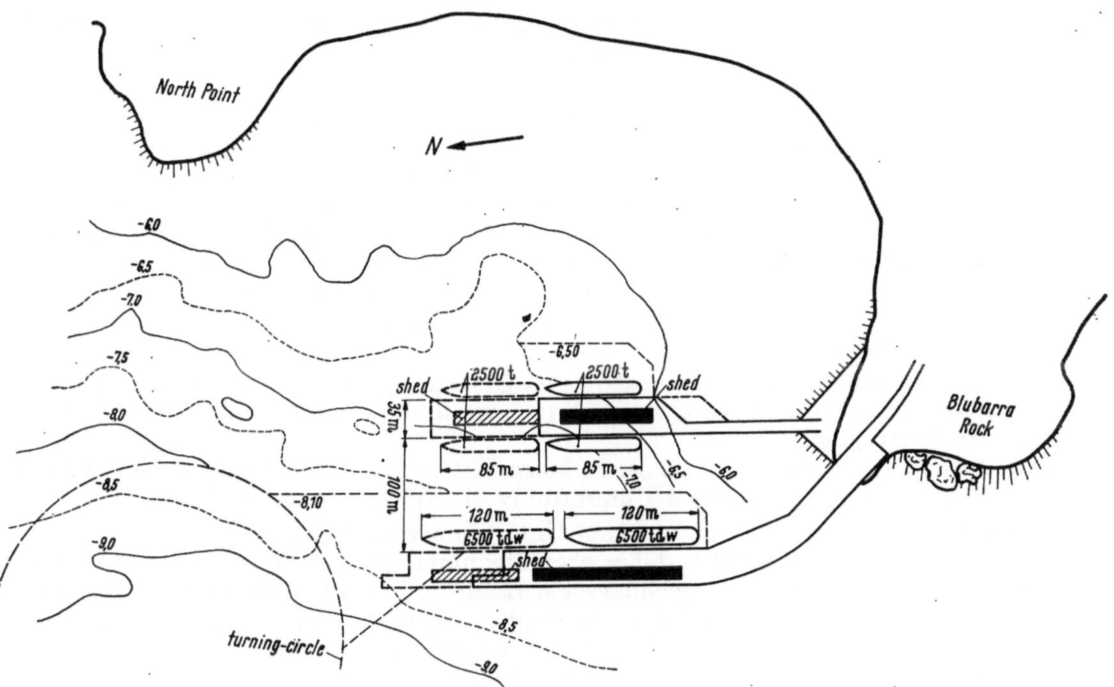

Abb. 21. Der Hafenlageplan mit seinen Erweiterungsmöglichkeiten

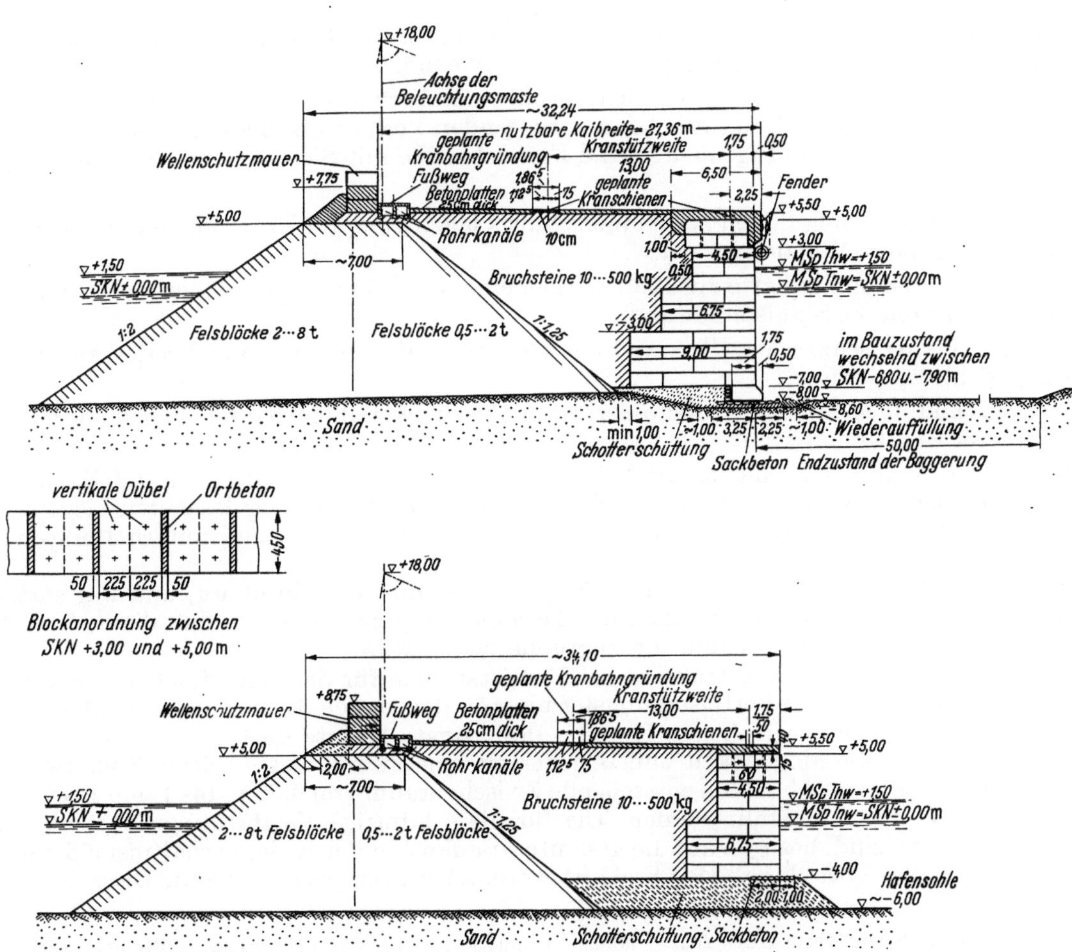

Abb. 22. Querschnitt von Wellenbrecher mit Kaimauer für Seeschiffe/Leichter-Küstenfahrzeuge

Entwurf und Bauausführung der 26,5 m hohen Stromkaje für das Containerkreuz in Bremerhaven 1971/73

Für den Bau der Stromkaje waren sechs Hauptprobleme zu lösen:

a) Das erste Problem bezog sich auf die zu wählende freie Höhe des Geländesprunges.

Die Oberkante der Kaifläche mußte so gewählt werden, daß das Hintergelände gegen Wellenbrandung und Wellenüberschlag auch bei höchstem Weserwasserstand geschützt wird.

Die Hafensohle vor dem Kai war so tief zu legen, daß sie sich den Möglichkeiten der zukünftigen Ausbaustufen der Außenweser anpassen kann, wobei das An- und Ablegen und Liegen der Großcontainerschiffe auch bei niedrigsten Wasserständen ohne Grundberührung gewährleistet wird. Ferner mußte auch die Möglichkeit des Anlegens von Massengutschiffen im Rahmen des zukünftigen Ausbaues der Außenweser bestehen.

b) Das zweite Problem umfaßte die konstruktive Gestaltung der Kaje zur Stützung dieses Geländesprunges, der weit über die bislang ausgeführte Durchschnittshöhe von 19 bis 20 m für Großschiffskaimauern hinausging.

Die für die Stromkaje nunmehr zu wählende konstruktive Lösung war wegen der großen freien Höhe von 26,5 m und der vorhandenen Untergrundverhältnisse noch schwieriger.

c) Das dritte Problem waren die ungünstigen Untergrundverhältnisse.

Für den Bau der Stromkaje wurden daher ebenfalls umfangreiche Bohrungen zur Feststellung des Schichtenverlaufs und der bodenmechnaischen Kennwerte des Untergrundes durchgeführt.

d) Bei dem sehr schnellen Anwachsen des Containerverkehrs über den Atlantik zwischen Amerika und Europa sowie der Entwicklung für den Containerverkehr mit Australien und Ostasien mußte die Fertigstellung mindestens eines Schiffsliegeplatzes möglichst innerhalb eines Jahres erreicht werden, wenn Bremen den Anschluß an den modernen Großcontainerumschlag in Bremerhaven sicherstellen wollte. Auf eine möglichst kurze Bauzeit war also die konstruktive Lösung ebenfalls abzustellen.

e) Das fünfte Problem bestand darin, die Baukosten für die Stromkaje mit zwei bzw. drei Liegeplätzen in der konstruktiven Gestaltung so gering wie möglich zu halten.

f) Schließlich war auch noch das sechste Problem zu berücksichtigen das darin bestand, zur Gewährleistung einer kurzen Bauzeit bei den vorliegenden Verhältnissen ausreichende Großbaugeräte und die nötige Anzahl von Ingenieuren und Facharbeitern mit Sicherheit zur Verfügung zu haben.

Für die Wahl des endgültigen Kajenquerschnitts lagen von drei Unternehmergruppen neue Entwürfe mit folgenden Variationen vor:

1. Eine Stahlbetonpierplatte auf Pfählen über einer rund 60 m breiten überbauten Böschung mit vorderer und hinterer Stahlspundwand.
2. Eine massive senkrechte Uferwand aus Druckluftcaissons von 25 m Breite bzw. 10 m Breite mit Zugpfahlverankerung.
3. Eine rund 30 m breite Stahlbetonierplatte über einer teilüberbauten Böschung mit vorderer und hinterer Stahlspundwand.

Von diesen Angeboten schieden die beiden ersten Entwürfe aus Gründen der Bauausführung, der Kosten oder der Nichteinhaltung des Termins für die Fertigstellung des ersten Liegeplatzes aus, obwohl der zweite Entwurf mit der massiven Uferwand betrieblich und unterhaltungsmäßig von Vorteil gewesen wäre.

Der dritte Entwurf stammte von der Philipp Holzmann AG, Hamburg, und war statisch-konstruktiv, kostenmäßig und hinsichtlich der Termine am günstigsten, so daß dieser Vorschlag der weiteren Bearbeitung und Ausführung zugrunde gelegt wurde.

Diese Spundwand-Pfahlkonstruktion gewährleistete den für den anlaufenden Containerverkehr unbedingt einzuhaltenden Fertigstellungstermin für den ersten Liegeplatz zum April 1971 und blieb im Rahmen der vorgesehenen Kosten. Prof. Agatz konnte diese Konstruktion jedoch nur vertreten, weil sie die Möglichkeit zuließ, jederzeit eine zweite wasserseitige Spundwand vorzurammen. Der hierbei (s. Abb. 25c) entstehende Zwischenraum von 0,75 m bis 1,5 m Breite kann mit Beton unter Wasser ausgefüllt werden. Die für diese künftige Verstärkungskonstruktion aufzuwendenden Mittel sind, bezogen auf die gesamten Baukosten der Kaje, verhältnismäßig gering. Sie hat außerdem den Vorteil, daß sie abschnittsweise ausgeführt werden kann. Diese Verstärkungs-

* Entwurf und Bauausführung der 26,5 m hohen Stromkaje für das Containerkreuz in Bremerhaven. Bautechnik 1972–74

möglichkeit hielt Prof. Agatz für unbedingt erforderlich für den Fall, daß die vordere Spundwand durch Schiffe verletzt wird oder sie im Laufe der Jahrzehnte aus Korrosionsgründen verstärkt werden muß.

Abb. 23. Containerumschlag an der Stromkaje Bremerhaven mit einer Länge von etwa 1000 m für drei Großcontainerschiffe oder eine entsprechende Anzahl kleinerer Schiffe

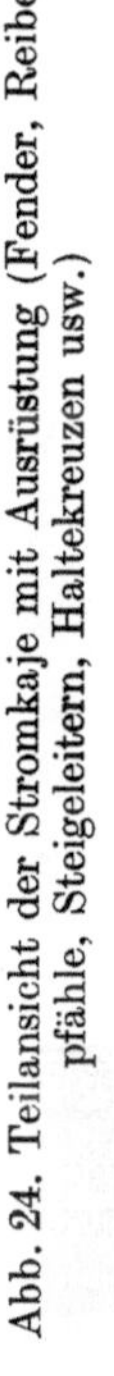

Abb. 24. Teilansicht der Stromkaje mit Ausrüstung (Fender, Reibepfähle, Steigeleitern, Haltekreuzen usw.)

Eingehende Untersuchungen führten dann dazu,

— die hintere Spundwand in L 430 auszuführen,

— den hinteren Entwässerungsbetonkanal als Längsfilterstrang mit großem Querschnitt und Querentwässerungssträngen mit Anschluß an den Pierplattenraum auszubilden,

— Grundwasserentlastungsbrunnen hinter der vorderen Spundwand anzuordnen,

— Anzahl, Ausbildung und Länge der Stahlpfähle und der Stahlflügel an den unteren Pfahlenden den vorhandenen Bodenschichten anzupassen.

So entstand der in Abb. 25b dargestellte Ausführungsquerschnitt.

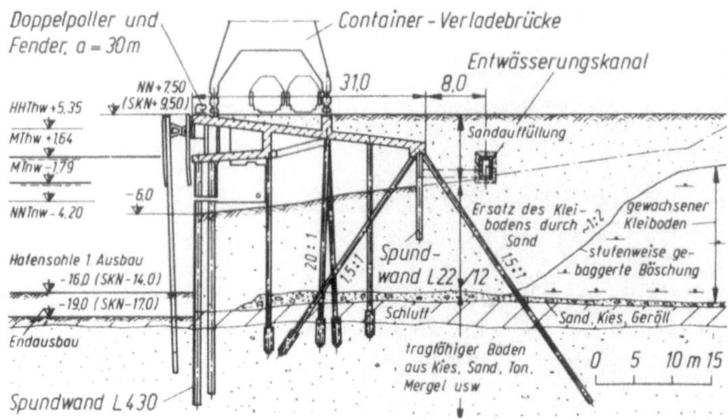

a) Angebotsentwurf 1970

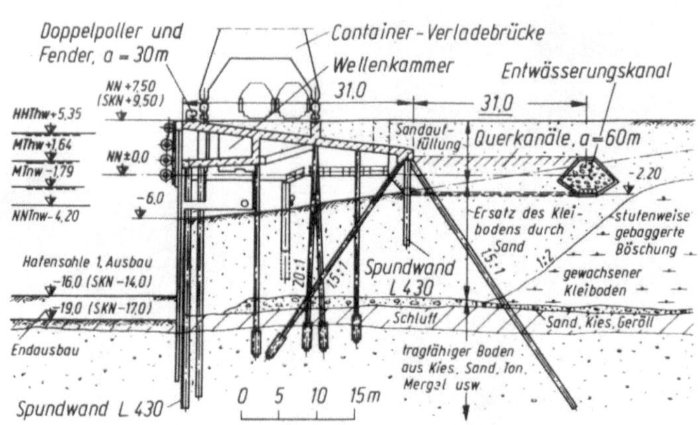

b) Bauausführung 1970/72

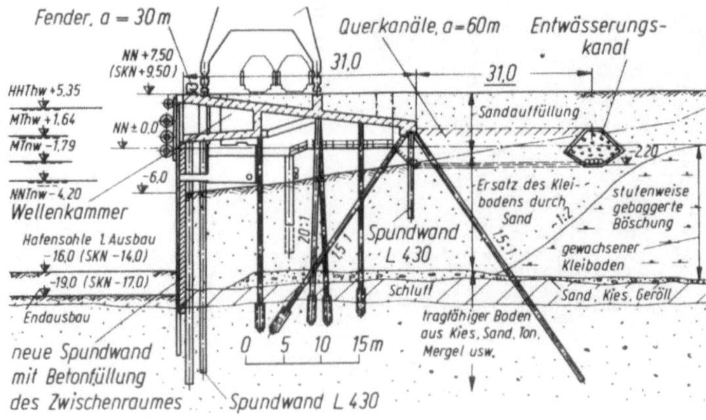

c) Verstärkungsmöglichkeit durch Vorbau einer weiteren Spundwand

Abb. 25. Querschnitt der Stromkaje

Die Hafenbautechnische Gesellschaft 1975/1976

Der nachfolgende Bericht gibt einen Rückblick auf die Tätigkeit der HTG seit Anfang 1975 bis Ende 1976. In diesen Zeitraum fiel die 37. Hauptversammlung in München, auf der technische, wirtschaftliche und betriebliche Fragen der Wasserstraße Rhein–Main–Donau im Vordergrund standen.

Unsere Schriftleitung hat das vorliegende Jahrbuch zusammengestellt und vorbereitet. Vorstand und Schriftleitung hoffen, daß auch der 35. Band des Jahrbuches bei den Mitgliedern und in der Öffentlichkeit des In- und Auslandes reges Interesse finden und den Hafenfachleuten von Nutzen sein wird.

Die Schriftleitung hat auch den Schiffahrtsverlag „Hansa" bei der Zusammenstellung von Aufsätzen über Bau und Betrieb von Häfen und Wasserstraßen und über Küstenbau für die Zeitschrift „Hansa", das Organ der Gesellschaft, beraten Eine Auswahl dieser Aufsätze ist in den Bänden XX und XXI des „Handbuches für Hafenbau und Umschlagtechnik" erschienen.

Die in unregelmäßigen Abständen herausgegebenen Mitgliederverzeichnisse der HTG sind abgelöst worden durch eine regelmäßig erscheinende Beilage zum Handbuch, erstmals zum Band XX, die den jeweils neuesten Stand der Satzung, der Veröffentlichungen, der Organisation der Gesellschaft und ihrer Mitglieder wiedergibt.

Die Handbücher sind ebenso wie dieses Jahrbuch den Mitgliedern wiederum unentgeltlich überlassen worden.

Fachausschüsse:

Der **Auschuß für Ufereinfassungen** hat weitere Empfehlungen erarbeitet, bereits vorliegende Empfehlungen überarbeitet und die Ergebnisse in den Technischen Jahresberichten 1975 und 1976 veröffentlicht. 1976 wurde auch die 5. Auflage der „Empfehlungen des Arbeitsausschusses Ufereinfassungen" herausgebracht. Die „EAU 1975" umfaßt 130 endgültige Empfehlungen, die bis Ende 1974 veröffentlicht worden sind. Dabei sind die bisherigen 100 Empfehlungen der EAU 1970 — soweit erforderlich — durch Änderungen und Ergänzungen auf den neuesten Stand gebracht worden. Die EAU 1975 wurde — wie auch die Sonderdrucke der Technischen Jahresberichte — fachlich interessierten Mitgliedern zugestellt.

Auch die übrigen Fachausschüsse haben ihre Arbeiten fortgesetzt, dabei neue Ergebnisse erzielen und ihre Empfehlungen überarbeiten und erweitern können. Ihre Arbeitsberichte sind in der Zeitschrift „Hansa" Nr. 17/1975 und im „Handbuch für Hafenbau und Umschlagtechnik" Band XXI veröffentlicht worden.

37. Hauptversammlung:

Auf Beschluß der Mitgliederversammlung am 29. Mai 1974 fand vom 17. bis 19. September 1975 die **37. Hauptversammlung** in **München** statt; sie war verbunden mit einer Studienfahrt in den Raum Kelheim und Regensburg zur Besichtigung von Baustellen der Rhein–Main–Donau-Wasserstraße sowie der Hafenanlagen in Regensburg.

Nach einer Vorstandssitzung wurde die Tagung in einem Hörsaal des modernen Südgeländes der Technischen Universität vom Vorsitzenden der Gesellschaft, Herrn Hafenbaudirektor a. D. Dr.-Ing. K.-E. Naumann, eröffnet. Bürgermeister Müller-Heydenreich hieß die Teilnehmer der Tagung herzlich willkommen. Staatssekretär Erich Kiesl vom Bayerischen Staatsministerium des Innern ging in seiner Ansprache auf die Beziehungen Bayerns zur Schiffahrt und zur Hafenwirtschaft ein und verkündete als Neuestes die Nachricht, daß die Bayerische Staatsregierung beschlossen habe, in Kelheim einen Hafen zu errichten. Herr Ministerialdirigent Dr. G. Beck begrüßte die Teilnehmer als Vertreter des Bundesverkehrsministeriums und gab ihnen einen Einblick in die verkehrspolitischen Überlegungen seines Ministeriums. Den Eröffnungsvortrag hielt Herr Professor Dr. rer. nat. h. c. Dr.-Ing. S. Balke, München, zu dem Thema **„Der Ingenieur als Produzent von Lebensqualität"** (siehe Handbuch für Hafenbau und Umschlagtechnik, Band XXI, S. 21).

Im Mittelpunkt der Fachvorträge standen Referate über die Europa-Wasserstraße Rhein–Main–Donau. Folgende Themen wurden behandelt: Dr. techn. Dr. oec. György Fekete, Budapest: **„Die Donau als Wasserstraße in Gegenwart und Zukunft, ihre Schiffahrt und die Tätigkeit der Donau-Kommission"**; Ministerialdirektor a. D. Dipl.-Ing. B. Rümelin, München: **„Planung und Bau im Abschnitt Nürnberg–Vilshofen der Europa-Wasserstraße Rhein–Main–Donau"**; Dipl.-Ing. W. Roehle, Wien: **„Der Ausbau der österreichischen Donau zur modernen Kraftwasserstraße"** sowie Dipl.-Ing. Mircea Marinescu, Bukarest: **„Ausgeführte und geplante Maßnahmen zur Verbesserung der Donau in Rumänien"**. Bei den allgemeinen Binnenhafen- und Binnenschiffahrtsthemen beleuchtete Herr Ministerialrat Dipl.-Ing. W. Hartung, Bonn, **„Betriebliche und technische Probleme der Nachtfahrt auf Binnenschiffahrtsstraßen"**. Herr Ministerialrat Dipl.-Ing. W. Bergmeier, Bonn, zeigte **„Möglichkeiten und Grenzen der Schubschiffahrt auf Binnenschiffahrtsstraßen, insbesondere Kanälen"** auf und Herr Oberregierungsbaurat a. D. Dr.-Ing. J. Müller, Duisburg, gab einen Überblick über **„Neuere Entwicklungen in der Binnenschiffahrt und deren Einfluß auf die Binnenhäfen"**. Die Überleitung zum Bereich der Küste bildete das Referat von Herrn Dipl.-Ing. H.-H. Witte, Aurich, über **„Gewinnung von Kohlenwasserstoffen in der Nordsee und deren Transport zum Festland"**.

Während der die Tagung abschließenden ganztägigen **Studienfahrt nach Kelheim und Regensburg** konnten die rund 270 Teilnehmer die im Bau befindlichen Staustufen des Rhein–Main–Donaukanals bei Bad Abbach und in Regensburg besichtigen und erhielten im Anschluß an einen Rundgang durch Regensburg einen umfassenden Überblick über den Hafen dieser Stadt. Den Abschluß der Studienfahrt bildete eine Schiffsreise auf der Donau von Kelheim nach Weltenburg, wobei die Weltenburger Enge (Durchbruch der Donau durch die Alb) passiert wurde.

Gesellschaftliche Höhepunkte der Tagung stellten der Begrüßungsabend — Fahrt auf dem Starnberger See mit dem MS „Seeshaupt" — und der Gesellschaftsabend im München Penta Hotel dar.

Exkursionen:

Rund 80 Mitglieder und Freunde der HTG hatten vom 11. bis 16. Mai 1975 Gelegenheit, sich umfassende Eindrücke von Hafengeschehen und Industrieansiedlung im Bereich des Mittelmeeres zwischen **Genua und Marseille** zu verschaffen. Ergänzt wurden die vielfältigen Eindrücke durch Besuche an Staustufen der Rhone-Kanalisierung zwischen Marseille und Lyon, die die Anstrengungen Frankreichs zur Verbesserung der Schiffahrtsverhältnisse auf der Rhone, zur Energieversorgung und zur Industrialisierung des Rhone-Tales verdeutlichten.

Die **belgischen Häfen** Antwerpen, Gent, Brügge, Zeebrügge und Ostende waren für 40 Mitglieder Ziel einer vom 30. Mai bis 4. Juni 1976 durchgeführten Studienfahrt. Großes Interesse erweckten bei den Teilnehmern die allerorts zu beobachtenden Anstrengungen zur Hafenerweiterung und Industrieansiedlung, deren Verwirklichung in der Praxis überall beobachtet werden konnte. Abgerundet wurde die Studienfahrt durch Einblicke in Historie, Kunst und die hohe flämische Baukultur, deren Erhaltung oft mit großem Aufwand verbunden ist.

Vortragsveranstaltungen:

„Neuere Entwicklungen in den Benelux-Häfen" war das Generalthema einer Vortragsveranstaltung am 20. Mai 1976 in Hamburg, um den Mitgliedern auch Einblicke in ausländische Häfen zu ermöglichen. Herr Ir. Boelhouwer vom städtischen Hafenbetrieb Amsterdam erläuterte **„Hintergründe und Aussichten des Vorhafenprojektes von Amsterdam"**. Herr Delwaide, Hafenschöffe der Stadt Antwerpen, zeigte den Teilnehmern **„Licht und Schatten über dem Antwerpener Hafen"**. Herr Ir .v. d. Doel vom städtischen Hafenbetrieb Rotterdam referierte schließlich über **„Aktuelle Entwicklungen im Rotterdamer Hafen"**.

Zu dem Gesamtthema **„Küstenforschung und Küsteningenieurwesen"** fand am 18. November 1976 in Hannover zum zweiten Mal eine eintägige Vortragsveranstaltung statt, mit der an die erste Veranstaltung am 29. März 1973 in Hamburg angeknüpft wurde.

Mitgliederbewegung:

Seit Anfang 1975 verstarben folgende, zum Teil langjährige Mitglieder der HTG:

Ahlwarth, Rudolf, Reg.-Baumeister a. D., Köln
Bätge, Heribert, Dipl.-Ing., Erster Baudirektor, Hamburg
Bull, Egon, Dipl.-Ing., Manila, Philippinen
Cordes, Friedrich, Dipl.-Ing., Baudirektor, Kronshagen
Dehning, Hans-Henry, Dipl.-Ing., Reg.-Baudirektor a. D., Bremen
Fiederling, Ernst, Dipl.-Ing., Darmstadt

Goedhart, Gerhard, Dipl.-Ing., Lübeck
Griese, Achim, Dipl.-Ing., Marinebaudirektor a. D., Kiel
Grube, Hans, Dr.-Ing., Angermund
Jung, Helmut, Dipl.-Ing., Hafendirektor, Bremen
Neuling, Ernst-Günther, Dipl.-Ing., Baudirektor, Hamburg
Rogge, Georg, Dipl.-Ing., Baden-Baden
Schwichow, Friedemann, Oberregierungsbaurat, Wilhelmshaven
Seeler, Alfred, Baumeister, Essen
Thormählen, Ferdinand, Dipl.-Ing., München
Vogt, Arthur, Dipl.-Ing., Dortmund
Walther, Friedrich, Dr.-Ing., Präsident a. D., Bremen
Zimirski, Felix, Dr.-Ing., Hamburg

Die Mitgliederzahl erhöhte sich in der Berichtszeit von 923 auf 937. Sie setzte sich am 30. November 1976 wie folgt zusammen:

8 Ehrenmitglieder
173 Förderer
688 ordentliche Mitglieder
36 Jungmitglieder
16 gegenseitige Mitgliedschaften
16 Schriftenaustausch
937

Hierin sind 75 ausländische Mitglieder enthalten.

Förderung jüngerer Mitglieder:

Aus den beiden **Spenden Goedhart** konnten wiederum viele jüngere Mitglieder Zuschüsse sowohl zu den von der HTG durchgeführten Veranstaltungen und Exkursionen als auch zu eigenen Studien im Ausland erhalten.

Kontakte zu anderen Verbänden und Institutionen:

Der **Deutsche Verband technisch-wissenschaftlicher Vereine,** dem die HTG angehört, unterrichtete Vorstand und Geschäftsführung ständig über seine Tätigkeit und Mitwirkung in deutschen und internationalen Organisationen der Wissenschaft und Forschung. Weiterhin bestehen enge, zum Teil über die Fachausschüsse geführte Kontakte zu vielen anderen **technisch-wissenschaftlichen Vereinigungen und Institutionen** mit den Zielen des Gedanken- und Informationsaustausches und der gegenseitig befruchtenden Zusammenarbeit.

Dipl.-Ing. H. Haacke

Das Vorhafenprojekt Amsterdams — Hintergründe und Aussichten*

Ir. J. Boelhouwer, Amsterdam

Obwohl der gesamte Küstenstreifen des Beneluxgebiets seiner sehr günstigen Lage wegen im Grunde als ein einziges, großes Hafengebiet für ein unermeßliches Hinterland mit vielen gemeinsamen Faktoren betrachtet werden kann, hat dennoch jedes Teilgebiet, jeder einzelne Hafen, seine eigenen, spezifischen Gegebenheiten.

Jeder Hafen behandelt seinen Anteil auf eigene Weise und rückt den Problemen der eigenen Situation entsprechend zu Leibe. Vom Transportgeschehen her gesehen entzieht sich keiner der Notwendigkeit bleibender Wachsamkeit, Inventivität und Flexibilität. Die Technik wird immer wieder mit all ihren Mitteln helfen müssen, den Anforderungen zu genügen, die der Weltgüterverkehr heute und in Zukunft stellt.

In diesem Rahmen erscheint es mir angebracht, meine Darlegungen in drei Hauptthemen zu gliedern:

- Blick auf die Hafenentwicklungen im allgemeinen im Rahmen der Trends des Transportwesens und der Industrie;
- die Rolle Amsterdams innerhalb der gegenwärtigen Trends
- Möglichkeiten zur Anpassung in Vergangenheit und Zukunft.

Den Mitgliedern der HTG ist der sehr große Anteil des Küstengebiets von Nordwesteuropa am Weltseetransport sicherlich nicht unbekannt. Etwa 25% des gesamten Weltgütertransports findet in dem relativ kleinen Gebiet über eine Reihe von Häfen an dem verkehrsreichsten Küstengebiet der Welt zwischen Hamburg und Le Havre statt. Die große Bedeutung dieser Lage für die wirtschaftliche Entwicklung wurde daher auch durch die zuständigen nationalen und regionalen Behörden schon vor vielen Jahren erkannt. In jedem nordwesteuropäischen Hafen wurden und werden die Anlagen den immer wieder neuen Anforderungen regelmäßig angepaßt.

Schon bald nach dem Beginn der sechziger Jahre erfuhr das harmonische Bild der Seehafenentwicklung in Westeuropa eine fundamentale Veränderung infolge der plötzlichen, schnellen und einschneidenden Änderungen auf dem Gebiet des Seetransports und der Industrieansiedlung.

Die starke Zunahme der Schiffsabmessungen, insbesondere beim Rohöl- und Erztransport, zwang die Häfen, völlig neue Anlagen für die Abfertigung dieser Schiffe zu erstellen. Ferner brachte die Entwicklung von Schiffen für spezielle Ladungstypen und die Einführung neuer Transportsysteme wie des Containersystems und anderer Formen von Einheitsladungen sowie des Roll-on-roll-off-Systems usw. die Notwendigkeit eines schnellen Turnaround mit sich, so daß sowohl völlig neue Liegeplätze als auch moderne, kostspielige Lade- und Löschgeräte erstellt werden mußten.

Ein anderes, sehr wichtiges Element der neuen Hafenentwicklungen kennzeichnete sich durch den Trend der Processingindustrie, neue Betriebe am tiefen Wasser in oder bei den großen Häfen anzusiedeln. Das bietet dieser Industrie Vorteile durch die Möglichkeit der Bevorratung in großem Rahmen und durch Einsparungen infolge der direkten Nähe des Marktes.

Die Hafenverwaltungen haben auf diese Entwicklungen reagiert, indem sie neue Gelände für die Ansiedlung moderner Industrien bereitstellten, vor allem deswegen, weil expansive Processionsaktivitäten wie Raffinerien, chemische Fabriken und die Metallindustrie große transporterzeugende Effekte haben, die für alle Arten von Hafenaktivitäten günstig sind. Bei der weiteren Entwicklung zeigte sich, daß diese Industrialisierung zugleich einen starken positiven Einfluß auf andere Industriezweige und auf den Handel ausübte.

Aufgrund dieser Entwicklungen mußten die Hafenverwaltungen erkennen, daß ohne die Bereitschaft zur großartigen Anpassung in Zukunft nicht mehr mit einem angemessenen Anteil am Güterumschlag gerechnet werden könnte. Fortschritt konnte nur erwartet werden, wenn besondere Einrichtungen geschaffen wurden, um der neuen Größenordnung von Transport und Industrie zu entsprechen.

---

* Als Vortrag gehalten am 20. 5. 1976 in Hamburg vor Mitgliedern der Hafenbautechnischen Gesellschaft.

Für viele europäische Häfen brachte diese Bereitschaft erhebliche Anstrengungen mit sich, dem Bedürfnis an ausgedehnten Einrichtungen zu Wasser und zu Lande zu genügen. Große Gebiete mußten entwickelt, in vielen Fällen erhöht und mit umfangreichen Tiefwassereinrichtungen versehen werden. Dabei mußt außer für Gelände für die unmittelbare Verwendung auch für ausgedehnte Flächen als Reserve für den künftigen Gebrauch gesorgt werden.

Alle großen Häfen haben so auf die Anforderungen des technischen Fortschritts eine deutliche Antwort gegeben. Einige nähern sich bereits der Vollendung ehrgeiziger langjähriger Programme für den Bau spezieller Tiefwasserhäfen, andere untersuchen schon wieder neue Pläne.

Die Dimension dieser Projekte und die mit ihnen verbundenen Investitionen übertreffen bei weitem die Dimensionen der Anpassungen, vor denen die Hafenverwaltungen noch vor wenigen Jahrzehnten standen.

Wie ist nun die Position von Amsterdam in diesem großen Rahmen? Zunächst einige Bemerkungen zur lokalen Situation und zur Infrastruktur. Der Amsterdamer Hafen ist mit dem Meer durch den Nordseekanal verbunden, eine künstliche Wasserstraße, die zwischen 1853 und 1876 gebaut wurde. Der Aushub dieses Kanals schützte den Hafen vor der Verkümmerung infolge der unzulänglichen Verbindung über die untiefe einstige Zuidersee.

Seit seiner Eröffnung im Jahre 1876 wurde der Nordseekanal (Abb. 1) sechsmal verbreitert, um den wachsenden Bedürfnissen der Schiffahrt entgegenzukommen. Da es unmöglich war, eine offene Verbindung zum Meer zu unterhalten, wurde der Kanal von Anfang an mit Seeschleusen ausgestattet. 1895 wurde eine größere Schleuse hinzugefügt, während später durch den Bau der größten Schleuse im Jahre 1930, die 400 Meter lang und 50 Meter breit ist, Seeschiffen mit einem Tiefgang von 45 Fuß Zugang verschafft wurde, das entspricht vollgeladenen Schiffen von etwa 90000 tdw, obwohl die Wasserstraße selbst noch nicht geeignet für diesen Tiefgang war.

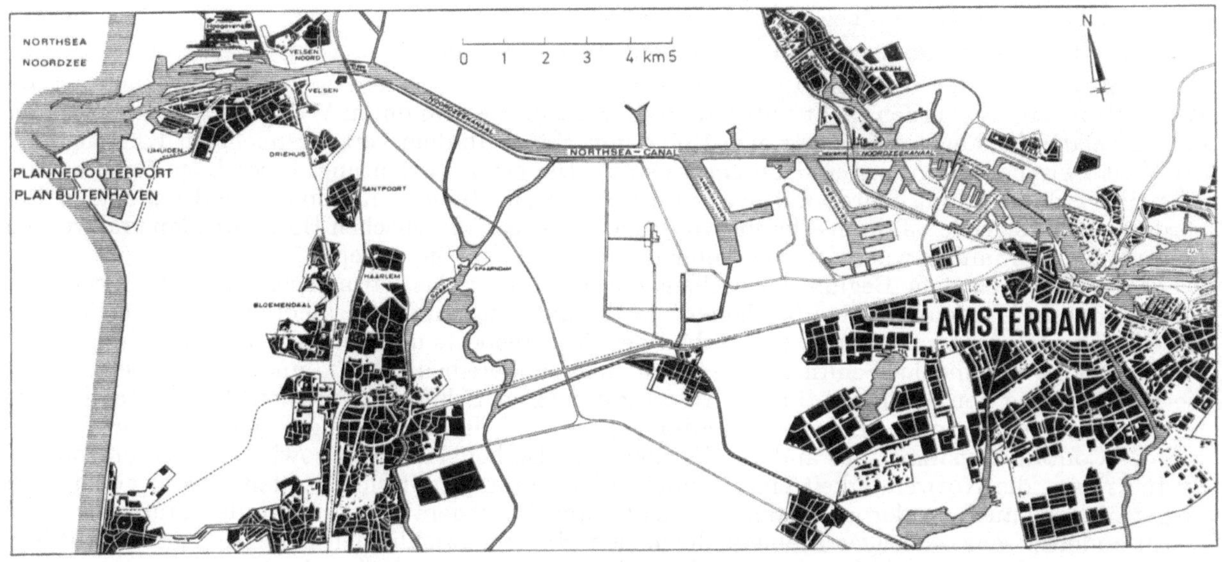

Abb. 1.

Sehr lange Zeit hindurch hat der Amsterdamer Hafen nahezu ausschließlich das niederländische Hinterland bedient, da eine angemessene Wasserverbindung mit dem internationalen Hinterland fehlte. Infolge der Eröffnung des Amsterdam-Rhein-Kanals im Jahre 1952 erhielt der Hafen jedoch Zugang zu einem ausgedehnten Hinterland, was innerhalb kurzer Zeit eine starke Zunahme des Transports über Amsterdam, namentlich auf dem Gebiet des Massenguts, nach sich zog.

Diese Entwicklung wurde noch weiter gefördert durch die Erweiterung der Hafenmündung in IJmuiden von 1960 bis 1967, wodurch der Hafen Schiffe mit 45 Fuß Tiefgang empfangen konnte, 10 Fuß mehr als vor 1960. Zu diesem Zweck wurden die alten Molen verlängert, um eine größere Wassertiefe außerhalb der Schleusen in Übereinstimmung mit der Höchstkapazität der großen Noorderschleuse zu ermöglichen.

Hand in Hand mit diesen infrastrukturellen Verbesserungen entwickelte die Struktur des Amsterdamer Hafens sich innerhalb von 20 Jahren von einem spezifischen Stückguthafen zu einem Mehrzweckhafen mit einem starken Akzent auf dem Transitverkehr von Massengut.

In der bereits erwähnten Entwicklung der an Tieffahrwasser orientierten Seehafenindustrie wollte Amsterdam ebenfalls eine Rolle spielen, vor allem aufgrund der verbesserten infrastrukturellen Einrichtungen. Das gesamte Hafengebiet, einschließlich des Leitplans, umfaßt rund 3500 ha; es besitzt neben Terminals für Transport, Lagerung und Umschlag auch ausgedehnte Gelände für Seehafenindustrien wie Schiffbau und Reparaturwerften, Montage, Elektronik, Ölraffinerien und moderne Veredelungsindustrien. Der Erweiterungsplan für den Hafen entspricht mit rund 1000 ha dem künftigen Bedarf an neuem Industriegelände und ist teilweise bereits ausgeführt.

Der Fortschritt und das Wachstum in Häfen sind eng mit den Möglichkeiten zur Anpassung an die wachsenden Schiffsabmessungen und den schnelleren Turnaround verbunden. Amsterdam steht diesen Problemen schon seit dem vorigen Jahrhundert gegenüber und vermochte stets, eine günstige Antwort auf sie zu finden. Die Frage „Schritt halten mit der Entwicklung der Schiffahrt oder in eine Minimumexistenz zurückgleiten?“ wurde stets positiv beantwortet, wie die soeben genannten Anpassungen und Erweiterungen des Kanals und der Hafenmündung zeigen.

Vor einigen Jahren mußte der Amsterdamer Hafen erneut die Herausforderung annehmen und seine Haltung bezüglich des Laufes der Entwicklungen im Seetransport bestimmen. Es dürfte deutlich sein, daß der Amsterdamer Hafen infolge der inzwischen stark gewachsenen Abmessungen der Massengutschiffe mit seiner auf 45 Fuß Tiefgang begrenzten Zugänglichkeit nunmehr Gefahr lief, einen großen Teil seines in kurzer Zeit gerade in diesem Transport aufgebauten Umsatzes zu verlieren, wodurch das Rückgrat seiner heutigen Position beeinträchtigt worden wäre.

Die heutigen Zugangsbeschränkungen wurden um so mehr als ein negativer Faktor angesehen, als die diversen Studien verschiedener Hafenverwaltungen in Nordwesteuropa auf eine große Zunahme des Seetransports in den kommenden Jahren hindeuten. Den künftigen Anforderungen dieses Transports könnte nicht mehr entsprochen werden, wodurch der Fortschritt auf diesem Gebiet nach einer hundertjährigen Entwicklung ein Ende fände. Die bereits bestehenden Einrichtungen, die auch hohe Investitionen erfordert hatten, würden dann ebenfalls bleibend unzulänglich benutzt werden.

Es lag nahe, daß Amsterdam auch jetzt eine deutliche Antwort bereits hatte, und zwar den Plan zur Schaffung eines Tiefwasserhafens außerhalb der Schleusen von IJmuiden, der heute unter dem Namen Vorhafen IJmuiden (Abb. 2) bekannt ist.

Die Wahl dieses Standorts wurde durch verschiedene Gründe bestimmt. In erster Linie wurde die Untersuchung auf zusätzliche Einrichtungen in dem bestehenden System ausgerichtet.

Schon im Jahre 1968 erteilten die niederländischen Behörden auf das Drängen des Amsterdamer Hafens hin einem Ausschuß den Auftrag, die Möglichkeiten zur Verbesserung der Zugänglichkeit des Nordseekanalgebiets zu untersuchen. Der ursprüngliche Gedanke an die Vertiefung des Kanals als eine der Möglichkeiten mußte dabei schon bald aufgegeben werden. An erster Stelle spielte dabei die gesamte Situation rund um den Schleusenkomplex eine Rolle. Sie ist so kompliziert, daß der Bau einer neuen, tiefen Schleuse unter Beachtung der Notwendigkeit, während des Baus die bestehende Schiffahrt nach Amsterdam nicht zu behindern, eine äußerst einschneidende und kostspielige Umgestaltung des gesamten Schleusenkomplexes verlangen würde.

Außerdem würde auch die Vertiefung des Kanals selbst erhebliche Probleme mit sich bringen, vor allem durch die Anwesenheit von zwei Tunnels für den Eisenbahn- und Straßenverkehr, deren Tiefenlage seinerzeit der Schleusentiefe angepaßt wurde. Dies würde auf jeden Fall die Entfernung dieser Tunnels und den Bau neuer Tunnels in größerer Tiefe bedeuten, zusammen mit den notwendigen Anpassungen der Infrastruktur in einem dichtbebauten Gebiet! Und dazu käme dann noch die notwendige Profilerweiterung des Kanals selbst und der Zufahrtsrinne.

Es dürfte offenkundig sein, daß der Ausschuß zu dem Schluß gelangen mußte, daß diese Alternative aus Kostenerwägungen auszuschließen war. Eine bedeutsame Verbesserung der Zugänglichkeit ließe sich daher nur durch den Bau von Hafenanlagen außerhalb der Schleuse realisieren.

Durch die Hafenverwaltung Amsterdam war inzwischen bereits ein vorläufiger Plan hierfür vorgelegt worden. Die Konzeption war nicht neu. Schon früher, als die Industrialisierung in Gang kam, war aufgrund des Bedarfs an Einrichtungen für die Zufuhr von Rohöl dieselbe Idee zur Sprache gekommen; die Rohölversorgung wurde jedoch durch den Bau der Pipelineverbindung mit Rotterdam gesichert.

Von dem nunmehr vorliegenden Plan wurde die Basisform aufgrund hafentechnischer Aspekte durch die Hafenverwaltung Amsterdam angegeben und bezüglich der nautischen und wasserbautechnischen Bestandteile in engem Einvernehmen in dem besagten Ausschuß von Sachverständigen des Staates und der Gemeinde Amsterdam weiterentwickelt.

Einige Ausgangspunkte für die Basisform möchte ich hier genauer beleuchten:

- Zugänglichkeit über die bestehende Hafenmündung bedeutet Benutzung der Vorteile dieser nautischen Einrichtung, die bewiesen hat, eine sichere Zufahrt gewährleisten zu können. Dies be-

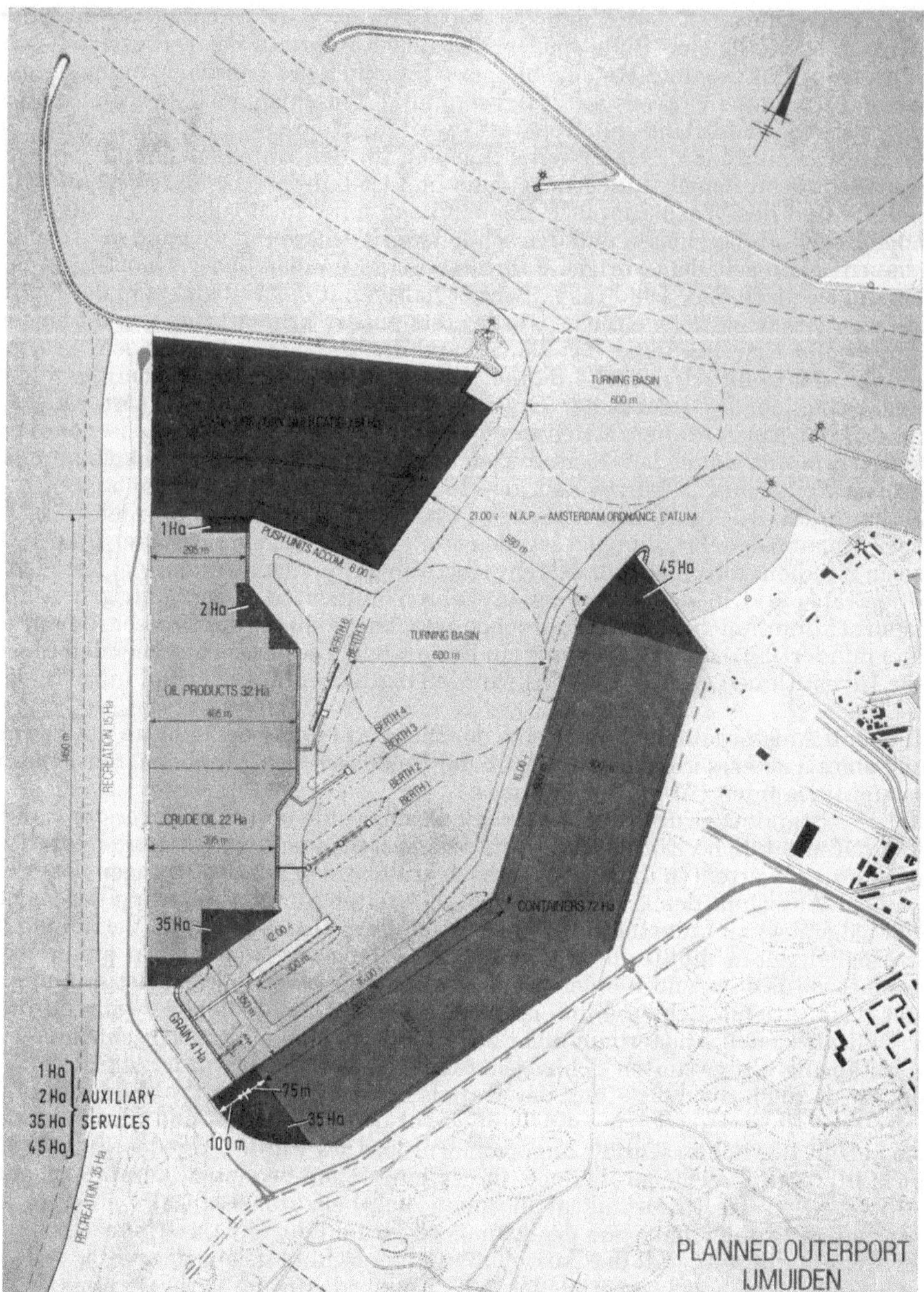

Abb. 2.

deutet jedoch zugleich eine Beschränkung in der Standortwahl der zu erstellenden Hafeneinrichtungen, nämlich an der Nordseite oder der Südseite des Eingangs. Im Blick auf den sehr beschränkten Raum zu Lande ist in beiden Fällen die Anlage der benötigten Hafeneinrichtungen im Meer notwendig.

● Auf die Standortwahl, Norden oder Süden, war das Element der Verbindungen zum Hinterland, nämlich über Schienen, Straßen und Pipelines, von großem Einfluß. An der Nordseite liegt nahezu direkt an der Küste in einem ausgedehnten Gebiet der Betrieb der Hoogovens-Stahlwerke, wodurch die gewünschten Verbindungen nur durch sehr umfangreiche Projekte realisiert werden können. Außerdem plant Hoogovens selbst eine Erweiterung zum Meer hin.

Die Planung des Vorhafens an der Südseite der Mole war daher eine logische Schlußfolgerung.

● Der Vorhafen mußte für die Abfertigung großer Massengutschiffe sowie der Schiffe bestimmt werden, für die ein schneller Turnaround am wichtigsten ist — namentlich Containerschiffe.

Im Blick auf die Entwicklung der Industriealisierung landeinwärts entlang dem Nordseekanal lag ferner der Bedarf an einer Möglichkeit für den Umschlag von Rohöl und Ölprodukten nahe.

Die Ansiedlung von Industrien im Vorhafen wurde ausdrücklich ausgeschlossen, auch schon wegen des Wunsches, die vorhandenen Raummöglichkeiten nicht allzu sehr zu belasten. Da sie begrenzt sind, werden die zu schaffenden Gelände knapp und teuer sein. Sie müssen daher für diejenigen Umschlagzwecke reserviert werden, die speziell auf diesen Küstenstandort angewiesen sind.

● Die Bestimmung des Umfangs läßt sich als ein Prozeß des Abwägens zwischen dem Bedarf und dem verfügbaren Raum kennzeichnen. Die Abschätzung des Bedarfs bedeutet die Notwendigkeit einer Prognose des insgesamt zu verarbeitenden Güterstroms für eine künftige Periode und des sich daraus ergebenden Bedarfs an Einrichtungen wie Flächen, Liegeplätzen, Infrastruktur u. dgl. Andrerseits läßt sich aus der lokalen räumlichen Situation schon von vornherein eine recht definitive Begrenzung festsetzen. Erholungs- und Wohnfunktionen der Küste bestimmen direkt die östliche Begrenzung; die Begrenzung zum Meer hin wird durch das bestehende Südpier und den aus Erwägungen in bezug auf die Erhaltung des Küstengleichgewichts recht straff gehaltenen, anzulegenden südlichen Damm festgesetzt.

Die allenthalben stark evoluierten Anschauungen in bezug auf die Raumordnung waren dabei Richtschnur für den Gedanken, daß keine Entwicklungen in Gang gesetzt werden sollten, die nach einer gewissen Zahl von Jahren weitere räumliche Anforderungen stellen. Für jede der Hafenfunktionen müssen somit Wachstumsmöglichkeiten innerhalb der festgesetzten Begrenzungen vorhanden sein. Natürlich muß der Komplex dann auch noch groß genug sein für einen Hafenbetrieb, der die Deckung der Ausgaben für Anlage und Instandhaltung möglich macht. Diese Faktoren und der untersuchte Umfang des Bedarfs an Einrichtungen zu Wasser und zu Lande aufgrund des voraussichtlichen Wachstums des Transports führten zu diesem Plan mit einem Umfang von ca. 200 ha Nutzfläche. Das ist genug, um den Wachstumsbedarf für eine Periode von etwa 30 Jahren zu decken.

● Bei dem Entwurf des Vorhafens stellen selbstverständlich die nautischen Möglichkeiten eine wichtige Randbedingung dar. Sie bestimmen die Dimensionierung des Fahrwassers und auch die interne Gestaltung. Vorläufige Untersuchungen waren auf die Erlangung von Aufschlüssen über diese nautischen Möglichkeiten ausgerichtet. Es dürfte vor Interesse sein, hierauf näher einzugehen.

Ausgehend von der Tatsache, daß irgendwo in der Südmole ein Durchbruch als Zugang zum Hafengebiet erforderlich ist, wurde die Stelle des Durchbruchs vor allem in Hinblick auf den Schutz gegen Welleneinlauf gewählt. Dieser Ausgangspunkt, die Lage des Durchbruchs, ist von großem Einfluß auf die nautischen Möglichkeiten und Grenzen.

Mit Rücksicht auf den nahegelegenen Schleusenkomplex und die damit zusammenhängende Schiffahrt müssen umständliche Einfahrmanöver in den Vorhafen als inakzeptabel betrachtet werden. Das bedeutet, daß unter normalen Verhältnissen für von See kommende Schiffe eine direkte Einfahrt in das Vorhafenbecken, also ohne Schwenk- und Rückschleppmanöver — als die effektive, operationelle Fahrroute betrachtet werden muß. Rechtzeitiges Abbremsen vor der Einfahrt ist daher notwendig. Ein wichtiger Faktor hierbei ist die Geschwindigkeit des Einfahrens zwischen den Köpfen der Piers. Obwohl große Schiffe im allgemeinen versuchen, etwa während des Kenterns der nordwärts bzw. südwärts setzenden Gezeitenströmungen einzulaufen, muß trotzdem immer noch den Querströmungen Rechnung getragen werden. Für eine sichere Passage des Schiffs wird in diesem Fall die lokale Fahrtgeschwindigkeit ca. 5 Knoten betragen müssen. Nach dem Einlaufen wird die Geschwindigkeit durch Abbremsen mit den Motoren und durch Schlepper auf Null gebracht, wofür eine gewisse Auslaufstrecke erforderlich ist.

Ich sage Ihnen vermutlich nichts Neues, wenn ich darauf hinweise, daß diese Auslaufstrecke mit durch die Tragfähigkeit des Schiffes bestimmt wird. Ausgehend von der verfügbaren Auslaufstrecke in diesem Fall wurde anhand von Versuchen im Modell und in der Praxis festgestellt, daß diese Länge ausreicht, um in den meisten Fällen Schiffe von 180000 bis 200000 tdw rechtzeitig abzubremsen.

Die Frage, für welche Schiffsgröße der Vorhafen auszulegen ist, mußte ausgehend von den Trends in der Schiffsentwicklung und auf die spezifische Situation Amsterdams ausgerichtet betrachtet werden. Dabei mußte bedacht werden, daß die Versorgung Amsterdams mit Rohöl mit sehr großen Öltankern über Rotterdam und die verfügbare Pipeline erfolgen kann. Für den Transport von anderen Massenladungen, wie diese für Amsterdam in Betracht kommen, genügen geringere Schiffsabmessungen. Aufgrund dessen wurde beschlossen, die durch die bestehende nautische Situation gebotenen Möglichkeiten als Maßstab zu akzeptieren und auf eine definitive Zugänglichkeit für Schiffe bis zu 180000 tdw zu Grunde zu legen.

● Mit den aufgezählten verfügbaren Daten, wie den räumlichen Begrenzungen, den zu erwartenden Schiffsabmessungen, dem Zugangsweg, wurden einige primäre Randbedingungen formuliert. Nun mußte eine derartige interne Gestaltung geschaffen werden, daß die gewünschte Aktivitäten auf optimale Weise abgewickelt werden können. In erster Instanz muß zu diesem Zweck ein etwas deutlicheres Bild von den Bedürfnissen der verschiedenen Transportkategorien erlangt werden. Die spezifischen Charakteristiken für jede Kategorie in bezug auf Umschlag, Lagerung und Vor- sowie Nachtransport können dann nämlich in die notwendigen technischen Einrichtungen übersetzt werden.

Tabelle 1. *Vorhafen-Prognose des Seeverkehrs im Jahre 2000* (in Mio Tonnen)

	Amsterdam insgesamt	über den Vorhafen
Getreide	8 3	5 6
Rohöl	17 0	16,0
Ölprodukte	25,5	21,4
Erze	25,3	21,8
übriges Massengut	19,8	5,5
Container	5,0	5,0
übrige Güter	1,8	—
Insgesamt	102,7	75,3

Tabelle 2. *Amsterdam Vorhafen-Projekt*

1. Lage:	an der Küste, südlich der Hafenmole der Hafeneinfahrt von IJmuiden; 10 Seemeilen westlich des Amsterdamer Hafens			
2. Verbindung mit dem Nordsee:	eine direkte und offene Verbindung			
3. Zugelassener Tiefgang:	59 ft., d.h. zugänglich für voll abgeladene Schiffe von 180 000 tdw.			
4. Hafenfläche:	brutto		360 Hektar	
	netto		200 Hektar	
	Hafenbassin		140 Hektar	
	Verkehrswege und öffentliche Anlagen		20 Hektar	
5. Flächennutzung:	Zahl der Liegeplätze	Länge der Kais	Löschbrücken	Fläche der Grundstücke
Erze und Kohle	2	600 m		
Schubschiffe	6	400 m		52 Hektar
Rohöl/Produkte	6 (Piers)		950 m	56 Hektar
Getreide	1 (Pier)		350 m	4 Hektar
Container	6	1800 m		74 Hektar
Verschiedenes		475 m	300 m	14 Hektar
Insgesamt	21	3275 m	1600 m	200 Hektar
6. Investitionskosten:	HFl. 434 Mio (Preisniveau 1974), kapitalisiert per 1. Januar 1980 mit 10% Zinsen			
7. Geschätzter im Jahre 2000 zu behandelnder Güterverkehr:	75,3 Mio Tonnen pro Jahr			
8. Erwartete Zahl der im Jahre 2000 eintreffenden Schiffe:	3200 pro Jahr			

Tabelle 1 und 2 zeigen die für das Jahr 2000 geschätzten Umschlagziffern und den daraus abgeleiteten Bedarf an Flächen, Liegeplätzen und Landeanlagen für die verschiedenen Betriebe. Es ist deutlich, daß es bei diesem Projekt namentlich um den Umschlag von Erzen, Containern und Öl geht. Bei der weiteren Ausarbeitung in bezug auf die Lage der vorgesehenen Umschlaganlagen mit den dazugehörigen Einrichtungen waren natürlich noch viele andere Faktoren von Einfluß:

— auf der Wasserseite wurde die Gestaltung von Fahrwasser und Becken natürlich bestimmt durch nautische Anforderungen für die sichere Fahrt und durch die Liegeplätze.

Hieraus resultierten Richtung und Abmessungen von Becken und Wendebecken und auch der Ort der Liegeplätze, die möglichst geschützt vor Wellen und Wind sein müssen.

— Die benötigten Tiefen für die Becken, je nach den Erwartungen in bezug auf Tiefgang und Kielfreiheit.

— Auf der Landseite spielten die Planung der Verbindungen zum Hinterland und der Anschluß an diese eine Rolle. Für den Schienen- und Straßentransport wurde die Infrastruktur bestimmt und ein Anschluß an die bestehenden Einrichtungen gesucht, die in der Nähe vorhanden sind.

— Speziell für den Erzterminal wurde im Zusammenhang mit eventuellen Staubproblemen eine möglichst weit ins Meer vorgerückte Lage gewählt.

Schließlich mußten auch die Möglichkeiten der Ausführung berücksichtigt werden. Bei der Gruppierung von Gelände und Becken wurde daher auch davon ausgegangen, daß das Projekt phasenweise und mit möglichst niedrigen Kosten gebaut werden soll. Die Reihenfolge ist dabei so gedacht, daß die Bilanz für die Erdarbeiten gleichgewichtig ist, mit anderen Worten: daß die Gelände mit dem aus den Becken ausgehobenen Sand erhöht werden können.

Ein wichtiger Aspekt neben den bereits genannten Verbindungen zum Lande ist natürlich auch die Fahrroute im Meer (Abb. 3). Um einen Anschluß an die bestehenden Zufahrtsrouten der Nordsee mit ausreichender Tiefe und Breite — zum sogenannten Main Trunk — zu erhalten, wird die Anlaufroute nach IJmuiden eine nahezu vollständig künstlich vertiefte Fahrrinne werden müssen. Ihre Länge wird rund 20 km betragen. Die Praxis hat bereits andernorts gezeigt, daß mit der modernen Ortungsapparatur die Schiffahrt so abgewickelt werden kann, daß eine Breite von 600 m für die Fahrrinne sicherlich ausreicht. Für die Tiefe wurde von einem maximalen Tiefgang von 59 Fuß ausgegangen. Aus Versuchen und Studien sowie aus an der Nordseeküste gewonnenen Erfahrungen läßt sich schließen, daß es für diesen Tiefgang in der Regel möglich sein wird, beim Kentern des Hochwassers wie des Niedrigwassers in die Hafenmündung einzulaufen, wenn der Boden sich auf 21 m unter Normal Pegel befindet. Die Kielfreiheit beträgt dann gut 3 bzw. gut 2 m.

Am westlichen Ende der Anlaufroute ist ein Ankergebiet vorgesehen. Schiffe, die warten müssen, z. B. auf einen im Blick auf die Gezeiten günstigen Zeitpunkt, müssen hier unter allen Umständen

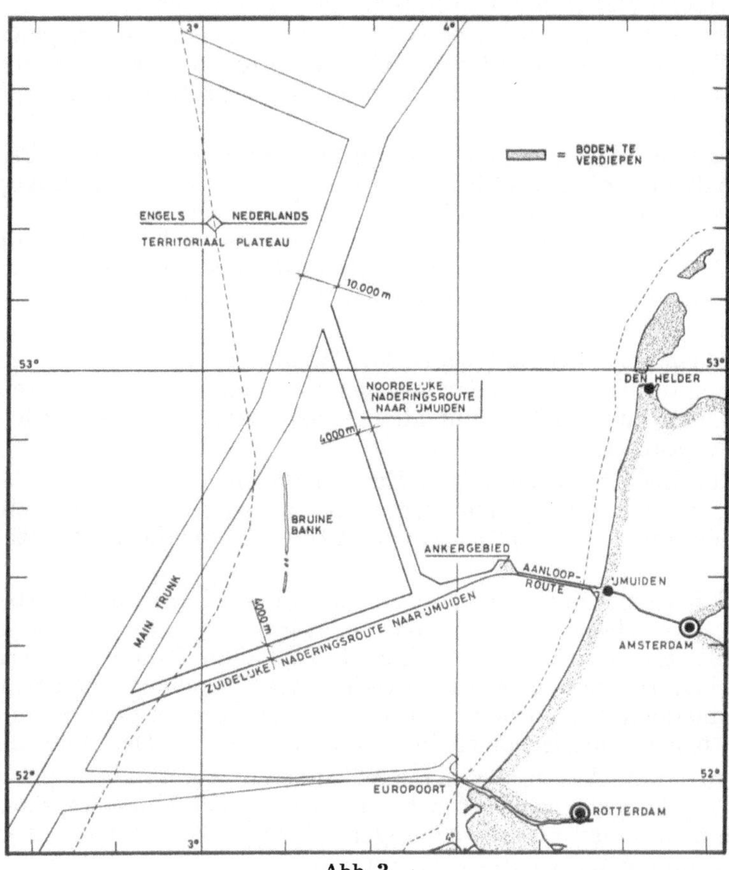

Abb. 3.

vor Anker gehen können. Für das Ankergebiet und die Anlaufroute wird insgesamt rund 110 Mio. m^3 Saug- und Baggerleistung notwendig sein.

Die Niederlande gehen mit ihrer Küste sorgsam um. Der eigenwillige Charakter von Strömungen und Wellen und die ständige Bewegung des Sandes lassen sich vielfach nicht ungestraft beeinflussen. Die Anlage eines Vorhafens ist ein Eingriff, dessen Konsequenzen für die Küste im Norden und Süden von IJmuiden sorgfältig untersucht werden müssen. Dabei war von Wichtigkeit, daß der Bau der neuen Molen im Jahre 1967 bereits eine Versandungstendenz im Süden der Mole erkennen ließ. Diese natürliche Anschwemmung bedeutet also im Grunde, daß, während die Küste in der Nähe des Anschlußpunktes des Abschlußdamms am Strand etwas versanden wird, die Küste in einiger Entfernung von diesem Damm nicht anders reagieren wird, als sie dies ohne den Bau des Vorhafens getan hätte. Vom Gesichtspunkt der Küstenmorphologie her gesehen braucht der Vorhafen also keine Probleme mit sich zu bringen.

Um das Bild noch etwas weiter zu vervollständigen, möchte ich noch kurz auf einige Aspekte der technischen Ausarbeitung und der Ausführung eingehen. Der neu anzulegende Hafendamm an der Seeseite des Vorhafens soll das Vorhafengelände gegen Hochwasser und Welleneinfall schützen. Er muß in Wasser angelegt werden, das vom Strand aus in Tiefe von 0 bis 8—10 m zunimmt. Es liegt nahe, daß gerade dieser Teil des Projekts allen anderen Arbeiten vorangeht, da durch ihn bereits ein guter Schutz für das gesamte Arbeitsgebiet erreicht wird. Die Lage am offenen Meer wird eine teilweise Ausführung als Steindamm notwendig machen, aber der Teil, der sich an den Strand anschließt, kann als Sanddamm ausgeführt werden. Dabei kann dann ferner ein Ersatzstrand mit dazugehörigem Aufschluß geschaffen werden. Anschließend kann die Zufahrt zu den Hafenbecken hergestellt werden; zu diesem Zweck muß die bestehende Südmole durchbrochen werden. Nur mit sehr schwerem Gerät läßt sich diese schwere Konstruktion anpacken, wobei gleichzeitig dem Schutz der übrigbleibenden Böschungen und Köpfe besondere Beachtung gewidmet werden muß.

Die Anlage von Hafenfläche und -Becken kann nahezu gleichzeitig in Angriff genommen werden. Ausgehend von einer Höhenlage der Gelände von 6 m über Normal Pegel liegt bei der vorgeschlagenen Gestaltung eine nahezu schlüssige Sandbilanz vor, wobei insgesamt rund 17 Mio. m^3 Sand verarbeitet werden müssen.

Ferner ist es erforderlich, die für die Navigation erforderlichen Hilfsmittel wie Ortungssystem, Küstenradar, Lichtreihen und Bojen anzupassen und zu erweitern.

— Die Vertiefung der Fahrrinne wird derart stattfinden müssen, daß die gewünschte Tiefe gleichzeitig mit dem Fortschreiten der übrigen Arbeiten erreicht werden kann. Dieser Aushub, der durch Schleppsauger erfolgen muß, wird daher mit einer großen Jahreskapazität vor sich gehen müssen.

— Schließlich müssen die Verbindungen zum Hinterland angelegt werden. Prognosen der erwarteten Güterströme dienten als Basis für die Berechnung der erwünschten Kapazitäten. Da sich in der Nähe ausgezeichnete Straßen-, Schienen- und Wasserverbindungen befinden, sind hier keine großangelegten und einschneidenden Konstruktionen erforderlich. Die Binnenschiffe, vor allem Schubzüge, werden auf dem Wege ins Hinterland die kleineren Schleusen des Schleusenkomplexes passieren müssen. Diese bieten genügend Kapazität für den Durchsatz großer Ladungsströme.

In groben Zügen liegt nun das Bild dieser für Amsterdam so wichtigen Entwicklung vor. Die Frage der Einrichtung des Hafens mit den Anlagen für diejenigen Aktivitäten, um die es letztlich geht — die Abfertigung von Schiffen mit allem, was dazugehört — wurde bisher aus zweierlei Gründen nicht näher bearbeitet:

— zum einen ist der Bedarf an derartigen Einrichtungen abhängig von dem spezifischen Verwendungszweck, für den die einzelnen Hafenabschnitte bestimmt werden. Mit den künftigen Benutzern werden zur gegebenen Zeit in intensiver Beratung die Einzelpläne ausgearbeitet werden müssen;

— zum andern, und das hängt mit dem ersten eng zusammen, kann die Ausarbeitung von Projekten auf längere Sicht die Gefahr beinhalten, daß nicht immer von dem neuesten Stand der Technik ausgegangen wird. Es ist keineswegs sicher, daß in allen Fällen Kaieinrichtungen der heute üblichen Typen benutzt werden. Auf dem Gebiet des Umschlages von Schiffladsungen werden sich in den kommenden Jahren neue Verfahren einstellen. In dem Stadium, in dem die Vorhafenstudie sich bisher befindet, erscheint daher eine weitere Detaillierung noch verfrüht.

Obwohl der obengenannte Ausschuß von technischen Sachverständigen prinzipiell zu dem Schluß gelangte, daß das Projekt technisch ausführbar ist, ist es noch keineswegs so, daß nicht auf einer Reihe von Gebieten noch weitere Untersuchungen erforderlich sind, namentlich in bezug auf:

— die Konstruktion und Bauweise des neuen Hafendamms;

— die Formgebung der Einfahrt;
— eventuelle Einrichtungen, um das Wellenbild zwischen Hafenmündung und Schleusenkomplex zu beherrschen, unter anderem im Zusammenhang mit der Binnenschiffahrt;
— die zu installierende Navigationsapparatur.

Es ist jedoch nicht zu erwarten, daß sich bei diesen Untersuchungen noch prinzipielle Änderungen der bestehenden Anschauungen über die Hauptlinien des Projekts ergeben.

Wie bereits gesagt, wurden die europäischen Häfen zu Beginn der sechziger Jahre recht plötzlich vor die Notwendigkeit einer viel einschneidenderen Verfahrensweise bei den Anpassungen als früher gestellt.

Die Investitionen von früher konnten in der Regel innerhalb der Initiative und der Kontrolle der örtlichen Hafenverwaltungen recht gut beherrscht werden. Eine wirtschaftliche Beurteilung, zumal in bezug auf die makroökonomischen Konsequenzen, wurde kaum für notwendig gehalten. Wenn der Seetransport bis zu einem gewissen Punkt wuchs, an dem die bestehenden Einrichtungen nicht mehr ausreichten um neue Entwicklungen aufzufangen, wurde die Planung neuer Hafenstrukturen primär durch Erwägungen auf hafentechnischem Gebiet bestimmt. Entscheidungen über große Hafenprojekte wurden eher durch qualitative und spekulative Überlegungen als durch eine rationale Kalkulation wirtschaftlicher Faktoren bestimmt.

Die in der letzten Zeit stattfindende allgemeine Neuorientierung in der Entwicklung der europäischen Hafenanlagen brachte jedoch eine ungeheure Maßstabvergrößerung der technischen Einrichtungen und der für diese erforderlichen Investitionen von vielen hundert Millionen mit sich. Es stellte sich darum als notwendig heraus, die Investitionen in Hafenanlagen in einem viel weiteren Rahmen zu betrachten, nämlich unter Berücksichtigung aller Effekte von makroökonomischer Art, sowohl direkter wie indirekter.

Die bestehenden Systeme für die Beurteilung von Hafeninvestitionen erwiesen sich als unzulänglich, da die Bewertungsmethoden zuviel von privatwirtschaftlichen Faktoren ausgingen, während die externen Effekte auf sozialwirtschaftlichem Gebiet nicht berücksichtigt wurden.

Ferner wurde die Untersuchung in bezug auf die positiven und negativen Folgen einer fortschreitenden Hafenexpansion auch durch die öffentliche Meinung gefördert; die Öffentlichkeit wollte mehr wissen über Dinge wie Umweltaspekte, Verkehrsbelästigung, Beeinträchtigung von Natur und Erholung usw.

Gleichzeitig wurde deutlich, daß die für Hafenanpassungen in großem Rahmen erforderlichen Mittel riesig sind im Vergleich zu den kurzfristigen Erträgen der Hafenexpansion. Die Nutzen kommen auch den künftigen Generationen zugute.

Dieser Aspekt und die Tatsache, daß im Gegensatz zu früher von den Hafenbehörden selbst kaum erwartet werden konnte, den Investitionsbedarf mit eigenen Mitteln zu decken, verlieh dem Wunsch nach mehr Koordinierung und Zentralisierung auf Landesebene erhöhtes Gewicht. Hierbei spielten namentlich auch das Unbehagen bezüglich der Risiken weiterer, schrankenloser Hafenexpansionen eine Rolle, die leicht zu Kapazitätsüberschüssen führen konnten.

In den Niederlanden wird einer alten Regelung entsprechend ein Teil der Investitionen in neue Hafenprojekte, namentlich für die Infrastruktur, vom Staat getragen. Im Blick auf die bestehende Reihe großer Seehäfen an einer relativ kurzen Küste liegt es nahe, daß die niederländischen Behörden vor Kapazitätsüberschüssen sehr auf der Hut sind, und daß sie von dem Nutzen für das Land innerhalb der erwarteten Periode überzeugt sein wollen. Ebenso wie in anderen europäischen Ländern werden in den Niederlanden daher seit kurzem neue, große Hafenprojekte einem nationalen Institut von der Art eingereicht, wie Sie es hier unter dem Namen „Tiefwasserhäfen-Kommission" kennen. Der niederländische Seehäfen-Ausschuß fungiert als eine auf nationaler Ebene institutionalisierte, gemischte Kommission, in der sowohl staatliche wie kommunale Behörden und private Interessengruppen vertreten sind.

Das Resultat der technischen Beratungen, ein völlig akzeptabler Plan mit einem gesamten Investitionsbedarf von schätzungsweise hfl 450 Millionen — auf der Basis der Preise von 1974 —, von denen schätzungsweise 50% auf den Staat entfallen, mußte nun selbstverständlich in dem Ausschuß auf seine wirtschaftlichen Konsequenzen hin beurteilt werden. Das Gutachten des Ausschusses könnte dann zugleich als ein gutes Hilfsmittel bei den weiteren Prozeduren in bezug auf Raumordnung, Umwelt und — zumal im heutigen Wirtschaftsklima — Beschäftigung betrachtet werden. Man darf nicht vergessen, daß das Vorhafenprojekt nicht auf Amsterdamer Grundgebiet, sondern in einem Gebiet mit großen Belangen von Staat, anderen Gemeinden und Privaten liegt.

In den Niederlanden ist das erste Mal für ein Hafenprojekt eine derartige Studie durchgeführt worden. Dies wurde inzwischen abgerundet, und ihr positives Resultat wird zusammen mit vielen anderen Informationen die Grundlage für die Entscheidung der niederländischen Regierung bilden.

Die Studie umfaßte eine Reihe von Einzeluntersuchungen, die für die Niederlande und für das Hafenwesen im allgemeinen einzigartig sind und in Zukunft zweifellos als Modell für die Beurteilung neuer Hafenprojekte dienen können.

Die Probleme wurden im wesentlichen in zwei Kategorien eingeteilt:

1. Untersuchung und Ausarbeitung der Transportprognosen für den Vorhafen, notwendig als Basis für die Bestimmung von Nutzen und Kosten, einschließlich der Auswirkungen auf den Transport über Amsterdam, wenn der Vorhafen nicht angelegt würde;
2. Ausarbeitung der Kosten/Nutzen-Kalkulationen, aufgrund derer sich der Vorhafen als eine lebensfähige Einrichtung erweisen könnte.

Transportprognosen wurden für das Jahr 1990 und 2000 aufgestellt. Für jede Güterkategorie wurde festgestellt, welche Mengen über den Vorhafen umgeschlagen werden könnten. Eine Reihe von Teilstudien umfaßte darüber hinaus die Extrapolation historischer Trends, der Einfluß von strukturellen Veränderungen und Antitrends in künftigen Güterströmen und die Untersuchung bestimmter Zweige von Handel und Industrie wie der Stahlproduktion, der Ölraffinerie, der Metallurgie, der chemischen Industrie usw.

Die Schätzungen für die verschiedenen künftigen Güterströme wurden kombiniert mit der Untersuchung der erwarteten Schiffsgrößen, so daß die Schiffsabfertigung im Hafen und die Konsequenzen für die verschiedenen Hinterlandverkehrsströme bestimmt werden konnten. Bei all dem mußte der Einfluß der bestehenden Häfen in der Nähe und anderer, neu zu entwickelnder Hafenprojekte, genau beachtet werden.

Es muß gesagt werden, daß die schließlich übriggebliebenen Prognosen sicherlich nicht zu optimistisch und von allen Elementen befreit sind, die als weniger sicher betrachtet werden konnten. Was übrigblieb, war ein harter Kern, dessen Verwirklichung nicht nur als möglich, sondern sogar als sehr wahrscheinlich betrachtet werden mußte.

Diese Betrachtungsweise ermöglicht es ferner, eventuelle Strukturänderungen des Zukunftsbildes als rein qualitativ zu berücksichtigen. Wenn z.B. die Verlagerung der Standorte der Ölraffinerien in den Mittleren Osten sich durchsetzt, wird die erwartete Rohölzufuhr zwar abnehmen, jedoch wird diese Verringerung durch eine entsprechende Zunahme des Transports von Ölprodukten und/oder Kohle ausgeglichen werden, wodurch das gesamte Transportvolumen für Energieprodukte im Vorhafen nicht nur unverändert bleibt, sondern sogar zunehmen kann. Im Endeffekt zeigt sich, daß keine einschneidende Änderung gegenüber den ursprünglich von Amsterdam selbst angegebenen Ziffern entstanden war.

Tabelle 3. *Ergebnis der Kosten/Nutzen-Analyse des Vorhafens: Kapitalisierung der Kosten und Nutzen per 1. Januar 1980 (in Betriebssetzung des Vorhafens) mit einem Zinssatz von 10%, Zeitabschnitt 1980—2030*

Investition	434	Seehafengebühren	79,4
Erhaltungskosten	69	Fahrinnengebühren	36,3
Overhead und Marketing	15	Kaigebühren	11,3
		Grundstücksmiete	50,4
		Vermeidung Baukosten Hafenbecken	5,6
		Kostenvorteil:	
		Containerverkehr	250,4
		Ölprodukte	10,7
		Erzanfuhr Hoogovens	30,1
Saldo	140,7	Netto Kapitalertrag nach dem Jahre 2000	184,5
Insgesamt	658,7	Insgesamt	658,7

Folgende Prinzipien wurden bei der Kosten/Nutzen-Analyse (Tabelle 3) berücksichtigt:

— Nur der Nutzen für die niederländische Wirtschaft wurde betrachtet, d.h. also, daß Aspekte in bezug auf andere Länder, die aus der Anlage des Vorhafens resultieren, nicht berücksichtigt wurden. Desgleichen wurden ausgesprochen regionale Nutzen, die nicht gleichzeitig als nationale Nutzen zu betrachten sind, ausgeschlossen;

— Die Kosten und Nutzen wurden detailliert aufgeführt für die Periode 1975—2000 und mit dem Tageswert am 1. Januar 1980 bewertet, dem Datum, an dem der Vorhafen betriebsbereit sein könnte.

Ferner wurde eine globale Berechnung der Bilanz von Kosten und Nutzen auch für die Zeit nach dem Jahre 2000 angestellt, da die Existenz des Vorhafens in diesem Jahr sicherlich nicht aufhören wird.

— Die Richtlinien der niederländischen Regierung für die Aufstellung von Kosten/Nutzen-Analysen mußten beachtet werden; das bedeutet u.a., daß bei der Berechnung von künftigen Kosten und Nutzen ein Diskontsatz von 10% benutzt werden mußte; zur Zeit werden in den Niederlanden noch Projekte mit einem niedrigeren Diskontsatz von 6% ausgeführt.
Trotz der hohen Anforderungen von 10% konnte für den Vorhafen jedoch ein Nutzen/Kostenverhältnis von 1,3 errechnet werden.

Bezüglich der Kosten wurden für das Projekt dreierlei Kosten aufgeführt, nämlich Investitionen, Instandhaltung sowie Gemeinkosten und Marketing. Zum 1. Januar 1980 betragen diese Kosten insgesamt hfl 518 Millionen.

Die Seite des Nutzens sieht komplizierter aus. Soweit quantifizierbar, wurden neben dem der Hafenverwaltung zufließenden Nutzen, den Transportkostenvorteilen, welche letztlich den Verbrauchern der Güter zugute kommen, große Aufmerksamkeit gewidmet.

Der der Hafenverwaltung zufließende Nutzen umfaßt Dinge wie Hafengebühren, Fahrrinnengebühren, Kaigebühren und Geländemieten. Dabei wurde von dem Prinzip ausgegangen, daß nur der Nutzen aufgeführt werden könne, der der niederländischen Wirtschaft nicht zuflösse, wenn der Vorhafen nicht realisiert wird.

Die Transportkostenvorteile ergeben sich aus den niedrigeren mittleren Transportkosten pro Tonne bei Transport mit größeren Seeschiffen im Vergleich zu denen bei kleineren Schiffen. Und daneben aus dem schnelleren Turnaround, weil speziell der Containertransport in viel größerem Umfang stattfinden kann, mit allen damit verbundenen Vorteilen. Auch hier wurde ausschließlich der Nutzen aufgeführt, der der niederländischen Wirtschaft zugute kommen, d.h. der sich aus Transporten von und zu niederländischen Bestimmungsorten ergibt.

Ferner ist noch der qualifizierbare Nutzen in der Form von Arbeitsplätzen zu nennen, sowohl direkt als auch indirekt, in Sektoren wie Zulieferung und Schiffsreparatur und weiter die günstigeren Standortbedingungen für die Industrien im Nordseekanalgebiet durch die Nähe eines Tiefwasserhafens.

Und last but not least sind noch die Effekte zu nennen, die sich zusammenfassend als die Raumordnungs- und Umweltaspekte bezeichnen lassen, wie Erholung und Naturschutz, Verkehrsaspekte, eventuelle Staub- und Lärmbelästigung usw. Im letzten Stadium der Beurteilung dieses Projekts sind gerade diese Elemente zur Zeit Gegenstand von Untersuchungen auf ministerieller Ebene.

Soweit der Überblick über eine in Amsterdam sehr lebendige Angelegenheit. Ich hoffe in erster Linie ein Bild von der Weise vermittelt zu haben, wie Amsterdam auf die Herausforderungen reagiert, vor die der Gütertransport zur See es stellt. In zweiter Linie möchte ich hinzufügen, daß es viele Arten gibt, wie in der Vergangenheit Häfen geplant wurden, bei denen die Technik eine große Rolle spielte. Der einfachste Weg bestand darin, eine Einrichtung zu schaffen und zu hoffen, daß sie benutzt werden würde.

Diese Verfahrensweise scheint sich heutzutage überlebt zu haben. Es ist sicherlich für Techniker gut, sich der Tatsache bewußt zu sein, daß die Beurteilung von Hafenplänen sich mehr und mehr über unser eigenes Arbeitsgebiet hinaus erstreckt, oder umgekehrt, daß wir es mehr und mehr mit neuen Aspekten zu tun bekommen, die eine Rolle bei der Beurteilung unserer Pläne spielen.

Ohne sagen zu wollen, daß wir in der Vergangenheit falsch gehandelt haben, ist es meine Überzeugung, daß dieser breitere und systematischere Ansatz zu wesentlich besser fundierten Entscheidungen über Hafeninvestitionen führen wird.

Licht und Schatten über dem Antwerpener Hafen*

Von **Leon Delwaide**, Antwerpen

Aus zwei Gründen bin ich Ihrer Einladung, über den Hafen von Antwerpen zu sprechen, besonders gerne gefolgt: Erstens, weil sie mir durch Vermittlung meines Freundes Professor Dr. A. Bolle, übermittelt wurde und zweitens, weil ich weiß wie groß das Ansehen der Hafenbautechnischen Gesellschaft bei all denen ist, die innerhalb oder außerhalb Deutschlands an der Entwicklung der Seehäfen beteiligt sind.

Es ist aber mehr: Ich bin der Meinung, daß wir als Hafenverwaltungen jede Gelegenheit zu einem gegenseitigen Gedankenaustausch ergreifen müssen, in einer Zeit in der sich die Seehäfen in Westeuropa in einer kritischen Phase ihrer Entwicklung befinden. Infolge der weltweiten Rezession ist die stürmische Nachkriegsentwicklung des Hafenverkehrs an der ganzen Nordseeküste plötzlich zum Stillstand gekommen, ja sogar hier und da empfindlich zurückgegangen. Das dürfte ein Anlaß sein sich der zu erwartenden Entwicklung zu besinnen.

In Deutschland geschieht das auf eine sehr wissenschaftliche Weise. Mit Interesse las ich in der Presse, daß erst in Bremen und nachher in Hamburg ein Hafenentwicklungsplan entworfen und mit allen Beteiligten besprochen wurde.

Ich meine feststellen zu dürfen, daß diese deutschen Hafenentwicklungspläne mit Zuversicht in die Zukunft weisen, auch wenn der Verkehr im Jahre 1975 und in den ersten Monaten 1976 rückläufig war.

Die Entwicklung des Hafenverkehrs

In Antwerpen ist die Lage nicht anders. Tatsächlich nahm der Güterverkehr im Hafen von Antwerpen 1975 um durchschnittlich 20% gegenüber der Rekordzahl des Vorjahres ab. 1974 wurden im Hafen 75,8 Mill. t Güter umgeschlagen, gegenüber 60,5 Mill. t im Jahre 1975. Zu erwähnen ist, daß außergewöhnlich expansive Jahre vorausgingen. So betrugen die Wachstumsraten von 1972 auf 1973 7,8% und von 1973 auf 1974 5,1% (s. Tab. 1). Die Abnahme um ca. 20% in einem Jahr ist der stärkste Rückgang, den der Antwerpener Hafen je in seiner Geschichte erlebt hat. Sogar im Krisenjahr 1929/1930 verringerte sich der Verkehr um nicht mehr als 15%.

Tabelle 1. *Internationaler Seegüterverkehr* (Tonnen)

Jahr	Empfang	Versand	Insgesamt
1960	21 981 448	15 543 111	37 524 559
1965	40 339 824	19 051 082	59 390 906
1970	57 107 183	23 615 010	80 722 203
1971	48 337 077	24 914 267	73 251 344*
1972	39 054 412	28 160 374	67 214 786
1973	41 895 667	30 402 126	72 297 793
1974	42 565 473	33 434 687	76 000 160
1975	32 746 981	27 733 599	60 480 580

* Rohrleitung Rotterdam—Antwerpen für Rohöl in Betrieb genommen

Tatsächlich sind alle westeuropäischen Häfen von der Rezession betroffen worden. Jedoch lassen sich die Folgen davon in Antwerpen besonders scharf spüren, und dies wegen des beträchtlichen Anteiles der Eisen- und Stahlexporte am Antwerpener Hafenverkehr die 1975 stark rückläufig waren (s. Tab. 4); ferner hatten ein inländischer Streik der Binnenschiffer während zweier Monate, sowie die Ölkrise ihren nachteiligen Einfluß auf den Hafenumschlag.

* Als Vortrag gehalten am 20. Mai 1976 in Hamburg vor Mitgliedern der Hafenbautechnischen Gesellschaft.

Tabelle 2. *Stückgutverkehr zur See* (1 000 Tonnen)

Jahr	Empfang	Versand	Insgesamt
1960	4 874	10 579	15 453
1965	5 685	13 096	18 781
1970	8 977	14 034	23 011
1971	8 727	15 552	24 279
1972	9 381	15 901	25 282
1973	10 333	17 689	28 022
1974	10 218	22 397	32 615
1975	8 889	16 343	25 232

Tabelle 3. *Seegüterverkehr einiger wichtiger Güterarten: Empfang* (Tonnen)

Jahr	Erze	Kohlen	Eisen und Stahl	Holzwaren u. Holzmasse
1960	5 113 951	628 374	420 054	836 854
1965	10 242 052	1 858 417	329 745	883 925
1970	14 078 947	2 456 568	1 676 542	1 142 432
1971	11 252 493	1 120 421	1 028 717	1 181 232
1972	10 095 550	1 310 018	1 666 660	1 196 012
1973	13 873 010	1 350 293	1 963 892	1 485 412
1974	15 091 871	2 406 783	1 702 531	1 600 922
1975	8 465 576	1 578 507	1 530 546	1 383 850

Tabelle 4. *Seegüterverkehr einiger wichtiger Güterarten: Versand* (Tonnen)

Jahr	Düngemittel	Chemische Erzeugnisse	Eisen und Stahl
1960	2 319 493	776 924	6 243 326
1965	1 849 195	1 269 027	7 777 912
1970	2 332 087	2 746 239	6 115 328
1971	2 047 707	2 985 540	7 829 881
1972	2 124 510	3 013 919	7 487 610
1973	2 779 927	3 114 606	9 138 605
1974	3 189 324	3 511 803	13 090 904
1975	2 619 858	4 063 120	10 315 243

Tabelle 5. *Mineralölverkehr zur See, ohne Bunkeröl* (Tonnen)

Jahr	Empfang	Versand	Insgesamt
1960	8 060 842	467 902	8 528 744
1965	18 507 878	1 088 642	19 596 520
1970	26 812 847	2 753 267	29 566 114
1971	21 774 632	2 840 530	24 615 162*
1972	13 409 889	5 494 480	18 904 369
1973	11 632 633	5 287 168	16 919 801
1974	9 980 862	3 582 666	13 563 528
1975	8 169 195	4 333 084	12 502 279

* Rohrleitung Rotterdam-Antwerpen für Rohöl in Betrieb genommen.

Tabelle 6. *Rohölzufuhr Rotterdam-Antwerpen* (Rohrleitung)

1971	6 797 635 Tonnen
1972	19 616 465 Tonnen
1973	21 334 895 Tonnen
1974	16 718 207 Tonnen
1975	18 553 291 Tonnen

Inzwischen ist im Antwerpener Hafenverkehr eine leichte Besserung eingetreten, angeblich infolge eines Wiederauflebens in der Industrie — namentlich in der Auto -und in der Chemieindustrie. Allerdings ist während der ersten drei Monate des Jahres 1976 der Güterverkehr im Hafen von Antwerpen — im Vergleich zur gleichen Periode des Vorjahres — noch um 17% zurückgegangen, doch dieses kann als eine Folge des starken Rückgangs im Jahre 1975 betrachtet werden. Es ist übrigens eine bekannte Tatsache, daß die Häfen stets mit Verspätung auf die Konjunktur reagieren. Beim Export werden noch während einiger Zeit Bestellungen ausgeführt, obwohl keine Aufträge mehr eintreffen. Bei der Einfuhr nimmt der Umschlag erst zu, wenn die Konjunktur in der Industrie bereits seit einiger Zeit wieder aufgelebt ist. Man kann heute nur der Hoffnung Ausdruck geben, daß die positiven Gerüchte, die man über eine Wiederbelebung der Wirtschaft hört, sich bald bewarheiten werden.

Allgemein haben im Laufe der letzten Jahre viele Veröffentlichungen auf die Notwendigkeit hingewiesen, daß es zu einer neuen Weltordnung kommen müsse. Diese kann nichts anderes als eine breitere Arbeitsverteilung auf Weltebene umfassen. Die Kongresse der UNCTAD zeigen das Verlangen der Entwicklungsländer, durch eine Stabilisierung der Rohstoffpreise, die zu einer Steigerung ihrer Kaufkraft führen soll, einen größeren Anteil am Welthandel zu erwerben. Eine andere UN-Abteilung, die Unido, drängt darauf, daß allmählich die erste Verarbeitungsstufe der Rohstoffe einerseits und andererseits bestimmte arbeitsintensive Leistungen vorzugsweise in den Entwicklungsländern erfolgen sollten. Die Industrialisierung dieser Gebiete wird nicht nur die Lieferung von Investitionsgütern aus den entwickelten Ländern, sondern auch einen steigenden, internationalen Güteraustausch veranlassen. Diese Tendenzen liegen an sich in der Linie einer gewissen historischen Logik, die mit sich gebracht hat, daß eine fortwährend breitere internationale Arbeitsverteilung entstand, erst innerhalb Europas, später zwischen Europa und den anderen entwickelten Ländern, um zuletzt in unserem Jahrhundert planetarischen Denkens allmählich eine Weltskala zu erreichen.

Diese Perspektive ist der Grund für eingehende Untersuchungen des Studienzentrums für die Expansion von Antwerpen. Hierbei wurde nicht nur die Entwicklung des Güterverkehrs in der Vergangenheit weiter auf die Zukunft extrapoliert, sondern auch untersucht welche Entwicklung für die Güterarten im Hafen zu erwarten ist (s. Abb. 1 und 2). Die Schlußfolgerung ist, daß, unbeschadet erratischer Bewegungen, der Güterverkehr im Hafen von Antwerpen für 1980 auf 100 Mill. t veranschlagt werden darf, im Vergleich zu 76 Mill. t im Jahre 1974 und 60 Mill t. 1975.

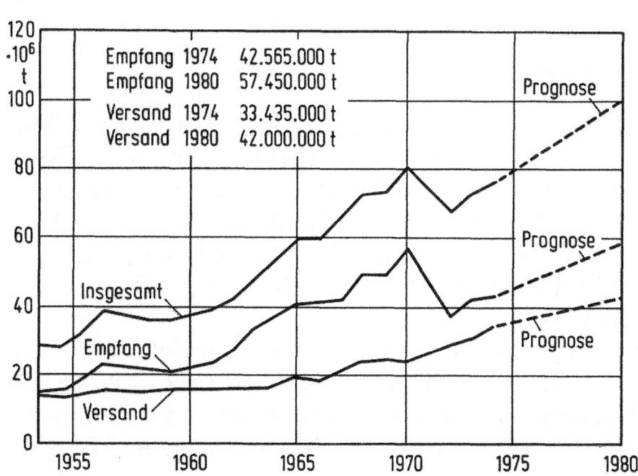

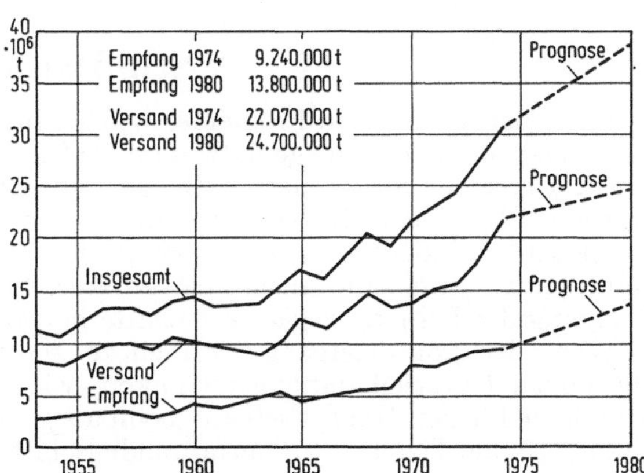

Abb. 1. Hafen Antwerpen: Gesamter internationaler Seegüterverkehr.
Abb. 2. Hafen Antwerpen: Stückgutverkehr zur See.

Der Bau des neuen Hafenbeckens

Die erwartete Steigerung des Verkehrs, die mit einer tiefgreifenden strukturellen Änderung zusammengeht, macht es notwendig, den Hafen weiter anzupassen und zu modernisieren. In dieser Perspektive kann ich erwähnen, daß am 1. Juli 1975 mit dem Bau eines neuen Hafenbeckens (Abb. 3) am rechten Scheldeufer begonnen wurde. Wo ursprünglich Platz für zwei Hafenbecken reserviert wurde, wird heute nur ein Becken gebaut, aber mit viel größeren, bis zu 800 m tiefen, Kaiflächen. Mit einer Investition von 2,5 Milliarden bfr. (162 Millionen DM) wird das neue Hafenbecken eine Kailänge von 4,7 km und eine Wassertiefe von 16,75 m bekommen. Das ermöglicht es einen modernen Umschlagbetrieb für Massengut anzusiedeln. Die Kaimauern des heute für

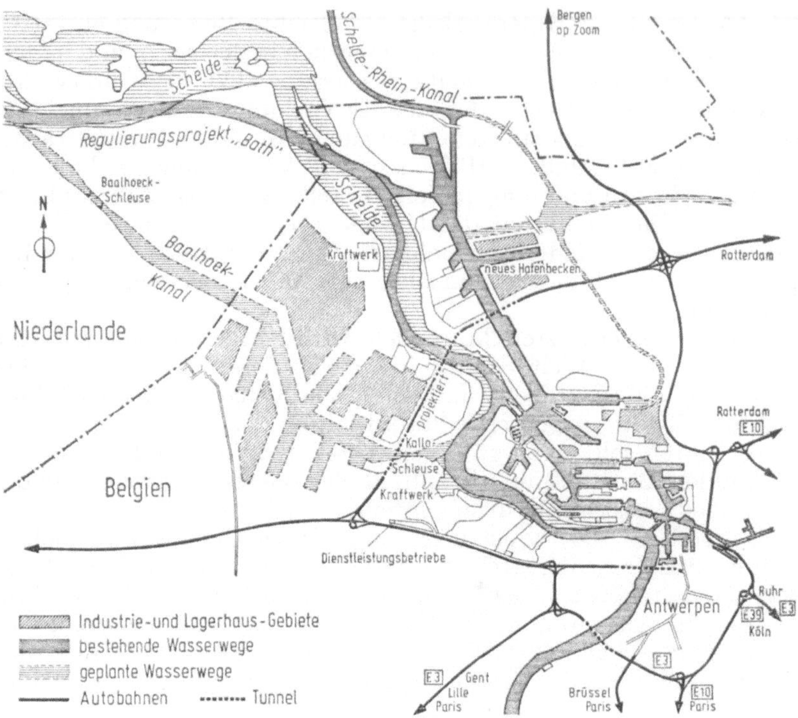

Abb. 3. Plan des Hafen von Antwerpen.

Massengut ausgerüsteten Hansabeckens sind nicht mehr den größeren Schiffen, die u. a. im Erzverkehr eingesetzt werden, angepaßt. Andererseits wird am neuen Hafenbecken auch Expansionsmöglichkeit für neuzeitliche Umschlagtechniken geschaffen, die besonders platzbedürftig sind wie der Containerverkehr, der Umschlag von Massenstückgut usw.

Schiffbarkeit der Schelde

Eines der wichtigsten Probleme, die sich für diese Verkehre stellen, ist nicht nur das Vorhandensein von geeigneten Anlegeplätzen im Hafen, sondern vor allem einer angepaßten Verbindung zum Meer. Dank der intensivierten Baggerungen konnte die Zufahrt zum Hafen erheblich verbessert werden. 1975 liefen 173 Seeschiffe mit einem Tiefgang von 39 Fuß oder mehr den Hafen von Antwerpen an und dies trotz der Tatsache, daß — infolge der Inbetriebnahme der Erdölrohrleitung Rotterdam-Antwerpen — die Anzahl der Tanker, die das Rohöl direkt zuführen, zurückging. Der größte Tiefgang der bis jetzt registriert wurde beträgt 43 Fuß 6 Zoll.

Wenn der große Tiefgang vor allem für die Einfuhr von Massengut von Bedeutung ist, so stellen die neuen Güterbehandlungstechniken, wie u. a. die LASH- und Containerschiffahrt, besondere Probleme für den Höchsttiefgang beim ausgehenden Verkehr. Vor kurzem wurde vom Lotsenwesen der maximale Tiefgang für ausfahrende Schiffe, der bis jetzt auf 37 Fuß beschränkt war, auf 38 Fuß gebracht.

Diese Verbesserungen haben mehrere Containerlinien dazu bewogen, um ihre neuen Containerschiffe auf Antwerpen einzusetzen. Ich denke hier an das französisch-deutsche Konsortium Europacific, welches die Westküste der Vereinigten Staaten bedient, an das Carol-Konsortium an dem sich deutsche, niederländische, französische und britische Schiffahrtslinien für die Mittelamerikafahrt beteiligen; ferner an das neue Konsortium für die Fernostfahrt, das auf belgische Anregung entstand und im Rahmen dessen das Containerschiff „Seven Seas Bridge" der japanischen Reederei Kawasaki, das eine Länge von 260,45 m hat, im Oktober 1975 Antwerpen zum ersten Mal angelaufen hat.

Doch bleibt es notwendig weitere tiefgreifende Arbeiten für die Verbesserung des Scheldefahrwassers auszuführen, wie z. B. die Begradigung der Krümmung bei Bath (Abb. 3). Dies ging auch aus Besprechungen hervor, die vor kurzem mit einem Reedereikonsortium über einen neuen Containerdienst nach Südafrika mit Containerschiffen der dritten Generation geführt wurden. Am 19. Juni 1975 wurde hierüber in Den Haag ein belgisch-niederländischer Vertrag paraphiert. Mit der in diesem Traktat vorgesehenen neuen Fahrrinne der Schelde wird nicht nur bezweckt größere tiefer abgeladene Schiffe nach Antwerpen zu bringen, sondern auch und vor allem die Ein- und Ausfahrt der längeren Containerschiffe der dritten Generation und der LASH-Schiffe zu erleichtern.

Der belgisch-niederländische Vertrag über die Begradigung bei Bath sieht mehrere Bestimmungen vor, denen in bezug auf die Reinhaltung des Scheldewassers Belgien nachzukommen hat. Bis 1981 werden mehrere Kläranlagen mit einer Gesamt-Kapazität von 2,5 Mill. Einwohnergleichwerten gebaut werden müssen. Diese Verträge übernehmen hier die Zahlen die in der belgischen Planung diesbezüglich für die nächsten fünf Jahre vorgesehen sind.

Hafenerweiterung am linken Scheldeufer

Zusammen mit dem Abkommen über die Begradigung der Scheldekrümmung von Bath wurde in Den Haag auch der Vertragsentwurf über den Bau des Baalhoekkanals (Abb. 3) paraphiert. Er und die Baalhoekschleuse sollen die Erschließung des Hafengebietes erleichtern, das sich am linken Scheldeufer, in Höhe von Antwerpen, bereits seit einiger Zeit im Bau befindet. Die Kalloschleuse, die z. Zt. vollendet wird, bildet das hintere Tor zum neuen Hafenkomplex. Sie bekommt eine Länge von 360 m, eine Breite von 50 m und die Schleusensohle wird auf (—12,50) NKD liegen. Das vordere Tor bildet die Baalhoekschleuse stromabwärts auf niederländischem Gebiet. Diese Schleuse wird 500 m lang, 64 m breit und die Sohle kommt auf (—15,00) NKD oder (—17,40) NAP. Durch diese Schleuse werden Schiffe von 125000 bis 150000 tdw die neuen Hafenbecken am linken Ufer erreichen können.

Der belgisch-niederländische Vertrag, der diesbezüglich geschlossen wurde, sieht vor, daß den neuen Industrien, die sich am linken Ufer niederlassen werden, keine spezielle öffentliche Unterstützung bewilligt wird. Für das Industriegelände wurden Minimalpreise festgelegt und für die Überwachung der Luftqualität wird eine belgisch-niederländische Kommission gebildet, die über Fragen der Luftverunreinigung bei jeder Industrieniederlassung beratend auftreten wird.

Inzwischen geht die Hafenentwicklung am linken Scheldeufer weiter. Über 1000 ha Gelände wurde bereits an Industriebetriebe vergeben, ca. 30 Milliarden bfr. wurden schon investiert und 2500 Personen haben in diesem Gebiet bereits Beschäftigung gefunden. Es handelt sich hier vor allem um chemische Unternehmen und Betriebe die Petroleumprodukte und Chemikalien lagern oder verteilen. Fast alle diese Unternehmungen sind Zweigwerke der Betriebe die sich am rechten Scheldeufer angesiedelt haben oder durch Rohrleitungen mit den Betrieben am rechten Ufer verbunden sind. Die Industrieniederlassungen am linken Scheldeufer bilden also einen integrierenden Teil der Expansion Antwerpens.

Wir finden hier ein Beispiel für eines der Hauptkennzeichen, welche die Nachkriegshafenentwicklung beeinflußt haben, nämlich den Zug der Industrie zum Meer. Infolge der Tatsache, daß Westeuropa immer ärmer an Rohstoffen wird und sie in zunehmendem Maße aus Übersee importieren muß, erscheinen z. Zt. die Seehäfen als die neuen „Fundstellen“ der Rohstoffe. Diese können hier aus den verschiedensten überseeischen Gebieten eingeführt werden. Andererseits finden wir in den Seehäfen auch Betriebe die größere Mengen homogene Güter exportieren, wie die Automontagefabriken. Vor allem in den sechziger Jahren waren diese Industrieansiedlungen überaus expansiv. Dies hatte zur Folge, daß die in Antwerpen von Industrien in Anspruch genommene Geländefläche, von 80 ha im Jahre 1940 auf 728 ha 1963 und auf 3353 ha im Jahre 1974 anstieg. Der Sektor der die größte Fläche brauchte war die chemische und petrochemische Industrie (2000 ha), dann folgten die Erdölraffinerien (500 ha) und die Automontagefabriken (240 ha).

Unter den maßgebenden chemischen Betrieben sind mehrere deutsche Unternehmen wie Bayer, BASF, Degussa und das Hamburger Unternehmen Haltermann. Soeben wurde ein Vertrag unterschrieben, mit dem der Firma Henkel ein Gelände am linken Scheldeufer zugewiesen wird, um dort eine Produktionseinheit für Wasserglas zu bauen.

Im Laufe der letzten Jahre hat die Entwicklung am linken Scheldeufer sich etwas verlangsamt, weil ein Hauptproblem, nämlich das der Verwaltung, noch keine Lösung gefunden hat. Das linke Scheldeufergebiet, wo der Hafen ausgebaut wird (Abb. 3), gehört weder der Stadt noch der Provinz Antwerpen. Es ist Besitz der belgischen Provinz Ostflandern, die sich jeder Gebietsabtretung zugunsten Antwerpens widersetzt. Die Stadt ist der Meinung, daß für die bestehenden Hafenanlagen am rechten Ufer und für die im Werden begriffene am linken Ufer eine einheitliche Verwaltung notwendig ist und diese Verwaltungsaufgabe der Stadt Antwerpen anvertraut werden sollte, da der Hafen am linken Ufer die normale Fortsetzung des Hafens am rechten Ufer ist, der der Stadt gehört und auch von ihr verwaltet wird. Damit die Verwaltung, die von Antwerpen am linken Ufer ausgeübt werden sollte, so zweckmäßig wie möglich sein kann, wäre es logisch, das Gebiet, welches am linken Ufer zu einem Hafen ausgebaut wird, der Stadt einzuverleiben. So wurde bei früheren Hafenerweiterungen nicht nur in Antwerpen, sondern auch in den anderen belgischen Häfen, die ihre Anlagen auf das Gebiet einer anderen Gemeinde ausdehnen wollten, vorgegangen. Doch, wie gesagt, die Provinz Ostflandern widersetzt sich jeder Gebietseinverleibung zum Vorteil von Antwerpen, auch wenn die Fläche auf 5000 bis 6000 ha beschränkt bleibt. Um für diesen Streitpunkt eine Lösung zu finden, hat der belgische Verkehrsminister Chabert folgenden Kompromiss vorgeschlagen:

— Am linken Scheldeufergebiet lassen sich drei Gebiete erkennen: ein Hafengebiet, ein Industriegebiet, die funktionell mit einander verbunden sind, und eine Grünfläche.
— Im Hafengebiet tritt die Stadt Antwerpen als Verwaltungsorgan auf; sie erläßt Verordnungen und Verfügungen im Rahmen ihrer Verwaltungsaufgabe.
— In bezug auf die finanziellen Mittel für die Hafenverwaltung, wird vorgeschlagen die Hafengelder und Gebühren der Stadt Antwerpen zukommen zulassen, die die Lasten des Hafenbetriebes zu tragen hat.
— Ferner wird die Bildung eines übergemeindlichen Organs vorgesehen, das sich mit der Boden- und der Industrialisierungspolitik im neuen Hafengebiet befassen wird. Diesem übergemeindlichen Organ werden Vertreter des Reiches, der Provinzen Antwerpen und Ostflandern, der Stadt Antwerpen und der Gemeinden Groß-Beveren und Zwijndrecht, auf deren Gebiet der Hafen ausgedehnt wird, angehören. Aufgabe dieses übergemeindlichen Organs ist der Erwerb, das Baureifmachen und die Zuweisung der Grundstücke.
— In bezug auf den Umweltschutz kommt das neue Industriegebiet unter die beratende Befugnis eines in Antwerpen fungierenden Zentrums gegen Luft- und Wasserverunreinigung. Die bestehende Feuerwehr im linken Scheldeufergebiet wird der Antwerpens angegliedert, so daß die Antwerpener Feuerwehr im neuen Hafengebiet zuständig und operationell sein wird.

Offenbar versucht der Minister mit diesem Kompromißvorschlag den Standpunkten beider an der Hafenentwicklung am linken Ufer beteiligten Parteien entgegenzukommen. Einerseits hat die Provinz Ostflandern keinen Grundbesitz abzutreten, andererseits wird aber die einheitliche Verwaltung, über das linke und das rechte Ufer, durch die Stadt Antwerpen sichergestellt.

Verbindungen mit dem Hinterland

Die Wettbewerbsfähigkeit eines Hafens wird nicht nur von seiner eigenen Infrastruktur bestimmt, sondern auch von der Qualität seiner Verbindungen mit dem Hinterland. Ein deutscher Wirtschaftler hat einmal gesagt, daß Kanalpolitik Hafenpolitik ist. In Hamburg ist man offenbar davon überzeugt, da hier alles ins Werk gesetzt wird, um so bald wie möglich den Elbe-Seitenkanal in Betrieb nehmen zu können. In Antwerpen können wir diesbezüglich auf unsere Anstrengungen für eine neue Verbindung zwischen Schelde und Rhein hinweisen (Abb. 4). Am 13. Mai 1963 wurde hierfür in Den Haag ein Vertrag unterzeichnet, mit dem einem hundertjährigen belgisch-niederländischen Streit ein Ende gemacht wurde. Am 23. September 1975 konnte der neue Kanal zwischen Antwerpen und dem Hollands Diep dem Verkehr übergeben werden.

Die neue Wasserstraße hat eine Breite von mindestens 120 m am Boden und 170 m an der Oberfläche. Jeder Schleusenkomplex dieses Kanals, nämlich die bereits früher gebaute Schleuse im Volkerak und die neue Schleuse im Kreekrak, besteht aus zwei modern ausgestatteten Schleusen mit einer Länge von 320 m und einer Breite von 24 m, die für die große Schubschiffahrt mit Verbänden von 9000 t geeignet sind.

Die Vorteile der neuen Schelde-Rheinverbindung können wie folgt zusammengefaßt werden:

— Erhöhung der Sicherheit. Das Zusammengehen der sehr regen Seeschiffahrt von jährlich ca. 40000 Einheiten mit dem ebenfalls starken Binnenschiffahrtsverkehr von rund 80000 Einheiten war in der Vergangenheit Ursache mancher Unfälle auf der Westerschelde. Durch Entlastung der Schelde vom größten Teil der Rhein- und Inter-Beneluxschiffahrt, erhält die Binnenschiffahrt erhebliche Vorteile und auch die Seeschiffahrt auf der Schelde wird dadurch erleichtert.
— Die Zahl der Schleusen zwischen dem Rhein und Antwerpen, wird von 4 (eine im Volkerak, zwei am Kanal Hansweert-Wemeldinge und eine bei der Einfahrt zum Antwerpener Hafen), auf zwei verringert, nämlich eine im Volkerak und eine im Kreekrak.
— Außerdem verkürzt die neue Verbindung den Wasserweg um ca. 39 km. Ein Nebenaspekt dieser Entfernungsverkürzung, den ich noch hervorheben möchte, ist die Tatsache, daß der Schwerpunkt der Antwerpener Hafentätigkeit sich mehr und mehr nach Norden verlegt, d.h. näher zur Mündung der Schelde-Rheinverbindung und also näher zum Rhein. In Rotterdam verlegt sich der Schwerpunkt der Hafentätigkeit in westlicher Richtung, so daß sich hierdurch die Entfernung zwischen Rotterdam und Antwerpen verringerte.

Der Rheinverkehr hat in Antwerpen während der letzten Jahre beträchtlich zugenommen und erreichte im vorigen Jahr 12 Mill. t. Er wird durch die neue Verbindung zweifelsohne noch in erheblichem Maße stimuliert werden. Eine der Basisstrukturen des Antwerpener Hafens wird dadurch verbessert werden.

Nicht nur die Binnenschiffahrt mit Deutschland wird durch die neue Schelde-Rheinverbindung bedeutend erleichtert. 1975 wurde überdies eine dritte Autobahn zwischen Antwerpen und Westdeutschland in Betrieb genommen: die E 3 von Antwerpen über Eindhoven und Venlo nach Duisburg und dem Ruhrgebiet. Damit verfügen wir jetzt über drei Autobahnverbindungen mit der Bundesrepublik. Neben der Europastraße E 3 gibt es die Baudouin-Autobahn, die anschließt an die E 5 über Lüttich und Aachen und die E 39 die über Niederländisch Limburg Antwerpen direkt mit Aachen verbindet.

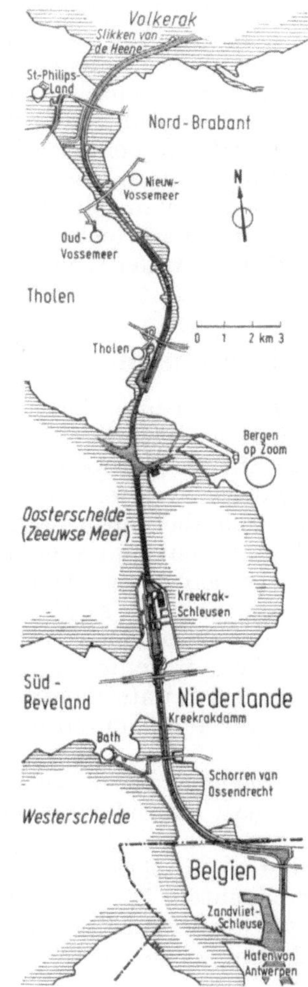

Abb. 4. Neue Schelde-Rhein-Verbindung.

Für den Eisenbahnverkehr bemühen wir uns seit einiger Zeit, den alten „Eisernen Rhein", d.h. die direkte Eisenbahnverbindung zwischen Antwerpen und Mönchen-Gladbach, die als erste grenzüberschreitende Schienenverbindung im Jahre 1879 angelegt wurde, wieder in Betrieb zu setzen. Nachdem während mehrerer Jahrzehnte diese Verbindung auf Kosten einer Konzentration des Verkehrs über die belgisch-deutsche Grenzstelle bei Montzen vernachlässigt wurde, ist jetzt ein Übereinkommen erreicht, mit dem ein neuer Huckepackzug zwischen Antwerpen und Westdeutschland die alte Strecke wieder aufleben läßt.

Von größerem Interesse als die Infrastruktur ist beim Eisenbahnverkehr jedoch die Tarifbildung. In Antwerpen haben wir manche Beschwerden gegen die von der Nationalen Belgischen Eisenbahngesellschaft geführte Politik, mit der die Eisenbahntarife zwischen Antwerpen und den anderen Nordseehäfen egalisiert werden. Hierdurch geht der natürliche Vorteil des Hafens von Antwerpen, d.h. seine Lage in der Nähe einer großen Anzahl von Bahnhöfen im Hinterland, in erheblichem Maße verloren. Wir sind daher auch Befürworter einer europäischen Eisenbahntarifierung auf Grund der geographischen Entfernung ohne Berücksichtigung des Grenzüberganges. In der Praxis werden heute in einer Anzahl von Fällen in Frankreich und Deutschland für die inländischen Relationen zu den eigenen nationalen Seehäfen viel niedrigere Tarife angewandt als für die Verbindung mit Antwerpen, auch wenn die Entfernung in km nach Antwerpen oft merklich kürzer ist. Ein deutliches Beispiel diesbezüglich ist der Transport von Glas aus Gelsenkirchen mit Waggons von 20 t. Nach Antwerpen beträgt die Entfernung via Aachen-Montzen 290 km und über Hamont-Dalheim 240 km. Der Abstand Gelsenkirchen-Hamburg beträgt 344 km. Jedoch kostet der Transport nach Hamburg 483 bfr./t und nach Antwerpen 605 bfr./t oder fast 23% mehr. Eine kürzere Entfernung entspricht hier also einem höheren Transportpreis.

In anderen Fällen wird eine Parität erreicht zwischen bestimmten Bestimmungsplätzen im Hinterland und den belgischen und niederländischen Seehäfen. Dies hat u.a. zur Folge, daß im Containerverkehr, obgleich Antwerpen via Luxemburg 88 km bzw. 147 km näher zu Basel gelegen ist als Rotterdam oder Amsterdam, doch der gleiche Frachtpreis bezahlt wird.

Daß es nicht immer die anderen europäischen Gesellschaften sind, die gegen das gesunde Prinzip der internationalen degressiven Tarife, die die wirkliche Entfernung berücksichtigen, verstoßen, geht daraus hervor, daß wir als Hafenverwaltung bei der EWG eine Beschwerde gegen die Belgischen Eisenbahnen eingereicht haben, und zwar wegen der Tatsache daß der Hafen von Zeebrugge im Transcontainertarif Nr. 9145 dem Hafen von Antwerpen gleichgestellt wird, was bedeutet, daß die Belgischen Eisenbahnen über eine Strecke von 87 km, oder $^1/_3$ der Entfernung die auf belgischem Gebiet zurückgelegt wird, dem Hafen von Zeebrugge einen kostenfreien Verkehr gewähren.

Europäische Seehafenpolitik

Aus Obigem geht zugleich die Bedeutung einer integrierten europäischen Verkehrs- und Hafenpolitik hervor. Es ist mir bekannt, daß in Deutschland großes Interesse für die europäische Hafenpolitik besteht. Die zwei bekannten Berichte des Europäischen Parlaments tragen die Namen der Herren Seifriz und Seefeld. Während der ersten Verhandlungen die in dieser Angelegenheit auf europäischer Ebene geführt wurden, habe ich aber einen Standpunkt vertreten, der einigermaßen von dem der Herren Seifriz und Seefeld abweicht und angeführt, daß die beste europäische Seehafenpolitik eine gute europäische Verkehrspolitik ist. Wenn wir dazu kommen die bestehenden Wettbewerbsverzerrungen im Verkehr vom und in das Hinterland auf europäischer Ebene aufheben zu können, so werden wir einen ausgezeichneten Beitrag zur Verwirklichung einer guten europäischen Seehafenpolitik geliefert haben. Bedeutet dies, daß wir die Versuche nicht unterstützen sollten, die die Europäische Kommission unternimmt, um auf Grund einer „fact finding"-Untersuchung eine nähere Einsicht in die Wirkung der europäischen Seehäfen zu bekommen? Ich meine nicht.

Tatsächlich besteht zwischen den verschiedenen europäischen Ländern allerhand Mißtrauen hinsichtlich der Hafenpolitik, da man mangelhaft informiert ist, unter welchen wirklichen Umständen diese Häfen arbeiten. Es ist daher sehr erwünscht, daß wir versuchen durch gegenseitige Kontakte eine bessere Einsicht in die Lage der anderen europäischen Seehäfen zu bekommen. Ihnen über die Aktivitäten des Hafens Antwerpen zu berichten, ist daher auch der Grund für die schnelle Annahme Ihrer Einladung. Ich hoffe, daß meine Ausführungen zu einer besseren Kenntnis des Scheldehafens und seiner Probleme und indirekt also auch zu einer guten europäischen Verständigung auf Hafengebiet beigetragen haben.

Aktuelle Entwicklungen im Rotterdamer Hafen*

Von ir. **M. van den Doel**, Rotterdam

Der Hafen von Rotterdam ist ein städtischer Hafen. Das heißt: die Verwaltung des Hafens liegt in Händen des Stadtrats. Die tägliche Geschäftsführung des Hafenbetriebs liegt in Händen des vom Stadtrat ernannten Direktors.

Der Hafenbetrieb ist zwar mit der Verwaltung des Hafens beauftragt, aber wichtige Entscheidungen hinsichtlich Investierungen, Industrieansiedlung, Finanzierung usw. bedürfen der Genehmigung des Stadtrats. Der Hafenbetrieb selbst ist nicht an der Güterbehandlung, am Löschen oder Laden von Schiffen, oder an den gewerblichen Tätigkeiten im Hafengebiet beteiligt. Das sind Aufgaben der Privatunternehmen.

Die Betriebe sind größtenteils auf Grundstücken errichtet, die unter bestimmten Bedingungen von der Stadtverwaltung zur Verfügung gestellt werden. In vielen Fällen bedienen sie sich ebenfalls der von der Stadt gebauten infrastrukturellen Anlagen. Im großen Ganzen kann man sagen, daß die Stadt für die Infrastruktur (wie Hafenbecken, Grundstücke, Kais) sorgt, während die Privatunternehmen die Suprastrukturkosten (Schuppen, Kräne, Geländeverbesserung) tragen.

Die Stadt ist für die Wahrung von Ordnung und Sicherheit im Hafen, die Instandhaltung der Hafenbecken und der Infrastruktur verantwortlich und muß ebenfalls den erforderlichen Ausbau in die Wege leiten. Dagegen nimmt der Hafenbetrieb die Einnahmen aus der Miete, den Hafen-, Kai- und Lotsengebühren ein. Miete und Hafengebühren sind die wichtigsten Einnahmequellen.

Ihrerseits ist die Stadt ein Teil des niederländischen Staates. Außer mit den normalen verfassungsrechtlichen Verhältnissen, wie diese aufgrund der Konstitution und der Kommunalverfassung in den Niederlanden bestehen, steht die Stadt Rotterdam, und demzufolge der Hafenbetrieb in einer sehr speziellen Weise mit dem Staat in Verbindung. Es ist nämlich so, daß ein Staatsdienst, das heißt, der Dienst des Reichwasserbauamtes die Hauptwasserstraßen, an denen der Rotterdamer Hafen liegt, verwaltet und Teile dieser Wasserstraßen bilden einen wesentlichen Teil unseres Hafens.

So werden, zum Beispiel, der ‚Nieuwe Waterweg', die Maas, die ‚Oude Maas', Teile des Hartelkanals und die Mündung von Europoort vom Reichswasserbauamt verwaltet; selbstverständlich gilt dies auch für den unmittelbar vor der Küste gelegenen Teil der Nordsee.

Jüngste Geschichte

Gerade vor dem letzten Weltkrieg war Rotterdam hauptsächlich Durchgangshafen für sein deutsches Einzugsgebiet. Infolge seiner Lage war Rotterdam der geeignete Platz für die Zufuhr von Rohstoffen von Übersee und die Zu- und Abfuhr von Stückgütern für dieses, damals bereits hoch-industrialisierte Gebiet. Von Industrialisierung im Hafen selbst war kaum die Rede.

Nach dem Kriege wurde Rotterdam mit der Notwendigkeit konfrontiert die Stadt und den Hafen wieder aufzubauen. Gleichzeitig war es erforderlich für die schnell heranwachsende Bevölkerung eine zunehmende Anzahl Arbeitsplätze zu schaffen. Holland mußte sich in kürzester Zeit von einem Agrarstaat in ein hochindustrialisiertes Land umgestalten.

Die Stadt Rotterdam unterstützte die dazu von der Regierung getroffenen Maßnahmen soviel wie möglich. Rotterdam war nämlich nicht nur davon überzeugt, daß Industrialisierung notwendig war für die wirtschaftliche Entwicklung des Landes, sondern auch, daß die Gründung von Industrie im Hafengebiet einen anregenden und stabilisierenden Einfluß auf die Hafenaktivitäten haben würde.

Die Idee war, den Hafen durch größere Vielseitigkeit weniger empfindlich für konjunkturelle Schwankungen zu machen. Infolge seiner einseitigen Struktur hatte der Hafen die Folgen der Weltkrise in den dreißiger Jahren sehr stark erfahren. So wurden im Jahre 1930 35 Millionen Tonnen im Seeverkehr verarbeitet, während im Jahre 1932 nur noch 21 Millionen t, (Rückgang von etwa 40%), und erst 1937 wieder das Niveau von 1930 erreicht wurde. Die etwa 1950 angefangene Ent-

* Als Vortrag vor Mitgliedern der Hafenbautechnischen Gesellschaft am 20. 5. 1976 in Hamburg gehalten.

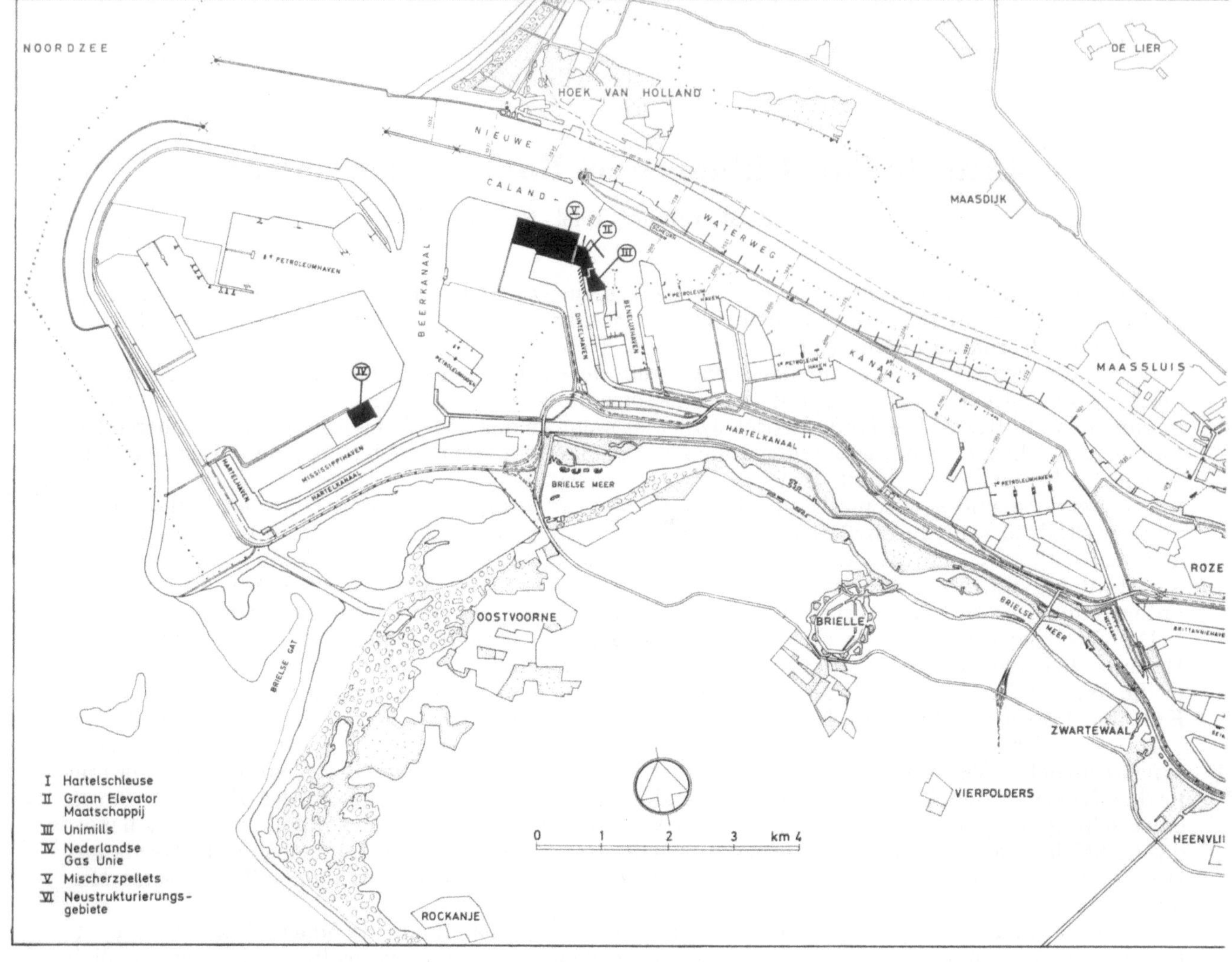

Abb. 1. Der Hafen von Rotterdam.

wicklung hat letzten Endes zu dem großen Zuwachs des Hafens geführt, sowohl flächenmäßig, wie — was die zu behandelnden Güter anbelangt — mengenmäßig.

Die gewaltige Ausdehnung wurde von einer Anzahl günstiger Umstände gefördert, und zwar:

— die gute geographische Lage,
— die Arbeitskräfte über die man verfügen konnte,
— finanzielle Hilfe aus dem Ausland (USA),
— die schnelle Wiederherstellung des Hinterlands,
— die Verfügbarkeit von ausreichendem Land und die tiefen ausbaufähigen Küstengewässer.

Andere wichtige Faktoren waren m. E. auch das gegenseitige Vertrauen und die Zusammenarbeit zwischen Wirtschaft und behördlicher Körperschaft, die sich mit der Entwicklung des Hafens beschäftigen. Dies hat zu dem jetzigen Zustand des Hafens geführt (Abb. 1).

Das Denken über den Hafen hat sich in den letzten 10 Jahren grundsätzlich geändert. Früher war die wirtschaftliche Entwicklung, also die Wohlfahrt, das Wichtigste; heutzutage wird das Gemeinwohl besonders hervorgehoben.

Die faktische Bedeutung für unseren Hafen ist, daß wir Rotterdam nicht an erster Stelle als großen Hafen im Sinne von Gütermengen oder Areal sehen, sondern als einen guten Hafen, d. h. der Akzent wird von Mengenausdehnung nach Qualitätsverbesserung verschoben.

Transportfunktion

Es ist für die soziale und wirtschaftliche Entwicklung eines Landes von größter Bedeutung, daß die Transportfunktion in der effizientesten Weise vorgenommen wird.

Industrielle Funktion

Unserer Meinung nach hängen diese beiden Funktionen des Hafens eng zusammen. Ein richtiges Funktionieren des Hafens wirkt einladend für die Gründung von Industrien, sowohl innerhalb wie außerhalb des eigentlichen Hafengebietes, aber umgekehrt soll auch versucht werden diejenigen Industrien im Hafengebiet zu gründen, welche die Transportfunktion des Hafens verstärken können.

Verteiler- und Marktfunktion

Diese Funktion wurde bereits von altersher von vielen Häfen erfüllt und wird heute wieder immer wichtiger.

Wir werden heutzutage mehr als früher mit der Notwendigkeit konfrontiert, Raum für die Erweiterung dieser Funktion zur Verfügung zu stellen, z.B. für den Bau von Schuppen für langfristige Einlagerung, usw. Die obengenannten Funktionen sollen im Hafen nebeneinander bestehen, sich gegenseitig stimulieren, und nicht miteinander in Konflikt geraten.

Es ist deutlich, daß ein Hafen mit einer großen Differenzierung in Aktivitäten mehr Widerstandsfähigkeit gegen Konjunkturschwankungen haben wird.

Wir betrachten heutzutage als unsere wichtigsten Ziele:

- der Hafen soll einen möglichst großen Beitrag zu der wirtschaftlichen Stabilität, und
- gleichzeitig zu der Beschäftigung leisten.

Das Ziel: Beitrag zu der wirtschaftlichen Stabilität bedeutet nicht nur, daß ein gutes Gleichgewicht zwischen den drei genannten Hafenfunktionen gefunden werden soll, sondern auch, daß innerhalb jeder Funktion die Aktivitäten so gut wie möglich ausgebreitet werden müssen. Das Streben nach Diversifikationen fordert ein aktives Auftreten der Hafenverwaltung.

In der heutigen Lage, ist es für uns sehr schwierig eine genügende Anzahl Arbeitsplätze zu verschaffen. Sollte dies schon gelingen, so ergibt sich noch das Problem der Anpassung des Niveaus der verfügbaren Arbeit an das Ausbildungsniveau des Nachwuchses. Wir müssen versuchen, die Ziele zu verwirklichen im Rahmen der Randbedingungen, die im Moment gelten.

Mögliche Randbedingungen

1. Räumlich (z.B. die Verfügbarkeit von Gelände für Hafenentwicklung)
2. Geophysisch (z.B. die Möglichkeiten zur Vertiefung von Hafenbecken und Hafenzugängen)
3. Umwelt-technisch (z.B. die höchstzulässige Möglichkeit von Kalamitäten)
4. Finanziell (z.B. die Verfügbarkeit von Kapital)
5. Sozial (z.B. die Verfügbarkeit von Arbeit oder das Bedürfnis an Arbeitsplätzen)

Sie werden verstehen, daß diese Liste keine vollständige Aufführung darstellt von allen Randbedingungen, die möglicherweise von Interesse sein können. Randbedingungen sind für jeden Hafen wieder anders, und sie können sich im Laufe der Zeit ändern.

In unserem Fall werden wir heutzutage mit fast allen genannten Beschränkungen konfrontiert:

● Zu 1: Räumliche Randbedingung: Ein großer Ausbau der Hafengelände und Häfen kann, jedenfalls in absehbarer Zeit, nicht als eine reelle Möglichkeit betrachtet werden.

Ein Ausbau nach Osten ist nicht möglich; dort liegt die Stadt; auch aus flußtechnischen- und Umweltgründen (Versalzung) ist Planung in dieser Richtung irreal.

Theoretisch ist ein Ausbau nach Süden oder Westen, weiter ins Meer, denkbar. Der Süden ist jedoch von einem Erhohlungsgebiet abgeriegelt und der Ausbau nach Westen fordert eingreifende planologische Entscheidungen, sowohl seitens der Stadtverwaltung, als auch der Provinzverwaltung und der Regierung. Auf einen beschränkten Ausbau nördlich des Nieuwe Waterweg (Rijnpoort) hat man der Kosten wegen verzichtet.

● Zu 2: Geophysikalisch: In diesem Zusammenhang ist jetzt die mögliche Vertiefung der Zufahrtsrinnen bis 72 Fuß an der Tagesordnung.

In diesem Moment liegt ein Gutachten einer multidizipinäre Arbeitsgruppe vor. Dieses Gutachten wurde den Interessenten der Regierung und dem Rotterdamer Stadtrat zugesandt und wird jetzt von diesen kommentiert. Die Arbeitsgruppe hält eine Vertiefung bis 72 Fuß für technisch durchführbar und nautisch verantwortbar. Auch die nationale Kosten-Nutzen-Analyse ist positiv.

Nach der Vertiefung stellt sich die Länge der Fahrrinne auf ca. 70 km. Für die Bodenbreite wird an 600 m gedacht, Tiefe etwa 26,50 m unter M.S.L. (Mean Sea Level), genügend für eine K.C. (Keel Clearance) von 20% des Tiefganges. Dazu kommen noch zweimal 330 m mit einer Tiefe genügend für 15% K.C.

Weiterhin sind verschiedene Anpassungsarbeiten nötig wie: eine kleine Anpassung des Flußbettes des Nieuwe Waterweg als Ausgleich für die Salzeindringung und der Ausbau der nautischen Hilfsmittel (Radardeckung und Anpassung der Betonnung).

Es ist verständlich, daß eine Vertiefung der Fahrrinne, also eine Verbesserung der Erreichbarkeit von Rotterdam für große Schiffe, vor allem wichtig ist für die Position als Ölhafen.

● Zu 3: Umwelt-technisch: Immer mehr Aufmerksamkeit wird gefordert für die Konsequenzen auf die Umwelt bei eventueller Vergrößerung des Güterumschlages und der Dienstleistungen des Hafens. Besonders bei industriellen Vergrößerungen soll diesem Punkt sehr viel Aufmerksamkeit gewidmet werden.

In Rotterdam wird kein einziger Vorschlag zur Vermietung gemacht, ohne daß den eventuellen Folgen für die Umwelt große Aufmerksamkeit gewidmet wird. Abgesehen von den Schwierigkeiten, denen man begegnet bei der Feststellung von Normen für die Zulässigkeit bestimmter Umweltverschmutzungsarten, Schall-Belästigungen miteinbegriffen, gibt es das Problem der Abwägung des Faktors „Umwelt“ gegen z.B. die Faktoren: Beschäftigung, Beitrag zur Diversifikation, Gefahr, usw. In letzterer Instanz wird in diesen Fällen die Entscheidung aus politischen Gründen getroffen werden müssen.

● Zu 4: Finanziell: Es bedarf kaum einer weiteren Auseinandersetzung, daß finanzielle Einschränkungen eine wichtige Rolle spielen können. Der Hafenbetrieb kann nicht selbständig auf dem Kapitalmarkt operieren, sondern muß sich die Mittel für die Verwirklichung von Ausbauarbeiten über die zentrale Finanzierung der Stadt beschaffen. Was die Wirtschaft anbelangt, hat die Hafenverwaltung den Auftrag die Rentabilität auf lange Sicht zu sichern.

● Zu 5: Sozial: Wie bekannt ist im Moment mengenmäßig gesehen kein Mangel an Arbeitskräften. Bei der Beurteilung potentieller Ansiedlungen ist daher auch der Beitrag an der Beschäftigung, den ein Betrieb liefern kann, ein sehr wichtiger Punkt der Erwägung.

Die Schwierigkeit ist jedoch, daß sich oft die Nachfrage nach Arbeit qualitativ nicht dem Angebot anschließt. In Rotterdam wird jetzt eine Erwerbungs-Führung geplant, wobei diesen Anschlußproblemen große Aufmerksamkeit geschenkt wird.

Außer den bereits genannten Randbedingungen, kann die Entwicklung des Hafens noch gebremst werden durch einen anderen, technischen Faktor: die Kapazität der Hinterlandverbindungen. In unserem Falle ist heuzutage die Kapazität der Binnenschiffahrtsverbindung mit dem Hinterland aktuell.

Für die Verbindung von Europoort mit dem Einzugsgebiet ist der Hartelkanal gebaut worden. Dieser Kanal ist mit einer Schleuse, der Hartelschleuse, versehen, um dem zu weiten Eindringen von Seewasser bei Flut vorzubeugen: besonders der Einfluß dieses Symtons auf die Qualität des Wassers im „Brielse Meer", das in Zeiten der Dürre u. a. für die Wasserversorgung der südlich von diesem See gelegenen Polder auf der Insel Voorne-Putten verwendet wird, hat dazu geführt, daß die Hartelschleuse gebaut wurde. Die Abmessungen dieser Schleuse sind derart (24 × 281 m, Tiefe 5,50 m unter NAP), daß sie geeignet ist für die Durchschleusung vollständiger Schubeinheiten.

In Anbetracht der Entwicklung des Verkehrs durch die Hartelschleuse, wovon der Erztransport den größten Teil ausmacht, ist es notwendig die Kapazität dieser Schleuse zu vergrößern. Für die Schiffahrt ist eine Schleuse sowieso immer ein unerwünschtes Element. Deshalb ist die Möglichkeit den Hartelkanal in offene Verbindung mit der „Oude Maas" zu bringen, eingehend untersucht worden.

Diese Untersuchung hat ergeben, daß dadurch der Hartelkanal nicht nennenswert salziger wird und deshalb für das „Brielse Meer" keine ernsten Folgen entstehen werden. Jedoch werden die Ufervorrichtungen und Brücken angepaßt werden müssen und eine geringe Vertiefung wird notwendig sein. Auch die Anlagen einiger am Kanal entlang gelegenen Betriebe müssen angepaßt werden.

Die definitive Entscheidung ist noch nicht getroffen worden, aber es sieht danach aus, daß hierüber schnell einen Entschluß gefaßt werden soll, so daß ein potentieller Engpaß in der Wasserverbindung mit dem Einzugsgebiet beseitigt wird.

Heutige Projekte

Obwohl die Ansiedlungsfrequenz im Rotterdamer Hafengebiet nicht mehr die gleiche Höhe erreicht hat, wie vor einigen Jahren, gibt es trotzdem eine Anzahl Projekte von dieser Art.

Die wichtigsten sind:

1. Ansiedlung GEM im Europoort
2. Ansiedlung LNG-Lager Maasebene
3. Mischerzpellet-Werk Europoort K.G.

● Zu 1: Im Europoort ist man z. Z. beschäftigt mit der Konstruktion einer Ansiedlung des GEM. Es handelt sich hier um ein Gelände von 9,5 ha, gelegen an der Mündung des Beneluxhafens, auf der die GEM einen Lager- und Umschlagsbetrieb für die Behandlung von Derivaten bauen will. Die Zufuhr wird erfolgen via einer Landungsbrücke an der Meeresseite (geeignet zum Empfang von 200 000 tdw-Schiffen), mit einer Länge von 240 m, später zu erweitern bis 370 m. Weiterhin gibt es auch eine Landungsbrücke für Kümos. Auf der Landungsbrücke werden an erster Stelle 3 (später 8) Pneumaten mit einer Kapazität von 600 t/Stunde aufgestellt.

Für die Abfuhr von Gütern wird das Gelände mit dem Eisenbahnnetz verbunden, während im Dintelhafen Raum reserviert wurde für den Bau von 4 Landungsbrücken für Binnenschiffe mit 8 Ladestellen.

Die Umschlagskapazität der ganzen Anlage beträgt ungefähr 6×10^6 t pro Jahr. Überdies werden eine Waage und ein Speicher mit einer Anfangskapazität von ungef. 30 000 t gebaut. Die Gesamtinvestierung im neuen Terminal beträgt ungef. f 100×10^6.

● Zu 2: Auf der Maasebene sind Tanks im Bau für die Lagerung von LNG. Die Tanks werden gebaut für die Niederländische Gasunion, auf einem Gelände von ca. 12,5 ha, und die Gesamtlagerkapazität beträgt 115 000 m³ flüssiges Gas. Überdies gehört zu der Anlage ein Tank für flüssigen Stickstoff, mit einem Inhalt von 19 000 cbm, eine Verflüssigungsanlage mit einer Kapazität von 15 000 cbm/Stunde und ein Zulieferungssystem mit einer Kapazität von 1 000 000 cbm/Stunde.

Man beabsichtigt mit der in diesen Tanks gelagerten Gasmenge die Erdgasverbrauchsspitzen abzufangen. Gäbe es diese Fazilität nicht, so müßte entweder die Kapazität der Zufuhr-Rohrleitungen vergrößert werden, oder man wäre, in Perioden großen Verbrauchs, nicht in der Lage den Gasanforderungen zu genügen.

● Zu 3: Man beabsichtigt den Bau einer Anlage für die Herstellung von Mischerzpellets auf einem Gelände von ca. 25 ha, mit einer Jahreskapazität von ungef. 4×10^6 t Pellets. Der Rotterdamer Stadtrat hat sich noch nicht einverstanden erklärt mit der Vergabe dieses Grundstücks. Er hat sich jedoch im Rahmen des Gesetzes „Selektive Investierungs-Regelung" zu einer positiven Beratung entschlossen.

Das Gesetz „Selektive Investierungsregelung" bezweckt, mittels Erhebungen auf die Investierungen, die Tätigkeiten in bestimmten Gebieten abzubremsen, auf Grund von Erwägungen, welche entweder mit der Konzentration von Aktivitäten oder der Bevölkerung, oder mit der Wirtschaftsstruktur, bzw. mit der Lage des Arbeitsmarktes in diesen Gebieten zusammenhängen. Die Gebühr beträgt 3% für Investierungen in Anlagen über f 2 000 000,— und in Gebäuden über f 250 000,—. Auch die öffentliche Körperschaft „Rijnmond" hat, nach einer anfänglichen Ablehnung, jetzt in günstigem Sinne beraten, im Rahmen des S.I.R.

Obwohl das Werk günstig beurteilt wird, hinsichtlich Diversifikation, der Beschäftigung, und der Investierungen im Hafengebiet, wurde noch keine Entscheidung darüber getroffen, ob das Projekt, im Hinblick auf die zu erwartende Umweltbelastung (Staubbeschwerden in Hoek van Holland), akzeptabel ist.

Künftige Entwicklungen

Zuerst einige Zahlen (Abb. 2). Das Gesamtvolumen an Gütern des Seeverkehrs, das im Hafen bearbeitet wurde, betrug im Jahre 1975: 280 Millionen Tonnen. Dies stellt einen Rückgang dar von mehr als 4% gegenüber 1974 und ist 10% weniger als im Spitzenjahr 1973. Diese Güter werden verladen mit ungef. 32 500 Seeschiffen (Abb. 3), während überdies noch einmal ungef. 180 000 Binnenschiffe unseren Hafen besuchten.

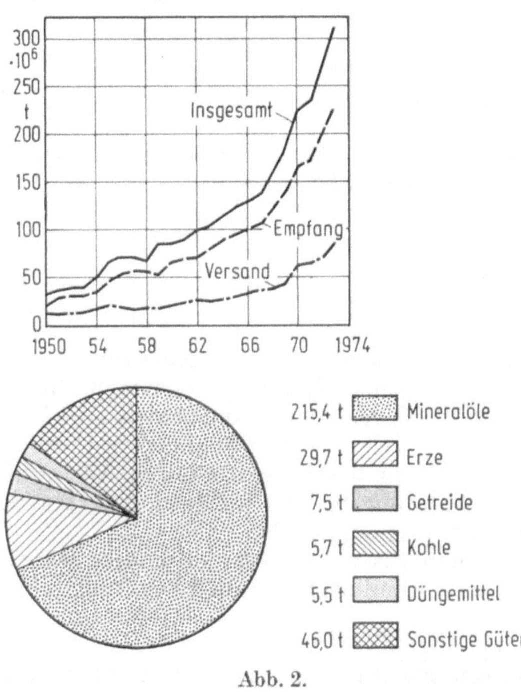

Abb. 2.
Internationaler Seegüterverkehr, Empfang und Versand.

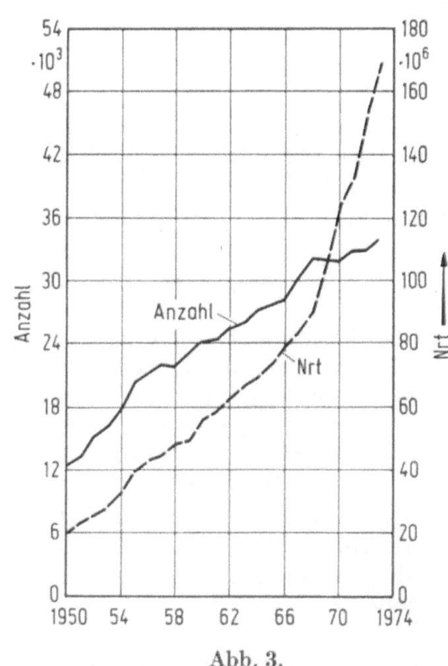

Abb. 3.
Eingelaufene Seeschiffe in Rotterdam-Europoort.

48% des Gesamtvolumens besteht aus Rohöls oder 134 × 10^6 t. General Cargo war ungef. 12,7 × 10^6 t, was einem Rückgang von 15% gegenüber 1974 entspricht, während das Niveau in den letzten Jahren etwa konstant geblieben ist. Die Anzahl der Container sank ebenfalls von 750000 im Jahre 1974, bis 722 000 im Jahre 1975, also mit etwa 4%.

Die Prognosen für den internationalen Güterverkehr zur See für das Rijnmondgebiet für 1990 in Millionen Tonnen lautet:

Gütergruppe:	1990
Getreiden und Viehfutter	16
Feste Brennstoffe	6
Erdöl (roh)	265
Erdöl (Produkt)	43
Erze	52
Chemische Produkte	32
Übrige Massengüter	55
Allgemeine Fracht	38
Insgesamt	506

Für die Rotterdamer Prognose sind gewisse Korrektionen notwendig, vor allem hinsichtlich Erze, übrige Massengüter und allgemeine Fracht. Bei der Erstellung dieser Prognose wurde eine unveränderte Wirtschaftspolitik vorausgesetzt.

Stückgut

Was die Stückgüter anbelangt, wird erwartet, daß der Verkehr in den kommenden Jahren beständig bleibt, und zwar 10 bis 12 Millionen Tonnen jährlich, und daß der Rückgang vom vorigen Jahr nur vorübergehend war.

Wir erwarten zwar einige Änderungen, wie:

— weniger direkten Umschlag vom Seeschiff ins Binnenschiff und umgekehrt;
— das Dienstpaket, das die Stauereibetriebe anbieten, wird sich wahrscheinlich ausbreiten, und neben den normalen Umschlag-Tätigkeiten, wird mehr Bedarf bestehen an Sammelladung, Sortieren, Langdauernde Lagerung und Distributierungstätigkeiten;
— es wird notwendig sein größere und schwerere Einheiten zu behandeln. Dies hat zur Folge, daß universal Kräne mit einer Kapazität von 35—40 t verwendet werden müssen und, daß die Kaimauern durch die Verwendung von Schwergerät für Horizontaltransport auf den Stauereigeländen stärker belastet werden.

Diese Tendenzen deuten hin auf den Bedarf an mehr Raum auf dem Kai und auf größere Geländeabmessungen, quer auf der Kaimauer.

Neu-Strukturierung

Mit den hieraus hervorgehenden Konsequenzen soll bei der Neu-Strukturierung, mit der wir uns gegenwärtig im Rotterdamer Hafen beschäftigen, gerechnet werden. Die heutigen alten Stückgutgelände haben eine Durchschnittstiefe von 50—60 Metern. Unserer Meinung nach sind konventionelle Stückgutumschlaganlagen auf etwa das 3 bis 4fache zu bringen (und „multipurpose" vielleicht noch größer).

Im Rahmen der Neu-Strukturierung bemüht man sich die Länge der Kaimauer und die Oberfläche für Stückgutgelände weiter mit den neueren Entwicklungen in diesem Sektor in Einklang zu bringen, wobei zu gleicher Zeit geplant wird bestimmte ältere Hafengebiete für den Wohnungsbau zu verwenden.

Die bestehenden Hafenbecken in den Gebieten, die für Wohnungsbau in Betracht kommen, sollen zum Empfang der zahlreichen Binnenschiffe, welche jährlich unseren Hafen besuchen, vorgesehen werden.

Die Neu-Strukturierung ist eine sehr durchgreifende und zeitraubende Operation an der große Teile des Hafens und fast alle großen und kleinen Stauereibetriebe beteiligt sind (Abb. 1).

Container

Die Zahl der Container, die in Rotterdam abgefertigt wurde ist bis 1973 gewachsen. Hierbei zeigten sich Wachstumsprozentsätze von 30 und 40% jährlich. Dieser Wachstum ist jetzt ziemlich plötzlich zum Stillstand gekommen.

Für die Zukunft haben wir angenommen, daß bis 1980 ein Wachstum von etwa 9% jährlich realisiert werden soll. Nach diesem Zeitpunkt wird dieser Wachstum heruntergehen bis etwa 3% jährlich.

Zwecks Empfang des künftigen Container-Stroms via Rotterdam, haben wir eine Oberfläche von etwa 400 ha auf der Maasebene reserviert. Wir beabsichtigen die erste Phase dieses neuen Terminals Anfang der achtziger Jahre in Betrieb zu nehmen.

Rohöl-Zufuhr

Ich bringe in Erinnerung, daß das Rohöl, welches im Rotterdamer Hafen umgeschlagen wurde, 1975 etwa 50% des Gesamtvolumens darstellte. Es wird Ihnen klar sein, daß dieses Produkt für uns von größter Bedeutung ist und wir legen Wert darauf unsere Vorrichtungen so gut wie möglich anzupassen.

Momentan beträgt der höchstzulässige Tiefgang in Rotterdam-Europoort 68 ft. Eingehend wurde die Möglichkeit studiert, den Tiefgang bis 72 ft. zu erhöhen. Zu diesem Zweck ist es notwendig die Fahrrinne zu vertiefen. Die Größe von 72 ft. basiert auf einem Studium der neuesten Daten des Tankermarktes, u.a. die Lage hinsichtlich der Kontrakte für Neubau (einschließlich Abbestellungen) großer Tanker.

Aus der Studie geht hervor, daß die Zahl der Tanker in der Tiefgangsklasse mit 68 — 72 ft. zugenommen hat, während gerade in den Klassen 60 bis 68 ft. und 72 bis 82 ft. die meisten Abbestellungen stattfanden. Die Zahl der Schiffe in den Klassen mit einem Tiefgang über 82 ft. blieb ziemlich stabil.

L.N.G.

Die Niederlande verfügen über eine der größten Reserven an Erdgas auf der westlichen Halbkugel (ungef. 200×10^9 m^3). Trotzdem wird um 1978 die jährlich zur Verfügung stehende Menge für unseren Selbstverbrauch abnehmen, was zu der Notwendigkeit führen wird Erdgas zu importieren. Rezente Prognosen sagen voraus, daß um 1980 viele Milliarden Kubikmeter Gas importiert werden müssen.

Was soll es für den Hafen bedeuten wenn diese Mengen z.B. von Übersee via Rotterdam unser Land erreichen müßten? In diesem Fall ist die absolute Menge nicht der bedeutendste Faktor, wenn man bedenkt, daß im allgemeinen eine Zufuhr von 10^9 m^3 Erdgas jährlich besorgt werden kann von etwa 12 Ankünften eines LNG-Tankers von 125 000 m^3. Die Bedeutung eines eventuellen LNG-Stromes liegt vielmehr in seinem potentiellen Effekt auf die anderen Güterströme, verursacht durch die Gefahren, welche mit der Verladung und Behandlung dieses Produkts verknüpft sind.

Bevor man einen Entschluß trifft über die Zulässigkeit dieser Schiffe im Hafen, wird es notwendig sein eingehende Studien vorzunehmen, um mögliche Risiken auszuschließen. Diese Studien sind teilweise jetzt im Gange und Berichterstattung über die Ergebnisse wird noch im Laufe dieses Jahres erwartet.

Im Zusammenhang mit der Anwesenheit eines Lagers des LNG auf der Maasebene, liegt es auf der Hand die Möglichkeit zu untersuchen, ob dieses Gelände eventuell ausgebaut werden könnte zu einem vollständigen LNG-Terminal.

Eine andere Möglichkeit wäre eine spezielle Insel im Meer zu bauen, ausschließlich für den Empfang von LNG-Schiffen. Dies hat den Vorteil, daß die gefährlichen Schiffe nicht in den Hafen zu kommen brauchen. In diesem Falle ist es notwendig, das Gas via einer Unterseerohrleitung an Land zu schaffen.

Kohle

Durch das Emporkommen des Erdöls und später des Erdgases wurden die Kohlen vom Energiemarkt vertrieben und das Gesamtvolumen in Rotterdam ist zurückgegangen auf ungefähr 5 — 8 Millionen Tonnen jährlich. Jetzt sieht es so aus, daß die Kohlenverladung wenigstens einen Teil ihrer früheren Position im Hafen wiedergewinnen wird.

Wir rechnen mit der Möglichkeit, daß der Kohlenstrom durch unseren Hafen sich in den nächsten zehn Jahren verdoppeln wird. Dies hängt natürlich eng zusammen mit den technologischen Entwicklungen im Gebrauch und in der Kohlengewinnung. Was den Transport anbelangt, erscheint es nicht ausgeschlossen, daß die Kohlen in weiterer Zukunft in Slurry-Form verladen werden.

Zugleicherzeit muß mit der möglichen Dauerlöschung von Stürzgütern (Kohlen, sowohl wie Erze, Getreiden, usw.) gerechnet werden. Diese Entwicklungen können großen Einfluß auf den Entwurf der Uferbegrenzung von Bulk-Geländen ausüben.

Einerseits wird wahrscheinlich keine Kaimauer mehr benötigt werden; andererseits wird wahrscheinlich von einer sehr viel größeren Belastung auf der Kaimauer oder einer anderen (vertikale Begrenzung des Grundstücks) die Rede sein.

Radar-Projekt

Es gibt noch ein auf die Zukunft gerichtetes Projekt, das ich kurz nennen möchte, nämlich das Hafenradarprojekt.

Die heutige Radarkette am „Nieuwe Waterweg", soll nach einer etwa 20jährigen Periode, in der dieses System der Schiffahrt nach unserem Hafen sehr gute Dienste geleistet hat, jetzt erneuert werden.

Rotterdam beabsichtigt die Ersetzung durch ein vollständig verkehrsbegleitendes und regulierendes System, an welchem außer der Seeschiffahrt, auch die Binnenschiffahrt beteiligt wird. Zugleicherzeit wird das Systemgebiet ausgedehnt, so daß nicht nur die Zufahrt und der Fluß, sondern auch die Hafenbecken selbst unter Radardeckung gebracht werden.

Ein Projektbüro wurde errichtet, das unter Aufsicht einer Steuergruppe, mit Vertretern des Reiches, der Gemeinde und der Lotsdienste das Hafenradarprojekt begleiten wird. Man erwartet, daß das neue System etwa anfang der 80er Jahre operationell sein wird.

Portrait der bremischen Seehäfen 1976/77

I. 150 Jahre Hafenanlagen in Bremerhaven

Von **Oswald Brinkmann**, Bremen, Senator für Häfen, Schiffahrt und Verkehr

Bremerhaven feiert in diesem Jahr seinen 150. Geburtstag. Für ganze 73658 hannoversche Taler, 17 Groschen und 1 Pfennig erstand Bremens Bürgermeister Johann Smidt im Jahre 1827 vom damaligen Königreich Hannover 341 Morgen Land an der Unterweser, von dem man heute sagen kann, daß es eine vorzügliche Kapitalanlage war. Am 30. April 1827 fuhr Smidt, begleitet von Senator Heineken, Ältermann Rodewald und Regierungssekretär Breuls, die Weser hinab nach Lehe, um am folgenden Tage, dem 1. Mai 1827, zugegen zu sein, als im vorher hannoverschen Hafenhause die Bremische Flagge gehißt wurde.

Was wäre Bremen ohne Bremerhaven bzw. welche Bedeutung hätte die Seestadt heute, wäre Bremen nicht gewesen? Auf diese rein hypothetisch gestellte Frage kann es aus hafenpolitischer Sicht nur eine Antwort geben: die Wettbewerbsfähigkeit der Bremischen Häfen in ihrer Gesamtheit beruht zu einem ganz wesentlichen Teil darauf, daß den Kunden dieser Häfen, Verladern wie Reedern, zwei geographisch getrennt voneinander liegende Umschlagsplätze unter einer Verwaltung und einem Management angeboten werden können, die beide ihre ganz spezifischen Vorteile in die Wettbewerbswaagschale werfen können. In dieser Arbeitsteilung liegt der Schlüssel des Erfolges, in dieser Ergänzung liegt (auch) die Stärke der Bremischen Häfen.

Bremen ohne Bremerhaven hätte (vielleicht) das Schicksal Brügges teilen müssen. Bremerhaven ohne Bremen hätte wohl kaum die hafenwirtschaftliche und auch industrielle Entwicklung genommen. Das alles sind natürlich Spekulationen ohne Beweiskraft. Allein entscheidende Tatsache aber ist, daß die Hafengruppen Bremen und Bremerhaven nur gemeinsam als Bremische Häfen ihre heutige Stellung unter den europäischen Universalhäfen erringen konnten. Und um diese in der Welt einmalige Konstellation beneiden uns alle übrigen Konkurrenten.

Daß diese Ideal-Kombination überhaupt Realität werden konnte, hat Bremen zwei „großen" Söhnen der Stadt zu danken: Johann Smidt (1773—1857) und Ludwig Franzius (1832 bis 1903). Smidt erkannte u.a. rechtzeitig, daß die Unterweser nicht mehr in der Lage war, die aufgrund weltwirtschaftlicher und technischer Entwicklung immer größer werdenden Schiffe der Welthandelsflotte aufzunehmen und Bremen somit Gefahr lief, als Seehafenstadt allmählich zur Bedeutungslosigkeit herabzusinken. Franzius hingegen war es, der, wie er selber einmal schrieb, „mit dem Muthe der Verzweiflung" an die Verwirklichung eines Jahrhunderte alten Traumes heranging: die Unterweserkorrektion. Diese Unterweserkorrektion, deren technischer Grundgedanke in der Verwertung der natürlichen Kräfte von Ebbe und Flut durch Beseitigung zahlreicher Krümmungen und sonstiger Hindernisse liegt, brachte zunächst eine Fahrwassertiefe von 5 m, die inzwischen auf 9 m unter SKN (Seekartennull) erweitert wird. Durch diese Maßnahme der Stromregulierung konnten in Bremen-Stadt künstliche Hafenbecken erbaut werden. Als am 15. Oktober 1888 der heutige Europahafen eröffnet wurde, da hatten Smidts vorausschauende Planung und Franzius' technisches Genie die Grundlagen für die Weltgeltung der Bremischen Häfen gelegt. Umgeben von mächtigen Konkurrenten an Elbe und Rhein/Schelde hatte sich Bremen erneut behauptet und die Voraussetzungen für die künftige Wettbewerbsfähigkeit geschaffen.

Bremen oder Bremerhaven? Diese Frage wurde schon damals nicht weniger häufig als in jüngster Vergangenheit gestellt. Die Zukunft der Bremischen Häfen läge ausschließlich in der Hafengruppe Bremerhaven und jedwede Investition in Bremen sei totale Geldverschwendung — so meinten die einen. Nur die Hafengruppe Bremen-Stadt sei Garant für die weitere positive Entwicklung des Umschlages, also müsse auch dort investiert werden — so argumentierten die anderen. Die Verantwortlichen in Senat und Unternehmen haben weder den einen noch den anderen Weg beschritten. Beide Alternativen trugen von Anfang an den Makel undifferenzierter, ja egozentrischer Rigorosität, waren also keineswegs im Interesse einer gedeihlichen Entwicklung der Bremischen Häfen in ihrer Gesamtheit zu werten.

Wie so häufig, lag auch in diesem Falle die Wahrheit in der Mitte. Ohne die rechtzeitige Hinwendung nach Bremerhaven mit dem Aufbau von Passagierverkehren, mit der Verlegung von konventionellen Liniendiensten und später mit der Konzentration von Container-, Lash- und Roll-on/Roll-off-Verkehren wären die Bremischen Häfen im Konzert der bedeutendsten Universalhäfen an der Nordseeküste hoffnungslos ins Hintertreffen geraten. Ebenso folgerichtig aber war es, daß die spezifischen Vorteile der Hafengruppe Bremen-Stadt, wie günstige geographische Lage zum Hinterland und Zentrum vieler verkehrswirtschaftlicher Aktivitäten, nur dann in vollem Umfange genutzt werden konnten, wenn auch in diesem Teil der Bremischen Häfen ein sinnvoller und an den Verkehrsbedürfnissen orientierter Ausbau erfolgt.

Diese Hafenpolitik hat ihre Früchte getragen, sie hat zu einer sinnvollen Arbeitsteilung zwischen Bremen und Bremerhaven geführt. Das beweisen allein schon die Umschlagszahlen in beiden Hafengruppen. So wurden im Jahre 1976 mit 14,2 Millionen t (davon 8,2 Mill. t Stückgut) 61,7 Prozent der Güter in der Hafengruppe Bremen-Stadt abgefertigt, während mit 8,8 Millionen t (davon 5,2 Mill. t Stückgut) 38,3 Prozent des Gesamtvolumens in der Hafengruppe Bremerhaven umgeschlagen wurde. Damit hat sich der Anteil Bremerhavens am Gesamtverkehr erneut erhöht (Anmerkung: 1953 betrug dieser Anteil 9,7%, 1972 34,1%). Durchaus denkbar wäre es, ja es ist sogar sehr wahrscheinlich, daß es mittel- oder langfristig zu einer 50/50-Teilung des Ladungsaufkommens zwischen Bremen und Bremerhaven kommen wird.

Auf jeden Fall wird auch künftig an einer gleichgewichtigen Investitionspolitik festgehalten werden. Der Ausbau des Neustädter Hafens in Bremen-Stadt sowie die südliche Erweiterung des Container-Terminals Bremerhavens sind deutliche Hinweise dafür. Die Devise muß lauten: Investitionen dort, wo sie notwendig und ökonomisch vertretbar sind, damit die Sicherheit der Arbeitsplätze weiter verbessert, die Schaffung neuer Arbeitsplätze ermöglicht und eine angemessene Amortisation der öffentlichen und privaten Mittel erzielt werden kann.

II. Die Entwicklung der Zufahrtswege zu den bremischen Häfen 1960—1976

Von Ltd. Hafenbaudirektor Dipl.-Ing. **Heinrich Flügel**, Bremen
und Baudirektor Dipl.-Ing. **Karl-Heinrich Müller**, Bremen

1. Die seeseitige Zufahrt zu den bremischen Häfen

Unter- und Außenweser bilden die seewärtige Zufahrt zu den bremischen Häfen (Abb. 1). Zum Zeitpunkt der letzten Veröffentlichung in Bd. 27/28 der Hafenbautechnischen Gesellschaft über die bremischen Häfen hatte die Unterweser eine Wassertiefe von 8,0 m und die Außenweser von 10,0 m bei SKN. Der damals letzte Ausbau der Unterweser auf 8,0 m SKN war der sogenannte 8,70 m-Ausbau und gewährte regelmäßig Schiffen mit 8,70 m Tiefgang unter Ausnutzung der Tide die Zufahrt zu den bremischen Häfen und gestattete darüber hinaus mit Ausnahme von ungünstigen Tide- und Windverhältnissen auch Schiffen mit 9,50 m Tiefgang, die bremischen Häfen zu erreichen.

Dieser 8,70 m-Ausbau war nicht der erste Ausbau der Unterweser, sondern bereits der fünfte. Er stützte sich auf die grundlegende Korrektion der Unterweser, die von Ludwig Franzius in der Zeit von 1887 bis 1895 ausgeführt worden war. Er war ein Ausbau für Schiffe von 5 m Tiefgang. Vorher war der Zustand der Unterweser so katastrophal, daß Schiffe mit mehr als 1 m Tiefgang selbst unter Ausnutzung der Flut Bremen nicht erreichen konnten. Die Grundgedanken der Korrektion waren, alle Stromspaltungen zu vermeiden und unter Beibehaltung der vorhandenen Nebenarme als Fluträume der Tidewelle ein einheitliches Strombett zu geben, das der in den einzelnen Querschnitten sich jeweils bewegenden Wassermenge angepaßt war. Der Ausbau war ein voller Erfolg. Er war allein von Bremen finanziert. Das Reich hatte aber Bremen das Recht zugestanden, eine Abgabe für die Benutzung der Wasserstraße zu erheben. Die Kosten hatten 30 Mio. Goldmark betragen, wobei man sich vor Augen halten muß, daß bei ihrer Bewilligung in keiner Weise sicher war, ob das geplante Werk gelingen würde.

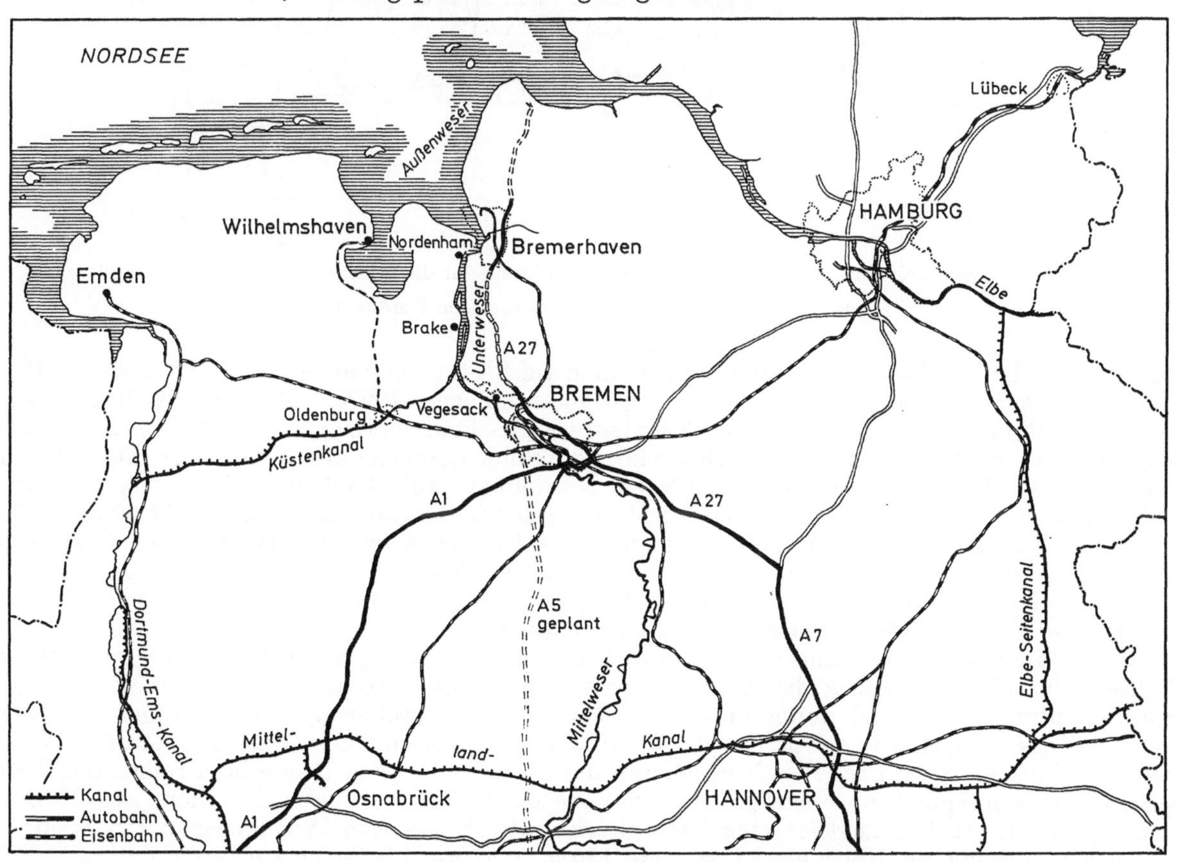

Abb. 1. Die seeseitigen und binnenseitigen Zufahrtswege zu den bremischen Häfen.

Nach der ersten Korrektion folgten 1913—1916 der 7 m-Ausbau, 1921—1924 der erweiterte 7 m-Ausbau und 1925—1928 der 8 m-Ausbau. Der sogenannte 8,70 m-Ausbau wurde in den Jahren von 1953 bis 1958 ausgeführt.

Aber auch dieser Ausbau reicht für die heutigen Bedürfnisse nicht mehr aus. Nach eingehenden Verhandlungen entschloß sich der Bund — seit dem Übergang der Wasserstraßen 1921 von den Ländern ist das Reich, heute der Bund zuständig —, die Unterweser auf 9 m SKN weiter auszubauen und hat hierfür 1971 ein Planfeststellungsverfahren eingeleitet. Bei der Bezeichnung „9 m-Ausbau" muß man berücksichtigen, daß nunmehr mit der Zahlangabe „9 Meter" die Wassertiefe unter SKN gemeint ist, während die früheren Angaben 5,0-; 7,0-; 8,0- und 8,7 m-Ausbau sich auf die zulässigen Schiffstiefgänge unter Ausnutzung der Tide bezogen.

Während infolge der Ausbauten das mittlere Tidehochwasser sich nur wenig verändert hat, ist das Tideniedrigwasser im Bereich zwischen Bremen und Brake erheblich abgesunken. Der Tidehub betrug in Hasenbüren vor der Korrektion, also eben unterhalb der bremischen Häfen, nur 26 cm, während er heute rd. 3,50 m beträgt. Unter Ausnutzung dieses Tidehubs können in Zukunft nach Fertigstellung des 9 m-Ausbaus Schiffe mit rd. 10,5 m Tiefgang, unter enger Anlehnung an den Hochwasserscheitel sogar bis 11,0 m Tiefgang, Bremen-Stadt erreichen.

Die Flußsohle fällt von Bremen nicht gleichmäßig bis Bremerhaven ab, sondern zwischen Bremen und Vegesack werden planmäßig Übertiefen hergestellt, damit das auslaufende Schiff, das der Tidewelle entgegenfährt, dem Hochwasserscheitel etwa auf halber Strecke begegnet und dann trotz fallenden Wassers sicher Bremerhaven erreicht. Die Flußsohle liegt in Zukunft bei der Ein-

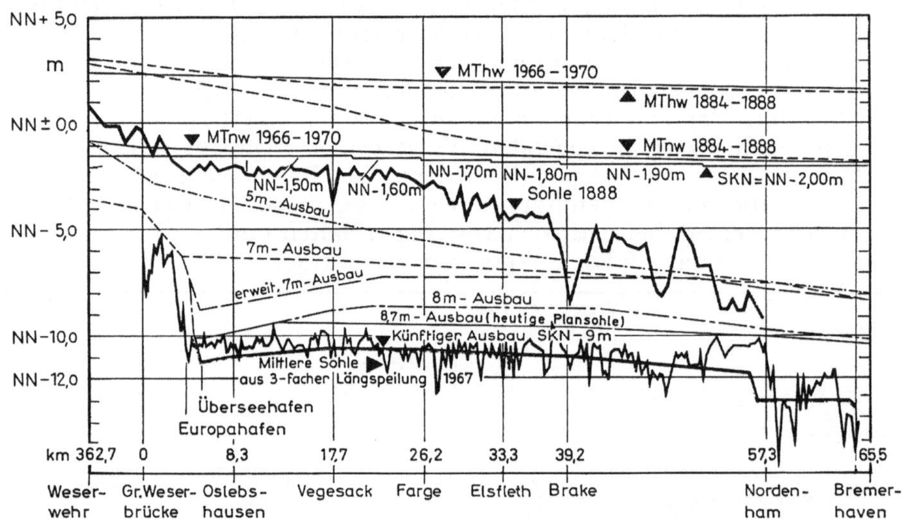

Abb. 2. Längsschnitt der Unterweser mit Lage der Flußsohle für die verschiedenen Ausbauzustände.
Quelle: Wasser- und Schiffahrtsdirektion Nordwest.

mündung des Überseehafens in die Weser in Bremen auf SKN —9,60 m entsprechend NN —11,10 m. Von hier steigt sie bis Vegesack auf SKN —9,10 m entsprechend NN —10,60 m. Bis Brake bleibt die Sohlensollhöhe auf SKN —9,10 m. Trotzdem ist dies keine horizontale Sohle, sondern infolge des Abfalls des SKN von Vegesack bis Brake liegt die Sohle bezogen auf NN in Brake auf —11,00 m. Von hier fällt die Sohle bezogen auf SKN bis Nordenham auf —9,80 m = NN —11,80 m. Hier erhält sie einen Sprung und liegt vor der Midgardpier in Zukunft auf SKN —11,00 m = NN —13,00 m. In dieser Lage bleibt sie horizontal bis Bremerhaven. Aufgrund dieser Gestaltung können in Zukunft Schiffe mit 11,00 m Brake und 12,5 m Tiefgang Nordenham erreichen (Abb. 2). Wie bei der Fahrt nach Bremen ist bei guten Tiden auch in der Fahrt nach Brake und Nordenham eine gewisse Tiefgangsüberschreitung von 1—2′ möglich.

In Anlehnung an die Franzius'schen Grundsätze, ein möglichst gleichmäßig sich vergrößerndes Flußbett zu schaffen, betrug die bisherige Sohlenbreite bis Vegesack 100 m, von dort bis zur Huntemündung 120 m und weiter unterhalb 150 m. Die Vergrößerung des zulässigen Tiefgangs bringt zwangsläufig eine Vergrößerung der Schiffsabmessungen mit sich. Das bedeutet, in Zukunft werden Schiffe bis 33 m Breite bis Nordenham und mit rd. 25—30 m Breite bis Bremen die Weser befahren. Dementsprechend reicht die Sohlenbreite zumindest im oberen Teil nicht aus. Deshalb umfaßt der 9 m-Ausbau zugleich eine Verbreiterung der Sohle vom Wendebecken Überseehafen bis zur Einmündung der Neustädter Häfen auf 130 m, von dort bis Brake auf 150 m und unterhalb bis Bremerhaven auf 200 m. Unabhängig von diesen generellen Abmessungen werden besondere

Kurvenverbreiterungen, insbesondere im schwierigsten Teil des Fahrwassers, in der Vegesacker Kurve, vorgenommen. Dort erhält die Sohle eine Breite von 200 m.

Ziel des 9 m-Ausbaus ist es, Schiffe mit einem Tiefgang von 10,5 m und rd. 30 000 tdw und bis zu 215 m Länge bei reichlichem Spielraum in der Tidefahrt die Fahrt nach Bremen zu ermöglichen. Für Brake rechnet man mit Schiffen von rd. 40 000 tdw und für Nordenham mit 60—65 000 tdw. Als zulässige Schiffslänge sind 230 m bis Vegesack und 250 m bis Nordenham geplant.

Die Arbeiten für den 9 m-Ausbau wurden im Jahre 1973 aufgenommen. Sie begannen gleichzeitig in der Strecke Bremerhaven—Nordenham und Vegesack—Bremen, weil in dem letztgenannten Abschnitt eine zeitweilige größere Konzentration von Baugeräten wegen des schmalen Fahrwassers nicht möglich ist. Bereits 1974 konnte das erste tiefergehende Schiff die Midgardpier in Nordenham erreichen. Im Anschluß daran wurde zunächst die westliche Hälfte des Fahrwassers von Nordenham bis Brake bis zum Sommer 1975 und die zweite Hälfte bis zum Sommer 1976 fertiggestellt. Seit dieser Zeit laufen die Baggerarbeiten in der Strecke Brake—Elsfleth. Gleichzeitig wurde die Fahrwasserverbreiterung in der Strecke von Vegesack bis zu den Neustädter Häfen in Bremen abgeschlossen und im Außenbogen die Fahrwasservertiefung und Verbreiterung in der Vegesacker Kurve ausgeführt.

Die weitere Fortsetzung der Arbeiten ist in Bauvorbereitung, und es ist das Ziel, bis zum Jahre 1978 tiefergehenden Schiffen die Fahrt bis Bremen-Stadt zu ermöglichen. Bremen selbst ist — wie bei allen Maßnahmen der äußeren Infrastruktur für die bremischen Häfen — auch im 9 m-Ausbau engagiert. Hier hat die Stadt die Arbeiten des Bundes mit insgesamt 32,5 Mio. DM vorfinanziert.

Die Außenweser hat die o.g. Tiefe von 10 m SKN seit 1928. Der Schiffahrtsweg benutzt unterhalb von Bremerhaven den Fedderwarder Arm, die Hoheweg Rinne und je nachdem, wo die größeren Wassertiefen vorhanden sind, die Alte oder die Neue Weser in der Übergangsstrecke zur freien See. Von 1825 bis 1922 lag das Hauptfahrwasser statt im Fedderwarder Arm im Wurster Arm und im Dwarsgat. Da der Wurster Arm immer mehr versandete und kaum noch 8 m Wassertiefe bei SKN in der Außenweser gehalten werden konnten, hatte Plate 1922 die berühmte Verlegung des Fahrwassers in den Fedderwarder Arm ausgeführt. Gestützt auf seine Strombauten hat sich seitdem der heutige Schiffahrtsweg gut gehalten. Andererseits machten sich aber die mangelnden Unterhaltungsarbeiten an den Strombauwerken im und nach dem 2. Weltkrieg erheblich bemerkbar, so daß für die Grundinstandsetzung und den Ausbau der Strombauten der Außenweser in den fünfziger Jahren erhebliche Mittel aufgewandt werden mußten.

Zur Rationalisierung des Baggereiwesens in den Strommündungen hat die Wasser- und Schiffahrtsverwaltung u.a. 1962 den großen Laderaumsauger „Ludwig Franzius“ in der Außenweser eingesetzt. Dem Einsatz dieses Gerätes ist es zu danken, daß in Verbindung mit der vorgenannten systematischen Verbesserung der Buhnen- und Leitwerke der Schiffahrt in der Außenweser 1966 eine Fahrwassertiefe von 11 m zur Verfügung gestellt werden konnte.

Diese Fahrwasserverbesserung reicht jedoch für die heutigen Bedürfnisse der bremischen Hafengruppe Bremerhaven nicht mehr aus. So wurde 1968 die Entscheidung zum Ausbau der Außenweser auf 12 m SKN gefällt und die Arbeiten im Zeitraum von 1968 bis 1971 ausgeführt. Auch hier hat Bremen die Beschleunigung der Arbeiten durch eine Vorfinanzierung unterstützt. Zur Zeit sind noch in der Außenweser die zum 12 m-Ausbau zugehörigen Strombauarbeiten ingang.

Nach den bisherigen Erfahrungen kann man sagen, daß auch der 12 m-Ausbau der Außenweser ein voller Erfolg ist. Die notwendigen Unterhaltungsbaggerungen sind verhältnismäßig gering, während der Baggereinsatz in der Brackwasserzone insbesondere im Großraum Nordenham — zweifellos mit beeinflußt durch die großen Baggerungen für den 9 m-Ausbau oberhalb — gegenwärtig erhebliche Sorgen bereitet. Eine weitere Vertiefung der Außenweser um einen bis zwei Meter erscheint technisch möglich.

2. Die binnenseitigen Verbindungswege

Seehäfen mit vergleichsweise geringem Eigenverkehrsaufkommen und hohem Fremdverkehrsaufkommen sind für den Zu- und Ablauf der Umschlagsgüter auf leistungsfähige und frachtgünstige Hinterlandverbindungen angewiesen.

Die aus den Einzugsgebieten zu den bremischen Häfen führenden Verkehrswege Wasserweg — Schiene — Straße (Abb. 1) sind von der Bundesrepublik Deutschland auszubauen, zu unterhalten und zu betreiben. Ihre Heranführung an die Hafenanlagen dagegen ist unter Berücksichtigung übergeordneter stadtplanerischer Gesichtspunkte Aufgabe der Stadtgemeinde Bremen, die die erforderlichen Hafenzubringer zu planen, zu bauen und zu betreiben hat. Im Rahmen dieser Zuständigkeitsabgrenzung ist es Aufgabe der bremischen Hafenbauverwaltung in ständiger technisch-planerischer Abstimmung mit den zuständigen Verkehrsverwaltungen des Bundes diesen zu veranlassen, die für die bremischen Häfen lebenswichtigen Hinterlandverbindungen leistungsfähig auszubauen sowie zukunftsorientierte Ausbauplanungen zu betreiben und deren Verwirklichungsmöglichkeiten sicherzustellen.

Nachdem in den Jahren 1945—1955 im wesentlichen der Wiederaufbau der im Kriege schwer zerstörten Hafenanlagen im Vordergrund des Interesses stand, war es in den Jahren nach 1960 notwendig, für eine zukunftsorientierte Erhaltung der Wettbewerbsfähigkeit der bremischen Häfen neben der Modernisierung und Erweiterung der Hafenanlagen auch die Leistungsfähigkeit der Hinterlandverbindungen zu verbessern und den wachsenden Verkehrsanforderungen laufend anzupassen.

Über die beiden Binnenwasserstraßen Küstenkanal und Mittelweser sind die bremischen Häfen mit dem westdeutschen Industriegebiet und dem Raum Hannover—Braunschweig—Salzgitter verbunden.

Der 1935 fertiggestellte Küstenkanal wird nach Beseitigung der im Kriege entstandenen Schäden seit 1965 für den zweischiffigen Verkehr mit dem 2,50 m abgeladenen 1000-t-Binnenschiff ausgebaut und kann mit geringen Einschränkungen — Abladetiefe 2,20 m statt 2,50 m — auch vom 1350-t-Europaschiff befahren werden. Mit dem Abschluß der Arbeiten ist für 1976 zu rechnen. Der noch ausstehende Bau je einer zweiten Schleuse in Oldenburg und Dörpen am Ost- und Westende des Kanals wird die Betriebssicherheit des Kanals erhöhen und ist in Vorbereitung.

Die 1933 begonnene und 1942 während des Krieges eingestellte Mittelweserkanalisierung wurde 1953 fortgeführt und im November 1960 fertiggestellt. Damit ist die Mittelweser jetzt für das teilabgeladene 1350-t-Europaschiff — Abladetiefe 2,00 m statt 2,50 m — ausgebaut und verfügt über eine garantierte Mindestfahrwassertiefe von 2,20 m. Der Ausbau für das voll abgeladene 1350-t-Europaschiff und für 1660-t-Schubverbände mit zwei Leichtern wird für erforderlich gehalten und angestrebt.

Alle bremischen Häfen einschließlich der oberhalb der Weserschleuse Hemelingen liegenden Binnenschiffshäfen können vom voll abgeladenen 1350-t-Europaschiff und den in Bremerhaven abgesetzten Bargen des LASH-Verkehrs angelaufen werden.

Mit der seit 1847 bestehenden Eisenbahnstrecke Bremen — Wunstorf — Hannover — Süddeutschland, der 1873 fertiggestellten Eisenbahnverbindung Bremen — Osnabrück — Ruhrgebiet/Westdeutschland und der 1862 hergestellten Verbindung nach Bremerhaven verfügen die bremischen Häfen in Bremen und Bremerhaven über leistungsfähige Eisenbahnverbindungen in den west-, mittel- und süddeutschen Raum. Die im Dezember 1964 vollendete Elektrifizierung dieser Strecken von Süden her bis Bremen mit der im Mai 1966 erfolgten Verlängerung bis Bremerhaven erhöhte die Transportkapazität der nach Süden und Westen führenden Eisenbahnverbindungen und ermöglichte die insbesondere für den Containerverkehr wichtigen höheren Reisegeschwindigkeiten.

Die seit 1974 im Bau befindliche Neubaustrecke Hannover — Kassel — Würzburg, mit der die über Göttingen führende bisherige Nord-Süd-Verbindung entlastet werden soll, wird den bremischen Häfen eine nicht unbedeutende Verbesserung der nach Süden führenden Eisenbahnverbindungen bringen. Bei planmäßigem Fortgang der Arbeiten kann die Fertigstellung bis etwa 1985 erwartet werden.

Mit der Fertigstellung der Bundesfernstraßenabschnitte BAB A 1 Bremen — Osnabrück — Kamener Kreuz (Hansalinie) im November 1968 und BAB A 27 Bremen — Walsrode im Juli 1964 sind für die bremischen Häfen zwei wichtige und dem steigenden Straßengüterverkehrsaufkommen entsprechende Autobahnverbindungen zum vorhandenen Autobahnnetz in Richtung Süden und Westen geschaffen worden.

In Bremen selbst konnte die fernstraßenmäßige Anbindung der Hafenanlagen wesentlich verbessert werden durch den Bau der BAB-Zubringer Freihäfen (1964), Hemelingen (1964) und Arsten (Fertigstellung 1978 erwartet) sowie durch die in den Jahren 1969—1974 durchgeführte Grunderneuerung des BAB-Abschnittes A 27 Blocklandstrecke zwischen dem Bremer Kreuz und dem Verteilerkreis Bremen-Nord.

Die für Oktober 1977 erwartete Fertigstellung des Autobahnabschnittes BAB A 27 Bremen — Bremerhaven bringt den bremischen Hafenanlagen in Verbindung mit der seit Oktober 1974 bereits in Betrieb befindlichen Ortsumgehung Bremerhavens eine speziell für den Containerzu- und ablauf auf der Straße benötigte leistungsfähige und schnelle Fernstraßenverbindung mit der Hafengruppe Bremerhaven. Für die notwendige Anbindung der Hafenanlagen mit dem Container-Terminal Bremerhaven und dem Stückgut-Terminal Columbuskaje ist der vorhandene BAB-Zubringer Bremerhaven-Überseehafen noch bis zum Hafenbereich zu verlängern.

Für die von Bremen angestrebte Autobahnverbindung BAB A 5 Bremen — Bielefeld — Gießen, mit der eine Erschließung der Industriebereiche Ostwestfalen und Frankfurt/Mannheim erreicht und eine zweite leistungsfähige Fernstraßenverbindung in Richtung Süden geschaffen werden soll, konnte die Aufnahme in den reduzierten Bundesfernstraßenbedarfsplan bis 1985 erreicht werden. Die Abstimmung der Trassierung mit Niedersachsen wurde eingeleitet.

III. Die Hafenanlagen in Bremen

Von Baudirektor Dipl.-Ing. **Karl-Heinrich Müller,** Bremen,
Baudirektor Dipl.-Ing. **Günter Gerdes,** Bremen, Oberbaurat Dipl.-Ing. **Gerhard Thoms,** Bremen
und Baudirektor Dipl.-Ing. **Klaus-Peter Rehm,** Bremen

1. Die Umschlagsentwicklung in den stadtbremischen Häfen 1960—1976

Die Entwicklung des Hafenumschlags in den stadtbremischen Häfen ist im Berichtszeitraum gekennzeichnet durch

- eine stetige Ausweitung des Stückgutumschlags um ca. 32% von 7 000 000 t auf 9 230 000 t im Jahre 1974, dem mit der Inbetriebnahme neuer Stückgutumschlagsanlagen im Neustädter Hafen im Juli 1967 entsprochen wurde.

- eine unstetige und nahezu stagnierende Entwicklung bzw. Umschichtung des Massengutumschlags mit einer nur geringfügigen Erhöhung um ca. 11% von 6 400 000 t auf 7 100 000 t im Jahre 1974 als Folge des Fortfalls des Kali- und Rohölumschlags im Industriehafen seit Mitte der 70er Jahre,

- die Zunahme des indirekten Stückgutumschlags verbunden mit einer mittelfristigen Zwischenlagerung von Umschlagsgut sowohl beim Import als auch beim Export.
Der Anteil des indirekten Stückgutumschlags erhöhte sich bis 1975 auf 80% beim Import und 50% beim Export,

- die zunehmende Mechanisierung der Umschlagstechniken mit der Weiterentwicklung von Paletten, dem verstärkten Einsatz von Gabelstaplern und der Einführung von paketierten Ladungen auf der Landseite und auf der Wasserseite mit dem Einsatz von Spezialschiffen für Einheitsladungen, die auf spezielle Umschlagsgüter zugeschnitten sind und mit bordeigenen Kränen und Brücken umschlagen,

- die Einführung neuer Transporttechniken, wie Containerverkehr, Roll-on-roll-off-Verkehr und Lash-Verkehr, mit denen weltweit durchlaufende Transportketten geschaffen wurden.

  Für den Containerverkehr wurde im Juli 1968 der Container Terminal Neustädter Hafen am Schuppen 24 in Betrieb genommen, nachdem seit Mai 1966 im Überseehafen am Schuppen 16, dem Zeitpunkt der Einführung des Containerverkehrs in den bremischen Häfen, bereits eine provisorische Anlage betrieben wurde.
  Für den Roll-on-roll-off-Verkehr wurde im Dezember 1973 der Ro-Ro-Terminal Europahafen eröffnet, nachdem schon seit 1967 im Überseehafen eine provisorische Anlage vorhanden war.
  Für den LASH-Verkehr wurde im Februar 1974 am Kopf des Überseehafens ein schwimmender Bargenliegeplatz in Betrieb genommen, nachdem seit September 1970 LASH-Mutterschiffe fahrplanmäßig Bremerhaven anlaufen.

- den Strukturwandel im Getreideumschlag, wo anstelle nur weniger Getreidearten zusätzlich eine Vielzahl von Futtermittelgrundstoffen umgeschlagen und gelagert werden müssen, die z.T. in sehr großen Ladungseinheiten angeliefert werden. Von 1972 bis 1974 wurde die Getreideanlage hierfür um einen Großschiffsliegeplatz, zwei Binnenschiffsliegeplätze und eine Lagerkapazität von 18 000 t erweitert,

- den Rückgang des Rohölumschlags als Folge der Stillegung der Erdölraffinerie im Industriehafen und die stetige Zunahme des Mineralölfertigproduktenumschlags mit Ausbau der Zwischenlagermöglichkeiten in verschiedenen Hafenbereichen,

- die stetige Zunahme des Containerverkehrs verbunden mit einem ständig größer werdenden Anteil des Pier-Pier-Umschlags, der in den Jahren 1973/75 eine Erweiterung des Container-Terminals Neustädter Hafen um ca. 80 000 m² und die Errichtung eines Packing-Centers im Neustädter Hafen mit zwei großen Schuppen zum Be- und Entladen von Containern erforderlich machte.

Die zukünftige Entwicklung des Hafenumschlags in den stadtbremischen Häfen ist gekennzeichnet durch

- einen sich bereits jetzt abzeichnenden Strukturwandel im Umschlagsgeschehen, bei dem die Häfen in zunehmendem Maße nicht nur um eine schnelle und güterschonende Umschlagsabwicklung bemüht sein müssen, sondern den Forderungen der Wirtschaft entsprechend im Export eine Gütersammelfunktion mit bedarfsweiser Warenverpackung und im Import eine Güterverteilfunktion mit mittelfristiger Zwischenlagerung und ergänzenden Dienstleistungen übernehmen müssen.

2. Der Neustädter Hafen, ein neues Hafenrevier am linken Weserufer

Nachdem der Wiederaufbau der Hafenanlagen am rechten Weserufer weitgehend abgeschlossen und die Kapazität der vorhandenen Hafenanlagen dem ständig steigenden Seegüterverkehr nicht mehr gewachsen war, wurde im Jahre 1960 mit dem Ausbau der neuen Hafenanlagen am linken Weserufer, dem sog. Neustädter Hafen, begonnen. Der Ausbau dieser Hafenanlage umfaßt bis zum heutigen Tage die Seeschiffszufahrt, den sog. Vorhafen von der Weser abzweigend, ein Wendebecken mit einem Durchmesser von zunächst 250 m; dann eine Zufahrt für Binnen- und Küstenmotorschiffe, den sog. Hafenkanal, sowie das eigentliche Hafenbecken (Becken II) und die erforderliche straßen- und gleismäßige Erschließung. Die Westseite des Beckens II wurde voll ausgebaut. Auf der Ostseite wurde der Ausbau des Lankenauer Hafens im Jahre 1975 abgeschlossen. An der Westseite des Vorhafens wurden ferner Ablegeplätze für Schlepper erstellt.

Die Landfläche hinter der Westkaje wurde bis zu einer Tiefe von ca. 320 m ausgebaut. Die Fläche zwischen Kaje und Schuppen hat eine Breite von etwa 38 m. Auf ihr liegen die Kranbahn, 3 Kajengleise mit umfangreichen Weichenverbindungen sowie eine 4,50 m breite Kajenstraße und eine 13 m breite Arbeitsfläche vor dem Schuppen. Der Schuppen selbst hat eine Tiefe von 70 m. Landseitig vom Schuppen wurden eine 16 m breite Gleis- und Ladefläche mit 2 Gleisen, eine 16 m breite Schuppenstraße mit einer 10,50 m breiten Fahrbahn, ein ebenfalls 16 m breiter Pkw-Parkstreifen und eine aus 4 Gleisen bestehende Vorstellgruppe erstellt.

Im Zusammenhang mit dem Containerverkehr wurden weiter landeinwärts Containeraufstellflächen und das sog. Packing-Center angeordnet. Letzteres ist eine Anlage, in der Containerladungen gesammelt und für den Im- und Export zusammengestellt und verteilt werden. Hierzu gehören zwei 100 m breite Schuppen, 2 Ladegleise, eine 10 m breite Arbeitsfläche, eine 15 m breite Lkw-Aufstellfläche und eine 16 m breite Straße mit 10,50 m Fahrbahnbreite.

Vor dem Beginn der Bauarbeiten wurden fast 100 Aufschlußbohrungen bis zu 30 m Tiefe abgeteuft. Zusätzlich wurde die Bodenbeschaffenheit durch 300 Sondierungen bis zu 10 m Tiefe erkundet.

Die Untersuchungen ergaben, daß der Untergrund in seinen oberen 9 bis 11 m im Alluvium entstanden ist. Dieser Bereich teilt sich auf in eine rd. 4—7 m dicke oben liegende Kleischicht. Darunter ist durchweg reiner Sandboden abgelagert. Der Übergang von dieser Sandschicht auf die darunter liegende Diluvialschicht ist in der Regel durch eine Moräneschicht gekennzeichnet. Die Diluvialschicht besteht aus fest gelagerten Tonen (Lauenburger Ton) und Feinsanden.

Außer den Arbeiten für das eigentliche Kajenbauwerk mußten ca. 4000 m Hochwasserschutzdeiche erstellt werden. Die Böschungsneigung beträgt wasserseitig 1 : 4 und landseitig 1 : 3. Die Deichkrone ist 4 m breit. Die Deiche bestehen aus Sand und besitzen wasserseitig und im Kronenbereich eine 1 m dicke Kleibodenabdeckung. Landseitig ist die Abdeckung nur 0,5 m dick.

Im Rahmen der Uferschutzarbeiten wurden ca. 6300 lfdm Böschungen auf ca. 26 m Breite mit einer Filterschicht aus Schotter sowie mit Wasserbausteinen befestigt.

Für die Herstellung des Vorhafens, des Wende- und Hafenbeckens mußten ca. 4,5 Mio m^3 Kleiboden und ca. 5,8 Mio m^3 Sandboden gebaggert werden. Da sich der Kleiboden nicht für die Auffüllung des Hafengeländes eignete, wurde für seine Verspülung ein eigenes Spülfeld außerhalb des Hafengebiets hergerichtet einschließlich Vorfluter für die Abführung des Spülwassers.

Das Kajenbauwerk mit einer Gesamtlänge von 1680 m, davon 2 Flügel mit 100 bzw. 80 m Länge, wurde in der Zeit von 1961 bis 1964 erstellt. Dabei war es möglich, auf der grünen Wiese eine große Baugrube anzulegen, in der die Rammung der Spundwand aus Profil Hoesch V bzw. Larssen V und der Einbau der Vergurtungen und Verankerungen erfolgen konnten. Zur Gewährleistung der Standsicherheit der Kaje mußten die Kleischichten zwischen der Haupt- und der Ankerwand in voller Höhe ausgebaut und später bei Verfüllung durch Sandboden ersetzt werden.

Die Spundwand wurde auf NN +4 m und —4 m durch patentverschlossene Stahlkabelanker verankert. Die rechnerische Hafensohle liegt auf NN —12 m; hergestellt wurde zunächst eine Sohle NN —11 m.

Der normale Grundwasserstand in der Baugrube lag etwa 1,50 m unter Gelände. Der Einbau der unteren Anker auf NN —4 m konnte somit nur durch eine Grundwasserabsenkung erreicht werden. Letztere wurde jeweils in Streckenabschnitten von ca. 200 m vorgenommen.

Mit dem Einbau des Sandbodens hinter der Hauptwand wurde ein Mischkiesfilter um eine vorhandene Dränage an der Stahlspundwand geschüttet. Diese Filteranlage gewährleistet einen bestimmten Grundwasserstand. Bei extrem niedrigen Wasserständen in der Weser würde sonst ein erheblicher Wasserüberdruck hinter der Wand auftreten.

Die Kaje wurde für den Umschlag von Stückgut mit Kranen mit einer Tragkraft von 3 bzw. 7,5 Mp bei einer Ausladung von 26,3 m bzw. 15,6 m bestückt. Um jedoch die Umschlagsfläche hinter der Kaje so wenig wie möglich einzuengen, wurden hier anstelle der am rechten Weserufer allgemein verwendeten Halbportalkrane Vollportalkrane mit einer Spur von nur 3 m entwickelt. Dadurch können die Lasten an jeder Stelle abgesetzt und ggf. von Staplern übernommen werden.

Diese Lösung hat außerdem den Vorteil, daß an keiner Stelle eine Kreuzung der landseitigen Kranbahn mit den Bahngleisen auf der Kajefläche vorliegt.

Die E-Versorgung der Krane erfolgt über spezielle Kleinschleifleitungen, die oberirdisch neben der wasserseitigen Kranschiene angeordnet sind und gleichzeitig eine Begrenzung der Arbeitsfläche zur Wasserseite hin darstellen.

1,75 m hinter der Kajenspundwand wurde eine Kranbahn von 1450 m Länge gebaut. Die Kranbahnbalken aus Stahlbeton wurden in Abständen von 5,10 bzw. 5,04 m durch 21 bis 28 m lange Stahlpfähle PSp 350 L gegründet. Jeder Pfahl wurde für eine max. Belastung von 120 Mp bemessen. Die Tragfähigkeit wurde durch mehrere Probebelastungen überprüft.

Die Stand- und Betriebssicherheit der Hafenkrane stellt erhebliche Anforderungen an die Genauigkeit der Schienenlage. Die zulässige Abweichung vom vorgesehenen Sollwert beträgt max. ± 3 mm. Dies gilt sowohl für die Höhen- als auch für die Seitenlage.

Noch vor voller Inbetriebnahme der neuen Hafenanlagen kamen die ersten Containerschiffe nach Bremen-Stadt. Da diese eine wesentlich größere Abstellfläche benötigten als die üblichen Stückgutschiffe, mußte das neue Hafenrevier am linken Weserufer entsprechend ausgerüstet werden. Diese Möglichkeit bot sich zum damaligen Zeitpunkt am besten auf der Freifläche stromab Schuppen 24. Deshalb wurde hier die erste Container-Verladebrücke aufgestellt. Da noch bei keinem deutschen Kranhersteller Erfahrungen auf diesem Gebiet vorlagen, wurde eine amerikanische Entwicklung gewählt, zumal sich eine derartige Brücke, die zum Transport von 30 t schweren Containern von 35′ Länge geeignet war, zu diesem Zeitpunkt in der Fertigung befand.

Für die Brücke konnte wasserseitig ein Balken der Stückgutkranbahn genutzt werden. Landseitig wurde der Kranbahnbalken im 1. Abschnitt durch Pfahlböcke tief gegründet. Die hiermit verbundenen Arbeiten waren jedoch außerordentlich schwierig und aufwendig, da für den Einbau der Gründungspfähle bis in Höhe der unteren Ankerlage der Spundwand vorgebohrt werden mußte. Nur so war es möglich, Schäden an der Verankerung auszuschließen.

Am 2. 10. 1966 konnte der Container-Umschlag in Bremen aufgenommen werden. Im Jahre 1968 wurde die Anlage mit einer zweiten, von einem deutschen Hersteller entwickelten Verladebrücke ausgerüstet. Sie hatte einen Verstellspreader für 20 bis 40′-Container.

Die landseitige Kranbahn für diese Brücke wurde aus quer liegenden Bongossischwellen im Abstand von 0,60 m und einem längslaufenden Balken 40/30 cm, ebenfalls aus Bongossi, hergestellt. Auf dem Längsbalken wurde die Kranschiene A 120 mit Klemmplatten und Schwellenschrauben befestigt. Die Konstruktion hat sich außerordentlich gut bewährt.

Wie die alten Hafenanlagen am rechten Weserufer, besitzen auch die neuen Hafenanlagen Einrichtungen zur Versorgung der an der Kaje liegenden Schiffe mit Trinkwasser sowie deren Anschluß an das Telefonnetz der Deutschen Bundespost.

Eine auch für Bremen neuartige Anlage stellt die dem Schutz der Schuppen- und Lagerfläche dienende sog. „Trockenfeuerlöschleitung" dar. Sie besteht aus einem mit Überflurhydranten ausgerüsteten Rohrnetz, das im Brandfalle nicht durch eigene stationäre Pumpen, sondern von einem Feuerlöschboot aus gespeist wird.

Weiterhin bleibt noch zu erwähnen, daß die Haupthafenstraße mit speziell für Bremen entwickelten kombinierten Leuchten ausgerüstet wurde, die hintereinander mit je einer Natrium-Dampflampe und zwei Quecksilber-Dampflampen bestückt sind. Somit ist die dem auswärtigen Lkw-Fahrer bekannte „gelbe Linie" der Hauptstraße vorhanden. Außerdem läßt das im Bodenbereich entstehende Mischlicht die Farben der Verkehrszeichen und der Verladepapiere klar erkennen.

Der auf der Ostseite des Hafenbeckens gelegene Lankenauer Hafen ist ein Binnenschiffshafen. Er ersetzt zum Teil die früher im gesamten Hafengebiet verstreut liegenden Binnenschiffsliegeplätze und schafft neue Kapazitäten. Außerdem wurden Ablegeplätze für Lash-Barges sowie

Anleger für Hafenschuten, Behördenfahrzeuge etc. geschaffen. Die Anlegevorrichtungen bestehen in der Regel aus 1- oder 2-pfähligen Dalben mit entsprechenden Verbindungs- und Laufstegen. Die Hafensohle liegt auf NN —6,5 m bzw. —5,5 m. Die gesamte Anlage liegt außerhalb des Freihafengebiets.

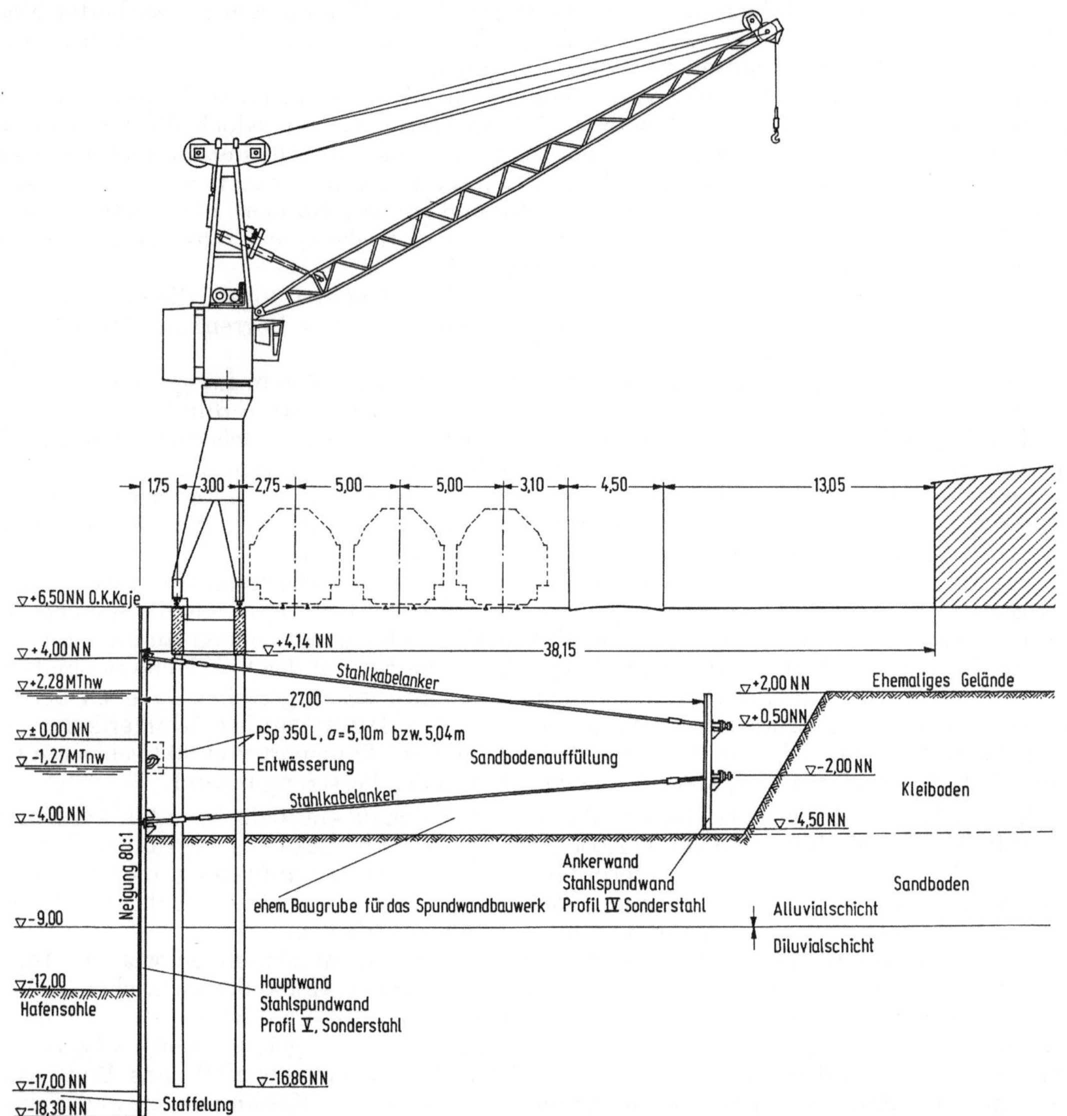

Abb. 1. Kajebauwerk Westseite Becken II, Querschnitt.

Die zentrale Schlepperliegestelle an der Westseite des Vorhafens wird aus 8 Einzelanlegern mit je 2 Liegeplätzen gebildet. Jeder Anleger besteht aus zwei 2-pfähligen Anlegedalben und einer ca. 45 m langen Zugangsbrücke, die unabhängig auf Pfählen gegründet ist. Die Schlepper liegen somit senkrecht zum Ufer.

3. Weserhafen Hemelingen, ein neues Hafenrevier für Binnenschiffe

Bereits 1902/1903 wurde in Hemelingen vom Lande Preußen der Allerhafen, ein kleiner Binnenschiffshafen von ca. 300 m Länge und 70 m Breite mit schmalen Landflächen, gebaut. Im Rahmen des Gebietsaustausches im Jahre 1939 ging dieser Hafen auf Bremen über. Aus dieser Zeit datieren auch die ersten Planungsvorstellungen über eine Erweiterung des Hafens, die jedoch lange Zeit nicht realisiert wurden. Mehrere Gründe führten dazu, die Planung etwa 1965 wieder aufzugreifen. Bremen hatte im 2. Weltkrieg mehrere Anlagen für den Binnenschiffsverkehr verloren, so an der Tiefer, am Weserbahnhof und am ehemaligen Sicherheitshafen. Der Ausbau der Mittelweser in den 60er Jahren führte dazu, daß Bremen sich auf ein erhebliches Anwachsen des Binnenschiffsverkehrs einstellen mußte. Außerdem stand die Umsiedlung mehrerer Kiesfirmen aus dem Überschwemmungsgebiet am Peterswerder an. So wurde im Jahre 1968 damit begonnen, die Erweiterung des Hafens in vollem Maße durchzuführen. Sie wurde Mitte der 70er Jahre abgeschlossen.

Der nunmehr „Weserhafen Hemelingen" genannte Hafen erhielt neben dem alten Allerhafen zwei neue Hafenbecken, den Werrahafen und den Fuldahafen, beide etwa 750 m lang und 70 m breit, dazwischen eine Landzunge von 215 m Breite. Die gesamte Landfläche, die für die Ansiedlung von hafengebundenen reinen Gewerbebetrieben zur Verfügung steht, beträgt ca. 100 ha, wovon ein großer Teil südlich des Bereichs der eigentlichen Hafenbecken liegt.

Das Hafengebiet ist oberhalb des Weserwehres in Bremen-Hemelingen gelegen, so daß die Tide keinen Einfluß hat. Am Wehr wird ein Normalstau von NN +4,5 m gehalten, der durchweg eine Wassertiefe von 3,5 m in den Hafenbecken gewährleistet. Durch die äußeren Gegebenheiten ist der Hafen auf reinen Binnenschiffsverkehr beschränkt.

Die Geländehöhe ist auf NN +7,9 m festgelegt worden. Sie ist so konzipiert, daß damit praktisch eine volle Hochwassersicherheit besteht. Mit Rücksicht auf den Hochwasserabfluß der Weser ist eine Abflußbreite zwischen den Deichen rechts und links der Weser von 800 m erforderlich. Hierdurch konnte bisher ein ca. 400 m langes Uferstück auf der Westseite des Fuldahafens noch nicht voll aufgehöht werden. Mit Ausnahme dieses Bereichs sind alle übrigen Bereiche im Werra- und Fuldahafen auf insgesamt ca. 2400 lfdm Länge mit Ufereinfassungen aus Stahlspundwänden versehen worden. Die Arbeiten für den Spundwandausbau sind inzwischen abgeschlossen. Die Spundwände sind durchweg für einen Geländesprung von ca. 7,5 m bemessen, sie bestehen in der Regel aus Profil Larssen 21 und haben Rundstahlanker von 12 m Länge mit Betonankerplatten. Die Kajen sind mit Steigeleitern und Pollern für 10 Mp (100 kN) Trossenzug ausgerüstet.

Der für die Aufhöhung des Geländes benötigte Boden wurde aus dem Aushub der beiden Hafenbecken und der Verbreiterung der Weser im Hafenbereich sowie aus einer Baggergrube im Außendeichsgelände gewonnen.

Im Rahmen der Baumaßnahmen mußte die Hochwasserschutzdeichlinie auf größerer Länge verlegt werden, wobei die neuen Deiche zumeist aus Stahlspundwänden bestehen. An der Weser wurden zum Schutz der Ufer ca. 1100 lfdm Steindeckwerke hergestellt.

Der Weserhafen Hemelingen hat außerordentlich günstige Verkehrsanschlüsse. Der Verkehrswasseranschluß aus Richtung Bremen gestattet es Schiffen bis 2,5 m Tiefgang, den Hafen zu erreichen.

Mit der Bundesbahnstrecke Bremen — Osnabrück ist der Hafen durch ein Zuführungsgleis verbunden, welches aus dem Bahnhof Bremen-Hemelingen abzweigt. Von diesem Zuführungsgleis laufen Gleise zu den Hafenbecken. Jedes Grundstück hat dadurch die Möglichkeit des Gleisanschlusses. In unmittelbarer Nähe verläuft die Autobahn Bremen — Ruhrgebiet. Hierdurch und durch einen günstigen Straßenanschluß zur Stadt ist die straßenmäßige Erschließung des Hafens optimal.

4. Modernisierung und Erweiterung der Getreideanlage

4.1 Allgemeines

Die Getreideanlage mit Pier A und B wurde in den Jahren 1913 bis 1916 erbaut. Durch Bombeneinwirkungen wurde Pier A im 2. Weltkrieg weitgehend zerstört. Der Wiederaufbau erfolgte in den Jahren 1948 und 1949.

Der Ausbau und die Modernisierung der Getreideanlage in den Jahren 1971 bis 1975 waren notwendig, da einerseits einige Anlagen nicht mehr dem Stand der Technik entsprachen (z.B. Pier B und Sacklager), andererseits sich der Trend zu immer größeren Schiffen für den Getreidetransport abzeichnete. Der alte Pier B und das Sacklager wurden abgebrochen. Es wurden 4 neue Liegeplätze geschaffen, wovon einer auf Seeschiffe bis zu 35 000 tdw (Liegeplatz A) und 3 auf Binnen- bzw. Küstenmotorschiffe (Liegeplatz D, E und F) entfallen.

4.2 Liegeplatz A

Dieser Liegeplatz umfaßt eine ca. 260 m lange Spundwandkaje und eine rd. 60 m lange Flügelwand. Die Geländeoberkante liegt auf NN +6,58 m, die Hafensohle auf NN —13,0 m. Erstmalig wurde für die Hauptkaje das neu entwickelte Spundwandprofil Larssen 450 aus Sonderstahl verwendet. Der Kajenquerschnitt ist in Abb. 2 dargestellt. Alle Spundbohlen und Pfähle wurden von einem schwimmenden Gerät gerammt, und zwar in folgender Reihenfolge

a) 1 : 1,5 geneigte Pfähle PSt 300/11—9 für den Kranbahnbalken,

b) lotrechte Pfähle PSp 400 L für den Kranbahnbalken,

c) 1 : 1 geneigte Pfähle PSp 500 L bzw. 400 L für die Verankerung der Spundwand,
d) 80 : 1 geneigte Bohlen Profil Larssen 450 bzw. 430 für die Spundwand.

Die Spundbohlen haben eine Länge von ca. 30 m. Sie bestehen aus 4 miteinander verschweißten Einzelbohlen und sind durch Lamellen verstärkt. Die Fädelschlösser wurden landseitig gewählt. Jede Bohle wurde auf NN +2 m durch einen ca. 30 m langen Pfahl PSp 500 L verankert (Pfahl-

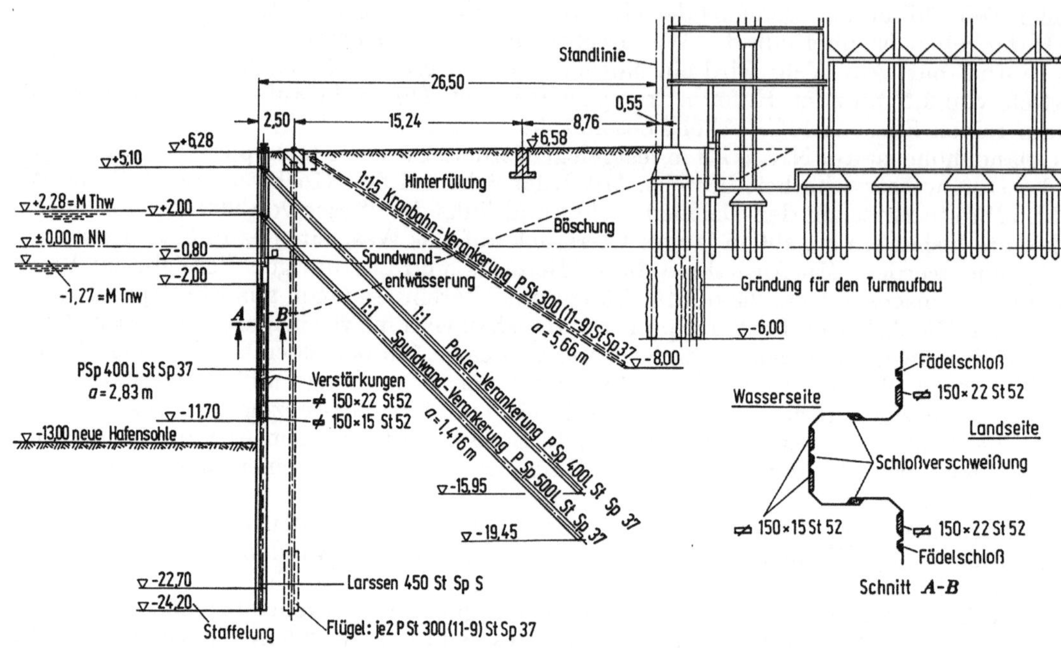

Abb. 2. Getreideanlage, Liegeplatz A, Kajenquerschnitt.

abstand $a = 1{,}416$ m, Zugkraft $Z = 135$ Mp $\triangleq$ 1350 kN). Die Verbindung Spundbohle/Schrägpfahl erfolgte durch eine schlaufenförmige Stahllasche, die sich um ein in die Spundwandstege eingeführtes Stahlrohr ⌀ 267/25 mm legt und an den Pfahlkopf angeschraubt wird (s. Abb. 3).

Um ein Ausrichten der Spundbohlen zu ermöglichen, wurden auf NN +5,5 m 2 I PE 600 angeordnet. Die Pollerkräfte (80 Mp $\triangleq$ 800 kN) werden jeweils durch 2 zusätzliche Pfähle PSp 400 L in den Boden abgetragen. Der Abschluß am Kopf der Spundwand wird durch einen Stahlholm gebildet. Auf NN −0,8 m wurde hinter der Spundwand eine Entwässerung angeordnet, durch die der Wasserüberdruck auf 3 m (Lastfall 3) abgemindert wird.

Als Verkehrslast wurden 4 Mp/m² berücksichtigt. Der Schrägpfahlanschluß wurde vorab im Werk durch Probebelastungen i. M. 1 : 1 überprüft. Die max. aufgebrachte Last betrug etwa 400 Mp (4000 kN). An der Konstruktion wurden dabei keine Veränderungen oder Beschädigungen festgestellt.

2,5 m landseitig der Spundwandaußenkante verläuft die Achse des 200 m langen wasserseitigen Kranbahnbalkens. Dieser ist auf Lotpfählen PSp 400 L ($a = 2{,}83$ m) und Schrägpfählen PSt 300/11—9 ($a = 5{,}66$ m) gegründet. Die Lotpfähle wurden durch 2 Flügel PSt 300/11—9, l = 4 m verstärkt. Als Kranschiene wurde das Profil Klöckner 180/127 gewählt. Die Radlasten der Uferentlader betragen max. 50 Mp (500 kN). Bei 8 Rädern je Fahrwerksecke ist jeweils eine Last von ca. 400 Mp (4 MN) abzutragen. Die Toleranzen der Schienenlage in Höhe und Querrichtung waren sehr gering zu halten (±3 mm auf 3 m Länge). Die Spurweite der Uferentlader beträgt 15,24 m. Der landseitige Kranbahnbalken ist flach gegründet, wobei der Sandboden unterhalb durch Tiefenrüttler verdichtet wurde.

Die auf dieser Kranbahn installierten beiden mechanischen Heber modernster Bauart besitzen eine Förderleistung von je 400 t/h Schwergetreide. Im Zuge der Erweiterung sowohl der Lösch- als auch der Beladeanlagen wurde ebenfalls die Lagerkapazität auf ca. 150 000 t Schwergetreide erweitert. Hierzu gehören Silos, Förderanlagen, staubfreie Lkw- und Waggon-Beladeanlagen. Außerdem wurde die staubarme Beladung von Binnenschiffen wesentlich verbessert. Das Ausmaß der Vergrößerung der mechanischen und pneumatischen Förderanlagen läßt sich am besten durch den

Vergleich der installierten elektrischen Leistung erkennen. Während diese vor dem Umbau ca. 5 MVA betrug, beläuft sie sich heute auf 12,5 MVA. Hierbei ist zu berücksichtigen, daß die beiden neuen Heber allein eine installierte Leistung von je 800 kVA besitzen.

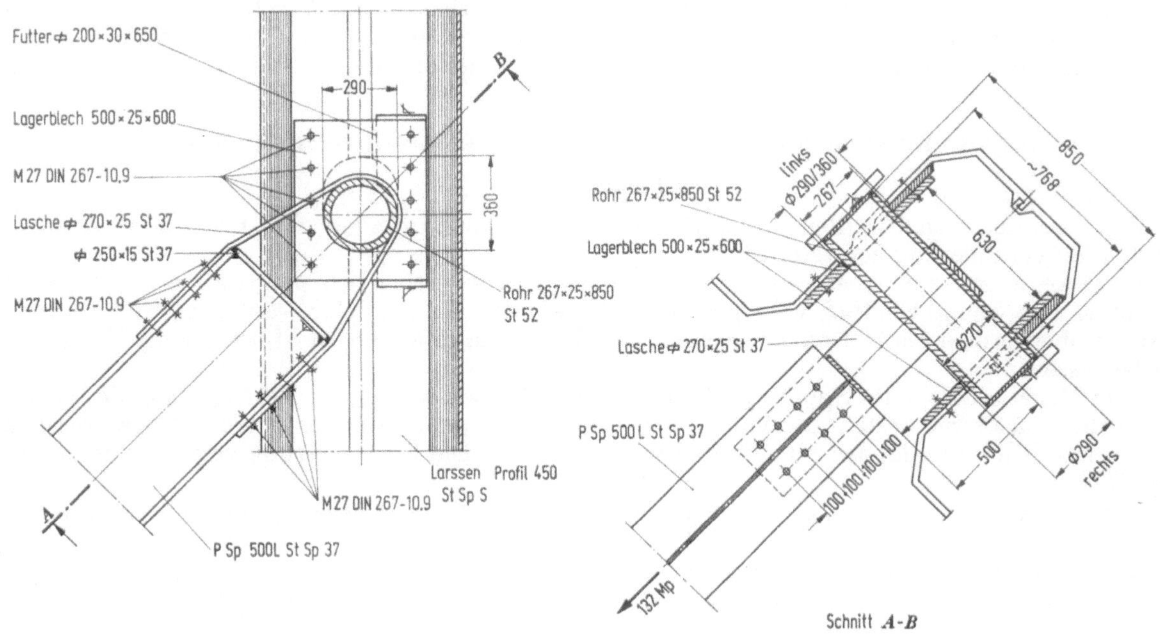

Abb. 3. Getreideanlage, Liegeplatz A, Anschluß des Schrägpfahles.

Die Steuerung der gesamten Anlage erfolgt zum weitaus größten Teil von der neu errichteten Zentrale aus, in der eine Mosaiktafel mit Fließschaltbild den jeweiligen Betriebszustand angibt. Neben den Förder- und Lageranlagen wurden die Versorgungseinrichtungen für die an der Umschlagsanlage liegenden Schiffe (Telefon- und Wasserleitungsnetz) erweitert.

Um die Standsicherheit des Elevatorturmes vor Pier A durch die Baggerung in den angrenzenden Liegeplatzbereichen nicht zu gefährden, wurde der Gründungskörper des Turmes seitlich eingespundet. Die Böschungen unter dem Turm und dem Pier A konnten durch diese Maßnahme in ihrer ursprünglichen Neigung erhalten bleiben.

4.3 Liegeplätze D und E

Die beiden Liegeplätze mit Hafensohle auf NN −8,50 bzw. −5,50 m wurden durch einen 90 m langen und 5 m breiten Pier geschaffen. Letzterer besteht aus einer auf Stahlpfählen gegründeten Stahlbetonkonstruktion, und zwar aus 4 je 6 m langen Zwischenpfeilern, einem etwa 14 m langen Pierkopf sowie 4 je 12 m langen und einer etwa 6 m langen Zwischenbrücke. Für die Pfahlgründung wurde das Profil KP 36 gewählt. Jeder Zwischenpfeiler steht auf 4 Lotpfählen und 4 Schrägpfählen. Der Pierkopf hat eine Gründung aus 6 Lot- und 8 Schrägpfählen.

Die Belastungen aus den Förderbandstützen sind erheblich. Es müssen lotrechte Lasten von 80 Mp (800 kN) und Einspannmomente von ca. 250 Mpm (2,5 MNm) abgetragen werden.

Die Gründungspfähle der Pierpfeiler wurden von einem Rammgerüst aus gerammt. An den Pfählen wurde die Schalung für die Pfeiler befestigt. Die Zwischenbrücken mit etwa 100 t Gewicht wurden als Fertigteile mit einem Schwimmkran zwischen den Pfeilern eingebaut.

Gegen den Schiffsstoß wird die Pierkonstruktion durch Reibepfähle Profil Krupp KP 34 im Abstand von 4,5 m geschützt. Außerdem wurde der Pier mit Pollern 30 Mp (300 kN) und Steigeleitern ausgerüstet.

Landseitig schließt der Pier an eine neu erstellte Spundwand aus Profil Hoesch 215 an. Die Wand wird durch Schrägpfähle PSp 500 L ($n = 1:1$) im Abstand von 2,10 m verankert. Die Kraftüberleitung erfolgt über einen Rohrgurt.

4.4 Liegeplatz F

Der etwa 90 m lange Liegeplatz F liegt parallel zum Liegeplatz E in einem Abstand von ca. 25 m. Der Geländesprung zwischen NN +6,58 m und −5,5 m wird durch eine Spundwand Profil Larssen 24 aus StSp Novar überbrückt. Letztere ist durch 1 : 1 geneigte Schrägpfähle PSt 350/12–9 im Abstand von ca. 2,40 m verankert. Die Verbindung zwischen der Spundwand und dem Schrägpfahl erfolgt über einen Stahlbetongurt auf NN +4,25 m. Den oberen Abschluß bildet ein Holm aus Stahlblechen. Außerdem ist die Kaje mit Doppelpollern 30 Mp (300 kN) im Abstand von ca. 25 m sowie mit Nischenpollern 10 Mp (100 kN) und Steigeleitern ausgerüstet.

5. Kajen und Dalbenliegeplätze, Ro-Ro-Anlagen am rechten Weserufer

5.1 Allgemeines

Alle Ufereinfassungen werden in der Regel aus Stahlspundwänden mit Horizontal- oder/und Schrägpfahlverankerung hergestellt.

Um Bewegungen zur Wasserseite hin auszugleichen, werden die Spundwände 80 : 1 geneigt gerammt. Der Spundwandfuß wird gestaffelt ausgebildet. Bei doppelt verankerten Spundwänden wird der obere Anker als Hilfsanker betrachtet, d. h. der Hauptanker wird für die volle Horizontallast bemessen.

In der Regel erhält jedes Spundwandbauwerk eine Entwässerung zur Verringerung des Grundwasserüberdrucks. Sie besteht aus einem Mischkiesfilter, einem Sammler und aus Entwässerungsstutzen mit Rückstauklappen im Abstand von etwa 8 m. Die Entwässerung liegt weniger als 1 m über MTnw.

Die Kajen werden mit Doppelpollern für Trossenzüge bis 80 Mp (800 kN) und Nischenpollern für 10 Mp (100 kN) Trossenzug sowie mit Steigeleitern ausgerüstet.

Die wesentlichen Einzelheiten der neu gebauten Kajen, wie Konstruktionssysteme, Länge und Art der verwendeten Spundwandprofile usw., sind in der Tabelle 1 und Abb. 4 dargestellt.

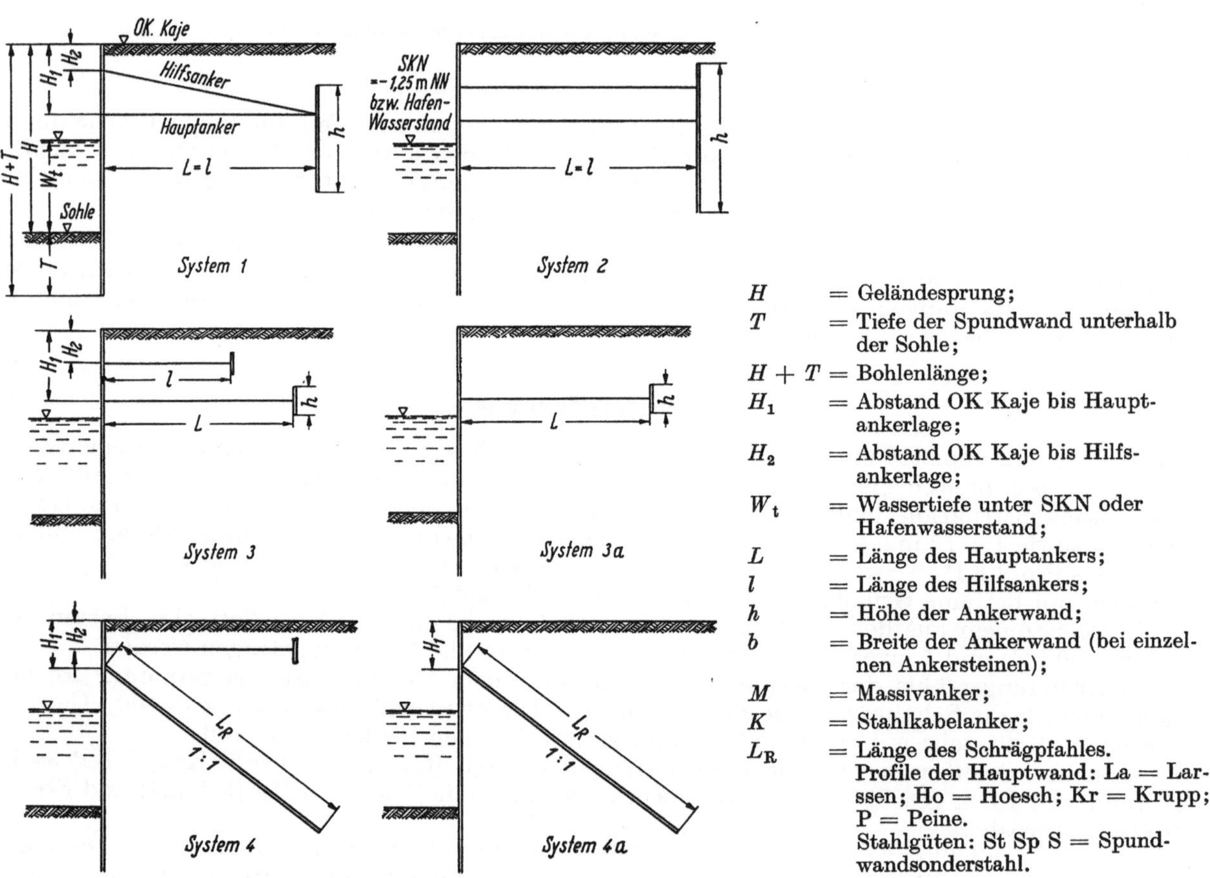

Abb. 4. Zusammenstellung der angewendeten Arten der Ufereinfassungen.

Additional material from *1975/76*,
ISBN 978-3-642-81109-8 (978-3-642-81109-8_OSFO2),
is available at http://extras.springer.com

Tabelle 1

Bezeichnung	Bauwerk	Westseite Neustädter Hafen	Südseite Holz- und Fabrikenhafen	Kap Horn — 1. + 2. Baustufe	Kaje 3. Baustufe	Weserhafen Hemelingen	URAG-kaje	Getreideanlage Liegeplatz A	Liegeplatz F	Schlepperliegestelle Veg. Fährgr.
1	2	3	4	5	6	7	8	9	10	11
1	System	1	1	1	3	(3)	5	4	4	(3)
2	S [m]	1680	~320	~400	~56	~2400	~130	320	~100	~195
3	H [m]	18,50	14,35	16,20/17,30 7,50/9,30 u.	17,30	6,90	13,50	19,30	12,10	11,30
4	T [m]	5,00/6,30	5,60/6,60	6,50/7,80	7,20/8,20	3,70/4,20	6,20/7,20	9,70/11,20	7,90/8,90	5,80/6,80
5	$(H + T)_{max}$ [m]	24,80	20,95	25,50/25,10	25,50	11,10	20,70	30,50	21,00	18,10
6	Profil Hauptwand	La V/Ho V	Ho IV	HoV/215	La 430	La 21	La 24	La 450	La 24	La 23
7	Stahlgüte	StSpS	StSpS	StSpS	StSpS	StSpS	StSpS	StSpS	StSpNovar	StSpS
8	Ankerart	K	M	M	M	M	M	—	—	M
9	Abstand d. Hauptanker	~1,70	1,60	1,70/2,10	2,12	3,00	2,00	1,42	2,00 ÷ 2,45	3,00
10	H_1 [m]	10,50	5,85	5,70/6,80	5,20	1,50	5,50	4,30	2,35	4,00
11	H_2 [m]	2,50	1,35	1,30/1,80	1,20	—	1,50	—	—	—
12	W_t [m]	10,75	7,15	9,25	9,25	3,50	5,75	11,75	3,75	5,55
13	L [m]	27,00	22,00/13,80	27,50	25,00	13,00	—	—	—	20,00
14	l [m]	27,00	22,00/13,80	27,50	12,00	—	15,00	—	—	—
15	h [m]	6,50	4,00/14,00	5,00/4,00	2,00	1,00	0,80	—	—	1,50
16	b [m]	—	—	—	—	1,00	0,80	—	—	1,50
17	L_R [m]	—	—	—	—	—	22,50	30,00	23,00	—
18	O.K. Kaje [m NN]	+6,50	+5,85	+5,70/+6,80	+6,80	+7,90	+6,50	+6,60	+6,60	+4,50
19	Sohle [m NN]	−12,00	−8,50	−10,50	−10,50	+1,00	−7,00	−13,00	−5,50	−6,80

5.2 URAG-Kaje

Im Jahre 1970 wurde für den Schlepperreparaturbetrieb der Unterweser-Reederei AG eine ca. 130 m lange Spundwandkaje im Hohentorshafen gebaut. Der Geländesprung beträgt 13,50 m mit Geländeoberkante auf NN +6,50 m. Für die Spundwand wurde das Profil Larssen 24 in Sonderstahl gewählt. Die Wand ist durch 1 : 1 geneigte Schrägpfähle PSp 500 L in Abständen von 2 m verankert. Auf NN +5,0 m sind zusätzlich Hilfsanker ⌀ $2^1/_4''$, St 52, in 4 m Abstand angeordnet. Die Wand wird auf NN −0,80 m entwässert, d.h. ca. 0,45 m über dem mittleren Tideniedrigwasser.

5.3 Vorschuhen der Kaje auf der Südseite des Überseehafens (Abb. 5)

Der Abstand zwischen der Kajenvorderkante und der Achse der wasserseitigen Kranschiene betrug nur 0,50 m. In Abständen von ca. 30 m wurde dieser Streifen noch durch die vorhandenen Kantenpoller eingeengt. Als Weg und Arbeitsraum war dieser Streifen für die Leinenverholer zu schmal.

Eine Verschiebung der wasserseitigen Kranbahnschiene in Richtung Land war nicht möglich, da eine solche Maßnahme einen Umbau der Krane nach sich gezogen hätte.

Aus diesem Grunde mußte ein Leinenpfad zum Wasser hin geschaffen werden. Hierfür wurde für eine ca. 900 m lange Kajenstrecke folgende Lösung gewählt:

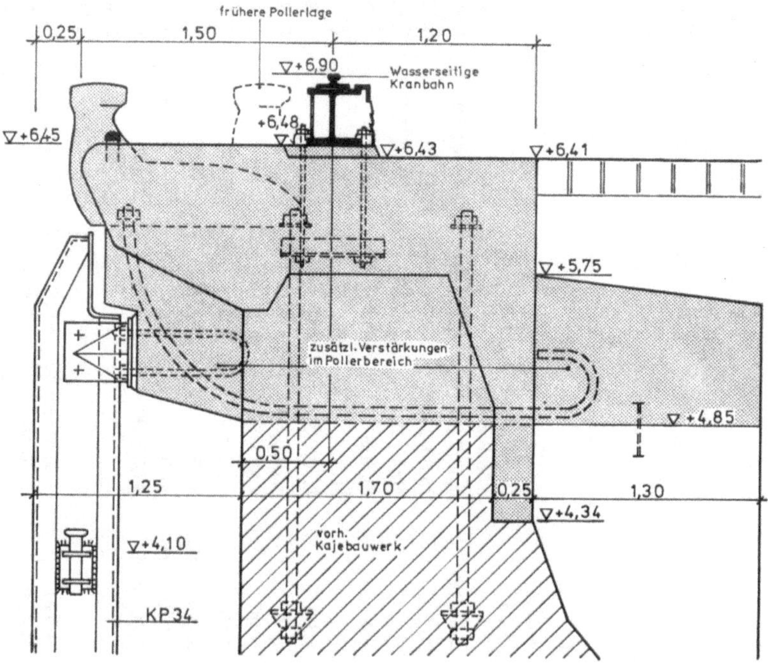

Abb. 5. Vorschuhen der Kaje Südseite Überseehafen, Querschnitt.

Der Kajenkopf wurde im Normalbereich etwa 0,75 m und im Pollerbereich etwa 1,50 m tief abgebrochen und durch eine neue Stahlbetonkonstruktion ersetzt. Letztere beinhaltet eine 1 m breite Kragplatte mit einer mittleren Dicke von 0,80 m. In die Kragplatte wurden die Kantenpoller eingebunden.

Um ein Unterhaken der Schiffe unter die Kragplatte zu vermeiden, wurden im Abstand von etwa 5 m Reibepfähle aus KP 34 angeordnet. Die Reibepfähle sind am Kajenkopf in der neuen Kragplatte und unten auf NN + 0,50 m an der alten Kajenkonstruktion befestigt. Im Bereich der Leitern wurden jeweils 2 Profile KP 34 bis etwa 4 m unter Hafensohle geführt, während alle übrigen Reibepfähle etwa in Höhe des NNTnw (rd. NN −3,25 m) enden.

5.4 Südseite Holz- und Fabrikenhafen

Auf der gesamten Südseite des Holz- und Fabrikenhafens wird der Geländesprung mit der Hafensohle auf NN −6,0 m durch eine Löschbrücke in Form einer überbauten Böschung überbrückt. Die Konstruktion stammt aus den Jahren 1890/91. Sie ist in weiten Bereichen abgängig; außerdem reicht die Wassertiefe für die größeren Schiffe nicht mehr aus.

In den Jahren 1965 und 1966 wurden ca. 320 m Löschbrücke durch eine Spundwandkaje aus Profil Hoesch IV in Sonderstahl ersetzt. Die Spundwand wird auf NN +4,50 m und ±0,0 m verankert. Für die landseitige Ankerwand mußten 2 Varianten gewählt werden. Im Normalbereich enden die 22 m langen Anker auf NN +1,0 m in einer 4 m hohen Ankerwand. Wegen vorhandener Gebäude war jedoch auf einer Länge von ca. 160 m der Einbau der Ankerwand 22 m hinter Kajenvorderkante nicht möglich. Hier stand nur ein etwa 14 m breiter Streifen zur Verfügung. In diesem Bereich wurde eine Fangedammkonstruktion gewählt. Die landseitige Ankerwand besteht aus Hoesch IV bzw. Krupp IV Profilen in StSpS. Die Bohlen sind 13 bzw. 14 m lang. Die unteren Anker (⌀ 75 mm, St 52, $a = 1{,}6$ m) werden auf NN ±0,0 m und die oberen Anker (⌀ 50 mm, St 52, $a = 3{,}2$ m) auf NN +2,4 m mit der hinteren Wand verbunden.

5.5 Bau der Kaje Kap-Horn-Süd in den Jahren 1964 bis 1975 in 3 Bauabschnitten

Um dem steigenden Bedarf an Kajenfläche für den Autoumschlag gerecht zu werden, wurde 1964 mit der ersten Baustufe für eine neue Kaje an der Weserseite des Kap-Horn-Geländes unterhalb des ehemaligen U-Boot-Bunkers begonnen. Es wurden eine ca. 260 m lange Hauptspundwand und eine ca. 45 m lange Flügelwand erstellt.

Die Hauptspundwand mit Bohlen aus Hoesch Profil V in Spundwandsonderstahl überwindet einen Geländesprung von 16,2 m bei einer Sohlenlage von NN −10,5 m. Weitere Einzelheiten können der Zusammenstellung entnommen werden.

Die Kaje wurde als entwässerte Spundwand ausgebildet und mit 80 Mp (800 kN)-Pollern, 10 Mp (100 kN)-Nischenpollern und Steigeleitern ausgerüstet.

In der 2. Baustufe wurde die Kaje stromab um ca. 110 m verlängert und mit einer ca. 25 m langen Flügelwand an das Einlaufbauwerk der Stadtwerke angeschlossen. Der zu überwindende Geländesprung beträgt hier 17,3 m. Verwendet wurden für die Hauptwand Hoeschbohlen Profil 215 in Spundwandsonderstahl. Verankerung und Ausrüstung der Wände wurden wie in der ersten Baustufe ausgeführt.

Der stromobere Teil konnte wegen eines 7 m dicken Fundaments für ein geplantes Pumpenhaus des ehemaligen U-Boot-Bunkers zunächst nur um rd. 40 m verlängert werden.

Durch umfangreiche Taucheruntersuchungen und Sondierungen wurde dann eine Trasse ermittelt, um im Rahmen der 3. Baustufe den Anschluß der Kaje an die Stahlbetonwanne des Bunkers herstellen zu können und die Nutzung der Kaje auf insgesamt rd. 400 m Länge zu ermöglichen.

Die 3. Baustufe umfaßt insgesamt rd. 100 m Kaje aus Profil Larssen 430 und 23 in Sonderstahl. Die erstgenannten Bohlen sind voll im Boden eingespannt, während die letztgenannten eine ca. 1 m hohe Aufkantung des Pumpenhausfundaments als Fußstützung haben.

5.6 Vertäu- und Anlegedalben im Mittelsbürener Hafen (Osterort VI)

Im Mittelsbürener Hafen wurde 1975 der neue Seeschiffsliegeplatz Osterort VI mit insgesamt 4 neuen Dalben geschaffen. Im Gegensatz zum Liegeplatz Osterort V wurde der neue Liegeplatz für die größten Bremen anlaufenden Schiffe und für das Vertäuen von Werftneubauten (Großtanker) ausgelegt.

Jeder der 4 Dalben mußte folgenden Anforderungen genügen:

a) Kopfpoller für 100 Mp (1 MN) Trossenzug in jeder Richtung,

b) Arbeitsvermögen von 60 Mpm (600 kNm) in Anlegerichtung und mindestens 20 Mpm (200 kNm) in Längsrichtung. Die Durchbiegung am Dalbenkopf wurde auf 1 m begrenzt.

Die neuen Dalben bestehen aus je 4 Pfählen UP 168 in Sonderstahl mit unterem und oberem Verband. Im Bereich des größten Feldmoments sind die Pfähle mit je 8 Lamellen verstärkt.

Bei der Ausbildung des oberen Verbandes und dessen Verbindung mit den Dalbenpfählen war darauf zu achten, daß einerseits die Bewegungsfreiheiten im Hinblick auf die Verformungen des Systems beim Anlegen des Schiffes ausreichend gewählt wurden, andererseits mußte aber auch ein ruckartiges Anheben des Verbandes durch schräg nach oben geneigten Trossenzug und somit eine Gefährdung der Festmacher vermieden werden. Dieses Problem wurde durch den Einbau von Gummipufferelementen gelöst.

Ausgerüstet sind die Dalben mit jeweils 16 Nischenpollern für je 10 Mp (100 kN) Trossenzug, 2 Steigeleitern sowie 2 Fenderschürzen aus Bongossiholz. Der obere Verband erhielt zur sicheren Bedienung der Kopfpoller einen Gitterrostbelag, 2 seitliche Geländer sowie einen rundumlaufenden Trossenabweiser.

5.7 Schlepperliegestelle Vegesack — Fährgrund

Die ca. 195 m lange Kaje dient als Warteplatz für Schlepper und ersetzt eine Anlage ca. 800 m stromauf, die im Rahmen des 9-m-Ausbaues der Weser beseitigt werden mußte. Sie schließt stromauf an die von der Wasser- und Schiffahrtsdirektion erbaute Spundwand parallel zur Strandstraße und stromab an eine Querwand des Bremer Vulkan an.

Die Oberkante der Spundwand liegt auf NN +4,5 m. Auf NN +0,5 m wird die aus Profil Larssen 23 bestehende Spundwand in StSpS durch ca. 20 m lange Rundstahlanker im Abstand von 3 m gehalten. Die Anker haben einen ⌀ $2^3/_4''$, aufgestaucht auf $3^1/_4''$.

Um die Anlage auch bei Hochwasserständen bis ca. NN +4,5 m nutzen zu können, sind in Abständen von ca. 15 m sog. Sturmpfähle aus 2 zusammengeschweißten Einzelbohlen Larssen 23 mit Oberkante auf NN +6,0 m auf der Kaje angeordnet.

5.8 Pier V im Werfthafen der AG Weser

Der in den Jahren 1939 bis 1942 erbaute Pier V, eine Spundwandkaje, wurde im Krieg durch Bombentreffer stark beschädigt. Die Nutzung der Kaje sowie eines 30 m breiten Streifens hinter der Kaje war seither nicht möglich. Mit dem von der AG Weser entwickelten Europatanker war eine Schiffsgröße erreicht, die nicht mehr auf konventionelle Weise aus dem Werfthafen heraus in die Weser gebracht werden konnte. Um das Herausdrehen dieser Schiffe zu ermöglichen, wurden 3 Maßnahmen erforderlich:

a) Beseitigung des am stromunteren Ende des Werfthafens verbliebenen Restes des ehemaligen Trennungswerks zwischen Hafen und Weser,

b) Reparatur des Piers V,

c) Bau einer stromparallelen Flügelwand mit ausgerundeter Ecke im Anschluß an Pier V.

Zur Reparatur der Schadensstellen wurde in den Schadensbereichen eine Spundwand aus Larssenbohlen 430 vorgerammt, die durch seitliche Bleche an die alte Wand angeschlossen wurden. Die einfache Verankerung auf NN +5,0 m besteht aus leicht geneigten Rundstahlankern mit Stahlbetonankersteinen. Die Spundwandkästen sind mit 45° geneigten Blechen abgedeckt, damit der Leinenpfad geradlinig verläuft. Um eine durchgehende Kajenflucht zu erhalten, wurden zwischen den einzelnen Schadensstellen Reibepfähle geschlagen.

Im Anschluß an den Pier V war eine weserparallele Flügelwand erforderlich, einmal, um die Großtanker sicher aus dem Werfthafen heraus in die Weser zu drehen, zum anderen, um das Gelände hinter der Kaje optimal nutzen zu können. Der Winkel von ca. 80° zwischen der Kaje und der Flügelwand wurde durch eine Kreisbogenrammung mit einem Radius $r = 12$ m überbrückt. Die Flügelwand überwindet Geländesprünge von 15,35 m bis 5,45 m und wurde als einfach verankerte unentwässerte Wand aus Larssenbohlen 430, 24 und 23, je nach Geländesprung, ausgeführt. Ein abschließender 20 m langer Spundwandflügel bindet das Bauwerk in die anschließende Uferböschung ein. Die Verankerung des geraden Spundwandbereichs besteht aus Rundstahlankern mit Stahlbetonankersteinen und liegt auf NN +5,0 m. Im Rundungsbereich wurden die Rundstahlanker in einem tief gegründeten Stahlbetonankerblock zusammengefaßt. Der Ankerblock ist gleichzeitig Fundament für einen 70 Mp (700 kN)-Doppelpoller. Flügelwand und Sanierungsbereiche des Piers V wurden mit Steigeleitern und 10 Mp (100 kN)-Nischenpollern ausgerüstet.

5.9 Roll on- Roll off-Anlage (Abb. 6)

Als im Jahre 1968 die ersten, damals noch verhältnismäßig kleinen Schiffe mit Heckklappen die bremischen Häfen anliefen, wurde im Überseehafen eine entsprechende Anlage errichtet. Die unterschiedliche Breite der abzufertigenden Schiffe wurde durch verschiedene Fender ausgeglichen. Die Gesamtlänge der Brücke beträgt ca. 80 m, wovon 40 m mittels mechanischer Winden entsprechend den Wasserstandsverhältnissen am schiffsseitigen Ende angehoben bzw. abgesenkt werden können. Der Gesamthub beträgt 7,56 m. Die Bedienung erfolgt von einer Steuerkabine am landseitigen Ständer des Hubportals aus. Da die Breite der Brücke nur einen Einwegverkehr zuläßt, wird von der Steuerkabine aus auch die jeweilige Verkehrsrichtung festgelegt.

Als die zweite Generation von Ro-Ro-Schiffen zu erwarten war, wurde im Jahre 1972 eine größere Anlage im Europahafen gebaut. Die an der Nordseite des Europahafens gelegene Brücke ist in der Lage, alle bis dahin bekannten Entwicklungen auf dem Gebiet der Heckklappenschiffe abzufertigen. Die bewegliche Brücke besitzt an ihrer landseitigen Wurzel eine Breite von 8,0 m, am wasserseitigen Ende eine solche von 18 m, so daß auch Schiffe mit doppelter Heckklappe bedient werden können. Inzwischen konnten an der Anlage selbst Schiffe mit schräger Heckklappe be- und entladen werden. Bei einer Gesamtlänge der Verladeanlage von 117,5 m beträgt die

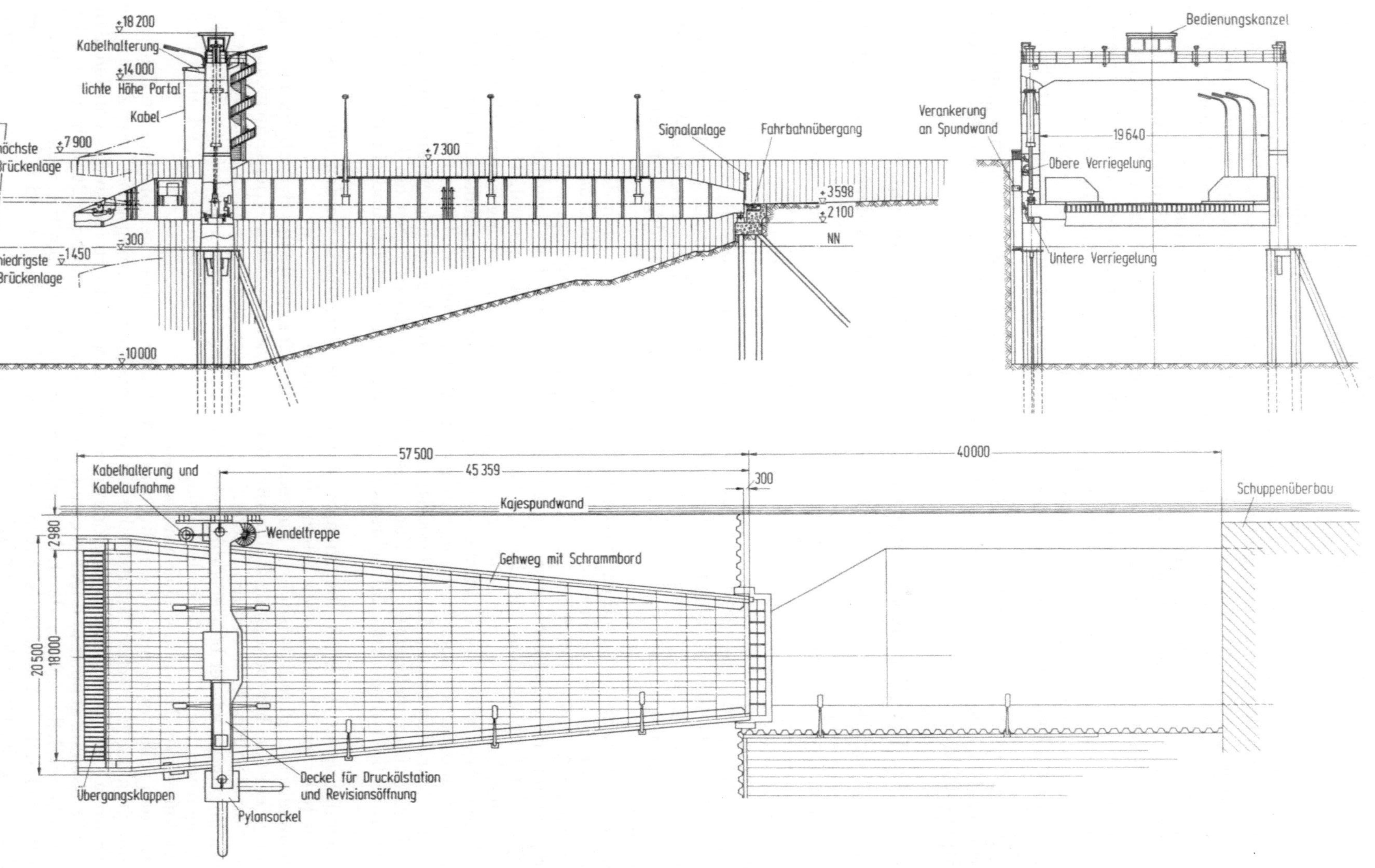

Abb. 6. Roll on — Roll off-Anlage, Europahafen Übersichtsplan.

Länge des beweglichen Brückenteiles 57,5 m. Die Tragfähigkeit entspricht „Brückenklasse 60", wobei zusätzlich berücksichtigt ist, daß die Brücke im Gegenverkehr mit 40'-Trailern befahren werden kann.

Im Gegensatz zu der kleineren Ro-Ro-Anlage im Überseehafen erfolgt die Hubbewegung hydraulisch über 2 Zylinder, die in den Ständern des Portales hängen. In dem Querträger des Portales ist das zentrale Hydraulikaggregat untergebracht. Außerdem trägt er den zentralen Steuerstand, von dem aus die Bewegung der Brücke sowie der zusätzlichen Übergangsklappen zur Schiffsklappe gesteuert wird. Darüber hinaus kann die Brücke mittels eines beweglichen Steuerstandes auch „vor Ort", d.h. an der Übergangsstelle Schiff/Brücke gesteuert werden. Der Querausgleich bei evtl. Schiefstellung der Brücke erfolgt über einen besonderen Querstabilisator automatisch.

Die max. Verstellmöglichkeit beträgt 9,35 m, am wasserseitigen Brückenende gemessen. In der obersten Stellung ist unter dem Portal noch eine freie Durchfahrtshöhe von 6,10 m vorhanden. Die max. Hub- bzw. Senkgeschwindigkeit liegt bei 0,8 bzw. 1,0 m pro Minute. Um nötigenfalls Reparaturen an der Hydraulikanlage ausführen zu können bzw. diese z.B. in den Endstellungen zu entlasten, sind in 3 Höhen mechanische Verriegelungen eingebaut, auf welche die Brücke abgelegt werden kann.

Das Hubportal wird durch 8 senkrechte Stahlpfähle Profil UP 136 und 2 Schrägpfähle UP 133 tief gegründet. Einen Schutz gegen Schiffsstoß bildet ein Stahldalben mit einem Arbeitsvermögen von 30 Mpm (300 kNm).

6. Erweiterung und Modernisierung der Hafenbahnanlagen

Eine wesentliche Erweiterung hat die Bremische Hafenbahn in den sechziger Jahren durch den Neubau von Gleisanlagen für den Neustädter Hafen (s. Abschn. 3) erfahren.

Im Rahmen einer bestehenden Eisenbahngesamtplanung für den Endausbau des Neustädter Hafens wurde zunächst ein Teilausbau des Bezirksbahnhofs Rablinghausen vorgenommen.

Über ein Zuführungsgleis von der Bundesbahnstrecke Bremen — Oldenburg werden 4 Ein- und Ausfahrgleise von je 750 m Nutzlänge erreicht, die wegen schwieriger Geländeverhältnisse zunächst nicht vor, sondern neben den Richtungsgleisen angeordnet wurden. Die Gesamtnutzlänge der 16 Richtungsgleise beträgt 9300 Meter. Hafenseitig dahinter liegen dann parallel zur Kaje drei Vorstellgleisgruppen mit je 4 Gleisen, deren spezielle Aufgabe darin besteht, den Wagenaustausch zwischen den Richtungsgleisen und den wasser- und landseitigen Ladegleisen der Schuppen zu beschleunigen.

Die gesamten Gleisanlagen sind entsprechend den Oberbauvorschriften der Deutschen Bundesbahn in der Bauart K mit Schienen S49 gebaut worden. Sämtliche Bahnhofsweichen und Lichtsignale werden von einem Spurplan-Drucktasten-Stellwerk (Bauart SpDrS60) aus bedient. Das Stellwerksgebäude ist vorausschauend so groß bemessen worden, daß darin noch einmal Anlagen vom gleichen Umfang wie dem bestehenden untergebracht werden können. Die Zugzerlegung erfolgt über einen Ablaufberg, der einer ablaufdynamischen Berechnung entsprechend gestaltet wurde. Hinter der ersten Verteilweiche sind zwei hydraulisch angetriebene stellwerksbediente Talbremsen eingebaut. An Verständigungsmitteln stehen Rangierfunk, Lautsprecher und Wechselsprechanlagen zur Verfügung. Alle Gleisanlagen sind gemäß den Sicherheitsanforderungen nach Bundesbahnrichtlinien beleuchtet. Im Zuge des Zuführungsgleises liegen ein Bahnübergang, der durch eine Blinklichtanlage mit Halbschranken technisch gesichert ist, und ein Brückenbauwerk über die Ochtum.

Nach zehnjährigem Betreiben der Anlagen kann heute festgestellt werden, daß sie sich, auch in Zeiten turbulenten Umschlagsgeschehens, bewährt haben.

In den bremischen „Traditionshäfen" am rechten Weserufer spielte die Hafenbahn als Verkehrsträger von je her eine hervorragende Rolle. Ihre Anlagen waren von den Kriegseinwirkungen stark getroffen. Somit war es in den ersten Nachkriegs- und in den fünfziger Jahren zunächst erforderlich, die Bahnanlagen wieder betriebsfähig zu machen. In den vergangenen fünfzehn Jahren konnte darangegangen werden, die bestehenden Anlagen technisch zu modernisieren und auch dem sich ständig verändernden Hafenumschlag anzupassen.

Im folgenden sollen dazu nur die wesentlichsten Maßnahmen kurz beschrieben werden:

Die vom Netz der Deutschen Bundesbahn herkommenden Zuführungsgleise zum Zollausschlußbereich (Europa- und Überseehafen) wurden soweit wie möglich in Hochlage bis vor den Bahnhof Bremen-Zollausschluß geführt und hier in einem Gleisknoten zusammengefaßt. Neben den Vorteilen für den Straßenverkehr wegen der höhenfreien Kreuzungen mit der Hafenbahn ergab sich für diese der Vorteil, daß von dem Gleisknoten aus auch der Weserbahnhof und der Bahnhof Bremen-Inlandshafen trassierungstechnisch einfacher anzubinden waren. Außerdem konnten dadurch die Ein- und Ausfahrgleise des Bahnhofs Zollausschluß größere Nutzlänge erhalten.

Ebenfalls größere Nutzlängen für die Ein- und Ausfahr-Gleisgruppe des Bahnhofs Inlandshafen wurden dadurch erreicht, daß die abgängige Eisenbahnbrücke über die Oslebshauser Heerstraße (B 6) neu so aufgebaut wurde, daß 3 Gleise über sie hinweggeführt werden konnten. Für die nun fast durchweg zuglangen Einfahrgleise der beiden o.g. Bezirksbahnhöfe war es jetzt logisch konsequent, sie mit elektrischen Fahrleitungen zu überspannen. Nachdem diese Maßnahmen durchgeführt waren, konnten die Züge aus dem Netz der DB ohne Traktionsartwechsel in die Hafenbahnhöfe einfahren. Hierdurch wurden beachtliche Transportzeitverkürzungen und Betriebskostenersparnisse erzielt.

Bedeutungsvoll für den Bahnhof Zollausschluß war der Ersatz von 3 weiteren mechanischen Stellwerken durch ein Spurplandrucktastenstellwerk. Gleichzeitig wurden die Verteilzone und der Ablaufberg so umgebaut, daß durch die Gesamtmaßnahme die Leistungsfähigkeit des Bahnhofs beträchtlich gesteigert und den gestiegenen Bedürfnissen angepaßt werden konnte.

Noch nicht ganz abgeschlossen ist der Umbau des Bezirksbahnhofs Überseehafen Nordseite. Er wird zukünftig einen Ablaufberg mit Ablaufstellwerk haben. Damit kann das nicht mehr zeitgemäße Rangieren im Abstoßverfahren aufgegeben werden. Vorteilhaft wirkt sich dieser Bahnhofsumbau auch auf die Straßenverkehrsverbindung zwischen der Stadt und dem Überseehafen dadurch aus, daß die Hafenstraße unter dem Ablaufberg hindurchgeführt werden kann.

Für den Bahnhof Zollausschluß wurde ein neues Dienstgebäude errichtet, in dem auch der Wagendienst und eine Zolldienststelle untergebracht sind. Für alle Mitarbeiter stehen modern eingerichtete Sozialräume zur Verfügung.

Außer den vorgenannten größeren Erweiterungs- und Modernisierungsmaßnahmen sind eine Vielzahl kleiner Vorhaben verwirklicht worden. So wurden z.B. neue Gleisanlagen rund um die Ro-Ro-Anlage geschaffen, eine große Zahl neuer Gleisanschlüsse zu hafengebundenen Industriebetrieben gebaut, die Speicherhäuser durch Gleise erschlossen, die Kajengleisanlagen den jeweiligen Veränderungen in der Umschlagsstruktur angepaßt usw.

Betrachtet man heute den Gesamtzustand der Bremischen Hafenbahn, so kann man feststellen, daß die Anlagen in weiten Teilen, besonders im Oberbaubereich, ausreichend modern und leistungsfähig sind.

Hier gilt es zukünftig, den erreichten technischen Standard zu erhalten. Bezüglich der Signaltechnik aber sind, vor allem im Bereich des Bahnhofs Inlandshafen, noch große Modernisierungsaufgaben zu bewältigen.

IV. Stückgutanlagen in den Neustädter Häfen 1966—1977

Erfahrungen und Entwicklungen

Von Konsul **Gerhard Beier**, Bremen

Anläßlich der Jahrestagung der Hafenbautechnischen Gesellschaft im Jahre 1968 in Bremen trug der Verfasser unter der Überschrift „Neue Stückgutanlagen in Bremen-Stadt — Planerische Grundüberlegungen und praktische Erfahrungen im Betrieb“ die wichtigsten Daten und Überlegungen für den Bau der Stückgutanlagen in den stadtbremischen Häfen auf dem linken Weserufer vor. Auf jene Veröffentlichung wird hingewiesen und Bezug genommen. Im Zusammenhang damit muß dieser Aufsatz gesehen werden.

Wenn anläßlich der Hafenbautechnischen Tagung 1977 in Bremen die Anlagen noch einmal zum Gegenstand einer Veröffentlichung werden, dann hat das den gewichtigen Grund, daß der Ausbau der Fazilitäten hinter der 1500 m langen Kaje in diesen Monaten zu einem endgültigen Abschluß kommt. Das Gewicht dieser Tatsache kommt daher, daß von der Aufnahme des Betriebes im Jahre 1966 bis zum Somme 1977 diese Anlagen weiterentwickelt wurden bis zu einem Stand, der bei Beginn der Planung nicht voraussehbar war.

Eine Darstellung der verschiedenen Entwicklungsstadien dieser Hafenseite dürfte für die Fachwelt von Interesse sein, wird doch aus den verschiedenen Stadien der Entwicklung deutlich, wie schnell während der letzten Jahre Prämissen für Planungen und Investitionen durch die technisch-ökonomische Entwicklung des Seeschiffsverkehrs Änderungen erfahren haben, die Anfang der 60er Jahre nicht antizipierbar waren. Zum anderen wird erkennbar, daß bei Hafenplanungen — wo immer in der Welt — darauf geachtet werden muß, ein möglichst hohes Maß an Flexibilität zum Zwecke der Weiterentwicklung der Anlagen zu erreichen.

Die ursprüngliche Planung für die verfügbaren Flächen hinter der auf der Westseite des Hafenbeckens zunächst gebauten 1500 m langen Kaje sah vor, daß dort eine insgesamt 300 m breite Kajezunge nach und nach entwickelt werden sollte. Die erste Hälfte dieser Kajezunge mit einer Breite von 150 m war für eine moderne Anlage des konventionellen Stückgutumschlages bestimmt (Abb. 1).

Die mit Abschluß im Jahre 1962 konzipierte Stückgutanlage trug folgende besondere Kennzeichen:

1. Die Geländetiefe hinter der Kaje von 150 m galt als mehr als ausreichend und übertraf bei weitem das Maß der bekannten vergleichbaren Stückgutanlagen im internationalen Vergleich.
2. Die Krane waren auf einem schmalen Vollportal angeordnet, um an jeder Stelle im Einzugsbereich des Kranes ungehindertes Arbeiten zu gewährleisten.
3. Die Kranbestückung war gemessen an bis dahin geltenden Maßstäben verdünnt (alle 37 m ein Kran). Unter die Standardkräne von 3 t Hubfähigkeit waren 12 von 40 Kranen mit einer Tragfähigkeit von 7,5 t gemischt.
4. Hinter drei Gleisen für den direkten Umschlag zwischen Schiff und Waggon war eine Kajestraße angeordnet, um Lastkraftwagen in den Einzugsbereich der Kräne fahren zu lassen.
5. Die Arbeitsfläche zwischen Kajestraße und Kajeschuppen war mit 13 m sehr groß bemessen.
6. Die Schuppen waren ebenerdig.
7. Die Schuppen waren in Leichtbauweise errichtet und mit großer Höhe ausgestattet, um Güter mit Gabelstaplern möglichst hoch zu stapeln.
8. Die Arbeitsfläche hinter dem Schuppen war verhältnismäßig groß bemessen, um Querverkehr zuzulassen.
9. Der Arbeitsfläche auf der Landseite schloß sich eine Zone von 16 m an, die es gestattet, den Europa-Lastzug über Kopf zu beladen. Sie enthält zwei landseitige Bahngleise.
10. Eine dreispurige Straße wurde angeordnet unmittelbar vor Parkflächen.
11. Bis zu der Linie im Abstand von 180 m von der Kaje wurden Gleise angeordnet zur Aufnahme von Waggons, die auf möglichst kurzem Wege den Betriebseinheiten zugeführt und von dort abgezogen werden konnten.

BECKEN II
40 KRANE
SCHUPPEN 24
SCHUPPEN 22
SCHUPPEN
BECKEN III
BREMEN NEUSTÄDTER HAFEN
STUFE 1
ZUSTAND 1965/66

Abb. 1

BECKEN II
C-BRÜCKE 30t
2-C-BRÜCKE 45t
40 KRANE
SCHUPPEN 24
SCHUPPEN 22
SCHUPPEN
TECH.BER.
BECKEN III
BREMEN NEUSTÄDTER HAFEN
STUFE 2
ZUSTAND 1967/68

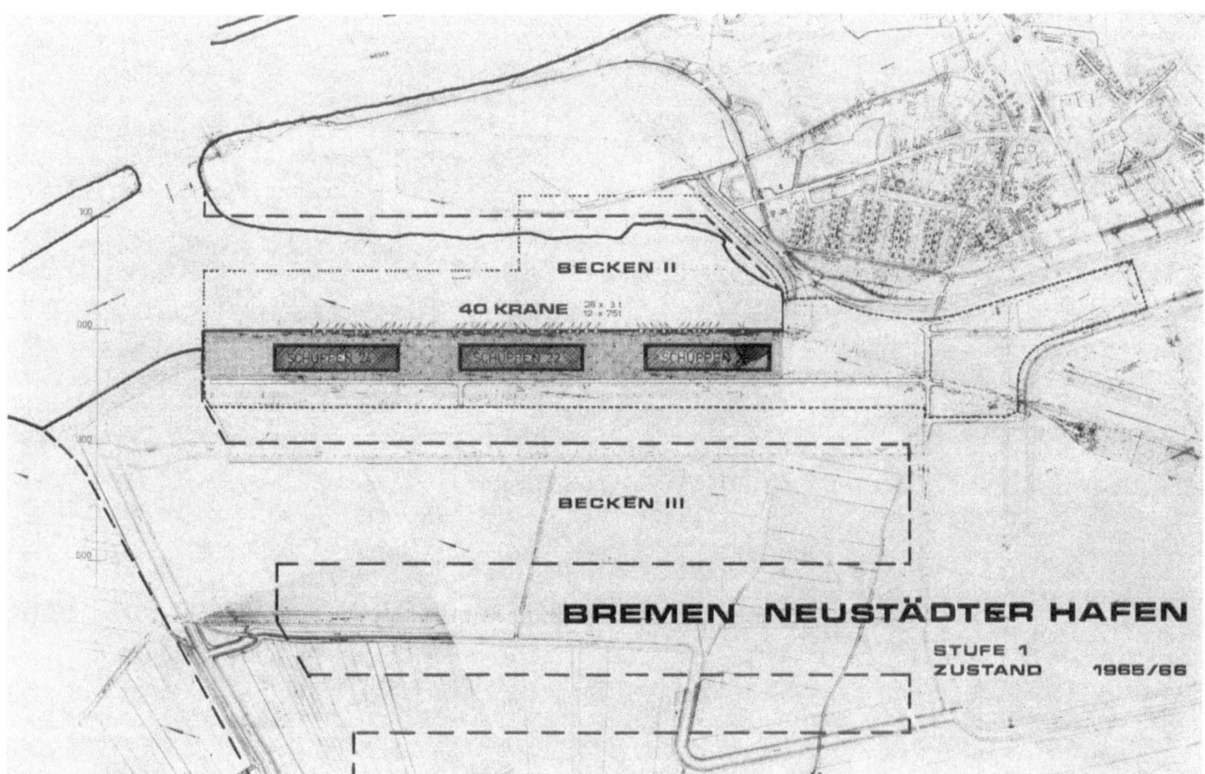

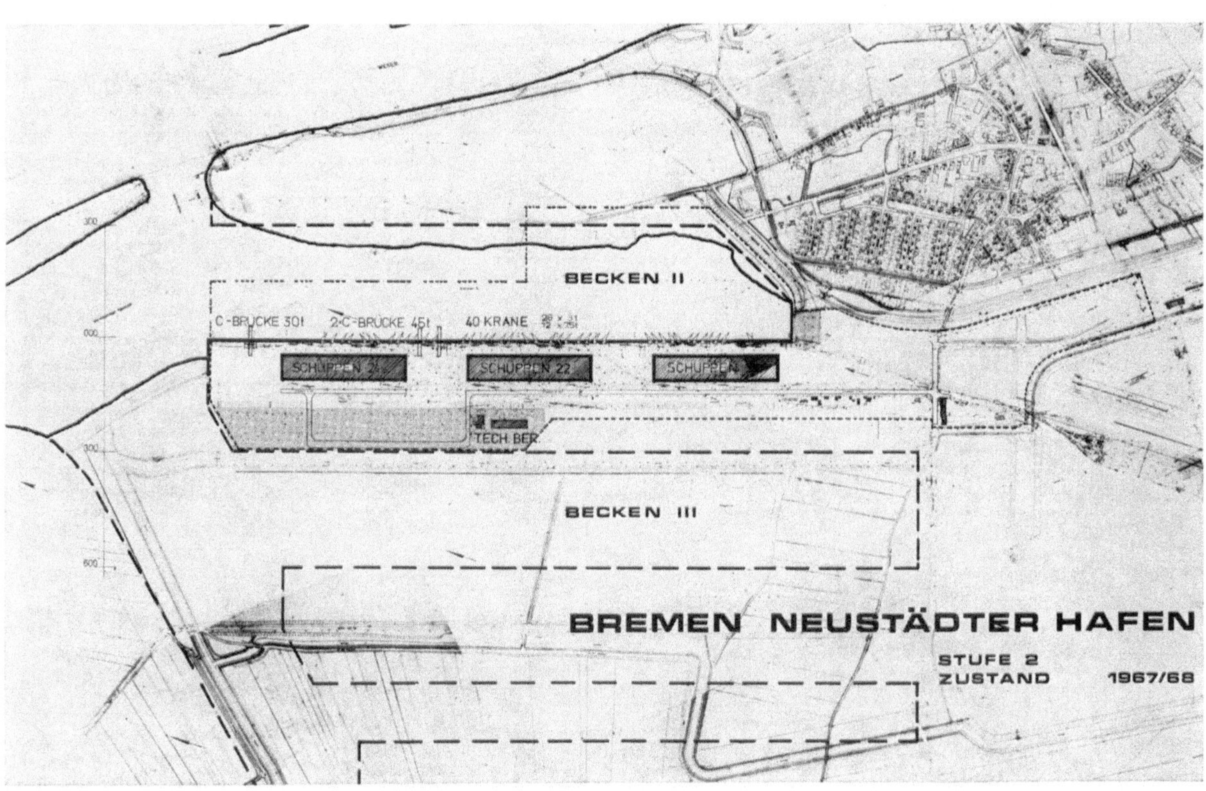

Abb. 2

BINNENSCHIFFE
BECKEN II
C-BRUCKE 37t
C-BRUCKE 45t
40 KRANE
SCHUPPEN 24C
SCHUPPEN 24
SCHUPPEN 22
SCHUPPEN
CT FLÄCHE
TECH. BER.
BECKEN III
BREMEN NEUSTÄDTER HAFEN
STUFE 3
ZUSTAND 1972/74

Abb. 3

BINNENSCHIFFE
BECKEN II
C-BRUCKE 37t
C-BRUCKE 45t
40 KRANE
2 SCHWERGUTKRANE
SCHUPPEN 24 C
SCHUPPEN 24
SCHUPPEN 22
SCHUPPEN
TECH. BER.
CT FLÄCHE
CT FLÄCHE
PACKING CENTER
BECKEN III
BREMEN NEUSTÄDTER HAFEN
STUFE 4
ZUSTAND 1975/77
U. WEITERE PLANUNG

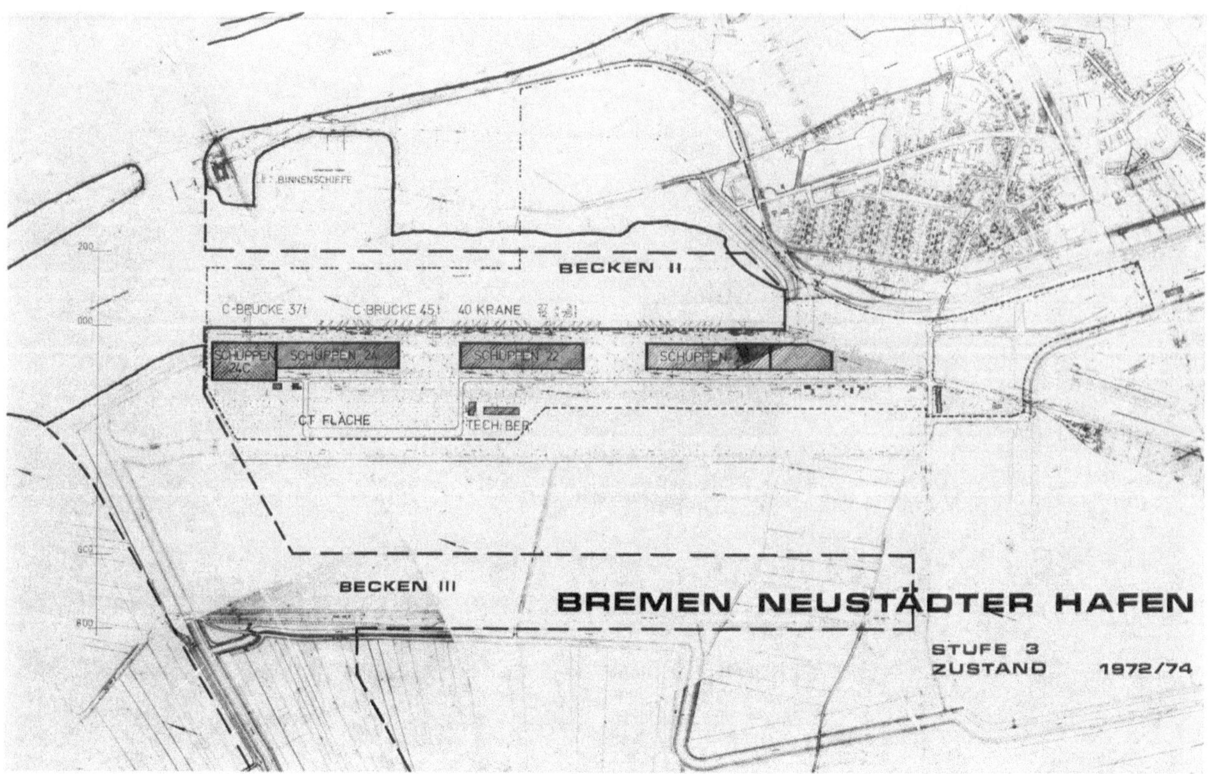

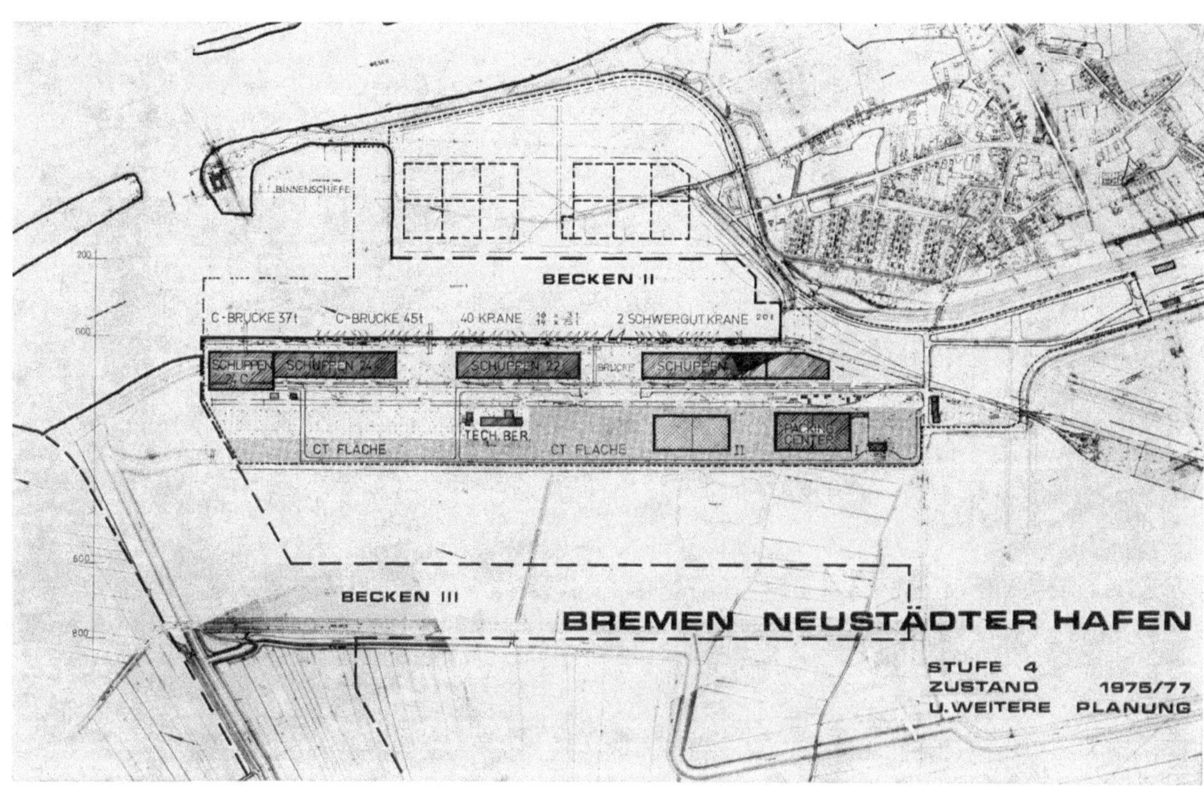

Abb. 4

12. Die Aufteilung der Fläche hinter der Kaje wurde mit rd. $^2/_3$ überdacht und $^1/_3$ Freifläche entschieden.

Bereits im Jahre 1966 wurde mit dem Aufkommen des Container-Verkehrs beschlossen, die Kaje vor zwei Freiflächen mit je einem Container-Kran zu bestücken. Als sich herausstellte, daß die Freiflächen zwischen den Schuppen, je ca. 10 000 qm, angesichts des sich schnell entwickelnden Container-Verkehrs nicht ausreichten, wurden zu diesem Zeitpunkt zum ersten Male in die rückwärtige Fläche hinein, also jenseits der 150-m-Linie, die Stellflächen für die Aufnahme von Containern erweitert (Abb. 2). Vorübergehend wurde vor der mittleren Freifläche ein weiterer Container-Kran aufgestellt, der später nach Bremerhaven umgesetzt wurde. Es entstand an dieser Stelle — vermutlich zum ersten Male — eine Anlage, die später als Multipurpose-Terminal in den internationalen Sprachgebrauch eingehen sollte. Dieser so entstandene Terminal wurde an seiner Rückseite von einer öffentlichen Straße begrenzt. Einschließlich dieser Straße hatte der Terminal hinter den landseitigen Schuppengleisen in Richtung auf das nächste Hafenbecken eine Tiefe von ca. 150 m. Die gesamte Aufstellfläche für Container betrug rd. 65 000 qm. Die Fläche hinter der Gleiszone wurde durch eine Stichstraße von der Kaje erschlossen. Die Gleise, ursprünglich als Aufstellgruppe gedacht, wurden zu Be- und Entladegleisen für den Container-Verkehr umfunktioniert. Der Kajeschuppen diente zugleich an seiner rückwärtigen Seite für das Be- und Entladen von Pier/Pier-Containern.

Die Kaje einschließlich vor den Freiflächen konnte uneingeschränkt für konventionelle wie auch für Container-Schiffe genutzt werden. Die Container-Kräne dienten zugleich als Umschlagsgeräte für Schwergut im konventionellen Stückgutverkehr. Ein Maximum an Flexibilität des Einsatzes aller Fazilitäten war gewährleistet.

Bemerkenswert aus der praktischen Erfahrung mit dieser Multipurpose-Anlage ist festzustellen, daß sich der Standort des Schuppens unmittelbar hinter der Kaje hervorragend bewährt hat, im Gegensatz zu anderen Konzeptionen eines Multipurpose-Terminals, in denen der Schuppen an der Rückseite des Terminals angeordnet ist. Diese Lage ist für einen reinen Container-Terminal und in der Funktion eines Packing-Centers voll gerechtfertigt, für eine Multipurpose-Anlage — eine gemischte also —, für den Container- und den konventionellen Verkehr unwirtschaftlich, weil die konventionell umzuschlagende Ladung für den Transport in dem rückwärtigen Bereich erst unifiziert werden muß. Der Weg für kleinere Flurfördereinheiten ist zu lang und daher unwirtschaftlich.

Die nächste Phase der Entwicklung ist dadurch gekennzeichnet, daß die von vornherein sehr großzügig bemessene überdachte Fläche nicht ausreichte und daher erweitert werden mußte. So wurde die Fläche 24 C nach der Verlegung eines Teils des Container-Verkehrs nach Bremerhaven überdacht (17 700 qm); desgleichen wurde an den Schuppen 20 in Richtung Stadt Bremen eine Abteilung angebaut (rd. 10 500 qm). Auf diese Weise wurde die überdachte Fläche in diesen Stückgutanlagen um rd. 25% erhöht (Abb. 3).

Es hatte sich inzwischen gezeigt, daß der indirekte Umschlag eine ständig steigende Tendenz aufwies und daher mehr Fläche benötigt wurde, daß zum anderen mit steigendem Organisationsgrad die Steigerung des Umschlages pro laufenden Meter Kaje und Jahr keineswegs ihre Begrenzung in den technischen Umschlagsmitteln fand, sondern ausschließlich in der für die Aufnahme der umzuschlagenden Güter erforderlichen Fläche.

In dieser Phase der Entwicklung stellte sich heraus, daß mit wachsendem Einsatz von Flurfördergeräten in einer verhältnismäßig tiefen Fläche und mit zunehmender technischer Differenzierung dieser Geräte ein eigener Werkstattbereich notwendig und wirtschaftlich gerechtfertigt war. Er wurde gleichfalls in unmittelbarer Nachbarschaft des Container-Terminals angeordnet (vgl. Abb. 2).

War es in der ersten Phase des Container-Verkehrs zunächst hoch erwünscht, die Kajeschuppen für das Be- und Entladen von Pier/Pier-Containern zu nutzen, nicht zuletzt weil durch das Abziehen konventioneller Ladung in den Container-Verkehr Kapazitäten wenigstens zeitweilig frei wurden, so stellte sich nach und nach heraus, daß eine Abfertigung von bis zu 250 000 t Container-Ladung in den konventionellen Anlagen der Häfen in Bremen-Stadt eine Kapazitätsbelastung darstellte, die den Umschlag über die Kaje und die Ausnutzung dieser Kapazität behinderte. So reifte der Beschluß, ein besonderes Container-Packing-Center im Bereich der Stückgutanlagen zu errichten. Die Lage dieses Packing-Centers einschließlich eines besonderen Einganges zum Container-Terminal und eines Gate-Houses wird aus der Abb. 4 deutlich. Nunmehr wurde zum ersten Male die Tiefe des Geländes bis zu 300 m hinter der Kaje ausgenutzt, wenngleich zum überwiegenden Teil außerhalb des Kajebereiches. Im Packing-Center wurde das Be- und Entladen von Containern aus dem gesamten Revier der stadtbremischen Häfen konzentriert, was schon nach wenigen Wochen zu einer sehr hohen Ausnutzung führte. Auf der Eisenbahnseite ist dieser Schuppen in üblicher Rampenhöhe gebaut worden und fällt zur Schuppenseite bis zur Ebenerdigkeit ab. Dort werden Lkw's be- und entladen, Container vorwiegend an den Stirnseiten. Der dritte Teil des Packing-Centers ist mit Regalen ausgestattet, um palettierte, aber nicht homogene Ladung hochzustapeln.

Der heutige Stand der Dinge ist dadurch gekennzeichnet, daß nunmehr die gesamte Fläche bis zu einer Linie, die 300 m von der Kaje entfernt liegt, bebaut worden ist, und zwar zunächst im Anschluß an das Packing-Center mit einem weiteren Schuppen gleicher Größenordnung. Dieser ist sowohl durch eine Stichstraße von der Kaje für konventionelle Stückgüter erreichbar, als auch als Überlaufkapazität für das Packing Center in Zeiten hohen Güteranfalls für das Be- und Entladen von Containern gedacht. Der Schwerpunkt der Container-Aufstellflächen verlagert sich nunmehr in die Freifläche im Anschluß an das Packing-Center und den zweiten Schuppen. Dafür wird die Freifläche hinter dem Schuppen 24 C gewonnen für das Zwischenlagern konventioneller Güter.

Die Kapazität des Reparaturbetriebes wurde erweitert, um der Unterhaltung und Reparatur des wachsenden Geräteparks genügen zu können (Abb. 4).

Inzwischen wurde die Kranbestückung verdünnt. Von den ursprünglich 40 konventionellen Stückgutkranen wurden 9 in den Überseehafen in Bremen-Stadt im Zuge eines Kransanierungsprogrammes umgesetzt und 1 Kran ausgemustert. Diese Verdünung wurde zu einem Teil durch den Einsatz von Container-Brücken kompensiert. 2 Stück 3-t-Krane wurden auf 7,5 t umgebaut.

Bei der Beurteilung der Wirtschaftlichkeit und Kapazitätsausnutzung der Container-Brücken war deutlich geworden, daß diese auch im konventionellen Stückgutverkehr hervorragend geeignet sind für den Umschlag schwerer Stücke bis zur Grenze ihrer Tragfähigkeit, aber auch für den Umschlag ständig zunehmender Einzel-Container auf konventionellen Stückgutschiffen. Das führte zu der Erkenntnis, daß auch die dritte Freifläche zwischen den Schuppen 20 und 22 mit schwereren Geräten bestückt werden sollte, und zu der Entscheidung, dort 2 20-t-Kräne aufzustellen, die gekoppelt bis zu 35 t — also auch volle Container — umschlagen können. Die Freifläche dahinter wird mit einer 15 000 qm überspannenden Kranbrücke erschlossen; das ist nicht zuletzt das Ergebnis von Erfahrungen, die im Übersee- und Europahafen mit solchen Brücken beim Umschlag von Röhren und anderen Schwergütern gemacht wurden.

Am Ende der Entwicklung steht fest, daß die ursprünglich mit 300 m Breite geplante Kajezunge 600 m breit sein wird. Die Mittellinie hat sich von 150 m Abstand von der Kaje auf 300 m verschoben. Die wirtschaftlichen Ergebnisse mit diesen Anlagen haben diese Weiterentwicklung vollauf gerechtfertigt. Die Ausnutzung der Kaje, die in der Spitze 2,1 Mio t im Jahre 1974 betrug, ist weiterhin steigerungsfähig. Die gesamten Infrastrukturinvestitionen werden damit wirtschaftlicher.

Bei der Weiterentwicklung aus dem ursprünglichen Konzept heraus haben nur wenige unbedeutende technische Kompromisse eingegangen werden müssen. Sie beeinträchtigen die Wirtschaftlichkeit — insbesondere den Betriebsablauf — nicht. Die Erfahrungen werden in andere Projekte eingehen; sie sind zu einem großen Teil schon wesentliche Grundlagen für die Planung des Stückgut-Terminals Columbuskaje in Bremerhaven gewesen. Das Wachsen über die ursprüngliche Konzeption hinaus darf als durchaus organisch bezeichnet werden. Das gilt insbesondere auch hinsichtlich der Flexibilität beim Einsatz der Mitarbeiter in diesem großen Bereich als auch der Vielzahl von Flurfördergeräten unterschiedlicher technischer Struktur und Qualität. Insgesamt kann die Anlage als im höchsten Grade wirtschaftlich bezeichnet werden.

V. Hafenanlagen in Bremerhaven

Baudirektor Dipl.-Ing. **Wilhelm Lüninghöner**, Baudirektor Dr.-Ing. **Egon Krenkel** und Oberbaurat Dipl.-Ing. **Hinrich Gravert**, Bremerhaven

1. Vorbemerkung

Über die Entwicklung der Umschlagsanlagen und über die Ausbildung von Einzelbauwerken der Hafenanlagen im Überseehafen (Gründung 1827) und im Fischereihafen (Gründung 1862) von Bremerhaven wurde zuletzt im Jahrbuch der Hafenbautechnischen Gesellschaft 27./28. Band 1962/63)[1] für die Zeit von 1950—1963 berichtet. Nachfolgend werden die zwischenzeitlich hergestellten Bauwerke und die Planungen für den weiteren Ausbau der Hafenanlagen nach dem Stande von Ende 1976 kurz beschrieben.

In Abb. 1 (Tafel zwischen S. 64/65) sind die Hafenanlagen in Bremerhaven mit wasser- und landseitigen Zufahrten, dem Landesschutzdeich, dem Hafenbereich stadtbremisches Überseehafengebiet nördlich der Geeste mit dem Zollfreigebiet, dem Fischereihafengebiet und den außerhalb der Hafenbereiche vorhandenen Hafenerweiterungsflächen und Industriegebiete dargestellt.

2. Ausbau der Hafenanlagen von 1963—1976

2.1 Überseehafen

Der weitere Ausbau des Überseehafens wurde durch die modernen Umschlagsverkehre veranlaßt, die inzwischen in Bremerhaven abgewickelt werden. Die Entwicklung vom konventionellen Stückgutverkehr zum Roll-on/roll-off-Verkehr, zum Containerverkehr, zum Lash-Verkehr und zum modernen Stückgutverkehr werden unter Ziff. 3. und die Baumaßnahmen für die neuen Anlagen unter Ziff. 4. kurz erläutert und beschrieben. Durch die neuen und leistungsfähigen Anlagen für Spezialverkehre ist der Überseehafen Bremerhaven zu einem bedeutenden Universalhafen in Europa geworden (s. Abb. 2).

Voraussetzung für den Ausbau der Spezialanlagen im Überseehafen waren die Vertiefung der Außenweser auf SKN—12,0 m im Jahre 1973 sowie der bevorstehende Anschluß Bremerhavens an die Bundesautobahn im Jahre 1977. Die weitere Planung wird unter Ziff. 5 angesprochen. Für die Unterhaltung, Sicherung und für den allgemeinen Ausbau der vorhandenen Hafenanlagen wurden u.a. die folgenden Baumaßnahmen durchgeführt.

2.1.1 Verstärkung des Landesschutzdeiches. Nach der Sturmflut am 16. 2. 1962 mit dem bisher höchsten Sturmflutwasserstand der Weser auf NN + 5,35 m (SKN + 7,30 m) sind die Deiche bzw. Hochwassersicherungsanlagen im Bereich des Übersee- und Fischereihafens und bis zur nördlichen und südlichen Landesgrenze entsprechend den Empfehlungen des Küstenausschusses in Bereichen mit Wellenauflauf auf NN + 7,90 m (SKN + 9,85 m) und in Bereichen ohne Wellenauflauf auf NN + 6,60 m (SKN + 8,55 m) erhöht und verstärkt worden. Als höchster theoretischer Tidehochwasserstand wurde hierfür NN + 5,95 m (SKN + 7,90 m) zugrunde gelegt.

Der Container-Terminal mit der Stromkaje wurde 1969—1972 vor dem früheren Landesschutzdeich gebaut. Für die Hochwassersicherung der neuen Umschlagsanlage sind der Norddeich und der Süddeich erstellt worden. Zur Weser hin bildet auf einer Länge von rd. 1000 m die Stromkaje mit Wellenkammer und Kajenoberkante auf NN + 7,50 m die Hochwassersicherung.

Die vorhandenen Hochwassersicherungsanlagen haben sich voll bewährt. Sowohl bei den Sturmfluten im November 1973 als auch bei den Sturmfluten am 3. 1. 1976 (Wasserstand NN + 5,21 m) sind keine Sturmflutschäden oder Gefahrenzustände aufgetreten. Gewisse Schäden an den Erddeichen konnten während der Niedrigwassertiden gesichert werden.

Das bisherige niedrigste Tideniedrigwasser der Weser auf NN—4,19 m (SKN—2,24 m) trat am 15. 3. 1964 auf. Bis dahin lag der niedrigste Tideniedrigwasserstand auf NN—4,05 m (SKN —2,10 m).

---

[1] s. auch Jahrbuch der Hafenbautechnischen Gesellschaft, 20./21. Band 1950/51.

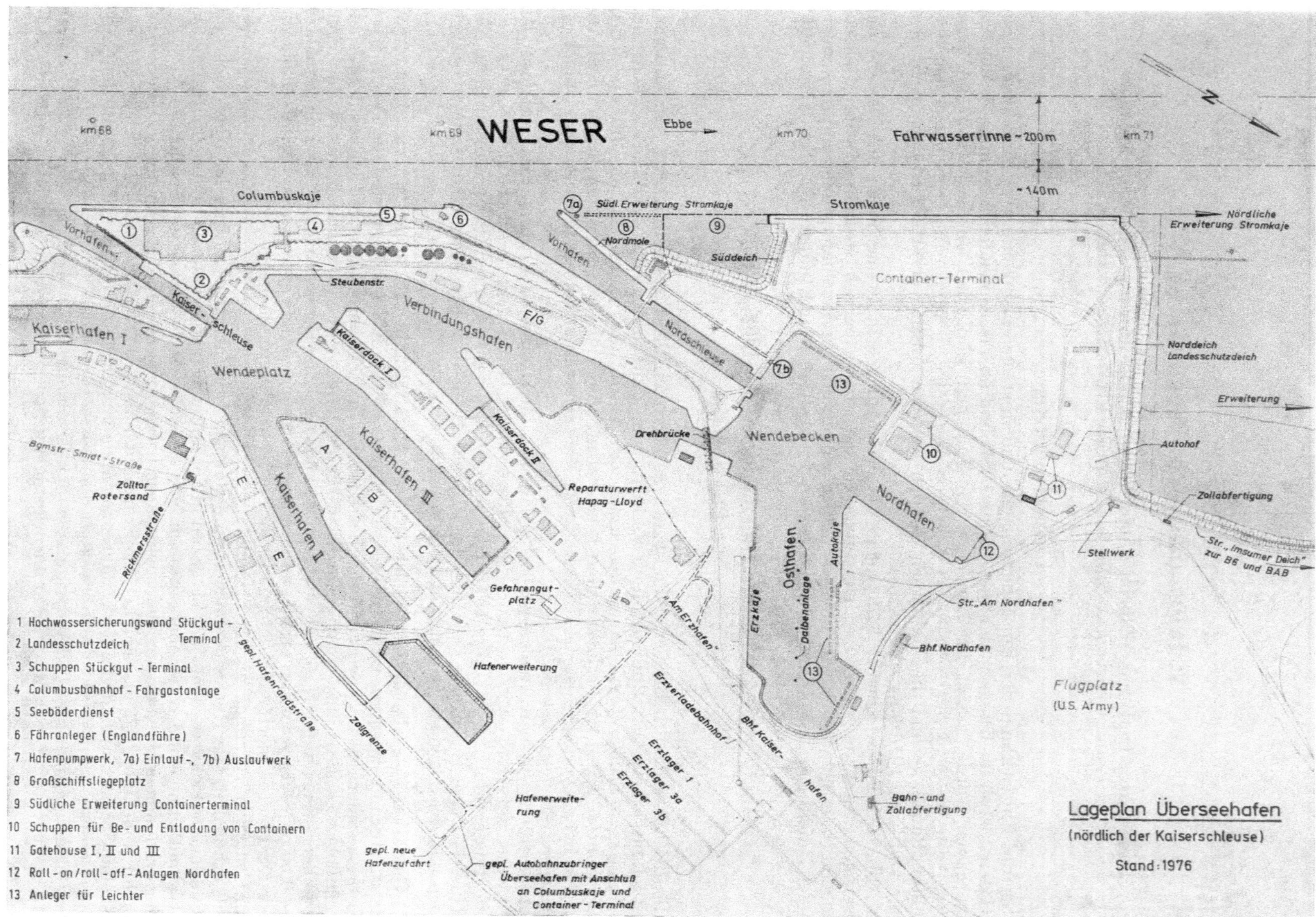

Abb. 2. Lageplan Überseehafen (nördlich der Kaiserschleuse) Stand 1976.

2.1.2 Fähranlage am Nordende der Columbuskaje—Englandfähre. Bei der nördlichen Verlängerung der Columbuskaje wurde die Einfahrtsbreite zum Vorhafen der Nordschleuse von rd. 400 auf 250 m verengt. Wegen der in die Weser hineinragenden Nordmole wurde aus strömungstechnischen Gründen im Übergang von der Columbuskaje zur Vorhafenkaje ein besonderer Molenkopf ausgebildet. In diesen Kopf wurde nachträglich das Fährbett mit der Fährklappe usw. für die Englandfähre eingebaut (s. Ziff. 4.1).

2.1.3 Ausbau Nordhafen. Beim Ausbau des Nordhafens für den Containerumschlag wurden unter Berücksichtigung der Drehmanöver im Wendebecken von großen Schiffen, die die Nordschleuse passieren können, die vorhandene Westkaje um 75 m auf 425 m und die Ostkaje um 50 m auf 375 m verlängert. Als Flügelwände sind dabei auf der Westseite 75 m mit Böschungsanschluß und auf der Ostseite 50 m mit Anschluß an die Osthafenkaje hergestellt worden.

Mit der Verlängerung der Westkaje (Abb. 3) wurden 1967/68 Kranbahnbalken für Containerbrücken hinter der vollen Kajenlänge und eine Roll-on/roll-off-Anlage am Nordende der Kaje erstellt.

1970/71 erfolgte die Verlängerung der Ostkaje ebenfalls mit Herstellung der Kranbahnbalken auf voller Kajenlänge und einer Roll-on/roll-off-Anlage am Nordende. Bei der Verlängerung der Kaje konnte der weiche, bindige Boden nur zum Teil ausgetauscht werden. Mit entsprechenden Verstärkungen entspricht der Querschnitt dem der Verlängerung Westkaje.

Die Ausbildung der Verkehrs- und Aufstellflächen, der Ro-Ro-Anlage und der Straßenbauten sowie der Gleiserweiterung für den Ausbau des Nordhafens wird unter Ziff. 4.2 erläutert.

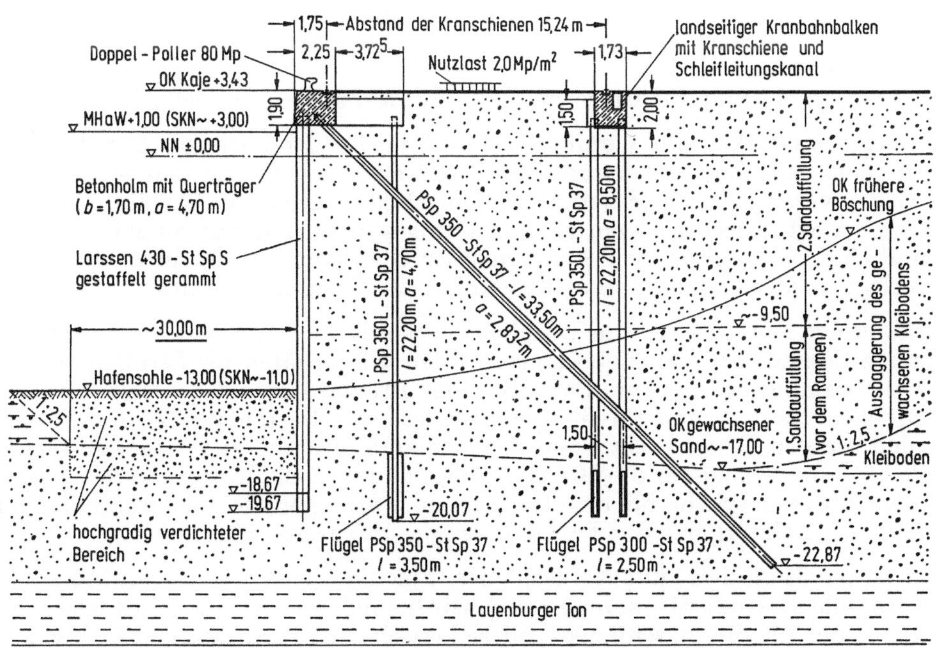

Abb. 3. Querschnitt Verlängerung Westkaje Nordhafen.

2.1.4 Herstellung der Osthafenkaje. Im Anschluß an die Flügelwand der Ostkaje des Nordhafens wurde 1970/71 die Osthafenkaje mit einer Länge von 210 m gebaut und der Osthafen nördlich der vorhandenen Erzdalben mit einer Länge von rd. 260 m auf NN—13,0 m (SKN—11,00 m) ausgebaggert. Die Kaje mit der Oberkante auf NN + 5,0 m ist aus einer wasserseitigen Spundwand mit Schrägpfahlverankerung gebildet und für eine Nutzlast von 2,0 Mp/m² bemessen worden.

2.1.5 Erweiterung der Erzumschlagsanlage. Für die Lagerung von Erz sind östlich des Lagerplatzes 1 zwei weitere Flächen von je 500 m Länge und 60 m Breite hergestellt worden. Hierfür wurden wie beim 1. Lagerplatz Vertikaldräns im Abstand von 3,50 m und eine Sandauffüllung von 3,80 m Dicke eingebaut. Die Be- und Entladung der neuen Lagerplätze erfolgt durch Großraumladegeräte; dadurch entfallen besondere Kranbahnbalken für Be- und Entladebrücken.

2.1.6 Hafenpumpwerk Überseehafen. Mit dem Hafenpumpwerk wird Wasser aus der Weser in den Überseehafen gefördert, um Wasserverluste infolge Schleusungen, Verdunstungen und Undichtigkeiten der Schleusen, Deiche usw. unabhängig von den Tidewasserständen der Weser auszugleichen. Durch den Pumpbetrieb ist es möglich, im Hafen einen ausreichend hohen Wasserstand auch bei lang anhaltenden Ostwindperioden und den daraus resultierenden Niedrigwasserständen in der Weser zu halten.

Das Hafenpumpwerk ist in der 1. Ausbaustufe mit einer Pumpe für eine mittlere Förderleistung von 8 m^3/s ausgerüstet. Sowohl das Einlaufbauwerk als auch das Auslaufbauwerk wurden bereits für die doppelte Leistung ausgebildet. Im Bedarfsfalle kann nach Verlegung einer 2. Druckrohrleitung und Einbau einer zweiten Pumpe die Förderleistung auf 16 m^3/s erhöht werden.

Zum Hafenpumpwerk gehören das Einlaufbauwerk nördlich der Nordmole am Vorhafen der Nordschleuse, das Auslaufbauwerk am Wendebecken westlich des Binnenhauptes der Nordschleuse und die rd. 700 m lange Druckrohrleitung mit 2 Schieberstationen und 1 Be- und Entlüftungsstation zwischen beiden Bauwerken.

Die maschinelle Ausrüstung besteht insbesondere aus einer axialen Propellerpumpe in vertikaler Aufstellung mit im Betrieb verstellbaren Laufradschaufeln und einem direkt angeschlossenen Elektromotor von 700 kW bei einer Betriebsspannung von 6000 V und 365 U/min. Die Fördermenge der Pumpe wird automatisch so geregelt, daß auch bei wechselnden Tidewasserständen der Weser immer mit max. Motorleistung gefahren werden kann. Die Fördermenge liegt zwischen 5,0 und 9,5 m^3/s. Da die Druckrohrleitung aus konstruktiven Gründen über den Wasserständen des Hafens und der Weser liegt, wurde sie als Heberleitung geplant, um die Betriebskosten zu senken. Ein Be- und Entlüftungsventil im Hochpunkt der Leitung erleichtert die Herstellung der Heberwirkung bei Beginn des Pumpbetriebes und bricht das Vakuum beim Abschalten der Anlage. Der Pumpbetrieb kann sowohl vom Einlaufbauwerk als auch vom zentralen Steuerstand vom Binnenhaupt der Nordschleuse gefahren werden. Für das Pumpen soll möglichst der verbilligte Nachtstromtarif ausgenutzt werden.

Die Anlage ist nach eineinhalbjähriger Bauzeit seit Herbst 1975 in Betrieb.

2.1.7 Herstellung eines Dükers im Verbindungskanal an der Drehbrücke. Für den Anschluß der Drehbrücke an den zentralen Steuerstand der Nordschleuse und für den weiteren Ausbau der Strom- und Telefonversorgung im Hafen wurde ein Düker durch den Verbindungshafen nördlich der Drehbrücke verlegt. Hierbei ist ein ca. 77 m langes Stahlrohr mit einem Außendurchmesser von 1,50 m und einer Wanddicke von 8 mm mit der Oberkante ca. 2,5 m unter der Solltiefe der Hafensohle verlegt worden. Es dient als Hüllrohr für 20 Kabelschutzrohre.

2.1.8 Verstärkung der Drehbrücke. Die Drehbrücke wurde 1928/30 bei der Herstellung des Verbindungshafens zwischen dem Wendebecken und den Kaiserhäfen als Straßen- und Eisenbahnverbindung zur Columbuskaje gebaut. Beim Bau der Brücke sind als Belastung für den Straßenbereich die Brückenklasse 30 und für die beiden Gleise die Lastenzüge N und E berücksichtigt worden. Für den Straßen-Schwerlastverkehr zur Englandfähre und zum Stückgutterminal Columbuskaje wurde 1975 die Brücke für die Brückenklasse 60 verstärkt. Aufgrund des geringen Lastenanteiles aus dem Straßenverkehr für das Tragsystem waren für die Lasterhöhung nur Lamellen aus Flachstahl auf die Untergurte der Fahrbahnträger aufzuschweißen.

2.1.9 Modernisierung der Kaiser- und Nordschleuse. Für die Kaiserschleuse (Inbetriebnahme 1895) und für die Nordschleuse (Inbetriebnahme 1930) wurden neben den Unterhaltungsarbeiten für den Korrosionsschutz und für die maschinelle und elektrische Ausrüstung mit erheblichem Aufwand eine Modernisierung nach dem derzeitigen Stand der Technik eingeleitet. Hierbei werden u.a. für die wirtschaftliche Betriebsführung die Bedienung der einzelnen Steuerstände zusammengefaßt.

An der Nordschleuse wurde das Maschinenhaus am Binnenhaupt um 2 Geschosse aufgestockt. Unabhängig vom laufenden Schleusenbetrieb konnten die neuen Steuerungs- und Schaltanlagen aufgebaut werden. Von diesem zentralen Steuerstand werden alle Funktionen der Schleuse sowie der angeschlossenen Drehbrücke und des Hafenpumpwerkes gesteuert. Die Steuerung für die Reihenschlußmotoren der Schleusentorantriebe wurde von handbetätigter Kontrollerschaltung auf eine automatisch geregelte Stromrichterbrückenschaltung (Thyristoren für Phasenanschnittsteuerung) umgerüstet. Das Anfahren der Antriebe erfolgt jetzt so stoßfrei, daß die geplante Auswechslung der ausgeschlagenen Gelenkzahnstangen zunächst zurückgestellt werden konnte.

Zur Steigerung der Standzeit der Laufradlagerung in den Unterwagen der Schleusentore laufen z.Z. Versuche mit Kunststoffbuchsen, die die Nadellagerung ablösen sollen.

2.1.10 Ausbau des Stromversorgungsnetzes. Durch den Bau der neuen Umschlaganlagen sowie durch die Modernisierung der alten Anlagen hat sich der Stromverbrauch im stadtbremischen

Additional material from *1975/76*,
ISBN 978-3-642-81109-8 (978-3-642-81109-8_OSFO3),
is available at http://extras.springer.com

Überseehafengebiet in der Zeit von 1963 bis 1976 von 10,7 Mio kWh auf 27,6 Mio kWh erhöht. Hierfür wurde das Stromversorgungsnetz im Hafen neu konzipiert und erheblich erweitert. An zwei Punkten wird in den 20-kV-Ring des Hafens eingespeist. Die regionale Versorgung erfolgt über 5 Schalthäuser aus diesem Ring heraus. Zur Kontrolle der Netzanlagen von der Schaltwarte aus, wird z.Z. ein elektronisch arbeitendes Fernwirksystem eingebaut, das die bisherige Vieldrahtsteuerung ablösen soll.

2.1.11 Ausbau der Straßen und Parkplätze. Die vorhandenen Straßen und Parkplätze wurden soweit erforderlich erneuert und weiter ausgebaut. Für den Containerumschlag wurden die Straßen „Am Nordhafen", „Am Imsumer Deich" und die „Flughafenstraße", und für den Stückgutterminal Columbuskaje die Zufahrt von der Steubenstraße gebaut.

2.1.12 Ausbau der Gleisanlagen. Neben der Unterhaltung und Erneuerung der vorhandenen Gleise wurden verschiedene neue Weichen an den Umschlagsschuppen eingebaut. Für die Anlagen des Nordhafens und des Container-Terminals sind der Bahnhof Nordhafen und der Bahnhof Stromkaje mit den verschiedenen Zufahrtsgleisen zu den Schuppen und Be- und Entladeflächen gebaut worden. Bei der Herstellung des Stückgutterminals Columbuskaje sind die früheren Gleisanlagen für den neuen Bedarf verändert worden. Mit der Elektrifizierung der Zufahrtsgleise vom Hauptbahnhof Bremerhaven sind auch die Bahnhöfe Kaiserhafen, Erzverladebahnhof und der Bahnhof Nordhafen bis 1974 elektrifiziert worden. Der Güterbahnhof Bremerhaven-Mitte wurde 1966 für den Ausbau der Columbusstraße im Bereich Keilstraße/Lloydstraße abgebrochen.

2.1.13 Hochbauten. Neben der Unterhaltung und Modernisierung der Hochbauten für die Hafen- und Betriebsanlagen wurden die erforderlichen Hochbauten für die Erweiterungen und für die Infrastrukturmaßnahmen der Spezialverkehre hergestellt. Hierzu gehören u.a. Betriebsgebäude für die Englandfähre, Stellwerksgebäude für den Nordhafen, Schalthäuser für die Stromversorgung und Umbauten im Bereich des Columbusbahnhofes II für die Herstellung des Stückgutterminals Columbuskaje.

2.2 Fischereihafen

Die strukturelle Entwicklung der Fischindustrie hat zu einer weiteren Konzentration der fischereigebundenen Firmen geführt. Bei entsprechender Modernisierung reichen die z.Z. genutzten Flächen und Kajen weiterhin für die Fischindustrie aus. Die bisher nicht genutzten Land- und Wasserflächen stehen daher für Industrieansiedlungen zur Verfügung. Verschiedene Ansiedlungen von Umschlags- und Industriebetrieben sowie die wichtigsten Unterhaltungs-, Erweiterungs- und Neubaumaßnahmen werden nachfolgend beschrieben. Die weiteren Planungen für den Bereich des Fischereihafens werden unter Ziff. 5.2 erläutert.

2.2.1 Hafenpumpwerk Fischereihafen. Wie für den Überseehafen mußten früher auch die Schleusungen zum Fischereihafen bei länger andauernden Niedrigwasserständen der Weser infolge von Ostwindperioden eingeschränkt bzw. eingestellt werden. Der niedrigste zulässige Hafenwasserstand im Fischereihafen liegt auf SKN + 2,45 m, der mittlere Hafenwasserstand auf SKN + 3,25 m.

Im Jahre 1969 wurde ein Hafenpumpwerk gebaut. Von dem Einlaufbauwerk an der Westseite des Außenhauptes der Fischereihafen-Doppelschleuse, kann damit Wasser durch die vorhandenen Schleusenumläufe direkt in den Hafen gepumpt werden. Die Ausrüstung besteht aus 2 Pumpen mit einer mittleren Leistung von je 2,25 m^3/s. Diese sind in der Lage, die Schleusungsverluste laufend auszugleichen.

2.2.2 Kaje am Südufer der Geeste. Die frühere Ufersicherung zwischen dem Sturmflutsperrwerk und dem Fähranleger Bremerhaven-Blexen war 1840 als überbaute Böschung mit Mauerskopf und Holzbohlen auf einem Holzpfahlrost und einer landseitigen Holzspundwand für eine Wassertiefe auf SKN —5,0 m, einer Oberkante auf SKN +5,0 m (NN +3,0 m) sowie einer Nutzlast auf der Kaje von 0,5 m Mp/m^2 gebaut worden. Um eine Gefährdung dieser Uferwand auszuschließen, wurde 1975 auf einer Länge von rd. 267 m eine gemischte Spundwand aus Tragbohlen Profil PSp 600 L, StSp S und Füllbohlen Larßen 22/12 (Dreifachbohlen) in StSp/37 ca. 1,5 m vor das vorhandene Bauwerk gerammt. Für die Verankerung dieser Wand sind Schrägpfähle eingebaut und mit der Spundwand stahlbaumäßig verbunden worden (Abb. 4).

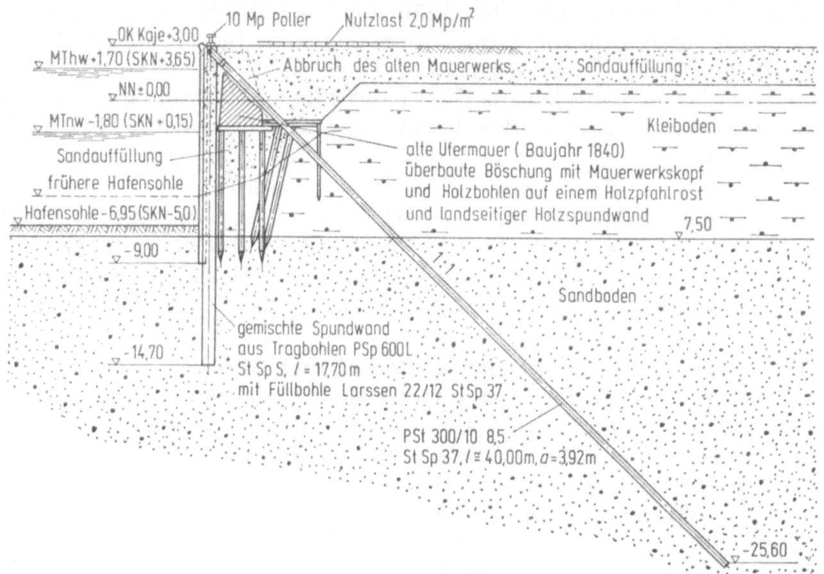

Abb. 4. Querschnitt Südkaje an der Geeste.

2.2.3 Kaje am Nordufer der Geeste. An der Nordseite des Geeste-Ufers wurde die 1926/27 gebaute Kaje zwischen dem Tonnenhof und dem Vorhafen zur Alten Schleuse 1976 verstärkt. Das alte Bauwerk bestand aus einer Winkelstützmauer auf Holzpfählen und einer wasserseitigen Stahlspundwand. Infolge großer Korrosion an der Spundwand wurde eine Sicherung der Kaje erforderlich. Hierfür ist eine neue Stahlspundwand aus Profil L III neu in StSp 37 ca. 1,0 m vor die vorhandene Wand gerammt und mit Horizontalankern und durch einen neuen Stahlbetonholm mit alten Bauwerk verbunden worden.

2.2.4 Ausbau der Stromversorgungsanlage. Der Strombedarf im Fischereihafen ist 1963 bis 1976 von 33 Mill. kWh auf 80 Mill. kWh gestiegen, wodurch die Einspeisung im Süden von 20 kV auf 110 kV umgestellt werden mußte. Zusammen mit der Erweiterung des Mittelspannungsnetzes berücksichtigen die eingeleiteten Ausbaumaßnahmen bis 1990 einen Jahresverbrauch von ca. dem 200 Mill. kWh.

2.2.5 Ausbau der Straßen und Gleisanlagen. Für Betriebserweiterungen und für den erhöhten Kraftfahrzeugverkehr wurden verschiedene Straßenbereiche neu ausgebaut und dem Verkehr angepaßt. Die vorhandenen Gleisanlagen wurden teilweise erneuert und für den zusätzlichen Bedarf erweitert.

2.2.6 Hochbauten. Neben der Unterhaltung und Modernisierung der vorhandenen Hochbauten wurden u.a. Neubauten für die Kühlhäuser, Industriehallen, Sozial- und Betriebsgebäude hergestellt.

2.2.7 Südliche Erweiterung Fischereihafen II. Der Fischereihafen II wird seit 1960 südlich des Kühlhauses für Werften und Umschlags- und Industriebetriebe erweitert (Abb. 5). Folgende Maßnahmen wurden bisher durchgeführt:

— Herstellung der Infrastruktur für einen Werftbetrieb mit 2 Schwimmdocks im Jahre 1962. Hierfür wurden von Bremen die Dockstraße gebaut und die erforderlichen Wasserflächen ausgebaggert.

— Südwestliche Verlängerung Fischereihafen II für den Umschlag von Baustoffen und Futtermitteln in den Jahren 1962—1965. Von Bremen ist hierfür ein Hafenbecken von rd. 500 m Länge und 120 m Breite auf SKN — 7,0 m gebaggert worden. Die Ufermauern und Umschlagseinrichtungen wurden von den Umschlagsfirmen hergestellt.

— Südöstliche Verlängerung Fischereihafen II für weitere Industrieansiedlungen seit 1972. Im Anschluß an die Kühlhauskaje sind 1972 eine Kaje von rd. 300 m Länge und 1975 eine befestigte Böschung von rd. 435 m Länge mit den entsprechenden Hafenflächen für den öffentlichen Umschlag hergestellt worden. Im Jahre 1976 wurde für die Ansiedlung von 2 Industriebetrieben in Verlängerung der Böschungssicherung eine Kaje von rd. 180 m Länge mit einem

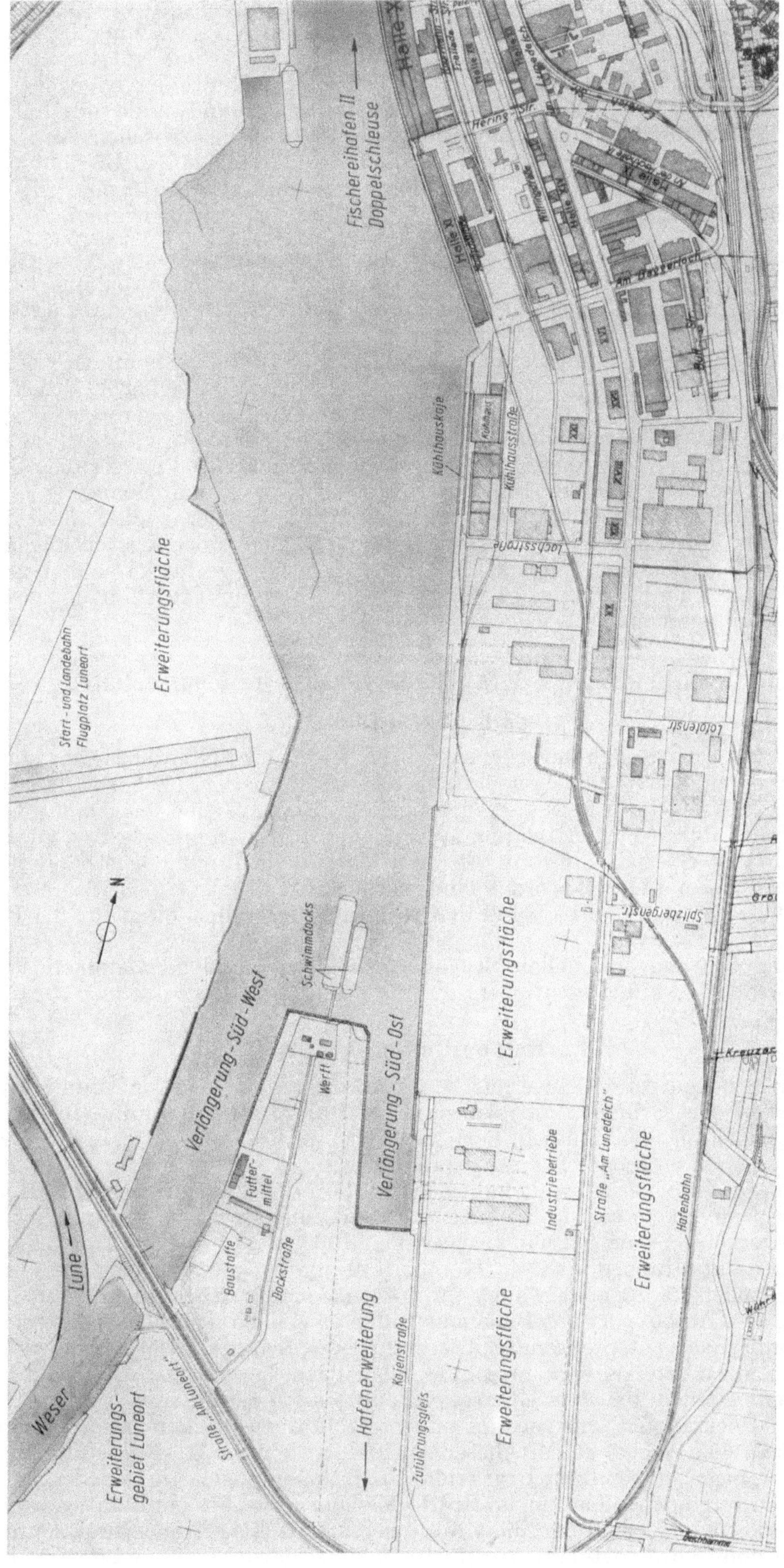

Abb. 5. Lageplan südliche Verlängerung Fischereihafen II.

rd. 200 m langen und 100 m breiten Hafenbecken auf SKN—6,70 m ausgebaut. Die 1972 und 1976 erstellten Kajen liegen mit ihrer Oberkante auf NN + 3,10 m; die Hafensohle vor der Kaje auf NN—7,40 m (SKN—5,45 m). Hinter der Kaje sind Nutzlasten von 2 bis 6,0 Mp/m^2 berücksichtigt worden. Als wirtschaftlichster Querschnitt der Ufersicherung ergaben sich nach den vorliegenden Verhältnissen wasserseitige Spundwände mit Schrägpfahlverankerungen. Während 1972 eine stahlbaumäßige Verbindung zwischen Ankerpfählen und Spundwand gewählt wurde, konnte diese Verbindung 1976 mit einem Betonholm wirtschaftlicher hergestellt werden. Für den landseitigen Anschluß sind 1976 eine rd. 800 m lange Straße und ein Zuführungsgleis von der Straße Am Luneort gebaut worden.

2.2.8 Baggerei und schwimmende Geräte. Die Erhaltung der erforderlichen Wassertiefen in allen Hafenbecken und vor den Kajen an der Weser wird von der Baggereiabteilung des Hansestadt Bremischen Amtes durchgeführt. Seit mehreren Jahren läuft zur Erhöhung der Leistungsfähigkeit ein Modernisierungsprogramm des schwimmenden Geräteparks. Im Frühjahr 1977 soll ein neuer Spüler mit einer installierten Gesamtleistung von 2541 PS in Betrieb genommen werden.

Von der Maschinenbau-Abteilung werden neben verschiedenen beweglichen Brücken im Stadtgebiet auch die Neubauten und Unterhaltungsarbeiten an den Baggereigeräten und an sonstigen Schiffen überwacht. Für die Berufsfeuerwehr wurden der Löschkreuzer „Weser" gebaut, der bei einer Länge von 32,5 m über eine Antriebsleistung von zusammen 4500 PS verfügt. Das 3-Schrauben-Schiff wurde gemeinsam mit der Bundeswasserstraßenverwaltung finanziert und dient der Brandbekämpfung in den Häfen und auf der Außenweser. Das Bremerhavener Institut für Meeresforschung erhielt das Forschungsschiff „Victor Hensen", welches über Einrichtungen zur Grundlagenforschung für Meeresbiologie, -physik, -geologie und -chemie verfügt. Das 39,0 m lange Schiff kann neben 11 Mann Stammbesatzung, 12 Wissenschaftler und auf Tagesfahrten zusätzlich bis zu 52 Studenten an Bord nehmen.

3. Strukturwandel des Stückgutverkehrs im Überseehafen

3.1 Allgemeines

Seit Bestehen des Übersee-Schiffsverkehrs wurde der Stückgutverkehr über mehrere Jahrhunderte nach der sogen. konventionellen Methode abgewickelt. Hierzu gehörte, daß die Güter von Binnenschiffen, Straßen- oder Eisenbahnfahrzeugen in Einzelpartien bis zu 3 t Gewicht zum Überseeschiff an- und abtransportiert wurden. Nachdem für Massengut, wie Erz, Öl, Getreide und Kohlen bereits ab 1950 Spezialschiffe mit Be- und Entladung durch Förderbänder, Pumpenanlagen, Großgreifern usw. entwickelt worden sind, hat sich der Stückgutumschlag erst ab 1960 der technischen Entwicklung im Schiffbau und den technischen Möglichkeiten für die Be- und Entladung angepaßt.

Die Entwicklung des konventionellen Stückgutumschlages zu den modernen Verkehren für Stückgut wird nachfolgend kurz beschrieben.

3.2 Roll-on/Roll-off-Verkehr

Hierbei werden Stückgut und Schwergut in Kraftfahrzeugen, Waggons und sonstigen Fahrzeugen über Straßen oder Schienen auf Fähren bzw. Roll-in/roll-off-Schiffe (Ro-Ro-Schiffe) gefahren. Nach Überquerung von Flüssen, Seen usw. fahren die Transportfahrzeuge zum Zielort. Hierdurch ergibt sich ein optimaler Haus-zu-Haus-Verkehr.

Nachdem sich der Ro-Ro-Verkehr mit Fähren sowohl für den Passagierverkehr als auch für den Gütertransport im Nahverkehr seit Jahrzehnten in allen Teilen der Welt bewährt hat, konnte sich dieser im Überseeverkehr erst nach 1960 durchsetzen. Maßgebend für diese Entwicklung war, daß für den Auto- und Gütertransport sogen. Kombischiffe entwickelt wurden, die sowohl für den Transport von rollenden Ladungen als auch für konventionelles Stückgut und für Container gebaut worden sind. Der Autoexport mit Bananenschiffen usw. nach Amerika bildete eine Zwischenstufe. Hierbei wurde nach entsprechender Ausrüstung des Schiffraumes Leerfahrten der Schiffe vermieden. Nachdem für den Nahverkehr Schiffe mit vertikal beweglichen Bug- und Heckklappen entwickelt wurden, werden für den Überseeverkehr Ro-Ro-Schiffe mit vertikal beweglichen, horizontal starren Heckrampen und vertikal und horizontalbeweglichen Heckrampen für Transportfahrzeuge bis zu 60 t eingesetzt. Mit dieser Ausbildung können Ro-Ro-Schiffe auch an Kajen in Tidehäfen mit weniger aufwendigen Brückenkonstruktionen abgefertigt werden.

Da die an Deck zu verstauende Ladung im Ro-Ro-Verkehr weiterhin zunimmt, gewinnen für diese Verkehrsart Liegeplätze an Bedeutung, die mit schweren Umschlagskranen und Containerbrücken für die Übergabe von Schwerlast-Trailern bis 100 t Einzelgewicht ausgerüstet sind. Die Liegezeiten der Ro-Ro-Schiffe in den Häfen sind infolge der vergleichsweise geringen Raumausnutzung im Schiff sehr teuer. Es muß daher erreicht werden, parallel zum Be- und Entladebetrieb über die Rampe des Schiffes gleichzeitig auch das Deck zu be- und entladen bzw. spezielle Luken des Schiffes zu bedienen.

Von Bedeutung für den Ro-Ro-Verkehr in Überseehäfen ist, daß der Umschlag möglichst unabhängig von Schleusen bei allen Tide-, Wind- und Wellenverhältnissen sowie unabhängig vom Beladezustand der Schiffe durchgeführt werden kann.

3.3 Containerverkehr

Der internationale Austausch von Stückgut war Anfang der sechziger Jahre so angewachsen, daß für die Be- und Entladung der Schiffe nach der konventionellen Methode in den Häfen fast die gleiche Zeit erforderlich wurde wie für den Transport über See. Dies führte zu Überlegungen für neue Transportmethoden und zu Rationalisierungsbestrebungen sowohl für die Behandlung von Stückgut als auch für die Ausbildung neuer Schiffstypen. Hieraus entwickelte sich zunächst in den hochindustrialisierten Ländern der Transport von Stückgut im Sammelbehälter, genannt Container.

Die heute im Verkehr befindlichen Container sind genormte Großbehälter aus Stahl- oder Leichtmetallkonstruktionen, deren Abmessungen so gewählt sind, daß sie auch von der Eisenbahn und auf der Straße transportiert werden können und damit alle Voraussetzungen für den Haus-Haus-Verkehr erfüllen (Tab. 1). Die Container wurden Anfang der sechziger Jahre in den USA zunächst im Landtransport und anschließend im Land-See-Verkehr von der Ost- zur Westküste mit Erfolg eingesetzt. Auch das militärische Nachschubwesen benutzt von dieser Zeit an immer mehr den Container, besonders auch im überseeischen Nachschubwesen. Im Jahre 1966 war dieses Transportsystem so weit entwickelt, daß sich amerikanische Reeder entschlossen, den Containerdienst mit Europa aufzunehmen. Am 2. und 5. Mai 1966 fanden in Rotterdam bzw. Bremen die ersten Schiffsabfertigungen statt. Zu dieser Zeit wurden die Container noch mit konventionellen Frachtern transportiert, die hierfür entsprechend umgebaut oder ergänzt waren. Die Be- und Entladung in den Häfen sowie die Transporte an Land erfolgten zunächst ebenfalls provisorisch mit herkömmlichen Transportgeräten.

Tabelle 1. *Abmessungen und Nutzlasten der Container (Standardtypen)*

Container-bezeichnung	Länge (m)	Breite (m)	Höhe (m)	Eigen-gewicht (t)	max. Nutzlast (t)
35′	10,66	2,43	2,59	2,40	22,10
20′	6,06	2,44	2,44	2,20	18,10
40′	12,19	2,44	2,44	3,50	30,85

Mit der Entwicklung der Container begann die Planung und der Bau von Spezialschiffen, von Be- und Entladekranen in den Häfen, von Spezialfahrzeugen für den Verkehr auf dem Terminal, von Zusatzeinrichtungen für den Eisenbahn- und Straßenverkehr zum Binnenland, von kleineren Schiffen (Feederschiffen) zu den benachbarten Häfen usw. Die Entwicklung im Container-Schiffbau vollzog sich dabei zum Teil so schnell, daß von den Reedern jeweils größere und schnellere Schiffe bestellt wurden, bevor die vorher in Auftrag gegebenen abgeliefert werden konnten (s. Tab. 2). Für die Durchfahrt durch den Panamakanal haben die bisherigen Containerschiffe maximal eine Breite von 32,2 m.

Tabelle 2. *Angaben über Containerschiffe (Schiffsbreiten für die Durchfahrt durch den Panamakanal max. 32,2 m)*

Inbetrieb-nahme	Schiffstyp	Anzahl 20′ Container (Stück)	Reise-geschwindig-keit (kn)	Schiffsabmessungen	
				Länge (m)	Tiefgang (m)
1968	1. Generation	700	20	170–190	8,0–10,0
1970	2. Generation	1500	22	210–230	10,5–11,5
1972/73	3. Generation	3000	26–33	280–290	10,5–13,0

Nachdem in den Häfen auch die Stau- und Verladeprobleme weitgehendst gelöst sind, ist erreicht worden, daß die Be- und Entladezeiten in den Häfen nur noch ein Viertel der Fahrzeiten über See auch für die größten Ladungsmengen betragen.

Die im Verkehr befindlichen Container wurden für Transport von Stückgut (Standarttypen), größerem Einzelgut, Flüssigkeiten, Lebensmittel (Kühlcontainer) usw. ausgebildet.

3.4 Lash-Verkehr

Aus dem Container-Verkehr entwickelte sich für die Länder und Wirtschaftsgebiete, in denen die Häfen nicht entsprechende Ladungsmengen, Zufahrten und Bedienungseinrichtungen für Containerschiffe haben, der Lash-Umschlag (Lash-Leighter aboard ship) mit „schwimmenden Containern" den sog. Leichtern oder Bargen. Für diese Verkehrsart wurden Transportschiffe (Mutterschiffe oder Carrier) mit eigenem Ladegeschirr für die Leichter entwickelt (Tab. 3).

Tabelle 3. *Abmessungen und Tragfähigkeiten von Trägerschiffen (Carrier) und Leichtern (Bargen) im Lash- und Seabee-Verkehr*

Schiffseinheiten	Lash-Verkehr	Seabee-Verkehr
Trägerschiffe (max. Abmessungen):		
Länge (m)	261,40	267,00
Breite (m)	32,20	32,30
Tiefgang		
in Fahrt (m)	11,30	10,80
beim Löschen u. Laden (m)	13,10	12,20
Tragfähigkeiten (tdw)	43 517	38 500
Leichter (Stück)	83	38
Reisegeschwindigkeit (kn)	18	18
Container (Stück, max.)	—	958 (20′)
Leichter:		
Länge (m)	18,75	29,72
Breite (m)	9,50	10,67
Höhe (m)	3,96	5,18
Eigengewicht (t)	87,00	172,00
max. Nutzlast (t)	376,00	847,00

Die Leichter oder Bargen bestehen aus rechteckigen, stählernen Behältern mit wasserdicht verschließbaren Luken ohne schiffbauliche Einrichtungen, wie Ruder, Anker usw. Erst durch den Verbund mehrerer Einheiten entstehen Schiffsformen, die von Schleppern oder Schubschiffen auf Binnenwasserwegen transportiert werden können. Die Leichter ermöglichen damit in gewissem Maße einen Haus-Haus-Verkehr. Die Be- und Entladung kann auch an den kleinsten Hafenanlagen durchgeführt werden. Damit ist die nach dem Lash-Prinzip enstandene Umschlagsart von leistungsfähigen Hafenanlagen unabhängig.

Nach dem Lash-Prinzip haben sich bisher entwickelt:

— Lash-Verkehr mit den Golfhäfen in Nordamerika. Die hierbei eingesetzten Leichter haben eine Tragfähigkeit von 376 t bei einem Gesamtgewicht von 463 t. Die Trägerschiffe (Carrier) können bis zu 83 vollbeladene Leichter mit Portalkranen (Heckelevator) aus dem Wasser heben, zum vorgesehenen Laderaum fahren und dort absetzen.

— Seabee-Verkehr mit den Häfen in Südamerika. Hierbei werden Leichter mit Gesamtgewichten bis zu 1000 t von Hubplattformen über das Heck der Carrier gehoben und waagerecht auf die Einstellplätze abgesetzt. Die Carrier können bis zu 38 Leichter aufnehmen.

Die Seabee-Carrier transportieren auch Container. Nach Tab. 3 können die Trägerschiffe maximal 958 Stück 20′-Container an Deck und in den Bargen aufnehmen.

3.5 Moderner Stückgutverkehr

Der Zwang zur Rationalisierung veränderte mit der Entwicklung zum Sammel- und Behältertransport nach dem Roll-on/roll-off, dem Container- und dem Lash-Verkehr den gesamten konventionellen Stückgutumschlag. Als Alternative zu den vorher beschriebenen Verkehrsarten entwickelte sich der „Moderne Stückgutverkehr". Dieser umfaßt alles Stückgut, das sich nicht containerisieren läßt, in Containern unwirtschaftlich transportiert würde oder in Gebiete transportiert werden muß, die für die neuen Verkehrsarten noch nicht erschlossen sind. Zum anderen umfaßt er jene Güter, die sowohl im Export als auch im Import wirtschaftlicher in großen Schiffen gefahren und in den Häfen zunächst zwischengelagert werden (Distributionsdepot).

Im Export fallen für den modernen Stückgutverkehr insbesondere massenhafte Güter wie Pipeline- und Gasrohre, Profilstahl, Rohmetallprodukte (Coils), Bauteile für Industrieanlagen oder ähnliche Projekte (Kraftwerke, Meerwasserentsalzungsanlagen usw.) an. Solche Produkte werden im Seehafen zwischengelagert, nach Anforderungen des Empfängers bzw. der Baufirmen abgerufen und in Schiffen verstaut, die als sogenannte Projektschiffe dann den Weitertransport ausführen.

Für den Import legen ausländische Erzeuger, die mit inländischen Erzeugern im Wettbewerb stehen (Kraftfahrzeuge, Papier, Zellulose) aus marktbedingten Gründen im Hafen Verteilungslager an. Je nach Marktlage bringen voll abgeladene Schiffe die Produkte von Übersee zu dem Lager.

Die Be- und Entladung dieser Schiffe erfolgt für Stückgut nach der konventionellen Lift-on/lift-off-Methode mit Einzellasten bis zu 100 t, nach dem Ro-Ro-Verkehr mit entsprechenden Brückenkonstruktionen und mittels Containerbrücken. Die Ausbildung und Ausrüstung der Umschlagsanlagen für den modernen Stückgutverkehr entspricht den Anlagen für einen leistungsfähigen Ro-Ro-Verkehr.

Im modernen Stückgutverkehr werden schnellfahrende Schiffe eingesetzt, für deren Abfertigungen in den Häfen, wie bei Ro-Ro-Schiffen, besondere Wartezeiten vor und in Schleusen zu zeitlichen Verzögerungen und damit zu Verteuerungen führen.

4. Herstellung der Anlagen für Spezialverkehre

4.1 Roll-on/Roll-off-Anlagen

4.1.1 Fähranlage am Nordende der Columbuskajer (Englandfähre). Die erste Spezialanlage für die Abfertigung von Roll-on/roll-off-Schiffen (Ro-Ro-Schiffen) in Bremerhaven wurde am nördlichen Ende der Columbuskaje gebaut und im Mai 1966 für den Passagier- und Stückgut Verkehr von und nach Harwich/England in Betrieb genommen.

Für diese Anlage, die im Tidebereich direkt an der Weser liegt, sind u.a. folgende Einzelbauwerke erstellt worden:

- Liegeplatz mit besonderen Führungsfendern, Anlegefendern und Pollern für Fährschiffe.
- Rampenanlage, bestehend aus einem 23 m langen festen, gepflasterten Teil und einer 25 m langen beweglichen Stahlbrücke. Mit einer Schiffsklappe, die am Schiff ca. 2,5 m über dem Wasserspiegel liegt, kann Umschlag bei Tidewasserständen der Weser von 0,65 m unter MTnw bis 1,0 m über MThw durchgeführt werden. Die bewegliche Schiffsklappe hat an Leiterpfählen Feststellvorrichtungen in Höhenabschnitten von 0,5 m. Mit einer wasserseitigen Klappenbreite von 7,60 m können Schiffsbreiten bis 20,0 m abgefertigt werden. Die zulässigen Nutzlasten auf der beweglichen Rampe wurden 1973 nach einer entsprechenden Verstärkung von Brückenklasse 30 auf Brückenklasse 60 erhöht.
- Aufstellflächen für den rollenden Verkehr von 13000 m^2 direkt hinter der Rampe, Aufstellflächen für Gangways usw.
- Abfertigungsgebäude für Passagiere und Stückgut.
- Bahnsteig für Personenzüge.
- Haltestellen für Busse sowie Aufstell- und Abstellplätze für Pkw's.

Die Fähranlage liegt vor dem Landesschutzdeich. Infolge ungünstiger Witterungsverhältnisse oder durch Hochwasser mußten bisher im Mittel 2 Abfertigungen im Jahr im Hafen hinter den Schleusen durchgeführt werden.

4.1.2 Roll-on/Roll-off-Anlagen im Nordhafen. Im Nordhafen sind für den Pkw- und Güterumschlag vor Kopf der Westkaje und vor Kopf der Ostkaje 1966 und 1970 Roll-on/roll-off-Anlagen in die nördliche Abschlußkaje gebaut worden. Diese wurden wie folgt ausgebildet:

- Nördlich der Westkaje wurde der Stahlbetonkopf der Querwand so hergerichtet, daß Ro-Ro-Schiffe ihre Schiffsklappen direkt auflegen können. Da der mittlere Hafenwasserstand im geschleusten Hafengebiet ca. 2,50 m unter der Kajenoberkante liegt und nur um wenige Dezimeter schwankt, können hier fast alle in Fahrt befindlichen großen Ro-Ro-Schiffe abgefertigt werden. Die Auflagerfläche wurde soweit ausgebildet, daß sie für alle Schiffsbreiten ausreicht. Der Kajenkopf kann alle Belastungen der Schiffsklappe aufnehmen.

— Vor Kopf des nördlichen Liegeplatzes an der Ostkaje ist eine bewegliche Rampe mit einer Tragfähigkeit für Brückenklasse 60 ausgebildet worden. Diese Klappe mit einer Länge von 20 m, einer wasserseitigen Breite von 21,50 m und einer landseitigen Breite von 12,40 m ermöglicht die Abfertigung von Schiffsbreiten bis zu 42 m. Über diese Anlage können alle bekannten Schiffstypen mit unterschiedlichen Klappenlängen und verschiedenen Höhenlagen der Klappen am Schiff auch bei Schiffskrängungen usw. abgefertigt werden [1] [2].

Für die Ro-Ro-Anlagen stehen im Zusammenhang mit den Einrichtungen für den Containerumschlag und den Autoumschlag auf der Ostseite des Nordhafens zur Verfügung:

— auf der Westkaje 2 Containerbrücken mit je 54 t Tragfähigkeit.
— auf der Ostkaje 1 Containerbrücke mit 54 t Tragfähigkeit.
— Aufstellflächen von 110000 m² auf der Westseite und 90000 m² auf der Ostseite mit jeweils mehreren Eisenbahnzuführungs- und Be- und Entladegleisen.
— je 2 Bahngleise unmittelbar hinter der West- und Ostkaje, über die gegebenenfalls mit den Containerbrücken direkt umgeschlagen werden kann.
— auf der Westseite 2 Schuppen mit insgesamt 11000 m² Grundfläche und je 2 Eisenbahngleiszuführungen für die Be- und Entladung von Containern usw.

4.2 Container-Terminal

4.2.1 Allgemeines. Nach über 40jährigen Erfahrungen bei Schiffsabfertigungen an der unmittelbar an der Weser gelegenen Columbuskaje wurde davon ausgegangen, daß auch an einer neuen Kaje für den Containerumschlag nördlich der Nordschleuse sichere An- und Ablegemanöver für größere und kleinere Schiffe durchgeführt werden könnten. Diese Annahmen haben sich nach 5jährigem Betrieb an der Stromkaje mit einer derzeitigen Nutzlänge von etwa 1000 m voll bestätigt. Sowohl in nautischer als auch in betrieblicher Hinsicht haben sich keine Schwierigkeiten ergeben.

Für die auf der Hafenerweiterungsfläche nördlich der Nordmole errichtete Containerumschlagsanlage sind die Standortbedingungen sehr günstig. Hier besteht die Möglichkeit, auf einer Länge von ca. 3100 m zehn Großschiffsliegeplätze direkt an der Weser mit einer Hinterlandfläche von 2 Mio m² herzustellen. Diese Anlage ist mit dem bereits seit 1968 in Betrieb befindlichen Container-Terminal am Nordhafen hinter der Nordschleuse zusammengefaßt worden. Mit der Vertiefung der Außenweser auf SKN — 12,0 m können die seit 1972 in Fahrt befindlichen Containerschiffe der 3. Generation unabhängig von der Tide den Container-Terminal Bremerhaven erreichen.

Als 1. Baustufe der Containeranlage an der Weser wurde 1969—1972 von der Stadtgemeinde Bremen u.a. folgende Infrastruktur erstellt (Abb. 2).

— Kajenlänge von rd. 1000 m für drei Containerschiffe der 3. Generation bzw. einer entsprechenden Zahl von kleineren Schiffen (Feederschiffe usw.). Im Nordhafen stehen vier weitere Großschiffsliegeplätze an der West- und Ostkaje zur Verfügung.
— Hochwasserfreie Hinterlandfläche bis zu den Containeranlagen am Nordhafen von rd. 600000 m². Mit den Flächen am Nordhafen ergeben sich insgesamt rd. 800000 m² für den Containerumschlag.
— Verkehrseinrichtungen zum Binnenland über Straßen und Eisenbahn mit den Bahnhöfen „Nordhafen“, „Stromkaje“, den Gleisanlagen auf den Umschlagsflächen usw.
— Stromversorgungsanlagen für den Betrieb auf dem Container-Terminal mit einer installierten Trafoleistung von 8 MVA.

Von der Bremer Lagerhaus-Gesellschaft sind im Rahmen der Suprastrukturmaßnahmen u.a. hergestellt bzw. für den Betrieb angeschafft worden:

— Pflasterung der Verkehrs- und Abstellflächen einschl. Kanalisation, Beleuchtung sowie Stromanschlüsse für 250 Kühlcontainer.
— Einzäunung der Gesamtanlage mit den Verwaltungsgebäuden Gatehouse I und II an der zentralen Zu- und Abfahrt zum Container-Terminal mit den Einrichtungen für den „Informationsprozeß“ für die Dispositions- und Steuerungsaufgaben aller Abfertigungs- und Leitstellen. Ein drittes Gatehouse ist im Bau.
— Be- und Entladeanlagen (für das Umstauen von Containern stehen zwei Schuppen auf der Westseite des Nordhafens mit einer Gesamtfläche von rd. 11000 m² zur Verfügung) einschließlich der erforderlichen Sozialeinrichtungen, Anlagen für die Zollabfertigung usw.

— Für den Containerumschlag 8 Containerbrücken auf der Stromkaje. Mit den beiden Brücken auf der Westseite und einer Brücke auf der Ostseite des Nordhafens stehen 11 Brücken mit Tragfähigkeiten bis 54 t zur Verfügung.
— Für den Transport von Containern 30 Portalhubwagen, 30 Service Chassis und 30 Zugmaschinen. Die Wartung und Reparatur dieser Geräte erfolgt in besonderen Werkstattgebäuden.

Für die Reparatur- und Unterhaltungsarbeiten der Container haben sich im Hafenbereich außerhalb des Terminals verschiedene Firmen eingerichtet.

Über die Planung und Durchführung der Baumaßnahmen für den Container-Terminal liegen verschiedene Veröffentlichungen vor [3] [4]. Im Rahmen dieser Zusammenstellung wird daher nur allgemein hingewiesen auf:

— Herstellung einer hochwassersicheren Anlage an der Weser,
— Ausbildung der Stromkaje,
— Herrichtung der Verkehrs- und Abstellflächen,
— Ausbildung der Straßen und Eisenbahnverbindungen.

4.2.2 Herstellung einer hochwassersicheren Anlage an der Weser. Bereits bei der Planung bestand die Forderung, die Containerumschlagsanlage direkt an der Weser hochwasserfrei auszubilden. Nur hierdurch konnten den Reedern verbindliche Zusagen auf eine sichere Umschlagsanlage gemacht werden. Für das theoretische höchste Hochwasser für Bremerhaven auf SKN + 7,90 m (NN + 5,95 m) wurde unter Berücksichtigung der örtlichen Verhältnisse im Anschluß an den vorhandenen Landesschutzdeich der Norddeich auf SKN + 9,90 m (Sollhöhe) und der Süddeich auf SKN + 8,60 m hergestellt. Für die Hochwassersicherung im Bereich der Kaje ergaben sich folgende Möglichkeiten:

— Oberkante der Kaje auf SKN + 7,0 m entsprechend der Oberkante der Columbuskaje mit einer besonderen Hochwassersicherungswand landseitig der Containerbrücken unter Inkaufnahme der damit verbundenen betrieblichen Schwierigkeiten infolge Deichschartdurchfahren usw.
— Oberkante der Kaje auf eine Höhe, die bei höchsten Tidewasserständen nicht überflutet wird.

Nach Modellversuchen von Herrn Prof. Dr.-Ing. E.h. Dr.-Ing. W. Hensen im Franziusinstitut der T.U. Hannover ergab sich bei Ausbildung einer Wellenkammer unter der Kajenoberkante eine hochwassersichere Kajenoberkante auf SKN + 9,45 m (NN + 7,50 m). Um betriebliche Schwierigkeiten zu vermeiden, wurde die Kaje mit der Wellenkammer ausgebildet.

4.2.3 Ausbildung der Stromkaje. Für die Stromkaje mit der Oberkante auf NN + 7,50 m (SKN + 9,45 m) wurde die Hafensohle auf NN — 19,0 m (SKN — 17,05 m) festgelegt. Diese Höhenlage der Hafensohle berücksichtigt eine Vertiefung der Fahrrinne der Außenweser auf SKN — 14,0 bis 14,5 m. In einer ca. 60,0 m breiten Wanne vor der Kaje können Schiffe bei niedrigen Tidewasserständen eintauchen, die unter Anpassung an das Tidehochwasser Bremerhaven anfahren. Der mit der Stromkaje zu sichernde Geländesprung beträgt 26,50 m.

Bei der Ausbildung der Kaje wurden entsprechend den möglichen Schiffsgrößen für die geplanten Wassertiefen die Belastungen aus Schiffsstoß, Pollerzug usw. für Massengutschiffe von 140 000 tdw zugrundegelegt.

Für die Containerschiffe der 3. Generation sind nach eingehender Untersuchung der für die Schiffskonstruktion zulässigen Anlege- und Anliegedrücke, dem erforderlichen Liegeverhalten der Schiffe usw. zwei bis drei übereinander hängende Gummizylinder (Elastomere) mit Außendurchmesser von 1,75 m und Innendurchmesser von 1,25 m im Längsabstand von rd. 30 m eingebaut worden.

Zusätzlich wurden für Zubringerschiffe (Feederschiffe) darüber noch je ein Gummizylinder mit Außendurchmesser von 1,25 m angeordnet.

Die Ausbildung des Kajenquerschnittes für die Stromkaje ist in Abb. 6 dargestellt.

4.2.4 Ausbildung der Straßen- und Eisenbahnverbindung. Bei der Herstellung der Stromkaje mit 3 Großschiffsliegeplätzen und den Anlagen am Nordhafen, wurde für die Straßen- und Gleisverbindungen zum Binnenland mit einer Umschlagskapazität von jährlich 450 000 Containern gerechnet. Für den An- und Abtransport wurden 80% durch die Bundesbahn und 20% über die Straße geschätzt.

Mit dem Ausbau des Nordhafens wurden die Straßen „Am Erzhafen“ und „Am Nordhafen“ 1969 fertiggestellt. Hiermit wurde u.a. bei Ausfall der Eisenbahndrehbrücke im Hafen eine Ver-

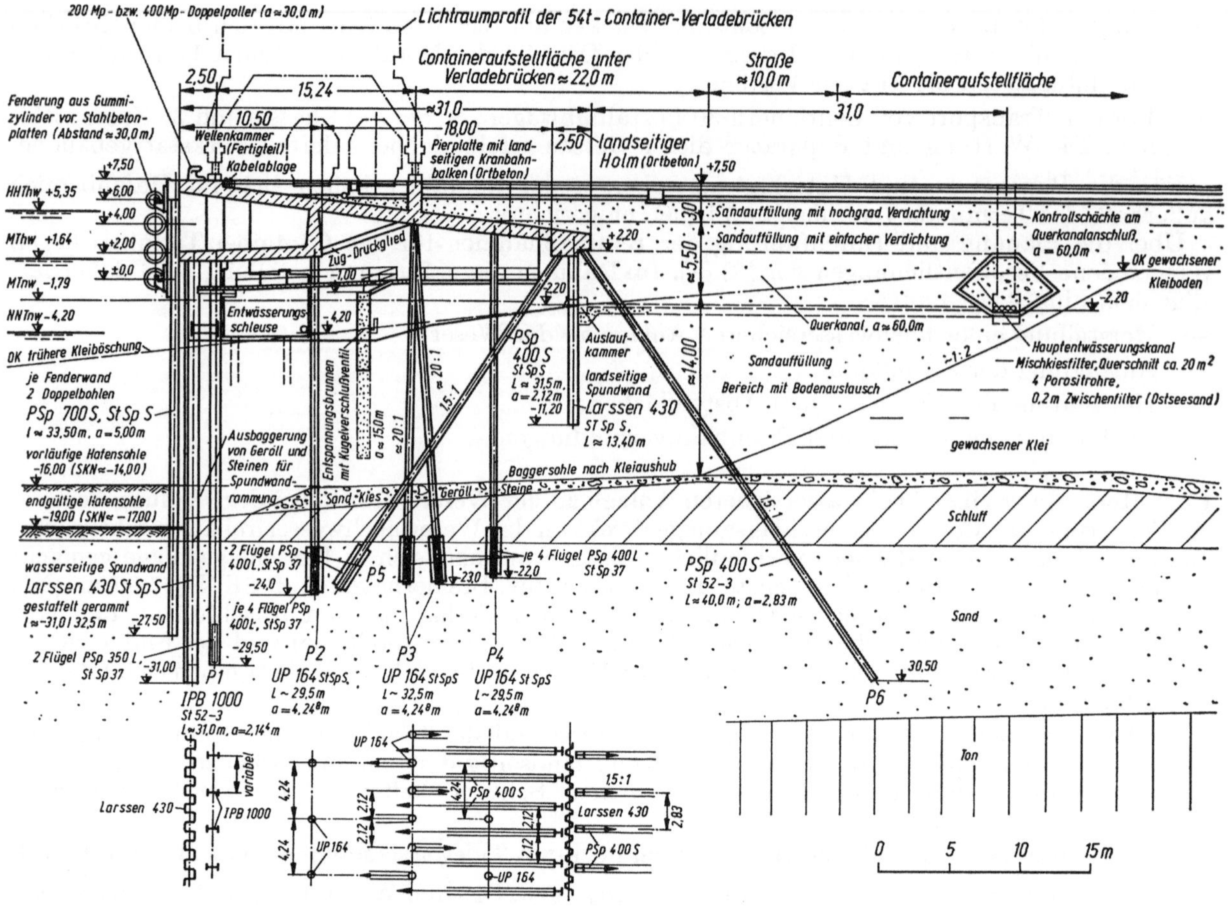

Abb. 6. Querschnitt Stromkaje.

bindung zur Nordschleuse und zur Columbuskaje erreicht. Für den Container-Terminal besteht damit eine Verbindung zum Zolltor „Roter Sand".

Zusätzliche wurde mit der Zollabfertigung an der Straße „Am Imsumer Deich" und dem Ausbau der „Flughafenstraße" eine Verbindung zur „Wurster Straße", zur Bundesstraße 6 und zur Autobahnumgehung Bremerhaven über den Autobahnzubringer Überseehafen nördlich der Wurster Straße geschaffen. Nach Fertigstellung der Autobahn Bremen—Bremerhaven im Jahre 1977 ergibt sich ein leistungsfähiger Anschluß an das Autobahnnetz. Für die weitere Zukunft ist der Anschluß des Autobahnzubringers Überseehafen an den Container-Terminal geplant.

Folgende Eisenbahnanlagen wurden für den Container-Terminal ausgebaut:

— Erweiterung und Elektrifizierung des „Bahnhofes Kaiserhafen".
— Herstellung und Elektrifizierung des „Bahnhofes Nordhafen" mit Gleisanschluß vom Streckengleis und vom „Bahnhof Kaiserhafen".
— Bahn- und Zollabfertigungsanlagen für täglich je 18 eingehende und ausgehende Containerzüge, Gleisbildstellwerk usw.
— „Bahnhof Stromkaje" mit Gleisen für die Be- und Entladung von Containern auf dem Container-Terminal und auf der Stromkaje.

4.3 Lash-Anlagen

4.3.1 Allgemeines. Die Umschlagsanlagen für den Lash-Verkehr wurden im Bereich des Wendebeckens und des Osthafens hinter der Nordschleuse hergestellt. Die Größen und Tragfähigkeiten der für diese Verkehre eingesetzten Carrier (Trägerschiffe) und Bargen (Lash und Seabee-Leichter) sind in Tab. 3 angegeben. Als Liegeplatz für die Trägerschiffe wurden die vorhandenen Dalben am

Erzhafen so erweitert, daß neben den Erzschiffen an der Südseite auch Trägerschiffe an der Nordseite der Dalben anlegen können. Für Trägerschiffe, die außer Leichter auch Container ent- oder beladen, stehen die mit Containerbrücken ausgerüsteten Kajen an der Ost- bzw. Westseite des Nordhafens zur Verfügung. In diesem Hafenbereich wird eine Wassertiefe von rd. 14,0 m vorgehalten. Diese reicht auch für das Löschen und Beladen von Seabee-Carriern aus.

Für Leichter, die für die Beladung der Trägerschiffe bereitgestellt bzw. nach der Entladung zunächst abgelegt werden müssen, sind Anlegemöglichkeiten in der Verlängerung der Osthafenkaje, an der Ostseite des Osthafens und auf der Westseite des Wendebeckens mit einer Gesamtlänge von rd. 665 m hergestellt worden. An diesen Anlagen können bei vier voreinander liegenden Leichtern rd. 130 Lash-Bargen oder rd. 90 Seabee-Bargen liegen. Im Bereich des Leichter-Verkehrs (Fleeting Area) wurde eine Wassertiefe von mindestens 5,0 m hergestellt.

Die Zusammenstellung von Leichtern zu Schub- bzw. Zugeinheiten (Marshalling-Area) für den Weitertransport zu den Hafenanlagen an der Unterweser bzw. die Auflösung beim Rücktransport erfolgt vor den Anlegern. Für den An- und Abtransport werden beim Lash-Verkehr 3 bis 13 Leichter und beim Seabee-Verkehr 3 bis 4 Leichter zu Schubeinheiten miteinander verbunden.

4.3.2 Dalbenliegeplatz für Trägerschiffe (Carrier). Der vorhandene Dalbenliegeplatz mit 7 Dalben wurde für die neue Nutzung umgebaut und erweitert. Hierzu gehörten der Einbau neuer Einrohr-Dalben ⌀ 1,80 m für Schiffsstöße bis 220 Mp und Arbeitsvermögen von 90 Mpm, die Ausbildung von begehbaren, 3,0 m breiten Dalbenköpfen mit Anlegeflächen aus Bongossihölzern und die Ausrüstung der Dalbenköpfe mit 100 Mp-Doppelpollern, Haltekreuzen, Steigeleitern, Beleuchtung, Telefonanschluß einschl. aller erforderlichen Sicherheitseinrichtungen. Zunächst wurden für einen Schiffsliegeplatz die erforderlichen Wassertiefen gegenüber der Osthafenkaje gebaggert. Für das Übersetzen der Schiffsbesatzungen, Stauer usw. von Schiffen am Dalbenliegeplatz wurde ein Bootsanleger am Liegeplatz für Leichter in Verlängerung der Osthafenkaje hergestellt.

4.3.3 Anleger für Leichter (Bargen). Die Anlegeeinrichtungen für Leichter wurden aus Stahlpontons gebildet, die zwischen Führungspfählen schwimmen und sich den schwankenden Hafenwasserständen anpassen. Für das Anlegen wurden Anlegestöße von 2,0 Mp und Arbeitsvermögen von 4,0 Mpm zugrunde gelegt.

Von diesen Stahlpontons aus werden auch Ausrüstungsarbeiten und kleine Reparaturen an den Leichtern durchgeführt. Als Nutzlasten für die Pontons, Zugangsstege usw. waren 0,5 Mp/m^2 zu berücksichtigen.

Für die Anleger in den 3 Anlegebereichen wurden hergestellt:

— 30 Stück Anlegepontons (Länge 19,25 m, Breite 4,0 m, Seitenhöhe 1,35 m) aus Schiffbaustahl mit horizontalen Scheuerleisten an der Anlegeseite als Rammschutz.

— Führungspfähle für die Halterungen der Pontons aus KP 38 im Abstand von rd. 20 m. Diese wurden mit Steigeleitern und ca. 14 m über ihrer Oberkante mit Beleuchtungseinrichtungen ausgerüstet.

— Zufahrtsstraßen für den An- und Abtransport von Ausrüstungsgegenständen, Reparaturmaterial usw. mit Abstellplätzen.

— Bewegliche Stege von den Zufahrtsstraßen zu den Pontons in einem Abstand von ca. 60 m.

4.4 Stückgut-Terminal Columbuskaje

4.4.1 Allgemeines. Durch den Rückgang im Übersee-Passagierverkehr bot sich die Möglichkeit, für den expandierenden Stückgutumschlag südlich der Fahrgastanlage II die größte geschlossene Stückgutumschlagsanlage in den bremischen Häfen direkt an der Weser zu bauen. Hinter einer Kajenlänge von rd. 540 m wurden 1974/75 nach dem Abbruch der Fahrgastanlage I ein rampenloser, 28000 m^2 großer Schuppen und eine Freifläche von rd. 45000 m^2 hergestellt. Da diese Anlage vor dem Landesschutzdeich liegt, ist sie mit einer 2,50 m hohen Hochwassersicherungswand umschlossen worden. Für den Betrieb wurde eine ausreichende Anzahl von elektrisch angetriebenen Deichscharttoren mit Durchfahrtsbreiten von 10,0 und 15,0 m hergestellt.

Die Betriebs- und Schuppenflächen können mit Nutzlasten bis 4,0 Mp/m^2 belastet werden. Für den Schiffsumschlag stehen auf der Kaje die früheren Krane sowie eine neue Containerbrücke mit einer Tragfähigkeit von 54,0 Mp zur Verfügung. Der Transport zwischen der Kaje, den Lagerflächen und den Schuppen wird von Gabelstaplern und Hubwagen durchgeführt.

Für den Verkehr zum Binnenland sind auf der Freifläche Be- und Entladegleise verlegt worden. Die Straßenzufahrt erfolgt von der Steubenstraße durch zwei Einfahrtstore.

Die ausgeführten Baumaßnahmen für den Terminal sind in [5] und [6] beschrieben. Für die neue Containerbrücke wurden die vorhandenen Kranbahnschienen auf die erforderlichen Höhen und Spurbreite verlegt. Im Rahmen dieser Arbeiten ist die gesamte Kajenfläche umgepflastert worden.

4.4.2 Umordnung der Anlagen auf der Columbuskaje. Für die Ausbildung der Stückgutumschlagsanlage auf dem Südteil der Columbuskaje wurde der Seebäderdienst (Helgolandverkehr) von der früheren Fahrgastanlage I nach Norden zwischen Fahrgastanlage II und der Fähranlage verlegt. Gleichzeitig sind neue Parkplätze an der Nordschleuse und ein Bahnsteig nördlich der Fahrgastanlage II mit entsprechenden Zuwegungen hergestellt worden.

Für den Überseepassagierverkehr und für den Umschlagsverkehr können an der Fahrgastanlage II weiterhin gleichzeitig 3 Fahrgastschiffe abgefertigt werden.

4.4.3 Sicherungsmaßnahmen für die Columbuskaje. An der von 1925 bis 1928 erbauten Columbuskaje wurden folgende Verbesserungen für die Standsicherheit durchgeführt:

— Einbau einer rd. 1,50 m dicken und rd. 20,0 m breiten Schicht aus Schwer-Schlacke unterhalb SKN — 10,50 m für die wasserseitige Stützung unterhalb der Hafensohle.

— Herstellung einer Grundwasserabsenkungsanlage ca. 25,0 m hinter der Kajenvorderkante für die Reduzierung des Grundwasserüberdruckes auf die Kaje. Diese besteht aus einer rd. 1,10 m breiten und 6,0 m tiefen Dränage aus Filterkies, ca. 3,0 m unter Kajenoberkante. Im Längsabstand von ca. 40,0 m wurden Schächte mit Pumpen angeordnet, die das Grundwasser bis zur vorgesehenen Absenkung in die Weser pumpen.

5. Planungen für den weiteren Ausbau der Hafenbereiche

5.1 Allgemeines

Nach umfangreichen Untersuchungen wurde 1975 der 1. Hafenentwicklungsplan für Bremen und Bremerhaven fertiggestellt. In diesem Plan werden die nach der derzeitigen Übersicht erforderlichen öffentlichen Infrastruktur-Investitionen in den Häfen bis 1985 angesprochen. Ausgehend von den vorhandenen Hafenanlagen und den derzeitigen Umschlagsverkehren sind dabei Prognosen für die weitere Verkehrs- und Umschlagsentwicklung und Leitlinien für die erforderlichen Erweiterungen und Neubauten von Hafenanlagen aufgestellt worden. Von der Vielzahl der Faktoren, die die künftige Verkehrs- und Umschlagsentwicklung beeinflussen, wurden u.a. Landes-, bundes- und weltpolitische Probleme, wirtschaftspolitische Fragen, technische Entwicklungen und die geographische Lage berücksichtigt.

Mit dem Hafenentwicklungsplan sind die Umrisse der bremischen Hafenpolitik für die kommenden Jahre abgesteckt. Die private Hafenverkehrswirtschaft erhält damit für ihre Suprastruktur-Investitionen und geschäftlichen Entscheidungen Anhaltspunkte über die vorgesehenen öffentlichen Infrastruktur-Investitionen. Der Hafenentwicklungsplan muß in bestimmten Zeitabständen anhand gewonnener neuer Erkenntnisse überprüft werden.

5.2 Überseehafen

Für den weiteren Ausbau der Containerumschlagsanlage ist die südliche Verlängerung der Stromkaje bis zur Nordmole am Vorhafen der Nordschleuse vorgesehen. Auf der noch freien Länge von ca. 540 m soll ein weiterer Liegeplatz für Containerschiffe mit einer Hinterlandfläche von ca. 100000 m² und ein Großschiffsliegeplatz als Warte- und Ausrüstungsplatz für Schiffe der Werften usw. gebaut werden. Für eine evtl. Verlängerung der Stromkaje nach Norden um vorläufig ca. 1500 m wurde das Hafengebiet bis zum Auslauf des Grauen-Wall-Kanals erweitert.

Am Südende der Columbuskaje kann bei Bedarf für moderne Ro-Ro-Schiffe mit beweglichen Heck-Seiten-Rampen eine Roll-on/roll-off-Anlage als Ergänzung des Stückgut-Terminals gebaut werden.

Durch die Nordschleuse können Erzschiffe mit einem Tiefgang von etwa 13,0 m und einer Tragfähigkeit von rd. 80000 tdw unter Anpassung an die Tide die Erzumschlagsanlage erreichen. Es wird z.Z. untersucht, mit welchen Anlagen Erzschiffe bis rd. 125000 tdw an der Weser nördlich der Nordmole abgeleichtert werden können.

Für hafengebundene Betriebe stehen nördlich der Franziusstraße weitere Flächen für Ansiedlungen zur Verfügung.

Mit dem „Autobahnzubringer Überseehafen" sollen die Columbuskaje und der Containerterminal an das Bundesautobahnnetz angeschlossen werden. Hierfür ist eine neue Haupthafeneinfahrt mit Anlagen für die Zollabfertigung, mit Autohöfen usw. vorgesehen.

Für den weiteren Ausbau der Gleisanlagen ist bei Bedarf ein direkter Anschluß der Hafen-Bezirksbahnhöfe an den Bahnhof Speckenbüttel geplant. Hier besteht auch die Möglichkeit, einen Haupt-Hafenbahnhof auszubilden.

5.3 Fischereihafen

Nach der Umstruktuierung und Konsolidierung der Fischereibetriebe und der fischverarbeitenden Betriebe reichen die vorhandenen land- und wasserseitigen Anlagen aus. Durch eine laufende Modernisierung der Anlagen können die erforderlichen Kapazitätserweiterungen geschaffen werden.

Damit stehen die noch freien Flächen im Hafengebiet für die Ansiedlung hafengebundener Betriebe zur Verfügung. Das Gebiet am Fischereihafen II ist als gewerbliche Baufläche ausgewiesen und kann für Industrieansiedlungen kurzfristig hergerichtet werden. Hier bieten sich insbesondere gute Voraussetzungen für den Ausbau von Werftbetrieben für Neubauten und Reparaturarbeiten. Aufgrund der geographischen Lage Bremerhavens sind die ansässigen Werften in den letzten Jahren bei Arbeiten im Off-Shore-Bereich tätig geworden.

Mit dem südlichen Bereich des Fischereihafens und dem anschließenden niedersächsischen Gebiet steht eine Fläche von insgesamt rd. 1300 ha für die Ansiedlung allgemeiner Industrien zur Verfügung. Für das Industriegebiet Luneplate wurde zwischen Niedersachsen und Bremen eine gemeinsame Planung vereinbart. Die auf bremischem Gebiet liegende Fläche von rd. 100 ha ist zwischenzeitlich mit Sandboden aufgefüllt worden.

Um den Bereich des Fischereihafens mit dem anschließenden Hinterland besser nutzen zu können, ist eine Vergrößerung der vorhandenen Schleusenkapazität geplant. Dies kann durch eine Erweiterung der vorhandenen Fischereihafen-Doppelschleuse im Vorhafen der Geeste oder durch eine neue Schleuse unmittelbar von der Weser aus erreicht werden. Die möglichen Alternativen in betrieblicher, bautechnischer und kostenmäßiger Hinsicht werden nach Erkundung der Baugrundverhältnisse z.Z. untersucht. Die grundsätzlichen Möglichkeiten für die Ausbildung neuer Schleusen mit entsprechenden Vorhäfen von der Weser aus wurden bereits in den Jahren 1970/72 durch Modellversuche nachgewiesen. Bei der endgültigen Festlegung der Größe einer neuen Hafeneinfahrt sind die künftigen Schiffsgrößen für Neubau und für Reparatur bei den Werftbetrieben und für den Schiffsverkehr zu neuen hafengebundenen Betrieben im Industrieerweiterungsgebiet zu berücksichtigen. Das am Lunesiel gelegene frühere Bundesgelände wurde zwischenzeitlich für die zivile Nutzung freigegeben.

Nach der Fertigstellung der Bundesautobahn Bremen—Bremerhaven im Jahre 1977 erhält das Gebiet des Fischereihafens mit dem Autobahnzubringer bei Nesse eine wesentliche Verbesserung der Zufahrten zum Bundesfernstraßennetz. Für die weitere Zukunft ist ein besonderer Autobahnzubringer-Fischereihafen geplant. Bei Bedarf können die vorhandenen Gleisanschlüsse weiter ausgebaut werden.

5.4 Ausbau der Außenweser

Bei allen Planungen für neue Spezialverkehre und Industrieansiedlungen sowie für weitere Baumaßnahmen im Überseehafen und im Fischereihafen ist die Leistungsfähigkeit der Außenweser als seeseitige Zufahrtsstraße zugrundezulegen. Heute können bei einem Ausbau auf SKN — 12,0 m und einem mittleren Tidehub von 3,50 m Schiffe bis etwa 80000 tdw Tragfähigkeit voll abgeladen mit einem Tiefgang bis 13,40 m Bremerhaven erreichen. Bei Bedarf ist der Ausbau der Außenweser auf SKN — 14,50 m technisch und wirtschaftlich möglich. Die Planung und der weitere Ausbau der Hafenanlagen werden daher auf Schiffsgrößen bis rd. 140000 tdw Tragfähigkeit abgestellt.

Schrifttum

1. Lüninghöner, W., Herbst, W.: Neue Anlage für den Roll-on/Roll-off-Verkehr im Nordhafen von Bremerhaven. Schiff und Hafen 20 (1968) H. 4.
2. Naumann, D.: Die Roll-on/Roll-off-Anlagen der Bremischen Häfen. Hansa 113 (1976) H. 9.
3. Wollin, G., Lüninghöner, W.: Planung der Container-Umschlagsanlage und der Stromkaje. Bautechnik 50 (1973) H. 3.
4. Agatz, A., u.a.: Bau der Stromkaje für das Containerkreuz in Bremerhaven. Inhaltsübersicht in: Bautechnik 53 (1976) H. 7.
5. Eckert, H.: Planung und Bau einer Stückgutanlage auf der Columbuskaje Bremerhaven. Schiff und Hafen 27 (1975) H. 8.
6. Naumann, D.: Stückgut-Terminal Columbuskaje. Hansa 27 (1975) H. 17.

VI. Container-Terminal Bremerhaven 1977

Erfahrungen und Entwicklungen

Von Dr. **Günter Boldt**, Bremen

Mitte der 60iger Jahre stand die Frage der Gestaltung und Ausrüstung der Container-Terminals Bremen und Bremerhaven im Hinblick auf marketingmäßige, betriebliche und technische Anforderungen an. Bevor im einzelnen Entscheidungen darüber getroffen werden konnten, in welcher Form und in welchem Umfange die Container-Terminals ausgebaut und ausgerüstet werden sollten, galt es, die Determinanten zu finden, unter denen eine zukünftige Entwicklung schlechthin quantitätsmäßig und qualitätsmäßig zu sehen war.

Aus denen auf dieser Basis angestellten Überlegungen ergaben sich zwei grundlegende Schlußfolgerungen. Zum einen galt es, einem Containerverkehr Rechnung zu tragen, der sich nicht in Reinkultur, sondern in gemischten Formen abspielen würde wie beispielsweise Semicontainer-Schiffe, Ro-Ro- und Containerschiffe und Vollcontainerschiffe. Hieraus folgte der Anspruch an ein Höchstmaß an Flexibilität und All-Round-Charakter, um den jeweils unterschiedlichen Anforderungen kostengünstig und leistungsfähig entsprechen zu können.

Zum anderen wurde im Zusammenhang mit der ersten Erkenntnis deutlich, daß die technische Ausrüstung für Containerumschlag und Containertransport in einer Weise auf das übersehbare, zur Verfügung stehende Gelände so ausgelegt werden mußte, daß ein Höchstmaß an Teilbarkeit der Kapazität erreicht wurde. Diese Teilbarkeit der Kapazität — vor allem der Flurförderzeuge und Hebezeuge — war unumgängliche Prämisse, da der Container-Terminal in der Lage sein mußte, sich jeweils ändernden Situationen in der Beschäftigung anzupassen. Hierbei umfassen Beschäftigungsänderungen nicht nur das Auf und Ab der Containerzahlen innerhalb einer Periode, sondern auch strukturellen Wechsel der Beschäftigungsarten wie Löschen/Laden von Containern, Verladen/Entladen von Containern auf/von Bahn und Lkw, Transport der Container zu und von den Packstationen, Umsortieren der Container zum Zwecke des Vorstauens usw.

Mit der Diskussion dieser Grundsatzfragen war die Frage nach dem Umschlagssystem verbunden. Zwar lagen Erfahrungen im Containerverkehr aus den USA vor und damit über die dort betriebenen verschiedenen Umschlagssysteme, jedoch war eine Übertragung der Modelle auf die bremischen Häfen — dies gilt aber auch für die europäischen Häfen schlechthin — in dieser Form nicht möglich. Zum einen dominierte in den USA der Lkw-Verkehr, während in Europa zu erwarten war, daß die Bahnen einen erheblichen Teil, wenn nicht gar den Hauptanteil der Landbeförderung übernehmen würden. Hieraus ergibt sich automatisch die Verneinung des absoluten Chassis-Umschlagssystems, bei dem jedem Container beim Löschen und Laden ein Chassis zugeordnet wird. Weiterhin war zu beachten, daß die USA-Modelle auf der Grundlage entwickelt worden waren, daß die Container-Terminals reedereieigene Anlagen darstellten und somit quasi Werkshäfen der Reedereien waren, während in den bremischen Häfen davon auszugehen war, daß eine Vielzahl von Reedereien als Kunden zu erwarten war und damit die Container-Terminals "common users'-Terminals" sein würden. Hinzu kam ferner die in den bremischen Häfen gegenüber den USA anders geartete gewerbepolitische Situation, die sich in der starken Differenzierung der Aufgaben hinsichtlich Reederei, Hafenumschlagsbetrieb, Spedition, Makler, Tallyfirmen usw. ausdrückte. Erkennbar war hieraus eine grundlegend andere Anforderung an zukünftige Informationssysteme im Containerverkehr verglichen zu den „Werkshäfen“ der die USA bedienenden Reedereien.

Zur Auswahl standen die seinerzeit bekannten Umschlagsmodelle reines Chassissystem, Platzbrückensystem und Van Carrier-System.

Das reine Chassissystem basiert darauf, daß unter jeden zu löschenden Container ein straßengängiges Chassis gestellt wird, auf dem der Container als fertige rollende Einheit verbleibt, seinen Round-Trip durchs Binnenland vollzieht und nach Rückkehr von diesem Chassis abgenommen und leer oder wieder beladen an Bord geladen wird. Eine Variante dieses Modelles ergibt sich dann, wenn die Zahl der auf dem Container-Terminal zu parkenden Container weitaus höher ist als die notwendige Zahl an straßengängigen Chassis, so daß dann für den reinen Container-Terminal-Verkehr sog. „Yard-Chassis“, d.h. nach den Straßenverkehrsbestimmungen nicht zugelassene

Chassis, verwandt und die Container entsprechend umgeladen werden. Dieses Modell verlangt sehr viel Fläche und entspricht nicht den Anforderungen, die ein dominierender Eisenbahnverkehr stellt.

Das Platzbrücken-Umschlagssystem war gleichermaßen wie die Systeme in Europa gerade im Entstehen begriffen. Beobachtungen der Umschlagsleistungen an den ersten Geräten ergaben, daß die Leistung ausschließlich abhängig war von den über die Container vorliegenden Informationen. Diese Beobachtung galt sowohl für die Exportumschlagsleistung als auch für die beim Import, insbesondere aber für die Verladung auf für das Binnenland bestimmte Lkw. In diesem Falle entstanden für die Platzbrücke weite Leerwege, um an die jeweils zu verladenden Container zu gelangen. Je höher die Container gestapelt wurden, desto mehr Umstaubewegungen waren nötig, um den richtigen Container zu greifen. Die umgestauten Container verlangten erneut, hinsichtlich ihres neuen Standortes dokumentiert zu werden, um sie bei ihrer Verladung wiederzufinden. Ein Vorstau im Export war bereits bei nur zwei oder drei Bestimmungshäfen problematisch, addierten sich hierbei schon viele Variable für das Stauprogramm. Insbesondere fiel auf, daß der Zulauf an Containern und dazugehörigen Informationen zeitlich differierte, daß daher ein recht früher Annahmeschluß für Exportcontainer zu setzen war, um Datenerhalt, -verarbeitung und Stauprogramm zu erstellen, eine für die Kundschaft unerfreuliche Konsequenz. Umgekehrt konnte die Verladung ins Binnenland erst einige Zeit nach Schiffsentlöschung erfolgen, weil die Platzbrücken vorher für das Schiffsoperation benötigt wurden, ebenfalls höchst unerfreulich für die Kunden. Diese Tatsachen galten bereits bei den vereinfachten Prämissen: Werkshafen, keine fremden Linien im System, reiner Lkw-Verkehr, zeitlich weit auseinander liegende Schiffsankünfte und -abfahrten. Es war aber bereits seinerzeit für die Planung der Containerumschlagsanlagen in den bremischen Häfen als realistisch anzunehmen, daß für das Operation erschwerte Bedingungen vorliegen würden wie Bahntransport, d. h. schnelle massenhafte Beförderung von Containern, der mit Sicherheit ein adäquates Informationssystem nicht sofort folgen würde; ein wesentlich geringerer Anteil an Pier-Pier-Ladung, also mehr schnell durchlaufende Container ohne entsprechende Information; Schiffe, die für mehr als nur zwei Häfen laden würden, also eine Potenzierung des Stauproblems bei unzureichenden Daten; Common users'-Anlage, also höchste Auslastung durch viele, nach unterschiedlichen Kriterien arbeitende Reedereien, sowie letztlich Kombination von Container-, Ro-Ro- und Lashverkehr, um nur die wesentlichsten Unterschiede zu skizzieren.

Als wohl ausschlaggebendes Kriterium erwies sich die mangelnde Fähigkeit dieses Platzbrückenmodells, sich alternativen, in kürzester Zeit einstellenden quantitativen und qualitativen Beschäftigungszuständen, wie eingangs erwähnt, anzupassen. Eine Erhöhung der Zahl an Platzbrücken war denkbar, um flexibler zu werden; dem entgegen standen die hohen Investitionskosten, die gegenseitige Behinderung der Geräte untereinander bei zunehmender Zahl und seinerzeit die informatorische Steuerung. Selbst heute, wo die EDV einen Teil der Probleme zwar in der Schnelligkeit, aber nicht in der Qualität bei mangelhaftem Informationssystem gelöst hat, ist das Platzbrückensystem im common users'-Terminal anderen Systemen in Leistung und Kundenbedienung unterlegen. Eine an der Westküste der USA operierende Containerreederei hatte — trotz Werkshäfen — diese Nachteile bereits bei der Eigenabfertigung erkannt und die einzig eingesetzten Platzbrücken im wahrsten Sinne des Wortes „zum alten Eisen" geworfen. Lediglich dort, wo größter Mangel an Aufstellkapazität in Form von Flächen besteht, mag das Platzbrückensystem trotz aller sonstigen Nachteile angebracht erscheinen, da es die Raumausnutzung „nach oben" ermöglicht.

Der Van-Carrier, das heute in den Containerterminals Bremen und Bremerhaven eingesetzte Standardgerät des Containerumschlags der Bremer Lagerhaus-Gesellschaft, existierte vor zehn Jahren in den USA als Transportgerät für Container über die Strecken des Containerterminals und als Containerverlade- und -entladegerät im Lkw-Verkehr. Er wies aber den erwünschten Vorteil seiner stetigen Kapazitätsteilbarkeit auf, wenn er in größeren Mengen vorhanden war. Überdies war das Gerät über Funk informatorisch leicht zu lenken, ohne daß elektronische Anstrengungen unternommen zu werden brauchten. Es galt nunmehr, diesen „Prototyp" im operationellen Sinne auch für Eisenbahnent- und -beladungen einsetzbar zu gestalten, was ohne großen technischen Aufwand auch gelang. Diese Vorteile verbanden sich mit weiteren Flexibilitäten: das Gerät war — je nach zu bewältigender Distanz — im direkten Verkehr zwischen Containerbrücken und Stellfläche einsetzbar oder mit der Containerbrücke durch hafeneigene Chassis verbindbar, wenn es mehr in der Fläche stehend als Stapelgerät fungierte. Es war bereits früh absehbar, daß das Gerät auch so auslegbar war, daß es drei Container hoch stapeln konnte. An „überhohe" und „überbreite" Container, wie sie heute üblich sind, hatte seinerzeit niemand gedacht: dem Van-Carrier bereiten sie keine Schwierigkeiten; woran seinerzeit am allerwenigsten jedoch gedacht worden war: mit Spezialspreadern ist der Van-Carrier aufgrund seiner Mobilität — ohne an Schienen gebunden zu sein und auch hafeninterne Straßen befahren zu können — ein idealer ,,Schwergutkran", der alle gängigen Landfahrzeuge überfahren und damit bedienen kann.

Inzwischen verfügen die beiden Containerterminals der Bremer Lagerhaus-Gesellschaft in Bremen und Bremerhaven über insgesamt 15 Containerbrücken, das Informationssystem ist voll auf EDV umgestellt worden und der Van-Carrier — zwar entscheidend weiterentwickelt — bildet nach wie vor das logistische Rückgrat der Anlagen ihres Betriebes. Die diesem System immanente Flexibilität und ihre bewußte Aktivierung ermöglichten es erst, die gegenwärtigen Umschlagsmengen an Containern zu bewältigen und eine derart große Anzahl an Containerreedern mit unterschiedlichsten operationellen Weltanschauungen zu bedienen.

Containerterminal Bremerhaven 77: eine weitere wesentliche Erscheinung bedarf der Erwähnung, war sie doch bereits 1966 überlegt und wurde sie bis zur Gegenwart weiterentwickelt. Es sind die Container-Ein- und -Auspackschuppen im Hafengebiet. 1966 war nicht absehbar, welche Fahrtgebiete sich in welcher Zeit containerisieren würden und wie hoch der Anteil an Ladung sein würde, der im Hafen ein- oder ausgepackt werden müßte, falls die Sendungen für den durchgehenden Haus-Haus-Verkehr zu klein sein würden. Es stand an zu entscheiden, ob derartige Fazilitäten gebaut werden sollten, in welcher Zahl und Größe und vor allem: wo.

Da die Containerisierung in der ersten Phase mit konventionellem Verkehr durchsetzt war, verbot es sich, im Containerterminal Bremen eigens hierfür Schuppen zu bauen, boten sich doch Kajeschuppen geradezu ideal auch zum Be- und Entpacken der Container an, zumal konventionelle Anlagen und Containeranlagen als ,,multipurpose"-Terminal ineinander integriert waren.

Im Containerterminal Bremerhaven mußte auf dem aufgespülten Gelände des Terminals eine ,,Minifazilität" erstellt werden, die später ein wenig erweitert wurde.

Die Hintergründe für diese Entscheidung sind vielfältig. Es seien nur drei wesentliche Aspekte hervorgehoben, die ein ,,Bepflastern" der sehr aufwendig erstellten Containeraufstellflächen mit Schuppen ex ante ausschlossen.

Da war einmal die vom Reeder angestrebte Dominanz des Haus-Haus-Containerverkehrs, um nicht mit ,,gebrochenem" Verkehr und daraus entstehenden Ein- und Auspackkosten belastet zu werden. Der zu erwartende Pier-Pier-Verkehr war also relativ gering.

Hinzu kam eine ,,Entwertung" älterer Schuppenbauten, nicht etwa wegen des zunehmenden Containerverkehrs, sonder vielmehr aufgrund der erkennbaren Umstrukturierung innerhalb des konventionellen Verkehrs zum modernen, offen, hochleistungsorientierten Stückgutschiff in Ergänzung zum Containerschiff.

Zum letzten konnte aufgrund daher vorhandener Fazilitäten sowohl in Bremerhaven als auch in Bremen jeweils diejenige für diese Zwecke aktiviert werden, die standortmäßig und operationell am sinnvollsten einzusetzen war.

Erst in jüngerer Zeit wurde durch den Bau eines Be- und Auspackschuppens, des ,,Packing Centers" in Bremen, auf den zunehmenden Pier-Pier-Verkehr in bestimmten, erst später containerisierten oder demnächst erst zu containerisierenden Fahrtgebieten reagiert. Hierbei ist aber entscheidend die Tatsache, daß diese Anlage nicht im unmittelbar hinter der Kaje gelegenen teuren Hafengebiet liegt, das Umschlagszwecken vorbehalten sein sollte, sondern in einem ein wenig weiterab gelegenen Areal. Jedoch: auch diese Lage ist so flexibel gewählt, daß sie eine leistungsfähige Abfertigung von Stückgutschiffen mit massenhaft anfallendem Stückgut gut ermöglicht.

Die rückblendenden Ausführungen über die gerade zehn Jahre alte Entwicklung und damit Erfahrung im Containerverkehr in den bremischen Häfen lassen sich in Kürze etwa so zusammenfassen: behutsame, aber jeweils proportionierte Anpassung von Anlagen und Systemen an sich abzeichnende Strukturwandlungen mit dem Gebot hoher Flexibilität hinsichtlich einer großen Zahl unterschiedlicher Qualitäts- und Quantitätsanforderungen mit dem Ziel, Ladung und Schiff schnell, universell und individuell bedienen zu können.

Tórshavn — Hafenstadt und Hinterland

Ein Beitrag zur regionalen Entwicklung und Planung der Hauptstadt der Färöer

Prof. Dr. Gerhard Oberbeck, Hamburg

1. Einleitende Bemerkungen

Die vorliegende Betrachtung ist der Hauptstadt einer Inselgruppe gewidmet, die — obwohl in beträchtlicher Entfernung vor dem europäischen Festland gelegen — zum dänischen Staatsverband gehört. Trotz dieser politischen Verbundenheit haben ihre Bewohner seit vielen Jahrhunderten ihre völkische Selbständigkeit betont und ihrem Drang nach Unabhängigkeit Ausdruck verliehen. Das Ergebnis ist heute, daß die Färinger innerhalb Dänemarks bestimmte Sonderrechte genießen; so verfügen sie zum Beispiel über ein eigenes Parlament („Løgtingið"), und auch in wirtschaftlicher und kultureller Hinsicht besitzen sie eine gewisse, gesetzlich abgesicherte Eigenständigkeit. Dementsprechend kommt der Bezeichnung Tórshavns als „Hauptstadt" nicht nur eine regionale, der Situation der Inselgruppe entsprechende, sondern auch eine politisch-kulturelle Bedeutung im Sinne der individuellen Besonderheit der färingischen Bevölkerung zu.

Aufgabe dieses Beitrages ist es aufzuzeigen, in welchem Umfang die Entwicklung Tórshavns in Abhängigkeit von der Struktur der gesamten Inselgruppe vor sich gegangen und in welchem Maße die Planung den Perspektiven einer isolierten Lage gerecht werden konnte. Daß dabei vergleichende, u. a. im nordeuropäisch-dänischen Bereich gewonnene Erkenntnisse herangezogen werden dürfen, ist verständlich und sei daher nur ergänzend vermerkt. Betont sei ferner, daß entsprechend der Lage Tórshavns und seiner Hinterlandsfunktionen eine Berücksichtigung der physisch-geographischen, u. a. durch starke Reliefunterschiede gekennzeichneten Situation in besonderem Maße zu erfolgen hat.

Die Grundlage für die vorliegende Untersuchung bilden Materialien, Archivunterlagen und Beobachtungen, die vom Verfasser im Verlaufe von zwanzig Jahren — von 1956 bis 1976 — auf zahlreichen Reisen zu den Färöern gesammelt wurden.

2. Lage und physisch-geographische Gegebenheiten

Die Gruppe der Färöer, die färingisch als Föroyar und dänisch als Færøerne bezeichnet wird, liegt zwischen 62°24′ und 61°24′ nördlicher Breite und zwischen 6°15′ und 7°41′ westlicher Länge. Sie besteht aus 18 Inseln, von denen 17 bewohnt sind; ihre Nord-Süd-Ausdehnung beläuft sich etwa auf 113 km und die West-Ost-Erstreckung auf nur 75 km. Die Gesamtoberfläche weist ein Ausmaß von 1399 km² auf, ein Areal, von dem allein 373,5 km² auf die Hauptinsel Streymoy, an deren Ostseite auch Tórshavn liegt, entfällt. Die Entfernung von der Hauptstadt der Färöer nach Kopenhagen beträgt 1300 km, zur Westküste Norwegens 625 km und zur Südostspitze Islands 475 km; damit ist die isolierte Lage der Inselgruppe im Nordatlantik gekennzeichnet.

Hinsichtlich der physisch-geographischen Gegebenheiten, die für die Lage und Entwicklung Tórshavns wichtig geworden sind, ist herauszustellen, daß die Färöer zu der westatlantischen oder britisch-arktischen, vorwiegend aus vulkanischem Material aufgebauten Zone gehören. Wechsellagernde Basalt- und Tuffschichten von häufig unterschiedlicher Mächtigkeit haben den Inseln ihr geologisches und morphologisches Gepräge verliehen. Entsprechend der größeren Härte des Basalts im Vergleich zu den Tufflagen und der unterschiedlichen Widerstandskraft gegenüber der Verwitterung sind Steilstufen („Trappen") entstanden, die zusammen mit den Fjorden das Bild einer sehr stark zergliederten Landoberfläche haben entstehen lassen. Diese Tatsache hat beträchtliche negative verkehrsgeographische Auswirkungen auf Tórshavn und seine Hinterlandverbindungen bis in die Gegenwart gehabt. Besonders hervorgehoben seien ferner die recht erheblichen, auf kurze Distanz sich auswirkenden Höhenunterschiede. So beläuft sich beispielsweise die Entfernung vom Slættaratinður mit 882 m ü.M., dem höchsten Punkt der Färöer, bis zum Wasserspiegel des nächsten Fjordes nur auf knapp 3 km. Interessant ist, in welcher Weise sich die geologische Struktur auf die Lage der meisten ländlichen Siedlungen und auch Tórshavns ausgewirkt hat. Auf allen Inseln weisen nämlich die Gesteinsschichten ein leichtes Einfallen gegen Nordost, Ost und Südost auf, wobei der Einfallswinkel überwiegend 2 bis 5°, maximal auch bis 15°, erreicht. Da die Abdachungen des Reliefs parallel zum Einfallen der Schichten verlaufen, bedeutet dies jedoch, daß an den Ostseiten der Inseln sich sanft gegen den Osten neigende Flächen erkennen lassen, die besonders für die Besiedlung günstig waren. Im Gegensatz dazu sind die Westseiten der Färöer durch Steilküsten mit oft mehrere hundert Meter nahezu senkrecht abfallenden Wänden gekennzeichnet, die entsprechend der ungünstigen naturgeographischen Beschaffenheit fast siedlungsleer geblieben sind.

Für die Entstehung der heutigen Oberflächengestalt des Umlandes von Tórshavn ist — wie auch bei den übrigen Teilen der Färöer — das Wirken der pleistozänen Vergletscherungen und deren periglazialen Auswirkungen maßgebend gewesen. Neben Grund- und Endmoränenablagerungen treten Rundhöcker sowie glazial bedingte Wannen und Seen auf, die in den höher gelegenen Teilen durch Großkare, die Ursprungsstellen der ehemals vorhandenen Gletscher, ergänzt werden. Für die Vegetationsverhältnisse ist maßgebend, daß im Sommer der größte Teil der Inseln von einer Grasnarbe bedeckt ist, hingegen Waldungen nicht vorhanden sind. Lediglich in der Nähe der Siedlungen, so z.B. von Tórshavn, und auch dann meistens nur im Windschutz einzelner Häuser, kommen wenige, häufig krüppelige Bäume vor; überwiegend handelt es sich um Ebereschen, Weiden, Rüstern, Ahorne, Tannen oder Fichten. Man versucht in bescheidenem Maße, diese Situation durch Aufforstungen zu verbessern. Beispielsweise gibt es am Rande von Tórshavn eine „Plantage", einen kleinen, etwa 12 ha großen waldähnlichen Park, dessen Baumbestände aber kaum über 6 bis 8 m Höhe hinausreichen. Ob das Fehlen einer natürlichen Waldvegetation anthropogen, d.h. möglicherweise durch die Schafhaltung, bedingt ist, konnte bisher nicht geklärt werden. Die historischen Quellen liefern keinerlei Hinweise, und die ältesten Kartendarstellungen der Färöer aus dem 16. und 17. Jahrhundert weisen die Inseln bereits als unbewaldet aus.

3. Historisch-geographische Perspektiven

Die archivalischen Unterlagen lassen erkennen, daß offensichtlich unter der Bezeichnung „Thule" häufig eine Verwechslung zwischen Island und den Färöern erfolgt ist. Eine erste genaue Nachricht bietet die Mitteilung des irischen Mönchs Dicuilus, der um 825 n.Chr. in seinem Werk „De mensura orbis terrae" Beobachtungen erwähnt, die kurz vor 800 auf Reisen in den Norden gemacht worden waren[1]. Eine ständige Besiedlung und Landnahme ist um 825 n.Chr. durch Wikinger zu datieren, die wegen politischer Schwierigkeiten ihre Heimat Südnorwegen verlassen hatten. Gewisse Namensreste auf Suðuroy lassen auf Kontakte mit irisch-schottischen Einwanderern schließen, die um etwa 700 n.Chr. — jedoch wohl größtenteils nur vorübergehend — auf den Färöern Fuß gefaßt hatten. Eine weitere Einwanderungswelle, die auf dem Umweg über Schottland die Inseln erreichte, dürfte um 880 n.Chr. anzusetzen sein, so daß um 900 n.Chr. die meisten festen Siedlungen bestanden haben dürften. Diese Aussage gilt jedoch nicht für Tórshavn, das erst zu einem späteren Zeitpunkt (vgl. Abschn. 4) als Umschlagplatz für den Handel angelegt wurde. Bei den Bewohnern handelte es sich im Mittelalter um Kleinbürger und freie Bauern, die sich — zumindest seit dem 11. Jahrhundert — in lockerer Abhängigkeit zu Norwegen befanden. Gegen Ende des 13. Jahrhunderts gelang es der Hanse, die Handelsrechte in Norwegen erwerben konnte, auch auf den Färöern wirtschaftlichen Einfluß zu nehmen.

Infolge der im Jahre 1380 durchgeführten Vereinigung Norwegens mit Dänemark gelangten die Inseln rechtlich zur dänischen Krone, eine Abhängigkeit, die auch nach der Trennung der Verwaltung von der Norwegens (1709) noch verstärkt wurde. Dieser Zustand änderte sich auch nicht, als im Frieden von Kiel (1814) Dänemark zwar Norwegen an Schweden abtrat, die Färöer jedoch — neben Island und Grönland — im eigenen Staatsverband behielt. Die politische Situation hat sich für die Färöer in den letzten 150 Jahren wesentlich verbessert, so z.B. durch eine Autonomieverfassung (1948) im Rahmen des Königreichs und durch andere, dem Bestreben nach Eigenständigkeit entsprechende Maßnahmen.

Wirtschaftlich sowie politisch ist die Periode vom ausgehenden Hochmittelalter bis zum 18. Jahrhundert als die des Niederganges und der kulturellen Unselbständigkeit zu kennzeichnen. Die Form des Monopolhandels, bei dem nur die Städte Kopenhagen, Helsingör und Malmö berechtigt waren, Verbindungen mit den Färöern aufzunehmen und außerdem der Färöerhandel zeitweise an hamburgische oder bergensische Kaufleute verpachtet war, bedeutete ein Unglück für die färingische Bevölkerung; er führte über lange Zeit zu einer wirtschaftlichen Isolation und brachte

[1] Vgl. diese und die folgenden Ausführungen bei Oberbeck [7, S. 62ff] und [9, S. 183/184]

schwierige Versorgungsverhältnisse mit sich. Diese bedrückende Situation dauerte bis 1856, als endlich das dänische Wirtschaftsmonopol aufgelöst wurde. Seit diesem Zeitpunkt war den Färingern ein eigener, selbständiger Handel gestattet, der zu einem beachtlichen Aufschwung des Wirtschaftslebens führte mit dem Ergebnis, daß die Bevölkerung heute über einen relativ hohen Lebensstandard verfügt.

Abb. 1. Tórshavn, 1734 (Original: Königl. Archiv, Kopenhagen)

4. Tórshavn, Lage und Größe

Die Färöer weisen statistisch 122 Siedlungen auf, von denen lediglich drei städtischen Charakter besitzen; es handelt sich um Tórshavn (Streymoy) sowie um Klakksvik (Borðoy) und Trongisvágur-Tvöroyri (Suðuroy). Im folgenden gilt es aufzuzeigen, welche charakteristischen Merkmale für Tórshavn in seiner Bedeutung als Haupt- und als Hafenstadt herauszustellen sind.

Tórshavn zeichnet sich durch eine im wesentlichen recht günstige naturgeographische Lage aus. Einerseits bietet sich eine entsprechend dem Einfallen der Schichtpakete leicht gegen Osten abdachende weite Fläche als günstige Voraussetzung für die Anlage der Stadt und deren Randsiedlungen an, zum anderen wird dieses Areal nur durch zwei breite Glazialtäler, nämlich des Havnará und des Sandá (Havnadalur), unterbrochen, so daß zusammen mit dem breiten Küstensaum auch in Zukunft genügend Baugrund zur Verfügung steht. Diese Tatsache läßt sich auch (vgl. Abb. 3 und 4) an den recht planmäßig angelegten neueren Teilen der Hauptstadt erkennen; sie gilt nur für Tórshavn, während die anderen beiden städtischen Siedlungen der Färöer infolge ihrer Lage an tiefeinschneidenden Fjorden eine ausgesprochen linienhaften Anordnung der Gebäude erkennen lassen.

Von wesentlicher Bedeutung für die fast ausschließlich am Wasser gelegenen Siedlungen der Färöer ist die Beschaffenheit der Häfen bzw. Anlegeplätze. Diese Situation ist in vielen Fällen recht günstig. Hingegen verfügt — was noch näher zu erläutern sein wird — Tórshavn über einen ausgesprochen „schlechten", von der Natur wenig begünstigten Hafen. Die beiden nicht sehr großen Hafenbecken Vestaravág und Eystaravág sind erst in jüngster Zeit durch eine aufwendige Molenanlage geschützt worden. Hinzu kommt allerdings, daß die 5 km östlich gelegene Insel Nólsoy insofern eine zusätzliche Schutzfunktion gegenüber den Oststürmen einnimmt, als sie gewissermaßen als „natürlicher Wellenbrecher" dient.

Berücksichtigt man diese für einen Hafen nicht sehr günstigen Verhältnisse, so stellt sich die Frage, warum die Hauptstadt sich dennoch an der heute eingenommenen Stelle entwickeln konnte. Dieses Problem ist sicher nicht mit physisch-geographischen Argumenten zu beantworten. Vielmehr sind es historische, in der Vergangenheit wurzelnde Gründe, die sich jedoch hinsichtlich der heute besonders wichtigen zentralen Lage Tórshavns innerhalb des Inselbereichs als berechtigt und richtig erwiesen haben:

a) Ursprünglich war der kirchliche und zeitweise auch verwaltungsmäßige Mittelpunkt der Färöer das am Südufer der Hauptinsel Streymoys gelegene Kirchdorf Kirkjubøur; es behielt seine Funktion bis zur Reformation (1538). Infolge der bei Kirkjubøur starken Gezeitenströmungen war die Anlage eines Hafens unmöglich. Dementsprechend nutzte man die 5 km nördlich gelegene Bucht des heutigen Tórshavn, das noch im 16. Jahrhundert über keinen eigenen Namen verfügte und kurz „Havn“ genannt wurde. Als Verbindung zwischen dem Hafen und dem alten Zentrum Kirkjuböur existierte ein 10 km langer und über einen Bergsattel führender Weg, der heute noch häufig „Havnvej“ genannt wird.

b) Seit dem Mittelalter bestand auf der Halbinsel zwischen Vestaravág und Eystaravág der Ting, auf dem heute noch der Name Tinganæs zurückgeht. Dieser Platz hat zwar den Ursprung für die spätere Hafenstadt Tórshavn gebildet; städtische Funktionen im Sinne von Verwaltung und Handel dürften sich jedoch erst nach der Reformation, d.h. nach der Verlagerung des Amtssitzes von Kirkjuböur, entwickelt haben (vgl. Abb. 1).

c) Die Lage Tórshavns ist im Gesamtraum der Inselwelt recht zentral. Die Entfernung zur Nordspitze der Färöer beträgt 43 km, zum westlichen Punkt 48 km und zur südlichsten Stelle 68 km. Diese bedeutsame Lagefunktion findet auch darin ihren Ausdruck, daß zur Zeit des Monopolhandels bis 1856 nur eine Umschlagstelle für alle Güter genehmigt war, nämlich Tórshavn; erst seit 1836 wurden weitere Verkaufsfilialen in Tvöroyri, Klakksvik und Vestmanna eingerichtet.

Demzufolge hat Tórshavn entsprechend seiner verkehrsgeographischen Situation eine Vorrangstellung erreicht, die — wie aufzuzeigen sein wird — bis heute noch gesteigert werden konnte.

Die Bevölkerungsentwicklung läßt eine kontinuierliche Zunahme erkennen, die jedoch seit 1960 sprunghaft angestiegen ist. Einzelheiten sind Tabelle 1 zu entnehmen:

Tabelle 1. *Bevölkerungsentwicklung (Tórshavn)*

1801[a])	554 Einwohner
1850	841 „
1880	984 „
1901	1 656 „
1925	2 896 „
1945[b])	4 390 „
1960	7 447 „
1975[c])	12 480 „

[a]) Stat. Medd., 4. R., 56. Bd., 4. H.
[b]) Statistik Årbog, 1960, S. 370
[c]) Årbog for Færøerne, 1975.

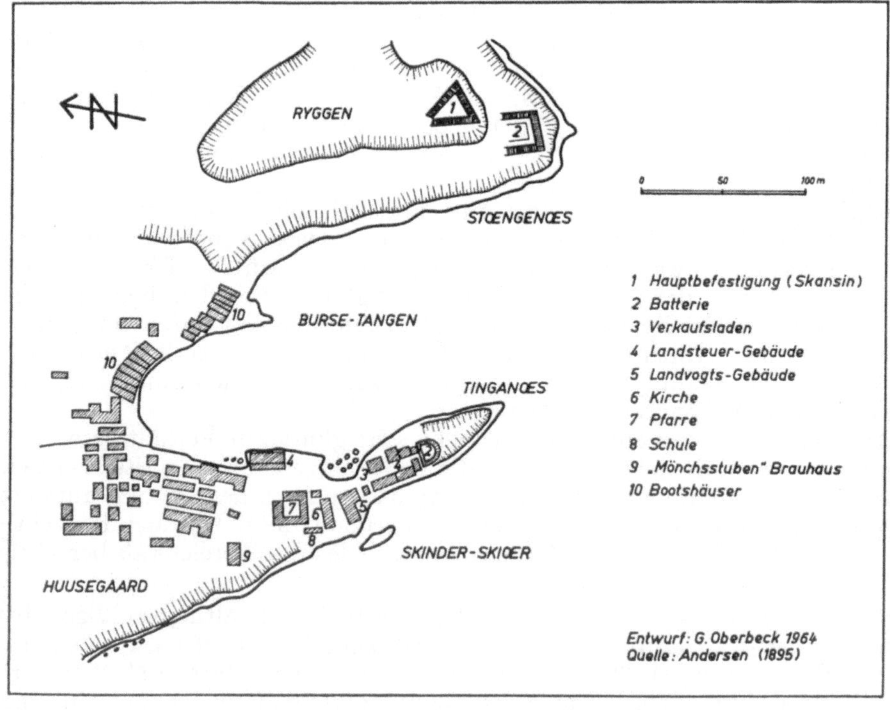

Abb. 2. Tórshavn, Stadtgrundriß um 1710

Interessant ist, daß seit dem Ende des zweiten Weltkrieges die Bevölkerung Tórshavns fast auf das Dreifache angestiegen ist. Diese Tatsache dokumentiert die zunehmende Attraktivität der Hauptstadt, die stellenweise — so in den abgelegenen Dörfern — fast eine „Landflucht“ bewirkt hat. Die Möglichkeit, einer vielfältigen und abwechslungsreichen Berufstätigkeit nachzugehen, ist — wie noch zu zeigen sein wird — in Tórshavn am ehesten gegeben.

5. Der Ortsgrundriß und seine Entwicklung

Die Ortsgrundrißanalyse erlaubt es, einen Überblick über die Entwicklung von Tórshavn zu geben, zumal nähere archivalische Unterlagen, die detailliertere Auskünfte geben könnten, fehlen.

Eine erste genauere Unterlage liefert ein Grundriß von etwa 1710 (Abb. 2), der erkennen läßt, daß sich das von Gebäuden eingenommene Gelände im Bogen um die Bucht des Eystaravág (Burse-Tangen) herumzog. Zu diesem Zeitpunkt bestand Tórshavn nur aus den Verwaltungs-, Handels- und kirchlichen Gebäuden, die alle auf der Halbinsel Tinganæs lagen. Ferner fallen noch etwa 25 bis 30 Wohnhäuser sowie zahlreiche Bootsschuppen auf. Die militärische Funktion wurde wahrgenommen durch die Festung Skansin sowie die Batterien, die am Ryggen und an der Spitze von Tinganæs zu erkennen sind. Wichtig ist das Ausmaß der Landsteuer-Gebäude, die zum Teil der Sammlung und Aufbewahrung der von der färingischen Bevölkerung vielfach in Materialien (Felle, Wollstrümpfe u. a.) aufgebrachten Abgaben dienten. Bemerkenswert ist ferner, daß sich auf Tinganæs auch der einzige Verkaufsladen der Färöer — bedingt durch den Monopolhandel — befand.

Offensichtlich besaß Tórshavn nur eine geringe Ausdehnung und war vor allem auf die Halbinsel konzentriert. Eine nur geringe Zunahme an Baulichkeiten ist dann bis 1734 (Abb. 1) zu beobachten. Überwiegend wurden die Häuser einstöckig aus Holz errichtet und mit einem Dach aus Grassoden versehen. Zur damaligen Zeit wird sich die Einwohnerschaft nur auf wenige hundert

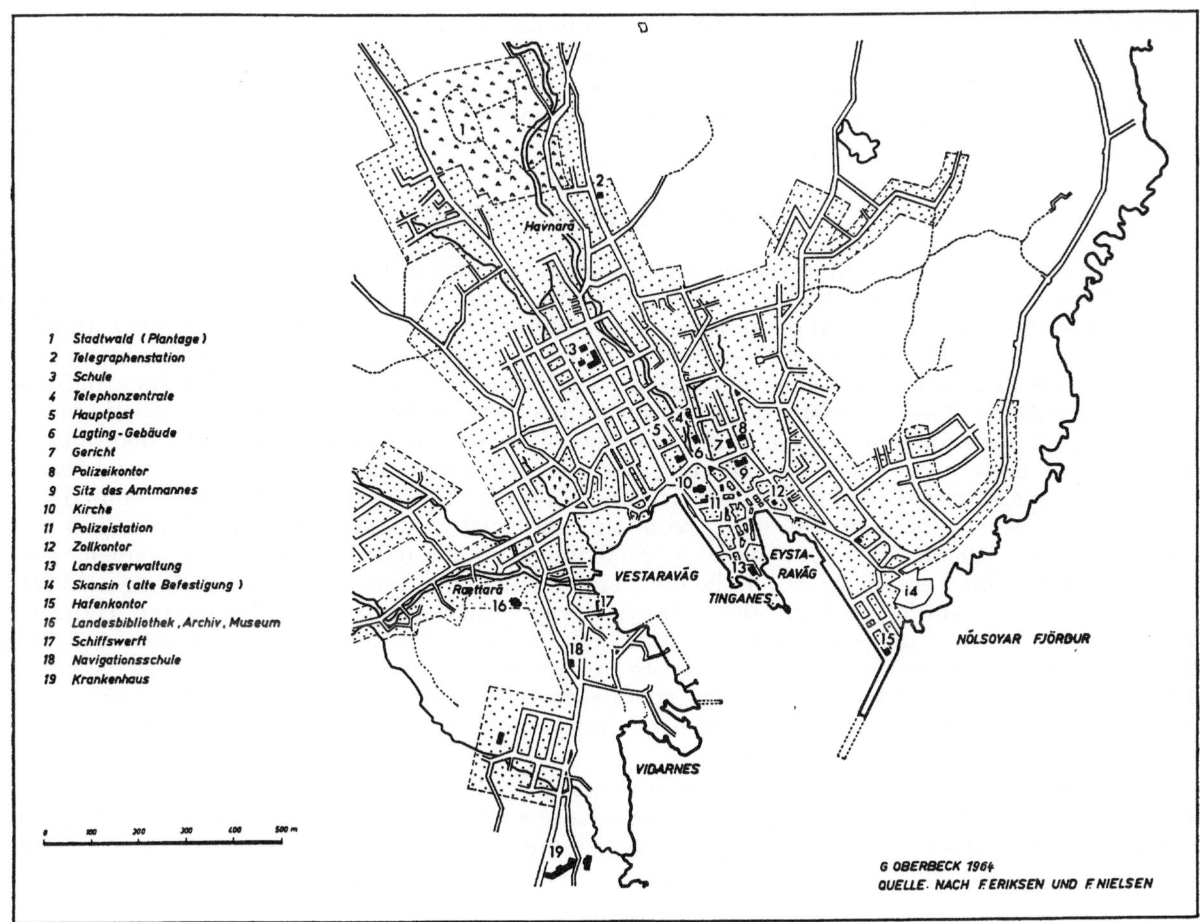

Abb. 3. Tórshavn, Stadtgrundriß um 1950

Personen belaufen haben, denn erst im Jahre 1801, dem frühesten Termin, für den exakte Zahlen überliefert sind, wurden 554 Menschen gezählt.

Die Entwicklung der Folgezeit ist aus dem Stadtplan von 1950 (Abb. 3) zu analysieren. Der Siedlungskern auf Tinganæs hat sein alter Bild bewahrt; noch heute herrscht eine unregelmäßige Straßenführung vor. Auch die niedrigen, einstöckigen Holzhäuser, meist schwarz oder rotbraun gestrichen, sind erhalten geblieben. Sie werden bewußt gepflegt, um die altüberkommene Bauweise wenigstens auf der „Traditionshalbinsel" zu bewahren.

Im Gegensatz zum Stadtzentrum lassen die Erweiterungen ein planmäßiges, meist rechtwinkliges Straßennetz erkennen. Diese zunehmende Ausdehnung der Stadt ist zeitlich und regional zu rekonstruieren: Im Verlauf des 18. und vor allem des 19. Jahrhunderts, besonders nach Beendigung des Monopolhandels, wurden mehrere Geschäfts- und Handelshäuser an den Rändern der beiden Hafenbecken errichtet. Ferner entstanden zahlreiche amtliche und Wohnbauten nördlich von Tinganæs, die in den ersten Jahrzehnten des 20. Jahrhunderts ergänzt wurden durch neue Häuser westlich das Havnará-Flusses. Dementsprechend ist festzuhalten, daß bis zum zweiten Weltkrieg Tórshavn ein sich um die beiden Hafenbecken erstreckendes geschlossenes Stadtbild erkennen ließ. Erst nach diesem Zeitpunkt zeichnete sich eine für die färingischen Verhältnisse nahezu stürmische Entwicklung ab, die ihren Höhepunkt in der regen Bautätigkeit der sechziger und der beginnenden siebziger Jahre erreichte. Die Erweiterungen erfolgten — entsprechend dem rechtwinkligen Straßennetz — planmäßig, und zwar zunächst in nordöstlicher, südöstlicher und nordwestlicher Richtung. Die jüngste Entwicklung, die besonders die letzten Jahre charakterisiert (vgl. Abb. 4), führte zu einer großen Anzahl von Neubauten im Südwesten des Zentrums und im Hafenbereich. So entstanden ein großzügiges Krankenhaus mit zahlreichen Abteilungen, eine neue Navigationsschule, Neubauten des Museums und weiterer Schulen; außerdem erfuhren die Industrieanlagen zwischen der Schiffswerft und den Öllagern auf Vidarnes beträchtliche Erweiterungen. Bei den in diesen neu erschlossenen Gebieten errichteten Wohnhäusern, Verwaltungs- und Industriegeländen überwiegt die dänische oder eine dieser sehr verwandte Architektur, so daß — bei aller Solidität und Großzügigkeit — das speziell färingische Bauelement mehr oder weniger der Vergangenheit angehört und leider nur noch als Reliktform im Stadtzentrum anzutreffen ist.

Insgesamt ist die rege Stadterweiterung das Ergebnis einer bereits erwähnten starken Zuwanderung der Bevölkerung aus den ländlichen Bereichen, wobei Tórshavn im Vergleich zur Einwohnerzahl der gesamten Inseln, die sich 1975 auf 40 441 Personen belief, überproportional gewachsen ist.

6. Zur Hafensituation

Die von Natur aus nicht günstig gelegenen Hafenbecken waren, bedingt durch die weite Öffnung gegen Osten, für größere Schiffe immer ein schlechter Liege- bzw. Ankerplatz. So ist es auch zu verstehen, daß Schiffe, selbst von zahlreichen Tórshavner Eignern, den Hafen nur kurz anliefen, sonst jedoch — vor allem bei Sturm — den Skalafjörður (Eysturoy, Kongshavn) aufsuchten. Demzufolge wurde viele Jahrzehnte über den Ausbau des Hafens diskutiert mit dem Ergebnis, daß endlich in den Jahren 1965 bis Anfang der siebziger Jahre wesentliche Verbesserungen erzielt wurden. So verlängerte man die ursprünglich nur 125 m lange Mole auf insgesamt 430 m mit dem Ziel, die Hafenbecken besser gegenüber der Dünung des Atlantik zu schützen (vgl. Abb. 5). Außerdem wurden Ladepiere zwischen der Schiffswerft und Viðarnes mit jeweils 100 m bzw. 80 m Länge errichtet, die einerseits dem Umschlag von Industriegütern dienen, andererseits jedoch dem Vestaravág zusätzlichen Schutz gewähren. Schließlich erfuhr der Eystaravág an seinem Ende durch eine Mole eine Verengung, durch die für kleine Schiffe bzw. Boote ein zusätzliches geschütztes Becken gewonnen wurde. So kann der dringend notwendige Ausbau des Tórshavner Hafens in seinen wesentlichen Punkten als abgeschlossen gelten. Die Wassertiefe an den Ladepieren bzw. Molen liegt zwischen 6 m und 8,5 m; der tiefste Punkt erreicht jedoch — wenn auch für die Schifffahrt kaum nutzbar — 17 m[2]). Die den Hafen anlaufenden Schiffe besitzen in der Regel eine Größe von maximal 2—5000 BRT; größere Schiffe dürfen höchstens einen Tiefgang von 8,5 m aufweisen.

Die Ausstattung des Hafens entspricht zwar nicht dem modernen Stand, reicht jedoch offensichtlich aus, da ein großer Teil der Schiffe das eigene Ladegeschirr bei Verladearbeiten benutzt. Neben zwei stationären Kränen von je 3 tons Tragfähigkeit stehen drei Motorkräne mit einmal 7 tons und zweimal 25 tons Tragfähigkeit zur Verfügung.

---

[2] Sämliche Auskünfte verdanke ich freundlicherweise Herrn Hafenkapitän H. Mohr (Oktober 1976)

ⓘ Tourist Information u. Reisebüro 1 Rathaus 2 Lagting-Gebäude 3 Telephonzentrale 4 Postamt 5 Banken 6 Hotels 7 Polizei 8 Kapelle 9 Stadtratsamt 10 Landesbibliothek 11 Landesverwaltung 12 Kino 13 Gerichtsgebäude 14 Sitz des Dän. Amtmannes 15 Taxenbüro 16 Hafenkontor u. Zollamt 17 Krankenhaus 18 Altersheim 19 SKANSEN (alte Befestigung) 20 Telegraphenstation 21 Finanzamt

Abb. 4. Tórshavn, Zustand 1975

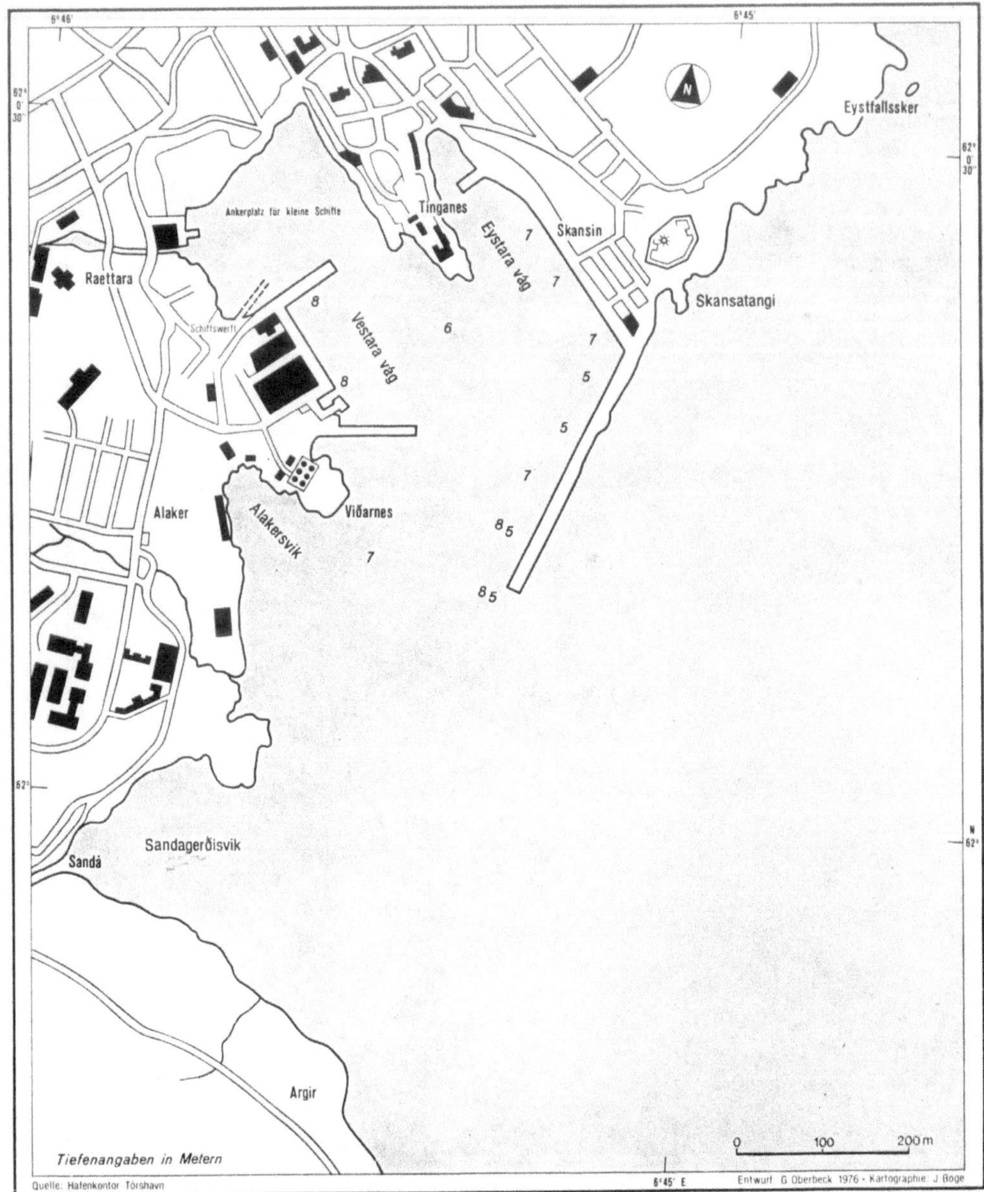

Abb. 5. Tórshavn, Hafenbezirk 1975

In der Schiffswerft, die überwiegend der Reparatur von Fischereifahrzeugen dient, können auch Neubauten in Größenordnungen bis zu 300 BRT und maximal bis zu 600 BRT erstellt werden. Eine Ausweitung der vorhandenen Anlagen ist jedoch nicht vorgesehen.

Entsprechend der gebirgigen Oberflächengestalt der Färöer und den zahlreichen, tiefeingeschnittenen Fjorden wird die verkehrsgeographische Situation gekennzeichnet durch einen lebhaften interinsularen Schiffsverkehr. Zahlreiche Orte können auch heute noch — trotz des in den letzten Jahren sehr ausgeweiteten Straßennetzes — nur auf dem Wasserweg erreicht werden. Zentrum dieses ausgebauten Netzes von Schiffsverbindungen für den Personen- und Warenverkehr ist der Hafen von Tórshavn. Eine große Anzahl kleinerer kombinierter Fracht- und Personenschiffe nimmt nach festen Fahrplänen die Verkehrsverbindungen wahr, wobei die Hauptlinien täglich befahren werden. Vergleicht man den Verlauf der Routen miteinander, so zeigt sich, daß die Westküsten gemieden und nach Möglichkeit die geschützten Ostseiten im Lee genutzt werden. Tórshavn bildet, nahezu zentral gelegen, für die meisten Linien den Anfangs- bzw. Endpunkt. Bemerkenswerterweise ist es generell möglich, innerhalb von 24 Stunden — mit Ausnahme der Südinsel Suðuroy — die meisten Orte der Färöer zu erreichen und noch nach Tórshavn zurückzukehren. So bildet die Hauptstadt nicht nur das Zentrum für Verwaltung und Wirtschaft, sondern ihr Hafen ist auch der Mittelpunkt des Seeverkehrsnetzes und erfüllt damit eine wichtige Funktion hinsichtlich der Verbindung mit dem Hinterland.

Im Vergleich zu den Jahren 1962/64 [7] hat der Seeverkehr eine wirkungsvolle Ergänzung erfahren durch eine Ausweitung des Straßennetzes; dies bedeutet, daß der Hafen Tórshavn, der bis zu Anfang der sechziger Jahre keine Landverbindung zu den anderen Orten Streymoys besaß — die Straßen endeten vor den Toren Tórshavns —, heute wesentlich günstiger gestellt ist. Es gibt eine gut ausgebaute Landstraße nach Vestmanna, von wo aus man mit einer Fähre Vágar und somit den einzigen Flughafen der Färöer erreichen kann. Eine weitere Verbindung verläuft ebenfalls auf Streymoy bis Saksun bzw. Tjørnovik und stellt mit Hilfe einer Brücke den Anschluß zu Eysturoy her, einer Insel, die in den letzten 10 Jahren ebenfalls wesentliche Verbesserungen im Straßennetz erfahren hat. Auch die Südinsel Suðuroy kann heute von Norden nach Süden auf dem Landwege durchquert werden.

So haben die bemerkenswerten Verbesserungen der jüngsten Vergangenheit im Verkehrsnetz der Färöer dazu beigetragen, Tórshavn mit dem Hinterland zu verknüpfen und damit die Hauptstadt sowie den Hafen attraktiver zu gestalten.

7. Schlußbetrachtung

Die für die menschliche Besiedlung ungünstige physisch-geographische Ausstattung der Färöer hat bewirkt, daß im Innern der Inseln — mit ganz wenigen Ausnahmen — keine Dörfer entstehen konnten; diese liegen fast ausschließlich im Küstenbereich. Von den drei größeren Hafenorten hat lediglich die Hauptstadt Tórshavn eine für die Färöer überragende Bedeutung gewinnen können; nahezu 30% der gesamten Inselbevölkerung leben hier.

Für die im Historischen wurzelnde Entwicklung zeigt sich, daß Tórshavn zwar relativ früh, und zwar in Ergänzung zu Kirkjuböur, ein Hafen- und Anlegeplatz gewesen ist. Sein städtisches Wachstum beginnt jedoch erst nach der Reformation im 16. Jahrhundert und nimmt einen wesentlichen Aufschwung nach der Auflösung des Monopolhandels (1856). Eine wesentliche Erweiterung des Siedlungsareals und eine Vergrößerung der Stadt setzt nach dem zweiten Weltkrieg ein; sie dauert bis in die Gegenwart an und hat dazu geführt, daß die Bevölkerung sich innerhalb von drei Jahrzehnten fast vervierfacht hat. Demzufolge ist Tórshavn heute nicht nur der verwaltungsmäßige, sondern auch der kulturelle und vor allem der wirtschaftliche Mittelpunkt der Inselwelt.

Der Hafen Tórshavn ist, was seine natürliche Situation anbelangt, wenig gut ausgestattet. Der in der jüngsten Zeit vorgenommene Ausbau und die Anlage von mehreren Molen hat jedoch die Schutzfunktion verstärkt mit dem Ergebnis, daß auch die wirtschaftliche und die industrielle Nutzung im Hafenbereich zugenommen hat. Die technische Ausstattung der Hafeneinrichtungen entspricht nicht dem modernen Stand.

Der Hafen bildet verkehrsgeographisch den Mittelpunkt der Inselgruppe und ist ihr wichtigster Umschlagplatz. Diese Tatsache ist einerseits aus dem ausgedehnten Schiffsnetz abzulesen, das der Versorgung auch der abgelegenen Orte dient, zum anderen hat der in den letzten Jahrzehnten vorgenommene Ausbau des Straßennetzes für ausreichende Hinterlandverbindungen gesorgt. Diese Entwicklung wird weiter gefördert, so daß die Färöer auch in Zukunft mehr und mehr verkehrsmäßig erschlossen werden dürften. Diese Tendenz birgt jedoch für die Planung ein Problem: Da durch diese Maßnahmen die Attraktivität Tórshavns gefördert wird, ist auch in nächster Zeit mit einem starken Wachstum der Hauptstadt zu rechnen. Das könnte in einem noch größeren Umfang als bisher zu einer Entsiedlung weiter entfernter ländlicher Distrikte führen, eine Entwicklung, die nicht im Sinne einer regionalen Bevölkerungsverteilung und einer Ausgewogenheit zwischen ländlicher und städtischer Wirtschaft liegt. Diese Gefahr wird von den Politikern durchaus gesehen, und es bleibt abzuwarten, wie man ihr zu begegnen versucht.

Schrifttum

1. Årbog for Færøerne, Tórshavn 1975
2. Kampp, Aa. H.: Færøerne, København 1950
3. Krenn, E.: Föroyar und die Föroyinger. Mitt. d. Geogr. Ges. Wien, Bd. 86, H. 11—12, S. 329—351, 1943
4. Nusser, F.: Ein Beitrag zur Stadtgeographie von Tórshavn, der Hauptstadt der Färöer. Mitt. d. Geogr. Ges. in Hamburg, Bd. L. Hamburg 1952
5. Oberbeck, G.: Landschaft und ländliche Siedlungen der Färöer. Jahrb. d. Geogr. Ges. zu Hannover f. d. Jahre 1956 und 1957, S. 179—204. Hannover 1957
6. Oberbeck, G.: Zur wirtschaftsgeographischen Situation der Färöer. Geographica Helvetica, H. 1, S. 12—22. Bern 1959

7. Oberbeck, G.: Ergebnisse natur- und kulturgeographischer Untersuchungen auf den Färöern. Jahrb. d. Geogr. Ges. zu Hannover f. d. Jahre 1960—62, S. 13—150. Hannover 1964
8. Oberbeck, G.: Einige Bemerkungen über die ländlichen Siedlungen der Färöer. Studien zur europäischen Vor- und Frühgeschichte, S. 403—408. Neumünster 1968
9. Oberbeck, G.: Island und die Färöer — ein Beitrag zu einer vergleichenden siedlungsgeographischen Betrachtung. Mensch und Erde, Festschrift für Wilhelm Müller-Wille. Westfälische Geographische Studien, H. 33, S. 181—190. Münster 1976
10. O'Dell: The Scandinavian World. London 1960
11. Steinig, I.: Færøerne. Fra Amt til Hjemmestyre. København 1948
12. Trap, I. P.: Danmark, Bind XIII, 5. Udgave, 1968
13. Ziska, A. I.: Havnin i Tórshavn. Tórshavn 1940

Untertunnelungen in Seehäfen und von Seeschiffahrtsstraßen unter besonderer Berücksichtigung internationaler Bauausführungen

Von Dipl.-Ing. **Martin Kretschmer**, Hamburg, und Dr.-Ing. **Eberhard Fliegner**, Leinfelden

I. Vorwort

Unter den zahllosen Kreuzungen mit Wasserwegen gibt es einige, die immer wieder den Benutzer des Landweges fesseln: das sind die Kreuzungen mit den Seeschiffahrtsstraßen und den Seehäfen; sei es auf der Fähre, die sich vorbei an hohen Bordwänden ihren Weg sucht, sei es auf der Brücke, die sich zu großer Höhe über die Mastspitzen der größten Schiffe aufschwingt oder im Tunnel, über dem die Schiffe ihren Weg ziehen. Die Fähre, an der Küste bis in die Neuzeit hinein das einzige Kreuzungsmittel, ist aus ihrer einst dominierenden Stellung, in der sie den Standort von Hafen- und Handelsplätzen bestimmt hatte, verdrängt worden. Brücke und Tunnel sind an ihre Stelle getreten und es wird in Zukunft nur noch dort Fähren geben, wo die zu überwindende Entfernung zu groß oder das Verkehrsaufkommen zu klein ist, um den aufwendigen Bau einer Brücke oder eines Tunnels zu rechtfertigen.

Feste Kreuzungsbauwerke, über oder unter Seeschiffahrtsstraßen und Seehäfen erregen mit Recht das allgemeine Interesse. Die Lage, die Einbindung in das Landverkehrsnetz, der für die Schiffahrt freizuhaltende Raum über und unter Wasser, die Leistungsfähigkeit, die Verkehrssicherheit — sowohl für den Landverkehr als auch für die Schiffahrt —, die Auswirkung auf die Umwelt, die Kosten für Bau und Betrieb und nicht zuletzt die Frage, ob Brücke oder Tunnel, das alles spiegelt sich intensiv in der öffentlichen Diskussion wieder. Dem verkehrsplanenden, dem entwerfenden und dem bauausführenden Ingenieur stellen sich viele Probleme, denn die Kreuzung von Seehäfen und Seeschiffahrtsstraßen gehört zu den schwierigsten und interessantesten Ingenieuraufgaben.

Der über See abgewickelte Außenhandel in der Welt wuchs von 1875 mit etwa 40 Mio t bis zum Jahre 1975 mit 3 Mrd t auf das 75fache. Im gleichen Zeitraum stieg die Tonnage von etwa 14 Mio auf 342 Mio BRT, das heißt auf das 24fache an. Besonders nach dem zweiten Weltkrieg hat der Güterverkehr über See einen ungewöhnlichen Aufschwung genommen. Er betrug 550 Mio t im Jahre 1950 und stieg bis zum Jahre 1975 um 450% an; 82% der hundertjährigen Steigerungsrate entfallen somit auf das letzte Vierteljahrhundert. Die Steigerung der Produktivität und damit des Rohstoffbedarfs, die zunehmende gegenseitige Verflechtung und Abhängigkeit der Volkswirtschaften, der erhöhte Lebensstandard vieler Länder und nicht zuletzt die Abkehr von früherem Autarkiedenken haben dazu beigetragen. Die Bedeutung der Seehäfen und ihrer Zufahrten von See her ist damit in aller Welt gestiegen. Viele Häfen haben an dieser positiven Entwicklung teilgenommen. Wo neue Verkehre sich einstellten, sind Häfen neu entstanden und schlafende wieder erweckt worden. Andere Häfen, die den Anforderungen der Schiffahrt nicht folgen konnten oder in den Verkehrsschatten gerieten, verloren an Bedeutung.

Die Schiffe sind seit Beginn der Neuzeit immer größer geworden; aber noch niemals war eine so spektakuläre Entwicklung zu beobachten wie seit dem zweiten Weltkrieg. Der Öltanker und das Massengutschiff für Trockenfracht haben sich aus der normalen Entwicklung herausgelöst und steil ansteigende eigene Wege eingeschlagen. Ein Tanker, der vor 25 Jahren als Supertanker galt, muß, um heute noch diese Bezeichnung zu rechtfertigen, das 10 bis 20fache seiner damaligen Tonnage aufweisen. In der gleichen Zeit ist ein neuer Schiffstyp für die Beförderung hochwertiger Güter entstanden: das Containerschiff, das auf vielen Routen die Ladung des Stückgutschiffes an sich gezogen hat und dessen Hauptabmessungen denen der größten vergangenen Passagierschiffe entspricht. Die neuen Spezialschiffe der Flüssiggas- und Chemikalienfahrt weisen nicht nur beachtliche Abmessungen auf, sie bringen auch über das normale hinausgehende Verkehrsrisiken. Lash-Mutterschiffe, Ro/Ro-Schiffe und Hochseefähren runden das Bild ab.

Zwischen dem Schiff auf der einen und dem Hafen und seiner Zufahrt auf der anderen Seite besteht eine enge wechselseitige Beziehung, die durch das explosionsartige Wachstum der Schiffe, das oft schwierige Manövrier- und Fahrverhalten der großen Einheiten und die heutige hohe Verkehrsdichte einer starken Belastung ausgesetzt ist. Der Spielraum zwischen Fahrwasser und Schiff wird trotz großzügiger Ausbauten an Hafen und Strom enger; die Anforderungen an gestreckte Linienführung des Fahrwassers, an seine Breite und Tiefe und an den freizuhaltenden Überwasserraum nehmen zu. Der Verwalter und Betreiber des Hafens, der Hafeningenieur und der Strombauingenieur sehen sich Entwicklungen gegenüber, die den Rahmen bisheriger Erfahrungen sprengen.

Auf die Seehäfen und Seeschiffahrtswege, die an Ansehen und Umschlag zunehmen, richten sich auch vorzugsweise die Verkehrsströme des Landes und daraus erwächst wieder die Notwendigkeit, den Schiffsverkehr mit Brücke oder Tunnel zu kreuzen.

Große Weite der Hauptöffnung, große Gesamtabmessungen und in vielen Fällen ein unsicherer Baugrund sind Merkmale von Kreuzungsbauwerken an Seehäfen und Seeschiffahrtsstraßen; aber ein besonderes Kriterium ist der zu überwindende Höhenunterschied, der wiederum von den Vertikalabmessungen des Schiffes abhängt, nicht nur des heute fahrenden, sondern auch des künftig zu erwartenden. Das Verhältnis zwischen Schiffshöhe und Tiefgang kann man — am Beispiel des Tankers — in grober Annäherung mit 2 bei dem beladenen und 6 bei dem unbeladenen Schiff ansetzen. Die Höhe des größten leeren Schiffes über erhöhtem Wasserspiegel und die Sohlentiefe, die dem größten beladenen Schiff genügt, bestimmen die Zwangspunkte der Gradiente, die wiederum einen maßgebenden Einfluß auf den Entscheid haben, ob die Schiffahrt überquert oder unterquert werden soll. So bietet sich bei hohen Ufern die Brücke von vornherein an, weil die Rampen kurz werden, während in tiefem Gelände der Tunnel die Vorhand hat. Im Normalfall sind für den Straßen- und Eisenbahnverkehr die Höhen, die mit der Brücke zu überwinden sind, größer als die Tiefen, die der Tunnel erfordert. Das wirkt sich auf die Rampen aus. Hohe und lange Rampen erfordern nicht nur hohe Baukosten und — für den Benutzer — hohe Betriebskosten, sie sind oft auch schwierig im Gelände unterzubringen und schieben den Anschluß an das Verkehrsnetz weit ins Land hinein.

Die bewegliche Brücke soll hier außer Betracht bleiben, weil ihr die gemeinsame Eigenschaft der festen Kreuzungsbauwerke, die hohe Leistungsfähigkeit, fehlt.

Bei den Vertikalabmessungen sind aber nicht nur die absoluten, sondern auch die graduellen Unterschiede zu beachten. Während sich die von der Schiffahrt geforderte Wassertiefe Grenzwerten nähert — und das gilt für die überwiegende Zahl der Wasserstraßen und Häfen — unterliegt die Wahl der freizuhaltenden Höhe heute größeren Unsicherheiten als je zuvor, wenn man nicht in Höhen ausweichen will, die von vornherein unwirtschaftlich sind. Die Schiffshöhe hat Maße erreicht, an die noch vor 10 Jahren nicht gedacht wurde. Die Erkenntnis, daß immer weniger Häfen für die immer größer werdenden Schiffe zugänglich sind, hat im Schiffbau vielfach dazu geführt, den Tiefgang zu beschränken und den Ausgleich für den verlorengehenden Raum in Breite und Höhe zu suchen.

Neue Forderungen für den freizuhaltenden Überwasserraum kommen aus Schiffsneubauten, die von den Großwerften der Hafenstädte nach See überführt oder zur Reparatur zurückgebracht werden. Es gibt zu denken, daß bei der Überführung der auf Bremer Werften gebauten 400 000 t-Tanker nicht die Wassertiefe, sondern die lichte Höhe unter den, Ende der 60er Jahre errichteten Hochspannungsleitungen das Zwangsmaß war, und das, obwohl die Unterweser in diesem Bereich noch nicht durch den z.Z. in Gang befindlichen 9 m-Ausbau vertieft war. Mehr als bisher wird man auch auf die schwimmenden oder auf Pontons transportierten Geräte Rücksicht nehmen müssen, die der Erforschung und Gewinnung von Rohstoffen auf und unter dem Meeresboden dienen und die meist auf den gleichen Werften wie die Großtanker gebaut werden. Auf der Elbe war 1975 die Durchfahrt der in Hamburg gebauten Bohrinsel „Scarabeo IV" unter der Hochspannungsleitung Lühesand das schwierigste Manöver der Überführung von der Werft in See. Bei der Erwähnung künftiger Möglichkeiten im Schiffbau muß schließlich auch auf völlig neue Projekte hingewiesen werden, die in ihren Abmessungen noch nicht abzusehen sind; sie betreffen schwimmende Gasverflüssigungsanlagen, Hafenanlagen, Fabriken und Kraftwerke, die aus Gründen des Umweltschutzes auf See verlagert werden.

Hier bahnt sich eine Entwicklung an, deren weiterer Verlauf noch nicht abzusehen ist und die, was die freizuhaltende Höhe in Seehäfen und auf Seeschiffahrtsstraßen anbelangt, zur Vorsicht mahnt. Die Brückenunterkante legt der Schiffahrt eine im Grunde unnötige Grenze auf, die zudem endgültig ist, während die oft als Anhalt herangezogene Hochspannungsleitung zur Gefahrenminderung stromlos gemacht und letzten Endes mit vertretbaren Kosten erhöht werden kann. Es mag sein, daß die Gesichtspunkte, die die Werften betreffen, in erster Linie für deutsche Verhältnisse gelten, aber es ist bekannt, daß auch Häfen und Wasserstraßen anderer Länder sich diesen Überlegungen nicht verschließen.

So spricht heute vieles für den Tunnel und die große Zahl der Unterwassertunnel, die in den letzten Jahren in aller Welt gebaut wurden und die vielen, die heute in Planung und Bau sind, bestätigen dies. Für den Tunnel sprechen auch die Argumente der Verkehrssicherheit und das gilt sowohl für den Benutzer des Landweges als auch der Wasserstraße. Im Tunnel gibt es weder Winddruck noch Eisglätte, die den Fahrzeugen auf hohen Brücken gefährlich werden können. Er stellt an die Linienführung des Fahrwassers keine Anforderungen und kann auch dort gebaut werden, wo Brückenpfeiler den Lotsen und der Schiffsführung die optische Sicht beeinträchtigen würden. Er kennt keine Einbauten im Fahrwasser und schließt damit die Gefahr aus, daß Schiffe mit Brückenpfeilern kollidieren mit für beide unabsehbaren Folgen. Er ermöglicht den Hochfrequenzwellen des Land- und Bordradars, des Sprechfunks und der fernbedienten Seezeichen eine ungestörte Ausbreitung und er ist ein idealer Träger für Kabel sowie für Versorgungs- und Entsorgungsleitungen. Schließlich ist der Tunnel praktisch unbegrenzt belastbar und hat eine praktisch unbegrenzte Lebensdauer.

Ein Kostenvergleich zwischen Tunnel und Brücke ist hier nicht gezogen, er ist aber sicherlich in vielen Fällen entscheidend. Die Vorteile des Tunnels müssen oft gegen den Nachteil höherer Bau- und Betriebskosten abgewogen werden. Aber auch in Bezug auf die Wirtschaftlichkeit hat der Tunnel gegenüber der Brücke deutlich an Boden gewonnen. Vergleichende Untersuchungen in den Niederlanden aus neuester Zeit zeigen sogar einen Vorsprung des Tunnels gegenüber der Brücke.

Die Verfasser des folgenden Beitrages kennen sich in ihrem Thema aus. Dipl.-Ing. Kretschmer war am Bau des Rendsburger Tunnels und des Hamburger Elbtunnels maßgeblich beteiligt und hat bei dem Bau zweier weiterer Tunnel unter dem Nord-Ostseekanal beratend mitgewirkt, wobei anzumerken ist, daß alle drei Kanaltunnel nach verschiedenen Verfahren gebaut wurden und für ihre Zeit Pionierleistungen darstellten. Dr.-Ing. Fliegner bringt dazu aus seinem Lebenswerk einen Überblick über den Tunnelbau des nichteuropäischen Auslandes. Beide Verfasser wirken in Arbeitskreisen für Tunnelbau und Druckluftarbeiten mit.

Präsident a.D. Dipl.-Ing. Heinz Ramacher, Bremen

II. Einleitung

Der erste geschichtlich überlieferte Unterwassertunnel ist um 600 v.Chr., ebenso wie die erste große Brücke, die schon 2100 v.Chr. entstanden sein soll, von den Babyloniern gebaut worden. Der eigentliche Verkehrstunnelbau begann im 18. Jahrhundert, als die bestehenden Flüsse durch Kanäle miteinander verbunden wurden und es sich nicht umgehen ließ, auch Bergrücken zu durchstoßen. Der erste bekannte Kanal-Tunnel wurde im Jahre 1777 im Zuge des Grand-Trunk-Kanals in England fertiggestellt. Es gibt heute in der Welt rd. 100 Kanaltunnel, von denen der größte mit 7,2 km Länge, 24 m Breite, 36 m Höhe und einer Wassertiefe von 20 m wohl der von 1911 bis 1922 erbaute Rove-Kanal-Tunnel zwischen der Rhone und Marseille ist. Anfang des 19. Jahrhunderts brach das Zeitalter der Eisenbahn-Gebirgstunnel an und um die Jahrhundertwende entstanden mit der Entwicklung des Automobils die ersten Straßentunnel, die zum Unterwasserbau führten, als besonders für die sich zu Ballungsräumen ausweitenden Städte kurzwegige und leistungsfähige Verkehrs- und Versorgungsverbindungen geschaffen werden mußten. Da Straßentunnel zur Abführung der giftigen Abgase aus den Motoren besondere Lüftungseinrichtungen benötigen, die neben dem Lichtraumprofil für die Querschnittsgestaltung maßgebend sind, sollen solche Tunnel in erster Linie näher behandelt werden. Die für ihre Herstellung möglichen Bauverfahren sind in ähnlicher Form auch für Schnellbahnen sowie für große Abwasserdüker und Rohrtunnel anwendbar.

III. Planung und Entwurf

Die Herstellung von Unterwassertunneln fällt in das Gebiet des Wasser- und Grundbaues und stellt höchste Anforderungen an ein verständnisvolles Zusammenwirken von Wissenschaftlern und Praktikern, zumal die Probleme, die sich bei der Durchführung ergeben, in das Gebiet des allgemeinen Ingenieurwesens, des Maschinenbaues, der Elektrotechnik und des Schiffbaues sowie in die Geologie, Gewässerkunde, Meteorologie und Nautik eingreifen. Voraussetzung für das Gelingen des Werkes ist schließlich jedoch eine, bis in alle Einzelheiten durchdachte Bauvorbereitung.

Im Unterwassertunnelbau sind neben den allgemeinen Entwurfsgrundlagen einige Besonderheiten zu berücksichtigen, auf die kurz eingegangen werden muß. So sind z.B. schon bei der Trassierung nicht allein die Verkehrsbelange in den Vordergrund zu stellen, sondern aus wirtschaftlichen Erwägungen auch die Baugrund- und hydrologischen Verhältnisse zu berücksichtigen, die gegebenenfalls zu einer Verlegung der Trasse führen können. Für die Beurteilung des Untergrundes sind die geologischen Strukturkarten, auf denen in Tiefenlinien die Lage der verschiedenen Formationen mit ihrem Horizont dargestellt sind, eine große Hilfe. Sie eignen sich besonders gut für ein gezieltes Ansetzen einer Grundwasserabsenkungsanlage und lassen in einem Gradientenschnitt beim Baugrubenaushub oder beim Schildvortrieb den Wechsel von Bodenschichten frühzeitig erkennen. Beim Festlegen der Zwangspunkte für die Gradiente ist eine mögliche Fahrwasservertiefung und -verbreiterung zu berücksichtigen und zu untersuchen, ob eine gebrochene Gradiente mit waagerechtem Verlauf unter dem Gewässer die Fahrdynamik ungünstig beeinflussen kann. Beim Absenktunnel bedeutet das Baggern der bis zu 15 m tiefen Absenkrinne einen Eingriff und damit eine Störung des hydraulischen Gleichgewichtes in dem Gewässer, besonders bei einem Strom. An großzügig aufgelegten Modellen sollte daher untersucht werden, bei welchen Neigungen eine Böschung standfest bleibt, welche Kräfte aus passierenden Schiffen auf sie einwirken und inwieweit bei einer schiefwinkeligen Kreuzung der Stromstrich abgelenkt wird. Den Modellversuchen sind Naturbeobachtungen gegenüberzustellen und diese besonders hinsichtlich Erosionen, Anlandungen und Schlickbefall zu ergänzen. Für den Einschwimmvorgang ist es notwendig, im Modell die errechnete Schwimmstabilität des Tunnelelementes, seine Empfindlichkeit gegen dynamische Kräfte, wie Wellenschlag, Schraubenwasser, Schwell, Sog, Wind sowie die Bemessung der Schleppeinrichtungen zu überprüfen. Für den Absenkvorgang muß untersucht werden: wie groß sind die Strömungskräfte, die bei nur geringem Freibord, beim völligen Eintauchen und während des Absetzens auf die provisorische Auflagerung das Element belasten und inwieweit können Ankertrossen und Absenktakel eine zusätzliche Belastung erfahren, wenn die Schwingungsperiode der Wasserwirbelablösungen, verursacht durch Schwankungen der hydrodynamischen Kräfte und Momente, mit der Periode aus Eigenschwingungen am Element gleichläuft. Bei Baustellen in einem Schiffahrtskanal muß die Absenkrinne gelegentlich weit ins Ufer hinein gebaggert werden, und es entstehen seitlich Stichbaugruben, in denen durch vorbeifahrende Schiffe erhebliche Wasserspiegelschwankungen erzeugt werden, die das Steuerverhalten der Schiffe negativ beeinflussen, aber auch beim Tunnelelement, wenn es in die Stichbaugruben einfährt und abgesenkt wird, zusätzliche Vertäuungen, gegebenenfalls auch flachere Böschungen als in der freien Kanalrinne erforderlich machen können. Diese Zusammenhänge durchzuspielen, wäre Aufgabe eines weiteren Modells.

Für die statische Berechnung sind neben den allgemeinen Berechnungs- und Lastannahmen, den Bodenkennziffern und dem Temperaturgefälle für den Tunnelbau unter Tage Angaben für den Seitendruckbeiwert und die Bettungsziffer zu machen; das Einschwimm- und Absenkverfahren benötigt Angaben für die Schwimm- und Auftriebssicherheit, die im Bauzustand 1,05 und im Endzustand 1,1 betragen soll, sowie für eine Wracklast, die mit 1,5 Mp/qm angenommen werden kann, und für den Notankerwurf. Versuche mit Schiffsankern in Holland haben ergeben, daß diese nicht tiefer als 1,5 m in den Boden eindringen; theoretisch böte dann eine Überschüttung in dieser Dicke genügend Sicherheit; als ausreichend wird in der Praxis eine Mächtigkeit zwischen Null und 3 m angesehen. Durch Modellversuche konkrete Werte zu bekommen, ist bislang nicht möglich gewesen. Etwas ganz anderes ist die Bodenüberdeckung beim Schildvortrieb unter Druckluft, die zur Sicherung gegen „Ausbläser" erforderlich ist und sich aus der Bedingung ergibt, daß das Eigengewicht einer festen Bodenmasse immer der nach oben gerichteten Luft-Wasser-Strömung das Gleichgewicht halten muß.

Zu der Entwurfsbearbeitung gehört auch die Aufstellung einer Vorberechnung für die erforderliche Tunnellüftung. Ganz allgemein sind drei künstliche Lüftungssysteme zu unterscheiden: die

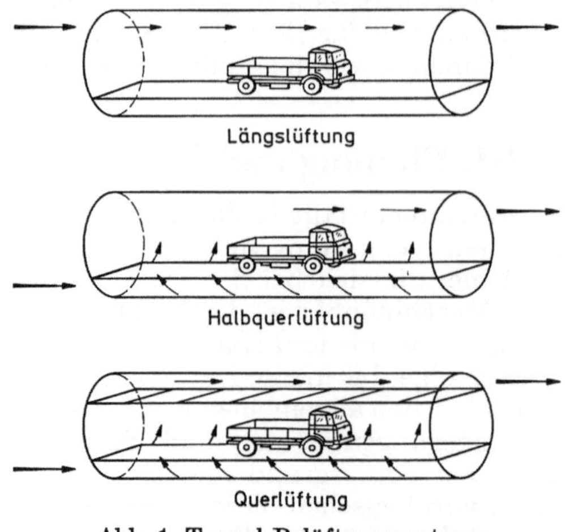

Abb. 1. Tunnel-Belüftungssysteme

Längslüftung, die Querlüftung und als Kombination die Halbquerlüftung (Abb. 1). Bei der Längslüftung wird an den Portalen Frischluft eingeblasen und die vorwiegend mit Kohlenmonoxyd angereicherte Abluft durch die Kolbenwirkung der Fahrzeuge am Gegenportal hinausgetragen; anwendbar bis 1200 m Tunnellänge; die Luftgeschwindigkeit im Verkehrsraum darf 8—10 m/s nicht überschreiten. Bei der Querlüftung wird Frischluft mit Luftgeschwindigkeiten bis zu 40 m/s durch einen besonderen Luftkanal gedrückt, in bestimmten Abständen quer zur Fahrtrichtung durch den Verkehrsraum geblasen und als Abluft in einem besonderen Luftkanal abgesaugt. Bei der Halbquerlüftung wird die Frischluft zwar durch einen besonderen Luftkanal eingeblasen, für die Abführung der Abluft aber wie bei der Längslüftung die Kolbenwirkung der Fahrzeuge ausgenützt. Wegen der thermischen Wirkung bei eventuellen Bränden soll ein Durchzug von unten nach oben erzeugt werden. Beim Kreisquerschnitt liegen, allein aus der Form, der Zuluftkanal unter der Fahrbahn und der Abluftkanal über der Decke beim Rechteckquerschnitt aber in der Mitte oder seitlich von den Verkehrsräumen. Durch Versuche mit Rauch und Wasser ist der Beweis erbracht worden, daß auch bei dieser Anordnung die notwendige Luftdurchwirbelung und kein Kurzschluß entsteht. Als zulässige CO-Konzentration gelten bei flüssigem Verkehr 150 ppm, bei stockendem oder stehendem Verkehr für einige Zeit 250 ppm; bei Werten über 300 ppm ist die Einfahrt zu sperren. Für Überschlagsrechnungen kann angenommen werden, daß für eine zweispurige Tunnelröhre 1000 cbm bis 1200 cbm Frischluft pro Stunde und Tunnelmeter benötigt werden.

Der Luftaustausch erfolgt in der Regel über zwei Lüfterbauwerke, die zur Erzielung von kurzen, das heißt wirtschaftlichen Lüftungssektionen möglichst nahe an die Ufer gelegt werden, um gleichzeitig für die Einschwimmstrecke die Landfestpunkte zu bilden. Bei sehr langen Tunneln sind Zwischenbauwerke erforderlich. In einem dieser Bauwerke ist auch meist die Betriebszentrale untergebracht.

Neben den Abgasen aus den Benzinmotoren ergibt sich im Straßentunnel eine Sichttrübung durch die Rußpartikel in den Dieselabgasen, die gleichfalls in die Lüftungsberechnung eingeht. Einen erheblichen Einfluß auf den Frischluftbedarf und damit auf die Betriebskosten haben auch die Steigungen der Fahrbahn, die deshalb und mit Rücksicht auf landwirtschaftlichen Verkehr 3,5% nicht überschreiten sollen.

Als Schutz der Baukonstruktion gegen Brände haben sich an den Wänden und der Decke Spritzputze auf Mineralfaserbasis von 15 bis 30 mm Dicke je nach Lage und Beanspruchung des Bauteils und in den Abluftkanälen Asbestzementplatten als zweckmäßig erwiesen. Eine Lärmminderung wird sowohl durch eine schallschluckverkleidete Decke als auch durch Neigung der Tunnelwände erreicht.

Zu den Betriebseinrichtungen eines Verkehrstunnels allgemein (Abb. 2) gehören Energieversorgung, Belüftung, Beleuchtung, Entwässerung und Wasserversorgung, dazu für die Verkehrssicherung ein Signalsystem. Ein Straßentunnel benötigt außerdem Einrichtungen für die Verkehrsüberwachung; dazu zählen Induktiv-Schleifen-Detektoren für die Verkehrszählung, Höhenkontrollen für überhohe Fahrzeuge, Fernsehkameras, Lautsprecher, Telefone, Notruf- und Feuermeldeanlagen, eine Antenne für Radiodurchsagen und als modernste Einrichtung Prozeßrechner für die Verkehrs- und Lüftungssteuerung. Wichtig sind weiterhin Aufstellplätze für Abschleppfahrzeuge, Fluchtwege, Wechseltransparente und Hinweisschilder für die Zulassung gefährlicher Güter. Hierfür gibt es länderverschiedene Regelungen, nach denen die Mehrzahl solcher Güter nur während der Nachtzeit, einige überhaupt nicht durch den Tunnel transportiert werden dürfen.

Letztlich ist aber eine Unterwassertunnelplanung unvollständig, wenn sie keine Angaben über den zu erwartenden Schiffsverkehr im Baustellenbereich enthält.

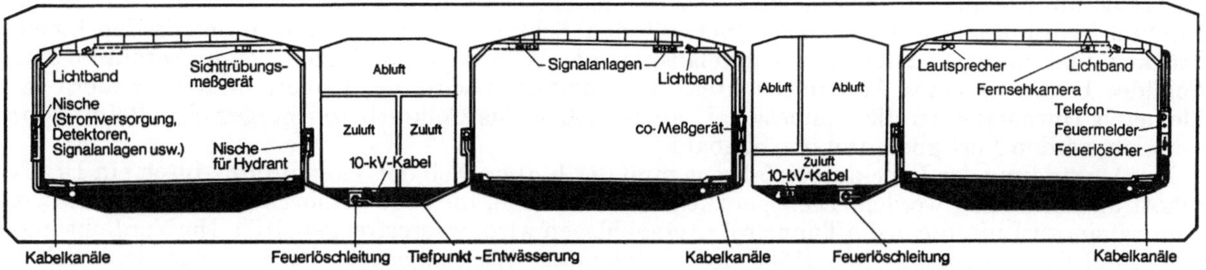

Abb. 2. Betriebseinrichtungen bei einem Straßentunnel

IV. Die wichtigsten Tunnelbauweisen

In allgemeiner Einteilung wird im Unterwassertunnelbau zwischen der offenen und geschlossenen Bauweise unterschieden, die jede für sich wieder spezielle Bauverfahren hat.

Zu der offenen Bauweise gehört die offene Baugrube, die geböscht ausgehoben oder mit einer Spundwand, gegebenenfalls auch mit einem Erddamm eingefaßt sein kann und durch eine offene oder eine Schwerkraftentwässerung trocken gehalten wird. Der Tunnelkörper wird in Ortbeton hergestellt. Die Baugrube kann aber auch in einem offenen Gewässer als geböschte oder eingespundete Rinne ausgehoben sein, in die vorgefertigte Tunnelelemente versenkt werden. Das Verfahren führt die Bezeichnung „Einschwimm- und Absenkmethode", im außereuropäischen Ausland ‚Graben-Methode' (trench) genannt. In beiden Fällen wird die Baugrube nach Fertigstellung des Tunnels wieder verfüllt (cut and cover).

Die geschlossene Bauweise ist gleichbedeutend mit der ‚Tunnelbauweise unter Tage'; zu dieser gehören: die alten und neuen bergmännischen Bauweisen sowie der Schildvortrieb und die Rohrvorpressung mit oder ohne mechanischem Abbau. Für die Wasserhaltung werden die Schwerkraftentwässerung und das Druckluftverfahren, gegebenenfalls kombiniert als Druckminderungsverfahren, gelegentlich auch die Vakuum- und elektro-osmotische Wasserhaltung angewendet. Für die Bodenstabilisierung und -verfestigung kommen die Bodenvereisung, chemische Injektionsmittel, Ton-Zement-Suspensionen und thixotrope Flüssigkeiten infrage.

Bei der Untertunnelung in Seehäfen und von Großschiffahrtsstraßen ist in Einzelfällen in offener eingespundeter Baugrube mit Wasserhaltung (Velser-Tunnel in Holland, S. 116) und im freien Gewässer (Metro Rotterdam, S. 119) gebaut worden, sonst sind fast ausschließlich der „Schildvortrieb" oder die „Einschwimm- und Absenkmethode" zur Anwendung gekommen. Auf diese beiden Verfahren soll näher eingegangen werden.

Das Grundelement eines Vortriebsschildes (Abb. 3) ist ein kreisförmiger, vorn mit einer Schneide versehener Stahlzylinder, dessen Durchmesser etwas größer ist als der Außendurchmesser des zu

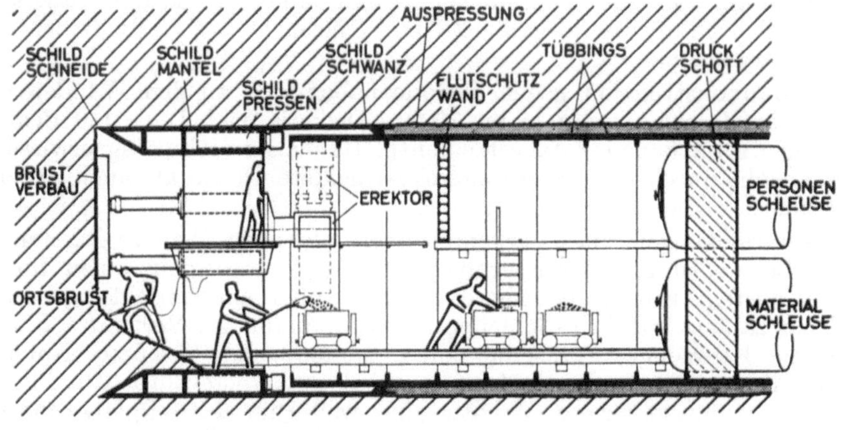

Abb. 3. Schematische Darstellung eines Vortriebsschildes

bauenden Tunnels, damit im Schutze des Schildschwanzes der Tunnelausbau erfolgen kann. Hierfür werden meistens Einzelsegmente aus Gußeisen, Walzstahl oder Stahlbeton verwendet, wie im Bergbau Tübbinge genannt, die mit einer Verlegeeinrichtung, dem sog. Erektor, zu einem ganzen Tunnelring zusammengesetzt und miteinander vernietet, verschweißt, verschraubt oder zusammengespannt werden. Der Hohlraum hinter dem Schildschwanz zwischen Tübbing und Erdreich wird verpreßt, um Setzungen weitgehendst auszuschließen. Etwa in der Mitte des Schildmantels sind rundum hydraulische Pressen angeordnet, die den Schild um ihr Hubmaß in den Boden hineindrücken und dabei den fertigen Tunnelausbau als Widerlager benutzen. Zum Anfahren eines Schildes bedarf es eines Anfahrschachtes. Als Sonderfall wird bei Dükern und Sammlern mit kleineren Durchmessern die Tunnelschale auch örtlich aus Colkretbeton hergestellt. Beim Rohrvortrieb werden Fertigbetonrohre eingebaut.

Bei Anwendung des Druckluftverfahrens muß der hintere Teil der Tunnelröhre durch ein Druckschott abgeschlossen werden. Die eigentliche Arbeitsstelle, die sog. Ortsbrust, wird mit Hilfe von komprimierter Luft, die in die Tunnelröhre eingeblasen wird, wasserfrei gehalten. Ihr Verdichtungsgrad muß der hydrostatischen Höhe des anstehenden Wasserspiegels das Gleichgewicht halten. Dem Personenverkehr und dem Materialtransport zwischen dem, unter Druckluft stehenden

Tunnel und der Außenluft dienen in das Druckschott eingelassene Luftschleusen, deren Konstruktion und Bedienung der „Verordnung für Arbeiten unter Druckluft" unterworfen sind. In dieser Verordnung werden auch die Sicherungsmaßnahmen geregelt, die notwendig sind, den Arbeitsraum zuverlässig mit Druckluft (Atemluft) zu versorgen und Druckfallerscheinungen zu verhüten, die nach physiologischen Gesetzen gleichermaßen Drucklufter, Taucher und Flieger befallen können, bekannt als sog. Caisson-Krankheit.

Dem Druckluftverfahren sind Grenzen gesetzt im wesentlichen durch die nach der Druckluftverordnung maximal zugelassene Druckhöhe, durch die Luftdurchlässigkeit des Bodens und durch eine Mindestüberdeckung über dem Scheitel, die eine tieferliegende Gradiente und eine entsprechend längere Rampenstrecke erfordert. Bei der Unterfahrung von Meeresengen wird die Gradiente so tief gelegt, daß der Tunnel unter einer undurchlässigen, meistens sehr mächtigen Deckschicht nach bergmännischen Verfahren (Seikan-Tunnel, S. 156) hergestellt werden kann.

Die Fugenabdichtung von Gußeisentübbingen wird durch Einstemmen eines Bleibandes in eine Nut im Flansch erzielt. In England wird auch eine Asbestzementschnur und in den Ostblockstaaten Quellzement verwendet. Bei einem verkleideten Ausbau ist ein Nachstemmen nicht möglich; es muß dann vorsorglich eine Fugendrainage eingebaut werden. Bei belüfteten Tunneln hat sich gezeigt, daß im Wechsel der Jahreszeiten diese Dichtungsstoffe dem starken Temperaturgefälle nicht gewachsen sind, so daß erstmalig beim Elbtunnel in Hamburg im Jahre 1968 ein Neoprene-band entwickelt wurde, das in eine, unweit der Tübbingaußenhaut umlaufende Nut eingelegt wurde (Abb. 4). Die Abdichtung liegt damit an der Stelle, wo möglicherweise Wasser eintreten kann und nicht mehr an der Austrittsstelle im Tunnelinnern. Weitere Besonderheiten sind die Einführung des Wellentübbings mit der Qualität GGG 60. Die Neoprene-Dichtung wird inzwischen auch bei Stahlbetontübbingen angewendet.

Abb. 4. Tunnelausbau mit Wellentübbingen; Fahrbahnplatte eingezogen; Decke im Bau

Den Gesamtquerschnitt eines mit Gußeisentübbingen ausgebauten Vortriebstunnels zeigt Abb. 40 (Suez-Kanal-Tunnel, S. 148).

Um 1900 ist neben den Schildvortrieb die „Einschwimm- und Absenkmethode" getreten, im folgenden kurz Absenkmethode genannt, bei der es möglich ist, sowohl die Kreisform aus Stahlblech oder Stahlbeton als auch den Rechteckquerschnitt aus Stahlbeton mit Stahlblech- oder Weichabdichtung bzw. aus wasserabweisendem Spannbeton ohne Abdichtung anzuwenden. In außereuropäischen Ländern wird die Kreisform bevorzugt. Die Tunnelelemente werden als Einzelröhre oder, für einen vierspurigen Ausbau, als Zwilling aus einzelnen Stahlblechzylindern oder aus Stahlbetonblöcken, bei kleineren Durchmessern auch aus Fertigteilen zusammengesetzt, wobei der Herstellungsort ganz verschieden sein kann und sich ausschließlich nach den örtlichen Gegebenheiten richtet. Wirtschaftspolitische Einflüsse haben speziell in den Vereinigten Staaten dazu geführt, Elemente aus Stahlblech gleichzeitig oder in loser Folge auf der Helling verschiedener Werften herstellen zu lassen, die weit voneinander entfernt lagen. Einzelheiten über die Herstellung und den Fugenschluß unter Wasser nach dem Versenken sind bei dem Patapsco-Tunnel in Baltimore (S. 139) geschildert. Das Zusammenfügen zweier Elemente über Halbschalen ist im Prinzip bei allen kreisförmigen Querschnitten sowohl aus Stahlblech als auch aus Stahlbeton praktiziert worden.

Für die Herstellung der Absenkkörper aus Stahlbeton werden vorhandene, stillgelegte Schleusen oder Trockendocks benutzt, in den meisten Fällen aber besondere Baudocks angelegt und durch eine Grundwasserabsenkung trocken gehalten. Sie können so groß bemessen sein, daß als Idealfall alle erforderlichen Elemente in Taktverfahren auf einmal betoniert werden, so daß der Abschlußdamm für das Ausdocken nur einmal entfernt zu werden braucht. Ist nicht genügend Platz vorhanden, muß ein beweglicher Dockverschluß geschaffen und für einen zwischenzeitlichen Ablagerungsplatz gesorgt werden. Für den Schwimmzustand erhalten die Elemente jeweils an den Enden, etwa ein Meter zurückversetzt, ein provisorisches Stirnschott. Tunnelelemente im gefluteten Baudock zeigt Abb. (5) (Benelux-Tunnel in Holland, S. 119) und Abb. 6 einen ausschwimmbaren Dockverschluß (Paraná-Tunnel in Argentinien, S. 147). Beispiele von Tunneln, bei denen der gesamte benötigte Verkehrs- und Betriebsraum in einem Rechteckquerschnitt zusammengefaßt ist, zeigt Abb. 7.

Abb. 5. Absenkelemente im gefluteten Baudock

Abb. 6. Baudock mit ausgeschwommenem Dockverschluß

Nach dem Ausdocken werden die Schwimmstücke mit Richttürmen, in denen sich auch ein Schachtrohr als Zugang zum Tunnelinneren befindet, und mit Vermessungssystemen ausgerüstet sowie mit allen Sicherheitsvorrichtungen, wie sie in den Bestimmungen für Arbeit auf einem Wasserfahrzeug und in der Seeschiffahrtsstraßenordnung festgelegt sind.

Für das Einschwimmen wurden anfangs noch Schiffe oder Pontons als Schwimmhilfen benötigt. In neuerer Zeit werden die Elemente mit einem Auftriebsüberschuß von 1 bis 2% selbstschwimmend konstruiert, Freibord etwa 15 cm, und bei kurzen Entfernungen mit am Ufer aufgestellten Winden, sonst mit Hilfe von Schleppern auf die Absenkposition gebracht. Können aus Platzgründen Schleppleinen in der für den Schrauben-Effekt notwendigen Länge nicht angeschlagen werden, kommen Schub-Schlepper oder, besonders bei starker Strömung, Schottel-Einheiten zum Einsatz.

Das Absenken kann durch Zugabe von Wasser über Flaschenzüge, Spindeln oder Lochstangen entweder von festen Gerüsten (Straßen-Tunnel Rendsburg, S. 121) oder von Wasserfahrzeugen erfolgen. Bei den ersten amerikanischen Tunneln wurden Prähme und gelegentlich Schwimmkräne verwendet; heute ist fast allerorts das Ablassen von Pontons mittels schwerer Flaschenzüge üblich. Tauchzylinder, mit denen auch die Ballastierung geregelt werden konnte, wurde z. B. beim Tingstad-Tunnel in Göteborg (S. 130) verwendet und eine Hubinsel beim Tunnel in Paraná ein-

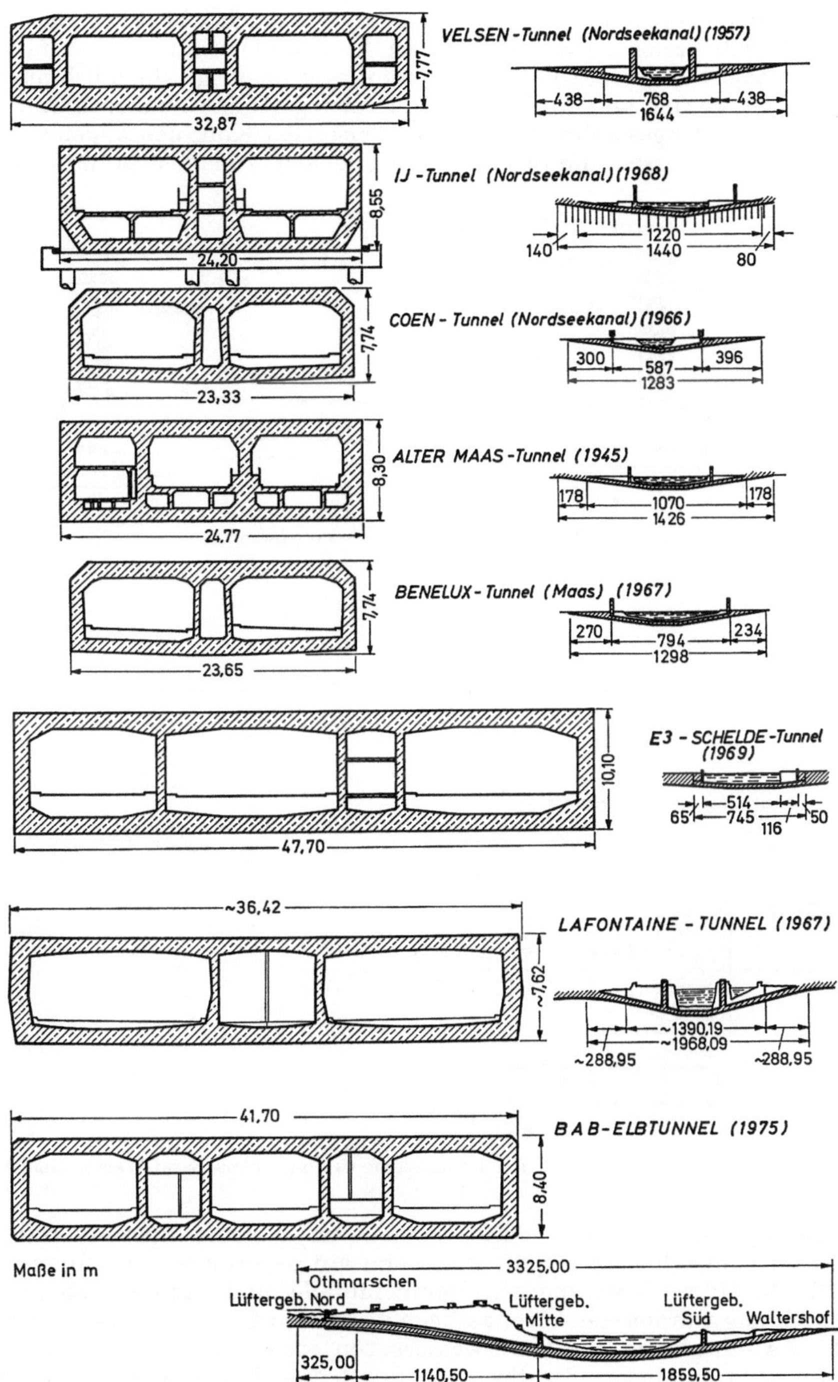

Abb. 7. Querschnitt und Längsschnitt von Absenktunneln

gesetzt. Sofern bei großen Strömen mit Schleppern eingeschwommen wird, müssen die Schlepptrossen auf der Absenkposition durch Ankertrossen ersetzt werden, die an Hilfsankern seitlich von der Absenkrinne befestigt sind. Bei Tide-Strömen beginnt das Einschwimmen kurz vor dem Morgen-Hochwasser und wird zeitlich so angesetzt, daß bei Stauwasser das Schwimmstück an den Ankertrossen befestigt ist und die Schlepper entlassen werden können. Während dieses Vorganges muß auf der Wasserstraße der gesamte Schiffsverkehr ruhen. Zur Sicherung der Schiffahrt im engen und weiteren Bereich der Tunnelbaustelle hat sich die mehrfach erprobte Einrichtung einer „Nautischen Leitstelle“ bewährt.

Das Absenken geschieht in drei Phasen: Eintauchen — Absenken bis kurz über die Auflager — Anschließen an das bereits verlegte Element bzw. an das feste Uferbauwerk. Anfänglich waren an dem Betonkörper an jeder Seite zwei winklige Betonauflager befestigt, die mit hinunter genommen wurden. In neuerer Zeit werden an dem freien Ende vorweg Hilfsfundamente in der Absenkrinne versenkt und an der entgegengesetzten Stirnseite provisorisch Konsolen angebracht, auf die sich das Element über Stempelpressen, die der Justierung dienen, zunächst auflegt (Abb. 8). Für die

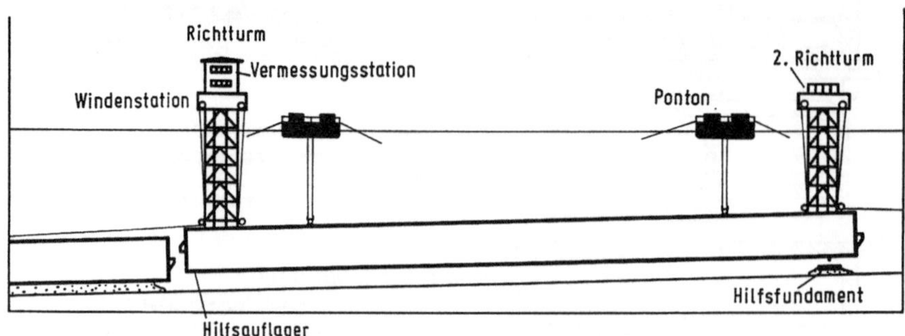

Abb. 8. Absenken eines Einschwimmelementes

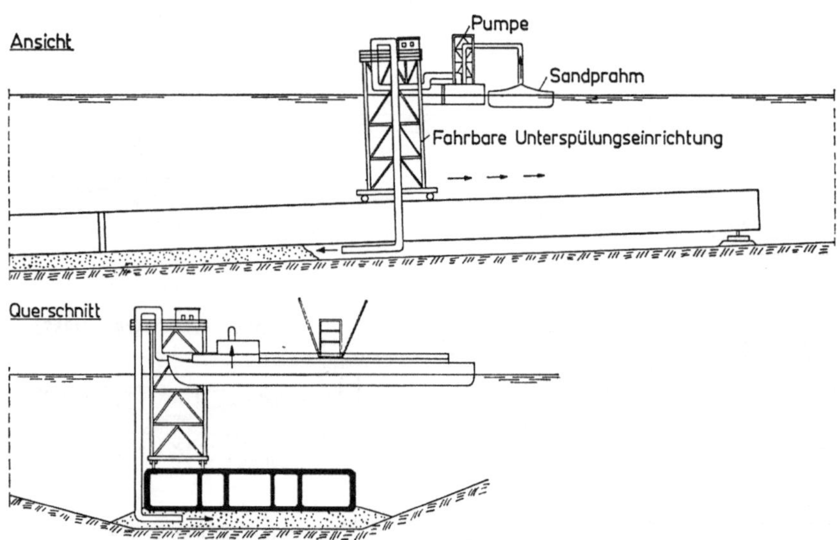

Abb. 9. Unterspülen eines abgesenkten Tunnelelementes mit einem Sand-Wasser-Gemisch

endgültige Auflagerung wird das abgesenkte Element nach einem Spezialverfahren mit einem schwenkbaren Rüssel vollflächig unterspült und dann auf dieses etwa ein Meter dicke Sandbett abgesetzt (Abb. 9). Die Hilfsauflagerung wird damit hinfällig und kann ausgebaut werden. In der historischen Entwicklung wurden die Absenkstücke des ersten USA-Tunnels in Detroit auf Pfähle abgesetzt und der Zwischenraum mit Unterwasserbeton ausgefüllt. Der nächste Schritt war die Auflagerung auf einem 60 cm dicken Sandbett, das durch eine Schleppbohle abgezogen wurde. Die abgewandelte Form ist der beim Straßentunnel Rendsburg verwendete doppelkehrende Planierpflug, der unter dem Tunnelstück, von Winden hin- und hergezogen, spanweise das Kiesbett glättete (Abb. 10). Beim Cross-Harbour-Tunnel in Hongkong wurde ein Ringprahm gebaut und darauf eine verfahrbare Schotter-Einbaubrücke mit einer Batterie Fülltrichter montiert, die in ihrem Unterteil zu einem Planiergerät zusammengefaßt waren (Abb. 48). Nach Herstellung des Auflagerbettes diente der Prahm als Absenkgerüst. Die Abbildung gibt auch einen allgemeinen Überblick über die Arbeitsvorgänge zur Herstellung eines Zwillingstunnels aus Stahlröhren. In Schweden entstand der Vorschlag, die Absenkelemente an den Stirnseiten auf aufblasbare Nylonsäcke aufzulegen und den Zwischenraum unter der Sohle von innen her zu injizieren. Analog wurde der Hafentunnel in Marseille auf einem festen Betonringfundament gegründet, das gleichzeitig als Widerlager diente, um die Schwimmstücke mit einem Auftriebsrest auf die Auflager hinunterzuziehen. Dieselbe Möglichkeit ergibt sich bei einer Pfahlbankett-Gründung. Wird dieses hochgezogen, entspricht es den Pfeilern einer Tunnelbrücke. In besonderen Fällen sind auch Tunnel aus hintereinanderliegenden Druckluftsenkkästen gebaut worden, wobei der Arbeitsraum als Pumpensumpf oder für die Verlegung der Betriebsleitungen nutzbar gemacht werden kann. Kleine Caissons lassen sich gut als Ankersteine für schwimmende Tunnel verwenden.

Abb. 10. Planieren des Auflagerbettes mit einem Pflug

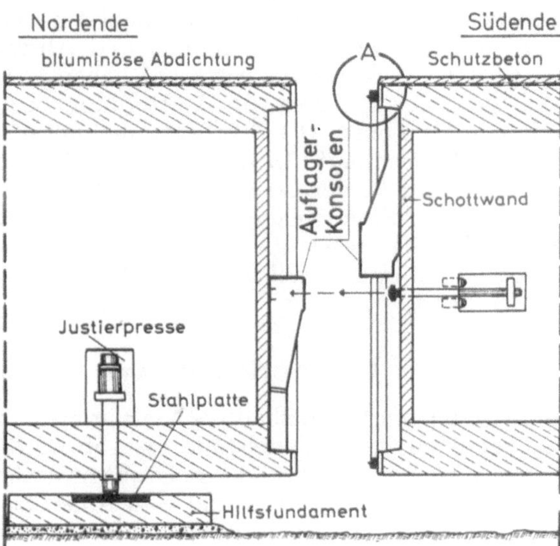

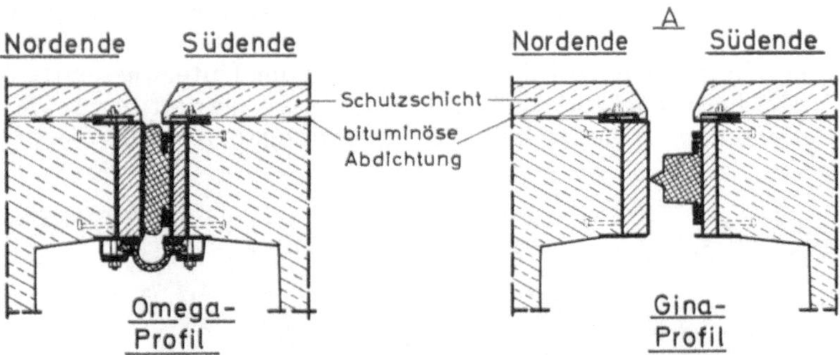

Abb. 11. Hilfsauflagerung und Fugenanschluß, vorläufige Dichtung über das GINA-Band, endgültige Dichtung durch das OMEGA-Profil

Das Verfahren zur Fugendichtung zwischen zwei Absenkelementen mit Kreisform ist im Prinzip zunächst auch bei den Rechteckquerschnitten angewendet worden. Während beim alten Maastunnel (S. 118) noch eine Stahlblechumspundung und eine Taucherglocke zu Hilfe genommen werden mußte, entstand beim Deas-Island-Tunnel in Vancouver (S.145) das Fugenschlußverfahren, das heute noch gültig ist. Die Primärseite eines Elementes, das ist die Stirnfläche, die immer zum Anschlußstück hinzeigt, erhielt bereits im Baudock eine umlaufende hohle Gummidichtung. Sobald beim Absenkvorgang die Auflagerung erreicht war, wurden mit Hilfe eines Hakens, der an der Außenseite angebracht war, beide Elemente zusammengezogen, die Gummidichtung anfangs mit Wasser, späterhin mit Luft aufgepumpt und somit ein vorläufiger Dichtungsanschluß erzeugt. Jetzt konnte der innere Fugenraum gelenzt und dadurch der Wasserdruck am freien Ende mobilisiert werden, der die Gummidichtung so fest zusammendrückte, daß die Elementfuge voll und sicher abgedichtet war. Als endgültige Dichtung wurden dann im Innern eine geschweißte, starre Verbindung hergestellt, danach die provisorischen Schottwände herausgebrochen und die Fugennischen durch Ausbetonieren dem Tunnelprofil angepaßt. Die aufblasbaren Gummiprofile sind bald durch massive Leisten ersetzt worden, wobei die Vordichtung zunächst durch eine weiche, angesetzte Lippe, heute aber wohl ausschließlich durch eine Dreiecksnase erzielt wird. Dieses Profil führt den Namen GINA (Abb. 11) und besteht aus mehreren Lagen Natur-Gummi mit Shore-Härten zwischen 70° bis 80°, abgestimmt auf die Größe der Fugenbelastung. Die Schlußfuge wird mit einer, aus vier Platten und einem Gummiwulst bestehenden Manschette gleichsam als Außenschalung umgeben und nach dem Leerpumpen als Bewegungsfuge ausgebildet. Wird das statische System der Gliederkette verlangt, werden die Elementfugen dadurch beweglich gehalten, daß als eigentliche Dichtung zusätzlich ein weiteres Gummiprofil in Omega-Form eingelegt wird (Abb. 11). Im allgemeinen werden die Absenktunnel auf der Sohle und an den Wänden zum Schutz gegen Beschädigungen beim Einschwimmen und Absenken mit einer Stahlblechhaut abgedichtet, auf der Decke aber meistens aus wirtschaftlichen Gründen eine bituminöse Abdichtung aufgebracht. Beispiele sind der Ij-Tunnel in Amsterdam, der E3-Scheldetunnel in Antwerpen und der neue Elbtunnel in Hamburg. Der Straßentunnel unter dem Nord-Ostsee-Kanal in Rendsburg hat rundum eine Stahlblechhaut. In den Niederlanden sind auch rundum bituminös gedichtete Tunnel gebaut worden, z.B. der Coen-Tunnel unter dem Nordsee-Kanal und der Benelux-Tunnel unter der Neuen Maas. Eine einlagige Abdichtung aus 2 mm dicken Butyl-Membranen, die bislang einmalig geblieben ist, haben die Absenkelemente von dem Limfjord-Tunnel bei Aalborg. Die neuere Tendenz zielt auf unabgedichtete Tunnel und wasserdichten Beton (Drecht-Tunnel unter der Alten Maas in Holland).

V. Repräsentative weltweite Bauausführungen

Die ausgeführten Tunnelbauten, die nunmehr beschrieben werden, sind nach Kontinenten zusammengefaßt und als Tunnelstädte in Abb. 12 durch einen schwarzen Punkt kenntlich gemacht. Begonnen wird mit Europa, da in Großbritannien die ersten Unterwassertunnel gebaut worden sind. Es folgen Nord-, Mittel- und Süd-Amerika, Asien und Afrika. In Australien einschließlich Neu-Seeland sind Straßen- und Wasserleitungstunnel, jedoch keine Hafenuntertunnelungen ausgeführt worden. Begünstigt durch seine Lage, ist Sydney mit einem Seegüterumschlag von 28 Mill. t zwar zum Welthafen geworden, aber die Verkehrsverbindung von einem Stadtteil zum anderen stellt die Gladesville-Brücke her, die mit 305 m Spannweite die längste, mit Hilfe von Lehrgerüsten gebaute Betonbrücke der Welt sein soll. Der im Jahre 1960 geplante 6-spurige Hafentunnel unter der 13,7 m tiefen und 680 m breiten Schiffahrtsrinne ist im Vorentwurf steckengeblieben.

Die Abhandlung beschränkt sich auf die Beschreibung der Unterwasserstrecke und die Lage der Lüfterbauwerke. Nicht berücksichtigt ist ihre konstruktive Gestaltung sowie die Ausbildung der geschlossenen und offenen Rampenstrecken. Bei Längenangaben ist die Strecke zwischen den Por-

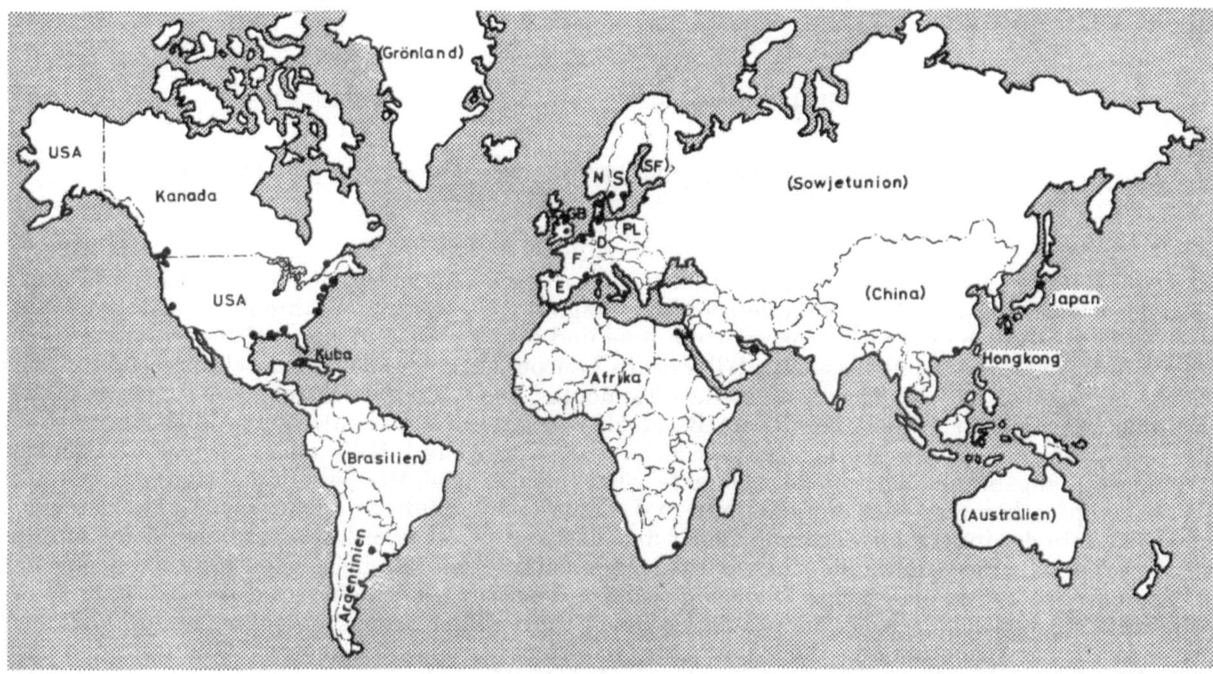

Abb. 12. Weltkarte mit Tunnelstädten

talen, die meist auch der Strecke von Tunnelmund zu Tunnelmund entspricht und die zu belüftende Strecke darstellt, hervorgehoben. Bei vielen Straßentunneln sind zur Adaptation des Tageslichtes gegen die künstliche Beleuchtung im Tunnel und umgekehrt die Ein- und Ausfahrzonen mit einer Rasterkonstruktion überdeckt; in diesen Fällen liegt das Portal vor der Rasterstrecke. Vielfach ist es üblich, in die „Tunnellänge" die offenen Rampen einzubeziehen; es ist angebrachter, dann die Bezeichnung Bauwerkslänge zu gebrauchen.

EUROPA

In Europa wurden die ersten Unterwasser-Verkehrstunnel nicht in Seehäfen, sondern unter schiffbaren Flüssen gebaut.

An erster Stelle steht der in den Jahren 1824—1842 von dem in England ansässigen Ingenieur Sir Marc Brunel mit einem, von ihm selbst entwickelten Tunnelschild aus Gußeisen und Holz unter der Themse aufgefahrene Doppelröhren-Tunnel, der mit einer Länge von 353 m noch heute von der Londoner U-Bahn befahren wird. Elfmal brach die Themse in den begonnenen Bau ein und jedesmal wurde die Einbruchstelle im Schutze einer Taucherglocke mit Segeltuchplanen und Sandsäcken wieder geschlossen.

Mit den hierbei gewonnenen Erfahrungen wurden um die Jahrhundertwende die nächsten Tunnel mit Schildvortrieb unter Anwendung des Druckluftverfahrens gebaut. Zu diesen gehört auch der 1912 fertiggestellte alte Elbtunnel in Hamburg. Die großen Tunnel in den Vereinigten Staaten von Amerika entstanden erst nach dem Ersten Weltkrieg.

Eine neue Bauphase wurde mit dem im Jahre 1945 dem Verkehr übergebenen alten Maas-Tunnel in Rotterdam eingeleitet. Erstmalig wurde hier bei der Einschwimm- und Absenkmethode ein Stahlbeton-Rechteckquerschnitt angewendet, der später hin allen weiteren europäischen Tunneln als Vorbild diente, die nach dem Zweiten Weltkrieg entstanden sind. Allein drei dieser Tunnel liegen mittel- oder unmittelbar im Zuge der Europastraße E 3 auf dem Teilstück von Göteborg — Aalborg — Rendsburg — Hamburg bis Antwerpen.

Ihre Lage im Flachland begünstigte das Absenkverfahren, aber selbst in Norwegen werden neuerdings wieder Unterwassertunnel unter dem Frierfjord unweit Larwik und im 600 m tiefen Eidfjord im Zuge der Straße Bergen — Oslo als freischwebender Tunnel erwogen. Ausführungen dieser Art finden sich bereits in Schweden.

Zu den großen Tunnelplanungen im skandinavischen Raum gehört das Bestreben, einerseits zwischen der Bundesrepublik Deutschland und Dänemark, dann in Dänemark zur Verbindung der Inseln und andererseits zwischen Dänemark und Schweden feste Verkehrsbauten zu schaffen. Seit Jahren laufen bei einer privaten Studiengesellschaft Vorarbeiten, im Zuge der Vogelfluglinie im fast 20 km breiten und 30 m tiefen Fehmarnbelt zwischen Puttgarden auf Fehmarn und Rödby Havn auf Lolland den Fährbetrieb durch eine Brücke oder einen Tunnel zu ersetzen. Der Fehmarnbelt wird zur Zeit im Jahr von rd. 100 000 Schiffen in beiden Richtungen befahren und 16 000 mal von Fähren gekreuzt. Nach den letzten Informationen gilt es als sicher, daß ein eingleisiger Eisenbahntunnel und für den Straßenverkehr eine Brücke gebaut wird.

Auf dem Wege von Dänemark nach Schweden muß der Oeresund gekreuzt werden, den von Norden etwa 75 000 und von Süden etwa 77 200 Schiffe anlaufen. Nach einer Verkehrsprognose werden im Jahre 1980 die Fähren 11,7 Mill. Personen und 2,5 Millionen Autoreisende befördern. Von einer schwedisch-dänischen Expertenkommission werden seit längerer Zeit die günstigste Linienführung und die möglichen Bauverfahren für eine feste Verbindung untersucht. Von Schweden wird eine Straßen- und Eisenbahnbrücke im Zuge der 4 km langen (H-H)-Linie von Helsingör nach Hälsingborg bevorzugt, während Dänemark mehr an der (K-M)-Linie, der 20 km breiten Verbindung zwischen Kopenhagen und Malmö über die Insel Saltholm interessiert ist. Andere Trassen liegen zwischen Vedbaek und Landskrona sowie nördlich und südlich davon. Den Verkehrsbedürfnissen würde am meisten die (K-M)-Linie entsprechen. Ein Entwurf hierfür sieht einen Tunnel von der Insel Amager in unmittelbarer Nähe des Kopenhagener Flughafens bis zur Insel Saltholm mit Unterquerung der Fahrrinne von Drogden und einer Weiterführung als Hochbrücke bis an den Südrand von Malmö vor. Brücken müßten eine segelfreie Höhe von 45 m erhalten. Andere Vorschläge sehen Durchfahrtshöhen von 68 m vor. Ein Straßentunnel unter dem Drogden würde 2300 m und ein Eisenbahntunnel 5535 m lang werden. In diesem Zusammenhang ergäbe sich auch ein 1200 m langer Tunnel unter dem südlichen Fahrwasser des Hafens in Kopenhagen. Der Vorschlag, die Insel Langeland durch einen 1160 m langen Tunnel bei Svendborg an die Insel Fünen anzuschließen, konnte sich gegenüber der Brückenlösung nicht halten. Der Brückenschlag über den im Mittel 25 km breiten und 30 m tiefen Großen Belt zwischen Nyborg auf Fünen und

Korsör auf Seeland ist schon vor Jahren Gegenstand des Romans „Brückensymphonie“ gewesen. Für die Verwirklichung in neuerer Zeit hatte die dänische Regierung im Frühjahr 1965 einen Ideenwettbewerb ausgeschrieben, bei dem kombinierte Straßen-Eisenbahn-Brücken oder reine Straßen-Brücken, wobei der Eisenbahnverkehr weiterhin über Fähren abgewickelt werden sollte, aber auch Untertunnelungen gleichfalls für Straße und Eisenbahn oder Eisenbahn allein vorgeschlagen worden sind. Als Durchfahrtshöhe waren 68 m vorgesehen. Die kürzeste Trasse mit 18 km Länge liegt zwischen Nyborg und Halsskov und führt über die etwa in der Mitte liegende Insel Sprogö. Östlich der Insel verläuft mit einer Breite von über 100 m und einer Tiefe von fast 30 m die Hauptfahrrinne. Der Große Belt wird im Jahr von etwa 20 600 Schiffen in beiden Richtungen durchfahren und 30 000 mal von Fähren gekreuzt. Ein Eisenbahntunnel würde 25 km lang sein und, um die Untergrundverhältnisse für das Bauverfahren auszunützen, 100 m unter dem Wasserspiegel verlaufen. Die Fahrzeuge müßten in elektrischen Zügen befördert werden. Als kombinierte Lösung könnte man sich auch eine niedrige Brücke über der westlichen Schiffahrtsrinne und einen Tunnel unter dem Hauptfahrwasser ähnlich wie bei der Chesapeake Bay vorstellen. Im Folketing soll der Bau einer Brücke beschlossen, die Finanzierung jedoch noch nicht geklärt sein.

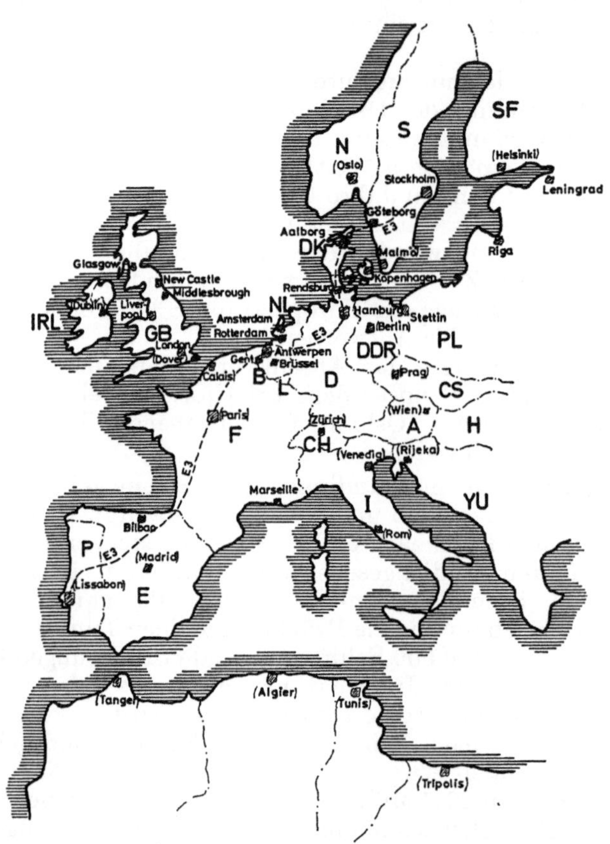

Abb. 13. Tunnelstädte in Europa (andere Städte eingeklammert)

Untertunnelungen in Seehäfen sind bislang ausschließlich in West-Europa ausgeführt worden. Seit einiger Zeit laufen auch in Leningrad Untersuchungen, in dem mehrarmigen Mündungsdelta der Newa nach der Absenkmethode einen Straßentunnel zu bauen. Das beim Bau der U-Bahn, auch bei 2 Newa-Kreuzungen angewandte Verfahren, die Röhren mit einer Überdeckung zwischen 40 m bis 70 m in dem glaukonithaltigen blauen Ton des Unterkambrium im Schildvortrieb mit einem Fräßscheiben-Bagger aufzufahren, scheidet bei einem Straßentunnel wegen der erforderlichen langen Rampenentwicklung aus. In Polen wurde 1975 ein Wettbewerb für einen „festen Übergang über die Swine in Swinemünde“ ausgeschrieben, bei dem ein Brücken- und acht Tunnelvorschläge eingebracht wurden. Die Tunnellösungen sahen sowohl die Methode der Absenkung fertiger Tunnelelemente, als auch die Schildvortriebsmethode und den Bau in trockener Baugrube vor. Beachtenswert ist der Entwurf, von dem Schwimmkörper zunächst nur den Unterteil mit einem kielartigen Boden aus 10 mm dickem Schiffsstahl auf der Helling herzustellen, zu Wasser zu lassen und Wände sowie die Decke gleichsam am Ausrüstungskai aufzusetzen. Als Fugendichtung zwischen den dann abgesenkten Teilstücken ist auch hier das Gina-Band vorgesehen.

Einen Überblick über die Länder und Städte mit Hafen-Untertunnelungen in Europa gibt Abb. 13. Die eingeklammerten Städtenamen sollen nur die Orientierung erleichtern.

Groß-Britannien

Unterwassertunnel unter englischen Seehäfen und Seeschiffahrtsstraßen

Großbritannien verfügt an seiner Ost- und Westküste über breite und tief ins Landesinnere reichende Flußmündungen und Buchten, die seit alters der Seeschiffahrt und den Seehäfen günstige Entwicklungsmöglichkeiten geboten haben. Die großen Häfen London, Clyde Port/Glasgow, Liverpool und Middlesborough hatten 1973/1974 folgenden international bedeutsamen Schiffsverkehr:

		Güterumschlag (Millionen t)			Schiffsbewegungen	
	Jahr	Hochsee-Küstenschiffe		Gesamt	Zahl	NRT
London	1974	34,64	16,87	51,51	7 600	21,4 Mio
Clyde Port	1973	ca. 14,6	ca. 4,0	18,60	13 200	19,9 Mio
Liverpool	1974	24,25	2,13	26,38	5 600	20,3 Mio
Middlesborough	1973	—	—	26,04	5 500	11,7 Mio

Unterwassertunnel zwischen London und Themsemündung

1.1 Die Rotherhithe-Tunnel

London kann für sich in Anspruch nehmen, die erste U-Bahn der Welt wie auch die erste Untertunnelung einer Seeschiffahrtsstraße ausgeführt zu haben: es waren dies 1863 die U-Bahnstrecke Paddington—Farringdon in London City und 1842 der 460 m lange Straßentunnel unter der Themse zwischen Rotherhithe und Wapping 1,6 km stromabwärts der Tower Bridge, der später von der East London Railway als Bahntunnel übernommen wurde. Der stetig zunehmende Verkehr in der Millionenstadt London machte bald weitere Unterfahrungen der östlichen Themse erforderlich. 1892 folgte der Blackwalltunnel, der weiter unten besprochen wird, und 1908 der 1903 m lange Rotherhithe-Straßentunnel, der die Themse zwischen King Edward VII-Memorial Park und Rotherhithe in 14,63 m Tiefe der Firste unter THW schräg unterquert. Von der Gesamtlänge entfallen 430 m auf offene Rampenstrecke, 1124 m auf Stahlbetontunnelstrecke und 359 m auf Druckluftschildvortrieb, die größte Steigung beträgt 3%. Die zu durchörternden Bodenschichten bestanden aus Ton, Sand, sandigem Ton, Kies und festem Gestein. Die Vortriebsarbeiten waren erschwert durch die in Strommitte nur 2,13 m hohe Überdeckung und den dadurch bedingten starken Wasserandrang, der das Ansetzen eines Richtstollen von 3,81 m Durchmesser unter 0,8—1,5 atü Druckluft notwendig machte, ehe der volle Kreisquerschnitt mit 9,14 m Außendurchmesser folgen konnte. Bemerkenswert ist der Einsatz von 2 Schilden, die einander entgegenliefen. Dank der mit größter Vorsicht durchgeführten Arbeiten konnte jeder Wassereinbruch vermieden werden. Die Auskleidung erfolgte mit gußeisernen Tübbings. Links und rechts neben der nur 4,88 m breiten Fahrbahn sind Fußsteige von 1,43 m Breite angeordnet, die lichte Höhe beträgt 4,80 m. Der Tunnel war zunächst nicht belüftet, erhielt jedoch später eine Halbquerlüftung und 4 Lüfterschächte.

1.2 Die Blackwall-Tunnel

Eine noch geringere Überdeckung als der zweite Rotherhithe-Tunnel hatte der alte Blackwall-Tunnel, der die Themse zwischen Poplar und East Greenwich in 16,05 m Tiefe der Firste unter THW unterfährt: die geringste Überlagerung zwischen Tunnelfirste und Flußsohle beträgt nur 1,67 m. Während beim Rotherhithe-Tunnel eine Aufschüttung des Flußbettes zur Verstärkung der Überlagerung wegen der benachbarten Surrey Commercial Dock und London Dock nicht möglich war, wurde beim Blackwall-Tunnel eine 3,05 m dicke Tonaufschüttung gestattet. Von der Gesamtlänge von 1890 m wurden 950 m im Druckluftschildvortrieb mit maximal 2,6 atü und 8,46 m Außendurchmesser aufgefahren, die größte Steigung beträgt auch hier 3%. Die durchörterten Bodenschichten bestanden aus Schlamm- und Moorablagerungen, sowie aus wasserführenden Sand- und Tonschichten; die Ortsbrust war trotz der Druckluft nicht standfest und mußte verbaut werden. Ungeachtet der erheblichen Abbauschwierigkeiten erreichte man eine durchschnittliche Tagesleistung von 2,50 m und vollendete den Bau 1897 nach knapp fünfjähriger Bauzeit. Der Tunnel ist mit Halbquerlüftung und vier Lüfterschächten ausgestattet.

Da dieser Tunnel dem Verkehr schon bald nach dem Zweiten Weltkrieg nicht mehr gewachsen war, wurde 1960 im Abstand von 230 m von der ersten Röhre mit dem Bau einer zweiten Röhre mit 8,53 m Innendurchmesser und 1175 m Länge zwischen den Portalen begonnen. Die Schildvortriebsstrecke zwischen den Lüfterschächten beträgt 875 m, die restlichen 300 m entfallen auf mit 4% aufsteigende Rampenstrecken zwischen Portalen und Lüfterbauwerken. Der Straßentunnel hat Halbquerlüftung sowie eine Fahrbahnbreite von 6,10 m und eine Lichthöhe von 5,03 m.

Die den Tunnel umgebenden sandigen Kiese und schluffigen Tone weisen eine so große Durchlässigkeit auf, daß man zunächst von zwei in First und Sohle des Tunnelprofils unter dem Flußbett vorgetriebenen Druckluft-Richtstellen ⌀ 2,14 m durch Verdichten und Verpressen des Kiessandes einen Schutzmantel verminderter Durchlässigkeit schaffen mußte, ehe man den Hauptvortrieb ansetzen konnte. Die geringste Überdeckung betrug 5,80 m.

Der Firststollen wurde von einem Förderschacht auf dem Südufer, der Sohlstollen von einem Schacht auf dem Nordufer vorgetrieben, der Luftverbrauch erreichte dabei zeitweise 256 m^3/min. Jeder Tübbingring der Richtstollen enthielt 18 Injektionslöcher mit Rohrstutzen und Kugelgelenken, von denen aus Lanzen ⌀ 50 mm mit Ton-Zement-Silikat-Injektionen vorgetrieben wurden. Der durch die Injektionen erzeugte Schutzmantel reichte 30 cm in den Ausbruchsquerschnitt des Haupttunnels hinein und war in der Firste 3,35 m, in der Sohle entsprechend dem dort herrschenden höheren Wasserdruck 4,60 m dick; der Durchlässigkeitsbeiwert konnte so verbessert werden. Nachdem der kritische Teil des Untergrundes auf diese Weise saniert war, wurden die beiden Druckluftschildvortriebe von den Lüfterschächten her gestartet. Dank des durch die Injektionen geschaffenen Schutzmantels betrug der durchschnittliche Luftbedarf damit nur ein Viertel der in der Kompressorenstation vorgehaltenen Kapazität. Die geringe Breite der gußeisernen Tübbingringe von nur 46 cm beeinflußte die Vortriebsleistung, die i. M. nur 0,80 m/Tag erreichte.

Der neue Blackwall-Tunnel hat seit 1965 den 2-spurigen Richtungsverkehr nach Süden übernommen, während der alte Tunnel dem Verkehr in Richtung Norden dient.

1.3 Die Dartford-Tunnel

Über 20 km östlich der obengenannten Unterwassertunnel, im Stromabschnitt Long Reach, wurde seit 1930 ein Straßentunnel unter der Themse zwischen den Städten Dartford und Purfleet geplant. Die Untergrundverhältnisse auf der geplanten Trasse waren recht ungünstig wegen der starken Wasser- und Luftdurchlässigkeit einer söhlig ununterbrochen durchlaufenden Kiesschicht von 1,50 m bis 4,50 m Mächtigkeit, die den tiefer anstehenden, aber stark verwitterten und deshalb ebenfalls außerordentlich durchlässigen Kreidefels überlagert. Im Kreis ergaben sich Wasserdurchlässigkeitswerte von $k = 3 \times 10^{-1}$ bis 1×10^{-2} cm/sec. Die Anwendung eines Druckluftschildes war in Frage gestellt, wenn es nicht gelang, den zu durchörternden Bereich durch Verpressungen so zu verdichten und zu verfestigen, daß die Luftverluste beim Vortrieb des Haupttunnels von 9,30 m Außendurchmesser in erträglichen Grenzen gehalten werden konnten.

Man begann noch 1936—1938 mit dem Auffahren von Erkundungsstollen ⌀ 3,66 m auf 908 m. Trotz allseitiger Injektionen vom Stollen aus, stieg der Luftverbrauch zeitweise bis über 220 m^3/min an und nur mit äußerster Mühe gelang es, einen Luftdurchbruch zu verhindern. Als die Richtstollen durchgeschlagen und die beiden Schilde für den Haupttunnel montiert waren, mußten die Arbeiten wegen des Kriegsausbruches unterbrochen werden. Sie konnten erst 1956 wieder aufgenommen werden. Es zeigte sich dabei, daß die von den Erkundungsstollen ausgeführten Injektionen weitgehendst unwirksam geblieben waren. Vor Auffahren der Hauptvortriebe wurde daher die Kiesschicht auf beiden Seiten des Tunnels parallel zur Tunnelachse in Streifen von 6 m Breite von der Oberfläche aus verpreßt. Diese beidseitigen, verpreßten Kiesbänke wurden in Abständen von 60 m durch ebensolche verpreßte Querriegel miteinander verbunden. Die Druckluft konnte aus diesen verpreßten Kieskästen nicht mehr seitlich, sondern nur noch oben durch den überlagernden Schlamm entweichen. Dies erbrachte die erwünschte Verminderung des Luftdrucks und der Luftmenge; tatsächlich wurden in den Vortrieben des Haupttunnels i. M. nur 42,6 m^3/min und maximal 128 m^3/min verbraucht. Die verpreßten Kiesschichten wiesen nur noch k-Werte von 5×10^{-4} bis 1×10^{-5} cm/sec auf. Zur Verhütung von Luftdurchbrüchen wurden in gefährdeten Zonen außerdem Unterwasserschüttungen von ca. 3 m Höhe und 60 m Breite eingebracht.

Die zwischen den Portalen 1429 m lange Tunnelröhre wurde mit drei offenen Handschilden aufgefahren: zwei fuhren dabei von Nord und Süd her die Unterwasserstrecke von 863 m auf, der dritte war auf 283 m unter dem Vorland zwischen Förderschacht und Lüfterbauwerk eingesetzt.

Die Tunnelauskleidung besteht aus Gußeisentübbings von 46 und 76 cm Breite.

Das gesamte Tunnelprojekt einschließlich der Zufahrten hat eine Länge von etwa 6,5 km und stellt eine gute Verbindung zwischen den nördlich und südlich von London vorbeiführenden Autobahnen und zwischen den Grafschaften Essex und Kent dar. Der Tunnel hat eine Lichthöhe von 4,90 m und eine Fahrbahn von 6,40 m Breite für 2-spurigen Betrieb, die an ihrer tiefsten Stelle ca. 30 m unter dem THW der Themse und ca. 16 m unter der Flußsohle liegt. Die 300 m lange Mittelstrecke hat 0,2% Steigung, die daran anschließenden Rampenstrecken 3,6%. Der Tunnel hat eine Halbquerlüftung, jeder der beiden Lüfteranlagen kann 12,1 m^3/min Frischluft liefern. Der Tunnel ist im November 1963 in Betrieb genommen worden und für eine Kapazität von 2 000 000 Kfz/Jahr ausgelegt.

Wie bei der Schnellstraße A/M 102 der Blackwall-Tunnel, so hat auch bei der A 282 der Dartford-Tunnel rasch soviel Verkehr auf sich gezogen, daß man sich 1972 zum Bau einer zweiten Röhre entschloß, 21,4 m stromabwärts der ersten. Ihre Länge wird, von Portal zu Portal gemessen, 1435 m betragen; ihre Sohle liegt 39 m unter THW, die geringste Überlagerung ist 6,50 m. Sie hat einen Außendurchmesser von 10,30 m, eine Fahrbahnbreite von 7,30 m für 2-spurigen Verkehr und eine Lichthöhe von 5,03 m. Auch hier wurde zunächst ein Erkundungsstollen ⌀ 3,65 m vorgetrieben mit einem Pumpensumpf am Tiefstpunkt zur ständigen Entwässerung des Tunnels. Der Druckluftschildvortrieb des Haupttunnels wurde Ende 1974 von der Kent-Seite aus gestartet und soll 1976 durchgeschlagen werden. Die Auskleidung erfolgt in Gußeisen-Tübbings, die durch Aufbringen des Feuerschutzmittels Mandolite P 20 gegen eine zweistündige Feuersbrunst geschützt sein soll. Die Wände des Verkehrsraums sollen mit emailliertem Stahlblech verkleidet werden, das auf Asbestzementplatten aufgezogen wird. Der Tunnel soll zwischen den beiden Lüfterbauwerken Halbquerlüftung erhalten und Längslüftung für die äußeren Abschnitte zwischen Lüfterbauwerken und Portalen. In jedem Lüfterbauwerk werden Doppelaxialgebläse für Frischluftzuführung und Exhaustoren für Abluft installiert.

Die zweite Röhre soll 1977 betriebsfertig sein und den Verkehr in Richtung Süd übernehmen während die bestehende Röhre dann nur noch dem Verkehr in Richtung Nord dienen wird.

1.4 Absenk-Straßentunnel neben der Tower Bridge, London City

Auf Veranlassung der Londoner Stadtverwaltung wurden Pläne zur Entlastung des Verkehrs über die Tower Bridge durch eine neue Unterquerung der Themse ausgearbeitet. Im Vordergrund stand dabei der Vorschlag für einen Absenktunnel von 550 m Länge im Zuge einer Straßenverbindung von Gardiner's Corner auf dem Nordufer mit Anschluß an die nördliche Schnellstraße und Bricklayer's Arms auf dem Südufer mit Anschluß an die Tooleystr. Der Vorschlag sieht im Längsprofil eine Wannenausrundung von $R = 2286$ m mit beidseitigen Steigungen von 5% bis Straßen-O.K. vor, die geringste Überdeckung würde 2 m betragen. Da die Themse an dieser Stelle nur etwa 230 m breit ist, müßte die Absenkrinne beidseitig ca. 110 m weit ins Vorland ausgebaggert werden. Für den Querschnitt sind alternativ ein vierspuriger oder ein sechsspuriger Stahlbetonkasten geplant. Die jeweilig 2-spurigen Verkehrsräume haben dabei eine Lichthöhe von 5,10 m und Fahrbahnen von 7,30 m Breite mit beidseitigen Wartungsstegen. Für die Lüftung ist Querlüftung mit beidseitigem Lüfterbauwerk vorgesehen.

2.1 Die Mersey-Straßentunnel in Liverpool

An der Liverpoolbucht wird die Merseymündung von drei Tunneln unterfahren: dem alten Eisenbahntunnel, dem 1925—1934 gebauten Merseystraßentunnel zwischen Liverpool und Birkenhead und dem 1966—1972 vorgetriebenen neuen Merseytunnel für den Straßenverkehr zwischen Liverpool und Wallasey.

Die vierspurige Hauptstrecke des alten Straßentunnels von der Einfahrt Old-Hay-Market in Liverpool bis zur Ausfahrt Chesterstraße in Birkenhead ist ohne die als offene Einschnitte ausgeführten Streckenteile 3230 m lang, davon liegen 1150 m unter dem Merseyfluß. Von dieser die Stadtkerne verbindenden Hauptstrecke zweigen auf beiden Seiten zweispurige Nebenstrecken von 445 m und 537 m Länge ab, die in Liverpool am Neuen Kai, in Birkenhead an der Rendelstraße an die Oberfläche kommen. Die Unterwasserstrecke liegt mit dem Tiefstpunkt ihrer Sohle 52 m unter MHW, die Gewölbe-O.K. liegt 9,2—10,7 m unter Flußsohle. Der Mittelabschnitt des Tunnels hat 0,3%, die aufsteigenden Abschnitte haben 3,3% Steigung. Die vierspurige Fahrbahn des Haupttunnels hat 11,0 m, die zweispurigen Fahrbahnen der beiden Zweigtunnel haben 5,80 m Breite, die Lichthöhe beträgt 4,80 m. Der Querschnitt des Haupttunnels ist unter dem Fluß auf ca. 1650 m kreisförmig mit 13,40 m Innendurchmesser, unter dem Ufergelände halbkreisförmig mit Sohlgewölbe, und der Querschnitt der Zweigtunnel ist glockenförmig mit Sohlgewölbe.

Die Tunneltrassen liegen über ihre Gesamtlänge im Rotsandstein, über dem sich eine Kiesschicht von 1,5—3 m Mächtigkeit befindet. Der Tunnel konnte so im Sandsteingebirge bergmännisch ohne Druckluft aufgefahren werden. Der Kluftwasserandrang hielt sich in Grenzen und erreichte maximal 325 l/sec. Eine 270 m lange Strecke unter der Dale Street am Liverpoolufer, über der keine ausreichende Felsüberlagerung vorhanden war, mußte mit Kalottenschild aufgefahren werden, um Setzungen an Gebäuden und Versorgungsleitungen zu vermeiden. Die Gußeisenringe wurden hinterpreßt und zwischen den Rippen mit Beton verkleidet. Für die Halbquerlüftung sind im Raum unter der Fahrbahn Frischluftkanäle abgeteilt und insgesamt sechs Lüfterbauwerke vorhanden, die im Tunnel, dessen Verkehr sich auf die geplante Höchstgrenze von 3 000 000 Kfz/Jahr gesteigert hatte und nunmehr mit Computer geregelt wird, einen Luftwechsel von 70 000 m³/min gewährleisten sollen.

Der neue Mersey-Straßentunnel zwischen der City von Liverpool und Wallasey am anderen Ufer liegt etwa 1,5 km weiter seewärts des alten. Die Arbeiten begannen 1966 mit dem Abteufen von ca. 30 m tiefen Förderschächten, von denen aus Erkundungsstollen ⌀ 3,65 m gegen Strommitte vorgetrieben werden. Die Stollensohle liegt in Tunnelmitte ca. 12 m unter dem Flußbett. Die Gesamtlänge des Richtstollens beträgt 2400 m; wie der alte Tunnel, so liegt auch der neue überwiegend im Rotsandstein. Der Tunnel mit 9,15 m Durchmesser soll zwei Fahrbahnen aufnehmen. Für die Lüftung sind zwei Lüfterbauwerke vorgesehen.

2.2 Die Clyde-Tunnel bei Glasgow

Der schottische Fernverkehr auf der Nord-Südachse von Inverness über Glasgow nach Liverpool umgeht heute den Stadtkern von Glasgow im Westen und Süden. Im Zuge der westlichen Schnellstraße wurde die Seeschiffahrtsstraße der Clydemündung mit zwei parallelen Tunnelröhren im gegenseitigen Abstand von ca. 26 m unterfahren, von denen die erste seit Juli 1963, die zweite seit März 1964 im Betrieb sind. Im Kreisquerschnitt der im Richtungsverkehr betriebenen beiden Röhren von je 9,65 m Außendurchmesser sind eine 6,63 m breite Fahrbahn mit beidseitigen Bedienungsstegen und darunter ein Radfahr- und ein Fußweg untergebracht. Die Tunnel sind je ca. 685 m lang, die im Schildvortrieb aufgefahrenen Strecken sind auf jedem Ufer durch die Lüfterbauwerke begrenzt. Örtliche Verhältnisse zwangen zu einer Steigung von 6% der Tunnelrampen, der wohl steilsten Steigung von Unterwassertunneln in Großbritannien. Die Tunnel sind querbelüftet. Jede Röhre ist auf eine Kapazität von 15 000 Kfz/Tag ausgelegt.

Obwohl die Clyde an den beiden Kreuzungsstellen nur 120—170 m breit ist und obwohl die geologischen Verhältnisse nicht günstig waren, hat man sich wegen örtlicher Schwierigkeiten zur Unterfahrung statt zu einer Überbrückung des Schiffahrtsweges entschlossen. Die Trassen beider Röhren durchfahren sehr unterschiedliche Schichten: stark wasserführende Kiese und Sande, sandige Tone und auf eine Länge von ca. 300 m aus Tonschiefer und Sandstein bestehenden Fels. Der Druckluftschildvortrieb mit 1,7 atü gestaltete sich entsprechend schwierig, da in der Felsstrecke gesprengt werden mußte und der Schild im anschließend angefahrenen Schluff die steile Rampengradiente nicht einhalten konnte, absackte und beachtliche Setzungen an der Erdoberfläche verursachte. Beim Eintritt in die Zone der wasserführenden Kiese mußten wie beim Blackwall-Tunnel durch Injektionen verfestigte Sperriegel beidseitig der Tunneltrasse und quer dazu helfen, den Druckluftverbrauch in tragbaren Grenzen zu halten. Trotzdem konnten einige Luftdurchbrüche nicht verhindert werden. Die Auskleidung erfolgte mit 46 cm breiten Gußeisentübbings, deren Fugen jedoch leichte Undichtigkeiten aufweisen, so daß in dem im Tunneltiefstpunkt angeordneten Pumpensumpf täglich eine Wassermenge von 6,9 m³ je Tunnel abgepumpt werden muß.

2.3 Die Tyne-Unterwassertunnel in New Castle

Die Tynemündung mit ihrem Hafen- und Schiffahrtsverkehr bildete für den Fernverkehr auf der Great North Road zwischen Edinburgh, New Castle und London, sowie für den Regionalverkehr zwischen den Grafschaften Northhumberland und Durham seit langem ein erhebliches Hindernis, so daß sich die englische Regierung unmittelbar nach Beendigung des Krieges 1946 veranlaßt sah, in dem dicht bevölkerten und hochindustrialisierten New Castle den Bau von drei Untertunnelungen der Tyne zu genehmigen. Der Radfahr- und der Fußgängertunnel, jeder in einer besonderen Röhre von 3,66 m, bzw. 3,20 m Durchmesser und 274 m Länge mit beidseitigen Schrägschächten für die Fahrtreppen, wurden 1947 begonnen und Mitte 1951 dem Verkehr übergeben. Nach den Rolltreppenschrägschächten des Rendsburger Fußgängertunnels mit einem Höhenunterschied von 27,55 m sind die von New Castle mit 25,90 m Höhendifferenz wohl die zweitlängsten in Europa. Die Auffahrung der beiden Röhren bereitete trotz ihres kleinen Durchmessers erhebliche Schwierigkeiten, da wechselweise wasserführende Kies-, Sand- und Schluffschichten oder klüftige Tonschiefer- und Sandsteinschichten, durchsetzt mit dünnen Kohleflözen, durchörtert werden mußten. Auf Grund der dabei gemachten Erfahrungen wurde der 1961 begonnene Autobahntunnel unter der Tynemündung zwischen Wallsend und Jarrow, ca. 5 km landeinwärts der Nordseeküste, von vornherein tiefer angesetzt mit einer Gesamtlänge von 1677,50 m und einer Mindestüberdeckung unter der Flußsohle von 10 m. Der Haupttunnel von 10,24 m Außendurchmesser wurde vom Südportal bis zum südlichen Lüfterbauwerk mit Schild, von da aus ohne diesen aufgefahren bis zum Durchschlag in Strommitte mit dem von Norden her angesetzten Druckluftschildvortrieb. Das 275 m lange Nordende des Tunnels liegt in standfestem Ton und konnte im Vollausbruch ohne Schild durchörtert werden. Die mit Gußeisen ausgebaute Röhre umschließt einen 2-spurigen Verkehrsraum mit 7,22 m Fahrbahnbreite und ist seit 1967 als Teil der Autobahn A/M 1, der Great North Road, in Betrieb.

Außer diesen drei Verkehrstunneln wurde 1973—1975 noch eine vierte Unterwasserverbindung zwischen Jarrow und Wallsend/Howdon unmittelbar neben dem Straßentunnel gebaut: ein 488 m langer Düker in gußeisernen Tübbings mit 3,2 m Innendurchmesser. In einer Tiefe von ca. 28 m unter der Flußsohle und ca. 13 m unter der Felsoberkante konnten die vom nördlichen und südlichen Siphonschacht angesetzten Stollen voll in Ton- und Sandsteinschichten aufgefahren werden, der südliche im Bohr- und Sprengbetrieb ohne Druckluft, der nördliche mit einem offenen Druckluftschild mit eingebautem Schneidarm. Während die Teilschnittmaschine im Tonstein gut vorankam, hatte sie im spröderen Sandstein erhebliche Schwierigkeiten. Der Wasserandrang hielt sich bei beiden Vortrieben in Grenzen zwischen 500—900 l/min. Der Düker gehört zu dem neuen Abwassersystem der Tyneregion und bringt die Abwässer von South Shields, Gateshead und anderen Südbezirken zu der Zentralkläranlage nach Howdon auf dem Tyne-Nordufer.

2.4 Der Tees-Tunnel bei Middlesborough

Auf beiden Ufern der Teesmündung von Middlesborough bis Hartlepool haben die Eisen- und Stahlindustrien von Cleveland und Durham, die I.C.I., Shell und B.P. ihre Umschlagplätze, neben dem Middlesborough-Hafen ist ca. 1100 m weiter seewärts 1963 das neue Lackenby Hafenbecken entstanden. Für diese Güterumschlagplätze der nordenglischen Seeschiffahrt mußte eine leistungsfähige Straßenverbindung für Schwerlastverkehr von Redcar zur Autobahn A/M 1, zur Fernstraße 19 und zur A 178 nach Seal Sands und Hartlepool geschaffen werden, in deren Zug die Unterfahrung der Teesmündung unweit des Lackenby Hafens erforderlich wurde. Nach umfangreichen Untersuchungen in den Jahren 1973 und 1974 und Kostenvergleichen zwischen Brücke, Bohr- und Absenktunnel entschied man sich für den letzteren als der wirtschaftlichsten Lösung. Der Bau des Tunnels soll 1976 begonnen und 1981 beendet werden. Die Verkehrsschätzungen rechnen mit einem Initialverkehr von 20 000 Kfz/Tag und einem ständigen Verkehr ab 2000 von ca. 40 000 Kfz/Tag. Da eine 2-spurige Fahrbahn ihre Kapazitätsgrenze bei ca. 25 000 Kfz/Tag erreicht, wurde für den Teestunnel ein 2 × 2-spuriger Querschnitt mit 2 × 7,30 m breiten Fahrbahnen und 5,10 m Lichthöhe mit einer Kapazität von ca. 60 000 Kfz/Tag vorgesehen. Die Absenklänge wird 525 m, die cut-and-cover-Anschlüsse werden im Norden 125 m, im Süden 250 m betragen, so daß sich eine Gesamtlänge von Portal zu Portal von 900 m ergibt mit beidseitiger 5%iger Steigung. Das gewählte Längsprofil gewährleistet eine 152 m breite Schiffahrtsrinne mit 7,60 m Tiefgang bei LWOST (Niedrigwasser-Springtide). Da der Tunnel unter 1000 m lang ist und im 2 × 2-spurigen Richtungsverkehr betrieben werden wird, hat man sich zur Längslüftung entschlossen, die vom Fahrtwind und jeweils 6 Lüftern an der Tunneldecke erzeugt werden soll.

Die Absenkrinne liegt in aufgewittertem Mergel mit Überlagerungen von Lehm, Sand und Schluff, bietet also für die Baggerung keine Schwierigkeiten. Der Fluß ist je nach Wasserstand 200—300 m breit und hat eine maximale Strömung von 0,6 m/sec. Trotz der Nähe von Stahlwerken hat sich der Stahlbetonquerschnitt als wesentlich billiger als zwei Stahlröhren oder auch als ein kombinierter Stahl- und Betonquerschnitt herausgestellt. Zur Wahl stand auch ein Trapezquerschnitt, bei dem die Lüfter in den oberen Ecken untergebracht und dadurch 0,7—1,0 m Höhe eingespart werden. Für die Absenkstrecke sind 8 Elemente von nur 63,5 m Länge vorgesehen, um die Sperrwirkung des Elementes auf die Flußströmung beim Absenken möglichst klein zu halten. Es laufen jedoch noch Untersuchungen, auch längere Elemente zu bauen. Nach dem Einschwimmen sollen sie auf ein Sandbett abgesetzt, die Fugen mit dem Gina-Band gedichtet und schließlich eine 2,5 m dicke Schutzdecke aus Kies und Grobschotter erhalten. Für die Ausführung stehen zwei Arbeitsweisen zur Entscheidung an: entweder Herstellen der Elemente in einem Trockendock auf dem Nordufer in zwei, zeitlich hintereinander folgenden Gruppen zu vier Stück, oder Herstellen je eines Elementes auf einer in Tunnelachse am Kopfende der Absenkrinne liegenden Verschieberampe mit Absenkdock. Das auf der Verschieberampe fertiggestellte Element, Gewicht ca. 10000 t, wird horizontal bis über das Absenkdock verschoben, dort bis dicht über die Sohle der Absenkrinne abgespindelt, von Absenkprähmen im Schutz der Absenkrinne langsam in Position gebracht, abgesenkt und dann wie üblich an das vorhergehende Element angesetzt. Soweit bisher bekannt, ist noch keine Entscheidung darüber gefallen, nach welcher Arbeitsmethode eingeschwommen und abgesenkt wird.

Bei der geplanten Eröffnung im Jahre 1981 wird der Initialverkehr etwa 20 000 Fahrzeuge je Tag betragen und sich bis zum Jahre 2001 verdoppeln. Der Verkehrsverbindung durch den Tunnel kommt insofern noch eine besondere Bedeutung zu, als in Teesside eine Rohöl-Endstationsanlage für die Rohrleitungen aus den Ekofisk-Feldern fertiggestellt ist.

Frankreich

Der Straßentunnel unter dem Alten Hafen in Marseille

Obwohl Frankreich mit mehr als der halben Länge seiner Landesgrenze an der See mit einer buchtenreichen Küste liegt und über bedeutende Seehäfen verfügt, gibt es eine Untertunnelung nur in dem „Alten Hafen von Marseille", der von alters her bis zur Mitte des vorigen Jahrhunderts alleiniges Hafengebiet war. Im Schutze einer künstlichen Mole wurden dann nach Westen bis nach Fos an der Rhone-Mündung auf 70 km Länge weitere Hafenbecken mit Wassertiefen bis zu 15 m gebaut und als Hinterlandverbindung für die Schiffahrt zu der Rhone im Jahre 1925 der zweischiffige Kanal-Tunnel von Rove fertiggestellt. In der geschützten Bucht, in der die Gezeiten fehlen, keine starke Strömung herrscht und kaum Nebel aufkommt, ist der „Autonome Hafen Marseille" nicht nur der bedeutendste Mittelmeerhafen, sondern mit einem Umschlagsaufkommen von fast einer Million Tonnen auch der führende Seehafen von Frankreich und nach Rotterdam der zweitgrößte Hafen von Europa. Er wurde im Jahre 1973 von 21 000 Schiffen angelaufen mit rd. 116 Mill. NRT und läßt sich daher gern „Europort Süd" nennen.

Marseille ist neben Paris mit einer Einwohnerzahl von fast einer Million die zweitgrößte Stadt Frankreichs. Durch den günstigen Anschluß an die Autobahn Paris—Brüssel sowie bis zur spanischen und italienischen Grenze ergab sich ein solches Verkehrsaufkommen, daß in dem engen, dicht bewohnten Stadtteil um das älteste Hafengebiet mit einer Frequenz von rd. 50 000 Kraftfahrzeugen je Tag die Unterfahrung des Hafenbeckens zur zwingenden Notwendigkeit wurde (Abb. 14).

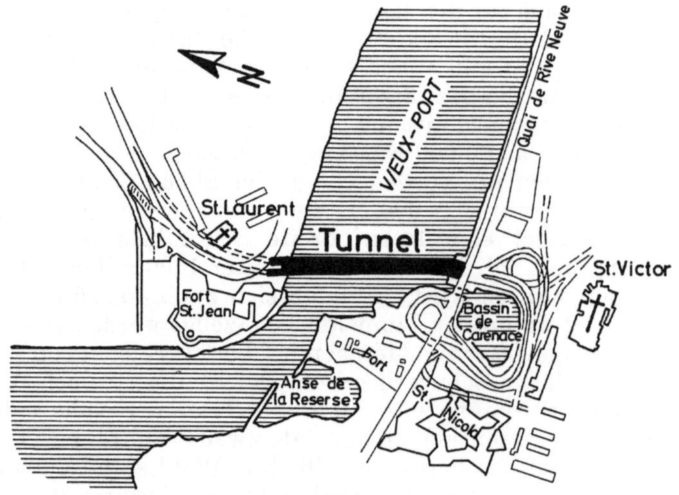

Abb. 14. Hafentunnel in Marseille

Der Tunnel ist fast 600 m lang und besteht im Unterwasserabschnitt aus zwei, im Abstand von 1 m nebeneinander laufenden Stahlbeton-Röhren, die sich im Landabschnitt Nord verzweigen. Die Strecke ist 310 m lang und setzt sich aus je 6 Einzelteilen von 45,42 m Länge und 14,60 m Breite zusammen. Aufgeteilt ist jeder Querschnitt in die 7 m breite Fahrbahn für Richtungsverkehr mit beiderseitigem 1,30 m breiten Gehsteg, in einen Lüftungskanal an der Innenwand und einen besonderen Kanal für Leitungen und Kabel an der Außenseite. Als Abdichtung haben die Elemente auf der Sohle eine 4 mm dicke Blechhaut und auf der Decke und an den Wänden eine bituminöse Außenhaut mit Schutzschicht.

Da genügend Wassertiefe vorhanden war, wurden in der Hafensohle nur der Schlick und Schluffsand abgeräumt, danach eine Rinne in den Mergel gebaggert und diese mit Unterwasserbeton abgeglichen. Als vorläufige Auflagerung für den Tunnel wurden von einem Schwimmkran vorgefertigte Stahlbetonbalken verlegt und zu einem Ringbankett mit einer Mittelrippe zusammengefügt. Dieses schwere Fundament ermöglichte es, das Absenken nicht durch Zugabe von Ballastwasser, sondern durch Herabziehen auf die Auflagerung vorzunehmen. Infolgedessen waren für das Einschwimmen weder Schlepper noch Absenkpontons erforderlich. Dem Verholen und Absenken dienten lediglich an den Enden aufgestellte Portalgerüste mit einem Zugangs-Schachtrohr und Winden. Für das Betonieren der endgültigen Auflagerung waren an den Seiten aufblasbare Schläuche als Schalung angebracht. Die Ausfüllung der verbliebenen Zwischenräume erfolgte über Injizierrohre von innen her.

Jedes Element hat ein festes und ein bewegliches Auflager. Die Elementfugendichtung besteht aus einem Kautschuk-Profil, der sog. Gina, und aus einem wellenförmigen Stahlblech.

Die an die Absenkstrecke anschließende Rampenstrecke und das am Nordende liegende Lüfterbauwerk wurden im Schutze von Fangedämmen hergestellt. Aus Modellversuchen, bei denen vor allem auch der Einfluß des Mistrals, des kalten Nordwindes der Provence, zu berücksichtigen war, ergab sich, daß trotz der kurzen geschlossenen Strecke von 600 m eine Längslüftung nicht ausreicht, so daß Halbquer-Lüftung gewählt wurde. Der Tunnel hat eine Wandverkleidung und eine Schallschluckdecke.

Die Bauvergabe erfolgte am 21. 9. 1964 mit einer Ausführungsfrist von 35 Monaten, die im großen und ganzen eingehalten werden konnte.

Spanien

Der Straßentunnel im Hafen von Bilbao

Spanien verfügt wie Frankreich über eine lange Küstenlinie und trotz vorwiegend gebirgiger Landschaft über einige bedeutende Seehäfen, unter denen sich Bilbao als Hauptstadt der Provinz Biscaya mit seiner großen Hütten- und Metall-Industrie und einer Einwohnerzahl von fast einer halben Million auch als Handelsplatz hervorhebt. Es wurde im Jahre 1973 von 14 353 Schiffen angelaufen mit 37 389 267 NRT und kann einen Gesamtseegüterumschlag von rd. 18,7 Mill t verzeichnen, wovon allein 0,7 Mill t auf die Containertonnage entfallen.

Die alten Hafenanlagen liegen landeinwärts am ‚Ría de Bilbao‘ in den Vororten Portugalete und Las Arenas; sie sind im Laufe der Zeit zum Teil durch einen Großhafen ersetzt worden, der etwa 2 km entfernt an der Mündung des Flusses in die Biscaya im Schutze von Molenanlagen angelegt wurde. Den Straßenverkehr zwischen den beiden Vororten bewältigte lange Zeit eine Schwebefähre. Die wachsende Industrialisierung und der ansteigende Autoverkehr führten 1974 zu dem Bau eines vierspurigen, 980 m langen Straßentunnels, der im Bereich der Vororte Las Arenas und Portugalete-Sestao (Abb. 15) ein Hafenbecken und den Fluß unter einem Winkel von 45 ° unterquert. Für die Projektierung diente der Drecht-Tunnel bei Rotterdam (s. S. 119) als Vorbild. Die HW-Kote des Flusses liegt bei + 4,5 m und NW auf 0,00, die Flußsohle auf — 9,0 m; OK-Tunnel auf — 10,10 m und UK-Tunnel auf — 17,6 m. Die Gradiente verläuft unter dem Fluß fast waagerecht; die Rampen erhalten eine Steigung von 6%.

Die Einschwimmstrecke ist 492 m lang und setzt sich aus sechs Elementen von 82 m Länge, 23 m Breite und 7,5 m Höhe zusammen. Sie wurden aus Stahlbeton in einem Trockendock vorge-

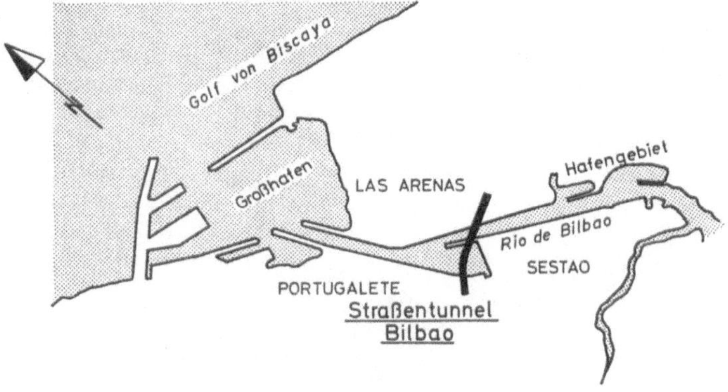

Abb. 15. Straßentunnel im Hafen von Bilbao

fertigt, das in dem Hafenbecken mit einer Spundwandeinfassung angelegt wurde und alle 6 Elemente gleichzeitig aufnehmen kann. Der Rechteckquerschnitt ist aufgeteilt in die beiden, je 7,5 m breiten Fahrbahnen, lichte Höhe 4,6 m, mit beiderseitigen Randstreifen, von denen derjenige neben der rechten Fahrspur eine Breite von 1,0 m und der andere neben der Überholspur von 75 cm hat. Über dem rechten Randstreifen befinden sich unter der Decke die Strahlventilatoren für die Längslüftung. In der Mitte des Querschnitts sind die beiden Fahrbahnröhren durch einen 1,5 m breiten Versorgungsgang getrennt. Die Elemente sind quervorgespannt und erhalten für die Lastfälle Einschwimmen, Absenken und Fugenschluß eine zeitweilige Längsvorspannung. Im endgültigen Zustand wird nur die schlaffe Bewehrung wirksam. Abweichend vom Drecht-Tunnel werden hier die Elemente an der Sohle mit einem Stahlblech und an den Wänden und auf der Decke bituminös sowie von außen her unterspült.

Die an die Wasserstrecke anschließenden Rampen mit 200 m Länge auf der Westseite und 288 m auf der Oberseite sollen zwischen Spundwänden hergestellt werden, die im Boden verbleiben.

Belgien

Die Untertunnelungen im Raum Antwerpen

Belgien liegt mit etwa einem Viertel seiner Landesgrenze an der Nordsee, die vom Landesinnern über gutausgebaute Kanäle erreichbar ist. Der Hauptstrom, die Schelde, an dem Antwerpen als größte Hafen- und Handelsstadt liegt, mündet auf niederländischem Gebiet. Den Hafenabschluß am Übergang zur Westerschelde bildet unweit der Grenze die neue Seeschleuse bei Zandvliet, die mit 500 m Länge die größten Seeschiffe aufnehmen kann. Über den im September 1975 dem Verkehr übergebenen Schelde-Rhein-Kanal besteht eine direkte Großschiffahrtsverbindung zwischen Antwerpen und Rotterdam.

Die Stadt Antwerpen liegt etwa 90 km von der See entfernt und hat mit ihren Vorstädten eine Einwohnerzahl von fast 900 000 erreicht. Die ausgedehnten Hafenbecken liegen unterhalb des alten Flußhafens nördlich des großen Scheldebogens und sind über Kanäle mit Maas und Rhein verbunden. In den letzten 20 Jahren hat sich das Hafengebiet mit einer Kapazitätsgrenze von etwa 100 Mill t jährlich umgeschlagener Seefracht weiter nach Unterstrom ausgedehnt. Im Jahre 1974 betrug der Seegüterumschlag 75,9 Mill t; angesteuert haben den Hafen 18 755 Schiffe mit 63 861 BRT.

Dem Bau neuer Hafenbecken ging die Herstellung eines vierspurigen 1780 m langen Straßentunnels unter dem Kanaldock B 2 (Abb. 16) mit 820 m Wasserstrecke in offener Baugrube voraus, der im Zuge der Straße Rotterdam — Gent liegt und den Namen Tysmans-Tunnel erhielt. Östlich davon kreuzt diese Straße die Schelde in dem 1100 m langen Kallo-Tunnel, der neueren Datums ist und gleichfalls in offener Baugrube erstellt wurde.

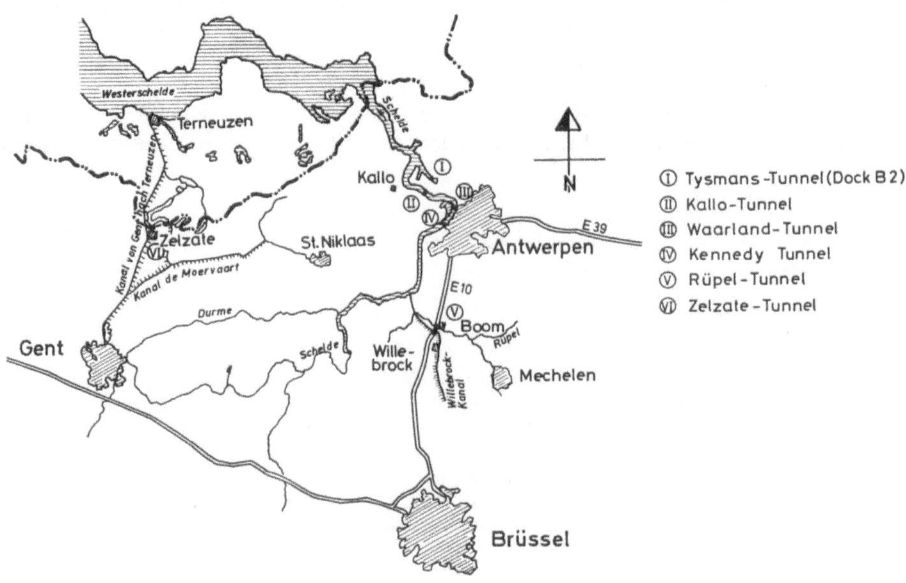

Abb. 16. Tunnel im Raum Antwerpen

Gent, die drittgrößte Stadt Belgiens, ist durch einen 33 km langen Seeschiffahrtskanal, der bei Terneuzen Anschluß an die Westerschelde hat und von Schiffen bis zu 60 000 BRT befahren werden kann, mit der Nordsee verbunden und zum zweitgrößten Hafen des Landes geworden. Im Zuge der Autoschnellstraße von Antwerpen nach Brügge wird der Kanal bei der Grenzstadt Zelzate neben einer Klappbrücke von einem vierspurigen, 1733 m langen Tunnel unterfahren, der mit einer Wasserstrecke von 485 m bei gleichzeitiger Kanalverbreiterung in offener Baugrube, geschützt nach dem Blechschirmverfahren, hergestellt wurde. Dieses beruht darauf, daß 1 mm dicke Blechbahnen an einem Spülrahmen befestigt und in einiger Entfernung von der späteren geböschten Baugrube bis zum Anschluß an den Klei in Meterbahnen als Dichtungswand eingespült werden. Der Wasserspiegel des Kanals liegt auf — 4,45 m NAP, die Kanalsohle auf — 8,05 m und die Fahrbahnoberkante auf — 16,25 m, so daß eine rd. 26 m tiefe Baugrube trocken zu halten war. Der Tunnel wurde 1968 dem Verkehr übergeben.

In Antwerpen entstanden in den Jahren 1931—1933 als Verbindung der Altstadt mit dem neu erschlossenen Gebiet auf dem linken Scheldeufer im Abstand von etwa 800 m ein zweispuriger Straßentunnel, bekannt als alter Schelde-Tunnel, heute Waasland-Tunnel genannt, und ein 3,8 m breiter Fußgängertunnel, beide im Schildvortrieb unter Druckluft aufgefahren und mit Gußeisentübbingen ausgebaut. Der Fahrzeugtunnel wird über zwei Lüfterbauwerke mit einem 30-maligem Luftwechsel in der Stunde querbelüftet und beim Fußgängertunnel die Kaminwirkung in den Zugangsschächten ausgenützt. Die Schelde hat im Bereich der beiden Tunnel eine Breite von 450 m und eine Wassertiefe von 14 m. Der Baugrund besteht aus Sandschichten mit darunter liegendem Boomse Klei. Der Straßentunnel hat eine Bauwerkslänge von 2110,85 m, davon entfallen auf die Strecke zwischen den Portalen 1768,85 m und auf die Schildstrecke allein 1235 m. Der Schild hatte einen äußeren Durchmesser von 9,4 m; der tiefste Punkt der Fahrbahn liegt bei einer Gradientenneigung von 3,5% auf 26,59 m unter MW. Beim Fußgängertunnel beträgt die Länge der Tunnelröhre 570 m und der Schilddurchmesser 4,75 m. Zwei Rolltreppen können stündlich 16 000 und der Aufzug 90 Personen befördern. Beim Straßentunnel lag das Verkehrsaufkommen in den letzten Jahren ziemlich konstant zwischen 22 000 und 23 000 Fahrzeugen im Monat. Im Zweiten Weltkrieg hat der Scheldetunnel zwei Sprengungsversuche und mehrere Bombeneinschläge überstanden, ohne ernsthaften Schaden zu nehmen.

Der Tunnelbetrieb liegt bei der ‚Intercommunalen Maatschappij van de linker Scheldeoever' (IMALSO).

Der Bau einer Ringstraße um die Altstadt auf der rechten Scheldeseite und der anwachsende Verkehr auf der Europastraße E 3 machten eine weitere Stromkreuzung erforderlich, für die im Jahre 1964 der Auftrag auf einen 690 m langen kombinierten Straßen-, Eisenbahn- und Radfahrtunnel mit dem Baunamen „E 3-Schelde-Tunnel" erteilt wurde (Abb. 16), nachdem der Brückenvorschlag verworfen worden war. Die Baudurchführung übernahm die „Intercommunale Vereniging voor de Autoweg E 3", von der der Tunnel und die Europastraße 3 auf belgischem Gebiet auch verwaltet und unterhalten werden. Er nimmt in seinem 47,7 m breiten und 10 m hohem Stahlbeton-Querschnitt (Abb. 7) ein Doppelgleis für die Eisenbahn und je drei Fahrspuren in zwei Straßenzügen auf, die durch einen gemeinsamen Radfahrer- und Fußgängerweg mit darüber liegendem Kabelkanal voneinander getrennt sind. Über zwei Lüfterbauwerke wird die Frischluft für eine Längslüftung eingeblasen. Die lichte Weite der Straßenröhre mit je 14,25 m und der Eisenbahnröhre mit 10,5 m machten eine teilweise Vorspannung in der Querrichtung erforderlich. Außerdem wurde zur Erfüllung der Forderung, daß die Breite der Risse im Beton 0,2 mm nicht überschreiten darf, eine Rundstahlbewehrung eingelegt. Der ganze Tunnel ist auf 610 m monolithisch; die restlichen 80 m bilden einen zweiten, zusammenhängenden Abschnitt; die Bewegungsfuge liegt am rechten Ufer etwa 80 m hinter der Kaimauer. Die 510,80 m lange Stromstrecke wurde nach der Absenkmethode hergestellt; sie ist in 4 Elemente mit einer Länge von 99 m und 1 Element von 114,80 m Länge aufgeteilt, Maximalgewicht 55 000 t. Das Baudock lag dicht neben der Tunnelbaugrube am linken, geböschten Ufer. Am rechten Ufer mußte der 1895 erbaute Tidewasserkai für die Dauer der Bauzeit unterbrochen und durch einen Fangedamm ersetzt werden. Nach den Untersuchungen des Boom-Tons ergab sich die Notwendigkeit, den Absenktunnel um 30 m hinter die Stirnwand der Kaimauer zu verlängern und bei der Wiederherstellung die Lücke wegen einer besseren Druckverteilung durch zwei Senkkästen, die gleichfalls im Baudock hergestellt worden waren, zu schließen. Das Baudock wurde Mitte September 1967 geflutet und am 11./12. November das 1. Element eingeschwommen und abgesenkt. Schwierigkeiten gab es beim Absetzen infolge außergewöhnlichen Schlickeinfalls, so daß immer nur abschnittsweise nach vorhergegangenem Schlickabsaugen die Sandunterspülung vorgenommen werden konnte. Der Tidehub der Schelde liegt bei 5 bis 6 m. Der Einschwimm- und Absenkvorgang begann immer bei Nipp-Tide und machte eine Schiffahrtssperre bis zu 48 Stunden erforderlich. Wegen der aufgetretenen Schwierigkeiten beim Unterspülen konnte das 2. Element erst Anfang März 1968, das 3. Element wegen Streiks erst Ende Mai und das 5. Element schließlich Anfang September abgesenkt werden. Der Tunnel hat auf der Sohle eine 5 mm dicke Stahlblech-, an den Wänden und auf der Decke dagegen eine bituminöse Abdichtung. Die Elementfugendichtung setzt sich aus dem Gina-Band und aus einer innen am Stahlrahmen angeschweißten Stahlplatte zusammen. Die Fugennische wird durch Verschweißen von Anschlußeisen und Zubetonieren starr verschlossen. Nach den Untergrundverhältnissen wird im Strombett eine maximale Hebung von 13 cm und im Bereich der Schiffahrtsrinne von 22 cm erwartet. Die Wände des Autotunnels sind mit Leuchtfarbe überzogen und werden durch eine automatische Waschanlage sauber gehalten. Mit 17 Überbrückungen ist der Tunnel an das städtische Verkehrsnetz angeschlossen. Die feierliche Einweihung fand am 31. Mai 1969 mit der Namensgebung „John-F.-Kennedy-Tunnel" statt. In der Periode 11. Juni bis 31. Dezember wurden in Richtung Antwerpen — Gent rd. 2,8 Millionen und in Gegenrichtung 3,1 Millionen Fahrzeuge gezählt. Im Monat März lag der Verkehr beispielsweise im Jahre 1974 bei 1 664 989, im Jahre 1975 bei 1 765 366 und im Jahre 1976 bei 1 902 045 Kraftfahrzeugen in beiden Richtungen. Der Eisenbahntunnel hat längere Rampen und damit eine Länge von 1664 m; wegen der elektrisch betriebenen Züge ist eine Kathoden-Schutzanlage eingebaut.

Zwischen Antwerpen und Brüssel wird bei Boom der Rupel-Fluß und der südlich davon verlaufende Schiffahrtskanal Willebroek von einem 1650 m langen, sechsspurigen Autotunnel unterfahren, der mit einer 595 m langen Wasserstrecke gleichfalls nach der Absenkmethode hergestellt worden ist.

Die Niederlande

1. Das Hafenbild

Das Hafenbild der Niederlande wird trotz der langen Küste auch in den nördlichen Provinzen ausschließlich durch das in den Marschen liegende Mündungsgebiet von Rhein — Maas — Schelde in den Provinzen Holland bzw. Zeeland bestimmt. Das ganze Flußnetz ist eingedeicht und gegen die See mit Schleusen abgeschlossen. Die bedeutendsten Häfen- und Handelsstädte sind Amsterdam und Rotterdam; sie liegen etwa 30 km landeinwärts und haben nicht nur über künstliche Seeschiffahrtsstraßen Zugang zur Nordsee, sondern auch einen guten Anschluß an die Binnenwasserstraßen. Die großen Untertunnelungen liegen unter dem ‚Nordzee-Kanal' und unter dem ‚Nieuwe Waterweg' sowie im Bereich der Alten Maas. Angewendet wurden von Rijkswaterstaat, dem niederländischen Wasserbauamt, zunächst die offene Bauweise, danach immer die Absenkmethode mit Sandunterspülen fast nach einem Einheitsentwurf, von den Kommunalverwaltungen aber nach dem Kriege Pfahlgründungen bevorzugt. In dem weichen und mit Grundwasser gesättigten Untergrund des Landes könnte ein Tunnel auch im Schutze eines Vortriebsschildes gebaut werden; jedoch erwies sich dieses Verfahren hier als unwirtschaftlich. Beim U-Bahnbau in Amsterdam werden aber wohl einige Häuserreihen mit dem Druckluftschild unterfahren werden müssen. Neben den Tunnelbauten wird in den Niederlanden natürlich auch der Bau von Brücken weiterhin gepflegt. Sie kreuzen selten Großschiffahrtswege, sondern liegen erst am Übergang zur Binnenschiffahrt (s. Abb. 17 und Abb. 18).

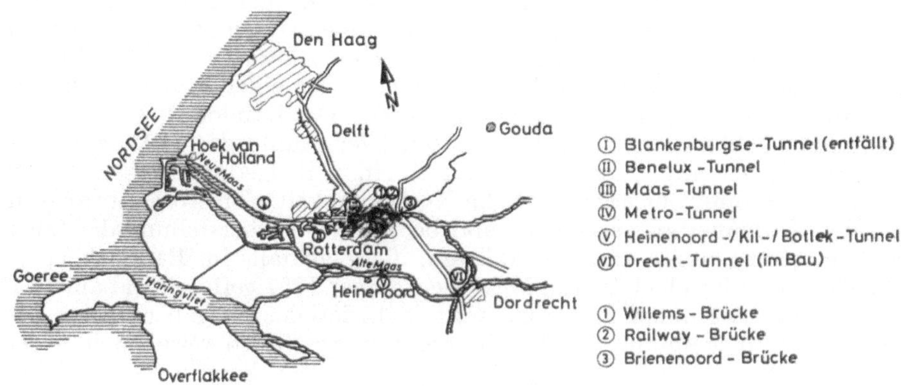

Abb. 17. Tunnel unter der Neuen und der Alten Maas

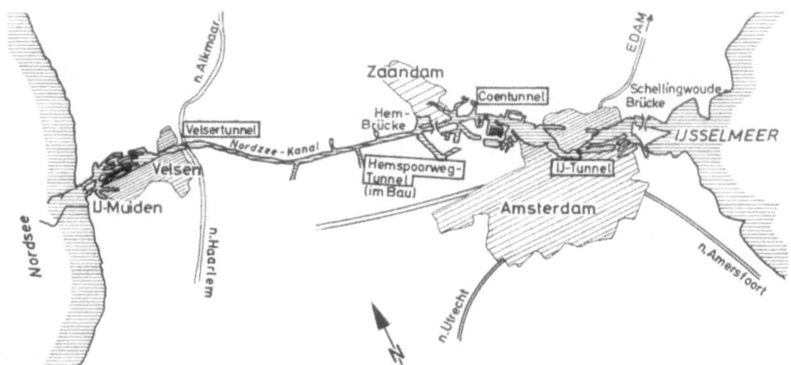

Abb. 18. Lage der Tunnel unter dem Nordsee-Kanal und dem Ij

2.1 Amsterdam und der Nordseekanal

Die Amstel, die Amsterdam den Namen gab, fließt im Südosten der Stadt, die inzwischen eine Bevölkerungszahl von fast 900 000 erreicht hat, und verbindet einen großen Teil der Grachten mit dem Hafen. Der Stadtkern hat sich aber zunächst am südlichen Ufer des Ij entwickelt und sich seit langem auch auf das andere Ufer ausgedehnt. Nach Abschluß der Zuiderzee erhielt Amsterdam durch den Nordseekanal eine neue Verbindung zum Meer und der Ij, eine von der Zuiderzee durch Schleusen abgetrennte Bucht, ist der innere Hafen. Dem Verkehr zwischen beiden Ufern dienten drei Fähren, die mit einer Verkehrserwartung von 45 000 Kraftfahrzeuge je Tag im Jahre 1968 durch einen vierspurigen Straßentunnel, den Ij-Tunnel (Abb. 7 und 19) ersetzt wurden. Den Hafen liefen im Jahre 1973 etwa 11 350 Schiffe mit 45 854 000 NRT an; der Seegüterumschlag betrug 21,4 Mill tons. Bei Baubeginn lagen die Zahlen um etwa 40% niedriger.

Die Tunneltrasse liegt in einem schlanken S-Bogen und kreuzt den Ij geradlinig unter einem Winkel von etwa 30°. Mit der 1039 m langen geschlossenen Tunnelstrecke wird von Süden nach Norden ein Dock, eine Eisenbahnanlage mit mehr als 600 Zügen täglich auf 6 Gleisen, eine projek-

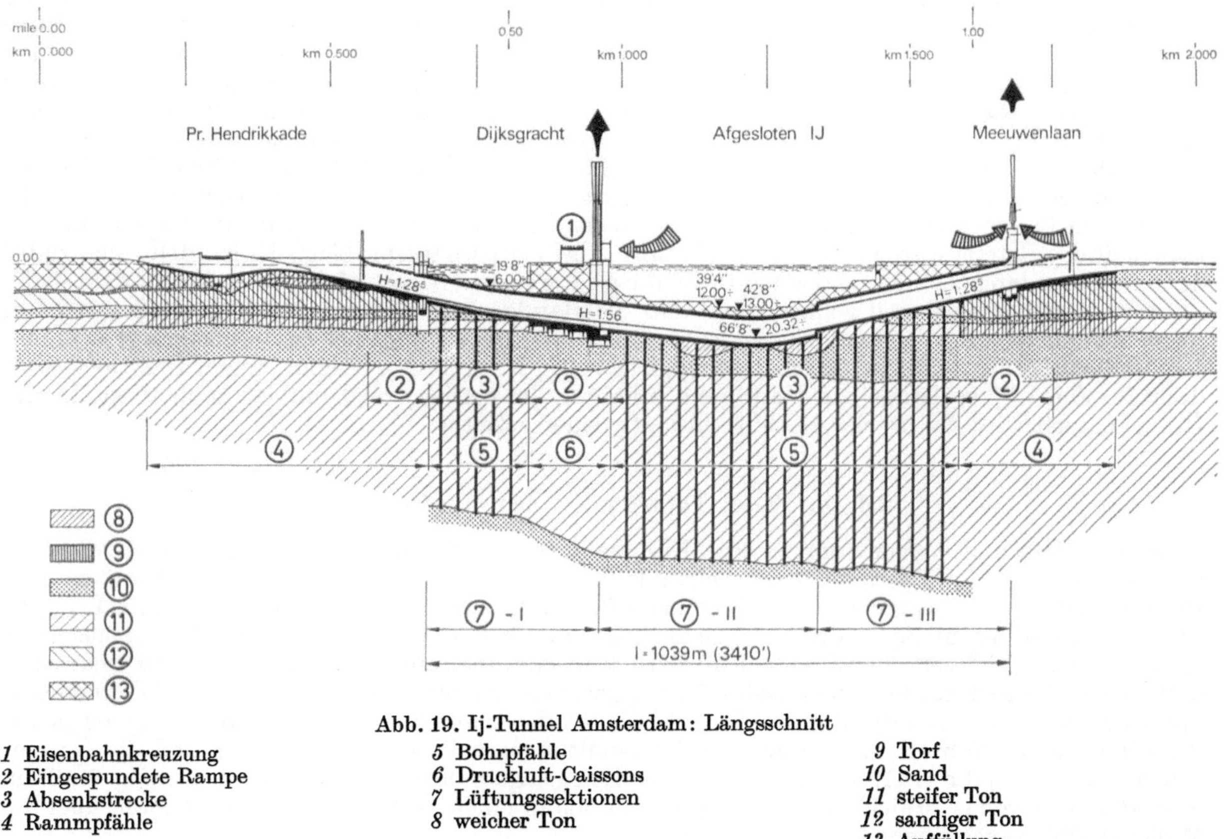

Abb. 19. Ij-Tunnel Amsterdam: Längsschnitt

1 Eisenbahnkreuzung
2 Eingespundete Rampe
3 Absenkstrecke
4 Rammpfähle
5 Bohrpfähle
6 Druckluft-Caissons
7 Lüftungssektionen
8 weicher Ton
9 Torf
10 Sand
11 steifer Ton
12 sandiger Ton
13 Auffüllung

tierte Brücke, die Einmündung des Binnenhafens, der Fluß Ij und schließlich noch ein Teil des nördlichen Ufers mit einer maximalen Steigung von 3,5% unterfahren. Mit den Rampen hat das Bauwerk eine Länge von 2025 m und wird über zwei Lüftergebäude mit dem System der Querlüftung betrieben, die für einen Spitzenstundenverkehr von 1425 Fahrzeugen je Spur und Richtung dimensioniert wurde. Die Einschwimmstrecke setzt sich auf einer Länge von 786 m aus 9 Elementen zusammen; sie wird unter dem Bahnkörper auf eine Länge von 138,5 m durch 4 Druckluftsenkkästen unterbrochen, von denen der nördliche unmittelbar am Ij den Unterbau für das Lüfterbauwerk Mitte bildet. Das Baudock lag 5 km stromab und konnte jeweils nur zwei Elemente aufnehmen. In Anbetracht der Bodenbeschaffenheit in der Mitte des Ij, wo Sand-, Kies- und Kleischichten wechseln, erwies sich eine Gründung auf bis zu 80 m langen Bohrpfählen als einzig mögliche Lösung. Die Pfähle wurden in 25 Gruppen zu 8 bis 10 Pfählen zusammengefaßt und in Abständen von 30 m im Schutze einer Taucherglocke durch ein Stahlbetonbankett verbunden. Dadurch ergab sich ein Widerlager, an dem die Schwimmstücke mit Winden und Flaschenzügen auf diese Fundierung herabgezogen werden konnten. Für den Zusammenschluß zweier Senkkästen sollte der Fugenraum zwischen den Außenwänden umspundet, der Boden in der Sohle ausgehoben und durch Kontraktorbeton ersetzt werden. Beim Ausheben dieses Raumes ereignete sich bei einer Fuge ein Grundbruch, der ein Absacken und Verdrehen des Caissons zur Folge hatte. Durch Unterpressen von Mörtel ließ er sich wieder geraderichten und in die alte Höhenlage zurückbringen. Für die Einschwimmstrecke ergibt sich durch die Pfahlgründung das System einer Brücke auf mehreren Stützen. Feste Auflager befinden sich beiderseits der Caissonstrecke in den anliegenden Absenkelementen und in den beiden Elementen am nördlichen Ufer. Die Decke der beiden Verkehrsröhren hat eine Schallschluckverkleidung; die Wände sind mit emailliertem Stahlblech bedeckt. Zwischen den Verkehrsröhren ist ein dreistöckiger Fremdleitungstunnel für Wasser, Gas, Elektrizität und Telefonkabel angeordnet. Auf rd. 100 m vor und hinter dem Tunnelmund ist eine Fahrbahnheizung eingebaut.

Mit den Bauarbeiten wurde 1955 begonnen; sie wurden im Rahmen einer Konjunktursdämpfung 1957 eingestellt und im Herbst 1961 wieder aufgenommen. Die feierliche Verkehrsübergabe war am 30. Oktober 1968. Die Verkehrsfrequenz liegt inzwischen bei 63000 Fahrzeugen je Tag.

2.2 Die Absenktunnel im Nordseekanal

Im westlichen äußeren Hafen- und Industriegebiet von Amsterdam kreuzt unweit von Zaandam im Zuge einer Umgehungsstraße der vierspurige Coen-Tunnel den Nordseekanal (Abb. 18). Etwa 2,5 km weiter westlich ist der Hem-Spoorweg-Tunnel, ein dreigleisiger Eisenbahntunnel im Bau, der die vorhandene bewegliche Brücke ersetzen soll. Der geplante Hem-Autotunnel ist vorerst zurückgestellt. Da man bei diesen Tunneln von der traditionellen holländischen Bauweise sprechen kann, das heißt: Absenkverfahren mit Sandunterspülung, zum Teil mit, zum Teil ohne wasserdruckhaltende Abdichtung, sollen sie im einzelnen tabellarisch (s. Tab. 1 auf S. 120) erfaßt werden. Bei den ungedichteten Tunneln wird der Frischbeton gekühlt und die prefabrizierten Tunnelteile erhalten im Baudock einen Schutz gegen Sonneneinstrahlung. Das Rezept für die Wasserundurchlässigkeit des Betons wurde an einem Probetunnel bei Jutpaas ausprobiert. Es handelte sich dabei um eine 140 m lange Dükerung des Vaartschen Rijn unter dem Seeschiffahrtsweg Amsterdam–Rijn. Zu dem Begriff traditionell gehört auch, daß die Baudocks so weit wie möglich wieder benutzt werden. So sind z.B. die Baudocks von dem Coen- und dem Ij-Tunnel zusammengelegt worden, so daß die 7 Elemente für den Hem-Tunnel gleichzeitig hergestellt werden können. Das Dock wird dann für den Wijker-Tunnel zur Verfügung gehalten, der östlich von Ijmuiden geplant ist. In der Übergangszeit wird das Dock verschlossen und wieder geflutet.

2.3 Die Velser-Tunnel unter dem Nordseekanal

Bei der Ortschaft Velsen sorgten eine Eisenbahndrehbrücke und eine Autofähre für die Verbindung zwischen den Ufern des Nordseekanals, die in den 50er Jahren durch einen Straßen- und Eisenbahn-Tunnel, zusammengefaßt in einer offenen Baugrube, ersetzt wurden (Abb. 18). Die Planung reicht bis in das Jahr 1934 zurück, als durch die Vergrößerung der Seeschleusen in Ijmuiden der Schiffsverkehr auf 6000 Einheiten anwuchs, aber auch der Straßenverkehr so anstieg, daß weitere Fähren nur eine neue Behinderung gebracht hätten. Gleichzeitig sollte aber auch eine unübersichtliche Kurve begradigt werden und die damit verbundene Kanalverbreiterung wurde für das offene Bauverfahren ausgenutzt. Die Vorbereitungsarbeiten begannen 1938 und die Rammarbeiten im Frühjahr 1941, die aber wegen der Kriegslage bald wieder eingestellt werden mußten. Erst 1952 wurde das Projekt wieder aufgegriffen, als in einem Jahr mit drei Fährbooten über 1,5 Millionen Fahrzeuge übergesetzt worden waren.

Die Absenkmethode ließ sich nicht anwenden, da beim freien Baggern die Kleischicht durchstoßen und das tiefliegende süße Grundwasser der Infiltration des salzigen Oberwassers ausgesetzt gewesen wäre. Der Bauvorgang in offener Bauweise erfolgte in 3 Phasen:

a) Die geplante Kanalverbreiterung auf der Südseite wurde in der Tunneltrasse zurückgestellt und auf dieser Fläche eine 300 m lange, geböschte Baugrube ausgehoben, am Kopf durch eine Baukufe aus Spundbohlen abgeschlossen und in dieser zunächst die südliche Tunnelhälfte im Trockenen gebaut.

b) Die zweite Phase erstreckte sich auf das Verfüllen der Baugrube, Herstellen der Kanalverbreiterung und Umlegen der Schiffahrt auf diese Kanalseite.

c) Beim Baggern blieb in Kanalmitte eine Insel stehen, mit der die nördliche, in den Kanal hineingezogene Baugrube verbunden wurde. Im Schutze eines Reiterfangedammes konnte dann der nördliche Tunnelteil an den fertiggestellten Südteil angeschlossen und nach dem Verfüllen das Kanalufer wieder profilgerecht hergestellt werden.

Der Nordseekanal erhielt damit eine Wassertiefe von 15,5 m und eine Schiffahrtsrinne von 100 m Breite.

Die technischen Baudaten für die Tunnel sind:

	Geschl. Strecke m	Rampenlängen m	Gesamtlänge m	Neigung %	tiefster Punkt der Fahrbahn bzw. SO
Autotunnel	768	2 × 438	1644	3,5	23,23 m
Eisenbahn-Tunnel	2067	610/613	3289	1,6	23,15 m

Die Überdeckung beträgt 80 cm.

Der Querschnitt des vierspurigen Autotunnels (Abb. 7) hat eine Fläche von 32,87 × 7,77 m und außenliegende Lüftungskanäle für eine Querlüftung. Nach den späteren Erkenntnissen, die z.B. schon beim Straßentunnel Rendsburg unter dem Kiel-Canal ausgenutzt worden sind, wäre eine Längslüftung ausreichend gewesen. Die originelle Ausbildung des Lüfterbauwerkes Velsen und die Führung der Lüftungskanäle zeigt Abb. 20. Der Eisenbahntunnel hat die Ausmaße 12,25 × 7,04 m und wegen des elektrischen Betriebes keine künstliche Lüftung. Um den natürlichen Luftzug zu fördern, sind in der geschlossenen Strecke etwa in den Drittelspunkten Luftschächte eingebaut.

Mit der Verkehrsübergabe im Jahre 1957 erhielten die Städte Haarlem–Berwerwijk eine durchgehende Straßen- und Eisenbahnverbindung. Der Autoverkehr entwickelte sich zu etwa 16000 Fahrzeugen je Tag. Transporte mit gefährlichen Gütern sind nicht zugelassen; sie werden auf die verbliebenen Fähren verwiesen.

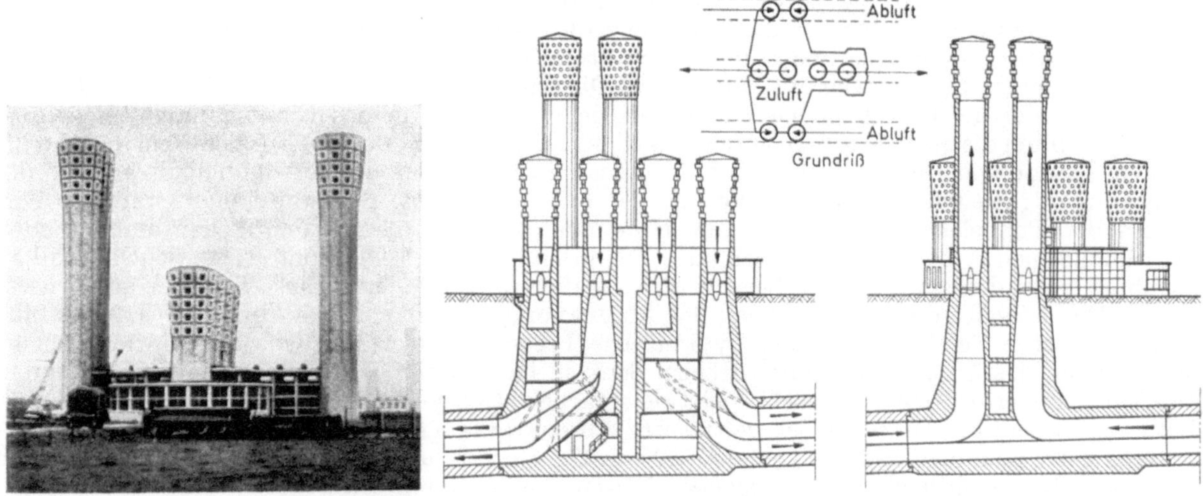

Abb. 20. Velsertunnel unter dem Nordsee-Kanal: Lüfterstation

3. Rotterdam und das Gebiet der Maas

Das kleine Fischerdorf Rotterdam stellte sich im 16. Jahrhundert von der Fischerei auf Handel und Schiffahrt um und gehört mit dem Europoort heute zu den größten Häfen der Welt. Die Stadt entwickelte sich zunächst am Nordufer der Maas; mit Fertigstellung des ‚Nieuwe Waterwegs' im Jahre 1872 wuchsen am ländlichen Südufer ein großes Hafengebiet und ein neuer Stadtteil heran, so daß Rotterdam nunmehr fast 800000 Einwohner zählt. Der Seegüterumschlag stieg von 42,4 Mill. t. im Jahre 1938 auf 309,8 Mill. t im Jahre 1973; der Hafen wurde in diesem Jahr von 68392 Schiffen mit 340537 NRT angelaufen. Ihren Aufstieg verdanken Stadt und Hafen vor allem der idealen Lage im Mündungsgebiet von Rhein und Maas. Bis zu einer Nord-Süd-Linie etwa auf der Höhe Utrecht–Breda fließen die Hauptarme des Rheins, Waal und Lek, und die Maas unter diesen Namen noch getrennt gen Westen. Unweit Gorinchem vereinigt sich die Maas mit der Waal; ein Arm läuft als Bergsche Maas weiter in die Hollandsch Diep, die sich nach Haring Vliet fortsetzt. Etwa bei Dordrecht teilt sich dann die Maas in die Neue Maas, an der Rotterdam liegt, und in die Alte Maas, die südlich davon verläuft. Westlich der Stadt vereinigen sich beide wieder und fließen zunächst als Scheur, dann als ‚Neuer Wasserweg' längs des Europoort, den Schiffe mit einem Tiefgang bis zu 18,90 m ansteuern können, in die Nordsee. Eine in Nord-Süd-Richtung verlaufende und an Dordrecht vorbeiführende Verbindung heißt der Kil, der im Norden in die Einmündung des Lek in die Neue Maas einbindet. Südwestlich von dem Zusammenfluß der Neuen und der Alten Maas liegt das Hafenbecken Botlek. Durch diese Namen ist das Gebiet gekennzeichnet, in dem die meisten Untertunnelungen liegen (Abb. 17). Sie wurden ausschließlich nach der Absenkmethode hergestellt und ihre Kenndaten sind ebenfalls in die Tabelle 1 eingegangen. Abweichungen werden besonders behandelt.

3.1 Der Bereich der Neuen Maas

3.1.1 Der alte Maastunnel. Im Jahre 1936 schrieb die Stadt Rotterdam als Verbindung der Altstadt und dem Siedlungsgebiet am linken Ufer eine Untertunnelung der 600 m breiten Maas aus. Der Verwaltungsentwurf sah zwei Einzelröhren aus Eisenbeton mit Kreisquerschnitt und Absenkelemente von 60 m Länge vor. Zur Ausführung kam ein Sondervorschlag mit Rechteckquerschnitt, in dem zwei getrennte Fahrbahnen mit je zwei Spuren für den Autoverkehr und in einer doppelstöckigen Röhre getrennt ein Radfahr- und ein Fußgängerweg zusammengefaßt sind (Abb. 7). Nach amerikanischem Vorbild ist in den Verkehrsröhren noch der Kontrollgang vorhanden, den neuere Tunnel nicht mehr kennen. Als für den Tunnelbau revolutionierend muß neben dem Rechteckquerschnitt die erstmalige Ausführung des Unterspülverfahrens angesehen werden.

Der Auftragserteilung gingen verschiedene Modellversuche und Untersuchungen voraus, die sich auf die Gestaltung der Lüftungsanlage, auf den Einfluß der Tide und auf die Wirkung eines Notankerwurfes zur Bestimmung der erforderlichen Überdeckung sowie auf die Schweißverbindungen der rundum um den Tunnelkörper vorgesehenen Stahlblechabdichtungen erstreckten. An praktischen Versuchen wurde die damals noch in den Anfängen steckende Erddrucktheorie überprüft und aus den Bodenaufschlüssen die voraussichtlichen Setzungen der Absenkkörper, der beiden Lüfterbauwerke, die als Druckluftcaissons abgesenkt worden sind, und der Pfahlgründung in den Rampenstrecken ermittelt, die für die Vorgaben in den einzelnen Bauteilen zur Erzielung einer optimalen Fahrbahngradiente maßgebend sind. Nach dem geologischen Profil liegt der Tunnel auf der rechten Maasseite vorwiegend in Kies und Feinsand, im Strom in Schichten von sandigem Ton, Sand, Kies und auf der linken Seite in Ton mit Moorboden. Die Caissons sind im groben Sand abgesetzt.

Da die damals noch vorhandene Wassertiefe der Fahrrinne für das Einschwimmen nicht ausreichte, konnten die einzelnen Elemente nur mit dem Unterteil in dem landseitigen Dock hergestellt werden. Wände und Decke wurden nach dem Ausschwimmen aufbetoniert und zur Erhaltung der Schwimmfähigkeit auf die Tunneldecke eine 1,75 m hohe hölzerne Bordwand aufgesetzt. Das Versenken der Tunnelelemente erfolgte mit Hilfe von vier, jeweils an den Ecken angreifenden Schwimmkränen. Vorher mußten noch auf beiden Seiten zylindrische Pontons als Schwimmhilfen angebracht und die Richttürme aufgesetzt werden, die mit Winden und Einstellgeräten ausgerüstet waren. Die Höhenlage konnte während des Absenkvorganges über 2×4, durch die Längswände geführte eiserne Pendelstützen und hydraulische Pressen dirigiert werden. Die Einrichtung ermöglichte es, das Absenkstück durch Heben, Senken, Drehen und Verschieben genau zu justieren. Das Verfahren erforderte jedoch sehr viel Taucherarbeit. Der vorläufigen Auflagerung dienten zwei Betonmatratzen, die vorher in die gebaggerte Absenkrinne eingelegt worden waren. Die Unterspülung hatte eine Schichtdicke von etwa 80 cm. Die Vorrichtung dazu bestand und besteht noch heute aus drei, rechtwinklig abgebogenen Rohren mit je einem senkrechten und einem waagerechten Schenkel (Abb. 9). Durch das mittlere Rohr wird das Gemisch aus Sand und Wasser mit hohem Druck unter das Element gespült und gleichzeitig durch die seitlichen Rohre das verdrängte Wasser abgesaugt. Bei Schlickbefall wird das System zusätzlich mit Strahlpumpen ausgerüstet. Für die Fugenabdichtung zwischen den Elementen wurden die Seitenwände mit halbkreisförmigen Stahlblechen umschlossen, eine Taucherglocke so aufgesetzt, daß deren Rand luftdicht an der Tunneldecke und den Seitenwänden anschloß, in ihrem Schutz die Deckenverbindung mit aufgeschweißtem Stahlblech und Beton hergestellt und zum Schluß gleichfalls unter Druckluft die Sohle und die Seiten betoniert.

Es hat sich gezeigt, daß Leckstellen am Tunnel, die wahrscheinlich durch Setzen der Lüfterbauwerke entstanden sind, sich mit der Zeit wieder zusetzen, also selbstdichtend sind. Die Pumpenanlage des Tunnels kann erforderlichenfalls zur Wasserhaltung herangezogen werden.

Die Bauarbeiten waren 1942 abgeschlossen. Wegen der Kriegsereignisse fand die feierliche Eröffnung jedoch erst 1945 statt.

Der Verkehr stieg in den 10 Jahren 1958—1968 von 54000 auf 84000 Fahrzeuge und liegt heute zwischen 96000 bis 100000; der Tunnel ist auf seinen vier Spuren also mehr als überlastet. Eine Entlastung brachte ohnehin schon der Benelux-Tunnel (Abschn. 3.1.3) und weiterhin ist vorgesehen, die östlich der Metro liegende Straßen- und Eisenbahnbrücke durch einen Tunnel, der den Projektnamen Willems-Tunnel hat und auch der Schiffahrt wegen Wegfall der beweglichen Brücken wesentliche Verbesserungen bringen würde, zu ersetzen.

3.1.2 Die Metro in Rotterdam. Die zweigleisige, im Jahre 1967 in Betrieb genommene Metro verbindet als Massenverkehrsmittel den neuen Südteil der Stadt mit dem Geschäftszentrum am anderen Ufer. Die dazwischen liegende Strecke unter der Maas wurde im Absenkverfahren gebaut und die 12 Tunnelelemente mit Längen zwischen 75 bis 90 m in mehreren Baudocks hergestellt, wofür zum Teil die Baugruben der Haltestellen ausgenutzt werden konnten. Der Tunnel ist auf Vibro-Pfählen gegründet, die mit einem besonderen Pfahlkopf ausgestattet sind, der durch Verpressen mit Zement-Mörtel fest gegen die Tunnelsohle gedrückt wird. Die anschließende Stadtstrecke wurde mit nur einer oberen Steifenlage eingespundet, die Baugruben unter Wasser ausgehoben und die einzelnen Elemente nach Fluten des Baudocks so stark ballastiert, daß sie bei ablaufendem Wasser unter der Steifenlage hindurch in die nasse Rinne eingeschwommen werden konnten. Für den Fugenschluß wurde auch hier die Gina-Hartgummileiste verwendet; sie bildet jedoch die alleinige Abdichtung. Einige Fugen brachten Wasser, da die Gummileiste sich in geringerer Tiefe wegen zu geringer Elastizität nicht genügend zusammengedrückt hatte. Beim Ziehen der Spundwände am Übergang von der Stadt- zur Stromstrecke ergab sich infolge von Rüttelwirkung ein Grundbruch. Sand floß unter das nächstliegende Element und hob es vom Pfahlbankett ab. Der Wassereinbruch konnte durch Abschottung lokalisiert und der Bauunfall mit Bordmitteln bereinigt werden. Die vier unterirdischen Bahnhöfe sind als Schutzraum ausgebildet und die Tunnelstrecken gegen Wassereinbruch durch Sicherheitstore geschützt.

3.1.3 Der Benelux-Tunnel unter der neuen Maas. Der Delta-Plan, die Abschließung des Mündungsgebietes von Maas und Schelde hatte zur Folge, daß auch das Straßennetz entsprechend neu gestaltet bzw. erweitert werden mußte. Dazu gehört auch der Beneluxweg, eine Straßenverbindung zwischen den Haag und Antwerpen, der in einem Bogen mit $R = 1300$ m die Neue Maas zwischen Schiedam und Pernis in dem 1300 m langen, vierspurigen Beneluxtunnel unterfährt (Abb. 17, Trasse II). Den Querschnitt zeigt Abb. 7. Er wurde in den Jahren 1963 bis 1967 von der Benelux-Tunnel AG gebaut, einer Gesellschaft des bürgerlichen Rechts, zu der sich die umliegenden Gemeinden zusammengeschlossen haben. In der Bauzeit passierten etwa 2000 Schiffe im Monat die Baustelle, so daß besondere nautische Sicherungsmaßnahmen getroffen werden mußten, da die Schiffahrt immer nur kurzfristig aufgestoppt werden konnte. Für die Passage werden Gebühren (tol) erhoben, die bis heute einen Gulden für Personenwagen und 2,5 Gulden für Lastwagen betragen. Sobald die Reichsstraßenverwaltung die Fernstraßenanschlüsse hergestellt hat, voraussichtlich 1980, geht der Tunnel in Besitz und Verwaltung des niederländischen Staates über. Der Verkehr liegt zur Zeit bei 31000 bis 36000 Fahrzeugen je Werktag.

3.2 Der Bereich der Alten Maas

Die alte Maas wird von Seeschiffen bis Dordrecht/Moerdijk befahren und stellt im Binnenverkehr die Verbindung zum Europoort sowie zum Rhein her. Im Zuge des Ausbaues des Straßennetzes wird sie von dem 1064 m langen, vierspurigen Heinenoord-Tunnel südlich Rotterdam unterfahren, der 1969 fertiggestellt wurde und einen Verkehr von 42000 Fahrzeugen je Tag aufweist (Abb. 17, Trasse V). Im Bau ist der 823 m lange, achtspurige Drecht-Tunnel (Abb. 17, Trasse VI) zwischen Dordrecht und Zwijndrecht, der 1977 fertig sein soll. Zur Herstellung der drei Absenkelemente wird das Baudock vom Heinenoord-Tunnel benutzt. Nach dem Absenken werden die Elemente auf Betonfundamente abgesetzt und von innen her die Sand-Unterspülung vorgsnommen. Weiterhin sind im Bau der 730 m lange Kil-Tunnel unter dem Dordtse Kil, der in zwei Verkehrsröhren je 2 Fahrspuren und daneben einen Radfahrweg hat, und der Botlek-Tunnel unweit Heinenoord. Diese Tunnel erhalten keine grundwasserhaltende Abdichtung und haben in dem Einfahr- und Ausfahrbereich keinen Übergang als Rasterstrecke.

4. Zusammenstellung der Baudaten

Tabelle 1

Tunnel	Coen-	Hemspoor-	Maas-	Benelux-	Heinenoord-	Drecht-
Gesamtlänge (m)	1302	2256,85	1367	1300	1064	823
Anzahl Spuren	4	3-gl.	4	4	4	8
Lüftung	längs	ohne	quer	längs	längs	längs
Lüfterbauwerke	2	—	2	2	2	(1)
geschl. Strecke	587	1475	1070	795	614	555,4
Absenkstrecke	540	1475	552	740	574	338
Anzahl Elemente	6	11	9	8	5	3
Länge	90,0	134	61,30	93,0	111/115	115
Breite	23,33	21,44	24,77	23,85	30,65	49,04
Höhe	7,69	8,85	8,30	7,46	9,10	8,70
Neigung %	3,5	2,5	3,5	4,5	4,5	4,5
tiefster Punkt der Fahrbahn/SO unter NAP	−22,0	−23,87	−19,35	−22,5	−19,75	−14,16
Bauzeit	1962/66	1976/—	1937/41	1963/67	1966/69	1973/(77)

5. Weitere Tunnel-Projekte

Unter Wasserwegen, die von Schiffen bis etwa 5000 BRT zum Teil auch bis 10000 BRT befahren werden können, sind als Straßentunnel fernerhin der Margriet-Tunnel unter dem Prinses Margrietkanaal in Friesland im Bau und der Vlake-Tunnel in dem Kanaal door Zuid-Beveland fertiggestellt.

Vorerst zurückgestellt sind zwei Straßentunnel-Projekte unter dem Nordseekanal und zwei weitere unter der Neuen Maas. Akut ist aber die vierspurige Brücke-Tunnel-Verbindung Westerschelde. Die fast 8 km lange Brücke überquert zwischen Zeeuwsch Vlanderen das Gat van Ossenisse und geht auf Kunstmatig Eiland in den Tunnel über, der mit 2000 m Länge das Hauptfahrwasser der Westerschelde unterfährt und die Verbindung nach Zuid-Beveland herstellt. Mit einem Tunnel aus Stahlbetonrohren mit einem inneren Durchmesser von 4 m, Wandstärke 32,5 cm, der 40 Einzelrohrleitungen aufnehmen kann, wird für eine große Pipeline die Hollandsch Diep bei Klundert unterfahren und die Alte Maas bei Barendrecht gekreuzt. Die Dükerstrecke unter der Hollandsch Diep ist 1620 m lang und setzt sich aus 27 Absenkelementen mit einer Länge von 60 m zusammen, für deren Herstellung wiederum das Baudock vom Heinenoordtunnel ausgenutzt wurde. Der Einschleppweg zur Baustelle führte über die Dordtse Kil. Die Absenkung erfolgte von zwei hubinselartigen Pontons. Für die Dichtung wurde auch hier das Gina-Band verwendet.

Deutschland

In Deutschland sind vor dem Ersten Weltkriege unter einem offenen Gewässer als erste auf dem europäischen Festland der alte Elbe-Tunnel in Hamburg und ein Abwasserkanal unter dem Kaiser-Wilhelm-Kanal, dem heutigen Nord-Ostsee-Kanal, in Kiel-Holtenau im Schildvortrieb unter Druckluft aufgefahren worden. Projektiert wurden in den jetzt abgetretenen Gebieten ein Eisenbahntunnel unter dem Pregel in Königsberg/Pr. und der Straßentunnel unter der Swine bei Stettin, der neuerdings das Interesse von polnischen Ingenieuren gefunden hat, und zuvor ein kombinierter Straßen- und Eisenbahntunnel unter dem Strelasund als Verbindung der Stadt Stralsund zur Insel Rügen. Der Entwurf sah eine abgedeckte Baugrube vor, heute als Deckelbauweise bezeichnet, bei der in einer gebaggerten Rinne zunächst die Tunnelbaugrube unter Wasser eingespundet, darüber eine massive Kontraktorbetonsohle eingebracht und der Tunnel dann zwischen den Spundwänden im Schutze einer eingespülten Grundwasserabsenkungsanlage in bergmännischer Bauweise hergestellt wird. Das Verfahren beeinträchtigt verhältnismäßig wenig die Schiffahrt. Ausgeführt wurde die Rügendammbrücke mit einer Klapp-Öffnung.

Neuen Auftrieb bekam der Tunnelbau erst wieder in der Gegenwart, als der ansteigende Autoverkehr und die sich zu Ballungsräumen ausweitenden Städte kurzwegige und leistungsfähige Verkehrs- und Versorgungsverbindungen erforderlich machten. Im Bereich der Schiffahrt blieb er aber bislang auf den Nord-Ostsee-Kanal und den Hafen Hamburg beschränkt.

1. Die Untertunnelungen des Nord-Ostsee-Kanals

Der Nord-Ostsee-Kanal, in der internationalen Schiffahrt Kiel-Canal genannt, wurde im Jahre 1895 eröffnet und verbindet mit einer Länge von fast 100 km die Unterelbe mit der Ostsee. Er kann von Schiffen bis zu 25000 BRT mit einem maximalen Tiefgang von 9,5 m befahren werden und bringt gegenüber der Reise um Skagen eine Ersparnis bis zu 400 sm. Dem Verkehr zwischen den Ufern dienen mit 42 m Durchfahrtshöhe eine Autobahnbrücke-, 2 Eisenbahn-, 2 Straßen- und 2 kombinierte Eisenbahn- und Straßenbrücken, dazu 16 Fähren. Weiterhin wird er von einem Straßen- und einem Fußgängertunnel in Rendsburg, zwei Abwasserdükern in Kiel-Holtenau und je einem Rohrleitungstunnel bei Brunsbüttel und bei Breiholz, die alle in verschiedenen Bauweisen hergestellt worden sind, unterfahren. Projektiert war noch ein Straßentunnel östlich von Brunsbüttel, an dessen Stelle nach neueren Untersuchungen aber eine Brücke treten soll (Abb. 21).

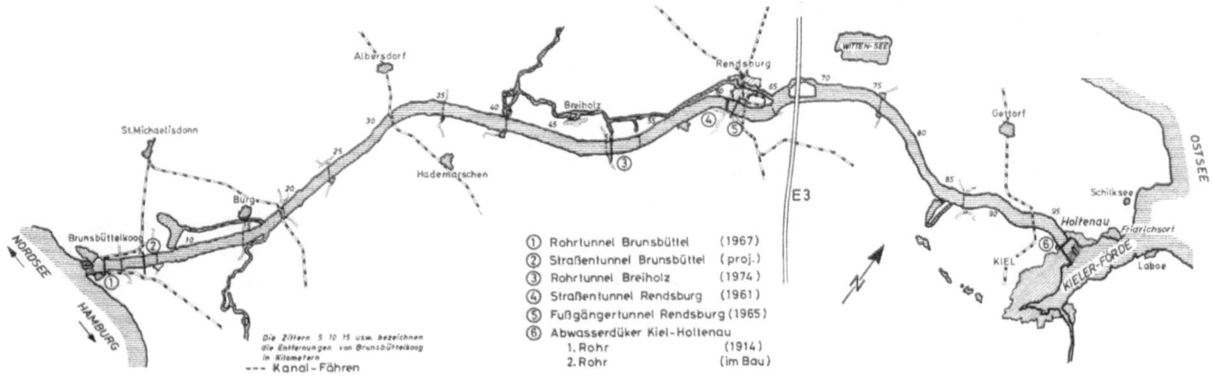

Abb. 21. Untertunnelungen des Nord-Ostsee-Kanals

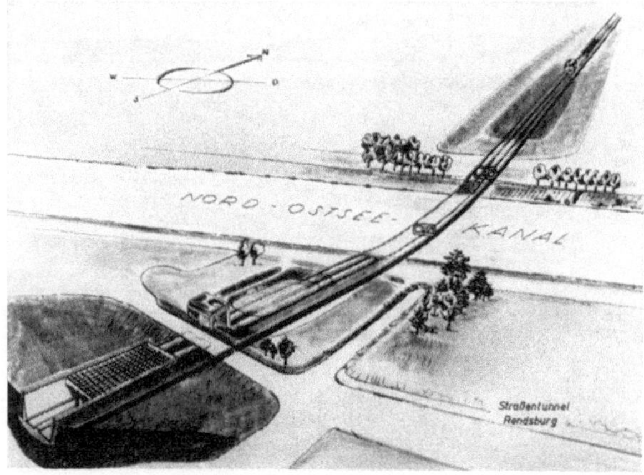

Abb. 22. Straßentunnel Rendsburg unter dem Nord-Ostsee-Kanal

Ein Tunnel bei Rendsburg war bereits im Jahre 1936 im Reichsautobahnnetz vorgesehen. Das heutige Bauwerk (Abb. 22) liegt im Zuge einer Umgehungsstraße und ersetzt die im Jahre 1912 erbaute — 50 Jahre störungslos arbeitende — zweiflügelige Drehbrücke. Es ist der erste und bisher einzige eingeschwommene Unterwassertunnel in der Alten Welt, der auf ein, in der Schlußphase des Absenkvorganges hergestelltes Kiesbett endgültig abgesetzt wurde. Dem Planieren diente ein doppelkehrender, unter dem Tunnelstück hin- und herlaufender Pflug (Abb. 10). Die Gradientenneigung der Fahrbahn beträgt 4%. Im Betrieb wird das System der Längslüftung angewendet.

Die Baudaten der Untertunnelung des Nord-Ostsee-Kanals sind nachstehend in Richtung West-Ost tabellarisch erfaßt (Tab. 2):

Tabelle 2

Bauwerk	L m	l m	l_W m	Teilstücke	Querschnitt	Ausbau Bauverfahren	Jahr
①	310		250	4,5	ä. ∅ 3,10	Stahlbeton Rohrvortrieb	1967
②	1476	720	302	6 × 120	22,53/10,13 2×2 Spuren	Stahlbeton Absenkverfahren (freischwimmend)	(1974)
③	265	265	210	—	ä. ∅ 2,56	Colcretebeton Schildvortrieb Rampen 1 : 3 Sohle 1 : ∞	1974
④	1278	640	140	1 × 140	20,00/8,70 2 × 2 Spuren	Stahlbeton Absenkverfahren (feste Gerüste)	1961
⑤	130	130	130	—	ä. ∅ 5,06	Gußeisentübbing Schildvortrieb	1965
$⑥_1$	180	180	180	—	ä. ∅ 3,45	Flußeisensegmente (genietet) Schildvortrieb	1914
$⑥_2$	185	185	185	5,0	ä. ∅ 3,60	Stahlbeton Rohrvortrieb	im Bau

① = Rohrleitungstunnel Brunsbüttel
② = proj. Straßentunnel Brunsbüttel
③ = Rohrleitungstunnel bei Breiholz
④ = Straßentunnel Rendsburg
⑤ = Fußgängertunnel Rendsburg
⑥ = Abwasserdüker Kiel Holtenau $⑥_1$ = 1. Rohr $⑥_2$ = 2. Rohr e = rd. 18 m
L = Gesamtbauwerkslänge l = geschlossene Strecke l_W = Wasserstrecke

Der Rohrvortrieb und der Schildvortrieb mußten unter Druckluft ausgeführt werden; der Überdruck betrug maximal 2,3 atü. Sowohl in Brunsbüttel als auch in Rendsburg sind Versuche mit der Sauerstoff-Atmung zur Verkürzung der Ausschleusungszeiten angestellt worden, deren Ergebnisse in die neue Druckluftverordnung eingegangen sind.

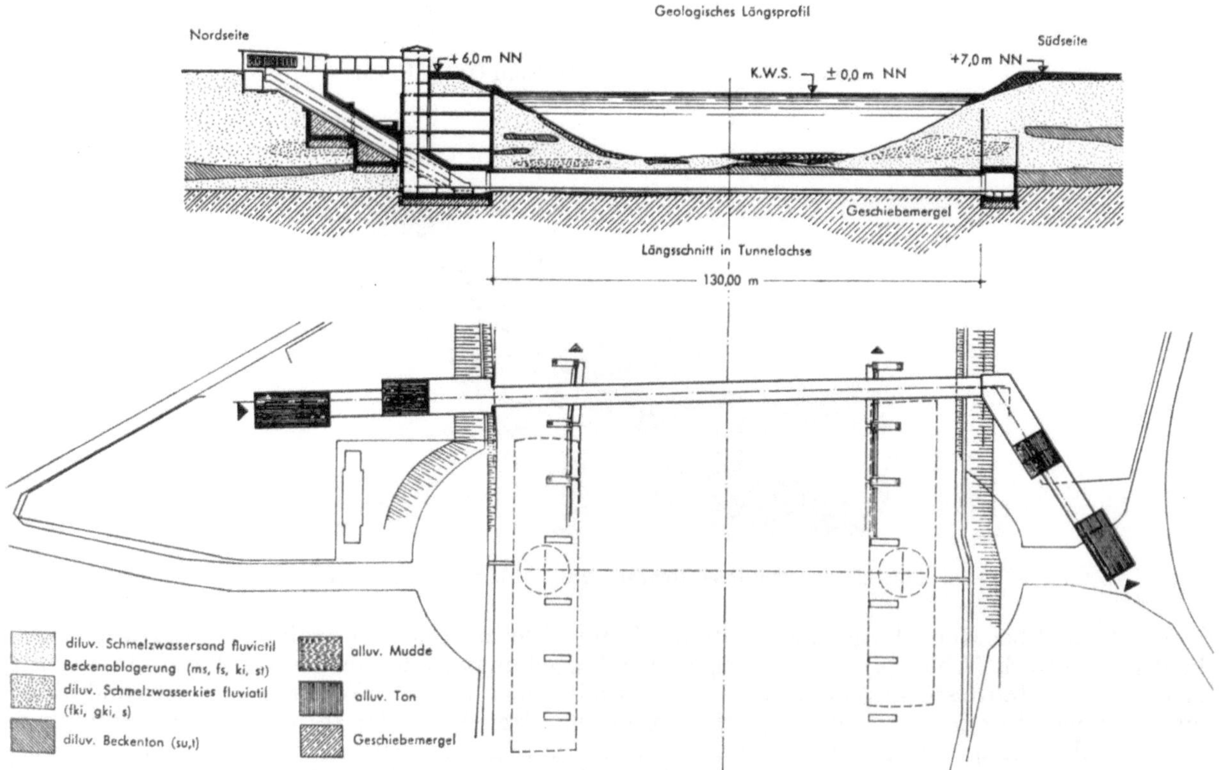

Abb. 23. Grundriß und Längsschnitt des Fußgängertunnels unter dem Nord-Ostsee-Kanal in Rendsburg

Der Zugang zum Fußgängertunnel erfolgt neben Fahrstühlen über Rolltreppen, die auf einer Caissonkette gegründet sind (Abb. 23).

Beim Straßentunnel Rendsburg war aufgrund eines Sondervorschlages die Einschwimmstrecke auf ein Mittelstück reduziert worden. Als Baudock wurde zunächst die Baugrube für die südliche geschlossene Rampenstrecke ausgenutzt und nach dem Ausdocken und Absenken durch einen Reiterfangedamm auf dem Tunnelteil gegen den Kanal abgeschlossen. Durch das Vertiefen des Baudocks auf Rampensohle ergab sich die Gefahr des sog. Torpedoeffektes; das heißt: die Gewichte von Fangedamm und Tunnel-Mittelstück müssen zusammen mit der Bodenreibung im Kanal größer sein, als der auf der Gegenseite am freien Ende des Mittelstückes angreifende Wasserdruck (Abb. 24); andernfalls würde das Mittelstück in die 20 m tiefe Südbaugrube durchrutschen. Derselbe Effekt ergibt sich auch, wenn bei einer Einschwimmstrecke das letzte Element über die Endfuge an ein festes Landbauwerk angeschlossen werden muß.

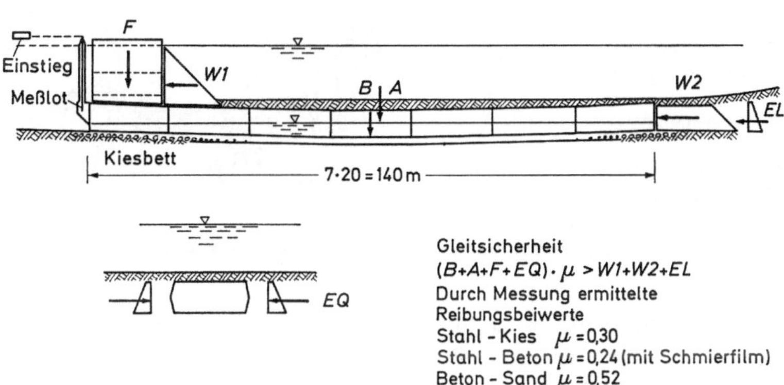

Abb. 24. Längskräfte am Tunnelmittelstück bei einseitig ausgehobener Baugrube

Den Nord-Ostsee-Kanal befuhren im Jahre 1957, als die Bauarbeiten für den Straßentunnel vergeben wurden, 66600 Schiffe mit 60443 BRT und einer Ladung von 47340 t. Im Jahre der Einweihung 1961 waren es 77200 und 1965 bei der Eröffnung des Fußgängertunnels 85200 Schiffe. Der NOK ist der meistbefahrene Seeschiffahrtskanal der Welt, der im Durchschnitt täglich von 200 Schiffen durchfahren wird. Das größte Passagierschiff war mit 26000 t die schwedische „Kungsholm". Die Drehbrücke befuhren vor ihrer Stillegung täglich rd. 10000 Fahrzeuge. Nach einer Verkehrsprognose wurde der Tunnel für 16000 Fahrzeuge je Tag bemessen. Die Verkehrsspitze lag im Jahre 1971 bei 11,1 Mill. Fahrzeugen. In den letzten Jahren hat sich nach Inbetriebnahme der Autobahnbrücke ein beinahe konstanter Verkehr von 8,3 Millionen eingestellt. Die Fähren befördern jährlich gleichfalls fast konstant 6,3 Mill. Fahrzeuge.

2. Die Untertunnelungen im Hamburger Hafen

Die Freie und Hansestadt Hamburg, Anfang des 9. Jahrhunderts an der Einmündung der Alster und der Bille in die Elbe, 110 km von der Nordsee entfernt, als Hammaburg gegründet, ist mit 1,71 Millionen Einwohnern nicht nur die größte Stadt, sondern sie hat auch den bedeutendsten Handelshafen der Bundesrepublik Deutschland, einen offenen Tidehafen, der etwa ein Siebentel der Stadtfläche einnimmt. Die Fahrwassertiefe beträgt zur Zeit im Mittel etwa 12,5 m; eine Vertiefung ist im Gange. Der Tidehub liegt bei 2,8 m. Infolge seiner geographischen Lage mit der Verbindung zum Nord-Ostsee-Kanal ist er auch Deutschlands westlichster Ostseehafen. Den vollschiffigen Anschluß an das Netz der Binnenschiffahrtskanäle stellt der Elbe-Seiten-Kanal her. Im Oberwasser teilt sich etwa an der Landesgrenze die Elbe in die Norder- und in die Süder-Elbe, die über den Köhlbrand Anschluß an die Unterelbe hat (Abb. 25). Der frühere Mündungsarm ist nach der schweren Sturmflut im Jahre 1962 abgedämmt worden. An diesen beiden Stromarmen massieren sich bis in die Unterelbe die Hafen- und zum Teil auch die Werftanlagen. Hamburg wurde im Jahre 1973 von 37000 Schiffen mit 91783000 NRT angelaufen. Der Seegüterumschlag betrug 49849255 t; auf die Container entfielen 332328 t. Die Elbe ist zwar die Schlagader der Schiffahrt und des Handels aber ein großes Hindernis für den Landverkehr. Die einzige Brückenüberquerung liegt oberhalb der Seeschiffahrtshäfen und die 11 Hafenfähren dienen nur dem Personenverkehr. Über die Norderelbbrücke rollten bereits Anfang der 60er Jahre täglich 108000 Kraftfahrzeuge. Der Alte Elbtunnel bei St. Pauli Landungsbrücken konnte keine Entlastung bringen, denn er ist nur über Aufzüge zugänglich und nimmt in erster Linie den Verkehr zu den Werften und Industrieanlagen auf der Freihafen-

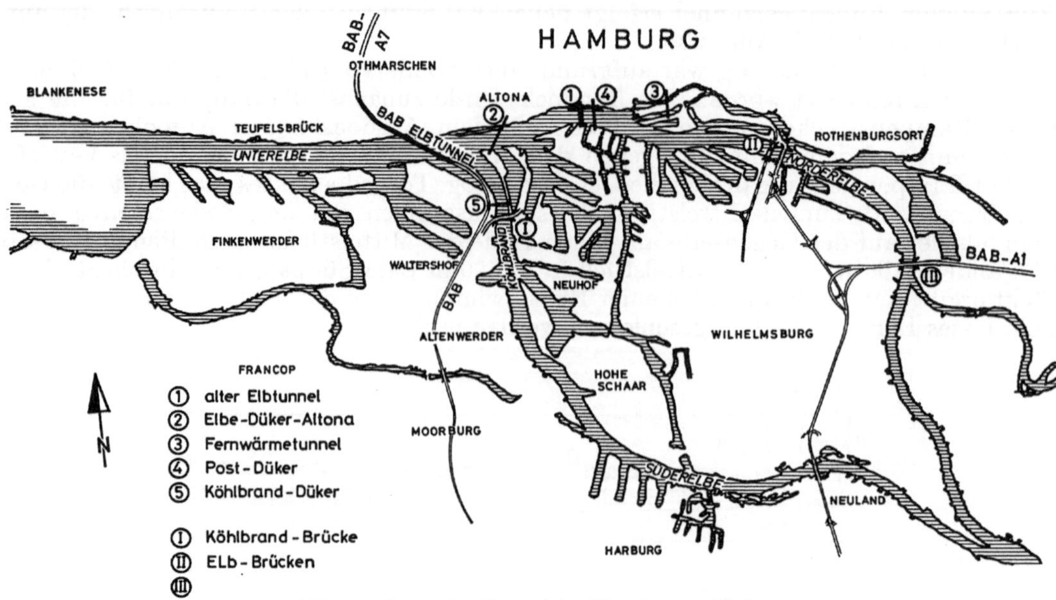

Abb. 25. Lage der Tunnel im Hamburger Hafen

seite auf. So war es von entscheidender Bedeutung, daß sich im Zuge der neuen Bundesautobahn Hamburg–Flensburg, die auf 31,5 km Länge über Hamburger Staatsgebiet führt, zwangsläufig eine neue Elbkreuzung ergab. Bei der Untersuchung ‚Brücke oder Tunnel' fiel 1965 die Entscheidung zu Gunsten des Tunnels. Zu weiteren Untertunnelungen im Hafengebiet führten der Ausbau der städtischen Kanalisation sowie des Energie- und Wasserversorgungsnetzes.

Auf der Südseite der Unterelbe schließt sich an die Tunneltrasse eine 4 km lange Hochstrasse mit der Anschlußstelle Waltershof an, die über die vierspurige Köhlbrandbrücke die Verbindung zwischen dem westlichen Hafenerweiterungsgebiet und dem alten Freihafen darstellt. Diese Brücke hat eine Länge von 3980 m, eine größte Stützweite von 325 m und eine Durchfahrtshöhe von 54 m über MTnw auf 150 m Fahrrinnenbreite. Die Durchfahrtshöhe ergab sich aus der Bedingung, daß Tanker bis 200000 tdw in Leerfahrt die Brücke durchfahren können. Als erste Baustufe nimmt die Brücke nur den zollausländischen Verkehr auf.

Die Vorplanung befaßte sich auch mit einem Tunnel-Projekt. Es hätte sich bei einer Neigung der Gradiente von 4% ohne die Rampen eine Tunnelstrecke von 700 m Länge ergeben, wovon 570 m mit 5 vorgefertigten Elementen von je 114 m Länge im Absenkverfahren hergestellt werden sollten. In dem Rechteckquerschnitt von 44,2 m Breite und 9,7 m Höhe waren 2 × 2 Spuren für eine zollinländische Straße, ein Hafengleis, eine 3-spurige zollausländische Straße und am Rand ein Fußgängertunnel mit darüber liegendem Lüftungskanal zusammengefaßt.

2.1 Der Alte Elbtunnel

Die Notwendigkeit, eine landfeste Verbindung zum linskelbischen Freihafengebiet zu schaffen, um dem Umweg über die weitab liegenden Elbbrücken zu entgehen vor allem, wenn die Hafenfähren wegen Nebel oder Eisgang ausfielen, ergab sich um die Jahrhundertwende, als nach dem Kriege 1870/71 ein spürbarer Wirtschaftsaufschwung einsetzte. Die Vorplanung untersuchte eine Hochbrücke, für die aber die Rampenentwicklung fehlte, sodann eine Schwebefähre, die auch eine Durchfahrtshöhe von 55 m haben sollte und nicht nur bei Nebel eine Gefahr für die Schiffahrt dargestellt hätte, was sich heute noch bei der Schwebefähre unter der Rendsburger Eisenbahnhochbrücke beobachten läßt. Schließlich entschied sich die Hafenbauverwaltung für einen Tunnel, zu dem der im Schildvortrieb unter Druckluft aufgefahrene Themse-Tunnel in London die Anregung gab (Abb. 25, Trasse 1).

Die topographischen Verhältnisse ließen für einen Verkehrstunnel keine Rampenentwicklung zu, so daß von vornherein am rechten Ufer auf der St. Pauli-Seite und gegenüber auf Steinwerder Aufzugsbauwerke vorgesehen werden mußten, die für den Schildvortrieb den Anfahr- und den Zielschacht darstellten. Die Länge der Vortriebsstrecke betrug 448,5 m; aufgefahren wurden im tertiären Ton, der von diluvialen und alluvialen Anschwemmungen überdeckt ist, auf der Südseite beginnend, unter einem Überdruck von 2,4 atü gleicheitig zwei Röhren mit einem Schilddurchmesser von 6,60 m, wobei die Oströhre einen Vorlauf von etwa 100 m hatte. Der gegenseitige Abstand betrug ca. 1,60 m. Die Gradiente verläuft in der Mitte Waagerecht und steigt zu den Schächten leicht an; der tiefste Punkt der Fahrbahn liegt auf 21,3 m unter dem mittl. HW. Eine Fahrrinnenvertiefung auf 13 m ist bei dieser Kote berücksichtigt. Der Tunnelausbau besteht erstmalig, um die Formveränderungen besser aufnehmen zu können, gegenüber dem in England und Amerika verwendeten Gußeisen aus flußeisernen, genieteten Walzträgern. Die Fugen sind mit Blei gedichtet. Der Tunnelring ist mit Beton ausgekleidet und auf eine lichte Weite von 4,3 m und eine lichte Höhe von 4,5 m für 2 Gehsteige von je 1,25 m und eine Fahrbahn von 1,82 m Breite profiliert.

Sechs Monate nach Vortriebsbeginn ereignete sich am 24. Juni 1909 in der Oströhre ein Druckluft-Ausbläser, der zum Glück ohne Personenschaden verlief, aber rd. 600 m^3 Boden in den Tunnel einfließen ließ. Die Ursache ist in einer Vertiefung der Elbsohle zu sehen, die das Überdeckungsverhältnis zum Tunneldurchmesser unter 1:1 sinken ließ, das nach dem heutigen Wissen an sich schon einen Sohlenschutz, z.B. in Form eines Kiesfilters erforderlich macht.

Im November 1911 wurde der Tunnel eröffnet. Die Bombenabwürfe des Zweiten Weltkrieges hat er gut überstanden. Eine Gefahr ergab sich erst nach dem Kriege, als von der Besatzungsmacht das unweit gelegene Dock „Elbe 17" gesprengt werden sollte. Rolltreppen und eine Lüftung wurden erst 1956 eingebaut. Heute benutzen werktäglich etwa 20000 Fußgänger, 6000 Rad- und Mopedfahrer sowie 3000 Autofahrer den alten Elbtunnel.

2.2 Der BAB-Elbtunnel

Bei der Planung und Trassierung des neuen Elbtunnels war davon ausgegangen worden, daß die neue Autobahn in starkem Maße den auf Hamburg ausgerichteten Ziel- und Quellverkehr abwickeln und den Hafen besser an das bestehende Fernstraßennetz anschließen wird, daß aber andererseits das westlich des Köhlbrands sich entwickelnde Hafenerweiterungsgebiet nicht beliebig durchschnitten werden darf. Es wurde daher eine Linienführung gewählt, die sich im Süden an die vorhandenen Verkehrswege im Hafen anschmiegt, die Elbe unter einem Winkel von 37° kreuzt und im Norden sich in das städtische Straßennetz einfügt. Da der Tunnel auf der Südseite nicht nur die Marsch und den Strom unterquert, sondern auch den am rechten Ufer ansteigenden Geesthang durchfahren muß, ergaben sich von vornherein zwei große Bauabschnitte, eine Wasser- und eine Landstrecke, die entsprechend ein Unterwasser- und ein Untertagebauverfahren erforderten. Für ein zu erwartendes Verkehrsaufkommen von 65000 PKW-E im Jahre 1975 mußte mit einer Reserve von ca. 50% ein 6-spuriger Ausbau gewählt werden, der aus betrieblichen und wirtschaftlichen Gründen auf drei einzelne Verkehrsröhren aufgeteilt worden ist. Die außenliegenden Fahrspuren werden im Normalfall im Richtungsverkehr und die mittlere Röhre mit Gegenverkehr betrieben, wobei dann nur Personenkraftwagen zugelassen sind. Die Verkehrsführung und -lenkung erfolgt für jede Spur gesondert durch Lichtsignalanlagen, durch Wechseltransparente, Leit- und Sperrschranken sowie über Straßenunterflurleuchten. Für die Verkehrsbeobachtung sind in den Fahrbahnen Induktivschleifen, eine bis in die Weichenstrecken reichende Fernsehanlage und Höhenkontrollen für überhoch beladene Fahrzeuge eingebaut. Die Verkehrsüberwachung und die Steuerung der zahlreichen Betriebszustände einschließlich Lüftung obliegt Prozeßrechnern. Dem Luftaustausch für das System der Querlüftung dienen drei Lüfterbauwerke, von denen zwei an den Ufern und das nörliche am Portal liegen (Abb. 26).

Die Gesamtlänge des Bauerks beträgt 3325 m; davon entfallen auf die geschlossene und zu belüftende Strecke 2653 m, die sich im Süden aus einer Ortbetonstrecke von 251 m, der Stromstrecke mit 1057 m, der Elbhangstrecke mit 1140 m und im Norden wieder aus einer Ortbetonstrecke von 205 m Länge zusammensetzt. An den Tunnelmund schließen sich an jeder Seite eine Rasterstrecke von 120 m und im Süden eine offene Rampenstrecke von 432 m Länge an. Auf der Nordseite entfällt die Rampenstrecke, da die anschließende Autobahn im Einschnitt verläuft. Die Südrampe hat eine Neigung von 3,5% und die Nordrampe von 2,6%. Der tiefste Punkt der Fahrbahn liegt auf NN −26,7 m, das sind 25,9 m unter MTnw.

Die Stromstrecke wurde im Absenkverfahren mit Sandunterspülung hergestellt und besteht aus 8 Elementen von je 132 m Länge, Gewicht rd. 46000 t. In dem Rechteck-Querschnitt (Abb. 7), mit einer Breite von 41,7 m und einer Höhe von 8,4 m sind die drei Verkehrsröhren und zwei dazwischenliegende Lüftungskanäle zusammengefaßt. Die Herstellung der Elemente erfolgte in einem Baudock unmittelbar neben dem Südabschnitt, (Abb. 27), so daß die Ortbetonstrecke und das Lüfterbauwerk Süd gleichfalls in dieser großen Baugrube im Trockenen betoniert werden konnten. Beim Einschwimmen des Elementes V, mit der Absenkposition Strommitte, ergab sich die Situation, daß beim Umlegen der Schlepptrossen auf die Stromanker in der Absenkrinne die eingesetzten Schlepper das Element gegen die Strömung nicht halten konnten, und es mußte, als die ersten zwei, bereits festgemachten Trossen brachen, an die Ausrüstungsstelle zurückgebracht werden. Ein Überblick

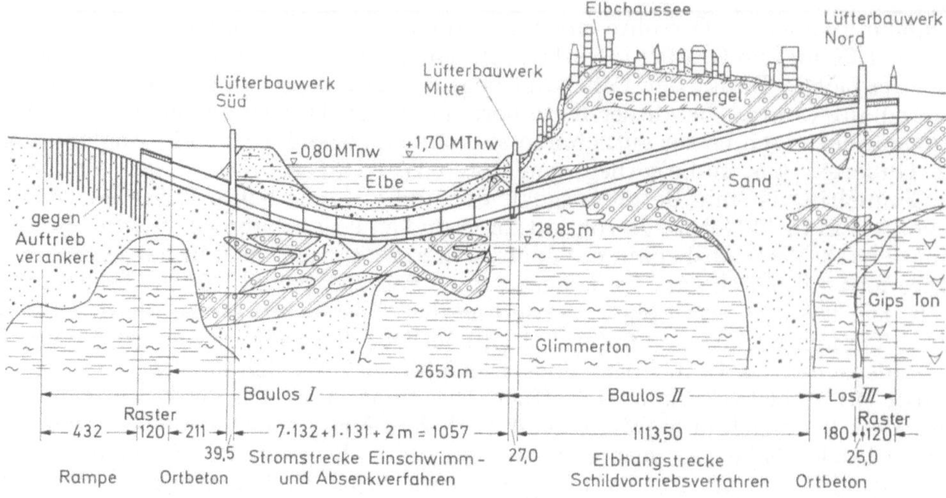

Abb. 26. Längsschnitt des BAB-Elbtunnels in Hamburg (mit Baulosen)

Abb. 27. BAB-Elbtunnel: Herstellen der Tunnelelemente, der Ortbetonstrecke und des Lüfterbauwerkes Süd im Baudock
Abb. 28. BAB-Elbtunnel: Einschwimmen eines Tunnelelementes

über das Einschwimmen eines Tunnelelementes gibt Abb. 28. Sie zeigt weiter links hinten am Ufer das Lüfterbauwerk Süd, davor auf einem bereits versenkten Element den Oberteil des aufgesetzten Spülturms und rechts im Hintergrund das Baudock mit restlichen Elementen unter Wasser. Beim Element VIII, das dem Nordufer am nächsten in einer Einbuchtung außerhalb des Stromstrichs lag, zeigte sich ein erheblicher Schlickeinfall, so daß das normale Unterspülverfahren ähnlich wie beim E 3-Scheldetunnel in Antwerpen (vgl. S. 113) in ein kleinflächiges Absaugen und rasch anschließendes Unterspülen umgestellt werden mußte. Das Absenken der acht Elemente spielte sich in der Zeit vom 16. 12. 1971 bis 19. 07. 1973 ab. Für die Arbeiten auf dem Strom war angenommen worden, daß in dieser Zeit jährlich etwa 18000 Seeschiffe unter 1000 NRT und etwa 10500 Seeschiffe über 1000 NRT die Tunneltrasse kreuzen würden. Die Verkehrssicherung im Baustellenbereich oblag einer, von der Bauverwaltung eingerichteten ‚Nautischen Leitstelle‘. Für den Anschluß an das Lüfterbauwerk Mitte als Landfestpunkt wurde die 2 m breite Fuge mit vier fachwerkartig ausgesteiften Stahlplatten manschettenartig umgeben und als Bewegungsfuge ausgebildet. Als Element-Fugendichtung ist das Gina- und Omega-Band eingebaut (Abb. 11).

Die Elbhangstrecke wurde in drei, hintereinander angesetzten Einzelröhren mit einem Außendurchmesser von 11,08 m im Abstand von ca. 4 m im Schildvortrieb aufgefahren. Die Baugrube des Lüfterbauwerks Mitte diente als Anfahrschacht. Nach Lage des Grundwasserspiegels im Elbhang hätte sich bei der hydrostatischen Höhe von 24 WS im Schild ein Druck von 2,4 atü ergeben. Durch Anwendung des Druckminderungsverfahrens konnte mit einem Überdruck von nur 1,45 atü gefahren werden. Diese Strecke ist mit einem, der Schwerlinie angeglichenen Wellen-Tübbing mit der Qualität GGG 60 ausgebaut und als Fugendichtung in eine Nut unweit der Tübbinghaut rundum ein Neoprene-Band eingelegt worden. Diese Ausbaukonstruktion wurde beim Elbtunnelbau entwickelt und inzwischen bei weiteren Tunnelbauten angewendet. Der Nordabschnitt liegt oberhalb des Grundwasserspiegels und konnte in geböschter Baugrube mit offener Wasserhaltung hergestellt werden.

Die Eröffnung des BAB-Elbtunnels fand nach sechseinhalb-jähriger Bauzeit am 10. Januar 1975 statt. In den ersten 12 Monaten ergab sich ein Verkehr von 20 Millionen Kraftfahrzeugen. Im Durchschnitt benutzen täglich 56000 Fahrzeuge diesen Elbübergang. Die Spitze lag mit 88607 Fahrzeugen am 31. Juli 1976. Verkehrsstörungen werden nur noch durch — täglich vier — liegengebliebene oder überhoch beladene Fahrzeuge verursacht. Bei Pannenfahrzeugen sind, wie auch in anderen Ländern, schadhafte Reifen, Motordefekte und Treibstoffmangel die Ursachen.

2.3 Dükerungen im Hafengebiet

2.3.1 Als städtisches Ballungsgebiet muß auch der Hamburger Hafen Kreuzungen von Versorgungs- und Abwasserleitungen in Kauf nehmen, die heute fast ausschließlich als Unterfahrungen in geschlossener Bauweise ausgebildet werden. Das gegensätzliche Verfahren ist das Versenken von Rohrleitungen und Kabeln in eine offene Rinne, nach dem u.a. im Jahre 1955 ein Großdüker für Abwasser in der Norderelbe in Altona verlegt worden ist. Dieser besteht aus einer Druckrohrleitung NW 1600, mit der ein Hauptsammler von der Nordseite der Stadt an das Großklärwerk Köhlbrandhöft angeschlossen werden sollte. Er wurde als 780 m langer Stahlrohrdüker mit Kugelgelenkrohrkupplungen mit Hilfe von vier Schwimmböcken in einer Trasse verlegt, die ihren Ausgangspunkt an den Altonaer Landungsbrücken hat und die Elbe unter 45° kreuzt (Abb. 25, Trasse 2). Die Baggerrinne lag mit einer Böschung von 1 : 4 ca. 19 m unter MThw. Sie wurde nach dem Versenken des Dükers nur teilweise wieder verfüllt. Die Annahme, daß der Strom die Restarbeit vollenden wird, hat sich nicht erfüllt.

In neuerer Zeit sind z.B. der 100 m lange Wasserleitungsdüker NW 2000 unter der Billwerder Bucht mit einem Ortbetonausbau nach dem Colcrete-Verfahren aufgefahren, ein 112 m langes Stahlrohr NW 2000 als Kabeldüker auf einem Kreisbogen mit $R = 140$ m vorgepreßt und der Postdüker ⌀ 1,6 m zwischen Steinwerder und St. Pauli-Landungsbrücken mit schrägen Ästen und waagerechter Sohle im Schildvortrieb hergestellt worden. Beim Ausbau des Sammlersystems der Kanalisation werden in Kürze im Abschnitt Süd je eine Dükerung unter der Norderelbe und unter der Süderelbe durchzuführen sein.

2.3.2 Infolge der Vertiefung der Fahrrinne im Köhlbrand auf 13,5 m Wasser ist es notwendig geworden, einen alten Leitungsdüker unweit der Köhlbrandbrücke (Abb. 25, Trasse 5) durch ein neues Bauwerk zu ersetzen, das mehrere Versorgungsleitungen und Kabel aufnehmen soll. Hierfür wurde mit einem Außendurchmesser von 2,45 m ein 370 m langer Dücker in Auftrag gegeben, der eine Auskleidung mit 6 mm dicken Liner-Plates erhält. Sobald die Leitungen und Hüllrohre eingelegt sind, werden diese vollständig in Beton eingebettet; die Liner-Plates sind dann ihrer tragenden und dichtenden Wirkung enthoben. Der Dücker wird mit Schildvortrieb unter Druckluft aufgefahren; er hat einen fallenden und einen steigenden Ast, Neigung etwa 1:3, und eine dazwischen liegende waagerechte Strecke von 240 m Länge, die 20,50 m unter MTnw liegt. Die Übergangsradien sind auf die zulässige Durchbiegung der Leitungsrohre von maximal 600 m abgestimmt. Bei einer Vertiefung des Köhlbrands auf 15 m bleibt eine Überdeckung von 5,5 m.

Als der Düker fast zur Hälfte fertiggestellt war, wurde die Baustelle am 3. 01. 1976 durch eine unerwartet hohe Sturmflut überspült, und die Röhre lief voll Wasser. Die Mannschaft konnte sich vorher retten. Bei der Besichtigung nach Ablaufen des Wassers und Einblasen von Druckluft ließen sich hinter den Liner-Plates, die ihre Form im Rahmen der Toleranzen behalten hatten, Hohlräume feststellen, die bald ausgepreßt wurden. An der Lage des Vortriebsschildes und an dem Brustverbau hatte sich nichts verändert; durch die Fugen waren aber ca. 15 m³ Sand in den Schildraum eingespült worden. Die gesamte Schildmaschinerie mußte jedoch ausgebaut und überholt werden. Nach einer Pause von 3 Monaten konnte die Arbeit wieder aufgenommen werden. Doch kurz vor dem Ziel gab es im aufsteigenden Ast beim Anfahren einer Auffüllung etwa in 4 m Wassertiefe am 18. 10. 76 einen Ausbläser, der erneut ein Vollaufen zur Folge hatte. Das letzte Rohrstück wurde nunmehr von oben her eingebaut und unter Druckluft mit der bereits fertigen Röhre verbunden.

2.4 Unterfahrungen von Nebenarmen des Hafens

In den inneren Hafengebieten wurden im Osten im Zuge eines Fernwärmetunnels der Sandtorhafen, das St. Annenfleet, das Wandramsfleet und der Zollkanal, weiterhin im Zuge das Sammlers Wilhelmsburg der Roßkanal und der Reiherstieg unterfahren (Abb. 25).

Der Fernwärmetunnel hat eine Länge von 433 m und enthält Heizleitungen, die von dem Kraftwerk Hafen am Großen Grasbrook in die Innenstadt führen. Er wurde, ähnlich wie der Rohrleitungstunnel Brunsbüttel unter dem Nord-Ostsee-Kanal (s. S. 122), im Rohrvortriebsverfahren aus 5 m langen Fertigteilringen aus Stahlbeton lichter Durchmesser 3 m hergestellt. Das Prinzip besteht darin, daß aus einer Preßbaugrube ein Rohr mit angesetztem Schneidschuh von hydraulischen Pressen in das Erdreich hineingedrückt und gleichzeitig der verdrängte Boden abgefördert wird. Ist das Rohr vollends vorgeschoben, wird das nächste angesetzt und so fort, bis die geplante Anzahl eingebaut ist. Die Grenze liegt in der Vortriebskraft und in der Belastbarkeit des Rohrmaterials. Bei sehr langen Tunneln werden dann Zwischenstationen als Dehner angeordnet. Da in dem vorliegenden Fall auf der ganzen Strecke wasserdurchlässige Schichten und Torf zu durchfahren waren, mußte der Vortrieb im Schutze eines Schildes unter Druckluft vorgenommen werden, wobei die Luftschleuse so angesetzt war, daß nur die Ortsbrust, die im Spülverfahren abgebaut wurde, unter dem notwendigen Überdruck von 2,1 atü stand. Die Überdeckung lag zwischen 4 bis 10 m. Der Anfahr- und der Endschacht wurden als offener Brunnen mit thixotropem Mantel zur Minderung der Reibungskräfte hergestellt.

Der 4555 m lange Sammler Wilhelmsburg hat einen lichten Durchmesser von 3,7 m und wird mit einem neuartigen Hydro-Schild hergestellt. Seine Funktion beruht auf der Stützung der Ortsbrust mit Bentonit. Der mit einer Vollschnittmaschine abgebaute und verflüssigte Boden wird abgepumpt, über Tage in einer Regenerieranlage aufgearbeitet und dann dem Vortriebsschild wieder zugeleitet. Nur die Abbaukammer steht unter einem Überdruck bis 2 atü und ist über Luftschleusen begehbar, z.B. für die Beseitigung von Hindernissen. Da die Ortsbrust luftundurchlässig ist, werden Druckschwankungen in dem Luftvolumen hinter einer Tauchwand ausgeglichen. Als maximale Vortriebsleistung wurden 15 m je Tag erreicht. Die Tunnelwandung besteht aus einem einschaligen Ausbau mit 80 cm breiten Stahlbeton-Tübbingen. Die Dichtung der Fugen erfolgt durch ein Neoprene-Band. Die Betriebsschächte, von denen einer als Anfahrschacht nach zwei Seiten ausgebildet ist, wurden als Caissons abgesenkt. Die Herstellung des Sammlers liegt in den Jahren 1974 bis 1977.

3. Tunnelprojekte in Norddeutschland

Die großen Handelshäfen der Küste liegen am Unterlauf der Elbe und der Weser bis zu 100 km von der See entfernt. Bei keinem dieser Ströme findet sich auf diesem Wege eine feste Uferverbindung; der Verkehr wird nur über völlig überlastete Fähren abgewickelt. Zur besseren Erschließung des Landes hatten sich deshalb bereits Ende der 60er Jahre der Elb-Brücken-Verein-Glückstadt, der Weser- und der Jade-Brückenbau-Verein darum bemüht, im Zuge einer „Küsten-Autobahn", die gleichzeitig die Benelux- und die skandinavischen Länder mit dem norddeutschen Wirtschaftsraum verbinden sollten, feste Kreuzungsbauwerke mit den Strömen zu schaffen. Im Rahmen einer, vom Bundesverkehrsministerium in Auftrag gegebenen ‚Verkehrswirtschaftlichen Untersuchung für die Ergänzung des Fernstraßennetzes' wurden auch die Möglichkeiten der „Kreuzungsbauwerke mit Schiffahrtswegen" untersucht und auf der Konferenz der Wirtschafts- und Verkehrsminister der norddeutschen Küstenländer im Sommer 1974 einer Trassenführung der Vorzug gegeben, die ausgehend von der niederländischen Grenze — am Jadebusen vorbei — nördlich von dem geplanten Großflughafen Kaltenkirchen bei Hamburg über die Vogelfluglinie Anschluß an Dänemark erhält. Die Unter-Ems sollte bei Leer mit einer Brücke, die Unter-Weser südlich von Nordenham bei Esenshamm/Dedesdorf mit einem Tunnel und die Unter-Elbe bei Grauerort/Seestermühe nördlich von Stade mit einer Tunnelbrücke gekreuzt werden.

Mit der baulichen Durchführung hat sich in einer Studie die Hamburger Bauindustrie befaßt und, auf der Erfahrung des BAB-Elbtunnels fußend, für eine sechsspurige, neue Elbkreuzung folgenden Vorschlag ausgearbeitet: Der Tunnel unterfährt mit einer Länge von 1430 m die Hauptelbe so, daß der Schiffahrt eine 400 m breite und 15 m tiefe Fahrrinne zur Verfügung steht; die Wassertiefe entspricht dann der Kote des Elbtunnels im Hamburger Hafen. Als Absenkstrecke sind zwischen zwei Lüfterbauwerken an den Ufern 10 Tunnelelemente von 132 m Länge vorgesehen. Auf der Insel Pagensand soll sich an die Ostrampe eine 290 m lange Brücke über die Pagensander Nebenelbe und daran eine weitere Rampenstrecke anschließen, so daß sich eine Gesamtbauwerkslänge von rd. 3500 m ergibt, die etwa auch der BAB-Elbtunnel hat. Die Brücke erhält drei Durchfahrtsöffnungen von je 55 m lichter Weite und einer Durchfahrtshöhe von i.M. 75 m über MThw. Ohne Schwierigkeiten ließe sich der Querschnitt auch so aufteilen, daß neben den Fahrspuren wie beim E3-Schelde-Tunnel zwei Eisenbahngleise und ein Radfahrweg verlaufen. Der Tunnel müßte dann allerdings unter der Nebenelbe weitergeführt werden. Diese Lösung wäre auch zweckmäßiger, denn der Autofahrer würde in der schlechten Jahreszeit bei dem plötzlichen Übergang von der sicheren Tunnelröhre auf die offene Brücke nicht den Gefährnissen durch Windboen und Glatteis ausgesetzt sein. Außerdem wäre dann auch eine mögliche Kollision der Sportschiffahrt in der Nebenelbe mit den Brückenpfeilern und Widerlagern von vorherein ausgeschlossen.

Dänemark

Neben dem Brückenschlag zwischen den großen Inseln forderte die internationale Verkehrsentwicklung auf der Halbinsel Jütland einen besseren Anschluß an die Fährverbindungen nach Süd-Norwegen und nach West-Schweden. Die Wege dorthin führen über den 130 km langen Limfjord, der die Nordsee mit dem Kattegat verbindet und damit die nördliche Spitze von Jütland als Insel vom Festland abtrennt. Dem Verkehr dienen eine Anzahl Fähren und Brücken, deren bedeutendste im Osten eine Klappbrücke ist, die zwischen der Hafenstadt Aalborg, rd. 100000 Einwohner, und der kleineren Stadt Noerresund auf der Nordseite liegt. Sie entstand im Jahre 1933 als Ersatz für eine Pontonbrücke aus dem Jahre 1865 und wurde 1960 auf vier Spuren verbreitert. Nach der Verkehrsprognose war für das Jahr 1980 eine Verkehrssteigerung auf 80000 Fahrzeuge täglich zu erwarten, so daß eine weitere feste Verbindung notwendig wurde, die eine sechsspurige Untertunnelung mit dem Namen Limfjord-Tunnel werden scllte (Abb. 29). Zur Zeit des Baubeginns im Jahre 1965 hatte der Hafen Aalborg einen Güterumschlag von rd. 4 Mill. t, der im Jahre 1970 auf 3,3 Mill. t zurückging; die Hafenanlagen wurden in dieser Zeit jährlich von etwa 4000 Schiffen mit 2,9 Mill. NRT angelaufen. Auf der Südseite des Fjords erheben sich hohe Hügel, während auf der Nordseite das Gelände niedriger und flacher ist. Bis etwa 30 m unter dem Meeresspiegel besteht der Untergrund über dem etwa 60 m tief liegendem Kalkstein aus Moränensand und -ton, darüber aus Schlamm und Schluff. Der Wasserstand schwankt zwischen —o,9 m und +1,5 m, weniger infolge Tide als viel mehr durch die Windverhältnisse. Die Strömung kann 2 m/s erreichen. Die Dichte des Wassers liegt wegen des wechselnden Salzgehaltes zwischen 1,015 und 1,025. Die 140 m breite und seinerzeit 10 m tiefe Fahrrinne für die Schiffahrt verläuft in der südlichen Hälfte des Fjordes. Der Tunnel, bestehend aus zwei Verkehrsröhren mit je 3 Fahrspuren, wurde nach der Absenkmethode gebaut; die Stromstrecke hat eine Länge von 510 m und setzt sich aus 5 Absenkelementen mit einer Länge von 102 m, einer Breite von 28 m und einer Höhe von 8,5 m zusammen, die in einem 10 km entfernt liegenden Baudock hergestellt worden waren, das später der Hafenerweiterung zugeschlagen werden sollte. Die Gesamtbauwerkslänge ist 935 m; davon entfallen 146 und 207 m auf die offenen Rampen und 71 auf eine Ortbetonstrecke. Die Gradiente hat eine maximale Neigung von 5%. Zur Unterstützung der natürlichen Lüftung sind 72 Strahlventilatoren gruppenweise an der Decke angeordnet. Etwa 16000 m² der Tunnelrampen haben eine Fahrbahnheizung. Der Tunnelbetrieb wird über das Hauptpolizeiamt in Aalborg ferngesteuert. Die Eröffnung fand am 6. Mai 1968 statt.

Auf der Insel Fünen ist im Jahre 1973 die Kreuzung einer Fernwärmeleitung mit dem 7,5 m tiefen Schiffahrtskanal nach Odense als Untertunnelung im Absenkverfahren ausgebildet worden. Das Problem lag hier mehr auf dem betontechnischen Sektor, denn der Tunnel mußte für den Lastfall konstruiert werden, daß er bei einer Leckage in den Wärmeleitungen plötzlich einer Temperatur von 100° C ausgesetzt ist. Der abgesenkte Teil besteht aus 16 Einzelteilen von 5 m Länge, die stehend in Schüssen von 1,25 m betoniert, in einem Baudock zu einem Einzelstück von 90 m zusammengespannt, als Ganzes abgesenkt und für die Auflagerung mit Sand unterspült wurden.

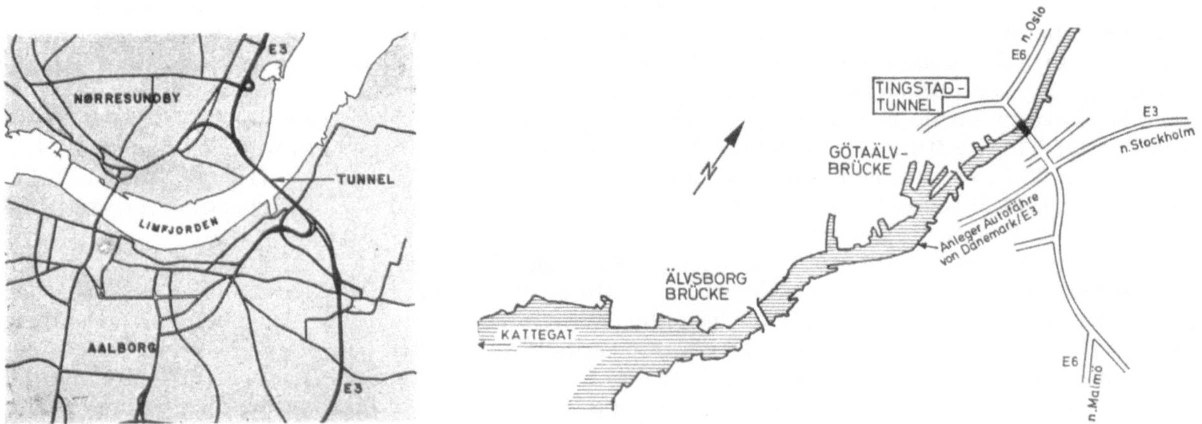

Abb. 29. Lageplan des Limfjord-Tunnels in Aalborg/Dänemark

Abb. 30. Hafen Göteborg/Schweden mit Tingstads-Tunnel

Schweden

Durch die Lage im Ostseeraum hat sich in Schweden zwar eine blühende Schiffahrt entwickelt, aber die topographischen Verhältnisse führten eher zu Brückenbauten, so daß sich Untertunnelungen nur im Hafengebiet von Stockholm und Göteborg befinden. Hinsichtlich ihrer wirtschaftlichen Bedeutung liegt Göteborg, gemessen am Containerumschlag mit 1,5 Mill. t weit vor Stockholm mit 0,25 Mill. t. An der Ostküste bestand lange Zeit der Plan, die Insel Öland mit einem Tunnel für Kraftfahrzeuge und Radfahrer bei Kalmar an das Festland anzuschließen, doch die Verbindung wurde im Jahre 1972 durch eine 6060 m lange Brücke verwirklicht.

1. Die Hafentunnel in Stockholm

1.1 Der U-Bahn-Tunnel unter Liljeholmsviken

In der Millionenstadt Stockholm kreuzt die in Tieflage verlaufende U-Bahnlinie 2 im Süden der Stadt den 7 m tiefen Schiffahrtsweg von der Ostsee nach dem Mälarsee unter dem Liljeholmsviken. Die Unterfahrung wurde als 124 m langes Absenkstück mit einem Querschnitt von 8,8 m Breite und 6,9 m Höhe ausgebildet und dieses, da nur ein kleines Trockendock zur Verfügung stand, in zwei Teilen von 85 m und 38 m Länge aus wasserdichtem Beton, in Längs- und Querrichtung vorgespannt, hergestellt. Nachdem beide Teile schwimmend über einen 2 m langen Muffenstoß zusammengefügt waren, wurden sie als Ganzes von einer festen Arbeitsbühne abgesenkt und in einer von Fels und Seeschlamm gereinigten Rinne auf zwei Auflager abgesetzt. Der Tunnel verläuft nur auf etwa der Hälfte seiner Länge frei über der Schiffahrtsrinne und stellt damit wohl die erste ausgeführte Unterwasserbrücke dar.

1.2 Das Österleden Straßentunnel-Projekt

In Stockholm besteht der Plan als Gegensatz zu einer Brückenlösung im Zuge einer Autobahn östlich des Stadtzentrums einen 3 km langen, vierspurigen Hafentunnel zu bauen, der den fast 40 m tiefen Saltsjön mit einer Länge von 450 m in 13 m Tiefe frei aufgeständert und den flacheren Djurgärdsbrunnskanalen mit 250 m Länge in einer Auffüllung überqueren soll. Das Projekt gehört in den Bauplan von 1985; die Planung ist noch nicht abgeschlossen.

1.3 Der Kabelkanal unter dem Ridderfjord

Unweit Stockholm wurde im Ridderjford, einem Teil des Mälarsees ein 288 m langer Kabelkanal mit einem Durchmesser von 4,45 m, bestehend aus vorgespannten Betonelementen, abgesenkt. Die Röhre besteht aus vier Einzellängen, die in 13 m Tiefe freitragend wie eine Brücke auf einem Mittel- und zwei Zwischenpfeilern ruhen. Die Fugendichtung besteht aus dem Gina- und Omega-Profil.

2. Der Tingstad-Tunnel im Hafen von Göteborg

Göteborg, eine Stadt von einer halben Million Einwohner und einem Hafen mit einem Seegüterumschlag von 25 Mill. t, wird von dem in den Skagerrak mündenden Göta-Älv durchflossen, der die Stadt in ein Wohnviertel und in eine Industriebesiedlung trennt. Der Hafen wurde im Jahre 1973 von 43842 Schiffen mit 62071629 NRT angelaufen. Den Fluß überspannt mit einer Durchfahrtshöhe von 45m im äußeren Hafen eine Hängebrücke und im inneren Teil eine weitere Brücke (Abb. 30), die vorwiegend den Durchgangsverkehr der Europastraße E6 aufnehmen mußte. Zu ihrer Entlastung wurde in den Jahren 1964 bis 1968 nach der Absenkmethode der 574m lange, sechsspurige Tingstadtunnel gebaut. Die Einschwimmstrecke betrug 454m und bestand aus 4 Elementen von 93,5m und einem von 80m Länge; ihre Breite ist 30m und ihre Höhe 7,3m. Die Fahrbahnröhren sind durch einen Bedienungsgang mit darüber liegenden Lüftungskanal getrennt. Belüftet wird nach dem System der Halbquerlüftung. Die Gradiente hat eine Neigung von 4%.

Die Herstellung der Elemente im Baudock erfolgte in 3 Etappen. In einer oberen Kammer wurde zunächst der Unterteil mit der geschweißten Stahlblechabdichtung als schwimmfähiger Trog hergestellt und in ein zweites, etwas tiefer liegendes Dock verholt. Nachdem hier die Seitenwände und die provisorischen Stirnschotts betoniert waren, erhielt das Element in einer dritten Kammer den Deckenabschluß. Der nächste Takt war dann das Ausrüsten mit dem Einschwimmgeschirr und den Tauchzylindern für das Absenken. Der Untergrund des Älvs besteht bis in große Tiefen aus weichem Lehm. Beim Ausbaggern der Absenkrinne schlammte diese sofort zu, so daß die geplante Flächenauflagerung nicht durchführbar war. Es wurden daher rd. 1000 Holzpfähle in 8 Reihen, je 2 zur Auflagerung der Außenwände und 2 × 2 für die Mittelwände gerammt, die in Längsrichtung einen

Gürtel bildeten, in dessen Schutz der Schlamm gegen Sand ausgetauscht werden konnte. Vor dem Absenken wurden auf das Sandbett Nylonsäcke aufgelegt, für das Absetzen der Elemente mit Mörtel aufgefüllt und die Zwischenräume der Pfähle, teils von der Seite, teils von Innen her mit Mörtel aus Zement und Lehm ausgefüllt. Die größten Setzungen ergaben sich nach der Inbetriebnahme in der Größenordnung von 30 bis 40 mm.

Die Stahlblechabdichtung hat einen Kathodenschutz, der aber in seiner Wirkung durch Fremdströme gestört wurde. Auch bei diesem Tunnel ist eine Fahrbahnheizung eingebaut.

Die Verkehrsintensität im Tingstad-Tunnel liegt bei 45000, in der Spitze bei 60000 Fahrzeugen je Tag. Als Endkapazität wird bei den 6 Spuren eine Belastung von 90000 Fahrzeugen angesehen, die aus den Erfahrungen bei anderen Tunneln aber die untere Grenze darstellen dürfte.

AMERIKA

Unter dem Oberbegriff Amerika, bezogen auf den ganzen Erdteil, sind die Tunnelbauten der ‚Vereinigten Staaten von Amerika‘ und ‘Kanada‘ sowie von ‚Kuba‘ und ‚Argentinien‘ zusammengefaßt und die dazugehörigen Städtenamen in Abb. 31 mit einem schwarzen Punkt dargestellt.

Abb. 31. Tunnel-Städte auf dem Kontinent Amerika

Bei Betrachtung der für den Unterwassertunnelbau angewendeten Verfahren zeigt sich, daß gegenüber den anderen Ländern sich in den Vereinigten Staaten zwei Standardtypen herausgebildet haben. Das eine Verfahren ist der Schildvortrieb unter Druckluft mit Tübbingausbau aus Gußeisen und einer Betonauskleidung, die lediglich der Ausbildung einer glatten Innenfläche sowie zum Einbinden der Fahrbahn und der Decke dient. Mit den Gußeisentübbingen läßt sich eine absolute Wasserdichtigkeit erzielen. Stahlbeton-Tübbinge werden nicht verwendet.

Bei dem anderen Verfahren, der Absenkmethode, bilden eine äußere Stahlblechschale das dichtende und tragende Element, verstärkt durch einen inneren Betonring, oder eine äußere und eine innere Schale gemeinsam, wobei der ausgesteifte Zwischenraum im Laufe des Baufortschrittes mit Beton verfüllt wird. Die 70m bis 110m langen Absenkelemente werden grundsätzlich auf einer, unter Wasser mit einem Pflug abgeglichenen Kiesschüttung verlegt und die Abschlußfuge in gleicher Weise stets als starre Verbindung hergestellt.

In dem Kreisquerschnitt ist immer eine Fahrbahn mit zwei Spuren untergebracht. Entsprechend der landesüblichen Fahrbahnbreite zwischen 6,10m bis 6,70m ergibt sich bei einer lichten Höhe von 4,20m je nach der gewählten Auskleidung der Röhre ein äußerer Durchmesser von maximal 11,3m.

Eine Ursache für die Bevorzugung der Stahlröhre mag darin liegen, daß in den USA der Tunnelbau und -betrieb in den Händen von Privatgesellschaften liegen und diese wegen des Kapitaldienstes auf kürzeste Bauzeit drängen, die sich bei Stahlröhren am ehesten verwirklichen läßt, da man die Herstellung auf viele Werften verteilen kann und kein Baudock benötigt wird. Die Durchfahrt durch jeden Tunnel ist gebührenpflichtig. Der Nachteil des Kreises sind die tieferliegende Gradiente und entsprechend längere Rampen. Da in den USA aber mit verhältnismäßig starken Motoren gefahren wird, werden die Steigungen auch steiler, in Einzelfällen bis zu 6%, angelegt. Ein Vorteil liegt darin, daß in der unteren und oberen Kalotte die Lüftungskanäle gleichsam als Nebenprodukt anfallen, so daß die Tunnel fast ausschließlich auf Querlüftung eingerichtet sind, aber meistens nur halbquer betrieben werden. Die Lüfterbauwerke sind vielfach Monumentalbauten. Auch bei der Innenausstattung gibt es eine Standardausführung für die Fahrbahn aus Asphaltbeton und für die Wand- und Deckenverkachelung. Eine Verstärkung des Lichtbandes oder Lichtraster sind im Adaptationsbereich vor dem Tunnelmund nicht vorhanden. Ersatzweise wird durch Hochziehen der Portale eine gewisse ausgleichende Wirkung erreicht.

Unterwassertunnel in USA

1. New York

New York, die Stadt mit dem größten Verkehrs- und Handelszentrum der Vereinigten Staaten von Amerika und mit dem größten Hafen der Welt liegt zum größten Teil auf den Inseln der Hudson-Mündung. Der Kern der Stadt auf der rd. 25 km langen und rd. 3 km breiten Insel Manhattan ist von dem Festland New Jersey im Westen durch den etwa 1,3 km breiten Hudson-River und von den auf Long Island im Osten gelegenen Stadtteilen Queens und Brooklyn durch den etwas weniger breiten East-River und den Harlem-River getrennt (Abb. 32). Die hauptsächlichsten Hafenanlagen, die den größten Schiffen ein Festmachen ermöglichen, befinden sich am Hudson- und am East-River. An ihrem Zusammenfluß steht auf einer kleinen Insel in der Upper Bay die Freiheitsstatue, den Blick seewärts zu der Verrazano-Narrows Bridge gerichtet, die sich mit einer lichten Durchfahrtshöhe von 216 ft (= 68,9 m) über MHW (NN + 91,5 m) und einer Spannweite von 1298 m über die engste Stelle der Zufahrt zu den inneren Häfen spannt.

Allein im Raum zwischen der Südspitze der Wolkenkratzer-Insel und dem Zentralpark in ihrer Mitte machen im Adernetz seiner beinahe schachbrettartig verlaufenden Straßen, Brücken und Tunnel mehr als 600000 Fahrzeuge diesen Teil der Stadt zum dichtest befahrenen Stück Erde innerhalb der USA. Durch alle 5 Bezirke rollen täglich fast 2 Millionen Busse, Taxis und PKW's, zu denen noch der Durchgangsverkehr aus den Nachbarstaaten New Jersey und Connecticut hinzu kommt.

Den Hafen liefen 1973 rd. 18200 Schiffe an; der Gesamt-Seegüterumschlag betrug rd. 145 Mio. shorttons (1 St = 907 kg); er stieg im Jahre 1974 um 3,1% und erreichte damit die höchste Zahl seit 1941.

New York besitzt, Stand 1973, neben all seinen Brücken und Fährverbindungen vier Autotunnel, vier Eisenbahntunnel und 14 Flußunterfahrungen im U-Bahnnetz, das drei- und viergleisig ausgebaut ist und zum Teil von Expreßlinien befahren wird. Hinzu kommen noch die mannigfachen Düker für die verschiedenen Versorgungsleitungen. Für ihre Herstellung werden im Prinzip allenthalben die gleichen Bauverfahren angewendet. Wegen der erforderlichen Lüftungseinbauten sollen nachstehend im wesentlichen aber nur die wichtigsten Straßentunnel behandelt werden.

Ähnlich wie nach der Jahrhundertwende die ersten Unterfahrungen der Themse in London im Schildvortrieb bzw. wie in Japan als Caissonkette hergestellt wurden, entstanden die ersten U-Bahntunnel in New York 1901 als Caissonabsenkung, 1902 im Schildvortrieb und 1912 nach dem Einschwimmverfahren (Graben-Methode), wobei hierfür das Primat dem 1909 in Betrieb genommenen Eisenbahntunnel in Detroit zukommt. Erst mit Anwachsen des Autoverkehrs ergab sich die Notwendigkeit, Tunnel von mehr als 2000 m Länge mit einwandfrei funktionierender Lüftung verkehrssicher zu bauen.

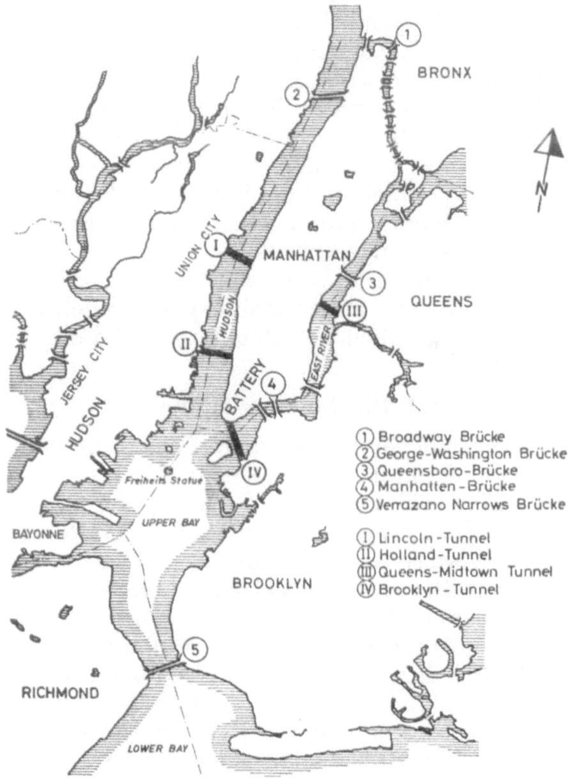

Abb. 32. Die vier großen Hafentunnel im Hafen von New York

1.1 Der Holland-Tunnel

Der Ingenieur Clifford Holland unternahm es, kurz nach Beendigung des ersten Weltkrieges den ersten vierspurigen Straßentunnel in zwei Einzelröhren unter dem Hudson mit Schildvortrieb unter Druckluft aufzufahren. Die Pläne dazu lieferte der damals kaum bekannte Ole Singstad. Um die Wirkung der Auspuffgase unter den extremsten Bedingungen kennen zu lernen, baute ihm das amerikanische Bergbauamt einen Modelltunnel zum Experimentieren; in der Yall-Universität wurde in einem besonders hergerichteten Backsteinbau ein Automobil aufgebockt und an sich freiwillig zur Verfügung gestellten Studenten die Verträglichkeit der Verbrennungsstoffe aus den Otto- und Diesel-Motoren studiert. Man kam zu dem Ergebnis, daß es für den Menschen gesundheitsschädigend ist, länger als 1 h eine Luft zu atmen, die auf 10000 Teile mehr als 4 Teile CO enthält. Dieser Wert wird heute noch als Giftigkeitsgrenze und 0,2‰ als Sichtgrenze angesehen. Die weiteren Überlegungen führten dazu, einen dreistöckigen Tunnel zu entwerfen: das mittlere Stockwerk entsprach dem meist rechteckigen Lichtraumprofil des Verkehrsträgers; durch das untere sollte mit hoher Geschwindigkeit Frischluft geblasen und durch das obere die aufsteigende, gasangereicherte Luft abgesaugt werden. Das Prinzip der Querlüftung war geboren.

Die für den Bau des Holland-Tunnels verwendeten Vortriebsschilde hatten einen Durchmesser von 9,20 m und eine Länge von 5,75 m. Von den beiden unter Druckluft um 2 atü aufgefahrenen Röhren betrug die Länge der Nordröhre 2160 m und der Südröhre 2550 m. Die Vortriebsleistung lag i.M. bei 7,60 m je Tag. Der Ausbau erfolgte mit 30 cm breiten Gußeisen-Tübbingen, die Fugen wurden mit Blei verstemmt. Die Fahrbahn liegt 28,50 m unter MHW. Die Bauzeit betrug 7 Jahre. Nach der Eröffnung im Jahre 1927 ergaben sich als Verkehrsspitze 2400 Kraftfahrzeuge je Stunde und (Richtungs-)Röhre.

Bei dem Holland-Tunnel wurden aber nicht nur die ersten Erkenntnisse für die Tunnel-Lüftung sondern auch die ersten Branderfahrungen gewonnenen. Kleinere Fahrzeugbrände sind immer wieder aufgetreten, ohne daß die Verkehrsteilnehmer oder das Bauwerk Schaden genommen hätten, auch nicht bei dem ersten Großbrand im Januar 1946, als ein mit Kaugummi und Schuhcreme beladener Lastzug infolge Unvorsichtigkeit Feuer fing und unter starker Rauchentwicklung ausbrannte. Ein zweiter Großbrand mit erheblichen Auswirkungen ereignete sich im Mai 1949 während der morgendlichen Verkehrsspitze. Etwa 900 m hinter der Tunneleinfahrt geriet ein mit 11 to Schwefelkohlenstoff beladener Lastzug, der unter Mißachtung der „Tunnelvorschriften für gefährliche Ladungen" eingefahren war, in Brand, vermutlich weil ein herunterfallender Behälter sofort Feuer fing. Es gab zwar keine ernsthaften Personenschäden, aber erheblichen Sachschaden an Fahrzeugen, Leitungen, Fremdkabeln und am Bauwerk. Die an Hängestangen befestigte 12 cm dicke Betondecke unter dem Abluftkanal sowie große Flächen der Wandverkleidung stürzten auf rd. 170 m Länge ein. Die ausbetonierten Gußtübbinge hielten dem Feuer stand, nicht aber alle Abluftventilatoren in der Brandsektion. Nach 4 Stunden war der Hauptbrand gelöscht; die Räumungsarbeiten wurden sofort in Angriff genommen und die betroffene Röhre konnte nach 56 Stunden für einen behelfsmäßigen Verkehr freigegeben werden. Die Reparaturarbeiten wurden während nächtlicher Sperrungen in knapp 2 Monaten vorgenommen.

Inzwischen sind weitere Brandversuche, z.B. in der Schweiz an stillgelegten Tunneln durchgeführt worden und die dabei gewonnenen Erkenntnisse gelten noch heute für die Bemessung der Tunnelkörper sowie für die Materialfestigkeit der Betriebs- und Verkehrsanlagen.

1.2 Der Lincoln-Tunnel

Zusammen mit dem 5 km entfernt liegenden Holland-Tunnel dient dem Ziel- und Quellverkehr der City aus Richtung New Jersey als zweiter Straßentunnel unter dem Hudson der sechsspurige Lincoln-Tunnel, aufgeteilt in 3 Einzelröhren mit je 2 Fahrspuren. Die in Druckluft aufgefahrene Schildvortriebsstrecke hatte eine Länge von 1800 m und verläuft meist im typischen Hudson-Schlamm, teilweise im Fels und teilweise wieder in bindigen Schichten, so daß zeitweilig vor Kopf gesprengt, zeitweilig aber auch mit Brustverbau gefahren werden mußte. Der Schild hatte einen Durchmesser von 9,65 m und sein Scheitel lag etwa 23 m unter MHW. Die monatliche Höchstleistung im Vortrieb betrug 317 m gegenüber 169 m beim Holland-Tunnel bei gleichen Untergrundverhältnissen. Der Ausbau erfolgte in den Übergängen mit Gußstahltübbingen, sonst mit Gußeisentübbingen. Im dichten Hudson-Schlamm betrug der Luftüberdruck 1,05 atü. Beim Vortrieb wurden etwa 80% des Schlammes verdrängt und der Rest durch zwei Fenster in den Schild hineingenommen und abgepumpt. Die dritte Röhre stieß kurz vor Erreichen des Zielschachtes auf die Pfahlgründung einer alten Pier, wodurch das Überdeckungsverhältnis gestört wurde, und sofort stieg der Druck auf die hydrostatische Höhe etwa 25 m WS an und es gab trotz 15 m Auflast einen Ausbläser, bei dem aber Personen nicht zu Schaden kamen.

Die zuerst gebaute, 2504 m lange Südröhre konnte nach vierjähriger Bauzeit im Jahre 1937, die 2256 m lange Nordröhre dagegen erst 1945 in Betrieb genommen werden. Die neue dritte Röhre mit 2670 m Länge wurde 1959 eröffnet. Es war praktisch so, daß durch den Tunnelzoll jeweils die Mittel für die nächste Röhre aufgebracht werden konnten.

Im Jahre 1954 haben 20 Mio. Fahrzeuge die beiden Tunnelröhren benutzt; im Jahre 1962 waren es in allen drei Röhren 28 Mio. Fahrzeuge. Die max. Leistungsfähigkeit je Spur ergab sich bei 1300 Fahrzeugen je Stunde. Im Jahre 1915 beförderten die damals allein vorhandenen Fähren rd. 5 Mio. Fahrzeuge; im Jahre 1936 kreuzten aber schon 31,5 Mio. Fahrzeuge den Fluß, so daß die festen Verbindungen allein im Interesse der Sicherheit des gleichzeitig anwachsenden Großschiffahrtsverkehrs gerechtfertigt sind.

Der Tunnelbetrieb ist so geregelt, daß die alte Nordröhre ausschließlich dem Richtungsverkehr nach New Jersey, die neue Röhre aber dem Richtungsverkehr nach Manhattan dient. Die mittlere Röhre wird je nach dem Verkehrsaufkommen wechselweise so betrieben, daß der Verkehr vierspurig nach Osten bzw. Westen geleitet wird, oder im Gegenverkehr je 3 Richtungsspuren zur Verfügung stehen.

Der Lincoln-Tunnel gilt als der erste Drei-Röhren-Verkehrstunnel auf der Welt, und es hat sich gezeigt, daß mit der Röhren- und Spuranordnung von 3×2 der Tunnel wirtschaftlich und verkehrssicher betrieben werden kann.

1.3 Der Queens-Midtown-Tunnel

Das Gegenstück zum Lincon-Tunnel unter dem East-River (Abb. 32) als Querverbindung durch Manhattan mit Anschluß an den Long Island Expreßway ist der Queens-Midtown-Tunnel. Er wurde 1940 in Betrieb genommen und besteht aus zwei Einzelröhren von 2390 m bzw. 2250 m Länge, die gleichfalls im Schildvortrieb auf 1950 m bzw. 1910 m Länge aufgefahren wurden; die Fahrbahn liegt etwa 29 m unter MHW. Die Bauzeit betrug 5 Jahre. Die max. stündliche Spurbelastung liegt bei 1 400 Fahrzeugen.

1.4 Der Brooklyn-Battery-Tunnel

Die Verbindung der Südspitze der Insel Manhattan, des Battery-Parkes, mit dem Stadtteil Brooklyn bildet, gleichfalls als East-River-Unterfahrung, der Brooklyn-Battery-Tunnel (Abb. 32). Er ist zusammen mit den Eisenbahn-, den Untergrundbahn- und den drei bereits erwähnten Straßentunneln der 20. Doppel-Rohrtunnel in New York. Mit einer Gesamtlänge zwischen den Portalen von 3 206 m bzw. 2 780 m ist er der längste Unterwassertunnel der Vereinigten Staaten. Er verläuft fast auf seiner ganzen Länge im Glimmerschiefer, der von Flußschlamm und Geschiebeton bis zum geschichteten Sand und Kies überlagert wird. Unweit des Manhattan-Ufers wurde eine mit Eiszeitgeschiebe ausgefüllte Rinne festgestellt. Das Bauverfahren mußte also diesen Untergrundverhältnissen angepaßt werden. Es wurde zwar auch der Schildvortrieb gewählt, aber hierfür zunächst in beiden Röhren fast gleichzeitig ein Sohl-Stollen als Richtstollen bis an die Eiszeitrinne, in der Oströhre auf 107 m und in der Weströhre auf 215 m, vorgetrieben und nunmehr eine Druckwand mit Luftschleusen eingebaut, um die weitere Strecke unter Druckluft, aber auch ohne Schild durchfahren zu können. Nach Fertigstellung der Sohlstollen wurde die endgültige Röhre im Schutze eines Schildes aufgefahren und mit gußeisernen Tübbingen verkleidet. Die Schildstrecke betrug 1 800 m; die Fahrbahn lag an der tiefsten Stelle 37,8 m unter MHW. Der Tunnel hatte, nachdem die Schiffahrtsrinne durch Unterwassersprengungen auf eine Wassertiefe von 12,20 m gebracht worden war, an dieser Stelle nur noch 8 m Überdeckung. Der Bau wurde 1941 begonnen, während des Krieges drei Jahre stillgelegt und erst Ende 1945 fortgeführt. Die Eröffnung fand im Mai 1950 statt.

Der Verkehr wird auch hier in den Morgenstunden in Richtung Manhattan auf 3 + 1 Fahrspuren abgewickelt.

1.5 Sonderkonstruktionen bei Bahn- und Leitungstunneln

Die meisten U-Bahntunnel wurden wie die Straßentunnel im Schildvortrieb mit kreisförmigem Querschnitt und Gußeisentübbingen gebaut. Nach einer Pause von mehr als 30 Jahren kam aber in neuerer Zeit auch wieder die „Grabenmethode" zur Anwendung, und zwar im Jahre 1973 beim East 63rd Street Tunnel zwischen Manhattan und der im East-River gelegenen Insel Welfare Island, der in seinem doppelstöckigen Rechteckquerschnitt im Obergeschoß zwei Gleise der U-Bahn und im Untergeschoß zwei Gleise der Long-Island-Eisenbahn aufnimmt.

Eine Besonderheit hinsichtlich der Gründung bietet der im weichen Hudson-Schlamm liegende Tunnel der Pennsylvania-Eisenbahn, bei dem zwei, voneinander getrennte Gußeisen-Röhren auf verpreßte, bis in den tragfähigen Fels hineingetriebene Schraubpfähle von 68 cm ⌀ gesetzt wurden.

Der Richmond-Tunnel, ein rd. 8 km langer Trinkwassertunnel von 3 m ⌀ zwischen dem Stadtteil Brooklyn und der Insel Staten Island konnte in 270 m Tiefe unter dem Wasserspiegel in bergmännischer Bauweise unter Anwendung von Druckluft, Sprengungen und Vereisung zuende geführt werden.

2. Boston/Massachusetts

Die Bundesstaat-Hauptstadt Boston hat rd. 800000 Einwohner und verfügt über einen der besten nordamerikanischen Naturhäfen an der Massachusetts Bay. Der Seegüterumschlag betrug 1973 etwa 27 Millionen shorttons mit steigender Tendenz; der Container-Umschlag allein stieg von 458000 t im Jahre 1972 auf 672000 t im Jahre 1974. Der Seeverkehr liegt bei rd. 3 500 Schiffen im Jahr, wobei auf US-Schiffe keine 10% entfallen.

2.1 Um die Innenstadt mit dem Vorort Ost-Boston auf Nodde Island zu verbinden, wurde Anfang 1930 unter dem Hauptschiffahrtskanal des Hafens ein 1 875 m langer, zweispuriger Straßentunnel, der Sumner-Tunnel gebaut. Um Grunderwerb zu sparen, war erwogen worden, die Zu- und Abfahrten an beiden Enden als schraubenförmige Rampen auszubilden; schließlich wurde aber doch einer gradlinien Trassenführung der Vorzug gegeben, um den Verkehrsfluß nicht durch mögliche Stauungen zu beeinträchtigen.

Die Herstellung erfolgte auf 1480 m Länge im Schildvortrieb, Schild ⌀ 9,45 m, und der Ausbau, um durch Gewichtseinsparung die Kosten zu senken, mit Stahlblech-Segmenten von 76 cm Breite.

Der Untergrund besteht aus tiefblauem Ton und Muschelbändern. Der Kanal hat eine Wassertiefe von 10,50 m; die Fahrbahn liegt 25,83 m unter MHW. Die an die Schildstrecke anschließenden Rampen wurden aus Stahlbeton mit Rechteckquerschnitt hergestellt.

Im Jahr der Verkehrsübergabe 1934 hatte man mit rd. 6 Mill. Fahrzeugen gerechnet; im Jahre 1952 waren es 9,584 Mill. und 1955 mehr als 12 Mill., — im Gegenverkehr.

2.2 Der zunehmende Verkehr führte zu einer zweiten, im Abstand von 50 m parallel verlaufenden Tunnelröhre von 1 540 m Länge zwischen den Portalen in der gleichen Bauweise, die den Namen Callahan-Verkehrstunnel erhielt. Er liegt im Zuge des John-Fitzgerald-Expreßways und unterquert drei Hafenbecken und 12 städtische Straßen. Der Baugrund besteht auf der Ost-Boston-Seite aus einem sehr steifen, mit Findlingen durchsetzten Ton, im Kanalbereich aus blauem Ton und am Bostoner Ufer aus Schlick und Kies. In der Schiffahrtsrinne betrug die Überdeckung stellenweise 3 m. Um einem Ausbläser vorzubeugen, wurde eine Tonbelastung aufgebracht, die nach Beendigung der Bauarbeiten aber wieder weggebaggert werden mußte. Die Tübbingelemente bestehen aus zusammengeschweißten Blechen mit Flanschen aus Winkelprofilen. Während beim Sumner-Tunnel der Stahlbeton-Innenausbau die tragende Funktion hat und die Stahlblech-Tübbinge gleichsam nur die Außenschalung bilden, sind hier die Stahltübbinge das tragende und abdichtende Element zugleich.

2.3 Wenig bekannt ist, daß von der „Studiengesellschaft für unterirdische Verkehrsanlagen e. V. Düsseldorf" (STUVA) im Auftrage der „Studiengesellschaft für Anwendungstechnik von Eisen und Stahl" Mitte der 60er Jahre eine umfangreiche Untersuchung über das Korrosionsverhalten und den Korrosionsschutz unterirdischer Stahltragwerke durchgeführt worden ist. Zu den Untersuchungsobjekten gehörten auch der Sumner- und der Callahan-Tunnel.

Die Messungen erstreckten sich auf Streuströme aus einer rd. 500 m entfernt verlaufenden U-Bahnstrecke und auf galvanische Elementbildung. Es zeigte sich, daß die Charakteristiken des Streustromflusses aus den Messungen mit den Unterwerken der U-Bahn in einer Beziehung standen, was deutlich den Hinweis auf eine gegenseitige Beeinflussung gab. Die Hauptwerte für den Streustrom- ein- und -austritt traten im Bereich der Uferlinien auf. Bei den Überlegungen über zu treffende Abwehrmaßnahmen, konnte die galvanische Korrosion als vernachlässigbar klein gegenüber der Streustrom-Korrosion angesehen werden. Die Entscheidung fiel auf Anwendung des kathodischen Korrosionsschutzes nach dem Fremdstromverfahren, um einen Stromfluß in die Tunnelschale hinein zu erreichen und anodische Bereiche auf der erdberührten Tübbingoberfläche auszuschließen. Aufgrund der Versuche wurde ein kontinuierlicher Schutzstrom in der Größenordnung von max. 175 bis 200 Amp. festgelegt, wovon etwa 85% auf den Callahan- und 15% auf den Sumner-Tunnel geleitet wurden. Eine Überprüfung der Anode nach etwas mehr als zweijähriger Betriebszeit ergab, daß mit einer etwa 10jährigen Lebensdauer der Anlagenteile gerechnet werden kann.

3. Baltimore/Maryland

Baltimore zählt zu den bedeutendsten Häfen der Ostküste und liegt mit unmittelbarem Anschluß an die Autobahn New York–Washington an einem der nördlichsten Ausläufer der fast 300 km langen Chesapeake Bay, einer tiefen Einbuchtung des Atlantik. Der Hafen wurde im Jahre 1973 von 1526, fast ausschließlich unter ausländischer Flagge fahrenden Schiffen mit einer Ladung von 13,3 Mill. t, angelaufen. Der gesamte Seegüterumschlag betrug 36 Mill. t, wobei die Container-Tonnage allein im Jahre 1972 eine Steigerung von 1 226 155 t auf 1 910 013 t im Jahre 1973 verzeichnen konnte. Die steigende Tendenz blieb hier auch im Jahre 1975 trotz allgemeinem Rückgang auf dem Stückgut- und Massengut-Sektor infolge der weltweiten wirtschaftlichen Rezession erhalten.

Südlich der Stadt mündet in die Bucht mit einer Breite von 1 570 m der Patapsco-River. An seinen Ufern siedelten sich die ersten Kolonisten an und später wurde das Flußgebiet Entwicklungszentrum für Industrie- und Hafenbetriebe, deren Straßennetz durch den 2 810 m langen, vierspurigen Patapsco-Tunnel an das Fernstraßensystem angeschlossen wurde.

Mit den Bauarbeiten wurde im April 1955 begonnen; die Bauzeit dauerte zwei Jahre. Das Neuartige war, daß hier die Tunnelröhren in Einzelteilen als Zwillinge hergestellt und erstmalig für einen Straßentunnel die „Grabenmethode" angewendet wurde. Die beiden Röhren haben einen Durchmesser von 10,10 m und bestehen aus 9,5 mm starkem Stahlblech, das außen durch einen, mit Baustahlgewebe bewehrten Torkretputz geschützt wird. An dem einen Ende ist eine obere und an dem entgegengesetzten Ende eine untere Halbschale angesetzt, an die sich außenherum jeweils ein rechteckiger Stahlschild anschließt, der beide Röhren zu einer Einheit von 21,40 m Breite und 10,70 m Höhe zusammenfaßt. Das Innere besteht zum Teil aus 51 cm, zum Teil aus 61 cm dicken

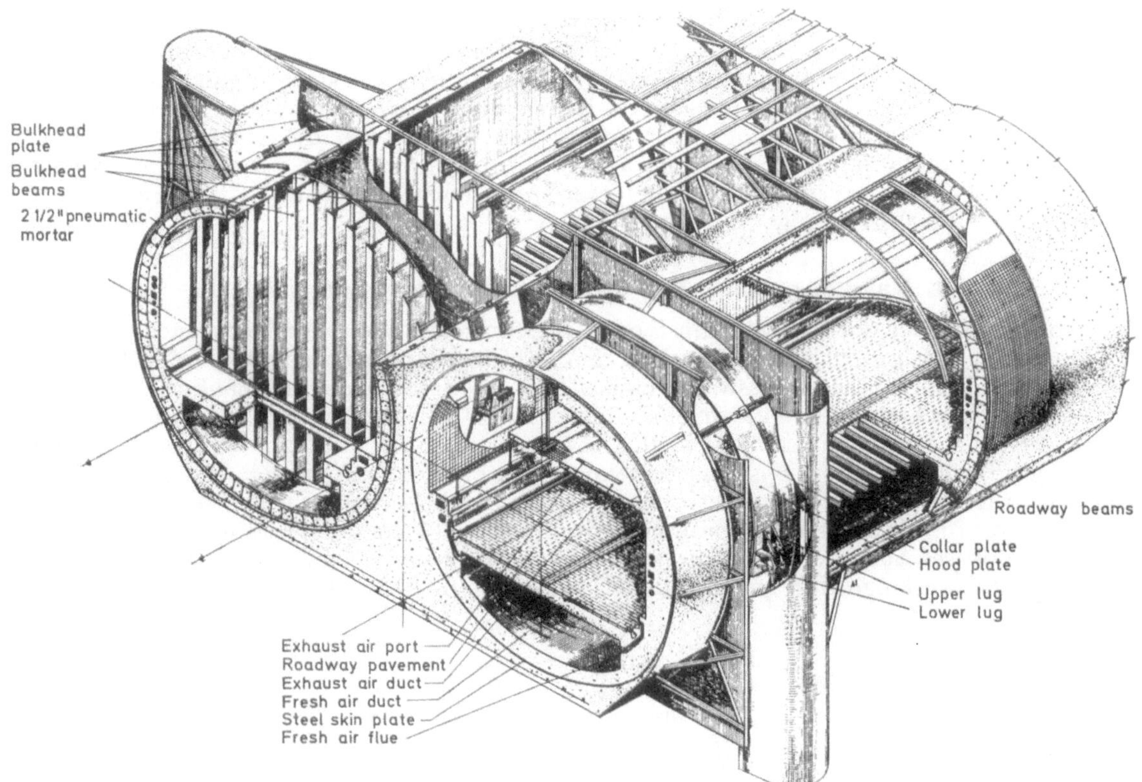

Abb. 33. Fugenverbindung zwischen zwei Absenkelementen beim Baltimore-Harbor-Tunnel

Stahlbetonringen, die allein die tragende Konstruktion bilden. Die insgesamt 1910 m lange Unterwasserstrecke wurde in 21 Zwillingselemente von 91,50 m Länge aufgeteilt; ihre Herstellung erfolgte auf drei verschiedenen Schiffswerften. Der Stapellauf erfolgte von Querhelligen. Um die Schwimmstabilität sicher zu stellen, wurde bereits auf der Werft ein Teil des Konstruktions- und des Ballastbetons im unteren Kalottenbereich eingebracht. Die weiteren Betonierungsarbeiten wurden an der Ausrüstungspier vorgenommen.

Zur Zeit des Baues hatte die Schiffahrtsrinne 12 m Wassertiefe; auf eine Verbreiterung und Vertiefung auf 15 m wurde bei der Projektierung bereits Rücksicht genommen. Der tiefste Punkt der Fahrbahn liegt 27,40 m unter MTnw; der Tidehub beträgt 50 cm. Der Untergrund besteht aus Schlamm, Mittelsand und Ton. Die Herstellung der Absenkrinne erfolgte bis 15 m Tiefe mit einem Löffelbagger und darüber hinaus mittels Greifer bzw. Schürfkübel. Das Planieren der 60 cm dicken Perlkies-Bettung, wobei von der Bauverwaltung eine Genauigkeit von 30 mm gefordert wurde, erfolgte mit einem Spezialgerät, das aus zwei, 30 m langen, durch eine Brücke miteinander verbundenen Schwimmkörpern bestand, die an Betonsteinen verankert waren, so daß über Winden ihre Eintauchtiefe entsprechend der Tide reguliert werden konnte. An der Brücke hing an Seilen, auf Gleisen laufend, die Planierbohle, eine fachwerkartig ausgebildete Stahlträgerkonstruktion von 18 m Breite und 1 m Höhe, die, an einem weit vorausliegenden Anker befestigt, hin- und herbewegt werden konnte, wobei jeweils eine Spandicke von max. 5 cm abgeglichen wurde. Dem Planieraggregat folgte ein ähnlich gestaltetes Absenkgerät, an dessen Brückenträger hängend das Tunnelelement abgesenkt und auf das vorbereitete Kiesbett abgesetzt wurde. Ein Tunnelelement hatte eine Wasserverdrängung von 20000 t und erhielt zur Auftriebssicherung eine Ballastierung von 150 t. Bei der einen Werft wurde das Element mit etwa 1400 t und bei den beiden anderen mit 4000 t Gewicht zu Wasser gelassen. Es wurden zunächst 17 Tunnelelemente vom Süd-Westende beginnend abgesenkt, danach die restlichen 3 Stück vom anderen Ende her und dazwischen das Schlußstück eingesetzt. Ein kontinuierlicher Einschwimmvorgang war wegen zu geringer Wassertiefe auf der NO-Seite nicht möglich.

Für den Fugenschluß wurden die Stahlschilde am Ende der Halbschalen von oben her durch halbbogenförmige Bleche spundwandartig miteinander verbunden und der Raum dazwischen sowie unter und über dem Tunnelrohr mit Unterwasserbeton ausgefüllt (Abb. 33). Mit dieser Konstruktion wird eine vorläufige Abdichtung erreicht. Durch Zusammenschweißen der beiden Halbschalen von innen her ergab sich die vorgesehene starre Anschlußfuge und damit die endgültige Abdichtung. Jetzt brauchten nur noch die Endschotten und die Hilfskonstruktionen für den Fugenschluß entfernt sowie für die Rohbaufertigstellung die Stahlbeton-Tunneldecke eingezogen werden, denn das Betonieren der Sohle gehörte bereits zu den Arbeiten auf der Werft.

Die besondere Verkehrsbedeutung des Tunnels liegt darin, daß die Fahrzeit gegenüber der sonstigen Stadtdurchfahrt um 35 Minuten auf 13 Minuten verringert wurde. Dementsprechend hoch ist auch der Verkehrszuspruch, der bereits im 1. Betriebsjahr 1958 fast 12 Mill. Fahrzeuge und 1972 annähernd 50000 Fahrzeuge/Tag betrug.

4. Das Chesapeake Bay Brücken-Tunnelsystem (BB-T)

Um den Verkehr auf der rd. 1600 km langen Küstenstraße von New York nach Florida, dem Ozean-Highway, flüssig zu halten, lag es nahe, den Fährverkehr über die 20 km breite Einbuchtung der Chesapeake-Bay durch eine feste Verbindung zu ersetzen. Eine Brückenkonstruktion allein wurde aus strategischen Gründen abgelehnt und verlangt, die beiden vorhandenen, von der Seeschiffahrt und der Marine stark benutzten Tiefwasserkanäle zu untertunneln. So entstand eine 28 km langes Brücken-Tunnel-System, bestehend aus einer 19 km langen Pfahljochbrücke mit 9,14 m lichter Höhe über MTnw, unterbrochen durch vier künstliche Inseln von 457 m Länge als Ausgangspunkte für die beiden Meerestunnel, zusammen rd. 3 km lang, und unweit des nördlichen Festlandsanschlusses aus zwei Brückendurchfahrten von 1100 m bzw. 410 m Länge, verbunden durch die rd. 2,7 km lange Überquerung der Fischer-Inseln (Abb. 34). Die Fähren beförderten zu

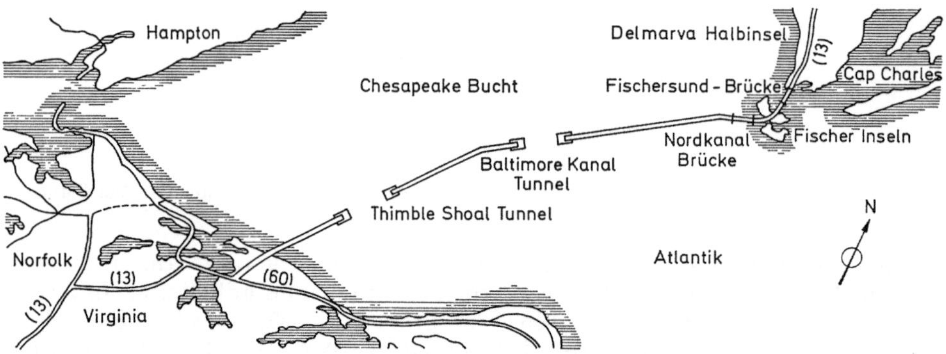

Abb. 34. Lageplan der Chesapeake-Bay-Tunnel-Brücke

Baubeginn im Jahre 1960 fast 2000 Fahrzeuge je Tag. Die 2-spurige Straßenbrücke passierten im Jahre 1964, im ersten Jahr der Fertigstellung, täglich rd. 5000 Fahrzeuge. Der Verkehrszuwachs läßt bis zum Jahre 1978 eine Verdoppelung erwarten. Während beim vierspurigen Baltimore-Harbour-Tunnel die Fahrbahnbreite nur 6,70 m beträgt, wurde hier in den Tunneln wegen des Gegenverkehrs die Fahrbahn auf 7,30 m verbreitert. Zum Vergleich hat der 6-spurige Autobahn-Elbtunnel in Hamburg, bei dem die Mittelröhre im Normalfall im Gegenverkehr befahren wird, bei einer Länge von rd. 2250 m zwischen den Portalen eine Fahrbahnbreite von 7,50 m.

Unterfahren wird in der Chesapeake-Bay der nördliche Schiffahrtsweg von dem 1661 m langen Baltimore-Kanal-Tunnel und der südliche, die Zufahrt zu den Häfen Hampton- Norfolk, Portsmouth und Newport News, von dem 1750 m langen Thimble-Shoal-Tunnel. Die Fahrbahn in den Tunneln liegt an der tiefsten Stelle 25,70 m unter MTnw; für Schiffe mit einem Tiefgang bis zu 15 m wird damit eine 570 m breite und für Schiffe bis zu 12 m Tiefgang eine 750 m breite Fahrrinne geschaffen.

Der Tunnelbau erfolgte nach der „Graben"-Methode. Die 91,44 m langen Absenkelemente mit einem inneren Durchmesser von 10 m, insgesamt 37 Stück, entsprechen konstruktiv einer Einzelröhre des Baltimore-Harbour-Tunnels. Sie wurden auf einer Werft in Orange/Texas vorfabriziert, über eine Strecke von 2720 km durch den Golf von Mexiko und um Florida herum (Abb. 31) über See eingeschleppt und an einer Pier in dem Hafen Norfolk endgültig zum Einschwimmen ausgerüstet. Die künstlichen Inseln, — es dürften die ersten und einzigen der Welt sein —, wurden im 12 bis 15 m tiefen Wasser durch eine Sandaufspülung zwischen Schüttsteindämmen geschaffen; die obere Plattform, in der auch die Betriebseinrichtungen untergebracht sind, hat eine Breite von rd. 70 m und ragt etwa 10 m über den Wasserspiegel. Das ganze Brücken-Tunnel-System ist gegen Sturmstärken bis zu 165 km/h, gegen das Ansteigen des Wasserspiegels bis zu 3 m und gegen Sturmwellen bis zu 5 m Höhe gesichert bzw. bemessen.

Für das Absenken wurden zwei 73 m lange und 10,3 m breite Spezialkräne mit 2,40 m Tiefgang gebaut und durch zwei, im Abstand von 55 m aufgelegte Träger auf eine Stützweite von 14,6 m zusammengekoppelt. Das Ablassen der Schwimmstücke mit einer Wasserverdrängung von 9500 t erfolgte über zwei Paar, an den Trägern hängende Flaschenzüge von je 75t mit einem Übergewicht von 250 t auf ein vorbereitetes 60 cm dickes Schotter-Auflagerbett. Mit einem endgültigen Gewicht von 12000 t wurden die Röhren gegen Auftrieb gesichert und wie beim Baltimore-Harbour-Tunnel unter Wasser verbunden. Entgegen der sonst bei den unterirdischen Tunneln üblichen Überdeckung von 1,5 m erhielten hier die beiden Tunnel als Schutz gegen schwere Grundseen eine Überdeckung von 3 m. Der Absenkvorgang war nur bei ganz ruhigem Wetter möglich. An schönen Sommertagen wurden gelegentlich in einer Woche drei Elemente verlegt. Es gab aber auch überraschend Schlechtwettereinbrüche, die dazu zwangen, das Element auf dem Meeresboden provisorisch abzusetzen, bei ruhiger See wieder aufzunehmen und endgültig zu verlegen. Wichtig war, daß danach sofort mit der Sandhinterfüllung und dem restlichen Innenausbau begonnen wurde, da das Element stark auf die Bewegungen des Wassers reagierte; es wurde am freien Ende ein Schwoien bis zu 30 cm und mehr festgestellt. Ein Element ist sogar vollständig aus dem Absenkgraben herausgeworfen worden. Nach der Verkehrsübergabe der Tunnel gab es trotz der breiten, darüberliegenden Durchfahrten bei der Schiffahrt wiederholt Havarien. Die schwerste Kollision ereignete sich am Morgen des 21. Januar 1970, als der 140 m lange 13000-Tonnen-Frachter „Yancy", etwa 4,8 km vom Südufer und 1,6 km von der Insel des Thimble-Shoal-Tunnels entfernt, im Sturm gegen die Brücke trieb. Die Pfahljoche von 5 Feldern brachen unterhalb der Wassersohle ab und 115 m Brücke stürzten in das 1 m tiefe Wasser. Bei dem Versuch freizukommen, rammte das Schiff die Brücke zum zweitenmal, wobei weitere 14 Felder mehr oder weniger aus ihrer Lage kamen. Für die Instandsetzungsarbeiten wurden 42 Tage benötigt. Dieser Fall und die schwere Kollision eines Tankers mit der Maracaibo-Brücke in Venezuela zeigen deutlich, welche Gefahr eine Brücke, vor allem in offenem Gewässer, für den Verkehr darstellen kann.

5. Die Hampton-Roads-Häfen/Virginia

Als Hampton-Road wird der Zusammenfluß des Elizabeth-, des Nansemond- und des James-River bezeichnet, die in einem gemeinsamen Delta in einem Südzipfel der Cheasepeake Bay münden (Abb. 34). An ihren Ufern und am Südufer der Bay entwickelte sich im Verlauf der Jahre, ein regsames Handels-, Schiffahrts- und Schiffbauzentrum mit den bereits erwähnten Häfen Newport News an der Mündung des James-River, Porthmouth und Norfolk. Die Viertelmillionenstadt Norfolk hat den drittgrößten atlantischen Hafen der Vereinigten Staaten und einen bedeutenden Kriegshafen. Hier und in dem benachbarten Hampton liegen die umfangreichen Hafenanlagen für die Handelsschiffahrt und die Atlantik-Flotte der Marine sowie viele Werften, auf denen u.a. das schnelle Passagierschiff „United States" und der atomgetriebene Flugzeugträger „Enterprise" gebaut worden sind. Die Häfen sind durch 80 regelmäßige Schiffahrtslinien mit 266 Häfen in der ganzen Welt verbunden und verzeichneten im Jahre 1974 einen seewärtigen Güterumschlag — ohne Massengüter — von über 3,5 Mill. t, dazu 215698 Container. Norfolk allein wurde von etwa 1000, fast ausschließlich unter ausländischer Flagge fahrenden Schiffen angelaufen.

5.1 Die Elizabeth-Tunnel in Norfolk

Dem Landverkehr über den vielen Gewässerarmen dienen Brücken und Unterwassertunnel. Das bedeutendste zusammenhängende Bauwerk, das die Städte Norfolk und Portsmouth verbindet, ist ein Brückenzug über den Ostarm und ein Doppeltunnel unter dem Südarm des Elizabeth-Rivers.

5.1.1 Die 1. Röhre des Elizabeth-Tunnels wurde in den Jahren 1950 bis 1952 gebaut und hat eine Länge zwischen den Portalen von 1020 m. Die Herstellung erfolgte auch nach der „Graben"-Methode. Die Einschwimmstrecke war 640 m lang, aufgeteilt in 7 Einzelteile von 91,44 m Länge mit einer Wasserverdrängung von 9200 t. Der Querschnitt ist kreisförmig und setzt sich aus einer Innen- und einer Außenstahlröhre, Blechstärke 9,5 mm, zusammen, die gegeneinander mit Rippen ausgesteift und ausbetoniert sind. Der äußere Durchmesser ist 10,80 m; der tiefste Punkt der Fahrbahn liegt 29,8 m unter MTnw; der Tidehub beträgt 75 cm. Das Absenken und Absetzen erfolgte wie beim Baltimore-Harbour-Tunnel auf ein vorplaniertes Schotterbett von 60 cm Dicke. Der Untergrund besteht aus Schlamm, Sand, Kies, stellenweise Mergel; Fels steht erst 60 m unter dem Meeresspiegel an.

Die Verkehrsbelastung betrug nach der Eröffnung täglich 19380 und drei Jahre später im Jahre 1959 schon 6,8 Mill. Fahrzeuge; das sind stündlich 2500 Fahrzeuge in einer Röhre mit zwei Fahrspuren, die im Gegenverkehr befahren werden. Da damit der Sättigungsgrad weit überschritten war, wurde noch im Jahre 1959 der Bau einer 2. Röhre beschlossen.

5.1.2 Mit dem Bau der 2. Röhre des Elizabeth-Tunnels wurde 1960 begonnen. Das Herstellungsverfahren entsprach der 1. Röhre. Die Absenkstrecke betrug 1010 m und setzte sich aus 12 Einzelteilen zusammen. Die Gründung konnte auf dem Mergel erfolgen; Schluffschichten an den Enden mußten durch Sand ersetzt werden. Seit Fertigstellung im Herbst 1962 werden beide Röhren im Richtungsverkehr betrieben.

5.2 Der New Hampton-Road-Tunnel in Norfolk

Im Zuge einer weiteren Brücken-Tunnel-Straße liegt der New Hampton-Road-Tunnel; er bildet den mittleren Teil der Überführung einer Autostraße von Norfolk nach der, auf einer Halbinsel gelegenen Stadt Hampton. Dieser Übergang ist 5,6 km lang, davon entfallen 2,1 km auf das Tunnelbauwerk. Der Anschluß der Brücken an den Tunnel erfolgt über zwei, aus Sand aufgespülte künstliche Inseln, die die offenen Einfahrts- bzw. Ausfahrtsrampen enthalten. Die eine Insel lehnt sich an die natürliche Insel Fort Wool an und ist mit der Norfolkseite durch eine 2,5 km lange Brücke und die andere Insel mit der Hamptonseite durch eine 1,0 km lange Brücke verbunden.

Bauweise und Herstellungsverfahren des Tunnels ähneln dem Baltimore-Harbour-Tunnel. Die Einschwimmstrecke war 2112 m lang und aufgeteilt in 23 Einzelteile von 91,83 m Länge und einer Breite von 11,30 m in Achteckform. Die tiefste Stelle unter dem Wasserspiegel liegt bei 34 m. Die Auflagerung erfolgte auf einem Sandbett; zur Kontrolle der Abgleichgenauigkeit diente ein Tellerlot. Trotz des verhältnismäßig weichen Untergrundes hatte sich die Böschung der Absenkrinne in der Neigung 1 : 2,5 gehalten.

Die Eröffnung des nur zweispurigen Tunnels, der im Gegenverkehr befahren wird, war im Jahre 1957; der Verkehr entspricht in der Größenordnung dem Elizabeth-Tunnel.

6. Seehäfen am Golf von Mexiko

Die Seehäfen am Golf von Mexiko, die neben Brücken auch Unterwassertunnel haben, sind Mobile/Alabama, New Orleans/Louisiana und Houston/Texas. Der Seegüterumschlag betrug im Jahre 1973 im Hafen Mobile 24 Mill. t, in New Orleans 32 Mill. t und in Houston 89 Mill. t. Angelaufen wurden Mobile von 423 Schiffen mit ca. 4 Mill. NRT, New Orleans von 2040 Schiffen mit ca. 13,9 Mill. NRT und Houston von 1453 Schiffen mit ca. 10,3 Mill. NRT. Alle drei Städte liegen an natürlichen Buchten, in die jeweils ein großer Fluß mündet, so daß große Wasserbauwerke und teilweise eine Kanalisierung von Mündungsarmen erforderlich waren, um Stadt und Hafen aufzubauen und zu sichern.

6.1.1 In Mobile wurde unter dem Mobile-River im Jahre 1941 ein zweispuriger Straßentunnel, der sog. Bankhead-Tunnel, nach der Grabenmethode gebaut, der eine Länge von 930 m zwischen den Portalen und eine Absenkstrecke von 611 m hat. Der kreisförmige Querschnitt mit einem Durchmesser von 10,50 m wurde dem Elizabeth-Tunnel in Norfolk angeglichen. Eingeschwommen wurden fünf Einzelteile von je 91 m Länge und zwei Teile je 78 m lang. Abweichend von Norfolk wurden die Tunnelteile aber von festen Gerüsten abgesenkt, und während sie noch im Gerüst hingen, das Auflagerbett durch Sandunterspülung hergestellt. Der tiefste Punkt der Fahrbahn liegt bei 20,3 m.

6.1.2 Vorgesehen ist ein weiterer, vierspuriger Straßentunnel unter dem Mobile River, der im Zuge eines Interstate Highways an der Grenze des Hafengebietes liegt und eine Länge von 920 m erhalten wird. Konstruktiv soll er den Zwillingsröhren des Baltimore-Harbour-Tunnels angeglichen werden. Er ist aber erwähnenswert, weil er eine Fahrbahnbreite von 7,90 m erhält — in Deutschland beträgt die Autobahnbreite 7,50 m — und die Einschwimmelemente über 100 m lang werden sollen.

6.2 New Orleans liegt im Mündungsgebiet des hier fast 40 m tiefen Mississipi und ist mit mehr als 600 000 Einwohnern die größte Stadt des amerikanischen Südens. Dem Straßenverkehr im Hafenbereich dienen ausschließlich weitgespannte Brücken. Die im Süden der Stadt vorhandenen zwei Unterwassertunnel, der zweispurige, 240 m lange Belle-Chasse-Tunnel und der vierspurige, 330 m lange Harvey-Tunnel sind Unterfahrungen wichtiger Verkehrswege unter dem etwa 5 m tiefen Algiers-Cutoff-Canal bzw. dem Harvey-Canal.

Ihre Herstellung erfolgt als rundum mit 6 mm dickem Stahlblech abgedichtete Stahlbeton-Rahmenkonstruktion in einer eingespundeten Baugrube unter Vakuum-Wasserhaltung. Beim Bau des Belle-Chasse-Tunnels, der 1955 in Betrieb ging, war der Kanal noch nicht durchstochen, aber bei dem Harvey-Tunnel, der 1957 eröffnet wurde, schon vorhanden. Die Baugrubenumspundung wurde daher als Fangedamm ausgebildet und im Wasserbereich der Tunnel in zwei, zeitlich aufeinander folgenden Abschnitten hergestellt.

6.3 Houston war vor Jahrzehnten noch eine unbedeutende Mittelstadt, die heute über 1,3 Millionen Einwohner verfügt und zum zweitgrößten Seehafen der Vereinigten Staaten herangewachsen ist. Ihren Reichtum verdankt sie den Erträgen riesiger Ölfelder, die im Süden ihre Bohrtürme von der See bis weit in die mit dem Golf in Verbindung stehenden Binnenseen vorgeschoben haben. Der Stadtkern liegt etwa 60 km landeinwärts am Buffalo River und ist mit der offenen See durch einen Hochseeschiffahrtskanal, den 80 km langen Houston-Ship-Channel, der in seinen Abmessungen etwa dem Kiel-Canal (Nord-Ostsee-Kanal) entspricht, verbunden.

An der Einmündung des Houston-Canals in den Golf liegt die Hafenstadt Galveston, die 1973 von 375 Schiffen mit mehr als einer Million NRT angelaufen wurde.

Zwischen Houston und Galveston wird der Seekanal von zwei Straßentunneln unterfahren.

6.3.1 Am weitesten landeinwärts liegt an der Peripherie der Stadt Houston zwischen den Ortsteilen, nach denen er benannt worden ist, der zweispurige, 1950 fertiggestellte Washburn-Pasadena-Tunnel. Seine Länge beträgt zwischen den Portalen 895 m. Die Absenkstrecke ist 450 m lang, aufgeteilt in 4 Einzelteile von je 114 m Länge, die aus einer blechummantelten Stahlkonstruktion und 60 cm Stahlbetonauskleidung mit einem äußeren Durchmesser von 10,40 m bestehen. Der tiefste Punkt der Fahrbahn liegt 20,90 m unter MTnw. Der Tunnel hat eine Überdeckung von 1,75 m. Der Verkehr betrug in den ersten Jahren nach der Inbetriebnahme trotz Gegenverkehr im Durchschnitt 20000 Fahrzeuge je Tag und erreichte Stundenspitzen von 2000 Fahrzeugen.

6.3.2 Kurz bevor der Houston-Canal die Galveston Bay erreicht, wird er in dem Ortsteil Baytown von dem danach benannten Baytown-Tunnel, einem zweispurigen, zwischen den Portalen 940 m langen Straßentunnel unterfahren. Der mittlere Teil von 778,5 m Länge besteht aus 9 je 86,5 m langen Einzelteilen, die nach der „Graben"-Methode verlegt und auf ein 75 cm dickes, mit einem Unterwasserpflug eingeebnetes Perlkiesbett abgesetzt wurden. Die Planiereinrichtung setzte sich aus stählernen, zylinderförmigen Schwimmkesseln von 30,5 m Länge und einem Durchmesser von 1,27 m zusammen, die an Betonsteinen verankert waren und somit höhenmäßig der Tide angepaßt werden konnten. Die Absenkzylinder lagen aber nicht, wie sonst üblich parallel, sondern senkrecht zur Tunnelachse und hatten im Innern je zwei Schächte für die Aufhängung des Tunnelteiles und je 200 t-Winden für das Ablassen auf das Auflagerbett.

Der Untergrund besteht aus Sand, darunter liegt Clay. Die Böschung stand im Sand unter 1 : 2,5, im Clay unter 1 : 1. Der Tidehub beträgt im allgemeinen nur 30 cm; er kann aber bei einer, mit einem Hurrican verbundenen Springflut bis zu 4 m anwachsen.

Der Querschnitt des Tunnels ist kreisförmig mit einem äußeren Durchmesser von 10,60 m. Die eigentliche Tragkonstruktion ist ein Stahlbetonring von 83 cm Dicke in der Decke und 100 cm Dicke in der Sohle. Jedes Tunnelteil besitzt zum provisorischen Absetzen drei Paar Füße von je 1,25 × 2,40 m Grundfläche. Ähnlich wie beim Baltimore-Harbour-Tunnel ist bei jeder Röhre, an beiden Enden im Abstand von 1,30 m eingezogen, ein Stahlblechschild angebracht, um nach der Zusammenkopplung zweier Röhren durch in Schlössern geführte Bogenbleche die Fugenverbindung herstellen zu können. Die Einregulierung der Stoßverbindung wurde mit Hilfe von je fünf Spreizen und Zugankern auf jeder Seite durch Taucher vorgenommen und danach der Kontraktorbeton zwischen die Stahlblechschilde eingebracht. Die tiefste Stelle der Fahrbahn lag 23,9 m unter MTnw. Im Jahre 1953 waren die Bauarbeiten abgeschlossen.

7. Die San Francisco Bay

Die 90 km lange und bis 20 km breite Bucht von San Franzisco, die über das „Goldene Tor" den Zugang zum Pazifischen Ozean hat, trennt die auf einer Halbinsel am Meere liegende Hafen- und Handelsstadt San Francisco von den Stadtgebieten Oakland und Alameda, die selbst wieder von einem 10 km langen und i.M. 800 m breiten Arm der Bucht durchflossen werden (Abb. 35), an dem der ‚Inner Harbor' entstanden ist. Das Goldene Tor wird von der sechsspurigen in den Jahren 1936/37 erbauten „Golden-Gate-Bridge" überspannt, die mit einer Stützweite von 1280 m um 18 m kürzer ist als die Narrow-Bridge in New York, aber die gleiche Durchfahrtshöhe von 69 m hat. Die Straßenverbindung zwischen den Halbinseln an der See und dem Festland stellen drei große Brücken her, von denen die mittlere an der engsten Stelle der Bucht, die „San Franzisco-Oakland-Bay-Bridge", die über die Hauptfahrrinne als dreiteilige Hängebrücke mit zwei Fahrdecks ausgebildet ist, eine Gesamtlänge von 8300 m hat. Auf der gebirgigen Festlandseite geht sie in den zweigeschossigen Yerba-Buena-Island-Tunnel über.

Den Hafen von San Francisco liefen im Jahre 1973 rd. 1000 Schiffe mit 9,2 Mill. Tonnage an, davon etwa ein Viertel in Ballast. In Oakland betrug allein der Container-Umschlag 5,395 Mill. t.

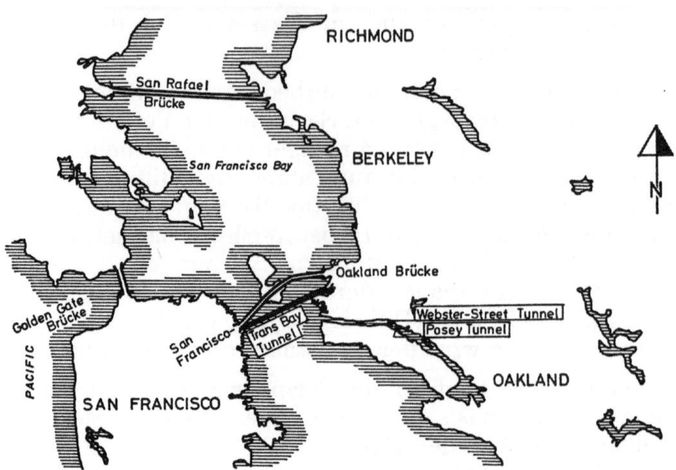

Abb. 35. Die Straßen- und Schnellbahn-Tunnel in der Bucht von San Francisco

7.1 In dem ‚Inner Harbor' ließ die Entwicklung des Hafengebietes eine Überbrückung nicht zu und so entstand hier im Jahre 1928 als erster Unterwasser-Straßentunnel die zweispurige ‚Posey-Tube' zwischen Oakland und Alameda nach der Absenkmethode. Sie wurde bereits nach der Standardbauweise hergestellt und besteht aus 12 Einschwimmelementen von 62 m Länge mit äußerem Stahlmantel und Betonauskleidung. Beim Absenken von Schwimmkränen wurde die bereits eingebaute Fahrbahn mit Sand, der untere Luftkanal mit Wasser belastet. In der Absenkrinne erfolgte das Absetzen auf Sandtöpfe und erst, nachdem der Graben auf ein Drittel der Rohrhöhe verfüllt war, wurde der Sand aus den Töpfen gespült und die Auftriebssicherung hergestellt.

Die geschlossene Tunnelstrecke zwischen den beiden Lüfterbauwerken ist 1080 m lang.

7.2 Nördlich des Posey-Tunnels wurde Anfang 1963 nach etwas mehr als dreijähriger Bauzeit der zwischen den Portalen 1021,75 m lange Webster-Street-Tunnel dem Verkehr übergeben (Abb. 35), der gleichfalls zweispurig ist und mit der Posey-Röhre im Richtungsverkehr betrieben wird. Er wurde ebenfalls nach der „Graben"-Methode gebaut und besteht in der 732 m langen Wasserstrecke aus 12 Stahlbeton-Absenkelementen von 61 m Länge mit kreisförmigem Querschnitt, Durchmesser 11,24 m, die jeweils zu zweit in einem eigens dafür geschaffenen Trockendock hergestellt wurden. Das Gewicht eines Elementes betrug 5700 t. An seinen Enden befinden sich rechteckige, sehr steife Stahlbetonscheiben von 13,70 m Breite und 12,95 m Höhe, in die auch die Stirnschotts eingelassen sind. Das hintere Ende des Elements wird zunächst an das bereits verlegte Element mit zwei Kupplungsträgern angehängt und anschließend das andere Ende auf sechs, zuvor eingerammte Rohrpfähle provisorisch abgesetzt. Ein massiver Gummiring von 11,90 m Durchmesser, der an der Stirnseite des anzuschließenden Elementes befestigt war, wurde dabei ringsum in eine konische Nut in der Stahlbetonscheibe des bereits verlegten Elementes hineingepreßt und auf beiden Außenseiten eine bogenförmige Stahlschalung angesetzt und zur Erzielung einer starren Fugenverbindung mit Unterwasserbeton ausgefüllt. Nachdem alle Elemente verlegt und eingeschüttet waren, setzten sich die Hilfspfähle unter der Auflast und die Tunnelelemente erhielten eine gleichmäßige Auflagerung auf dem Sandbett. Durch schweres Verfüllmaterial und den Stahlbeton mit einem spezifischen Gewicht von 2,54 t/m^3 ergab sich ein Sicherheitsfaktor gegen Aufschwimmen von 1,25. Dem Tunnelentwurf lag eine geschätzte Kapazität von stündlich 1800 Fahrzeugen je Spur zugrunde, die in Spitzenstunden bald weit überschritten wurde.

7.3 Mit rd. 5800 m Einschwimmstrecke zwischen zwei Lüftungsschächten an den Ufern und einer Tiefenlage von 37,5 m unter dem Meeresspiegel ist die Trans-Bay-Tube, ein zweigleisiger U-Bahn-Tunnel zwischen den Städten San Franzisco und Oakland innerhalb des Schnellbahnsystems Bay-Area-Rapid-Transit (BART), der längste und tiefste Unterwassertunnel Amerikas (Abb. 35). Er unterquert in einem spitzen Winkel die San-Franzisco-Oakland-Bay-Bridge. Der Tunnel setzt sich aus 57, zwischen 83 m und 112 m langen Absenkelementen zusammen, von denen 36 geradlinig, 15 horizontal, 4 vertikal und 2 in beiden Richtungen gekrümmt sind.

Auf der Westseite schließt sich an den Lüftungsschacht eine Schildvortriebsstrecke und auf der Festlandseite eine Tunnelkonstruktion in offener Bauweise an. Der Querschnitt der Unterwasserstrecke hat eine Brillenform mit einem Breitenmaß von 14,60 m und einer Höhe von 6,55 m. Er besteht aus einem profilierten Stahlbetonring mit einer äußeren Stahlblechhaut von 9,5 mm Dicke.

Die Verkehrsröhren sind durch einen Betriebsgang und den Abluftkanal voneinander getrennt. Über der Decke sind außen für die Auftriebssicherheit 75 cm hohe Ballasttaschen angesetzt; eine zusätzliche Überdeckung ist darüber nicht aufgebracht worden. Dem Schutz der tragenden Stahlblechkonstruktion gegen Korrosionsschäden dient eine, mit Fremdstrom gespeiste Kathodenschutzanlage, die angeblich billiger sein soll, als wenn ein 3 mm dickeres Stahlblech verwendet worden wäre.

Wegen der Erdbebengefahr wurde die Gradiente so gelegt, daß sie das felsige Grundgebirge nicht berührt, sondern nur in alluvialen Ablagerungen verläuft, um mögliche Erdstöße zu dämpfen. Ebenso ist der Tunnel an die Lüftungsschächte nicht starr angeschlossen, sondern mit einer Neoprene-Abdichtung, die Bewegungen von 5 cm in der Vertikalen und 10 cm in Längs- und Querrichtung aufnehmen kann.

Die Elemente wurden in der Zeit von 1966 bis 1969 auf einer Werft in San Franzisco gebaut und in einem Turnus von durchschnittlich zwei Wochen abgesenkt. Das Kiesbett in dem Absenkgraben ist 60 cm dick mit einer Toleranz von 5 cm aus Material der Korngröße 10—15 mm. Der Zusammenschluß zweier Elemente erfolgte mittels einer außen angebrachten Hakenkonstruktion, die vom Taucher eingelegt werden mußte. Die vorläufige Abdichtung ergab sich durch Zusammendrücken des Gummiringes in den Stirnseiten und die endgültige, nach Lenzen des Fugenraumes, durch Einschweißen eines Stahlbleches und Injizieren des Raumes zwischen diesem und dem Gummiring.

8. Tunnelprojekte in Häfen an der Westküste

Im Rahmen von Hafenerweiterungsplänen werden in San Diego, südlich von Los Angeles an der Grenze von Mexiko, und in Seattle an der Elliott-Bay dicht an der Grenze von Kanada, seit längerer Zeit Überlegungen angestellt, die das Hafengebiet kreuzenden Autobahnen zu untertunneln.

8.1 In San Diego käme ein vierspuriger Stahlbetontunnel von 2190 m Länge unter der 15,20 m tiefen und 300 m breiten Schiffahrtsrinne mit einer Unterwasserstrecke von 1210 m infrage. Der Untergrund besteht bis zur Gründungsschicht aus plaistozänem Sand. Tidehub und Strömungen sind unwesentlich.

8.2 In Seattle konzentrieren sich die Hafenanlagen nicht nur an der geschützten Bucht, die im Norden an das Stromgebiet vor Vancouver angrenzt, sondern befinden sich auch an den beiden Binnenseen Lake Union und Lake Washington, die durch einen Schiffahrtskanal von 65 m Breite und 9,10 m Tiefe miteinander verbunden sind. Dieser Kanal soll von einem 950 m langen, sechsspurigen Autotunnel unterfahren werden. In dem Stahlbetonquerschnitt von 31,60 m Breite und 8,20 m Höhe sind in zwei Verkehrsröhren je 3 Fahrspuren untergebracht, getrennt durch einen Inspektionsgang und darüber liegenden Abluftkanal. Die Wasserstrecke soll 540 m lang werden und aus 5 Absenkelementen bestehen. Im Baugrund befinden sich Tone und faseriger Torf, darunter in 9 bis 33 m Tiefe feste, eiszeitlich vorbelastete Schichten. Ein geringfügiger Bodenaustausch für die Gründung wird nicht zu umgehen sein. Außerdem muß die Lage im Erdbebengebiet berücksichtigt werden.

9. Detroit/Michigan

Detroit, eine Hafenstadt mit rd. 2,3 Mill. Einwohnern, liegt an dem zwischen 1 km bis 2 km breiten Detroit-River, der die Schiffahrtsverbindung zwischen dem Huron- und dem Erie-See darstellt und der gleichzeitig die Grenze zwischen den Vereinigten Staaten und Kanada bildet. Den Hafen liefen im Jahre 1973 ca. 1435 Schiffe mit einer Tonnage von ca. 5,7 Mill. NRT an. Die Verbindung zu dem Grenzort Windsor auf der Halbinsel zwischen den beiden Seen stellen eine große Hängebrücke, ein 2-gleisiger Eisenbahntunnel und ein 2-spuriger Straßentunnel her.

9.1 Der 2530 m lange, in den Jahren 1908 bis 1910 gebaute Eisenbahntunnel, — also fast gleichzeitig mit dem alten Elbtunnel in Hamburg — ist der erste Unterwassertunnel aus vorgefertigten abgesenkten und unter Wasser zusammengefügten Einzelteilen.

Die Flußstrecke hat eine Länge von 782 m und setzt sich aus zehn, jeweils 78,20 m langen Einzelteilen zusammen. Die Querschnittsform mit einem inneren Durchmesser von 6,10 m, bestehend aus zwei, zum Zwilling zusammengefügten Stahlröhren mit Betonauskleidung, ist das Vorbild für die weiteren amerikanischen Absenktunnel. Die Schwimmstücke wurden aber nach dem Absenken mit ihren Enden noch auf Pfähle abgesetzt und der Raum zwischen der Tunnel- und Baggersohle mit Unterwasserbeton ausgefüllt, nachdem eine schwere Ballastierung eingebracht worden war.

9.2 Der Straßentunnel, Detroit-Windsor-Tunnel genannt, ist zwischen den Portalen 1 565 m lang. Er wurde im Flußbereich auf 669 m Länge nach der „Graben-Methode" und in den Uferstrecken auf 360 m bzw. 183 m mit Druckluft-Schildvortrieb gebaut. Die Fahrbahn liegt an der tiefsten Stelle 24,4 m unter MTnw. Der Untergrund besteht aus dichtem, blauem Clay. Eingeschwommen und abgesenkt wurden 9 Elemente von je 74,30 m Länge, die einen kreisförmigen Querschnitt mit achteckiger Endscheibe, Außenmaß 10,50 m, haben, der sich aus zwei, gegeneinander ausgesteiften und ausbetonierten Stahlröhren von 9,4 mm Dicke zusammensetzt. Das Auflager-Sandbett wurde mit Schürfkübeln planiert.

Die Schildvortriebsstrecke besteht aus Walzeisentübbingen von 25 cm und einer Betonauskleidung von 31 cm Dicke. 11 Segmente und 1 Schlußstein ergeben einen Tunnelring, 75 cm breit. Ebenso wie die Gußeisentübbinge bei den anderen Tunneln wurden auch die Walzeisentübbinge beim Vortrieb zunächst miteinander verschraubt, dann aber genietet und in den Fugen mit Bleistreifen abgedichtet.

Der Tunnel ist nach zweijähriger Bauzeit 1930 eröffnet worden und hatte 1956 eine Verkehrsbelastung von i.M. 1 000 Fahrzeugen stündlich in jeder Richtung.

Kanada

1. Montreal/Provinz Quebec

Die großen, zum Teil sehr bedeutenden Industriestädte der Vereinigten Staaten und Kanadas, die an den „großen Seen" liegen, haben über den rd. 2 000 km langen St. Lorenz-Strom als Großschiffahrtsweg Anschluß an den Atlantik. Durch die ‚seaway-projects' ist er so ausgebaut worden, daß er von Ozeanschiffen mit 8 m Tiefgang bis Duluth am Oberer See und Chicago am Michigan See befahren werden kann. Auf dem Wege zwischen Detroit und Montreal liegen zwischen dem Erie- und dem Ontario-See mit 80 m Fallhöhe die Niagara-Fälle, teils auf amerikanischem, teils auf kanadischem Gebiet, die durch den Welland-Canal, der inzwischen von 4,60 auf 8,25 m vertieft worden ist, umgangen werden. Den St. Lorenz-Strom passierten im Jahre 1973 in Aufwärtsfahrt 4 160 Schiffe mit 36,384 Mill. BRT und 30 262 Mill. t Ladung und in Abwärtsfahrt 4 124 Schiffe mit 36,557 Mill. BRT und 44,910 Mill. t Ladung. Davon entfielen auf den Überseeverkehr allein 1 146 Schiffe mit 11,02 Mill. BRT.

Etwa 1 000 km ostwärtes von Windsor liegt im Zentrum der Verkehrsströme des Landes Montreal mit 2,5 Mill. Einwohnern die größte Stadt Kanadas; ihr Hafen ist der drittgrößte des Kontinents. Allein der Containerumschlag betrug im Jahre 1974 rd. 1,7 Mill. t, wobei ca. 55% auf den Export entfielen.

Östlich der Innenstadt wird der Strom von dem Louis-Hippolyte-Lafontaine-Tunnel-Brücken-System gekreuzt (Abb. 36), das die Verbindung zwischen den Autobahnen auf beiden Ufern herstellt und somit eine der letzten Lücken im Trans-Kanada-Highway-Netz schließt. Der Tunnel-Brücken-Zug erstreckt sich über eine Länge von nahezu 6,4 km. Die 460 m lange Brücke führt über den schmäleren Südarm und der Tunnel liegt mit einer Gesamtlänge von 1 600 m unter dem Nordarm zwischen der Insel Montreal und dem ‚mont royal', der der Stadt den Namen gab, und der Insel Charrow. Der Strom hatte anfangs eine Breite von 1 280 m; als Seeweg wurde er zunächst auf 457 m kanalisiert und nach dem Tunnelbau auf 732 m verbreitert und auf zunächst 12,20 m vertieft.

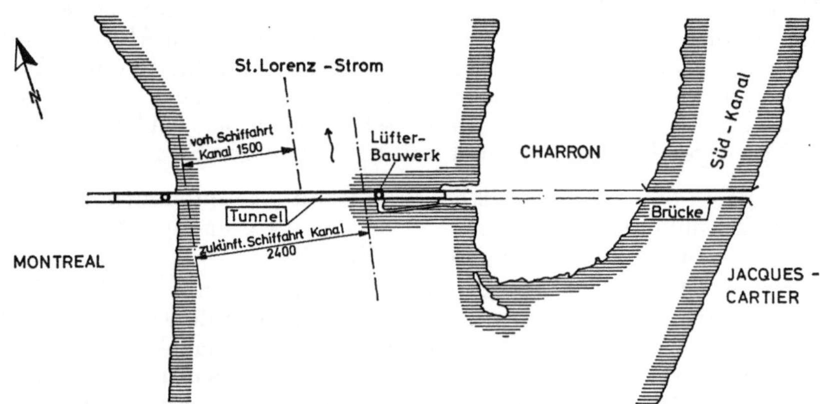

Abb. 36. Die Louis-Hippolyte-Lafontaine-Tunnel-Brücke in Montreal

Der Tunnel ist sechsspurig und hat eine Länge von 1391 m zwischen den Portalen. Bis zur Verkehrsübergabe im Februar 1967 führte er den Namen Boucherville- und wird jetzt Louis-Hippolyte-Lafontaine-Tunnel genannt. Die an die Portale anschließenden Rampenstrecken sind auf der Südseite 459 m und auf der Nordseite 164 m lang; letztere, am Montrealer Ufer, wurden im Einschnitt in Ortbeton gebaut, die Südrampe jedoch in das Baudock für die 7 Einschwimmelemente von je 110 m Länge einbezogen. Mit der Herstellung des Baudocks begannen im Juli 1963 die Bauarbeiten. Dieses wurde mit einer Fläche von fast 11 ha 600 m weit in den Strom hineingebaut und mit einem Fangedamm aus abgestuften Moränenmaterial eingefaßt. Der Untergrund des Strombettes besteht bis in 6 m Tiefe aus dicht gelagertem Feinsand und Schluff; daüber liegt unter einer 3 m dicken Moränenschicht dichter Tonschieferfels. Der Tunnelquerschnitt hat eine Breite von 36,93 m und Höhe von 7,83 m und die in Europa übliche Rechteckform in Stahlbeton (Abb. 7). Er ist in zwei 3-spurige Verkehrsröhren aufgeteilt, in der Mitte getrennt durch einen zweiteiligen Frischluftkanal, von dem die eine Seite gleichzeitig als Betriebsgang dient. Die Tunneldecke und die -sohle, sind in Querrichtung vorgespannt. Für den Bauzustand, in dem die Auflast fehlte, war zusätzlich eine senkrechte Vorspannung in Form von Zugstangen in den Fahrbahnröhren erforderlich. Der Tunnel ist damit zur Zeit das längste vorgespannte Bauwerk der Welt. Jedes Element wiegt 32000 t und hat etwa die Wasserverdrängung eines mittleren Ozeandampfers. Mit einer Ballastzugabe von 400t wurden die Elemente von Schwimmprähmen aus mit Seilwinden abgelassen, auf vier Fundamentblöcke behelfsmäßig abgesetzt und der Zwischenraum unter der Sohle nach dem Fugenschluß durch Unterspülen eines Wasser-Sand-Gemisches ausgefüllt. Der Anschluß an das bereits festliegende Element erfolgte mit einem hydraulisch gesteuerten Kupplungsmechanismus mit einer Kraft, die ausreichte, den Gummiwulst an der Stirnfläche so zusammenzupressen, daß ein vorläufiger dichter Fugenschluß entstand. Nach dem Lenzen des Fugenraumes konnte die endgültige Abdichtung als starre Verbindung dann von Innen her vorgenommen werden. Die Rampenneigung beträgt 4,5%. Die Sohle der Absenkrinne liegt an der tiefsten Stelle 27,5 m unter dem Wasserspiegel. Der Tunnel erhielt eine 6 m mächtige Überschüttung.

Für die Lüftung kam das Halbquersystem zur Anwendung. Die Frischluft wird über zwei dicht am Ufer, von den Portalen 220 m bzw. 290 m entfernt stehende Lüftertürme über den Frischluftkanal eingeblasen.

Die Wände haben eine Keramik-Fliesen-Verkachelung und die Decke Schallschluckplatten. Die Tunnel-Ein- und -Ausfahrten sind mit Sonnenblenden überdeckt und mit einer Zusatzbeleuchtung versehen.

2. Vancouver/British Columbia

Der erste außereuropäische Tunnel, der mit einem Stahlbeton-Rechteckquerschnitt nach der Einschwimm- und Absenkmethode und mit Sandunterspülung gebaut wurde, ist der Deas-Island-Tunnel in Vancouver. Mit rd. 760000 Einwohnern ist diese die drittgrößte Stadt Kanadas, umgeben im Norden und Osten von Gebirgen, im Westen vom Pazifik und im Süden vom Fraser-River, der von dem Tunnel unterquert wird. Der Fluß steht unter dem Einfluß der Tide und den Überschwemmungen aus dem Gebirge; er lagert ständig wechselnde Sandbänke unter seiner Oberfläche ab, ist von großen Torfmooren umsäumt und wird des öfteren von Erdbeben erschüttert. Wegen dieser unsicheren Untergrundverhältnisse wurde der Plan einer Brücke verworfen, da diese eine Durchfahrtshöhe für die Ozeandampfer auf der Flußroute benötigt hätte und damit zu einer Gefahr für den nahegelegenen Flughafen auf Sea Island geworden wäre. In dem Hafen betrug z.B. allein der Containerumschlag im Jahre 1974 fast eine Million Tonnen.

Der Tunnel liegt zwischen Lulu-Island und der Spitze von Deas-Island, wonach er auch benannt ist und kreuzt den Fluß kurz vor seiner Einmündung in den Pazifik (Abb. 37). Er verbindet den nördlich des Flusses gelegenen Stadtkern mit dem Trans-Canada-Highway und dem nur 40 km entfernten Straßennetz der Vereinigten Staaten. Die Gesamtbauwerkslänge beträgt 1330 m und die Länge der geschlossenen Tunnelstrecke zwischen den Portalen 660 m. Der Tunnelquerschnitt hat eine Höhe von 7,10 m und eine Breite von 23,80 m, aufgeteilt in zwei Verkehrsröhren mit je 2 Fahrspuren und beiderseits angesetzten Luftkanälen. Die Abdichtung besteht in einer Sohle aus einem 4,8 mm dicken Stahlblech und an den Wänden und auf der Decke aus bituminösen Papplagen, geschützt durch eine 10 cm dicke Holz- bzw. Betonschicht. Die Absenkstrecke ist 628 m lang, aufgeteilt in 6 Elemente von 104,8 m Länge. Sie wurden so tief versenkt, daß über dem Tunnel bei NW noch eine Wassertiefe von 12,4 m vorhanden ist. Die Tunneldecke erhielt zum Schutz gegen die starke Strömung und die Geschiebewanderung über der Sandhinterfüllung zusätzlich eine Steinpackung; ebenso wurde die Flußsohle in der näheren Umgebung des Tunnels durch gelenkige Stahlbetonmatten gesichert.

Die Lüftergebäude liegen jeweils an den Portalen; betrieben wird der Tunnel mit Halbquer-Lüftung. Die größte Gradientenneigung beträgt 4,5%. In die Trennwand zwischen den Verkehrsröhren sind Feuertüren eingebaut, durch die ein Brand im Tunnel bekämpft werden kann.

Der Bau des Tunnels dauerte zweieinhalb Jahre. Die Verkehrsübergabe fand am 23. März 1959 statt und bereits am folgenden Tage passierten ihn 75000 Fahrzeuge.

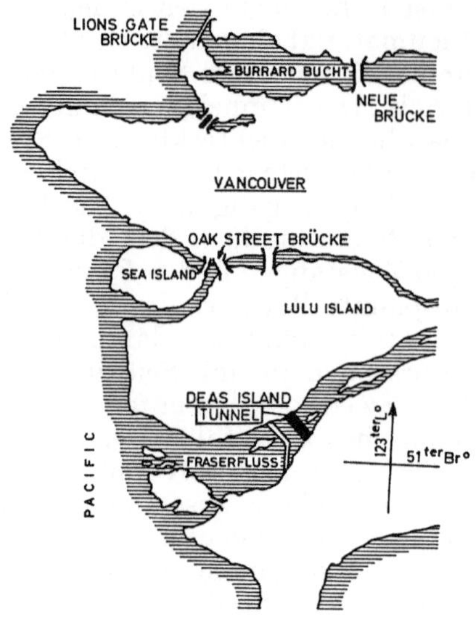

Abb. 37. Der Deas-Island-Tunnel in Vancouver

Kuba

Straßentunnel im Hafen von Havanna

Havanna, im Jahre 1515 von den Spaniern unter dem Namen San Christóbal de la Habana gegründet, ist die Hauptstadt von Kuba, der größten Antillen-Insel zwischen dem Golf von Mexiko und der Karibik. Die Stadt hat heute annähernd eine Million Einwohner und einen gut gelegenen, natürlichen Hafen, der etwa 85% des gesamten sehr stark nach den Ostblockstaaten ausgerichteten Außenhandel Kubas abwickelt. Der Hafen wird jährlich von etwa 2500 Schiffen, zu 75% aus sozialistischen Ländern, angelaufen. Unter kubanischer Flagge fahren zur Zeit 72 Schiffe mit einer Kapazität von 410318 BRT. Eine direkte Eisenbahn-Fährverbindung besteht über Pilottown an der Mississippi-Mündung mit New Orleans. Die Zufahrt zum Hafen ist ein natürlicher Meeresarm mit einer Breite von 275 m und einer Wassertiefe von 12 m.

Der Stadtkern liegt auf dem Westufer und ist durch einen 733 m langen, vierspurigen Tunnel, Gesamtbauwerkslänge rd. 1600 m, mit dem Vorort Kabanna auf dem Ostufer verbunden. Bei der Tiefenlage der Fahrbahn auf 21,10 m unter NW ist eine Fahrwasservertiefung auf 14 m berücksichtigt. Der Anschluß der dicht am Ufer entlang führenden Straßen forderte eine Rampenneigung von 5,75% bzw. auf der Cityseite einen „Kreisel". Die Lüftungstürme liegen etwa 90 m von den Portalen entfernt und wurden ebenso wie die offenen Rampenstrecken in offener Bauweise erstellt. Die Einschwimmstrecke mit 520 m Länge setzt sich aus vier je 107,5 m langen Elementen und einem von 90 m Länge zusammen. Ihre Herstellung erfolgte in einem 130 m langen, 60 m breiten und 9 m tiefen, unmittelbar an der Hafeneinfahrt gelegenen Baudock. Im Untergrund steht vorwiegend Fels an; in Strommitte liegt eine etwa 60 m lange Sandlinse. Das Westufer besteht aus Korallenbänken und jüngeren Aufschüttungen. Auf der Ostseite erhebt sich das abschüssige Felsufer bis zu 20 m über dem Meeresspiegel. Der Stahlbeton-Querschnitt enthält 2 Verkehrsröhren mit je 2 Fahrspuren von 3,35 m Breite und je einem Fußgängersteg an der Mittelwand mit Not-Türen im Abstand von rd. 12 m. Die Luftkanäle sind an den Außenseiten angesetzt. Die 21,85 m langen und 7,10 m breiten Absenkelemente wurden in drei Richtungen vorgespannt, die anschließenden Rampenstrecken in schlaffbewehrtem Ortbeton hergestellt. Das Einschwimmen erfolgte ohne Freibord. Die Elemente wurden zunächst auf 4 Betonfundamente abgesetzt, mittels Pressen ausgerichtet und schließlich auf 10 m lange, in zwei Längsreihen mit einem Zwischenraum von 2 m verlegte Betonblöcke aufgelagert. Der Zwischenraum wurde zum Schluß, ebenso wie die Elementfugen, nachdem sie außen durch Bogenbleche eingefaßt worden waren, mit Unterwasserbeton ausgefüllt. Einige geringfügige Undichtigkeiten ließen sich durch Injizieren beseitigen. Für den endgültigen Fugenschluß waren im Innern 20 mm dicke Blechbänder in die Wände eingelassen, die als Abschluß zusammengeschweißt wurden. Da die Insel Kuba im Gebiet von tropischen Wirbelstürmen liegt, die meistens von Springfluten begleitet sind, mußte die tiefer liegende Westeinfahrt durch Einbau eines Sicherheitstores, das normalerweise hinter einem Ornamentbalken verborgen ist, geschützt werden. Der Tunnellüftung dienen 12 Ventilatoren, von denen 4 Stück als Längslüftung unmittelbar in die Verkehrsröhren und die restlichen 8 Stück als Halbquerlüftungskanäle einblasen. Die Verkehrsübergabe war am 1. Juni 1958 nach einer Bauzeit von 30 Monaten.

Argentinien

Der Hernandaris-Tunnel unter dem Rio Paraná

Der mittlere Teil von Südamerika wird in Nord-Süd-Richtung von dem 4240 km langen Rio Paraná durchflossen, der zusammen mit dem im Mittellauf parallel verlaufenden Rio Uruguay als Rio de la Plata, der zwischen Buenos Aires und Colonia eine Breite von rd. 30 km hat, in den Atlantischen Ozean mündet. Der wachsende Güter- und Personenverkehr, besonders in dem argentinischen Zweistromland, zwang dazu, die überlasteten und völlig veralteten Fähren, bei denen Wartezeiten von 4 Stunden bis zu 2 Tagen keine Seltenheit waren, durch eine feste Verbindung zu ersetzen. Für den Verkehr nach Brasilien stehen Brückenbauten über den Uruguay im Unterlauf nahe der Staatsgrenze und über den Paraná an der Einmündung des Iguarù, unweit der 3 km breiten und 70 m hohen Katarakte am Dreiländereck, zur Verfügung. Während bei den Flüssen kurz vor der Mündung weitere Brücken vorhanden bzw. im Bau sind, wurde der Rio Paraná im Mittellauf zwischen Santa Fé und Paraná, etwa 145 km nördlich von Rosario und 500 km von Buenos Aires mit einem zweispurigen Straßentunnel unterfahren, der nicht nur die Provinzen zwischen den beiden Strömen an das Mutterland anschließt, sondern gleichzeitig ein wichtiges Glied in der direkten Straßenverbindung zwischen Buenos Aires und Sao Paulo/Rio de Janeiro darstellt. Bei der Einweihung am 13. Dezember 1969 erhielt er den Namen Hernandaris-Tunnel. Während die acht Fährschiffe mit Mühe in einem Monat 20000 Kraftfahrzeuge schafften, nimmt der Tunnel die gleiche Zahl an einem Tage auf.

Der Rio Paraná ist eine internationale Schiffahrtsstraße, die bis weit über Paraná hinaus von Hochseeschiffen befahren wird. Für eine Brückenkonstruktion wäre bei der Breite des Stromes eine Spannweite von 600 bis 800 m und eine lichte Durchfahrtshöhe von mindestens 42 m über Pegel-Null, entsprechend NN + 9,60 m, erforderlich. Weiterhin hat der Strom die Eigenart, daß die rd. 10 m tiefe Fahrrinne sich von dem einen zum anderen Ufer verlagert. Bei der Trassierung des Tunnels wurde, um ein Freispülen durch die Schleppkraft des Flusses zu verhüten, nicht die Engstelle oberhalb der Stadt Paraná mit einer Tiefe bis zu 30 m, sondern ein Trichterbereich rd. 1500 m stromab mit geringerer Wassertiefe gewählt, so daß sich eine Gesamtbaulänge von rd. 3000 m ergibt. Die Strömungsgeschwindigkeiten des Rio Paraná betragen bei HHw = 1,53 m/s und bei NNw = 0,85 m/s. Bezogen auf Pegel-Null ist MW = +2,49 m; HHW = +6,95 m und NNW = −1,40 m. Der Untergrund besteht überwiegend aus geologisch jungen Flußablagerungen, vorwiegend gleichförmigen Fein- und Mittelsanden, auf der Santa-Fé-Seite mit Schuffanteilen. Eine tertiäre Tonschicht steht in etwa 40 m Tiefe an.

Als Bauverfahren wurde das Einschwimmen und Absenken von in einem Baudock vorgefertigten Tunnelelementen gewählt. Die 2397,20 m lange Flußstrecke setzt sich aus 36 Elementen von 65,45 m Länge mit einem Gewicht von 4200 t und einem Paßstück von 10,75 m auf der Paraná-Seite zusammen. Für die Fußbreite des Tunnels von 18,85 m erhielt die Absenkrinne eine Sohlenbreite von 20 m und bei einer Tiefe von 10 m eine Böschungsneigung von 1 : 3, die sich aber nicht als standfest erwies und auf 1 : 4 bis 1 : 5 umgestellt wurde.

Der Tunnel hat ein Kreisprofil mit einem inneren Durchmesser von 9,80 m, der sich aus einer 7,50 m breiten Fahrbahn, dem Bedienungssteg von 95 cm Breite und einer lichten Fahrbahnhöhe von 4,41 m ergab, und besteht aus Stahlbeton, Wanddicke 50 cm, versehen mit einer glasfaserverstärkten Kunstharz-Polyester-Außendichtung. An jedem Element sind seitlich je drei Pratzen-Taschen angesetzt, die nach Einrüttelung von Sand nach dem Absenken als erste Auflager dienten.

Das Baudock war unterhalb der Trasse auf der Paraná-Seite wegen der besseren Wasserhaltung in dem teritären Sand etwas landeinwärts angeordnet und so ausgelegt, daß gleichzeitig 4 Tunnelelemente im Taktverfahren angefertigt werden konnten. Der Dockverschluß (Abb. 6), der aus 2 seitlichen, festen zylindrischen Behältern ⌀ 21 m und einem mittleren Schwimmzylinder ⌀ 23 m Höhe = 15,50 m bestand, war auf 9-maliges Öffnen und Schließen einzurichten. Das Fluten des Docks dauerte etwa 12 Stunden, und nach etwa 6 Stunden Flutzeit schwammen die Elemente gleichmäßig auf.

Um sie schwimmfähig zu machen, waren zusätzlich zu den 13 m von den beiden Rohrenden entfernt liegenden Abschlußwänden stählerne Außenschotts angebracht worden, die mit Schwimmtanks versehen nur zum Ausschwimmen und Transport zum Depot benötigt wurden. Der Raum zwischen den beiden Schotts wurde geflutet, so daß die Elemente beinahe volleingetaucht ausgeschwommen und im Depot abgelegt wurden. Nach Einfahren des Dockverschlusses nahm das Lenzen ungefähr 70 Stunden in Anspruch.

Als Verlegegerät diente eine vierbeinige Hubinsel mit einer Grundfläche von 40 m × 30 m und einer Tiefenkapazität von 45 m. Der Arbeitswasserstand lag zwischen max. + 4,20 m und min. — 1,40 m. Bei der gebrochenen Tunnelgradiente mit fast waagerechter Lage in Flußmitte und 3,5% Steigung in den beiderseitigen Rampen lag die Fahrbahn mit der tiefsten Stelle auf — 25,29 m.

Um Aufschluß über die auftretenden Kräfte auf das in der Strömung zu transportierende und abzusenkende Tunnelteil zu bekommen und danach die Verbindungselemente dimensionieren zu können, wurden bei der „Hamburgischen Schiffbau-Versuchsanstalt", bei der „Versuchsanstalt für Binnenschiffbau" in Duisburg und bei dem „Waterloopkundig Laboratorium" in Delft Modellversuche durchgeführt. Beim Ausdocken mit Schleppern ergaben sich anfangs insofern Schwierigkeiten, als Trossen brachen und die Elemente nur schwer zu halten waren. Für das Einschwimmen wurden daher als Steuerelement vor dem Bug zwei und als Schubeinheit sechs Schotteleinheiten von je 465 PS mit einer Schubkraft von 30 t verwendet, die ausreichte, um das Element parallel zu der Strömung von 1,35 m/s zu bewegen. Für das Drehen und Einführen unter die Hubinsel waren jeweils drei, mobil verankerte Windenschiffe erforderlich. Das Einmessen wurde über 4 Standpunkte, nämlich über zwei Peilmaste an den Elemententen, über die Lüftergebäude und über einen etwa 900 m stromauf gelegenen Festpunkt mit Hilfe von Theodoliten und Laser-Gerät vorgenommen. Der Zusammenschluß zweier Elemente unter Wasser erfolgte über eine, übereinandergreifende Halbschalenkonstruktion, die durch Taucher verriegelt und dann ausbetoniert wurde. Die vorläufige Fugendichtung ergab sich durch Aufpumpen eines in die Terminal-Stirnseite eingelegten Hohlgummiprofils mit Preßluft. Zur endgültigen Dichtung wurde die Fuge im Innern des Tunnels von einem Stahlprofil überdeckt und dieses nach Aufbringen und Einrütteln der Sandüberschüttung starr verschweißt. Undichtigkeiten sind bislang nicht bekannt geworden. Die Lüftergebäude, die jeweils am Ende der Einschwimmstrecke liegen und die anschließenden 270 m langen offenen Rampenstrecken sind unter Grundwasserhaltung in offener Bauweise hergestellt worden. Die Querlüftung ist für ein Verkehrsaufkommen von 700 Kfz-E/h und Spur (= Richtung) bei einer Verkehrszusammensetzung PKW: LKW = 1 : 1 ausgelegt worden. In praxi hat sich ein Verhältnis von 40 : 60 ergeben. Der Tunnel hat beiderseits eine Rasterstrecke von 87 m Länge und eine Zusatzbeleuchtung in den Eingangszonen.

Kurz vor Abschluß der Bauarbeiten ergab sich eine sehr kritische Situation, als von der Bauverwaltung gefordert wurde, nachträglich im Ablufttunnel eine Gasleitung mit NW 400 mm, Betriebsdruck 60 atü, in einem Hüllrohr von 630 mm Durchmesser zu verlegen. Mit der Begründung, daß in einem Abluftkanal mit Luftgeschwindigkeiten von 15 m/s eine Kontrolle der Bewegungen der Leitung nicht möglich ist und bei einem Brand im Tunnel das Gasrohr hohen Temperaturen ausgesetzt werden würde, wurde von einem Einbau einer so hoch empfindlichen Leitung abgeraten und die Verlegung einer getrennten Pipeline in ausreichendem Abstand von dem Tunnelbauwerk vorgeschlagen.

AFRIKA

1. Suez-Kanal-Tunnel

Bald nach der Wiedereröffnung des Suez-Kanals am 5. Juni 1975 hat die ägyptische Regierung ihre Vorbereitungsarbeiten für dessen Erweiterung und Vertiefung wieder aufgenommen (Abb. 38). Um mit der Tankerentwicklung Schritt zu halten, soll der gegenwärtige Wasserquerschnitt von 1 800 m², der vollbeladenen 60 000 tdw-Schiffen und teilbeladenen Schiffen bis 150 000 tdw mit maximal 11,58 m Tiefgang die Durchfahrt gestattet, in einer 1. Ausbaustufe auf 3 200 m², geeignet für vollbeladene Tanker bis 150 000 tdw mit 16,15 m Tiefgang, und in einer 2. Stufe auf 4 200 m², geeignet für vollbeladene Tanker bis 260 000 tdw mit 20,42 m Tiefgang, gebracht werden. Eine für die ferne Zukunft vorgesehene Erweiterung auf ca. 7 800 m² spielt zunächst nur für die Tunnelplanungen eine Rolle, für deren Tiefenlage eine endgültige Kanalsohle von — 29,50 m unter Kanalwasserspiegel maßgebend ist (Abb. 39).

1966, ein Jahr vor seiner Schließung, hatte der Kanal rd. 20 000 Schiffsdurchfahrten zu verbuchen. Von 242 Mill. NRT Fracht entfielen 176 Mill. NRT auf Öl und 66 Mill. NRT auf Trockenladung. Im 1. Halbjahr nach der Wiedereröffnung haben rd. 1 000 Schiffe, darunter nur etwa 200

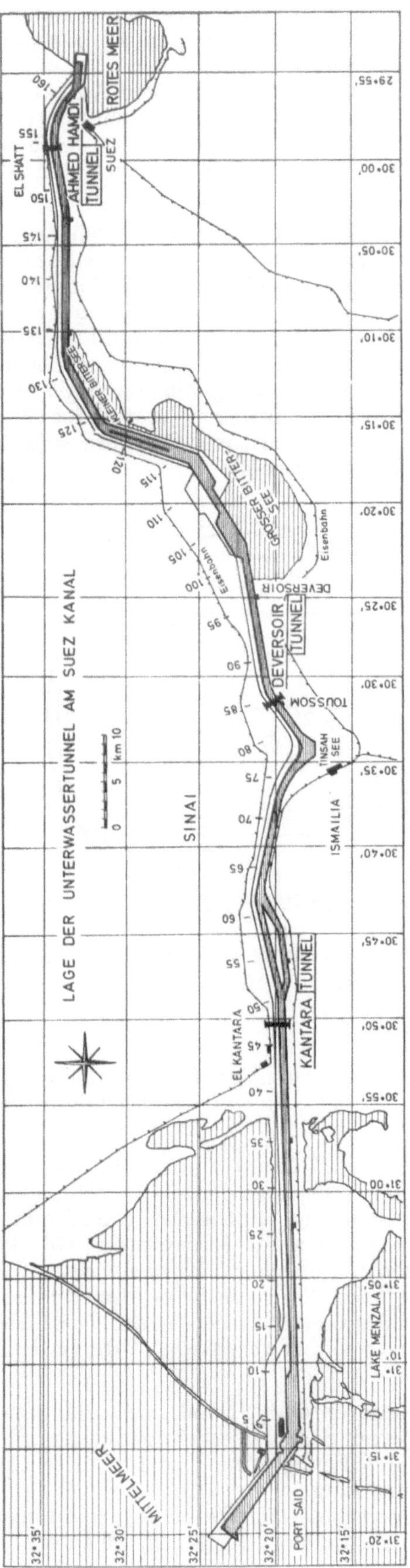

Abb. 38. Lageplan des Suez-Kanals mit den Tunnelprojekten

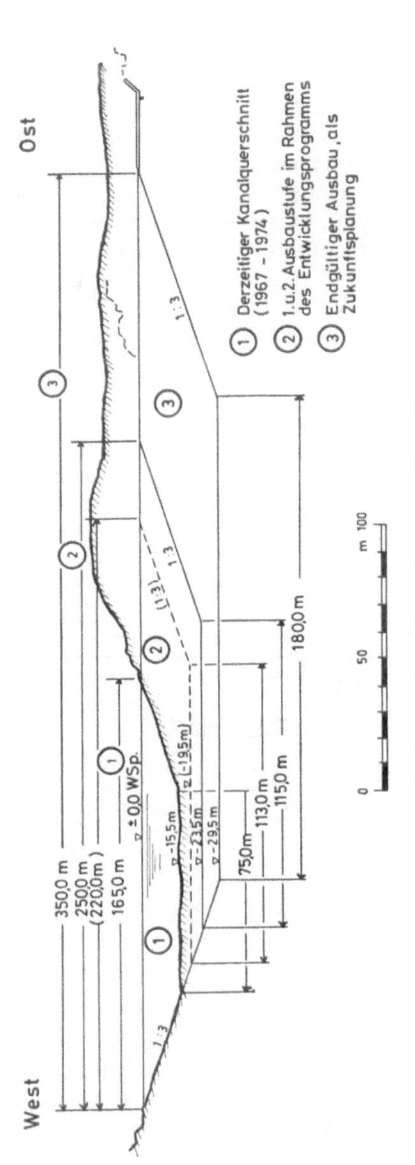

Abb. 39. Der Ausbau-Querschnitt des Suez-Kanals

Tanker den Kanal benutzt, wobei der Nordsüdverkehr eindeutig dominierte und beladene Tanker überwiegend noch die Kaproute bevorzugten. Rechnet man damit, daß sich die Kanaldurchfahrten auf zwei Drittel der maximalen Kapazität des Suez von 80 Schiffen täglich steigern lassen, so könnte der Güterverkehr in naher Zukunft wieder den 200 Mio NRT -Bereich erreichen.

Über die Modernisierung des Kanals hinaus beabsichtigt Ägypten den großzügigen Ausbau der Suez-Kanalzone einschließlich des Sinaiufers zu einem Industrie- und Fremdenverkehrszentrum. Um Sinai an dieser Entwicklung teilhaben zu lassen und enger an die Städte westlich des Kanals anzuschließen, ist mit dem Bau, bzw. mit den Vorbereitungen für drei Verkehrstunnel unter dem Suez-Kanal begonnen worden:

1.1 Das ägyptische Aufbauministerium hat den ersten der drei Unterwassertunnel, den Ahmed Hamdi Tunnel im März 1976 in Auftrag gegeben. Er liegt ca. 7 km nordöstlich der Stadt Suez bei El Shatt. Mit Rücksicht auf die künftigen Vertiefungen der Kanalsohle taucht der Tunnel mit seiner Fahrbahn bis auf — 50 m unter den Kanalwasserspiegel ab. Die Gesamtlänge von 2 790 m besteht aus 1 630 m Bohrtunnel mit beidseitigen Lüfterbauwerken, daran anschließend je 280 m cut-and-cover-Abschnitte und je 300 m Rampen als offene Einschnitte. Im Kreisquerschnitt des Bohrtunnels mit einem lichten Durchmesser von 10,40 m ist eine zweispurige Straße von 7,50 m Breite mit beidseitigen Bedienungsstegen untergebracht, darunter Trinkwasser- und andere Versorgungsleitungen, darüber der Frischluftkanal (Abb. 40). Die cut-and-cover-Strecken sind als Stahlbetonquerschnitte, die Rampenstrecken als Trogquerschnitte ausgebildet.

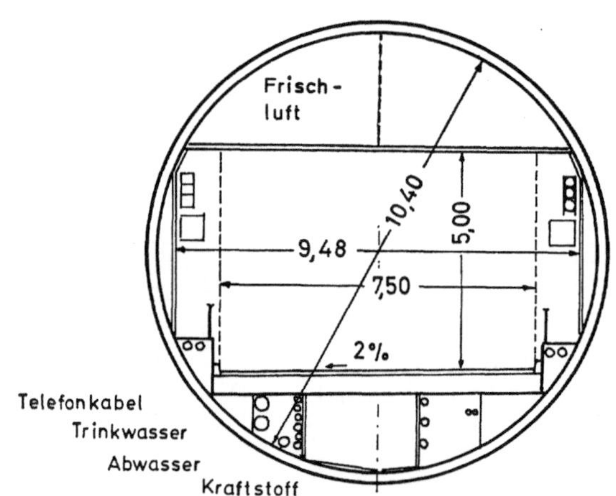

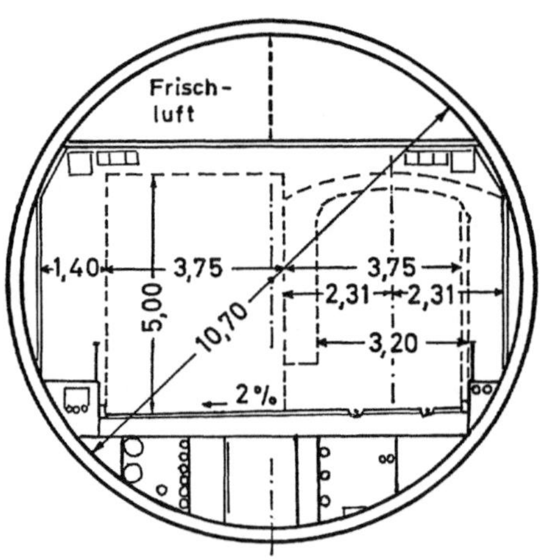

Abb. 40. Querschnitte der Suez-Kanal-Tunnel

Für die Auffahrung des Bohrtunnels waren zusätzliche Bodenuntersuchungen erforderlich geworden, die im Sommer 1976 abgeschlossen wurden. Man rechnet mit einer Fertigstellung des Tunnels bis Mitte 1979.

1.2 Als zweite Unterwasserverbindung unter dem Kanal ist der Kantara-Tunnel 47 km südlich Port Said vorgesehen. Der mit einem lichten Durchmesser von 10,70 m geplante Querschnitt soll eine Straßenspur und eine Eisenbahnspur aufnehmen. Für die Bahn sind Rillengleise in die Asphaltdecke eingebettet, so daß die Bahnspur auch als zweite Straßenspur benutzt werden kann (Abb. 40). Aus der Kombination von Straße und Eisenbahn ergibt sich bei gleicher Tiefenlage wegen der flacheren Bahngradiente zwangsläufig eine wesentlich größere Tunnellänge als beim Ahmed Hamdi Tunnel. Da auch hier noch zusätzliche Bodenuntersuchungen durchgeführt werden sollen, ist über die endgültige Ausführungsart noch nicht entschieden und noch nicht zu übersehen, ob die für Ende 1979 vorgesehene Fertigstellung möglich ist.

1.3 Der Deversoir-Tunnel, der dritte Unterwassertunnel unter dem Kanal, ist südlich von Ismailia bei km 85 geplant. Auch er soll vom Eisenbahn- wie vom Straßenverkehr genutzt werden und ähnlich wie der Kantara Tunnel ausgeführt werden. Seine Fertigstellung ist für Mitte 1980 vorgesehen, hier sind zunächst noch Vorbereitungsarbeiten im Gang.

Bei allen drei Unterwassertunneln spielt neben den durch sie verbesserten Verkehrsverbindungen nach dem Sinaiufer auch der Einbau von Wasserleitungen eine wichtige Rolle: sie sollen ein am

Ostufer projektiertes großes Bewässerungssystem speisen, das Grundlage für die Land- und forstwirtschaftliche Erschließung eines breiten Küstenstreifens bilden und die Ansiedlung von 500000 Bauern ermöglichen soll.

2. Der Abwasserdüker am Hafen von Durban, Südafrika

Der Hafen von Durban, einer Halbmillionenstadt im Südosten der Südafrikanischen Union, kommt mit seinen 10222 Schiffsbewegungen im Geschäftsjahr 1973/74 denen europäischer Nordseehäfen gleich. Auch der Gesamtgüterumschlag von 32714150 t im gleichen Jahr kennzeichnet die internationale Bedeutung des Hafens. Früher flossen große Teile der Abwässer von Durban ungeklärt am Hafeneingang ins Meer, von wo sie sich mit der Flut zurück in den Hafen oder auch bis zu den Badestränden bewegten. In den fünfziger Jahren wurde dieser Übelstand durch ein Klärsystem beseitigt, zu dem auch der 237,3 m lange Abwasserdüker zwischen Bluff und The Point am Durban Hafen gehört.

Der Düker hat einen lichten Durchmesser von 3,70 m und besteht aus 5 Absenkelementen von 43,40 m bis 52,10 m Länge, die auf einem nahegelegenen Trockendock hergestellt wurden. Jedes der Elemente besteht aus drei 14,5 m bis 17,4 m langen Teilstücken, die stehend als Stahlbetonröhren von 49 cm Wandstärke betoniert und dann mit Vorspannkabeln zu Elementlängen zusammengespannt wurden. Die Dükersohle liegt auf 20,27 m, die Schiffahrtsrinne hat 16 m Tiefgang und 130 m Breite, der Absenkgraben wurde ca. 5 m tief in Sand und Kies ausgebaggert. Als vorläufige Auflager für die Absenkgräben wurden zweiteilige Stahlbetonblöcke auf vorbereiteten Kiesplatten verlegt, in deren Sättel die Elemente, die leichten Auftrieb hatten, mit Seilen herabgezogen und vorübergehend mit Gurten verankert werden mußten, bis sie mit Sand allseitig verfüllt und fest gelegt waren. Die mittleren drei Elemente liegen horizontal, die beiden Endelemente steigen mit 40% zu den Anschlußkammern an. Die Gezeitenströmung von 2 m/sec und der Tidehub von 1,80 m haben den Einschwimm- und Absenkvorgang nur unwesentlich beeinflußt.

ASIEN

Unterwassertunnel in Japan

1. Unterfahrung des Schiffsverkehrs in Meeresengen und Häfen

Im Inselreich Japan mit seinen stark gegliederten Küsten, seinen tiefen Buchten und seiner großen Bevölkerungsdichte hat die Entwicklung der Land- und Seeverkehrswege stets vor außergewöhnlichen Problemen gestanden. Die vier großen Inseln Honshu, Hokkaido, Kyushu und Shikoku sind durch Meerengen voneinander getrennt, die ausnahmslos starken Schiffsverkehr aufweisen und deren Querung durch Landverkehrsverbindungen einen hohen technischen und finanziellen Aufwand erfordert. Von in japanischen Gewässern 1973 beförderten 827700000 t Fracht entfielen 505840000 t auf Übersee- und 321860000 t auf Küstenschiffahrt und damit hauptsächlich auf den Schiffsverkehr durch diese Meerengen. Nur eine der Meerengen, die Kanmon Strait zwischen Honshu und Kyushu, wird derzeit von einer 1068 m langen Hängebrücke überquert, und auch für die Verbindung zwischen Shikoku und der Hauptinsel Honshu ist eine kombinierte Eisenbahn- und Straßenbrücke geplant. Im übrigen aber hat man wegen der großen Wassertiefe der Straits und der Gefahr von Taifunen von weiteren Brückenplanungen abgesehen und sich zur Unterfahrung der Seeschiffahrtsstraßen durch Tunnel entschlossen.

Auch in den Häfen der Millionenstädte mit ihrem Güterumschlag bis zu 100 Mio t bedeutet das Fährschiff zwischen gegenüberliegenden Ufern eine unzumutbare Behinderung der Seeschiffahrt und kann ohnehin das sprunghaft gestiegene Verkehrsaufkommen dies- und jenseits des Hafens keinesfalls mehr befriedigen, so daß auch hier eine vom Hafenverkehr unabhängige Unterwasserverbindung an seine Stelle treten muß.

Die Unterfahrung von Seeschiffahrtsstraßen und Seehäfen mit Bahn- und Straßentunneln ist in Japan in der Vergangenheit überwiegend in Schildvortrieben und bei Längen bis zu 200 m auch als Druckluftsenkkastenzug durchgeführt worden. Bis 1970 gab es nur drei im Einschwimm- und Absenkverfahren erstellte Tunnel: zwei davon in Osaka, einer in Tokio. Bei den beiden Tunneln in Osaka handelt es sich um verhältnismäßig bescheidene Anfänge: In Hafennähe wurde der Dojima-Fluß mit zwei Elementen je 35 m und der Dotonbori-Fluß mit einem Element von 25 m unterquert. Erst im Zuge des 5900 m langen Haneda-Tunnels für die zweispurige Keiyo-Eisenbahn an der Nordgrenze des Flughafens und des Seehafens Tokio wagte man längere Absenkstrecken: bei der Unterfahrung des Tama-Flusses wurden 6 Elemente von je 80 m und bei der Unterfahrung des Keihin-Kanals wurden 4 Elemente von je 82 m Länge abgesenkt (Abb. 41). Nun, da man die großen wirtschaftlichen und technischen Vorteile dieses Verfahrens erkannt hatte, bahnte sich eine neue

Abb. 41. Lage der Tunnel im Hafen Tokio

Entwicklung an, die 1974 ebenfalls im Hafengebiet von Tokio zu Absenkstrecken von 660 m im Zuge einer 2 × 2-spurigen Straße unter dem Keihin-Kanal im Ortsteil Kawasaki und von 1035 m im Zuge der 3 × 2-spurigen Stadtautobahn unter der Hauptschiffahrtsrinne, Fairway No 1, des Hafens Tokio führte. Doch ein weit ehrgeizigeres Projekt ist bereits in der Planung: Nachdem sich große Industriekomplexe beidseitig der Tokio Bucht weit nach Süden vorgeschoben haben, ist ein dringendes Verkehrsbedürfnis für eine Unterwasser-Bahn- und Straßenverbindung quer durch die Bucht entstanden, was einer Absenkstrecke von etwa 17 km entsprechen würde.

In den folgenden Abschnitten sollen nun die drei bedeutendsten Unterwasserverbindungen der jüngsten Zeit besprochen werden, Bauwerke, die wegen ihrer Kühnheit und Größe weltweites Interesse verdienen.

2. Wangan Sen, Stadtautobahntunnel im Hafen von Tokio

2.1 Seehafen Tokio

Der Güterumschlag im Hafen Tokio hat sich in den letzten zehn Jahren um rd. 55% vergrößert. 1963 wurden rd. 29 Mio t, 1973 ca. 77000 Schiffe mit rd. 45 Mio t Schiffsfracht abgefertigt, wovon 35 Mio t auf Inlands- und 10 Mio t auf Auslandsverkehr entfielen. Die abgefertigte Container-Tonnage stieg von 2,37 Mio t im Jahr 1972 auf 4,78 Mio t im Jahr 1973, d.h. in einem Jahr auf mehr als das Doppelte.

Ein dichtes Netz von Bahnen und Straßen des Schnell- und Schwerlastverkehrs umschließt den Hafen im Westen, Norden und Osten. Der Hafen verfügt über 45 Anlegeplätze für alle Schiffsklassen bis 20000 t, zahlreiche Ankerplätze, Containerhafen und Roll-on/Roll-off-Kais. Für den überaus lebhaften Schiffsverkehr von i.M. 300, in den Spitzen aber 1000 Schiffen pro Tag in der von NW nach SO verlaufenden Hauptschiffahrtsrinne bildet jeder Querverkehr von zwischen dem West- und dem Ostufer pendelnden Fährschiffen und Lastkähnen eine fortgesetzte Belastung, die durch die seit 1975 bestehende Unterwasserschnellverbindung zwischen Shinagawa und Arakawa ganz wesentlich erleichtert wurde.

2.2 Unterwassertunnel Wangan Sen

Für die Querung des Hafens durch die Stadtautobahn standen der Bau einer Hochbrücke von 50 m Lichthöhe und 600 m Mittelöffnung oder eines Unterwassertunnels von ca. 1200 m Tunnellänge zur Wahl. Man entschied sich für den Tunnel, da dieser bei Berücksichtigung der Gefahren durch Erdbeben und Taifune und bei den schlechten Gründungsverhältnissen für die Brücke die günstigeren Möglichkeiten bot.

Die Tunnelstrecke ist für eine Ausbaugeschwindigkeit von 80 km/h mit einem kleinsten Krümmungsradius von 600 m ausgelegt. Von der Gesamtlänge von 2800 m entfallen 1325 m auf die eigentliche Tunnelstrecke, 230 m auf die West- und 1245 m auf die Ostrampe. Von der Tunnelstrecke sind 1035 m Absenkstrecke, daran westlich 220 m Lüfterbauwerk West und cut & cover-Strecke, östlich 70 m Lüfterbauwerk Ost und cut & cover-Strecke anschließend. Die Tunnelfahrbahn fällt von ± 0 mit 4% auf — 20,50 m unter Hafenwasserspiegel. Die Überdeckung im 340 m-Bereich der Hauptfahrrinne beträgt nur 1,50 m. Der Rechteckquerschnitt des Tunnels hat 2 × 3 Fahrspuren mit je einem Verkehrsraum von 12,50 × 4,50 m, dazwischen einen Wartungs- und Leitungstunnel von 3,60 m Breite und auf den Außenseiten je einen Lüftungstunnel von 2,20 m Breite für Halbquerlüftung. Die Sohle der Schiffahrtsrinne liegt — 12 m unter Normalwasserspiegel, der sich bei Flut um 2,1 m hebt.

Die Absenkstrecke besteht aus 9 Stahlbeton-Elementen von 115 m Länge, 37,40 m Breite und 8,80 m Höhe und einem Gewicht von je 38000 t. Das Trockendock für die Herstellung der Schwimmkörper wurde durch Absperren der halben Länge des Hafenkanals zwischen Ohi Werft 1 und 2 mit 2 Dämmen von 250 m Länge und 15 m Breite und anschließendes Leerpumpen geschaffen. Die Bedienung der in Doppelreihe nebeneinander gefertigten Stahlbetonkästen erfolgte durch vier 59 m breite 10 t-Portalkräne. Das Trockendock ist 3500 m von der Absenktrasse entfernt. Je zwei Elemente wurden abseits der Hauptfahrrinne im Kanal ausgerüstet und bereitgestellt. Zur Herstellung der Absenkrinne bis auf — 20,0 m unter Hafenwasserspiegel mußten rd. 1,6 Mio m³ sandiger Lehm gebaggert werden. Pro Element wurden 2 Hilfsfundamente für die vorderen Auflager betoniert. Die Absenkung erfolgte über zwei ca. 80 m lange Absenkpontons, die durch zwei Fachwerkbrücken miteinander verbunden waren. Das hintere Ende des Schwimmkörpers wurde auf die Auflagerkonsole des vorhergehenden, bereits verlegten Elementes, das vordere Ende auf die Hilfsfundamente abgesetzt und durch hydraulische Pressen von innen her justiert. Die Absenkung erfolgte im Anschluß an die Herstellung der Lüfterbauwerke und der cut & cover-Strecken von Westen nach Osten. Die Verbindung der Elemente und die Fugendichtung ist in ähnlicher Weise wie beim Elbtunnel erfolgt (vgl. S. 125), wobei im japanischen Erdbebengebiet einer gewissen Flexibilität der Fugen besondere Bedeutung zukommt.

Die Arbeiten am Wangan Sen — oder, wie er offiziell benannt wurde, am Trans-Tokyo Harbour Highway Tunnel wurden 1970 begonnen und 1975 beendet. Die Eröffnung des Tunnels ist für 1976 vorgesehen.

3. Die Kanmon Unterwassertunnel

3.1 Die Kanmon Meerenge

Die Kanmon Strait zwischen Honshu und Kyushu ist eine international bekannte Schiffahrtsstraße zwischen der Koreastraße und der Inland-See mit dichtem Schiffsverkehr, vornehmlich der Mittelklasse zwischen 2000 und 8000 t. Hier tritt das Gebirge nahe an die Küstenlinie heran, die schmalen, flachen Küstenstreifen sind dichtbesiedelt. Die Meerenge ist an ihrer schmalsten Stelle nur 712 m breit und hat eine maximale Wassertiefe von 20—25 m, allerdings mit turbulenten Gezeitenströmungen. An dieser Schiffahrtsstraße ist nicht nur die Störung des Schiffsverkehrs durch Fährdienste, sondern vor allem der Drang nach schnellen, leistungsfähigen Durchgangsverbindungen zwischen den beiden Inseln die Triebfeder für den Bau von Brücke und Tunneln gewesen.

Der Shin Kanmon-Tunnel ist bereits die vierte feste Verkehrsverbindung zwischen Honshu und Kyushu (Abb. 42):

Kreuzungsbauwerk	Länge m	Strait-Breite m	Bauzeit	Bauverfahren
2 × 1-spurig (Kapspur 1 m) Kanmon Bahntunnel der Kagoshima Linie	3 614 3 604	1140	10/36—5/42 8/40—8/44	2 parallel laufende Röhren, $a = 20$ m, Auffahrung mit Druckluftschild und Absenkkästen
2-spuriger Kanmon Straßentunnel (Nationalstr. 3/9)	3 461	750	5/39 gestoppt 1946—3/58	Normaler Dachschildvortrieb
2-spurige Kanmon Straßenbrücke (Kyushu Schnellstraße)	1 068	712	12/68—9/73	Hängebrücke
2-spuriger Shin Kanmon Bahntunnel der Sanyo Shinkansen Expreß-Linie (Normalspur 1,435 m)	18 713	880	3/70—5/74	verschiedene Bohrverfahren

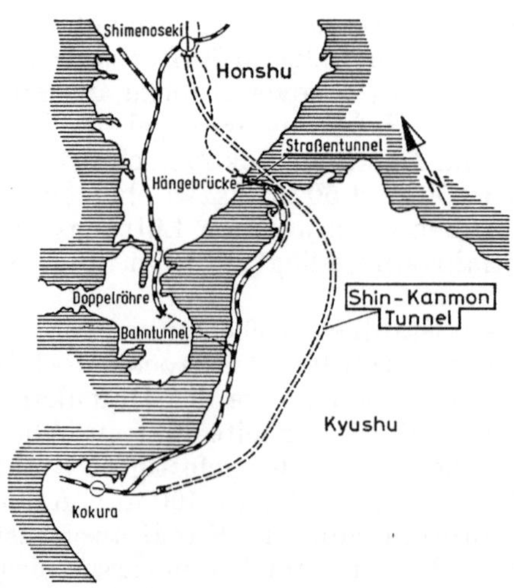

Abb. 42. Lageplan des Kanmon-Tunnels zwischen Honshu und Kyushu

3.2 Der alte Bahntunnel

Die beiden 1942, bzw. 1944 in Betrieb genommenen Röhren des Kanmon Bahntunnels laufen ca. 5 km südlich der Kanmon Brücke und des Straßentunnels unter der Meerenge hindurch. Da sie zur alten Kagoshima Linie gehören, waren für ihren Entwurf noch die Trassierungselemente der

Kapspur maßgebend: sie haben eine größte Steigung von 25% und einen kleinsten Radius von 600 m. Man hat sich bei ihrer Auffahrung schon damals des gleichen Arbeitsverfahrens bedient, wie es später bei den beiden großen Unterwassertunneln, dem Shin Kanmon und dem Seikan angewandt wurde: einige Meter tiefer zwischen den beiden Röhren wurde ein Sondierstollen vorgetrieben, der folgende Aufgaben zu übernehmen hatte:

- Aufschluß der Geologie
- Festlegung des zweckmäßigsten Arbeitsganges für die Hauptröhren
- Verbesserung der Hauptröhren-Trassen durch chem. oder Zementinjekionen vom Sondierstollen aus
- Entwässerung der Hauptröhren
- Nach Inbetriebnahme des Tunnelsystems: Wartungs- und Drainagestollen.

3.3 Der Straßentunnel

Der 1939 gestoppte und nach dem Krieg weitergebaute Kanmon-Straßentunnel hat in seinen Landabschnitten einen Hufeisenquerschnitt mit Sohlgewölbe, im 780 m langen Unterwasserabschnitt einen Kreisquerschnitt, in dem unter der 7,50 m breiten Fahrbahn und der Querlüftung noch ein Radfahrer- und Fußgängerteil von 3,85 m Breite und 2,54 m Höhe untergebracht ist. Die Gradiente fällt und steigt mit 4%. Das durchörterte Gebirge besteht aus Diorit, Porphyrit und Hornfelsgneis mit mehreren Verwerfungen, auch im Unterwasserabschnitt. Die Auffahrung erfolgte in 5 Abschnitten über 4 Senkrechtschächte und die Portale. Für den ca. 25 m unter der Meeressohle verlaufenden Mittelteil hatte man sich zwischen Druckluftsenkkasten und Dachschildvortrieb für den letzteren entschieden, wobei im vorauseilenden Firststollen streckenweise injiziert werden mußte. Für die Querlüftung sind 3 kleine Lüfter installiert.

3.4 Der Shin Kanmon Tunnel

3.4.1 Planung. Der Ende 1974 eröffnete Shin Kanmon Tunnel im Zuge der Sanyo Shinkansen-Expreßlinie ist mit 18713 m Länge hinter dem Simplon der zweitlängste Eisenbahntunnel der Welt. Die Tokaido- und Sanyo-Shinkansen bilden das Rückgrat eines für 210, bzw. 260 km/h Geschwindigkeit ausgelegten Schnellbahnnetzes der „Bullet Trains". Seitdem der Shin-Kanmon in Betrieb genommen ist, wird die 1070 km lange Expreßstrecke von Tokio nach Hakata in 6 h 10', das heißt mit einer Reisegeschwindigkeit von 175 km/h durchfahren.

Für das Schnellbahnnetz sind neue Trassierungselemente festgelegt worden, die nicht ohne Einwirkung auf die Tunnellänge sind: Ausbaugeschwindigkeit 260 km/h — kleinster Kurvenradius $R = 4000$ m — größte Steigung 12%, auch 15% — Wannen- bzw. Kuppenausrundung 15000 m — Abstand der Gleisachsen 4,3 m.

Beim Shin Kanmon trug zur Tunnellänge weiterhin bei, daß der Tiefstpunkt der Tunnelsohle 65,5 m unter dem Meeresspiegel liegt und die Überdeckung bis zum Meeresgrund ca. 24 m beträgt und daß die Bahntrasse auf dem Honshu- und auf dem Kyushu-Ufer Gebirgsketten und auch das Ballungsgebiet von Tomino unterfahren muß. Die Tunnelgradiente fällt auf der Honshu-Seite auf eine Länge von 4560 m von 16,58 m bis auf — 65,50 m unter dem Meeresspiegel, das sind 18%, für die eine Ausnahmegenehmigung des Transportministers notwendig war. Auch die drei Kurven haben mit einem Radius von 3500 m das angestrebte Mindestmaß nicht erreicht. Auf der Kyushu-Seite bleibt die Gradiente unter 11%, um unter dem Stadtgebiet von Tomino eine möglichst hohe Überdeckung zu behalten.

Für die zwischen Sediment-, Eruptiv- und Urgesteinzonen wechselnden Gebirgsverhältnisse wurden vier verschiedene Querschnitte angewandt: Rechteckquerschnitt in den offenen Einschnitten, Hufeisenquerschnitt mit und ohne Sohlgewölbe in den Landstrecken, Kreisquerschnitt ($D_i = 10{,}06$ m) bei der Unterwasserstrecke. Der Achsabstand der beiden Gleise ist auf 4,30 m erweitert mit einem vertieften Kontrollgang in der Mitte. Die Gewölbedicken betragen 0,40—0,70 m und unter dem Meer 0,90 m.

3.4.2 Bauausführung. Die Bauarbeiten begannen März 1970 und die Hauptarbeiten waren im Mai 1974 beendet. Zur Straffung des Bauprogramms war die Gesamtlänge in 7 gleichzeitig laufende Bauabschnitte von 2—3000 m Länge unterteilt. Zunächst waren 8 Vortriebe angesetzt: die Shimonoseki-Rampe, 6 Schrägschächte und 1 Senkrechtschacht. Später wurden zusätzlich noch die beiden Schrägschächte Nishiyama und Jingao angefahren, um die Bauzeit nicht zu gefährden. Die Schrägschächte in Minimalquerschnitt fallen i.M. mit 4 : 1. Der fast 400 m lange Hinoyama-Schacht wurde vor den anderen gestartet, da man von diesem aus den zeitraubenden Unterwasserabschnitt vortreiben wollte. Die Verbruchzone beim Abteufen dieses Schachtes wurde durch Injektionen mit chemischer Bodenverfestigung überwunden. Der Schacht, der unter normalen Bedingungen mit 6 m/Tag abgeteuft worden wäre, hatte so nur eine Vortriebsleistung von i.M. 1,25 m/Tag. Vom Schachttiefsten wurde dann ein 540 m langer Sondierstollen von 9,4 m² Ausbruchsfläche mit 3% Steigen unter der Meerenge bis zum Tunneltiefsten durchgetrieben, um die ca. 250 m lange Verbruchzone auf der Honshu Seite zu erforschen.

Die 712 m lange Unterwasserstrecke trifft auf der Kyushu-Seite etwa vom Tunneltiefstpunkt an bis zum Mekari-Schrägschacht auf nach dem Ufer zu immer gesunder werdende Felszonen aus Granodiorit und später aus Porphyr. Nur etwa nahe der Mitte der Meerenge stören einige Verbrüche von 3—5 m Dicke.

Wohl die schwierigste Strecke des gesamten Tunnels dagegen ist die oben erwähnte Verwerfungs- und Verbruchzone auf der Honshuseite. Im Unterwasserabschnitt wurden insgesamt 142 l/sec Kluftwasser gemessen, das sich überwiegend auf die Verbruchzone konzentriert. Nach 145 m Sondierstollenvortrieb vom Hinoyamaschacht aus konnte ein schwerer Wassereinbruch in pausenlosem Einsatz durch Zementmilchinjektionen gestoppt werden. Nach 225 m erreichte man die große Verbruchzone, ca. 80 m von der Küstenlinie entfernt. Sie wurde mit einem Rohrschild aus 53 Stück Stahlrohren ⌀ 11,4 cm von jeweils 3 m Länge angegangen; die Umgebung des Schildes und die Ortsbrust wurden injiziert, bevor der Stollenquerschnitt in 3 Teilvortrieben ausgebrochen und sofort mit Beton ausgekleidet wurde. Der Sondierstollen benötigte 3 Monate für die Überwindung der Verbruchzone; er wird jetzt nach Inbetriebnahme des Shin Kanmon Tunnels als Drainageleitung vom Tunneltiefsten zur Pumpstation auf — 77,0 m des Hinoyama-Betriebsschachtes benutzt.

Zusätzlich zum Sondierstollen wurden von beiden Enden der Unterwasserstrecke her horizontale Erkundungsbohrungen durchgeführt: 2 Bohrungen von 260 und 583 m Länge von der Hinoyamaseite, 2 Bohrungen von 163 und 481 m von der Mekariseite aus.

Für den Unterwasservortrieb des Haupttunnels wären neben bergmännischem Vortrieb auch Druckluftschild, Vereisung und Injektion oder das Einschwimm- und Absenkverfahren in Frage gekommen. Aufgrund der Erfahrungen aus Langbohrungen und Sondierstollen entschied man sich jedoch für Beibehaltung des bergmännischen Vortriebs: das Absenkverfahren schied aus wegen des überaus starken Schiffahrtverkehrs, der Druckluftschild wegen des in der Verbruchzone zu erwartenden Wasserdrucks von bis zu 7 atü. Während für den ungefährdeten Teil der Unterwasserstrecke vorauseilender Sohlstollen mit nachfolgendem Kalottenausbruch im Hufeisenquerschnitt mit Sohlgewölbe gewählt wurde, ging man im Bereich der Verbruchzone auf 160 m — wie im Sondierstellen — zum Kreisquerschnitt mit streckenweiser Rohrschildsicherung über.

Da der Ausbruchsquerschnitt mit $F_A = 115$ m² aber 12 mal größer als der des Probestollens war, sah man sich gezwungen, den Querschnitt in 13 Teilabschnitten aufzufahren und im Schutze der Rohrschilde sofort zu sichern. Die Ortsbrust wurde jeweils 15 m tief injiziert und danach nur 10 m tief ausgebrochen. Für die zweischalige, 90 cm dicke Auskleidung des Kreisquerschnittes wurde eine Betongüte von $W_{28} = 320$ kg/cm² statt sonst 160 kg/cm² gefordert. Der Gewölberücken wurde mit Vinyldichtungspappe geschützt, die Fugen mit Urethan gedichtet und die Tunnelumgebung auf 8 m Tiefe sorgfältig injiziert. Die Arbeiten für diesen schwierigen Tunnelabschnitt von 50 m haben 15 Monate beansprucht.

Die Landabschnitte wurden den Gebirgsverhältnissen entsprechend in belgischer oder in deutscher Kernbauweise aufgefahren, wobei für die Sicherung der Kalotte fallweise Streckenbögen, Felsanker und Spritzbeton angewandt wurden.

Trotz der oft schwierigen und gefährlichen Arbeiten insbesondere unter dem Meer war bei dem Bau des Shin Kanmon Tunnels kein tödlicher Unfall zu beklagen.

4. Der Seikan-Unterwassertunnel

Die 22 km breite Tsugaru-Meeresstraße zwischen Honshu und Hokkaido bildet für den Verkehr zwischen den beiden Inseln und für die wirtschaftliche Entwicklung von Hokkaido ein schweres Hindernis. Hokkaido ist auch heute noch nur mit Flugzeug oder Fähre erreichbar. Von Tokio nach Sapporo sind es rund 960 Kilometer. Um diese Strecke mit Eisenbahn und Fähre zurückzulegen, benötigt man 19 Stunden und 25 Minuten, wovon 5 Stunden auf die 113 km lange Fahrt mit dem Fährschiff von Aomori nach Hakodate entfallen.

Die oft stürmische Tsugaru-Straße ist zu Zeiten der Taifune und im Schlechtwetter des Winters nicht für Schiffe befahrbar. Damit ist auch der Fährdienst der Eisenbahn unterbrochen und Hokkaido zeitweise von der Hauptinsel Honshu abgeschnitten.

Der Bau einer Brücke zwischen den beiden Inseln ist wegen der großen Wassertiefe von bis zu 300 m und wegen der Taifungefährdung nie ernstlich erwogen worden. Auch das Projekt einer schwimmenden Tunnelröhre, die am Meeresgrund verankert ist, wurde bald wieder fallengelassen. Dagegen haben Pläne für eine Untertunnelung schon 1939 vorgelegen, sind aber in der Kriegszeit zunächst zurückgestellt worden. Erst der Untergang des Fährschiffes „Toya Maru", das 1954 in einen Taifun geriet, und der Tod von 1172 Menschen bei dieser Schiffskatastrophe gaben den Ausschlag, das Projekt nunmehr ernsthaft zu betreiben. Die geologischen Untersuchungen und technischen Vorarbeiten waren nicht nur durch die große Wassertiefe, sondern auch durch die rasche Gezeitenströmung von 15 km/h erschwert. Die Probebohrungen entlang der für den Tunnel ausgewählten Trasse haben ergeben, daß die geologischen Verhältnisse recht ungünstig und schwierig sind, daß man sowohl im Bereich der Gesteine vulkanischer Herkunft auf der Honshu-Seite wie auch in den tuffhaltigen Schluff- und Sandsteinschichten der Hokkaido-Seite mit Verwerfungen und Verbruchzonen rechnen muß, die zudem einen starken Wasserandrang erwarten lassen. Aus diesem Grund hat man sich im Unterwasserabschnitt zu einer Mindestüberdeckung von 100 m entschlossen.

Der Lageplan des zweigleisigen Bahntunnels im Zuge der Tokaido-Shinkansen-Expreßlinie zeigt eine Gesamttunnellänge von 53 850 m, wovon 23 300 m auf die Unterwasserstrecke und 30 550 m auf die Landstrecken entfallen. Der Unterwasserteil ist gerade, die Landstrecken haben 4 Kurven mit $R = 4000$ m. Auch das Längsprofil hält sich an die Trassierungselemente der Expreßstrecken: 12‰ auf den Rampen, 3‰ auf dem ca. 5 km langen Mittelteil. Der 77 - 95 m^2 große Ausbruchsquerschnitt hat je nach den geologischen Verhältnissen Hufeisenform mit Sohlgewölbe oder Kreisform bei einer lichten Breite von 9,60 m und einer Lichthöhe von 8,00 m. Die Betonauskleidung wird 50—90 cm dick sein.

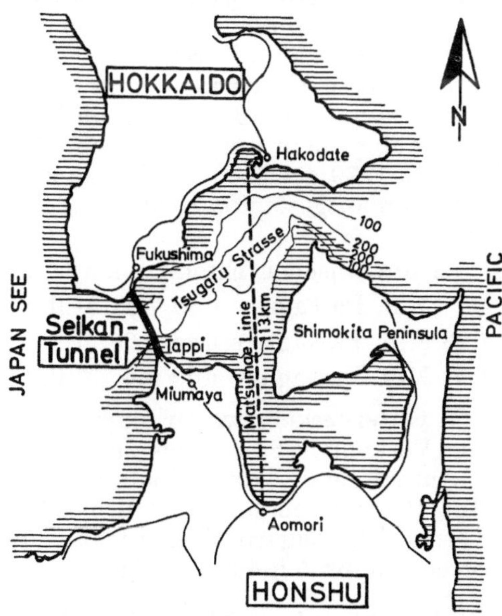

Abb. 43. Lageplan des Seikan-Tunnels zwischen Honshu und Hokkaido

Auch beim Seikan hat man den Unterwasserabschnitt zunächst einmal mit Richtstollen kleinen Querschnittes erkundet. 1964 begann man an der Hokkaido-Küstenlinie, 1966 an der Honshu-Küstenlinie 20 m^2-Schrägschächte von 1200 m bzw. 1300 m Tiefe abzuteufen, um von den Schachttiefsten aus beidseitig Erkundungsstollen ⌀ 3,60 m bzw. 4,50 m mit 3‰ Steigung gegen die Tunnelmitte vorzutreiben, wobei je nach Gebirgsverhältnissen konventionell oder mit Vollschnittmaschinen gearbeitet wurde. (Abb. 44). Wie beim Shin Kanmon werden die Erkundungsstollen nach Inbetriebnahme des Tunnels zur Ableitung des am Tiefstpunkt des Haupttunnels angesammelten Wassers zu den Pumpstationen an den Schrägschächten dienen. Die Stollen erreichten in gutem Gebirge Vortriebsleistungen von 250—300 m/Monat, sie erlebten aber auch Wassereinbrüche von 10000 Litern pro Minute, die Arbeitsunterbrechungen bis zu sechs Wochen verursachten.

Etwas später als die Erkundungsstollen wurden von den Schrägschächten auch die Wartungsstollen ⌀ 4,0—4,5 m parallel zur Haupttunnelachse im horizontalen Abstand von 30 m, jedoch 5 m tiefer, vorgetrieben. Von ihnen aus wird das Gebirge des Haupttunnels vorauseilend saniert; bei seiner Auffahrung dienen sie seiner Entlüftung und Entwässerung, sowie dem Materialtransport. Die Auffahrung der Hauptröhre ist seit 1972 von beiden Schächten her im Gang, die Hokkaido-Abschnitt mit 14,7 km, der Honshu-Abschnitt mit 13,0 km Länge. Sollten hier die angesetzten

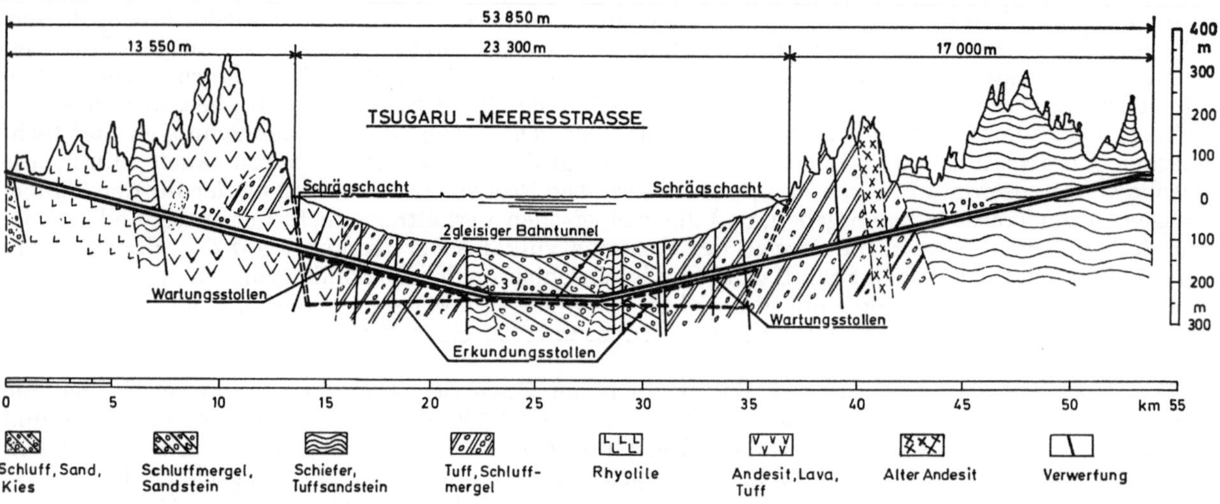

Abb. 44. Längsschnitt des Seikan-Tunnels

Zwischentermine wegen des häufigen Wasserandrangs und der Verbruchzonen nicht erreicht werden, so besteht jederzeit die Möglichkeit, von den Wartungsstollen über die in Abständen von 500—1 000 m angelegten Querschläge weitere Vortriebsorte anzusetzen. Noch stehen die beiden Hauptvortriebe vor zahlreichen Gefahren durch Verbruchzonen und Wassereinbrüche, wie der Wassereinbruch Anfang Mai 1976 am Hokkaido-Vortrieb gezeigt hat, der 3 000 m des Wartungsstollens mit 120 000 m³ überflutete. Diese Hindernisse sind aber vom Vortrieb der Richt- und Wartungsstollen her weitgehendst bekannt, so daß rechtzeitige Vorsorge zu ihrer Überwindung getroffen werden kann. Es erscheint daher nicht ausgeschlossen, daß der für die Fertigstellung des Seikantunnels gesetzte Termin Ende 1979 gehalten werden kann. Ob der Tunnel in dieser tektonischen Verschiebungen und Erdbeben ausgesetzten Region auf lange Sicht dicht gehalten werden kann, kann nur die Zukunft lehren.

Der Seikan-Fährschiffdienst der Japanischen Eisenbahnen transportierte:

1968 4,7 Mill. Passagiere und 7,1 Mill. t Fracht
1970 4,23 Mill. Passagiere und 6,28 Mill. t Fracht
1972 4,9 Mill. Passagiere und 8,0 Mill. t Fracht.

Inzwischen ist der Personen- und Güterverkehr weiter angestiegen und es muß damit gerechnet werden, daß die Fährschiffe den Verkehr nur noch bis zum Jahr 1980 bewältigen können. Mit Fertigstellung des Tunnels und Aufnahme des Expreßbahnverkehrs zwischen Tokio und Sapporo wird etwa ab 1985 mit 24,5 Mill. Passagieren und 30,2 Mill. t Fracht gerechnet, die schnell und unabhängig von Wind und Wetter die Tsugaru-Meeresstraße unterfahren werden. Der Tokio-Sapporo-Expreß wird für die Strecke dann 5 h 40′ benötigen.

Unterwassertunnel unter dem Victoria-Hafen in Hongkong

1. Victoria-Hafen

Einer der verkehrsreichsten und gleichzeitig schönsten Häfen der Welt ist der Victoria-Hafen in Hongkong, im Norden von der Kowloon-Halbinsel, im Süden von der Hongkong-Insel umschlossen, nach Westen und Osten sich weit öffnend zum Südchinesischen Meer. 14 650 Hochseeschiffe mit 63 680 000 NRT, 36 280 Küstenschiffe mit 6 543 000 NRT und ca. 22 000 Leichter und Dschunken mit 3 777 000 NRT, zusammen 72 930 Schiffe mit 74 000 000 NRT sind im Berichtsjahr 1973/74 im Hafen abgefertigt worden bei einem Güterumschlag von 13 748 000 t Import und 4 744 000 t Export. Drei moderne Containerhäfen im Rambler Channel an der Nordwestflanke von New Kowloon mit einem z. Z. jährlichen Umschlag von rd. 4,7 Mio t haben den Hafen mit seiner Wasserfläche von 60 qkm noch attraktiver gemacht.

Von den 4,1 Mio Einwohnern wohnen mehr als 3 Mio auf der Kowloon-Halbinsel und nur 1 Mio auf der Hongkong-Insel. Im täglichen Berufsverkehr müssen 675 000 Fußgänger und 19 000 Kraftfahrzeuge zwischen Festland und Insel transportiert werden. Dies geschah bis zur Eröffnung des Cross-Harbour Tunnels 1972 mit ca. 80 Fährschiffen im 5-Minutenverkehr quer durch den Hafen unter erheblicher Störung des Seeschiffahrtsverkehrs und des halbstündlichen Schnellverkehrs mit Tragflächenbooten zwischen Hongkong und Macao mit jährlich 3,2 Mio Fahrgästen (Abb. 45).

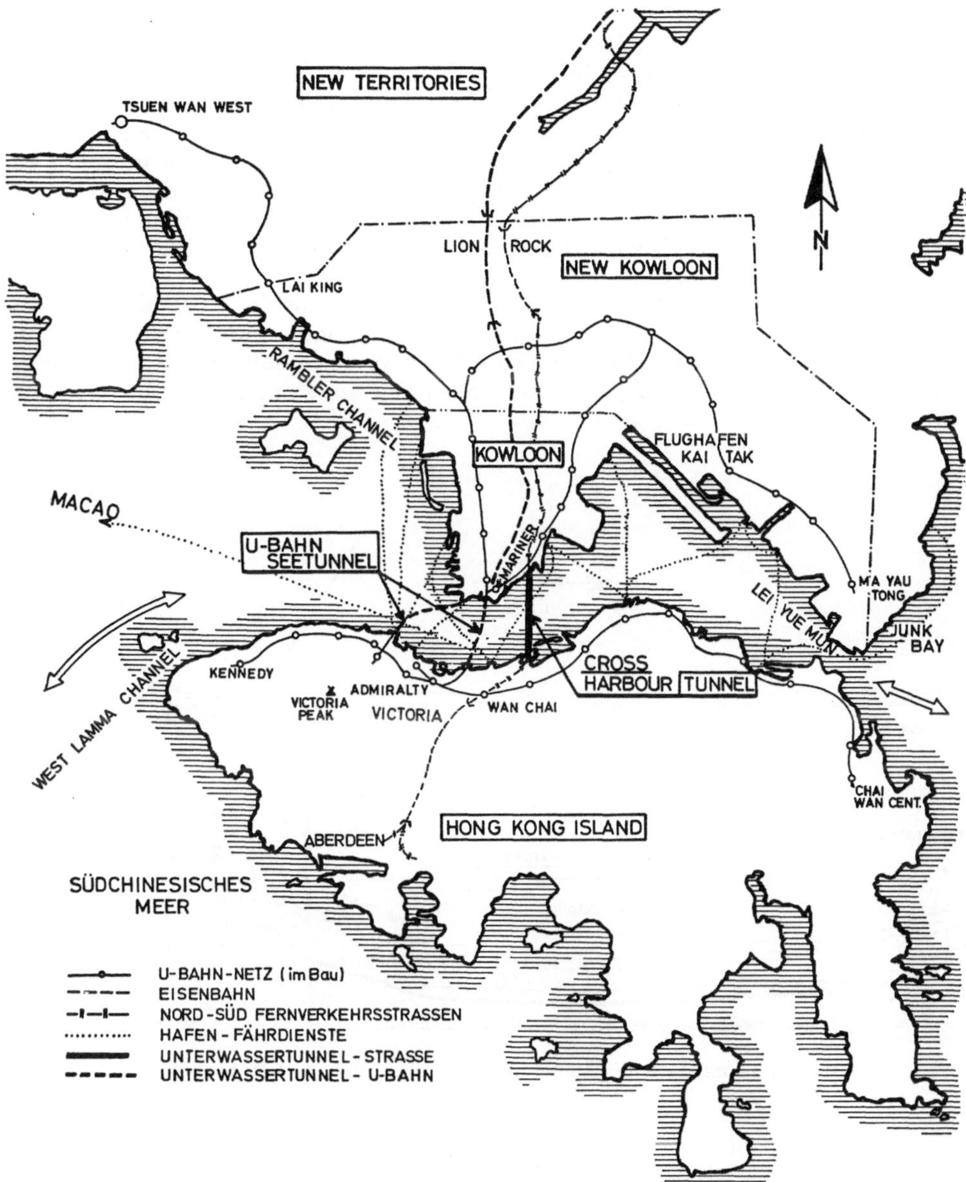

Abb. 45. Verkehrsverbindungen im Hafen von Hongkong

2. Cross Harbour Tunnel

2.1 Planung

Der Wunsch nach einer Straßenverbindung zwischen Insel und Festland ist nach 70 Jahren dank der privaten Initiative von Hongkonger Geschäftsleuten und Banken 1972 endlich mit der Eröffnung des Cross Harbour Tunnels in Erfüllung gegangen, der mit seinem Richtungsverkehr in zwei Röhren zu je zwei Fahrbahnen eine Kapazität von täglich 80000 Fahrzeugen aufweist. Zwischen den vorgelegten Entwürfen einer 1,8 km langen Seebrücke und einem etwa gleichlangen Seetunnel entschied sich die Baubehörde für die Untertunnelung des Hafens, insbesondere mit Rücksicht auf die Belange der Hochseeschiffahrt und des Luftverkehrs am benachbarten Kai Tak Flughafen. Sie erteilte der Cross Harbour Tunnel Co Ltd. die Konzession zur Finanzierung, zum Bau und Betrieb des geplanten Unterwassertunnels und zur Erhebung eines Tunnelzolls. Bei der Tunnellösung standen noch der bergmännische Vortrieb und das Einschwimm- und Absenkverfahren zur Wahl. Die bergmännische Auffahrung schied aus zwei Gründen aus: zum ersten fürchtete man die schwierigen Untergrundverhältnisse unter der Hafensohle, die Druckluft bis zu 3 atü notwendig machen konnten, zum anderen hätten die Tunnelröhren tiefer und damit die Rampen in größerer Entfernung vom Hafenufer angesetzt werden müssen, wozu aber bei der dichten und hohen Bebauung im Bereich der Tunneltrasse kein Platz war. Für den Absenktunnel war bauseits ein Stahlbetonkastenquerschnitt, wie er in Europa üblich ist, ausgeschrieben. Wegen günstiger Finanzierungsmöglichkeiten bei Verwendung von Stahlblech kam jedoch ein Doppelröhrenquerschnitt in Stahl mit Betonauskleidung zur Ausführung, wie er in USA bevorzugt wird (Abb. 47).

Bei der Bemessung dieses Querschnittes waren außer den normalen Spannungen aus Setzen, Temperatur und Schwinden und außer der Beanspruchung der Doppelröhre durch schleppende Schiffsanker und über der Röhre gesunkene Ozeandampfer noch die zusätzlichen, jährlich wiederkehrenden Gefahren durch Taifuneinwirkung zu berücksichtigen mit Windgeschwindigkeiten bis zu 280 km/h, Flutwellen und senkrechten Wasserwalzen.

Die Tunnellänge zwischen den Portalen von 1855 m setzt sich aus der Absenkstrecke von 1602 m und den nördlichen und südlichen Tunnelstrecken mit Lüfterbauwerken in offener Bauweise von 132 m, bzw. 121 m zusammen (Abb. 46). Hieran schließen sich beidseitig Rasterstrecken von je 91,5 m und offene Rampen von je 75 m und 6% Steigung an, so daß sich eine Gesamtlänge des Bauwerks von 2188 m ergibt.

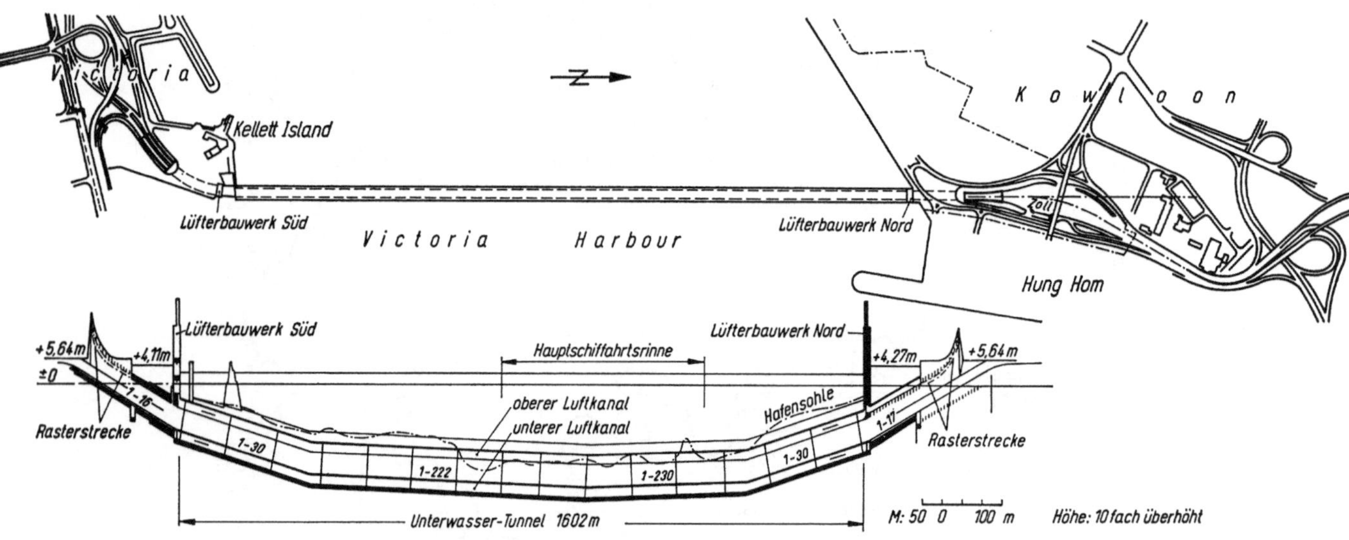

Abb. 46. Cross-Harbour-Tunnel in Hongkong: Lage- und Höhenplan

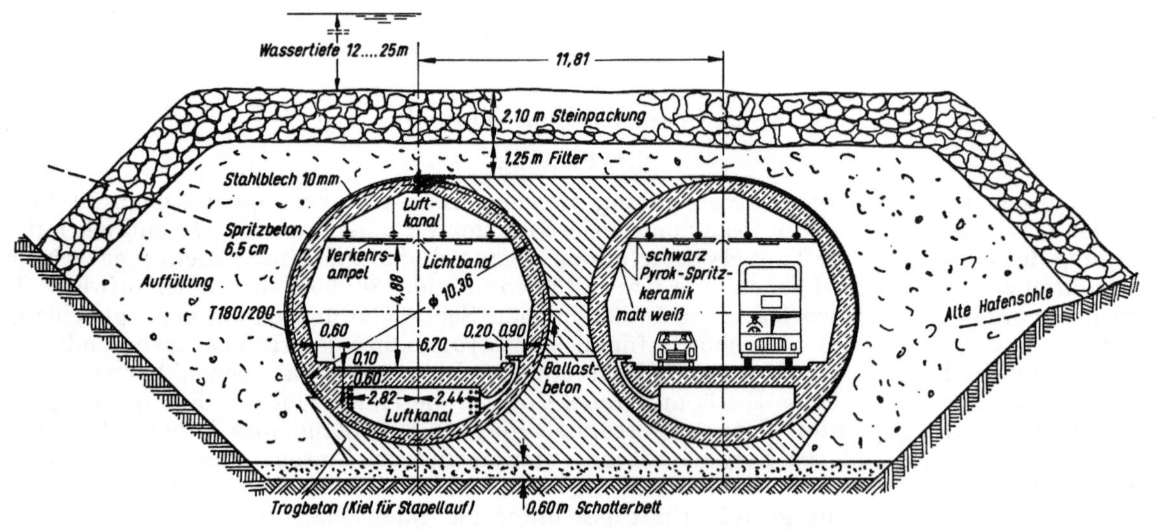

Abb. 47. Cross-Harbour-Tunnel: Querschnitt und Verfüllung

2.2 Vorbereitung und Ausführung der Unterwasserstrecke

Für die Absenkstrecke wurden auf einer der Tunneltrasse benachbarten Helling in Hung Hom 15 Einschwimmelemente von 99 m bis 113 m Länge hergestellt. An der Ausrüstungsmole wurden die endgültige Betonauskleidung und Ballastbeton eingebracht und der Vermessungsturm gesetzt.

Zum Absenken der von der Ausrüstungsmole in Versenkposition verholten Elemente diente ein Schwimmprahm, von dem zuvor ein 0,60 m dickes Schotterbett in den 10 m tiefen Baggergraben eingebaut und abgeglichen worden war (Abb. 48). Das Absenken erfolgte vom Lüfterbauwerk Nord

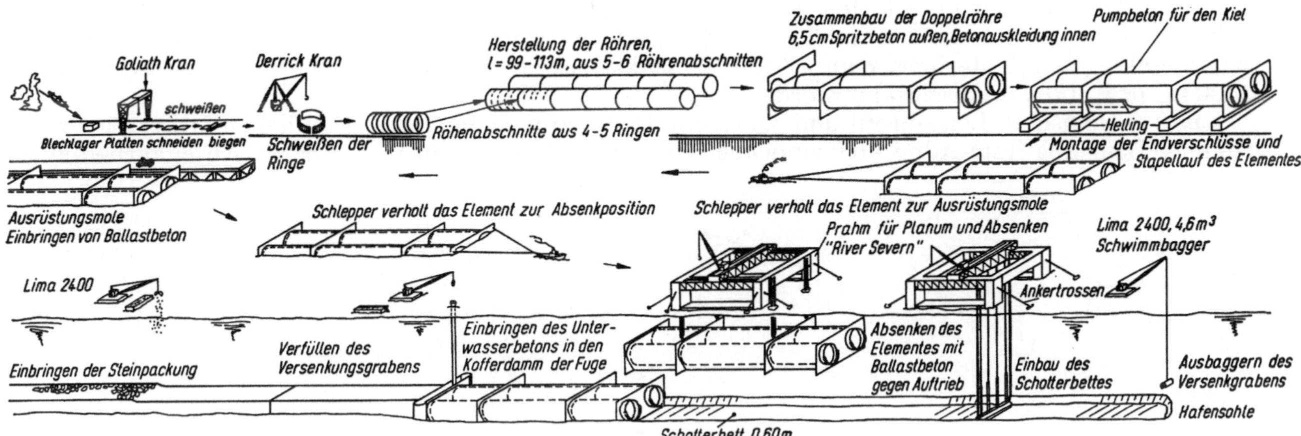

Abb. 48. Cross-Harbour-Tunnel: Arbeitsvorgänge für die Herstellung der Absenkstrecke

nach Süden, das eingemessene Element wurde von Windenzügen abgelassen und dabei gleichzeitig soviel Ballastbeton zwischen die Röhren eingebracht, daß nach dem Absetzen noch 400 t Übergewicht gegen Auftrieb vorhanden war. Der Absenkvorgang erfolgte bei Stauwasser und soll nach bauseitiger Angabe meist nicht länger als zwei Stunden gedauert haben. Die Beeinträchtigung der Schiffahrt während des einmal monatlich stattfindenden Einschwimmens und Absenkens eines Schwimmkörpers war insofern gemildert, als das Hafenamt ein- und ausfahrende Hochseeschiffe anwies, nur die westliche Hafeneinfahrt (West Lamma Channel) zu benutzen, soweit dies ihr Tiefgang zuließ. Die Schiffahrtsrinne für den Hafenverkehr von der Kowloon Bay nach Victoria und den westlichen Distrikten mußte dem Baufortschritt des Tunnels entsprechend umgelegt werden.

Trotz einiger Zwischenfälle, wie das Versinken eines Elementes an der Ausrüstungsmole infolge Taifuneinwirkung, konnte der Turnus von je einer Absenkung pro Monat durchgehalten und das Bauwerk in 35 Monaten fertiggestellt werden.

2.3 Besonderheiten bei Entwässerung und Belüftung

Das Entwässerungssystem des Tunnels ist auf die extremen Wassermengen abgestellt, wie sie bei Taifunen und heftigen Regenstürmen anfallen und den Tunnelverkehr bedrohen können. An den Portalen ist je eine Pumpstation installiert, deren Kapazität auf der Annahme von 2,5 cm/h Dauerregen und einem zusätzlichen Regensturm von 15 cm/h für 20 Minuten Dauer basiert. Das ergibt den enormen Regenanfall von 864000 l/h am Nord- und von 454000 l/h am Südportal. Zusätzlich ist eine Pumpstation im Tiefstpunkt der Röhren eingebaut. Die maximalen Niederschlagsmengen bei Taifunen sind weit höher als obengenannte Bemessungswerte, beim Taifun „Rose" im August 1971 wurde z. B. eine Regenmenge von 51,3 cm/h gemessen. Der Straßenverkehr durch den Cross Harbour Tunnel bleibt jedoch bei Taifunwetter und Regenstürmen noch intakt, wenn der Fährendienst zwischen Insel und Festland längst eingestellt ist.

Der Tunnel ist mit einer Halbquerlüftung ausgerüstet.

3. Unterwassertunnel der U-Bahn

Die Hongkong Regierung war sich seit langem bewußt, daß mit dem Bau des Cross Harbour Tunnels die Situation im Hafenverkehr zwar erleichtert, aber keineswegs endgültig gelöst ist. Nach den Erhebungen des Verkehrsamtes sind 1986 rd. 1 Million Fahrgäste täglich über den Victoria Hafen zu transportieren. Unter Berücksichtigung der auf den Cross Harbour Tunnel und den verbleibenden Fährverkehr entfallenden Fahrgastzahlen müssen die beiden U-Bahntunnel unter dem Hafen rd. 390000 Passagiere auf der East Kowloon Linie und rd. 530000 Passagiere auf der Kong Kow Linie täglich aufnehmen bei einer maximalen Tageskapazität von 625000 Fahrgästen je zweigleisiger Tunnelstrecke. Das sind Verkehrsvolumen, wie sie in Europa bei weitem nicht anfallen: die maximal auf Londoner U-Bahnstrecken registrierte Fahrgastzahl betrug 180000 pro Tag.

Auf der Grundlage der seit 1967 intensiv betriebenen Studien entschloß man sich zum Bau eines 52,6 km langen U-Bahnnetzes und begann 1975 mit dem Bau der 1. Stufe von 20,2 km Länge und dem dazugehörigen Absenktunnel zwischen Tsim Sha Tsui und Admiralty.

Für die Unterquerung des Hafens mit der Mass Transit Railway, wie die U-Bahn in Hongkong heißt, sind aus 6 Alternativen unter Abwägung aller verkehrstechnischen und geologischen Gesichtspunkte zwei Unterwassertunnel mit Absenkstrecken zwischen den Lüfterbauwerken von 1400 m, bzw. 1700 m ausgewählt worden.

Lage, geologisches Längsprofil und Querschnitt des zurzeit im Bau befindlichen Unterwassertunnels Tsim Sha Tsui-Admiralty sind aus Abb. 49 und 50 ersichtlich. Für die Absenkarbeiten

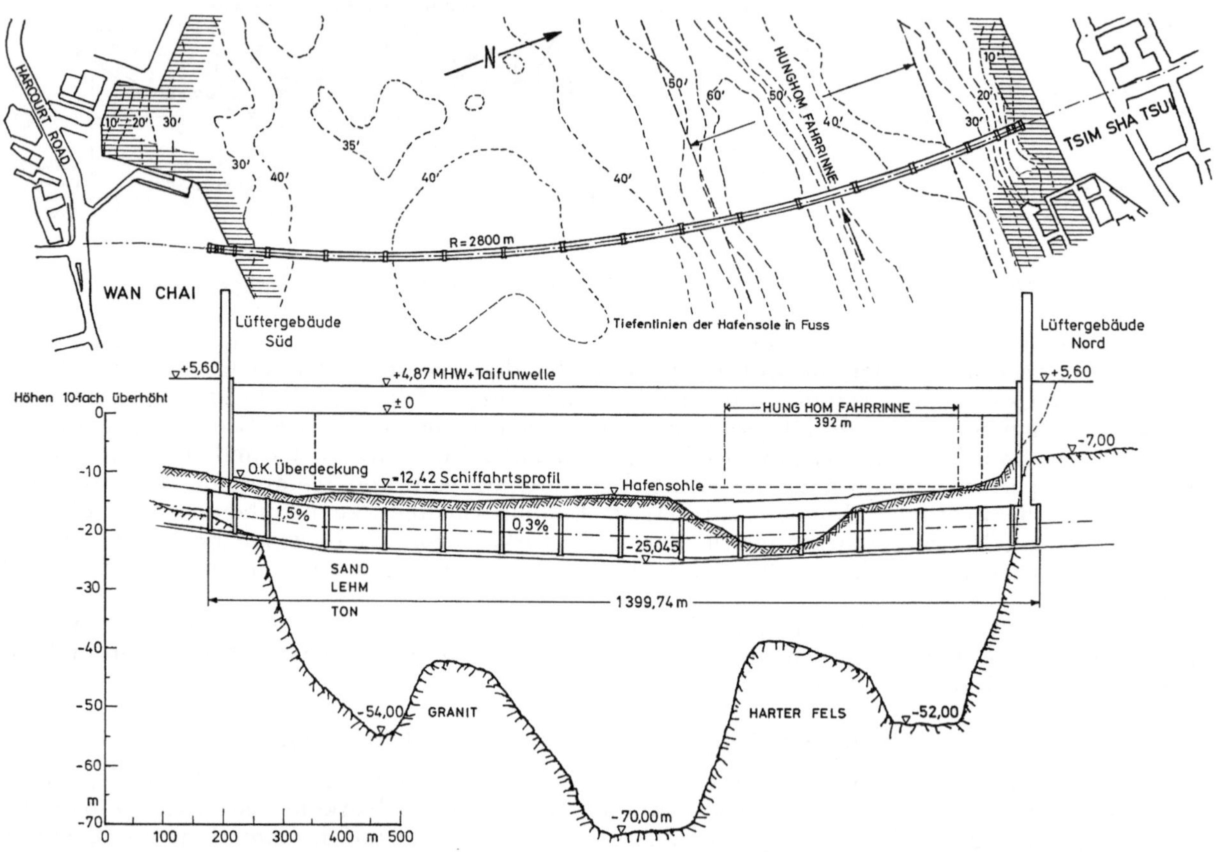

Abb. 49. U-Bahn-Tunnel der Kong-Kow-Linie in Hongkong: Lageplan und Längsschnitt

wird über der Tunneltrasse ein Arbeitsraum von 200 m Breite und jeweils 600 m Länge, der beidseitig um bis zu 100 m verlängert werden kann, freigehalten und durch Leuchtbojen gesichert. Die die Trasse kreuzende, ca. 400 m breite Hung Hom-Schiffahrtsrinne muß dem Arbeitsfortschritt des Tunnels angepaßt und entsprechend umgelegt werden. Obwohl die Strömung senkrecht zur Tunnelachse bei Ebbe nur 1,6 m/sec., bzw. bei Flut 0,9 m/sec. beträgt, soll das Absenken auch hier möglichst bei Stauwasser erfolgen. Die Absenkstrecke besteht aus 14 Elementen je 100 m, wobei die Endelemente unterteilt sind in einen normalen Abschnitt von 63,5 m und einen Abschnitt von 36,5 m, auf dessen Firstöffnung von ca. 12 × 14 m das zugehörige Lüfterbauwerk als Caisson aufgesetzt und gedichtet wird.

Für die Herstellung der Elemente ist die 8 km vom Einbau entfernte Chai Wan Bucht vorgesehen und für deren Bereitstellung die Junk Bay gegenüber. Um bei rasch aufziehenden Unwettern einen bereits in Absenknähe befindlichen Schwimmkörper nicht zu gefährden, soll in

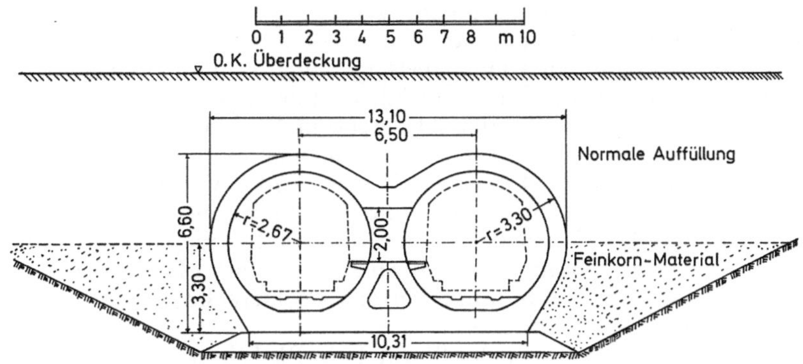

Abb. 50. Querschnitt der U-Bahn im Unterwasserbereich

Trassennähe ein seichter Liegeplatz ausgebaggert werden, auf den der Schwimmkörper bei Gefahr unverzüglich abgesetzt werden kann.

Die 100 m langen Elemente sind durch Dehnungsfugen in Abschnitte von 9 m, bzw. an den Enden 9,50 m, unterteilt. Im Gegensatz zum Cross Harbour Tunnel hat man sich bei beiden U-Bahn-Absenktunneln für Stahlbetonelemente entschieden, da diese in Hongkong um ca. 13% billiger als die Stahlmantelröhren sind.

Um bei Wassereinbrüchen im Unterwassertunnel infolge Taifuneinwirkung nicht das ganze U-Bahnnetz zu gefährden, werden in den Lüfterbauwerken außer kraftvollen Pumpstationen auch automatische Flutschotten eingebaut.

Besondere Erwähnung verdient noch die Lüftung der beiden U-Bahn-Unterwassertunnel. Während man in Europa bei Eisenbahn-Unterwassertunneln im E-Betrieb, wie z.B. bei dem rd. 1500 m langen dreigleisigen Hemspoor-Tunnel unter dem Nordseekanal in Amsterdam (vgl. S. 116), künstliche Belüftung nicht für erforderlich hält, zwingen in Hongkong die klimatischen Verhältnisse zu abweichenden Überlegungen. Man ist der Auffassung, daß die U-Bahn dort nur dann zu einem Massentransportmittel und damit zu einem vollen Erfolg wird, wenn sie nicht nur den schnellsten, sondern auch den angenehmsten Transport zum und vom Arbeitsplatz bietet. Nirgendwo in Europa, Amerika oder Japan gibt es ein U-Bahnnetz, das über so lange Perioden im Jahr so hoher Luftfeuchtigkeit und gleichzeitig so hohen Temperaturen ausgesetzt ist wie in Hongkong. Dazu kommt die geplante, dichte Zugfolge und die zu erwartende hohe Belegung der Züge, die die vorhandene Luftfeuchtigkeit und Hitze noch steigert.

Um diesen Verhältnissen Rechnung zu tragen, ist eine Längslüftung in Fahrtrichtung durch die Röhren vorgesehen, wofür ca. 30% des Lichtraumes zur Verfügung stehen. Jedes der beiden Lüfterbauwerke Nord und Süd ist mit zwei Zuluft- und zwei Abluftkaminen ausgestattet. Dem durchfahrenden Zug wird an der 1. Lüfterstation die Abluft abgesaugt und gleichzeitig Frischluft zugeführt, an der 2. Lüfterstation am Tunnelende wird die mitgeführte Luft abgesaugt und neue Frischluft eingeblasen. In den U-Bahnzügen werden Ventilatoren serienmäßig eingebaut, es ist aber auch die spätere Ausstattung mit Klimaanlagen vorgesehen. Auch die Trocknung der von den Lüftern zugeführten Frischluft ist in Betracht gezogen. Eine in der Nishi-Umida Station der U-Bahn Osaka laufende Klima- und Trocknungsanlage, die die Temperatur um 5° und die Luftfeuchtigkeit um 20% senkt, hat sich als so kostspielig erwiesen, daß vom Einbau solcher Anlagen bei der Hongkong Mass Transit Railway zunächst abgesehen wird.

4. Deira-Shindagah-Tunnel unter der Dubai-Bucht

In den Vereinigten Arabischen Emiraten an der Südküste des Golfs hat der Straßenverkehr in den letzten Jahren eine sprunghafte Entwicklung erfahren. So war in der Dubai-Bucht mit ihrem lebhaften Schiffsverkehr das Verlangen nach einer leistungsfähigen Straßenverbindung zwischen den Stadtzentren von Dubai und Deira dies- und jenseits der Bucht immer drängender geworden. Die erst 1963 eröffnete Al Maktoum-Brücke in Dubai, ca. 4 km landeinwärts der Dubai-Creek-Mündung, erwies sich schon Anfang der siebziger Jahre für das anwachsende Verkehrsaufkommen als völlig unzureichend. Dazu kam, daß die Bucht zu einem Seehafen ausgebaut wurde, dessen Becken sich weit ins Landesinnere ausdehnt. Noch 1968 war die Bucht nur von Küstenschiffen und Leichtern bis zu 800 t befahrbar, wenige Jahre später aber war bereits ein Hauptkai von 2960 m Länge gebaut für Seeschiffe bis zu 20000 t. Neben 12 Liegeplätzen für

Fracht- und Passagierverkehr soll ein Anlegeplatz für 200000 t-Öltanker geschaffen werden. Nach Fertigstellung aller Hafenanlagen erwartet man einen Güterumschlag von 3 Mio t/Jahr.

Das verbreiterte Hafenbecken machte eine Verlängerung der über die Bucht führenden Brücken erforderlich. Um den Hochseeschiffen die Durchfahrt zu ermöglichen, mußten diese Verlängerungen der Al Maktoum- und weiter südlich der Al Garhoud-Brücke als Rollklappbrücken mit 29 m Klappenlänge ausgeführt werden, wodurch die Leistungsfähigkeit dieser vorher schon unzureichenden West-Ostverbindungen noch weiter eingeschränkt wurde.

Das Emirat entschloß sich daher zum Bau eines 927 m langen Unterwassertunnels zwischen Dubai-Shindagah und Deira. Die Tunneltrasse verläuft in 425 m Abstand vom Meer annähernd parallel zur Küstenlinie. Die Fahrbahnen liegen an ihrer tiefsten Stelle 15 m unter dem Meeresspiegel. Das Längsprofil zeigt eine 560 m lange Unterwasserstrecke, an die eine 166 m lange West- und eine 201 m lange Ostrampe anschließen.

Der ca. 25 × 8 m Rechteckquerschnitt des Tunnels in Stahlbeton hat neben 2 Fahrbahnen von 7,30 m einen Gehweg von 3,65 m und einen einseitigen Wartungstunnel, in dem auch Versorgungsleitungen untergebracht sind.

Das im August 1972 begonnene Bauwerk wurde Weihnachten 1975 dem Verkehr übergeben. Die seichte Hafensohle begünstigte die Ausführung in Cut-and-cover Bauweise. Um den regen Schiffsverkehr in der Bucht möglichst wenig zu stören, mußten die Tunnelarbeiten in zwei Baustufen durchgeführt werden.

In der ersten Baustufe wurde am Deira-Ufer eine neue Schiffahrtsrinne ausgebaggert und der Schiffsverkehr von der alten Fahrtrinne am Shindagahufer auf die neue umgelegt. Danach wurde die Südwesthälfte der Tunneltrasse durch eine Spundwand umschlossen. ausgebaggert und mit der Herstellung des Tunnels begonnen. Den Abschluß der 1. Baustufe bildete ein Insel-Kofferdamm, der das offene Ende der westlichen Tunnelhälfte umschließt. Danach konnten die Spundwände beidseitig des fertigen Tunnelabschnittes gezogen, die alte Fahrrinne wiederhergestellt und der Schiffsverkehr in seine gewohnte Trasse zurückverlegt werden.

Die 2. Baustufe bestand in der Wiederholung obengenannter Baumaßnahmen für den Tunnelvortrieb von der Deira-Seite her.

Das Tunnelbauwerk dürfte mit seinem großzügigen Ausbau auf lange Sicht einen reibungslosen Ablauf des sich in der Bucht kreuzenden Schiffs- und Straßenverkehrs gewährleisten.

VI. Bedeutende Tunnelplanungen, besonders unter Meerengen

1. Von alters her stellten sich große Buchten und Meerengen nicht nur den Eroberern von fremden Ländern, sondern auch den Kaufleuten bei der Erschließung interkontinentaler Handelswege als größtes natürliches Hindernis entgegen. Daß seine Überwindung kein technisches Problem ist, zeigen die vielen Pläne, die sowohl für Brücken als auch für Tunnel weltweit aufgestellt worden sind. Da solche Gewässer oft sehr tief sind und starken Strömungen unterliegen, meistens auch einen lebhaften Schiffsverkehr aufweisen, bietet sich ein tiefliegender Tunnelbau eher an als die Gründung einer weitgespannten Brücke.

Ein Tunnel wird in den meisten Fällen nur in den sehr tiefliegenden wasserundurchlässigen Schichten nach Bauverfahren wie im Felstunnelbau oder im Rohrvortrieb, gegebenenfalls unter Mitwirkung des Gefrierverfahrens, aufgefahren werden. Es bestehen aber auch Vorschläge, die Tunnelröhre auf dem Meeresboden im Taktverfahren vorzuschieben oder als Einzelteil bzw. ganze Röhren auf den vorplanierten Meeresboden bzw. Senkbrunnen aufzulegen oder an verankerten Schwimmern schwebend aufzuhängen. Für Planierungsarbeiten unter Wasser sind bis 30 m Tiefe bemannte tauchfähige Crawlcutter und bis 60 m der Bulldozer Komatsu bereits bekannt. Die Weiterentwicklung führt zu Unterwasserbaggern mit Druckkabine und Radarsteuerung. Als Absenkgerät bietet sich nach den im Offshore-Betrieb bei Wassertiefen bis zu 85 m gewonnenen Erfahrungen mehr denn je die Hubinsel an. Als Tandem eingesetzt, bereitet die vordere die Absenkrinne vor und die zweite erledigt die Verlegearbeiten. Das interessanteste Gerät dürfte die über den Meeresgrund sich mit Hilfe eines zweiten Satzes Füße vorwärtsbewegende ‚Riesenkrabbe‘ sein. Wie die Japaner die Untertunnelung der tiefen Meerengen zwischen ihren Inseln geschafft haben, ist bereits in Teil (V) geschildert worden.

2. Die längste Geschichte hat wohl der Ärmelkanal-Tunnel zwischen Dover und Calais. Das erste Projekt datiert aus dem Jahre 1798. Dieser Tunnel sollte mit Holz ausgebaut werden und in Kanalmitte auf einer künstlichen Sandbank, auf der auch der Wechsel der Postkutschenpferde stattfinden konnte, einen Lüftungskamin erhalten. Die nächsten Pläne schmückten die Pariser Ausstellung im Jahre 1851. Mit ernsthaften Bauarbeiten, wobei schon eine Vortriebsmaschine eingesetzt war, wurde 1882 begonnen. Als bereits auf englischer Seite 1300 m und auf französischer Seite 1700 m aufgefahren waren, ließ England ein Jahr später die Arbeiten stoppen. Hergestellt werden sollte ein Zwillingstunnel für Eisenbahnverkehr, der im Prinzip, erweitert um eine dritte Röhre als Diensttunnel, dem Expertenbericht entspricht, den 1963 eine französisch-britische Studiengruppe vorgelegt hat. Die Kommission spricht sich gegen eine Brücke und für einen Tunnel aus, der im einzelnen aus zwei eingleisigen Röhren mit einem lichten Durchmesser von 7,8 m, Achsabstand 30 m, und dem dazwischenliegenden Diensttunnel lichter Durchmesser 4,52 m besteht, der mit der Sohle etwas tiefer liegt und der Belüftung, Energieversorgung, Wasserabführung und als Fluchttunnel, aber auch als Luftausgleichsbehälter für die Luft dienen soll, die ein elektrisch betriebener Zug im Huckepack-Verkehr vor sich herschiebt. Als Kapazität waren 3000 verladene Automobile je Stunde angenommen. Die gesamte Länge des Tunnels beträgt 49,2 km, davon liegen unter dem Ärmelkanal 37,4 km, auf französischer Seite 3,7 km und auf englischer 8,1 km. Die Meerenge ist an ihrer engsten Stelle 33 km breit und hat eine Wassertiefe von 50 m. Ebenso tief unter dem Meeresboden liegt noch einmal die Tunneltrasse. Sie beginnt in Südengland bei Cheriton und führt nach Sangatte in Nordfrankreich. Für diese Trasse sind als Bauphase I in den Jahren von 1958 bis 1973 insgesamt 59 Kernbohrungen vom Schiff und 35 von Bohrinseln niedergebracht worden. Geophysikalische Untersuchungen vervollständigen den Baugrundaufschluß. Zur Bestimmung der physikalischen Zusammensetzung des Meeresgrundes brachten Froschmänner nahezu 400 Bodenproben aus dem Seeboden herauf. 12 Bohrlöcher wurden entlang der Tunneltrasse niedergebracht, davon 4 am Ufer bis auf 270 m Tiefe und 8 auf offener See. Danach besteht der Untergrund aus Kreide mit einer Dicke zwischen 70 m an der französischen Küste und 85 m unter den Klippen von Dover, von der die unterste Schicht, das Cenoman, wasserundurchlässig und für das Auffahren eines Tunnels durchaus geeignet ist.

Die Bauphase II sah die Herstellung eines 382 m langen Abstiegtunnels auf 25 m Tiefe und des fast 50 km langen Diensttunnels vor. Mit den Bauarbeiten wurde am 20. Januar 1973 begonnen und Anfang 1975 — wiederum auf Wunsch von England — die Baustelle stillgelegt. Als Grund wird angegeben, daß das Projekt nochmals durchdacht werden müsse, da nach neueren Erfahrungen ein Huckepack-Betrieb für einen fließenden Verkehr nicht geeignet sei und Stauungen der Kraftfahrzeuge vor den Tunneleinfahrten befürchtet werden. Auf der englischen Seite waren etwas mehr als 500 m und auf der französischen etwas weniger aufgefahren worden, da es hier in der blauen Kreide einige Wasserschwierigkeiten gegeben hatte.

3. Nicht allein als Verbindung zwischen den Kontinenten Europa und Afrika, sondern als große internationale Verkehrsader dürfte die Untertunnelung der 14 bis 20 km breiten, etwa 70 km langen und an der flachsten Stelle etwa 200 m tiefen Meerenge von Gibraltar anzusehen sein. Pläne für eine feste Verbindung sind nicht neu. Aus dem Ersten Weltkrieg stammt der Entwurf eines spanischen Generals zwischen Kap Canares und Kap Ciras auf der atlantischen Seite bei einer Meerestiefe von 500 m in 650 m Tiefe einen 58 km langen Tunnel zu bauen. Als Variante hätte sich weiter östlich in einer Tiefe von 300 m ein 36 km langer Tunnel ergeben. Im Jahre 1919 entstanden die Entwürfe für eine Stahlröhre, äußerer Durchmesser 12 m, die durch schwimmende Bojen in einer Tiefe von 20 bis 30 m freischwebend festgehalten wird, und für eine elliptische Betonröhre, bestehend aus 75 Einzelteilen von je 200 m Länge, die jeweils in 15 m Tiefe freischwebend von vier Ankern gehalten werden, die als Senkkästen auf dem Meeresgrund liegen. Gleichfalls ein spanischer Entwurf sieht einen Doppeltunnel vor, dessen Einzelröhren im Achsabstand von 60 m in einer Tiefe von 400 m mit einer Länge von 32 km in 5- bis 6-jähriger Bauzeit mit einem Durchmesser von 6 m aufgefahren werden sollten. Die kurzen Trassen liegen auf einer Linie zwischen Kap Lebuche bei Algeciras und Kap Blanca bei Cëuta. Angeglichen an den Verlauf der Tiefenlinien würde eine Brücke bogenförmig mit mindestens 80 m Durchfahrtshöhe westlich von Tarifa und östlich von Tanger verlaufen und etwa 12 Pfeiler haben, von denen jeder allein wegen der Erdbebengefahr einen selbständigen Brückenkopf darstellen muß. Als bauerschwerend kommen starke Strömungen, die Gezeiten und der verschiedene Salzgehalt im Atlantik und Mittelmeer hinzu. Erinnert werden muß in diesem Zusammenhang an den 1928 veröffentlichten Soergel'schen „Alantropa-Plan“, der zur Landgewinnung und Bewässerung der Sahara eine Absenkung des Mittelmeer-Spiegels und als Landverbindung einen Erddamm von 15,2 km Länge und einer Maximaltiefe von 320 m vorsah. Für den Schiffsverkehr waren zwei Schleusentreppen eingebaut.

Auf der 2. afrikanischen Straßenkonferenz in Rabat im Jahre 1972 wurden acht Entwürfe für eine feste Straßenverbindung zwischen Spanien und Marokko diskutiert; das Thema scheint also durchaus akut zu sein.

4. Als konsequente Vollendung der ‚Autostrada del Sole,“, die Italien vom Norden bis in die Stiefelspitze im Süden durchläuft, und zur Entlastung der Fähren nach Sizilien ist im Jahre 1969 ein internationaler Ideenwettbewerb für eine feste Straßen- und Eisenbahnverbindung über die, an ihrer engsten Stelle 3300 m breite und bis zu 350 m tiefen Straße von Messina ausgeschrieben worden. Außer Vorschlägen für Hängebrücken mit ein bis fünf Feldern gingen zwei Entwürfe für Untergrundtunnel und ein Entwurf für eine Unterwassertunnelbrücke ein. Bauliche Schwierigkeiten liegen darin, daß in der Meerenge in beiden Richtungen Wassergeschwindigkeiten bis zu 11 km/h auftreten, daß der sandige Untergrund bis zu Tiefen von 250 m absinkt, daß starke Windströmungen herrschen, mit See- und Erdbeben gerechnet werden muß und ein dichter Schiffsverkehr sich abspielt. Wie in der Odyssee geschildert, war die Durchfahrt zwischen Scylla und Charybdis schon für die Seefahrer des Altertums berüchtigt.

Ein italienischer Entwurf bringt eine Hängebrücke von 3000 m Spannweite und ein amerikanischer Entwurf eine zweigeschossige Hängebrücke über drei Öffnungen in Vorschlag. Nach einem amerikanischen Tunnelentwurf soll eine 3500 m lange Zwillingsröhre, ähnlich wie beim Baltimore Harbour Tunnel (s. S. 136), in den Meeresboden versenkt werden. Die Röhren haben einen Durchmesser von 10 m und sind getrennt für einen zweispurigen Straßen- und einen zweigleisigen Eisenbahnverkehr gedacht. Ein englischer Entwurf sieht einen, in 50 m Wassertiefe verankerten Tunnel von 3000 m Länge vor, der aus drei miteinander verbundenen Einzelröhren aus Stahl 12 mm dick, Durchmesser 10 m besteht, die in einem äußeren 60 cm dicken Betonmantel, der aus strömungstechnischen Gründen eine elliptische Form erhält, zusammengefaßt sind. Die mittlere, etwas tiefer liegende und mit Ballast abgedeckte Röhre soll eine zweigleisige Eisenbahn und die Außenröhren sollen je eine zweispurige Straße aufnehmen. Jedes Tunnelelement wird einzeln an Ankern befestigt, die in den Meeresboden gebohrt werden

5. Bei zwei großen Objekten, bei der Überquerung des Bosporus und der Bucht von Guanabara, ist der Bau einer Brücke der Untertunnelung vorgezogen worden.

Der Bosporus, die Meerenge zwischen der Balkanhalbinsel und Kleinasien, ist 30 km lang, zwischen 300 m bis 700 m breit und 30 m bis 120 m tief. Als Unterwasserbauwerk war eine Tunnelbrücke an Seilen vorgeschlagen worden. Ausgeführt wurde eine sechsspurige, 1560 m lange Hängebrücke mit einer Mittelöffnung von 1074 m Länge. Sie liegt in nordöstlicher Richtung etwa 6 km von der Uferverbindung Istanbul–Üsküdar entfernt. Nach der Verkehrsübergabe am 30. 10. 1973 passierten im ersten Jahr etwa 8 Millionen Kraftfahrzeuge die Brücke, das ist das doppelte von der Menge, die vorher die Schiffsfähren bewältigt hatten. Für die Amortisation war ein Brückenzoll von umgerechnet 2,00 DM angesetzt worden. Die starke Verkehrsfrequenz hat bewirkt, daß die Brücke sich schon heute bezahlt gemacht hat und eine Planungsgruppe bereits mit der Untersuchung einer Erweiterung beauftragt ist, wobei ein Tunnel nicht ausgeschlossen sein soll.

Die gleiche Erfahrung, daß eine, erst einmal vorhandene feste Landverbindung mehr Verkehr anzieht, als ursprünglich angenommen, wurde z. B. auch bei dem Tunnel Paraná-Santa Fé in Argentinien gemacht, wo bereits Überlegungen angestellt werden, einen zweiten Tunnel zu bauen.

Die Meeresbucht von Guanabara zwischen Rio de Janeiro und Niteroi stellt den vielleicht größten Naturhafen der Welt dar und Pläne für eine feste Landverbindung bestehen schon seit dem Jahr 1875, aber erst im Jahre 1960 sind ernsthafte Entwürfe weisungsgemäß für eine Untertunnelung aufgestellt worden. Sie bezogen sich sowohl auf einen Drei-Röhren-Bohrtunnel, als auch auf einen 4450 m langen 6-spurigen Absenktunnel unter der 34 m tiefen und 850 m breiten Schifffahrtsrinne. Der Schiffsverkehr im Hafen von Rio belief sich in dieser Zeit auf etwa 4200 Schiffe; der Gesamtgüterumschlag betrug etwa 5,3 Mill. t und der Passagierdienst beförderte rd. 200000 Personen. Im Jahre 1968 wurde jedoch eine 13,9 km lange Pfeilerbrücke aus Stahl mit Feldern von 60 m lichter Weite auf einer Wasserstrecke von 8,2 km Länge gebaut. Nach der Eröffnung im Januar 1974 ergab sich ein Verkehrsaufkommen von täglich 9000 Personenwagen, 3500 Lastwagen und 2500 Bussen.

Ein geradezu utopischer Tunnel-Plan hat sich für einen zweiten Panama-Kanal ergeben, als Anfang der 60er Jahre der Staat Panama von den Vereinigten Staaten einen neuen Vertrag mit mehr Rechten und eine Kontrolle über den Kanal forderte. An sich machen die Amerikaner keinen Hehl daraus, daß die strategische und wirtschaftliche Bedeutung des Kanals für sie stark abgenommen habe und der Verkehr auch so zurückgegangen sei, daß die staatliche Kanalgesellschaft kaum noch Gewinne erzielt. Weiter wird geltend gemacht, daß der 82 km lange Kanal 62 Jahre alt ist und in spätestens 50 Jahren die technischen Anlagen ohnehin nicht mehr verwendbar sind. Da eine gewaltsame Schließung des Kanals die Route von New York nach Los Angeles wieder von 7600 km auf 20000 km erhöhen würde und weiterhin mit Unruhen gerechnet werden müßte, ist der Plan entstanden, etwa 18 km nördlich vom jetzigen Kanal die Landenge zu untertunneln. Die neue Trasse würde 90 km lang sein und, um die Höhendifferenz zwischen Pazifik und Atlantik von etwa 80 m auszugleichen, müßten mehrere Wasserhaltungsstufen und Schleusen in den Fels gesprengt werden. Die Schiffe sollen nicht mit eigener Kraft fahren, sondern von Zugwinden an der Betondecke qualm- und geräuschlos durch das Tunnelsystem bugsiert werden.

Ausblick

Um in ihrem Lebensraum bestehen zu können, ist die Menschheit heute mehr denn je auf Handel und Wandel untereinander angewiesen, da kaum ein Land der Erde für die gewünschten Lebensansprüche wirtschaftlich autark ist. Aus den geruhsamen interkontinentalen Karawanenstraßen sind Autobahnen geworden, die mit Geschwindigkeiten von 200 Stundenkilometern befahren werden können. Das Kraftfahrzeug hat den Individualverkehr erzeugt, der seinerseits nun witterungsunabhängige, leistungsfähige und für sicheres und schnelles Fahren trassierte Straßen fordert.

Da in den Großstädten die Massenverkehrsmittel aus Raumnot bereits unter die Erdoberfläche verlegt werden mußten, sind Untertunnelungen auch von Gewässern die notwendige Folge. Häfen sind oft an Großstädte gekoppelt; also müssen entsprechend auch die Hafenbecken unterfahren werden, zumal sich der Seeschiffahrtsverkehr im Hafen, für den eine schnelle Abfertigung lebensnotwendig ist, eine Behinderung durch Brückenpfeiler oder Fährbetrieb nicht leisten kann. Ein Blick auf die Weltkarte zeigt, daß vor allem an der Meeresküste der wirtschaftlich hoch entwickelten Länder Europas sich im Bereich der großen Ströme und Kanäle bereits vorhandene und im Bau befindliche Unterwasser-Verkehrstunnel häufen. Daß die im vorhergehenden Abschnitt geschilderten Meerengen-Projekte vorwiegend in Europa liegen, dürfte vor allem damit zusammenhängen, daß sich die beiden Weltkriege außerordentlich entwicklungshemmend ausgewirkt haben. Amerika hat durch das ‚Interstate System' sein Verkehrsnetz konzentriert aufgebaut und in gewisser Weise den Beharrungszustand erreicht. Daß Untertunnelungen in großen Meerestiefen durchaus durchführbar sind, haben die Japaner mit dem Kanmon- und Seikan-Tunnel bewiesen. Schwierigkeiten mit Wassereinbrüchen gehören beim Unterwassertunnelbau nun einmal zum Metier, ebenso wie schlagende Wetter beim Bergbau. Die dritte Welt steht noch auf der Entwicklungsstufe, die sich auf den Bau von Gebirgstunneln erstreckt, aber Ansätze deuten darauf hin, daß bedingt durch die wachsende Motorisierung und durch das Bestreben, Anschluß an die Weltwirtschaft zu bekommen, die Untertunnelung ihrer Seewege nur eine Frage der Zeit ist. Daß der Tunnelbau sich in der ganzen Welt in einer Aufwärtsentwicklung befindet, ergab eine Umfrage in der „Organisation für wirtschaftliche Zusammenarbeit und Entwicklung" (OECD) auf der internationalen Tunnelkonferenz im Jahre 1970 in Washington mit der Prognose, daß in den nächsten 10 Jahren auf der Welt eine Million Tunnelkilometer gebaut werden würden. In dieser Zahl ist im Übergewicht bestimmt der Felstunnelbau enthalten, aber die nationalen Ausschüsse, die zu der ‚International Tunneling Association' (ITA) zusammengeschlossen sind, befassen sich auch eingehend mit der Verbesserung der Tunnelbautechnik in den unterirdischen Bauweisen, die sich beim Schildvortrieb auf die hydromechanische Stützung der Ortsbrust und bei der Absenkmethode auf rationelle Einsparungen beim Baudock und dem Unterspülverfahren sowie konstruktive Einzelheiten z. B. auf Fortfall der Abdichtungshaut und der Rasterstrecke beziehen. Bei Druckluftarbeiten führen Überlegungen dazu, nach der ‚Sealab-Methode' Unterwasserhäuser einzusetzen, und bei offenen Arbeiten sich die Erfahrungen aus der Offshore-Technik nutzbar zu machen. In seiner Fiktion „Der Tunnel" schwebt Bernhard Kellermann auf der Linie Hoboken/New Jersey–Bermudas–Azoren–Biscaya eine feste Verbindung zwischen den Kontinenten Amerika und Europa vor. Das mit einem Propeller angetriebene Großraumfahrzeug erreichte bei der Probefahrt eine Geschwindigkeit von 295 Stundenkilometern und durchfuhr die Atlantik-Strecke in 24 Stunden und 40 Minuten. Den gleichen Antrieb verwendet der Amerikaner Foa bei seinen Versuchen mit dem Passagiertorpedo, wobei er das Kompressionspolster zwischen Torpedohaut und Tunnelwand für den Vorwärtschub ausnützt. Auf ähnlicher Basis verlaufen die Versuche mit der reibungslosen Fahrt durch die Vakuumröhre oder eine Röhre in heliumverdünnter Luft.

Ohne die Schiffahrt in Mitleidenschaft zu ziehen, wird auch auf dem Reißbrett der Zukunft der unterirdische Tunnelbau zu neuen Aufgaben gefordert werden.

Quellen- und Bildernachweis

Die Verfasser möchten für die Unterstützung und die Überlassung von Unterlagen danken:

Ingénieur conseil F. van Haren, Directeur Honoraire de l'IMALSO, Antwerpen
Ir. H. C. Wentink, Hoofdingenieur-Directeur, Rijkswaterstaat: Directie Sluizen en Stuwen, Utrecht
M. sc. Per Hall, Ass. Consulting Igineers, Montreal/Hongkong
Doc. Dr. hab. Inz. B. Mazurkiewicz, Politechnika Gdansk
Dr. A. Haerter, Beratender Ingenieur für Tunnellüftung, Zürich
Prof. Dr.-Ing. Kühn, Techn. Universität Karlsruhe
Dr. H. L. Beth, Direktor des Institutes für Seeverkehrswirtschaft, Bremen
Gemeentewerken Rotterdam, Afd. Waterbouw

Dienst der Publieke Werken Amsterdam, Afd. Waterbouw
Intercommunale Vereniging voor de Autoweg E 3, Antwerpen
Stockholms Stadsbyggnadskontor, — Tekniska Nämndhuset —
Ministry of Works and Development, New Zealand
Wasser- und Schiffahrtsdirektion Nord, Kiel-Wik
Wasserbauamt Kiel-Holtenau
Freie und Hansestadt Hamburg, Baubehörde; Amt für Ingenieurwesen I, II, III
Freie und Hansestadt Hamburg, Behörde für Wirtschaft und Verkehr: Amt Strom- und Hafenbau und Oberhafenamt
Landesamt für Straßenbau und Straßenverkehr Schleswig-Holstein: Entwurfsgruppe Tunnel Brunsbüttel
Fehmarn-Lolland eV, Hamburg
Deutsches Hydrographisches Institut, Hamburg
Gesellschaft für Kernenergieverwertung in Schiffbau und Schiffahrt mbH, Geesthacht

den Bauunternehmen: Christiani & Nielsen AG, Niederlassung Hamburg,
Dykerhoff & Widmann KG, Niederlassung Hamburg,
Hochtief AG, Essen,
Philipp Holzmann AG, Niederlassung Hamburg,
Wayss & Freytag KG, Niederlassung Hamburg,
Bilfinger u. Berger, Niederlassung Hamburg,
Paul Hammers GmbH, Hamburg
Dr. Ing. Paproth & Co, Winsen/Luhe
Beton- u. Monierbau GmbH, Düsseldorf/Innsbruck und
Phoenix Gummiwerke AG, Hamburg-Harburg

Schrifttum

a) Sammelwerke und Zeitschriften, allgemein:

Proetel, H.: Gestaltung neuer Unterwassertunnel. Düsseldorf: Werner-Verlag 1948
Aussendorf, C.: Tunnelbau. Berlin: VEB-Verlag 1955
Mandel, G. u. Wagner, H.: Verkehrs-Tunnelbau, Band I u. II. Berlin: Ernst & Sohn 1968
Apel, F.: Tunnel mit Schildvortrieb. Düsseldorf: Werner-Verlag 1968
Overmann, M.: Straßen, Brücken, Tunnel. Stuttgart: Deutsche Verlagsanstalt 1969
Jensen, W.: Unterwassertunnel — Auswertung einer Studienreise nach Westeuropa und Nordamerika im Jahre 1956 — unveröffentlicht
Apel, F.: Unterwassertunnel in den USA, Studienreise 1956, unveröffentlicht
Maldfeld, K.: Auswertung einer Studienreise nach den Vereinigten Staaten von Amerika, 1962, unveröffentlicht
Kretschmer, M.: Bericht über die Besichtigung von Straßentunneln in den Niederlanden und Belgien 1964, unveröffentlicht
Fiesinger, J.: Tunnel- und Brückenbauten unter Wasser. Die Bautechnik Nr. 5/1954
Schenck, W.: Grundbautechnische Fragen beim Unterwasser-Tunnelbau. VDI-Zeitschr. Nr. 20/1964
Sill, O.: Der Bau und die Finanzierung von Autobahnen in den amerikanischen Städten. Straße und Autobahn H. 5/1966
Simons, H.: Zur Gestaltung abgesenkter Unterwassertunnel (Mitteilungen des Franzius-Institutes für Grund- und Wasserbau der Technischen Universität Hannover, H. 27) 1966
de Bruijn, R. C.: Neue Tunnelbauwerke mit bituminösen Abdichtungen in den Niederlanden und Belgien. Bitumen H. 5/67
Wentink, H. C.: De ontwikkeling van de tunnelbouw in Nederland in konstruktiv en verkeerstechnisch opzicht. Vortrag auf dem Betontag in Utrecht am 25. 11. 1970
Hagenström, G.: Verkehrsbauten der zweiten Ebene in Nordamerika — Tunnel, Brücken, Schnellbahnen —. Straße-Brücke-Tunnel H. 9/1970
Klaren, P. J.: Onderzoek naar gedrag en houdkracht van ankers. Weg en Waterbouw Nr. 2/1971
Scherle, M.: Technik und Anwendungsgrundsätze des Rohrvortriebes. Baumaschine und Bautechnik H. 4, 5, 6/1971
Kretschmer, M.: Empfehlungen für die Wasserhaltung durch Druckluft bei Tunnelbauten in Lockergesteinen — Arbeitskreis Tunnelbau der Deutschen Gesellschaft für Erd- und Grundbau. Die Bautechnik H. 9/1972
Kretschmer, M.: Probleme der Abdichtung von Unterwassertunneln. Bitumen—Teere—Asphalte—Peche. Nr. 5/1974
Verordnung für Arbeiten in Druckluft vom 4. Oktober 1972 (Druckluftverordnung) Bundesgesetzblatt Teil I vom 14. 10. 1972
Festschrift zur Einweihung des J.-F.-Kennedy-Tunnels in Antwerpen am 31. Mai 1969. — Impriméen Belgique 1969
The Hongkong-Cross-Harbour-Tunnel. Festschrift zur Eröffnung Oktober 1972
‚Der Tunnelbau'. Dokumentation Westliche Umgebung Hamburg, Staatliche Pressestelle, 10. Januar 1975
Jahrbücher der Hafenbautechnischen Gesellschaft eV. 29. Band/1964—65 bis 34. Band/1974—75
Japan Society of Civil Engineers. Jahrbuch 1967, 1970, 1974
Statistical Handbook of Japan 1975
Proceedings of 6th National Tunnel Symposium, Tokyo 1970
‚Mare Baltikum', Jg. 1967, H. 1/2
‚Wissenschaftliche Zeitschrift', H. 3/1971
Deutsche Verkehrszeitung 1973 bis 1975
Wirtschafts-Correspondent 1973 bis 1974
Statistik der Schiffahrt 1970 bis 1976
Ports of the World 1976
International Construktion —IC— 1975, 1976
Tunnels and Tunneling 1972, 1975, 1976
Straße-Brücke-Tunnel. Verlag Ernst & Sohn, Berlin
VDI-Zeitschrift / VDI-Nachrichten
‚études routières', Vol. IV-7 / Juli 1961
‚Le tunnel routier sous le Vieux-Port en Marseille'. Imprimerie municipale 1965

Director of Marine Hongkong, Port Statistics IV/73 bis III/74
Hongkong Government: Hongkong Mass Transit Railway 1970, und Immersed Tube TSIM SHA TSUI — ADMIRALTY 1974
Der Bauingenieur 1960, 1964
Baumaschine und Bautechnik, H. 8/1960

b) Objektbezogene Einzelaufsätze:

Singstad, O.: Der Bau von Unterwassertunneln in den USA. VDI-Z. Nr. 10/1933
Buddenberg, A.: Neue Straßentunnel in New York. Die Bautechnik H. 6/1949
Schweisheimer, W.: Vom großen Baltimore Hafentunnel. Straße und Tiefbau H. 4/1959
l'Allemand, F.: Der Tunnel unter der San Francisco Bai. Der Bauingenieur H. 1/1962
Aunap, G.: Die Brücken und Tunnel der Chesapeake-Bay. Baumaschine und Bautechnik H. 4/1963
Girnau, G.: Korrosionsschutzmaßnahmen am Sumner- und Callahan-Straßentunnel in Boston. Stuva-Nachrichten Nr. 32/1972
Lassen-Nielsen, J.: Der Deas Island Tunnel. Die Bautechnik Nr. 10/1960
o. V.: The Louis-Hippolyte-Lafontaine-Bridge-Tunnel. Department of Roads Province of Quebec/Canada 1967
o. V.: Der Unterwasserstraßentunnel von Havanna auf Kuba. Der Bauingenieur, H. 9/1959
Uphoff, H. (Ref.) u. Kretschmer, M. (Corref.): Hinweise und Erfahrungen aus dem Bau des Straßentunnels Paraná-Santa Fé in Argentinien für den BAB-Elbtunnel Hamburg. Deutsche Gesellschaft für Erd- und Grundbau: Vorträge auf der Baugrundtagung 1968 in Hamburg
Fliegner, E.: Untertagebauten in Hongkong. Straße-Brücke-Tunnel, H. 8/1973
o. V.: ENR, Five highway tunnels under the Suez-Canal. March 14/1974
o. V.: Der Abwasserdüker im Hafen von Durban/Südafrika. CN-Post Kopenhagen Nr. 57/1962
Perrott, W. E.: Chemical Grouting on New Blackwall-Tunnel. Civil Eng. and Public Works Review, April 1964
Niederhauser, P. W.: Der Dartford-Themse-Tunnel. Route et Circ. rout. Nr. 1/1966
o. V.: Der zweite Straßentunnel unter dem Mersey-Fluß in Liverpool. Die Bauwirtschaft Nr. 10/1966
o. V.: Die Clyde-Tunnel bei Glasgow. — Britische Nachrichten — ‚Technik und Forschung' Nr. 47/1963
o. V.: The Tyne-Tunnel 2 in New Castle/England. Proc. Instn. Civ. Engrs. 39, Febr. 1968
o. V.: Der Straßentunnel unter dem Tees-Fluß in England. Tunnels and Tunneling Jan. 1976
o. V.: Spaniens erster Unterwasser-Verkehrstunnel in Bilbao. Baumaschine und Bautechnik, H. 4, 1975
Proetel, H.: Die Tunnel unter der Schelde in Antwerpen. VDI-Z. Nr. 50/1933
van Bruggen, J. D.: Der Maastunnel zu Rotterdam — Versuche und Untersuchungen —. Die Bautechnik, H. 40 u. 41/1941
Reusche, E.: Der Straßentunnel von Zelzate. Die Bauwirtschaft, H. 39/1964
Jansen, B., and Bardet, J.: The tunnel for motortraffic under the river IJ at Amsterdam. The public Works Service of Amsterdam 1968
Stockhausen, O.: Der Elbtunnel in Hamburg und sein Bau. VDI-Z. Jg. 1912
Stuewer, U.: Die Verlegung eines Abwasserdükers durch die Norderelbe. — gwf/Wasser-Abwasser, H. 20/1956
Kretschmer, M., u. Junge, H.: Der BAB-Elbtunnel in Hamburg — Die Bauarbeiten im Strom und ihre nautische Sicherung — Hansa Nr. 10/1974
o. V.: Tunnel-Projekte für die Unterelbe und die Unterweser. Die Bauwirtschaft, H. 25/1969
Meissel, G. H.: Die Brücke über den Öresund. Straßenbau-Technik Nr. 13/1963
Havnöe, K.: Der Limfjord-Tunnel in Dänemark. Beton- und Stahlbeton, H. 11/1969
Gustafson, T. Projektet Tingstadstunneln — Betongsäck tunnelgrund i slam. — Byggnadsindustrin Nr. 15/1966
Dembecki, E.: Propozycje budowy tunelu pod rzekq Swinq. TGM 3/1976 (Zeitschrift: Techniken und Wirtschaft des Meeres)
o. V.: Die Untertunnelung der Meerenge von Gibraltar. Die Bautechnik, H. 52/1939
Elliot, J.: Unterseebrücke unter der Straße von Messina. Straße-Brücke-Tunnel, H. 12/1972
Masson, C.: Der Tunnel unter dem Ärmelkanal zwischen Dover und Calais — Planung und Stand der Arbeiten. Der Bauingenieur, H. 12/1975

Neuere Hochbrücken über Seeschiffahrtsstraßen

Von Dipl.-Ing. **Hermann Homann**, Hamburg

Für die Lösung von Planungsaufgaben ist es nützlich, sich vorab über ausgeführte Lösungen ähnlicher Aufgaben an anderer Stelle zu informieren.

Für Brückenbauwerke gibt es zahlreiche Zusammenstellungen, geordnet nach überführter Verkehrsart, nach Systemen des Tragwerkes, nach Stützweiten, nach Längen und weiterem. Es fehlt bislang eine systematische Zusammenstellung von Brücken, geordnet nach Art und Bedeutung des unterführten Elementes. Als Anregung für eine derartige systematische Aufstellung nach hafenbautechnischen Gesichtspunkten möge der folgende Bericht aufgefaßt werden.

Tabelle 1. Neuere Hochbrücken über Seeschiffahrtsstraßen

Brücke	Land	Gewässer	Stadt	Typ	Freigabe	Haupttragwerk [m]			Lichthöhe [m]
Kleine Belt-Brücke	Dänemark	Kleiner Belt	Mittelfart	Hängebr.	1970	240	600	240	45
Kanmonbrücke	Japan	Kanmonenge	Shimonoseki	Hängebr.	1973	178	712	178	61
Bosporusbrücke	Türkei	Bosporus	Istanbul	Hängebr.	1973	231	1074	255	64
Costa e Silva-Brücke	Brasilien	Guanabarab.	Rio de Janeiro	Balkenbr.	1974	200	300	200	60
Köhlbrandbrücke	Deutschland	Köhlbrand	Hamburg	Schrägseilbr.	1974	97,5	325	97,5	51
Loirebrücke	Frankreich	Loire	St. Nazaire	Schrägseilbr.	1975	158	404	158	61
Westgatebrücke	Australien	Yarra-Fluß	Melbourne	Schrägseilbr.	(1975) 1978	144	336	144	53

Köhlbrandbrücke

Die Kreuzung des Köhlbrands, der Wasserverbindung von Süder- und Norderelbe zwischen den älteren und den neuen Teilen des Hamburger Hafens (Abb. 1), mit Straße und Schiene ist ein Anliegen, das die Hafenbeflissenen bereits seit etwa 70 Jahren bewegt hat. Waren es anfänglich prognostische und planerische Impulse, die ein solches Projekt in Gang brachten und am Kochen hielten, so wurde die tatsächliche Ausführung unter dem akuten Druck eines vorhandenen Verkehrsengpasses und eines drohenden Verkehrschaos' erzwungen. Der Engpaß war die Fährverbindung über den Köhlbrand mit einer Tageskapazität von 6000 Kraftfahrzeugen, die bereits im Jahre 1966 in den Stoßzeiten lange Fahrzeugschlangen an beiden Ufern verursachte. Das Chaos war unvermeidbar, wenn nicht gleichzeitig mit der geplanten Bundesautobahn Westliche Umgehung Hamburg, deren Kernstück der neue Elbtunnel werden sollte, eine landfeste Köhlbrandkreuzung zur Verfügung stand, wurde doch der den Köhlbrand kreuzende Kraftfahrzeugverkehr auf das Jahr 1976, wenn die neue Autobahn in Betrieb und die Hafenentwicklung westlich des Köhlbrands planungsgemäß vorangeschritten sein würde, mit täglich 24 000 Fahrzeugen vorhergesehen [1].

Die Köhlbrandbrücke, deren Bau Kosten in Höhe von rund 120 Mio DM verursachte, kann nicht als Ideallösung der zugrundeliegenden Verkehrsaufgabe betrachtet werden. Vielmehr ist sie eine wesentlich billigere Lösung als Teilersatz für den aus Kostengründen nicht realisierbaren Köhlbrandtunnel, von dem seit 1908 die Rede gewesen war, nachdem man erkannt hatte, daß eine Überbrückung des Köhlbrands mit den Harburger Schiffahrtsinteressen nicht vereinbar sei [1]. Dieser Erkenntnis wurde denn auch für die Ausführung noch Rechnung getragen, nachdem zuvor allerdings die Unvereinbarkeit relativiert werden konnte, weil der 1908 preußische Hafen Harburg heute Teil des Hamburger Hafens ist. Um eine eventuell später erkennbare Beeinträchtigung der Schiffahrt mit Zielen südlich der Brücke so klein wie möglich zu halten, wurde die lichte Durchfahrtshöhe unmittelbar vor der Ausführung noch von der solange vorgesehenen Höhe NN + 45 m unter Inkaufnahme von rund 10 Mio DM Mehrkosten auf NN + 53 m, die bei den herrschenden Gegebenheiten und Bedingungen größtmögliche Höhe, angehoben. Die bei dieser Höhe, der vor-

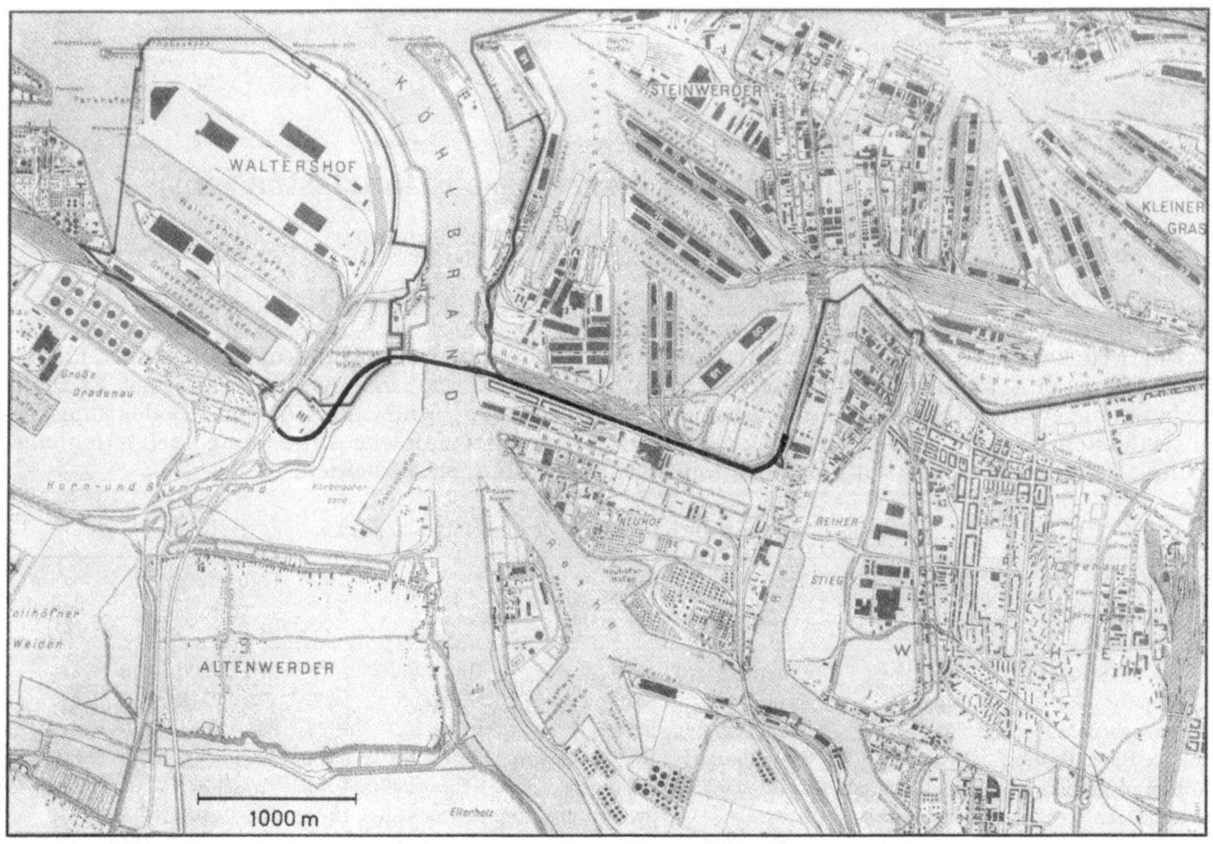

Abb. 1. Lageplan Köhlbrandbrücke

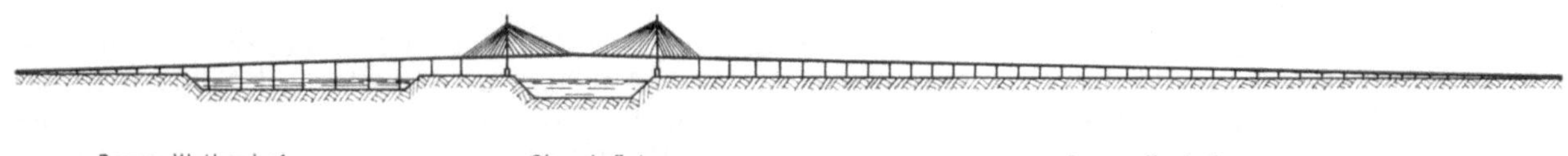

Abb. 2. Längsabwicklung Köhlbrandbrücke

Abb. 3. Köhlbrandbrücke bei Passage des Großtankers „Tabriz“. Foto Eike Dehls, Hamburg

gegebenen Steigung und der beidseitig der Wasserstraße vorhandenen Geländehöhe erforderliche Abwicklungslänge der Brücke wurde um rund 1000 m durch eine Hochstraße verlängert, um niveaugleiche Straßen — und Eisenbahnkreuzungen auf der Neuhofer Seite des Köhlbrands zu vermeiden (Abb. 2). Die ausgeführte Brücke (Abb. 3), hinsichtlich Entwurf und Kosten das Ergebnis eines beschränkten Wettbewerbes, ist in ihrem Haupttragwerk nach neuesten Erkenntnissen als Vielseiltragwerk ein System mit Vorteilen bezüglich Tragverhalten, Konstruktion, Montage, Auswechslung und Inspektion der Seile gegenüber Systemen mit Kabeln oder Seilgruppen [2]. Mit ihren 4 Fahrspuren bietet sie dem Straßenverkehr eine mögliche Leistungsfähigkeit von 31 000 Kraftfahrzeugen pro Tag [1]. Mit ihrer lichten Durchfahrtshöhe von 51,30 m über MThw auf 150 m Breite ist sie selbst für Großtanker ohne Schwierigkeit passierbar. Abb. 3 zeigt die Passage des Großtankers „Tabriz" mit rund 214 000 tdw. Dieses Schiff mißt 316 m Länge und rund 49 m Breite.

Loire-Brücke zwischen St. Nazaire und St. Brévin

Mit ihrer Gesamtlänge von 3356 m liegt die Brücke über der Loire-Mündung (Abb. 4) in der Größenordnung der Köhlbrandbrücke. Ihre um rund 10 m größere lichte Durchfahrtshöhe hat sie mit einer um 1,6% größeren Rampensteigung erkauft, mit einem Preis also, dem die Verkehrsplaner hier im flachen Land, rund 1000 km vom Mont Gerbier-de-Jonc, dem Quellgebiet der Loire, sicher nicht leichten Herzens zugestimmt haben.

Hauptzweck dieses Bauwerkes ist es, den gesamten auf dem linken Flußufer gelegenen Teil des Département Loire-Atlantique, der wegen des Fehlens eines Überganges auf der rund 60 km langen Flußstrecke unterhalb Nantes von den wichtigen Handelsströmen des immer mehr industrialisierten Nordufers abgeschnitten war, aus seiner Isolierung zu befreien [3]. Mit dem Bauwerk wird die Départementstraße 77 im Süden an die Nationalstraße 771 im Norden des Flusses angeschlossen.

Mit ihrer Hauptstützweite von 404 m liegt die Loire-Brücke im Spitzenfeld der bisher gebauten Schrägseilbrücken und ermöglicht bei ihrer Durchfahrtshöhe von 61 m ungestörte Schiffspassagen

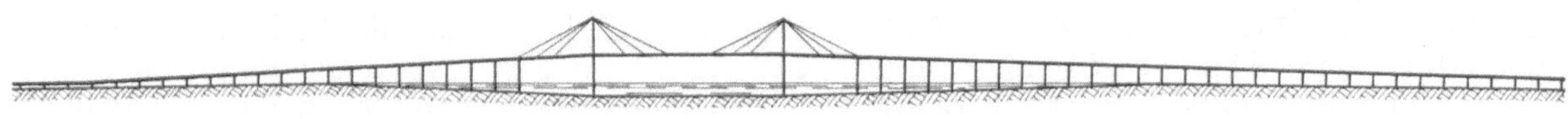

Abb. 4. Längsabwicklung Loire-Brücke

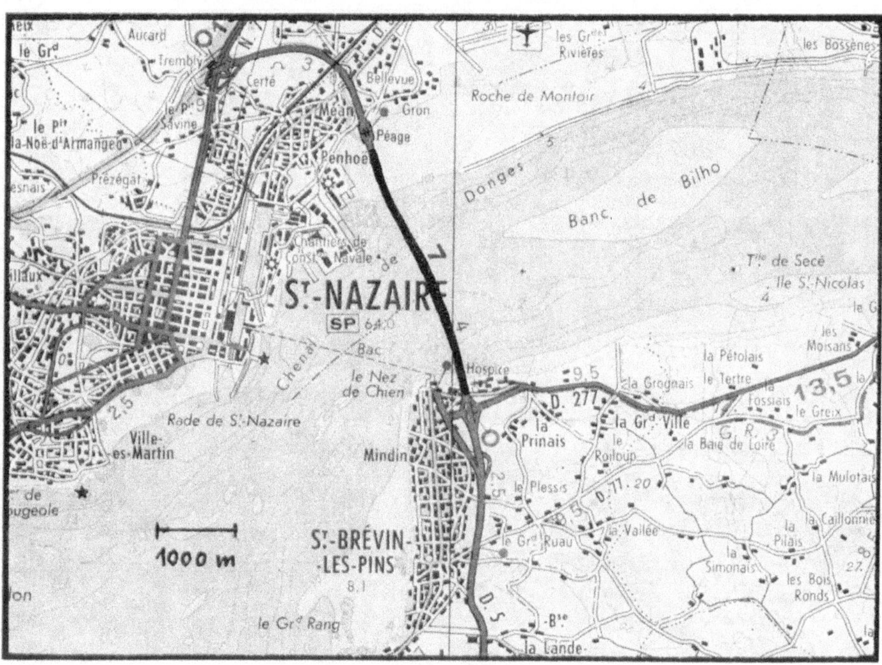

Abb. 5. Lageplan St. Nazaire-St. Brévin

im Chenal de Donges. Dem Straßenverkehr bietet sie mit 12 m Fahrbahnbreite je 2 Fahrspuren in beiden Richtungen.

Abb. 6. Loire-Brücke. Foto Cie. Francaise d'Enterprises Metalliques

Westgate-Brücke in Melbourne

Seit 1955 laufen die Vorarbeiten für eine landfeste Straßenverkehrsverbindung des Hafens und der City von Melbourne mit den westlichen Vororten, die den unteren Lauf des Yarra kreuzt (Abb. 7). Auch hier wurde — offensichtlich aufgrund von Wirtschaftlichkeitsbetrachtungen — die Frage „Brücke oder Tunnel" zugunsten der Brücke entschieden. Auch hier kam der Druck zur Realisierung aus dem ständig wachsenden Verkehrsaufkommen [4].

Anfang 1968 liefen die Arbeiten an der Großbaustelle an. Die Fertigstellung war für 1972 vorgesehen [5]. Während die Spannweiten der rund 850 m langen Strombrücke mit 112 m — 144 m — 337 m — 144 m — 112 m (Abb. 8) im gebräuchlichen Bereich liegen, ist die Fahrbahnbreite mit zweimal 16,80 m (Abb. 9) ganz ungewöhnlich groß und befriedigt vollauf die Bedürfnisse einer Schnellstraße im innerstädtischen Verkehr. Die Durchfahrtshöhe ist mit 53 m hier offenbar auf Zuwachs bemessen, da der Seeschiffsverkehr vornehmlich nur bis in den nördlichen Bereich von Port Phillip (Hobsons Bay) läuft.

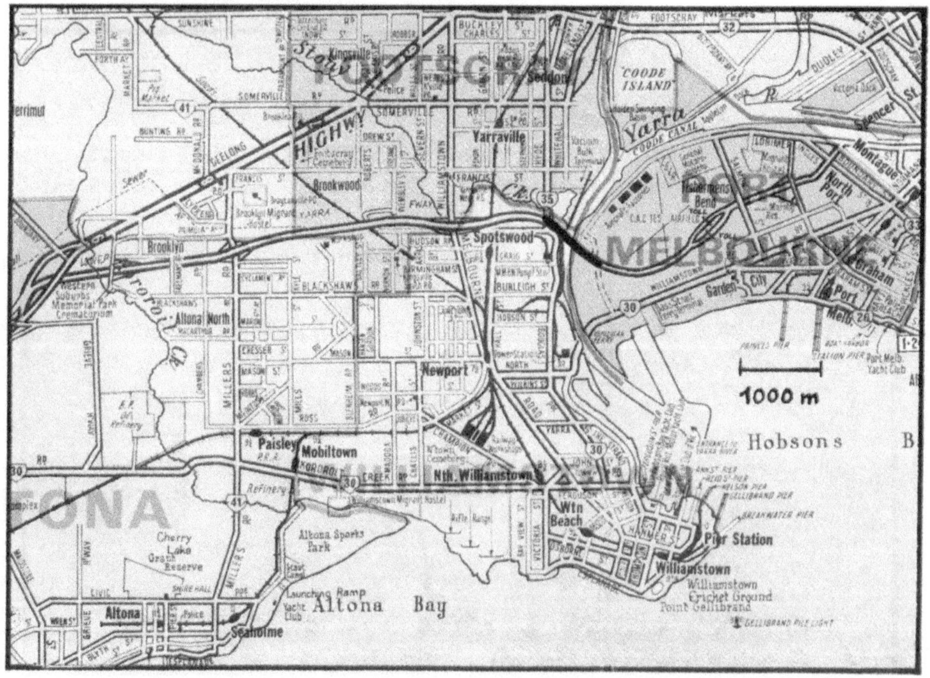

Abb. 7. Lageplan Port Melbourne, Unterlauf Yarra und westliche Vororte

Am 15. Oktober 1970 stürzte während derBauarbeiten das westliche 112 m lange Endfeld der Stahlbrücke ein. Dabei kamen 35 Menschen ums Leben [4]. In die Untersuchungen über die Ursache des Einsturzes und in die Revision des Entwurfes wurden auch deutsche Fachleute eingeschaltet. Die durch den Einsturz verursachte Verzögerung hat den Fertigstellungstermin auf 1978 verschoben. Abb. 10 zeigt den Stand der Bauarbeiten im Juli 1976.

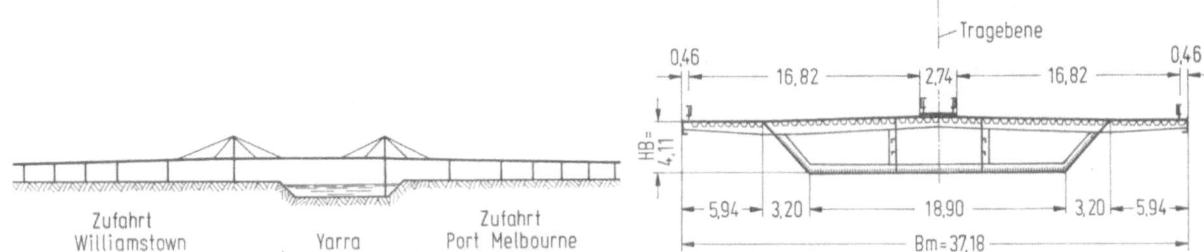

Abb. 8. Westgate-Brücke, Längsabwicklung Strombrücke

Abb. 9. Westgate-Brücke, Querschnitt

Abb. 10. Westgate-Brücke Juli 1976, Blick auf Strombrücke und Ostrampe. Foto John Brown, Carlton

Präsident Costa e Silva-Brücke zwischen Rio und Niterói

Diese landfeste Straßenverbindung zwischen der Stadt Rio de Janeiro, der Hauptstadt des Brasilianischen Staates Guanabara und der Stadt Niterói, Hauptstadt des brasilianischen Staates Rio de Janeiro, durch die Guanabarabucht wird von ihren Erbauern sicherlich nicht zu Unrecht als vaterländisches Glaubensbekenntnis gefeiert. In knapp 6 Jahren Bauzeit entstand dieses rund 13,9 km lange Ingenieurbauwerk unter Einsatz aller modernen technischen Hilfsmittel und der Arbeitskraft von rund 10 000 Menschen rund um die Uhr.

Die Brückenverbindung ersetzt die frühere 110 km lange Straße um die Bucht und die alternativ vorgehaltene Fährverbindung und bewältigt mit ihren 6 großzügigen Fahrspuren neben dem örtlichen Verkehr über die Bucht auch leicht den durchgehenden Fernverkehr der BR-101, der Küstenfernstraße zwischen Touros im Norden und S. José do Norte im Süden, deren Bestandteil sie ist [6].

Dieses Bauwerk ist in jeder Weise ein Superlativ. Nach 4 Brücken in den USA ist sie die fünftlängste Brücke der Welt [5]. In der Reihe der stählernen Kasten- und Deckbrücken steht sie zur Zeit mit 300 m Hauptstützweite vor der neuen Save-Brücke in Belgrad mit 261 m Stützweite an erster Stelle. Auch die Gesamtbrückenfläche von rund 210 000 m² vermittelt eine Vorstellung von der Größe des Bauwerks. Die Baukosten, die sicherlich ebenfalls als Superlativ betrachtet werden können, werden durch Erhebung eines Brückenzolls nachträglich gedämpft.

Die Stützweiten im Schiffahrtsbereich mit 114 m—200 m—300 m—200 m—114 m sind, absolut gesehen, nicht außergewöhnlich. Bei freier Systemwahl würden sie mit einem Schrägseilsystem wirtschaftlich bewältigt werden können. Hier jedoch waren Forderungen aus dem Schiffs- und aus dem Flugverkehr zu erfüllen. Die Schiffahrtsverwaltung forderte die Mittelspannweiten von 200 m — 300 m — 200 m und eine lichte Durchfahrtshöhe von 60 m. Die Flugsicherungsbehörde dagegen ließ nur eine maximale Höhe von 72 m über dem Wasserspiegel für die Bauwerksteile zu, so daß die Höhe der Überbaukonstruktion auf 12 m eingeengt wurde.

Der 848 m lange Stahlüberbau wurde in England gefertigt. Für die Gründungsarbeiten wurden die Erfahrungen der Spezialfirmen Franki, Bade und Wirth genutzt.

Überaus interessant ist — wie beim neuen Elbtunnel in Hamburg — die elektronische Verkehrsüberwachung. Aus den Erfahrungen mit den verwendeten Systemen wird man bereits in naher Zukunft Nutzen für die Ausrüstung neuer großer Verkehrsanlagen ziehen können. Abb. 11 zeigt einen Blick auf die Präsident Costa e Silva-Brücke nach der Verkehrsübergabe im März 1974.

Abb. 11. Costa e Silva-Brücke kurz nach Verkehrsübergabe 1974. Foto Keystone, Hamburg

Brücke über den kleinen Belt bei Middelfart, Dänemark

Die Straßenverbindungen zwischen den skandinavischen Ländern und zwischen ihnen und den mitteleuropäischen Staaten waren und sind auf die Querung von Gewässern beachtlicher Größe angewiesen. In der Ost-West-Richtung sind hier Øresund, großer Belt und kleiner Belt von Bedeutung, in der Nord-Süd-Richtung Fehmarnsund und Fehmarnbelt. So sind große Brückenprojekte hier bereits seit geraumer Zeit in Planung, Entwurf und Durchführung. Der erste Schritt in diesem Komplex war der Bau der Brücke über den Fehmarnsund im Zuge der „Vogelflug-Linie“ bis zum Jahre 1963. Die Arbeiten für die Brücke über den kleinen Belt im Zuge der E 66 von Kopenhagen

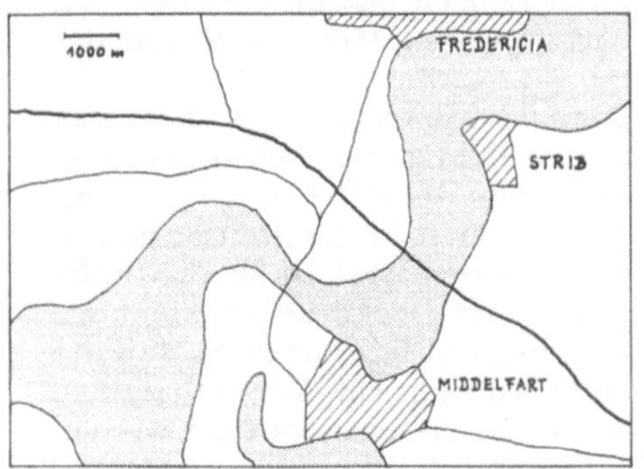

Abb. 12. Lageplan Brücke über den kleinen Belt

Abb. 13. Brücke über den kleinen Belt, Längsabwicklung Strombrücke

nach Esbjerg wurden 1965 begonnen. Diese Brücke kreuzt den kleinen Belt an seinem schmalen nördlichen Ende zwischen der Insel Fünen und der Halbinsel Jütland rund 5 km südlich der Stadt Fredericia (Abb. 12). Die Spannweiten des Haupttragwerkes (Abb. 13) sind mit 240 m—600 m — 240 m ausgewogen und stellen wohl die Grundlage für den gepriesenen ästhetischen Wert [5] dieses Bauwerkes dar. Im Lichte einer Stellenwertbetrachtung findet sich die Brücke über den kleinen Belt hinsichtlich ihrer Hauptspannweite nach Eröffnung der Bosporusbrücke 1973, die hier als europäisches Bauwerk gelten soll, an Platz 6 der europäischen Stahlhängebrücken [5]. Ihre lichte Durchfahrtshöhe von 42 m [7] trägt dem Umstand Rechnung, daß für Ausnahmehöhen bei schwimmendem Verkehr der Weg durch den großen Belt zur Verfügung steht. Die gleiche Situation finden wir bei den Brücken über den Kiel-Kanal, die ebenfalls einheitlich eine lichte Durchfahrtshöhe von 42 m bieten.

Besonders hervorzuheben sind zwei Merkmale dieser Brücke:

a) Ihre 112 m hohen Pylone sind teilvorgespannte Stahlbetonkonstruktionen.

b) Mit einer Länge von rund 1500 m sind die hier eingebauten Spiraldrahtseile die bisher längsten fabrikgefertigten Seile [2]. Die aus ihnen zusammengepreßten Tragkabel sind zur Rundform ausgefuttert und mit Weichdraht umwickelt.

Abb. 14 zeigt die Brücke von Osten her und dahinter das jütländische Ufer.

Abb. 14. Brücke über den kleinen Belt, Ansicht von Osten. Foto Keystone, Hamburg

Brücke über den Bosporus bei Istanbul, Türkei

Südost-Europa und Kleinasien sind voller Geschichte und eine erste Brücke über das schmalste sie trennende Gewässer wurde unter dem persischen König Darius geschlagen. Es war eine Schiffsbrücke, entworfen und gebaut von Mandrokles aus Samos, und bot dem persischen Heer in einer Stärke von 700 000 Mann einen sicheren Übergang. Spätere Gedanken zur Überbrückung des Bosporus wurden immer wieder zurückgeschoben, teils aus innerpolitischen, teils aus militärisch-strategischen Gründen. Im Jahre 1966 schließlich wurde im türkischen Parlament beschlossen, eine Brücke über den Bosporus zu bauen. Ein deutsch-englisches Konsortium erhielt den Bauauftrag. Die Bauarbeiten an der Brücke nahe Istanbul zwischen den Orten Ortaköy im Nordwesten und Beylerbeyi im Südosten (Abb. 15) im Zuge der Europastraße 5 London—Wien—Ankara wurden 1970 begonnen [7]. Mit einer Hauptspannweite von 1074 m (Abb. 16) hält sie zur Zeit die Spitze der europäischen Hängebrücken und nimmt in der Weltrangliste den vierten Platz ein [5, 7]. Die Durchfahrtshöhe von 64 m war für die Passage von Kriegsschiffen gefordert. Die Fahrbahnbreite von zweimal 12,50 m wird hohen Verkehrsanforderungen gerecht.

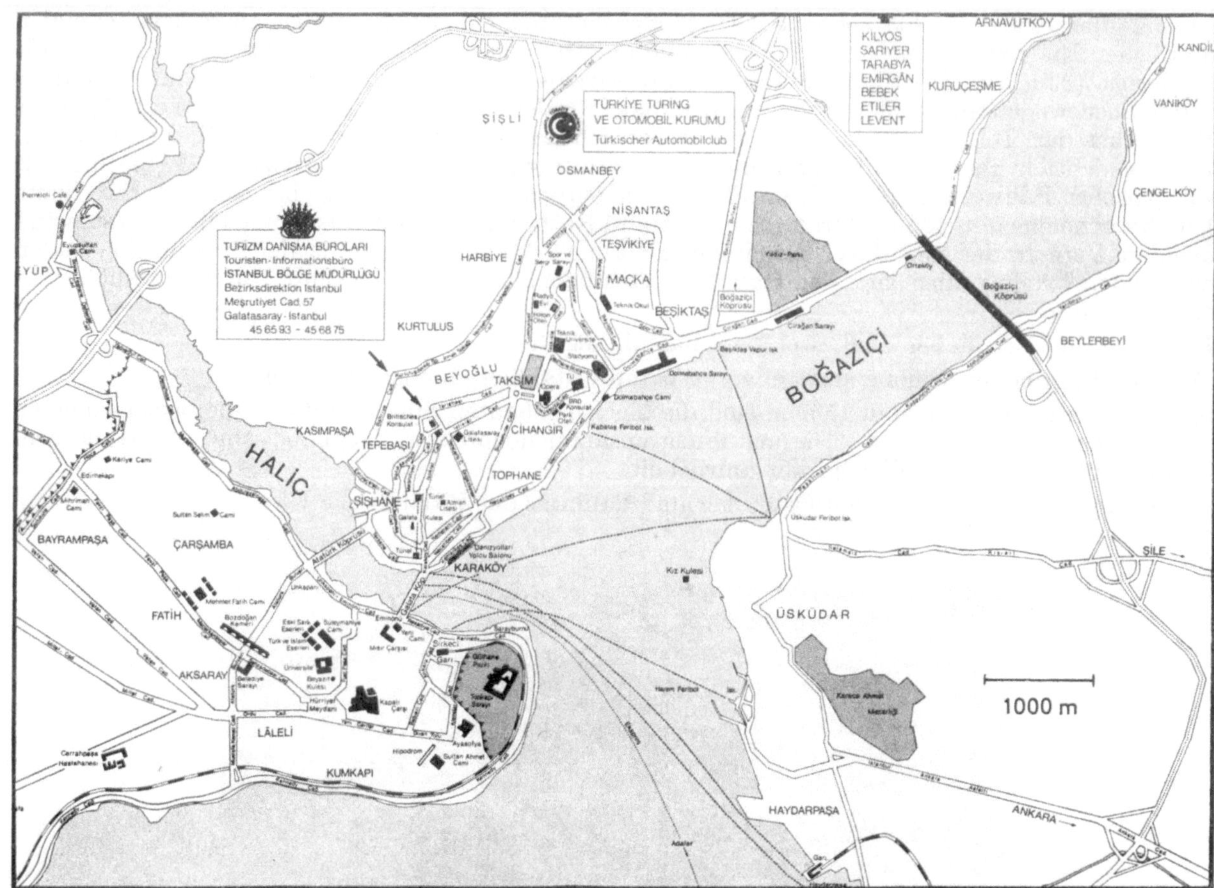

Abb. 15. Lageplan südwestlicher Bosporus

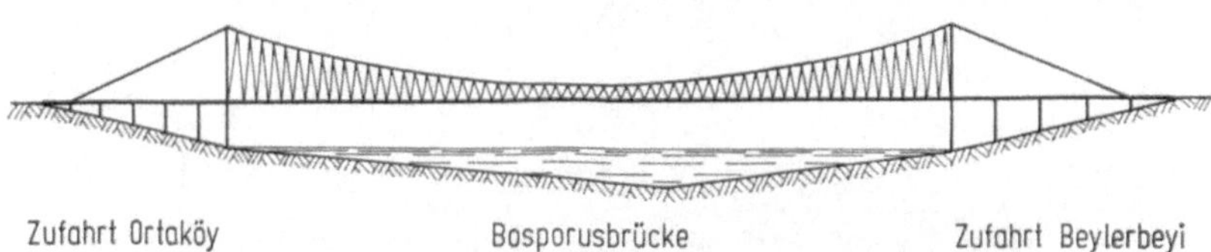

Abb. 16. Bosporusbrücke, Längsabwicklung Strombrücke

Abb. 17. Bosporusbrücke mit Blick auf das asiatische Ufer. Foto Keystone, Hamburg

Die schrägen Hänger (Abb. 16) und eine besonders schlanke Ausbildung des Versteifungsträgerquerschnittes beim Haupttragwerk sind geeignet, Windeinflüsse, denen seit dem Einsturz der Tacoma-Brücke im Jahre 1940 besondere Aufmerksamkeit gewidmet wird, gering zu halten.

Die beiden 165 m hohen Pylone sind auch hier in Stahlbeton ausgeführt. Besonders auffällig ist bei dieser Brücke das Fehlen von Hängern in den beiden Seitenöffnungen (Abb. 16). Die im Luftspinnverfahren hergestellten Tragkabel sind hier besonders eindrucksvoll. Ihr Durchmesser beträgt 58 cm und sie sind aus rund 10 000 Einzeldrähten hergestellt. Abb. 17 zeigt die Brücke während der Einweihungszeremonie 1973.

Brücke über die Kanmon-Meerenge zwischen den Inseln Honshu und Kyushu, Japan

Dank seiner Lage im Meer und seiner vielfältigen Gliederung in einzelne Inseln hat sich Japan frühzeitig mit den Möglichkeiten wasserkreuzender Verkehrswege befassen müssen. Eine der jüngeren Lösungen ist die Brücke über die Kanmon-Meerenge zwischen der japanischen Hauptinsel Honshu mit rund 70 Mio Bewohnern und der drittgrößten japanischen Insel Kyushu, die das südwestliche Ende Japans darstellt und von rund 13 Mio Menschen bewohnt wird. Diese beiden Inseln werden durch die Straße von Shimonoseki getrennt, die regen Schiffsverkehr aufweist. Deshalb ist die Verkehrsverbindung durch Fährdienste nicht beliebig zu vergrößern. Für die Verkehrsanbindung der im nördlichen Teil der Insel Kyushu vorhandenen bedeutenden Kohlelagerstätten ist bereits im Jahre 1942 ein Eisenbahn-Unterwasser-Tunnel eröffnet worden, der wegen der Empfindlichkeit des Schienenverkehrs gegenüber stärkeren Steigungen eine besondere Länge aufweist. Für den Straßenverkehr wurde im Jahre 1958 ein zweiter Unterwasser-Tunnel fertiggestellt, der seither die Städte Shimonoseki mit 250 000 Einwohnern am Westende der Insel Honshu und Moji am Nordende der Insel Kyushu verbindet. Dieser Tunnel wird täglich von rund 20 000 Fahrzeugen passiert und stellt daher eine für beide Seiten lebenswichtige Verbindung dar. Fast genau über dem Straßentunnel befindet sich eine neue Straßenbrücke, die 1973 fertiggestellt wurde. 1970 wurden die Arbeiten für einen zweiten Eisenbahntunnel begonnen, der rund 500 m östlich der Brücke verläuft.

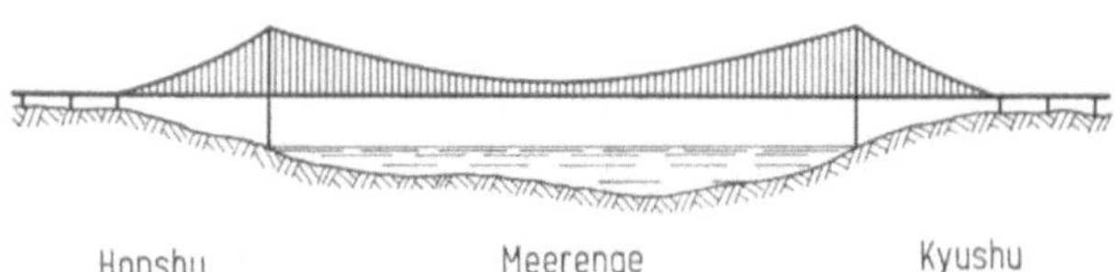

Abb. 18. Kanmonbrücke, Längsabwicklung Strombrücke

Abb. 19. Kanmonbrücke mit Südwestende von Honshu. Foto Keystone, Hamburg

Mit den Stützweiten 170 m — 712 m — 170 m für das Haupttragwerk (Abb. 18) liegt die Kanmonbrücke im Normalbereich für Hängebrücken. Mit vertikalen Hängern, die auch in den Seitenöffnungen den Versteifungsträger halten, entspricht sie den klassischen Konstruktionsprinzipien. Neuartig sind ihre 1160 m langen fabrikmäßig hergestellten Paralleldrahtseile, die zu Kabeln zusammengepreßt und durch „Wrapping" mit Anstrich korrosionsgeschützt sind. Abb. 19 zeigt die Kanmonbrücke im Januar 1974 und den dahinter liegenden südwestlichen Teil der Insel Honshu.

Schlußwort

Entwurf und Konstruktion von Bauwerken zur Kreuzung zweier Verkehrswege werden im wesentlichen von den verkehrstechnischen und bautechnischen Erfordernissen des in seiner Bedeutung dominierenden Weges bestimmt. Die behandelten Beispiele zeigen aber, daß ganz wesentliche Richtlinien auch aus anderen Bereichen kommen, zum Beispiel aus dem Bereich nicht direkt beteiligter anderer Verkehrsträger und aus dem Finanzierungsbereich. Ein Beweis mehr dafür, daß jede große Bauaufgabe in angemessenen Verhältnissen gelöst werden muß und nicht durch Serienprodukte erfüllt werden kann.

Schrifttum

1. Schwab, R., Homann, H.: Der Bau der Köhlbrandbrücke — Allgemeines, Vorarbeiten, begleitende und ergänzende Maßnahmen. Bautechnik 52 (1975) Nr. 5, S. 145/156
2. Weitz, F. R.: Überspannungen aus Stahlseilen — Konstruktionskomponenten für den modernen Großbrückenbau. Bauingenieur 51 (1976) Nr. 10, S. 357/369
3. Scheuch, G.: Brückenschlag über Loire-Mündung. VDI-Nachrichten (1974) Nr. 9, S. 4
4. Wolfram, H. G., Toakley, A. R.: Design modifications to Westgate Bridge, Melbourne. Civil Engineering Transactions 16 (1974) Nr. 2, S. 143/150
5. Virola, J.: Die größten Brücken der Welt am Anfang der siebziger Jahre. Schweiz. Techn. Zeitschrift (1971) Nr. 31, S. 653/664
6. ESEX, Empresa de Engenharia e Construçao de Obras Especiais: Presidente Costa e Silva Bridge
7. Feige, A., Idelberger, K.: Weitgespannte Straßenbrücken aus Stahl — heute und morgen. Acier, Stahl, Steel 36 (1971) Nr. 5, S. 210/222

Die Hafen- und Binnenschiffahrt im Hafen Hamburg

Von Oberbaurat **Peter Wiedemeyer** und Dipl.-Ing. **Wolfgang Becker**, Hamburg

1. Vorbemerkungen

Wenn von einem Seehafen die Rede ist, dann richtet sich das allgemeine Interesse überwiegend auf die mehr oder weniger großen Seeschiffe, die den Hafen anlaufen oder ihn verlassen, auf die Umschlaganlagen, an denen die durch die Seeschiffe transportierten Güter gelöscht oder geladen werden sowie auf die umgeschlagenen Gütermengen, durch die der Seehafen schließlich seinen Rang im nationalen oder internationalen Vergleich erhält.

Dabei verkehren im Hafen nicht nur Seeschiffe, sondern auch eine Vielzahl kleinerer Schiffe und Boote, die scheinbar planlos die Verkehrswege der Seeschiffe kreuzen. Die Bedeutung dieser für einen Seehafen teilweise lebenswichtigen Kleinschiffahrt wird in der Öffentlichkeit nicht zuletzt deswegen oft unterschätzt, weil die jeweiligen Transportleistungen überwiegend hinter den Kulissen abgewickelt werden und die einzelnen Funktionen der beteiligten Fahrzeuge für Außenstehende so ohne weiteres nicht erkennbar sind.

In Hamburg hat dieser nicht der Seeschiffahrt zuzuordnende und deshalb als Hafen- und Binnenschiffahrt bezeichnete Verkehrszweig seit jeher eine wichtige Rolle gespielt. Ob dies auch in Zukunft so sein wird, hängt u.a. auch davon ab, ob im Hafen die zur Erbringung der jeweiligen Dienstleistungen erforderlichen Verkehrseinrichtungen in angemessener Weise vorgehalten werden.

2. Hafenschiffahrt — Binnenschiffahrt

Die Schiffahrt wird üblicherweise in See- und Binnenschiffahrt unterschieden. Während der Gütertransport über See durch Seeschiffe erfolgt, wird der Transport auf den Binnenwasserstraßen von der Binnenschiffahrt wahrgenommen. Zu den Binnengewässern zählt neben den Flüssen und Kanälen des Binnenlandes auch das Wasserstraßennetz der Seehäfen, so daß wir es mit den in diesem Beitrag zu behandelnden Fahrzeugen im weiteren Sinne mit Binnenschiffen zu tun haben.

Dennoch wird zwischen Binnen- und Hafenschiffahrt unterschieden, und das mit gutem Grund: Während die als Binnenschiffe bekannten Fahrzeuge den Güterverkehr von und zum Hinterland wahrnehmen, operiert die Hafenschiffahrt ausschließlich im Hafengebiet. Die Hafenschiffahrt verhält sich demnach zur Fluß- und Kanalschiffahrt wie der Nahverkehr zum Fernverkehr, und entsprechend unterschiedlich haben sich diese beiden Schiffahrtszweige auch entwickelt. Was das Geschehen im Hafen betrifft, so läßt sich eine klare Trennungslinie jedoch nicht immer ziehen. Die Übergänge sind fließend.

3. Binnenschiffahrt — Träger des wasserseitigen Hinterlandverkehrs

Wie bei fast allen großen Seehäfen, so verdankt auch der Hafen Hamburg seine Entstehung und Bedeutung nicht zuletzt einem weit ins Hinterland reichenden Fluß, der Elbe, auf dem binnenländische Handelsgüter per Schiff herangefahren werden konnten, um gegen ausländische Waren ausgetauscht zu werden, die wieder ins Hinterland verbracht wurden. Neben dem mengenmäßig ziemlich unbedeutenden Verkehr zu Lande war die Binnenschiffahrt — und das heißt im Falle Hamburg: die Elbeschiffahrt — lange Zeit die Hauptstütze der Beziehungen des Seehafens zu seinem Hinterland.

Eigentliche Hafenanlagen für die Binnenschiffahrt gab es bis in die Mitte des 19. Jahrhunderts noch nicht. Bis dahin wurden die Güter ausschließlich „im Strom" umgeschlagen. Die Seeschiffe gingen auf der Elbe vor Anker oder machten an Pfahlgruppen im Flußbett fest. Dort übernahmen die Flußfahrzeuge dann jenen Teil der Ladung, der auf dem Wasserweg ins Hinterland weiterbefördert werden sollte oder übergaben die Waren, die mit Seeschiffen an andere Handelsplätze zu fahren waren. Diese Umschlagsform wurde mit der Errichtung von landfesten Kaianlagen keineswegs überflüssig. Durch die Schaffung von Dalbenreihen in zu diesem Zweck besonders breit angelegten

Hafenbecken sowie durch das Festmachen der Binnenschiffe an der dem Kai abgewandten Schiffsseite eröffneten sich der Binnenschiffahrt neue günstige Umschlagsmöglichkeiten. Diese Dalbenplätze in den Hafenbecken, an denen die Güter vom Seeschiff ins Binnenschiff oder umgekehrt umgeschlagen werden können, nennt man übrigens auch heute noch — in Anlehnung an die ursprünglich einmal praktizierte Umschlagsmethode — Liegeplätze „im Strom“ (s. Abb. 11).

Darüber hinaus haben die Hafenbauer Hamburgs seinerzeit den Erfordernissen der Binnenschiffahrt insoweit Rechnung getragen, als sie die Gruppen der Seeschiffbecken mit einem Kranz von Flußschiffhäfen und -kanälen umgaben, so daß der Binnenschiffahrt damit auch eigene Verkehrswege zur Verfügung standen und Liegeplätze angeboten werden konnten (Abb. 1).

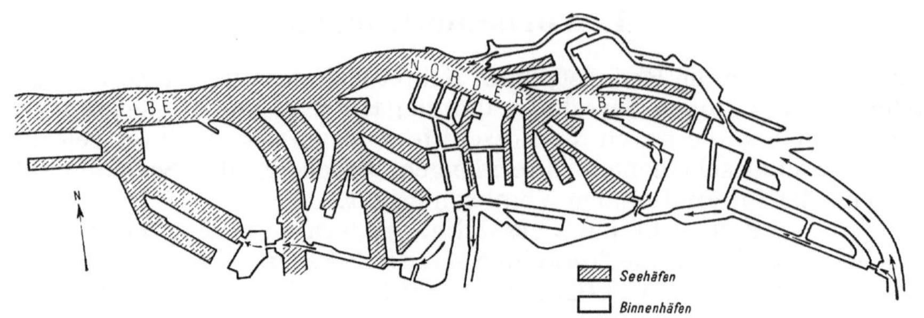

Abb. 1. Für Hamburg typische kreuzungsfreie Einführung der Binnenschiffahrt in die Seehäfen

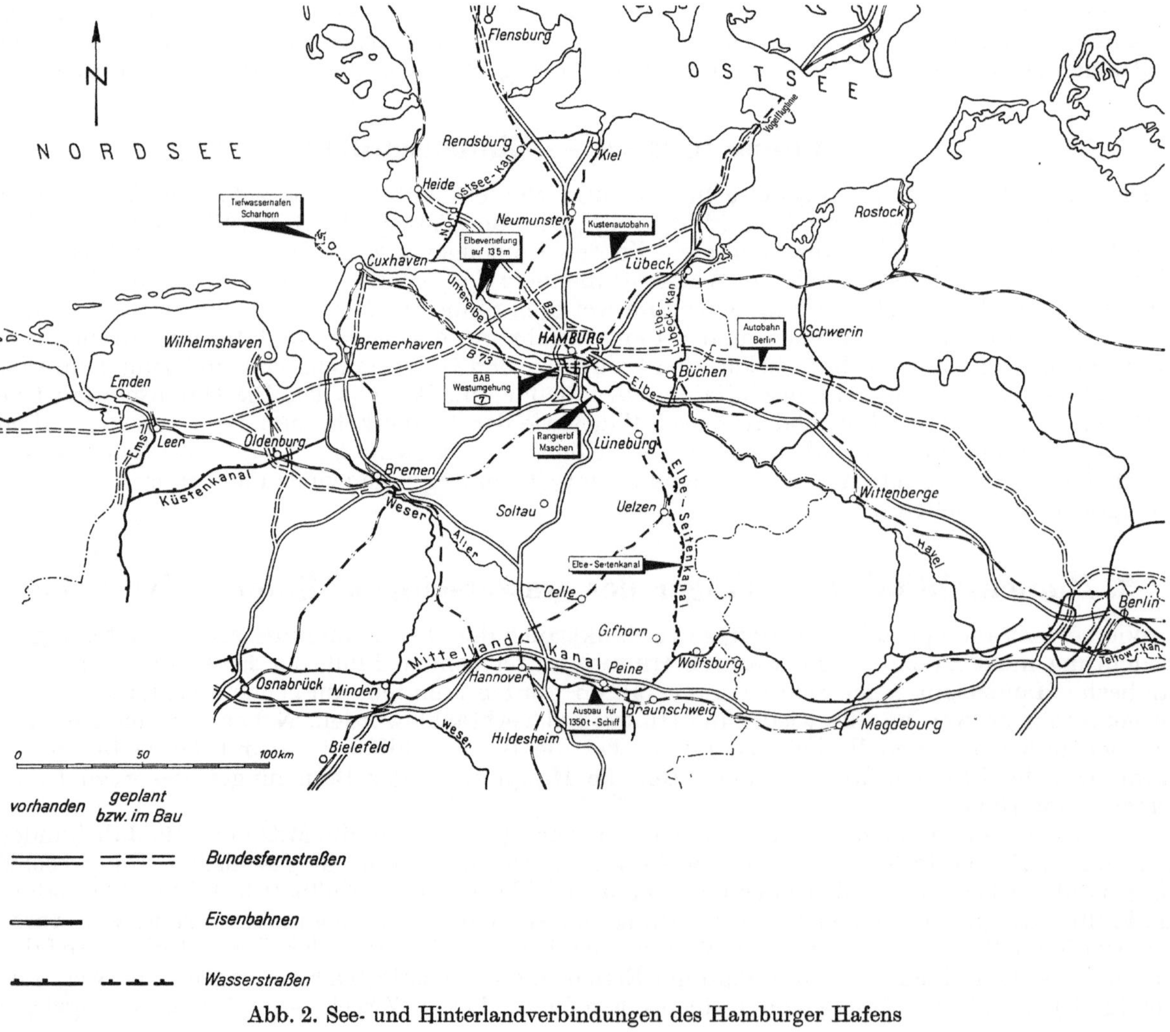

vorhanden geplant bzw. im Bau

Bundesfernstraßen

Eisenbahnen

Wasserstraßen

Abb. 2. See- und Hinterlandverbindungen des Hamburger Hafens

Für die damaligen Binnenschiffe, die selten mehr als 500 t Tragfähigkeit besaßen, bestanden damit hafenseitig gute Voraussetzungen, um den Güterverkehr mit dem Hinterland über die Binnenwasserstraßen abwickeln zu können, zumal auch die Elbe und ihre Nebenflüsse in der Regel ausreichende Fahrwasserverhältnisse aufwiesen.

Diese Situation änderte sich aber nach und nach in dem Maße, in dem die Elbe als nicht kanalisierter Flachlandfluß den Ansprüchen des zunehmenden Verkehrs mit größeren Binnenschiffen nicht mehr voll gewachsen war. Zwar wurden zur Zeit der großen Wasserbauplanungen und -projekte in Mitteleuropa auch in Hamburg Überlegungen darüber angestellt, wie der Hamburger Hafen vollschiffig an das mitteleuropäische Kanalnetz angeschlossen werden könnte, doch blieben alle diese Bemühungen letztlich erfolglos und es sollten noch weitere Jahrzehnte vergehen, bis der Bau eines Kanals Wirklichkeit zu werden begann (Abb. 2).

Der sich am 18. 7. 1976 ereignende Dammbruch am Elbe-Seitenkanal sowie die lange anhaltende Trockenwetterperiode des Jahres 1976, deren Zusammentreffen zu einer völligen Unterbrechung des wasserseitigen Hinterlandverkehrs führte, haben erneut die Abhängigkeit Hamburgs von einer leistungsfähigen Wasserstraßenverbindung und damit die Notwendigkeit einer künstlichen Wasserstraße gezeigt.

Im Jahre 1974 kamen von der Oberelbe rd. 13 500 Binnenschiffe, die rd. 8 Mio t Güter nach Hamburg transportierten. Weitere etwa 9400 Binnenschiffe mit rd. 6 Mio t erreichten Hamburg über die Unterelbe.

4. Hafenschiffahrt — Träger des wasserseitigen Hafenverkehrs

Die Hafenschiffahrt ist wegen der differenzierten Aufgabenstellung ein sehr komplexer Verkehrszweig. Grundsätzlich muß unterschieden werden zwischen dem Teil der Hafenschiffahrt, der die Beförderung von Personen übernimmt, und dem Teil, der dem Gütertransport dient.

Die Hafenschiffahrt wiederum zerfällt ihrerseits in die Sparten Hafenfrachtschiffahrt mit den Bereichen Schutenvermietung und Ewerführerei sowie die Hafenschleppschiffahrt, die entsprechend ihren Funktionen weiter in Bugsierschiffahrt und Seeschiffassistenz-Schiffahrt untergliedert werden kann.

Die gewerbliche Hafenschiffahrt des Hamburger Hafens verfügte Anfang 1975 über insgesamt

1333 Leichter mit rd. 321 680 t Ladekapazität,
167 Schlepper, einschließlich 51 Seeschiff-Assistenz-Schlepper mit zusammen 106 285 PS,
270 Barkassen, darunter 81 zur entgeltlichen Personenbeförderung mit einer Kapazität von 6050 Personen, u. schließlich
47 Festmacherboote.

In diesen Zahlen sind nicht enthalten die große Zahl der Behördenfahrzeuge wie die des Amtes Strom- und Hafenbau, des Oberhafenamtes, der Zollverwaltung, des Hafenärztlichen Dienstes, der Wasserschutzpolizei, Feuerwehr u. a.

Da den Dienstleistungen der Hafenfrachtschiffahrt und der Hafenschleppschiffahrt im Hinblick auf die Leistungsfähigkeit des Hamburger Hafens die größere Bedeutung zukommt, wird nachfolgend von einer weiteren Beschreibung der Personenschiffahrt abgesehen.

4.1 Hafenfrachtschiffahrt

Nicht alle Güter, die früher ihren Weg mit Segelschiffen von und zum Hamburger Hafen nahmen, waren für den Weitertransport ins Binnenland bestimmt. Ein bedeutender Teil wurde seit jeher in Hafenfahrzeuge umgeschlagen, die die Seeschiffsladung in die am flußschifftiefen Wasser gelegenen Kaufmannsspeicher verteilten. Andere Güter, die auf dem Landweg ins Binnenland weitertransportiert werden sollten, wurden von den Hafenfahrzeugen an Landungsplätze verbracht, wo sie in Fuhrwerke umgeschlagen werden konnten.

Dieser Wassertransport im Hafen erfolgte ursprünglich mit sogenannten Ewern, einem an der Nordseeküste schon im Mittelalter bekannten Segelschifftyp. Die Schiffer dieser Kleinfahrzeuge bezeichnete man als Ewerführer und dieser Begriff blieb auch bis heute erhalten, obwohl die Ewer längst durch antriebslose Schuten verdrängt wurden.

Die Ewerführerei befördert heute ihre Schuten größtenteils mit eigenen Schleppfahrzeugen. Soweit die eigene Lade- und Schleppkapazität zur Durchführung der Transporte nicht ausreicht, mietet sie Schleppkraft und Laderaum von Bugsier- und Schutenvermietungsbetrieben an, die, ohne selbst Frachtführer zu sein, Schleppfahrzeuge und Transportraum als Reservekapazität für Verkehrsspitzen vorhalten.

Im Rahmen der Hafenfrachtschiffahrt leistet die Ewerführerei der Seeschiffahrt im Hafengebiet Zubringer- und Verteilungsdienste auf dem Wasserweg. Sie befördert Güter zwischen den Liegeplätzen der Seeschiffe und den landfesten Umschlaganlagen oder sie transportiert Ladung im Transitverkehr von einem Seeschiff zum anderen. Neben Zubringer- und Verteilungsfunktionen für die Seeschiffahrt übernimmt die Ewerführerei aber auch Transporte zwischen Umschlaganlagen und Lager- und Verarbeitungsbetrieben.

Die Schaffung landfester Umschlaganlagen sowie die Entwicklungen im Schiffbau und auf dem Gebiet der Landverkehrsmittel haben in der gesamten Hafenschiffahrt manchen Strukturwandel ausgelöst. Andererseits haben aber auch die Hafenbauer durch Anlage eines weitverzweigten Kanalsystems und der oben schon erwähnten Binnenschiffhäfen sowie der Bau der Speicherstadt dazu beigetragen, daß die Hafenfrachtschiffahrt und damit auch das Ewerführereigewerbe eine positive Entwicklung nehmen konnten.

Im Gegensatz zu einigen anderen Welthäfen ist die Hafenfrachtschiffahrt für den Hamburger Hafen von großer Bedeutung. Nichts unterstreicht ihre Bedeutung mehr als die von ihr erbrachten Leistungen: Jährlich werden etwa 6 Mio t Trockenladung — gegenwärtig etwa 20% des gesamten Trockengüterumschlags im Hafen — befördert.

4.2 Hafenschleppschiffahrt

Im Gegensatz zur Hafenfrachtschiffahrt beschränkt sich die Hafenschleppschiffahrt auf reine Raumüberwindungsfunktionen. Sie befördert sowohl antriebslose Hafenfahrzeuge als auch Seeschiffe, die im Hafen aus Sicherheitsgründen auf eigene Antriebsmittel verzichten. Entsprechend den unterschiedlichen Aufgaben wird die Schleppschiffahrt in Bugsierschiffahrt und Seeschiffassistenz-Schiffahrt unterteilt. Während die Bugsierschiffahrt zum Schleppen von Schuten und anderen antriebslosen Hafenfahrzeugen relativ kleine Schleppfahrzeuge benötigt und vorhält, sind die Seeschiffassistenz-Schlepper überwiegend seegängige Fahrzeuge, die sowohl die Seeschiffe auf ihrer Fahrt von und zu ihren Liegeplätzen im Hafen schleppen und unterstützen als auch Seetransporte übernehmen (Abb. 6).

Nicht direkt als Schleppfahrzeuge zu bezeichnen, doch untrennbar mit der Seeschiffassistenz verbunden, sind die Boote der Festmacher-Firmen. Ihre Aufgabe ist es, die Leinen bzw. Trossen der Seeschiffe zu übernehmen und die Schiffe an ihren Kai- oder Dalbenliegeplätzen „festzumachen", d.h. anzubinden (Abb. 7).

5. Fahrzeuge der Hafen- und Binnenschiffahrt

5.1 Fahrzeuge der Hafenschiffahrt

Das klassische Hafenfrachtfahrzeug war und ist die Spitzschute (Abb. 3), die sich im Laufe des 18. und 19. Jahrhunderts aus dem Ewer, dem o.g. kleinen Segelfahrzeug entwickelte und äußerlich dessen Form nahekommt. Diese in der Regel antriebs- und steuerlosen Fahrzeuge bilden mit ihrem Schlepper einen losen Verband und benötigen dementsprechend viel Manövrierraum und -zeit, was vor allem bei kurvenreichen Fahrten durch enge Kanäle und bei Aufstoppmanövern ins Gewicht fällt. Das Fahrverhalten und die Sicherheit des ganzen Verbandes hängt deshalb entscheidend

Abb. 3. Offene Spitzschuten im Liegehafen (Foto Becker)
Abb. 4. Beladene und leere Typschuten im Liegehafen (Foto Becker)

von der Ausrüstung und Stärke des Schleppfahrzeuges und dem Können des Schiffsführers ab. Neben den speziell für den Hafenbetrieb gebauten Schleppern, die im Durchschnitt mehr als 350 PS stark sind, kommen viele Barkassen zum Einsatz. Diese ehemals für die Personenbeförderung im Hafen erstellten und für ihre neue Verwendung umgerüsteten je gut 100 PS starken Fahrzeuge runden das Angebot der Hafenschlepper ab.

Rationalisierungsbestrebungen im Gütertransport der Hafenschiffahrt führten schließlich zum Bau kastenförmiger Schuten, bei denen lediglich das Bodenblech in flachem Winkel bis über die Wasserlinie hochgezogen wurde, um die Form hydraulisch günstiger zu gestalten. Der Rationalisierungseffekt dieser sogenannten Puntschuten bestand im größeren Volumen des Laderaumes und seiner rechteckigen Form, wodurch das Be- und Entladen erleichtert und der Transport sehr großer und sperriger Stückgüter ermöglicht wurde. Vereinfachend und zeitsparend wirkte sich zusätzlich noch die Einführung großer mechanischer Luken aus, die bei den neuen Schuten Lukenbretter und Abdeckplanen verdrängten. Bewegt wurden diese Fahrzeuge jedoch noch ebenso wie die Spitzschuten, d.h. im Schleppverband.

Hier zeigte sich erst eine Verbesserung, als nach umfangreichen Modellversuchen schließlich die im Fahrverhalten und in der Ladefähigkeit günstigere Typschute entwickelt wurde (Abb. 4). Die auch im Unterwasserschiff kastenförmige Schute kann sowohl geschleppt als auch geschoben werden. Die zweite Eigenschaft der Typschute konnte erst dann zum Tragen kommen, als ein geeignetes Antriebsmittel zur Verfügung stand. Einige Hafenschlepper wurden so umgebaut (Abb. 5), daß sie die kastenförmigen Typschuten auch schieben konnten, wobei beide Fahrzeuge starr miteinander verbunden wurden. Das Ergebnis langer intensiver Untersuchungen war jedoch schließlich der Schutentrecker, der, um rentabel arbeiten zu können, durch eine spezielle Formgebung mit beiden Schutenarten, den Spitzschuten und den kastenförmigen Schuten, starr verbunden werden kann. Mit einem Voith-Schneider-Antrieb ausgerüstet, kann dieses Fahrzeug Schuten auf sehr engem Raum wesentlich exakter und dabei schneller als ein normaler Schlepper bewegen.

Dieser Vorteil spielt für den Hafenbauer eine wichtige Rolle, kompensiert er doch in gewissem Maße die ständige Zunahme der Abmessungen der Hafenfrachtschiffe. Ein schneller und leichter zu bewegendes Transportfahrzeug beansprucht wenig Verkehrsfläche und erbringt mehr Leistung, verringert also bei gleichbleibendem Güteraufkommen die Zahl der benötigten Schiffe und somit auch der Liegeplätze. Außerdem eröffnet diese neue Entwicklung dem Hafenbauer die Möglichkeit, mehr Liegeplätze auf engem Raum unterzubringen, da die Schuten nun platzsparend auch in Stichlage untergebracht werden können. Diese Gesichtspunkte spielen eine immer größer werdende Rolle, da zwar die Anzahl der Schuten zurückgeht, aber die Abmessungen der Hafenfrachtschiffe zunehmen und in manchen Fällen schon Binnenschiffabmessungen erreicht haben. Aber auch für die Schiffahrttreibenden hat die Anordnung der Schuten in Stichlage Vorteile, ist doch jedes Fahrzeug sofort und unmittelbar, ohne andere bewegen zu müssen, greifbar.

Stellen die Schuten mit rd. 1300 Einheiten z.Z. die zahlenmäßig am stärksten vertretene Gruppe der Hafenfahrzeuge dar, so darf man darüber hinaus nicht die anderen Sparten vergessen. Neben den schon genannten Hafenschleppern fallen da die Seeschiffassistenzschlepper (Abb. 6) und Festmacherboote (Abb. 7) auf. Beide sorgen dafür, daß das Seeschiff sicher an den vorgesehenen Liegeplatz gelangt. Während die Zahl der Hamburg anlaufenden Seeschiffe beständig abnahm

Abb. 5. Hafenschlepper, der hier zwar noch schleppt, aber bereits zum Schieben von Schuten umgerüstet wurde (Foto Becker)

Abb. 6. Hafenschlepper bei ihrer täglichen Arbeit: Ein Seeschiff wirft die Leinen los und vertraut sich damit den Schleppern an (Foto Becker)

(1960—1974 von 20 702 auf 17 872), die Größe der Schiffseinheiten aber zunahm, blieb die Zahl der Seeschiffassistenzschlepper und Festmacherboote nahezu gleich (rd. je 50 Einheiten). Mit den Veränderungen bei den Seeschiffen ging eine qualitätsmäßige Verbesserung der Seeschiffassistenzschlepper einher, die es nach wie vor erlaubt, mit der gleichen Anzahl Schlepper den anfallenden Verkehr abzuwickeln.

Abb. 7. Ein Festmacherboot, das gerade die Leine eines Seeschiffes übernommen hat (Foto Becker)

Zunehmend werden seit einigen Jahren ältere Seeschiffassistenzschlepper durch Neubauten ersetzt, die neben ihren modernen Antriebs- und Manövriersystemen (Schottel- oder Voith-Schneider-Antrieb) auch stärkere Maschinen erhielten. Lag bis in die 60iger Jahre hinein die Maschinenleistung bei max. 600—1000 PS und der Pfahlzug bei 5—10 t, so schnellten diese Werte in den letzten Jahren in Größenordnungen von 2500—3500 PS Maschinenleistung und 30—40 t Pfahlzug hinauf. Die Entwicklung der durchschnittlichen Antriebsstärke mag ein weiteres Indiz für die großen Veränderungen sein (Quelle [5]):

1950	1960	1975
420 PS	730 PS	1240 PS

Die o.g. neuen Antriebsysteme in Verbindung mit der höheren Maschinenleistung bringen eine sehr große Wendigkeit der neuen Schlepper mit sich. Daraus ergab sich die Möglichkeit, an sehr kurzer Leine zu schleppen, ein für den Hafenbauer gravierender Unterschied zu der klassischen Schleppmethode an langer Leine. Die heute teils erheblich größer gewordenen Seeschiffe können somit bei unverändert gebliebenen Wasserflächen im Hafen trotzdem weiter an die vorhandenen Liegeplätze gebracht werden.

5.2 Fahrzeuge der Binnenschiffahrt

Die Entwicklung der Binnenschiffe im Elbstromgebiet muß im engen Zusammenhang mit den auf der Elbe möglichen Schiffstiefgängen und den Veränderungen des Hinterlandes gesehen werden.

Mit einem Umschlagergebnis von 9 Mio t war Hamburg noch 1936 der zweitgrößte Binnenhafen Deutschlands. Dementsprechend groß war die Anzahl der auf der Elbe verkehrenden Binnenschiffe. Welchen Einfluß die z.B. gegenüber dem Rhein oder den westdeutschen Kanälen geringeren Fahrwassertiefen bei allgemein wachsenden Schiffsgrößen hatten, läßt ein Vergleich der durchschnittlichen Tragfähigkeit der Güterschiffe erkennen (Quelle [1], Stand 31. 12. 1958):

Wasserstraßengebiet	Güterschiffe	
	mit eigener Triebkraft	ohne eigene Triebkraft
Elbe	386 t	492 t
westdeutsche Kanäle	402 t	664 t
Rhein	720 t	1070 t

Die Elbeschiffahrt machte zwar die allgemeine Entwicklung vom Schleppverband zum Motorgüterschiff mit, blieb aber in ihren Schiffsabmessungen bis in die 70iger Jahre deutlich hinter denen der anderen deutschen Binnenreviere zurück. Während das westdeutsche Kanalsystem nach und nach für größere Schiffe ausgebaut wurde, war der wirtschaftliche Einsatz von über 1000 t tragenden Schiffen auf der Oberelbe bis heute kaum möglich. Erst die Aussicht auf den Bau des Elbe-Seitenkanals ließ die durchschnittliche Tragfähigkeit der Schiffe auf die 1000-t-Marke hin anwachsen.

Wie stark dieser Impuls war, zeigt die zahlenmäßige Zunahme der Binnenschiffe über 1000 t im Elbegebiet (nach Anzahl der Reisen, Meßpunkt Schnackenburg, Quelle [3]):

1955	1966	1972	1974
0,6%	2%	22%	32%

Gleichzeitig nahm die Zahl der Schiffe bis 300 t Tragfähigkeit sehr stark ab, die noch bis in die ersten Nachkriegsjahre hinein die größte Gruppe gestellt hatten.

Zudem kamen in den letzten Jahren Schubverbände in Fahrt. Diese neue Form des Binnenschiffverkehrs, bei der ein oder mehrere Leichter von einem Schubboot bewegt werden, stellt die Hafen- und Wasserstraßenbauer vor ganz neue Probleme. Wiesen die 300 t-Schiffe noch Längen um 50 m, Breiten um 6,5 m und Tiefgänge bis zu max. 2 m auf, so werden diese Maße heute schon von einem einzelnen Schubleichter überschritten. Gesamtlängen der Schubverbände bis zu 185 m sind auf der Elbe möglich (2 Europatypleichter + Schubboot).

Es ist einleuchtend, daß diese großen Schiffseinheiten größere Verkehrsflächen benötigen und andere Ansprüche an die Wasserstraßen stellen, als dies die 300 t-Schiffe und auch größere taten.

Hier zeigt sich, daß sich die Anforderungen der Binnenschiffahrt an die Hafenplanung in zunehmendem Maße mit denen der Hafenschiffahrt decken, da sich diese, wie bereits erwähnt, immer mehr den Fahrzeugabmessungen und auch der Arbeitsweise der Binnenschiffahrt nähert.

6. Hafen-Infrastruktur für die Binnen- und Hafenschiffahrt

6.1 Verkehrswege

Stammt die Trennung von Binnen- und Seeschiffswegen sowie -liegeplätzen auch aus der Zeit des Stapelhandels, so wurden doch bald die Vorteile dieser Aufteilung erkannt und das Prinzip später bei allen weiteren Hafenplanungen so weit wie möglich berücksichtigt. Den Seeschiffhäfen wurden binnenwärts Häfen für die Binnen- und Hafenschiffahrt zugeordnet. Damit wurde zweierlei erreicht:

1. Die in großer Zahl an den Seeschiffen arbeitenden Hafen- und Binnenschiffe müssen nicht ständig den Weg der schwerfälligen, auf Schlepperhilfe angewiesenen Seeschiffe kreuzen. Mögliche Gefahrensituationen werden so auf ein Minimum beschränkt bzw. ganz vermieden.

2. Im rauhen Wasser der Seehäfen ist ein sicheres und ruhiges Liegen für die kleinen Schiffe auf längere Zeit problematisch. Daraus folgende Schwierigkeiten werden in den Binnenhäfen von vornherein ausgeschaltet.

Wie wichtig vor allem der Punkt 1 ist, zeigt sich heute z.B. an der Einfahrt zu den Botlekhäfen in Rotterdam, die keine eigene Zufahrt für Binnen- und Hafenschiffe besitzen und vornehmlich aus diesem Grunde einen Unfallschwerpunkt bilden.

Die den Binnen- und Hafenschiffen in Hamburg vorbehaltenen Gewässer entstanden fast alle noch vor 1925 und orientierten sich trotz damalig großzügiger Bemessung an den zu dieser Zeit üblichen Schiffsgrößen.

Dieser ehemals großzügigen Planung, den Auswirkungen der seit den 60iger Jahren laufenden Abwrackaktionen und den inzwischen verfeinerten Manövriermöglichkeiten ist es zu verdanken, daß die Binnenhäfen noch heute ihre Funktion als Zufahrten zu den Seehäfen und als Liegehäfen für die Binnen- und Hafenschiffe erfüllen können.

6.2 Funktion und Anordnung der Liegeplätze

Entsprechend ihrer Funktion lassen sich die Liegeplätze in drei Kategorien einteilen:

a) Liegeplätze für längerfristiges Ablegen
b) Liegeplätze für kurzfristiges Ablegen
c) Koppelstellen

Sie unterscheiden sich sowohl in ihrer Lage im Hafengebiet als auch in ihrer zweckentsprechenden Ausstattung, was aber nicht ausschließt, daß es die Ablauforganisation des Hafens manchmal erforderlich macht, für kurze Zeit die Zweckbestimmung zu ändern. Will der Hafen den Anforderungen der Binnen- und Hafenschiffahrt entsprechen, so muß er sich hier flexibel zeigen. Anderenfalls ist ein unwirtschaftlicher Ausbau auf Spitzenverkehre notwendig, soll die Umschlagsgeschwindigkeit nicht vermindert werden.

6.2.1 Liegeplätze zum längerfristigen Ablegen

Hafen- und Binnenschiffahrt benötigen Liegeplätze, an denen z. B. auf neue Aufträge gewartet, Schlechtwetterzeiten mit Eisgang, Nebel oder Sturmflut bzw. Hochwasser abgewartet oder auch die Verspätung eines Seeschiffes überbrückt werden können.

Für die überwiegend motorisierten Binnenschiffe können diese Dauerliegeplätze an der Peripherie des Hafengebietes angeordnet werden. Um den Schiffsbesatzungen die Teilnahme am gesellschaftlichen und kulturellen Leben zu ermöglichen, ist bei der Planung derartiger Plätze darauf zu achten, daß sie entweder von den nächsten Wohngebieten leicht zu erreichen sind oder sich in deren Nähe befinden. Eine telefonische Verbindung, ein Elektrizitäts- und Wasseranschluß sowie sichere und bequeme Landgänge und natürlich die Ausrüstung mit Anlege- und Vertäudalben gehören zur technischen Ausstattung solcher Liegehäfen, in denen die Schiffsbesatzungen oft mehrere Tage verbringen müssen.

Abb. 8. Der Travehafen als Liegehafen der Hafenschiffahrt; in Bildmitte die Schutenwachstation, am linken Bildrand ein Stützpunkt der Hafenschiffahrt mit Ligger und Schuten (Foto Hafen Hamburg Information)

Insgesamt sind ca. 280 solcher Plätze im Hamburger Hafen vorhanden. Stellt man dem die Zahl der durchschnittlich täglich den Hafen ansteuernden Binnenschiffe, nämlich rd. 60 gegenüber, so ergibt sich eine durchschnittliche mögliche Liegedauer von rd. 4,5 Tagen.

Die Anforderungen, die die Hafenschiffahrt an ihre Dauerliegeplätze stellt, sind anders gelagert. Wegen der Vielzahl ihrer unbemannten Fahrzeuge und des auf den Hafen begrenzten Arbeitsgebietes werden diese Plätze sinnvollerweise überwiegend im Kerngebiet des Hafens — und dort speziell im Freihafengebiet — angeordnet.

Abb. 9. Schutenwachstation im Travehafen: Die Schuten sind über die Zugangsbrücke (Bildmitte) und die Schlengel (im Vordergrund) zu erreichen (Foto Becker)

Im allgemeinen konzentrieren die Ewerführereien ihren Schutenpark in einem Liegeplatzareal in der Nähe der auf kurzem Wege durch Kanäle zu erreichenden Seehäfen (Abb. 8). Ausgerüstet mit einem Wohn- und Werkstattschiff, dem sogenannten Ligger, bilden diese Liegeplätze Einsatzzentrale, „Werkstatt" und „Parkplatz" für nicht im Einsatz befindliche Schuten zugleich. Außerdem werden hier z.T. die beladenen Schuten abgelegt, um sie bzw. ihre Ladung bewachen zu können.

Durch Personalkostensteigerungen angefachte Rationalisierungsbestrebungen in der Hafenschiffahrt haben zum Bau einer zentralen Schutenwachstation im Travehafen geführt (Abb. 9). Diese im Freihafen errichtete Anlage wird von einer Firmengemeinschaft betrieben und bietet rd. 100 beladenen Schuten Platz, so daß die Hafenschiffahrt auch ihrer Pufferfunktion zwischen Seeschiff und Landspeicher bzw. Verbraucher gerecht werden kann. Diese Schutenwachstation nicht eingerechnet, sind im Hamburger Hafen mehr als 1500 Liegeplätze für längerfristig abgelegte Schuten vorhanden (Bestand am 21. 12. 1975: 1333 einsatzfähige Einheiten).

Hinzu kommt noch eine Vielzahl von Liegeplätzen für Festmacher, Schlepper und Barkassen, fast ausnahmslos am Nordufer der Norderelbe angeordnet.

6.2.2 Liegeplätze zum kurzfristigen Ablegen

In dem Maße, in dem sich die täglichen Betriebskosten der Seeschiffe erhöhten, wurde versucht, die unproduktiven Zeiten dieser Schiffe zu verkürzen. Dazu zählen in erster Linie die Hafentage; weshalb u.a. durch Verbesserung der kai- und bordeigenen Umschlaggeräte die Umschlagleistung erhöht wurde. Mit den bordeigenen Geräten wird vorwiegend der schon erwähnte Stromumschlag auf dem Stückgutsektor durchgeführt. Der Massengutumschlag im Strom wird fast ausnahmslos von den Schwimmhebern und -greifern durchgeführt (Abb. 10). Die hohe Umschlaggeschwindigkeit macht eine rasche Zuführung der zu beladenden Hafen- und Binnenschiffe erforderlich. Deshalb müssen in der Nähe dieser Umschlagstellen Bereitstellungsplätze vorhanden sein, von denen aus die Hafen- und Binnenschiffe auf möglichst kurzem Wege den Umschlagsort erreichen können (Abb. 11). Schon vor dem Festmachen des Seeschiffs kann dort, je nach Größe des Platzangebots, eine mehr oder weniger große Menge Schiffsraum zusammengezogen und auf Abruf bereitgestellt werden. Da die Liegezeiten an diesen Plätzen sehr kurz sind, ist eine Landverbindung in der Regel nicht notwendig; Vertäu- und Anlegedalben reichen aus. Die Zahl der über das ganze Hafengebiet verstreut angeordneten Bereitstellungsplätze ist für die Schuten der Hafenschiffahrt größer als 200, für die der Binnenschiffe rd. 80 Plätze.

Abb. 10. Umschlag von Sackgütern (Bildmitte) und Sauggut (am linken Bildrand) an einem Liegeplatz „im Strom". Das Seeschiff ist gerade mit Frischwasser versorgt worden (Wasserboot unter dem Bug erkennbar) (Foto Becker)

Abb. 12. Kombinierter Schubverband mit Typschuten und Tankleichtern auf seiner Fahrt elbabwärts auf der Norderelbe in Höhe der Überseebrücke (Foto Hafen Hamburg Information)

Abb. 11. Sauggutumschlag „im Strom“ am Tiefwasserliegeplatz des Waltershofer Hafens. Im Vordergrund Bereitstellungsplätze für die Binnenschiffahrt (Foto Hafen Hamburg Information)

6.2.3 Koppelstellen

Die Schlepp- und Schubverbände der Binnenschiffahrt bestehen aus mehreren nicht motorisierten Transporteinheiten und dem Schlepper bzw. Schubboot (Abb. 12). Die Schleppkähne bzw. Schubleichter werden üblicherweise einzeln beladen und nach und nach zu einer Koppelstelle verholt. Dort wird schließlich der Verband zusammengestellt und vom Streckenschubboot bzw. Kanalschlepper übernommen. Kommt der leere Verband und soll beladen werden, so läuft der Vorgang genau umgekehrt ab.

Koppelstellen werden sinnvollerweise vor die verkehrserzeugenden Häfen gelegt, da der ganze Verband nicht so leicht manövriert wie z.B. das Hafenschubboot mit einem einzigen Leichter. Eine ca. 185 m lange Dalbenreihe, an der die Kähne und Leichter abgelegt werden können, ist die Voraussetzung, wobei der Schubverband eine absolut gerade Dalbenreihe benötigt, um die starren Verbindungen zwischen den Leichtern herstellen zu können.

Speziell diesem Zweck vorbehaltene Dalbenreihen existieren im Hafen noch nicht, sieht man einmal von einer Dalbenreihe oberhalb der Norderelbbrücken ab, die von den Schubverbänden zum Koppeln mitbenutzt wird. In anderen Hafenbezirken werden z.T. Bereitstellungsplätze hierfür in Anspruch genommen, ein Zustand, der bald durch den Bau zweier Koppelstellen an den Zufahrten zum Hamburger Hafen verbessert werden soll.

7. Ausblick

Neben der weltweiten und regionalen Entwicklung des Güteraustausches werden im Hinblick auf die Veränderung der Binnen- und Hafenschiffsflotte, die im Hamburger Hafen arbeitet, die Standortverbesserungen Hamburgs bzw. die Verbesserungen der Verkehrswege und Hinterlandverbindungen eine große Rolle spielen.

Sind auch die Einflüsse der in Arbeit befindlichen Unterelbevertiefung auf 13,5 m unter KN noch nicht sicher erkennbar, so zeichnen sie sich für den Elbe-Seitenkanal und den Ausbau der Oberelbe von Hamburg bis zur Mündung dieses Kanals bereits deutlich ab. Nach einer Firmenbefragung der Handelskammer Hamburg liegt hierfür genaueres Zahlenmaterial vor, das besagt, daß bis 1980 dem Hamburger Hafen zusätzlich ca. 9 Mio t Güter pro Jahr mehr zulaufen werden. Um den Vorteil dieser neuen und leistungsfähigen Hinterlandverbindungen voll nutzen zu können, wird der Anteil der mehr als 1000 t tragenden Binnenschiffe bzw. mehr als 2000 t tragenden Schubverbände nach einer Übergangszeit stark zunehmen. Die Abmessungen dieser neuen Schiffseinheiten erfordern große Verkehrsflächen und angemessene Wassertiefen, wodurch auch sie neben vielen anderen eine Bezugsgröße für die Bemessung neuer Verkehrsanlagen werden. Dieser Umstand wird insbesondere bei der Erschließung der Hafenerweiterungsgebiete westlich des Köhlbrands und der Süderelbe zu berücksichtigen sein, zumal dort, soweit möglich, das Prinzip der getrennten See- und Binnen- bzw. Hafenschiffswege beibehalten werden soll.

Durch die Vergrößerung des westlichen Hafengebietes in Verbindung mit den westlich des Köhlbrands schon bestehenden Anlagen wird sich dort ein in Teilbereichen weitgehend autonomer Hafenteil bilden. Im Bereich des Köhlbrands und der Süderelbe, die gewissermaßen den Lebensnerv dieses zukünftigen zweiten Hafenkernes darstellen werden, muß ein Teil der Serviceeinrichtungen wie Schlepper- und Festmacherstationen, Schuten- und Binnenschiffsliegeplätze, die jetzt fast ausnahmslos im alten Hafengebiet östlich des Köhlbrands konzentriert sind, neu entstehen, um die Wege zu den Einsatzorten und damit die Belastung der Wasserstraßen nicht noch mehr anwachsen zu lassen. Die Hafenplaner werden hierbei im Rahmen des Möglichen durch das Vorsehen entsprechender Wasserflächen ihren Beitrag leisten.

Diesen mittel- bis langfristigen Aspekten der Entwicklung versucht der Hafen bereits jetzt durch den Bau zusätzlicher Liegeplätze bzw. deren planerische Absicherung gerecht zu werden. Besonders im Hinblick auf den Elbe-Seitenkanal wurde der Bau von insgesamt rd. 100 über das gesamte Hafengebiet verteilten Bereitstellungsplätzen für Binnen- und Hafenschiffe planerisch berücksichtigt und in den Waltershofer Häfen sowie an der Norderelbe notwendige Ergänzungen des Liegeplatzangebotes vorgenommen. Die Flotte der dauernd im Elbstromgebiet tätigen Binnenschiffe wird sich auch zahlenmäßig vergrößern, wenn der Elbe-Seitenkanal endgültig seinen Betrieb aufnimmt. Um dem zukünftigen Bedarf an Dauerliegeplätzen nachkommen zu können, wurden Flächen zum Bau von mehr als 100 zusätzlichen Liegeplätzen planerisch gesichert. Entsprechend dem bisherigen Prinzip sind diese Plätze in den Hafenrandzonen vorgesehen. Mit dem z.Z. laufenden Aus- und Umbau der Billwerder Bucht zum Liegehafen für moderne Binnenschiffeinheiten mit großer Manövrierfläche und Tiefenwasserliegegruben, die voll abgeladenen Schiffen auch bei extremen Niedrigwassersituationen ein sicheres Liegen ermöglichen, wurde bereits ein erster Schritt zur Anpassung von Angebot und Nachfrage eingeleitet.

Der Zunahme des Schubschiffverkehrs wird insofern Rechnung getragen, als der Bau zweier Koppelstellen für 1977 bzw. 1978 vorgesehen ist. Gegenüber dem Bubendeyufer soll am nördlichen Fahrwasserrand der Unterelbe eine Koppelstelle für den Unterelbeschubverkehr entstehen. Zwei Schubverbände können hier gleichzeitig abgelegt oder zusammengestellt werden. Die zweite Koppelstelle entsteht im Zusammenhang mit dem Bau einiger Binnenschiffbereitstellungsplätze an der Süderelbe, so daß dann alle Zufahrten des Hamburger Hafens mit Koppelstellen ausgerüstet sind. Solchermaßen vorbereitet, ist der Hamburger Hafen in der Lage, der Verkehrsentwicklung auf dem Sektor der Binnen- und Hafenschiffahrt zu folgen. Bei weiterer Beobachtung der Entwicklungstendenzen müssen die bislang planerisch gesicherten Bereiche ständig neu überarbeitet werden, um zum Zeitpunkt des Ausbaus die jeweils neuesten Erkenntnisse zur Anwendung bringen zu können.

Wann und wie dies an den jeweiligen Orten der Fall sein wird, muß der Entwicklung des Umschlags und der Schiffsgefäße überlassen bleiben.

Schrifttum

1. Statistisches Bundesamt Wiesbaden, Fachserie H, Verkehr Reihe 1, Binnenschiffahrt. W. Kohlhammer
2. Westdeutscher Schiffahrts- und Hafenkalender, 41. Aufl. Binnenschiffahrts-Verlag 1974
3. Jahresbericht der Wasser- und Schiffahrtsdirektion Hamburg — Binnenschiffahrt — Abteilung Schiffahrt 1974
4. Handbuch für Hafenbau und Umschlagtechnik, Band VII. Hafenbautechnische Gesellschaft e.V. 1964/65
5. Metge, P.: Struktur der Hafenschiffahrt (Verkehrswissenschaftliche Forschungen, Bd. 9), Berlin: Duncker & Humblot 1964
6. Binnenschiffahrt in Zahlen 1971. Duisburg-Ruhrort: Binnenschiffahrtsverlag
7. Möhring, M.,u. G. Kühn: Der Hamburger Ewerführer im Wandel der Zeit. Hamburg: Hanseatischer Merkur 1965
8. Henmann, P. S.: Lighters and Lighterage. The Dock & Harbour Authority, No. 449, Vol. XXXVII, März 1958. (Auszug in: Handbuch für Hafenbau und Umschlagtechnik, Bd. IV, 1959, S. 171—174)
9. Jahresbericht 1975 des Hafenschiffahrtsverband e.V.

Die Donau als Wasserstraße in Gegenwart und Zukunft, ihre Schiffahrt und die Tätigkeit der Donaukommission*

Von Dr. techn. Dr. oec., Dipl.-Ing. **György Fekete**, Doktor der Verkehrswissenschaften, Budapest

Um Mißverständnisse zu vermeiden, bitte ich gefälligst zur Kenntnis zu nehmen, daß ich der liebenswürdigen Einladung der Hafenbautechnischen Gesellschaft und insbesondere ihres Präsidenten, Herrn Dr.-Ing. Naumann, gerne Folge geleistet habe, jedoch hinsichtlich des Aufbaues der Donaukommission sowie der entsprechenden Regelungen — in dem Nachkommenden immer und nur meine persönliche Meinung äußere. Meine Stellungnahmen sollen also nicht als Stellungnahmen der Donaukommission betrachtet werden, weil solche nur nach entsprechenden Entscheidungen der Kommission entstehen können. Meine Erörterungen sind auch schon deswegen als private anzusehen, weil ich nicht die Dienstsprachen der Kommission, russisch und französisch verwende.

Nach der Klärung dieser Frage möchte ich betonen, wie sehr es mich freut, daß ich die Gelegenheit habe, bei der Tagung der Hafenbautechnischen Gesellschaft in München zu sprechen, wo sich der Sitz der Rhein-Main-Donau AG befindet und von wo die Verwirklichung der Rhein-Main-Donau-Verbindung geleitet wird. Wenn ich heute hauptsächlich von der Donau spreche, soll jedoch schon am Anfang erwähnt werden, daß man der Verbindung der Einzugsgebiete der Donau, des Rheins und des Mains eine wichtige Bedeutung beimißt. So erklärte zum Beispiel der Präsident der Handelskammer Niederösterreich, Kommerzialrat Th. Czerny, bei der Mitgliederversammlung des Deutschen Kanal- und Schiffahrtsvereines am 2. Juni 1975 in Nürnberg, daß laut österreichischen Untersuchungen — ich zitiere — „schon nach dem derzeitigen Stand jedes Jahr einer Verzögerung der Rhein-Main-Donau-Verbindung die österreichische Volkswirtschaft mehr als 500 Mill. Schillinge kostet, nicht gerechnet die nur schwer quantifizierbaren Auswirkungen der Dynamik aus dem zu erwartenden Verkehrsgeschehen [1]“. Schon diese eine Erklärung kann auf die Wichtigkeit und auf die Rolle dieser Wasserstraßenverbindung eindeutig hinweisen.

1. Die Donau als Wasserstraße in der Gegenwart

Die Donau als der zweitgrößte Fluß Europas ist mit mehreren Angaben zu charakterisieren. In erster Linie mit der Länge der schiffbaren Strecke von Sulina bis Ulm 2588 km und mit der der Groß-Schiffahrt dienenden 2379 km langen Strecke von Sulina bis Regensburg. Die Kilometrierung beginnt bei der Mündung mit km 0, und so liegt Regensburg am Stromkilometer 2379.

Einige hydrologische und meteorologische Angaben von 8 Stellen der Donau sind aus Tabelle 1 zu entnehmen. Als Extrem-Werte seien davon die vorgekommenen allerkleinsten Wassermengen von 107 m^3/sec in Regensburg und die allergrößten von 16 275 m^3/sec bei Tulcea erwähnt. Die mittleren Wasserstände haben an der Donau eine Dauer von 65 bis 145 Tagen, je nach der Lage der Pegel.

In Tabelle 2 ist die Donau vom nautischen Standpunkt gesehen in 3 Haupt- und 9 Unterabschnitte aufgegliedert: Die kleinsten Tiefen unter dem niedrigen schiffbaren Wasserstand — das ist der Wasserstand der an 94% der Tage eines Jahres vorhanden ist — lagen im Jahre 1974 zwischen 1,7 und 3,5 m, und 7,3 m an der sogenannten See-Donau — der Strecke von Sulina bis Brăila. Die kleinsten und größten Geschwindigkeiten variierten zwischen 0,2—7,2 km/h.

Die Donaukommission veröffentlicht jährlich — seit ihrer XIX. Session — einen ausführlichen Band über die Furten an der Donau, und zwar für die Perioden, wenn die effektiven Fahrwassertiefen

- stromaufwärts von Wien gleich oder kleiner als 20 dm,
- stromabwärts von Wien gleich oder kleiner als 25 dm, und
- stromabwärts von Brăila kleiner als 24 Fuß waren.

* Als Vortrag gehalten bei der 37. Hauptversammlung der Hafenbautechnischen Gesellschaft 1975 in München.

Tabelle 1. *Hydrologische und meteorologische Angaben über die Donau* [3]

Ort	niedrigster Wasserstand (cm) in der Periode 1921—1960	mittlerer	höchster	Häufigkeit des mittleren Wasserstandes 1973	Dauer	kleinste Wassermenge (m^3/sec) in der Periode 1941—1960	mittlere	größte	Dauer d. mittl. Wassermenge 1973	Wassertemperaturen (°C) 1973			Lufttemperaturen (°C) des Tagesdurchschnittes 1973		
					Tage				Tage	min.	mitt.	max.	min.	mitt.	max.
1. Regensburg—Schwabelweis	47	230	656	16	86	107	412	2 550	130	1,2	11,0	23,2	—19,1	8,1	31,6
2. Wien	12	290	901	3	92	488	1 916	9 600	110	0,0	9,7	20,2	—10,4	10,2	32,5
3. Bratislava	100	360	984	13	90	570	1 981	10 400	143	0,0	9,9	20,4	— 5,6	10,8	26,4
4. Budapest	— 8	325	867	2	70	530	2 360	9 649	95	0,2	10,4	22,7	—13,0	11,3	33,0
5. Bogojevo	—86	308	817	8	65	950	3 010	9 290	71	0,2	11,4	24,8	..	..	..
6. Smederevo	24	342	791	23	192[1])	1 680	5 440	14 370	..	0,2	12,0	25,0	—15,5	11,1	37,5
7. Russe	—19	383	1 000	10	100	1 746	6 113	15 140	101	0,0	12,2	25,9	—11,8	11,7	37,4
8. Tulcea	—45	172	477	6	145	1 799	5 894	16 275	139	..	..	..	— 8,4	10,2	29,0

[1] Einfluß des Rückstaues der Staustufe „Eisernes Tor“

Tabelle 2. *Charakteristische Angaben für die verschiedenen Donau-Abschnitte* (1973) [3]

Donau-Abschnitte		Entfernung von der Mündung	Länge der Strecke		Bei niedrigem schiffbaren Wasserstand Breite	Tiefe	Strom-geschwin-digkeit	Schiff-fahrts-tage
		km	km		m	m	km/h	1973
obere Donau	Regensburg—Passau	2379—2226	153	588	130—240	1,5	2,8—4,7	365
	Passau—Linz	2226—2135	91		250		2,2—6,3	
	Linz—Wien	2135—1929	206		300		0,2—7,2	
	Wien—Gönyü	1929—1791	138		300—420		3,9—7,1	
mittlere Donau	Gönyü—Budapest	1791—1647	144	860	400		3,1—3,9	360
	Budapest—Moldova—Veche	1647—1048	599		600—900	1,9	1,0—3,7	
	Moldova—Veche—Drobeta—Turnu—Severin	1048—931	117		250—1200	3,5	0,2—4,6	
untere Donau	Drobeta—Turnu—Severin—Brăila	931—170	761	931	400—900	2,0	1,7—4,6	353
	Brăila—Sulina	170—0	170		150—1200	7,3	1,9—2,2	

Tabelle 3. *Furten an der Donau* (1973) [3]

Strecke	Stromkilometer	Tiefen (dm)	Breiten (m)	Längen (m)
Bundesrepublik Deutschland	2379,00—2223,15	11—20	50— 70	100— 600
Österreich	2201,77—1880,26	10—25	80—120	50—1500
Österreich/Tschechoslowakei—Tschechoslowakei Tschechoslowakei—Ungarn	1880,26—1708,20	15—25	60—120	80— 600
Ungarn	1708,20—1433,00	12—25	80—120	400—1500
Jugoslawien	1433,00—1075,00	14—24	30—150	50— 400
Eisernes Tor	1048,00— 931,00	19—25	100	110
Rumänien/Jugoslawien—Rumänien/Bulgarien Rumänien	931,00— 170,00	16—25	80—200	100— 500

Die Angaben des Jahres 1973 sind in Tabelle 3, welche die „von-bis-Kleinstwerte" der einzelnen Abschnitte enthält, entsprechend der Staatsobrigkeit dargestellt.

Die Donaukommission hat — aufgrund ihrer Entscheidung vom 22. 3. 1973 eine Zusammenstellung [2] der kleinsten Krümmungsradien der Donau veröffentlicht und zwar für Krümmungen stromaufwärts von Wien mit *R* kleiner als 500 m und stromabwärts von Wien mit *R* kleiner als 800 m.

So ergeben sich folgende resumierende Angaben für diese — für die Schiffahrt gewisse Schwierigkeiten darstellende — Stellen:

A. Von Regensburg bis Wien 34 Stellen mit
   a) minimalen Krümmungsradien zwischen 350 und 500 m;
   b) minimalen Fahrwasserbreiten zwischen 41 und 225 m — je nach dem Wasserstand;
   c) minimalen Fahrwassertiefen zwischen 18,5 und 27,0 dm (vom sogenannten Niedrigen Schiffbaren Wasserstand — mit einer Dauer von 94% — gerechnet);
   d) mit maximalen Strömungsgeschwindigkeiten zwischen 0,7 bis 7,5 km/h.

B. Von Wien bis Sulina 12 Stellen mit
   a) minimalen Krümmungsradien zwischen 350 und 750 m;
   b) minimalen Fahrwasserbreiten zwischen 75 und 380 m;
   c) minimalen Fahrwassertiefen zwischen 25 und 73 dm; (vom sogenannten Niedrigen Schiffbaren Wasserstand — mit einer Dauer von 94% — gerechnet);
   d) maximalen Strömungsgeschwindigkeiten zwischen 2,0 bis 10,3 km/h.

Über das Eisregime [3] während der Winterperiode 1972/73 gibt Tabelle 4 Auskunft.

Tabelle 4.

Eistage auf der Donau 1972/73		Eistage auf der Donau 1972/73	
Regensburg	0 Tage	Bogojevo	12 Tage
Wien	14 Tage	Smederevo	6 Tage
Bratislava	4 Tage	Russe	20 Tage
Budapest	19 Tage	Tulcea	20 Tage

Ferner charakterisieren 67 Brücken die nautischen Verhältnisse der Donau, die als Bindeglied nicht nur zwischen den beiden Ufern, sondern im Falle mancher Brücken auch zwischen Nachbarländern dienen.

Die schon in Betrieb genommenen 8 Staustufen sowie die 14 Signalstationen, die 1869 Ufer- und 1899 schwimmenden Schiffahrtszeichen [4] dienen der Erleichterung des Verkehrs und der Erhöhung der Sicherheit der Schiffahrt auf der Donau. Soviel von der Donau als Wasserstraße und nun soll ihre Schiffahrt vorgestellt werden.

2. Die Schiffahrt auf der Donau

Im Rahmen dieses Aufsatzes muß ich mich auf die wichtigsten Angaben beschränken, jedoch werden zur besseren Orientierung — neben den Daten der Donauschiffahrt — auch einige vergleichbare Angaben der internationalen Rheinschiffahrt und der Binnenschiffahrt der Bundesrepublik Deutschland erwähnt (Tab. 5). Die Entwicklung solcher Vergleiche könnte für alle Schiffahrtstreibenden auch auf dem zukünftigen europäischen Binnenwasserstraßennetz von Interesse sein.

Tabelle 5.

	Donau [4] 31. 12. 73	Rhein [8] 1. 1. 74	BRD [9] 1. 1. 75
Zahl der Schiffseinheiten	4 374		
davon Zugschiffe	783		
Kähne und Schubleichter	3 369		
Selbstfahrer	222		
Tragfähigkeit in t	3 113 280	10 240 826	4 403 057
davon Kähne und Schubleichter	2 852 776	3 476 053	1 080 952
Selbstfahrer	260 504	6 764 773	3 322 105
PS-Leistung	659 529		
davon Zugschiffe	467 532		
Selbstfahrer	191 997		
Durchschnittliche PS-Leistung			
der Zugschiffe	597		
der Selbstfahrer	865		
Durchschnittliche Tragfähigkeit (t)			
der Krähne und Schubleichter	847		
der Selbstfahrer	1 173		

Tabelle 6. *Warenverkehr*

	Donau 1973 [4]	Rhein 1974 [8]	BRD 1974 [9]
Gesamtes Transportaufkommen	63 215 300 t	210 000 000 t	252 100 000 t
davon: Ausfuhr aus den Donauländern	19 731 700 t		
Cabotage	41 991 000 t		
über den Sulina-Kanal stromaufwärts	1 492 600 t		
in Tonnenkilometern	22 027 100 000		50 000 000 000
durchschnittliche Transportentfernung	340,5 km		~200 km

Die Donauflotte ist im Jahre 1974 im Vergleich zum Jahre 1973 in der Anzahl der Schiffe um 1,4%, in der Tragfähigkeit um 4,0% und in der PS-Leistung der Schiffe um 7,0% angewachsen.

Tabelle 6 zeigt den Warenverkehr auf der Donau im Vergleich mit dem Rhein und mit der BRD. Er hat im Vergleich zum Jahre 1973 um 11,0% zugenommen. Interessant ist auch der Vergleich der Güterströme (Tab. 7) durch das Eiserne Tor und über die deutsch-niederländische Grenze bei Emmerich, wobei der Unterschied zwischen Berg- und Talfahrt durch das Eiserne Tor ins Auge fällt.

Bei den Hauptgüterarten (Tab. 8) fällt der große Anteil an Mineralien auf. Der gesamte Umschlag in den Donauhäfen, Be- und Entladung betrug 1974, 123 042 900 t. Das bedeutet gegenüber dem Vorjahr (1973) eine Zunahme von 10,7%. Tabelle 9 zeigt einen Vergleich des Umschlages der 10 größten Donau- und Rheinhäfen.

Die Fahrgastschiffahrt wird auf der Donau [5]
— mit 140 Schiffen (die deutsche Binnenflotte besitzt 499 [6] Fahrgastschiffe)
— mit 31 184 Fahrgastplätzen (mit 145 133 Passagierplätzen [6])
ausgeübt.

50 Fahrtrouten werden auf der Donau betrieben, davon
— im internationalen Verkehr
8 mit einer Gesamtlänge von 6443 km, mit 276 900 beförderten Passagieren;
— im Inlandverkehr
42 Fahrtrouten mit einer Gesamtlänge von 2909 km und 5 838 200 beförderten Passagieren. Insgesamt wurden im Jahre 1974, 286 267 400 Fahrgastkilometer zurückgelegt.

Tabelle 7. *Güterströme* (t) *über*

	das „Eiserne Tor" 1973 [4]	„Emmerich" 1974 [10]
Gesamte Gütermenge	8 556 500	130 100 000
davon Talfahrt	1 573 000	50 200 000
davon Bergfahrt	6 983 500	79 900 000
Ungleichmäßigkeit	1 : 4,23	1 : 1,59

Tabelle 8. *Hauptgüterarten* (Warengattungen) in %-Sätzen der Gesamtmenge

	Donau (1973)	BRD [9] (1974)
Minerale mit Ausnahme von Eisenerz	54,3	30,9
Eisenerze, Schrotteisen	13,0	17,7
Erdöl, Mineralölerzeugnisse, Gase	9,7	18,3
Feste Brennstoffe	9,0	10,2
Metalle	4,7	7,4
Düngemittel	2,2	2,4
Nicht-Eisen-Erze	1,8	
Sonstige Güter	5,3	13,1
	100,0	100,0

Tabelle 9. *Umschlag der 10 größten Donau- bzw. Rhein-Häfen 1974* (in t)

Donau [4]		Rhein [11]	
1. Reni (SU)	11 515 800	1. Duisburg	49 269 288
2. Ismail (SU)	7 978 000	2. Strasbourg	15 307 099
3. Budapest (H)	5 920 900	3. Köln	10 136 376
4. Linz (A)	5 006 000	4. Mannheim	10 021 022
5. Beograd (YU)	4 683 000	5. Basel	9 340 192
6. Russe (BG)	4 128 000	6. Ludwigshafen	8 476 518
7. Komàrno (CS)	3 458 000	7. Karlsruhe	7 209 982
8. Galati (R)	3 078 000	8. Rheinhausen	6 285 699
9. Regensburg (D)	3 022 400	9. Krefeld	5 517 191
10. Lom (BG)	2 746 000	10. Wesseling-Godorf	4 611 942

Da man in der westlichen Fachliteratur immer öfter von der kommenden „Konkurrenz" der Donauschiffahrt lesen kann, dürften einige Vergleichszahlen (Tab. 10) nicht uninteressant sein, die die Donau und den Rhein — bzw. die Schiffahrt dieser zwei großen Flüsse — charakterisieren. Dabei können kleine Differenzen aus den Vergleichsdaten entstanden sein.

Tabelle 10.

	Donau (31. 12. 73) [4]	Rhein (1. 1. 74) [9]
	von Sulina (km 0) bis Regensburg (km 2379,00)	von Basel (km 163,44) Rotterdam—Euromast (km 1002,54)
von Groß-Schiffen befahrbare Flußstrecke	2379,00 km	839,10 km
Verhältnis:		
A) der Längen	1,00	0,35
B) der Tragfähigkeit (t) der Binnenschiffsflotten	1,00	3,29
davon: 1. der Kähne und Schubleichter	1,00	1,22
2. der Selbstfahrer	1,00	25,90
C) des gesamten Transportaufkommens (t)	1,00	3,32

Wenn man nun bei den dargestellten Zahlen die für die Groß-Schiffahrt geeignete Länge des Rheins ins Verhältnis zur Donau setzt, ergeben sich Zahlen, die auf die Einheit bezogene Werte darstellen. Daraus ergibt es sich, daß 1973

die Tragfähigkeit 9,3-mal,

davon die Kähne und Schubleichter 3,5-mal

und die der Selbstfahrer 73,5-mal,

der Gesamtverkehr, und zwar der sogenannte traditionelle Rheinverkehr 9,5-mal

größer war als die entsprechenden auf einen Donaukilometer bezogenen Werte. Diese Kennziffern könnten die nach der Verwirklichung der Rhein-Main-Donau-Verbindung zu erwartenden „Strömungsrichtungen“ sowie „Konkurrenz-Gefahren“ allerdings mit ganz objektiven Zahlen charakterisieren.

3. Die Donau als Wasserstraße in der Zukunft

Die Donaukommission hat für die Realisierung der sogenannten II. Etappe des Donauausbaues, d.h. nach der vollen Kanalisierung des Stromes, die in Tabelle 11 dargestellten minimalen Hauptabmessungen des Fahrwassers und der hydrotechnischen Bauten als Empfehlung angenommen. Die „von-bis-Werte“ werden die folgenden sein [7]:

Kleinste Tiefen:	2,7 bis 7,3 m unter dem Niedrigen Schiffbaren Wasserstand
Fahrwasserbreiten:	50 bis 180 m
Krümmungsradien:	300 bis 1000 m
Schleusen mit Längen:	von 190 bis 310 m
mit Breiten:	von 12 bis 34 m
Drempeltiefe:	von 4 bis 4,5 m
Brücken: mit Breiten	50 bis 180 m
mit Höhen	6,4 bis 39 m
Überspannungen:	
Kabel und Schwachstromleitungen:	15,5 bis 45 m
Starkstromleitungen bis 110 kV:	17,0 bis 48 m
Starkstromleitungen über 110 kV:	+1 cm/1 kV

Um diese Mindestwerte des Fahrwassers zu erreichen, sind — wie es sich aus der Fachliteratur ergibt — 30 Staustufen erforderlich (Tab. 12). Davon sind 8 Staustufen schon verwirklicht, befinden sich 3 zur Zeit im Bau und 19 in der Planung. Der Ausbau der Donau ist für die komplexe Wasserwirtschaft, deren Bedeutung ständig zunimmt, von besonderer Wichtigkeit.
Was die Schiffsgrößen anbelangt wird die Schiffahrt in Zukunft

— mit Schiffen bis 5000 Tonnen-Tragfähigkeit — von Sulina gerechnet — bis Belgrad,
— mit Schiffen bis 3000 Tonnen-Tragfähigkeit bis Wien und
— mit Schiffen der „Europa-Klasse IV“, 1350—1500 Tonnen-Tragfähigkeit bis Kelheim, d.h. bis zur Abzweigung des „Europa-Kanals“ zum Main und zum Rhein möglich.

Tabelle 11. *Minimale Hauptabmessungen nach der II. Etappe des Donauausbaues* [7]

Geplante Kanalisierung	Kelheim—Regensburg	Regensburg—Wien	Wien—Brăila	Brăila—Sulina
Fahrwassertiefe, minimal (m)	2,7—2,8	2,7—2,8	3,5	7,3
Fahrwasserbreite, minimal (m)	50	75—150	150—180	im Sulina-Kanal 60
Krümmungsradius minimal (m)	600	300—900	Wien—Sulina 750—1000	

Schleusen	Kelheim—Regensburg	Regensburg—Gönyü	Gönyü—Budapest	Budapest—Brăila
Nutzbare Länge in m	190	230	260—310	310
Nutzbare Breite in m	12	24	34	34
Drempeltiefe in m	4,0	4,0—4,5	4,5	4,5

Brücken	Kelheim—Regensburg	Regensburg—Draumündung		Draumündung—Braila	Brăila—Sulina
Nutzbare Durchfahrtsbreite in m	50	80—100		120—150	120—180
Nutzbare Höhe in m	6,4	Regens-burg—Kachlet	Kachlet—Wien	Wien—Braila	Braila—Sulina
		6,4	8,0	10,0	39,0

Höhe von Überspannungen in m	Kelheim—Regensburg	Regensburg—Brăila	Brăila—Sulina
Kabel und Schwachstromleitungen	15,5	16,5	45,0
Starkstromleitungen bis 110 kV	17,0	19,0	48,0
Starkstromleitungen über 110 kV	17,0 + 1 cm/1 kV	19,0 + 1 cm/1 kV	48,0 + 1 cm/1 kV

Tabelle 12. *Ausbauplan der Donaukanalisierung** (von Kelheim stromabwärts: Stand Mai 1975)**

Staatsgebiet	Staustufen		
	im Betrieb	im Bau	geplant
Bundesrepublik Deutschland (BRD)	1[1])	2[2–3])	5[4–8])
BRD/Österreich	1[9])	—	—
Österreich	5[10–14])	1[15])	5[16–20])
Österreich/Tschechoslowakei	—	—	1[21])
Tschechoslowakei/Ungarn	—	—	2[22–23])
Ungarn	—	—	2[24–25])
Jugoslawien	—	—	1[26])
Jugoslawien/Rumänien	1[27])	—	1[28])
Rumänien/Bulgarien	—	—	1[29])
Rumänien	—	—	1[30])

* Auf Grund der Fachliteratur.

** Zwischen Ulm und Kelheim befinden sich 11 Kraftwerke mit kleinen Schiffsschleusen im Betrieb. Weitere 9 sind geplant.

1) Passau
2–3) Bad-Abbach, Regensburg
4–8) Pfatter, Straubing, Deggendorf, Aicha, Vilshofen
9) Jochenstein
10–14) Aschach, Ottensheim-Wilhering, Wallsee-Mitterkirchen, Ybbs-Persenbeug, Altenwörth
15) Abwinden-Asten
16–20) Melk, Rührsdorf, Greifenstein, Wien, Regelsbrunn
21) Wolfsthal—Bratislava
22–23) Gabčikovo—Nagymaros-Visegrád
24–25) Adony, Fajsz
26) Novi Sad
27) „Eisernes Tor I" Drobeta-Turnu Severin—Kladovo
28) „Eisernes Tor II" Ostrovul Mare
29) Turnu-Măgurele—Nikopol
30) Cernavoda—Silistra

Wenn man in die Zukunft blickt, soll man auch an andere Wasserstraßenverbindungen denken, welche — wie z.B. die Rhein-Rhône-Verbindung — eine große Bedeutung haben werden. Durch die Schaffung der geplanten Binnenwasserverbindungen wird die Fahrt von Rotterdam bis Sulina, von Hamburg nach Sulina und von Sczeczin nach Sulina durch je 9 Uferstaaten ermöglicht. Es ist bald, sicher noch in unserem Jahrhundert zu erwarten, daß sich 15 Länder an das Binnenwasserstraßennetz von internationaler Bedeutung anknüpfen werden. Meines Erachtens spricht schon diese Feststellung dafür, daß man von der Realisierung der Verbindung der Flüsse auch die immer besseren Verbindungen zwischen Ländern und Völkern mit vollem Recht erwarten kann.

4. Die Tätigkeit der Donaukommission

Die Donaukommission wurde aufgrund des Artikels 5 der von sieben Donaustaaten (Union der Sozialistischen Sowjetrepubliken, Volksrepublik Bulgarien, Republik Ungarn, Rumänische Volksrepublik, Ukrainische Sozialistische Volksrepublik, Tschechoslowakische Republik und die Föderative Volksrepublik Jugoslawien) am 18. August 1948 in Belgrad unterzeichneten „Konvention über die Regelung der Schiffahrt auf der Donau" gegründet. Die Republik Österreich ist im Jahre 1960 der Konvention beigetreten und so ist sie seitdem Mitglied der Kommission.

Die Mitgliederstaaten waren „... vom Wunsche geleitet, die freie Schiffahrt auf der Donau gemäß den Interessen und den Souveränitätsrechten der Donaustaaten zu sichern sowie die wirtschaftlichen und kulturellen Beziehungen der Donaustaaten untereinander und mit anderen Staaten zu festigen".

Laut Artikel 1 dieser Konvention heißt es: „Die Schiffahrt auf der Donau ist für die Angehörigen, die Handelsschiffe und die Waren aller Staaten auf Grundlage der Gleichstellung bezüglich der Hafen- und Schiffahrtsgebühren und der Bedingungen für die Handelsschiffahrt frei und offen. Vorstehendes findet keine Verwendung zwischen Häfen ein und desselben Staates." Es soll damit verbunden erwähnt werden, daß laut Artikel 25 „die Beförderung von Passagieren und Waren im lokalen Verkehr sowie der Verkehr zwischen Häfen ein und desselben Staates Schiffen unter fremder Flagge nur gemäß den Bestimmungen des betreffenden Donaustaates gestattet ist." Diese Hervorhebung aus der Konvention könnte im Zusammenhang mit den aktuellen, die Mannheimer Akte betreffenden Diskussionen auf Interesse stoßen.

Ohne mich in diese Diskussion einmischen zu wollen, möchte ich meine private Meinung auch bei dieser Tagung äußern, nämlich, daß die riesigen Investitionen für die Schaffung der allerbesten technisch-nautischen Bedingungen für die zukünftige Schiffahrt auf der Groß-Schiffahrtsstraße Rhein-Main-Donau nur dann auch wirtschaftlich als effizient und sinnvoll betrachtet werden können, wenn auch die Ausnutzungsmöglichkeiten dieser Wasserstraße inklusive des Verbindungsstückes namens „Europa-Kanal" ebenso großzügig und tatsächlich für Europa für die europäische Binnenschiffahrt gesichert werden.

Zurückkommend auf die Donaukommission soll erwähnt werden, daß die Experten des Verkehrsministeriums der Bundesrepublik Deutschland seit 1957 an der Arbeit der Donaukommission als Beobachter regelmäßig und aktiv teilnehmen. Ebenso nehmen an der Arbeit — aufgrund der seit vielen Jahren bestehenden Beziehungen — eine Reihe von internationalen Organisationen teil, wie beispielsweise:

- die Europäische Wirtschaftskommission der Vereinten Nationen;
- der Rat für Gegenseitige Wirtschaftshilfe;
- die Meteorologische Weltorganisation;
- die Internationale Union für Funkverbindung;
- die Weltgesundheitsorganisation;
- die Association Internationale Permanente des Congrès de Navigation;

Die Kommission hat auch mit Organisationen Kontakte, wie

- der Konferenz der Direktoren der Schiffahrtsunternehmen; Mitglieder der Bratislavaer Abkommen;
- der Internationalen Konsultativen Seeschiffahrts-Organisation;
- der UNESCO;
- dem Umweltschutzprogramm der Vereinten Nationen usw.

Die Kommission hat durch ihr Sekretariat Kontakte mit dem Sekretariat der Rheinzentralkommission sowie mit der Oderkommission. Letztere sind für die rechtzeitige Klärung der notwendigen Vorbereitungsmaßnahmen im Zusammenhang mit den bevorstehenden Verbindungen

Rhein–Main–Donau, Donau–Oder und Donau–Elbe von großer Wichtigkeit. Die Donaukommission hat nämlich bei ihrer XXX. Session 1972 die Liste der Fragen angenommen, welche vom Gesichtspunkt der Donauschiffahrt von Interesse sind. Es gibt 6 nautische, 3 hydrotechnische, 2 hydrometeorologische, 3 statistische und wirtschaftliche sowie 2 rechtliche Fragenkomplexe, welche in diese Liste aufgenommen wurden und mit deren grundsätzlicher Bearbeitung sich das Sekretariat der Donaukommission — in aktiver Mitwirkung der erwähnten Organisationen und den kompetenten Behörden der entsprechenden Ländern — intensiv beschäftigt. Es wurden bis jetzt eine Reihe von Vergleiche ausgearbeitet, um mit der Erhöhung der Sicherheit und mit Erleichterung des Ausübens der Schiffahrt durch Vereinheitlichung nautisch-technischer Parameter in möglichst maximaler Weise auch der europäischen Schiffahrt dienen zu können.

Wenn ich bis jetzt über die sich auf breiter internationaler Ebene bewegende Tätigkeit der Donaukommission sprach, soll die grundsätzliche Aufgabe der Donaukommission nicht außer Acht gelassen werden. Sie ergibt sich aus Artikel 8 der Konvention.

In den Aufgabenbereich der Kommission fällt:

a) die Überwachung der Durchführung der Bestimmungen der Konvention;

b) die Aufstellung eines allgemeinen Planes für Arbeiten großen Umfanges im Interesse der Schiffahrt auf Grund der Vorschläge und Projekte der Donaustaaten und der Stromverwaltungen, die auf Grund der Artikel 20 und 21 der Konvention ihre Tätigkeit ausüben, sowie die Erstellung einer allgemeinen Schätzung der Kosten für diese Arbeiten;

c) die Durchführung der Arbeiten, die zur Sicherung der normalen Schiffahrt notwendig sind, falls ein Donaustaat nicht in der Lage wäre, die Arbeiten, die in seine territoriale Zuständigkeit fallen, selber durchzuführen... Hier soll erwähnt werden, daß ein derartiger Fall auf der Donau noch nicht vorgekommen ist;

d) die Erteilung von Ratschlägen und die Erstattung von Empfehlungen an die Donaustaaten bezüglich der Durchführung der unter b) dieses Artikels vorgesehenen Arbeiten neben Berücksichtigung der technischen und wirtschaftlichen Interessen, der Planungen und der Möglichkeiten der betreffenden Staaten;

e) die Erteilung von Ratschlägen und die Erstattung von Empfehlungen an die Stromsonderverwaltungen (Artikel 20 und 21) sowie der Austausch von Informationen mit diesen Verwaltungen;

f) die Festlegung eines einheitlichen Systems der Bezeichnung der Schiffahrtsstraße auf dem gesamten schiffbaren Lauf der Donau sowie unter Berücksichtigung der besonderen Gegebenheiten der einzelnen Stromabschnitte, die Festlegung der grundsätzlichen Bestimmungen über die Schiffahrt auf der Donau einschließlich jener über den Lotsendienst;

g) die Vereinheitlichung der Vorschriften über die Stromüberwachung;

h) die Koordinierung der hydrometeorologischen Dienste für die Donau, die Herausgabe eines gemeinsamen Hydrologischen Bulletins und die Veröffentlichung von kurz- und langfristigen hydrologischen Prognosen für die Donau;

i) die Sammlung von statistischen Angaben über die Schiffahrt auf der Donau in den Angelegenheiten, die in die Zuständigkeit der Kommission fallen;

j) die Herausgabe von Nachschlagwerken, Schiffahrtsbüchern, Schiffahrtskarten und Atlanten für die Bedürfnisse der Schiffahrt;

k) die Aufstellung und die Genehmigung des Haushaltsplanes der Kommission sowie die Festlegung und die Einhebung der in Artikel 10 vorgesehenen Abgaben.

Da ich die Ehre habe meine Gedanken bei der Tagung der Hafenbautechnischen Gesellschaft zum Ausdruck zu bringen, möchte ich aus der Konvention den Artikel 40 hervorheben, in dem folgendes festgelegt wurde: „Die Hafengebühren heben die Behörden der betreffenden Donaustaaten von den Schiffen ein. Eine unterschiedliche Behandlung in dieser Hinsicht auf Grund der Flagge, des Abfahrts- oder Bestimmungsortes der Schiffe oder sonstiger Umstände ist unzulässig." Es steht weiter in Artikel 41: „Schiffe, die in Häfen zum Laden oder zum Löschen einlaufen, sind berechtigt, Umschlagseinrichtungen, Gerätschaften, Magazine, Lagerplätze und so weiter auf Grund von Abmachungen mit den betreffenden Transport- und Speditionsdiensten zu benutzen. Die Beträge, die für die geleisteten Dienste zu entrichten sind, werden ohne unterschiedliche Behandlung festgesetzt." Im Artikel 42 heißt es: „Für die Durchfahrt als solche dürfen von Schiffen, Flößen, Passagieren und Waren keine Abgaben eingeholt werden."

Ebenso betrifft die Häfen die in den Punkten 14 und 23 des Arbeitsplanes der Donaukommission für die Periode vom 26. April 1975 bis 22. März 1976 gestellte Aufgabe: Sammlung und Bearbeitung sowie Beurteilung der technischen Bedingungen, welche die Schiffahrt den Schleusen sowie den Kai- und Hafenausrüstungen stellt, durch Experten der Kommission. Eine gewisse Vereinheitlichung auf diesem Gebiet könnte auch die Bedienung der Schubschiffahrt — besonders der Schubleichter ohne Mannschaft — in den Häfen erleichtern.

Vielleicht werden meine Erörterungen die Aufmerksamkeit der verehrten Zuhörer und Leser darauf lenken, sich mit der Donau, mit der Donauschiffahrt und mit der Donaukommission noch besser bekannt zu machen. Dazu können die über 200 Veröffentlichungen der Kommission — in russischer und französischer Sprache — dienen, die ich aber hier aufzuzählen selbstverständlich nicht die Absicht habe.

Es ist meine feste Überzeugung, daß wir auch bei dieser Tagung, wenn wir die vor der europäischen Binnenschiffahrt stehenden Fragen —, chronologisch in erster Reihe die der Schiffahrt auf der Rhein–Main–Donau-Wasserstraße —, rechtzeitig klären und für sämtliche zukünftige Schiffahrtstreibende günstig lösen, in die Vergangenheit blickend uns mit der Gegenwart bekannt gemacht, jedoch schon für die Zukunft der europäischen Binnenschiffahrt gearbeitet haben.

Mit diesem Gedanken und in diesem Sinne möchte ich der Hafenbautechnischen Gesellschaft, dem Bundesverband der Deutschen Binnenschiffahrt, dem Deutschen Kanal- und Schiffahrtsverein, der Rhein-Main-Donau AG und sämtlichen anderen Wasserwirtschafts- und Schiffahrtsbehörden bzw. Organisationen in der Deutschen Bundesrepublik weitere Erfolge wünschen.

Schrifttum

1. Mitgliederbrief Nr. 2/75 des Deutschen Kanal- und Schiffahrtsvereins, Juni 1975
2. Album des courbes du Danube; Commission du Danube, Budapest 1973. Die Angaben der Krümmungen entsprechen der Situation in den Jahren 1971—1972
3. Annuaire hydrologique du Danube 1973, Commission du Danube, Budapest 1974
4. Annuaire statistique de la Commission du Danube pour 1973, Commission du Danube, Budapest 1974
5. Annuaire statistique de la Commission du Danube pour 1974, Budapest 1975
6. Die deutsche Binnenflotte. Geschäftsbericht des Bundesverbandes der Deutschen Binnenschiffahrt e.V., Mannheim, Juni 1975, S. 109
7. Recommandations relatives à l'établissement des gabarits du chenal, des ouvrages hydrotechniques et autres sur le Danube. Commission du Danube, Budapest 1975
8. Strom und See, 70. Jahrg. (1975) Nr. 4
9. Binnenschiffahrt 1974/75. Geschäftsbericht des Bundesverbandes der Deutschen Binnenschiffahrt e.V., Mannheim, Juni 1975
10. Strom und See, 70. Jahrg. (1975), Nr. 3, S. 68
11. Strom und See, 70. Jahrg. (1975), Nr. 2, S. 42

Planung und Bau im Abschnitt Nürnberg-Vilshofen der Europawasserstraße Rhein-Main-Donau*

Von Ministerialdirektor Dipl.-Ing. **Burkart Rümelin,** München

Europawasserstraße

Betrachtet man eine topografische Landkarte von Europa, so kann man Mitteleuropa als denjenigen Teil der Erdoberfläche beschreiben, der aus dem Einzugsgebiet von Rhein, Weser, Elbe, Oder, Weichsel und Donau besteht. Diese schiffbaren Flüsse und ihre bestehenden oder herzustellenden Verbindungskanäle sind als Europawasserstraßen zu bezeichnen. Nach Fertigstellung der Verbindung von Main und Donau werden 13 mitteleuropäische Länder durch eine 3500 km lange Wasserstraße zwischen der Nordsee und dem Schwarzen Meer verbunden sein.

Rhein-Main-Donau AG

Planung und Bau der 677 km langen Wasserstraße zwischen Aschaffenburg am Main und der deutsch-österreichischen Grenze unterhalb von Passau ist Aufgabe der 1921 gegründeten Rhein-Main-Donau AG in München. Dieser Aktiengesellschaft ist das Recht eingeräumt, zur Finanzierung des Baues der Schiffahrtsstraße Wasserkraftwerke am Main, Main-Donau-Kanal, Donau und Lech zu planen, zu bauen und bis zum Jahr 2050 zur Energieerzeugung zu nutzen. Die Konzeption, Wasserstraßen- und Kraftwerksbau miteinander zu verbinden, sowie einer Aktiengesellschaft Planung und Bau zu übertragen, ermöglicht es, den Kapitalmarkt in Anspruch zu nehmen und auf diese Weise aus den Kraftwerkserträgen einen erheblichen Teil der Baukosten für die Wasserstraße zu finanzieren und die von der Bundesrepublik Deutschland und dem Freistaat Bayern gegebenen Darlehen im Lauf der Zeit zurückzuzahlen.

Die Rhein-Main-Donau AG hat 28 Staustufen im Main errichtet und den Main-Donau-Kanalabschnitt Bamberg-Nürnberg mit 7 Stufen im Herbst 1972 fertiggestellt. In der Donau wurden 2 Staustufen oberhalb und unterhalb von Passau gebaut und das Fahrwasser in der Strecke Vilshofen-Regensburg durch eine Niederwasserregulierung verbessert. Der Bau von 2 Staustufen zwischen Regensburg und Kelheim ist im Gange und wird Ende 1977 beendet sein.

Trasse Nürnberg—Kelheim

Zur Verbindung von Rhein und Donau und damit zur Verknüpfung der verkehrsreichsten mit der längsten Europawasserstraße fehlt dann noch eine Strecke von 99 km zwischen Nürnberg und Kelheim. Der 1969 begonnene Bau dieses Main-Donau-Kanalabschnitts ist die entscheidende, umfangreichste und schwierigste Bauaufgabe der RMD. Nach langwierigen Studien und Vorentwürfen in mehreren Jahrzehnten hat man sich für eine technisch und wirtschaftlich optimale Trasse entschieden. Sie setzt sich aus 64 km Stillwasserkanal und aus dem 35 km langen Unterlauf der Altmühl zusammen. Die Trasse des Stillwasserkanals wird 51 m von der Altmühl bei Dietfurt durch das Ottmaringer Trockental und das verhältnismäßig enge Sulztal zur Scheitelhaltung mit einem Wasserspiegel von 406 m üNN aufsteigen und von dort 93,5 m zur Stauhaltung am Hafen Nürnberg absteigen. Ein früherer Entwurf des Abschnitts Nürnberg-Kelheim enthielt 4 Schleusen und 3 Hebewerke mit Hubhöhen von 28 m, 46 m und 35 m bei Rednitzhembach, Heuberg und Dietfurt. Die durch Modellversuche unterstützten Vorarbeiten für höhere Sparschleusen und die durch Bohrungen ermittelten Bodenschichten im Ottmaringer Tal, die für ein setzungsempfindliches Hebewerk sehr ungünstig sind, führten zu einer veränderten Konzeption. Bei ihr stand außer hohen Schleusen mit Sparbecken nur noch ein Hebewerk mit 49 m Hubhöhe und 100 m Troglänge bei Heuberg zur Debatte. Nach ausführlichen Untersuchungen und Vergleichen über Betriebssicherheit, Leistungsfähigkeit, Baukosten, Betrieb und Unterhaltungsaufwand bei Hebewerken und Schleusen ist die Entscheidung im Juli 1969 in München gefallen. Dabei haben Bund, Bayern und

* Als Vortrag bei der 37. Hauptversammlung der Hafenbautechnischen Gesellschaft am 18. September 1975 in München gehalten.

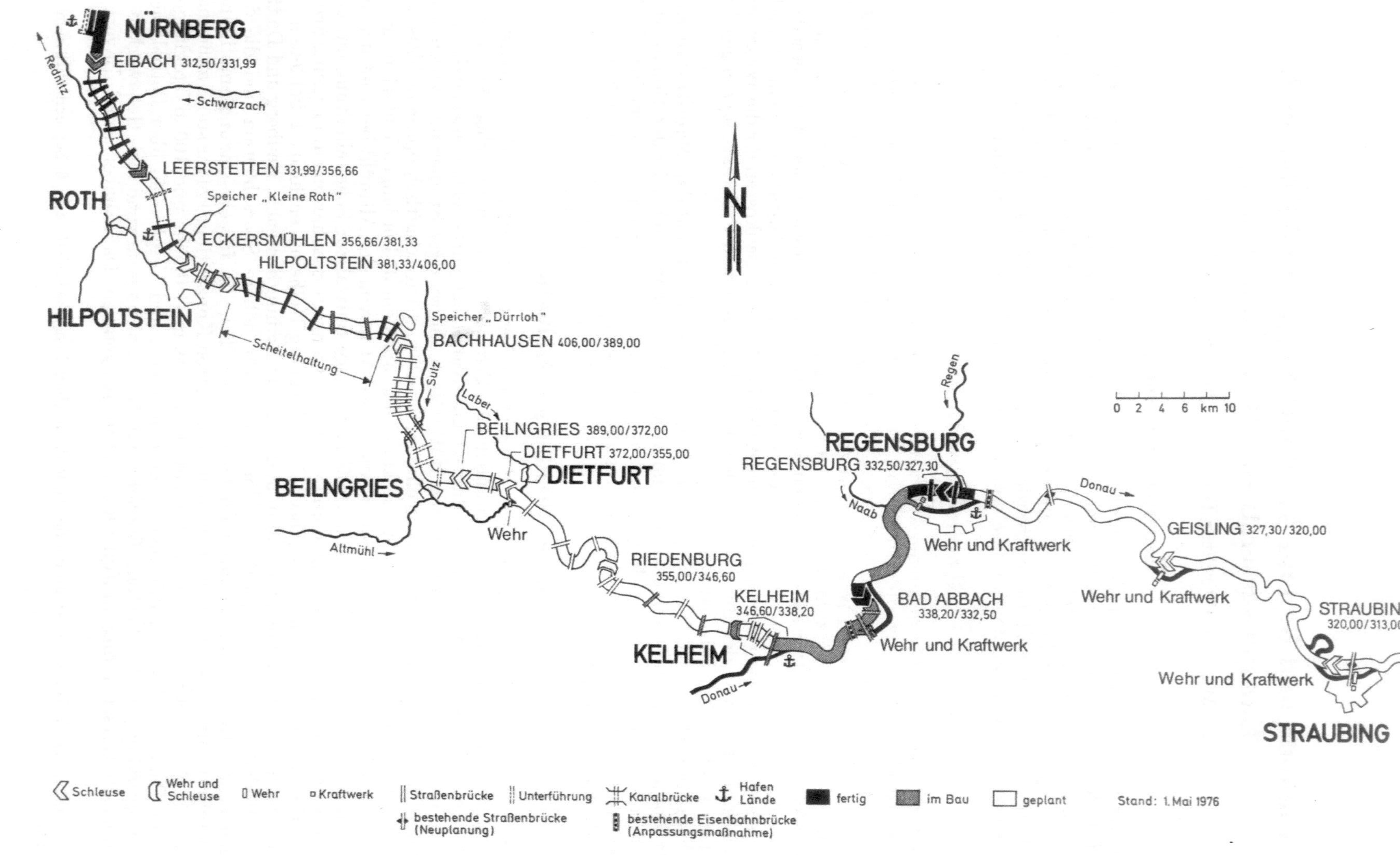

Abb. 1. Übersichtsplan der RMD-Wasserstraße im Abschnitt Nürnberg—Regensburg

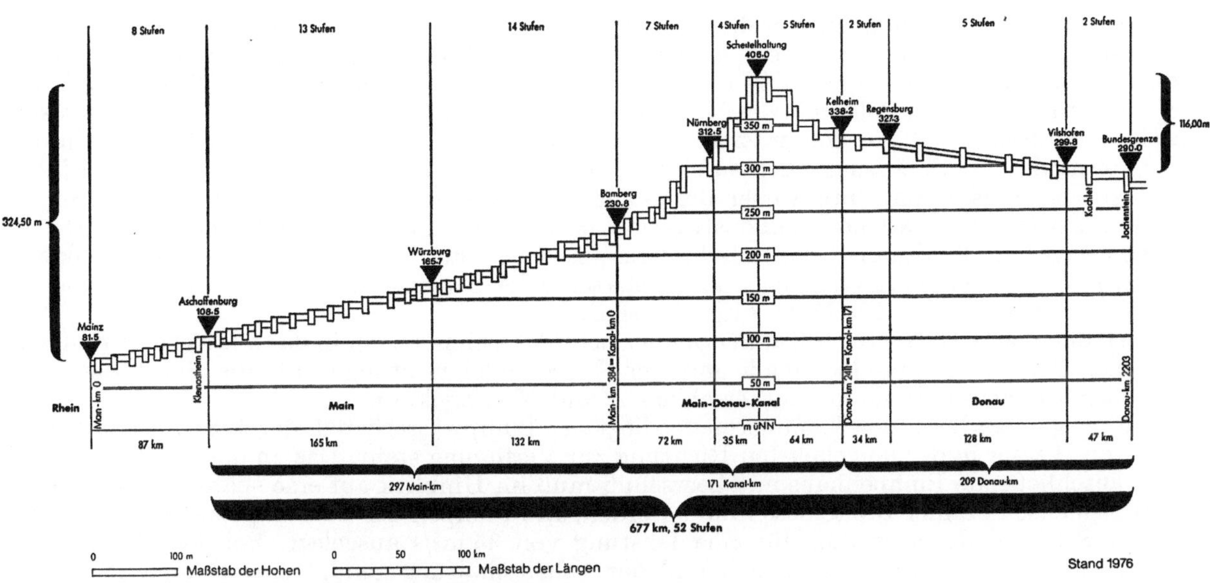

Abb. 2. Übersichtshöhenplan der RMD-Wasserstraße

die RMD einer Schleusentreppe mit 7 Schleusen von 12 m Breite und 190 m Länge den Vorrang vor einer Lösung mit einem Schiffshebewerk und 5 Schleusen gegeben und sich für eine Schleuse mit 19,49 m Hubhöhe in Nürnberg-Eibach, für drei Schleusen mit je 24,67 m Hubhöhe zwischen Eibach und der Scheitelhaltung und für drei Schleusen mit je 17,0 m Hubhöhe zwischen der Scheitelhaltung und der Altmühl entschieden.

Sparschleusen im Stillwasserkanal

Für diese in der Welt höchsten Sparschleusen ist technisches Neuland zu meistern, sowohl von den RMD-Mitarbeitern als auch von den beteiligten Hochschulexperten auf dem Sektor Hydraulik, Grundbau und Stahlbetonbau sowie von den hier tätigen Baufirmen. Bei den Stufen des Main-Donau-Kanals sind die terrassenförmig neben der Schleusenkammer angeordneten Sparbecken durch Querkanäle mit dem Grundlaufsystem unter der Kammersohle und durch Längskanäle mit dem Oberwasser und Unterwasser der Schleuse verbunden. Dieses Füll- und Entleerungssystem ist durch Modellversuche in der Technischen Universität Karlsruhe entwickelt worden. Untersuchungen der RMD haben als Optimum für die Größe und Anzahl der Sparbecken ergeben, wenn der Sparbeckengrundriß gleich der Kammerfläche ist und nicht mehr als 3 Sparbecken errichtet werden. Damit lassen sich 59% der Schleusungswassermenge einsparen. Die Füll- und Entleerungszeit be-

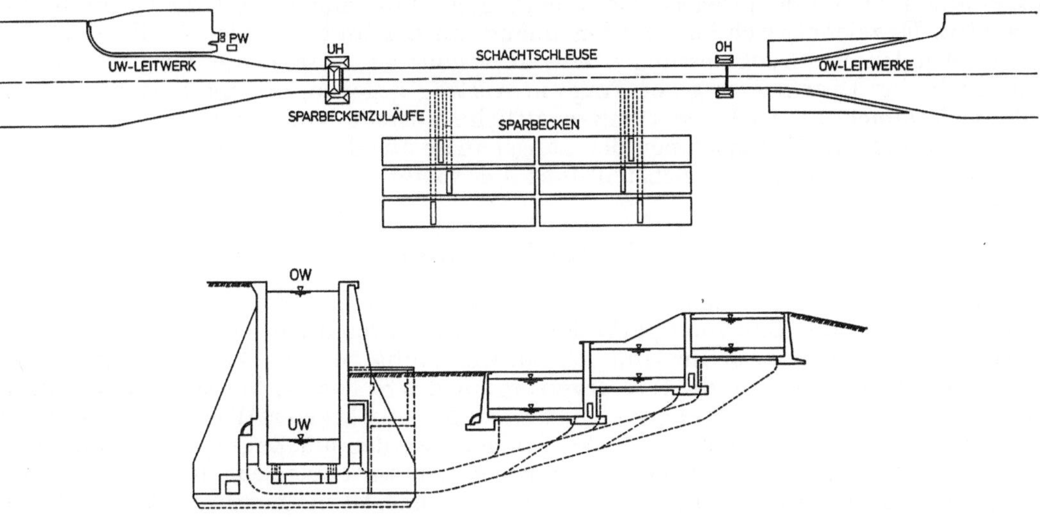

Abb. 3. Grundriß, Längenschnitt und Querschnitt der Schleuse Leerstetten mit 24,67 m Hubhöhe

trägt bei einer bis zu 70 m^3/s anschwellenden Füll- und Entleerungswassermenge etwa 15 Minuten. Die Fördergeschwindigkeit beim Senken oder Heben des Wasserspiegels in der Schleusenkammer erreicht 1,65 m/min, wobei die Schiffe während des Schleusenvorgangs sehr ruhig liegen und in der Regel nicht mehr an den Pollern in der Kammerwand festmachen. Die Obertore der Schleusen sind durchweg Hubsenktore. Für den unterstromigen Abschluß werden Hubtore eingebaut, die infolge einer konstruktiven Ergänzung auch zu einer Trockenlegung der Schleusenkammer ohne Einbau eines Notverschlusses im Unterwasser der Schleuse verwendet werden können. Oberstrom des Untertores wird ein aus einer Seilkonstruktion bestehender Stoßschutz oder ein auf seitlichen Armen gelagerter ölhydraulischer Stoßschutzbalken eingebaut, die den bei Schwall und Sunk auftretenden Wasserspiegelschwankungen im Oberwasser der Schleuse sich anpassen können und auf ein Arbeitsvermögen von 100 Mpm ausgelegt sind.

Neben der sparbeckenseitigen Kammermauer befindet sich in einem in das statische System einbezogenen Anbau die Maschinenhalle mit den Verschlußeinrichtungen für die Sparbecken einschließlich Antriebsaggregaten, Notverschlüssen und Montagekran.

In der gegenüberliegenden Kammermauer liegt der Pumpwasserkanal, der auch für das Durchleiten von Wasser in der umgekehrten Richtung zur Verfügung steht. Das an das Schleusenunterhaupt anschließende Pumpenhaus mit Leerschuß muß im Hinblick auf eine später auszuführende zweite Schleuse in seiner Breite beschränkt werden. Die Pumpen der Südrampe zwischen Kelheim und der Scheitelhaltung werden für eine Leistung von 35 m^3/s ausgelegt. Bei den Pumpen der Nordrampe zwischen Nürnberg-Eibach und der Scheitelhaltung genügt eine Pumpleistung von 0,4 m^3/s. Nach Modellversuchen in der Technischen Universität Karlsruhe werden die Querströmungen bei der Entnahme und Rückgabe vom Pumpwasser und bei der Abführung von Leerschußwasser unter 0,3 m/s bleiben.

Zur üblichen Schleusenausrüstung gehören Kantenpoller, Nischenpoller, Steigleitern, Lattenpegel, Schreibpegel, optische Signalanlagen, Lautsprecher, Fernsehanlagen, Natriumdampflampen, abnehmbare Geländer und Begrenzungsmarken der Nutzlängen. Erstmals im RMD-Bereich werden mehrere Nischenpollerreihen durch Schwimmpoller ersetzt und bei Stufenhöhen über 15 m die Steigleitern nur bis zu einer Höhe von 6 m über der Sohle nach der Norm ausgeführt und darüber um 90° gedreht in Nischen untergebracht. Neben dem Schaltraum in der Brücke zwischen den Unterhaupttürmen wird bei einigen Schleusen ein Informationsraum für die Öffentlichkeit eingerichtet werden.

Am Ende der Ausführungen zu den Sparschleusen im Stillwasserkanal darf ich noch kurz auf einige Probleme der Baustatik und Konstruktion der Schleusenkammer eingehen. Die einseitige Anordnung der Sparbecken hat zur Folge, daß der U-förmige Rahmen unsymmetrisch ist und die landseitige Kammermauer mit Erdhinterfüllung nicht in dem Ausmaß beansprucht wird wie die sparbeckenseitige Kammermauer, die größtenteils frei steht. Die Bewehrung der Wandquerschnitte erfährt im letzten Drittel der Schleusenfüllung eine schwellende Belastung bis zum Maximalwert. Die Anwendung der neuen DIN 1045 und die fortschreitenden wissenschaftlichen Erkenntnisse, daß bei solchen Schleusendimensionen nicht mehr wegen der Zeitspanne zwischen Maximalbelastung und Entlastung eine Minderung der zulässigen Spannung vertretbar ist, sind die Gründe für die Zunahme in der Bewehrung eines so stark beanspruchten Bauwerks. Das Schweißen der Stöße der Rippentorstähle IIIb mit dem elektrischen Lichtbogen mußte daher durch die Gaspreßschweißung ersetzt werden. Es zeichnet sich im Zusammenhang mit den an der Schleuse Eibach ausgeführten und bevorstehenden Erddruckmessungen eine Revision der Ansätze für den Erddruck ab. Die RMD hat auch eine Untersuchung der Frage in Auftrag gegeben, ob eine teilweise Vorspannung der Schleusenkammer technische oder wirtschaftliche Vorteile bieten kann, ebenso ein Abrücken der Sparbecken und ein Herausnehmen der Längskanäle aus dem tragenden Kammerquerschnitt. Die Ergebnisse werden bis Mitte nächsten Jahres erwartet.

2 Altmühlstufen

Die Hubhöhe der Kammerschleusen 12 × 190 m an den beiden Staustufen in der Altmühl wird je 8,4 m betragen. Auf den Bau von Sparbecken hat man wegen des engen Altmühltales verzichtet, wenn auch eine Wassereinsparnis im Hinblick auf die häufig geringe Wasserführung der Altmühl erwünscht gewesen wäre. Die für die Wasserversorgung des Stillwasserkanals notwendigen Pumpen sollen auch in umgekehrter Richtung laufen, um in Zeiten stärkerer Wasserführung 6 Mill. kWh im Jahr je Stufe erzeugen zu können. Die Wehranlagen werden mit Zugsegmenten ausgerüstet, die Aufsatzklappen erhalten. Für den Kleinschiffahrtsverkehr wird eine Schleuse von 3,5 m Breite und 22 m Länge gebaut. Oberstrom der Einmündung des Kanals ist in der Altmühl ein Stützwehr notwendig.

Die Stauhaltungen des Kanals und der Altmühl

Die Abmessungen des Kanalquerschnitts sind nach Versuchen der Schiffbau-Versuchsanstalt in Hamburg ermittelt worden. Einige Jahre später hat die Versuchsanstalt für Binnenschiffbau in Duisburg bei mehreren Fahrversuchen mit Schubverbänden in der Nordstrecke des Main-Donau-Kanals bestätigt, daß das Trapezprofil mit 55 m Wasserspiegelbreite und 4,25 m Wassertiefe bei 1 : 3 geneigten Böschungen für den Schubverkehr ausreicht. In tiefen Einschnittstrecken und für längere Kanalbrücken wird wegen Kostenersparnis ein Rechteckquerschnitt ausgeführt. Ein besonderes Problem stellen die durch die Schleusenentleerungen und -füllungen ausgelösten Schwall- und Sunkwellen dar, die im Wasserbauinstitut der Technischen Universität Karlsruhe (Professor Dr.-Ing. Mosonyi) untersucht worden sind. Die Auswirkungen dieser Wellen auf den Schiffsverkehr, die in der Scheitelhaltung infolge einer Entnahme der Restwassermenge für die Schleusenfüllung von zwei Schleusen gleichzeitig in beiden Richtungen auftreten können, sind Gegenstand weiterer Untersuchungen im Modell und in einer Kanalhaltung.

Bei der Linienführung des Kanals fallen Krümmungshalbmesser unter 1000 m nur ausnahmsweise an. Die dann für Schubverbände erforderliche Fahrwasserverbreiterung auf der Kurveninnenseite ist durch Modell- und Naturversuche ermittelt worden. Das kleinste Regelprofil der Altmühl, dessen mittlerer Abfluß bei rd. 18 m^3/s liegt, gleicht in etwa dem Trapezprofil des Stillwasserkanals. In dem so reizvollen Altmühltal mit dem vielfach gewundenen Flußlauf bedarf jedoch die Trassierung der Wasserstraße ganz besonderer Sorgfalt. Die Rhein-Main-Donau AG hat deshalb einen Landschaftsgestaltungsplan durch einen Fachmann für Landschaftsgestaltung und Naturschutz ausarbeiten lassen, der den derzeitigen Zustand erfaßt und zahlreiche Empfehlungen

FÜHRUNG DES BREITEN KANALS IM ENGEN TALRAUM

PROBLEM	***VORSCHLÄGE***
• *55 m breites, gleichmäßiges Wasserband in sehr gestreckter Führung in einem kleinteiligen und vielfältigen Talraum.*	• *Auflösung der Parallelen im Tal:* • *Öffnung und Ausweitung der Kanalstrecken in anschließende Altwasserbereiche gleicher Wasserstände.* • *Erhaltung der Altwässer mit ihrer Vielfalt der Fauna und Flora.*
• *Auffüllungen tief liegender Randbereiche. Nivellierung des Talprofiles, Bodenverdichtungen.*	• *Aufstau angrenzender, tiefer liegender Bereiche anstatt ihrer Verfüllung mit Boden.* • *Ständiger Wechsel der Gestaltungselemente: Böschungsneigungen, Böschungslänge, Pflanzungen am Ufer, angrenzende Randbereiche.*
• *Parallel führende Straßen und Wege mit ähnlichen Trassierungselementen wie der Kanal.*	• *Veränderung parallel laufender Wege.*

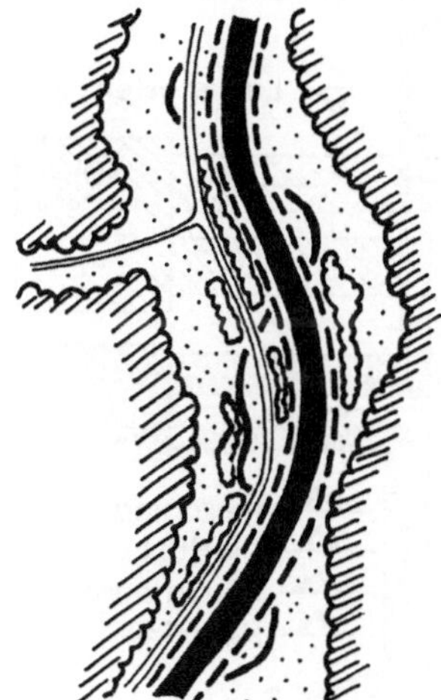

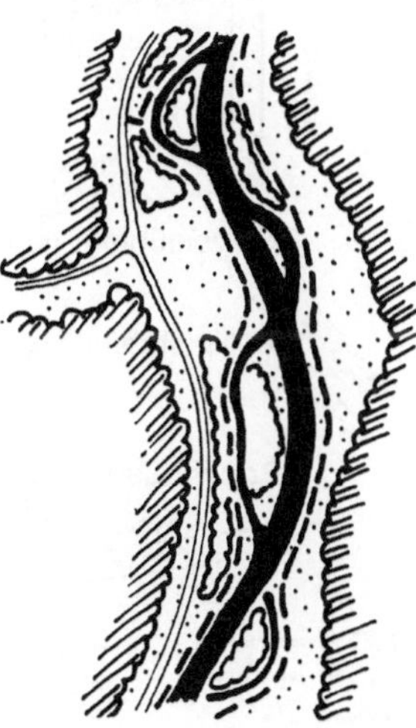

Abb. 4. Gestaltungselemente beim Altmühlausbau nach dem vom Planungsbüro Grebe in Nürnberg bearbeiteten Landschaftsplan Altmühltal vom Juni 1974

für einen landschaftsverbundenen Wasserbau und für die zweckmäßige Nutzung der Landschaft enthält. Dazu gehören die Erhaltung von Altwässern, der Aufstau über angrenzende Bereiche anstelle einer flachen Bodenauffüllung, der ständige Wechsel der Gestaltungselemente bei Böschungen und Pflanzungen sowie die Verhinderung von Ortserweiterungen in der Talaue. Hinzu kommt, daß die architektonische Gestaltung der Bauwerke auf die Umgebung abgestimmt werden muß, ein Anliegen, das im RMD-Bereich seit Jahrzehnten einen hohen Stellenwert hat. Weitere Landschaftsgestaltungspläne sollen in Kürze für alle Abschnitte Nürnberg–Straubing in Auftrag gegeben werden. Die Bevölkerung wird die neuen Kanalstrecken und die Stauhaltungen der Altmühl und Donau nach dem Abklingen des Baugeschehens als echte Bereicherung des Landschaftsbildes empfinden und keinesfalls weniger wie früher als Freizeitgelände nutzen, sowohl im Bereich der Naherholung als auch im Rahmen des Fremdenverkehrs.

Zwischen Nürnberg und Kelheim sind 2 Kanalbrücken, 4 Straßenunterführungen, 45 Straßenbrücken, 3 Fußgängerbrücken und 9 Düker oder Durchlässe im Zuge der RMD-Wasserstraße notwendig. 17 Bauwerke dieser Art sind bereits vollendet, so daß der Herstellung des Kanalbettes auf längere Strecken nichts mehr im Wege steht.

Ein besonderes Problem stellt der Altmühlausbau im Stadtgebiet von Kelheim dar, der mit einem seit Jahrhunderten unzureichend gelösten Hochwasserschutz und mit der Sanierung der Straßenführung im Altstadtbereich verbunden ist.

Überleitung von Altmühl- und Donauwasser

Es werden für den Schleusenbetrieb einschließlich Verdunstung und Versickerung in den Kanalhaltungen maximal 0,9 Mill. m³ je Tag benötigt, außerdem zur Aufstockung der wasserwirtschaftlichen Engpässe entlang der Wasserstraße im Raum Nürnberg–Bamberg bis zu 1,4 Mill. m³ je Tag. Weil hier natürliche Zuflüsse nicht zur Verfügung stehen, muß man auf Altmühl und Donau zu-

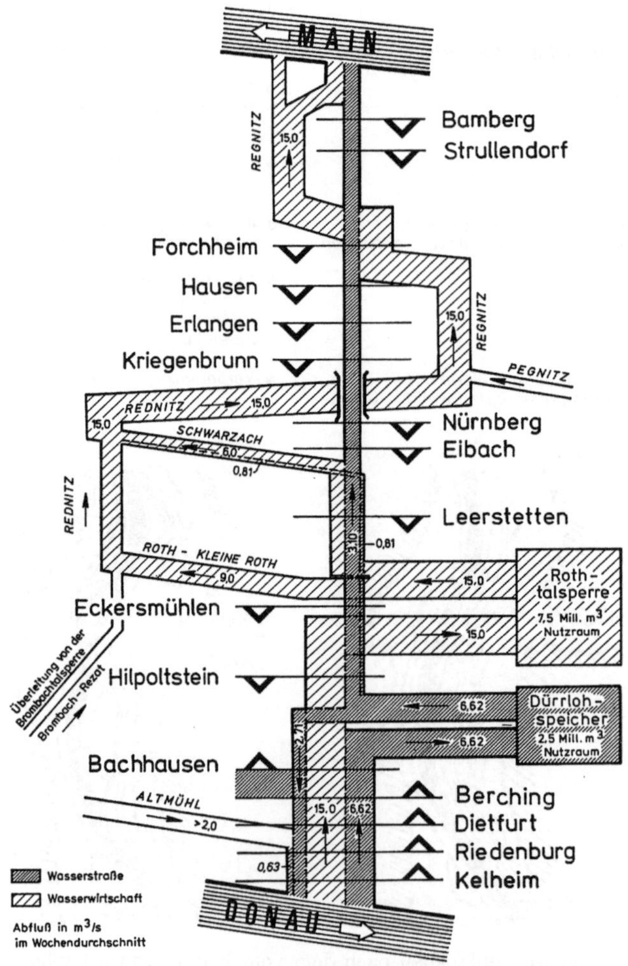

Abb. 5. Schema der Überleitung von Altmühl- und Donauwasser für Schiffahrt und Wasserwirtschaft

rückgreifen und das entnommene Wasser in Pumpwerken stufenweise von Haltung zu Haltung bis in die Scheitelhaltung des Main-Donau-Kanals befördern. Über einen von der bayerischen Wasserwirtschaftsverwaltung geplanten Ausgleichsspeicher „Kleine Roth" mit einem Nutzraum von 7,5 Mill. m^3 soll das Wasser zur Aufhöhung der Niedrigabflüsse von Rednitz, Regnitz und Main abgegeben werden. Neben der Scheitelhaltung soll bei Bachhausen das Speicherbecken Dürrloh mit einem Nutzraum von etwa 2,5 Mill. m^3 entstehen, dessen Inhalt für den Schleusenbetrieb benötigt wird. Ergänzt wird dieses Wasserverbundsystem durch ein weiteres Ausgleichbecken der Wasserwirtschaftsverwaltung des Freistaats Bayern, den sogenannten Brombachspeicher mit 57 Mill. m^3 Nutzraum. Diesem Speicher mit einem Fassungsvermögen bis zu 140 Mill. m^3 soll das entbehrliche Wasser der oberen Altmühl, das in einem Rückhaltebecken bei Gunzenhausen aufgefangen wird, durch ein die Hauptwasserscheide zwischen Donau und Rhein kreuzendes Überleitungsgerinne zugeführt und dann nach Bedarf an einen Nebenfluß der Rednitz abgegeben werden. Durch ein Zusammenwirken von Brombachspeicher und Rothspeicher in Verbindung mit der Schleusenbetriebsspeicherung in Kanalhaltungen und im Dürrlohspeicher läßt sich der gesamte Wasserbedarf befriedigen, ohne den Abfluß der Donau unzumutbar zu verringern. Für diesen Wasserverbund sind außer Speichern, Pumpwerken und Durchleitungskanälen an Schleusen noch 2 Einleitungsbauwerke und 5 Ausleitungsbauwerke entlang der Kanaltrasse zu errichten.

Donauausbau Kelheim — Regensburg

Oberhalb von Regensburg können wegen der Durchfahrt durch die im 12. Jahrhundert erbaute Steinerne Brücke nur kleinere Schiffe verkehren. Weil die Donau zwischen der deutsch-österreichischen Grenze bei Passau und der Altmühlmündung seit 1921 Reichswasserstraße bzw. Bundeswasserstraße ist und der Main-Donau-Kanal bei Kelheim in die Donau münden soll, wurde die Rhein-Main-Donau AG in den Verträgen von 1921 mit dem Bau von Staustufen im Abschnitt Kelheim-Regensburg beauftragt. Die zuerst erwogene 3-Stufenlösung wurde 1954 in einen Ausbau mit 2 Staustufen geändert. Wegen der örtlichen Gegebenheiten mußten bei den 2 Stufen einige vom Regelfall abweichende Trassierungen und Konstruktionen gefunden werden.

Bei Bad Abbach hatte mit Rücksicht auf die Heilquellen und wegen der unregelmäßigen Klüfte des Jura eine Veränderung der Flußsohle und des mittleren Flußwasserspiegels zu unterbleiben. Der Stauspiegel der Stufe Regensburg wurde deshalb so gelegt, daß die Stauwurzel bei Bad Abbach liegt. Aus dem gleichen Grunde rückte man die Wehrstelle bis Poikam oberstrom der scharfen

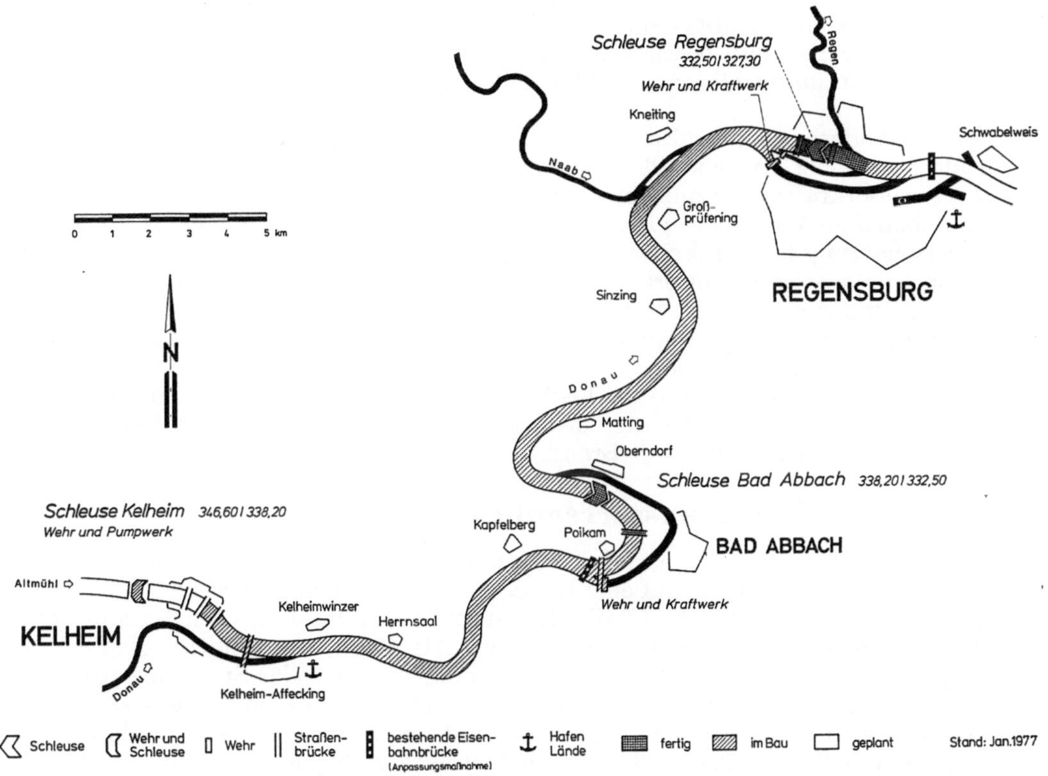

Abb. 6. Übersichtsplan der Donaustufe Bad Abbach

Donaukrümmung bei Bad Abbach. Dort zweigt der mit Asphalt gedichtete Seitenkanal ab und führt zu der 3,1 km unterhalb gelegenen Schleuse mit 12 m Breite und 190 m Nutzlänge. Infolge des Krümmungshalbmessers von 975 m muß der 4 m tiefe Kanal mit Rücksicht auf Schubschiffahrt und Wassersport eine Wasserspiegelbreite von 67 m erhalten. Bemerkenswert ist auch die Konstruktion der Schleuse, bei der man wegen des zunächst erwarteten starken Wasserdrangs verschiedene Alternativen ausgeschrieben hatte und dann eine Sohlenplatte mit beiderseitigen Schlitzen ausführte, in die in raschem Bauablauf die Spundbohlen gestellten werden konnten.

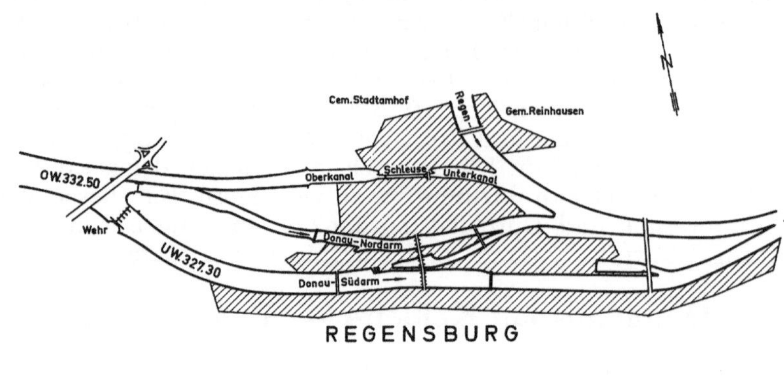

Abb. 7. Übersichtslageplan der Donaustufe Regensburg

Bei der Donaustufe Regensburg umgeht man das Hindernis Steinerne Brücke mit einem Seitenkanal durch die Flutmulde des „Protzenweihers". Umfangreiche Modellversuche konnten die Befürchtungen widerlegen, daß durch den Bau der Schleuse in dieser Flutmulde ein unzulässiger Hochwasserrückstau verursacht würde. Das Wehr liegt 1,4 km oberhalb der Schleuse, wobei Zugsegmente den Südarm der Donau in vier Wehrfeldern und den Nordarm in einem Wehrfeld von je 24 m Breite abriegeln. Um die Mindestwasserführung des Nordarmes auch bei einer Reparatur des Wehrverschlusses zu gewährleisten, wird dieses Wehrfeld mit einem Grundablaß ausgestattet. Die Konstruktion der Schleusenkammer stellt insofern eine Besonderheit dar, weil der U-förmige Rahmen beiderseits an eine Schlitzwand anschließt, mit der man den Grundwasserandrang vermindern, den Baugrubenaushub begrenzen sowie Erschütterungen vermeiden und Lärm bei den vielen alten Häusern in unmittelbarer Nachbarschaft der Baustelle auf ein Mindestmaß beschränken konnte.

Eine weitere Besonderheit ist der Bau von Wasserkraftwerken an den Donaustufen Bad Abbach und Regensburg, trotz der Ausbaufallhöhen von nur 3,6 m bzw. 4,3 m. Die Gründe für die Entscheidung, Laufwasserkraftwerke mit einer Regeljahreserzeugung von 37,5 bzw. 55 Mill. kWh zu bauen, waren neben dem Vorteil der für die Schleuse benötigten Wehranlage die in letzter Zeit angestiegene Wertschätzung für den krisensicheren Strom aus Wasserkraft, das Interesse des örtlich zuständigen Energieversorgungsunternehmens, die durch Ausschreibung ermittelten niedrigen Gestehungskosten und nicht zuletzt der 7,5%ige Zuschuß aus dem Investitionsförderungsgesetz der Bundesregierung, das hier nicht ein Vorziehen von ohnedies geplanten Bauvorhaben ausgelöst hat, sondern eine echte Neuinvestition.

Von Interesse dürfte noch sein, daß die beiden Donaustufen nicht nur je eine Kleinschiffahrtsschleuse 4 × 20 m erhalten, sondern wegen des regen Wassersportverkehrs im Bereich von Regensburg auch je eine Bootsgasse von 2,3 m Breite.

Niederwasserregulierung der Donau

Die 1921 von der Rhein-Main-Donau AG begonnene Niederwasserregulierung hatte zum Ziel, zwischen Regensburg und Vilshofen auf eine Länge von 128 km eine Fahrrinne von 2 m Tiefe unter dem Regulierungsniederwasserstand (RNW), der an 326 Tagen im Jahr erreicht oder überschritten wird, auf eine Mindestbreite von 70 m herzustellen. Als Regulierungsmittel dienten Buhnen in Steinbauweise und Leitwerke mit einem durch Böschungspflaster oder Steinwurf gesicherten Kieskern. Über den Erfolg der Ende 1968 im großen und ganzen beendeten Niederwasserregulierungsarbeiten, bei denen auch Krümmungen abgeflacht und mehrere Fahrwasserabschnitte verbreitert wurden, hat der Leiter der Wasser- und Schiffahrtsdirektion Regensburg sich folgendermaßen geäußert: Ein unbefriedigendes Ergebnis im Abschnitt Regensburg–Straubing mit geringer Wasserführung und verhältnismäßig großem Gefälle, ein annehmbares Ergebnis im Abschnitt Straubing–Deggendorf mit der gleichen Wasserführung und sehr geringem Gefälle, ein gutes Ergebnis im Abschnitt Deggendorf–Vilshofen mit der durch die Isar vergrößerten Wasserführung und mit stellenweise sehr großem Gefälle. Der Grund für das unbefriedigende Ergebnis im Abschnitt Regensburg–Straubing ist vor allem die auf verschiedene Ursachen zurückzuführende Eintiefung der Flußsohle in den Kolkstrecken der zahlreichen Flußkrümmungen. Dort beträgt die Fahrwasserbreite oft nur 40 m, so daß in Niederwasserzeiten die Anhangbreiten der zu Tal verkehrenden Schleppverbände von 3 auf 2 Kähne beschränkt werden muß. Die Sohlenerosion beträgt am Pegel Regensburg–Schwabelweis etwa 1,5 cm je Jahr. Deshalb nimmt die Wassertiefe im Hafen Regensburg laufend ab. Weil sich die Grenzen für die Erhaltung der Fahrwasserverhältnisse mit den Mitteln der Niederwasserregulierung abzeichnen, ist nunmehr ein Bau von Staustufen unumgänglich. Wenn aber die Niederwasserregulierung nicht durchgeführt worden wäre, dann würde die Donauschiffahrt mit Sicherheit nicht den gegenwärtigen Stand erreicht haben und möglicherweise wegen der Verwilderung des Niederwasserbettes heute nicht mehr bis Regensburg verkehren können.

Staustufenbau zwischen Regensburg und Vilshofen

Der Bau von Staustufen soll nicht nur die Fahrwasserverhältnisse ändern und der Erosion begegnen, er soll zugleich den Hochwasserschutz erheblich verbessern. Das Katastrophenhochwasser der Donau im Juli 1954 hat in Bayern eine Fläche von 150000 ha überflutet, mehrere Deichbrüche ausgelöst und den Tod von 12 Menschen verursacht. Weil die Landwirtschaft Wiesen in Äcker verwandelt hat, die Siedlungen sich vergrößert haben und neue Gewerbe- und Industrieanlagen entstanden sind, ist das Ausmaß der Hochwasserschäden gestiegen. Ein 1966 von der Rhein-Main-Donau AG im Benehmen mit Bund und Bayern ausgearbeiteter Rahmenplan geht davon aus, daß eine Stauseenkette mit 5 Stufen zwischen Regensburg und der bei Vilshofen gelegenen Stauwurzel der Donaustufe Kachlet errichtet wird. Nach dem Duisburger Vertrag vom September 1966 soll der vordringliche Ausbau der Donau zwischen Regensburg und Straubing zum gleichen Zeitpunkt vollendet werden wie der Bau des Main-Donau-Kanalabschnitts Nürnberg-Kelheim. Es handelt sich um die Stufen Geisling und Straubing, die aus Wehr, Schleuse und Kraftwerk bestehen sollen. Wegen der zahlreichen Flußkrümmungen fährt die internationale Donauschiffahrt im Verband mit nebeneinandergekoppelten Fahrzeugen. Die Empfehlungen der Donaukommission in Budapest, der die Bundesrepublik Deutschland nicht angehört, rechnen mit einer Schubschiffahrt in Form des zweigliedrigen Zwillingsverbandes mit 4 Schubleichtern. Dafür würde man bei 3 m Fahrwassertiefe unter hydrostatischem Stau eine Fahrwasserbreite von mindestens 100 m benötigen, während oberhalb von Regensburg für den zweigliedrigen Einzelverband eine Mindesbreite von 50 m genügt. Im Endausbau sind Doppelschleusen vorgesehen, die nach den bisherigen Vorstellungen die gleichen Abmessungen wie die bestehenden Schleusen in der deutschen und österreichischen Donaustrecke erhalten sollen, nämlich 24 m Breite und 230 m Nutzlänge. Zunächst ist nur der Bau jeweils einer Schleuse beabsichtigt. Bei den Donaustufen Geisling und Straubing wird der Bau von Kraftwerken mit einer Ausbaufallhöhe von 5,8 m bzw. 5,5 m und mit einer Regeljahreserzeugung von 156 bzw. 146 Mill. kWh vorbereitet. Zwischen Straubing-Vilshofen hält man bisher 3 Stufen bei Deggendorf, Aicha und Vilshofen mit Stufenhöhen von 4 m, 5,8 m und 3,4 m für denkbar. Abschließend sei gesagt, daß die Planung für die Strecke Regensburg-Vilshofen noch nicht abgeschlossen ist und daher Änderungen erfahren kann.

Zügiger Weiterbau der Mehrzweckwasserstraße

Aus meinen Ausführungen dürfte sichtbar geworden sein, daß Planung und Bau im Abschnitt Nürnberg-Vilshofen der RMD-Wasserstraße nicht nur eine Fülle von technischen Problemen zu lösen haben, sondern auch eine ganze Palette von Zweckbestimmungen beim Gewässerbau beinhalten. Die Belange von Verkehrsweg, Energieerzeugung, Hochwasserschutz, Landeskultur und Wasserwirtschaft sowie der Interessenausgleich bei der Nutzung der Uferregion durch Bevölkerung, Industrie, Häfen und andere Verkehrswege sind eng miteinander verknüpft. Bis Ende 1975 werden 375 Mill. DM für den RMD-Abschnitt Nürnberg-Straubing ausgegeben sein; ein Investitionsvolumen, das möglichst bald wirtschaftlich genutzt werden müßte, und deshalb die Anstrengungen aller Beteiligten für eine unverzügliche Vollendung dieser Europawasserstraße verstärken sollte. Ich darf mit folgenden Worten des österreichischen Bundeskanzlers Kreisky bei seinem Besuch am 24. Juni dieses Jahres in Nürnberg schließen:

„Der Kanal durch Europa ist mehr als ein Transportweg. Er ist die Probe aufs Exempel, ob die Zeit für eine gedeihliche Zusammenarbeit zwischen Ost und West reif ist."

Der Ausbau der Österreichischen Donau zur modernen Kraftwasserstraße*

Von Direktor Dipl.-Ing. **Werner Roehle**, Wien

In der Nähe der Dreiflüssestadt Passau, noch ca. 2225 km vor ihrer Mündung ins Schwarze Meer, erreicht die Donau — vom Schwarzwald kommend — österreichisches Staatsgebiet. Die anschließende ca. 345 km lange Flußstrecke bis Preßburg, wo sie unser Land wieder verläßt, nennt man die „Österreichische Donau". Vor dem Eintritt in unser Land hat sie sich mit dem Inn vereinigt — und damit ihren Charakter verändert.

Die bayrische Donau ist ein eher ruhiger Mittelgebirgsfluß, der Inn hingegen ein wasserreiches Hochgebirgsgewässer. Sein Einzugsgebiet ist nur halb so groß wie jenes der Donau und doch ist sein Wasserdargebot bei Passau bereits um 25% größer. Würde seine Fließrichtung nicht die eines typischen Nebenflusses sein, unsere Ahnen hätten die Donau ab Passau „Inn" nennen müssen.

Die Vereinigung der so verschiedenen Flußcharaktere ist von besonderer Bedeutung. Jetzt erst hat die österreichische Donau die für ihre energiewirtschaftliche Nutzung so günstige ausgeglichene Wasserführung. 45% der Gesamtwasserfracht des Regeljahres werden im Winterhalbjahr dargeboten, dann also, wenn der Bedarf an elektrischer Energie groß ist.

Eine weitere, für den Ausbau sehr wesentliche natürliche Gegebenheit ist es, daß die österreichische Donau auf ihrer ca. 350 km langen Strecke eine Fallhöhe von ca. 155 m aufweist. Sie besitzt also ein großes Gefälle: 44 cm/km. Um dieses als Fallhöhe an einer Staustelle zu konzentrieren, ist ein unverhältnismäßig kürzerer Stauraum erforderlich, als in einer Flachstrecke des Flusses. Für die Schiffahrt ist dieses Gefälle jedoch wegen der großen Strömungsgeschwindigkeit und wegen der dadurch geringen Wassertiefe bei Niederwasserführung eine erhebliche Erschwernis.

Um den Zusammenhang mit dem weiteren Verlauf des Flusses herzustellen, ist vielleicht folgender Vergleich ganz interessant: Von der östlichen Grenze unseres Landes bei Preßburg bis zur Mündung ins Schwarze Meer legt die Donau noch 1880 km zurück. Das ist eine etwa fünfmal so lange Strecke wie die Länge der österreichischen Donau, sie überwindet aber dort nur eine Fallhöhe von ca. 140 m, also weniger als bei uns. Von dieser Fallhöhe sind wiederum ca. 35 m, also genau 25% in der 120 km langen Durchbruchsstrecke durch den Gneis der Karpaten, im sogenannten „Eisernen Tor" konzentriert,.

Dort, in den Katarakten, und bei uns ist sie ein lebendiger und kraftvoller Fluß, während sie sich im übrigen Bereich recht träge in ihrem immer breiter werdenden Bett der Mündung entgegenwälzt. Mit dieser Feststellung sind wir aber bereits in die Probleme der Kraftnutzung eingetreten.

Die Kraftnutzung

Die jeweilige Größe des Leistungsvolumens einer Flußstrecke kann man aus einer Leistungslinie sehr deutlich erkennen (Abb. 1).

Vielleicht gibt diese Darstellung einen kleinen grundlegenden Aufschluß, warum man an der Donau ausgerechnet in Österreich und am Eisernen Tor so wirtschaftliche Wasserkraftwerke errichten kann. Der konzentrierte Energiegehalt der österreichischen Donau ist ein großzügiges Geschenk der Natur an uns, demgegenüber wir uns durch eine zweckmäßige Nutzung würdig erweisen müssen.

Österreich liegt mit 6000 kWh technisch ausbaufähigem Wasserkraftpotentials pro Einwohner und Jahr (Abb. 2) außerordentlich günstig und wird nur noch von Schweden und Norwegen übertroffen. Schlußfolgerungen, die sich daraus für Österreich ergeben, können natürlich nicht auf andere europäische Länder mit geringerem Wasserkraftpotential übertragen werden.

Ebenso wenig zielführend wäre es aber, wenn die zweifellos geringere Bedeutung der Wasserkraft in anderen Ländern als Maßstab bei der Beurteilung der spezifischen österreichischen Situation genommen wird.

---

* Als Vortrag bei der Hauptversammlung der Hafenbautechnischen Gesellschaft in München am 18. 9. 1975 gehalten.

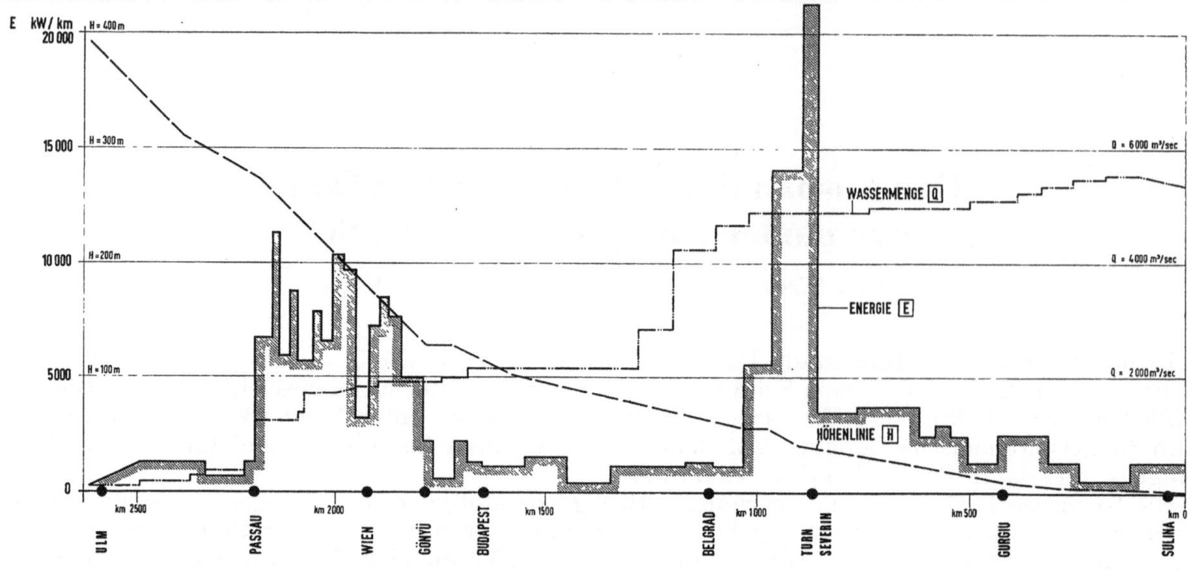

Abb. 1. „Energieband der Donau“

Auf diesem Bild ist der Längenschnitt der gesamten Donau von der Quelle bis zur Mündung aufgetragen. Man erkennt deutlich das große Gefälle in Österreich, die Flachstrecken in Ungarn und Jugoslawien und nochmals ein großes, örtlich begrenztes Gefälle am Eisernen Tor und die fallende Flachstrecke bis zur Mündung. Aus dem Gefälle kann man die Fallhöhe in m/km des Flusses bestimmen. Nun braucht man noch die Wassermenge „Q“ in m³/s. Diese wird nur von den größeren Nebenflüssen wesentlich beeinflußt oder verändert und wächst im weiteren Flußlauf immer mehr an. An den Zacken dieser Linie erkennt man sehr deutlich den Mündungsort der Nebenflüsse Inn, Theiß, Save, Drau, Morava, etc. Die dritte Linie dieses Bildes, die Leistungslinie, stellt das Produkt dieser beiden Größen $Q \times h$ und im entsprechenden Maßstab das nutzbare Leistungsvolumen in PS oder kW pro km dar.

Der Verbrauch elektrischen Stroms in Österreich hat sich in den letzten 30 Jahren verzehnfacht. Diese Entwicklung ist nicht eine Folge der Propaganda der Elektrizitätsversorgungsunternehmen und nicht weil eben Kraftwerksbauer gerne etwas bauen, sondern weil die Entwicklung des gesamten öffentlichen, privaten, gewerblichen und industriellen Lebens eben diese Energieform benötigt und fordert. In den letzten 20 Jahren ist bei uns bei einer enormen Steigerung der absoluten Verbrauchsziffern, der Verbrauch der Haushalte von 9% auf 20% gestiegen und der Verbrauch der Industrie von 55% auf 43% abgefallen. Diese von Fenz[1] in einem Vortrag in Wien zusammengestellten Zahlen führen zu dem Schluß, daß nicht das im Zusammenhang mit Umweltschutz viel gelästerte industrielle Wachstum am Verbraucherzuwachs maßgebend schuld ist, sondern daß Haushalt und Gewerbe selbst, also das, was den Menschen und seine direkte Umwelt betrifft, viel stärker an der Steigerung des Elektrizätsverbrauches beteiligt sind.

Da sich natürlich auch der Wasserkraftausbau an der österreichischen Donau der Kritik der Umweltschützer zu stellen hat, ist es notwendig — und auch modern und modisch — dieses Thema nicht zu vernachlässigen.

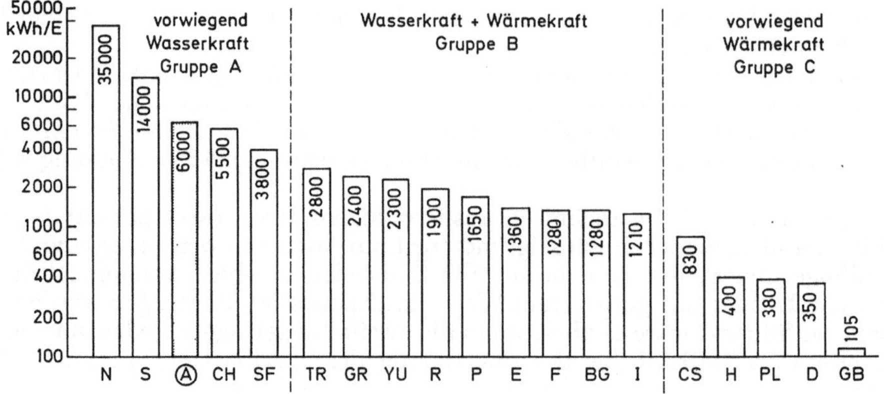

Abb. 2. Wasserkraftpotential bezogen auf die Einwohnerzahl

[1] Direktor Dipl.-Ing. Dr. techn. Robert Fenz, Vorstandsmitglied der österreichischen Donaukraftwerke AG.

Im Naturschutzjahr 1970 wurde festgestellt, daß unter anderem 500000 to Staub und 375999 to Schwefeldioxyd die Luft verpesten und tausende Mio m³ Abwässer, Müll und Unrat unser Land verschmutzen. Der weitaus größte Teil dieser Umweltverschmutzung stammt aber aus der Verbrennungsenergie durch die Energieträger Öl, Benzin, Kohle, usw. Eingedämmt kann diese ständige Flut von Schmutz nur durch verstärkten Verbrauch von elektrischem Strom werden, insbesondere im Haushalt und auch im Verkehr. Gegenüber unserem Nachbarland, der Schweiz, besteht für Haushalt und Kleinabnehmer ein noch sehr großer Aufholbedarf von ca. 50% (1972).

Wir haben aber gegenüber anderen Ländern den großen Vorteil, noch über ein ausbauwürdiges Wasserkraftpotential von über 20 TWh/Jahr verfügen zu können (8 TWh aus noch zu errichtenden Donaukraftwerken). Wieweit hierdurch nicht nur wertvolle und teure fossile Brennstoffe erspart, sondern auch die mit deren Verbrennung verursachte Verschmutzung vermindert werden, mögen folgende Zahlen zeigen: In Österreich werden ca. $^2/_3$ unseres Elektrizitätsbedarfes hydraulisch erzeugt und nur $^1/_3$ thermisch. Von rund 30 Mrd. kWh (30 TWh) Gesamterzeugung 1974 sind rund 12 TWh durch Verbrauch von Braunkohle, Öl und Erdgas entstanden. Für die hydraulischen 18 TWh wären 18 Mio to Braunkohle oder 475 Mio to Öl oder 6 Mrd. m³ Erdgas benötigt worden. Mit dem Preis für Öl ergibt dies einen Wert von ca. 1 Milliarde DM/Jahr und eine entsprechende Menge umweltverschmutzender Giftstoffe. Mit der Errichtung jeder Staustufe werden im Sinne des Umweltschutzes unzählige Kläranlagen gebaut. Das Straßen- und Wegenetz wird verbessert und bei allen Planungen peinlich auf das entstehende Landschaftsbild und die letzten biotechnischen Erkenntnisse bedachtgenommen. Sogar der Schiffsverkehr hilft mit, die Luftverschmutzung zu verringern, wenn man bedenkt, daß für den Transport einer Gütertonne auf dem Wasser nur $^1/_{30}$ der PS-Leistung eines Landtransportes notwendig ist.

Zweifellos werden die biologischen Verhältnisse durch den Ausbau eines Flusses verändert und oft auch gestört. Zum Ausgleich sind entsprechende zusätzliche Maßnahmen erforderlich. Hierzu ein Beispiel über den Fischbesatz:

Fischbesatz im Stauraum Aschach von 1965 bis 1969 (Wert ca. 80 000 DM)

Aale	50 000 Stück	Hechte	50 000 Stück	Seeforellen	12 000 Stück
Glasaale	100 000 Stück	Karpfen	4 730 kg	Schleien	6 780 kg
Brachsen	2 133 kg	Regenbogenforellen	49 000 Stück	Zander	28 333 Stück

Im gesamten Einzugsgebiet der österreichischen Donau werden heute schon über 12 TWh hydraulisch erzeugt. Die hier ersparten Brennstoffkosten betragen daher jährlich über 700 Mio DM. Der Anteil der billigen, sich aber immer erneuernden Wasserkraft, die keine Rohenergiereserven schmälert, wird maßgebend und preisentscheidend bleiben, auch noch lange nachdem unser Wasserkraftpotential ausgebaut sein wird. Darum bevorzugen wir den Wasserkraftwerksausbau und nicht, weil wir Gegner anderer Energieerzeugung sind.

Der derzeitige gültige Stufenplan (Abb. 3) ist eine Weiterentwicklung des vor 25 Jahren erstamals veröffentlichten Ausbauplanes mit 15 Stufen. Er sieht nun eine geschlossene Kette von 13 Stauhaltungen vor, wobei die Fallhöhe eines jeden Werkes unter Berücksichtigung bestehender Siedlungen, Verkehrseinrichtungen, etc., möglichst groß gewählt wurde, um mit möglichst wenig Anlagen auszukommen. Damit ist aber auch einer Forderung der Schiffahrt nach möglichst wenigen Schleusen Rechnung getragen.

Die ersten geschlossenen Ausbaupläne, also die sogenannten Rahmenpläne für die Donau zur Verbesserung für die Schiffahrt, den Hochwasserschutz und für die Kraftnutzung, stammen aus dem Jahre 1917, wobei aber die Rohenergie nur zu 28% ausgenützt wurde. Erst nach dem zweiten Verstaatlichungsgesetz aus dem Jahre 1947 durch die Beauftragung der Österreichischen Donaukraftwerke-Aktiengesellschaft wurde eine geschlossene Kraftwerkskette mit einem Ausnützungsgrad von 79% entwickelt. Es waren damals 15 Stufen vorgesehen mit einer gesamten erzielbaren Jahresarbeit von 14,7 TWh [1].

Durch Verbesserungen aus der fortschreitenden Entwicklung der Technik und der Erweiterung der Kenntnisse im Kraftwerksbau konnten ohne Nachteil zunächst zwei Kraftwerke (Linz und Tulln) eingespart werden.

Wasserwirtschaftliche und hydraulische Untersuchungen [2] bei Erstellung der Rahmenpläne ergaben, daß bei Ersatz von zwei Staustufen durch eine Stufe sich die ausnutzbare Gesamtstauhöhe aus zwei Gründen vergrößert.

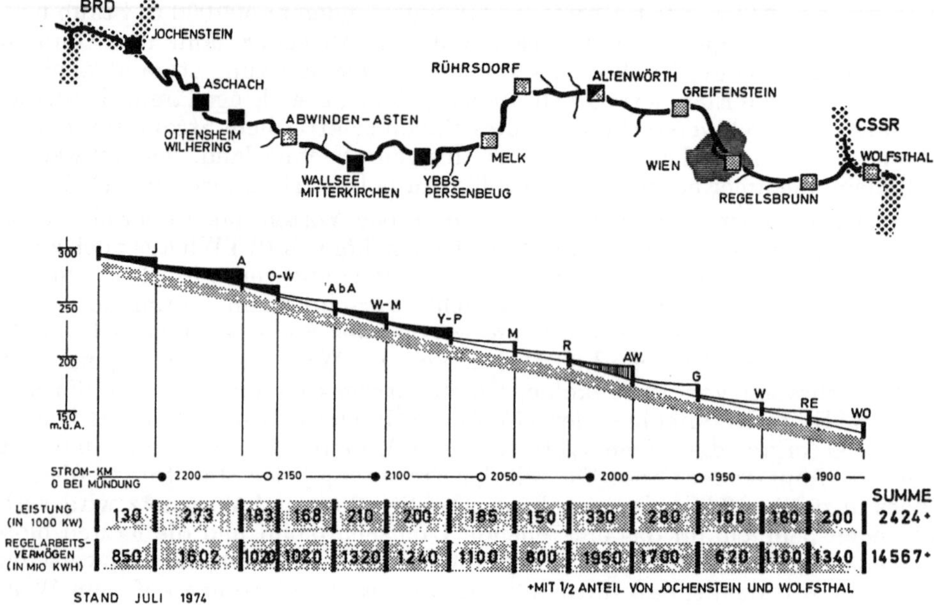

Abb. 3. Stufenplan der österreichischen Donau

Einmal verringert sich der Stauhöhenverlust durch die Krümmung der Staulinie laut Skizze 1 um ΔS durch den Entfall einer Stufe und zum zweiten um den einfachen Nutzhöhenverlust Δhw bei Hochwässern laut Skizze 2.

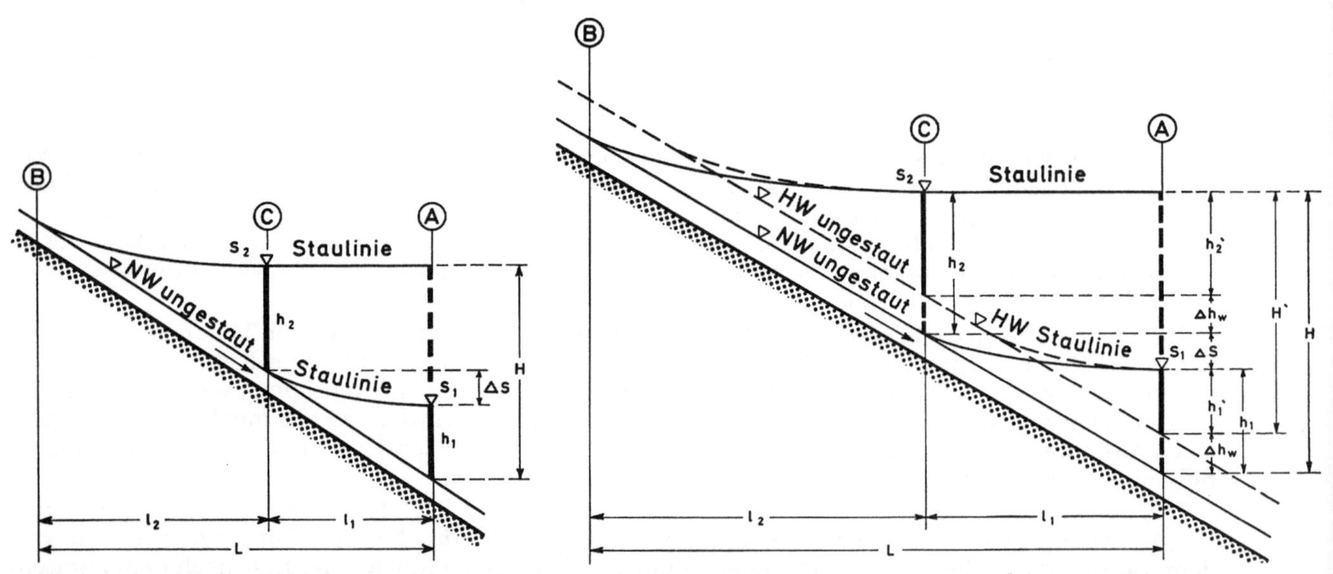

Skizze 1. Bei der Ausnützung des Flußabschnittes A—B von der Länge L durch eine große Staustufe in A erreicht deren Nutzhöhe H ihren Höchstwert. Die Schiffe können die Stauhaltung L ungehindert durchfahren und werden erst an der Staustelle A geschleust.
Wird dagegen der Flußabschnitt unterteilt und in C eine 2. Staustufe eingeschaltet, dann können nur die Nutzhöhen $h_2 + h_1$ ausgenützt werden. Die aus der Krümmung der Staulinie sich ergebende Höhendifferenz $\Delta S = H - h_1 - h_2$ geht dabei für die Energieerzeugung verloren. Die Schiffe durchfahren die kurzen Stauhaltungen $l_1 + l_2$ und müssen sowohl in A als auch in C geschleust werden, erleiden also den doppelten Zeitverlust

Skizze 2. Besteht nur eine hohe Staustufe in A, dann verkleinert sich deren Nutzhöhe bei Hochwasser von H auf $H = H - \Delta h_W$, also um den einfachen Höhenunterschied zwischen NW und HW.
Wird hingegen je eine Staustufe in A und C errichtet, dann sinkt deren Nutzhöhe bei Hochwasser von dem Maß $(h_1 + h_2)$ auf $h_1 + h_2 = h_1 + h_2 - 2\Delta H_W$, also um den doppelten Höhenunterschied zwischen NW und HW. Dazu kommt noch der Höhenverlust ΔS aus der Krümmung der Staulinie. Die Gesamteinbuße an Nutzhöhe bei Unterteilung einer Staustrecke sowie bei steigender Wasserführung beträgt daher $\Delta S + 2h_W$, ist also erheblich größer als bei einer einzigen hohen Staustufe

Dieses Prinzip der Einsparung einer Stufe konnte beim Ausbau der Strecke Krems–Wien verwirklicht werden. Der Wegfall einer Stufe brachte eine Einsparung von rund 150—200 Mio. DM. Weitere Vorteile daraus sind die Verkürzung der Bauzeit, Verringerung der Betriebskosten von nur 2 anstatt 3 Staustufen und Verkürzung der Fahrzeiten im Schiffsverkehr. Wasserwirtschaftlich ergab sich auch eine bessere Nutzung des Energiedargebotes, wenn laut Skizze 3 und 4 der Stauspiegel über den KHW-Spiegel gehoben wird, was je nach Lage der Staustufe Berücksichtigung findet.

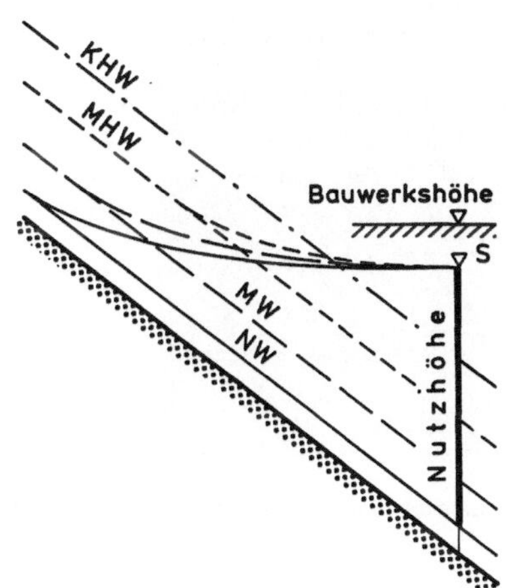

Skizze 3. Die Bauwerkskrone einer Stauanlage wird stets über dem höchsten maßgebenden Wasserspiegel vorgesehen, damit alle Einrichtungen vor Überflutung gesichert sind. Liegt der Stauspiegel S höher als der KHW-Spiegel, dann wird die Bauwerkskrone über diesem Stauspiegel vorgesehen.
Bei steigender Wasserführung vermindert sich das Nutzgefälle und damit der Energieertrag. Es wird aber in der Regel auch bei großen Hochwässern noch genügend Gefälle für den Kraftwerksbetrieb vorhanden sein

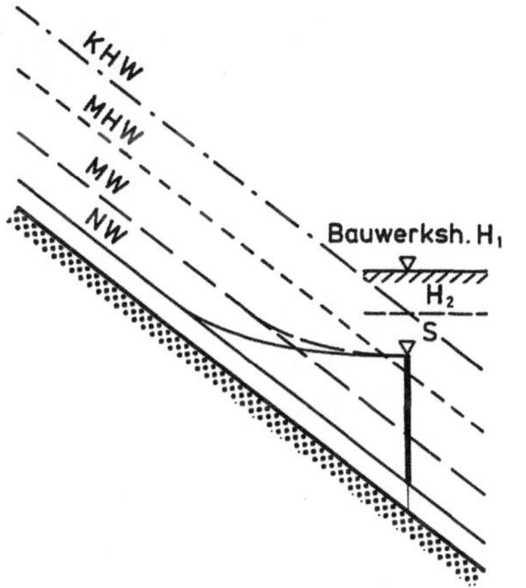

Skizze 4. Liegt hingegen der Stauspiegel S tiefer als der KHW-Spiegel, müssen alle Bauwerke über KHW-Spiegel empor geführt werden, obgleich das Stauziel eine tiefere Bauwerkshöhe H_2 zulassen würde. Die größeren Kosten für die höhere Bauwerkskrone sind also wirtschaftlich nicht genutzt.
Bei steigenden Wasserführungen nimmt das Nutzgefälle und damit die Energieerzeugung der Staustufe rasch ab. Nähert sich die Wasserführung dem MHW, dann wird die Nutzhöhe schließlich so klein, daß der Betrieb des Kraftwerkes eingestellt werden muß

Der erste Entwurf zum Ausbau der österreichischen Donau entstand 1923 und zwar für das Kraftwerk Ybbs. Vor dem zweiten Weltkrieg wurde von der Rhein-Main-Donau-AG mit den Arbeiten begonnen. Die Kriegsereignisse führten zur Einstellung der Arbeiten, die nach neuen Plänen erst nach dem im Jahre 1955 fertiggestellten Grenzkraftwerk Jochenstein fortgeführt und im Jahre 1959 beendet wurden. Bis jetzt wurden die Kraftwerke Aschach (1964), Wallsee-Mitterkirchen (1969), Ottensheim-Wilhering (1973) fertiggestellt und die ersten Maschinensätze des Kraftwerkes Altenwörth 1976 in Betrieb genommen. Der weitere Ausbau der österreichischen Donau wird mit dem Kraftwerk Abwinden-Asten in einem nur dreijährigen Fertigstellungsrhythmus fortgesetzt.

Durch einen Schwellbetrieb der geschlossenen Stufenkette kann laut vorliegenden Berechnungen eine kurzfristige Leistungsreserve des Netzes von 700 MW erreicht werden.

Der in Österreich und der BRD geplante Ausbau von Pumpspeicherwerken, deren Unterbecken die Stauräume der Donau bilden, ergänzt zwar die Planung an der Donau, ist aber nicht Gegenstand dieses Berichtes [3].

Die Wasserstraße

Ich komme nun zu den Ihnen wahrscheinlich mehr vertrauten Problemen des Ausbaues der Donau zur modernen Wasserstraße. Um das Erreichte „nach der Behandlung“ in um so hellerem Lichte erscheinen zu lassen, darf ich Ihnen den Zustand „vor der Behandlung“ in Erinnerung rufen.

Wegen der vielen Schiffahrtshindernisse die vor dem Ausbau bestanden, war die österreichische Donau noch vor 20 Jahren — trotz aller großen Bemühungen der Strombauverwaltung — eher als übler „Karrenweg“ denn als Wasserstraße zu bezeichnen. Es gab insgesamt 67 große Hindernisse, also Furten und Engstellen, Einbahnstrecken, Strecken mit widrigen Strömungen, Wirbeln,

Strudeln, etc., die Fahrt bei Tag war gefährlich, die nächtliche Fahrt überhaupt unmöglich. Jeder Wasserstand hatte sein Tücken. Unterhalb des gefürchteten „Greiner Strudels" beim Schwalleck (Abb. 4 und 5) war im späteren Mittelalter ein Spezialkrankenhaus errichtet worden, in dem ausschließlich die verwundeten Schiffsleute behandelt wurden. Mit einer Großsprengung wurde dieses größte Schiffshindernis, der Felsenblock am Schwalleck, beseitigt.

Abb. 4. Das Schwalleck bei Grein (vorbereitet zur Absprengung nach Stauerrichtung des Kraftwerkes Ybbs-Persenbeug)

Abb. 5. Die Donau bei Grein nach Absprengung des Schwallecks (Bildmitte) und vollendetem Aufstau)

Schon zu Zeiten Maria Theresias versuchte der berühmte Barockbaumeister und Architekt Fischer von Erlach durch Sprengungen Verbesserungen herbeizuführen. Nicht weil er Architekt und kein Bauingenieur war, blieben seine Bemühungen erfolglos. Wir wissen von den Regulierungsarbeiten in der Kataraktstrecke des Eisernen Tores, die mit riesigem Aufwand von den besten Wasserbauern ihrer Zeit fast ein ganzes Jahrhundert (1850—1950) geplant und ausgeführt wurden, daß derartige Regulierungsmaßnahmen in diesen Steilstrecken des Flusses nur geringer Erfolg beschieden sein kann. Das Gefälle und damit die Strömung sind einfach zu groß, um das erforderlich Fahrwasserprofil immer zu füllen.

Die einzige Möglichkeit, die erwünschten Fahrwasserverhältnisse zu schaffen, ist hier praktisch nur durch das Errichten von Staustufen möglich. Erfahrene Wasserbauingenieure wissen dies und viele Leute glauben es ihnen. Manche müssen es noch lernen.

Um diese Erkenntnis aber in einem so mächtigen Fluß in die Tat umzusetzen, war einerseits der technische Fortschritt im Bauwesen und andererseits wegen der Ausbaukosten auch der Energiehunger der Nachkriegsindustriegesellschaft notwendig. Ein Beispiel für die endgültige Beseitigung eines üblen Schiffahrtshindernisses durch Einstau ist die „Schlögener Schlinge" (Abb. 6 und 7).

Während des Atomkraftwerke-Booms in den 60er-Jahren glaubte man auch in Österreich auf den weiteren Ausbau der Flußwasserkräfte verzichten zu können. Es gab abenteuerliche Kosten-

Abb. 6. Die Schlögener Schlinge vor Einstau des KW-Aschach

Abb. 7. Die Schlögener Schlinge nach dem Einstau

ermittlungen, um damit die Wirtschaftlichkeit dieser Anlagen anzuzweifeln. In der Zwischenzeit hat die Donauschiffahrt auch entdeckt, daß Kraftwerksbauer zwar Störenfriede sind, aber die notwendigen Mittel für den Ausbau einer modernen Wasserstraße — zumindest in Österreich — nur über Flußkraftwerke aufgebracht werden können. Heute ist die Partnerschaft [4] Schiffahrt—Kraftwerksbau so weit gediehen, daß niemand mehr an der Wirtschaftlichkeit der Wasserkraftnutzung als derzeit billigste Stromquelle zweifelt. Auch die Notwendigkeit des Wasserstraßenausbaues für ein Binnenland und der Anschluß an das bestehende europäische Wasserstraßennetz ist unbestritten (Abb. 8).

Mit diesem Ausbau ist naturgemäß die Verbesserung oder Neuschaffung von Hafenanlagen, Umschlagplätzen und Industrieanlagen verbunden.

Aus einer Studie über die wirtschaftliche Bedeutung der österreichischen Donaukraftwerke [5] sind die Gesamtkosten und die Kostenteilung für Stromerzeugung und Schiffahrt (Tabelle 1) je Staustufe ersichtlich. Hierbei wurden die allgemeinen Kosten, also für das Wehr und den Stauraum, auf Stromerzeugung und Schiffahrt nicht 50 : 50 aufgeteilt, sondern im Verhältnis der Kostenanteile „Krafthaus : Schleuse", wodurch auf die Stromerzeugung ein größerer Kostenanteil entfällt. Selbst bei dieser für die Stromerzeugung ungünstigen Aufteilung zeigte sich, daß die spezifischen Anlagekosten noch immer günstiger liegen als bei anderen vergleichbaren Kraftwerken.

Tabelle 1. *Aufteilungsschlüssel für die Anlagekosten von Donaukraftwerken*

Kraftwerk mit Mehrzweckanlage	Vollbetrieb	Engpaßleistung	Regelarbeitsvermögen	Stauraumlänge	Krafthaus	Schleuse	Wehr	Stauraum	Kraftwerk und Schleuse	Kraftwerk	Schleuse
		MW	GWh/a	km	Kostenanteile in %						
Ybbs	1959	204	1250	34,1	42,3	15,5	8,9	33,3	100	73,1	26,9
Aschach	1964	282	1680	40,7	42,3	28,0	17,3	12,4	100	60,2	39,8
Wallsee	1969	210	1315	23,8	44,9	22,0	18,8	14,3	100	67,1	32,9
Ottensheim	1974	183	1108	15,8	45,8	22,6	17,0	14,6	100	67,0	33,0
Donaukraftwerke	1974	879	5353	114,4	43,8	22,0	15,5	18,7	100	**66,6**	**33,4**

In den Jahren 1959 bis 1974 wurden mindestens 3840 Mio S für die Schiffahrt investiert, ohne die Kosten für Preissteigerungen zu berücksichtigen. Von diesen Kosten sind jedoch Refundierungen und staatliche Bundeszuschüsse in Höhe von rund 1094 Mio S abzuziehen, wenn man den direkten Betrag der Stromerzeugung für den Wasserstraßenausbau ermitteln will. Dieser beträgt 2746 Mio S oder 71,5% der für den Ausbau von rund 120 km Schiffahrtsstraße benötigten Gesamtkosten. So finanziert der österreichische Stromverbraucher auch die internationale Schiffahrt. Die Gesamtkosten ergeben sich pro km ausgebaute Wasserstraße mit 3840/120 = 32,00 Mio S/km (ca. 4,5 Mio DM/km).

Österreich hat sich als Mitglied der Internationalen Donaukommission nicht zum Ausbau, wohl aber gegebenenfalls zur Einhaltung der Ausbaunormen verpflichtet. Die internationale Donaukommission wurde im Rahmen des „Abkommens über die Regelung der Schiffahrt auf der Donau"

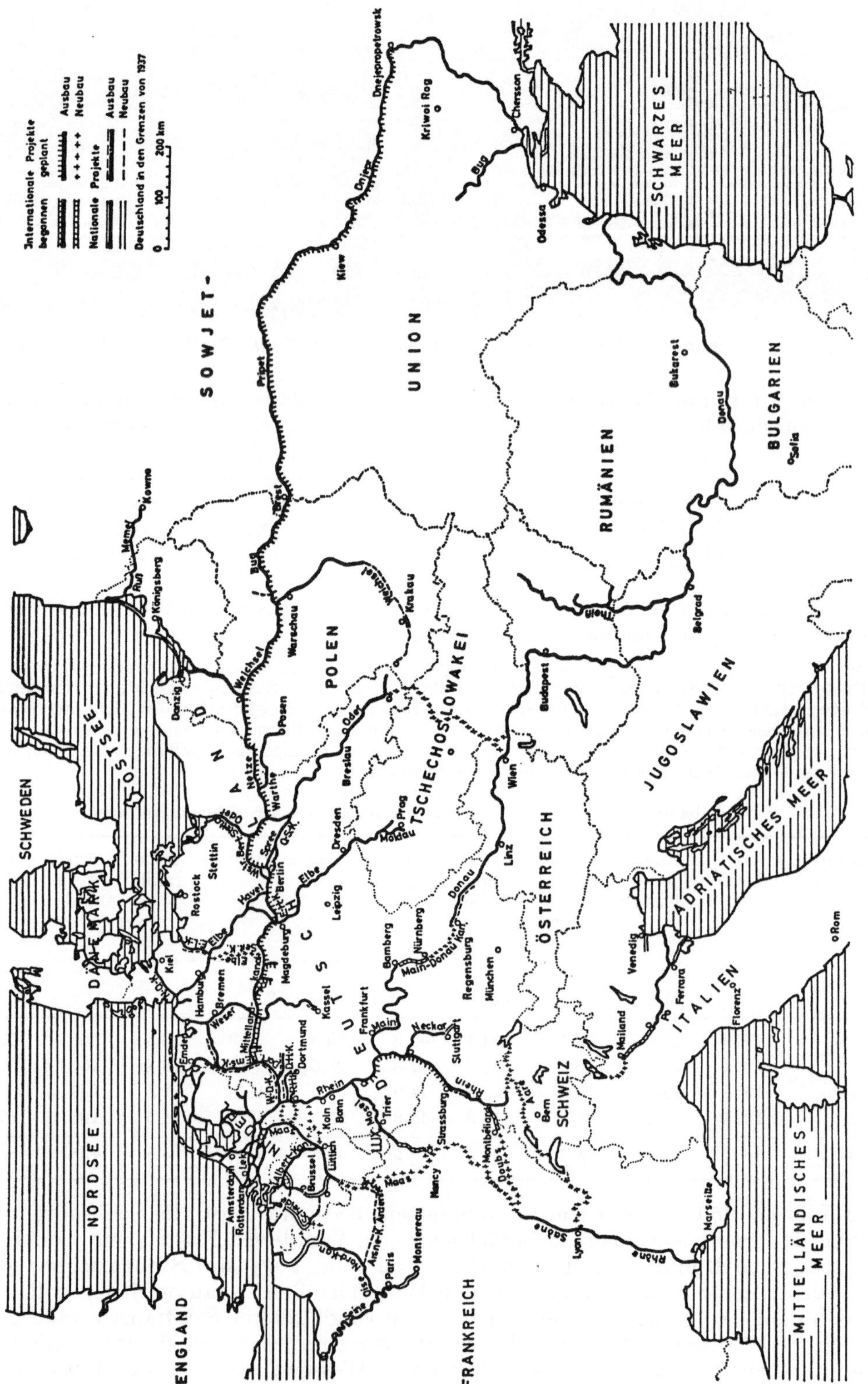

Abb. 8. Das europäische Wasserstraßennetz

oder der „Belgrader Konvention" vom 18. 8. 1948 beschlossen. Österreich trat dieser Konvention und damit auch der Kommission am 19. 12. 1959 bei.

Die internationale Donaukommission trat das erste Mal im Febre 1949 zusammen und hat die Aufgabe, die Durchführung der Bestimmungen dieser Konvention zur Verbesserung und Erhaltung der Schiffahrtsverhältnisse zu überwachen, sowie Empfehlungen für die Ausführung herauszugeben.

Der Sitz der Donaukommission ist in Budapest. Mit Beschluß vom 2. 2. 1962 wurden folgende noch immer gültige Empfehlungen herausgegeben:

Mindesttiefe des Fahrwassers:			Mindestkrümmungsradius:		
von Jochenstein bis Wien	mindestens	27 dm	von der Innmündung bis Krems	mindestens	350 m
von Wien bis Devin	„	35 dm	von Krems bis Wien	„	900 m
			von Wien bis Devin	„	1000 m
Mindestbreite des Fahrwassers:			Mindestabmessungen:		
von der Innmündung bis Wien	mindestens	150 m	von Regensburg bis Wien	Nutzlänge:	230 m
von Wien bis Devin	„	150 m		Nutzbreite:	24 m
				Drempeltiefe:	4,0 m
			von Wien bis Devin	Nutzlänge:	310 m
				Nutzbreite:	34 m
				Drempeltiefe:	4,5 m

Die Füll- und Entleerungszeit einer Schleusenkammer der österreichischen Donaukraftwerke beträgt je 15 Minuten.

Die Entwicklung im Schiffsbau hat allerdings gezeigt, daß man nunmehr eine garantierte Fahrwassertiefe von mindestens 3 m anstrebt, ein Maß, auf welches die Donaustrecke zwischen Passau und Regensburg bereits ausgebaut wird.

Die Vorteile der ausgebauten Wasserstraße „österreichische Donau" sind also im wesentlichen:

1. Die entfallende starke Strömung erlaubt es, die Maschinenkraft der Schiffe pro Tonne Transportgut erheblich zu ermäßigen.
2. In der geringen Strömung wird die Bergfahrt wesentlich schneller und die Talfahrt nicht wesentlich langsamer. Unter Berücksichtigung von Aufenthalts- und Wartezeiten in den Schleusen ist eine Fahrzeitersparnis von 8 bis 10% zu erwarten.
3. Die Treibstoffersparnis beträgt zwischen 30 und 40%.
4. Die garantierte Fahrwassertiefe erlaubt eine wesentlich günstigere und vor allem immer volle Auslastung der Kähne.
5. Die gewährleistete Fahrwasserbreite erlaubt einen durchgehenden Gegenverkehr und Betrieb bei Nacht und Nebel. Letzteres, sofern Radar und Funk mithelfen können.
6. Durch diese Vorteile wird es sicher möglich sein, den Tarif pro beförderter Tonne zu ermäßigen.

Diesen entscheidenden Vorteilen steht als einziger wesentlicher Nachteil die Gefahr einer schnelleren Eisbildung (Abb. 9) gegenüber. Die von uns zur Bewältigung dieses Problems getätigten Maßnahmen haben den gewünschten Erfolg gebracht. In einer Veröffentlichung zum nächsten internationalen Schiffahrtskongreß werden wir diese umfangreichen Maßnahmen beschreiben.

Der derzeitige Verkehr auf der Donau beträgt ca. 6 bis 7 Mio to pro Jahr. Unter Berücksichtigung aller Parameter zur theoretischen Bestimmung der Kapazität einer Schleusenanlage, eine übrigens recht komplizierte Aufgabe, können mindestens 35 Mio Frachttonnen pro Jahr passieren. Die Kapazität des RMD-Kanals beträgt nach meiner Kenntnis 24 Mio to.

Sicherlich, so hoffen wir zumindest, wird der Schiffsverkehr nach Eröffnung des RMD-Kanals auch bei uns eine wesentliche Steigerung erfahren. Jede derartige Prognose aber wird von der allgemeinen Wirtschaftsentwicklung und der hohen Staats- aber auch Tarifpolitik bestimmt werden.

Seit durch den Duisburger Vertrag die Verwirklichung der Rhein-Main-Donau-Verbindung in greifbare Nähe gerückt ist, also die Finanzierung gesichert zu sein schien, wurde die Reihenfolge unseres Ausbaues an den erwarteten Baufortschritt der Kanalverbindung angepaßt.

Die Baudauer pro Stufe beträgt im Durchschnitt ca. 3 Jahre (Abb. 10). Im Jahr 1979 wird daher mit der Fertigstellung des Kraftwerkes Abwinden-Asten eine durchgehende Kette von Jochenstein bis Ybbs vorhanden sein. Damit ist zum Zeitpunkt der Eröffnung der Kanalverbindung das Industriezentrum Linz an das europäische Wasserstraßennetz angeschlossen. Bis zum fertiggestellten Ausbau der Strecke Vilshofen-Regensburg mit Fahrwassertiefe von 3 m sind die noch fehlenden Stufen Melk, Wachau, Greifenstein und Wien (Fertigstellung 1991) vollendet und damit auch die Bundeshauptstadt Wien eine „Hafenstadt an allen Weltmeeren" geworden.

Abb. 9. Eisbrecher im Vorhafen einer Schleuse im Einsatz

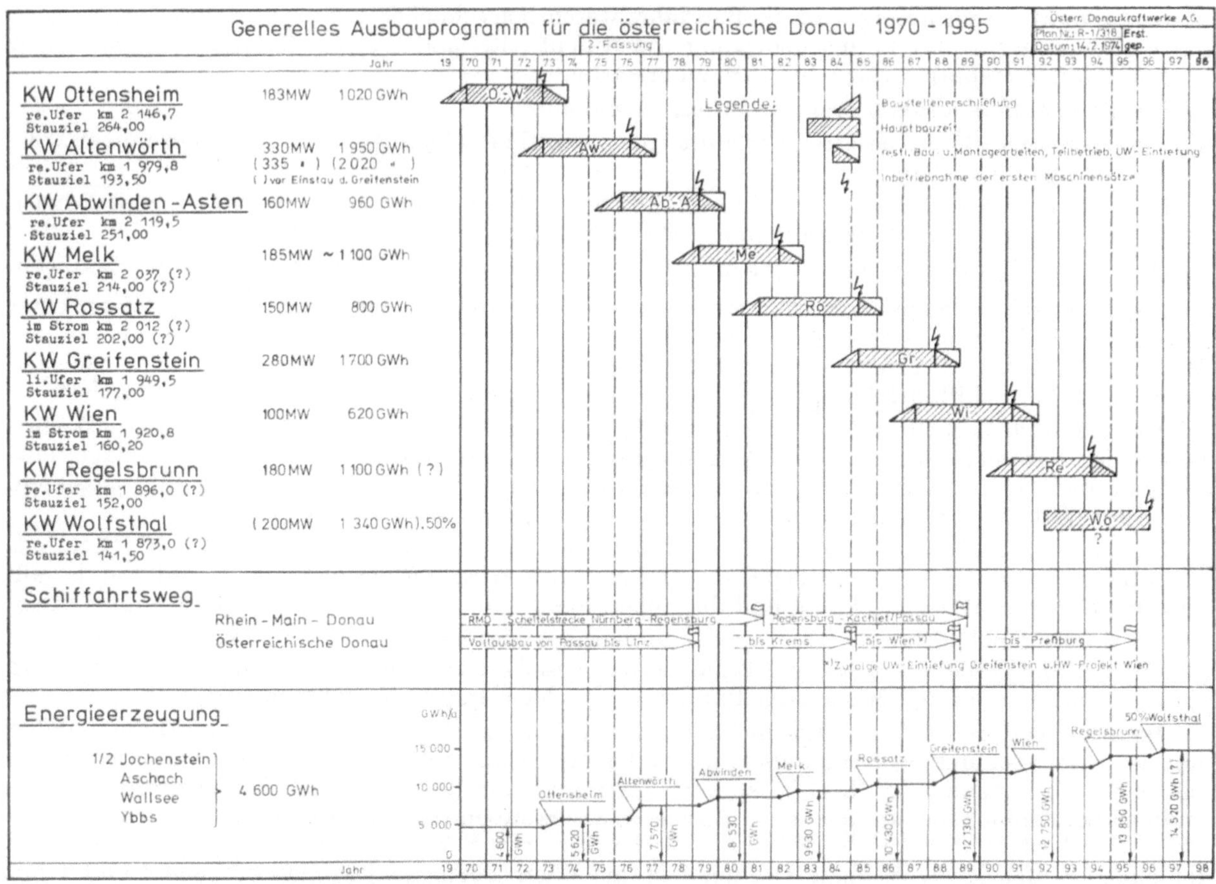

Abb. 10. Das generelle Ausbauprogramm für die österreichische Donau 1970 bis 1995

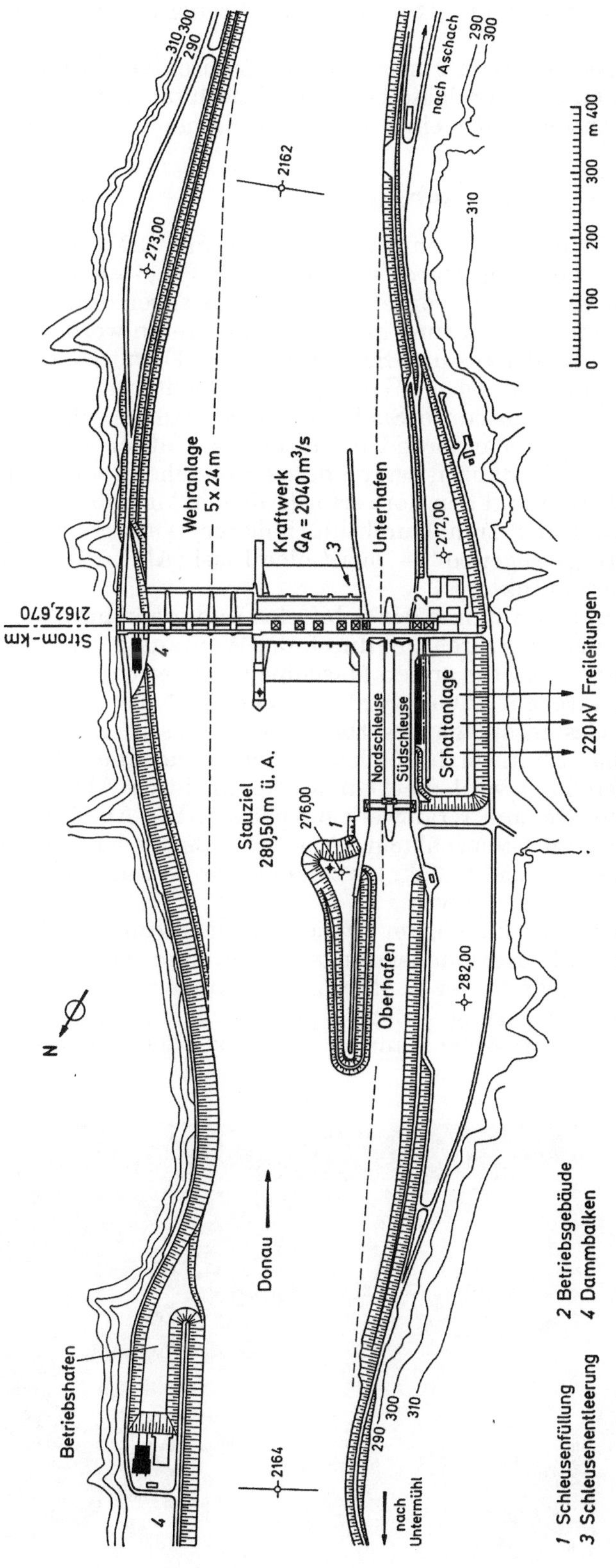

Abb. 11. Lageplan des Kraftwerkes Aschach, Hauptbauwerk

Dieses Ziel wird uns allerdings, auf heutiger Preisbasis gerechnet, rund 40 Mrd. S (6 Mrd. DM) gekostet haben. Ein großer Beitrag eines kleinen Landes zu einer weltweiten Idee. Allerdings nur ermöglicht durch die Kraftnutzung, finanziert mit österreichischen Steuern und dem Strompreis — auch für die ausländische Schiffahrt.

Ich glaube, daß es nicht notwendig ist, in diesem Forum über alle indirekten Vorteile des Ausbaus eines Flusses zu sprechen. Für die Donau gilt hier dasselbe wie praktisch für alle anderen derartigen Projekte. Ich komme daher zum vorletzten Teil meines Berichtes, nämlich „dem Ausbau" selbst.

Der Ausbau

Bei unseren ersten Werken Jochenstein — ein Gemeinschaftswerk mit BRD und dem Freistaat Bayern — Ybbs und Aschach konnten die engen Durchbruchstäler als Stauräume benützt werden. Die technisch interessanten Aufgaben waren dort vornehmlich auf das sogenannte Hauptbauwerk beschränkt. Hier mußte bei Planung und Ausführung oft Neuland betreten werden. Diese Hauptbauwerke mit der Dreiteilung in Wehr, Krafthaus und Schleuse (Abb. 11) wurden direkt im Strom errichtet, wobei die Schiffahrt in vollem Umfang im Baubereich aufrechterhalten werden mußte.

Während an einem Ufer immer eine, die gesamte Schleusenanlage samt Vorhäfen umfassende große Baugrube errichtet wurde, begannen am anderen Ufer in einer wesentlich kleineren Baugrube die Arbeiten am Wehr oder Kraftwerk. Die Bauzeit wurde daher weitgehend von dem Tempo der Herstellung des Massenbetons der Schleuse und den dort erforderlichen Aushubarbeiten bestimmt.

Nach Freigabe fertiggestellter Wehrfelder zum Durchfluß höherer Wasserführungen während der Bauzeit wurde durch einen weitere „Baugrube" — meist eine Insel (Abb. 12) — die Fahrrinne bis auf das erträgliche Minimum eingeschränkt.

Nach Fertigstellung der Schleusen und Aufnahme der Schiffahrt in diese konnte dann die Donau letztlich total geschlossen werden, wobei der Durchfluß durch die Wehranlage und möglichst bald danach, nach einer Teilstauerrichtung, durch die ersten Maschinensätze erfolgte.

Mit dem Kraftwerk Wallsee-Mitterkirchen (1965) wurde die zweite Generation eingeleitet. Sie zeichnet sich dadurch aus, daß die Gesamtanlage des Hauptbauwerkes in einer einzigen hochwasserfreien Baugrube (Wallsee 35 ha, Altenwörth 130 ha) in der Sehne einer Donauschlinge errichtet wird (Abb. 13). Nach Fertigstellung wird die Donau sodann durch Abschluß ihres alten Flußlaufes in die neuen Gerinneanschlüsse zum Kraftwerk umgeleitet. Die Abdämmung des alten Gerinnes erfolgt in einer aufregenden Wurfsteinschlacht (Abb. 14). Bisher hatten wir hierbei mit der Wasserführung immer — unberufen — viel Glück, trotzdem diese Baumaßnahme natürlich in die Niederwasserzeit der Donau (Herbst) verlegt wird.

Durch diese Bauweise wird das Risiko des Bauens im offenen Strom vermieden. Da alle Bauteile gleichzeitig errichtet werden, können alle Rationalisierungsvorteile zum Tragen kommen. Eine wesentlich kürzere Bauzeit ist die Folge. Trotz der heute um 30% kürzeren Bauzeit (statt 48 nur 32 Monate) konnte durch größere Mechanisierung — 30 PS pro Beschäftigten — der Personaleinsatz um ein Drittel vermindert werden (statt 4000 Mann in Ybbs nur 1300 in Ottensheim).

Abb. 12. Die Inselbaugrube bei der Errichtung des Kraftwerkes Ybbs-Persenbeug

Abb. 13. Die Baugrube für das Hauptbauwerk Altenwörth in der Sehne einer Donauschlinge

Abb. 14. Die Abriegelung der Donau zur Umleitung in ihr neues Flußbett

Bei den Baukosten konnten daher die sogenannten Preisgleitungen weitgehend durch optimierte Planung, kontinuierlichen Einsatz der Großbaugeräte und Rationalisierung der Arbeiten aufgefangen werden.

Kennzeichnende Verbesserungen dieser fortschreitenden Entwicklung sind:

— u.a.: Dammdichtung der Baugrubenumschließung durch Kunststoffolien, statt der schwierig zu rammenden und insbesondere schwierig zu ziehenden Spundwände. (Erstmalige Anwendung in Österreich) (Abb. 15).

— Anstelle der Vertikalturbinen werden nunmehr Rohrturbinen (Abb. 16) (horizontale Kaplanturbinen, die einen wesentlich geringeren Aushub verlangen und vereinfachte Betonierungsarbeiten ermöglichen) angeordnet.

Anhand des derzeit im Bau befindlichen Kraftwerkes Altenwörth will ich abschließend noch über einige interessante, den derzeitigen Stand der Technik beim Donauausbau charakterisierende Details berichten.

Abb. 15. Kunststoffolien zur Abdichtung der Dämme der Baugrubenschließung

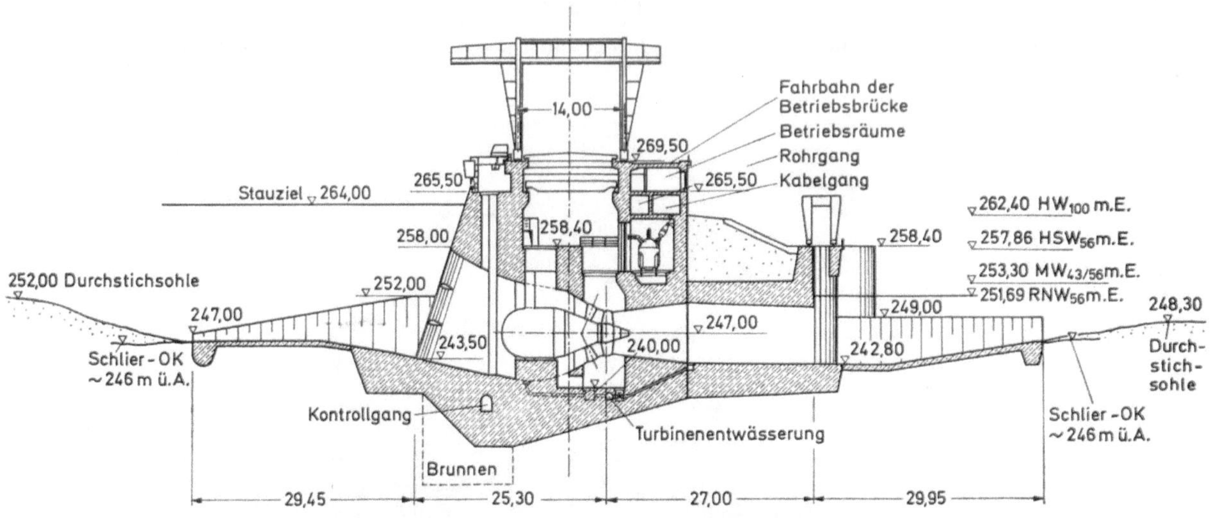

Abb. 16. Querschnitt durch eine Rohrturbine (Kraftwerk Ottensheim)

Der offizielle Baubeginn war am 1. 3. 1973. Die Anlage wird am 1. 4. 1976 den Betrieb aufnehmen, nachdem die Donauabriegelung im Oktober 1975 durchgeführt wurde und im November 1975 die Schleusen für den Schiffsverkehr freigegeben wurden.

Für die Bauherstellung sind erforderlich:

über 23000000 m³ Erdbewegung
über 1200000 m³ Beton

unter Verwendung von:

über 22000 to Betonstahl
über 178000 to Zement
über 1700000 to Wurfsteine

Das Krafthaus wird mit 9 Rohrturbinen, für 9 × 37 MW = 335 MW ausgerüstet, bei 2700 m³/Sek. Ausbauwassermenge. Das Nutzgefälle beträgt 15 bis 17 m. Dies ist auch die Hubhöhe der Schleusen. Die Riegelstemmtore sind 21,70 m hoch bei einer Schleusenbreite von 24,00 m.

Das Wehr besteht aus 6 Feldern und wurde als erstes Donaukraftwerk mit Drucksegmentschützen und aufgesetzter Stauklappe ausgerüstet (bisher Hakendoppelschütze). Sie überspannen eine Lichte Weite von 24 m bei einer Stauwandhöhe von 15,50 m mit 0,50 m Freibord.

Der Stauraum reicht mit ca. 30 km Länge bis nach Dürnstein in der Wachau. Die Nebenflüsse Krems, Kamp und Traisen wurden 8 bis 13 km längs den Rückstaudämmen ins Unterwasser der Staustufe geleitet. Unterstromig der Staustelle wurde eine Unterwassereintiefung von fast 1,0 m ausgeführt.

Mit dem Überstau des Hollenburger Kachlets und der Beseitigung mehrerer Untiefen entsprechen damit weitere 40 km der österreichischen Donau den Erfordernissen der europäischen Binnenschiffahrt.

Bei der Betonherstellung wird durch Verwendung der nuklearen Feuchtigkeitsmessung und laufender Optimierung des „Rezeptes" durch Einsatz von elektronischen Rechengeräten und Präzisionswaagen der Zementverbrauch auf ein Minimum eingeschränkt. Er beträgt heute im Durchschnitt nur ca. 180 kg Zement pro m^3 Beton gegenüber ca. 250 kg bei Ybbs, bei gleichzeitiger Verbesserung der Betonqualität. Bei der Betoneinbringung werden mit bestem Erfolg moderne Geräte mit Förderbandbeschickung über einen hydraulisch gesteuerten Teleskopausleger verwendet, die die bisher verwendeten Turmdrehkrane teilweise ersetzen. Der Beton wird von einer zentralen Aufgabestelle an einem Ende des Gerätes über Förderbänder bis zur 40 m entfernten Einbringungsstelle transportiert. Damit kann erstmals die große Kapazität der Mischanlagen nicht nur wie bisher kurzfristig bei den Schleusen, sondern auch im Kraftwerksbereich langfristiger genützt werden.

Für die bislang sehr aufwendigen und umständlichen Kontrollen der Bodendichte und der Bodenfeuchte während und nach Errichtung der Rückstaudämme, wurde als Neuerung die Isotopensonde — welche rasch und störungsfrei arbeitet — eingesetzt. Das gleiche Gerät kann auch mit Vorteil zur Prüfung des Straßenunterbaues, für Aufmaßkontrollen über Lagerdichte und für die Dichtebestimmung des natürlichen Bodens bis 20 m Tiefe verwendet werden.

Auf dem Gebiet des Stahlwasserbaues verlassen wir immer mehr die elektro-mechanischen Antriebe und ersetzen sie durch weniger Platz erfordernde, wartungsarme und praktisch störungsfreie ölhydraulische Getriebe. Bei den Wehrverschlüssen wurde das robuste Hakendoppelschütz perfektioniert. Die technischen und preislichen Vorteile der Ölhydraulik brachten bei Altenwörth den Übergang zum Segmentverschluß (Abb. 17).

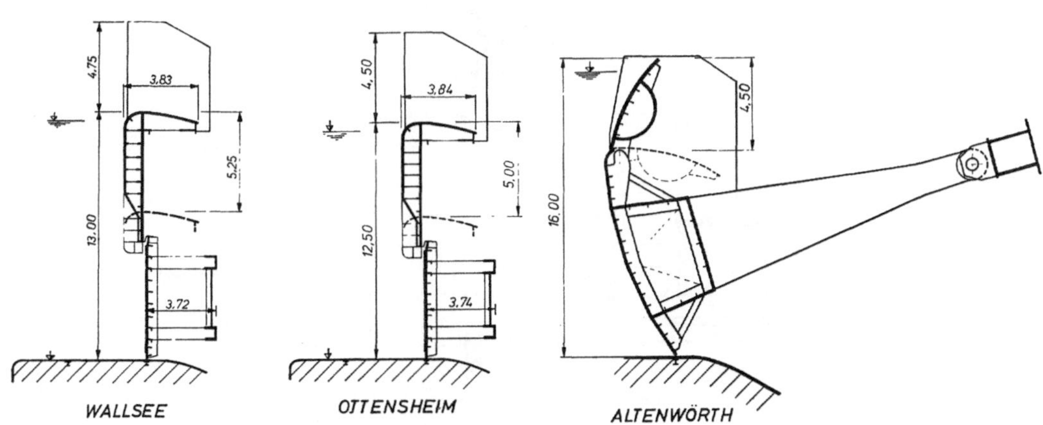

Abb. 17. Entwicklung der Wehrverschlüsse vom Hakendoppelschütz zum Segment mit Aufsatzklappe

Alle Schleusenkammern an der österreichischen Donau können bei katastrophalen Hochwässern zu deren Abfuhr herangezogen werden [6]. Hierdurch wird bei jeder Anlage ein Wehrfeld eingespart.

Die Schleusenfüllung und -entleerung entwickelt sich von der Heranziehung der Kammerverschlüsse bei Jochenstein und Ybbs zum sogenannten Aschacher System: 2 Längskanäle unter dem Schleusenboden mit engen Füllschlitzen wegen der Hochwasserabfuhr und einer von den Kammerverschlüssen und den Vorhäfen unabhängigen Füllung und Entleerung (Abb. 18).

Beim sogenannten Wallsee-System, welches fortan wohl wegen seiner Kostenersparnis und bewährten Einfachheit auch weiterhin verwendet werden wird, erfolgt Füllung und Entleerung über ein seitlich, nahe dem Unterhaupt angeordnetes Füllbauwerk. Über Kanäle wird die Füllwassermenge zu zentral vor dem Stemmtor im Schleusenboden angeordneten Füllöffnungen geführt. Diese dienen auch für die Entleerung (Abb. 19).

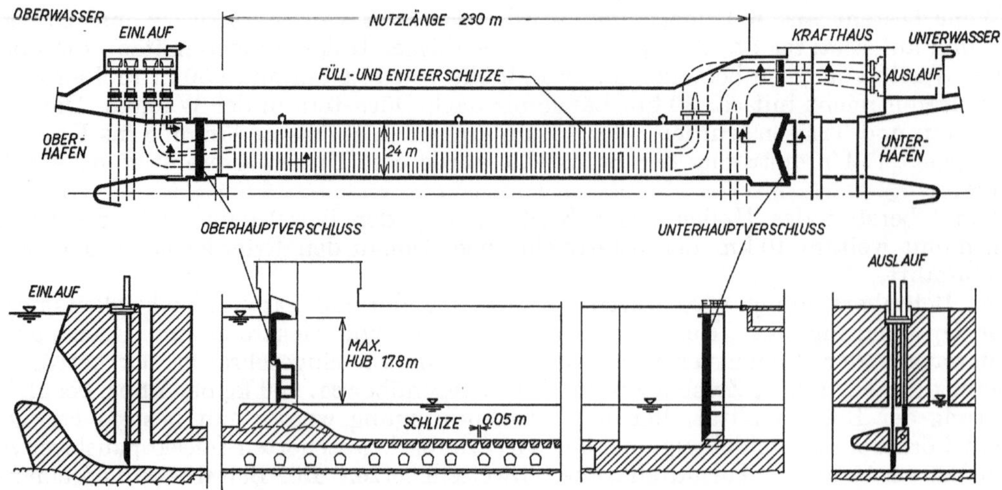

Abb. 18. Das Füll- und Entleerungssystem der Schleuse Aschach

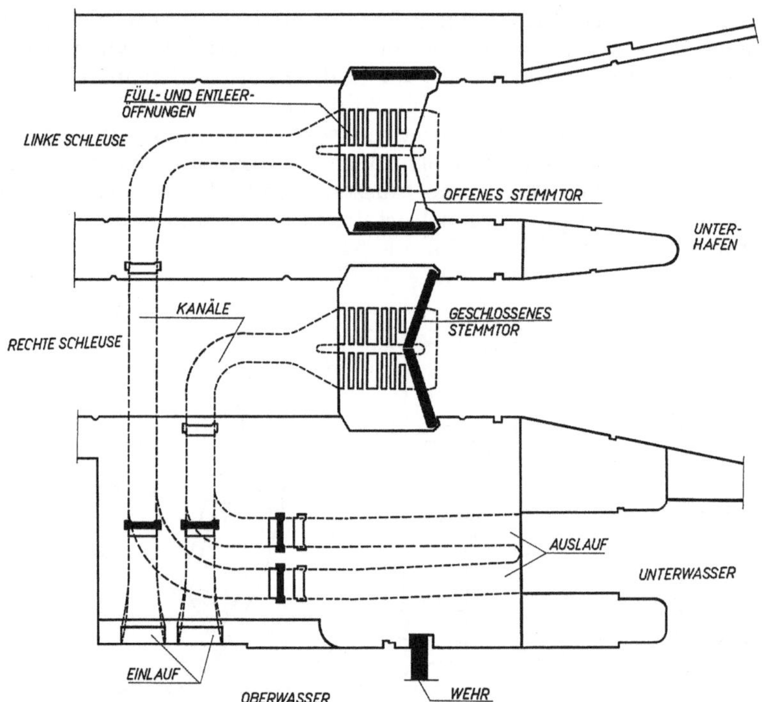

Abb. 19. Das Füll- und Entleerungssystem der Schleuse Wallsee

Neben diesen deutlich sichtbaren Verbesserungen stehen noch viele kleinere, dem gleichen Ziel dienende, in ihrer Masse bedeutende Veränderungen, wie sie nur durch die konsequente Ausnützung der Erfahrungen während eines kontinuierlichen Ausbaues ermöglicht werden.

Eine wesentliche Besonderheit des Ausbaues der Donau in den Beckenlandschaften ist die Beibehaltung der Retentionsräume, also die Ausuferungszonen samt Rückhaltebecken während der Hochwasserabfuhr. Dies macht die Ausbildung überströmbarer Dämme notwendig. Hierdurch kann einerseits die Mächtigkeit der Hochwasserwelle abgeschwächt und ihre Fortpflanzungsgeschwindigkeit vermindert werden. Aber auch die Landwirtschaft fordert, daß diese regelmäßigen Überflutungen nicht völlig ausbleiben. Natürlich dürfen die derzeit herrschenden Verhältnisse nicht verschlechtert werden. Derartige komplexe und weitläufige Maßnahmen lassen sich aber nicht vorberechnen, sie müssen in diffizilen Modellversuchen untersucht und beweiskräftig dargestellt werden.

Abb. 20. Die Freiluftmodellanlage zum Studium der Retentionsräume bei Hochwasserabfuhr

Im Bereich unserer Anlage Ybbs-Persenbeug haben wir in einem Freigelände derartige Modellanlagen errichtet, in welchen die Probleme des ausufernden Hochwassers studiert werden können (Abb. 20). Die Lage und Form der Überströmbereiche wird hier festgelegt und durch die Aktivierung von Gräben im Hinterland der Dämme wird sodann die schnelle Rückführung der Wassermassen nach Abzug des Hochwassers ermöglicht.

Die Dotierung dieser Grabensysteme in Normalzeiten erlaubt es, den Grundwasserstand dieses Gebietes im gewünschten Maße zu korrigieren.

Zufolge der Erfahrungen wurde bei Gründungen im Schlier, einem wenig standfesten und gleitempfindlichen Boden, besonders bei Wasserzutritt, die Notwendigkeit erkannt, die bodenphysikalischen Untersuchungen und Eignungsprüfungen in einem Probeschacht im Hauptbauwerksbereich durchzuführen. Erstmals für das Kraftwerk Wallsee wurde ein solcher Aufschlußschacht im Kraftwerksbereich etwa 25 bis 35 m unter der Gründungssohle für bodenmechanische Großversuche in situ abgeteuft. Diese Versuche ergänzen die stets sehr umfangreichen baugeologischen Probebohrungen und werden in einem geräumigen Querschnitt durchgeführt.

Abschließende Bemerkungen

Es würde hier zu weit führen, alle Rationalisierungsmaßnahmen und technischen Verbesserungen sowie deren Bedeutung anzuführen. Ich habe mich auf jene beschränkt, die in einem engeren Zusammenhang mit dem Ausbau der Wasserstraße stehen.

Wollte ich modisch sein, hätte ich auch noch ein wenig der Nostalgie frönen und von der ersten Kraftnutzung mit den alten Schiffsmühlen berichten müssen. Ich unterlasse das, weil wir auch bei unseren Großbauvorhaben keine modischen Akzente setzen, weder Nostalgie noch krampfhafte Neuerungen, wie dies unsere Konsumgesellschaft als Hörige der werbungsverseuchten Massenmedien immer wieder fordert. Dies ist Mode — modern ist es nicht.

Unsere Bauwerke sind keine Verbrauchsgüter, sie müssen Bestand haben und solide sein. Diesen entscheidenden Unterschied zu den kurzlebigen rationellen Industriebauten — diesen Unterschied von der Zweckbestimmung her — den vergißt die von den modischen Designern erzogene Bevölkerung, wenn sie billig mit sparsam verwechselt.

Modern in dem Sinne, wie es pflichtbewußte Ingenieure verstehen, ist es, den erprobten Stand der Technik restlos und konsequent auszunützen. Neuerungen in diesem Sinne sind dann modern, wenn man entscheidende technische oder wirtschaftliche Vorteile, also eine Verbesserung der Betriebseigenschaften, eine Erleichterung der Erhaltung oder eine rationellere Ausführung erwarten darf, ohne daß Nachteile in Kauf genommen werden müssen.

Modern also ist es, unsere Staustufen an der österreichischen Donau soweit als möglich und unseren Kräften entsprechend nach dem letzten Stand der Technik herzustellen (Abb. 21).

Der Ausbau der österreichischen Donau im Rahmen der Großwasserstraße Rhein-Main-Donau kann wohl in diesem Sinne als modern angesprochen werden. Unsere Großbauvorhaben vergrößern die Sicherheit und Wirtschaftlichkeit des Massengutverkehrs und der Energieerzeugung und erleichtern damit die Beziehungen zwischen den Völkern. „Land trennt, Wasser verbindet". Der Strom kennt keine Grenzen.

Abb. 21. Das fertiggestellte Kraftwerk Wallsee-Mitterkirchen

Schrifttum

1. Böhmer, H.: Die österreichische Donau als Kraftwasser- und Schiffahrtsstraße (Schriftenreihe des österreichischen Wasserwirtschaftsverbandes, Heft 16), Wien: Springer 1965
2. Neiger, F.: Der Rahmenplan der Donau. In: Donau-Strom. Wien—Berlin: A. F. Koska 1973
3. Bauer u. Roehle: Development of the Austrian Danube. Beitrag zum Kongreß der PIANC 1973 in Ottawa
4. Roehle, W.: Donaukraftwerke — Mehrzweckanlagen. In: Donaustrom. Wien—Berlin: A. F. Koska 1973
5. Fellner, L.: Die wirtschaftliche Bedeutung der österreichischen Donaukraftwerke. Ö.Z.E., Heft 11 (1970)
6. Roehle, W.: Hochwasserabführende Schleusen. Beitrag zum PIANC-Kongreß, Paris 1969

Der Ausbau der mittleren und unteren Donau — von Österreichs Ostgrenze zur Mündung

Von Direktor Dipl.-Ing. Dr. **Robert Fenz** und Direktor Dipl.-Ing. **Werner Roehle**, beide Wien

Die „mittlere Donau“ umfaßt die Strecke von der March-Mündung (Preßburg) bis Turn Severin, d.i. von Strom-km 1880 bis 930. Als „untere Donau“ bezeichnen wir die restlichen 930 km bis zur Mündung [1].

In Abb. 1 ist ein Lageplan und ein Längsschnitt mit dem Stand des Ausbaues (Planung und Bestand) dargestellt. Auf dieser 1880 km langen Strecke berührt bzw. durchläuft der Fluß die Gebiete von 6 Staaten. Da die Kosten und ein allfälliger Ertrag jedes Flußausbaues meist im Verhältnis der Uferlängen der Eigentümer aufgeteilt werden, mag es interessant sein, diese in einem Vergleich festzuhalten. Von den 2 × 1880 km, d.s. 3760 km, hat Rumänien mit 1315 km (35%) den größten Anteil. Es folgen Jugoslawien mit 945 km (25%), Ungarn 692 km (16%), Bulgarien 472 km (13%), Tschechoslowakei und Rußland mit 6 bzw. 5% (beide unter 200 km Länge). In Abb. 1 sind auch die Staatsgrenzen im Bereich des Flußlaufes eingezeichnet. Mit Ausnahme des bei Novisad geplanten rein jugoslawischen Stauwerkes sind alle anderen Werke Gemeinschaftsanlagen der beiden angrenzenden Uferstaaten. Zweifelsohne erschwert diese geopolitische Situation die Verwirklichung der recht weit fortgeschrittenen Planungen.

Wie bereits in Abb. 1 des vorangegangenen Beitrages (Energieband der österreichischen Donau) gezeigt und erläutert wurde, ist lediglich im Bereich der mittleren Donau, und hier wiederum in

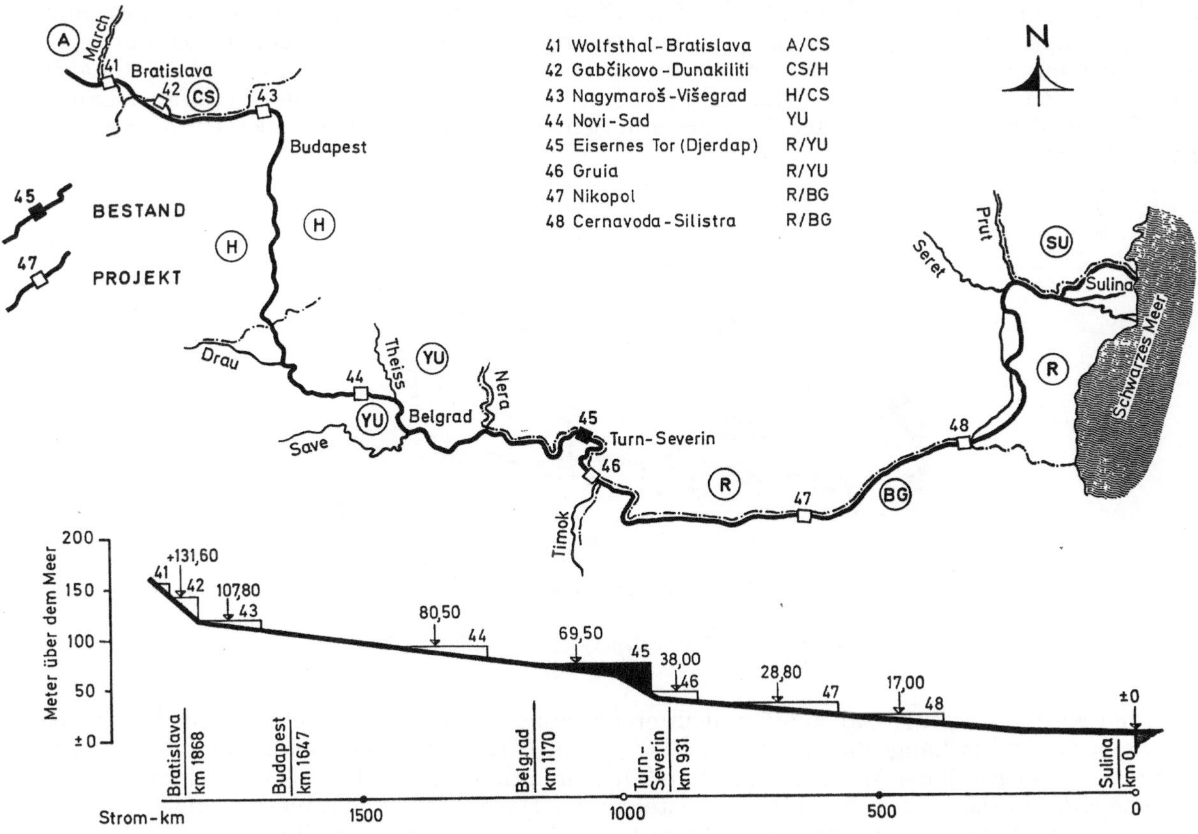

Abb. 1. Lageplan und Längsschnitt der mittleren und unteren Donaustrecke

der oberen Steilstrecke zwischen Bratislava und Nagymaros und in der Kataraktenstrecke des Eisernen Tores ein besonders großes Energiepotential vorhanden. Das Kraftwerks- und Schiffahrtssystem „Eisernes Tor" ist mit einer Stauraumlänge von ca. 250 km bereits voll in Betrieb. Damit ist aber auch das größte Schiffahrtshindernis, die berüchtigt schöne Kataraktenstrecken, durch Überstau beseitigt. Für die internationale Schiffahrt von wirklich großer Bedeutung ist nun nur mehr der Ausbau der tschechisch-ungarischen Grenzstrecke. Hier gelten im wesentlichen die gleichen natürlichen Voraussetzungen eines Ausbaues, wie sie auch bei der „österreichischen Donau" vorhanden sind und im vorangegangenen Beitrag bereits ausführlich beschrieben wurden. Zusätzlich bringt jedoch der natürliche und stark ausgeprägte Gefällsknick bei Gönyü ein besonderes Problem. Mit dem plötzlichen Übergang von der Steilstrecke (Gefälle 40 cm/km) zur Flachstrecke (ca. 7 cm/km) ist auch eine plötzliche Änderung der Fließgeschwindigkeit verbunden. Die Verminderung der Schleppkraft des Flusses führt zu starken Geschiebeablagerungen, die laufend beseitigt (gebaggert) werden müssen. Durch Anordnung von Stauanlagen kann auch dieses Problem entsprechend gelöst werden.

In der Flachstrecke der Donau im Bereich der pannonischen Tiefebene zwischen Nagymaros und Belgrad weist der breite, langsam fließende Strom keine Schiffahrtshindernisse auf, die nicht durch bekannte, einfache flußbauliche Maßnahmen entsprechend reguliert werden könnten. Das gleiche gilt auch für die gesamte untere Donau.

Der Ausbau der tschechisch-ungarischen Grenzstrecke zwischen Bratislava und Nagymaros

Im Rahmenplan der österreichischen Donau ist als unterste Stufe ein österreichisch-tschechisches Grenzkraftwerk Wolfsthal-Bratislava vorgesehen. Über Lage, Aufgabe, Kostenteilung und Arbeitsdurchführung finden seit Jahren gegenseitige Konsultationen der Fachleute der beiden Staaten statt. Da Österreich, wie beschrieben, vorerst den Abschnitt von Passau bis Wien ausbauen will und hierfür ein Zeitraum bis zum Jahre 1991 vorgesehen ist, werden die Verhandlungen wegen des Werkes Wolfsthal seitens Österreichs nicht forciert. Zweifelsohne müßte jedoch von Seiten der tschechischen Ingenieure eine Lösung dieser Fragen angestrebt werden, da dies Auswirkungen auf die Planung der jetzt vorgesehenen beiden Unterliegerstufen hat. Soweit in Österreich bekannt, ist es beabsichtigt, 2 Kraftwerke als ein zusammengehöriges System auszubilden. Das Hauptwerk mit der Bezeichnung „Gabcikovo" beinhaltet eine Wehranlage, etwa bei Strom-km 1842 (Dunakiliti), von der aus ein ca. 18 km langer, im Mittel 350 m breiter Triebwasser- und Schiffahrtskanal für eine Wasserführung von ca. 5000 m³/sec bis zum Schleusen- und Kraftwerksbereich bei Gabcikovo (Strom-km 1822) führt.

Abb. 2. Lageplan des Staustufensystems Gabcikovo—Nagymaros

An die Kraftwerksstufe Gabcikovo mit ihrer Fallhöhe von über 20 m schließt ein Unterwasserkanal von rund 7 km Länge an, der etwa bei Strom-km 1812 wieder die Donau erreicht. Bemerkenswert ist, daß oberhalb der Werksanlage Dunakiliti ein außerordentlich großer und leistungsfähiger Speicherraum durch weit außerhalb der bestehenden Donauufer angeordnete Umfassungsdämme entstehen soll. Dieser Speicherraum reicht fast bis Bratislava. Bei 1 m Spiegelabsenkung stehen 50 bis 60 Mio m³ für einen leistungsfähigen Spitzenbetrieb dieser Anlage zur Verfügung. Entsprechend den Normalien der Donaukonvention sind im gesamten Flußlauf unterhalb von Wien Doppelschleusen mit Kammerabmessungen von je 34 × 310 m, wie sie beim Eisernen Tor bereits ausgeführt wurden, vorgesehen. Dies ist wegen der hier verkehrenden großen Schiffseinheiten erforderlich. Mit der Ausbildung des genannten hoch gelegenen Umgehungskanals ist außerdem beabsichtigt, das Bewässerungssystem der außerordentlich fruchtbaren „Schüttinsel" zu verbessern.

An die vorbeschriebene Stufe „Gabcikovo" schließt in der Flachstrecke das Kraftwerk Nagymaros-Visegrad an. Es ist bei Strom-km 1696 geplant. Der Stau dieser Stufe, die eine Fallhöhe von ca. 9 m erhalten wird, soll in das Unterwasser der Stufe „Gabcikovo" reichen. Ähnlich den Anlagen in den Durchbruchstälern der österreichischen Donau (Ybbs und Aschach) werden Wehr, Schleuse und Kraftwerk in einer Achse direkt im Strom angeordnet werden. Dieses Werk wird knapp unterhalb der tschechisch-ungarischen Grenze liegen und als Stauraum ein tief eingeschnittenes, landschaftlich sehr schönes Engtal benützen. Im Anschluß an das Kraftwerk ist zur Verbesserung der Kraftnutzung eine fast 40 km lange Sohleneintiefung des Unterwassers geplant. Das Werk „Gabcikovo" wird eine installierte Leistung von ca. 700 MW erhalten und eine Jahresarbeit von 2980 GWh ermöglichen; das Werk „Nagymaros-Visegrad" 150 MW und 1000 GWh. Die Erzeugung kommt je zur Hälfte den beiden Anrainerstaaten zugute.

Der Ausbau der Strecke Nagymaros — Belgrad

Zwischen Budapest und Grenze (Mohacs) waren früher zwei rein ungarische Stufen — Adony und Faisz — geplant. Deren Ausbau erscheint derzeit nicht aktuell zu sein, da, wie bereits erwähnt, die erforderliche Fahrwassertiefe von 3,50 m bei RNW auch ohne Aufstau sicherzustellen ist und die natürlichen Gegebenheiten in dieser Flachstrecke eine Wasserkraftnutzung derzeit offensichtlich noch unwirtschaftlich erscheinen lassen.

Auch für das bei Strom-km 1260 bei Novisad im beidseitig jugoslawischen Bereich geplante Werk mit einer Ausbauleistung von ca. 250 MW und 1500 GWh Jahresarbeit werden die Planungsarbeiten nicht fortgesetzt. Sicherlich spielen hier auch schiffahrtstechnische Überlegungen über einen Donau-Theiß-Donau-Kanal, der die Strecke zwischen Mohacs und Novisad umgehen würde, eine gewisse Rolle.

Das Donaukraftwerk am Eisernen Tor

Die 110 km lange Kataraktenstrecke (Abb. 3 und 4) zwischen Moldowa und Turn Severin stellte das größte Schiffahrtshindernis der gesamten Donau dar. Schon im Jahre 1830 begann man mit den Arbeiten zur grundsätzlichen Verbesserung dieses Wasserweges. Beim Berliner Kongreß von 1878, als sich die Türken aus diesem Gebiet zurückzogen und Serbien und Rumänien selbständige Staaten wurden, verpflichteten sie sich gemeinsam mit Österreich—Ungarn zur Schaffung eines leistungsfähigen Wasserweges. Man einigte sich darauf, eine mindest 60 m breite Fahrrinne mit einer Tiefe von 2 m unter dem niedrigst bekannten Wasserspiegel vorzuschlagen. Längsdämme sollten bei niedrigen Wasserständen die Wassermengen in den neu geschaffenen Kanälen zurück-

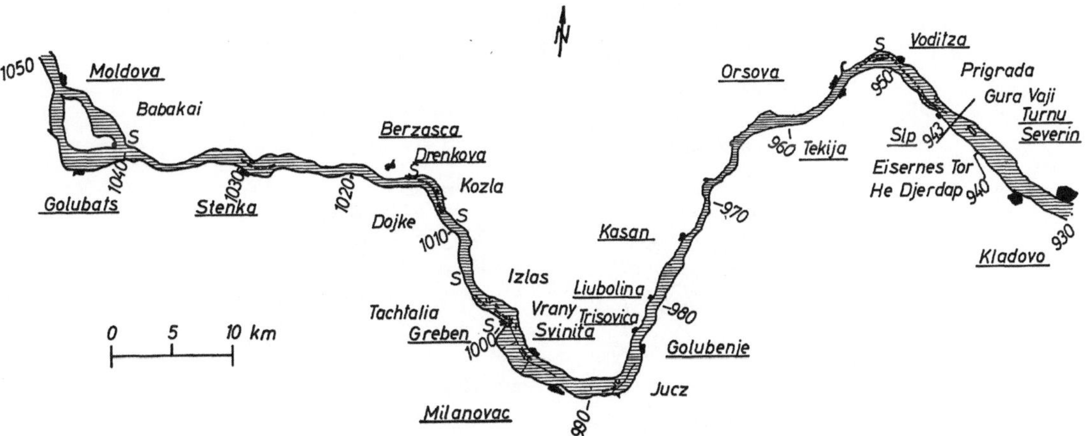

Abb. 3. Die Kataraktenstrecke, jetzt Stauraum des Kraftwerkes am Eisernen Tor

halten. Insgesamt sollten 6 Kanäle von insgesamt 15 km Länge in den reißenden Strom gesprengt werden. Dies machte die Unterwassersprengung von ca. 630 000 m³ Fels erforderlich. Im Katarakt bei Turn Severin wurde das Kernstück dieser Anlage, der sogenannte Sip-Kanal, mit einer Sohlbreite von 80 m in geschlossener Baugrube errichtet. Diese Arbeiten waren 1896 beendet. Zur Eröffnung fanden sich sowohl Kaiser Franz Josef als auch die Könige von Serbien und Rumänien ein.

Abb. 4. Einfahrt in den oberen Kasan in der Kataraktenstrecke

Die starke Strömung mit all den Gefahren für die Schiffahrt blieb aber auch in den neugeschaffenen Kanälen bestehen. Im Sip-Kanal bauten deutsche Pioniere während des 1. Weltkrieges eine Treidelbahn und es versahen dort seither schwere Dampfloks den Schleppdienst. Aber auch in den übrigen Katarakten fanden nur Lotsen den vom jeweiligen Wasserstand abhängigen Fahrweg. Zeitweise war die Fahrt durch die Kataraktenstrecke überhaupt unmöglich. Die jährliche Transportleistung erreichte im Jahr 1969 mit 14 Mio t ihr Maximum. Eine wesentliche Erhöhung schien nicht möglich. Das Ergebnis der durchgeführten Arbeiten zeigte, daß eine endgültige Verbesserung der bestehenden Verhältnisse nur durch Überstauung der Hindernisse und einer mit dem Aufstau verbundenen Verminderung der Fließgeschwindigkeit erreicht werden kann.

Über die Planung und Ausführung des Wasserkraft- und Schiffahrtssystem „Eisernes Tor" wurde in den verschiedenen deutschen und österreichischen Fachzeitschriften ausführlich berichtet [2, 3]. Es werden daher hier nur die wesentlichsten Kenndaten wiederholt (Abb. 5):

Beginn der Arbeiten — 1964; erste Inbetriebnahme — 1971. Ausbauwassermenge 8700 m³/sec; hundertjähriges Hochwasser 16 200 m³/sec; max. Spiegelunterschied 34 m; Nettogefälle

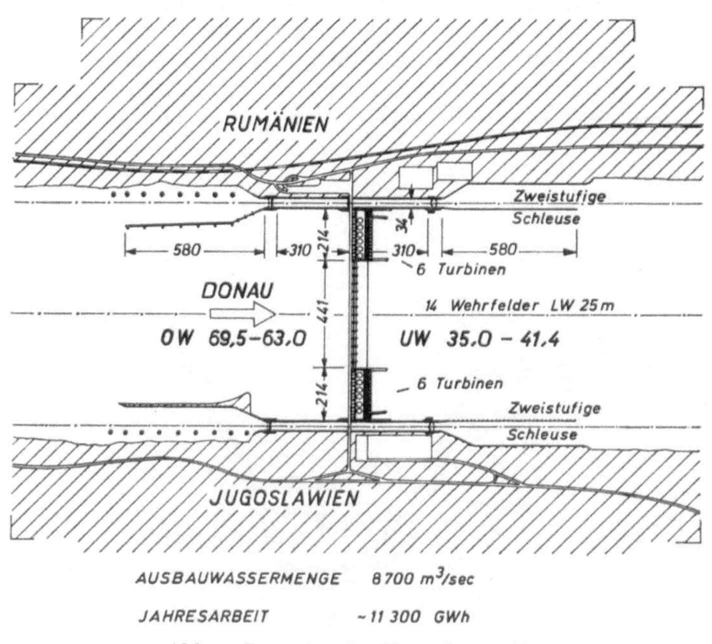

Abb. 5. Lageplan des Hauptbauwerkes

27,16 m; installierte Leistung 2050 MW, Jahresproduktion im Regeljahr 10,5 Milliarden kWh.
Vollkommen symmetrische Anordnung: mittige Wehranlagen mit insgesamt 14 Wehrfeldern je 25 m Breite. Daran beidseitig anschließend je ein Krafthaus mit 6 Maschinensätzen à 171MW und je Ufer eine zweistufige Kammerschleuse mit Kammergrößen von je 34 × 310 m. Gesamtkosten ca. 450 Mio US-$ (Abb. 6).

Abb. 6. Das fertiggestellte Kraftwerk am Eisernen Tor (rumänische Seite)

Die untere Donau

Die Sicherung des Unterwassers des „Eisernen Tores" machte es notwendig, ein entsprechend großes Unterliegerwerk anzuordnen. Erst durch dieses ist es möglich, einerseits der natürlichen Eintiefung zu begegnen und andererseits einen allfälligen Schwellbetrieb ohne Störung der Schiffahrt im Unterwasserbereich zu ermöglichen. Es wurde daher ein weiteres rumänisch-jugoslawisches Gemeinschaftswerk „Derdap II" bzw. „Portile de Fier II" geplant, wobei eine natürliche Insel im Strom in der Nähe des Grenzflusses Timok bei Strom-km 855 ausgenützt wird. Mit einer installierten Leistung von 400 MW soll eine Jahresarbeit von 2400 GWh erzielt werden. Ursprünglich war ein größeres Werk unter Einbeziehung von Bulgarien bei Vidin-Calafat geplant. Dies wurde jedoch zugunsten eines größeren Gemeinschaftswerkes zwischen Rumänien und Bulgarien fallen gelassen. Diese Staustufe in der Nähe des bulgarischen Ortes Nikopol liegt bei Strom-km 597 und erhält bei einer Nettofallhöhe von ca. 9 m eine installierte Leistung von ca. 750 MW. Erwartete Jahresarbeit 3800 GWh.

Ebenfalls als bulgarisch-rumänisches Gemeinschaftswerk soll eine Anlage bei Cernavoda errichtet werden. Fallhöhe ca. 5 m, installierte Leistung 400 MW, Jahresarbeit 3000 GWh.

Zweifelsohne ist es interessant, daß offensichtlich auch in den Flachstrecken wegen der großen und ausgeglichenen Wasserführung wirtschaftliche Kraftwerksanlagen, trotz der nicht unerheblichen zusätzlichen Aufwendungen für die internationale Schiffahrt, ausgeführt werden können.

Zusammenfassung

Die bestehenden Angaben über den Ausbau der unteren Donau sind, soweit es sich um Planungen handelt, Veröffentlichungen und Nachrichten aus den genannten Staaten entnommen. Es ist durchaus möglich, daß die Planungen in der Zwischenzeit dort und da bereits exaktere Aussagen zulassen. Für den Gesamtüberblick der vorliegenden Veröffentlichung sollten aber die genannten Werte durchaus genügen.

In dem 1880 km langen Gesamtbereich der mittleren und unteren Donau könnten nach dem derzeitigen Stand der Planungen, Werke mit einer installierten Gesamtleistung von 4850 MW und einem Jahresarbeitsvermögen von 25 350 GWh errichtet werden. Davon sind aber bereits ausgebaut (Eisernes Tor) — ca. 2050 MW mit ca. 10 000 GWh. Von den verbleibenden 6 Werken mit insgesamt 2800 MW und 15 350 GWh sind für die Schiffahrt lediglich die beiden oberen Werke Gabcikovo und Nagymaros sowie das Werk Eisernes Tor II mit einer Gesamtleistung von 1350 MW und einem Jahresarbeitsvermögen von ca. 7000 GWh von Interesse. Im Sinne einer gesamtwirtschaftlichen Nutzung der Donau als sich ewig erneuernder Energiespender und als Verbindungsband des Verkehrs ist der weitere kontinuierliche Ausbau eine europäische Aufgabe. Der Ausbau der für die Schiffahrt wesentlichen Anlagen stellt eine notwendige Ergänzung im Rahmen der Großschiffahrtsstraße Rhein-Main-Donau dar.

Schrifttum

1. Fenz, R.: „Wasserkraftnutzung an der Donau. In: Donaustrom; Wien—Berlin: A. F. Koska 1973
2. Roehle, H.: Das Donaukraftwerk am Eisernen Tor. (VDI-Berichte Nr. 158) und ÖZE Jahrg. 23 (1970) Heft 3
3. Djordjević u. Purić: DJERDAP-Kraftwerks- und Schiffahrtsanlage. Die Wasserwirtschaft 1970, Heft 8

Möglichkeiten und Grenzen der Schubschiffahrt auf Binnenschiffahrtsstraßen, insbesondere Kanälen*

Von Ministerialrat Dipl.-Ing. **Walter Bergmeier**, Bonn

1. Das Lastrohrfloß — ein Vorläufer des Schubverbandes?

Mit der Inbetriebnahme des Mittellandkanals wird in den dreißiger Jahren der Binnenschiffahrt ein Wasserstraßennetz im nord- und westdeutschen Raum zur Verfügung gestellt, das nunmehr den direkten Transport vom Rhein zur Ems und weit über die Elbe hinaus ermöglicht. Am Zweigkanal Salzgitter entsteht ein Hüttenwerk; zur Verhüttung des Salzgitter-Erzes wird in großen Mengen Kohle aus dem Ruhrgebiet benötigt, die mit möglichst geringen Transportkosten herbeigeschafft werden soll. Im Jahre 1943 übernimmt ein damals neuartiges Wasserfahrzeug einen Teil dieses Transportes. Dieses Fahrzeug besteht aus einzelnen Lastrohren von je 3 m Breite und 24 m Länge; bei einer zugelassenen Abladetiefe von 2,00 m trägt ein Lastrohr 101 t (bei Höchsttiefgang: 130 t). Durch Neben- und Hintereinanderkoppeln entsteht ein elastischer Behälterverband. Länge und Breite können der jeweiligen Wasserstraße angepaßt werden. Mit einem Bugschiff und einem Heckschiff bildet der Verband ein Lastrohrfloß — auch Westphal-Floß genannt nach seinem Konstrukteur Dr.-Ing. Westphal.

Abb. 1. Das Westphal-Floß

Das Floß befährt die Strecke vom Ruhrgebiet bis Salzgitter als Drillingsfloß mit 8 Lastrohrlängen. Die Gesamtlänge beträgt 222 m — Vorschiff 15 m, Lastrohre 8×24 m $= 192$ m, Hinterschiff 15 m und ist somit kleiner als die nutzbare Länge der Schleusen auf dem Wasserweg Ruhrgebiet-Salzgitter.

Das Lastrohrfloß trägt bei 2,00 m Abladetiefe $24 \times 101 = 2424$ t (bei Höchsttiefgang $24 \times 130 = 3120$ t). Für das Beladen wird ein Kohleturm entworfen; das Entladen wäre mit der Lastrohr-Kippanlage möglich. Der Bau einer Flotte wird erwogen.

Beim Überhol- und Begegnungsvorgang von zwei 9 m breiten Kähnen in einem engen Profil des Mittellandkanals beträgt der Mindestabstand von der Kanalsohle 0,37 m; von diesem Maß ist auch bei dem Verkehr mit dem 222 m langen Westphal-Floß ausgegangen worden. Um einen

* Als Vortrag gehalten bei der 37. Hauptversammlung der Hafenbautechnischen Gesellschaft in München am 18.9.1975.

Sicherheitsabstand von 3 m zwischen den Fahrzeugen einzuhalten, ist eine stufenweise Abladung möglich.

Die Beweglichkeit des Floßes wird besonders durch das Wenden und Kreisen demonstriert. Beim Wenden wechseln Bug- und Heckschiff ihren Platz. Das Kreisen hat mehr schulischen Wert für die Mannschaft. Die Schwierigkeiten beim Lösen der äußeren Kupplungen und die besonderen Beanspruchungen der inneren Kupplungen sind dabei nicht zu übersehen.

Welche Vorteile erhoffte sich seinerzeit der Konstrukteur gegenüber der herkömmlichen Beförderung des Massengutes? Es waren dieses vor allem:

— Einsparen von Transportraum und somit Einsparen von Material und Arbeitskraft durch Beschleunigung des Umlaufs.
— Einsparen von Material- und Lohnaufwand bei der Herstellung neuer moderner Transportgefäße
— Senken der Betriebskosten
— Senken der Anlagekapitals- und Betriebskapitalskosten.

Der Erfolg scheint jedoch zweifelhaft; die Beschränkung auf den Bau eines dieser Fahrzeuge läßt diese Annahme zu. Als wesentliche Nachteile sind u. a. zu nennen:

— kostspielige Spezial-Umschlagseinrichtungen
— Verkehr nur zwischen zwei festen Punkten in einer Art Werksverkehr möglich und wirtschaftlich vertretbar
— Schlechte Raumausnutzung durch leere Rückfahrt
— Verkehr mit Seehäfen wegen der Konstruktion der Umschlagsgeräte schwierig, wenn nicht sogar unmöglich
— Einsatz auf Flüssen allein schon aus nautischen Gründen fraglich.

Eine bemerkenswerte kritische Äußerung war im Jahre 1948 in der Fachliteratur zu finden.

„Schließlich darf nicht vergessen werden, daß der optimalen Schiffsgröße wirtschaftlich engere Grenzen gezogen sind, als den technischen Möglichkeiten. Durch Vergrößerung der Schiffsgefäße die Frachtkosten zu senken, ist die stetige Tendenz in der Schiffahrt gewesen. Sie hat auf dem Rhein sogar zum Bau von Schiffen mit einer Tragfähigkeit von 3800 t, in der Spitze 4200 t geführt. Auch in dieser Hinsicht stellt mithin das Lastrohrfloß mit maximal 3000 t Ladevermögen nichts Neues dar. Wichtig ist aber die Erkenntnis, und die daraus für das Lastrohrfloß zu ziehende Schlußfolgerung, daß mit diesen Riesen-Binnenschiffen das Optimum bei weitem überschritten wurde. Obwohl die genannten Großfahrzeuge auf dem Rhein in der Verkehrsbeziehung Duisburg—Rotterdam und damit im Verkehr zwischen zwei festen Punkten mit einem Verkehrsumfang von vielen Mill. Tonnen im Jahr eingesetzt wurden, haben sie sich nicht bewährt. Die Erfahrungen, die hierbei gemacht wurden, waren derart, daß sie vom Bau derartiger Schiffe in größerer Zahl abschreckten."

Seitdem sind fast drei Jahrzehnte vergangen. Der Transport von Gütern auf den Wasserstraßen mit großen Einheiten und die Möglichkeiten und Grenzen der Schubschiffahrt auf Binnenschiffahrtsstraßen beschäftigt Wissenschaft, Gewerbe und Verwaltung mehr als je zuvor. Nur eine zukunftsbezogene intensive Zusammenarbeit zwischen Gewerbe, Wissenschaft und Verwaltung jedoch kann hier vor dem Hintergrund der Wirtschaftlichkeit und der erforderlichen Nutzen-Kosten-Untersuchungen zu einem für alle akzeptablen Ergebnis führen.

Gemeinsame Zielvorstellungen müssen dabei sein:

— die zukünftige Entwicklung des Transports von Gütern auf den Wasserstraßen nach Arten und Menge realistisch einzuschätzen,
— die Flotte der Binnenschiffahrt dem zu erwartenden Transport von Gütern unter Berücksichtigung der durch das Wasserstraßennetz vorgegebenen Standards und zur Erreichung einer höchstmöglichen Wirtschaftlichkeit anzupassen,
— den Ausbau der Wasserstraßen, ausgerichtet auf den zu erwartenden Verkehr nach Dringlichkeitsstufen im Rahmen der finanziellen Möglichkeiten und aufgrund der bereits geschaffenen Gegebenheiten zu vollziehen.

Dies ist nicht nur ein Gebot der Stunde, sondern eine zwingende Notwendigkeit vor dem Hintergrund gesamtwirtschaftlichen Denken und Handelns.

Die Entwicklung des Transports von Gütern, die Veränderung der Struktur der deutschen Binnenflotte insbesondere der Schubschiffahrt und der Ausbau der Wasserstraßen geben — inhaltlich ausgehend von den Zielvorstellungen — den Rahmen für die weiteren Ausführungen zu dem Thema „Möglichkeiten und Grenzen der Schubschiffahrt auf Binnenschiffahrtsstraßen, insbesondere Kanälen."

2. Die Entwicklung des binnenländischen Güterverkehrs

Die Entwicklung des binnenländischen Güterverkehrs ist für eine zukunftsbezogene Planung eine unerläßliche Grundlage. Das Verkehrsaufkommen (beförderte Tonnen) des Gesamtverkehrs betrug im

Jahr 1960:	1670 Mio t	davon entfallen	605 Mio t — 36%
1970:	2850 Mio t	auf den Güterfernverkehr	880 Mio t — 31%

es werden prognostiziert für

Jahr 1980:	3814 Mio t	davon entfallen	1044 Mio t — 27%
1990:	5248 Mio t	auf den Güterfernverkehr	1303 Mio t — 25%

Von dem darin enthaltenen Güterfernverkehr entfallen auf die

Jahr	Binnenschiffahrt Mio t	%	Eisenbahn Mio t	%	Straße Mio t	%	Rohrfernleitung Mio t	%
1960	172	28	311	52	109	18	13	2
1970	240	27	372	43	179	20	89	10
1980	271	26	405	39	255	24	113	11
1990	336	26	485	37	344	26	138	11

Als Verkehrsleistung des Gesamtverkehrs sind zu nennen für das

Jahr 1960:	137,7 Mrd. tkm	davon	118,8 Mrd. tkm — 86%
1970:	213,9 Mrd. tkm	Güterfernverkehr	177,8 Mrd. tkm — 83%

es werden prognostiziert für

Jahr 1980:	259,4 Mrd. tkm	davon	208,4 Mrd. tkm — 80%
1990:	335,3 Mrd. tkm	Güterfernverkehr	262,3 Mrd. tkm — 78%

Von dem darin enthaltenen Güterfernverkehr entfallen auf die

Jahr	Binnenschiffahrt Mrd. tkm	%	Eisenbahn Mrd. tkm	%	Straße Mrd. tkm	%	Rohrfernleitung Mrd. tkm	%
1960	40,4	34	51,5	43	23,9	20	3,0	3
1970	48,8	27	69,9	39	42,2	24	16,9	10
1980	51,5	25	75,7	36	59,7	29	21,5	10
1990	62,5	24	93,0	35	80,6	31	26,2	10

Aus dem Verkehrsaufkommen der Binnenschiffahrt insbesondere für die Schubschiffahrt haben folgende Güterbereiche eine herausragende Bedeutung:

Struktur in %	1960	1970	Prognostiziert für 1980	1990
Kohle	22(37,6)	10(24,6)	6(16,6)	4(13,6)
Mineralölprodukte	10(17,3)	17(40,3)	16(43,5)	15(50,9)
Eisenerze	12(21,1)	12(29,4)	13(34,6)	12(39,4)
Steine und Erden	27(45,7)	34(81,0)	36(98,0)	41(137,7)
Chemische Erzeugnisse, Düngemittel	8(13,4)	9(21,9)	11(28,5)	10(33,6)
	79(135,1)	82(197,2)	82(221,2)	82(275,2)

Die Klammerwerte nennen die Menge in Mio t.

Der Anteil dieser Güter am Gesamtaufkommen bleibt annähernd konstant bei rd. 80%. Für 1990 wird die Übernahme der eben genannten Güter auch durch andere Verkehrsarten im Güterfernverkehr wie folgt zu erwarten sein:

Güterbereich	Verkehr insgesamt in Mio t	Eisenbahn in Mio t	Binnenschiffahrt in Mio t	Straßengüterfernverkehr in Mio t	Rohrleitungen in Mio t
Kohle	105	91,4	13,6	0,0	—
Mineralölprodukte	121	39,9	50,9	12,4	17,8
Eisenerze	82	42,6	39,4	0,0	—
Steine und Erden	255	40,8	137,7	76,5	—
Chemische Erzeugnisse Düngemittel	112	38,1	33,6	40,3	—

Diese Prognose läßt den Schluß zu, daß der Binnenschiffahrt folgende Anteile in den einzelnen Güterbereichen zufallen werden

Kohle	13%
Mineralölprodukte	43%
Eisenerz	48%
Steine und Erde	54%
Chemische Erzeugnisse, Düngemittel	30%

An dem zu erwartenden Gesamtverkehrsaufkommen im Güterfernverkehr in Höhe von 1303 Mio t wird der Anteil der Binnenschiffahrt auf 335,5 Mio t d.s. rd. 25% geschätzt. Davon entfallen rd. 275 Mio t, rd. 80% auf schubschiffähige Güter. Es muß jedoch darauf hingewiesen werden, daß „Steine und Erden" außer Schlacke nur bedingt den schubschiffähigen Gütern zuzurechnen sind. Hauptsächlich Erz und Kohle waren bislang und werden auch in Zukunft die schubschiffähigen Güter sein; auf dem Rhein werden außerdem Mineralölerzeugnisse und Chemikalien/Flüssiggas mit Schubschiffen transportiert.

Diesen Ausführungen liegen Angaben des statistischen Bundesamtes (Berechnung des DIW) zugrunde, die mit Sicherheit einer ständigen Überprüfung und Korrektur unterzogen werden. Für grundsätzliche Betrachtungen jedoch dürfte der hier aufgezeigte Trend verläßlich maßgebend und auch ausreichend sein.

3. Die Entwicklung der deutschen Binnenflotte, insbesondere der Schubschiffahrt

Über die künftige Zusammensetzung der deutschen Binnenflotte verläßliche Angaben zu machen, erscheint vage und kaum möglich. Stand diese Flotte doch bislang zwischen dem Fortschritt der technischen Entwicklung, der jeweiligen wirtschaftlichen konjunkturellen Lage und den Möglichkeiten und Grenzen, die die einzelnen Wasserstraßen einräumten und setzten.

Der deutliche Trend vom geschleppten Kahn zum Motorgüterschiff und zur Schubschiffahrt und somit zum größeren und wirtschaftlichen Transportgefäß ist seit langem zu erkennen. Einige Zahlen mögen dies repräsentativ für die Binnenflotte verdeutlichen. Der Schiffsverkehr auf dem Rhein an der Koblenzer Fähre setzte sich zusammen aus:

	Schleppkähne	Motorgütersch.	Schubleichter
1957	33 323	57 959	—
1960	28 548	70 369	840
1965	15 436	70 996	1 978
1970	3 503	60 784	3 510

Bei der Zusammenstellung sind nur die Trockengüterschiffe berücksichtigt.

Daß es künftig nur noch Motorgüterschiffe und Schubverbände geben wird, scheint sicher zu sein. Bei den Motorgüterschiffen ist seit 1967 die Tragfähigkeit bei starkem Rückgang der Zahl der Schiffe konstant.

1. 1. 1968: 5614 Fahrzeuge mit 3,417 Mio t
1. 1. 1974: 4236 Fahrzeuge mit 3,415 Mio t.

Zahl und Tonnage der Schubleichter und Zahl der Schubboote nahmen zu. Folgende Werte mögen dies belegen:

	Schubleichter		Schubboote (Schlepp-Schubboote)	
	Zahl	Tragfähigkeit (t)	Zahl	Antriebsleistung (PS)
1963	57	61 850	14	12 750
1965	98	112 775	35	24 631
1970	192	255 743	53	43 360
1973	374	553 082	98	102 131

Die Antriebskraft ist im Verhältnis zum Laderaum in den letzten Jahren besonders verstärkt worden.

Der Anteil der Schubleichtertonnage beträgt heute rd. 14%. Unter Vernachlässigung der Schleppkahntonnage verhält sich in der deutschen Binnenflotte der Motorschiffsraum zum Schubleichterraum wie 84,5 : 15,5.

Die aufgezeigte Entwicklung läßt jedoch eine Trend-Extrapolation bis 1990 nicht zu. Verglichen mit anderen technischen Neuentwicklungen ist auch bei der Schubschiffahrt eine Verringerung der Wachstumsrate zu erwarten. Grundsätzlich sprechen jedoch für eine weitere Zunahme der Schubschiffahrt und somit für weitere Investitionen folgende Kriterien:

— stärkere Zunahme des grenzüberschreitenden Verkehrs überwiegend auf dem Niederrhein. Hier sind beste Voraussetzungen für den Schubverband mit 6 Leichtern gegeben.
— Zwang zur Einsparung von Personal als Folge der Steigerung der Personalkosten
— relative Zunahme der Reedereischiffahrt gegenüber der Partikulierschiffahrt
— Ausbau der Wasserstraßen.

Gegen eine weitere Ausdehnung der Schubschiffahrt sprechen:

— die zunehmende Erschöpfung von ausreichend großen, kontinuierlich anfallenden Gütermengen zwischen wenigen Versand- und Empfangspunkten,
— dadurch der Einsatz von Schubverbänden auf engeren und künstlichen Wasserstraßen, die damit kleiner werden als auf dem Rhein und sich in der Rentabilität mehr den Motorschiffen angleichen,
— Verschiebung in der Struktur des Transportgutvolumens vom Massengut zu mehr Einzelgütern und Güterarten, die in kleineren Partien anfallen und zwischen vielen Punkten bewegt werden.

Ein Abwägen der Vor- und Nachteile läßt zwar den Schluß zu, den relativen Anteil der Schubschiffahrt an der Gesamtflotte über 15% hinaus zu vergrößern. Wo aber die Grenze für die Ausdehnung der Schubschiffahrt — ob auf Flüssen oder auf Kanälen — zu ziehen sein wird, kann heute noch nicht übersehen werden, weil die gegenwärtig verfügbaren Daten und Entwicklungstendenzen für eine solche Aussage nicht ausreichen.

4. Der Verkehr mit Schubverbänden auf den Binnenschiffahrtsstraßen

Wesentlich werden Möglichkeiten und Grenzen des Schubverkehrs durch die Dimensionen der Wasserstraßen — somit durch die der Binnenschiffahrt zur Verfügung stehenden Verkehrswege — bestimmt.

Die weiten Flächen des Rheins garantieren einen sicheren und zügigen Berg- und Talverkehr. Auf einer künstlichen Wasserstraße kann der Gegenverkehr erheblich behindert, ja sogar gefährdet, der gleichlaufende Verkehr fast gestoppt werden.

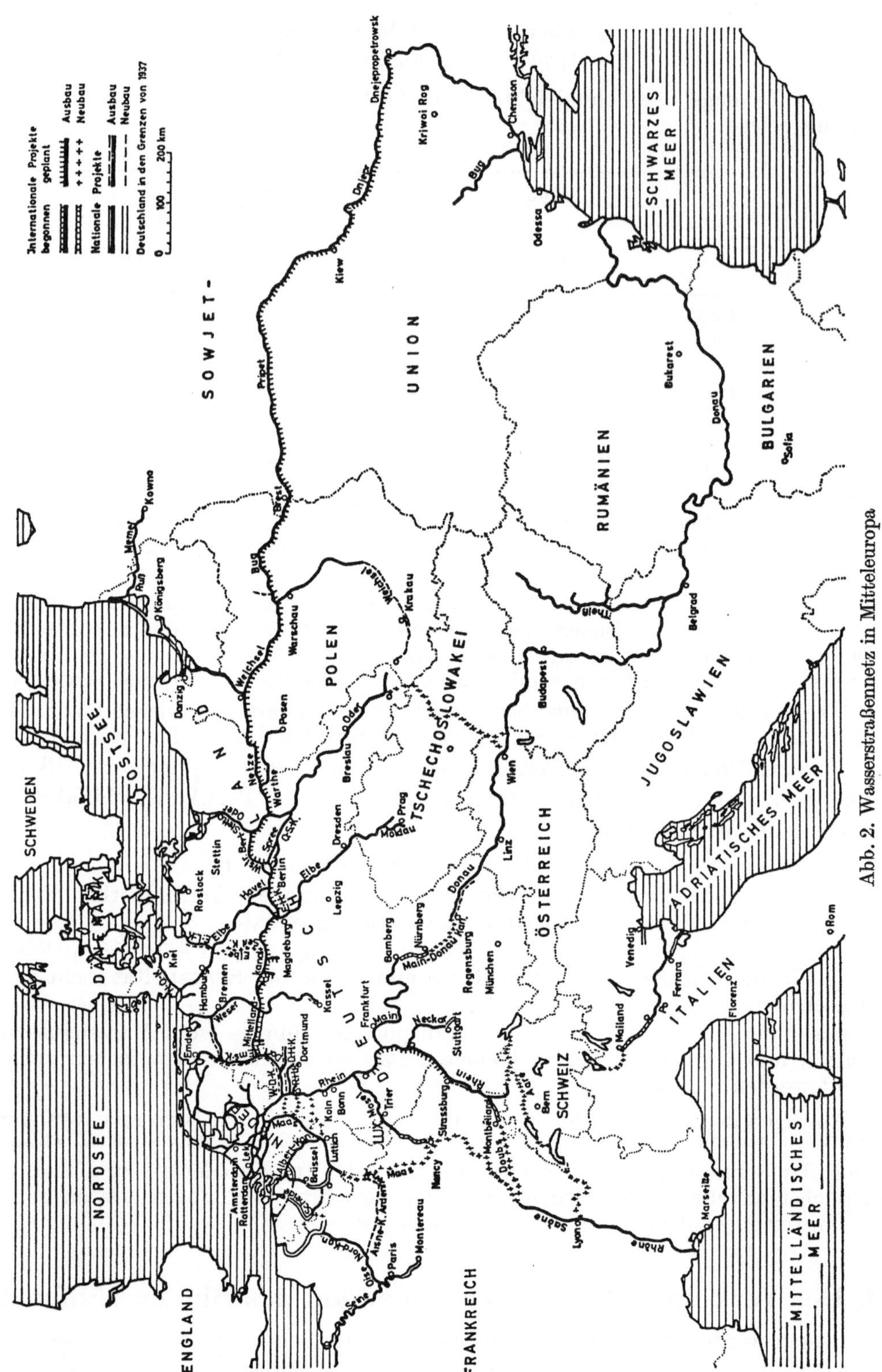

Abb. 2. Wasserstraßennetz in Mitteleuropa

Die Wasserstraßen in der Bundesrepublik Deutschland liegen zentral im mitteleuropäischen Wasserstraßennetz. Der Verkehr aus der DDR, Polen und der Tschechoslowakei erreicht die Bundeswasserstraßen über den Mittellandkanal und Elbe; der Rhein nimmt den Verkehr aus der Schweiz und Südfrankreich auf; Mosel und der Rhein ab Koblenz bieten ausgezeichnete Möglichkeiten für den Gütertransport auf Wasserstraßen aus dem nordfranzösischen Raum, aus Belgien und den Niederlanden. Nach Fertigstellung der Rhein-Main-Donau-Verbindung werden Güter aus dem Gebiet Südost-Europas die Nordsee erreichen können.

Bei der Zukunftserwartung dieses Wasserstraßenverkehrsnetzes lag es nahe, Richtlinien für die technische Vereinheitlichung eines europäischen Wasserstraßennetzes ausarbeiten zu lassen. Die europäische Verkehrsministerkonferenz forderte eine einheitliche Konzeption.

Als Ausbauziel wurde — aus dem Rahmen der in 5 Klassen aufgeteilten Wasserstraßen- mindestens die Wasserstraßenklasse IV festgelegt. Dem Ausbau nach dieser Klasse liegt das Europaschiff mit den Abmessungen:

Länge: $L = 80$ m* Breite: $B = 9{,}50$ m Tiefgang: $T = 2{,}50$ m

zugrunde; das Verhältnis benetzter Gewässerquerschnitt/eingetauchter Schiffsquerschnitt soll etwa $n = 7$ betragen; die Höchstgeschwindigkeit wäre mit 10 bis 11 km/h zuzulassen.

Auf dieser Grundlage wurden Mitte der sechziger Jahre die Ausbaumaßnahmen an den Kanälen zwischen Rhein und Elbe und der Neubau des Elbe-Seitenkanals geplant und eingeleitet. Die Abmessungen der Wasserstraßenklasse IV gaben zudem eine praktisch ausreichende Übereinstimmung mit denen der West- und osteuropäischen Wasserstraßen.

Seitdem sind 10 Jahre vergangen. Heute sollen auf diesen Wasserstraßen auch Schubverbände mit den Abmessungen des Europaleichters II verkehren. Der Schubverband mit dem Leichter — ein Prototyp seiner Art — ist Grundlage der weiteren Ausführungen. Seine Abmessungen sind:

Länge: $L = 76{,}50$ m Breite: $B = 11{,}40$ m

Tiefgang: $T = 3{,}5$ bis 4,0 m möglicher, nicht überall zugelassener Tiefgang

Bei Schubbootlängen von 15 bis 32 m hat ein zweigliedriger Schubverband eine Gesamtlänge von 168 m bis 185 m!

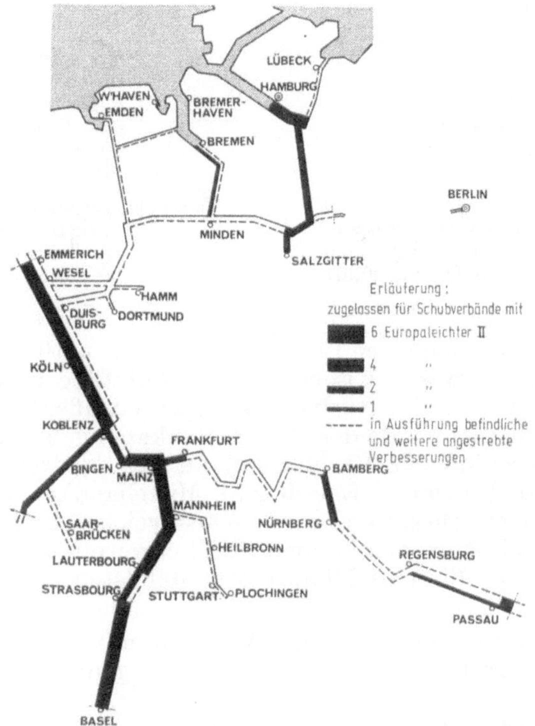

Abb. 3. Hochleistungsnetz der Binnenschiffahrtstraßen

Die zentrale Lage der Bundesrepublik Deutschland im europäischen Wasserstraßennetz war Anlaß, die Möglichkeiten des Verkehrs mit Schubverbänden auf den Bundeswasserstraßen zu überdenken. Es wurde ein Hochleistungsnetz entwickelt, das als Modell für weitere Überlegungen

* In der Bundesrepublik Deutschland ist eine Verlängerung bis auf 85 m zugelassen.

— orientiert an Angebot und Nachfrage — gelten kann. Danach waren zu unterscheiden Schubverbände mit 6, 4, 2 und einem Europaleichter II. Den Rhein, die Donau und die Elbe ausgenommen — so bleibt zwischen diesen natürlichen und größten Wasserstraßen nur der Verkehr mit dem 2 Leichter- und 1 Leichter-Verband!
Für die Schubschiffahrt mit dem 2-Leichter-Schubverband waren aufgeführt:

Mosel, Rhein-Herne-Kanal, Wesel-Datteln-Kanal, Dortmund-Ems-Kanal-Südstrecke, Mittellandkanal, Elbe-Seitenkanal, Mittelweser.

Für die Schubschiffahrt mit dem 1-Leichter-Schubverband:

Neckar, Datteln-Hamm-Kanal, Dortmund-Ems-Kanal-Nordstrecke, Küstenkanal.

Es sei hier ein Hinweis erlaubt. Der Neubau und der Ausbau von Verkehrswegen schlechthin auch von Wasserstraßen erfordert hohe finanzielle Investitionen. Die einmal beschlossenen Maßnahmen werden sicherlich die Leistungsfähigkeit der Wasserstraßen erhöhen. Gemessen an dem Verkehrsaufkommen heute und vor allem in Zukunft, ist es jedoch unerläßlich den Ausbau der Wasserstraßen so zu ordnen, daß in kurzer Zeit ein möglichst großer Effekt zu erwarten ist; d.h., die zur Verfügung gestellten Mittel schwerpunktmäßig und gezielt, nach überregional geordneten Prioritäten einsetzen. Mit Sicherheit ist der Ausbau des Rhein-Herne-Kanals und des Wesel-Datteln-Kanals — Kanäle mit hohem Verkehrsaufkommen und mit großer Anziehungskraft auf die Schubschiffahrt — ranghöher einzustufen als die Herrichtung einer Wasserstraße mit geringerem und daher regelbaren Verkehr. Ergebnisse der Nutzen-Kosten-Untersuchungen werden bei dem Abstecken neuer Prioritäten eine entscheidende Hilfe sein.

Was ist aus heutiger Sicht für die Schubschiffahrt vom Wasserstraßennetz zu erwarten?
Die für die einzelnen Wasserstraßen maßgeblichen Abmessungen und Tauchtiefen von Fahrzeugen wirken auf den ersten Blick verwirrend, haben aber ihren Ursprung in den jeweils natürlichen Gegebenheiten der Flüsse oder in alten unterschiedlichen Ausbaumaßnahmen vergangener Zeit.

Für die natürlichen Wasserstraßen — also für die Flüsse — werden die Ergebnisse zweier Versuche auf dem Rhein aufgezeigt:

1971 Versuch auf dem Rhein zwischen Mainz und St. Goar
4 Leichter-Verband L = 185 m
B = 22,80 m
unterschiedliche Ladung

Ergebnis: u.a. „Das Mehreinsinken eines übergroßen Schubverbandes nimmt mit kleiner werdendem Querschnittsverhältnis „n" und größerer Maschinenleistung (bzw. Strömung und Fahrt über Grund) stark zu"

1968 Versuche mit einem Schubverband auf dem Niederrhein;
„Beurteilung des praktischen Einsatzes auf der Rheinstrecke Rotterdam—Koblenz"
6 Großleichter, 2,5 m abgeladen,
10—12 000 t geladen

Ergebnis: Aufnahme eines solchen Betriebes kann empfohlen werden und zwar
zu Berg: gestreckte Zwillingseinheit
zu Tal: breite Zwillingseinheit

Diese beruhigenden Ergebnisse sprechen für sich und für die natürlichen großen Wasserstraßen.
Bei den künstlichen Wasserstraßen zwischen Rhein und Elbe liegen die Verhältnisse grundlegend anders: Hier wird seit 1965 der Ausbau zur Wasserstraßenklasse IV betrieben; zwischen der Elbe und dem Mittellandkanal wurde der Elbe-Seitenkanal gebaut. Dieser Kanal wird 1977 in Betrieb genommen; der Abschluß der Bauarbeiten an den übrigen Kanälen — Rhein-Herne-Kanal, Wesel-Datteln-Kanal, Dortmund-Ems-Kanal, Mittellandkanal — war ursprünglich Mitte der achtziger Jahre zu erwarten. Dieses Ziel wird — aus welchen Gründen auch immer — für das gesamte Kanalnetz nicht erreicht werden können. Ein Schwerpunktprogramm läßt jedoch hoffen, daß Bauarbeiten an den für die Binnenschiffahrt bedeutendsten Strecken vorrangig konzentriert und zügig fortgesetzt werden.

Bei dem Ausbau wird aber der Möglichkeit des Verkehrs mit Schubverbänden — zweigliedriger Schubverband Europa-Leichter II — bereits Rechnung tragen. Die Grundsätze für den Ausbau berücksichtigen dies:
Einige wesentliche seien aufgeführt:

— Ausbau der Kurven: Verbreiterung des erforderlichen Fahrwassers (abhängig von der Art des Ausbauprofils und vom Zentriwinkel)
— Mindestsichtweiten: Begegnen ohne Geschwindigkeitsbegrenzung
— Liegestellenbreite: berücksichtigt die 11,40 m des Europa-Leichters II
— Leichter-Liege- und Koppelstellen: erhöhen die Beweglichkeit im Einsatz der Verbände.

Nicht geändert wird der Regelquerschnitt! Er reicht auch für den Verkehr mit Schubverbänden bei einem n = 5,5 voll aus. Bei dieser Entscheidung spielt die zu erwartende Verkehrsdichte eine nicht unerhebliche Rolle.

Die Beanspruchung der Böschungs- und Sohlenbefestigung,
der Windeinfluß bei Leerfahrt
der Überhol- und Begegnungsvorgang
die Auswirkung auf den übrigen Verkehr und nicht zuletzt
die Auswirkungen auf die Sicherheit und Leichtigkeit des Verkehrs
werfen Probleme auf, die zu lösen eine der vordringlichsten Aufgaben ist.

Um die Grenzen der Möglichkeit des Befahrens der noch nicht ausgebauten Kanäle mit einem Schubverband — im wahrsten Sinne des Wortes — zu ertasten, fand eine Versuchsfahrt im Oktober 1974 auf dem Wesel-Datteln-Kanal statt.

Versuchsfahrt auf dem Wesel-Datteln-Kanal

Am 22./23. 10. 1974 durchfuhr ein Zweier-Schubverband beladen mit 3140 t Erz auf 2,50 m abgeladen den Wesel-Datteln-Kanal in Richtung Dortmund. Der Verband bestand aus zwei Leichtern Europa II und einem 19 m-Schubboot L = 2 × 76,50 + 19,00 = 172 m. Ziel dieser Versuchsfahrt war festzustellen, ob und unter welchen Voraussetzungen ein Verkehr mit Schubverbänden in dieser Relation bereits vor Abschluß der Ausbauarbeiten möglich ist oder aber welche Ausbaumaßnahmen oder verkehrsregelnde Maßnahmen noch zu treffen sind, um diesen Verkehr zu ermöglichen.

In den bereits ausgebauten Strecken des Wesel-Datteln-Kanals (Friedrichsfeld-Hünxe und Ahsen-Datteln) mit einem wasserführenden Kanalquerschnitt von rd. 160 m² (n = 5,6) ergaben sich auch bei Begegnungen keine Schwierigkeiten; die Geschwindigkeit betrug bis zu 8 km/Std. Völlig anders verlief die Fahrt in der noch nicht ausgebauten Strecke zwischen den Schleusen Hünxe und Ahsen mit einem wasserführenden Kanalquerschnitt von rd. 100 m² (n = 3,5). Hier wurde nur eine Geschwindigkeit von 4—5 km/Std. erreicht; dadurch sammelten sich hinter dem

Abb. 4 bis 6. Versuchsfahrt mit einem Schubverband auf dem Wesel-Datteln-Kanal

Verband alsbald mehrere Schiffe, die nicht überholen konnten. Bei Begegnungen waren Berührungen nicht immer zu vermeiden; die Geschwindigkeit mußte dabei bisweilen auf 1 bis 2 km/Std. herabgesetzt werden. Der Verband hatte selbst mehrmals Böschungsberührung. Das Durchfahren der 225 m langen Schleusen verlief reibungslos; am Hebewerk Henrichenburg mußten in 2 Stunden die Leichter und das Schubboot einzeln gehoben werden.

Als Ergebnis — Verkehr mit Schubverbänden auf noch nicht ausgebauten Kanalstrecken — ist festzuhalten:

— Ein sicherer zweischiffiger Verkehr mit Fahrzeugen von mehr als 9,50 m Breite ist nicht möglich.

— Bei Ausschaltung von Gegenverkehr und somit bei nur einschiffiger Ausnutzung des Kanalquerschnitts kann ein Schubverband — 11,40 m breit, 176 m lang — sicher den Kanal passieren.

— Unter Wahrung der Interessen des übrigen Verkehrs kann der Schubverkehr nur in der Nacht abgewickelt werden. Dies ist aber ausschließlich nach einem organisatorisch einwandfrei festgelegten Fahrplan möglich. Ein wirtschaftlicher Einsatz der Schubverbände ist hierbei jedoch sehr fraglich.

Dieses Ergebnis ist nicht erbauend. Es nützt jedoch in keiner Weise den Interessen der Schiffahrt, Hoffnungen zu wecken, die hernach nicht erfüllt werden können.
In der Zusammenfassung sei daher eine deutliche Aussage angebracht:

— Der Transport schubschiffähiger Güter wird im Zeitraum 1970—1990 weiterhin zunehmen. Während bei der Kohle mit einem Rückgang von rd. 24,0 Mio t um rd. 10 Mio t auf 14 Mio t zu rechnen ist, werden die übrigen Güter steigen:

Mineralölprodukte und Eisenerze um je	10 Mio t
Steine und Erden (nur bedingt schubschiffähig)	57 Mio t
chemische Erzeugnisse,	
Düngemittel	12 Mio t

— Der Anteil der Schubleichtertonnage beträgt heute rd. 14%; eine Erhöhung des Anteils über 15% könnte erforderlich sein.

— Als wesentliche Faktoren für die Wirtschaftlichkeit des Verkehrs mit Schubverbänden sind zu nennen:
  — starke Verkehrsströme
  — leistungsfähige Verkehrswege, die großen Verbänden große Abladetiefen gestatten
  — günstiges Verhältnis Fahrzeit/Hafenzeit

— Möglichkeiten, die Leistungsfähigkeit der Verkehrswege für den Verkehr mit Schubverbänden zu erhöhen, sind:
die geregelte Fahrt nach Plan
die Nachtfahrt
die 24 Stundenfahrt

— Die Grenzen des Verkehrs liegen dort, wo die Ausbaustandards sie setzen.

— Als künftige bedeutende Relation für die Schubschiffahrt sind zu nennen:
Rotterdam—Duisburg
Rotterdam—Dortmund
Hamburg—Salzgitter

— Binnenschiffahrtsstraßen, auf denen ein Verkehr mit Schubverbänden verstärkt oder in Zukunft zu erwarten ist, sind:
der gesamte Rhein
Rhein-Herne-Kanal
Wesel-Datteln-Kanal
Datteln-Hamm-Kanal
Mosel, Saar
Untermain

Bei einer Neuordnung der Ausbauprogramme wird dies zu berücksichtigen sein.

Nachtfahrt auf Binnenschiffahrtsstraßen*

Von Ministerialrat Dipl.-Ing. **Wolfgang Hartung**, Bonn

1. Vorbemerkung

In den nachstehenden Ausführungen wird die Nachtschiffahrt auf dem nur der Binnenschiffahrt zugängigen Teil der Binnenwasserstraßen behandelt. Sofern Binnenschiffe die entsprechenden Stabilitäts- und Ausrüstungsvorschriften erfüllen, stehen ihnen auch die Seeschiffahrtsstraßen zur Verfügung, wovon in manchen Revieren ausgiebig Gebrauch gemacht wird. Die Grenzen zwischen diesen beiden Fahrtbereichen, den Seeschiffahrtsstraßen und den Binnenschiffahrtsstraßen, sind in der Abb. 6 dargestellt.

Die Binnenschiffahrt unterscheidet folgende Betriebszeiten:

Normale Tagfahrt	16 Std.
Verlängerte Tagfahrt	18 Std.
Semi-Contenue-Fahrt	20 Std.
Contenue-Fahrt	24 Std.

Unter Nachtfahrt soll nachstehend nicht nur die Fahrt bei Dunkelheit, sondern vor allem die die vollen Nachtstunden nutzende Fahrt verstanden werden. Die Schiffahrt allein entscheidet je nach Besatzungsstärke und Verkehrsrelation über die tägliche Betriebszeit.

Da die Zuständigkeit für das Gesamt-Verkehrssystem Binnenschiff-Wasserstraße in der Bundesrepublik Deutschland wie auch in allen übrigen westeuropäischen Ländern nicht in einer Hand liegt, kommt der Abstimmung zwischen den beiden Hauptkomponenten Schiff einerseits und Wasserstraße andererseits, die neben den Verladern und den Häfen das Gesamtsystem im wesentlichen beeinflussen, eine bedeutende Rolle zu. Für das Verkehrsmittel ist das Gewerbe, für den Verkehrsweg die Wegeverwaltung verantwortlich. Während bei bestehenden Wasserstraßen das Ziel der Abstimmung zwischen den beiden Partnern die Festlegung der zuzulassenden Schiffsabmessungen ist, muß bei Neu- oder Umbauten von Wasserstraßen die Ausbauklasse bestimmt werden. Die zunehmende Bedeutung der Kosten-Nutzen-Untersuchungen im Verkehrsbereich erfordert nämlich die Darstellung des Verkehrssystems Wasserstraße/Schiff als abgestimmte Einheit, zumal diese Untersuchungen in Zukunft maßgebenden Einfluß auf die Prioritätensetzung im Gesamtverkehrsbereich haben werden.

2. Zielvorstellungen über den Ausbau der Binnenschiffahrtsstraßen und über die Entwicklung der Binnenschiffsflotte

2.1 Gegenwärtiger Zustand und Ziel des Ausbaues der Binnenschiffahrtsstraßen

Aus Abb. 1 kann die Entwicklung der Verteilung des Güterverkehrs auf die verschiedenen Verkehrsträger entnommen werden. Danach entfällt auf die Binnenschiffahrt seit langer Zeit etwa gleichbleibend ein Anteil von rd. 25% der tonnenkilometrischen Leistung. Dieser Anteil wird sich nach den DIW-Unterlagen geringfügig verringern.

Abb. 2 zeigt die gegenwärtige Verteilung dieses Verkehrs auf das Hauptnetz der Binnenschiffahrtsstraßen. Deutlich hebt sich hierbei der Rhein heraus, auf dem etwa 70% des gesamten Binnenschiffsverkehrs in der Bundesrepublik Deutschland abgewickelt wird.

Für diesen Verkehr stehen rd. 3600 km befahrbare Binnenschiffahrtsstraßen zur Verfügung, die zu etwa gleichen Teilen den Kategorien regulierte Flüsse, kanalisierte Flüsse und Kanäle zuzurechnen sind.

---

* Nach einem bei der 37. Hauptversammlung der Hafenbautechnischen Gesellschaft im September 1975 in München gehaltenen Vortrag.

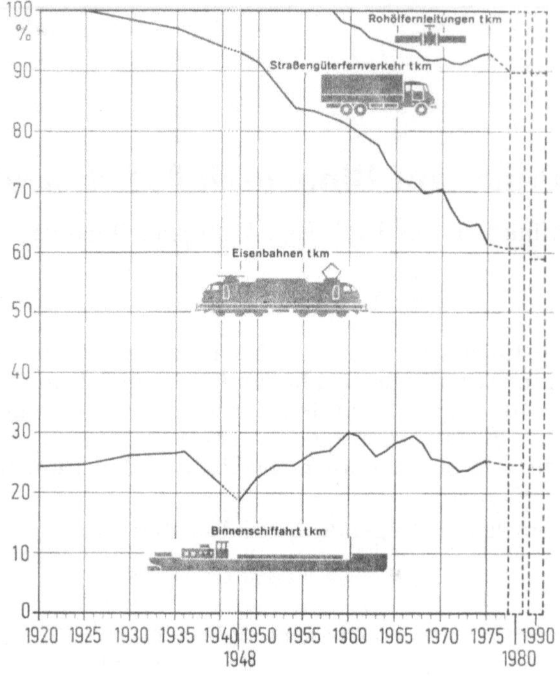

Bis 1940 Angaben reduziert auf das Gebiet der Bundesrepublik Deutschland *)

Verkehrsträger	1971		1972		1973		1974		1975 [3]	
	Mrd tkm	%	Mrd tkm	%	Mrd tkm	%	Mrd tkm	%	Mrd tkm	%
Eisenbahn [1]	79,3	42,8	78,4	41,5	82,4	40,5	84,2	40,3	67,4	36,0
Binnenschiffahrt [1]	45,0	24,3	44,5	23,6	48,5	23,8	51,0	24,4	47,6	25,4
Str.-Güterfernverkehr [2]	44,5	24,1	49,2	26,1	55,9	27,5	58,5	28,0	59,3	31,6
Rohölfernleitungen [1]	16,3	8,8	16,7	8,8	16,8	8,2	15,2	7,3	13,1	7,0
	185,1	100	188,8	100	203,6	100	208,9	100	187,4	100

[1] Effektiv-tkm [2] Tarif-tkm [3] Vorläufige Zahlen

*) Quelle. Verkehrsdatenbank des BMV nach DIW-Unterlagen

Abb. 1. Anteil der Hauptverkehrsträger am deutschen Binnenverkehr

Diese wiederum verteilen sich auf die von der Verkehrsministerkonferenz (CEMT) 1954 festgelegten Hauptwasserstraßenklassen folgendermaßen:

III 22% Schiffsabmessungen 67 × 8,20 × 2,50 mit max. 1000 t Tragfähigkeit; Schwerpunkt Mittellandkanal

IV 50% Schiffsabmessungen Europaschiff 80 × 9,50 × 2,50 mit max. 1350 t Tragfähigkeit; Schwerpunkt Westd. Kanalgebiet, Mosel, Main, Main-Donau-Kanal, Neckar, Donau, Elbe-Seiten-Kanal

V 18% Schiffsabmessungen 95 × 11,40 × 2,50 mit 2000 t Tragfähigkeit; Schwerpunkt Rhein

Einen gewissen Anhaltspunkt für die Verteilung der Wasserstraßenklassen gibt Abb. 3, die zugleich die Befahrbarkeit der Binnenschiffahrtsstraßen mit Schubverbänden verdeutlicht und einen Überblick über die Zielvorstellung des Ausbaues der Wasserstraßen vermittelt. Angestrebt wird der Ausbau aller bedeutenden Wasserstraßen nach Klasse IV.

2.2 Entwicklung der Flottenstruktur

Aus Abb. 4 und 5 geht die Entwicklung der Flottenstruktur hervor. Ein deutlicher Trend zu größeren Schiffsgefäßen bei den Motorgüterschiffen und zum Schubverband ist zu erkennen. Die in früheren Jahrzehnten bereits in der Form des Schleppschiffsverkehrs praktizierte Trennung von Antrieb und Transportraum gewinnt durch die Schubschiffahrt wieder an Bedeutung.

Es ist damit zu rechnen, daß der Anteil der Schubleichter bis 1985 auf 20 bis 25% der Anzahl und 25 bis 30% der Tragfähigkeitstonnage ansteigt. Der Anteil der mehr als 80 m langen Motorgüterschiffe mit Tragfähigkeiten über 1500 t wird von 5% auf rd. 20% ansteigen.

Welche Folgerungen lassen sich aus der prognostizierten Entwicklung der Binnenschiffsflotte ableiten? Schubverbände und große Motorgüterschiffe bedeuten einen erheblichen Investitions-

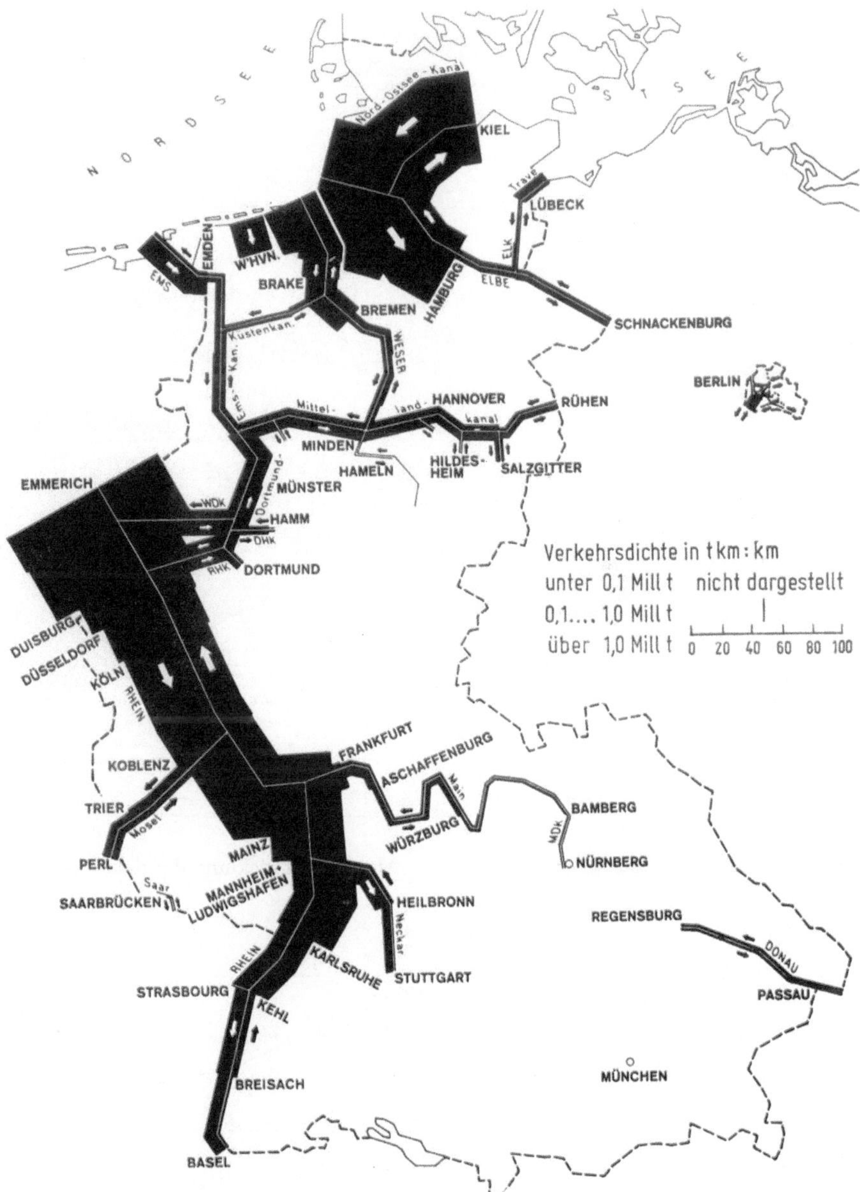

Abb. 2. Güterverkehr 1974 auf dem Hauptnetz der Wasserstraßen in der Bundesrepublik Deutschland und Berlin (West)

aufwand. Dieser Aufwand kann nur rentabel sein, wenn der Einsatz der Schiffe eine hohe Beschäftigungsintensität erwarten läßt; d.h. daß die Schiffe möglichst im Contenue-Verkehr arbeiten müssen. Entsprechend liegt der Erwartungshorizont des Gewerbes.

Im Geschäftsbericht des Bundesverbandes der Binnenschiffahrt 1975/76 heißt es daher auch: „Weiterhin sieht die Binnenschiffahrt den Schwerpunkt des Wasserstraßenbaus im Ausbau des bestehenden Netzes, in dem in allen Zweigen Nacht- und Radarfahrt mit Motorschiffen und Schubverbänden möglich ist.“

3. Gegenwärtiger Verkehrsablauf auf den Binnenschiffahrtsstraßen

In Abb. 6 ist der von der Wasserstraße vorgegebene Rahmen dargestellt, in den die Binnenschiffahrt derzeit ihren Betrieb zur Erfüllung ihrer Transportaufgabe einpassen muß. Der Rahmen wird im wesentlichen bestimmt durch die Betriebszeiten der Schleusen und durch die dem Schiffsverkehr von der Befahrbarkeit der Wasserstraßen her gegebenen Grenzen. Sehr markant heben sich die Wasserstraßen ohne Schleusen, insbesondere der Mittel- und Niederrhein, von den kanalisierten Flüssen und Kanälen ab. Während auf dem Rhein und der Mosel ein 24stündiger Betrieb

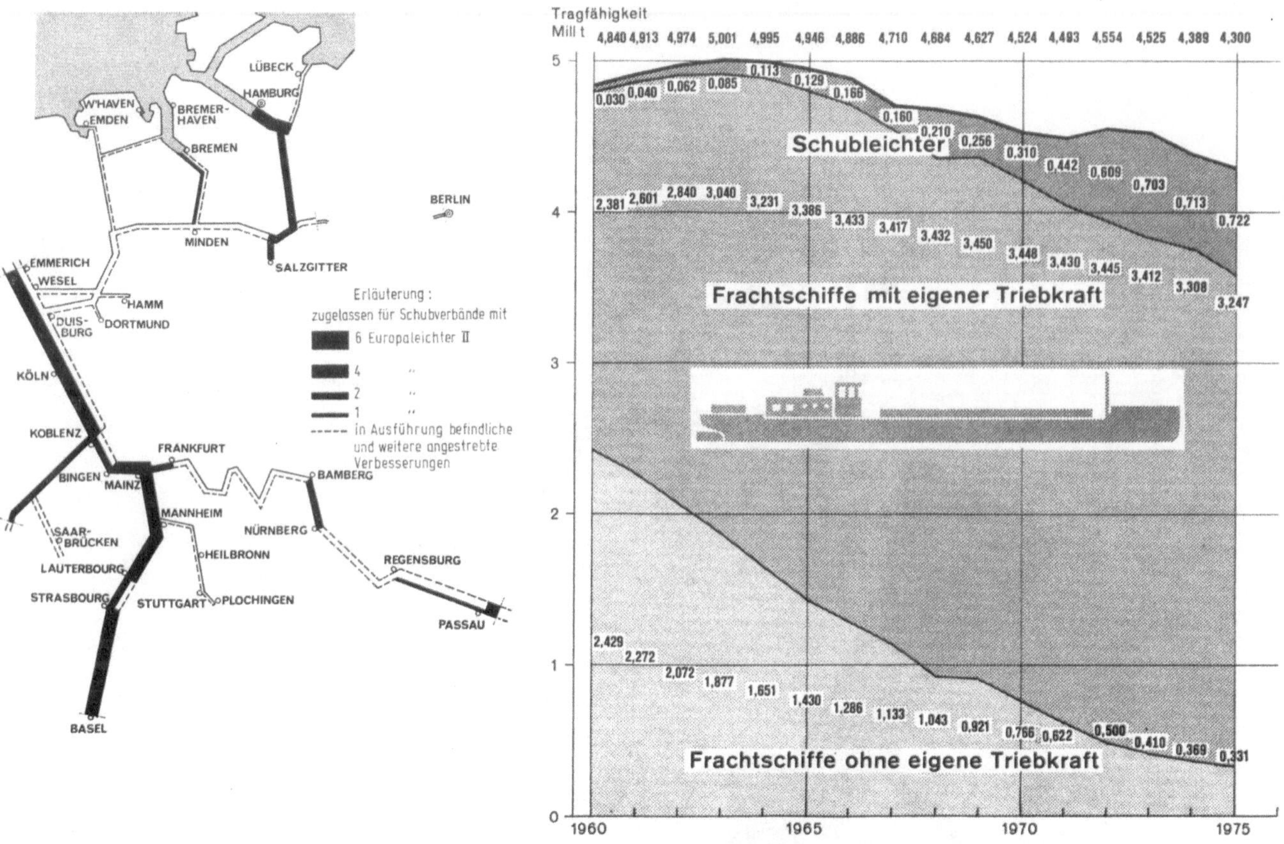

Abb. 3. Hochleistungsnetz der Binnenschiffahrtsstraßen

Abb. 5. Entwicklung der deutschen Binnenschiffsflotte

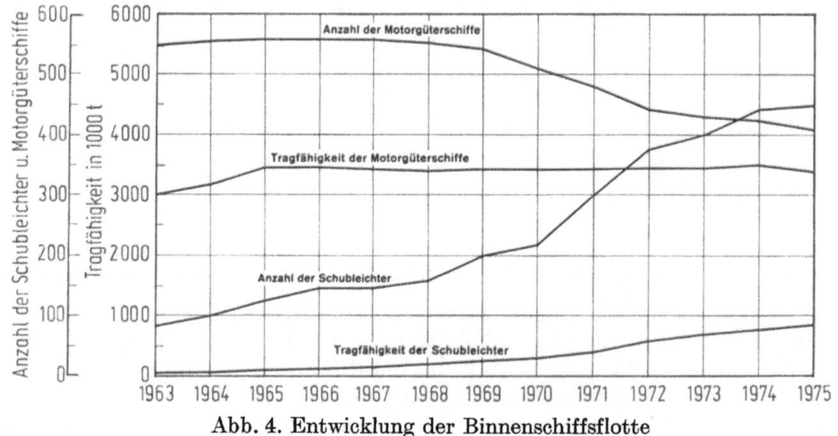

Abb. 4. Entwicklung der Binnenschiffsflotte

mit Ausnahme der Talfahrt in der Gebirgsstrecke des Rheins möglich ist, sind die Betriebszeiten (= Schleusenbetriebszeiten) der übrigen Strom- und Kanalgebiete den jeweiligen Erfordernissen des Verkehrs angepaßt.

Für die Entscheidung über weitere Maßnahmen im Zusammenhang mit der Nachtfahrt ist von Interesse, inwieweit die Schiffahrt von den bereits heute von der Wasserstraße gegebenen Möglichkeiten der Nachtfahrt Gebrauch macht. Z.Z. nehmen auf dem Rhein und auf der Mosel, also dort, wo ein 24-Stunden-Verkehr möglich ist, rd. 13% der Schiffe an der vollen Nachtfahrt teil. Nach den bisherigen Verkehrsbeobachtungen sind hieran etwa 15% der Schiffe der Klasse 1000 bis 2000 t und 30% der Schiffe der Klasse über 2000 t beteiligt. Aus der Prognose über die Flottenstruktur kann geschlossen werden, daß der Gesamtanteil der an der vollen Nachtfahrt teilnehmen-

Abb. 6. Bundeswasserstraßen

den Schiffe bis 1990 um 4% auf etwa 17% steigt. Sofern auf weiteren Nebenflüssen, wie z.B. dem Main und dem Neckar der 24-Stunden-Betrieb eingerichtet wird, könnte der Nachtverkehr auf dem Rhein durch den sog. induzierten Nachtverkehr um weitere 3% auf etwa 20% zunehmen.

4. Grundgedanken zur Nachtfahrt

4.1 Grundgedanken der für den Schiffahrtsweg zuständigen Verwaltung

Die Wegeverwaltung kann mit Hilfe technischer, betrieblicher und schiffahrtspolizeilicher Maßnahmen Einfluß auf die Nachtfahrt nehmen. Dabei sind einerseits internationale Bindungen und Zwänge zu beachten, andererseits Wirtschafts-, Sozial- und Umweltfragen sehr sorgfältig gegeneinander abzuwägen. Auch der Status einer Binnenschiffahrtsstraße kann von Bedeutung sein, d.h. ob sie nur der nationalen Verwaltung untersteht oder ob internationale Stromkommissionen, wie z.B. beim Rhein oder der Donau Einfluß nehmen können.

Bei den internationalen Wasserstraßen hat im allgemeinen der Transitverkehr eine erhebliche Bedeutung, der mehr als der Regionalverkehr zur Nachtfahrt drängt. Hierin liegt mit ein Grund für die im Verhältnis stark ausgeprägte Nachtfahrt auf dem Rhein und auf der Mosel. Auf den nationalen Wasserstraßen dagegen ist bis auf wenige Ausnahmen in Baustellengebieten die Nachtfahrt zwar ebenfalls grundsätzlich zugelassen, sie wird jedoch durch die Schleusenbetriebszeiten eingeengt und von der Schiffahrt meistens wegen der Besatzungsstruktur nicht praktiziert. Infolgedessen wird die Entscheidung über die Einführung der Nachtfahrt bei den mit Schleusen und Hebewerken ausgerüsteten Wasserstraßen im wesentlichen beeinflußt vom Bedarf, von der Struktur der Schiffahrt, von dem Schwierigkeitsgrad der Fahrwasserverhältnisse und von den Betriebskosten.

In der Regel erfolgt die Anpassung der Wasserstraße an den Bedarf in folgenden Schritten:

— 16-Stunden-Betrieb (Ausgangsbasis)
— bei Bedarf Betriebszeitverlängerung zum Abbau der Wartezeiten (1.)
— Schleusung außerhalb der Betriebszeit auf Bestellung (2.)
— 24-Stunden-Betrieb (3.)

Wird die Grenze der Schleusenkapazität nach Schritt 2 erreicht kann anstelle der Einführung des 24-Stunden-Betriebes (3.) die Errichtung einer weiteren Schleuse erforderlich werden. Diese Lösung kann dann wirtschaftlich sein, wenn die Schiffahrt von ihrer Struktur her nicht in der Lage ist, von dem Angebot der Nachtfahrt Gebrauch zu machen oder wenn die Strecke nicht in der Lage ist, die für die Contenue-Fahrt eingerichteten, meistens sehr viel größeren Schiffseinheiten aufzunehmen. Sofern die Grenzen durch den Ausbauzustand der Strecke gesetzt sind, kann allerdings durch verkehrslenkende Maßnahmen, z.B. durch die Einführung des Richtungsverkehrs, eine Lösung gefunden werden. Die Entscheidung über den einzuschlagenden Weg hängt auch mit von dem Ergebnis der jeweiligen Kosten-Nutzen-Untersuchung ab, in die die Verfügbarkeit der Schleusen mit einzubeziehen ist. Denn der Ausfall einer Schleuse wirkt sich bei einer Schleusenkette mit jeweils nur einer Schleusenkammer wesentlich empfindlicher aus als bei Doppelschleusen. Durch besondere Maßnahmen wie Stoßschutz für die Verschlußorgane, Vorhaltung von Reserveelementen, vorgeplante Instandsetzung, leichte Auswechselbarkeit von empfindlichen Teilen u.a. wird allerdings eine hohe Verfügbarkeit gewährleistet. Sie beträgt z.B. bei den Moselschleusen 95%. Mit diesem Wert wird bei den Kosten-Nutzen-Untersuchungen auch gerechnet, d.h. von 365 möglichen Betriebstagen sind 350 effektiv verfügbar.

Nicht unerwähnt bleiben sollen hier auch Untersuchungen der Verwaltung über die Fernsteuerung von Schleusengruppen und die Bedienung der Schleusen durch die Schiffahrt selbst. Beispiele hierfür liegen aus dem Bereich von Sportbootschleusen und aus dem Bereich der französischen Wasserstraßen vor.

Als Beispiel für die von der Wasser- und Schiffahrtsverwaltung des Bundes zurzeit im Rahmen der Prioritätensetzung angestellten Wirtschaftlichkeitsuntersuchungen mag hier die Untersuchung über die Nachtfahrt auf dem unteren Main betrachtet werden. Die Durchrechnung des unteren Mains im Zustand 1. 1. 1976 mit dem vom DIW prognostizierten Verkehr des Jahres 1990 ergibt unterhalb von Frankfurt hohe durchschnittliche Auslastungsgrade der Schleusen, die in Spitzenverkehrszeiten zu erheblichen Behinderungen führen werden.

Als Alternative zur Erhaltung der Leistungsfähigkeit des Mains zu anderen Investitionsmaßnahmen wurde die Einführung des Nachtverkehrs hinsichtlich seines Nutzens und seiner Kosten untersucht. Folgende Zustände wurden dem Nutzen-Kosten-Vergleich zugrunde gelegt:

„O-Fall": WaStr. im Zustand 1. 1. 1976 mit 85% des Verkehrs d. J. 1990 bei derzeitigen Schleusenbetriebszeiten von 16 Std./Tag. 15% der Transporte müssen auf die Bundesbahn verlagert werden.

„V-Fall" (Vergleichsfall): WaStr. im Zustand 1. 1. 1976 mit dem vollen Verkehr d. J. 1990, jedoch im 24-Stunden-Betrieb.

Die Rechnung hat das überraschende Ergebnis erbracht, daß bei Einführung der Nachtfahrt einem jährlichen Nutzen von rd. 27 Mio DM jährliche Mehrkosten von nur 0,5 Mio DM und eine einmalige Investition für die Schaffung zusätzlicher Liegeplätze für den Durchgangsverkehr vom Rheinstromgebiet in den Raum oberer Main/Donau gegenüberstehen. Dieses positive Ergebnis zeigt deutlich, daß mit der Einführung des Nachtverkehrs örtlich ein gesamtvolkswirtschaftlicher hoher Nutzen erreicht werden kann. Voraussetzung hierfür ist, daß die Schiffahrt bereit und in der Lage ist, in diesem Abschnitt von dem Angebot der Wasserstraße Gebrauch zu machen.

Der Nutzen setzt sich bei diesem Beispiel zusammen aus 23,6 Mio DM (88%) Einsparung an Bereithaltungs- und Fortbewegungskosten bei den Verkehrsträgern Binnenschiff/DB sowie aus 3,3 Mio DM (12%) Zeitersparnis im Bereich der sechs Schleusen unterhalb des Hafens Hanau. Der Nutzen fällt ausschließlich bei den Schiffen mit Contenue-Fahrt, wie z.B. bei der Schubschiffahrt an, bei denen die Erhöhung der Schleusenbetriebszeiten von derzeit 16 Std./Tag auf 24 Stunden voll zum Tragen kommt. Für den Verkehrsablauf auf der Wasserstraße hat die Einführung der vollen Nachtschiffahrt dazu den Vorteil, daß viele große Schiffe und Schubverbände den Wasserstraßenabschnitt in der verkehrsschwachen Nachtzeit befahren werden und so wesentlich zur Auflockerung der ohnehin i. J. 1990 am Tage stark ausgelasteten Streckenabschnitte und Schleusen unterhalb von Hanau beitragen. So wie am Main wird z. Z. auch für andere Binnenschiffahrtsstraßen der Nutzen der Einführung der Nachtschiffahrt untersucht.

4.2 Grundgedanken der Schiffahrt

Für die Contenue-Fahrt ist die Befahrmöglichkeit zumindest des überwiegenden Teils der benutzten Strecken bei Tag und Nacht eine nahezu unabdingbare Voraussetzung. In der Regel findet diese Contenue-Fahrt in bestimmten Relationen mit langfristigen Ladungsverträgen statt. So sind z. B. die Erzfahrt von Rotterdam zum Ruhrgebiet oder der Kohletransport vom Ruhrgebiet über den Rhein und die Mosel nach Frankreich typische Verkehrsrelationen, die von der Contenue-Fahrt in Anspruch genommen werden.

Die Voraussetzung für einen wirtschaftlichen Verkehr ist hierbei im allgemeinen ein exakter Fahrplan, der eine nahtlose Organisation nicht nur des Fahr-, sondern auch des Be- und Entladebetriebes erfordert.

Daneben führen gelegentlich auch nicht für eine Contenue-Fahrt personell besetzte Fahrzeuge Nachtfahrten durch, wenn z. B. eilige Ladungen transportiert werden müssen oder wenn günstige Abgangs- oder Ankunftszeiten bei den Ladestellen eine Nachtfahrt sinnvoll erscheinen lassen.

Die überwiegend in den Fahrtgebieten außerhalb des Rheins und der Mosel tätige Schiffahrt ist von ihrer Struktur her z. Z. nur zu einem geringen Teil in der Lage, Nachtfahrt zu betreiben, selbst wenn die Wegeverwaltung die erforderlichen Voraussetzungen dafür schaffen würde.

5. Technische Maßnahmen bei Schiff und Wasserstraße für die Nachtfahrt

Zum Verständnis der für die Nachtfahrt erforderlichen technischen Maßnahmen muß zunächst auf die Navigationsmittel für die Tagfahrt eingegangen werden.

Bei der Fahrt auf Sicht nimmt der Schiffsführer optische Eindrücke auf, nach denen er seine Fahrt einrichtet. Dies sind

— zum Einhalten des richtigen Weges das Erkennen der Uferlinie, der Bauwerke und der Strömung,
— zur Vermeidung von Kollisionen mit anderen Schiffen das Erkennen der Schiffe und ihr Verhalten.

Diese Informationen können durch künstliche Informationsmittel, wie z. B. durch Tonnen und Baken sowie durch Sichtzeichen der Fahrzeuge ergänzt werden. Daneben erhält der Schiffsführer besondere Anweisungen durch Gebote und Verbote, die der Regelung des Verkehrsablaufes und damit der Sicherheit der gesamten Schiffahrt und dem Schutz der Wasserstraße dienen. Diese Weisungen werden durch Polizeiverordnungen festgelegt und z. T. durch Schiffahrtszeichen kenntlich gemacht.

Diese Grundsätze gelten auch für die Fahrt bei Nacht. Dabei sollte sich die Art der Information möglichst wenig von der am Tage gegebenen unterscheiden. Der Verlauf des Fahrweges ist in vielen Fällen, insbesondere bei Kanälen und kanalisierten Flüssen bei Nacht ohne besondere Hilfsmittel erkennbar. Häufig reicht diese Information jedoch nicht aus. Daher sind für eine sichere Nachtfahrt zusätzliche Informationen erforderlich. Diese werden unterschieden in visuelle, auditive und funktechnische Mittel.

Die Fahrt bei unsichtigem Wetter stellt an die Schiffsführung sowie an die Ausrüstung der Schiffe und der Wasserstraße besondere Anforderungen. Hier versagen auch am Tage die visuellen Hilfen, während die auditiven und besonders die funktechnischen Mittel gleichermaßen angewendet werden können.

5.1 Visuelle Mittel

Das naheliegendste, nur bordseitig zu verwendende Hilfsmittel ist, wie bei allen nicht spurgebundenen Verkehrsmitteln der Scheinwerfer. Wenn auch mit seiner Hilfe die Uferzonen gut ausgeleuchtet und insbesondere mit Reflexfolien belegte Schiffahrtszeichen erkannt werden können, so sind als bedenkliche Nachteile die lange Adaptationszeit des menschlichen Auges nach seinem Abschalten und die Blendungsgefahr anderer Verkehrsteilnehmer zu nennen. Versuche mit linear polarisiertem Licht, Spezialscheinwerfern u. a. haben bisher zu keinen brauchbaren Ergebnissen geführt. Somit bleibt zunächst nur die Möglichkeit, die Lichtstärke des Scheinwerfers auf ein Minimum zu reduzieren und den Reflexionsfaktor der Schiffahrtszeichen auf ein Maximum zu bringen.

Die aktive Befeuerung wird bei Binnenschiffahrtsstraßen bisher nur in recht begrenztem Maße angewendet. Leuchttonnen und Orientierungsfeuer sind die hierbei gebräuchlichen Schiffahrtszeichen. Die an der Donau und am Niederrhein verwendeten Orientierungsfeuer sollen dem Schiffer aussagekräftige Hilfspunkte bei Nacht erkennbar machen, die er bei Tage aufgrund seiner Streckenkenntnis leicht ausmachen kann. Abb. 7 zeigt ein derartiges Orientierungsfeuer am Rhein. Die Leuchttonnen markieren hervorzuhebende Punkte am Fahrwasser. Besondere Gefahrenpunkte wie Brückenpfeiler, Molenköpfe usw. werden in der Regel mit markantem Natriumdampflicht angestrahlt. Für Verkehrsregelungen, z.B. an Schleusen, beweglichen Brücken und im Strecken-

Abb. 7. Orientierungsfeuer am Rhein

Abb. 8. Wahrschaufloß mit beleuchtetem Schiffahrtszeichen

Abb. 9. Beleuchtetes Tafelzeichen

Abb. 10. Schleusenbeleuchtung

Abb. 11. Schleusenvorhafenbeleuchtung

bereich werden bei Tag und Nacht die gleichen Lichtsignale verwendet, am Tage mit entsprechend größerer Lichtstärke. Die Tafelzeichen werden in besonderen Fällen beleuchtet, insbesondere dann, wenn sie für den fließenden Verkehr von Bedeutung sind (Abb. 8, 9).

Besondere Gefahrenpunkte stellen die Schleusenbereiche dar. Durch Adaptationsstrecken im Bereich der Vorhäfen und durch Ausleuchtung der Schleusenkammern wird ein sicherer Verkehrsablauf gewährleistet, wie aus den Abb. 10 und 11 zu ersehen ist. Durch optische Hilfen kann die Schleusenlängsachse kenntlich gemacht werden, um damit besonders den Schubverbänden die Einfahrt zu erleichtern.

5.2 Funktechnische Mittel

Die Seeschiffahrt bedient sich zur Ortsbestimmung in starkem Maße verschiedener funktechnischer Navigationsmittel. Für die Binnenschiffahrt sind dagegen nur das Bordradargerät und der UKW-Funk von Bedeutung. Das Radargerät hat den Vorteil, nicht nur bei Nacht, sondern auch bei unsichtigem Wetter als Orientierungshilfe und als Kollisionsschutzmittel zu dienen. Hochwertige Flußradargeräte ermöglichen heute ein Fahren selbst in engen Schiffahrtskanälen zu jeder Zeit. Die Wegeverwaltung muß allerdings die Schiffahrtszeichen hierfür herrichten; so müssen z.B. die Tonnen und Baken durch entsprechende Ausgestaltung ein gutes Radarecho geben (Abb. 12 und 13). Um die von Brücken und Freileitungen herrührenden Störechos im Radarbild auszuschließen bzw. in ihrer Wirkung unschädlich zu machen, sind besondere Maßnahmen erforderlich. Bei neuen Brücken wird von vornherein entweder auf die Konstruktion Einfluß genommen, so daß durch Mehrfachreflexionen hervorgerufene Fehlechos unterdrückt werden, oder es werden Absorbtionsmaterialien aufgebracht, die eine Reflexion der Radarstrahlen verhindern.

Abb. 12. Schwarze Tonne mit Radarreflektor

Abb. 13. Radarbake

Abb. 14. Fahrstand eines Schubbootes

Die Radarfahrer müssen mit UKW-Funk ausgerüstet sein, um sich untereinander verständigen zu können. Zum Erkennen der Drehbewegung des eigenen Schiffes ist ein Wendezeiger sehr nützlich, der auf dem Rhein vorgeschrieben ist. Einen Eindruck von dem Fahrstand eines nachtfahrtfähigen modernen Schubbootes vermittelt Abb. 14.

Der UKW-Sprechfunk muß heute mit zu den Navigationshilfen gerechnet werden. Er ermöglicht den Sprechverkehr von Schiff zu Schiff für Sicherheitszwecke, vom Schiff zum Land, z. B. zum Absetzen von Notmeldungen und den Verkehr von Land zum Schiff, z. B. für den nautischen Informationsdienst (Schleusenfunk).

Bis Ende 1976 werden etwa 90% aller Schleusen mit Funk ausgerüstet sein, so daß auf diesem Wege eine wesentlich bessere Abstimmung des Schleusenbetriebes mit der Schiffahrt ermöglicht wird. Dieser Funk dient der Sicherheit und Beschleunigung des Verkehrs.

Der UKW-Funk wird auch für die automatische Ansage von Gefahren an die Schiffahrt benutzt. Da der Radarfahrer bei unsichtigem Wetter die auf einem Wahrschaufloß gesetzten Signale nicht erkennen kann, sein Funkgerät jedoch ständig auf Empfang geschaltet sein muß (Kanal 10), kann ihm auf diesem Wege z B. automatisch mitgeteilt werden, welches Signal auf dem Wahrschaufloß gesetzt ist.

Nicht unerwähnt bleiben sollen hier auch Versuche, die zurzeit mit einem Leitkabel gemacht werden, das auf dem Flußgrund abgelegt bzw. eingegraben wird. Ziel dieser Versuche ist die automatische Führung von Schiffen auf einem bestimmten Kurs.

6. Zusammenfassung

Der Schiffahrt stehen heute hochwertige technische Mittel zur Verfügung, um eine ausreichend sichere Fahrt bei Nacht und unsichtigem Wetter durchzuführen. Der technische Aufwand auf dem Schiff und für die Wegeverwaltung ist, gemessen an dem Nutzen, relativ gering. Für die Wirtschaftlichkeitsbetrachtung ist bei den kanalisierten Flüssen und Kanälen vielmehr der Aufwand für das Betriebspersonal der Schleusen und die Umstellung der Schiffahrt auf die Contenue-Fahrt von Bedeutung.

Bei allen Analysen bleibt nach wie vor die Einstellung der Schiffahrt, der Häfen und der verladenden Wirtschaft zu dem Problem der Nachtfahrt eine schwer einzuschätzende Komponente.

Schrifttum

1. Dahme, H.: Die Sicherung der Nachtschiffahrt auf Binnenschiffahrtsstraßen (Mitt. des Franzius-Instituts für Grund- und Wasserbau der Technischen Hochschule Hannover, Heft 17)
2. Informatik im Verkehr (Schriftenreihe der Deutschen Verkehrswissenschaftlichen Gesellschaft e.V., Heft B 13). Köln 1973
3. Hartung, W.: Wasserstraßenverkehrstechnik (Schriftenreihe der Deutschen Verkehrswissenschaftlichen Gesellschaft) e.V., Heft B 20). Köln
4. Wiedemann, G.: Westdeutsche Kanäle für Radarfahrt geeignet. Intern. Transp. Zeitschr. 1972, Nr. 18
5. Bundesverkehrswegeplan 1. Stufe: Der Bundesminister für Verkehr
6. Hinsch, W.: Einmann-Navigation auf Schubverbänden. Hansa 1972, Nr. 24
7. Aktuelle Probleme des Binnenschiffbaus. Hansa 1971, Nr. 15
8. Entwicklung und Zukunft der Schubschiffahrt. Die Rheinschiffahrt 1973, Heft 7
9. Schwoll, H.: Radarfahrt morgen — eine Zukunftsbetrachtung. Zeitschr. für Binnenschiffahrt und Wasserstraßen 1973, Nr. 11
10. Schmitt, K.: Schiffsbetriebstechnik in der Binnenschiffahrt der USA. Zeitschr. für Binnenschiffahrt und Wasserstraßen 1975, Nr. 1
11. Leutzbach, W.: Verkehrstechnik der Binnenwasserstraßen. Zeitschr. für Binnenschiffahrt und Wasserstraßen 1975, Nr. 11
12. Geschäftsbericht des Bundesverbandes der deutschen Binnenschiffahrt e.V. 1975/76
13. Verkehr in Zahlen 1975, Bundesverkehrsministerium

Neue Entwicklungen in der Binnenschiffahrt und deren Einfluß auf die Binnenhäfen*

Von Dr.-Ing. **Jochen Müller**, Duisburg-Ruhrort

Zahlreiche Faktoren beeinflussen die Entwicklung der Binnenschiffahrt, z. B. das Verkehrsaufkommen nach Herkunft, Ziel und Partiengröße, die Abmessungen der Wasserstraßen und der Häfen, die Entwicklung der Personalkosten im Vergleich zu den Sachkosten sowie die Verkehrssicherheit. Der Binnenhafen ist nur ein Glied in der Transportkette, die vom fernen Kontinent bis in das deutsche Binnenland reicht und es darf aber nicht das schwächste Glied dieser Kette sein. Deshalb ist es notwendig, daß sich die Binnenhäfen der Entwicklung der Binnenschiffahrt anpassen, um einen reibungslosen Güterfluß zu gewährleisten. Die Verantwortlichen für die Binnenhäfen werden diese Entwicklung daher sorgfältig analysieren und die notwendigen Schlüsse für den Bau und den Betrieb der Häfen daraus ziehen.

Verkehrsleistungen

In der Bundesrepublik Deutschland wurden im Jahre 1974 927 Mio t Güter transportiert. Die Binnenschiffahrt lag nach der Deutschen Bundesbahn mit 252 Mio t an zweiter Stelle. Sie hatte damit einen Verkehrsanteil von rd. 27%. Die grafische Darstellung (s. Abb. 1 des Aufsatzes „Nachtfahrt auf Binnenwasserstraßen" Seite 248) zeigt, daß das Gesamt-Verkehrsaufkommen in den letzten Jahren um ca. 20% gestiegen ist. Die Binnenschiffahrt hat etwa im gleichen Verhältnis an der Verkehrssteigerung teilgehabt, ihre Leistung hat sich in den letzten Jahren bei etwa 27% des Gesamt-Verkehrsaufkommens stabilisiert.

Für die Jahre bis 1990 wird nach neuesten Schätzungen mit einer jährlichen Zuwachsrate des Verkehrs auf den deutschen Wasserstraßen von 1,7% gerechnet. Das entspricht einer Jahresleistung von rd. 300 Mio t im Jahre 1990. Aus dieser Voraussage müssen die notwendigen Folgerungen hinsichtlich des erforderlichen Schiffsraumes, der Anzahl und Größe der Schiffe sowie der Betriebsweise gezogen werden.

Die Beförderungsleistungen der Binnenschiffahrt sind weitgehend auf Massengüter abgestellt. Den größten Verkehrsanteil haben die Transportgüter Steine und Erden (30,9%) Mineralöl (18,2%) sowie Erz (17,8%). Sie machen zusammen rd. 67% der gesamten Transportleistungen in der Binnenschiffahrt aus. Die Transportweite betrug 1974 im Mittel 202 km. Die Gesamtverkehrsleistung ergibt sich zu 51 Mill t · km. Die deutsche Flotte hatte daran einen Anteil von 55%. Auch für die Zukunft wird mit einem ausländischen Flottenanteil von 45% gerechnet.

Der Binnenschiffahrt stehen in der Bundesrepublik und West-Berlin derzeit etwa 4400 km schiffbare Wasserstraßen zur Verfügung. Es handelt sich hierbei hauptsächlich um regulierte oder staugeregelte Flüsse und künstliche Kanäle. Diese Wasserstraßen erfüllen alle eine Mehrzweckfunktion. Neben dem Verkehr dienen sie wasserwirtschaftlichen Nutzungen (z. B. Wasserentnahme für Verbrauchs- und Gebrauchszwecke, Einleitung von Abwässern, Hochwasserabfluß). Ferner fördern sie die Erholung in, auf und an dem Wasser.

Derzeitiger Stand der Binnenschiffahrt

Die Entwicklung der deutschen Binnenschiffahrtsflotte nach Gesamtvolumen des Frachtraumes und Anzahl der Schiffe ist rückläufig (s. Abb. 4 und 5 des Aufsatzes „Nachtfahrt auf Binnenwasserstraßen" Seite 250). Die Zahl der Schiffe ist jedoch stärker gefallen, d. h. wir haben heute weniger, dafür aber größere Schiffe. Diese Entwicklung ist nicht zuletzt auf die Durchführung der Abwrackaktion in der Bundesrepublik Deutschland zurückzuführen. In den letzten 15 Jahren erhöhte sich die mittlere Tragfähigkeit von 607 auf 845 t, was einer Steigerung von 38% entspricht.

* Vortrag, gehalten am 18. 9. 1975 bei der 37. Hauptversammlung der Hafenbautechnischen Gesellschaft e.V. in München.

Würde sich diese Entwicklung bis 1990 fortsetzen, so müßte dann mit einer durchschnittlichen Schiffsgröße von 1150 t gerechnet werden.

Die Abnahme der Schiffe ohne eigene Triebkraft ist auf die Außerdienststellung von Schleppkähnen zurückzuführen. Da diese jedoch im allgemeinen durch Schubleichter ersetzt werden, hat sich in den letzten Jahren das Verhältnis der Tonnage aller Schiffe ohne zu der mit eigener Triebkraft nicht nennenswert geändert. Es scheint sich bei 1:3 zu stabilisieren, wie sich auch der Frachtraum auf etwa 4,5 Mio t einpendelt. Eine Verbesserung der Ausnutzung des Laderaumes, der im wesentlichen vom Ausbauzustand der Wasserstraßen abhängt, wird für die Zukunft nicht zu erwarten sein.

Der wachsende Anteil der Schubschiffahrt wird durch die imponierende Zunahme der Schubleichter für trockene und nasse Fracht sowie der Schubboote dokumentiert (s. Abb. 4 und 5 des Aufsatzes „Nachtfahrt auf Binnenwasserstraßen" Seite 250). Der Umbau von Schleppschiffen zu Schubkähnen scheint abgeschlossen. Die Zahl blieb in den letzten Jahren nahezu konstant.

Das Geschehen auf den deutschen Binnenwasserstraßen wird jedoch besser durch die Verkehrsanteile der einzelnen Schiffsarten dargestellt, weil dabei auch die Transportleistungen ausländischer Schiffe und der Umlauf der Schiffe berücksichtigt werden. Der Rheinverkehr bei der Grenzstation Emmerich zeigt absolut und prozentual einen ansteigenden Anteil der Schubschiffahrt (Abb. 1). Die starken Unterschiede zwischen Berg- und Talverkehr des Niederrheins weisen schon

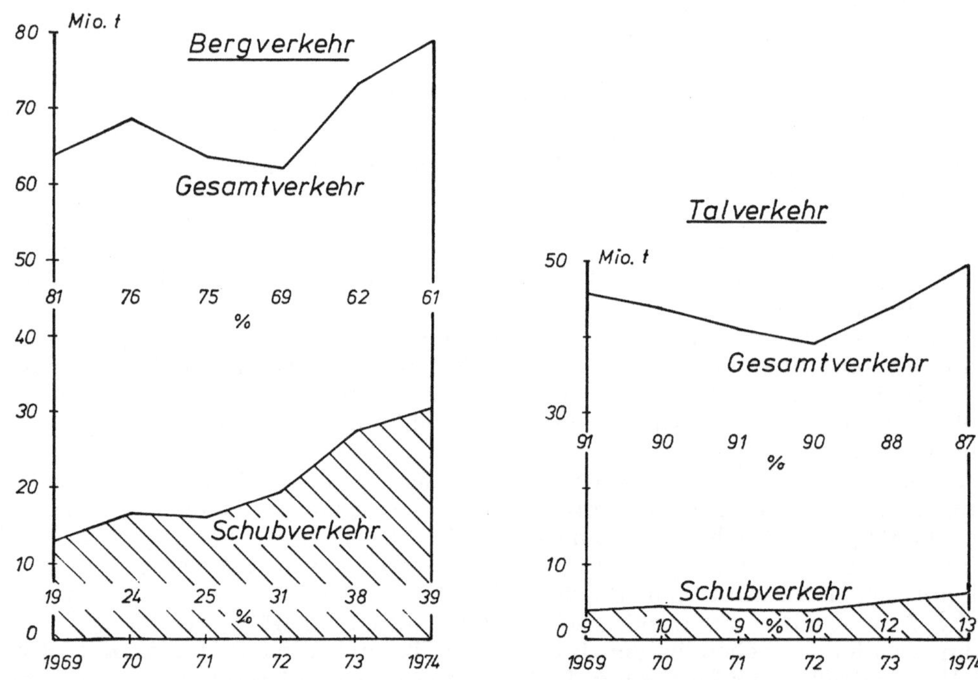

Abb. 1. Schiffsverkehr auf dem Rhein bei Emmerich

auf die Eigenart der Transportleistungen mit Schubschiffen hin. Unabhängig vom Gesamttransportaufkommen bedient die Schubschiffahrt nur ausgewählte Verkehrsbeziehungen. Im vorliegenden Falle sind es Erztransporte zu Berg sowie Kohlen- und Stahltransporte zu Tal zwischen Rotterdam und Duisburg bzw. umgekehrt. Der hohe Anteil des Schubverkehrs von 39% bleibt auf den Bergverkehr des Niederrheins beschränkt. Ebenso werden auch die Spitzenleistungen der Schubboote in dieser Verkehrsrelation erbracht. Der absolute Leistungsrekord für ein Schubboot liegt bei einer Transportleistung von 3,2 Mio t bzw. von 768 Mio t · km im Jahr. Auf dem übrigen Rhein und einigen seiner Nebenflüsse ist der Anteil der Schubschiffahrt wesentlich geringer. Auf manchen Wasserstraßen fehlt er ganz.

Im allgemeinen kann festgestellt werden, daß für die Ausweitung des Schubverkehrs die Einsparung der Personalkosten sprechen. Dagegen spricht aber, daß für die Schubschiffahrt es nicht genügend Verkehre gibt, die hinsichtlich ihres Entstehungs- und Zielortes sowie der Größe ihres Aufkommens geeignet sind, mit der Schubschiffahrt befördert zu werden.

Zukünftige Entwicklung der Binnenschiffahrtsflotte

Bei einem nur geringfügig steigenden Verkehrsaufkommen der Binnenschiffahrt in den kommenden Jahren wird der Verkehrsanteil der Schubverbände noch leicht zunehmen. Er wird sich dabei aber auf Verkehrsbeziehungen beschränken, bei denen die entsprechenden Vorteile voll zum Tragen kommen. Voraussetzungen dafür sind gleichbleibendes großes Massengutaufkommen zwischen zwei Punkten, Möglichkeit des Fahrens mindestens im Vierer-Verband, durchgehender Tag- und Nachtbetrieb des personalintensiven Schubbootes, keine Wartezeiten vor Schleusen und Fahren auf einer gut ausgebauten Wasserstraße ohne Behinderung der sonstigen Schiffahrt. Die Schubschiffahrt wird sich im allgemeinen auf die Wasserstraßenklassen V (z.B. Rhein zwischen Duisburg und Köln) und VI (z.B. Rhein unterhalb Duisburg) beschränken. Auf den Wasserstraßen der Klassen IVa (z.B. Neckar) oder IVb (z.B. Mosel) wird dem Schubverkehr als Zubringer Bedeutung zukommen. Dem leistungsfähigen Motorgüterschiff evtl. als schiebendem Selbstfahrer gehört die Zukunft, wenn Ausgangspunkt oder Ziel des Verkehrs nicht am Rheinstrom liegen, die Umschlagszeiten im Verhältnis zu den Reisezeiten kurz sind oder es sich um Ladungsaufkommen in kleineren Partien handelt.

In der Tankschiffahrt ist der Trend zum Schubleichter nicht mehr festzustellen, weil die Forderungen der Aufsichtsbehörden nach Anwesenheit von Besatzungsmitgliedern beim Liegen und Löschen wesentliche Vorteile der Schubschiffahrt zunichte machen.

Bei den Schubleichtern hat seit Jahren eine Standardisierung stattgefunden. Es gibt die Typen Europa I (70 × 9,5 m) und Europa II (76,5 × 11,40 m) mit der Variante IIa, die einen auf 3,90 m vergrößerten Tiefgang hat. Dieser Leichter hat voll abgeladen eine Tragfähigkeit von etwa 2700 t. Die genannten Leichtertypen haben sich bewährt, Änderungen der Größe und der Bauweise sind daher vorerst nicht zu erwarten.

Bei den Motorgüterschiffen hat es in jüngster Vergangenheit einige bemerkenswerte Neubauten gegeben. Eines der größten Schiffe, das auf deutschen Binnenwasserstraßen verkehrt, ist das Motorgüterschiff ‚Bison' mit einer Tragfähigkeit von etwa 4250 t bei 4,5 m Tiefgang und den Abmessungen 110 × 11,4 m. Damit ist die in der Rheinschiffahrtspolizeiverordnung zugelassene größte Länge erreicht. Ähnliche Abmessungen hat das Schiff ‚Hubert Holthuizen' mit 108 × 11,4 × 4 m bei 3590 t Tragfähigkeit. Die Länge dieses Schiffes wurde so gewählt, daß die Möglichkeit besteht, einen Europa II-Leichter zu schieben, ohne die zulässige Länge des Verbandes von 185 m zu überschreiten. Die genannten Schiffe zeichnen sich durch nicht unterteilte Laderäume, Hubsteuerhäuser, Pontonvorschiffe und zusätzliche Bugsteueranlagen aus. Typisch sind diese Schiffe jedoch nicht, der Trend wird von den sehr großen Tauchtiefen wieder abgehen, weil entsprechende Wasserstände auf dem Rhein, die eine volle Abladung erlauben, relativ selten sind. In der restlichen Zeit ergibt sich ein sehr ungünstiges Verhältnis der Ladefähigkeit zum Eigengewicht.

Dominierende Schiffstypen, vor allen Dingen auf Wasserstraßen mit Schleusen oder Hebewerken, werden weiterhin das Johann-Welker-Schiff mit 1350 t Tragfähigkeit und das Otto-Most-Schiff mit 1500 t Tragfähigkeit sein. Moderne Schiffe dieser Art sind vielfach wegen ihrer Pontonbauweise und wegen des Motorisierungsgrades als schiebende Selbstfahrer geeignet. Diese Kombination eines modernen Motorschiffes mit einem Schubleichter wird als Koppelverband bezeichnet. In den durchgehenden Laderäumen können Container gut gestaut werden. Bei den Tankschiffen werden ebenfalls Schiffe mit etwa 1500 t Tragfähigkeit vorwiegend in Pontonform gebaut, teilweise als Doppelhüllenschiff.

Auch bei den sogenannten Rhein-See-Schiffen zeichnen sich Neuerungen ab. In Abänderung des herkömmlichen Küstenmotorschiffes werden jetzt seegängige Allzweckschiffe gebaut, die auf allen Binnenwasserstraßen ab Klasse IV und allen europäischen Meeren fahren können. Beispiel dafür sind die Cargo-Liner-Schiffe mit einem hochklappbaren Bug, Hubsteuerhaus und automatisch verschließbaren Lukendecken (Abb. 2).

Zusammenfassend kann festgestellt werden, daß die Abmessungen der Schiffe stark zugenommen haben. Vergleicht man einen Schubverband mit 6 Leichtern, der jetzt versuchsweise auf einem Rheinabschnitt zugelassen ist, mit dem vor 10 Jahren üblichen Rheinkahn, so ergibt sich ein Tragfähigkeitsverhältnis von 10:1. Man kann also in der Binnenschiffahrt eine parallele Entwicklung zur Seeschiffahrt beobachten.

Verkehr von Schwimmcontainern

Es ist festzustellen, daß der sogenannte Barge-Carrier-Verkehr zunehmend an Bedeutung gewinnt. Schwimmcontainer der Systeme LASH (Lighter-Aboard-Ship) und SEABEE werden im Seeverkehr an Bord von Mutterschiffen transportiert. Während der Abwesenheit vom Mutterschiff übernehmen sie selbsttätige Verkehrsfunktionen. Der Weitertransport ins Hinterland erfolgt mit Schleppbugsierbooten bzw. in Schubverbänden mit einem Kopfteil, das mit Ankergeschirr, Ballastpumpen und aktiven Bugrudern ausgerüstet sein muß.

Mit diesen Schwimmcontainern der Systeme LASH (375 t Ladungsfähigkeit bei 19 m Länge und 9,5 m Breite sowie 2,75 m Tiefgang) und SEABEE (860 t Ladungsfähigkeit bei 30 m Länge und 11 m Breite sowie 3,20 m Tiefgang) wurden im Jahre 1975 insgesamt 0,38 Mio t Güter gelöscht und 0,33 Mio t Güter geladen. Die Haupttransportgüter waren: Eisen, Eisenwaren, Papier, Zellulose, Halbzeug. Schwerpunkte dieser Verkehrsart waren die Seehäfen Bremerhaven und Rotterdam mit den Binnenwasserstraßen Weser und Rhein.

Abb. 2. Modernes Allzweckschiff für die Fahrt auf Binnenwasserstraßen und europäischen Meeren
Abb. 3. Einfahrt eines Schubverbandes in eine Hafenmündung

Im Jahr 1960 entfielen noch 50% der Betriebszeit der Binnenschiffahrt auf Liegezeiten. Sie konnten mittlerweile erheblich reduziert werden. Trotzdem muß diese für die Binnenschiffahrt unproduktive Hafenzeit weiter eingeengt und auf das Mindestmaß begrenzt werden. Deshalb sollte ein moderner Binnenhafen nicht nur in der Lage sein, alle auf der angrenzenden Wasserstraße verkehrenden Schiffe aufzunehmen und abzufertigen; er muß auch die schnelle Behandlung der Schiffe ermöglichen. Deshalb wurde den geschilderten Veränderungen der Binnenschiffahrt in den Binnenhäfen baulich und betrieblich Rechnung getragen.

Probleme des Schubverkehrs

Der Schubverkehr auf den Wasserstraßen findet in Zweier-, Vierer- oder Sechser-Verbänden statt. Das Zusammenstellen und Auflösen der Verbände auf Strom ist schwierig, zeitraubend und gefährlich. Aus Gründen der Verkehrssicherheit und der Wirtschaftlichkeit ist daher anzustreben, daß die Schubverbände in geschlossener Formation in die Häfen einfahren (Abb. 3), und zwar soweit wie möglich, im Idealfall direkt bis zur Umschlagstelle. Das Einfahren ganzer Verbände setzt eine gut ausgebaute Mündung voraus, die oft nur durch wasserbauliche Umgestaltung, wie z.B. Änderungen an den Hafenmolen, zu erreichen sein wird. So ist z.B. für den Verkehr eines Vierer-Verbandes eine Mindestbreite von 80 m erforderlich.

Ist der Verkehr von geschlossenen Verbänden in den Häfen selbst nicht möglich, so sollten Liegeplätze in den Hafenmündungen vorhanden sein, die ausschließlich den Schubverbänden zur Verfügung stehen. Solche Liegeplätze müssen wegen des An- und Ablegemanövers bei Vierer-Verbänden mindestens 225 m lang und 30 m breit sein. Um die Leichter bei jedem Wasserstand sicher anlegen zu können, ist eine senkrechte Uferführung erforderlich. Das Ufer kann in senkrechter Form oder teilgeböscht mit eingegliederten Anlegepfählen (Abb. 4) ausgeführt werden. Bei einem geböschten Ufer bietet sich eine Dalbenreihe an; die Pfähle und Dalben erhalten zweckmäßigerweise einen Abstand von 45 m (Abb. 5).

An den Spundwänden, Kaimauern oder Dalben sind ausreichende Festmachevorrichtungen vorzusehen. Schäden an diesen Festmachevorrichtungen weisen darauf hin, daß die Berechnungsgrundlagen einer Überprüfung bedürfen.

Abb. 4. Uferausbau für das Anlegen von Schubverbänden

Abb. 5. Dalbenreihe zum Festmachen von Schubleichtern

Der Transport einzelner Leichter in den Häfen wird zweckmäßigerweise nicht von den Streckenschubbooten durchgeführt, vielmehr sollten kleinere Hafenbugsierboote den Transport vom Schubleichterliegeplatz zur Umschlagstelle und zurück übernehmen. In größeren Häfen wurden dafür gesonderte Bugsierdienste organisiert, die Tag und Nacht sowie auch an Sonn- und Feiertagen im Einsatz sind. Dabei vollbringt jedes Bugsierboot 40 bis 50 Leichterbewegungen je Tag. Schwierigkeiten bereitete zunächst auch das Betreuen der Leichter in den Häfen. Dieses Problem wurde jedoch so gelöst, daß zumeist mehrere Reedereien gemeinsam einen Wartungsdienst organisieren.

Obwohl die Manövriereigenschaften eines Schubverbandes denen von Motorschiffen gleichzusetzen sind, verursachen die An- und Ablegemanöver von Schubverbänden vielfach schwere Schäden an den Uferanlagen. Der Grund dafür ist in der Größe der Schiffseinheiten zu suchen. Manövrierfehler haben deshalb sofort beträchtlichen Folgen. Hinzu kommt, daß die Schiffsführer beim Verkehr mit Schubleichtern oftmals nicht die notwendige Verantwortung und Sorgfalt zeigen, wie es bei einem Motorschiff der Fall wäre. Darauf deuten u.a. auch zahlreiche Schadstellen an den Leichtern hin.

Bei Pfählen und Dalben sind die konstruktiven Möglichkeiten zur Verhinderung von Beschädigungen nunmehr erschöpft. Man ist vom Bündeldalben, der wegen der Verbände und der schwachen Einzelpfähle sehr empfindlich war, zum Einpfahldalben gekommen. Dieser wird aus Spezialstahl in stärksten Profilen mit zusätzlichen Verstärkungen ausgeführt. Dem Frontalstoß eines Schubverbandes kann jedoch auch er nicht standhalten.

Die Ausrundungen der Schubleichter an Bug und Heck haben nur sehr geringe Halbmesser und auch die Kimm ist scharfkantig ausgebildet. Ähnlich den Leichtern werden auch Motorgüterschiffe in dieser sogenannten Pontonform gebaut. Beim Anlegen kommt es oft vor, daß Fahrzeuge gegen die Spundwand gedrückt werden oder an dieser entlang gleiten. Wenn beim Anlegen der Auftreffwinkel zu groß ist, greifen die eckigen Bugs in die Spundwandtäler. Dabei kommt es dann zu einer punktförmigen Krafteinwirkung. Dadurch sind zahlreiche schwere Schäden an Leichtern und vor allen Dingen an älteren Spundwänden aus weniger elastischem Stahl entstanden (Abb. 6). Besonders, wenn die Spundwände geneigt gerammt sind, treten durch die eckige Kimm unter Wasser Schäden auf. Die Standsicherheit der Ufer bleibt zwar zunächst ungefährdet, aber verbeulte und aufgerissene Spundbohlen beeinträchtigen die Verkehrssicherheit.

Wenngleich Bestrebungen im Gange sind, die Schiffskörper wieder größer auszurunden, so ist deren Erfolg noch nicht abzusehen. Auf jeden Fall bleibt die Tatsache bestehen, daß die jetzt verkehrenden Schiffe auf mehrere Jahrzehnte weiter die Häfen anlaufen werden. Die Ufer müssen also so eingerichtet werden, daß möglichst geringe Schäden entstehen. Bei der jetzt üblichen Spundwandbauweise wirkt sich die Berg- und Talform der Bohlenwand negativ aus. Da aber diese Bauweise für den Uferbau praktisch die einzig brauchbare Fertigbauweise ist, wird man sie weiter verwenden. Allerdings laufen Untersuchungen, wie man durch konstruktive Änderungen eine möglichst glatte Uferfläche bekommt, z.B. durch Aufschweißen von Stahlblechen oder durch die Anwendung einer kombinierten Wand. Abschließende Ergebnisse dieser Untersuchungen liegen jedoch noch nicht vor.

Durch das Anfahren und Abbremsen von Schubverbänden immer an der gleichen Stelle, wie es bei den Schubleichterliegeplätzen vorkommt, sind Veränderungen der Hafensohle eingetreten. In Rotterdam und Duisburg wurden 1 m tiefe Auskolkungen festgestellt. Eine verstärkte Beobachtung der Hafensohle ist daher erforderlich. Beim Ausbau von Ufern sollten derartige Sohlenveränderungen rechnerisch berücksichtigt werden.

Der Verkehr von Schwimmcontainern in den Häfen erfordert durchgehend senkrechte Ufer zum Festmachen. Wegen ihrer geringen Länge von 16 bis 30 m ist es z. B. nicht möglich, die Container an Dalben ausreichend und verkehrssicher zu befestigen. Ein Verankern der Schiffsgefäße ist wegen der dafür fehlenden Ausrüstung nicht möglich.

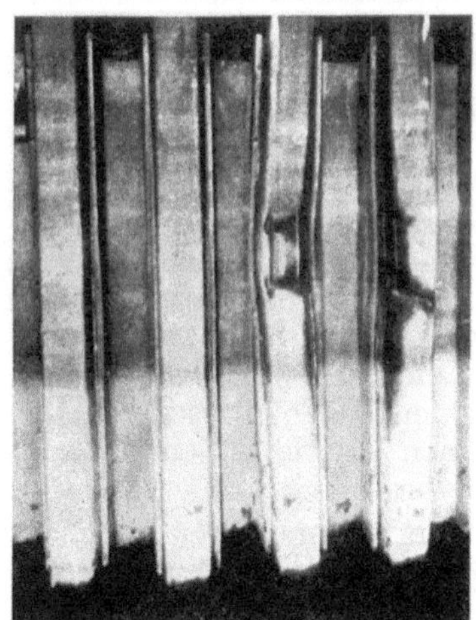

Abb. 6. Spundwandschaden an einem Liegeplatz für Schubleichter
Abb. 7. Konzentrierter Kraneinsatz bei der Entladung eines Schubleichters

Abmessungen von Hafenbecken und Umschlagtechnik

Im Strom oder Kanal stilliegende Schiffe sind dem Sog vorbeifahrender Schiffe oder Schiffsverbände besonders stark ausgesetzt. Deshalb ist unbedingt zu empfehlen, den Umschlag in Hafenbecken vorzunehmen. Wegen des Einsatzes von Schiffen mit Längen bis zu 110 m und immer größeren Breiten müssen die zu wählenden Abmessungen der Hafenbecken überdacht werden. Die Länge richtet sich nach den örtlichen Gegebenheiten und ist nicht beschränkt. Bei einer Breite der Hafenbecken von 130 m besteht die Möglichkeit, daß Schiffe jeder Länge dort wenden können. Dadurch wird das Rückwärtsfahren vermieden, das wegen häufig fehlender Schlepperhilfe sowie wegen des Fahrens mit grasendem Anker aufwendig und gefährlich ist. Die Wassertiefe der Hafenbecken sollte zweckmäßig etwas größer sein, als die der angrenzenden Wasserstraße.

Es wird häufiger der Fall sein, ein bestehendes Hafenbecken den neuen Verkehrsanforderungen anzupassen, als daß ein Neubau in Frage kommt. Es ist dann zu berücksichtigen, daß der Umbau den Verkehr nicht übermäßig behindert.

Die Rationalisierungserfolge der Binnenschiffahrt beruhen nicht zuletzt auf einem schnellen Umlauf. Deshalb ist anzustreben, die Liegezeit im Hafen zu verkürzen. Trotz der Ankunft größerer Partien muß eine schnelle Entladung sichergestellt werden. Der Einsatz mehrerer moderner Kräne für ein Schiff ist deshalb erforderlich. Die großen, nicht unterteilten Laderäume bieten die Möglichkeit dafür (Abb. 7).

Die Kapazität der Umschlageinrichtungen eines Binnenhafens sollte sich nicht an dem theoretischen Jahresumschlag orientieren. Sie muß wesentlich größer sein, um in begrenzten Zeiträumen Spitzenleistungen zu vollbringen. Deshalb kann man andererseits nicht erwarten, daß die Kräne im Hafen 100%ig ausgelastet sind. Erfahrungsgemäß ist allenfalls mit einer Auslastung bis zu 70% zu rechnen.

Eine weitere Voraussetzung für einen schnellen Hafen ist seine gute Erschließung durch Straße und Schiene. Das Vorhandensein möglichst großer Lagerflächen (überdacht oder im Freien) gestattet es einem Hafen, die ungleichmäßigen Transportleistungen der Schiffahrt einerseits und der Eisenbahn bzw. des Lastkraftwagens andererseits auszugleichen.

Moderne Schiffe mit automatisch verschließbaren Lukendeckeln ermöglichen einen von der Witterung unbeeinflußten Transport hochempfindlicher Güter und gestatten so die Erschließung neuer Verkehrsgüter für die Binnenschiffahrt. Voraussetzung ist allerdings, daß auch der Umschlag in geschützter Form stattfinden kann. Dafür sind in den Binnenhäfen überdachte Umschlaganlagen oder im Idealfall sogar Umschlaghallen, in die die Schiffe einfahren können, erforderlich.

Der rechtzeitige Kontakt etwa durch Telefon oder über Funk zwischen dem Binnenschiff und dem Umschlagunternehmen beschleunigt den Schiffsumlauf durch Verkürzung der Aufenthaltszeiten im Hafen. Dem auf der Wasserstraße sich nähernden Schiff kann rechtzeitig der richtige Liegeplatz zugewiesen werden, den es dann direkt anlaufen kann. Die Kenntnis von der Ankunftszeit eines Schiffes sowie aller Informationen über Schiff und Ladung ermöglicht frühzeitig die Disposition der Umschlaganlagen und die Bereitstellung des Anschlußtransportraumes. Schwierigkeiten, die sich aus den unterschiedlichen Betriebszeiten von Schiffahrt und Umschlaganlagen ergeben können, werden dadurch vermieden.

Container-Transport

Der Gütertransport in Containern gestattet schnelle Transporte, geschlossene Transportketten, die Einhaltung von Terminen und Schadensfreiheit. Seitens der Binnenschiffahrt wurden dafür die Voraussetzungen geschaffen, indem zahlreiche Schiffsneubauten in ihren Abmessungen bewußt so gestaltet wurden, daß sie beim Transport von Containern eine optimale Auslastung erreichen. Obwohl die Binnenschiffahrt bei den Wettbewerbsbedingungen derzeit gegenüber Bahn- und Straßenverkehr noch stark benachteiligt und deshalb der Verkehr entsprechend gering ist, wurden in zahlreichen Häfen die Voraussetzungen für den Umschlag von Containern geschaffen. In der Hoffnung, daß die künstlichen Schranken bald fallen werden, wurden entsprechend dimensionierte Kräne und hydraulisch betriebene Hebegeräte für den Weitertransport angeschafft sowie entsprechende Lagerplätze hergerichtet. Solche modernen Mehrzweckanlagen sind bereits in Emmerich, Duisburg, Köln, Mainz, Mannheim, Karlsruhe, Straßburg und Basel vorhanden.

Umschlag entzündbarer flüssiger Stoffe

Der Umschlag von Mineralölprodukten der Klasse IIIa des ADNR, besonders der Kategorien K0 bis K2 sollte grundsätzlich nur in Hafenbecken und nicht am Strom erfolgen. Außerdem sollte in diesen Hafenbecken möglichst kein anderer Umschlag stattfinden. Für Tankschiffe müssen in jedem Hafen gesonderte Liegeplätze ausgewiesen werden. Zum Festmachen beim Liegen und beim Umschlagen ist ein Ufer mit senkrechten Führungen notwendig. Entweder kann ein geschlossenes senkrechtes Ufer oder eine Dalbenreihe gewählt werden. Die Abstände solcher Dalben sind jedoch sorgfältig und nach den örtlichen Gegebenheiten festzulegen. Dabei müssen nicht nur die unterschiedlichen Längen der Schiffe, sondern auch die nicht einheitlich plazierten Schlauchanschlüsse berücksichtigt werden. Bei mehreren Umschlagstellen am gleichen Ufer ist auch die Frage des Sicherheitsabstandes mehrerer Schiffe untereinander zu beachten.

Einige Unglücke beim Transport und Umschlag brennbarer Stoffe haben auch auf internationaler Ebene zu einer regen Diskussion der dafür geltenden Richtlinien geführt. Der Dachverband der europäischen Chemieverbände, die CEFIC, hat in Zusammenarbeit mit anderen Gremien, u.a. auch mit den Bundesverbänden der Binnenhäfen und der Binnenschiffahrt, grundlegende Forderungen für Land- und schiffsseitige Einrichtungen für den Umschlag entzündbarer flüssiger Stoffe festgelegt. Über den Gewerbetechnischen Beirat des Bundesministers für Verkehr wurden diese Normen den deutschen Gesetzgebungsorganen zugeleitet. Es ist damit zu rechnen, daß in absehbarer Zeit ein einheitliches Sicherheitssystem, das an Land und Bord verbindlich angewendet wird, zur Verfügung steht, zumal es vom Bundesminister für Verkehr bereits anerkannt ist.

Die Sicherheitsanforderungen sind in den vergangenen Jahren wesentlich verschärft worden, das zeigt sich z.B. in der Forderung nach zwei unabhängigen Fluchtwegen sowie nach der Vorhaltung entsprechender Rettungsmittel.

Für den Feuerschutz müssen an den Umschlagstellen ausreichende Löschmittel vorhanden sein. Außerdem ist in großen Häfen ein Feuerlöschboot unerläßlich. Vielfach wird von den Aufsichtsbehörden das Vorhalten einer Schlängelanlage für jede Umschlagstelle gefordert. Besser jedoch ist die zentrale Vorhaltung einer Schlängelanlage und eines Bootes bei der örtlichen Feuerwehr, die den einsatzbereiten Zustand und den schnellen Einsatz garantiert.

Ein Problem, das dringend einer Lösung bedarf, ist die Abnahme von Wasch- und Ballastwässern sowie Ladungsresten von Tankschiffen. In der Bundesrepublik gibt es bisher nur eine öffentliche Anlage. Die Einrichtung mehrerer, jedem Schiffsführer zugänglicher, moderner technischer Anlagen in den Zentren des Mineralöl- und Chemikalienverkehrs ist unerläßlich.

Ausstattung der Häfen

Obwohl die Zahl der Beschäftigten in der Binnenschiffahrt zurückgeht, ist deren Forderung nach besseren Sozial- und Arbeitsbedingungen verständlich. Der Betreiber eines Hafens soll sicherstellen, daß nicht nur genügend und gut zugängliche Festmachevorrichtungen vorhanden sind, sondern auch Leitern und Treppen, die einen sicheren Landgang gewährleisten. Der senkrechte Aufstieg darf eine gewisse Höhe nicht überschreiten. Insofern bieten die gebrochenen Ufer gute Gelegenheit. In jedem Hafenbecken sollte eine breite Treppe vorhanden sein, die z.B. auch den Abtransport von Kranken mit der Bahre gestattet. Abzulehnen sind jedoch übertriebene Forderungen, wie z.B. nach Geländern entlang geböschter Ufer oder nach Beleuchtungsmöglichkeiten an jeder einzelnen Treppe. Selbstverständlich sollte jedoch eine Orientierungsbeleuchtung sein, die etwa eine Helligkeit erzeugt, die mit hellem Mondschein vergleichbar ist.

Eine Verringerung der Aufenthaltszeit in den Häfen wird durch die Versorgung der Schiffe auf dem Wasserwege erreicht. Dazu gehören die Bebunkerung, die Trinkwasserversorgung und die Versorgung mit Lebensmitteln.

Allgemeine Hafenverordnung

Die Sicherheit und die Ordnung in den Binnenhäfen werden durch die Anwendung der Allgemeinen Hafenverordnung erreicht, die in den Zuständigkeitsbereich der Länder fallen. Deshalb gelten auch in jedem Bundesland andere Vorschriften. Eine Vereinheitlichung, die durch die Erarbeitung einer Musterhafenverordnung angestrebt wird, ist daher dringend erforderlich.

Abschließend sei festgestellt, daß der Verkehr auf dem Wasserwege nur konkurrenzfähig bleiben wird, wenn alle Rationalisierungs- und Einsparungsmöglichkeiten ausgeschöpft werden. Dazu gehört auch der leistungsfähige, für alle verkehrenden Schiffe offene, schnelle sowie nicht zuletzt verkehrs- und umschlagssichere Binnenhafen.

Schrifttum

1. Heuser, H.: Vorschläge zur Formgebung und Antrieb moderner Binnenfrachtschiffe für den kombinierten Einsatz Rhein—Main—Donau. Hansa 105 (1968) Nr. 6, S. 421—427
2. Schubverkehr in Binnenhäfen. Empfehlung Nr. 12 des gemeinsamen Ausschusses für technische Fragen der Binnenhäfen des Verbandes öffentlicher Binnenhäfen e.V. und der Hafenbautechnischen Gesellschaft e.V. 1972
3. Seiler, E.: Die Schubschiffahrt als Integrationsfaktor zwischen Rhein und Donau. Zeitschr. für Binnenschiffahrt und Wasserstraßen 1972, Nr. 8, S. 300—312
4. Rümelin, B.: Mehrzweck-Aufgaben der Binnenwasserstraßen. Zeitschr. für Binnenschiffahrt und Wasserstraßen 1973, Nr. 3, S. 93—102
5. Großraum-Motorschiff „Hubert Holthuizen" in Fahrt. Binnenschiffahrts-Nachrichten 1973, Nr. 51/52, S. 784
6. Binnenschiffahrt in Zahlen. Duisburg-Ruhrort: Binnenschiffahrts-Verlag 1974
7. Warum sind so wenige Container auf dem Rhein zu sehen? Duisburg 5 (1974) Nr. 5, S. 27—29
8. Standardschiffe von „De Biesbosch-Dordrecht". Hansa 111 (1974) Nr. 14, S. 1221
9. Lackner, E.; Wirsbitzke, B.: Der Einfluß der wachsenden Größe von Massengutschiffen auf Planung und Entwurf von Hafenanlagen. Hansa 111 (1974) Nr. 18, S. 3—10
10. Dütemeyer: Die voraussichtliche Entwicklung der Binnenschiffahrt für den Güterverkehr in den Binnenhäfen. Vortrag anläßlich der ordentlichen Mitgliederversammlung des Verbandes öffentlicher Häfen e.V. am 10. 9. 1974 in Dortmund
11. Rosier, E.: Containertransport per Binnenschiffahrt kommt. Handelsblatt 23. 4. 1975, S. 69/70
12. Mehr Schubschiffe auf dem Rhein. Zeitschr. für Binnenschiffahrt und Wasserstraßen 1975, Heft 5, S. 164—165
13. Kruse, W.: Die Standardisierung von Binnenschiffen im Hinblick auf deren Wirtschaftlichkeit und den Ausbau der Binnenschiffahrtsstraßen. Die Rheinschiffahrt 1975, Nr. 14, S. 9—12
14. Heuser, H. H.: Schubverbände und Großmotorschiffe. Hansa 112 (1975) Nr. 13, S. 1047—1051
15. Hulsmann, G. W.: Der Erztransport mit Schubverbänden auf dem Niederrhein. Hansa 112 (1975) Nr. 17, S. 1291 bis 1293
16. Die große Kiste hat jetzt auch in Duisburg ihren Platz — Drei Firmen gründeten einen Container-Terminal am Rhein. Duisburg Nr. 5/75, S. 3 und 5
17. Maßarbeit für Schubleichter — Wenn es für die Schubverbände zu eng wird, kommen Bugsierboote. Duisburg Nr. 5/75, S. 17 und 19
18. Guschall, H.-J.: Welche Anforderungen stellt die Binnenschiffahrt an einen modernen Hafen? Zeitschr. für Binnenschiffahrt und Wasserstraßen 1976, Heft 6, S. 222—227
19. Barge-Carrier-System auf den Bundeswasserstraßen. Zeitschr. für Binnenschiffahrt und Wasserstraßen 1976, Heft 7, S. 266—267

Wasserstraßen im Mississippi-Gebiet

Verkehr, Verwaltung, Ausbau

Von Bauoberrat Dipl.-Ing. **Christian Krajewski**, Mainz
und **James R. Tuttle**, U.S. Army Corps of Engineers, Vicksburg, USA

1. Vorbemerkung

Dieser Beitrag geht auf eine Reise zurück, die der deutsche Verfasser im Juni 1975 im Mississippi-Flußgebiet zum Studium des amerikanischen Verkehrswasserbaus unternahm. Die Reise schloß sich an einen 2-monatigen Studienaufenthalt an der Colorado State University im Fort Collins an. Die Hafenbautechnische Gesellschaft hat das gesamte Unternehmen durch einen Zuschuß aus der Spende Goedhart gefördert, für den herzlich gedankt sei.

Stationen der Reise waren St. Louis, Vicksburg und New Orleans am Mississippi und Knoxville am Tennessee. Die Besuche galten den Behörden des US Army Corps of Engineers, der US Coast Guard, der Hafenverwaltung New Orleans und der Tennessee Valley Authority. Der Schwerpunkt des Besuchsprogramms lag beim Corps of Engineers, das die Wasserstraßen der USA ausbaut und unterhält. Der amerikanische Verfasser hat das Besuchsprogramm vorbereitet und den Besucher in Vicksburg betreut. Höhepunkte waren eine ganztägige Bereisung des Mississippi von Vicksburg aus und ein 1000-km-Hubschrauberflug über dem Delta.

Der Schwerpunkt der folgenden Darstellungen gilt dem Ausbau des unteren Mississippi. Um daneben aber auch einen möglichst umfassenden Überblick über das Wasserstraßensystem und den Verkehr des ganzen Mississippi-Gebietes zu geben, wurde der Rahmen der während der Reise gewonnenen Kenntnisse erweitert. Die persönlichen Eindrücke mußten dabei im Interesse einer möglichst objektiven Darstellung in den Hintergrund treten.

2. Einzugsgebiet

Das trichterförmige Einzugsgebiet des Mississippi ist mit 3220000 km² das drittgrößte der Erde, übertroffen nur von jenen des Amazonas und des Kongo. Mit seinen Nebenflüssen entwässert der Mississippi 42% der zusammenhängenden Landfläche der USA von den Rocky Mountains im Westen bis zu den Appalachen im Osten (Abb. 1). Das Gebiet umfaßt vor allem den alluvialen Getreidegürtel des mittleren Westens und die großen Ebenen. Der 1568 km lange Unterlauf des Mississippi leitet die Abflüsse aus den drei Flußgebieten des Missouri, des oberen Mississippi und des Ohio in den Golf von Mexico. Die größte Lauflänge im System beträgt — gemessen von den Quellflüssen des Missouri — 6210 km. Von der Quelle des oberen Mississippi nahe der kanadischen Grenze bis zum Meer sind es 3770 km.

Die Abflußverhältnisse der drei großen Zubringer sind sehr unterschiedlich (Tab. 1): Der Missouri (3726 km) liefert, obwohl er bei weitem das größte Einzugsgebiet besitzt, aus dem semiariden Westen mit nur 500 mm mittlerem Jahresniederschlag den kleinsten Beitrag zum Abfluß. Er kann allerdings im Frühjahr sehr hohe Spitzenabflüsse aufweisen. — Der obere Mississippi (1900 km) entwässert die Seenplatte westlich des Michigan und des Superior Sees. Obgleich sein Gebiet nur ein Drittel jenes des Missouri umfaßt, liefert es doch um 30% mehr Wasser. — Der Ohio (1579 km) schließlich — der „leuchtende Fluß" der Irokesen Indianer — führt dem System aus seinem niederschlagsreichen Gebiet (1000 mm/Jahr) im Osten im Jahresdurchschnitt mehr Wasser zu als die beiden anderen Flüsse zusammen.

Die drei Systeme ergänzen sich insofern, als der Ohio von Dezember bis Mai und der obere Mississippi von Juni bis November die höheren Beiträge zum Abfluß des unteren Mississippi liefern. In Hochwasserzeiten überwiegt während des ganzen Jahres der Ohio.

An der Mündung des Ohio tritt der Mississippi aus dem kontinentalen Hochland in das flache alluviale Tal seines Unterlaufes ein, durch das er rd. 1600 km bis zum Meer meandriert. Die erste Stromteilung am Old River — vergleichbar mit der Teilung des Niederrheins in Waal und Lek — und damit der Beginn des ausgedehnten Deltas, befindet sich 330 km oberhalb von New Orleans.

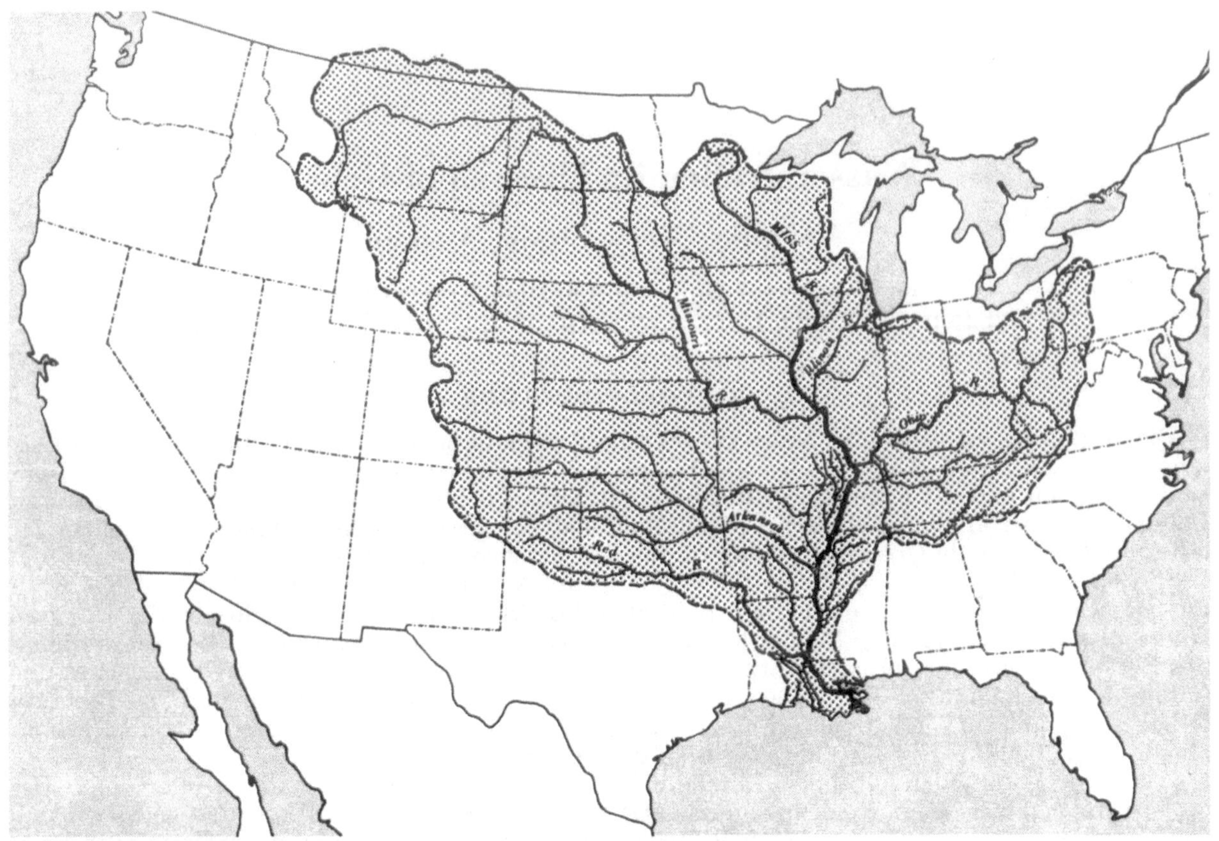

Abb. 1. Einzugsgebiet des Mississippi

Tabelle 1. Einzugsgebiete und Abflüsse großer Flüsse im Mississippi-Gebiet

Fluß	Pegel	Einzugsgebiet (km²)	Abfluß (m³/s)			Abflußspende (l/s · km²)
Oberer Mississippi	Alton, Ill.	444200	Mittel	(1928–63)	2620	5,9
			Min.	(1948)	225	0,5
			Max.	(1858)	16200	36,5
Missouri	Herman, Mo.	1368000	Mittel	(1928–63)	2000	1,5
			Min.	(1940)	119	0,1
			Max.	(1844)	25300	18,5
Mittlerer Mississippi	St. Louis, Mo.	1820000	Mittel	(1950–69)	4710	2,6
			Min.	(1863)	510	0,3
			Max.	(1844)	36800	20,2
Ohio	Metropolis, Ill.	525800	Mittel	(1928–63)	7340	14,0
			Min.	(1925)	283	0,5
			Max.	(1937)	52400	99,7
Arkansas	Little Rock, Ark.	352200	Mittel	(1928–63)	1180	3,4
Tennessee	Mündung	105200	Mittel	(1875–63)	1800	17,1
Red Ouachita	Alexandria, La. Monroe, La.	159500	Mittel	(1928–63)	1400	8,8
Unterer Mississippi	Vicksburg, Miss.	2964000	Mittel	(1928–63)	15520	5,2
			Min.	(1936)	2660	0,9
			Max.	(1927)	64500	21,8
Zum Vergleich[5]:						
Rhein	*Emmerich*	*162000*	*Mittel*	*(1936–65)*	*2200*	*13,5*
			Min.	*(1947)*	*590*	*3,7*
			Max.	*(1926)*	*12200*	*75,3*

Unterhalb von New Orleans hat der etwas mehr als zwei Drittel des Gesamtabflusses führende Hauptstromarm einen schmalen über 160 km langen Landstreifen aufgebaut, an dessen Ende sich der Strom in zahlreichen Mündungsarmen zum Golf von Mexiko hin verliert.

Das Einzugsgebiet des Mississippi ist für europäische Begriffe dünn besiedelt. Es ist vor allem als Agrargebiet (Getreide) bedeutend, besitzt aber an den Endpunkten der Wasserstraßen und an einigen Knotenpunkten industrielle Ballungsräume, wie z.B. Chicago am Illinois Waterway, Minneapolis am oberen Mississippi, Kansas City am Missouri, St. Louis am Zusammenfluß von Missouri und Mississippi, Pittsburgh und Cincinnati am Ohio, Memphis am unteren Mississippi und New Orleans an dessen Mündung. Das reiche Angebot an Süßwasser und der günstige Wasserstraßenanschluß haben besonders am unteren Mississippi immer mehr Industrien, und zwar vor allem der Petrochemie, angezogen.

3. Geschichtliche Entwicklung

Entdeckung und Besiedlung. Auf der Suche nach Gold erreichte der Spanier Hernando de Soto 1541 von der Atlantikküste kommend den Fluß etwa bei der heutigen Stadt Memphis. Der Historiker der Expedition, Garciliasco de la Vega, beschrieb ein Hochwasser großen Ausmaßes. Es begann am 10. März 1543 und erreichte seine Spitze 40 Tage später. Die überfluteten Flächen sollen sich über 90 km auf jeder Seite des Flusses erstreckt haben. Für mehr als ein Jahrhundert blieb der Fluß dann nicht mehr als eine Legende. Ende des 17. Jahrhunderts erkundeten französische Siedler von den Großen Seen aus den Fluß und 1682 segelte La Salle den Mississippi hinunter bis zum Meer. Er benannte das heutige Gebiet von Louisiana nach seinem König Louis XIV. Binnen weniger Jahre ließen sich dann französische Händler entlang des Mississippi nieder und drangen in das Gebiet der Natchez Indianer ein.

Im Jahre 1705 wurde die erste Floßladung aus dem Oberlauf zur Mündung gebracht. Es handelte sich um 15000 Bären- und Hirschhäute, die zum Weitertransport nach Frankreich bestimmt waren. — Als eine der ersten ständigen Siedlungen wurde 1718 New Orleans gegründet, das vier Jahre später Hauptstadt des Gebietes wurde.

Frühere Schiffahrt. Die Kanus der Indianer erwiesen sich bald als ungeeignet für die Bedürfnisse der Siedler. Ihnen folgten flachbodige Schiffe und Flöße, die jedoch nur zur Talfahrt geeignet waren und am Bestimmungsort zerlegt und als Bauholz verkauft wurden. Das Kielboot war die erste Königin des Flusses. Es war lang und schmal gebaut und überdauerte viele Reisen. Kielboote konnten bis zu 70 t Fracht befördern. Sie trieben mit der Strömung talwärts und wurden zu Berg getreidelt. Trotz großer Schwierigkeiten infolge tückischer Strömungen, treibender Baumstämme und wandernder Sandbänke, Flußpiraten und feindlicher Indianer wuchs der Verkehr auf dem Fluß am Anfang des 19. Jahrhunderts schnell.

Die Erfindung des Dampfschiffes brachte auch am Mississippi eine Revolution des Wasserstraßenverkehrs. Das erste Dampfschiff auf dem Mississippi war die „New Orleans" im Jahre 1811 — fünf Jahre bevor das erste Dampfschiff auf dem Rhein fuhr. Robert Fulton und Henry M. Shreve entwickelten in wenigen Jahren das typische westliche Dampfschiff mit geringem Tiefgang für den kombinierten Personen- und Gütertransport (Paketboot). Bereits 1817 unternahm Shreve eine Rundreise über ca. 3900 km von Louisville am Ohio nach New Orleans und zurück in 41 Tagen. 1817 wurde die erste Reise über die Mündung des Ohio hinaus nach St. Louis unter-

Abb. 2. Paketboot „City of Camden", ca. 1880

nommen und um 1830 hatte das Dampfschiff auch den oberen Mississippi bis hin nach Minneapolis erobert. — Die Reisezeiten wurden immer mehr verkürzt. Gelegentliche Schiffsrennen wurden legendär. 1870 lieferten sich die „Robert E. Lee" und die „Natchez" — beide etwa 90 m lang und 1360 t schwer — ein Rennen von New Orleans nach St. Louis über 2057 km. Die „Lee" gewann in 3 Tagen, 18 Stunden, 14 Minuten, also mit einer Reisegeschwindigkeit zu Berg von 22,9 km/h. Die Paketboote (Abb. 2) waren bis in die siebziger Jahre des 19. Jahrhunderts das bedeutendste Verkehrsmittel im Tal des unteren Mississippi. 1849 gab es etwa 1000 Paketboote mit etwa 230000 t Tragfähigkeit. Ab 1860 jedoch wanderte der Verkehr mehr und mehr auf das immer ausgedehntere und dichtere Eisenbahnnetz ab. Zwischen 1880 und 1920 ruhte die Schiffahrt fast völlig.

Die Basis für das Wiederaufleben der Schiffahrt war der nächste bedeutende Wandel in der Transporttechnik: Der schrittweise Übergang vom Paketboot zum Schubverband. Schon in der Blütezeit der Paketboote schoben diese häufig Kohleleichter für den Eigenbedarf vor sich her. Frühzeitig wurden auch schon Frachtleichter mitgeführt. Besonders Paketboote mit Heckrädern waren zum Schieben gut geeignet, so daß sich aus ihnen die Schubbote entwickelten. Im Jahr 1918 erlebte der Mississippi die Wiedergeburt des Schiffsverkehrs. Um Verkehrsengpässe zu beseitigen, wurde eine staatliche Schiffahrtsgesellschaft, die Federal Barge Line, gegründet. Sie konnte 1953, nachdem der Wasserstraßenverkehr einen großen Aufschwung genommen hatte, privatisiert werden. Bereits 1931 hatte der Güterverkehr auf dem Mississippi den doppelten Umfang der besten Jahre des 19. Jahrhunderts erreicht. 1961 wurde das letzte schaufelradgetriebene Schubboot außer Dienst gestellt.

Erste Ausbauarbeiten. Die Arbeiten zur Verbesserung der Schiffahrtsverhältnisse begannen 1820 mit Vermessungsarbeiten und 1824 mit der Beseitigung von treibenden Baumstämmen. 1831, also etwa zur selben Zeit wie in Deutschland am Oberrhein, plante und verwirklichte Captain Henry M. Shreve, ein Angehöriger des Corps of Engineers, einen künstlichen Durchstich an der heutigen Stelle des Old River (siehe Abb. 8). Die erste dauernde Verbesserung, ein „Damm nahe der Stadt St. Louis, um die Strömung zu lenken", wurde 1836/37 genehmigt. Man bemühte sich auch, an der Mündung des Mississippi eine 5,50 m bis 6,00 m tiefe Schiffahrtsrinne zu öffnen und zu erhalten.

Um 1850 hatten der wachsende Schiffsverkehr und gestiegene Hochwasserschäden die Forderung aufkommen lassen, die Bundesregierung solle sich an Ausbauarbeiten für die Schiffahrt und an Hochwasserschutzmaßnahmen beteiligen. Daraufhin wurden verschiedene Vermessungsarbeiten und Berichte gemacht, so auch der heute berühmte „Report Upon the Physics and Hydraulics of the Mississippi River" im Jahre 1861. — Von 1873 bis 1879 errichtete James B. Eads — er war zuvor durch den Bau der ersten eisernen Fachwerkbrücke über den Mississippi bei St. Louis berühmt geworden — im südwestlichen Mündungsarm ein Leitwerkssystem, durch das es gelang, die Fahrrinne auf 7,90 m mit einer größten Tiefe von 9,10 m zu vertiefen.

Wegen der für gewöhnlich mangelnden Zusammenarbeit der örtlichen Behörden bei den Vermessungsarbeiten und bei der Konstruktion der Ufersicherungen empfahl eine Ingenieurskommission 1875, eine einheitliche Organisation einzurichten, um die Planungs- und ingenieurmäßigen Ausführungsarbeiten zu koordinieren. Daraufhin wurde am 28. Juni 1878 durch Gesetz des US-Kongresses die noch heute bestehende „Mississippi River Commission" gegründet. Sie sollte aus drei Offizieren des Corps of Engineers — einer von ihnen als Präsident — je einem Mitglied der US Coast Guard und des US Geodetic Survey und aus drei Zivilpersonen, darunter zwei Bauingenieuren, bestehen. Alle Mitglieder sollten vom Präsidenten der Vereinigten Staaten mit Bestätigung durch den Senat ernannt werden. Unter den Mitgliedern der ersten Mississippi River Commission befand sich Benjamin Harrison, der 10 Jahre später Präsident der Vereinigten Staaten wurde. Aufgabe der Mississippi River Commission war es unter anderem, „Vermessungen zu leiten und fertigzustellen; das Flußbett zu korrigieren, auf Dauer festzulegen und zu vertiefen sowie die Ufer zu schützen; die Schiffahrt zu fördern, sie sicherer und leichter zu machen; zerstörerischen Hochwässern vorzubeugen."

4. Die Wasserstraßen im Mississippi-Gebiet

Zur Zeit besitzen die USA etwa 46700 km Binnenwasserstraßen für den Güterverkehr, die auf mindestens 1,83 m Tiefe ausgebaut sind. Auf ihnen wird rd. 10% des binnenländischen Güterverkehrs abgewickelt. Das Wasserstraßensystem des Mississippi (Abb. 3) umfaßt einschließlich des Gulf Intracoastal Waterway 21763 km. Die Nord-Südachse Minneapolis—New Orleans hat eine Länge von 2755 km. Der Mississippi und seine großen Nebenflüsse wurden in den letzten

60 Jahren systematisch für die moderne Schubschiffahrt ausgebaut. Auf fast allen Wasserstraßen wird eine Fahrrinnentiefe von 2,74 m vorgehalten. Bedeutende Ausnahmen sind nur der Gulf Intracoastal Waterway (3,66 m) und der Missouri (1,83 m und 2,13 m). Der Missouri und der Mississippi unterhalb St. Louis fließen ungehemmt, alle anderen bedeutenden Wasserstraßen sind staugeregelt. Die Abstände der Staustufen untereinander sind um ein Mehrfaches größer, als es in Mitteleuropa möglich ist; die Hubhöhen der Schleusen sind entsprechend größer. Die Schleusenbreite am oberen Mississippi, Illinois, Ohio, Tennessee und Arkansas beträgt einheitlich 33,53 m. Dies erlaubt die Durchfahrt von drei Standard-Schubleichtern nebeneinander. Die Schleusenlängen sind unterschiedlich, je nach dem Alter der Wasserstraße und deren Verkehrsbedeutung. 109,73 m, 182,88 m und 365,76 m sind die häufigsten Längen.

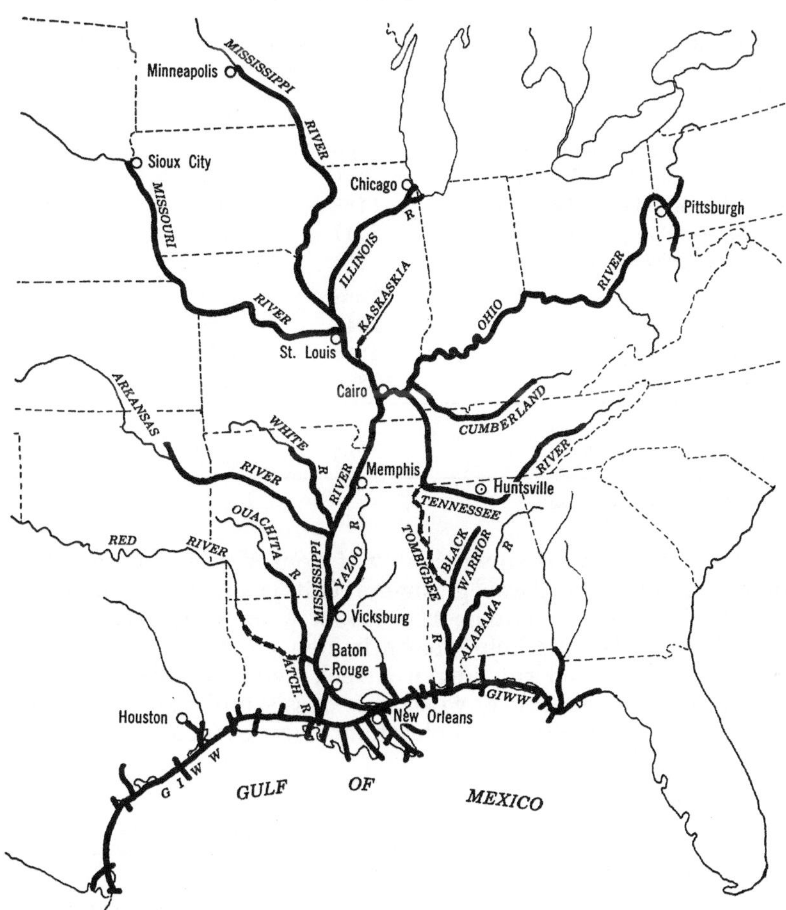

Abb. 3. Wasserstraßensystem des Mississippi

Am oberen Mississippi, dem Illinois Waterway und dem Missouri, muß die Schiffahrt von Anfang Januar bis Mitte Februar wegen Eis eingestellt werden. Eistreiben oder sogar Eisstau behindern die Schiffahrt auf dem mittleren Mississippi gelegentlich bis hinunter zur Mündung des Ohio (37. Breitengrad).

Auf allen Wasserstraßen kann die Schiffahrt bei Tag und Nacht betrieben werden. Schiffahrtsabgaben werden nicht erhoben.

5. Verkehr, Schiffahrt, Häfen

V e r k e h r. Seit 1930 hat sich die auf dem Mississippi transportierte Gütermenge etwa alle 10 Jahre verdoppelt und ist bis 1973 auf 250 Mill. t (einschl. Seeverkehr) angewachsen. Hierzu hat der inzwischen weit fortgeschrittene Ausbau des Mississippi und seiner Nebenflüsse entscheidend beigetragen. Es wird erwartet, daß sich der Verkehr (einschließlich Seeverkehr) bis zum

Jahre 2020 auf 1100 Mill. t erhöhen wird. Ursache hierfür sind die sehr niedrigen Transportkosten auf dem Wasser, die in [4] für 1970 wie folgt angegeben werden:

Verkehrsmittel	Kosten je t · km
Flugzeug	0,113 Dollar
Lastwagen	0,038 Dollar
Eisenbahn	0,0085 Dollar
Binnenschiff	0,0017 Dollar

Tabelle 2. Beförderte Gütermengen in Mill. t [1, 2]

Wasserstraße	Länge (km)	Jahr	Gütermenge
Mississippi			
— Gesamt	2944	1973	157,9
— Minneapolis—St. Louis	1060	1972	55,1
— St. Louis—Ohio-Mündung	314	1972	61,2
— Ohio-Mündung—Baton Rouge	1168	1972	93,2
— Baton Rouge—New Orleans*	217	1972	148,1
— New Orleans—Golf*	185	1972	155,5
Ohio	1568	1973	123,2
Tennessee	1049	1974	24,6
Gulf Intracoastel — Waterway	1888	1973	91,4
Mississippi — Stromgebiet	19875	1972	380,8
Zum Vergleich:			
Rhein, Basel—Emmerich	*703*	*1975*	*185,4*

* einschließlich Seeverkehr

Die Zahlen der Tabelle 2 lassen erkennen, daß auf dem Mississippi zwischen Minneapolis und dem Golf mit Binnenschiffen eine etwas geringere Gütermenge als auf dem „konventionellen Rhein" befördert wird. Die mittlere Transportweite ist jedoch mit 846 km etwa fünfmal größer als auf dem Rhein (174 km). Die Verkehrsdichte in den einzelnen Abschnitten des Systems ist in Abb. 4 dargestellt. Auf der 1168 km langen Strecke von der Mündung des Ohio bis Baton Rouge, dem Endpunkt der Seeschiffahrt, weist der Mississippi den stärksten Verkehr auf. Ein Vergleich mit dem Niederrhein mag die Verkehrsdichte verdeutlichen:

	Mississippi (Vicksburg, 1973)	Rhein (Emmerich, 1973)
Güterdurchgang (t)	77000000	137000000
Schiffsbewegungen (Anzahl)	ca. 14000	ca. 190000 (leer und beladen)

Emmerich wurde somit von der 1,7fachen Gütermenge auf etwa der 14fachen Anzahl von Schiffseinheiten einschließlich Schubverbänden passiert.

Schiffahrt. Als Transportgefäße werden auf dem Mississippi fast ausschließlich Schubleichter verwendet. Der mittlere Schubverband umfaßt 6,4 Leichter und befördert 5600 t Ladung. Die Größe der Verbände nimmt alle 10 Jahre um einen Leichter zu. — Die mittlere Leistung der Schubboote beträgt 3000 PS. Einige Schubboote entwickeln bis zu 10500 PS Antriebsleistung („Lily M. Friedman" und „Argonaut"). Einer der größten Verbände, die in den letzten Jahren festgestellt wurden, war ein Talverband mit 52 Leichtern (39000 t Ladung). Der Verband wurde vom Boot „United States" geschoben, das etwa 8500 PS entwickelt. Dieser Verband war 75 m breit und 460 m lang. — Die Abmessungen der für die verschiedensten Frachten spezialisierten Leichter sind genormt (Länge $\times$ Breite $\times$ Tiefgang):

- für Trockenfracht: $59{,}44 \times 10{,}67 \times 2{,}74$ m (1361 t)
- für Flüssigfracht: $89{,}92 \times 15{,}24 \times 2{,}74$ m (2268 t)

Es gibt zwei Betriebsformen der Schubschiffahrt. In der älteren bedient ein Schubboot im Liniendienst eine meist sehr lange Strecke und nimmt unterwegs Leichter auf oder gibt sie wieder

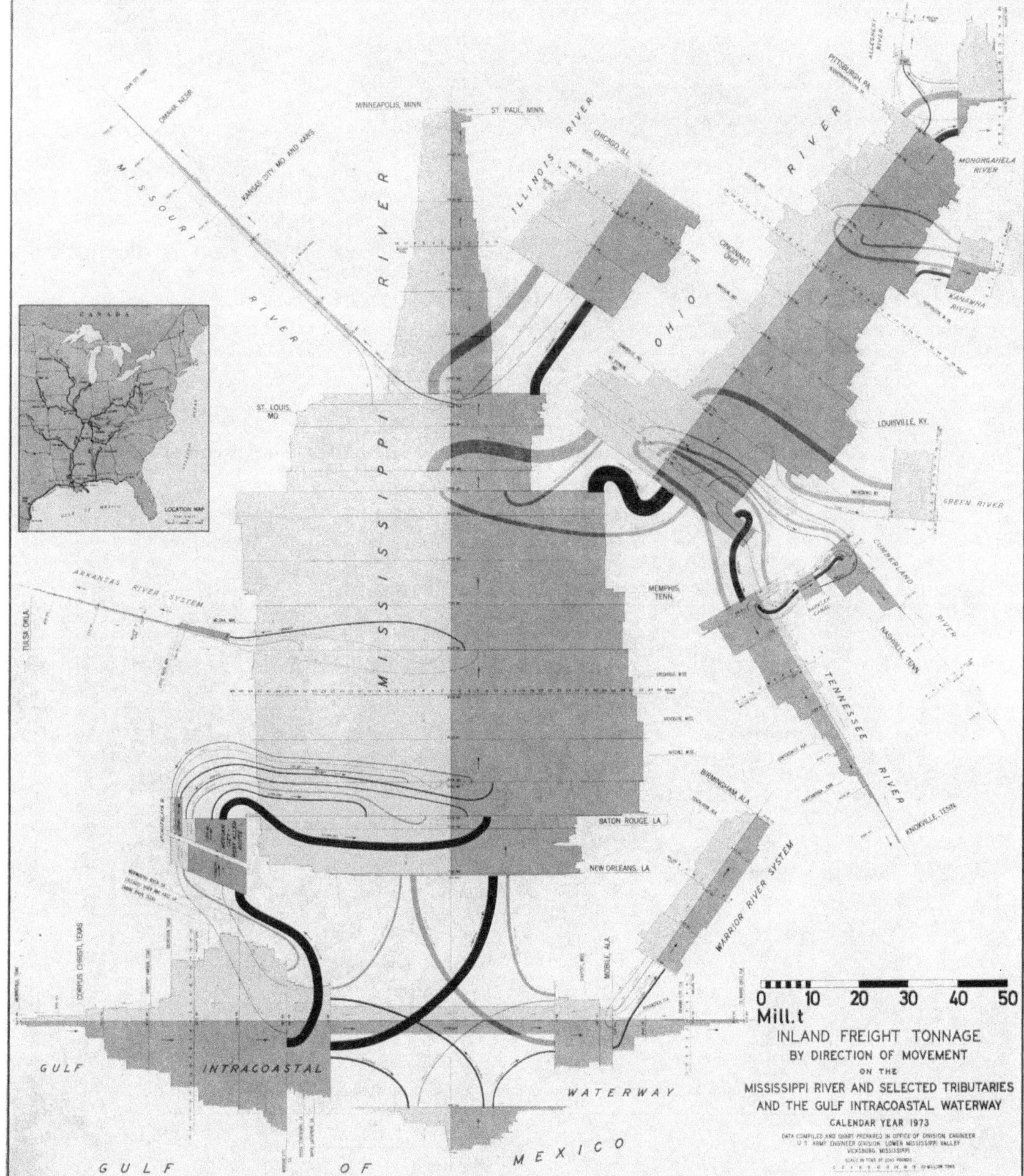

Abb. 4. Güterverkehr 1973 auf dem Mississippi, ausgewählten Nebenflüssen und dem Golfküstenkanal

ab. Die bunt zusammengewürfelten Verbände werden als diversified tows bezeichnet. Sammelplätze für die Leichter sind große Flußreeden. Die Rangierarbeiten werden von Hafenschubbooten erledigt, damit der Aufenthalt möglichst gering ist. Während der Reise kann ein diversified tow auf 30 bis 40 Leichter anwachsen (Abb. 5). Die normale Reisezeit eines diversified tow von New Orleans nach Chicago beträgt 14 Tage, in umgekehrter Richtung zu Tal 11 Tage.

Der integrierte Schubverband (integrated tow) besteht aus mehreren Leichtern derselben Breite und Tiefe, die bis zur selben Tiefe abgeladen sind (Abb. 6). Der erste und der letzte Leichter haben ein sehr langes abgeschrägtes und ein rechteckiges Ende. Alle anderen Leichter haben zwei recht-

Abb. 5. Schubverband mit 48 meist verschiedenartigen Leichtern (diversified tow)

Abb. 6. Integrierter Schubverband im Hafen New Orleans

Tabelle 3. Güterumschlag in den wichtigsten Mississippi-Häfen in Mill. t

Hafen	Umschlag 1964	Umschlag 1974	Anstieg %
Minneapolis	0,90	2,29	154
St. Paul	3,87	4,66	21
Groß-St. Louis	*	19,65	—
Memphis	6,48	10,07	55
Helena	1,63	2,94	80
Greenville	1,12	2,20	97
Vicksburg	1,25	2,59	106
Baton Rouge	28,01	53,64	91
New Orleans	75,75	130,81	73

* Hafengrenzen 1972 erweitert

eckige Enden. Letztere können während der Reise abgegeben oder hinzugenommen werden. Diese Anordnung bewirkt, daß mehrere zusammengekoppelte Leichter wie ein einziger sehr großer Leichter reagieren.

Häfen. Die wichtigsten Häfen am Mississippi und ihr Umschlag sind in Tabelle 3 aufgeführt. — Im Hafen New Orleans wurden 1974 131 Mill. t umgeschlagen, davon 27 Mill. t im Außenhandel. Nach der Tonnage ist New Orleans der zweitgrößte Hafen der USA und der drittgrößte der Erde. Der Hafen wird vom Staat Louisiana nach privatwirtschaftlichen Grundsätzen betrieben. Die Anlagen bestehen im wesentlichen aus Stromkajen und eingeschossigen Schuppen entlang des linken Flußufers (Abb. 6) sowie aus einem Hafenkanal mit angegliederten Becken. Der Menge nach ist Getreide das Hauptumschlagsgut. New Orleans ist der Geburtsort der Lash- und Seabee-Systeme.

6. Staatliche Aufgaben

Die Art der in Deutschland von der Wasser- und Schiffahrtsverwaltung des Bundes wahrgenommenen Aufgaben obliegt in den USA zwei Bundesverwaltungen, dem US Army Corps of Engineers und der US Coast Guard. Am Tennessee River besteht als Sonderverwaltung die Tennessee Valley Authority, die dort auch den Ausbau und die Unterhaltung der Wasserstraße wahrnimmt.

6.1 US Coast Guard (USCG)

Die US Coast Guard ist die kleinste Teilstreitmacht der USA. Wegen ihrer bedeutenden zivilen Aufgaben untersteht sie in Friedenszeiten dem Verkehrsministerium (Department of Transportation). Dem Ministerium nachgeordnet sind 12 Ämter (districts), die räumlich das ganze Gebiet der USA überdecken. Der 2. District in St. Louis ist flächenmäßig der größte; er umfaßt das ganze Einzugsgebiet des Mississippi oberhalb von Baton Rouge. Die Aufgaben der US Coast Guard an den Binnenwasserstraßen sind:

— Setzen, Unterhalten und Betreiben der Schiffahrtszeichen,
— Verkehrssicherung,
— Brückengenehmigungen (lichte Weite und Höhe),
— Schiffsuntersuchung, Typprüfung von Sportbooten,
— Hafenaufsicht,
— Kontrolle über die Einhaltung der Reinhaltevorschriften (zusammen mit der Federal Environment Protection Agency),
— Kontrolle des Schiffsverkehrs, Anordnung von Sperrungen bei Hochwasser und Eis,
— Organisation der Katastrophenhilfe.

Die Abteilung „Aids to Navigation“ betreut von St. Louis aus an 9800 km Wasserstraßen rd. 10000 Tonnen und 2700 Landzeichen. Dies wird getan mit

— 1 zentralen Büro (7 Personen)
— 22 Tonnenlegern (je 10—22 Personen)
— 1 zentralen Tonnenhof mit Werkstatt in St. Louis
— 10 Tonnenhöfen (je 4 Personen).

Am Mississippi werden verhältnismäßig viele Tonnen ausgelegt. Anders als in Deutschland wird — in Fließrichtung gesehen — die rechte Seite der Fahrrinne mit schwarzen und die linke Seite mit roten Tonnen bezeichnet. Leuchttonnen werden nur vereinzelt eingesetzt. Die Tonne für den unteren Mississippi ist etwa 2,50 m hoch. In staugeregelten Flüssen werden kleinere Tonnen verwendet. Am Mississippi liegen die Tonnen an Betonankersteinen, am Unterlauf des Missouri werden zur Verankerung kegelstumpfförmige Blechkörper von ca. 25 cm Durchmesser etwa 3 m in die Sohle eingespült. Jährlich gehen bis zu 50% aller Tonnen verloren. — Die Tafelzeichen am Ufer zeigen an, ob der „thalweg“ am Ufer verläuft (passing daymark) oder ob er die Stromachse zum anderen Ufer hin kreuzt (crossing daymark). Bei Nacht werden von den Tafelzeichen Blinksignale gegeben, für die als Energiequelle Batterien verwendet werden.

Die Tonnenleger (tender) haben die Aufgabe, die richtige Lage der Tonnen zu kontrollieren, neue Tonnen auszulegen und die Tafelzeichen am Ufer zu reparieren. Jeder tender hat seinen Bereich, den er etwa im 14-Tage-Rhythmus abfährt. Bei der Längspeilung wird der tender abwechselnd von einem der drei Unteroffiziere (chiefs) gesteuert. Dabei wird immer jener Teil der

Fahrrinne angehalten, der die geringste Tiefe hat. Auf der Grundlage dieser Längspeilung schreibt, vervielfältigt und versendet der chief in eigener Verantwortung ohne Einschaltung des Büros in St. Louis den Streckenbericht (channel report, auch steering directions genannt). Darin ist für jeden Streckenabschnitt angegeben, wo die Fahrrinne liegt, wie tief sie ist und auf welcher Tiefe die Tonnen ausgelegt sind. Der channel report wird in Briefkästen für die Schiffer entlang der Strecke hinterlegt und außerdem an die Reedereien versandt.

Am unteren Mississippi werden die Tonnen bei hohem Wasserstand etwa auf der 6 m-Tiefenlinie ausgelegt. Mit fallendem Wasser werden sie immer weiter zum „thalweg" verzogen, wobei die Tiefe schließlich auf das unterhaltene Mindestmaß von 2,74 m vermindert wird. — Neben dem channel report werden im ganzen Mississippi-Gebiet zweimal täglich über Funk Schiffahrtsnachrichten ausgestrahlt. Für kleinere Bereiche gibt es besondere Sendungen. Telefonanschluß auf Schiffen und Schiff-Schiff-Funksprechverkehr ist wie in Deutschland gebräuchlich.

6.2 US Army Corps of Engineers (USCE)

Das US Army Corps of Engineers wurde 1775 von George Washington gegründet. Als schlagkräftige technische Organisation des Bundes hat das USCE im Laufe der Zeit immer mehr zivile Bauaufgaben, und zwar vor allem an den Wasserstraßen, übernommen. Heute ist das USCE die größte und vielseitigste Ingenieurorganisation der Welt. Der weitaus größte Teil der Aufgaben ist ziviler Natur. Das USCE war verantwortlich für so unterschiedliche Bauwerke wie das Kapitol der USA in Washington, D.C., den Panama-Kanal, den NASA Komplex auf Cape Kennedy, viele Eisenbahnlinien und sogar den Bau von Postämtern. Dennoch ist der Wasserstraßenbau die Domäne des USCE geblieben.

An der Spitze des USCE steht das Office of the Chief of Engineers unter dem Secretary of the Army in Washington. Ihm nachgeordnet sind 11 Direktionen (divisions) und 42 Ämter (districts).

Die idyllische Kleinstadt Vicksburg, auf einer Anhöhe am linken Ufer des unteren Mississippi gelegen, ist der Sitz von drei bedeutenden Behörden des USCE:

— die USCE Lower Mississippi Valley Division

— der USCE Vicksburg District

— die USCE Waterways Experiment Station.

Die Lower Mississippi Valley Division leitet die districts St. Louis, Memphis, Vicksburg und New Orleans. Deren Aufgaben erstrecken sich nicht nur auf den Lauf der Wasserstraßen, sondern auch flächenhaft auf Teile des Einzugsgebiets. Der Division Engineer ist zugleich Präsident der Mississippi River Commission (s. Seite 268).

Das Gebiet der Division erstreckt sich von Hannibal am oberen Mississippi — 500 km oberhalb der Mündung des Ohio — bis zum Golf von Mexico. Die Zahl der Beschäftigten beträgt bei der division etwa 200 und bei den districts jeweils zwischen 1100 und 1400, davon 20 bis 30% Büropersonal. Während der Bausaison im Herbst werden zusätzlich je district mehrere hundert Saisonarbeiter eingestellt. Die division beschränkt sich auf die Kontrolle und Koordinierung der districts. — Wie auch in Deutschland werden Neubauaufgaben im allgemeinen an Baufirmen vergeben, während Unterhaltungsarbeiten von verwaltungseigenem Personal ausgeführt werden. Eine Ausnahme von diesem Grundsatz stellt der Bau von Uferdeckwerken dar, den das Corps of Engineers selbst vornimmt. — Die Behörden der Lower Mississippi Valley Division erfüllen ausschließlich zivile Aufgaben. Die 3 bis 5 Spitzenstellungen sind mit Offizieren besetzt, alle anderen Beschäftigten sind Zivilpersonen.

Die Waterways Experiment Station (WES) ist die zentrale Forschungs-, Prüfungs- und Entwicklungsanstalt des USCE. Überwiegend werden wasserbauliche Untersuchungen angestellt, aber es werden z.B. auch Landebahnen für Flugplätze und Pionierausrüstungen geprüft. In der Anstalt sind ca. 1500 Personen beschäftigt, im Wasserbaulabor sind es 170, davon 85 Ingenieure. Alle Arbeiten — überwiegend aus dem Bereich des USCE, aber auch für andere Bundesbehörden — werden auf Grund von Aufträgen finanziert und erreichen ein Volumen von 50 Mill. Dollar im Jahr.

Das „Mississippi Basin Model" in Clinton ist mit 90 ha Grundfläche das größte Flußmodell der Welt. Es wurde zwischen 1943 und 1950, zeitweise unter Mithilfe von 3000 deutschen Kriegsgefangenen, gebaut. Das Modell umfaßt alle großen Nebenflüsse des Mississippi und wird für Hochwasseruntersuchungen benutzt. Während des Hochwassers 1973 diente es zur kurzfristigen Hochwasser-Vorhersage und zur Vorbereitung der Manöver an den großen Kontrollbauwerken des unteren Mississippi.

7. Ausbau des Mississippi

7.1 Oberer Mississippi

Der obere Mississippi ist zwischen Minneapolis und St. Louis auf 1077 km mit 27 Staustufen kanalisiert. Die Arbeiten wurden im wesentlichen zwischen 1930 und 1940 ausgeführt. Die Fahrrinne ist 2,74 m tief und 91,44 m breit. Jede Stufe — ausgenommen die beiden untersten — besitzt eine Einzelschleuse 182,88 × 35,53 m. — Die beiden Schleusen der untersten Stufe Nr. 27 (Chain of Rocks) liegen in einem 13,5 km langen Seitenkanal (Abb. 7), der eine frühere Kataraktenstrecke umgeht. Vor dem Ausbau, der 1953 vollendet wurde, war das Gefälle in dieser gefährlichen Felsenstrecke mit 0,3‰ dreimal größer als normal und die Fahrrinnentiefe bei Niedrigwasser lag bei 1,70 m. Der Flußlauf ist mit einem Niedrigwasser-Steindamm geringfügig gestaut, um das Unterwasser der nächsthöheren Staustufe Nr. 26 zu stützen. Die Schleusengruppe besteht aus

Abb. 7. Die Eingangsschleusen Nr. 27 zum oberen Mississippi bei St. Louis, in einem Seitenkanal gelegen. Verkehr 1974 51 Mill. t Güter

einer Hauptschleuse 365,76 × 35,53 m und einer Hilfsschleuse 182,88 × 35,53 m. Die Hauptschleuse erlaubt es, Schubverbände mit 5 × 3 Standardleichtern ungebrochen zu schleusen. Mit der Passage von 51,3 Mill. t 1974 gilt sie als die verkehrsreichste Binnenschleuse der Welt. Die normale Hubhöhe liegt zwischen 1,50 m und 3,35 m, die Füllzeit beträgt 7½ Minuten. Das Untertor ist als Stemmtor ausgebildet, das Obertor als Senktor mit profilierter Oberkante für die Eisabfuhr.

In der Haltung Nr. 26, der zweiten von unten, zweigt der Illinois River mit der Verbindung nach Chicago ab (siehe Abb. 4). Die ältere Staustufe Nr. 26 mit zwei Schleusenkammern 182,88 × 35,53 m bzw. 109,73 × 35,53 m ist zum Engpaß am oberen Mississippi geworden.

Die mittlere Wartezeit betrug 1975 5 Stunden. Es ist deshalb geplant, 3 km unterstrom der jetzigen Anlage eine neue Staustufe mit zwei Schleusen 365,76 × 33,53 m zu errichten. Diese Schleusen wurden für ein Verkehrsaufkommen von 155 Mill. t im Jahr 2020 bemessen.

7.2 Mittlerer Mississippi

Als mittlerer Mississippi wird der relativ kurze (314 km) Abschnitt zwischen der Missouri-Mündung bei St. Louis und der Ohio-Mündung bezeichnet. Die charakteristischen Zahlen für den mittleren Mississippi werden im folgenden jenen des Niederrheins bei Köln gegenübergestellt, um sie für den deutschen Leser zu verdeutlichen:

	Mississippi St. Louis	Rhein Köln
Einzugsgebiet (km²)	1820000	145000
Abfluß, NNQ (m³/s)	510 (1863)	465 (1929)
MQ	4710 (1950/69)	2090 (1931/70)
HHQ	36800 (1844)	11100 (1926)
max. Wasserstandsschwankung (m)	15,09	9,69
mittlere Breite, bordvoll (m)	975	350–450
Regulierungsbreite (m)	460	300
Gefälle (‰)	0,11	0,2
Sohlenkorn, D_{50} (mm)	0,4	30

1927 beauftragte der US Kongreß das Corps of Engineers, am mittleren Mississippi eine Fahrrinne von 91,44 m Breite und 2,74 m Tiefe herzustellen. Dieses Regulierungsziel wurde mit Buhnen und Deckwerken erreicht. Die konstruktive Gestaltung der Bauwerke gleicht jener am unteren Mississippi und wird weiter unten beschrieben. Die Wirkung der Regulierungsbauwerke wird durch Baggerungen in den Übergängen unterstützt. — Entlang des mittleren Mississippi, und zwar vor allem am östlichen Ufer, wurden seit 1936 insgesamt 448 km Hochwasserdämme oder Mauern errichtet.

7.3. Unterer Mississippi

7.3.1 Allgemeines

Das Tal des unteren Mississippi erstreckt sich über rd. 1600 km von der Mündung des Ohio bis zum Golf von Mexiko. Es kann grob in zwei Hauptabschnitte unterteilt werden: das alluviale Tal zwischen der Ohio-Mündung und Baton Rouge und das Delta von Baton Rouge bis zum Meer.

Ohio-Mündung bis Baton Rouge. Über den größten Teil des alluvialen Tales besteht die oberste Schicht des Talbodens, in der die Flußufer liegen, aus relativ lockerem, leicht erodierbarem Material. Hingegen steht im Bereich der Flußsohle gröberes und dichteres Material an.

Deshalb widerstehen die Ufer dem Strömungsangriff in geringerem Maße als die Sohle. Somit ist dieser Flußabschnitt durch große Meander gekennzeichnet (Windungsgrad 1,4 bis 1,8), die zum Teil abgeschnitten wurden und zahlreiche gerade Strecken entstehen ließen. Diese geraden Strecken werfen für den Flußbau die schwierigsten Probleme auf.

Der Mississippi erreicht etwa bei der Stadt Vicksburg seinen größten Abfluß, bevor er seinen Lauf im Delta aufspaltet und kann dort durch folgende Zahlen charakterisiert werden (s. auch Tab. 1):

mittlere Breite, bordvoll	1800	m
mittlere Breite, bei NW	790	m
mittlere Tiefe, in Kolken	22	m
mittlere Tiefe, in Übergängen	6,40	m
mittleres Gefälle	0,4	‰
max. Wasserstandsschwankung	15,20	m
Sohlenkorn, D_{50}	0,4	mm
Strömungsgeschwindigkeit, bei NW	1 –1,5	m/s
Strömungsgeschwindigkeit, bei HW	1,8–2,7	m/s

Die Feststofffracht des unteren Mississippi wird auf 300 Mill. t/Jahr geschätzt. Davon werden 70 bis 90% als Schwebstoff, der Rest als Geschiebe befördert. Mit bordvollen Wasserständen muß etwa zwischen Dezember und Juli gerechnet werden, während die Niedrigwasserzeiten im Herbst liegen.

Trotz zahlreicher Ausbaumaßnahmen — besonders in den letzten 50 Jahren — macht der untere Mississippi oberhalb von Baton Rouge auf den europäischen Betrachter auch heute noch den Eindruck eines Flusses, der dem Urzustand recht nahe ist. Die Uferlinien verlaufen teilweise noch unregelmäßig und die Strombreiten schwanken infolge zahlreicher großer Inseln und Sandbänke in weiten Grenzen (600 bis 3500 m). Obwohl die Linienführung des Flußbettes durch Durchstiche und Strombauwerke beträchtlich geändert wurde, haben die Ufer doch größtenteils ihr natürliches Aussehen bewahrt. An ihnen zieht sich wie eine grüne Wand ein dichter Auewald entlang. Die Hochwasserdämme, das Charakteristikum des unteren Mississippi, liegen meist außerhalb der Sichtweite des Flußreisenden einen bis mehrere Kilometer vom Ufer entfernt. Der direkte Zugang zum Fluß konzentriert sich auf die Städte entlang des Flusses. Die großen Strombreiten und die kaum bewegte Wasserfläche geben dem Fluß an vielen Stellen ein seenartiges Aussehen.

Delta. Das Große Mississippi Delta (Abb. 8) unterhalb von Baton Rouge umfaßt ein Gebiet von etwa 300 km Länge und 80 km Breite, das überwiegend südwestlich des Hauptstromes liegt.

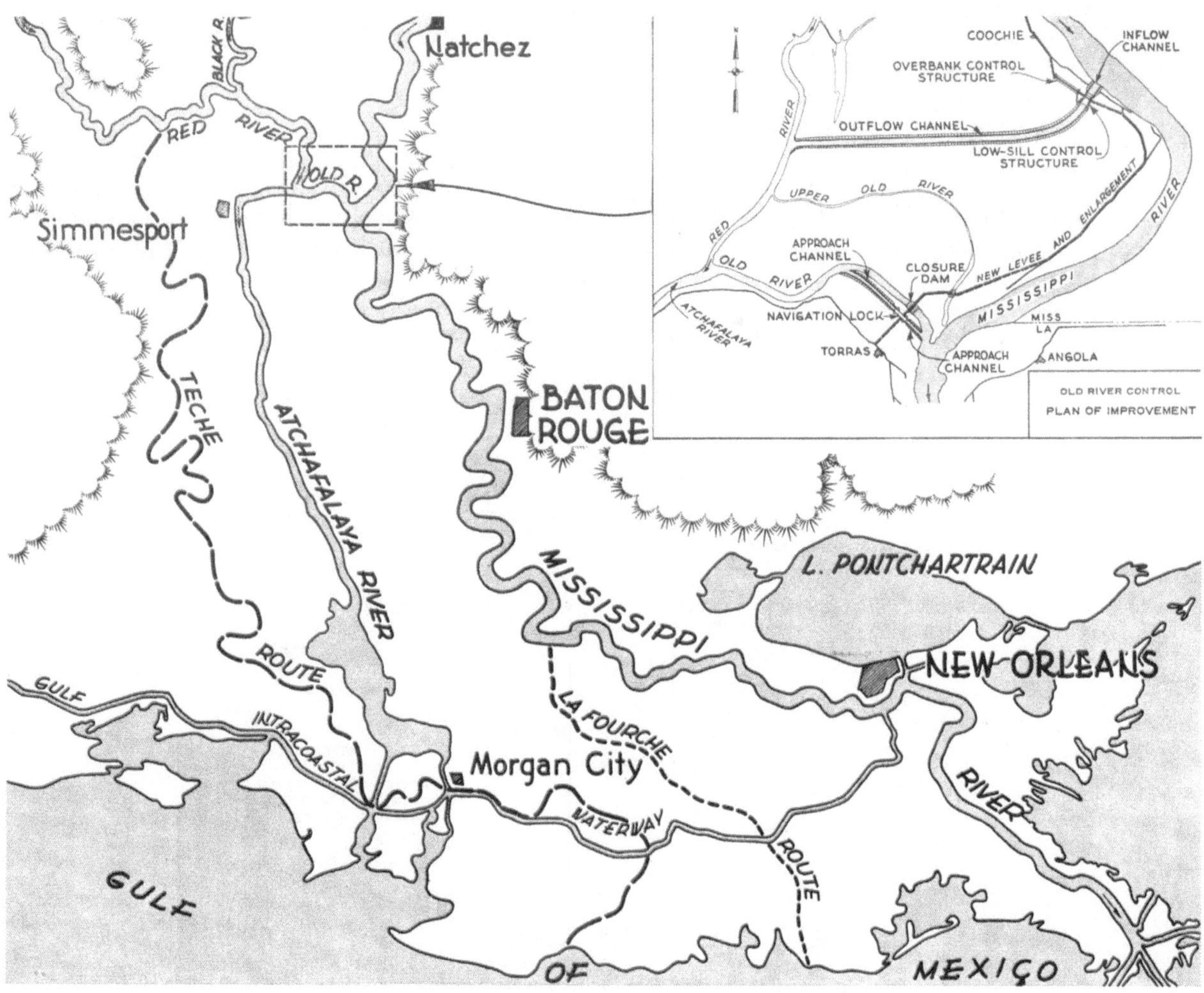

Abb. 8. Das Deltagebiet des Mississippi

Es ist eine Gegend großer Hitze und Luftfeuchtigkeit, tropischer Vegetation, fließender Übergänge zwischen Land und Wasser, vieler Sümpfe, Seen und Wasserläufe. Letztere werden Bayous genannt und die größeren unter ihnen sind Schiffahrtsstraßen. — Die Charakteristiken des Flußbettes unterscheiden sich im Delta von jenen weiter oberstrom. Das Flußbett ist tief in alte feinkörnige Sumpfablagerungen eingegraben. Die Seitenerosion ist im Delta relativ geringfügig, der Flußlauf entsprechend gestreckt und weniger breit als weiter oberstrom. Über Jahrhunderte hinweg hat der Mississippi im Delta seine Ufer überflutet und Feststoffe abgelagert, die auf beiden Seiten des Ufers „natürliche Dämme" bildeten. Sie liegen einige Dezimeter bis mehr als 5 m über dem umgebenden Sumpfland. Diese Streifen nutzbaren Landes sind zwischen Baton Rouge und New Orleans weniger als 800 m und unterhalb New Orleans nur 400 m oder noch weniger breit. Große Teile des Stadtgebietes von New Orleans, das über den schmalen Uferstreifen hinauswuchs, liegen unter dem mittleren Meeresspiegel und damit auch unter dem Flußwasserstand.

Unterhalb von Baton Rouge ist der Mississippi zur Industriewasserstraße geworden. Zahlreiche Siedlungen und Fabriken wurden auf dem engen Uferstreifen errichtet und genießen im Schutz von Hochwasserdämmen direkten Wasserstraßenanschluß und reichliche Süßwasserversorgung.

Die heutige wirtschaftliche Blüte im Tal des unteren Mississippi geht zurück auf die Erfolge, die in den vergangenen 50 Jahren beim Ausbau des Flusses erzielt wurden und die im folgenden beschrieben werden.

7.3.2 Mississippi River and Tributaries Project (MR & T Project)

Nach dem Hochwasser 1927, bei dem 67000 km² Land überschwemmt wurden, und durch das nach heutigem Geldwert ein Schaden von 1 bis 1,5 Mrd. Dollar entstand, erließ der US-Kongreß 1928 ein Hochwasserschutzgesetz, durch das ein umfassender Plan für den Hochwasserschutz und die Verbesserung der Schiffahrtsverhältnisse im Tal des unteren Mississippi genehmigt wurde. Dieser Plan trägt den Namen

„Mississippi River and Tributaries Project (MR & T Project)"
(Ausbau des Mississippi und seiner Nebenflüsse).

An der Verwirklichung des MR & T Project, das inzwischen durch Gesetze viele Male geändert und erweitert wurde, wird auch heute noch gearbeitet. Dabei ist im Zusammenhang mit dem Aufblühen der Binnenschiffahrt und in Ergänzung des Hochwasserschutzes die Entwicklung eines optimalen Flußlaufes hinsichtlich Linienführung und Wassertiefen immer wichtiger geworden.

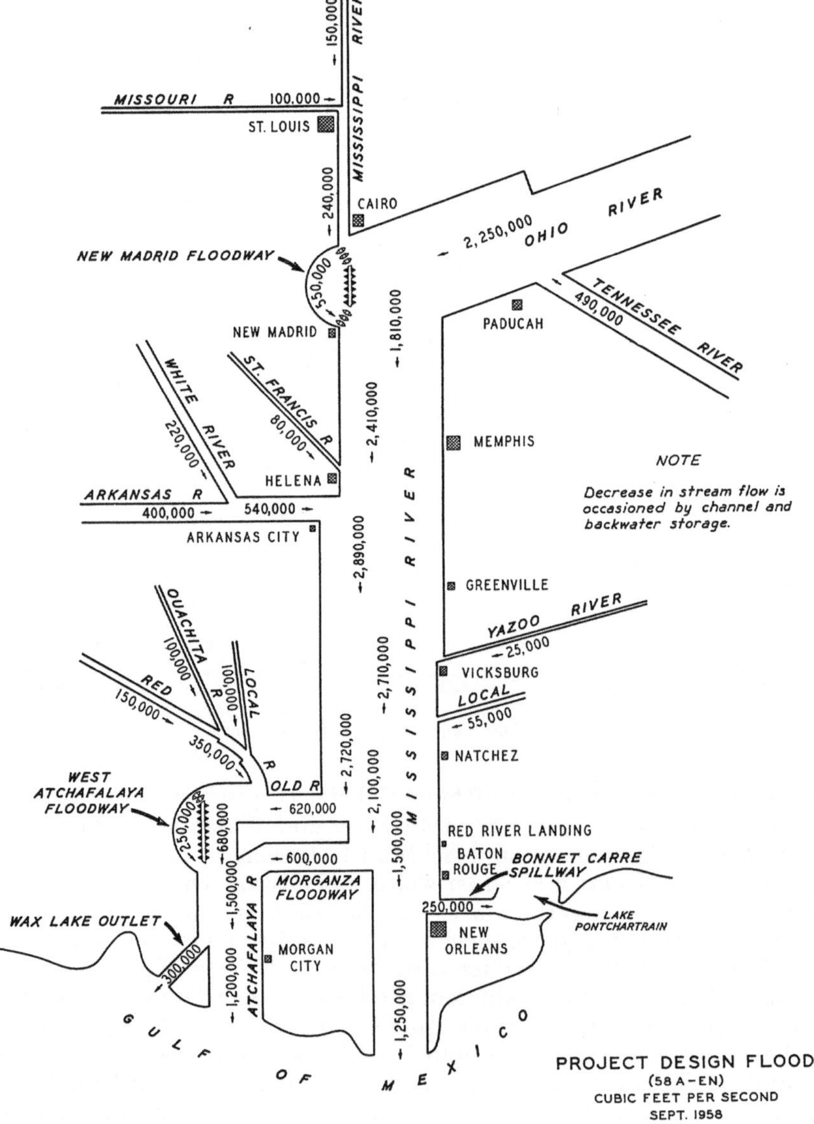

Abb. 9. Projekt-Hochwasser für den Ausbau des unteren Mississippi. 1 Kubikfuß/Sekunde (cfs) = 0,0283 m³/s, also 2720000 cfs bei Natchez = 77000 m³/s

Dem Ausbau wurde ein Projekt-Hochwasser (Abb. 9) zu Grunde gelegt, das auf Grund eines Gutachtens des US Weather Bureau so definiert ist:

„Der größte Hochwasserabfluß, der bei der ernstesten, vernünftiger Weise zu erwartenden Kombination von Niederschlagsereignissen eintritt."

Nach vielen Niederschlagsstudien wurde festgestellt, daß diese ernsthafteste Kombination von Regenfällen vor allem über dem Ohio-Gebiet orientiert wäre. Zu anderen Zeiten können Niederschläge über dem Missouri-Gebiet im mittleren Mississippi unterhalb St. Louis einen viel höheren Abfluß hervorrufen als er beim Projekt-Hochwasser für den unteren Mississippi eintritt. Der Abfluß beim Projekt-Hochwasser ist 20% größer als beim Hochwasser von 1927, dem bisherigen HHW. Bei Natchez erreicht der ungeteilte Fluß dann seinen höchsten Abfluß mit 77000 m³/s.

Die vier Hauptmerkmale des MR & T Project sind:

— Dämme, um den Hochwasserabfluß im Bett zusammenzufassen,
— Umleitungen, um Abflußspitzen durch kritische Bereiche zu leiten,
— Stabilisierung und Ausbau des Flußbettes, um die Linienführung zu verbessern, die HW-Abflußleistung zu erhöhen, die Schiffahrtsverhältnisse bei NW zu verbessern und die Dämme zu schützen,
— Ausbau der Nebenflüsse für größere Abflüsse und zum Hochwasserschutz, einschließlich des Baus von Stauseen.

Noch MR & T Project: Hochwasserdämme (levees)

Die Dämme werden als Rückgrat des HW-Schutzsystems am unteren Mississippi angesehen. Ihre Böschungsneigungen betragen bei unbefestigter Oberfläche stromseitig 1 : 4,5 und landseitig 1 : 6,5. Die Krone ist 9 m breit und liegt im Mittel 7,60 m hoch, so daß sich Basisbreiten bis 90 m ergeben. Bis 1973 waren rd. 2700 km Dämme von 3500 km fertiggestellt. Das Westufer des unteren Mississippi ist vollständig eingedeicht, während die Dämme am Ostufer an vielen Stellen an die dort vorhandenen Hochufer anschließen können.

Noch MR & T Project: Umleitungen (floodways)

Um Hochwasserspitzen abzuschneiden und das Dammsystem zu schützen, werden Umleitungen benutzt. Durch sie wird vermieden, daß die Dämme übermäßig erhöht werden müssen. Im Rahmen des MR & T Project wurden vier Umleitungen gebaut. Drei von ihnen befinden sich im Delta-Gebiet, die vierte an der Mündung des Ohio. Dies sind (s. Abb. 9):

— der Atchafalaya Floodway
— der Morganza Floodway
— der Bonnet Carre Floodway
— der New Madrid Floodway.

Abb. 10. Wehr am Einlauf zur Morganza-Umleitung (floodway), am oberen Bildrand der Mississippi

Die Umleitungsgerinne sind 8 bis 30 km breite niedrige Geländestreifen, die seitlich durch Dämme eingefaßt sind. Diese Streifen sind nicht besiedelt, aber weitgehend landwirtschaftlich genutzt. Zwei dieser Umleitungen, Morganza und Bonnet Carre, besitzen als Einlaufbauwerke vom Mississippi her lange Tafelwehre. Das Morganza-Wehr besteht aus 125 Feldern von jeweils 8,61 m Breite (Abb. 10). Dem Atchafalaya Floodway fließt das Hochwasser durch das Kontrollbauwerk am Old River (Abb. 11) und durch den Morganza Floodway zu. Der New Madrid Floodway schließlich wird durch Überflutung oder künstliche Sprengung der Dämme in Betrieb genommen.

Noch MR & T Project: Old River Kontrollbauwerk

Die Schlüsselstellung für den dauernden Erfolg des MR & T Project im Mündungsbereich nimmt das Old River Kontrollbauwerk ein. Der Old River (s. Abb. 8 und 9) war ursprünglich ein Flußlauf, der den Mississippi mit dem Red/Atchafalaya River verband und je nach den Abflüssen dieser beiden Flüsse einmal in dieser, einmal in jener Richtung durchströmt wurde. Heute fließt das Wasser ständig vom Mississippi zum Red/Atchafalaya River, so daß dieser zu einem Mündungsarm des Mississippi geworden ist. Vom Old River ist die Strecke zum Meer 276 km kürzer als über den Hauptstromarm an New Orleans vorbei. Je weiter sich das Delta in das Meer vorbaute, desto mehr mußte befürchtet werden, daß der Hauptstrom am Old River wegen des größeren Gefälles ganz zum Atchafalaya River durchbrechen würde. Für das Industriegebiet zwischen Baton Rouge und New Orleans und für diese beiden bedeutenden Hafenstädte selbst wurde die Situation am Old River zu einer immer größeren Gefahr. Deshalb wurde zwischen 1954 und 1963 das Bett des Old River durch einen Damm geschlossen und 13 km weiter oberstrom ein neuer Verbindungskanal zwischen beiden Flüssen angelegt. Am Abzweig vom Mississippi wurde ein Kontrollbauwerk errichtet, das aus einem niedrigen Wehr im Kanal für den normalen Abfluß und einem höheren Wehr auf dem Vorland besteht (Abb. 11). Das niedrige Wehr hat 11 je 13,40 m

Abb. 11. Old River Kontrollbauwerk während des Hochwassers 1973. Die linke Flügelmauer des niedrigen Wehres war gebrochen und wurde provisorisch durch einen Damm ersetzt. Rechts oben das Vorlandwehr

breite Öffnungen, die mit Tafelhubschützen verschlossen werden können. Das höhere Wehr besteht aus 73 je 13,40 m festen Wehrfeldern mit aufgesetzten Nadelverschlüssen. — Das ehemalige Bett des Old River dient mit einer Schleuse als Schiffahrtsweg.

Während des Hochwassers 1973 wurde die obere linke Flügelmauer des niedrigen Wehres unterspült und kippte um. Der Kolk an der Mauer schritt zur Mitte des Flußbettes vor und drohte das Wehr zu zerstören. In wenigen Tagen wurde aus Schüttsteinen ein neuer Flügeldamm hergestellt. Die Gefahr, daß der Mississippi zum Atchafalaya River durchbrechen würde, konnte so abgewendet werden. Das niedrige Wehr muß jedoch heute in viel größerem Umfang als geplant zur Regulierung des Abflusses benutzt werden. Hierzu sind die zweiteiligen Hubschützen ihrer Art nach nicht geeignet. Zur Zeit werden deshalb in mehreren Modellen bei der Waterways Experiment Station Untersuchungen angestellt, ob das vorhandene Wehr durch Umbauten im Oberwasser gesichert werden kann oder ob ein neues Bauwerk mit Segmentverschlüssen an anderer Stelle errichtet werden muß. Die Gefahr für New Orleans ist als noch nicht endgültig abgewendet.

Noch MR & T Project: Ausbau und Stabilisierung des Flußbettes

Rahmenplan (Master Plan). Der Ausbau des Flußbettes ist einer der wichtigsten und umfangreichsten Teile des MR & T Project. Zwei wesentliche Elemente des Planes sind die Verbesserung der Abflußleistung für Hochwasser und die Erhaltung einer 2,74 m tiefen und 91 m breiten Fahrrinne während des ganzen Jahres. Das Programm wird nach einem Rahmenplan (Master Plan) ausgeführt, der drei Phasen vorsieht:

1. Herstellung und Sicherung einer günstigen Linienführung des Flußbettes für bordvollen Abfluß durch Baggerungen und Uferdeckwerke,

2. Regulierung für mittleren Abfluß in gekrümmter Linienführung innerhalb des Flußbettes durch MW-Buhnen,
3. Zusammenfassung des niedrigen Abflusses in einer einheitlichen engeren Rinne, um geeignete Fahrrinnentiefen bei Niedrigwasser zu erhalten.

Bei der Ausführung des Master Plan wird der Fluß in Abschnitte aufgeteilt, deren Grenzen sich aus Fixpunkten ergeben, die von Natur aus bestehen oder durch frühere Arbeiten entstanden sind. Die Bauarbeiten beginnen jeweils am oberen Ende eines Abschnittes und werden erst nach unterstrom ausgedehnt, wenn die Wirkungen der fertiggestellten Bauwerke auf das Flußbett voll eingetreten sind und sich als günstig erwiesen haben. Auf diese Weise leistet die Strömungsenergie die meiste Arbeit, indem sie das Flußbett vertieft und die Sandbänke dorthin verlagert, wo sie kontrolliert werden können.

Der Master Plan zeigt die bereits vollendeten wie auch die noch auszuführenden Arbeiten. Er wird jährlich für die Arbeiten des laufenden und der beiden nächsten Jahre fortgeschrieben. Auf Grund dieses 3-Jahresprogrammes werden die Arbeiten systematisch ausgeführt. Notwendigerweise sind die Programme aber flexibel, weil einige der angestrebten natürlichen Veränderungen nicht eintreten und an anderen Stellen natürliche Entwicklungen beschleunigt ablaufen. Daneben folgt die Finanzierung nicht immer der langfristigen Planung.

Wegen der unterschiedlichen Charakteristiken des Flusses in seinen verschiedenen Streckenabschnitten werden jeweils unterschiedliche Ausbaumethoden und Bauwerke angewandt, so daß die natürlichen Kräfte jeweils am besten ausgenutzt werden.

Uferdeckwerke. In Strecken, wo Krümmungen überwiegen oder wo das Flußbett tief eingeschnitten ist, beugen Uferdeckwerke an den Prallhängen einer Verlagerung des Flußlaufes vor. Sie sind am Mississippi somit das wichtigste Mittel, um die Lage des Flußbettes zu stabilisieren. Am unteren Mississippi wird im Unterwasserteil ausschließlich die Bauweise der articulated concrete mattress angewandt. Dabei werden fabrikmäßig hergestellte Betonplatten ($101 \times 36 \times 8$ cm) auf Deckschuten mit rostfreien Stahldrähten verbunden und auf das vorher hergestellte Planum abgesenkt. Die Matten sind in allen Richtungen flexibel und können sich an die Unregelmäßigkeiten des Ufers anpassen. Um die nötige Beweglichkeit zu erhalten, umfassen die Öffnungen ca. 8% der Mattenfläche. An manchen Stellen ergeben sich durch Ausspülen von Bodenmaterial Probleme. Wenn die Matten dadurch so weit abgesunken sind, daß die Stabilität des Ufers gefährdet ist, werden sie verstärkt. — Der während der Bausaison im Herbst 9 bis 12 m hohe Oberwasserteil der Ufer wird auf eine Neigung von 1 : 3 abgeflacht und mit 25 cm Schüttsteinen 3—60 kg gesichert.

Abb. 12. Buhne am unteren Mississippi

Buhnen. (Abb. 12) In Bereichen mit relativ langen geraden Strecken und geringen Tiefen werden Buhnen gebaut, die den Strom lenken und in einer einheitlichen tiefen Rinne zusammenfassen. Daneben schützen diese Buhnen direkt die Ufer. In weiten Krümmungen werden Buhnen zur Ergänzung der Uferdeckwerke errichtet, um Nebenrinnen am Innenbogen abzutrennen. Die Buhnen werden in Vollsteinschüttung (2—1400 kg) oder als Kombination von Holzpfählen und Steinschüttung gebaut. Von früheren Bauweisen mit Holzpfahlgruppen und Faschinenmatten ist man wegen deren geringer Lebensdauer wieder abgegangen. In Buhnenfeldern beträgt der Abstand der Buhnen etwa das 1,5fache ihrer Länge. Die Kopfneigung ist mit 1 : 10 ziemlich flach, während die seitlichen Böschungen mit 1 : 1,25 bis 1 : 1,5 recht steil sind. — Seit 1928 wurden insgesamt 180 km Buhnen gebaut.

Baggerungen. Um die angestrebten Veränderungen im Flußbett zu beschleunigen, um die Abtrennung von Nebenrinnen zu erleichtern und um Buhnenfelder zu verfüllen, wo sie nicht von Natur aus verlanden, werden Ausbaubaggerungen vorgenommen. — Zur Erhaltung der Fahrrinnentiefe werden zwischen der Ohio-Mündung und Baton Rouge jährlich 20 bis 50 Mill. m^3 gebaggert. Während der jährlichen 4- bis 6monatigen Niedrigwasserperiode sind ständig vier Spülkopfsaugbagger im Einsatz (Abb. 13).

Abb. 13. Spülkopfsaugbagger am unteren Mississippi

Das Baggergut wird dem Fluß über schwimmende Rohrleitungen wieder zugeführt. Die Zahl der Übergänge, die gebaggert werden müssen und der Umfang der Baggerungen während einer Niedrigwasserperiode hängt weitgehend von der Dauer der Periode und der Häufigkeit der Wasserspiegelschwankungen während dieser Zeit ab.

Noch MR & T Project: Erfolg

Etwa die Hälfte der bis jetzt voraussehbaren Maßnahmen wurde seit 1928 ausgeführt. Das Hochwasser 1973, das die Wasserstände des Hochwassers 1927 bis auf wenige Dezimeter erreichte, war der große Test. Mit einigen dramatischen Zwischenfällen und umfangreichen provisorischen Dammerhöhungen gelang es, das unvollendete Dammsystem zu verteidigen. — Das MR & T Project hatte bis 1973 ca. 2 Mrd. Dollar gekostet. Dem stand nach dem Hochwasser 1973 ein verhinderter Schaden von geschätzt 13,2 Mrd. Dollar gegenüber.

7.3.3 Die Fahrrinne

Das Corps of Engineers hält auf dem unteren Mississippi eine Fahrrinne von mindestens 2,74 m Tiefe und 91 m Breite vor. Der US-Kongreß hat die Vertiefung auf 3,66 m genehmigt. Man wird dies jedoch erst tun, wenn die Arbeiten zur Stabilisierung des Flußbettes weitere Fortschritte gemacht haben. — Unterhalb von Baton Rouge ist der Mississippi Seeschiffahrtsstraße. Die Solltiefe der 152 m breiten Fahrrinne beträgt 12,19 m, doch kann dieses Maß an der Mündung bei großen Abflüssen wegen der hohen Feststofffracht nicht immer gehalten werden.

Das Corps of Engineers veröffentlicht jedes Jahr einen Atlas des Mississippi unterhalb der Ohio-Mündung im Maßstab 1 : 62500. Im Atlas sind die Lage der Fahrrinne, Deckwerke, Buhnen, Landzeichen, jedoch keine Tonnen eingetragen.

8. Bedeutende Anschlußwasserstraßen

Missouri River (1227 km). Im regulierten Strom werden zur Zeit Fahrrinnentiefen von 2,13 m bis Kansas City und 1,83 m weiter nach oberstrom bis Omaha vorgehalten. Die Schiffahrt ruht vom 10. Dezember bis 15. März. Es ist vorgesehen, die ganze Strecke bis Sioux City auf 2,74 m Tiefe und 91 m Breite auszubauen.

Illinois Waterway (523 km). Der kanalisierte Illinois River und ein kurzer Kanal verbinden das Mississippi-Gebiet mit Chicago und den großen Seen. Die 16 Schleusen sind jeweils 182,88 m lang und 35,53 m breit. Die Fahrrinne ist 2,74 m tief und 91 m breit.

Kaskaskia River (84 km). Etwa 100 km unterhalb St. Louis mündet der Kaskaskia River von Osten her in den Mississippi. Die reichen Kohlevorkommen im Einzugsgebiet sind seit 1974 durch den Ausbau des 58 km langen Unterlaufes erschlossen. Hierzu wurde an der Mündung eine Staustufe mit einer 182,88 × 25,60 m Schleuse (Entwurfskapazität 27 Mio t) errichtet. Das Flußbett wurde begradigt und ausgebaut. Die Fahrrinne ist 2,74 m tief und 69 m breit.

Ohio River (1568 km). Der erste Ausbau des Ohio Rivers mit 46 Staustufen (Schleusen 182,88 × 35,53 m) wurde bereits 1929 vollendet. Seit 1950 wird der Fluß für den Verkehr größerer Schubverbände umkanalisiert. Die alten Bauwerke werden durch 19 neue Staustufen mit größeren Hubhöhen ersetzt. Es werden jeweils Doppelschleusen (365,76 × 35,53 m und 182,88 × 35,53 m) gebaut. Das Programm soll Anfang der 80er Jahre abgeschlossen werden.

Tennessee River (1049 km). Eine der ersten Aufgaben der 1933 gegründeten Tennessee Valley Authority war der Ausbau des Flusses. Hierzu wurden bis 1943 9 Staustufen errichtet. Deren mittlere Stauhöhe von 36 m und Haltungslänge von 120 km übertrifft europäische Abmessungen bei weitem. Die Schleusenabmessungen betragen oberhalb Chattanooga 109,73 × 18,29 m, unterhalb 182,88 × 35,53 m. Die Schleusen werden vom Corps of Engineers betrieben.

Cumberland River (402 km). Dieser kleinere Zwillingsfluß des Tennessee ist seit 1964 bis zur Stadt Nashville mit zwei Staustufen (243,84 × 33,53 m) ausgebaut. Kleinere Schubverbände können noch weiter nach oberstrom fahren.

Tennessee — Tombigbee — Waterway (723 km). Seit 1972 ist ein Schiffahrtskanal zwischen dem Tennessee und dem Tombigbee River im Bau. Hierdurch wird der Wasserweg vom mexikanischen Golf in das Tennessee-Gebiet erheblich verkürzt. Der Seehafen Mobile erhält direkten Zugang zum Binnenwasserstraßennetz. Das Projekt besteht — ausgehend vom schon kanalisierten Unterlauf des Tombigbee River — aus drei Teilen: einem 270 km langen Flußabschnitt mit vier Staustufen, einem 72 km langen Kanalabschnitt mit 5 Schleusen und einer 64 km langen Scheitelhaltung zwischen beiden Einzugsgebieten. Der Wasserweg wurde für den zweischiffigen Verkehr von Verbänden mit 8 Standardleichtern geplant. Die Schleusen sind 201,17 m lang und 35,53 m breit, die Fahrrinne ist mindestens 2,74 m tief.

Abb. 14. Golfküstenkanal (Gulf Intracoastal Waterway), 1950

Arkansas River (703 km). Dieser 2330 km lange westliche Zufluß, dessen Quellen in den Rocky Mountains liegen, wurde 1945—71 in seinem Unterlauf etwa von Tulsa abwärts mit 17 Staustufen ausgebaut. Die Schleusen sind 182,88 m lang und 35,53 m breit.

Red River (474 km). Der Red River wird zur Zeit mit 5 Staustufen (Einzelschleusen 208,79 × 25,60 m) für die Schiffahrt ausgebaut. Die Fahrrinne wird 61 m breit und 2,74 m tief sein. Mit der Fertigstellung der 1973 begonnenen Arbeiten wird 1983 gerechnet.

Black/Ouachita River (671 km). Der Nebenfluß des Red River ist seit 1925 mit 6 kleinen Schleusen staugeregelt. Seit 1964 wird die Wasserstraße mit 4 Staustufen (Schleusen 182,88 × 25,60 m) umkanalisiert. Bis jetzt wurden 2 Staustufen fertiggestellt. Die Fahrrinnentiefe wird von 1,98 m auf 2,74 m erhöht. Der Schiffahrtsausbau ist Teil eines umfassenden Projektes durch das im Flußtal der Hochwasserschutz verbessert, Wasserkraft gewonnen, neue Erholungsgebiete geschaffen und Naturschutzgebiete ausgewiesen werden sollen.

Atchafalaya River (199 km). Der gemeinsame Mündungsfluß des Mississippi und des Red River verkürzt den Weg vom oberen Mississippi zu den westlichen Golfhäfen um 276 km. Die

Eingangsschleuse gehört zum Komplex der Bauwerke am Old River (s. Seite 280). Sie wurde 1956 fertiggestellt, ist 365,76 m lang und 22,86 m breit.

Gulf Intracoastal Waterway (1888 km). Die küstenparallele Wasserstraße (Abb. 14) erstreckt sich von New Orleans westwärts bis zur mexikanischen Grenze und nach Osten bis Florida. Im Bereich des Deltas ist der lebhaft befahrene Kanal über weite Strecken eine einfache Baggerrinne ohne feste Ufer.

Schrifttum

1. Mississippi River Commission, US Army Corps of Engineers: Broschüren „Mississippi River Navigation" und „Flood Control in the Lower Mississippi Valley". Vicksburg, Miss., USA, 1973.
2. Haas, R., Graham, J.: Inland Navigation. Beiträge zum XII. Internationalen Schiffahrtskongreß, Paris 1969, Abschnitt I—6.
3. Lipscomb, E., Franco, J.: Inland Navigation. Beiträge zum Internationalen Schiffahrtskongreß, Paris, 1969, Abschnitt I—5.
4. Winkley, B. R.: Practical Aspects of River Regulation and Control. In: River Mechanics, Bd. 1, Kap. 19 (Hrsgb. Shen). Fort Collins, Co., USA: Colorado State University 1971.
5. Winkley, B. R.: Metamorphosis of a River, a Comparison of the Mississippi River Before and After Cutoffs. Water Resources Institute, Mississippi State University, Mississippi State, USA, 1973.
6. Stevens, M., Simons, D., Schumm, S.: Man-Induced Changes of Middle Mississippi River. J. of the Waterways, Harbors and Coastal Engineering Division, ASCE, USA, Mai 1975.
7. Schmitt, K.: Schiffsbetriebstechnik in der Binnenschiffahrt der USA. Z. für Binnenschiffahrt und Wasserstraßen 1/1975.
8. Heunemann, G.: Die Situation in der Binnenschiffahrt der USA. Z. für Binnenschiffahrt und Wasserstraßen, 5/1973.
9. Melzer, K.-J.: Das Hochwasserschutzsystem am unteren Mississippi und die Überschwemmungen des Jahres 1973. Die Bautechnik 5/1976.

Quellennachweis für die Tabellen:

1. Angaben des US Corps of Engineers.
2. Schrifttum [1] und [4] bis [6].
3. Deutsche Binnenschiffahrt 1975. Herausgegeben vom Bundesminister für Verkehr, Abt. Binnenschiffahrt.
4. Der Rhein — Ausbau, Verkehr, Verwaltung — Duisburg 1951.
5. Deutsches gewässerkundliches Jahrbuch.

Die Gewinnung von Kohlenwasserstoffen in der Nordsee und deren Transport zum Festland*

Von Präsident **Hans-Heinrich Witte**, Aurich

1. Übersicht

Nach einleitenden Angaben über den deutschen Schelfanteil und über die Öl- und Gasfunde in der Nordsee wird über das norwegische Öl- und Gasfeld Ekofisk sowie über den Transport durch eine Transit-Rohrleitung zum Festland berichtet.

„Weniger Öl für mehr Devisen", dieser Slogan erhellte die Situation der Energiekrise der Jahre 1973/1974, eine Krise, die auch zu einem Problem der Zahlungsbilanzen und des Liquiditätsabflusses wurde, stiegen doch die Einnahmen der OPEC-Länder von 22,7 Milliarden Dollar im Jahre 1973 um rund 275% auf 85,2 Milliarden Dollar im Jahre 1974 [6]. Wenn auch der damaligen Krisenstimmung eine etwas weniger düstere Einschätzung der gesamten Energiesituation gefolgt ist, vielleicht auch nur, weil der damalige Schock mit wachsendem zeitlichen Abstand an Wirkung verloren hat, es bleibt dennoch die Tatsache bestehen, daß die Zeiten ausreichender, vor allem aber billiger Energieversorgung seit Oktober 1973 vorbei sind. Obwohl ein steigender Einsatz von Alternativenergien, insbesondere von Kernenergie, feststellbar ist, wächst der Anteil von Kohlenwasserstoffen im Bereich des Primärenergieverbrauchs. Nach einer Studie der OPEC wird der Weltenergiebedarf auch im Jahre 2000 noch zu etwa 70% durch Erdöl und Erdgas gedeckt werden müssen [16]. Allein in der Bundesrepublik Deutschland wurden 1974 insgesamt 43,3 Milliarden m^3 Gas und 131,0 Millionen t Öl verbraucht [10]; hierbei ist es aber auch bemerkenswert, daß die gestiegenen Energiepreise dazu geführt haben, Energie wieder rationeller einzusetzen. Zum ersten Mal seit nahezu 30 Jahren wurde 1974 rund 3% weniger Energie verbraucht als im Vorjahr.

Die große Bedeutung der Kohlenwasserstoffe für die Energieversorgung sowie als Rohstoffgrundlage für die chemische Industrie dürfte auch langfristig unbestritten sein. Die bedeutendste Position in der Deckung des Bedarfs an Kohlenwasserstoffen nehmen heute die Erdöl exportierenden Länder des Mittleren Ostens ein[1]. Von dem Weltölbedarf lieferten die OPEC-Länder im Jahre 1975 rund 67%. Es ist anzunehmen und auch erkennbar, daß die OPEC-Länder nicht bereit sein werden, die bisherigen Fördermengen aus Konservierungsgründen noch zu steigern, so daß die Nicht-OPEC-Länder gezwungen sind, mehr als bisher die Prospektion auf die Offshore-Räume auszudehnen und die Förderung von Erdöl und Erdgas aus diesen Räumen zu intensivieren. Unter diesen Gesichtspunkten kommt der Gewinnung von Öl und Gas in der Nordsee besondere Bedeutung zu.

Die Öl- und Gasreserven der Nordsee, die heute nachgewiesen und technisch förderbar sind — die Zahlen werden noch ständig nach oben korrigiert —, sind auf etwa 2,2 Billionen m^3 Gas und 3,0 bis 3,5 Milliarden t Öl geschätzt. Mit diesen Mengen liegen in der Nordsee mehr als 80% der westeuropäischen Öl- und etwa 40% seiner Gasreserven [9]. Die bisher in der Nordsee nachgewiesenen Reserven sind vergleichbar mit den Reserven Libyens, sie betragen etwa ein Drittel der Vorkommen im Iran oder in Kuwait; sie machen allerdings nur rund 4% der Welterdölreserven aus. Zwei Drittel der nachgewiesenen Reserven der Nordsee liegen im englischen Festlandsockel und ein Drittel im norwegischen Sektor. Zum Vergleich dieser Zahlen seien noch die Erdöl- und Erdgas-Fördermengen der Bundesrepublik (nur onshore) im Jahre 1975 genannt, sie betrugen: Erdöl 5,7 Millionen t, Erdgas 18,3 Millionen m^3. Rund 80% dieser Mengen werden in Niedersachsen gefördert [6].

Mit diesen Öl- und Gasreserven haben sich die drei Kohlenwasserstoff-Provinzen der Nordsee, und zwar die südliche Gasprovinz, die zentrale Gas/Kondensat-Ölprovinz und die nördliche Ölprovinz [13] — insgesamt als das Nordseebecken bezeichnet — als das bedeutendste Erdöl- und Erdgas-Gebiet Westeuropas erwiesen [15]. Die drei Gasprovinzen bedecken etwa ein Drittel der Nordsee.

---

* Nach einem bei der 37. Hauptversammlung der Hafenbautechnischen Gesellschaft im September 1975 in München gehaltenen Vortrag.

[1] Zu den OPEC-Ländern (Organization of Petroleum Exporting Countries) zählen: Algerien, Ecuador, Gabun, Indonesien, Irak, Iran, Katar, Kuwait, Libyen, Negeria, Saudi-Arabien, Venezuela, Vereinigte Arabische Emirate.

2. Der deutsche Schelfanteil

Für die Abgrenzungen des Festlandsockels in der Nordsee zwischen den Anrainern der Bundesrepublik Deutschland, Dänemark, Niederlande, Norwegen und Großbritannien gilt nach internationalem Recht die Mittellinie der angrenzenden Küsten (Abb. 1).

Engländer und Norweger mit den weitesten Küsten besitzen dadurch fast 2/3 des Schelfmeeres, wobei die äußere Grenze nicht verbindlich definiert ist. Die Bundesrepublik Deutschland, Europas größter Ölverbraucher, benachteiligt durch die nach innen gekrümmte Linienführung der Deutschen Bucht, konnte ihr winziges Gebiet erst 1969 durch ein Grenzabkommen mit Großbritannien, Dänemark und den Niederlanden um einen zusätzlichen Keil — einem Entenschnabel ähnlich, erweitern, mit dem ihr Konzessionsgebiet nun auch Teile des möglicherweise ertragreicheren Gebietes der Nordsee enthält.

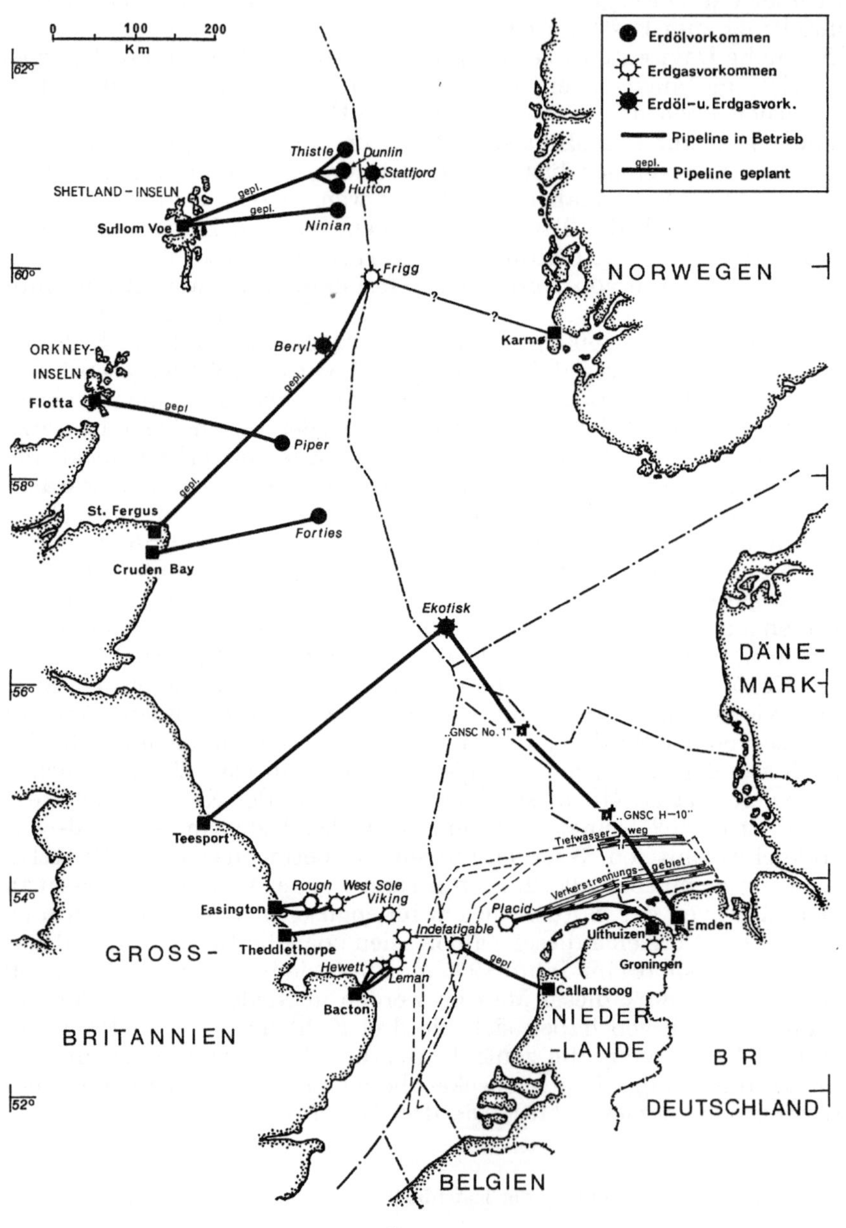

Abb. 1. Übersichtskarte.

3. Die Öl- und Gasfunde in der Nordsee

Die Explorationstätigkeit in der Nordsee ist in den letzten Jahren sprunghaft angestiegen; es werden an dieser Stelle nur überblickartige Angaben gemacht und einige Gas- und Ölfelder besonders genannt.

Für die meisten Geologen war es keine Sensation, daß es im Untergrund der Nordsee Erdöl und Erdgas gibt. „Schon den noch mit Rucksack und Hammer barfuß durch die Berge marschierenden Geologen des vorigen Jahrhunderts war bekannt, daß die ausgedehnte Senke zwischen England und Skandinavien ein riesiges Sedimentbecken ist.“ Nach der vorherrschenden Theorie über die Entstehung von Kohlenwasserstoffen sind solche geologischen Strukturen aber stets Voraussetzung für wirtschaftlich nutzbare Erdöl- und Erdgaslagerstätten.

Daß die Nordsee dennoch bis Ende der 50er Jahre von den Ölmultis unbeachtet blieb, hatte verschiedene Gründe:

— Die Ölindustrie entdeckte in den letzten Jahren gerade neue Erdölreserven in Nordafrika, die mit verhältnismäßig geringen Kosten erschlossen wurden;
— es fehlten damals noch die technischen Voraussetzungen für Bohrungen in dem rauhen Nordseeklima;
— es fehlten die wirtschaftlichen Möglichkeiten und besonders die unabdingbaren Notwendigkeiten, Explorationen im rauhen Nordseeklima zu beginnen.

Die Offshore-Operationen in der Nordsee sind die aufwendigsten, die je von der Ölindustrie unternommen worden sind, d.h. sie sind mit hohen technischen Kosten belastet. Unter technischen Kosten werden die Belastungen durch Investitionen und die Belastungen durch die laufenden Betriebsausgaben verstanden. Abb. 2 verdeutlicht den Kostenunterschied und zeigt, daß die technischen Kosten für Nordseerohöl etwa fünfmal so hoch sind wie für Erdöl aus neu erschlossenen onshore-Feldern des Mittleren Ostens und Westafrikas. Die hohen Investitions- und Betriebskosten ergeben sich u.a. auch aus dem erheblichen Zeitbedarf für den Aufbau einer Produktion in der Nordsee. So werden für ein 50-Millionen-t-Feld für Exploration (Seismik und Bohrungen) 4 Jahre, für Entwicklung (Planung, Konstruktion der Plattformen, Verlegen der Pipeline, Produktions- und Injektionsbohrungen) 5 Jahre benötigt [13].

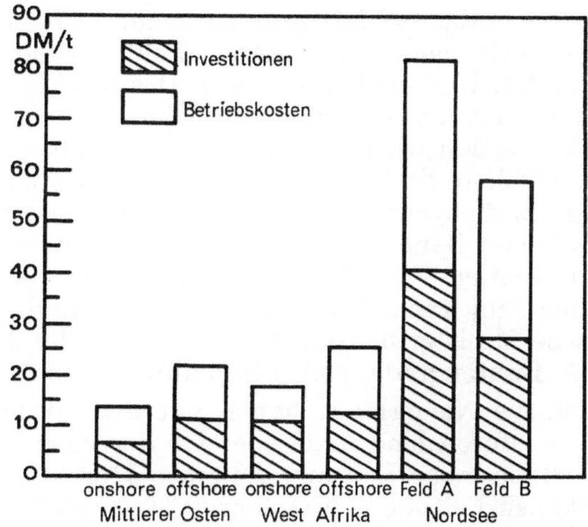

Abb. 2. Technische Kosten je Tonne förderbare Reserven für repräsentative Rohölprovenienzen. Feld A gewinnbare Reserven von 50 Mio t, Feld B gewinnbare Reserven von 150 Mio. to.

Den Anstoß, die Vermutung der Geologen über Ölvorkommen in der Nordsee zu prüfen, gab der Erfolg eines Bohrtrupps der NAM (Nederlandse Aardoli Maatschappij) auf einem Zuckerrübenfeld bei Slochteren in der Nähe Groningens in den Niederlanden. Es war am 29. 7. 1959, als dort das zweitgrößte Erdgasfeld der Welt angebohrt wurde. Sofort wurden die Fachleute hellhörig, denn wo Gas ist, da gibt es in der Nachbarschaft auch Öl, und in der Nachbarschaft liegt die Nordsee!

Bereits im Oktober 1965 konnte die British Petroleum Company den ersten wirtschaftlich verwertbaren Gasfund in der englischen Nordsee, 120 km östlich der Humbermündung melden. In den folgenden Jahren sind weitere, vielversprechende Funde im niederländischen, im dänischen und vor allem im norwegischen Festlandsockel gemacht worden. Doch die erste Erfolgsmeldung kam aus einem norwegischen Block. Nur 50 km von der Spitze des deutschen Entenschnabels entfernt, 350 km südwestlich von Stavanger und 370 km östlich von Aberdeen stachen Bohrtrupps eines norwegischen Konsortiums unter Führung der Phillips Petroleum am 2. 8. 1969, fast auf den Tag

10 Jahre nach der Entdeckung des Erdgasfeldes bei Groningen, ein als ,,commercial" bezeichnetes Feld an, einen Giganten der Erdölfelder — wie das niedersächsische Landesamt für Bodenforschung schreibt, das unter dem Namen ,,Ekofisk" bekannt geworden ist. Ekofisk ist ein Kunstwort, zusammengesetzt aus den norwegischen Wörtern Ekko (Echo) und Fisk (Fisch). Bei der Bezeichnung von Arbeitsblöcken im norwegischen Explorationsgebiet ist es Übung, die Areale mit Buchstaben des Alphabets zu bezeichnen und jedem einzelnen prospect in diesem Areal den Namen eines Fisches mit den entsprechenden Anfangsbuchstaben zu geben. Für den Block ,,E" fand man außer eel, so wird ein prospect bezeichnet, keine weiteren Fischnamen mehr und — einer Eingebung folgend — entstand die Bezeichnung ,,Ekofisk".

Das Ekofisk-Feld liegt in der zentralen Provinz der Nordsee, in der Erdgas-, Kondensat- und Erdöllagerstätten in den alttertiären Dan-Schichten angetroffen werden. Ein Spötter drückte diese Erfolgsmeldung auf seine Art aus: ,,Der Unterschied ist der, daß Stavanger früher von der Vermarktung von Ölsardinen lebte, künftig wird man auf die Sardinen verzichten."

Im November 1975 waren bereits 44 Offshore Bohranlagen im Schelfgebiet der Nordsee in Betrieb. Großbritannien hat die Förderung aus den fündigen britischen Feldern bereits aufgenommen, darunter das bedeutungsvolle Feld ,,Forties", das etwa 20% des Ölbedarfs Großbritanniens befriedigen wird. Der Förderbeginn aus weiteren britischen Feldern steht kurz bevor, so sind die Unterwasser-Pipeline aus den britischen Feldern westlich der Shetland-Inseln — siehe Übersichtskarte — bereits fertig verlegt — auf Teilstücken dieser Leitung sind Wassertiefen von 150 m vorhanden —, die komplette Inbetriebnahme ist für 1976 vorgesehen. Zu nennen ist ferner das im September 1972 erbohrte Ölfeld ,,Beryl", 175 km südwestlich der Shetland-Inseln, ca. 50 km südwestlich des norwegischen Feldes ,,Frigg". Seine Ölreserven werden auf 110 Millionen t geschätzt. Interessant ist dieses Ölfeld insbesondere wegen seiner 220000 tdw-Plattform, dem sogenannten Condeep (Concrete Deep Water Struktion) mit einer Reihe von hohlen Betonzellen als Fundament, in denen bis zu 140000 m^3 Öl gelagert werden können und wegen seiner ,,Simple Point Mooring"-Anlage (SPM) für die Beladung von 80000 tdw-Tankern [17].

Für die Explorationstätigkeit Norwegens war die Gründung der 100%igen staatseigenen Gesellschaft ,,Statoil" im Jahre 1972 ein bedeutsamer Schritt in der norwegischen Ölpolitik. Die Öl-Aktivitäten Norwegens konzentrieren sich in erster Linie auf die Gebiete südlich des 62. Breitengrades. Bis Ende 1975 wurden in diesem Bereich 145 Explorationen durchgeführt, dabei sind 40 Funde gemacht worden. Das Frigg-Feld ist eines der größten Gas-Felder der Welt. Das Feld reicht bis in das Gebiet Großbritanniens hinein, was eine Reihe schwieriger Fragen hervorrief. Die gesamten Gasmengen aus diesem Feld werden in St. Fergus, Scotland, durch 2 Pipelines (32 Zoll) angelandet, Beginn ab Mitte 1977. Das Statfjord-Feld, 145 km westlich der norwegischen Küste, hat Reserven von 510 Millionen t Öl und 100 Milliarden m^3 Gas; die Wassertiefe beträgt dort 150 m. Die Produktion wird voraussichtlich 1978 beginnen, und zwar soll zunächst nur das Öl von besonderen Offshore-Stationen übernommen werden, während das Gas für eine vorläufige Zwischenperiode zurückgepreßt wird. Vorbereitende Untersuchungen haben ergeben, daß die Insel Sotra westlich von Bergen die günstigste Anlandung sein würde, wenn eine Rohrleitung nach Norwegen gebaut werden soll. Wie auch immer, nur weitere Untersuchungen werden zeigen, ob ein solches Pipeline-Projekt in Wassertiefen von 300 m durchführbar ist. Frühestens — so berichtete der norwegische Minister of Industry — könnte der Bau 1981 möglich werden [7]. Die Gebiete nördlich des 62. Breitengrades sollen im Jahre 1977 für Explorationen freigegeben werden.

Auch die Niederlande haben mit der Förderung aus dem ,,Placid"-Feld — siehe Übersichtskarte — durch eine im Seebereich der Ems bei Uithuizen anlandende Pipeline bereits begonnen. Die 136 km lange Leitung, die einen Durchmesser von 36 Zoll hat und mit Beton — ähnlich wie die Ekofisk-Leitung — ummantelt ist, trieb Mitte April 1976 auf 600 m Länge von km 9,5 bis 10,1 (von der Plattform aus gemessen) auf. Der höchste Punkt der aufgetriebenen Leitung über dem Seeboden betrug 18 m bei einer Wassertiefe an dieser Stelle von 30 m. Nach sofortiger Einstellung der Produktion ist die Leitung von der Plattform bis zur Schadensstelle geflutet worden, wodurch die Aufwölbung der Leitung nach Westen umfiel und sich wieder auf den Seeboden auflegte. Weite Teile der Betonummantelung fehlten, dies ist auch der Grund für das Auftreiben der Leitung. Welche Gründe für das Abschlagen der Betonummantelung ursächlich waren, ist noch nicht bekannt. Die Leitung wurde auf der 600 m langen Auftriebsstrecke mit insgesamt 62 Betonblöcken von je 8 t Gewicht (4,2 t Gewicht unter Wasser) beschwert und mit Steinen abgedeckt. Die Betriebsunterbrechung dauerte rund 6 Wochen. Von den Schäden an der Ummantelung abgesehen, sind an der Rohrleitung keine Bruch- oder Knickschäden eingetreten.

Im deutschen Nordseeschelf des Festlandsockels sind seit 1964 ebenfalls rege Bohrtätigkeiten im Gange. Von 11 Bohrungen in der ersten Explorationsphase in den Jahren von 1964 bis 1968 sind keine größeren Vorkommen angebohrt worden. Die zweite Explorationsphase ab 1974 im deutschen

Festlandsockel leitete die im Jahre 1966 in Amerika gebaute Bohrinsel „Chaparrel“ ein, die bereits im Golf von Mexiko und im Mittelmeer vor der spanischen Küste auf Ölsuche eingesetzt war. Im Block A 6, im westlichen Entenschnabel, wurde die Bohrung fündig, die Wirtschaftlichkeit muß jedoch durch weitere Bohrungen erst sichergestellt werden. Erdgasfündig wurde auch eine Bohrung in dem Wattenmeer nördlich von Emden in der Leybucht. Die Bohrung, die von einer künstlichen Insel im Wattenmeer mit einem Ablenkungswinkel von ca. 35° vorgetrieben werden mußte, hat in 4170 m Tiefe Sandsteine der Rotliegend-Formation gasführend angetroffen. Zur Abschätzung der wirtschaftlichen Bedeutung sind noch weitere Testarbeiten erforderlich. Insgesamt sind seit 1974 vierzehn Explorationsbohrungen angesetzt worden. Weitere Bohrungen in den Blöcken J, L und H des deutschen Festlandsockels beginnen voraussichtlich Ende des Jahres 1976 oder im Anfang des Jahres 1977. Trotz aller modernen Erkenntnisse in Geophysik und Geologie geht aus langjähriger Statistik hervor, daß nur etwa jede zehnte Bohrung in einem unerschlossenen Gebiet fündig geworden ist; dies sollte man bei der bisherigen Bohrtätigkeit auch im deutschen Nordseeschelf berücksichtigen.

4. Das Öl- und Gasfeld Ekofisk

Die Öl- und Gaslagerstätte Ekofisk liegt in einer Tiefe von 3000 m. Die Nordsee hat in diesem Bereich eine Wassertiefe von 70 m. Die Lagerstätten sind öl- und gasführend; das Gas/Öl-Verhältnis beträgt etwa 320 m³ Gas pro Tonne Öl. Die förderbaren Reserven des Ekofisk-Feldes werden auf 320 Millionen t Öl und 362 Milliarden m³ Gas geschätzt. Das aus den Ekofisk-Feldern geförderte Öl wird durch eine 350 km lange Pipeline (34″ ⌀) zur nordostenglischen Küste nach Teesport (Teeside) transportiert. Bis zur Inbetriebnahme dieser Pipeline wurde das geförderte Öl von zwei Chargierbojen aus unmittelbar in Tankern verladen — freilich unter sehr erschwerenden Bedingungen, denn die unfreundliche Nordsee mit ihrem meist starken Wellengang machte die Verladung des Öls in Tanker oft unmöglich, obwohl dieses Hochsee-Ladesystem den Tankern eine 360 Grad-Drehung erlaubt. Das bei der Ölförderung anfallende Gas wird zur Zeit noch abgefackelt, zukünftig wird es wieder in die Lagerstätte eingepreßt, soweit es nicht für die vertragliche Lieferung nach Deutschland benötigt wird.

Der Heizwert des Ekofisk-Gases, eines Süßgases mit niedrigem Schwefelwasserstoff-Gehalt[2], ist bedeutend höher als der Heizwert beispielsweise des Groninger Erdölgases; das Ekofisk-Gas hat

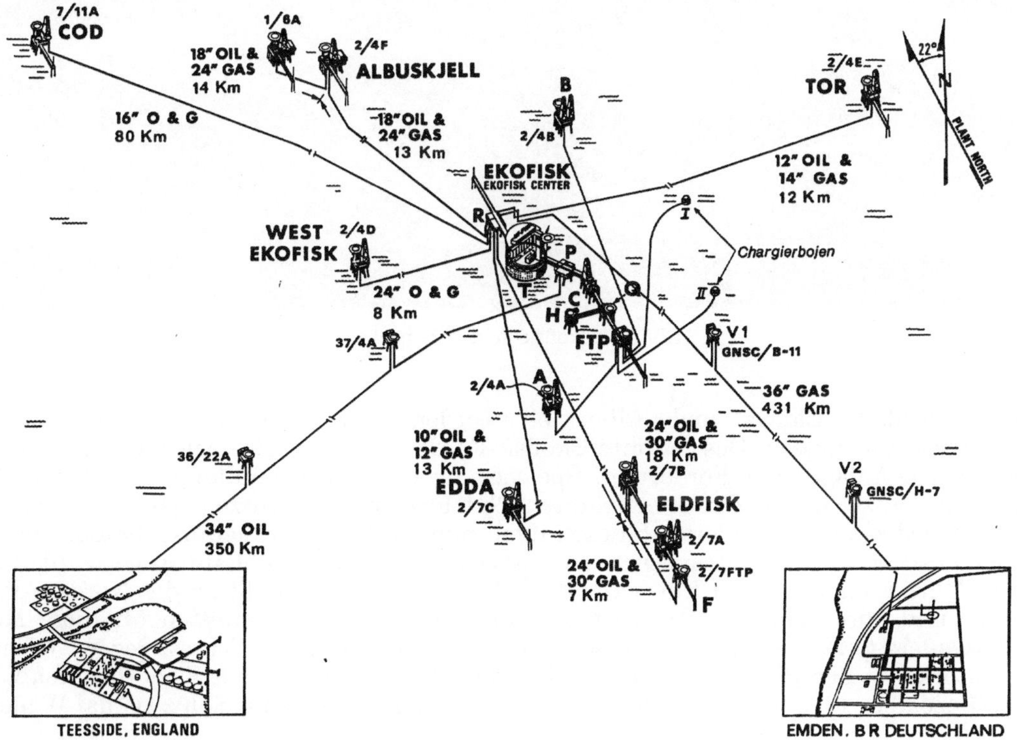

Abb. 3. Installationen in den Ekofisk-Feldgruppen.

[2] Der geringe Schwefelgehalt ist ein Qualitätsfaktor, der im Hinblick auf den Umweltschutz zunehmende Bedeutung erlangen wird.

einen Heizwert von 10000 Kcal/m³ und das Groninger Gas von 8400 Kcal/m³. Zum Vergleich: das Kokereigas hat nur 4300 Kcal/m³!

Abb. 3 stellt eine schematische Darstellung der Installationen in den Ekofisk-Feldgruppen dar, es bedeuten:

I, II:	Ankerbojen (Chargierbojen) für 70000 t-Tanker	FTP:	Field Terminal Platform (Produktionsplattform); Hubschrauberlandedeck
A, B, C:	Bohrplattformen; A: 9 Produktionsbohrungen B: 17 Produktionsbohrungen C: 4 Produktionsbohrungen 8 Injektionsbohrungen	F:	Abfackelungsplattform
T:	Lagertank	Feld „Cod":	Kombinierte Bohr- und Produktionsplattform (6 Produktionsbohrungen)
R:	Plattform mit Beginn der Gasleitung	Feld „Tor":	Kombinierte Bohr- und Produktionsplattform (15 Produktionsbohrungen)
P:	Plattform mit Beginn der Ölleitung	Feld West-Ekofisk:	Kombinierte Bohr- und Produktionsplattform (10 Produktionsbohrungen)
Q:	Unterkunftsplattform für 165 Mann; Hubschrauberlandedeck	V1 und V2:	Verdichterplattformen

Abb. 4. Ekofisk-Feld: Übersicht.

Die Felder „Edda", „Eldfisk" und „Albuskjell" werden erst zu einem späteren Zeitpunkt an das Ekofisk-Center angeschlossen. Das gesamte Ekofisk-Fördergebiet hat eine Ausdehnung von 326 km². Alle wesentlichen Anlagen zur Förderung, Speicherung und Vorbehandlung von Öl und Gas befinden sich auf den zu diesem Zweck errichteten Plattformen. Die Stützen (jackets) für die Stahlplattformen wurden mit besonderen Kranschiffen zum Ekofisk-Feld herausgebracht und in ihrer endgültigen Position auf dem Meeresgrund befestigt. Die Decks und Laufgänge wurden an verschiedenen Fabrikationsstellen in Europa und USA erbaut und ebenfalls zu der Nordsee-Baustelle transportiert und dort montiert. Wegen des rauhen Nordseeklimas mußten für diese Montagearbeiten besonders gute Wetterverhältnisse abgewartet werden. Zum Schutz gegen Wellenschlag liegt die Unterkante der Plattformen 20 m über dem Wasserspiegel, ein Sicherheitsmaß, das im November/Dezember 1973 bereits überschritten wurde, denn es traten gleich zweimal Wellenhöhen von 23 m auf.

Der Lagertank, in Abb. 3 mit T bezeichnet, hat ein Fassungsvermögen von 1 Million barrel, das sind 132000 t Rohöl. Es ist eine Stahlbetonkonstruktion, die direkt auf dem Meeresboden aufsitzt. Der Tank besteht aus neun zylindrischen Kammern, die auf dem Fundament, einer 6 m dicken

Abb. 5. Ekofisk-Feld: Bohrplattform „C“ im Vordergrund.

Abb. 7. Ekofisk-Feld: Abfackelungsplattform.

Abb. 6. Ekofisk-Feld: Der Lagertank.

Betonplatte, ruhen und die von einer durchlöcherten sogenannten Brecherwand umgeben sind. Auf dem Tank befindet sich eine Stahlplattform mit einer Freifläche von 8360 m² Größe, und 10 m über dieser liegt ein Betondeck mit einer Fläche von 5000 m². Der Tank hat einen Durchmesser von 92 m, er ist 82 m hoch. Für die Wellenbrecherwand wurden 9000 vorgefertigte Lochelemente verwendet mit unterschiedlichem Durchmesser, die es dem bei Seegang und Strömung anlaufenden Wasser ermöglichen, in den kreisförmigen Raum zwischen Brecherwand und Ölbehälter einzudringen, wodurch die Wirkung der Wellenkräfte erheblich abgemindert wird. Auf den beiden Decks des Lagertanks befinden sich die Abscheider, Trocknungs- und Taupunktanlagen, ferner die Kompressoren für die Gasleitung, die Meßanlagen, die Sicherheitsausrüstungen sowie die Labor-, Wartungs- und Nachrichtenanlagen für das ganze Ekofisk-Feld. Der Tank „Ekofisk One“, der größte Meeresöltank der Welt, ist in einem Trockendock in Jattavagen, in der Nähe von Stavanger bis zu einer schwimmfähigen Höhe betoniert worden und anschließend in der Hillevagen-Bucht an der Hafeneinmündung von Stavanger fertiggestellt. Fünf Hochseeschlepper mit insgesamt 50000 PS bewerkstelligten sodann die bisher größte Schlepperoperation von Stavanger bis zum Ekofisk-Feld.

5. Transport von Kohlenwasserstoffen zum Festland, dargestellt an der Pipeline-Verlegung vom Ekofisk-Feld nach Emden

5.1 Rechtliche Grundlagen

Am 16. Januar 1974 unterzeichneten die Bundesrepublik Deutschland und das Königreich Norwegen den Staatsvertrag über den Transport von Kohlenwasserstoffen durch eine Rohrleitung vom Ekofisk-Feld und benachbarten Gebieten in die Bundesrepublik Deutschland. Die nach Artikel 24 des Vertrages erforderliche Ratifikation durch den Deutschen Bundestag und durch das Storting, die norwegische Volksvertretung, ist erfolgt.

Der deutsch-norwegische Vertrag, der den energiepolitischen Interessen der Bundesrepublik Rechnung trägt, legt insbesondere die Aufgaben und Kompetenzen der staatlichen Instanzen beider Länder fest, die im Zusammenhang mit dem Transport des Erdgases durch eine Rohrleitung vom Ekofisk-Feld in die Bundesrepublik tätig werden müssen; so werden Vereinbarungen getroffen über das anwendbare Recht, über die Harmonisierung der Sicherheitsbestimmungen, über die Trassenführung und über die Minenräumung.

Der Staatsvertrag ist im Zusammenhang zu sehen mit den Bestrebungen der Bundesrepublik, das Erdgas an die deutsche Küste heranzuführen, um zu einer Vermarktung in der Bundesrepublik für sich und seine westlichen Nachbarn zu gelangen. Das Einkaufskonsortium für das norwegische Erdgas setzt sich aus der deutschen Ruhrgas AG, der niederländischen Gasunie, der belgischen Distrigaz und der Gaz de France zusammen.

Bisher sind durch das Ekofisk-Konsortium Erdgasmengen in Höhe von 20 Milliarden m^3 pro Jahr, das sind rund 56 Millionen m^3 pro Tag, kontrahiert worden. Hiervon sollen 10 Milliarden m^3 pro Jahr[3] in der Bundesrepublik vermarktet werden, während die andere Hälfte nach den Niederlanden, nach Belgien und Frankreich weitergeleitet wird. Bis 1985 soll der deutsche Anteil auf mutmaßlich 14 Milliarden m^3 pro Jahr gesteigert werden, damit würden dann rund 18% des deutschen Erdgasbedarfs gedeckt. Überlegungen über die Anlandung von Kohlenwasserstoffen aus weiteren norwegischen Fördergebieten sind im Gange.

5.2 Trassierung

Zur Überwindung des aus hydrologischen und morphologischen Gründen besonders schwierigen Küstenvorfeldes sind für die Pipeline-Verlegung von den Ekofisk-Feldern nach Emden (Rysumer Nacken) im Küstenbereich drei Trassen untersucht worden, und zwar

Trasse 1 über Borkum (mit Überquerung des weit nach Norden ausgreifenden Borkumer Riffs)—Randzel—Osterems—Rysumer Nacken,

Trasse 2 über das Westende von Juist—Memmert—Rysumer Nacken,

Trasse 3 über das Ostende von Juist—Itzendorfer Plate—Rysumer Nacken.

Wegen ihrer stabileren morphologischen Verhältnisse bot sich die Trasse 3 an. Da bei dieser Trassierung aber der Schiffsverkehr zwischen der Insel Juist und dem Festland während der Verlegearbeit erheblich behindert, wenn nicht gar unterbrochen worden wäre, kam die Trasse 2 — über das Westende der Insel Juist — zur Ausführung.

Nach Festlegung des Küstenvorfeld-Bereiches verläuft die Trasse in nahezu gestreckter Führung von Ekofisk, im norwegischen Festlandsockel, über den dänischen in den deutschen Sektor, erreicht die Insel Juist am westlichen Ende, überquert die Insel etwa 100 m westlich der Dünenkette, verläuft dann durch das Wattenmeer und erreicht bei Pilsum das Festland. Auf den letztgenannten etwa 24 km langen Trassenabschnitt durch das Wattenmeer wird noch besonders eingegangen.

Daß die Erdgasleitung vom norwegischen Ekofisk-Feld nach Deutschland und nicht nach Norwegen geführt wird, scheitert zur Zeit noch an der zu großen Wassertiefe; denn vor der norwegischen Küste liegt ein ca. 300 m tiefer Meeresgraben, der das Verlegen von Rohren unmöglich macht. Die Entwicklungen in der Rohrverlegetechnik zur Beherrschung größerer Wassertiefe sind noch in der Studienphase. Das unmittelbare Heranführen an den Verbraucher dürfte ebenfalls eine Rolle spielen.

5.3 Ausbildung der Rohrleitung

Nach den Planungsunterlagen der Phillips Petroleum Company als Vertreter der Rohrleitungsgesellschaft Norpipe A/S (Norwegian State Oil Company und Phillips Norway Group) sind die

[3] Als Vergleich: der Ansiedlungsvertrag über die Errichtung eines Anlandehafens für Flüssigerdgas in Wilhelmshaven soll eine Umschlagskapazität von ca. 6 Milliarden m^3 Erdgas jährlich erreichen.

Rohrdurchmesser, die Wandstärke, die Stahlgüte, der Betriebsdruck und auch die Anzahl der Zwischenverstärker das Ergebnis von Wirtschaftlichkeitsuntersuchungen, die gezeigt haben, „daß die Mindestbeförderungskosten bei Betreibung der Leitung mit dem höchsten praktischen Druck erlangt werden". Auf Grund dieser Untersuchung wurden folgende Kennwerte für die Rohrleitung festgelegt:

Rohraußendurchmesser längsnahtgeschweißt	36	Zoll	(914,4 mm)
Wandstärke			
(nach DIN 2470 innerhalb des deutschen Hoheitsgebietes)	0,984	Zoll	(24,994 mm)
(nach Vorschriften USAS B[4] außerhalb des deutschen Hoheitsgebietes)	0,875	Zoll	(22.225 mm)

Rohrwerkstoff: Walzstahl nach der API[5]-Güte-Norm 5 Lx — X-60 (Pipeline-Stähle) höchstzulässiger Betriebsdruck: 130 bar

Gewicht: 552 kg/lfdm

Nennlänge der Rohrstücke: 40 Fuß (12,192 m)

Prüfdruck für die Wasserdruckprüfung: 1,25facher Betriebsdruck

Rohrschutz außen: gegen Korrosion erhält die Rohrleitung einen 5/8 Zoll (1,6 cm) Auftrag einer Somastik-Schicht, die aus Asphalt, Mineralmasse, Asbestfasern und Glasfaser besteht.

gegen Auftrieb wird die Rohrleitung mit einer mindestens 1,5 Zoll (37 mm) starken Betonummantelung umgeben.

Rohrschutz innen: Zum Schutz gegen Korrosion während der Lagerung, während der Verlegung und der Prüfungen erhält das Rohrinnere eine Epoxydisolierung mit Polyamidkatalysator. Da das in die Leitung gegebene Gas trocken und nicht korrodierend ist, wäre die Innenisolierung nach Inbetriebnahme der Leitung nicht mehr als Korrosionsschutz erforderlich, sie verbessert aber die Fließleistung.

Kathodenschutz: Die Rohrleitung erhält ein aus ringartigen Zinkanoden bestehendes Kathodenschutzsystem. Das Anodengewicht beträgt 1000 Pfund (453,6 kg). Der Abstand zwischen den Anoden beträgt 440 Fuß (134,10 m), d.h. um jedes 11. Rohr wird ein Zinkanodenring gelegt.

5.4 Sicherheitsfragen

Grundlage für die Sicherheitsanforderungen an die Rohrleitung im Seegebiet sind die „Vorläufigen Richtlinien für Rohrleitungen im Seegebiet — Sicherheitsbestimmungen für Erdgasleitungen —", die von einem interministeriellen Ausschuß erarbeitet wurden. Die Richtlinien gelten für Erdgasleitungen im Seegebiet

— innerhalb des Hoheitsgebietes der Bundesrepublik Deutschland und
— im Bereich des Festlandsockels der Bundesrepublik Deutschland.

Sie behandeln die Auswahl der Trasse, Maßnahmen zum Schutz der Leitung im Brandungs- und Küstenbereich, in Bereichen der Schiffahrtswege, in militärischen Übungsgebieten und in Gebieten, in denen mit Grund- und Schleppnetzen gefischt wird. Sie behandeln ferner alle möglichen Beanspruchungen der Leitung, wie Betriebsdruck und Außendruck. Werkstoffeigenschaften werden ebenso behandelt wie Festlegungen bei der Prüfung und Abnahme der Rohre, Bau- und Verlegevorschriften, sowie sonstige Sicherheitsmaßnahmen im Betriebszustand.

Für die Transit-Rohrleitung im Seebereich zwischen Ekofisk und Emden sind folgende Genehmigungen eingeholt:

— Genehmigung zur Deichkreuzung nach dem Niedersächsischen Deichgesetz (NDG) vom 1. 3. 1963,
— Strom- und schiffahrtspolizeiliche Genehmigung nach dem Bundeswasserstraßengesetz (WaStrG) vom 2. 4. 1968,
— Erlaubnis zur Errichtung einer Transitleitung nach dem Gesetz zur vorläufigen Regelung der Rechte am Festlandsockel vom 24. 7. 1964,
— Genehmigung in sicherheitstechnischer Hinsicht, ebenfalls nach obigem „Festlandsockel-Gesetz".

Nach dem Gesetz zur vorläufigen Regelung der Rechte am Festlandsockel ist in bergtechnischer und bergwirtschaftlicher Hinsicht das Oberbergamt in Clausthal-Zellerfeld zuständig. Bedingungen und Auflagen müssen mindestens den im Land Niedersachsen geltenden Vorschriften des „Allgemeinen Berggesetzes" für die Preußischen Staaten vom 24. 6. 1865 entsprechen.

[4] USAS = USA Standard for Gas Transmission and Distribution Systems.

[5] API = American Petrol Institute.

Eine wesentliche Sicherheitsanforderung ist die Überdeckung der Rohrleitung, für die in den genannten Richtlinien folgende Werte für erforderlich gehalten werden bzw. anzustreben sind:

— Nördlich des Verkehrstrennungsgebietes „Feuerschiff Deutsche Bucht/Westansteuerung“ und zwischen diesem und dem Verkehrstrennungsgebiet „Terschelling/Deutsche Bucht“ wegen der hier intensiv betriebenen Fischerei mit Grundschleppnetzen: 1 m
— Im Gebiet vorhandener und geplanter militärischer Übungsgebiete: 2 m
— In den beiden Verkehrstrennungsgebieten zum Schutz gegen ankernde Schiffe: 5 m
— Südlich des Verkehrstrennungsgebietes „Terschelling/Deutsche Bucht“ bis zur Insel Juist 3 m
— Im Wattengebiet zwischen der Insel Juist und der Küste: 2 m

5.5 Verlegung der Rohrleitung im Seegebiet

Das Verlegen der Pipeline, mit der am 5. April 1974 begonnen wurde, erfolgt in mehreren Abschnitten, so daß mit dem Auslegen der Leitung von mehreren Stellen aus gleichzeitig begonnen werden kann[6].

Die Rohre für die Pipeline werden fertig isoliert und betonummantelt in Längen von rund 12 m zum Verlegeschiff mit besonderen Transportgeräten, den Versorgern, angeliefert. Die Verlegeschiffe (Rohrverleger) sind Spezialschiffe mit einem Arbeitsdeck von rund 135 m Länge und 35 m Breite. Der Rohrverleger hat eine Besatzungsstärke von rund 240 Mann.

Die zu verlegende Rohrleitung folgt zwischen der Auflagerung auf dem Verlegeschiff und dem Meeresgrund in etwa einer Kettenlinie, die sich vorher berechnen läßt, obwohl die Linie durch die horizontal liegenden Endstücke — Verlegeschiff und Meeresboden — verfälscht ist. Die größte Beanspruchung der Rohre tritt bei der Verlegung ein, deshalb müssen die Krümmungsradien der Verlegelinie so groß wie möglich gehalten werden, damit ein Einbeulen oder Knicken des Rohres verhindert wird. Desgleichen muß auch das Abplatzen der nicht sehr elastischen Ummantelung verhindert werden, wobei kleine Risse im Beton ohne Bedeutung sind, da die Betonummantelung nur gegen den Auftrieb und für die Stabilität gegen Seitentrieb dient. Entsprechend der Tiefe des Meeresbodens läßt sich der Krümmungsradius verändern, indem ein mehr oder weniger starker Zug auf das Rohr ausgeübt wird. Dies wird erreicht, weil ein Rohrende als Festpunkt wirkt, dem Rohrverleger eine Vortriebskraft eingegeben und am zweiten Rohrende eine Haltekraft vorhanden ist. Die Vortriebskraft wird durch die Tensioners erreicht, die einen Konstantzug auf das Rohr ausüben. Es werden Druckstöße dabei verhindert, die das Verlegeschiff wegen seiner Bewegungen im Seegang ohne diese Maßnahme in die Rohrleitung hineingeben würde.

Beim oberen Krümmungsradius hinter dem Verlegeschiff wird das Rohr durch einen Ablegerrüssel, dem sogenannten Stinger, unterstützt. Diese Unterstützung wird nach Erfordernis verstellt.

Sofern es die Witterung zuläßt, arbeiten die Rohrverleger kontinuierlich, d.h. die Versorger müssen ständig Rohre zu den Verlegeschiffen bringen. Von den Stauracks der Verleger werden die Rohre einzeln auf die Fertigungsstraße gelegt, auf der in mehreren Stationen der fertige Leitungsstrang entsteht, und zwar in folgenden Arbeitsgängen:

Am ersten Arbeitsplatz wird die Schweißnaht vorbereitet, das Rohr wird ausgerichtet und zur ersten Schweißstation transportiert. An den Schweißstationen arbeiten 4 Schweißer mit Hilfskräften. Der Strang durchläuft 5 Schweißstationen, wobei an jeder Station 1 bis 2 Schweißraupen in den Stoß gelegt werden. Am letzten Arbeitsplatz wird jede Schweißnaht röntgengeprüft. Das Verlegeschiff wird jeweils kontinuierlich um 12 m verholt.

Bei der Rohrverlegung im Seegebiet kamen folgende Rohrverleger zum Einsatz:

Lfd. Nr.	Name	Länge	Breite	Besatzung	Verlegefirma
1	Choctaw I (Halbtaucher)	135 m	32 m	230 Mann	Santa Fe International Services (USA Texas)
2	Choctaw II[1] (Halbtaucher)	135 m	32 m	230 Mann	Santa Fe International Services (USA Texas)
3	Hugh W. Gordon	122 m	30 m	250 Mann	Brown u. Root (USA Texas)
4	L. B. Meaders	122 m	30 m	250 Mann	Brown u. Root (USA Texas)
5	Baas Kobus III	60 m	11 m	30 Mann	Arbeitsgemeinschaft Flat Pipeline (Bundesrepublik)

[1] ausgerüstet mit schwerer Arbeitsplattform, Unterwasser-Rohrlege-Einrichtungen und einem Schwer-Lastkran mit einer Hebefähigkeit von 800/1200 t.

[6] Über die Verbindung der einzelnen Leitungsabschnitte siehe unter Abschnitt 6.

Die Halbtaucher sind besonders im rauhen Seeklima geeignete Arbeitsgeräte, weil ihre Hauptauftriebskörper bis zu 20 m unter die Wasseroberfläche abgesenkt werden können, bis zu Tiefen, in denen die Wellenerregung weitgehend abgeklungen ist [4].

Die Rohrverleger legen in 24 Stunden i.M. 1200 m zurück, sie werden durch 8 bis 10 Anker, die wiederum mit Ankerseilen von 52 mm Durchmesser und bis zu 1500 m Länge versehen sind, auf Position gehalten. Die Rohrverleger hieven sich an den Bugankern kontinuierlich entsprechend der Anzahl zusammengeschweißter Rohrschüsse voraus und fieren mit entsprechender Länge die Heckankertrossen. Die in unterschiedlichen Entfernungen ausliegenden Anker werden von Schleppern nacheinander aufgenommen und in Verlegerichtung wieder ausgelegt. Es ergibt sich hieraus, daß ein Rohrverleger eine Wasserfläche mit einem Durchmesser von ca. 3000 m voll in Anspruch nimmt.

Die geforderte Überdeckung der Rohrleitung wird durch ein entsprechend tiefes Einspülen in den Meeresgrund erreicht. Das Einspülen besorgen sogenannte Spülbargen, die in der Regel keinen eigenen Antrieb haben. Zum Einspülen der Ekofisk-Leitung waren neben anderen Spezialschiffen die Spülbargen (Jet Bargen) ,,HCC 103" und die Jet Barge 3 eingesetzt (Abb. 8). Die Schiffskörper sind ca. 102 m lang und 37 m breit. Das eigentliche Spülgerat (Ponton) besteht aus einem Rohrrahmen-Schlitten und der eigentlichen Spülvorrichtung. Das Spülgerät wird während des Einsatzes über die Pipeline geschleppt. Der Schlitten ist ca. 12 m lang und zwischen den Kufen ca. 6 m breit (Abb. 9). Der Auftrieb des aus Rohren hergestellten Schlittens kann durch fernbetätigte Flut- und

Abb. 8. Jet Barge 3. Länge 102 m, Breite 37 m.

Abb. 9. ... das Spülgerät ist zwecks Reparatur an Deck genommen. Zu erkennen sind: a Kufen des Schlittens, b Rohrrahmen des Schlittens, c Spülvorrichtung.

Lenzventile während des Einsatzes verändert werden. Die Spülvorrichtung besteht aus zwei Spüllanzen und zwei Saugleitungen. Die Spüllanzen brechen den Meeresboden unmittelbar neben und unter der Rohrleitung mittels Wasserdruck auf. Die Saugleitungen, die sich hinter den Spüllanzen befinden, sind über einen Ausleger mit der Spülgutpumpe an Bord der Barge verbunden und pumpen das Spülgut außenbords ab. Das Manövrieren der Bargen erfolgt — ähnlich wie bei den Rohrverlegern — mittels ca. 1500 m langen Ankertrossen und Ankerwinden. Die genaue Lage der Barge und des Spülgerätes erfolgt durch Taucher, die über Wechselsprechanlagen die Kommandostelle auf der Barge informieren. Die Schleppgeschwindigkeit hängt von der Beschaffenheit des Meeresbodens ab, i.M. legen die Bargen in 24 Stunden 1,5 sm zurück. Ein einmaliger Schleppweg über die Leitung erbringt eine Tiefe am Beispiel der hier behandelten Spülbargen von ca. 3 Fuß (0,91 m). Die genaue Einmessung der Tiefenlage erfolgt durch besondere Meßschiffe; außer anderen Vermessungsschiffen war das Meßschiff ,,Suffolk Conquest" eingesetzt, ein Fischereifahrzeug (Heckfänger), das für diesen Einsatz ausgerüstet wurde.

Die Einspültiefe der Leitung wird mit dem Edo — Western Profiler and Side Scan Sonar — kurz ,,Edo-Gerät" genannt, gemessen. Sender und Empfänger sind im sogenannten Fisch, einem stromlinienförmigen Kunststoffgehäuse untergebracht. Der Fisch wird von einem schwenkbaren Ausleger des Meßschiffes über die Bb-Seite außenbords gelassen. Die folgenden Bilder zeigen das Meßschiff, den sogenannten Fisch des Edo-Gerätes und einen Echographenschrieb.

Abb. 10. Meßschiff „Suffolk Conquest“.

Abb. 11. Fisch des Echo-Gerätes.

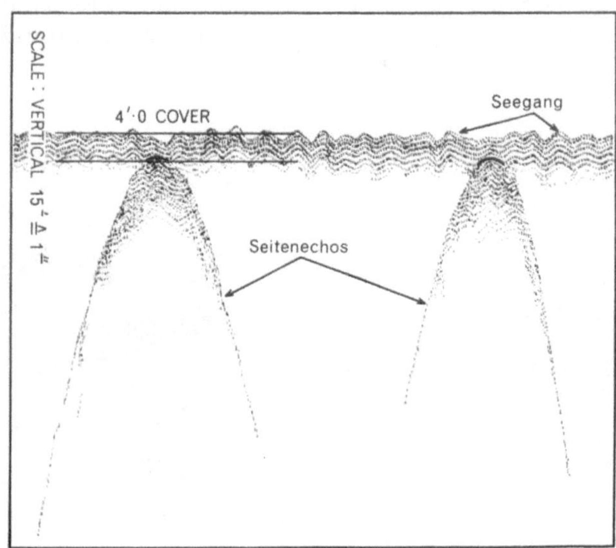

Abb. 12. Echographenschrieb.

Die Saison für Verlege- und Einspülarbeiten im Nordseebereich reicht von Mai bis einschließlich September, obwohl auch oft während dieser Zeit wegen des rauhen Wetters Arbeitsunterbrechungen erforderlich werden. Eine wesentliche Rolle bei der Verlegung einer Rohrleitung im Nordseebereich spielen die organisatorischen Probleme. Neben der Versorgung mit Material muß der Nachschub für die 250 bis 300 Mann umfassende Belegschaft eines Rohrverlegers sichergestellt sein. Der Schiffspark für eine Rohrverlegung auf See setzt sich in der Regel aus folgenden Einheiten zusammen:

für die Rohrverlegung: 1 Rohrverleger, 3 Schlepper, 1 Versorgungsschiff
für den Rohrtransport: 4—6 Leichter, 4—6 Schlepper
für die Vermessung: 1 Vermessungsschiff
für die Einspülung: 1 Spülbarge mit Spülschlitten, 1 Versorgungsschiff, 2 Schlepper

5.6 Verlegung der Rohrleitung im Wattengebiet

Besondere wasserbauliche Überlegungen erforderte der 24 km lange Rohrleitungsabschnitt durch das Wattenmeer, in dem eine Tiefenlage bzw. Überdeckung teilweise von 2 m und streckenweise von 3 m gefordert werden mußte. Die Wattenleitung (Flat-Pipeline) beginnt auf der Westseite der Insel Juist, überquert die Insel im Bereich des westlichen Vorstrandes, verläuft dann weiter durch die Juister Balje über die Vogelschutzinsel Memmert, den Kooper-Sand, die Bants-Balje, die Ley, den Greetsieler Nacken und mündet, den Landesschutzdeich überquerend, bei Pilsum in der Nähe

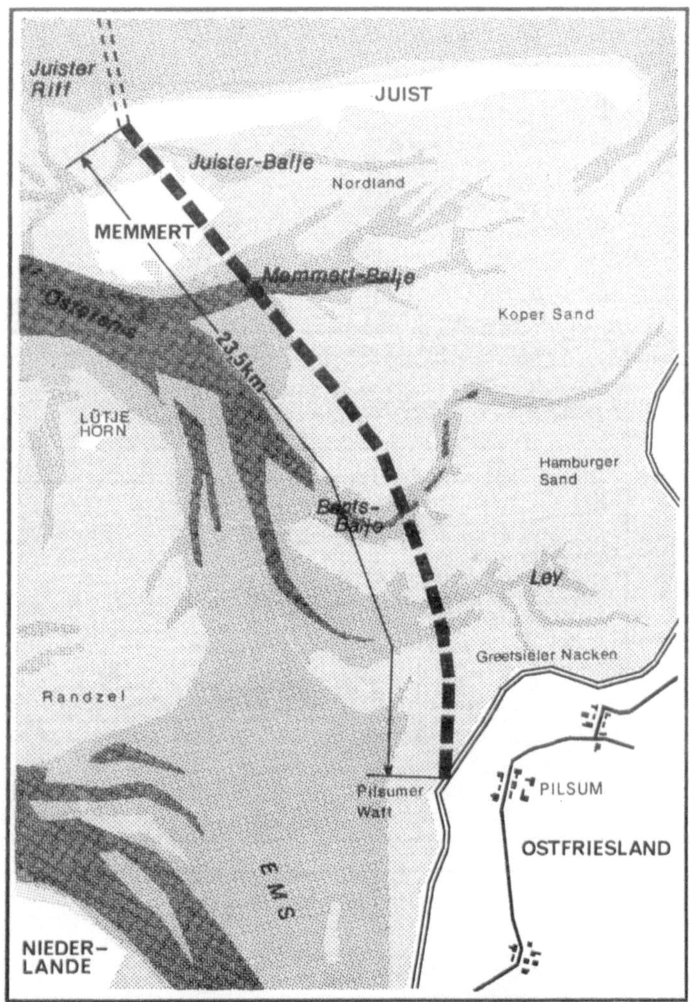

Abb. 13. Die Trasse der Wattenleitung.

des reizvollen Fischerdörfchens Greetsiel. Die Leitung führt dann über Land weiter bis zum Rysumer Nacken in dem westlichen Industriegebiet des Seehafens Emden.

Der wesentliche Unterschied dieses Leitungsabschnittes und der Seeleitung liegt in den stark wechselnden Wasserständen, verbunden mit dem Erfordernis, eine etwa 30 m breite und 3 m tiefe Verlegerinne ausbaggern zu müssen. 3 km der Trasse werden bei normalem Hochwasser nicht überflutet, rund 15 km liegen in der Wasserwechselzone und 6 km in tiefen Baljen. Die Memmert-Balje beispielsweise hat bei MSpTnw eine Wassertiefe von etwa 12,50 m, und sie ist 1200 m breit, was der Breite der Unterelbe bei Brunsbüttel entspricht.

Um den Arbeitsaufwand in dem Wattenbereich so gering wie möglich zu halten, wird für die Vorfertigung der Rohre als Landbasis der niederländische Hafen Delfzijl benutzt, in dem bereits die Betonummantelung für einen großen Bereich der Seeleitung hergestellt wird. Hier werden jeweils vier der aus den Stahlwerken angelieferten Rohre zu etwa 50 m langen Teilstücken zusammengeschweißt, isoliert und mit besonderen Schuten zur Einbaustelle transportiert. Die Rohrlängen haben ein Gewicht von 60 t.

Für das Herstellen der Rinne entsprechend der geforderten Tiefenlage für die Rohrleitung wird einem Schneidkopf-Saugebagger ein Ponton mit einem Spülverteiler angekoppelt, der beidseitig über 65 m lange Ausleger das Spülgut verteilt, wodurch ein Rückfließen in die Rinne weitgehendst verhindert wird. Im tieferen Wasser werden die Aushubmassen mittels einer schwimmenden Leitung in ausreichender Entfernung von der Rinne verspült.

Das System der Rohrverlegung geht aus den Prinzips-Skizzen hervor (Abb. 14). Die eigens für diese Verlegearbeit von der eingesetzten Firma gebaute Verlegeeinheit besteht aus einem 60 m langen und 11 m breiten Verlegeponton und einem an den Verlegepontons angekuppelten Katamaran, über den der Rohrstrang ins Wasser gleitet. Der Verholvorgang wird von vier Einzelwinden

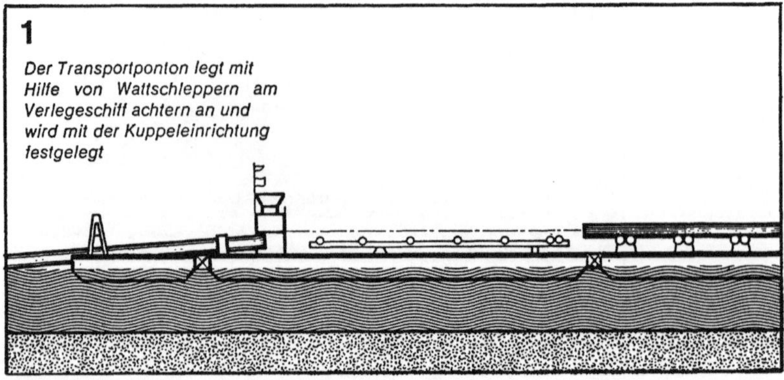

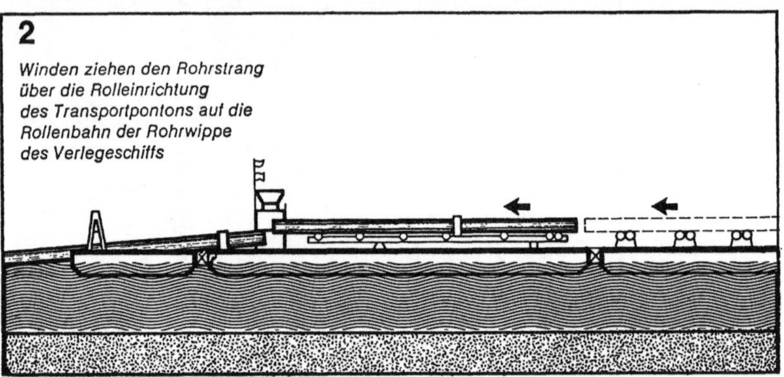

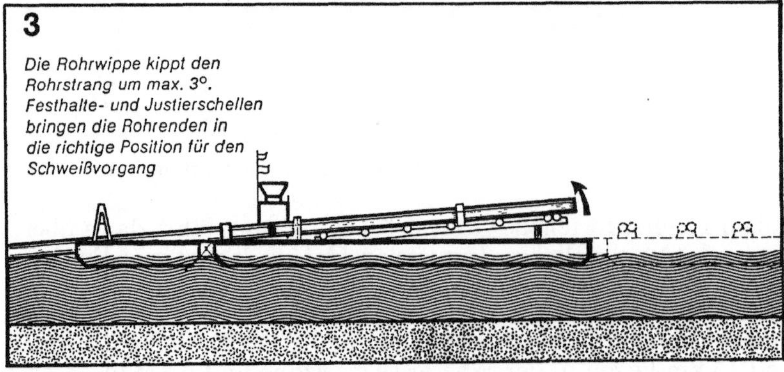

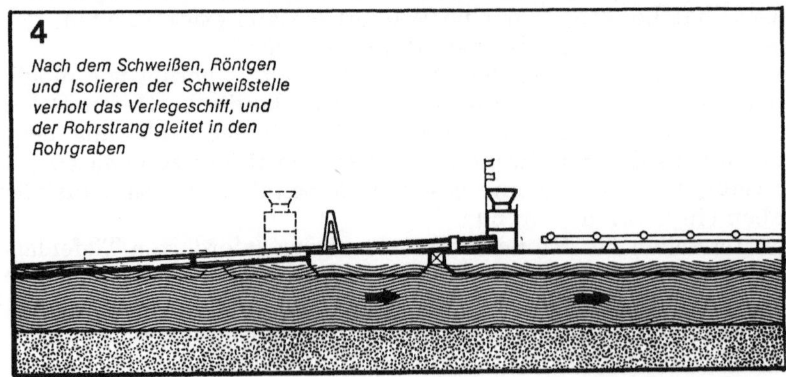

Abb. 14. Prinzips-Skizze für die Rohrverlegung im Wattengebiet.

mit 10 t Zug- und 20 t Haltekraft von der Brücke aus gesteuert; der Zeitablauf hängt von dem Zeitbedarf für das Herstellen der Schweißnaht ab, sie beträgt bei 4 Schweißern ca. 2 Stunden je Schweißnaht.

Auch bei dieser Baustelle war eine gut funktionierende Organisation des Arbeitsablaufs Voraussetzung für den zügigen Fortgang der Rohrverlegung. So mußte der Rohrnachschub auf den Pontons durch die jeweils vorher hergestellten Rinnen erfolgen; das bedeutete, daß jeweils Rinnenabschnitte zwischen zwei Baljen als „Wasserweg" hergestellt sein mußten, bevor der Transport durchgeführt werden konnte.

Das Verlegen der Rohrleitung in den tiefen Baljen erforderte außerdem noch besondere Vorkehrungen. Um den zulässigen Verlegeradius nicht zu unterschreiten, wurde der zu verlegende Rohrstrang mit Auftriebskörpern versehen. Als Auftriebskörper dienten Plastikformen, die mit Eisenbändern auf den Rohren festgeschnallt und anschließend durch Taucher wieder entfernt wurden. Das Verfüllen der Verlegerinne entspricht im Prinzip dem gleichen Arbeitsverfahren wie das Herstellen der Rinne.

6. Landstation, Verstärkerplattformen u. a.

Die Erdgasreinigungsanlage auf dem Rysumer Nacken an der Ems bei Emden ist die Endstation des Ekofisk-Erdgases. In ihrem Endausbau ist sie die größte Anlage dieser Art auf der Welt, sie hat dann eine Kapazität von 2,30 Bio cubic foot (cu. ft.)/Tag, das sind 65090000 m³/Tag. Die Anlage besteht im wesentlichen aus der Erdgasbehandlungsanlage und aus der Regenerationsgasaufbereitung. In der erstgenannten Anlage laufen in 6 prozeßtechnisch gleichartigen Straßen, von denen 5 ständig in Betrieb sind und eine als Reserve dient, zwei Verfahrensvorgänge nahezu unabhängig voneinander zur gleichen Zeit ab:

— Entschwefelung des Erdgases mit Hilfe von Molekularsieben,
— Regeneration der Molekularsiebe.

Die Regenerationsgasaufbereitungsanlage besteht wiederum aus zwei Verfahrensgängen:

— der Regenerationsgasreinigung, in der das mit Schwefelwasserstoff (H_2S) und Kohlendioxyd (CO_2) beladene Regenerationsgas gereinigt wird,
— der Regenerationsgastrocknung, in der das Gas getrocknet wird.

Die Rohrleitung von Ekofisk nach Emden ist in den Drittelspunkten mit zwei Kompressorplattformen (Verdichterplattformen) ausgerüstet, um die Durchfließkapazität des Erdgases zu vergrößern. Die Plattformen sind in die Abb. 1 und 3 eingetragen. Die Kompressoren werden erst zu einem späteren Zeitpunkt dazwischengeschaltet.

In Abschn. 5.5 ist erwähnt, daß die Rohrleitung in mehreren Abschnitten verlegt wurde. Die nachträgliche Verbindung von zwei Leitungsenden erfolgt mit sogenannten Hydro-Couples. Auf der gesamten Strecke von den Ekofisk-Feldern bis zur Anlandung bei Emden mußten insgesamt vier Kupplungen eingebaut werden. Unter der Voraussetzung, daß die zu verbindenden beiden Leitungsenden so verlegt sind, daß sie aneinander stoßen, können die Kupplungen unter Wasser verlegt werden. Eine bis zu 20° abweichende Richtung der beiden Leitungsenden kann in Kauf genommen werden. Die Kupplungen werden nach der Installation nicht eingegraben, sondern auf einer gesamten Länge von 120 m mit Betonblöcken abgedeckt.

7. Ausblick

Das Verlegen der Rohrleitung vom Ekofisk-Center bis zur Endstation, der Gasreinigungsanlage auf dem Rysumer Nacken bei Emden, ist fertig. Die Steigleitungen auf den zwei Verdichterplattformen sind installiert, d. h. die Leitung ist durchgehend verbunden. Das Einspülen der Rohrleitung ist zum größten Teil abgeschlossen. Die gesamte Leitung außerhalb der Verkehrstrennungsgebiete liegt mindestens 1 m tief (Oberkante Rohr unter Meeresboden). Es hat sich gezeigt, daß es trotz des Einsatzes der leistungsstarken amerikanischen Jet Barge 3 nicht ratsam ist, in den beiden Verkehrstrennungsgebieten eine Tiefenlage der Rohrleitung über 3 m hinaus zu erreichen, da das Risiko einer möglichen Beschädigung der Rohre und ihrer Betonummantelung unvertretbar hoch würde. Zum Ausgleich der gegenüber der ursprünglich angestrebten Tiefenlage von 5 m erhält die Rohrleitung im Bereich der Verkehrstrennungsgebiete eine zusätzliche Bezeichnung, damit die Rohrleitung gegen mögliche Beschädigungen durch Schiffsanker abgesichert ist (Auslegen schwarzer Leuchttonnen mit besonderem Topzeichen und mit besonderer Kennung).

Obwohl die Tiefenlage der Rohrleitung im Wattengebiet auf ganzer Länge hergestellt ist, bereitet das erforderliche Abdecken der Rohrleitung noch gewisse Schwierigkeiten. Die Arbeiten auf den Verdichterplattformen schreiten zügig voran.

Die vorgeschriebene Druckprüfung mit einem Prüfdruck des 1,25fachen des Betriebsdruckes[7] wird kurz vor Inbetriebnahme der Leitung durchgeführt. Ein besonderes Augenmerk gilt dem Trocknen der Leitung (die Rohrleitung ist zur Erzielung eines besseren Fortschrittes beim Einspülen im Verkehrstrennungsgebiet mit Wasser gefüllt worden). Die Endstation in Emden auf dem Rysumer Nacken ist betriebsbereit.

Nach dem Stand der Arbeiten zu urteilen, kann damit gerechnet werden, daß mit der Lieferung des Erdgases im zeitigen Frühjahr 1977 begonnen wird (Abb. 15).

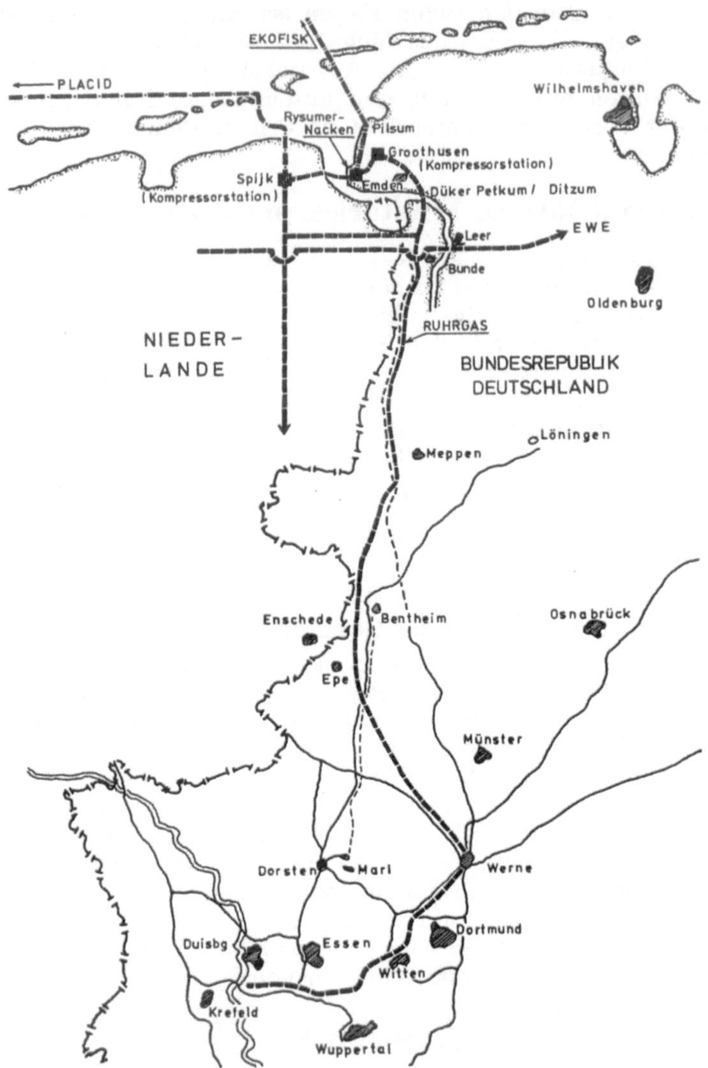

Abb. 15. Erdgastransportsystem Ekofisk/Placid.

Über das landseitige Erdgastransportsystem des Ekofisk-Gases und des Placid Gases gibt die Kartenskizze (Abb. 15) Aufschluß. Die in der Skizze eingetragenen Leitungen auf dem Lande sowie die Rohrleitung vom Rysumer Nacken, die Ems durchquerend, nach den Niederlanden sind fertig verlegt.

Zur Überwachung der Bau- und Verlegemaßnahmen waren von deutscher Seite der Germanische Lloyd, der Technische Überwachungs-Verein Norddeutschland e. V. und der Technische Überwachungs-Verein Bayern e. V., letzterer für die Prüfung der in Italien hergestellten längsnahtgeschweißten Stahlrohre, eingesetzt, von norwegischer Seite die Schiffsklassifikationsgesellschaft Det Norske Veritas (dNV). Behördlicherseits sind tätig das Oberbergamt Clausthal-Zellerfeld, das Bundesministerium für Verkehr, das Deutsche Hydrographische Institut Hamburg und die Wasser-

[7] 130 bar = Betriebsdruck.

und Schiffahrtsdirektion Aurich bzw. ab 1. 1. 1976 Wasser- und Schiffahrtsdirektion Nordwest mit den örtlich zuständigen Wasser- und Schiffahrtsämtern Norden und Emden.

Die Verkehrssicherung oblag der Wasser- und Schiffahrtsdirektion Nordwest. Den Verlege- und Einspülschiffen wurden nach schiffahrtspolizeilichen Richtlinien Auflagen gemacht, die ihren Niederschlag in den Benachrichtigungen an die Schiffahrt gefunden haben. In Zusammenarbeit mit dem Deutschen Hydrographischen Institut Hamburg hat die Wasser- und Schiffahrtsdirektion Nordwest in einer umfassenden Benachrichtigungsaktion die internationale Seeschiffahrt durch Herausgabe zahlreicher „Bekanntmachungen für Seefahrer" (BfS), „Nachrichten für Seefahrer" (NfS) sowie durch Ausstrahlung von Seewarnnachrichten über die Küstenfunkstelle Norddeich Radio über Art, Umfang, Position und Dauer der Schiffahrtsbehinderung unterrichtet. Da aber erfahrungsgemäß damit gerechnet werden muß, daß es immer wieder Schiffe gibt, die aus den verschiedensten Gründen diese Nachrichten nicht erreichen oder die ihnen nicht die erforderliche Beachtung schenken, mußten zusätzliche Maßnahmen getroffen werden. Diese bestanden vor allem darin, daß beim Kreuzen der Verkehrstrennungswege „Terschelling—Deutsche Bucht" und „Feuerschiff Deutsche Bucht Westansteuerung" sowie der Küstenzone nördlich der Insel Juist durch die

Abb. 16. Modell-Foto der Condeep-Arbeitsplattform im Beryl-Feld.

Arbeitsfahrzeuge ein Sicherungsfahrzeug der Wasser- und Schiffahrtsverwaltung eingesetzt wurde, das in der Anfahrtrichtung der Schiffahrt im Abstand von 1—2 sm von dem Arbeitsschiff stationiert war. Hierfür wurden jeweils die Seezeichenfahrzeuge der Wasser- und Schiffahrtsdirektionen an der Küste eingesetzt. Die Sicherungsfahrzeuge hatten die Aufgabe, die passierende Schiffahrt auf die besonderen Gefahren erforderlichenfalls hinzuweisen, ihr Auskünfte über die Position der Arbeitsfahrzeuge, die einzuhaltenden Passierabstände sowie die zu empfehlende Passierseite zu erteilen.

Die Kosten der Gesamtanlage Ekofisk werden mit 5 Milliarden Dollar angegeben; folgende Faktoren spielen bei der Kostenentwicklung eine bestimmende Rolle:

- die Konzessionspolitik der betreffenden Staaten,
- die Reservemengen,
- die Oberflächengröße des Feldes,
- die notwendige Bohrtiefe,
- die Wassertiefe am Ort,
- die Distanz zur Küste.

Die Anlandung des Erdgases aus den norwegischen Ekofisk-Feldern an die deutsche Nordseeküste bei Emden ist ein bedeutsamer Fortschritt in den Bemühungen zur Sicherung des Energiebedarfs der Bundesrepublik und der im Verkaufskonsortium des Erdgases angeschlossenen Länder. In diesem Zusammenhang finden Untersuchungen norwegischer Sachverständiger besonderes Interesse, die sich damit befassen, die erheblichen Gasmengen des Statfjord-Feldes und anderer weiter südlich gelegener Felder, über deren Förderung und Transport noch keine Entscheidung getroffen ist, in einer „coordinated trunkline" (Sammelleitung) auf den Markt zu bringen. In technischer Hinsicht könnten Großbritannien, Bundesrepublik Deutschland und Dänemark Anlandungsstellen einer solchen Sammelleitung sein.

Für das strukturschwache Ostfriesland kann die Energiequelle „Erdgas" gleichzeitig Anreiz sein für die Anlage chemischer und sonstiger energieabhängiger Industrien. Ein Beispiel hierfür ist die beabsichtigte Ansiedlung eines Eisenschwamm-(Direktreduktions-)Werkes der Norddeutschen Ferro GmbH., ein Zusammenschluß der norwegischen Grubenunternehmung AS Sydvaranger und der Korf Stahl AG., die einen erheblichen Erdgasbedarf haben werden.

Neben Kohlenwasserstoffen birgt die Nordsee noch eine Vielzahl von Rohstoffen, auf die nicht zu verzichten sein wird, wenn auch für die Zukunft die Bedürfnisse der Menschen gesichert sein sollen.

„Unsere Situation ist treffend umschrieben, wenn man sagt, daß unsere Väter vom Meeresboden nichts gewußt haben, unsere Kinder aber davon abhängen werden" [14].

Schrifttum

1. Boden, K.: Prüfbericht des Germanischen Lloyd, 10. 9. 1975
2. Boigk, H.; Hark, H. U.: Stand und Aussichten der Offshore-Exploration in Westeuropa. Bundesanstalt für Bodenforschung und Niedersächsisches Landesamt für Bodenforschung, Hannover, — IO 73—101/01
3. Brößkamp, K. H.: Erdgasleitung Juist-Emden. Technischer Bericht der Philipps Holzmann AG, August 1975
4. Claus, G.: Neue Technologien zur Rohstoffgewinnung aus dem Meer. Universitas 29. Jahrg., Heft 1
5. Flachs, W.: Die aktuelle Energiesituation, ihre Faktoren und Einflüsse. Universitas 29. Jahrg., Heft 3
6. Fritsch, B.: Die Krise des weltpolitischen Systems und der gegenwärtigen Weltsituation. Universitas 31. Jahrg., Heft 2
7. Bjartmar, G.: The Use of Norwegian Oil and Gas Reserves. Schiff und Hafen, Jahrg. 28 (Mai 1976).
8. Heinz, B.: Erdöl unter der Nordsee. — Wichtige neue Funde der geologischen Forschung. Universitas 28. Jahrg., Heft 6
9. Müller-Michaelis, W.: Ölfunde in der Nordsee — Perspektiven und Verwertung. Universitas 31. Jahrg., Heft 5
10. Oehme, W.: Der Mineralölmarkt — Herausforderung und Chance. Presse- und Informationsabteilung der Esso AG
11. Reuter, M.: Planung, Bau und Gütekontrolle seeverlegter Gasleitungen. Meerestechnik 6 (1975)
12. Ried, G. H.; Schönfeld, H.; Viergutz, P.: Choctaw II — eine Kran- und Rohrlege-Barge. Schiff und Hafen 1974, Heft 5
13. Schürmeyer, G.: Wirtschaftliche Aspekte des Nordsee-Rohöls. Meerestechnik 1976, Nr. 2
14. Seibold, E.: Heutige Erschließung organischer Hilfsquellen — ihre Probleme und Chancen. Universitas 30. Jahrg., Heft 5
15. Ziegler, P. A.: Öl- und Gas-Provinzen der Nordsee. Erdöl-Erdgas-Zeitschr. 91 (Juli 1975)
16. Zuncke, G.: Technik und Kosten maritimer Rohstoffgewinnung auf dem Gebiet der Suche und Förderung von Erdöl. Dokumentation über den Deutschen Schiffbautag am 18. 5. 1976
17. Zuncke, G.: Das Nordsee-Ölfeld „Beryl". Schiff und Hafen, Jahrg. 28 (Mai 1976) Heft 5
18. Knieß: Prüfbericht des Technischen Überwachungsvereins Norddeutschland e.V. — 121 BÜ 00 364

Quellennachweis für die Abbildungen

Abb. 1: Wasser- und Schiffahrtsdirektion Nordwest. Abb. 2: Meerestechnik 1976 Nr. 2. Abb. 3: Phillips Norway Group. Abb. 4, 5, 6, 7,: Ruhrgas AG. Abb. 8: Wasser- und Schiffahrtsdirektion Nordwest. Abb. 9, 10, 11, 12: Germanischer Lloyd. Abb. 13, 14: Philipp Holzmann AG. Abb. 15: Wasser- und Schiffahrtsdirektion Nordwest. Abb. 16: Bilfinger & Berger Bau-Aktiengesellschaft/Thyssen Rheinstahl Bautechnik GmbH.

Aufgaben, laufende Arbeiten und Programme des Kuratoriums für Forschung im Küsteningenieurwesen (KFKI)*

Von Ministerialrat Dipl.-Ing. **Heinrich Zölsmann**, Bonn

1. Das KFKI und seine Aufgaben

1.1 Die früheren Aktivitäten in der Küstenforschung

Die Bemühungen, die Vorgänge an der deutschen Nordseeküste zu erforschen, gehen bis auf die Jahre 1934 und 1941 zurück. Das erste Gremium aber, das auf diesem Gebiet wirklich tätig werden konnte, war der am 21. Oktober 1949 ins Leben gerufene ,,Küstenausschuß Nord- und Ostsee". Er sollte die gemeinnützige Zusammenarbeit aller technischen und wissenschaftlichen Behörden, Institute und Fachleute, die auf dem Gebiet des Wasserbaues und der Wasserwirtschaft im Küsten- und Seebereich der Nord- und Ostsee tätig waren, herbeiführen. Durch gegenseitigen Erfahrungsaustausch sollte die Forschung im gesamten Küstengebiet gefördert und ausgewertet werden, um so Grundlagen für eine verbesserte Planung und Durchführung der großen Bauaufgaben im Küstenbereich zu schaffen.

Entscheidendes Organ des Küstenausschusses war der Verwaltungsausschuß, in dem der Bundesminister für Verkehr, der Bundesminister für Ernährung, Landwirtschaft und Forsten sowie die zuständigen Ressorts der Länder Bremen, Hamburg, Niedersachsen und Schleswig-Holstein vertreten waren. Mehr als 100 Wissenschaftler arbeiteten im Rahmen von Arbeitsausschüssen, Arbeitsgruppen oder Gutachtergruppen im Küstenausschuß mit. Alle diese Arbeitsgremien konnten der Wissenschaft und der Praxis im Küstenwasserbau wertvolle Hilfestellung leisten.

Die bei der Geschäftsstelle in Kiel aufgebaute Bibliothek und Zentralkartei ist im Laufe der Jahre zu einem — auch international — anerkannten Nachschlagewerk geworden. In diesem Zusammenhang ist besonders auch die Schriftenreihe ,,Die Küste" zu erwähnen.

Ab 1966 wurde besonderes Augenmerk auf die Förderung der Erforschung der für den Küstenwasserbau wichtigen Naturvorgänge und ihrer Zusammenhänge, insbesondere der Sandbewegung, gelegt. In Zusammenarbeit mit der Deutschen Forschungsgemeinschaft wurde damals der Schwerpunkt ,,Sandbewegung im deutschen Küstenbereich" gebildet.

1.2 Das KFKI

Je länger desto deutlicher zeigte sich, daß die Organisationsform des Küstenausschusses nicht geeignet war, auf dem Gebiet der Forschung größere Aktivitäten zu entwickeln. Der Küstenausschuß war weder eine behördliche Organisation noch eine öffentlich-rechtliche Körperschaft oder ein Verein, sondern eine freie Arbeits- und Interessengemeinschaft. Mit einer solchen Organisationsform war es nicht möglich, die erforderlichen Förderungsmittel des Bundes locker zu machen.

Alle Fachleute waren der Auffassung, daß die natürlichen Vorgänge und Eigenschaften der Gewässer in den Mündungsgebieten und des Küstenmeeres sowie der an die Hohe See anschließenden Zonen mit ingenieur- und naturwissenschaftlichen Methoden erforscht werden müssen. In einer Denkschrift vom Dezember 1968 hat der Küstenausschuß hierfür ein Sachprogramm aufgestellt, das heute noch wesentliche Grundlage der Tätigkeit des KFKI ist. Daneben hat auch der Ausschuß für Küstenforschung bei der Deutschen Kommission für Ozeanographie ein Untersuchungsprogramm entwickelt, das vom seinerzeitigen Bundesminister für Bildung und Wissenschaft in der Schriftenreihe ,,Meeresforschung I" veröffentlicht worden ist.

Die Ausarbeitung dieses Programms, die Koordinierung der Durchführung dieses Programms sowie die Auswertung der Messungs- und Untersuchungsergebnisse und die Abstimmung mit anderen in der Küstenforschung arbeitenden Stellen wurde Aufgabe des KFKI, das am 5. 10. 1973 durch eine Verwaltungsvereinbarung zwischen dem Bund und den vier Küstenländern gegründet wurde. Diesem Kuratorium gehören nach dieser Verwaltungsvereinbarung an: 2 Vertreter des Bun-

* Als Vortrag bei der 2. Vortragsveranstaltung Küstenforschung und Küsteningenieurwesen der Hafenbautechnischen Gesellschaft am 18. 11. 1976 in Hannover gehalten.

desministers für Verkehr, je 1 Vertreter des Bundesministers für Ernährung, Landwirtschaft und Forsten und des Bundesministers für Forschung und Technologie sowie je 1 Vertreter der Länder Bremen, Hamburg, Niedersachsen und Schleswig-Holstein.

Das KFKI empfiehlt den Vertragschließenden Art und Durchführung des Sachprogramms, es koordiniert dieses Sachprogramm und zeigt Prioritäten auf. Für die Durchführung dieser Aufgaben bestellt das Kuratorium den „Forschungsleiter Küste", der dienstrechtlich Angehöriger seiner Behörde bleibt, die ihm aber die Möglichkeit zur Wahrnehmung seiner Aufgabe als Forschungsleiter gibt. Der Forschungsleiter ist an fachliche Weisungen des KFKI gebunden. Diese Funktion übt seit Gründung des KFKI der Leitende Baudirektor Dr. Rohde von der Außenstelle Küste der Bundesanstalt für Wasserbau aus.

Zu den Aufgaben des Forschungsleiters zählen insbesondere:

— die Ausarbeitung des Sachprogramms im einzelnen;
— die Zusammenstellung der Kosten zur Durchführung des Sachprogramms;
— die Koordinierung des fachlichen Einsatzes der beteiligten Dienststellen sowie
— die Abstimmung mit anderen in der Küstenforschung arbeitenden Stellen, insbesondere den Universitätsinstituten und den Sonderforschungsbereichen 79, 94, 95 und 149.

Der Forschungsleiter bedient sich dabei einer „Beratungsgruppe Küstenforschung", in der sachkundige Vertreter der Küstenländer und des Bundes mitarbeiten.

Bund und Länder treffen nach der Verwaltungsvereinbarung in ihren Geschäftsbereichen nach ihren Möglichkeiten die finanziellen und organisatorischen Maßnahmen zur Durchführung dieses Abkommens. Die Geschäftsführung stellt einschließlich des erforderlichen Personals und der Hilfsmittel der Bundesminister für Verkehr; Geschäftsführer ist seit Gründung des KFKI Herr Baudirektor Sindern (Kiel).

Der Bundesminister für Forschung und Technologie unterstützt das Forschungsprogramm des KFKI aus Bundesmitteln. Diese stiegen von rd. 650 000 DM im Jahre 1974 (Anlaufjahr des KFKI) über 1,1 Millionen DM im Jahre 1975 auf einen Mittelansatz von 1,7 Millionen DM für 1976. Hinzu kommen noch Personal- und Sachkosten, die von den Küstenländern sowie von der Wasser- und Schiffahrtsverwaltung des Bundes für die Durchführung des Sachprogramms aufgebracht werden.

Am 31. 3. 1976 hat sich der Küstenausschuß Nord- und Ostsee aufgelöst. Seine Aufgaben wurden auf das KFKI übertragen. Soweit diese Aufgaben nicht durch das Verwaltungsabkommen gedeckt sind, leisten die vier Küstenländer zu deren Erfüllung finanzielle Beiträge. Dazu gehört vor allem der Erfahrungsaustausch mit ausländischen Fachdienststellen und Institutionen sowie die Weiterführung der Schriftenreihe „Die Küste".

2. Zur Zeit laufende Arbeiten und Programme des KFKI

2.1 Synoptische Vermessung der Küstengewässer

Um die morphologischen Gestaltungsvorgänge des Küstenvorfeldes zu verfolgen und zu deuten, ist es wichtig, synoptische, großräumige topographische Aufnahmen und wiederholende Vergleichsmessungen des Gebietes zwischen dem Lister Tief und dem Emsmündungstrichter durchzuführen. Ziel dieser Arbeiten ist die Schaffung ausreichender Grundlagen für die Beurteilung der Entwicklung des Küstenvorfeldes und der im Rahmen des Seewasserbaus vorzunehmenden Eingriffe sowie die Bilanzierung des örtlichen wie überörtlichen unter Umständen gestörten Materialhaushalts. Da keine Möglichkeit besteht, das Gebiet zusammenhängend zu vermessen, haben das DHI unter Mitwirkung der Ämter für Land- und Wasserwirtschaft Husum und Heide und des WSA Tönning die gesamte Westküste Schleswig-Holsteins, die WSÄ Wilhelmshaven, Bremerhaven und Cuxhaven sowie die Forschungsstelle Neuwerk die Innere Deutsche Bucht und die WSÄ Emden und Norden, das DHI und die Forschungsstelle Norderney das ostfriesische Gebiet zwischen Jade und Ems vermessen. Sichergestellt ist, daß im gesamten Gebiet nach gleichen Methoden für die Seevermessung, für die Landvermessung auf den Watten, Sänden und Stränden sowie für die Luftbildbefliegung nach dem Wasserlinienverfahren durch Serienbildflüge gearbeitet und auch gleiches Datenmaterial zur Verfügung gestellt wird.

2.2 Küstenkartenwerk

Auf Grund der synoptischen Vermessung wurden Arbeitskarten erstellt, die zur Herstellung topographischer Karten, einheitlich auf NN bezogen, dienen. Dieses Küstenkartenwerk soll aus 64 Blättern bestehen. Der Maßstab ist auf 1 : 25 000 festgesetzt worden. Das Kartenwerk ist eine wichtige Grundlage für die Gewinnung von Materialbilanzen, für alle morphologischen Untersuchungen sowie für die Herstellung von Rechenmodellen.

2.3 Strömungsmessungen

Das Strömungsmeßprogramm liefert wichtige Grundlagen für weiterführende Untersuchungen über die Sandbewegung und die morphologischen Veränderungen des Küstenraumes. Es dient der funktionellen Planung und der Vorausermittlung hydrodynamischer Umgebungseinflüsse bei allen Seebaumaßnahmen (z.B. bei Dämmen im Wattenmeer, bei Eindeichungen, bei Abdämmungen von Tideflüssen oder beim Bau von Außenhäfen). Dieses Programm trägt auch zur Beurteilung von Gewässerverschmutzungsproblemen und ökologischen Fragen bei.

Folgende Ziele werden angestrebt:

- Erarbeitung einer großräumigen und zusammenhängenden Gezeitenstromdarstellung;
- Erweiterung der Kenntnisse über die unter Windeinfluß entstehenden und maßgebend durch die topographische Struktur der Küste beeinflußten Triftstromsysteme;
- Erfassung der vorhandenen aperiodischen Zirkulationen und küstenparallelen Wasserversetzungen (soweit sie nicht meteorologisch bedingt sind) sowie die Analyse der dynamischen Ursachen.

Vor der schleswig-holsteinischen Westküste ist ein Meßnetz mit küstenparallelen und küstennormalen Meßprofilen festgelegt worden. Insgesamt sind 250 Meßstationen vorgesehen, an denen mit Dauerstrommeßgeräten je 14tägig Messungen ausgeführt werden. Bisher ist an 72 Positionen über jeweils fast 3 Wochen gemessen worden; die Auswertung hat bereits begonnen. Die Werte wurden zur weiteren Aufbereitung auf Lochstreifen übertragen.

Zusätzlich werden an 10 Stationen Langzeitmessungen vorgesehen, die in 3 küstennormalen Profilen angeordnet sind: an der ostfriesischen Küste, an der nordfriesischen Küste und im Mündungsgebiet der großen Tideflüsse. Die Stationen sind so angeordnet, daß in jedem Profil das eigentliche Wattgebiet, der seeseitige Watthang und das anschließende Randmeer erfaßt werden. Auch diese Meßstationen sind z.T. bereits eingerichtet.

2.4 Seegangsmessungen

Diese Untersuchungen sind auf 2 Gebiete aufgeteilt.

2.4.1 Untersuchungen im Bereich der ostfriesischen Inseln

Die Bedeutung des Seegangs für den Bestand der Dünen und Schutzwerke auf den ostfriesischen Inseln sowie für den Bestand der Festlanddeiche wurde während der Sturmtidenketten November/Dezember 1973 deutlich. Da bisher ein sicherer Bezug zwischen dem Wellenauflauf und dem verursachenden Seegang fehlt, sollen die vorzunehmenden Messungen unter folgender Zielsetzung analysiert werden:

- die Veränderung des Seegangs beim Lauf von der Nordsee durch die Seegaten bis hinter die Inseln;
- die Verteilung der Seegangsintensität hinter den Inseln;
- den Einfluß von Streichlänge und Leelage auf den Seegang;
- die Wechselwirkungen zwischen Seegang und morphologischem Formeninventar;
- den Einfluß der Seegaten auf die Wellen im Watt;
- die Bemessungsgrundlagen für den Wellenauflauf.

Das Meßnetz besteht in diesem Raum aus 13 Stationen, angeordnet nördlich von Norderney und im Bereich des Norderneyer Seegats sowie vor der Deichlinie zwischen Norddeich und Hilgenriedersiel. Inzwischen sind 6 Stationen in Betrieb.

2.4.2 Weser-Jade-Ästuar

Hier soll einerseits die Wirkung des Seegangs auf die morphologischen Vorgänge im Ästuar untersucht werden, um Bemessungsgrundlagen für Bauwerke zu erhalten, andererseits interessiert aber auch der Einfluß langperiodischer Seegänge auf die Großschiffahrt. Ferner soll die Energieumwandlung beim Einlauf der Wellen in das Ästuar erfaßt werden.

Im einzelnen sind hierbei folgende Fragen zu klären:

— die Veränderung des Seegangs beim Lauf von der Nordsee durch die Rinnen bis hinter das Riffgebiet;
— die Verteilung der Seegangsintensität hinter den Riffen und Platen;
— der Einfluß von Streichlänge und Leelage auf den Seegang an bestimmten Stellen des Ästuars;
— der Einfluß des Seegangs auf die Riff- und Platenwanderung an den Schiffahrtsrinnen;
— die Ermittlung von kennzeichnenden Wellengrößen als Bemessungsgrundlage für Wasserbauten und
— der Einfluß des langperiodischen Seegangs besonders auf die Großschiffahrt.

Mittlerweile wurden 3 feste Wellenmeßstationen in der Weser aufgebaut und Wave-rider-Bojen mit Funkübertragung installiert.

2.5 Wasserstandsmeßstation

Die genaue Kenntnis der Wasserstände am seeseitigen Hang des Küstenvorfeldes ist eine wichtige Voraussetzung für viele Untersuchungen. Deshalb sollen am Fuße des Wattsockels der deutschen Nordseeküste, auf etwa 10—15 m Wassertiefe, mehrere Wasserstandsmeßstationen eingerichtet werden. Sie sollen, zusammen mit zahlreichen Pegeln in Küstennähe, den Einfluß des Flachwassergebietes auf die Gezeiten voll erfassen.

Der Prototyp solcher Wasserstandsmeßstationen soll in der Elbemündung errichtet werden. Auf Grund der Erkenntnisse aus den Sturmfluten 1976 erschien es zweckmäßig, die Stationen in der Elbemündung für eine Sturmflut-Frühwarnung des Unterelbegebietes auszunutzen. Das bedingt aber ein anderes Meßkonzept und vor allem eine Datenfernübertragung. Der Entwurf für diese Station der Außenelbe ist als Prototyp nicht nur des Bauwerks gedacht, sondern auch des Meß- und Datenübertragungsverfahrens. Außer konventionellen Geräten sollen auch neu entwickelte Technologien eingesetzt und erprobt werden.

Im wesentlichen dient diese Station 4 Zwecken:

— der Erfassung der Veränderung der Tidewelle beim Auflaufen von der See in eine Flußmündung hinein;
— der Erfassung der Auswirkungen des Windes auf die Tidewelle;
— den Messungen des Salzgehaltes im Flußmündungstrichter;
— den Wasserstands- und Windmessungen für eine bessere Sturmflutwarnung der Küste.

2.6 Hydrodynamisch-numerische Modelle (HN-Modelle)

Die großräumigen hydrologischen Ereignisse (z.B. Sturmfluten) oder größeren menschlichen Eingriffe auf die Bewegungsvorgänge der Deutschen Bucht und der Küstengewässer sind mit herkömmlichen Verfahren kaum abzuschätzen, geschweige denn zu berechnen. Aus diesem Grunde ist beabsichtigt, die natürlichen, unbeeinflußten Bewegungsvorgänge in der Deutschen Bucht in hydrodynamisch-numerischen Modellen zu erfassen. Mit Hilfe solcher Modelle können dann außergewöhnliche Ereignisse oder Eingriffe rechnerisch erfaßt werden. Da die angestrebten Ziele in einem Modell nicht zu erreichen sind, sollen aus einem Basismodell für die Deutsche Bucht Regionalmodelle für das nordfriesische Wattenmeer, die innere Deutsche Bucht, die ostfriesische Küste sowie für das Emsgebiet entwickelt werden. Im weiteren Verlauf sollen Lokalmodelle für spezielle Aufgaben angeschlossen werden.

Herr Professor Dr. Hansen wird im Laufe der heutigen Tagung noch nähere Ausführungen zu diesen Modellen machen.

2.7 Untersuchungen über Sturmfluten in der Unterelbe

Auf Grund der Sturmfluten im Januar 1976 werden an dem in Hamburg-Rissen vorhandenen Tidemodell Elbe der Bund und die Küstenländer Sturmfluten in der Elbe untersuchen lassen. Für das Untersuchungsprogramm und seinen Ablauf ist ein Lenkungsausschuß verantwortlich. Das Programm wird folgende Sturmflutschutzmöglichkeiten zum Gegenstand haben: Unterelbe-Sperrwerke, Flutraumveränderung und Querschnittsveränderung des Mündungstrichters.

Vorversuche für die Akzentsetzung bei den Hauptversuchen werden globale Auskünfte über die Wirkung der Baumaßnahmen liefern. Gleichzeitig damit muß die Beeinflußbarkeit der Modelltide-Wasserstände durch variable Rauhigkeit im Hinblick auf eine Verbesserung der Reproduzierbarkeit ermittelt werden.

Parallel zu den hydraulischen Vorversuchen ist — besonders für Windeinflußuntersuchungen — ein mathematisches Modell erforderlich. Es sollte möglichst früh zum Vergleich der Hauptversuche verfügbar sein. Bei Beginn der Vorversuche, des mathematischen Modells und der Zeitreihenanalysen im Herbst 1976 können die Hauptversuche Anfang 1979 abgeschlossen sein. Die Durchführung dieses Untersuchungsprogramms wird rund 2 Millionen DM kosten. Diese Kosten werden von den Ländern Hamburg, Niedersachsen und Schleswig-Holstein getragen. Sie werden diesen Ländern im Rahmen der Gemeinschaftsaufgabe zur Verbesserung der Agrarstruktur und des Küstenschutzes durch den Bundesminister für Ernährung, Landwirtschaft und Forsten zu 70 v.H. aus Bundesmitteln erstattet.

3. Schlußbemerkung

Mit dem KFKI haben sich Bund und Länder eine solide Plattform für eine enge und gedeihliche Zusammenarbeit auf dem Gebiet des Küsteningenieurwesens geschaffen. Bereits in der verhältnismäßig kurzen Zeit seines Bestehens konnte das KFKI seine Tätigkeit erheblich ausweiten und gute Ergebnisse erzielen. Wie wir alle hoffen zum Nutzen des Lebensraums an der Küste und seiner Bewohner.

Forschungseinrichtungen und Zielsetzungen des Sonderforschungsbereichs 79 „Wasserforschung im Küstenbereich" der Technischen Universität Hannover*

Von Prof. Dr.-Ing. Dr. phys. **Hans-Werner Partenscky**, Hannover

1. Allgemeines

Die an den verschiedenen bundesdeutschen Universitäten und Hochschulen seit 1968 von der Deutschen Forschungsgemeinschaft ins Leben gerufenen und geförderten Sonderforschungsbereiche sollen eine interdisziplinäre Zusammenarbeit von Forschern verschiedener Fachrichtungen über die traditionellen Instituts- und Fakultätgrenzen hinaus ermöglichen. Sie umfassen Wissenschaftsbereiche aus den Geisteswissenschaften, den Bio-Wissenschaften, den Naturwissenschaften und Ingenieurwissenschaften.

Insgesamt wurden bis zum Jahre 1976 116 Sonderforschungsbereiche gefördert mit einem Gesamtaufwand von rd. 1 Milliarde DM. Von der Gesamtförderungssumme entfallen auf die Geisteswissenschaften (Gesellschaftswissenschaften, Erziehungswissenschaften, Psychologie, Geschichts- und Kunstwissenschaften sowie Sprachen und Literaturwissenschaften) rd. 11%, auf die Naturwissenschaften (Mathematik, Physik, Chemie und Geowissenschaften) rd. 20%, auf die Ingenieurwissenschaften (allgemeine Ingenieurwissenschaften, Maschinenwesen, Architektur, Elektrotechnik, Städtebau und Bauingenieurwesen) rd. 27% und auf die Bio-Wissenschaften (Medizin, Biologie, Landwirtschaft und Gartenbau, Veterinärmedizin sowie Forst- und Holzwirtschaft) rd. 42% [1].

Der Sonderforschungsbereich 79 der Technischen Universität Hannover wird seit 1970 von der DFG gefördert. Bis zum Jahre 1976 einschließlich wurden rd. 24,5 Millionen DM für Personal- und Sachkosten, sowie für Investitionen von der Deutschen Forschungsgemeinschaft zur Verfügung gestellt. Dies sind im Mittel etwa 3,5 Millionen DM pro Jahr.

Die am SFB 79 beteiligten Fachrichtungen sind: Bodenmechanik, Datenverarbeitung im Bauwesen, Energiewasserbau, Grundbau, Hydrologie, Küstenwasserbau, Landwirtschaftlicher Wasserbau, Meereskunde, Siedlungswasserwirtschaft, Strömungsmechanik, Verkehrswasserbau, Wasserchemie und Wasserwirtschaft.

Insgesamt 60 qualifizierte Wissenschaftler der oben genannten Fachrichtungen, die in ihrer überwiegenden Zahl zu Forschungsinstituten der Technischen Universität Hannover gehören, sind als ordentliche Mitglieder in den verschiedenen Forschungsprojekten des SFB 79 tätig.

2. Forschungsprogramme und Teilprojekte

Der Sonderforschungsbereich 79 an der Technischen Universität Hannover „Wasserforschung im Küstenbereich" hat sich als langfristiges Ziel gesetzt, Beurteilungs- und Bemessungskriterien, Einflußgrößen und -funktionen, die sich aus dem Verhalten und der Wirkung des Wassers im Bereich der deutschen Nordseeküste ergeben, aufzustellen, zu ergänzen und wissenschaftlich zu belegen.

Das langfristig angelegte Programm des Sonderforschungsbereichs (SFB) wird stufenweise bearbeitet. Die Einzeluntersuchungen wurden für die Förderungsphasen 1970—1973 und 1974 bis 1976 in drei Projektbereichen zusammengefaßt [2]:

A — Erforschung von Wasserwirtschaftssystemen im Küstenbereich unter Einbeziehung des Konsolidierungsverhaltens weicher und überkonsolidierter Böden im Küstengebiet,

B — Langperiodische Bewegungsvorgänge und Transportprozesse im Küstenvorfeld und in Tideästuarien,

C — Seegangserzeugte Bewegungsvorgänge und Transportprozesse im Küstenvorfeld und in Ästuarien.

---

* Als Vortrag gehalten bei der 2. Vortragsveranstaltung „Küstenforschung und Küsteningenieurwesen" der Hafenbautechnischen Gesellschaft am 18. 11. 1976 in Hannover.

Im Hinblick auf die Erreichung des Gesamtziels, „Wasserwirtschaftliche und wasserbauliche Möglichkeiten und Grenzen der Nutzung der deutschen Nordseeküste als Wirtschafts- und Lebensraum“, die eine weitgehend parallele Bearbeitung einer Vielzahl von Teilaufgaben voraussetzt, wurde der SFB 79 mit dem Abschluß der Förderungsphase 1974 bis 1976 neu strukturiert.

Nach den Vorstellungen des SFB 79 (die Begutachtung des Programms durch die Deutsche Forschungsgemeinschaft wird im Januar 1977 stattfinden) wird der SFB 79 ab 1977 fünf naturwissenschaftliche Projektbereiche aufweisen, die auf dem alten Programm aufbauen. Es sind dies im einzelnen [2]:

B — Transportprozesse in Tideästuarien

C — Küstenschutz und Seebau

E — Quantität und Qualität der Grundwasservorräte im norddeutschen Küstenraum

F — Einfluß von Schadstoffen auf die Bewirtschaftung von Küstengewässern

G — Bewirtschaftungsmodelle

Ein weiterer Projektbereich Z bleibt unverändert erhalten. Er umfaßt die Geschäftsstelle und das Teilprojekt „Forschungsplanung“.

Alle diese Projektbereiche sind, wenn man vom Projektbereich Z absieht, in irgendeiner Form im engeren oder weiteren Sinne mit Aufgabenstellungen aus dem Küsteningenieurwesen verbunden. Insgesamt wird der SFB 79 ab 1977 rd. 25 verschiedene Teilprojekte umfassen, die sich mit Einzelfragen der jeweiligen Forschungsbereiche befassen. Eine umfassende Darstellung der verschiedenartigen Detailuntersuchungen würde über den Rahmen dieses Berichtes hinausgehen. Es muß deshalb an dieser Stelle auf die zahlreichen Veröffentlichungen in den Fachzeitschriften verwiesen werden.

3. Forschungsziele und Ergebnisse der Projektbereiche

Im weiteren soll über die Forschungsinhalte und Ziele der verschiedenen Projektbereiche ein kurzer Abriß gegeben werden. In etwas eingehenderer Form werden die Forschungsaktivitäten und Ergebnisse einiger in den Projektbereichen B und C behandelten Forschungsprogramme besprochen, und zwar diejenigen, die im wesentlichen im Franzius-Institut der Technischen Universität Hannover und im Leichtweiß-Institut der Technischen Universität Braunschweig ausgeführt werden, bzw. an denen diese Institute maßgeblich beteiligt sind.

Projektbereich E: Quantität und Qualität der Grundwasservorräte im norddeutschen Küstenraum

Ziel dieses Projektbereiches ist die Vertiefung von Kenntnissen und die Erweiterung von Methoden, die für die Aufstellung eines Verfahrenspaketes zur optimalen Ausnutzung der Grundwasservorräte erforderlich sind.

Der Projektbereich E umfaßt dabei die folgenden Teilprojekte:

Teilprojekt E 1 Beeinflussung der Grundwasserqualität durch Oxydationsprozesse im Boden,

Teilprojekt E 2 Entwässerung und Landsetzung in Marschengebieten,

Teilprojekt E 3 Analyse von Grundwassersystemen unter Ausnutzung natürlicher Anregungen,

Teilprojekt E 4 Exemplarische Ermittlung des Grundwasserdargebots im Küstenraum mit mathematisch-numerischen Modellen.

Die besonderen Verhältnisse im Küstengebiet lassen sich mit vorhandenen Modellen nicht ausreichend erfassen. Für die Analyse des Fließverhaltens des Grundwassers und für die Ermittlung des nutzbaren Grundwasserdargebots müssen diese deshalb in spezieller Weise abgewandelt und ergänzt werden (E 4). Zur Verbesserung der Grundwasserqualität wird eine neuartige Methode praktisch und theoretisch untersucht, bei der das Grundwasser bereits im Boden chemisch beeinflußt wird (E 1). Für die Ermittlung der beim Einsatz mathematischer Modelle notwendigen Systemeigenschaften werden Datenmodelle erstellt, die durch indirekte Parameterermittlung eine Analyse des Grundwasserleiters erlauben. Dabei wird die natürliche Anregung durch die Tide ausgenutzt. Diese speziellen Modelle sind auch für den Einsatz in Grundwasser-Bewirtschaftungsmodellen vorgesehen (E 3).

Schließlich wird die Auswirkung künstlicher Eingriffe in den Grundwasserhaushalt auf Landsetzungen untersucht, um bei der Gestaltung von Entwässerungsmaßnahmen Bauwerkschädigungen zu vermeiden (E 2).

Projektbereich F: Einfluß von Schadstoffen auf die Bewirtschaftung von Küstengewässern

Ziel der geplanten Forschungsarbeiten des Projektbereiches F ist die Erarbeitung von Berechnungsgrundlagen für die optimale wirtschaftliche Nutzung tidebeeinflußter Küstengewässer.

Insgesamt umfaßt der Projektbereich die folgenden Teilprojekte:

Teilprojekt F 1 Wassergütemodelle für tidebeeinflußte Vorfluter und Ausbreitung und Verweilzeitverhalten von Inhaltsstoffen,

Teilprojekt F 2 Aufbereitung und Nutzung von Oberflächenwässern in Abhängigkeit von Wasserführung und Wasserqualität,

Teilprojekt F 3 Untersuchung der Steuerungsmöglichkeiten von Regenwasser- und Mischkanalisation im Küstenbereich zwecks Verminderung des Schmutzstoffeintrags in die Vorfluter,

Teilprojekt F 4 Horizontale Ausbreitungsvorgänge in Tidegewässern.

Im einzelnen soll das Teilprojekt „Wassergütemodell" (F 1) die theoretischen Basiswerte über die Wasserqualität sowie die Ausbreitung und das Verhalten von Inhaltsstoffen im tideabhängigen Vorflutsystem liefern. Diese Werte sollen dem Teilprojekt „Aufbereitung und Nutzung von Oberflächenwässern" (F 2) die Entscheidung ermöglichen, welche Aufbereitungsverfahren für Oberflächengewässer im regional begrenzten Rahmen sinnvoll getestet und vorgeschlagen werden können. Ergänzend sollen vom Teilprojekt F 3 die wissenschaftlichen Grundlagen für die Wahl und Anordnung der baulichen Steuerungselemente geschaffen werden, die eine gelenkte optimale Nutzung tidebeeinflußter Vorfluter zur Aufnahme von niederschlagsabhängigen Abwasserlasten erlauben. Die numerische Erfassung der horizontalen Transport- und Ausbreitungsvorgänge und der zugehörigen hydrodynamischen Bewegungsvorgänge sollen dabei in ein- und zweidimensional vertikal integrierten Strömungsmodellen vom Teilprojekt „Horizontale Ausbreitungsvorgänge" (F 4) übernommen werden.

Projektbereich G: Bewirtschaftungsmodelle

Zum Projektbereich G gehören die folgenden Teilprojekte:

Teilprojekt G 1 Nutzung der Wasservorräte einer norddeutschen Region,

Teilprojekt G 2 Nutzung der Wasservorräte auf den Nordseeinseln,

Teilprojekt G 3 Wasserbilanz im Tidebereich der Ems nach Menge und Beschaffenheit.

Ziel dieses Projektbereiches ist die Erstellung von Planungsunterlagen und Methoden zur optimalen Nutzung der Wasservorräte in der norddeutschen Küstenregion. Eine wesentliche Teilaufgabe hierbei ist eine umfassende Bilanzierung der Grund- und Oberflächenwasservorkommen nach Menge und Güte unter Verwendung von Simulationsmodellen. Die Untersuchungen werden exemplarisch für den Küstenraum zwischen Ems und Jade durchgeführt.

Neben der planmäßigen Zusammenführung und Weiterentwicklung von Teilergebnissen der bisherigen Arbeiten sollen auch Ergebnisse aus Einzelforschungen in den neuen Projektbereichen E und F in die Untersuchungen einbezogen werden. Am Ende des Antragszeitraumes werden Bewirtschaftungsmodelle für die Grund- und Oberflächenwasservorkommen des Küstenraumes und der Nordseeinseln erarbeitet sein.

Projektbereich Z: Koordination des SFB 79

Die Koordination der Teilforschungen im Hinblick auf die Erreichung des Gesamtziels wird mit Unterstützung des Projekts „Forschungsplanung" weitergeführt. Neben der Erarbeitung von Planungshilfsmitteln (Z 1) und Planungsmaßnahmen (Z 2) für den Gesamt-SFB steht ein eigenes Forschungsprogramm, das aus der Analyse der Kooperationsbeziehungen zwischen den Forschern des SFB und der Analyse der inhaltlichen Entwicklung des Forschungsprozesses Grundlagen für die Beurteilung des Förderungsinstruments SFB entwickeln wird.

Projektbereich B: Transportprozesse in Tideästuarien

Im Projektbereich B wird der Transport von Stoffen untersucht, die im Wasser von Tideästuarien in gelöster und suspendierter Form oder als Geschiebe vorliegen. Die laufenden und geplanten wissenschaftlichen Arbeiten stehen in engem Zusammenhang mit Fragen des Küstenschutzes, der Erhaltung der Schiffahrtswege, des Hafenbaues, der Wasserverschmutzung.

Insgesamt umfaßt der Projektbereich die folgenden Teilprojekte:

Teilprojekt B 2 Feststofftransport bei Tidewellen,

Teilprojekt B 3 Formänderung alluvialer Bodenoberflächen im Wattengebiet,

Teilprojekt B 4 Naturähnliche hybride Modelle,

Teilprojekt B 5 Mechanik der Transportkörper im Tidegebiet,

Teilprojekt B 6 Großräumiger strömungsbedingter Sedimenttransport in küstennahen Tidegewässern,

Teilprojekt B 7 Verhalten von gelösten Stoffen in Tideästuarien (Mathematische Modellierung eines 3-dimensionalen baroklinen Ästuars.

Eine wesentliche Grundlage dieser Transportprozesse, das instationäre dreidimensionale Bewegungsfeld wurde vom auslaufenden Teilprojekt B 1 erarbeitet. Spezielle methodische Fragen werden jedoch mit naturähnlichen hybriden Modellen (B 4) weiterverfolgt, die wesentlich auch einer Verbesserung der physikalischen Versuchstechnik dienen.

Die physikalischen Gesetzmäßigkeiten des Sedimenttransportes in einer instationären Strömung werden einmal durch parallele Experimente im hydraulischen und im mathematischen Modell (B 2), zum anderen durch die systematische Simulation natürlicher Bodenformen in einer Versuchsrinne und vergleichende Messungen in der Natur (B 5) untersucht.

Die quantitative Modellierung und Bilanzierung des großräumigen Sedimenttransportes in ganzen Küstenabschnitten (B 6) kann sich auf die in B 2 erarbeiteten Ansätze stützen. Als Grundlage und Ergänzung dazu werden durch die Analyse der Formänderungen im Wattengebiet (B 3) empirische Gleichgewichtskriterien für den Sedimenthaushalt ermittelt.

Der Transport in Wasser gelöster Stoffe wird schließlich mit Hilfe eines hydrodynamisch-thermodynamischen Ästuarmodells behandelt (B 7).

Im folgenden soll auf einige wichtige Ergebnisse und Zielvorstellungen der Teilprojekte B 3, B 4 und B 5 etwas ausführlicher eingegangen werden.

Teilprojekt B 3: Morphologie und Leistungsfähigkeit von Wattwasserrinnen und ihren Watteinzugsgebieten

In den Wattengebieten von Tidemeeren herrscht ein labiles Gleichgewicht zwischen Erosion und Sedimentation. Im zeitlichen Mittel bilden sich jedoch ganz bestimmte Verhältnisse von Durchflußquerschnitt und Abflußleistung aus. Maßgebend dafür ist die Größe des Watteinzugsgebietes bzw. des Tidevolumens (Abb. 1).

Abb. 1. Typischer Priel im norddeutschen Wattengebiet.

Infolge von Flutraumveränderungen durch bauliche Maßnahmen im Wattengebiet (z. B. Vordeichungen, Dammbauten) reagiert das morphologische Regime solange durch Formänderung, bis sich ein modifizierter Gleichgewichtszustand eingestellt hat [3, 4, 5].

Das Teilprojekt B3 befaßt sich innerhalb der Zielvorstellungen des Projektbereiches B mit der mathematisch-analytischen Beschreibung des Regimes von Watteinzugsgebieten und Tidebecken. Diese Systeme werden hautpsächlich durch die Formzustände der Morphologie, die Bewegungszustände von Strömung, Wasserstand und Seegang und durch die Beschaffenheit des Bodenmaterials gekennzeichnet. Dabei unterliegen die morphologischen, hydrologischen und sedimentologischen Zustandsgrößen des Wattenregimes einer natürlichen räumlichen Verteilung.

Die Analyse dieser Verteilungsmerkmale und die Formulierung von morphologischen Ähnlichkeitskriterien und Regimegleichungen bilden den Schwerpunkt der Untersuchungen.

Im Arbeitszeitraum 1973—76 wurden Grundlagen erarbeitet, um die räumlichen Verteilungsgesetzmäßigkeiten von Watteinzugsgebieten und Tidebecken zu formulieren.

Der Zeiteinfluß wurde dazu vorerst ausgeklammert, die Beschaffenheit des Bodenmaterials als homogen angenommen. Die quantitative Beschreibung der (dreidimensionalen) Wattenmorphologie machte die Entwicklung morphometrischer Grundlagen erforderlich [6].

Als Voraussetzung für die Bearbeitung erfolgte die Systemanalyse unter dem Leitgedanken, daß die Morphologie der Wattengebiete als das Spiegelbild aller hydraulischen Krafteinwirkungen angesehen werden kann. Die Watthöhenscheiden und Talwege (Prielachse) sind exponierte Wirkungslinien des Watteinzugsgebietes mit relativ kleinster bzw. größter hydraulischer Leistungsfähigkeit (Abb. 2).

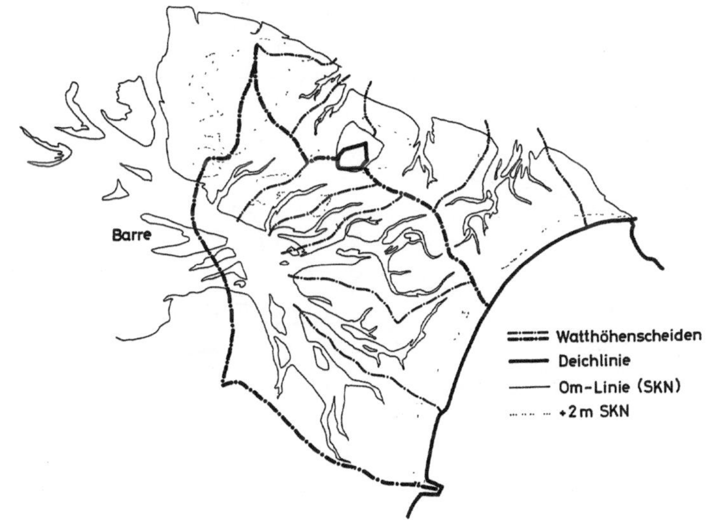

Abb. 2. Watt-Prielsystem mit Watthöhenscheiden.

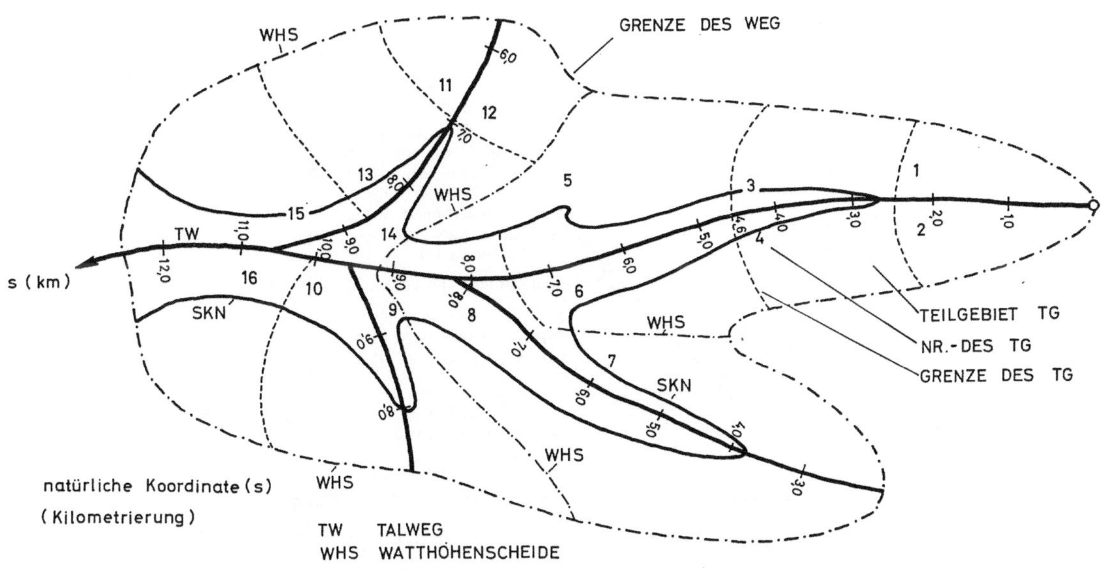

Abb. 3. Systemlinienplan eines Watteinzugsgebietes (Weg).

Durch Übergang vom rechtwinkligen Koordinatensystem zum natürlichen entlang der Prielachse kann die innere Volumenstruktur des Watteinzugsgebietes in einem lageunabhängigen Relativsystem als Funktion zweier Ortsveränderlicher analysiert werden (Abb. 3). Dabei lassen verschiedene Systemgrößen wie Volumina, Niveauflächen, benetzter Umfang, horizontaler hydraulischer Radius und Zergliederung/Verästelung typische Verteilungsmerkmale in der horizontalen und vertikalen Richtung erkennen (Abb. 4).

Diese Merkmale werden als Bezugsgrößen zur relativen Darstellung der Verteilungsfunktionen und zur Definition „natürlicher“ seeseitiger Begrenzungen herangezogen. Die natürliche Grenze liegt nach den bisherigen Erfahrungen im Bereich der Barre und umschließt das Watteinzugsgebiet als physiographische Einheit.

Einige spezifische Formgrößen und Parameter wurden für verschiedene Watteinzugsgebiete der inneren Deutschen Bucht miteinander verglichen. Dabei ergab sich eine eindeutige Abhängigkeit des Tidevolumens von der Größe des Watteinzugsgebietes E (Abb. 5) [3, 5].

Die „Naturwerte“ Prielvolumen, Tidevolumen, Größe des Watteinzugsgebietes und Prieloberfläche wurden bei Untersuchungen der inneren Struktur des Watteinzugsgebietes systematisch analysiert. Die untersuchten Formgrößen lassen sich dabei in erster Näherung gut durch eine Potenzfunktion in Abhängigkeit von der Wegkoordinate s (in Prielachse) beschreiben.

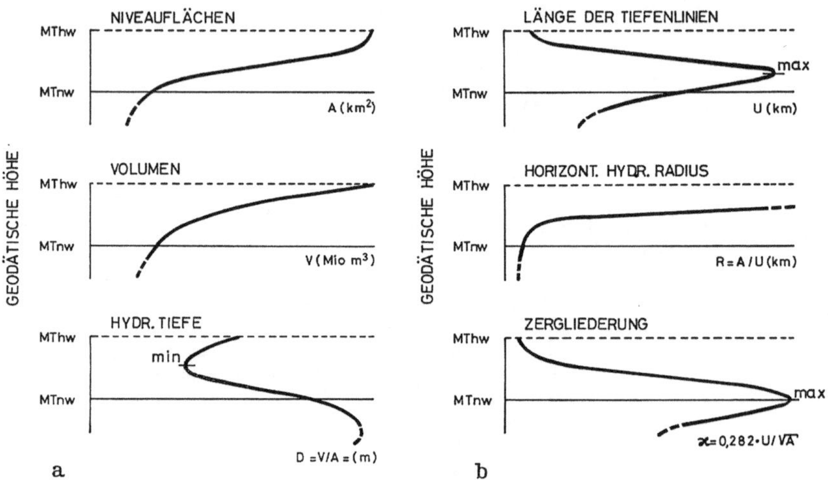

Abb. 4. Vertikale Verteilung verschiedener Formgrößen von Watteinzugsgebieten und Tidebecken.

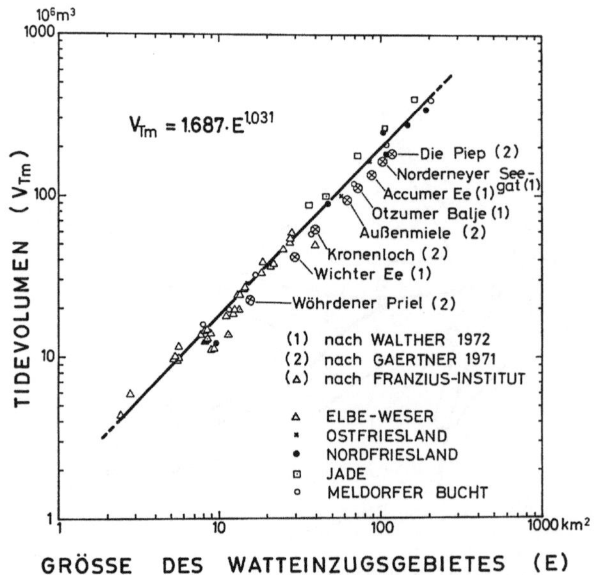

Abb. 5. Abhängigkeit des Tidevolumens von der Größe des Watteinzugsgebietes.

Neben der Analyse des Systems spielte die Approximation der horizontalen und vertikalen Systemgrößen durch mathematische Funktionen eine bedeutende Rolle. Dadurch soll neben einer gestrafften Darstellung des Datenmaterials das morphologische Regime durch charakteristische Kenngrößen beschrieben werden, anhand derer ein übergeordneter Systemvergleich erfolgen kann.

Als zweite Eingangsgröße zur Beschreibung der Geometrie wurde der benetzte Umfang der Niveauflächen in die Untersuchungen einbezogen. Die Kontaktlänge zwischen dem Wasser und dem Bodenrelief ist für die Beurteilung der hydraulischen Krafteinwirkungen auf das Bodenmaterial von Bedeutung. Der horizontale hydraulische Radius kennzeichnet das Verhältnis von Fläche zu benetztem Umfang der Niveauflächen.

Durch Vergleich mit dem morphometrischen Radius eines gleich großen „Ersatzkreises" entsteht ein dimensionsloser Verhältniswert k, der die Zergliederung beschreibt [7]. Die vertikale Verteilung von k weist für alle untersuchten Gebiete ein ausgeprägtes Maximum bei MTnw auf (Abb. 4).

Nachdem im vergangenen Forschungs-Zeitraum die Herleitung bestimmter Systemparameter und die Entwicklung von Auswerteverfahren einen breiteren Raum einnahmen, soll jetzt die Allgemeingültigkeit bei unterschiedlichsten Verhältnissen überprüft werden. Insbesondere soll der Einfluß des Tidehubes als wesentliche hydrologische Kenngröße ermittelt werden.

Mit den gefundenen Beziehungen soll die Berechnung des zu erwartenden neuen morphologischen Gleichgewichtszustandes und des Materialhaushaltes ermöglicht werden, wenn ein Watteinzugsgebiet z. B. durch Dammbauten vergrößert oder verkleinert wird. Eine Verbesserung der gefundenen Beziehungen soll außerdem noch unter Berücksichtigung der Kennwerte des Bodenmaterials erfolgen.

Teilprojekt B4: Naturähnliche hybride Modelle

Das Teilprojekt B4 befaßt sich mit hybriden Modellen zur Simulation gezeitenbedingter Bewegungsvorgänge in Tideästuarien. Es koppelt hydraulische und mathematische Modelle unter Echtzeitbedingungen. Durch diese Versuchstechnik soll es möglich werden, hydraulische Ausschnittmodelle in wesentlich größeren Maßstäben wirtschaftlich zu erstellen und so eine verbesserte Aussagekraft zu erreichen.

Ziel des Teilprojektes B4 ist es, ein naturähnliches hybrides Modell bei Verwendung eindimensionaler mathematischer Modelle zu realisieren. Dazu sind folgende Teilaufgaben zu lösen:

— In einer Versuchsserie soll herausgefunden werden, welchen Einfluß die Totzeiten, die steuerungstechnisch und durch die Rechenzeiten der mathematischen Modelle bedingt sind, auf das Systemverhalten haben. Dabei ist speziell zu analysieren, wieviel Zeit für die Rechnung des mathematischen Modells in jedem Koppeltakt verbleibt.

— Die bisher verwendeten mathematischen Gerinnemodelle müssen hinsichtlich einer physikalisch richtigen Wiedergabe der Dynamik im Einschwingvorgang überprüft werden. Da aufgrund der bisherigen Erfahrung einige Zweifel bestehen, sollen auch weitere mathematische Modelle, die auf anderen Lösungsalgorithmen aufbauen, herangezogen und mit Modellmessungen überprüft werden. Zusätzlich soll ein neues explizites Modell auf der Basis der Methode der Finiten Elemente geschrieben werden, da einerseits explizite Verfahren sehr geringe Rechenzeiten erfordern, zum anderen die Methode der Finiten Elemente sehr geeignet für eine Implementierung in Programmsysteme ist.

— Die Ergebnisse dieser Vorarbeiten sollen in ein Programmsystem für hybride Modelle einfließen, das auf der im früheren Projekt B entwickelten problemorientierten Sprache aufbaut. Das Programmsystem soll die Meßwerterfassung und ihre Auswertung für den hydraulischen Modellteil ebenso umfassen, wie die Eingabe für das mathematische Modell. Es soll an einer im Franzius-Institut vorhandenen Modellrinne, die zur Durchführung der ersten hybriden Prinzipversuche diente, softwareseitig getestet werden.

Teilprojekt B5: Mechanik der Transportkörper im Tidegebiet

Die Untersuchungen im Teilprojekt B 5 werden parallel im Laborgerinne und in der Natur durchgeführt.

Hauptziel der Untersuchungen war es zunächst, die Ergebnisse, die von H. Nasner für die Weser gefunden wurden und über die schon an anderer Stelle berichtet wurde [8, 9, 10, 11, 12, 13], auf ihre Allgemeingültigkeit hin zu überprüfen. Umfangreiches Material von Peilungen in vier Riffelgebieten der Unterelbe wurde hierzu ausgewertet.

Als Ergebnis sei hierzu nur genannt, daß die Zusammenhänge zwischen der Höhe der Riffel und dem Oberwasser in Weser und Elbe vergleichbar sind. Gleiches gilt für die Wandergeschwindigkeiten der Transportkörper [14].

Eine allgemeine Deutung der Vorgänge in der Natur war aber erst durch die Untersuchungen in einer hydraulischen Versuchsrinne im Franzius-Institut möglich (Abb. 6).

Das Ziel der Rinnenuntersuchungen war es:

a) den Einfluß der Parameter der Strömung — Geschwindigkeit und Wassertiefe — sowie

b) den Einfluß der Parameter des Bettmaterials

auf die Kenngrößen der Transportkörper zu ermitteln. Die erzielten Ergebnisse wurden mit solchen aus Arbeiten verschiedener anderer Autoren verglichen und ergänzt. Die gewonnenen Aussagen verbinden Einzelergebnisse aus Untersuchungen und Labor zu allgemeingültigen Gesamtergebnissen.

Abb. 6. Transportkörper in der Versuchsrinne des Franzius-Institutes.

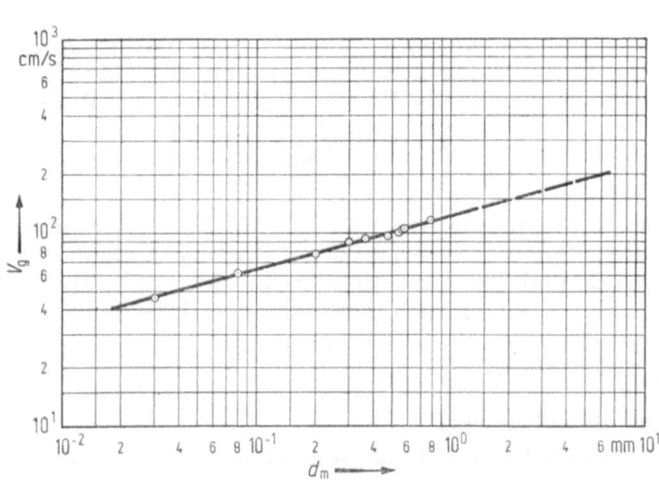

Abb. 7. Abhängigkeit zwischen mittlerem Korndurchmesser und Fließgeschwindigkeit zur Bildung maximal hoher Transportkörper.

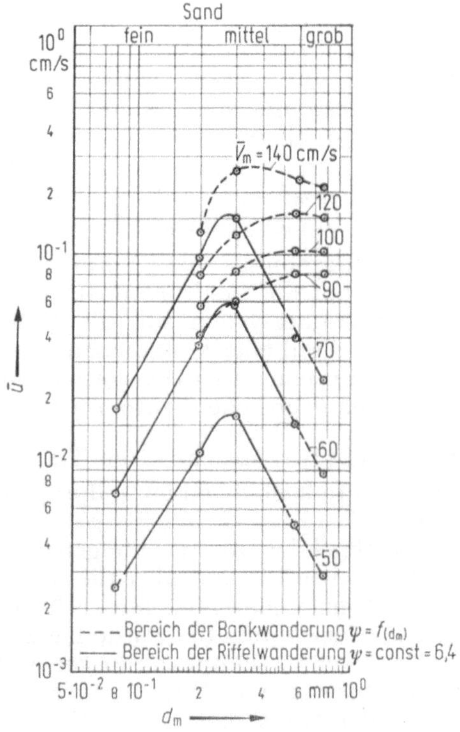

Abb. 8. Wandergeschwindigkeiten $\bar{u}$ der Transportkörper.

Einige der wichtigsten bisherigen Ergebnisse sind im folgenden zusammengestellt [14]:

a) Es existiert eine bestimmte, vom Bettmaterial abhängende Fließgeschwindigkeit, bei der die Sandwellen (Riffel) ihre maximale Höhe erreichen (Abb. 7).

b) Aus gröberem Sand können sich bei ausreichenden Fließgeschwindigkeiten höhere Transportkörper ausbilden als bei feinem. (Z.B. können Transportkörper aus Sand mit $d_m = 0{,}8$ mm rd. $2^1/_2$mal so groß werden, wie Transportkörper aus Sand mit $d_m = 0{,}2$ mm als maßgebendem Korndurchmesser.)

c) Transportkörper aus Sanden mit Korndurchmessern um 0,3 mm haben die größten Wandergeschwindigkeiten. Sowohl bei gröberem als auch bei feinerem Sand schreiten die Sandwellen langsamer fort (Abb. 8).

d) Repräsentative Bodenproben lassen sich wegen zufallsbedingter Entmischungsvorgänge bei der Sandverlagerung nur durch Bohrkerne erreichen, die an den Kuppen der Transportkörper angesetzt werden.

Die für die Praxis wichtige Frage nach der Regeneration von Transportkörpern nach Baggerungen wurde vom Teilprojekt B5 ebenfalls in Angriff genommen.

Durch das Einebnen der Gewässersohle wird der Gleichgewichtszustand zwischen den Sohlformen und den Strömungskräften zerstört. Innerhalb weniger Wochen bilden sich neue Transportkörper, deren Kenngrößen den nach der Baggerung anstehenden Sandgemischen entsprechen. Diese erste Phase eines Neuaufbaus fällt bei Vertiefungen mit Hopperbaggern weitgehend weg.

Die zweite Phase des Riffelaufbaus nach Baggerungen ist durch den Feststoffeintrieb gekennzeichnet. Obwohl noch keine verläßlichen Untersuchungen vorliegen, ist anzunehmen, daß dieser Feststoff von den Böschungen des Flußlaufes stammt. Das eingetriebene Material lagert sich weitgehend in den Kammbereichen an. Während die Tallagen ihre ursprüngliche Höhe behalten, wird die Höhe der Transportkörper größer und damit die effektive Fahrwassertiefe kleiner.

Der Endzustand eines Transportkörperfeldes nach Baggerungen ist also eine Funktion des neuen Bettmaterials, der Zufuhrmöglichkeit weiteren Materials, der Wassertiefe und der daraus resultierenden Strömungsgeschwindigkeiten. Alle genannten Größen befinden sich in einem Regelkreis, dessen Gleichgewichtspunkt noch bestimmt werden muß.

Projektbereich C: Küstenschutz und Seebau

Die im Projektbereich C zusammengefaßten Teilprojekte befassen sich mit ingenieurwissenschaftlichen Fragestellungen, die sich aus der Wirkung des Seegangs auf Bauwerke an der Küste und in der See ergeben. Weiterhin werden im Projektbereich C Fragen des Baugrundes und die Problematik tidebedingter Sickerströmungen in Deichen behandelt.

Im einzelnen umfaßt der Projektsbereich C die folgenden Teilprojekte:

Teilprojekt C 1 Betriebsgruppe Großer Wellenkanal,
Teilprojekt C 2 Bauwerke zur Wellendämpfung,
Teilprojekt C 3 Seegangsspektren und ihre Simulation,
Teilprojekt C 4 Seegangserzeugte Belastungen von Deichen und Deckwerken,
Teilprojekt C 5 Wellenkräfte auf Seebauwerke im Flachwasserbereich,
Teilprojekt C 6 Baugrundverhältnisse im Küstengebiet und im Seebau,
Teilprojekt C 7 Instationäre Sickerströmungen in Seedeichen als Grundlage von Bemessungskriterien.

Das Ziel des Projektbereichs ist die Erarbeitung und Verbesserung von Verfahren und Berechnungsmethoden für die Planung und die konstruktive Bemessung von Bauwerken des Seebaues, Hafenbaues und Küstenschutzes.

Soweit zur Zeit keine geeigneten theoretischen Modelle vorhanden sind, und dies gilt insbesondere für die Brandungszone, bildet das Experiment den methodischen Ausgangspunkt für die wissenschaftliche Arbeit des Projektbereiches.

Teilprojekt C1: Betriebsgruppe Großer Wellenkanal

Eine zentrale Stellung im Projektbereich C nimmt der „Große Wellenkanal" ein. Er dient als Bindeglied zwischen den Untersuchungen im verkleinerten hydraulischen Modell und den Messungen in der Natur.

Mit dem 300 m langen und 5 m breiten Wellenkanal wird ab 1979 eine Einrichtung zur Verfügung stehen, die es ermöglicht, im Naturmaßstab die komplexen Vorgänge des Seegangs und seiner Auswirkungen auf die Küste systematisch zu erforschen und, soweit möglich, einer numerischen Darstellung zugänglich zu machen (Abb. 9 und 10) [15, 16].

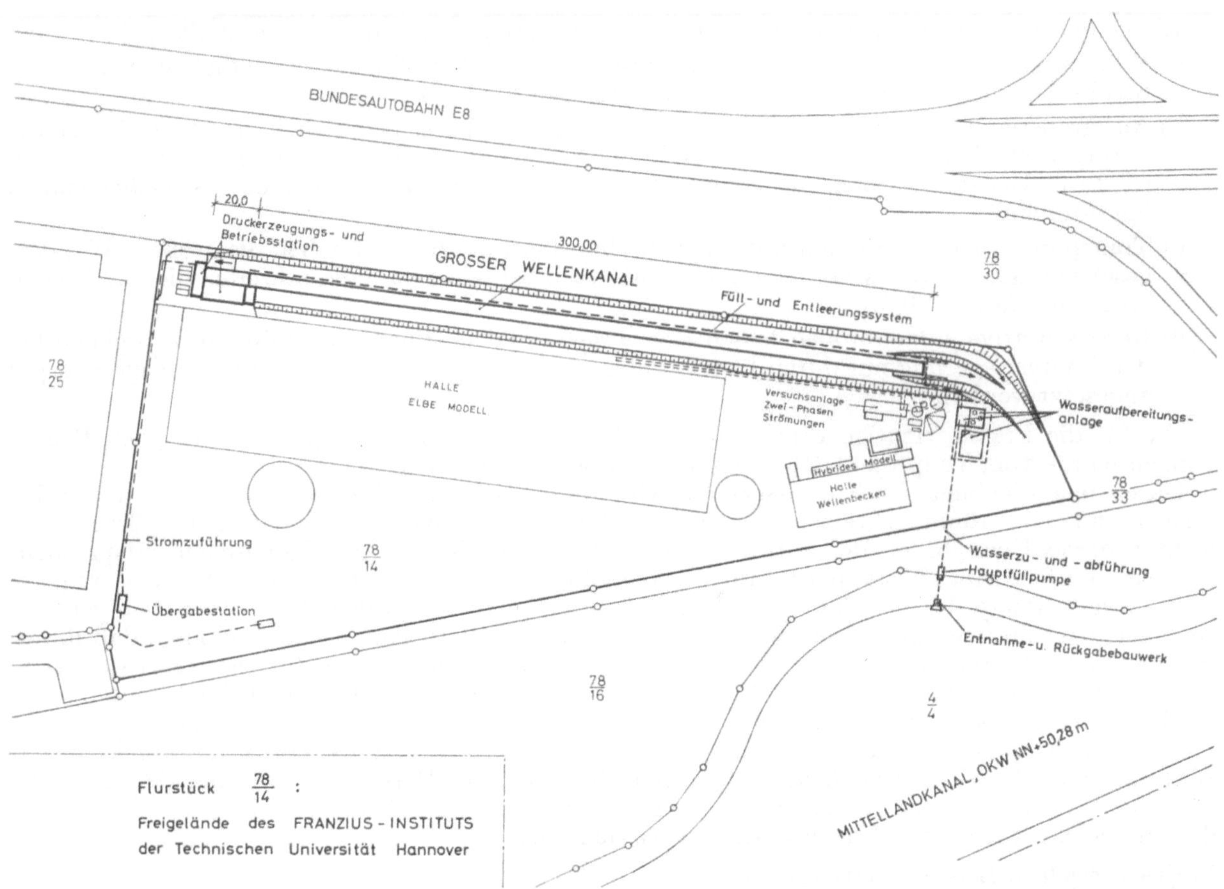

Abb. 9. Lage des Wellenkanals im Versuchsgelände des Franzius-Institutes in Hannover-Marienwerder.

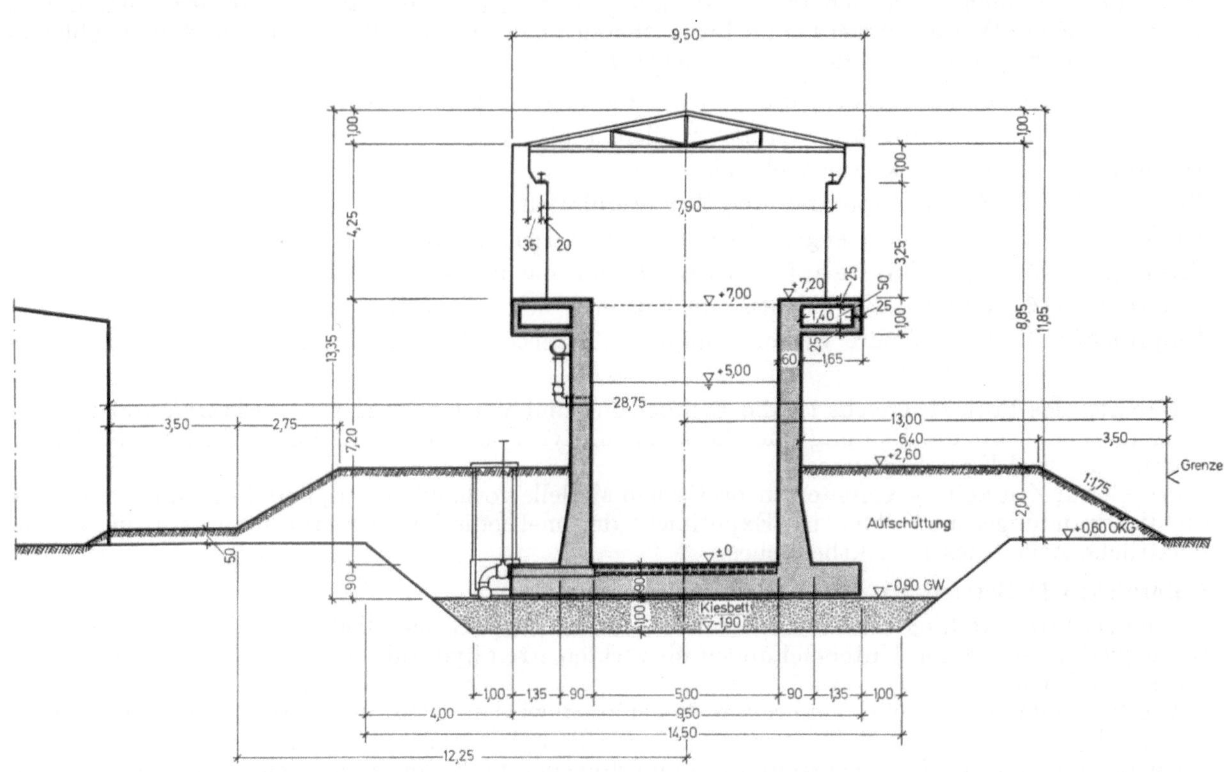

Abb. 10. Querschnittsabmessungen des Großen Wellenkanales.

Die Versuchseinrichtung soll auch in- und ausländischen Wissenschaftlern, die nicht im SFB tätig sind, für die Durchführung von Untersuchungen zur Verfügung gestellt werden.

Die Arbeiten im Großen Wellenkanal sollen in der Betriebsgruppe Großer Wellenkanal (Teilprojekt C1) koordiniert werden, die zunächst für die abschließenden Planungsaufgaben und die technische Betreuung während der Bauphase verantwortlich sein wird.

Grundlagen für die späteren Untersuchungen im Großen Wellenkanal werden in den Teilprojekten C2 „Bauwerke zur Wellendämpfung" durch den Programmteil Wellenüberlauf an Deichen und im Teilprojekt C4 „Seegangserzeugte Belastung von Deichen und Deichwerken, Grundlagen zur Bemessung", durch die geplanten Druckschlaguntersuchungen in der Natur, aber auch in den neu eingerichteten Teilprojekten C3 „Seegangsspektren und ihre Simulation" und C5 „Wellenkräfte auf Seebauwerke im Flachwasserbereich" erarbeitet.

Eine Verbindung zu den ebenfalls neu eingerichteten Teilprojekten C6 „Baugrundverhältnisse im Küstengebiet und Seebau" und C7 „Instationäre Sickerströmung in Seedeichen als Grundlage für Bemessungskriterien" ergibt sich vor allem aus der Problematik der Seedeichbemessung.

Teilprojekt C2: Bauwerke zur Wellendämpfung

Das Teilprojekt C2 wird seit 1973 gefördert. Für die experimentellen Untersuchungen wurde ein Wellenbecken erstellt, das zunächst mit im Franzius-Institut vorhandenen Wellenmaschinen für regelmäßige Wellen ausgestattet wurde. Die Versuchseinrichtungen wurden in den folgenden Jahren weiter ausgebaut (Abb. 11).

Abb. 11. Dreidimensionales Wellenbecken im Franzius-Institut für Untersuchungen mit Seegangsspektren.

Abb. 12. Erprobung der neuen Wellenmaschinen im Testbecken.

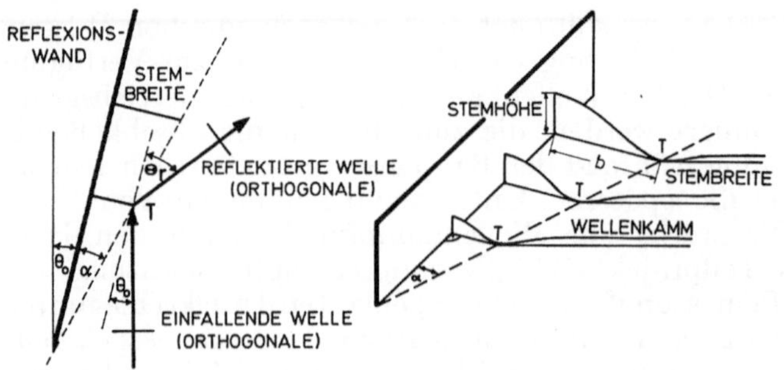

Abb. 13. Prinzipskizze zur Erläuterung der Mach-Reflexion von Wellen.

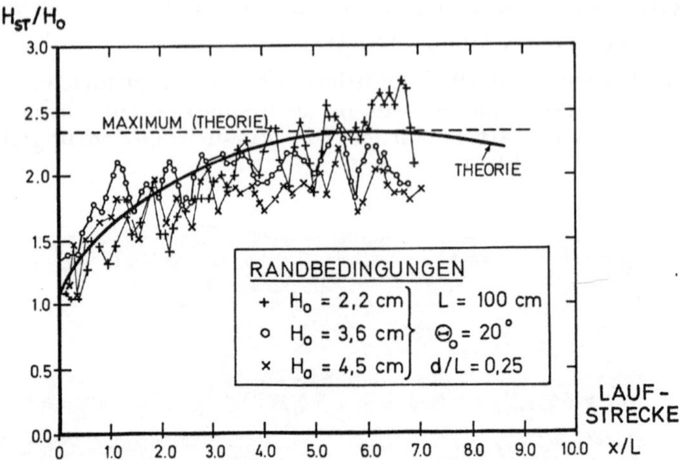

Abb. 14. Maximale Stemhöhe an der reflektierenden Wand.

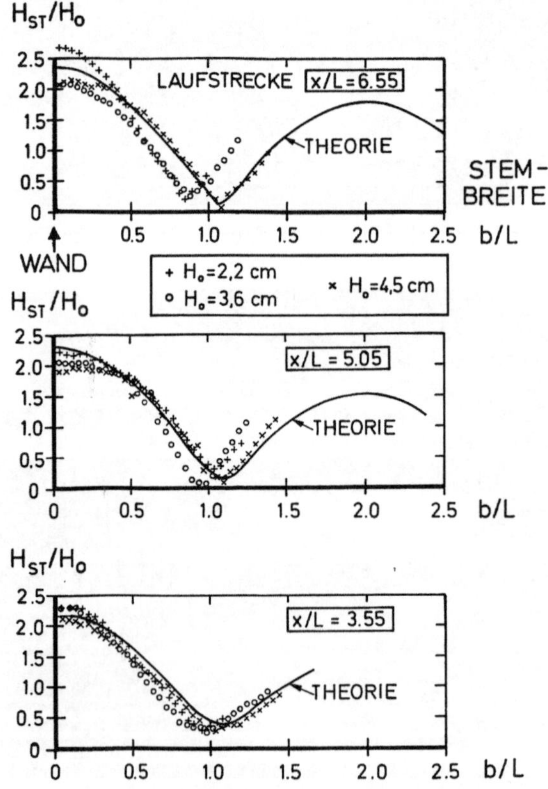

Abb. 15. Vergleich zwischen Theorie und Meßwerten zur Erfassung der Stemhöhe.

Insbesondere wurde eine neue Wellenerzeugungsanlage für die Nachbildung von Wellenspektren entwickelt. Die erste Einheit von 3 Maschinen wird zur Zeit in einem besonderen Testbecken untersucht (Abb. 12). Die übrigen beiden Einheiten sind zur Zeit in der Fertigung und werden im Frühjahr 1977 zur Verfügung stehen.

Das Gesamtbecken wurde mit zwei verfahrbaren Meßbühnen ausgerüstet, die es gestatten, gleichzeitig an einer Vielzahl von Meßpunkten die Wellenspektren zu messen (Abb. 13). Modernste Wellenpegel sorgen für eine genaue Registrierung der Meßwerte.

Das bisher wichtigste Ergebnis im Teilprojekt C2 wurde auf dem Gebiet der Mach-Reflexion von Schwerewellen erzielt (Abb. 14). Es konnte nachgewiesen werden, daß die Aufsteilung der Wellen bei spitzen Wellenangriffswinkeln über das Zweifache der auffallenden Wellenhöhe hinaus nicht als Analogie zur Gasdynamik gesehen werden darf, sondern vielmehr als ein Diffraktionsproblem aufgefaßt werden muß (Abb. 15) [17]. Mit den Untersuchungen konnte ein Vorgang physikalisch erklärt und experimentell abgesichert werden, der seit vielen Jahren unklar war. Die Diffraktionstheorie, auf die das Teilprojekt durch die Untersuchungen der Wellenausbreitungen an Öffnungen geführt wurde, beschreibt das Wellenverhalten vor der Wand vollständig [18]. Es wird nicht nur die Stemhöhe an der Wand, sondern auch die Stembreite und schließlich die Ausbildung eines zweiten Stems erfaßt (Abb. 16).

Weiterhin wurden Grundsatzversuche zur Diffraktion im Zusammenhang mit der Problematik der Wellenunruhe in Häfen durchgeführt.

Im Antragszeitraum der Jahre 1977 bis 1979 wird sich das Teilprojekt C2 mit Bauwerken des Seebaus, Hafenbaus und Küstenschutzes befassen, die die Aufgabe haben, Wellen zu dämpfen. Die im Zusammenhang mit der Wellendämpfung entstehenden Probleme sind dabei je nach der Funktion des Bauwerkes durchaus unterschiedlich: In der Gruppe der undurchlässigen Bauwerke stehen Untersuchungen zur Reflexion und — da die Bauwerke endliche Abmessungen haben (z.B. Molen oder freistehende Wellenbrecher) — zur Diffraktion im Vordergrund.

Im Deichbau ist das Problem des Wellenauflaufs und -überlaufs, das bislang nicht befriedigend gelöst ist, für einen wirtschaftlichen Küstenschutz von großer praktischer Bedeutung.

In der Gruppe der teildurchlässigen Bauwerke (z.B. Unterwasserschwellen, perforierte oder geschlitzte Wände) soll zusätzlich das Problem der Wellentransmission natürlicher Seegangswellen bearbeitet werden.

Das Ziel der geplanten Arbeiten des Teilprojekts ist es, durch vergleichende Untersuchungen mit regelmäßigen Wellen und mit Wellenspektren die vorhandenen Grundlagen im Hinblick auf eine wirtschaftliche und technisch optimale Ausführung von wellendämpfenden Bauwerken zu verbessern. Die Untersuchungen sollen dazu beitragen, Überdimensionierungen oder Schäden, die im Küstenwasserbau wegen fehlender oder mangelhafter Kenntnisse leider häufig sind, zu vermeiden.

Teilprojekt C3: Seegangsspektren und ihre Simulation

Der Forschungsinhalt des Teilprojekts C3 läßt sich in zwei Schwerpunkte gliedern:

A Steuerung von hydraulischen Wellenmodellen

B Seegangsspektren

Im Schwerpunkt A werden die aus dem Betrieb der hydraulischen Modelle (Großer Wellenkanal, Wellenbecken, Wellenrinne) mit unregelmäßigen Wellen herrührenden Fragestellungen (Erarbeitung von Übertragungsfunktionen) behandelt. Das Teilprojekt ist mit diesen Arbeiten Serviceprojekt für die Teilprojekte, die mit hydraulischen Wellenmodellen arbeiten.

Im zweiten Arbeitsschwerpunkt B wird die übergreifende Thematik des physikalischen Verhaltens unregelmäßiger Seegangswellen und die Auswertung von Seegangsmessungen im Hinblick auf ingenieurwissenschaftliche Fragestellungen unter Einbeziehung von Wellentheorien behandelt.

Durch Auswertung von Messungen in der Natur sollen charakteristische Wellenspektren als Eingangswerte für die theoretischen Untersuchungen und die Untersuchungen in den hydraulischen Modellen ermittelt und durch mathematische Modelle auf theoretischem Weg simuliert werden. Diese Untersuchungen schließen das Verhalten der Orbitalgeschwindigkeiten und der dynamischen Druckverhältnisse im Seegang ein.

Teilprojekt C4: Seegangserzeugte Belastungen von Deichen und Deckwerken

Das Ziel der im Teilprojekt C4 vorgesehenen Untersuchungen ist es, zu ermitteln, welche wirklichen Sicherheiten die bestehenden Deiche und Deckwerke gegen eine Zerstörung durch extremen Sturmflutseegang aufweisen. Andererseits sollen durch weitere Erkenntnisse und verfeinerte Berechnungsansätze wirtschaftliche Bemessungsmodelle für noch zu bauende oder zu verstärkende Deich- oder Deckwerksstrecken ermittelt werden.

Insbesondere werden Druckschläge auf der Außenböschung von Deichen und Deckwerken, die Druckübertragung durch die Deichhaut (z.B. Asphaltbeton) in den Deichkern (z.B. Sand) sowie

Wellenauflauf und -überlauf untersucht. Darüber hinaus soll auch die erhöhte Bruchgefahr durch Risse und die Abwehr durch geeignete Filterschichten in die Untersuchungen mit einbezogen werden.

Bis 1979 sollen durch Messungen in der Natur, die dann im Großen Wellenkanal fortgesetzt werden sollen, weitere notwendige Erkenntnisse insbesondere über das Auftreten von Druckschlägen und deren Fortpflanzung in den Deichkern gewonnen werden.

Die hierbei erwarteten Ergebnisse sollen zu einem verfeinerten Bemessungsansatz für Deiche und Deckwerke führen und sind daher für die an der Küstenschutzlinie der deutschen Nordseeküste noch ausstehenden Arbeiten von wesentlicher Bedeutung. Für den Küstenschutz und damit das Ziel des Projektbereichs C wird mit diesen Untersuchungen ein wichtiger Beitrag geleistet.

Teilprojekt C5: Wellenkräfte auf Seebauwerke im Flachwasserbereich

Im Rahmen des Teilprojektes C5 ist beabsichtigt, die seegangserzeugten Belastungen und Beanspruchungen von pfahl- oder turmartigen Seebauwerken im Küstenbereich zu untersuchen.

Hierzu soll in Küstennähe eine Stahlrohrkonstruktion eingespült werden, an der einerseits über Druckaufnehmer die angreifenden Wellenkräfte ermittelt und andererseits über Wellenpegel und Strömungsmeßgeräte die Seegangsparameter erfaßt werden.

Hauptziel der Untersuchungen ist es, aus den synchronen Aufzeichnungen der genannten Zeitfunktionen die dimensionslosen Beiwerte C_d und C_m in der bekannten Morison-Formel genauer zu bestimmen als dies durch Vergleiche der wellenerzeugten Belastungen mit den nach den verfügbaren Wellentheorien bestimmten Orbitalgeschwindigkeiten in der Vergangenheit der Fall war. Gegebenenfalls sind neuartige Ansätze zu erarbeiten.

Teilprojekt C6: Baugrundverhältnisse im Küstengebiet und im Seebau

Der Baugrundaufbau im Küstengebiet besteht im oberen Bereich im wesentlichen aus weichen bindigen Böden wie zum Beispiel Klei. Darunter folgen Sande und Kiese. Gründungen auf Kleiböden bringen sowohl hinsichtlich der dabei auftretenden großen Setzungen als auch hinsichtlich der Standsicherheit der Bauwerke zahlreiche schwierige konstruktive Probleme mit sich.

Bei Deichbauten z.B. und anderen großflächigen Bauwerken ist eine Gründung auf dem anstehenden Kleiboden aus wirtschaftlichen Gründen erforderlich, da eine Auskofferung der Kleischicht bis auf den tragfähigen Boden bzw. eine Tiefgründung erhebliche Kosten verursachen würde und mit einem großen Zeitaufwand verbunden ist.

Ziel der Untersuchungen im Teilprojekt C6 ist es, eine genauere Kenntnis des Bodenverhaltens in der Natur und der für die Bemessung der Bauwerke notwendigen wichtigsten Bodenparameter zu erhalten. Dem in der Praxis arbeitenden Gründungsingenieur soll zum einen die Möglichkeit gegeben werden, die sich durch auf Kleiböden gegründete Bauwerke einstellenden Setzungen und die Standsicherheiten der Bauwerke zutreffender abzuschätzen. Zum anderen soll ihm die Möglichkeit gegeben werden, die Größe der einzelnen Belastungsstufen bzw. die Belastungsgeschwindigkeit dem Stoffverhalten des Bodens optimal anzupassen.

Innerhalb des Projektbereiches C (Küstenschutz und Seebau) liefert das Teilprojekt C 6 die bodenmechanischen Grundlagen und Ausgangsparameter z.B. für die Bemessung von Deichen und für die anderen Küstenschutzbauwerke.

Für eine Wasserhaushaltsplanung im Küstengebiet ist neben der Kenntnis des Mediums Wasser die Kenntnis des „Wasserträgers" Boden erforderlich. Das Teilprojekt C6 kann im Rahmen des Gesamtzieles „Wasserforschung im Küstenbereich" die dazu notwendigen Parameter liefern.

Teilprojekt C7: Instationäre Sickerströmungen in Seedeichen als Grundlage von Bemessungskriterien

Gegen die Zerstörung durch Wellenschlag und Erosion werden und wurden viele Deiche mit einer dichten Böschungsabdeckung geschützt. Bei hohen Außenwasserständen dringt jedoch Wasser in die Deiche ein. Fällt der Außenwasserstand als Folge der Tideschwankung, übt das eingedrungene Wasser einen Druck auf die dichte Böschungsabdeckung aus. Als Folge der Unkenntnis der Sickerwasserbewegung im Deich sind a) durch zu geringe Dimensionierung im Hinblick auf den Überdruck die Abdeckungen auf der Böschung abgerutscht, b) die Böschungsabdeckungen weit überdimensioniert worden, als man die Ursache für das Abrutschen erkannt hatte.

Das vorgesehene Forschungsprogramm des Teilprojektes C7 hat deshalb zum Ziel, die Sickerbewegung des Wassers im Deich zu untersuchen und mit mathematischen Modellen zu beschreiben. Aus der Kenntnis der Wasserbewegung im Deich resultiert der Binnendruck, der für die Bemessung der dichten Böschungsabdeckung zugrunde zu legen ist.

Die Untersuchung und Beschreibung der Wasserbewegung schließt die gesättigte und die ungesättigte Bodenzone ein. In der gesättigten Zone stellt sich eine zeitlich und räumlich veränderliche freie Oberfläche ein. Aus der ungesättigten Zone mit versickertem Niederschlagswasser und Salzwasser aus der Vortide wird Wasser zum gesättigten Bereich zusickern und die freie Oberfläche beeinflussen. Weiter muß der Einfluß der Kapillarkraft auf den Binnenwasserdruck berücksichtigt werden. Die Größe der Kapillarkraft ist u.a. eine Funktion des Wassergehaltes in der ungesättigten Zone.

Anhang repräsentativer Deichprofile sollen diese Berechnungen durchgeführt werden und dadurch eine genauere und vor allem eine für die Praxis dringend erforderliche wirtschaftliche Bemessung von dichten Böschungsabdeckungen von Seedeichen ermöglicht werden.

4. Zusammenfassung und Ausblick

Abschließend kann festgestellt werden, daß die Vielzahl der in den 5 Projektbereichen zusammengefaßten Teilprojekte ein weites Spektrum an wissenschaftlichen Fragestellungen und küstenbezogenen, zum Teil praxisnahen Problemstellungen umfaßt, deren systematische Bearbeitung mit Sicherheit zu neuen Erkenntnissen und wichtigen Planungs- und Bemessungskriterien in vielen Bereichen des Küsteningenieur- und Wasserwesens führen wird.

Die interdisziplinäre Zusammenarbeit von Wissenschaftlern der verschiedensten Fachrichtungen aus dem Ingenieurwesen, der Abwasserchemie und Biologie sowie auch von Vertretern der Ozeanographie und Meereskunde bietet die Gewähr für umfassende neue Erkenntnisse, die über den Rahmen der bislang fachlich spezifizierten, traditionellen Institute hinausgehen.

Der enge Kontakt der verschiedenen Forschergruppen mit den im Küstenbereich arbeitenden Dienststellen des Bundes und der Länder wird stetig vertieft, um einerseits die wissenschaftlich neuen Gesichtspunkte aus den Forschungsergebnissen der Teilprojekte in die Planung und Bemessung neuer Küstenbaumaßnahmen einfließen zu lassen und andererseits aber auch Anregungen zu neuen systematischen Untersuchungen aus der Ingenieurpraxis zu bekommen.

Eine enge Zusammenarbeit des SFB 79 mit anderen Forschergruppen, die sich ebenfalls mit Fragen der Ozeanographie (Universität Hamburg) und Morphologie des Küstenbereiches (Universität Kiel) befassen, ist ebenfalls bereits hergestellt. Wissenschaftliche Kontakte zu in- und ausländischen Forschungsinstituten und Universitäten wurden darüber hinaus in den vergangenen Jahren in zunehmendem Maße aufgenommen.

Teilproblemstellung aus den verschiedenen Projektbereichen werden oft als Themen für Diplomarbeiten und Dissertationen verwendet. Darüber hinaus dienen die zahlreichen neuen Versuchsanlagen zu Demonstrationszwecken im Rahmen der Lehrveranstaltungen.

Abschließend kann festgestellt werden, daß die durch Bund und Länder erfolgte großzügige Bereitstellung von Forschungs-Mitteln, die in einem scharfen Ausleseverfahren nach eingehender Begutachtung von der Deutschen Forschungsgemeinschaft an die Sonderforschungsbereiche vergeben werden, eine beispielhafte Einrichtung darstellt, die es auch in Zukunft jungen Wissenschaftlern gestatten wird, über den Rahmen des jeweiligen spezifischen Fachhorizontes hinaus an globaleren Problemstellungen mit zu arbeiten.

Es wäre zu wünschen, daß diese — in den letzten zwei Jahren leider zum Teil reduzierten — Forschungsmittel in den kommenden Jahren wieder in ausreichendem Maße zur Verfügung gestellt werden können.

Schrifttum

1. Deutsche Forschungsgemeinschaft: Programme und Projekte 1975
2. Jahresberichte und Finanzierungsanträge des SFB 79
3. Renger, E., Partenscky, H. W.: Stabilitätsverhalten von Watteinzugsgebieten. Die Küste, H. 25 (1974)
4. Renger, E.: Untersuchungen von Watteinzugsgebieten. (Mitt. des Franzius-Instituts für Wasserbau und Küsteningenieurwesen der T.U. Hannover, Heft 40) 1974
5. Renger, E., Partenscky, H. W.: Stability Criteria for Tidal Basins. Proc. 14th Intern. Conference on Coastal Eng. 1974, Kopenhagen. (Übersetzung in: Die Küste, Heft 27 (1975))
6. Renger, E.: Quantitative Analyse der Morphologie von Watteinzugsgebieten und Tidebecken (Mitt. des Franzius-Instituts für Wasserbau und Küsteningenieurwesen der T.U. Hannover, Heft 43) 1976
7. Renger, E.: Grundzüge der Analyse und Berechnung von morphologischen Veränderungen in Wattengebieten (Mitt. des Franzius-Instituts für Wasserbau und Küsteningenieurwesen der T.U. Hannover, Heft 44) 1976
8. Nasner, H.: Über das Verhalten von Transportkörpern im Tidegebiet (Mitt. des Franzius-Instituts der T.U. Hannover Heft 40) 1974
9. Nasner, H.: Dynamisches Verhalten von Transportkörpern — Vergleich von Messungen in der Natur und im Modell (Mitt. des Franzius-Instituts der T.U. Hannover, Heft 40) 1974
10. Nasner, H.: Prediction of the Height of Tidal Dunes in Estuaries, 14th Conference on Coastal Engineering, Kopenhagen 1974 (Übersetzung in: Die Küste, Heft 27 (1975))
11. Nasner, H.: Zur Frage der Baggerung in Tideflüssen. Naßbaggerberichte Forschung und Technik, Heft 4, 1975

12. Nasner, H.: Regeneration of Tidal Dunes after Dredging. Beitrag zur Seventh World Dredging Conference — Wodcon VII vom 9. bis 13. 7. 1976 in San Francisco
13. Nasner, H.: Transport Mechanism in Tidal Dunes. Beitrag zur 15th Conference on Coastal Engineering, Honolulu, 1976
14. Zanke, U.: Über den Einfluß von Kornmaterial, Strömungen und Wasserständen auf die Kenngrößen von Transportkörpern in offenen Gerinnen (Mitt. des Franzius-Instituts der T.U. Hannover, Heft 44) 1976
15. Grüne, J.: Entwurf eines großen Wellenkanals (Mitt. des Franzius-Instituts, T.U. Hannover, Heft 40) 1974
16. Grüne, J., Führböter, A.: Large Wave Channel for Full Scale Modelling of Wave Dynamics in Surf Zones. Proc. of Symposium on Modelling Techniques, San Francisco, 1975
17. Berger, U.: Mach-Reflexion als Diffraktionsproblem (Mitt. des Franzius-Instituts T.U. Hannover, Heft 44) 1976
18. Berger, U., Kohlhase, S.: Mach-Reflection as a Diffraction Problem. 15th Conference on Coastal Engineering, Honolulu, 1976

Küstenforschung und Küsteningenieurwesen in Großbritannien*

Von **F. J. T. Kestner**, Wallingford, England

Ich möchte diesen hohen Tag hier in Hannover, wo doch das weltberühmte Franzius-Institut zu Hause ist, nicht vorüber gehen lassen, ohne an Herrn Walter Hensen zu erinnern und Ihnen sagen, daß seine blauen Mitteilungshefte auch in unserer Bibliothek in Wallingford vollständig aufgereiht stehen. Desgleichen die Hefte der „Küste" und der „Deutschen Hydrographischen Zeitschrift" mit ihren immer so wertvollen und interessanten Arbeiten, z.B. über den Landanwuchs auf dem Kniepsand vor der Nordfriesischen Insel Amrum im Heft 16 der „Küste", oder dem Küstenrückgang an der Insel Sylt im Heft 26 der „Deutschen Hydrographischen Zeitschrift".

Ich sah Professor Hensen zuletzt bei uns in Wallingford, fuhr mit ihm nach Hull und zeigte ihm dort das Humber Modell und die Holderness Küste; und indem ich von diesem Besuch an die englische Nordseeküste berichte, bin ich bereits bei meinem Thema angelangt.

Abb. 1 zeigt rund 175 km der englischen Nordseeküste, ein Küstenabschnitt dessen Probleme eine Art Querschnitt unserer Küstenforschung und unseres Küsteningenieurwesens abgeben. Bevor ich aber kurz darüber referiere, möchte ich erwähnen, daß die rund 10 000 km lange Küste, die England und Schottland umschließt, nicht nur von der Seeseite her durch Wellenschlag und Tideströmung geformt wird, sondern auch von der Landseite als Ferien, Sport und Erholungsküste für 50 Millionen Menschen. Das Ministerium, dem die Wasserbauversuchsanstalt in Wallingford unterstellt ist, heißt: „Department of the Environment" — Umweltministerium — und ist im zunehmenden Maße darauf bedacht, diese landschaftlich vielgestaltige und oft sehr schöne Küste nicht zu beschädigen, sondern dem erholungssuchenden Menschen zu erschließen und zu erhalten. Ich möchte Ihnen darüber ein Beispiel geben.

Crouch

Abb. 2 zeigt die Reede für seetüchtige Jachten vor Burnham-an-der-Crouch, einem kleinen Tidefluß in der Grafschaft von Essex, der 15 km nördlich der Themse in die Nordsee mündet und nur 60 Vorortzugsminuten von London entfernt ist. Wie Sie vielleicht gehört haben, bestand ein Plan, die Sände vor dieser Küste zwischen Themse und Crouch einzudeichen, um auf dem so der Nordsee abgewonnenen neuen Land den dritten Flughafen für London zu erbauen, dessen

Abb. 2. Die Reede für Jachten vor Burnham-an-der-Crouch

* Als Vortrag gehalten am 18. November 1976 in Hannover bei der 2. Vortragsveranstaltung „Küstenforschung und Küsteningenieurwesen" der HTG.

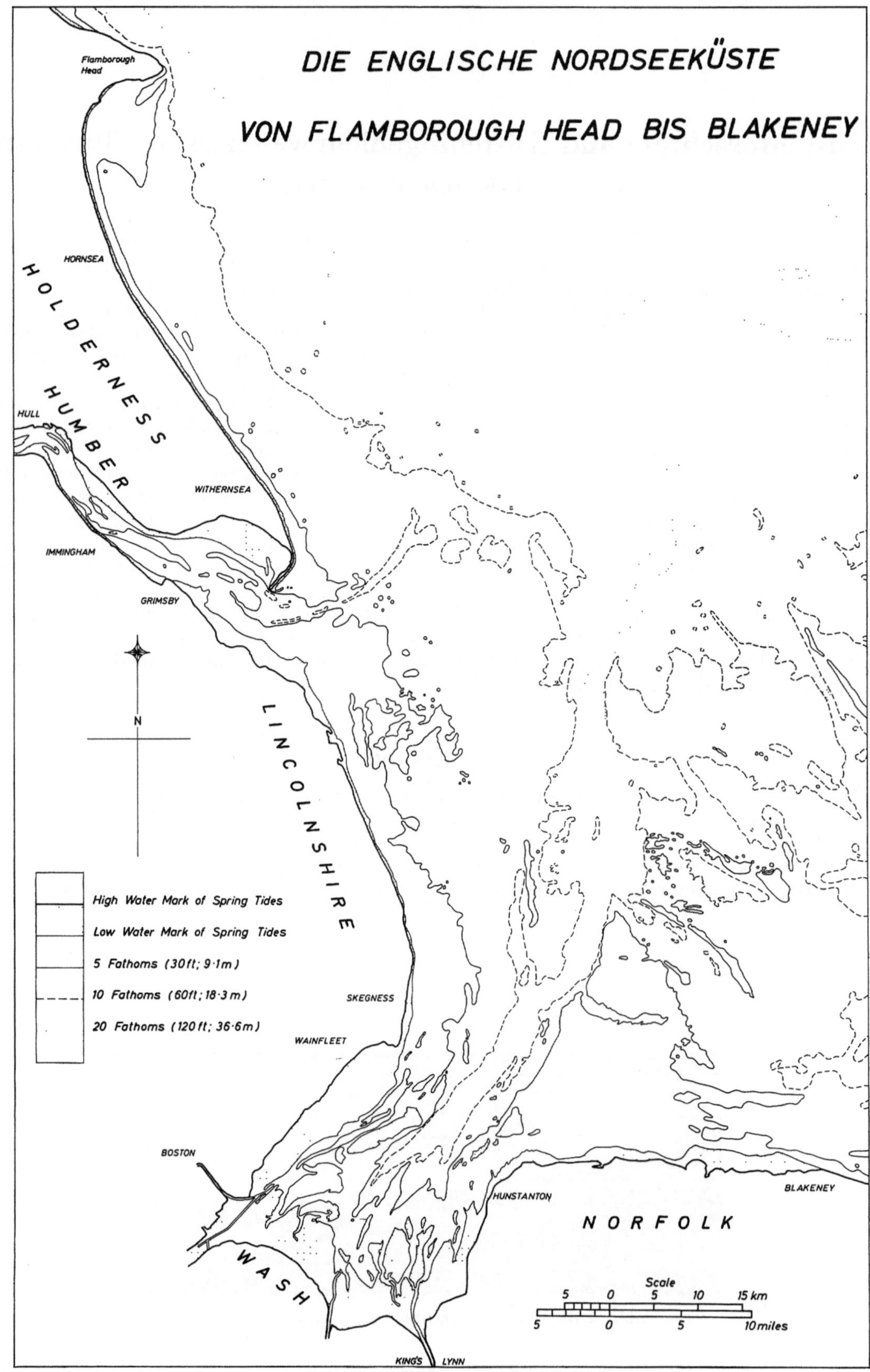

Abb. 1. Tiefenkarte der Küste nördlich und südlich der Humber

großer Vorteil unter anderen darin bestanden hätte, daß das laute Abfliegen der Düsenflugzeuge über unbewohntem Tidewasser stattgefunden haben würde. Unsere Aufgabe bestand darin, mittels eines zweidimensionalen, mathematischen Modells und gleichzeitig eines hydraulischen Modells mit fester Sohle, die Wirkungen dieses großen baulichen Eingriffes in ein Tidegebiet auf Tide und Sandbewegung vorauszusagen. Als unser Ministerium uns diese Aufgabe zuwies, bestand es darauf, daß die Belange der Segelboote in der kleinen Crouch genauso ernst zu nehmen und sorgfältig zu untersuchen seien, wie diejenigen der Großschiffahrt auf der Themse.

Holderness Küste

An der 60 km langen Holderness Küste, nördlich der Humber, herrscht starker Küstenrückgang. Wie aus Abb. 3 zu ersehen, ist der Strand nicht hochwasserfrei. Im Profil ist er sehr steil, leidet an Sandmangel. Die Ursache dafür ist durchaus klar. Es findet ein Sandtransport entlang der Küste statt, hervorgerufen durch schräg auflaufende Wellen, einer Sandbewegung, die wir im Englischen „littoral drift" nennen und dessen wörtliche Übersetzung ins Deutsche mit „Küstentrift" vielleicht nicht der von Ihnen gebrauchte Fachausdruck ist. An dieser Küste ist die überwiegende Richtung dieses Sandtransportes von Norden nach Süden, bedingt durch besonders hohe Wellen, die aus Richtung Nord-Osten kommen, da ihnen ja aus dieser Richtung die maximale Weite der Nordsee, eben bis an die norwegische Küste, zur Verfügung steht.

Abb. 3. Abbruch an der Holderness-Küste bei Mappleton

Dieser Sandtransport entlang der Küste wird durch einen in die Nordsee hervorspringenden Felskopf, der Flamborough Head heißt, unterbrochen (Abb. 1). Das bedeutet, daß die Holderness-Küstenstrecke keine durch Küstentrift bedingte Sand**zu**fuhr hat und daher Sand**ab**fuhr durch wieder in einiger Entfernung südlich von Flamborough Head schräg auflaufende Wellen stattfindet. Die Sandbilanz weist also ein Defizit auf. Da sich dieser Vorgang ja aber bei jedem hohen, nordöstlichen Wellengang wiederholt, ist der Strand vor Holderness immer kleiner geworden, bis er die Küste nicht mehr schützen konnte. Abb. 1 zeigt wie schmal und steil der Strand hier ist, verglichen mit den Tiefenlinien unmittelbar südlich von Flamborough Head, einer kurzen Küstenstrecke gegen die, die von Flamborough Head refraktierten Wellen Front machen, so daß dort keine Sandabfuhr und daher auch kein Küstenrückgang stattfinden. Und auch verglichen mit den Tiefenlinien vor der Lincolnshire Küste zwischen Humber und Wash. Hier schützt ein breiter, auch in der Tiefe mächtiger Strand die Küste.

Bevor es eine Hydraulics Research Station in Wallingford gab, bestand häufig der Lösungsversuch solcher Küstenprobleme darin Buhnen und Strandwälle zu bauen. Aber wir sind nach langjähriger Versuchsarbeit zu der Einsicht gekommen, daß solch ein bauliches Eingreifen in die morphologischen Vorgänge an der Küste eine zweischneidige Waffe ist. Denn auf der Leeseite solcher Buhnen kommt es ja meistens zu einem verschärften Angriff auf den Strand und somit auf die Küste.

Mittelmeerküste von Port Said

Ich möchte Ihnen über die Wirkung einer Buhne ein geradezu klassisches Beispiel zeigen, das aber nicht von der Englischen, sondern der Mittelmeerküste vor Port Said handelt. Denn wir wenden unsere Küsteningenieurkenntnisse nicht nur auf unsere eigene Küste an, sondern auch auf Küsten der ganzen Welt.

Abb. 4 zeigt die Wirkung auf die Küste der bis zum Jahre 1912 3 km langen Westmole, die bis zu dieser Länge mit voller Berechtigung gebaut wurde, um die Einfahrt in den Suez-Kanal vor Sand und Wellen zu schützen. Die Tiefenkarte zeigt die Strandlinien der Jahre 1859, dem Jahre des Baubeginnes des Suez-Kanals, 1875 und 1897 und weitere Tiefenlinien seewärts. Auf der westlichen, der Luvseite der Mole, schob sich die Küste vor und jetzt ist das sandige Neuland dort mit Häusern bebaut und Palmen bepflanzt. Auf der östlichen Leeseite aber trat die Küste zurück.

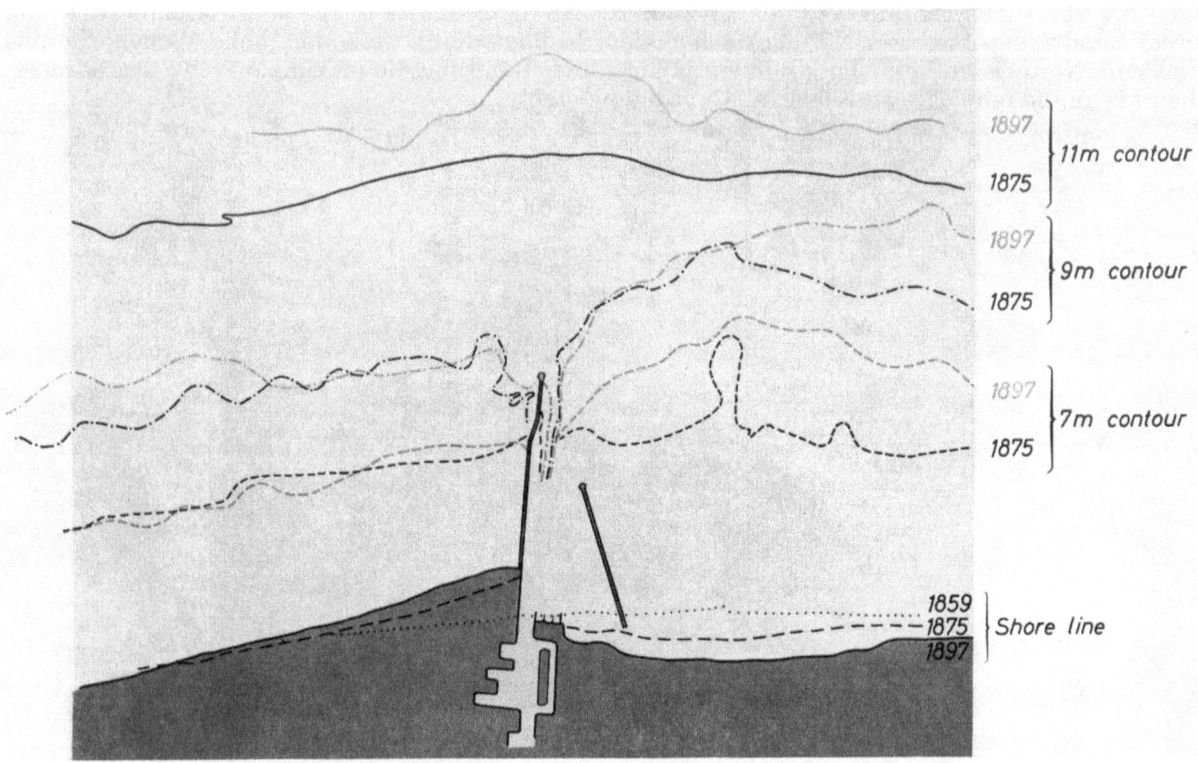

Abb. 4. Tiefenkarte der Mittelmeerküste vor Port Said

Ich habe diese Tiefenkarte einer Abhandlung entnommen, die am 13. März des Jahres 1900 in der Institution of Civil Engineers in London gezeigt worden ist und die ganz besonders wertvoll ist, weil sie schon damals auf ein Problem hinwies, mit dem wir uns jetzt beschäftigen müssen, nämlich dem Transport und der Ablagerung entlang der Küste nicht von Sand in Strandnähe sondern von feinkörnigeren Sedimenten, was Sie „Schluff" und wir „silt" nennen, die sich in tieferem Wasser bewegen und aus dem Nildelta kommen, das rund 50 km westlich von Port Said beginnt.

Wir vermuten, daß die seit 1923 auf mehr als 7 km verlängerte Westmole dem freien Ablauf dieses morphologischen Vorganges ungünstig im Wege steht und studieren dieses Problem in einem Modell, in dem wir die lokalen Wasserbewegungsveränderungen durch die Mole untersuchen. Wir haben ein zweites Modell, das sich mit der Erosion der Suezkanalbänke durch Bugwellen befaßt und ein Drittes in dem wir, mittels eines ferngesteuerten Schiffsmodelles, das Navigationsproblem in Kurven des Suezkanals untersuchen. Aber ich muß aus Zeitmangel hier abbrechen und kehre an die heimatliche Nordseeküste zurück.

Beach-Replenishment Schemes

Wir haben begonnen Erosionsprobleme an der Küste, die durch Sand- und daher Strandmangel verursacht worden sind, dadurch zu bekämpfen, daß wir künstlich Sand auf den Strand bringen. Wir sprechen von einem „Beach-Replenishment Scheme", Sie von „Strandaufspülung". Ihr Ausdruck deckt sich nicht mit dem Unsrigen, denn der Ihrige gibt ja schon eine Transportmethode — Rohrleitung mit Sand/Wassergemisch — an, während unser Ausdruck das noch offen läßt. Unter Kollegen sprechen wir auch von „Beach-Nourishment" oder „Beach-Feeding". Diese Ausdrücke sind aber schlecht ins Deutsche zu übersetzen, denn sie sind der Nahrungsaufnahme entnommen und ich müßte sie wörtlich mit „Strandfütterung" übersetzen, was doch wohl etwas komisch klingt. „Beach-Nourishment" aber deckt die Sache genau.

Wir haben diese Methode an zwei Stränden bisher mit Erfolg angewandt. Der eine, „Portobello Beach", ist in der Nähe der schottischen Hauptstadt Edinburgh und der andere zwischen Bournemouth und Boscombe an der englischen Südküste. Mein Kollege Don Newman hat über unsere Erfahrungen eine knapp zusammenfassende Abhandlung geschrieben [1], die im August dieses Jahres von der Institution of Civil Engineers, von der ich ja schon sprach, veröffentlicht worden ist.

Unsere Lösung für die Holdernessküste sieht erstmalig vor nicht Sand, sondern groben Kies auf den Strand zu bringen, der auf einem Strand mit Wellenschlag viel steiler als Sand anstehen kann. Wir beginnen im kommenden Jahr mit einer einen Kilometer langen Probestrecke auf die wir 60 000 Kubikmeter groben Kies verfrachten wollen, der einen Durchmesser von drei bis zehn Zentimetern haben soll. Hier aber möchte ich abbrechen, denn das Experiment, das uns auch Kostenaufschlüsse geben soll, hat ja noch nicht stattgefunden und mich dem Humberästuar zuwenden.

Humber

Der Sand, der als Küstentrift vor der Holdernessküste von Norden nach Süden transportiert wird, muß ja auch das Gebiet der Außenhumber passieren und die Sohlenveränderungen, die bei einer solchen Überquerung einer Flußmündung stattfinden, sind vielleicht nicht unähnlich den morphologischen Vorgängen im Bereich der ostfriesischen Seegaten, die Dr. Günther Luck in einer hochinteressanten Abhandlung beschrieben hat. Auf jeden Fall sind in der Außenhumber große Sandmengen vorhanden, die an dem großen Sand-, Schluff- und Schlicktransport und den großen Sohlenveränderungen im Lauf der Humber teilnehmen. Vorgänge, die im wesentlichen darum so groß und so schnell sind, weil der Tidehub an der englischen Ostküste mit 7 m bei Springtiden, doppelt so groß ist wie in der Elbe. An der englischen Westküste ist er sogar noch größer — 10 m — und daher sind in Tideflüssen wie Severn, Mersey, Morecambe Bay die Sohlenveränderungen und der Gesamttransport von Sedimenten, den wir „Sediment Flux" nennen, entsprechend auch noch größer.

Als ich Herrn Professor Hensen das Humbermodell in Hull vorführte, zeigte ich ihm auch unsere Naturmessungen in der Flußmündung selbst, aus denen hervorgeht, daß die Flut- und Ebberichtungen der ein- und ausströmenden Wassermengen sich nicht decken, sondern einen kleinen Winkel miteinander bilden. Ein Teil der Flutwelle, die vor der Küste von Norden nach Süden parallel zu ihr verläuft, muß in die Humber hineindrehen und wird dabei von der südlichen Begrenzung der Flußmündung, die zum Teil aus harten, kaum erodierbaren, aus der Eiszeit stammenden Ablagerungen besteht, nach Nord-Westen geworfen, während die Ebbe geradliniger aus der Mündung heraus läuft.

Professor Hensen sagte sofort: Das bedeutet ja einen Reststrom und somit eine nichtkompensierte Komponente des Sandtransportes quer zur Flußmündung von ihrer südlichen zu ihrer nördlichen Seite.

Dieser Sandtransport quer zur Flußmündung, in der Form einer geschlossenen Sandbank zunächst, die von Süden nach Norden wandert, ist auf den Tiefenkarten klar zu verfolgen und führt zu periodischen Veränderungen im Unterlauf der Schiffahrtsrinnen, die zu den Humberhäfen führen. Denn die Verflachung der Sohle auf der nördlichen Seite bewirkt eine Veränderung der Strömungsstärke und Richtung dort, die wiederum zu weiteren Veränderungen an der Sohle führen. Es findet sozusagen ein Zwiegespräch statt zwischen der veränderlichen Sohle und dem veränderlichen Strömungszustand, in dem sich beide Partner gegenseitig beeinflussen und verändern, ein Zwiegespräch das sich alle 5 bis 7 Jahre wiederholt, so daß der Gleichgewichtszustand dieses Ästuares nicht statischer sondern dynamischer Art ist.

Solche periodischen Veränderungen finden nicht nur im Unter- sondern auch im Mittel- und ganz besonders auch in dem viel flacheren Oberlauf der Humber statt. Und nicht nur in der Humber, sondern auch in vielen anderen unserer großen und kleinen Tideflüssen, sowohl an der Ost- wie auch an der Westküste.

Die Ursache der periodischen Sohlenveränderungen im Unterlauf der Humber habe ich bereits skizziert. Im Oberlauf, wo einige der verankerten unbemannten kleinen Feuerschiffe, die das Fahrwasser dort markieren, manchmal alle 14 Tage verlegt werden müssen, ist die Ursache dieser Veränderungen völlig anderer Art.

Wie ich schon erwähnte, werden in der Humber durch Flut und Ebbe nicht nur Sand sondern auch große Mengen von feinkörnigeren Sedimenten hin und her bewegt. Im Unterlauf kommt es nur zu vorübergehenden Hochwasserablagerungen — was wir „transient deposits" nennen — die sich schon während der folgenden Ebbe wieder in Bewegung setzen. Auf den trockenfallenden Sandbänken im Bereich des durchströmten Tidewasserraumes im Oberlauf der Humber aber werden diese feinkörnigen Hochwasserablagerungen nicht wieder oder doch wenigstens nicht vollständig wieder erodiert. Da sich dieser Vorgang ja aber während jeder Springtide wiederholt, würde es dort sehr schnell zu einem folgenschweren Verlust von Tidewasserraum kommen, wenn nicht ein weiterer Vorgang, zwar nicht sofort, aber doch von Zeit zu Zeit das Gleichgewicht in der Flußmündung auch in seinem Oberlauf wieder herstellte.

Es handelt sich um periodische Veränderungen in der Lage der Niedrigwasserrinne. Denn durch die seitlichen Ablagerungen versteilt sich der Querschnitt der Rinne, bis er nicht mehr stabil ist sondern Seitenerosion — was wir „bank erosion" nennen — eintritt. Auf diese Weise bewegt sich die Rinne alle paar Jahre, manchmal auch schon nach Monaten, manchmal erst nach Jahrzehnten — wie z. B. in der Inneren Mersey — ganz systematisch von einem Ufer zum anderen, was zur Folge hat, daß die Hochwasserablagerungen wieder aktiviert und so dem Tideflusse zurückgeführt werden. Diese Schwingungen der Niedrigwasserrinne erfüllen also eine wichtige Funktion, nämlich das Tidevolumen des Ästuares trotz der kurzfristigen Ablagerungen langfristig konstant zu erhalten.

Abb. 5 (a—d) zeigt eine Fotoreihe in schneller Folge, die diesen Erosionsprozeß veranschaulichen soll. Diese Photographien stammen aber nicht von der Humber sondern sind bei fallendem Wasser

Abb. 5a—d. Ein Schluffblock an der Wattenkante im Wash schert ab in die Fahrwasserrinne nach Kings Lynn

entlang der Fahrwasserrinne nach Kings Lynn im nachbarlichen Wash aufgenommen worden. Das Abscheren dieser großen Schluffblöcke geht so schnell vonstatten, daß man nicht Zeit hat, seine Kamera auf einen sich in Bewegung setzenden Block zu richten, sondern man muß sich an die Kante der Niedrigwasserrinne stellen und auf eine Stelle zielen von der man erwartet, daß alsbald ein Block von dort ins Wasser gleiten wird. Was dann allerdings meistens geschieht ist, daß die Stelle auf der man steht ins Wasser rutscht.

Aufgaben des Wasserbauingenieurs

Eine Einsicht in solche Sedimentationsprozesse und überhaupt eine Analyse der Ursachen solcher periodischen Sohlenveränderungen in einem Tidefluß gehören zu dem Aufgabenkreis eines Wasserbauingenieurs der eine solche Flußmündung verbessern will.

Zu diesen Aufgaben gehört ebenfalls die notwendige Voraussage — z. B. mittels eines Modelles — der Wirkungen von Baumaßnahmen im Tidegebiet, mit denen der Bauingenieur diese Verbesserungen bewerkstelligen will. Eine solche Voraussage ist häufig mit großen Schwierigkeiten verbunden. Im Oberlauf der Humber allerdings besteht kein Zweifel, daß die Fixierung der als Fahrwasser dienenden Niedrigwasserrinne nur die weitere Erosion, nicht aber die weiteren Ablagerungen der feinkörnigen Sedimente unterbinden würde. So würde es zu einem sehr schnellen Verlanden des landwärtigen Tideraumes kommen, wie Beispiele zeigen. Die periodischen Veränderungen in der Lage des Fahrwassers im Oberlauf der Humber müssen daher in Kauf genommen werden.

Im Unterlauf der Humber aber liegt es nahe, die Flußmündung so zu verändern, sei es durch die Entfernung der eiszeitlichen Ablagerungen auf ihrer Südseite oder durch den Bau eines Leitdammes, daß zum mindesten im Bereich des Fahrwassers die Flut und Ebberichtungen des ein- und ausströmenden Tidewassers sich miteinander deckten.

Es ist nicht schwer solche baulichen Eingriffe in ein Tidegebiet in einem Tidemodell vorzunehmen, um auf diese Weise die unmittelbar folgende Veränderung in den Tide- und Strömungsverhältnissen voraussagen zu können. Ein Tidemodell mit fester Sohle kann diesen ersten Schritt in der notwendigen Voraussage oft sehr zuverlässig machen. Aber es ist eben nur ein erster Schritt.

Professor Partenscky begann seinen Beitrag über Stabilitätskriterien für Tidebecken, der 1975 im Heft 27 der „Küste“ veröffentlicht worden ist, mit den folgenden Sätzen:

„Größere bauliche Eingriffe im Tidegebiet mit überwiegend alluvialen Oberflächensedimenten führen i. a. zu Veränderungen des Tideregimes. Die unmittelbar nach Errichtung eines Bauwerkes, z. B. eines Dammes, veränderten hydrologisch-hydrodynamischen Verhältnisse haben zwangsläufig eine Veränderung der Morphologie zur Folge. Dabei beeinflussen sich die Bewegungsgrößen und die Formzustände so lange gegenseitig, bis sich ein neuer Gleichgewichtszustand eingestellt hat.“

Ich habe mir erlaubt, diesen Absatz ins Englische zu übersetzen und in einem Beitrag der unter dem Titel: “The effects of training works on the loose boundary regime of the Wash” gerade in diesem Monat (November 1976) veröffentlicht wird [2], zu zitieren. Ich möchte dem Zitierten erweiternd hinzufügen, daß der Gleichgewichtszustand von dem Professor Partenscky spricht, nicht nur statischer sondern auch dynamischer Art sein kann und in unseren Flußmündungen auch meistens ist, bestehend, wie ich es ja für die Humber zu beschreiben versuchte, aus einer Serie von kurzfristigen morphologischen Veränderungen, die erst langfristig den Gleichgewichtszustand in einem Ästuar ausmachen.

Für den Wash habe ich in einer früheren Veröffentlichung [3] versucht, die Existenz eines solchen langfristigen Gleichgewichtszustandes unter Beweis zu stellen und gerade jetzt plant die für dieses Gebiet zuständige Wasserbehörde einen breiten Streifen des trockenfallenden grünen, dann schlickigen und schließlich sandigen Vorlandes des Wash mit hohen Deichen zu umgeben, um hinter ihnen Süßwasser aus dem Great Ouse Flusse und später vielleicht auch aus der Nene aufzuspeichern. Wir sprechen von einem „Water conservation scheme for the Wash“ oder allgemeiner von „estuary water storage“ und haben dabei auch andere Tidegebiete im Auge, wie etwa Morecambe Bay an der regenreicheren Westküste. Für den Wash ist der Plan darum ganz besonders lohnend und sehr interessant, weil die Süßwasserspeicherdeiche zur Verbesserung von zwei Flußmündungen, Great Ouse und Nene, zwei der vier Flüsse, die in den Wash münden, herangezogen werden können. Auf ihren Tidestrecken in den Wash sind diese Flüsse, genau wie im Oberlauf der Humber, sich immer wiederholenden Veränderungen ihrer Bänke und Niedrigwasserrinnen, die als Fahrwasser dienen, ausgesetzt.

Die Aufgabe der Hydraulics Research Station für dieses Vorhaben in dem Wash, eine Aufgabe die jetzt abgeschlossen ist, bestand darin, die durch diesen großen baulichen Eingriff verursachten Veränderungen in dem Tideregime des Washes vorauszusagen, und wir benutzten dafür mehrere mathemathische Modelle und ein großes hydraulisches Modell mit fester Sohle. Aber alle diese

Modelle können im wesentlichen eben nur den ersten Schritt machen von dem ich sprach. Zu was für Schwierigkeiten das führen kann, möchte ich Ihnen an einem Beispiel erläutern:

Die Süßwasserspeicherdeiche sollen in einer Entfernung von bis zu 5 km vor der jetzigen Deichlinie auf der trockenfallenden, dort sandigen Sohle des Washes aufgebaut werden. In den ersten Jahren nach der Deichschließung sind ihre seeseitigen Böschungen dem Angriff der sich periodisch hin und herbewegenden Niedrigwasserrinnen voll ausgesetzt, die sich an die Deiche heranlegen und sie durch Seitenerosion unterminieren würden. Kostspieliger Steinschutz wäre daher notwendig. Aber selbst wenn eine solche Steindecke die untere, seeseitige Böschung der neuen Deiche schützte, würden die Krümmungen im Lauf der Niedrigwasserrinnen die Fahrwässer in die Washhäfen verschlechtern.

Der endgültige, neue Gleichgewichtszustand, der sich nach einigen Jahren erst einstellen wird, sieht aber ganz anders und sehr viel günstiger aus. Denn erst während des Zwiegespräches zwischen den sich gegenseitig beeinflussenden Bewegungsgrößen und Formzuständen werden sich schluffige Watten schützend vor die neuen Deiche legen und die teure Steindecke vielleicht sogar unter einem neuen, grünen, Vorlandsstreifen begraben. Was Not tut ist, sich des endgültigen, neuen Gleichgewichtszustandes schon bei der Planung klar bewußt zu sein, und sein Geld nicht für kostspielige Steindecken, sondern für Maßnahmen auszugeben, die diesen günstigen Endzustand beschleunigt herbeiführen.

Wie aber kann ein Modell, sei es nun mathematischer oder hydraulischer Art, das nur den ersten Satz dieses Zweigespräches aussprechen kann, auch nur eine Ahnung haben von diesem neuen, endgültigen Gleichgewichtszustand.

Es liegt nahe an ein hydraulisches Modell mit beweglicher Sohle zu denken, aber unsere Erfahrungen gehen dahin, daß seine Sprache schon nach wenigen Sätzen unverständlich wird; und leiden wir nicht alle jetzt daran, daß wir viel zu rosige Kurzberichte über diese Modelle auf den Weltkongressen, etwa in Kopenhagen oder Honolulu, von Stapel haben laufen lassen.

Angesichts dieser großen Schwierigkeiten — und ich spreche jetzt nur von Tidegebieten wie Seine, Außenelbe, Humber und Wash, die erstens diese komplexen Sohlenveränderungen aufweisen und zweitens von großer wirtschaftlicher Bedeutung sind — habe ich mit großer Genugtuung gelesen was Dr. Harald Göhren in seinen Studien zur morphologischen Entwicklung des Elbmündungsgebietes, die er Juni 1970 im Heft 14 der „Hamburger Küstenforschung" veröffentlichte, über das Thema der wissenschaftlichen Voraussage bei baulichen Eingriffen im Tidegebiet geschrieben hat. Da aber seine Schlußfolgerungen, mit denen ich völlig übereinstimme, doch recht pessimistisch sind, ist es ganz besonders erfreulich auf Arbeiten hinweisen zu können, die jetzt aus dem Franzius-Institut kommen. Sie müssen verstehen daß ich noch nicht Stellung nehmen kann zu dem was Professor Partenscky uns hier heute morgen berichtet hat, sondern von Veröffentlichungen spreche, die ich vor dem heutigen Tage in Wallingford gelesen habe. Ich beziehe mich auf seine Arbeit über Stabilitätskriterien für Tidebecken, von der ich bereits gesprochen habe und auf die ins Einzelne gehende Fortsetzung dieser Arbeit, die unter dem Titel: „Quantitative Analyse der Morphologie von Watteinzugsgebieten und Tidebecken" von Eberhard Renger im Heft 43 der „Mitteilungen des Franzius-Institutes" in diesem Jahr veröffentlicht worden ist, und in denen sich ein Weg abzuzeichnen beginnt auch ohne Modelle eine quantitative Voraussage im Tidegebiet zu machen. Aber ich erhoffe noch mehr vom Franzius-Institut.

Vielleicht ist es einer direkt von der Regierung finanzierten Wasserbauversuchsanstalt, sei sie nun in Deutschland oder England, ganz einfach nicht möglich, unumwunden Kritik zu üben an ihren eigenen Methoden, mit denen sie jahrelang gearbeitet hat, ganz besonders auch darum nicht, weil sich alternative Arbeitsmethoden eben doch nur sehr zögernd anzubieten beginnen. Darum muß es vielleicht einem unabhängigen Universitätsinstitut, das erstens vom Fach ist und zweitens einen Weltruf besitzt, vorbehalten bleiben, diese notwendige Kritik offen auszuüben, um dann neue Wege gehen zu können. Es ist in diesem Sinne, daß ich noch viel vom Franzius-Institut erhoffe.

Schrifttum

1. Newman, D. E.: Beach replenishment: Sea defences and a review of the role of artificial beach replenishment. Proc. Instn. Civ. Engs., Part 1, 1976, No. 60, p. 445—460
2. Kestner, F. J. T.: The effects of training works on the loose—boundary regime of the Wash. The Geographical J. Vol. 142, Part 3 (November 1976)
3. Kestner, F. J. T.: The old coastline of the Wash, a contribution to the understanding of loose-boundary processes. The Geographical J. Vol. 128, Part 4 (December 1962)

Entwicklung und Bewertung von Wasserstandsstatistiken im Hinblick auf das Sturmflutgeschehen*

Von Prof. Dr.-Ing. **Alfred Führböter**, Braunschweig

Daß zunehmende Gefahr durch extreme Sturmfluten der deutschen Nordseeküste droht, hat bereits 1940 Lorenzen (bei Petersen 1955) hervorgehoben; nach dem Ende des zweiten Weltkrieges war es vor allem Schelling (1952), der, mit Bezug auf die geschichtlichen Sturmfluten und auf den säkularen Meeresspiegelanstieg, auf die wachsende Sturmflutgefahr hinwies. Es folgte 1953 die Katastrophensturmflut in den Niederlanden, 1962 die besonders für Hamburg verhängnisvolle Sturmflut vom 16./17. Februar 1962, 1967 eine über der Nordsee bisher noch niemals gemessene Windgeschwindigkeit von 37,3 m/s als Stundenmittel über 5 Stunden (Adolph-Bermpohl-Orkan), 1972 ein Orkantief mit extrem südlicher Zugbahn, das von Nordfrankreich über Norddeutschland bis Polen ganze Wälder niederlegte, im Herbst 1973 eine ungewöhnliche Sturmtidenkette mit 6 z.T. sehr schweren Sturmfluten an der deutschen Nordseeküste und letztlich weitere Kettensturmfluten im Januar 1976, die mit der Sturmflut vom 3. 1. 1976 für alle Pegel östlich der Wesermündung das HHThw von 1962, das gerade das von 1825 abgelöst hatte, z.B. in Husum gleich um 45 cm übertrafen.

Im Jahre 1939 hatte Wemelsfelder versucht, aus den beobachteten Häufigkeiten einer Fünfzigjahresreihe von 1888—1937 die möglichen Sturmflutwasserstände an der niederländischen Nordseeküste zu extrapolieren. Die Sturmflut von 1953 lieferte dann Wasserstände, die nach der Vorausberechnung aus der Jahresreihe 1888—1937 (für den Pegel Hoek van Holland) — im Mittel! — einmal in rd. 400 Jahren zu erwarten gewesen wären.

Dies vermindert in keiner Weise das hohe Verdienst von Wemelsfelder, nämlich nicht mehr nach dem „höchstmöglichen Sturmflutwasserstand", sondern nach der Wahrscheinlichkeit eines bestimmten Extremwasserstandes zu fragen. Die Ereignisse von 1962 bis zum 3. 1. 1976 an der deutschen Nordseeküste lassen zusätzlich die Frage aufkommen, ob diese Wahrscheinlichkeiten extremer Sturmflutwasserstände zeitlichen Änderungen unterworfen sind.

Diese Frage kann nur pragmatisch aus vorhandenen Zeitreihen an Pegeln beantwortet werden, die über lange Beobachtungsreihen verfügen und die nur unwesentlich durch bauliche Maßnahmen und/oder natürliche morphologische Veränderungen beeinflußt wurden. An der deutschen Nordseeküste trifft dies für die Pegel Wilhelmshaven (1854—1976, $n = 123$ Jahreswerte), Cuxhaven (1813—1976, $n = 164$ Jahreswerte) und Husum (1867—1976, $n = 110$ Jahreswerte) zu, wobei als Jahreswerte die jährlichen HThw verwendet werden.

Im Gegensatz zu den klassischen Anwendungen der Wahrscheinlichkeitsrechnung, nämlich bei den Glücksspielen wie z.B. beim Würfelspiel, wo jeder Wurf ein „Ereignis" und die Summe der Würfe das „Kollektiv" darstellen, ist bei Sturmfluten der Begriff des „Ereignisses" und des damit verbundenen Begriffes des „Kollektives" erst zu definieren, da es sich nicht um „diskrete" Ereignisse handelt; Kettensturmfluten wie 1962, 1973 und 1976 können unmöglich als „unabhängige Ereignisse" im Sinne der Wahrscheinlichkeitsrechnung gewertet werden. Da Sturmflutwetterlagen als meteorologisch bedingte Zufallsereignisse mit großräumigen und langjährigen Großwetterlagen zumindestens des Nordatlantiks, wenn nicht sogar mit globalen Wetterlagen gekoppelt sind, ist es nur eine Annahme und nicht eine Feststellung, ein z.B. jährliches HThw als „unabhängiges Ereignis" zu betrachten.

Die Näherung für Extremsturmflutwasserstände von Wemelsfelder liefert in einer einfach-logarithmischen Darstellung eine annähernd lineare Beziehung zwischen den Wasserständen und den zugehörigen Häufigkeiten. Aus den beobachteten Häufigkeiten werden dabei für die Zeit des Untersuchungsabschnittes (Zeitreihe) die „abstrakten" Wahrscheinlichkeiten (POISSON) interpoliert und für die Zukunft extrapoliert. Die „abstrakte" Wahrscheinlichkeit nach Poisson ist dabei z.B. beim Würfelspiel mit $W = 1/6$ für jede Augenzahl

* Zusammenfassung des bei der 2. Vortragsveranstaltung Küstenforschung und Küsteningenieurwesen der HTG am 18. 11. 1976 in Hannover gehaltenen Vortrages. Der volle Wortlaut ist u.a. in Heft 51 (1976) der Mitteilungen des Leichtweiss-Instituts für Wasserbau der Technischen Universität Braunschweig erschienen

deduktiv bekannt; bei Sturmflutereignissen muß sie aber erst aus den beobachteten Häufigkeiten berechnet werden.

Die Abschätzung der „abstrakten" Wahrscheinlichkeit aus den beobachteten Häufigkeiten bedarf einer genauen und reproduzierbaren Definition von Ereignis und Kollektiv. Es kann — unabhängig von willkürlichen Definitionen des Begriffes „Sturmflut" — durch einen Konvergenznachweis bewiesen werden, daß die — die abstrakten Wahrscheinlichkeiten nach Poisson repräsentierenden — Werte H_{100}, die den Wasserstand angeben, der bei stationärer Wahrscheinlichkeit im Mittel (!) einmal in 100 Jahren auftritt, in Form einer Funktion $H_{100}(N)$ für $N > 5$ Jahre auf nahezu konstante Werte konvergieren, wenn als „Ereignis" der Wasserstand gewertet wird, der als HThw einer Folge von $N = 1, 2, 3$ usw. bis $N = 20$ Jahre, bei einer langen Pegelreihe wie in Cuxhaven sogar bis $N = 30$ Jahren auftritt. Dies gilt für die lineare Näherung nach Wemelsfelder; für nichtlineare Anpassungsfunktionen (Gumbel, Frechet, Jenkinson usw.) dürfte die Konvergenz schon bei $N < 5$ Jahre zu erwarten sein. Dieser Konvergenznachweis, der von den beobachteten Häufigkeiten zur „abstrakten" Wahrscheinlichkeit (Poisson) führt, liefert für die drei Nordseepegel einheitlich asymptotisch erreichte Konstantwerte für H_{100} bei $N > 5$ Jahre; als „Ereignis" ist im Sinne der Unabhängigkeit also ein Extremwasserstand zu werten, der in einer Folge von $N = 5$ Jahren als HThw auftritt.

Damit ist die Möglichkeit eröffnet, mit reproduzierbaren Verfahren die aus den beobachteten Häufigkeiten — nach dem Verfahren von Wemelsfelder und unter Berücksichtigung des Konvergenznachweises — berechneten „abstrakten" Wahrscheinlichkeiten auf ihre zeitlichen Änderungen zu untersuchen. Es erweist sich dabei als notwendig, alle Jahreswerte der HThw einheitlich auf das Jahr 1975 zu beschicken, wobei für die einzelnen Pegel verschiedene Beschickungsverfahren verwendet werden müssen. Bei fehlender Beschickung kann der säkulare Meeresspiegelanstieg Fehler bis zu mehreren dm bewirken.

Für die instationären Anwendungen des Wemelsfelder-Verfahrens wird der Wert H_{100} — der Sturmflutwasserstand, der — im Mittel! — einmal in 100 Jahren erreicht oder überschritten wird, als repräsentativer Wert der zugehörigen Ausgleichsgeraden verwendet.

Eines der instationären Untersuchungsverfahren besteht in dem Gedankenmodell „Langlebiger Chronist". Er beginnt seine Arbeit nach Vorliegen einer Fünfzigjahresreihe an dem jeweiligen Pegel und überprüft nach jedem folgenden Jahrfünft seine Vorausberechnung für den Wert H_{100} mit dem neuen HThw dieser 5 Jahre. So entsteht eine Funktion $H_{100}(t)$, die Aufschlüsse über zeitliche Veränderungen der Wahrscheinlichkeit der Extremwasserstände geben kann.

Übereinstimmend zeigen die Funktionen $H_{100}(t)$ des „Langlebigen Chronisten" eine monotone Abnahme der Höhe des Wasserstandes $H_{100}(t)$ von Beginn des Untersuchungszeitraumes bis vor 1962; bei der längsten Jahresreihe am Pegel Cuxhaven währt diese fallende Tendenz über 100 Jahre (1862—1961). Dann setzen aber an allen drei Pegeln Diskontinuitäten ein, die die Funktionen $H_{100}(t)$ in Sprüngen (1962—1976) um z.T. mehrere Dezimeter steigen lassen.

Ein anderes instationäres Untersuchungsverfahren stellt das Gedankenmodell „Vergeßlicher Chronist" dar. Er beginnt wie der „Langlebige Chronist" mit der ersten Fünfzigjahresreihe der jeweiligen Pegelreihe, „vergißt" aber bei der Entwicklung der Zeitfunktion $H_{100}(t)$ alle Werte, die mehr als 50 Jahre zurückliegen, verwendet aber als gleitenden Untersuchungszeitraum einheitlich eine Fünfzigjahresreihe. Entsprechend dem größeren Gewicht des Ereignisses in dem Zeitraum von 50 Jahren treten bei diesem Gedankenmodell die Diskontinuitäten seit 1962 wesentlich stärker hervor als bei dem Gedankenmodell „Langlebiger Chronist"; am Pegel Cuxhaven liefern die Sprünge von 1962 und 1976 eine Erhöhung des Wertes H_{100} um rund einen Meter.

Während bei dem „Langlebigen Chronisten" vorausgesetzt wird, daß die meteorologischen Parameter, deren Zufallsüberlagerungen das Sturmflutgeschehen bestimmen, im Mittel gleichbleibend sind, wird bei dem „Vergeßlichen Chronisten" das meteorologische Geschehen allein der letzten 50 Jahre als sturmflutbestimmend auch für den Zeitraum von 100 Jahren angesehen, auf den der Wert H_{100} extrapoliert wird.

Von der Meteorologie her kann z.Z. nicht eindeutig vorausgesagt werden, ob es sich bei den Ereignissen seit rd. 20 Jahren um eine Änderung der sturmflutwirksamen Parameter handelt, die in Zukunft konstant bleiben wird oder ob es sich um eine vorübergehende Erhöhung der Wahrscheinlichkeiten extremer Sturmfluten handelt wie am Anfang des 18. Jahrhunderts; es ist auch denkbar und möglich, daß sich der Trend zu höherer Sturmflutwahrscheinlichkeit noch verstärkt.

Auf jeden Fall zeigen die Zeitfunktionen $H_{100}(t)$ sowohl des „Langlebigen Chronisten" als auch des „Vergeßlichen Chronisten", daß durch die zeitliche Änderung der Wahrscheinlichkeit die Frage, ob bei Bemessungsaufgaben mit einem Wert H_{100}, der einmal — im Mittel! — in 100 Jahren auftritt oder mit Werten, die einmal in 200 oder 500 Jahren eintreten können, an Bedeutung gegenüber der Frage zurücktritt, welche Zeitreihen zur Vorausberechnung dieser Wahrscheinlichkeiten verwendet werden.

Damit die Ereignisse der letzten 20 Jahre in den einzelnen Pegelreihen gleiches Gewicht haben, werden die Ausgleichsgeraden und die zugehörigen Werte H_{100} einheitlich für alle drei Küstenpegel nach dem Gedankenmodell „Langlebiger Chronist“ für Zeitreihen von 1876 an berechnet; die Zeitreihe von 1876—1961 repräsentiert dabei die Verhältnisse vor Eintreten der Diskontinuitäten ab 1962, die von 1876—1976 schließt den Zeitabschnitt mit den bisherigen Diskontinuitäten (Sprüngen) von 1962 und 1976 mit ein; dadurch wird der Wert H_{100} nicht mehr oder nur um eine geringe Zeitspanne aus dem Untersuchungszeitraum heraus extrapoliert. Der Unterschied der H_{100} zwischen 1961 und 1962 ist dabei am Pegel Wilhelmshaven am geringsten (rd. 2 dm), während er bei den Pegeln Cuxhaven und Husum über 3 dm liegt.

Der Vergleich mit den eingetretenen HHThw zeigt, daß sie bisher nur im Dezimeterbereich von den vorausberechneten Werten abwichen; die zukünftige Entwicklung muß aber aufmerksam verfolgt werden.

Es sollten daher alle Forschungen unterstützt werden, die Korrelationen zwischen meteorologisch sturmflutwirksamen Parametern und den eingetretenen Sturmfluthäufigkeiten dahingehend untersuchen, daß aus den mehr oder weniger allmählichen Änderungen der meteorologischen Parameter Veränderungen der „abstrakten“ Wahrscheinlichkeit von Extremsturmfluten vorausgesagt werden können, ehe sie als „Ereignis“ in der Häufigkeitsstatistik erscheinen und dann erst zur neuen Berechnung der Zeitfunktionen $H_{100}(t)$ herangezogen werden können.

Sturmflut-Wetterlagen der letzten Jahrzehnte*

Von Ltd. Regierungsdirektor Dr. **Heinrich Kruhl**, Seewetteramt in Hamburg

Warnungen vor Sturmfluten werden vom Deutschen Hydrographischen Institut herausgegeben. Aber Sturmfluten werden von Stürmen verursacht. So stehen am Anfang der Kette die Warnungen vor Stürmen, die vom Seewetteramt verbreitet werden. Stürme haben jedoch nicht zwangsläufig Sturmfluten zur Folge. Es sind eher die Sturmflut-Wetterlagen, die zu Sturmfluten führen. Doch auch Sturmflut-Wetterlagen sind nur notwendige, keineswegs hinreichende Bedingungen für den Eintritt von Sturmfluten. Das soll im folgenden an 11 Beispielen bis zurück zum Holland-Orkan Anfang 1953 gezeigt werden.

Wetterlagen — auch Sturmflut-Wetterlagen — sind individuelle atmosphärische Zirkulationen; d.h. sie unterscheiden sich alle voneinander. Das macht auch die Prognose ihrer Entwicklung so schwierig. Man kann nur ein recht allgemeines Schema entwickeln, aus dem alle Sturmflut-Wetterlagen — und nur speziell für die südliche Nordsee — abgeleitet werden können (Abb. 1). Subtropische Warmluft mit hohem Wasserdampfgehalt strömt über das Seegebiet zwischen Bermudas und Azoren nach Nordosten in Richtung Britische Inseln und Island. Gleichzeitig stößt Kaltluft von Kanada bis Grönland nach Südosten vor in die Flanke der Warmluft. Vorher muß Polarluft südwärts über Skandinavien nach Mitteleuropa eingedrungen sein. Diese Konstellation führt in der Regel zur Bildung von solchen Sturmwirbeln, deren Rückseiten die den Windstau begünstigenden West- bis Nordwestwinde in der südlichen Nordsee bringen können.

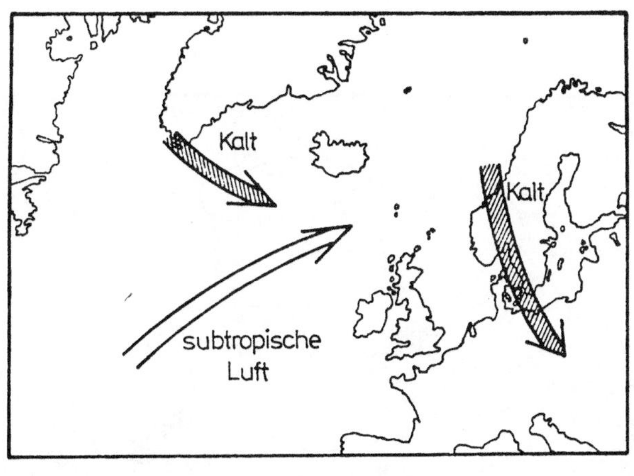

Abb. 1.

1. Die Sturmflut-Wetterlage vom 21. Januar 1976

Anfang Dezember 1975 begann eine Sturmflut-Wetterlage, die nach Ablauf der sehr schweren Sturmflut vom 21. Januar 1976 plötzlich endete und sich zu einer Großwetterlage entwickelte, die weitere Sturmfluten ausschloß. Eine solche Umstellung einer Wetterlage nach einer sehr schweren Sturmflut wurde auch nach dem 17. Februar 1962 beobachtet.

Die Großwetterlage nach Mitte Januar 1976 ähnelte ebenfalls der Situation vom Februar 1962. Wie damals, so bildete sich am 19. Januar 1976 aus Subtropik-Luft vom West-Atlantik (Abb. 2) südlich von Grönland ein riesiger Warmsektor. Zwei Tage später war ein umfangreiches Sturmtief über Skandinavien angelangt (Abb. 3). Ein Feld schweren West- bis Nordwest-Sturmes erstreckte sich von Südgrönland bis zur östlichen Nordsee und verursachte in den frühen Morgenstunden des

* Als Vortrag gehalten bei der 2. Vortragsveranstaltung Küstenforschung und Küsteningenieurwesen der Hafenbautechnischen Gesellschaft am 18. 11. 1976 in Hannover.

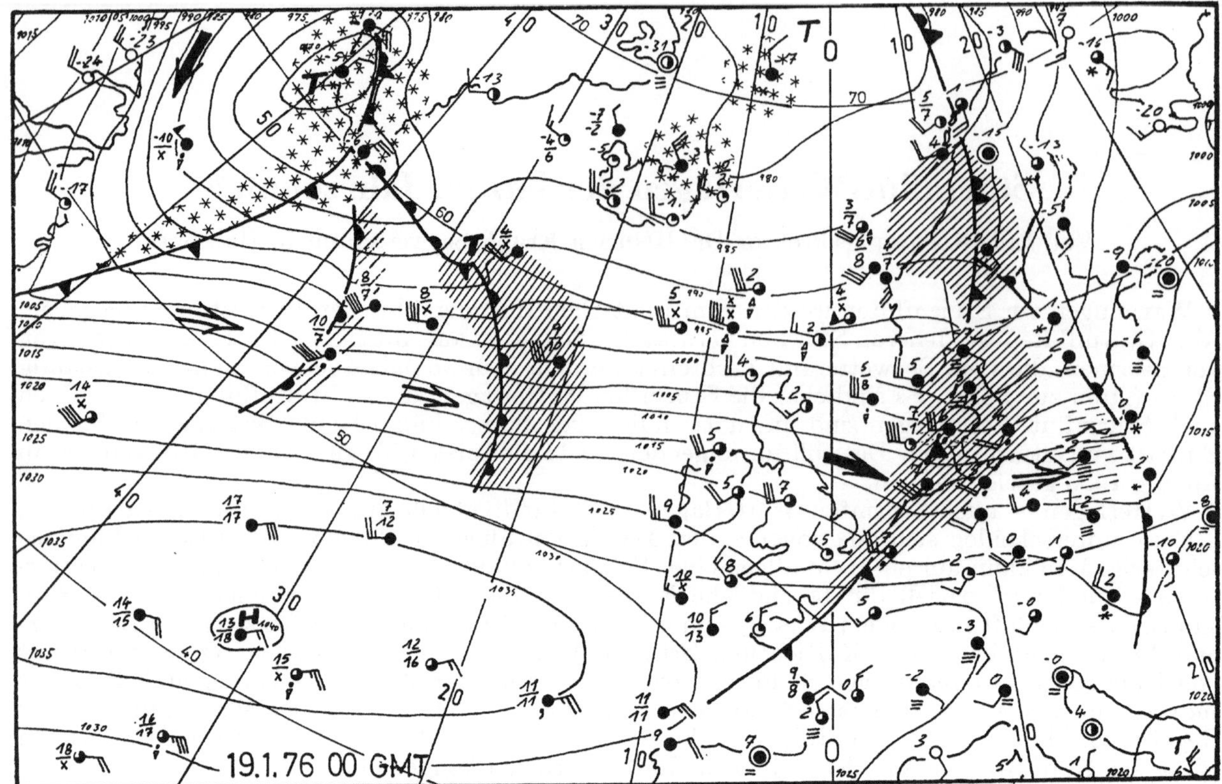

Abb. 2.

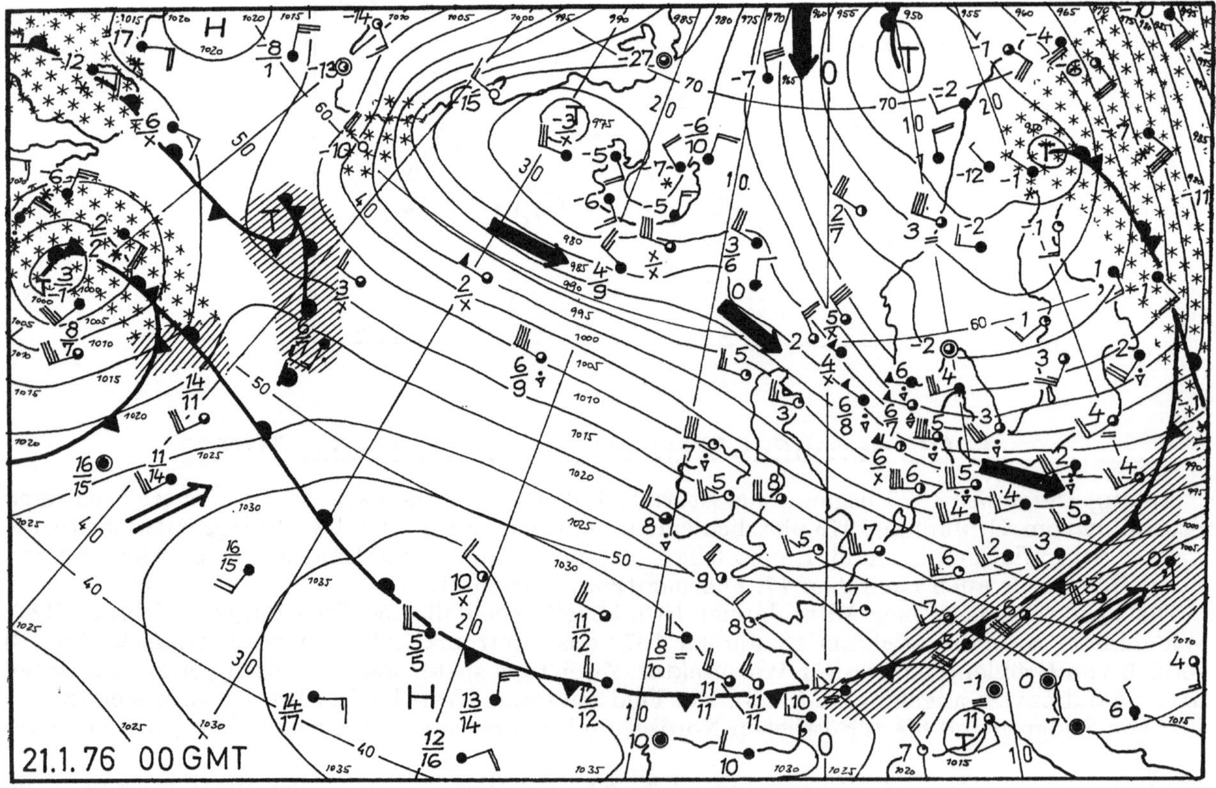

Abb. 3.

21. Januar in der östlichen Deutschen Bucht eine sehr schwere Sturmflut. Eine weitere schwere Sturmflut wäre fast noch zur nächsten Hochwasserzeit gefolgt, wenn sich nicht der Sturmwirbel bis dahin etwas abgeschwächt hätte.

2. Die Sturmflut-Wetterlage vom 3. Januar 1976

Der Höhepunkt der unter 1. erwähnten Sturmflut-Wetterlage von Anfang Dezember 1975 bis 22. Januar 1976 war die Flut vom 3. Januar 1976. Sie brachte u.a. in Hamburg-St. Pauli die höchsten Wasserstände, seitdem Messungen vorliegen. Beachtlich ist, daß die Sturmflut-Wetterlage schon fast 4 Wochen vorherrschte. Zahlreiche Sturmwirbel hatten die Nordsee überquert oder gestreift, und es war nur zu einer einzigen und dazu noch leichten Sturmflut gekommen. Es bestätigte sich also, daß Sturmwetterlagen durchaus nicht hinreichend für den Eintritt von Sturmfluten sind.

Am 2. Januar 1976, 06 Uhr GMT, hatte eines der subtropischen Tiefs das Seegebiet westlich der Britischen Inseln erreicht, ein vorangegangenes überquerte gerade Mitteleuropa (Abb. 4). 15 Stunden später, am 3. Januar 1976, 00 Uhr GMT, war aus dem Tief ein Orkanwirbel über der nördlichen Nordsee entstanden (Abb. 5), der nunmehr nach Südosten eindrehte. Dieses Eindrehen ist häufig

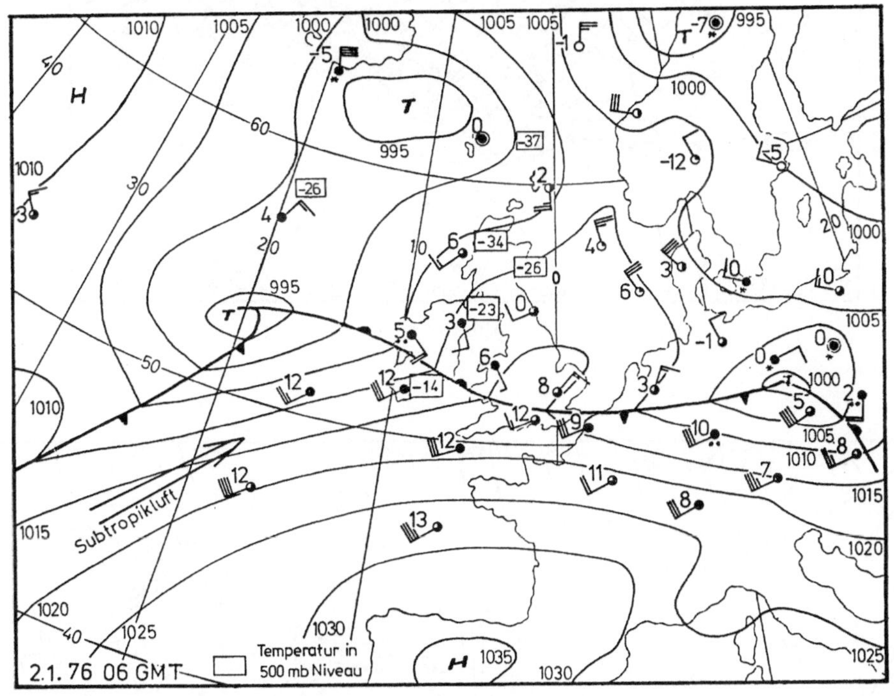

Abb. 4.

für Sturmflut-Situationen wichtig, denn so entsteht der erforderliche länger andauernde West- bis Nordwest-Sturm in der Deutschen Bucht. Am 3. Januar 1976, 12 Uhr GMT, kurz vor der Hochwasserzeit — also eine Sturmflut begünstigend — überquerte der Sturmwirbel die Dänischen Inseln, während der orkanartige Nordwest-Sturm die gesamte Nordsee erfaßte (Abb. 6).

Es stellt sich die Frage, warum sich gerade das Tief vom 2. Januar 1976 westlich der Britischen Inseln (Abb. 4) zum Orkantief entwickelte, über der Nordsee nach Südosten eindrehte und die Sturmflut-Situation hervorrief. Die Ursache lag in einem hochtroposphärischen Strahlstrom, der als gewaltig mäandernde, engbegrenzte Sturmzone den Atlantik von Westen nach Osten überquerte (Abb. 7). Dieser Strahlstrom wurde durch Kaltluftausbrüche vom nordamerikanischen Kontinent auf das Meer angeregt. Er erzeugte über dem Ost-Atlantik eine Situation, die zu großen Energie-Umsetzungen in der ganzen Troposphäre und zur Ablenkung des Orkantiefs nach Südosten über der Nordsee führte. Vorgänge am 1. und 2. Januar 1976 über Nordamerika und dem West-Atlantik waren also auslösend und steuernd an der Entstehung des Sturmwirbels vom 3. Januar über der Nordsee beteiligt. Derart weiträumige Zusammenhänge sind nichts Besonderes, sie können bei jeder Wetterlage auftreten.

Die Ausgangssituation ähnelte der des Holland-Orkans 1953. Darum konnte das Seewetteramt auch schon am 2. Januar nachmittags eine Orkanwarnung für die Schiffahrt und eine Unwetterwarnung für den Landbereich herausgeben. Die weitere Entwicklung wich allerdings von der des Holland-Orkans ab. Andernfalls hätte der Sturm noch höhere Windstärken erreicht und länger angedauert. Maximale meteorologische Bedingungen für eine Sturmflut wurden am 3. Januar noch nicht erreicht.

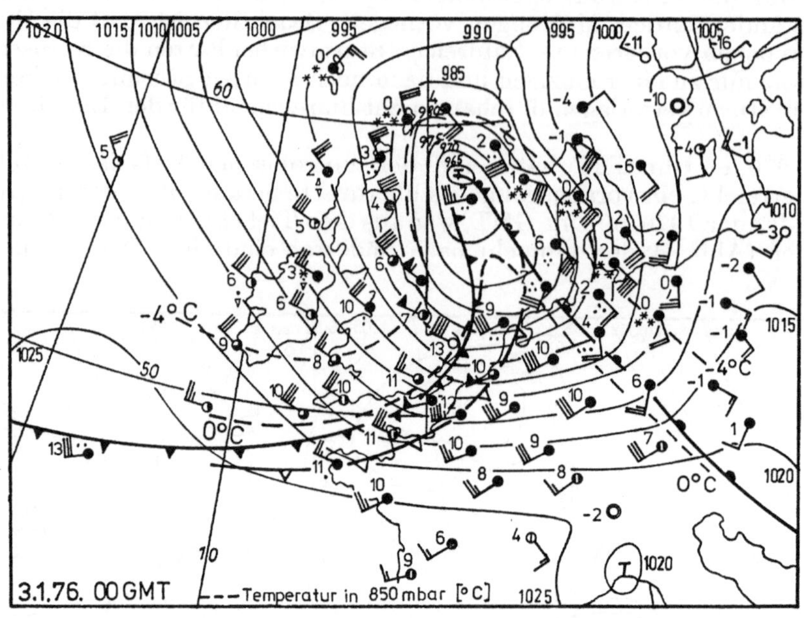

Abb. 5.

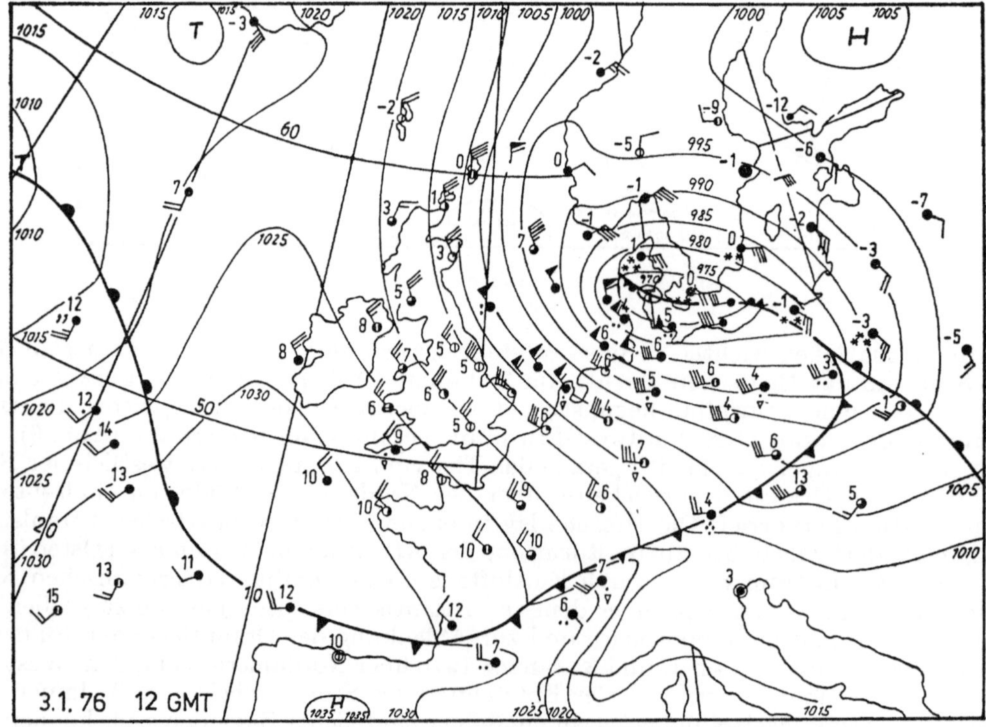

Abb. 6.

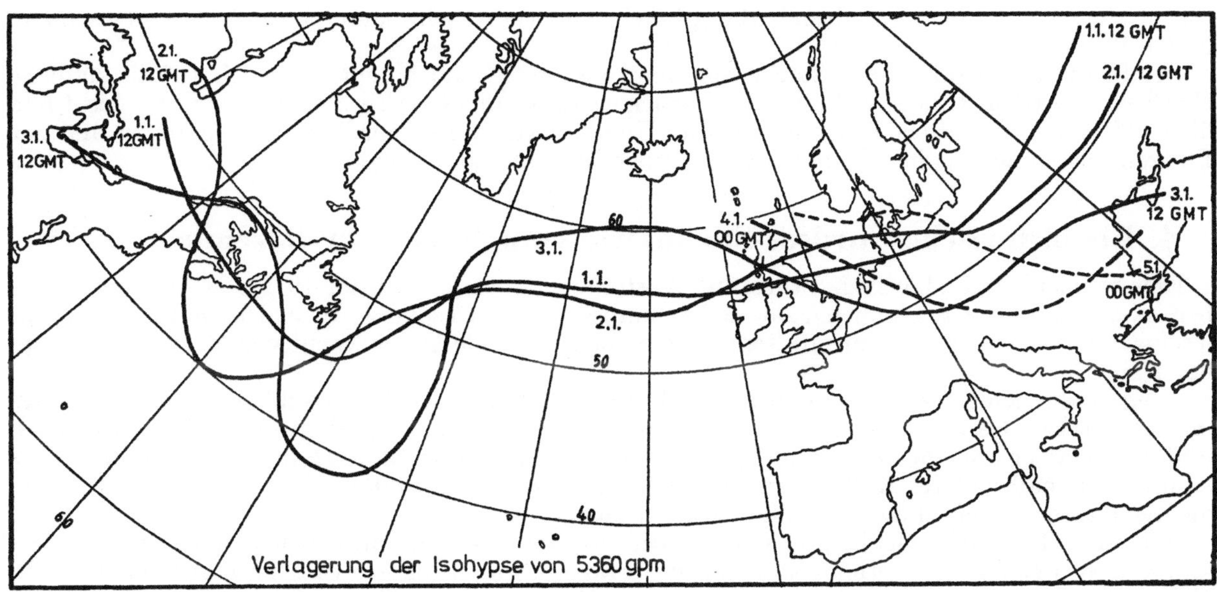

Abb. 7.

3. Der Niedersachsen-Orkan vom 13. November 1972

Aus dem Seegebiet westlich der Azoren entwickelte sich eine flache Zyklone mit subtropischer Warmluft. Sie zog in 30 Stunden ca. 2000 km nach Osten und gelangte in der Nacht zum 13. November zur südwestlichen Nordsee. Der Hauptvertiefungsprozeß erfolgte über der südlichen Nordsee. Am 13. November gegen 09 Uhr GMT — auf dem Höhepunkt der Entwicklung — passierte der Orkanwirbel mit unter 955 mbar Kerndruck Brunsbüttel. Dort herrschte in diesem Augenblick Windstille, während in Cuxhaven der Wind auf Nordwest umsprang und auf Bft 10 auffrischte (Abb. 8). Das Tief zog dann rasch über die westliche Ostsee zum Rigabusen und schwächte sich stark ab.

In der Rückseite des Tiefs trat an der holländischen und niedersächsischen Küste bis nach Bremen hin Nordwest Bft 11 mit vollen Orkanböen auf. Das Orkanfeld schwenkte rasch Ostsüdost

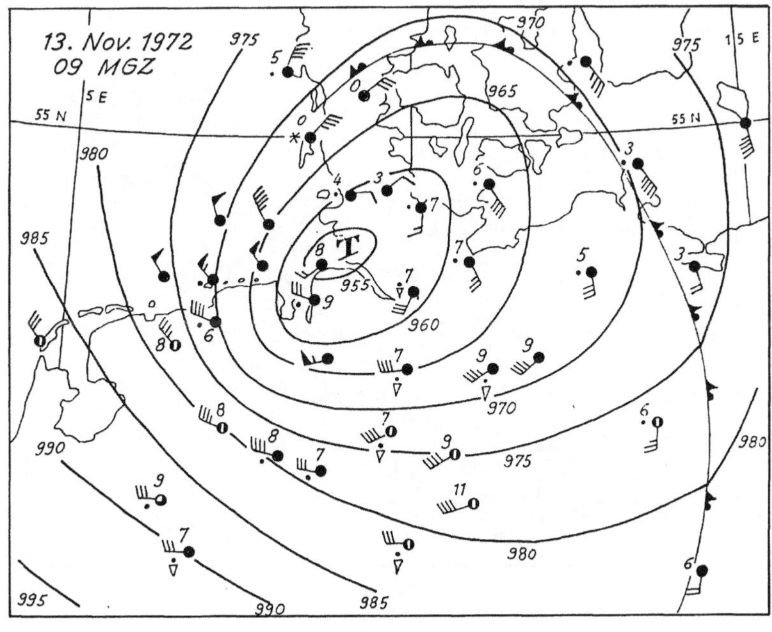

Abb. 8.

über Niedersachsen bis nach Brandenburg hinein und verursachte enorme Schäden, insbesondere in den Wäldern.

Der Sturm dauerte in voller Stärke nur wenige Stunden und beschränkte sich auf die südliche Nordsee, außerdem trat er während des Niedrigwassers auf. So stieg das Wasser nur 1 bis 1,5 m über MHW an. Wäre das Tief nur ein paar Hundert km weiter nördlich vorbeigezogen und zur Flutzeit gekommen, so hätte eine schwere Sturmflut eintreten können.

4. Die historische Nordsee-Sturmserie vom November-Dezember 1973*

Eine wochenlang andauernde Sturmflut-Wetterlage — wie im Winter 1975/76 — ereignete sich bereits 2 Jahre vorher, nämlich vom 13. November bis 17. Dezember 1973. Diesmal traten sogar 6 schwere bis sehr schwere Sturmfluten auf, die höchste wurde in der Nacht vom 6. zum 7. Dezember erreicht.

Allen Lagen gemeinsam war die beginnende Vertiefung von Zyklonen subtropischen Ursprungs im isländischen Raum durch Einbeziehung arktischer Luft und deren rasche Wanderung nach Südskandinavien. Sie gehörten zum Typ der Februar-Sturmflut 1962. In der Rückseite der Tiefs kam es innerhalb polarer Kaltluft aus dem Nordmeer zu länger andauernden Nordwest-Stürmen, die die Wassermassen in die Deutsche Bucht trieben.

Will man Trend-Entwicklungen über Sturmflut-Häufigkeiten untersuchen und kausale Verknüpfungen aufzeigen, so erhebt sich hier die Frage, ob man diese 6 Sturmfluten nicht nur e i n Mal zählen darf. Denn die Grundvoraussetzung für alle 6 Sturmfluten war ja ein und dieselbe Großwetterlage.

5. Der Sturm vom 2. April 1973 über Norddeutschland

Man könnte fast von einer Wiederholung des Niedersachsen-Orkans sprechen. Eine flache Zyklone mit subtropischer Warmluft aus dem Seegebiet westlich der Azoren begann sich bei 50 °N, 30 °W zu formieren, dort etwa, wo auch der Niedersachsen-Orkan entstand. Sie zog fast auf der gleichen Bahn über die Britischen Inseln und die südliche Nordsee nach Osten.

Am 2. April um 00 Uhr GMT überquerte die Zyklone mit offenem Sektor aus subtropischer Luft, also sehr energiereich, Irland. Weitere 12 Stunden später, am 2. April, 12 Uhr GMT (Abb. 9), erreichte sie auf dem Höhepunkt der Entwicklung die südwestliche Nordsee. An der englischen Küste trat voller Orkan auf. Zwischen 12 und 15 Uhr GMT setzte über Südost-England stärkster Luftdruckanstieg ein (fast 19 mbar). Dadurch verschärfte sich der Luftdruckgradient weiter, so daß der Höhepunkt des Sturmes etwa um 16 Uhr GMT über der südwestlichen Nordsee erreicht wurde. In den Niederlanden traten die schwersten Schäden überhaupt auf. Am 3. April, 00 Uhr GMT, über-

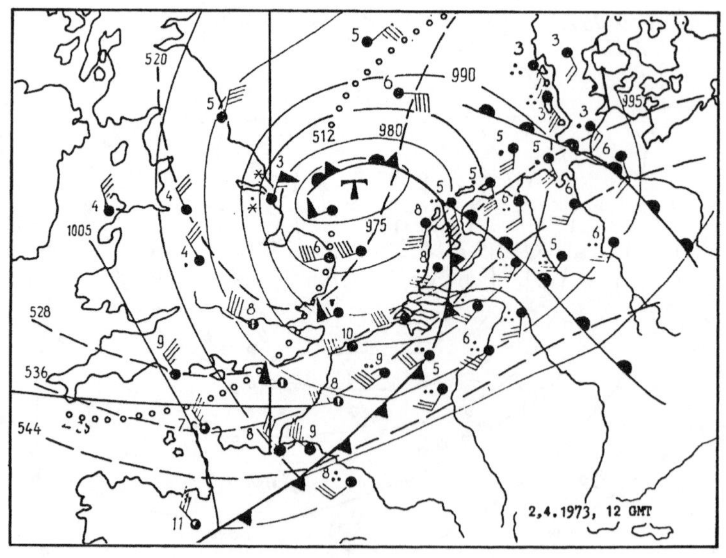

Abb. 9.

* R o d e w a l d, M.: Der Seewart, Bd. 35, H. 4 (August 1974)

querte der Kern des Tiefs — nunmehr bereits abgeschwächt — Hamburg. In der Deutschen Bucht wurde nur noch örtlich Bft 10 beobachtet.

Für eine nennenswerte Sturmflutgefahr in der Deutschen Bucht hätte der Höhepunkt der Entwicklung des Tiefs etwa 6 Stunden später eintreten müssen. Außerdem wäre — wie auch beim Niedersachsen-Orkan — eine nördlichere Zugbahn erforderlich gewesen.

6. Der schwere Nordwest-Sturm in der südlichen Nordsee vom 9. bis 10. November 1969

In dieser Sturm-Entwicklung traten fast alle Vorgänge auf, die in den bisher besprochenen Zyklonenbildungen zu beobachten waren. Nicht aus dem Azorenraum, sondern vom West-Atlantik strömte subtropische Warmluft über den St. Lorenz-Golf und Neufundland bis in das Seegebiet westlich von Irland. Das geschah auch bei der Februar-Flut 1962 und der Sturmlage vom 21. Januar 1976. Diesmal wurde aber auch ein hochtroposphärischer Strahlstrom angeregt, und zwar durch einen Kaltluftausbruch von Grönland zum Ost-Atlantik. Dieser hatte zunächst beim Auftreffen auf die Warmluft westlich von Irland die Entwicklung eines Sturmtiefs zur Folge. Der Strahlstrom verursachte aber später ein Abdrehen des Tiefs über der Nordsee nach Nordosten und nicht — wie am 2./3. Januar 1976 — nach Südosten. Das kam daher, weil das Tief vom 10. November 1969 im Vergleich zum Tief vom 3. Januar 1976 etwa 180° phasenverschoben zum Strahlstrom wanderte. Mit anderen Worten: Am 10. November verblieb das Tief auf der Vorderseite eines sich bildenden ostatlantischen Höhentroges.

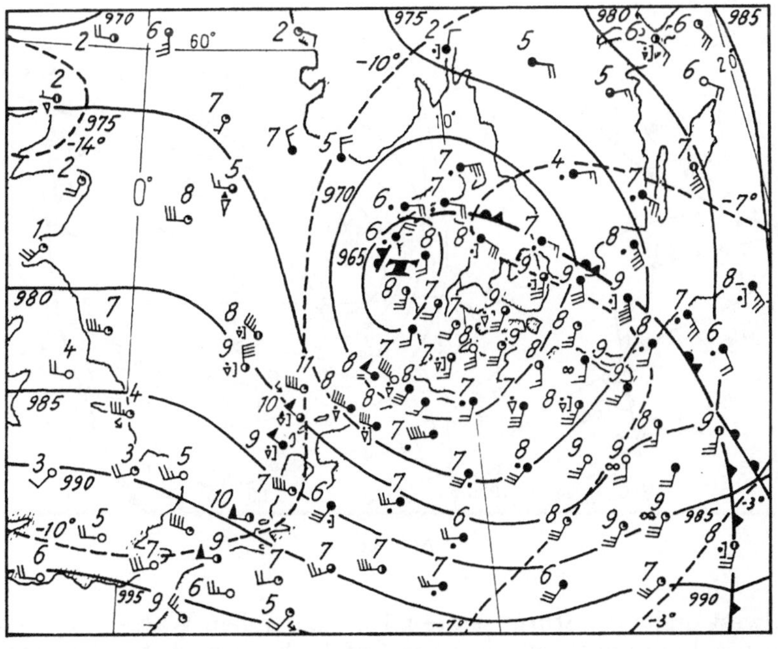

Abb. 10.

Die westlich von Irland entstandene Zyklone erreichte ihre stärkste Entwicklung über Südengland. Die volle Sturm-Entwicklung setzte aber erst über der Nordsee, Holland, Belgien und Westdeutschland ein, und zwar zusammen mit stärkstem Luftdruckanstieg, hervorgerufen durch Kaltlufteinbruch und die Wanderung des hochtroposphärischen Strahlstromes. Der Wind frischte in wenigen Minuten von Bft 2 auf Bft 10 auf und drehte auf Nordwest. Alle deutschen Feuerschiffe registrierten am 10. November, 00 Uhr GMT, Nordwest Bft 9 bis 11 (Abb. 10).

Jedoch dauerte der Nordwest-Sturm nur kurze Zeit, da das Tief rasch nach Nordosten abwanderte. Außerdem hatte der Sturm nur eine kurze Anlaufstrecke. Schließlich begann der Nordwest-Sturm erst mit der Ebbe. Hätte er etwa 3 Stunden vor dem vorausberechneten Hochwasser eingesetzt und dazu noch länger gedauert, so wäre in Cuxhaven eine höhere als nur eine leichte Sturmflut registriert worden.

7. Der Skåne-Orkan vom 16. bis 18. Oktober 1967

Dieses Tiefdruckgebiet entstand am 12. Oktober 1967 im subtropischen Gebiet bei Kap Hatteras (USA). Es überquerte rasch den Atlantik bis Mittelengland, vertiefte sich am 17. Oktober über der östlichen Nordsee auf unter 965 mbar und wanderte dann nach Finnland ab. Dabei richtete der Sturm schwere Verwüstungen in der Landschaft Skåne (Schonen, Südschweden) und im nördlichen Schleswig-Holstein an.

Bahn und Intensität dieses Tiefs wurden durch einen von Irland herangezogenen hochtroposphärischen Wirbel beeinflußt, dessen Abbild in einem Bodentief (Abb. 11) nördlich von Schottland zu erkennen war. Durch Einwirkung dieses Wirbels drehte zum einen der Skåne-Orkan nordostwärts ab (Hantelbewegung), zum anderen setzte am 17. Oktober zwischen 15 und 18 Uhr GMT über der Deutschen Bucht stärkster Luftdruckanstieg innerhalb der einströmenden Kaltluft ein (weit über 10 mbar). Dadurch entstand ein sehr starker Luftdruckgradient, so daß an einigen deutschen Feuerschiffen sogar Bft 12 erreicht wurde.

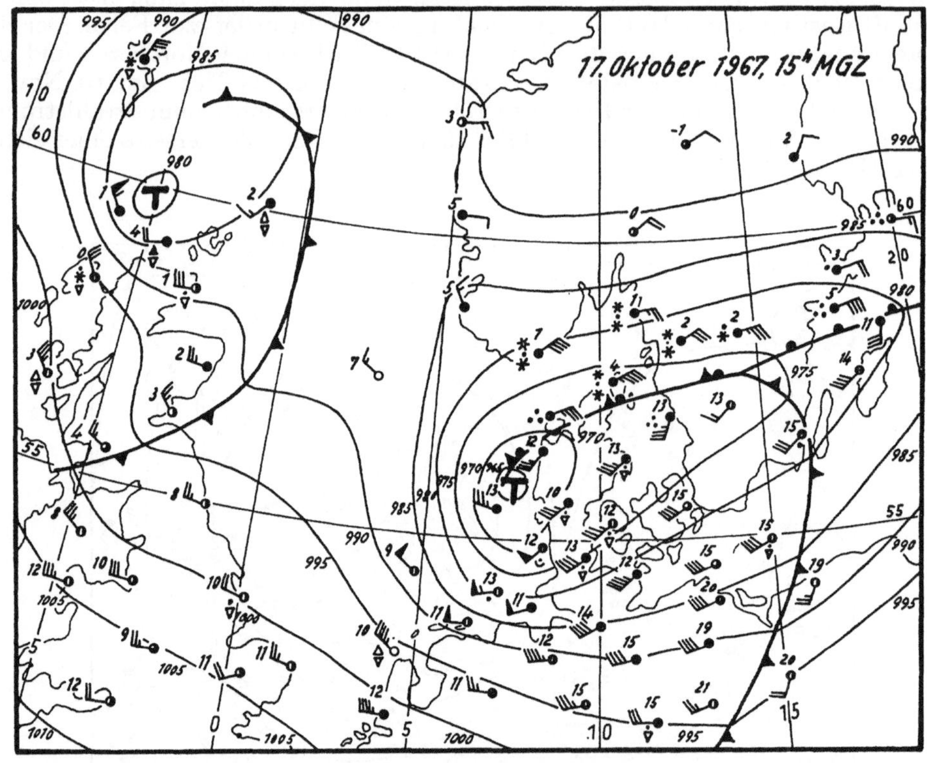

Abb. 11.

Dieser, auf Nordwest drehende Sturm setzte mit ablaufendem Wasser ein, so daß die Ebbe ausfiel. Da der Sturm nur kurz andauerte, war die Gefahr beim nächsten Hochwasser vorüber. Die Lebensgeschichte des Skåne-Orkans hätte aber leicht anders verlaufen können. Wäre nämlich der hochtroposphärische Wirbel 6 bis 12 Stunden früher in die Nordsee gelangt, so hätte das möglicherweise seine Vereinigung mit dem Skåne-Orkan zur Folge gehabt. Dauer sowie Ausdehnung des Sturmfeldes wären erheblich größer und eine schwere Sturmflut zum Nachthochwasser sehr wahrscheinlich gewesen.

8. Der „Adolph-Bermpohl"-Orkan vom 23. Februar 1967

Dieser Orkan gehörte zu den schwersten, die überhaupt über der Deutschen Bucht auftraten, seitdem Beobachtungen und Messungen vorliegen. Die Windstärken waren noch höher als am 3. Januar 1976. Der Orkan wurde nach dem Seenotrettungskreuzer „Adolph-Bermpohl" benannt, der zur Rettung Schiffbrüchiger auslief und in der hohen See kenterte, wobei die Besatzung den Tod fand.

Die Entwicklung ähnelte sehr der vom 2./3. Januar 1976. Eine subtropische Zyklone bildete sich am 21. Februar 1967 im Azorenraum, wanderte rasch über England zur Nordsee und vertiefte sich vor der Westküste von Jütland auf unter 960 mbar. Ein Orkanfeld erstreckte sich von der mittleren Nordsee bis in die Deutsche Bucht. Der Vertiefungsprozeß wurde — ebenso wie am 2./3. Januar 1976 — durch eine hochtroposphärische Welle ausgelöst, die wiederum mit einem umfangreichen Orkantief bei Neufundland in Zusammenhang stand. Die Dynamik der Entstehung ähnelte — ebenso wie bei dem Orkantief vom 3. Januar 1976 — der beim Holland-Orkan. Im weiteren Verlauf drehte jedoch dieses Tief nach Nordosten ab, zog also nicht wie die beiden anderen nach Südosten. Das war die Folge eines anderen Verhaltens des hochtroposphärischen Strahlstromes.

Zur Zeit des Höhepunktes der Zyklone, am 23. Februar gegen 15 Uhr GMT (Abb. 12), traten beim Feuerschiff „P8" in der Deutschen Bucht fast 12 Stunden lang ununterbrochen Bft 10, etwa 3 Stunden Bft 11 und mehr als 1 Stunde Bft 12 auf. Der Orkan führte damals in Hamburg zur dritthöchsten Sturmflut seit 1825, an der Nordseeküste wurden noch schwere Sturmfluten beobachtet. Wenn das Sturmtief — was durchaus möglich gewesen wäre — nach Südosten eingedreht hätte, so wäre damals schon die Entwicklung eingetreten, die sich am 2./3. Januar 1976 vollzog. Die Windstärken hätten aber die von 1976 noch übertroffen.

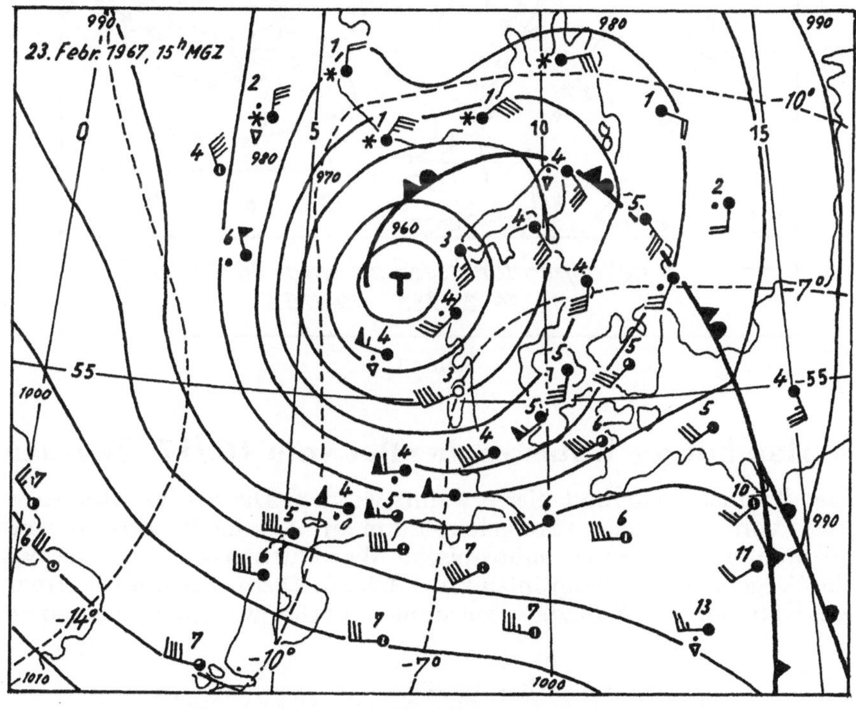

Abb. 12.

9. Die Sturmflut-Wetterlage vom 13./14. Februar 1965

Als die Hamburger Zeitungen am 13. Februar 1965 der Hamburger Katastrophenflut vor drei Jahren gedachten, bahnte sich fast die gleiche Entwicklung wie damals an. Die höchste Sturmflut seit jener unheilvollen Februarnacht trat ein.

Zwischen subtropischer Warmluft, die bis in den südisländischen Raum vorgedrungen war, und sehr kalter Luft über Grönland hatte sich am 11. Februar über Island ein langgestrecktes Tief gebildet. Bis zum 12. Februar, 18 Uhr GMT, hatte es sich zu einem Orkanwirbel entwickelt, der nunmehr südostwärts abdrehte und am 13. Februar, 18 Uhr GMT, Jütland überquerte (Abb. 13). Etwa zu dieser Zeit wurde der Höhepunkt des Sturmes an der Deutschen Nordseeküste erreicht. Beim Feuerschiff „P8" herrschten etwa 6 Stunden lang Bft 9 bis 10.

Aber mit der Drehung auf Nordwest, etwa 2 Stunden vor dem vorausberechneten Hochwasser, nahm der Wind merklich ab. Dadurch wurde das Staumaximum vorverlegt und eine schwere Sturmflut nicht mehr erreicht.

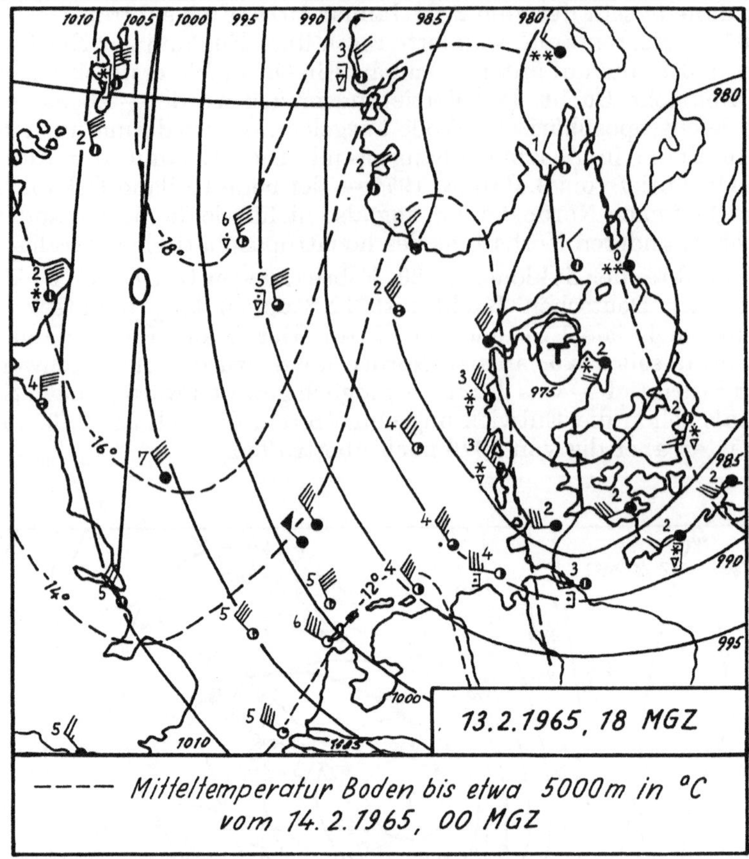

Abb. 13.

10. Die Hamburger Katastrophenflut vom 16./17. Februar 1962

Der Wetterlagen-Typ ist wiederholt hier erwähnt worden. Die Sturmflutlagen vom November/ Dezember 1973 und vom 21. Januar 1976 gehören ihm an. Auf der Westflanke eines nordostwärts vordringenden Azorenhochs strömten subtropische Warmluftmassen weit nordwärts in die Labradorsee und die Seegebiete um Südgrönland und Island. Diese trafen mit extrem kalter Luft — vor allem aus dem Kältepol über Kanada — zusammen. Vorher war Skandinavien von hochreichen-

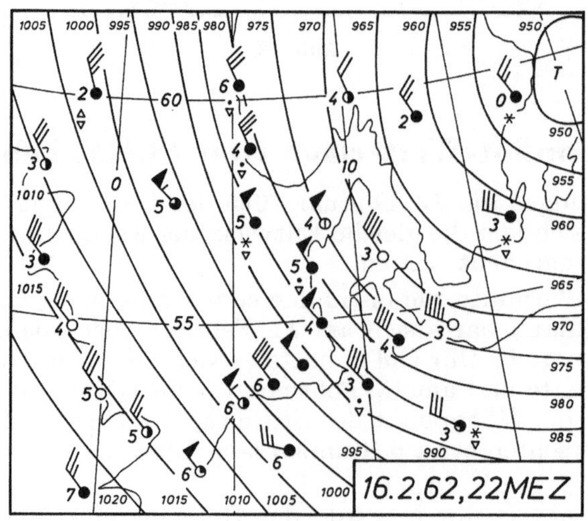

Abb. 14.

der Kaltluft überflutet worden. So entstand ein sehr großer energiereicher Warmsektor, aus dem sich zwei aufeinanderfolgende Zyklonen entwickelten, die sich am 16. Februar über Skandinavien vereinigten.

In der Nacht zum 17 .Februar überquerte der Kern eines riesigen Sturmtiefs Mittelschweden (Abb. 14). Auf seiner Rückseite bildete sich ein Sturmfeld von Spitzbergen bis in die südliche Nordsee. Die Windstärken in der südlichen Nordsee überstiegen jedoch kaum Bft 9. Es sind hier Lagen beschrieben worden, die wesentlich höhere Windstärken aufwiesen. Die Gefährlichkeit vorliegender Situation bestand in der ungewöhnlich langen Andauer des Sturmes, der über 3 Hochwasserzeiten anhielt. Die Ursache war in der Entwicklung eines weiteren Sturmtiefs südlich von Grönland zu sehen, das Südskandinavien zwar nicht mehr erreichte, aber einen hochtroposphärischen Strahlstrom von Island bis nach Mitteleuropa ausbildete. Dieser stellte eine Randbedingung für die Andauer des Sturmfeldes dar.

Schon am 12. Februar war ein Tief von Island nach Mittelskandinavien gewandert, das sogar ähnliche Windstärken und noch tieferen Kerndruck (945 mbar) als das Katastrophentief aufwies. Der Sturm dauerte aber nur halb so lang, und die Böigkeit war geringer.

11. Der Holland-Orkan vom 31. Januar/1. Februar 1953

Er gehörte zu den gefährlichsten Sturmflut-Situationen überhaupt, weil er sehr hohe Windstärken und lange Andauerzeiten vereinigte. Außerdem galt seine Entwicklung vom meteorologischen Standpunkt seinerzeit noch als ein recht komplizierter Vorgang, der noch nicht völlig bekannt war.

Auch beim Holland-Orkan — wie am 2./3. Januar 1976 — spielte ein hochtroposphärischer Strahlstrom die entscheidende Rolle in der Entwicklung eines subtropischen Tiefs zum Orkanwirbel. Die Entstehung und Verlagerung des Strahlstromes hing mit der Bildung und Wanderung eines kräftigen Tiefs über Neufundland nach Norden zusammen (Abb. 15). Der Strahlstrom führte aber dazu, daß sich eine am 29. Januar westlich von Schottland angelangte subtropische Zyklone aus dem Azorenraum (Abb. 15 u. 16) kräftig vertiefte und in der Folgezeit als Orkanwirbel über die mittlere Nordsee und die Deutsche Bucht nach Südosten abdrehte (Abb. 17 u. 18). Dabei entstand über der westlichen Nordsee ein Orkanfeld, das mehr als 24 Stunden, über der südwestlichen Nordsee sogar 30 Stunden andauerte.

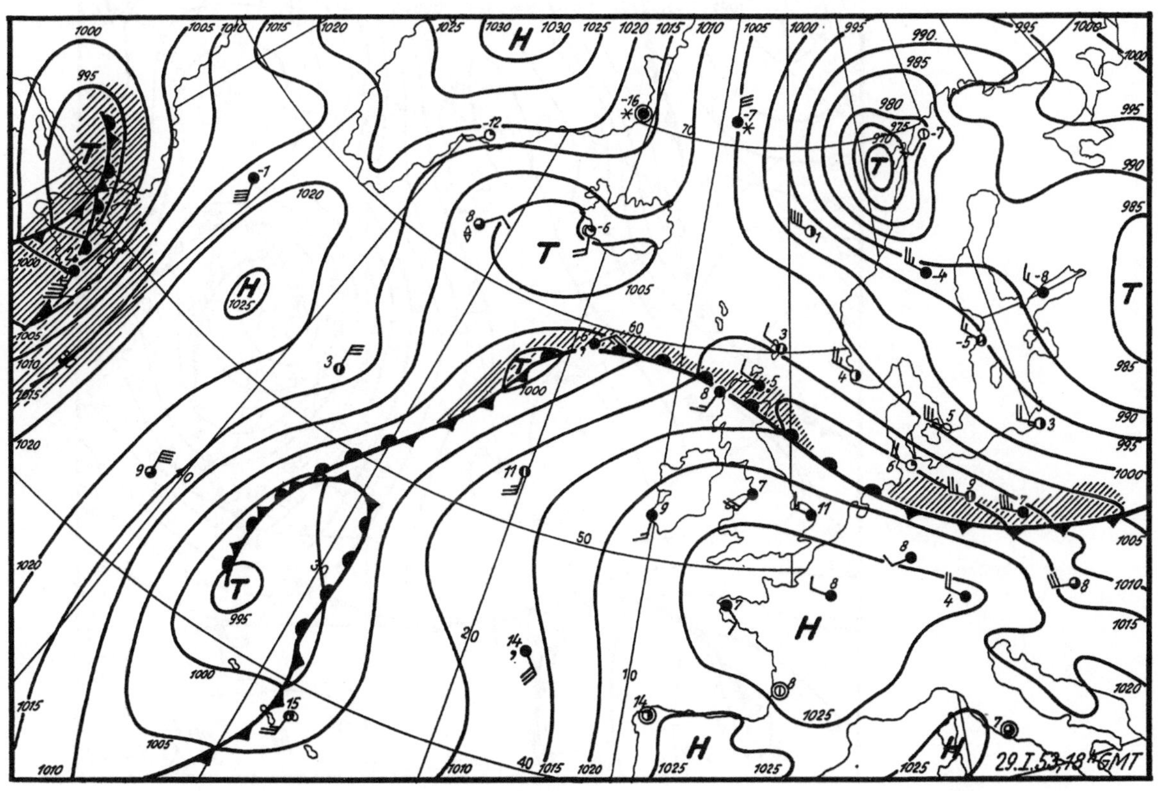

Abb. 15.

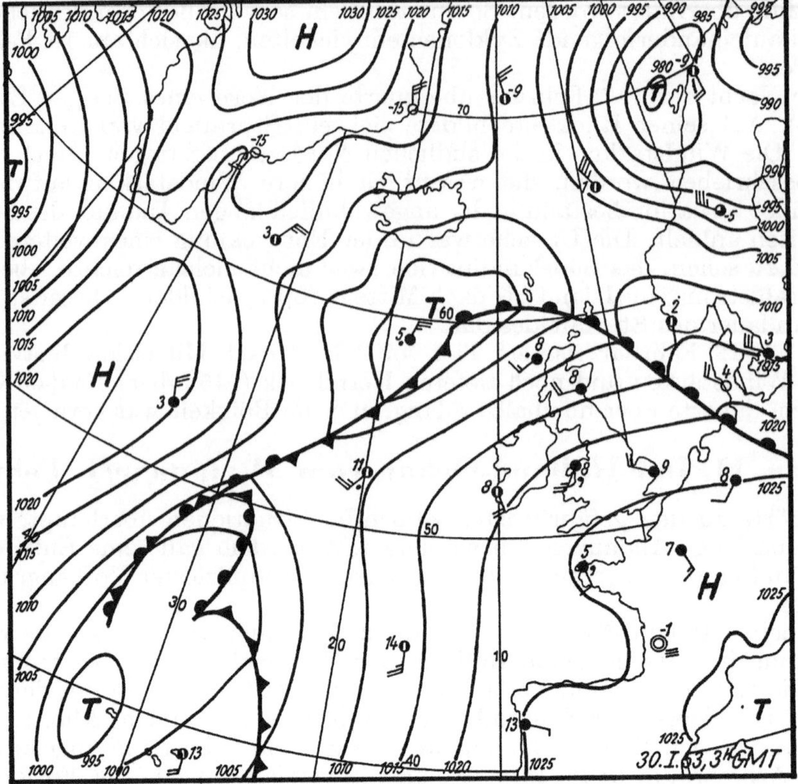

Abb. 16.

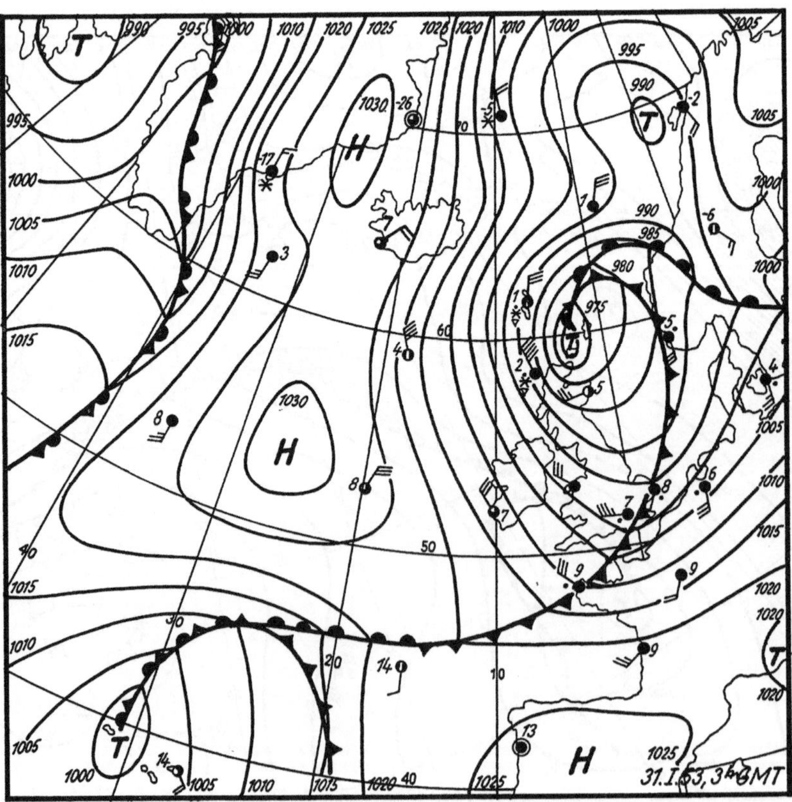

Abb. 17.

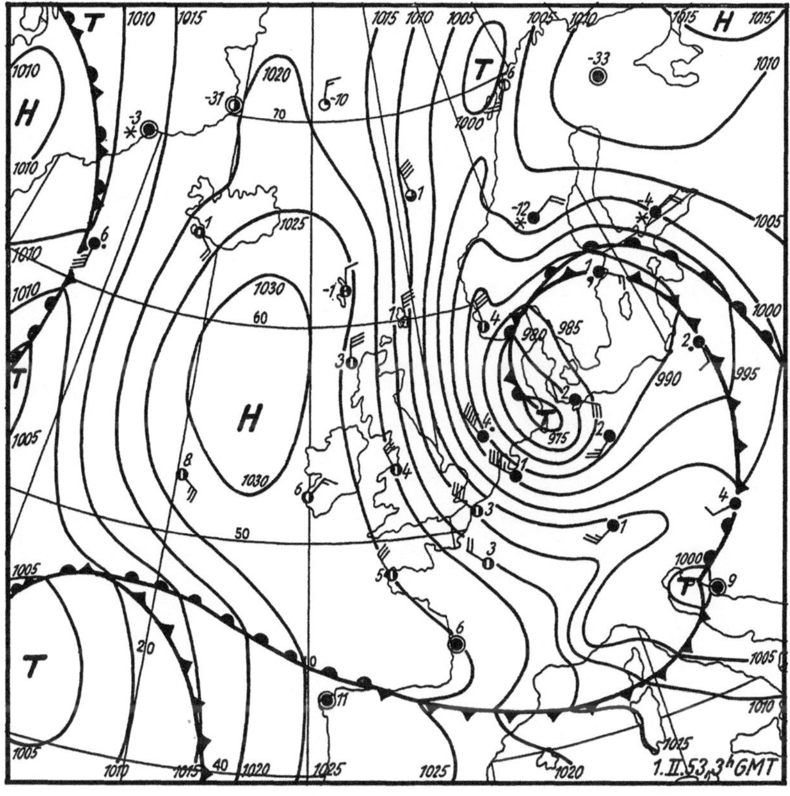

Abb. 18.

Schlußbemerkungen

Die skizzenhafte Abhandlung der 11 Sturmflut-Wetterlagen sollte zweierlei deutlich machen:

1. Es sollte gezeigt werden, von wieviel „Zufälligkeiten" — allein im meteorologischen Bereich — der Eintritt einer schweren oder sehr schweren Sturmflut abhängt; oder anders ausgedrückt: Bei wieviel Wetterlagen es ebenfalls zu einer schweren oder sehr schweren Sturmflut hätte kommen können.

Alle diese „Beinahe"-Fälle müßten eigentlich in einer Sturmflutstatistik mitgezählt werden. Dabei kann die Aufstellung der 11 Sturmflut-Wetterlagen seit 1953 noch nicht einmal Anspruch auf absolute Vollständigkeit erheben.

2. Es sollte auf die Weiträumigkeit atmosphärischer Vorgänge hingewiesen werden. Registrierungen in der Deutschen Bucht sind für kurzfristige meteorologische Betrachtungen (4—6 Stunden) und nachträgliche Auswertungen von hohem Wert. Für eine Früherkennung von Sturmflut-Wetterentwicklungen — wie sie häufig gewünscht wird — sind aber Messungen über den Weiten des Atlantiks von größerer Bedeutung.

Anwendung von HN-Modellen für Probleme des Küsteningenieurwesens*

Von Prof. Dr. **Walter Hansen**, Hamburg

Das Küsteningenieurwesen verfügt heute über technische Hilfsmittel, die es gestatten, Bauten auch in und am tieferen Wasser zu errichten und sogar bis in die offene See vorzudringen. Damit ist eine Entwicklung vom Coastal Engineering zum Ocean Engineering eingeleitet. Als Beispiel seien genannt: Tiefwasserhäfen, Kraftwerkstationen, Öl- und Gasförderanlagen.

Solche Maßnahmen des Seewasserbaus, die heute in bedeutendem Umfang durchgeführt oder geplant werden, beeinflussen naturgemäß die Umwelt. D.h. es besteht die Möglichkeit, daß primär die Wasserstände und Stromgeschwindigkeiten beeinflußt oder gar wesentlich geändert werden. Das kann nun wieder Sekundäreffekte bewirken, zu denen morphologische Änderungen gehören. Aber auch Abwässer von Hafenindustrien, ebenso wie Ölbohrtürme und Pipelines auf See oder Atomkraftwerke mit ihren Abfallstoffen und ihrer Wärmeabgabe werfen Fragen auf, die nicht unbeantwortet bleiben dürfen.

Deshalb gehen heute wohl jeder Seewasserbaumaßnahme eingehende Untersuchungen voraus, in denen u.a. folgende Fragen behandelt werden:

1. Wie muß die Anlage gestaltet sein, und wo sollte sie errichtet werden, damit eine optimale Wirkung gesichert ist.
2. Welchen Einfluß nimmt das Bauwerk auf die Umwelt und, umgekehrt, wie wirkt die Umwelt auf das Bauwerk.

Zur Beantwortung standen und stehen die als klassisch zu bezeichnenden Hydraulischen Modelle zur Verfügung, wie im Franzius-Institut in Hannover und in Rissen in der Außenstelle Küste der Bundesanstalt für Wasserbau.

Diese Modelle haben sich besonders bewährt in Flußmündungen und Gezeitenästuarien. Hier gibt es eine Generalstromrichtung, und in erster grober Approximation handelt es sich um eindimensional ausgedehnte Gebiete.

Mit der Ausdehnung des Küsteningenieurwesens auf Aufgaben vor der Küste sind die zu untersuchenden Gebiete aber häufig wesentlich zweidimensional. Dann macht es Schwierigkeiten, in einem hydraulischen Modell die Wirkung der Erdrotation zu berücksichtigen. Auch der Einfluß des Windes auf Wasserstände und Strömungen kann nicht in das hydraulische Modell eingebaut werden. Die Untersuchungen zum Deltaplan in den Niederlanden, die nach der Sturmflut aus dem Jahre 1953 durchgeführt wurden, haben diese Schwierigkeiten offenkundig gemacht. Hinzu kommen noch Probleme mit der Anordnung und dem Betrieb der Steuerklappen.

Damit entsteht ein Bedarf an Verfahren, die die hydraulischen Modelle ergänzen oder auch an ihre Stelle treten können. Dabei kommen nur solche Methoden in Frage, die Ergebnisse liefern, die hinreichend genau mit Messungen aus der Natur übereinstimmen, die Ergebnisse müssen also vorher verifiziert werden. Hier ist natürlich in erster Linie an die Hydrodynamik zu denken. Hervorragende Wissenschaftler haben seit Euler versucht, die Gezeiten des Weltmeeres quantitativ zu erfassen, d.h. Lösungen der hydrodynamischen Differentialgleichungen für den Ozean abzuleiten. Wegen der besonderen natürlichen Küstenkonfiguration und der Tiefenverteilung im Ozean ist es bis heute nicht gelungen, eine analytische Lösung anzugeben. Lediglich idealisierte Gebiete, wie Ozeane, die von Meridianen oder Breitenkreisen begrenzt werden, sind erfolgreich behandelt worden. Die Ergebnisse stimmen — wie zu erwarten — nicht mit den auf Inseln und an Küsten gemessenen Gezeiten überein. Ensprechendes ergab sich auch für Rand- und Nebenmeere und vor allem für Gezeitenästuare. Hier wurden erst Fortschritte erzielt, als es gelang, Lösungen der Hydrodynamik auf numerischem Wege zu finden. Das geschieht zweckmäßig mit Hilfe hydrodynamisch-numerischer Methoden.

---

* Als Vortrag gehalten bei der 2. Vortragsveranstaltung Küstenforschung und Küsteningenieurwesen der Hafenbautechnischen Gesellschaft am 18. 11. 1976 in Hannover.

Die ersten Versuche zur Entwicklung dieser Methoden sind vor etwa vierzig Jahren aufgenommen worden, also zu einer Zeit als noch wenig oder gar keine Hoffnung bestand, die Bewegungsvorgänge im Meer mit Hilfe der Hydrodynamik quantitativ zu erfassen.

Kurz und zusammenfassend läßt sich das HN-Verfahren folgendermaßen beschreiben:

Das zu untersuchende Meeresgebiet wird mit einem oft quadratischen Gitter überdeckt (vgl. Abb. 1). Wenn zu einer Zeit die Wasserstände und Geschwindigkeiten in diesen Gitterpunkten bekannt sind, dann liefert das aus den hydrodynamischen Differentialgleichungen abgeleitete System von Differenzengleichungen die Wasserstände und Geschwindigkeiten zu einem darauffolgenden Zeitpunkt. So fortfahrend, können Schritt für Schritt Wasserstände und Geschwindigkeiten in Abhängigkeit von der Zeit dargestellt werden. Da in Küstengewässern wegen der relativ geringen Tiefen eine Energiedissipation vorhanden ist, werden die Lösungen der HN-Modelle nach hinreichend vielen Zeitschritten von den Anfangswerten unabhängig. Es werden also keine Messungen im Innern benötigt. Die Lösungen der HN-Modelle sind immer dann eindeutig bestimmt, wenn die Randwerte, das sind die Werte auf der Berandung des zu untersuchenden Gebietes, bekannt sind: im einfachsten Fall gilt für eine Küste, daß die Normalkomponente der Geschwindigkeit Null ist. Verläuft der Rand durch die offene See, dann kann dort der Wasserstand vorgegeben werden. Kompliziert werden die Bedingungen im Wattenmeer, wenn die Grenze zwischen Wasser und Land mit der Gezeitenperiode schwankt, aber auch dieses Problem wird vom HN-Modell gelöst.

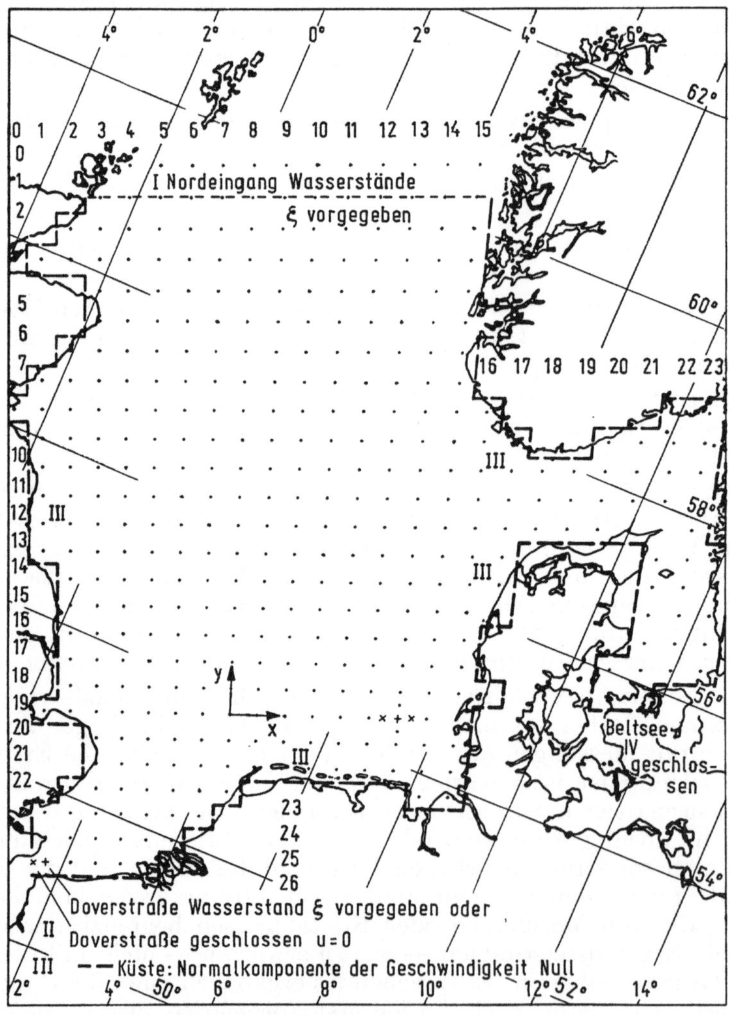

Abb. 1.

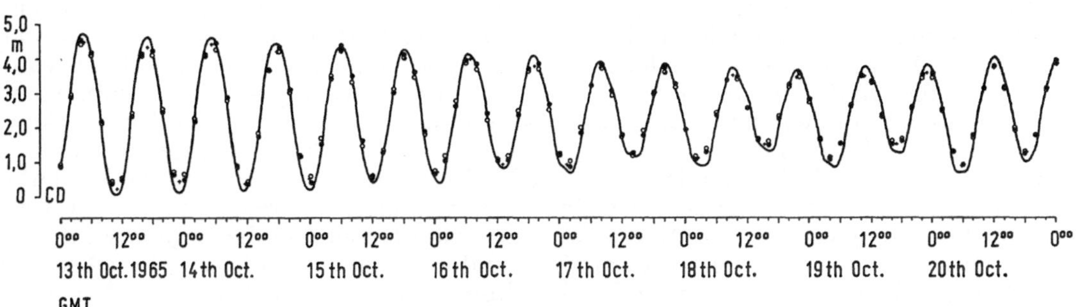

Abb. 2. Gezeitenkurve River Tyne.

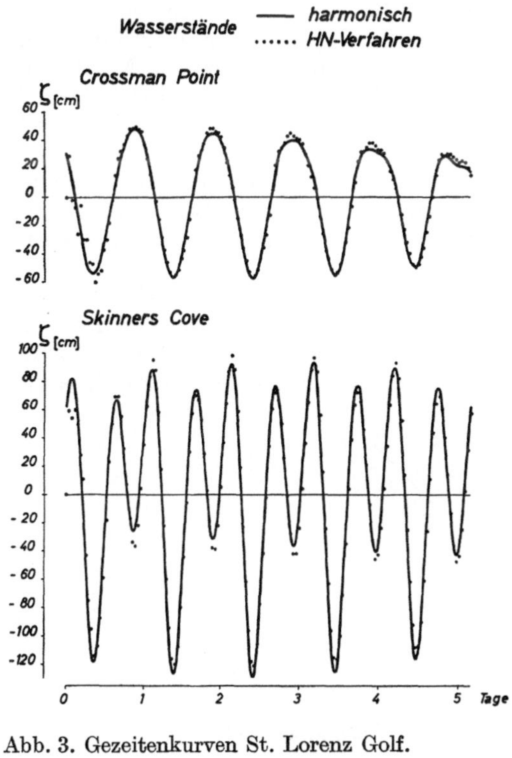

Abb. 3. Gezeitenkurven St. Lorenz Golf.

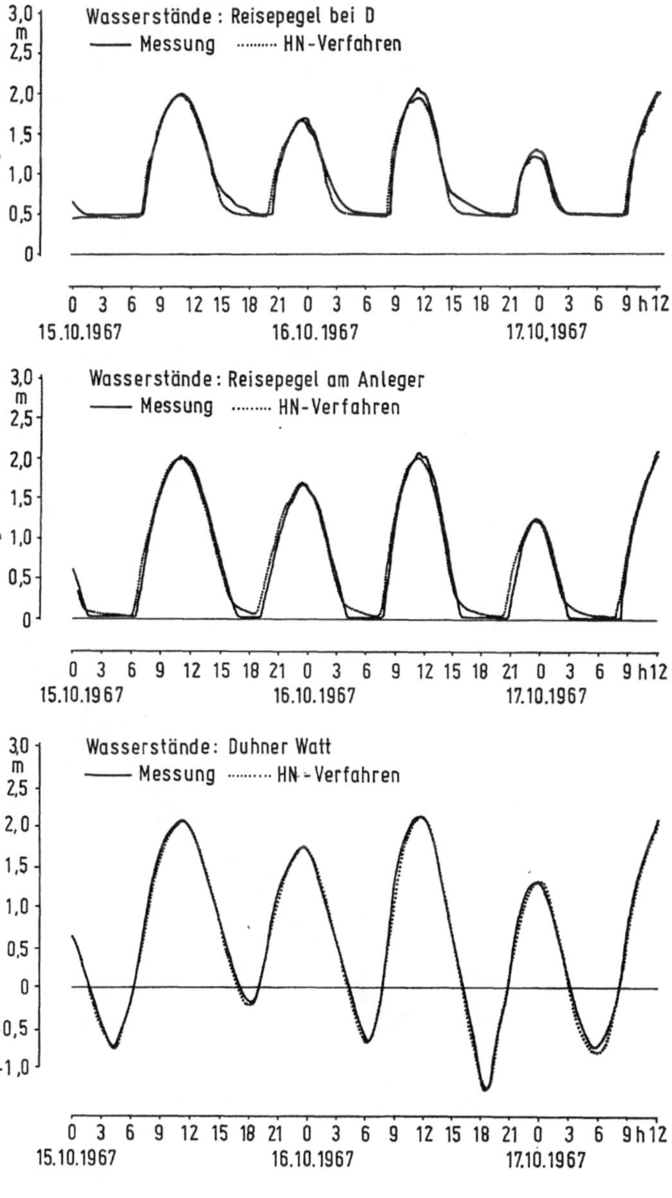

Abb. 4. Gezeitenkurven Neuwerker Watt.

Außer den Wasserständen und den über die Tiefe gemittelten Geschwindigkeitskomponenten können aber auch die Vertikalverteilung der Geschwindigkeit und bei Heranziehung weiterer Gleichungen die Transporte, die Ausbreitung und andere Größen ermittelt werden.

Da die Morphologie, wie Küstenverlauf und Wassertiefen, die Bewegungsvorgänge mit bestimmen, wird die Genauigkeit der HN-Modellergebnisse auch von der Maschenweite des verwendeten Gitters abhängen. Je feiner das Gitter gewählt wird, desto besser können die morphologischen Details berücksichtigt werden. Gleichzeitig wächst mit der Verfeinerung der Rechenaufwand.

Während im Anfang die ersten Modelle „mit der Hand“ oder „zu Fuß“ gerechnet wurden, wie etwa die Ems, die Hunte und der Holland-Orkan, konnten erstmalig um 1955 Computer für diese Aufgabe eingesetzt werden, und damit war die Voraussetzung für eine weltweite Anwendung geschaffen und eine Entwicklung eingeleitet, die auch heute noch nicht abgeschlossen ist.

Es war natürlich von Anfang an das Ziel, die HN-Modelle nicht als theoretische Variante der bis dahin bekannten und verwendeten Formeln der physikalischen Ozeanographie zu verwenden, sondern die Bewegungsvorgänge im Meer quantitativ zu erfassen und die Ergebnisse mit den Messungen in der Natur zu vergleichen. Das war aber nur dort möglich, wo die erforderlichen Messungen zur Verfügung standen. Da auch nur ein beschränkter Aufwand möglich war, wurden zunächst die Gezeiten in Flüssen, in Rand- und Nebenmeeren und im Ozean mit HN-Modellen untersucht und mit den Ergebnissen verglichen. Die Prüfung fiel durchaus zufriedenstellend aus, wie die Darstellungen in den Abb. 2 bis 5 zeigen

Das nächste Thema betraf die winderzeugten Strömungen und die damit verknüpften Wasserstandsänderungen: den Windstau. Es wurde einmal das Problem der allgemeinen Zirkulation im Ozean (Golfstrom), aber vor allem aus praktischen Gründen das Sturmflutgeschehen in Nord- und Ostsee behandelt. Auch hier ergab die Analyse für die Sturmflut Februar 1962 und die darauffolgenden bis 1976 eine bemerkenswerte Übereinstimmung zwischen Messung und HN-Modellergebnis.

Als Beispiel seien die Sturmfluten vom 3. und 21. Januar 1976 angeführt. Am 3. Januar betrug die Differenz Messung minus HN-Modellwert in Cuxhaven 3 Zentimeter und in St. Pauli gleichfalls 3 Zentimeter. Am 21. Januar war die Differenz in Cuxhaven 10 Zentimeter und in St. Pauli 7 Zentimeter.

Da Gezeiten und Sturmfluten von See her gesteuert werden, können mit Hilfe der HN-Modelle auch extrem hohe konstruierte Sturmfluten in ihrer Wirkung untersucht werden, desgleichen läßt sich feststellen, wie der maximale Sturmflutwasserstand von Windgeschwindigkeit, Windrichtung und von der Tidephase abhängt. Die HN-Modelle haben auch entscheidend zum Verständnis der

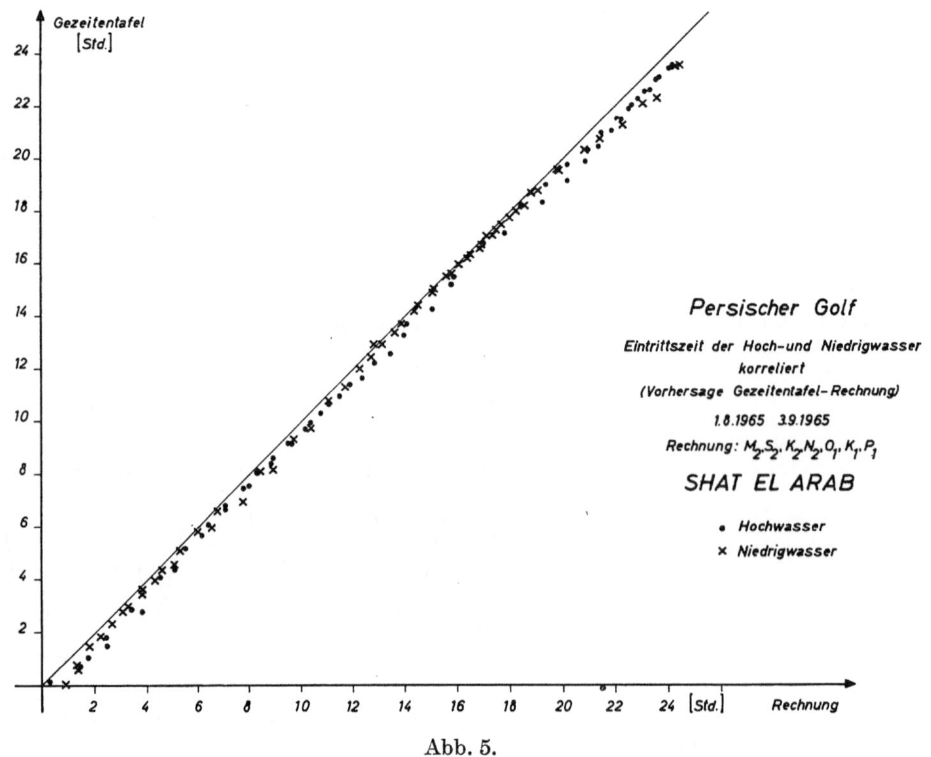

Abb. 5.

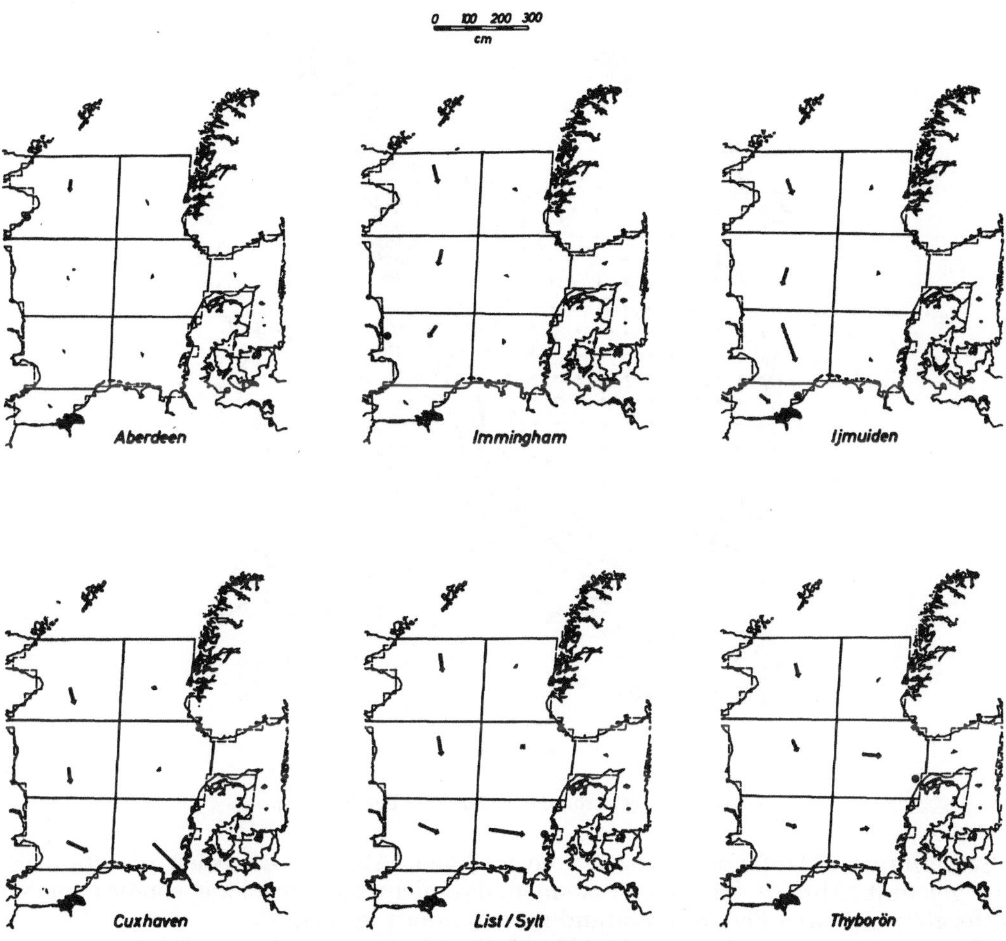

Abb. 6. Stauwirksamste Windfelder in der Nordsee.

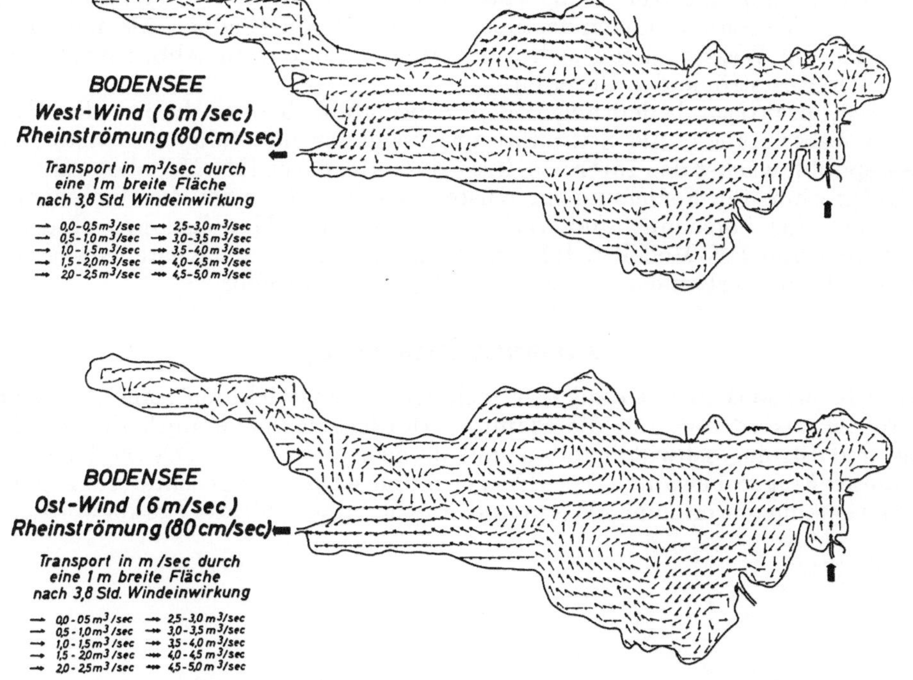

Abb. 7. Wassermassentransporte im Bodensee bei West- und Ostwind.

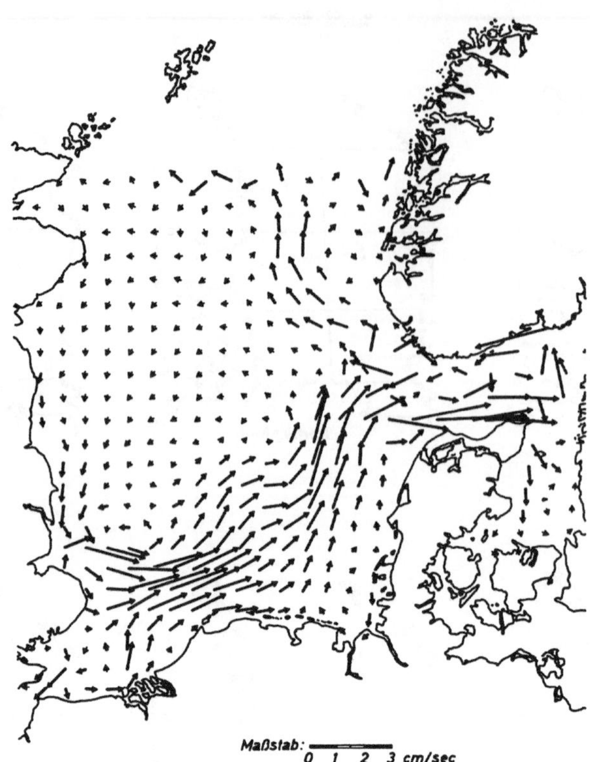

Abb. 8. Restströme der Gezeit in der Nordsee.

bei den Sturmfluten ablaufenden Prozesse beigetragen. Als Beispiel seien die stauwirksamsten Windfelder genannt (Abb. 6). Sie lassen erkennen, daß nicht nur der lokale, sondern auch der Wind in weitentfernten Gebieten den Wasserstand zu verändern vermag.

HN-Modellergebnis vom Bodensee zeigt Abb. 7 für West- und Ostwind. Hier konnten nur einige Ergebnisse der HN-Modellstudien mitgeteilt werden. Heute finden die HN-Modelle weltweit Anwendung bei Ocean- und Coastal Engineering, bei Offshore Operationen, bei der Planung von Häfen, bei der Gestaltung und Vertiefung von Fahrwassern für den Küstenschutz, aber auch bei Untersuchungen von Verschmutzungen des Meeres durch Öl, Quecksilber, Atomabfälle und anderen Schadstoffen. Wie die Wassermassen sich ausbreiten, zeigt das in Abb. 8 wiedergegebene HN-ermittelte Bild der Restströme der Gezeiten.

Einen weiteren, praktisch bedeutungsvollen Anwendungsbereich haben die HN-Modelle im Ausland für die Wasserstands- und Sturmflutvorhersage der zuständigen Dienste gefunden. Auch in der Bundesrepublik wächst das Interesse, intensiver als bisher HN-Modelle praktisch zu nutzen. So hat das Kuratorium für Forschung im Küsteningenieurwesen im Zusammenwirken mit dem Bundesministerium für Forschung und Technologie eine HN-Modellgruppe eingerichtet, der es obliegt, ein System von HN-Modellen für die Deutsche Bucht, die Küstengewässer und die Gezeitenästuare für die wasserbauliche Nutzanwendung zu entwickeln.

Zusammenfassung

Der moderne Seewasserbau hat dank der technischen Entwicklung seine Aktivitäten von der Küste nach See zu ausgedehnt. Für die Planung erfordert das neue Methoden zur Erfassung der Wasserstände und Stromgeschwindigkeiten und deren Änderungen. HN-Modelle haben sich zur Behandlung dieser Fragen bewährt. Das HN-Verfahren wird kurz geschildert. Ergebnisse werden gezeigt, die die Genauigkeit erkennen lassen und Anwendungen für die Praxis werden mitgeteilt.

Beobachtung des Wellenauflaufs an Seedeichen*

Von Baudirektor Dipl.-Ing. **Heie Focken Erchinger**, Norden

Einführung

Der Wellenauflauf kann an unseren Seedeichen, wenn sie schar liegen und gegen die Hauptangriffsrichtung kehren, beträchtliche Maße erreichen. Ihn abzuschätzen ist eine schwierige Aufgabe. Nachdem bei der Ermittlung der Deichhöhe der Bemessungswasserstand (maßg. Sturmflutwasserstand) genau auf „cm" festgelegt ist, stoßen wir hierbei auf Unsicherheiten, die den Bereich „einige Dezimeter" weit übersteigen. In Naturmessungen wurden hierzu neue Erkenntnisse gewonnen.

Für die Ermittlung des Wellenauflaufs gibt es verschiedene Formeln, die alle voraussetzen, daß das Wellenklima vor der Böschung bekannt ist. 1954 hat Prof. Hensen Modellversuche zur Bestimmung des Wellenauflaufs an Seedeichen im Franzius-Institut durchgeführt. Auch die Formeln beruhen weitgehend auf Modellversuchen und theoretischen Überlegungen. Dabei konnten zwei Faktoren nicht berücksichtigt werden, die für die Übertragbarkeit der Ergebnisse in die Natur von grundlegender Bedeutung sein dürften:

1. Der Sturm konnte nicht in seinen natürlichen Erscheinungsformen mit Böigkeit und Wirbelbildung in das Modell übertragen werden.
2. Der Maßstabseffekt ist hinsichtlich der quantitativen Übertragbarkeit der Ergebnisse praktisch nicht bekannt.

Professor Führböter hat nachgewiesen, daß Modellversuche mit brechenden Wellen in den üblichen Modellmaßstäben nicht zu quantitativ übertragbaren Werten führen. Daher sind zur sicheren Abschätzung des Wellenauflaufs an den Seedeichen weitere Untersuchungen notwendig. Naturmessungen sind dabei von besonderem Wert.

Der Wellenauflauf an Seedeichen ist in der Natur bisher nach zwei Methoden festgestellt worden:

1. durch die Einmessung der Teek- oder Treibselgrenze nach einer Sturmflut,
2. durch die visuelle Abschätzung des Wellenauflaufes während des Sturmes vom Deich aus mit Hilfe von Orientierungsmarken auf der Böschung (Studiedienst Rijkswaterstaat Delfzijl).

Einmessung der Teekgrenze

An der ostfriesischen Küste wurde die Teekgrenze im Nov./Dez. 1973 an 37 Meßpunkten 3 mal eingemessen. Zusammen mit einer bereits nach dem 23. 2. 1967 vorgenommenen Teekeinmessung lagen für diese Meßpunkte an den Schardeichen und Vorlanddeichen in unterschiedlichen Lagen je vier Meßwerte vor. Die Ergebnisse sind in [3] veröffentlicht. Abb. 1 zeigt die Auswertung als Auftragung des Wellenauflaufs in Abhängigkeit von der Wassertiefe vor dem Deich.

Die Ergebnisse geben den Einfluß der Wassertiefe vor dem Deich wieder und unterstreichen die Bedeutung von Deichvorland und Sommerdeich für die beträchtliche Verringerung des Wellenauflaufs und der Wellenkräfte auf der Deichböschung.

Drei Gruppen von Meßwerten sind deutlich zu unterscheiden:

1. Schardeiche,
2. Deiche mit Deichvorland und
3. mit Deichvorland und Sommerdeich.

Vor allem bei größerer Wassertiefe, also bei Schardeichen, liegt der Wellenauflauf deutlich höher als nach den Modellversuchen vom 1954.

Aber die Einmessung der Treibselgrenze ergibt nur den Bereich des höchsten Wellenauflaufs während einer ganzen Sturmflut und zeigt nicht die Streuung der Werte. Eine kontinuierliche Beobachtung des Wellenauflaufs in der Natur ist daher wünschenswert.

* Als Vortrag gehalten bei der 2. Vortragsveranstaltung Küstenforschung und Küsteningenieurwesen der Hafenbautechnischen Gesellschaft am 18. 11. 1976 in Hannover.

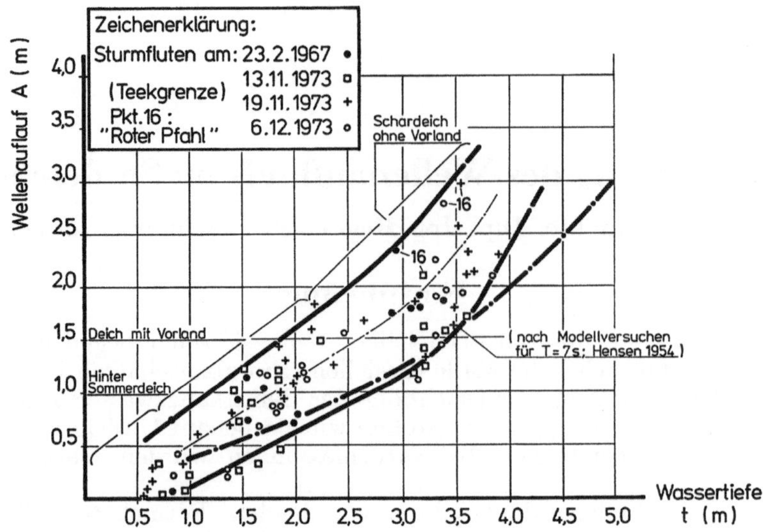

Abb. 1. Meßwerte der Teekeinmessungen 1967/1973 an der ostfriesischen Küste mit Grenzlinien.

Das Wellenauflauf- und Wellenmeßgerät

Im Dezember 1975 wurde eine Meßstelle in der Nähe von Norddeich mit der Auflaufmeßstrecke auf dem Schardeich und dem Wellenmeßgerät 50 m vor dem Deich auf dem Watt (Pkt. 16 der Teekeinmessung) eingerichtet. Die Meßstelle liegt hinter einem niedrigen Watt 8 km südöstlich des Norderneyer Seegats und weist einen relativ starken deichnahen Seegang auf. Der Deich kehrt etwa gegen Nordwest. Das rauhe, 1 : 3 geneigte Fußdeckwerk des Schardeiches reicht bis NN + 3,0 m, d.i. 1,8 m üb. MThw, daran schließt die glatte, zunächst 1 : 10 und nach einer Fahrspurbreite 1 : 6 geneigte Asphaltbetondecke bis NN + 4,5 m an. Oberhalb befindet sich die begrünte 1 : 6 geneigte Kleidecke. Die Deichkrone liegt kurz nach dem Ausbau des Deiches im Jahre 1975 auf NN + 8,80 m.

Das Wellenauflaufmeßgerät arbeitet nach echoakustischem Prinzip. Von einer Druckkammer mit Sender und Empfänger werden 3 Schallimpulse je Sekunde in ein einzölliges Stahlrohr gesendet, die an Bohrungen in 2 m Abstand reflektiert werden. Ist die Bohrung mit Wasser des Auflaufschwalls bedeckt, so wird das Echo und damit die Registrierung unterbrochen. Die höchste Unterbrechung zeigt die Auflaufgrenze des Schwalles an [4].

Das Wellenauflaufmeßgerät ist gekoppelt mit einem Ultraschallmeßgerät für die Wellenmessungen [1]. Eine eingehende Beschreibung der Geräte, die beide von der Firma Dr. Fahrentholz, Kiel, entwickelt wurden, ist aus den angegebenen Literaturstellen zu entnehmen [1, 4].

Die Messungen im Januar 1976 und ihre Auswertung

Am 3. und 21. Januar 1976 suchten zwei sehr schwere Sturmfluten die deutsche Nordseeküste heim. Der Sturmflutwasserstand stieg bei Norddeich/Ostfriesland in beiden Fluten auf etwa 3 m über MThw an. In der Nachtide des Mittagshochwassers vom 3. 1., in den ersten Stunden des 4. 1. stieg der Sturmflutscheitel auf etwa 2,30 m über MThw. In diesen drei Sturmfluten konnte am Roten Pfahl 4 km nordöstlich von Norddeich der Wellenauflauf gemessen werden. Hervorzuheben ist, daß damit erstmalig der Wellenauflauf in Sturmfluten kontinuierlich jeweils mehrere Stunden lang gemessen und registriert werden konnte. Am 4. 1. und 21. 1. konnten ebenfalls die Wellenkennwerte Wellenhöhe und -periode gemessen werden.

Es hat sich bewährt, daß eine örtlich ansässige Ortsbaudienststelle die Messungen durchführen konnte, da sich eine schnelle Reaktion auf die Sturmflutentwicklung und eine ständige Betreuung während der Messung als notwendig erwiesen hat. Wie im Binnenland die Erfassung von Hochwasserabflußwerten durch die örtlichen Fachdienststellen seit langem wertvolle hydrologische Daten liefert, so sollte an der Küste den dort tätigen Stellen die Messung der Grundwerte der Küstenhydraulik wie Wellenklima und Wellenauflauf obliegen. Die wissenschaftliche Auswertung der gesammelten Daten kann dann in entsprechenden Fachinstituten und Forschungsstellen durchgeführt werden.

Die Meßwerte des Wellenklimas und des Wellenauflaufs unterliegen Zufallsprozessen, die nach den Verfahren der Wahrscheinlichkeitsrechnung ausgewertet werden.

Nach der Auftragungsmethode von Weibull wird die Unterschreitungswahrscheinlichkeit eines Meßbereiches ermittelt. Die Ergebnisse werden in ein Wahrscheinlichkeitsnetz eingetragen, in dem die Abszisse logarithmisch und die Ordinate nach dem Gaußschen Integral geteilt sind. Diese Art der Auftragung hat den Vorteil, daß sämtliche Meßwerte erfaßt werden. Sie zeigt, daß die Wellenkennwerte Wellenhöhe und -periode als Funktionsbild näherungsweise eine Gerade ergeben, ebenso der Wellenauflauf oberhalb 50% Unterschreitungswahrscheinlichkeit, d.h., daß die Häufigkeitsverteilung der Meßwerte näherungsweise durch eine logarithmische Normalverteilung dargestellt werden kann (Abb. 2).

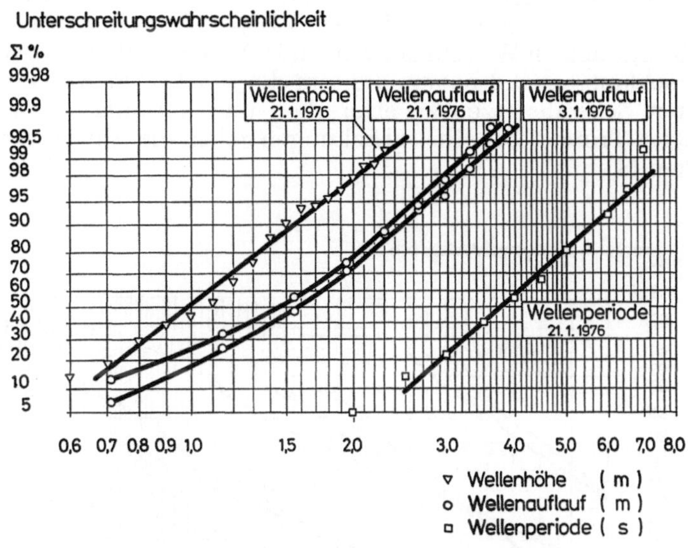

Abb. 2. Wellenmessungen und Wellenauflaufmessungen am 3. 1. und 21. 1. 1976 zur Zeit der Sturmflutscheitelwasserstände.

Aus dem Diagramm läßt sich die Unterschreitungswahrscheinlichkeit des Wellenauflaufs für 98%, 90%, 50% usw. ablesen. Bei Bemessungen von Küstenschutzbauwerken ist es beispielsweise in den Niederlanden üblich, beim Wellenauflauf eine Unterschreitungswahrscheinlichkeit von 98% zugrunde zu legen, das ergibt den maßgebenden Wellenauflauf $R_{0,98}$. Entsprechend wird der Wellenauflauf mit einer Unterschreitungswahrscheinlichkeit von 90% $R_{0,90}$ und von 50% $R_{0,50}$ bezeichnet. Somit bedeutet eine Bemessung nach

$R_{0,98}$, daß 2% der Auflaufschwalle höher auflaufen bzw. überlaufen,
und nach

$R_{0,90}$, daß 10% der Auflaufschwalle bzw. alle 1,5 bis 2 Minuten eine Schwallspitze überlaufen.

Von Bedeutung ist dabei die Stärke des Auflaufschwalls. Das Fahrentholz-Meßgerät registriert eine Auflaufschichtstärke von etwa 3 cm. Bei derartig dünnen Schwallzungen könnte unter Umständen $R_{0,90}$ bei entsprechender Querschnittsgestaltung des Deiches als maßgebend zugelassen werden. Die Abnahme der Schwallstärke während des Auflaufs ist für diese Abschätzung von Bedeutung. Sie sollte unter Naturbedingungen besonders untersucht werden.

Die Meßergebnisse

Während der Sturmflutscheitel am 3. 1. und 21. 1. 1976 wurden folgende Meßwerte registriert bzw. ermittelt:

1. örtliche Gegebenheiten	3. 1.		21. 1.
Thw im Mittel	NN + 4,07 m		NN + 4,07 m
Wassertiefe vor dem Deich	rd. 3,7 m		rd. 3,7 m
Wellenanlaufwinkel β	rd. 30°		rd. 30°
Windstärke (Beaufort)	W 10 — 11		W 9 — 10
Deichneigung	$1 : n$	$\cong$	1 : 6

2. Wellenauflauf			
a) gemessen	max.	3,80 m	3,50 m
	$R_{0,98}$	3,20 m	2,95 m
b) umgerechnet auf rechtwinkligen Anlauf (Werte nach a) geteilt durch cos β)	max.	4,35 m	4,05 m
	$R_{0,98}$	3,70 m	3,40 m
3. Wellenhöhe	21. 1.		
	$H_s = 1{,}44$ m		
	($H_m = 1{,}07$ m, $H_{max} = 2{,}3$ m)		
4. Wellenperiode	21. 1.		
	$T_{Hs} = 4{,}9$ s ($T_m = 3{,}9$ s)		

Der auf senkrechten Anlauf umgerechnete Wellenauflauf vom 21. 1. zu $R_{0,98} = 3{,}4$ m beträgt etwa das Doppelte der nach Formeln von Hunt-Vinje, Battjes bzw. der Delfter Formel errechneten Werten, die mit obigen Wellenkennwerten zu Wellenaufläufen zwischen 1,53 und 1,92 m führen. Weitere Untersuchungen sind notwendig, um die Stärke des Auflaufschwalls bei den vom Sturm hochgepeitschten Schwallspitzen zu erforschen und die zulässige Unterschreitungswahrscheinlichkeit festzulegen. Trotz dieser Einschränkungen geben die Naturwerte im Vergleich zu den Formelwerten zu denken [4].

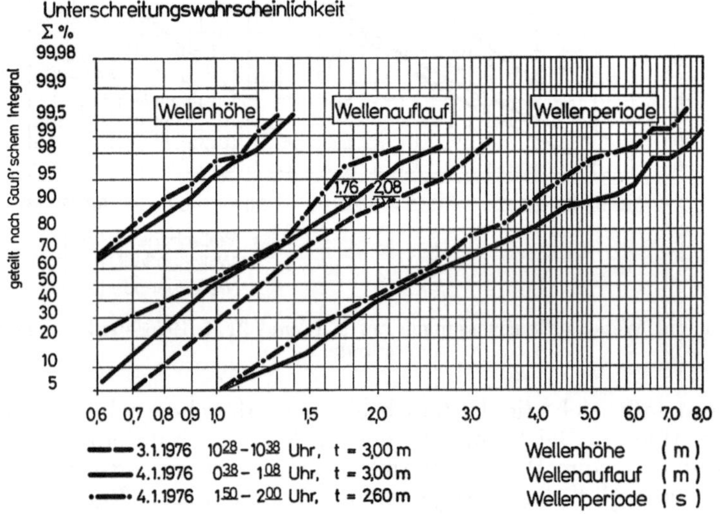

Abb. 3. Wellenmessungen und Wellenauflaufmessungen am 3. 1. und 4. 1. 1976 bei unterschiedlichen Wassertiefen bzw. Windverhältnissen.

Die Wirkung der einzelnen Einflußgrößen läßt sich an Hand von Abb. 3 deutlich machen. Sie zeigt die Meßergebnisse der Wellenhöhe, des Wellenauflaufs und der Wellenperiode in der Nachtide am 4. 1. um etwa 1 und 2 Uhr für unterschiedliche Wassertiefen von etwa 2,6 m und 3,0 m. Die Windgeschwindigkeit betrug während dieser Zeit i.M. 15 m/s = Bft. 7. Bei den miteingetragenen Werten für den Wellenauflauf vom 3. 1. bei einer Wassertiefe von ebenfalls 3,0 m, aber einer größeren Windstärke von 30 m/s = Bft. 11, ergibt sich ein wesentlich höherer Wellenauflauf. Der Wellenauflauf $R_{0,90}$ beträgt statt 1,76 m bei Wst. 7 2,08 m bei Wst. 11. Auffällig ist auch die für den Flachwasserbereich des Watts beträchtliche Wellenperiode am 4. 1. bis zu über 8 s, die von einer durch das Seegat auf das Watt schwingenden Dünung zeugt.

Schlußbetrachtung

Zum Schluß dürfte noch ein Vergleich dieser Geräteregistrierungen mit den Teekeinmessungen von Interesse sein. Für den Meßpunkt Roter Pfahl sind in Abb. 4 die Werte $R_{0,95}$ vom 3. und 21. 1. eingetragen. Sie ergeben eine sehr gute Übereinstimmung mit den Ergebnissen der Teekeinmessungen. Der $R_{0,98}$-Werte liegen merklich darüber.

Mit diesen Betrachtungen auf Grund weniger Messungen an einer Meßstelle konnte keineswegs ein Rezept erarbeitet werden. Aber es hat sich bestätigt, daß eine unkritische Modell- und Formel-

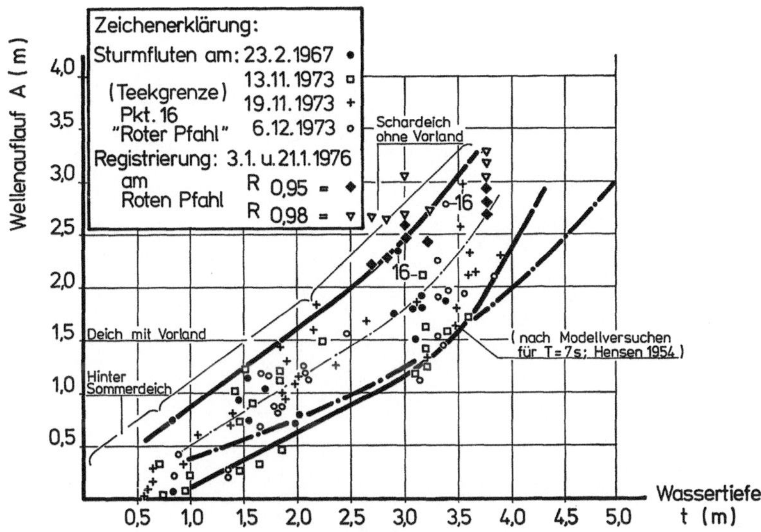

Abb. 4. Vergleich der Wellenauflaufmessungen 1976 mit den Teekeinmessungen 1967/1973 für die Meßstelle Roter Pfahl (Pkt. 16).

gläubigkeit in diesem Bereich nicht ratsam ist und daß wir an Schardeichen mit höheren Werten als bisher allgemein üblich rechnen müssen.

In weiteren Messungen auch bei anderen örtlichen Gegebenheiten und mit einer Untersuchung der Einzelauflaufschwalle wird der Fragestellung nach einer zutreffenden Abschätzung des maßgebenden Wellenauflaufs nachgegangen werden müssen. Für die Bemessung und Sicherheitsbetrachtung unserer Deiche ist die Lösung dieser Fragen von großem Wert. Sollte sich ergeben, daß ein sehr hoher Wellenauflauf an einem Schardeich Sorge bereitet, so läßt sich dieser durch die Schaffung eines Deichvorlandes beträchtlich ermäßigen.

Schrifttum

1. Dette, H. H.: Wellenmessungen und Brandungsuntersuchungen vor Westerland/Sylt. (Mitt. des Leichtweiß-Instituts Heft 40) Braunschweig 1974
2. Erchinger, H. F.: Küstenschutz durch Vorlandgewinnung, Deichbau und Deicherhaltung in Ostfriesland. Die Küste, Heft 19 (1970)
3. Erchinger, H. F.: Wellenauflauf an Seedeichen — Naturmessungen an der ostfriesischen Küste (Mitt. des Leichtweiß-Instituts, Heft 41) Braunschweig 1974
4. Erchinger, H. F.: Wave Run-up in Field Measurements with Newly Developed Instruments. Proc. of the 15th Int. Conference on Coastal Engineering, Honolulu, 1976. Deutsche Fassung vorauss. in: Die Küste 1977
5. Erchinger, H. F.: Deichschutzwerke in Seedeichbau — Theorie und Praxis. Hrsg. Vereinigung der Naßbaggerunternehmen e.V., Hamburg 1976
6. Führböter, A.: Air Entrainment and Energy Dissipation in Breakers. Proc. of the 12th Int. Conference on Coastal Engineering, Vol. I. Washington 1970
7. Führböter, A.: Über die Bedeutung des Lufteinschlages für die Energieumwandlung in Brecherzonen. In Die Küste, Heft 21 (1971) und als Mitt. des Franzius-Instituts, Heft 36, Hannover 1971
8. Führböter, A.: Einige Ergebnisse aus Naturuntersuchungen in Brandungszonen. (Mitt. des Leichtweiß-Instituts, Heft 40) Braunschweig 1974
9. Führböter, A.: Äußere Belastung der Seedeiche im Seedeichbau — Theorie und Praxis. Hrsg. Vereinigung der Naßbaggerunternehmen e.V., Hamburg 1976
10. Hensen, W.: Modellversuche über den Wellenauflauf an Seedeichen im Wattengebiet. (Mitt. des Franzius-Instituts, Heft 5) Hannover 1954
11. Siefert, W.: Über den Seegang in Flachwassergebieten. (Mitt. des Leichtweiß-Instituts, Heft 40) Braunschweig 1974
12. Technical Advisory Committee on Protection against Inundation: Wave Run-up and Overtopping. The Hague, Netherlands: Government Publishing Office 1974

Über die Ursachen der Strombank- und Riffelbildung*

Von Dr.-Ing. **Erich Stehr**, Hamburg

Bei den folgenden Ausführungen geht es um ein Phänomen, über dessen Ursache sich die Gewässerkundler nachweislich schon seit etwa 200 Jahren vergeblich die Köpfe zerbrochen haben. Es handelt sich um die Frage, wann und warum entstehen auf einer Flußsohle aus kohäsionslosem Material die eigenartigen wellenförmigen Strukturen, d.h. einerseits die langen, mehrere Meter hohen Strombänke und andererseits die kurzen Riffel mit Abmessungen im cm-Bereich. Es gibt zwar unzählige Veröffentlichungen zum Thema Riffel und Strombänke, aber soweit erkennbar, noch keine überzeugende physikalische Erklärung dafür.

Wegen der gebotenen Kürze muß hier von einigen theoretischen Fakten ausgegangen werden, ohne daß sie im einzelnen hergeleitet oder bewiesen werden können. Und zwar geht es um Kenntnisse aus der Grenzschicht-Theorie [3], die Prandtl bekanntlich zu Beginn dieses Jahrhunderts entwickelt hat. Ob die Hypothesen, die daraus abgeleitet werden, zu brauchbaren Ergebnissen führen, läßt sich daher im Rahmen dieser Kurzfassung auch nur dadurch nachprüfen, daß sie mit einigen Naturmessungen verglichen werden, die hier wiedergegeben sind. Wegen näherer Einzelheiten muß auf die Originalarbeit [4] verwiesen werden.

Die Grenzschicht-Theorie einmal daraufhin zu überprüfen, ob sie nicht eventuell eine Erklärung für die Strombank- und Riffelbildung liefern könnte, schien sinnvoll zu sein, weil eine Flußsohle eine Grenzfläche darstellt. Und sich überhaupt mit dieser Frage zu beschäftigen, lag nahe, weil Strombänke die nutzbare Wassertiefe unserer Wasserstraßen stark herabsetzen. Würde man die physikalischen Gründe für ihr Entstehen kennen, könnte man eventuell etwas unternehmen, um sie möglichst klein zu halten.

Die Grenzschicht ist derjenige wandnahe Bereich eines strömenden Mediums, in dem die Strömungsgeschwindigkeit sehr schnell abfällt von der Außengeschwindigkeit U_0 auf den Wert Null unmittelbar an der Wand. Die Grenzschicht-Theorie weist nun nach, daß die Grenzschicht, die sich entlang einer längsangeströmten ebenen Platte ausbildet, mit zunehmender Entfernung von der Vorderkante dieser Platte laufend dicker wird. Dadurch muß wiederum die Schubspannung bzw. die Reibung, die von der Grenzschicht auf die Platte übertragen wird, entsprechend kleiner werden. Nach den Untersuchungen von Nikuradse [1] verläuft das bei einer turbulenten Grenzschicht nach folgendem Gesetz:

$$\frac{\tau_0}{\varrho/2\; U_0} = 0{,}023 \left(\frac{U_0\, x}{\nu}\right)^{-0{,}139} \tag{1}$$

Hier bedeutet τ_0 die Sohlenschubspannung, ϱ die Dichte der Flüssigkeit, U_0 die gleichförmige Geschwindigkeit außerhalb der Grenzschicht, ν die kinematische Zähigkeit und x die Entfernung von der Vorderkante der Platte. Man sieht, die Schubspannung nimmt entlang des Weges mit $x^{-0{,}139}$ ab.

Nehmen wir einmal an, man könne eine Flußsohle von einer bestimmten Stelle an im Sinne der Grenzschicht-Theorie als ebene Platte ansehen und die Fließgeschwindigkeit reiche aus, von oberstrom her Geschiebe heranzuführen. Soll dies Geschiebe nun in gleichförmigem Strom auf der Platte entlangbefördert werden, müßte die Antriebskraft, d.h. die Schubspannung, überall gleich groß sein. Da sie aber nach Gl. (1) entlang des Weges kleiner wird, muß irgendwo der kritische Wert erreicht werden, wo der Weitertransport des Geschiebes aufhört. Es häuft sich hier an und bildet einen kleinen Wall. Dadurch verengt sich der Querschnitt und die Fließgeschwindigkeit U_0 wächst. Nach Gl. (1) bewirkt das eine Zunahme der Schubspannung τ_0. Sobald sie genügend angewachsen ist, kann das Geschiebe wieder weiterwandern. Insgesamt gesehen bedeutet das: Ein gleichförmiger Geschiebetransport ist in einer turbulenten Plattengrenzschicht nur möglich, wenn die Geschwindigkeit entlang des Weges nach einem bestimmten Gesetz stetig zunimmt. Man erhält es dadurch, daß man τ_0 in Gl. (1) zu einer Konstanten macht. Das ergibt:

$$U_{(x)} = 87 \left[\frac{\tau_0}{\varrho\; \nu^{0{,}139}}\right]^{0{,}54} x^{0{,}075} \tag{2}$$

* Als Vortrag bei der 2. Vortragsveranstaltung Küstenforschung und Küsteningenieurwesen der Hafenbautechnischen Gesellschaft am 18. 11. 1976 in Hannover gehalten.

Der Klammerausdruck ist für einen bestimmten Fall eine Konstante. Die Strömungsgeschwindigkeit muß also mit $x^{0,075}$ wachsen, wenn die Bilanz des Geschiebetransports entlang der Sohle im Gleichgewicht sein soll.

Nach dem Kontinuitätsgesetz kann die Strömungsgeschwindigkeit nur dadurch wachsen, daß sich der Querschnitt verengt, d.h. wenn die Sohle ansteigt, und zwar entsprechend

$$s = \frac{(x+1)^{0,075} - 1}{(x+1)^{0,075}} h_0. \quad (3)$$

Hierin bedeutet s die Höhe über der ursprünglichen Flußsohle und h_0 die Höhe der Wasserschicht, in der sich die Beschleunigung abspielt. Die Gleichung stellt eine flache, nach oben gewölbte, also konvexe Kurve dar. Sie entspricht der Querschnittsform des Luvhanges von Strombänken in Binnenflüssen und in Tidegewässern, wenn nur eine Fließrichtung geschiebewirksam ist. Bei flachen Gewässern reicht h_0 bis an die Oberfläche, bei tiefen Gewässern, wie z.B. Seeschiffahrtsstraßen, beträgt die wirksame Wassertiefe nur rd. 71% der Gesamttiefe H. Wegen der Begründung dafür muß auf die Originalarbeit verwiesen werden [4].

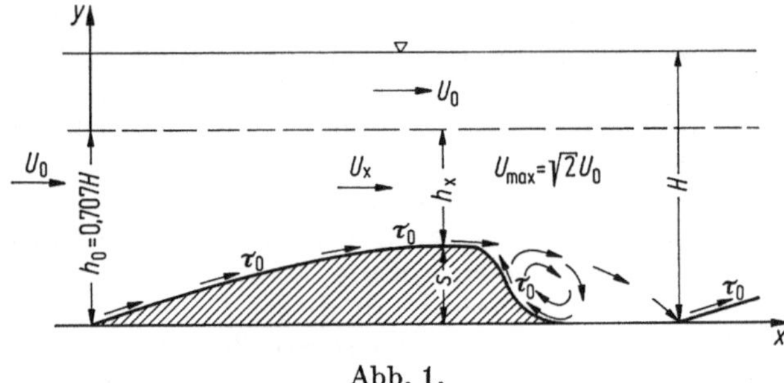

Abb. 1.

Nun kann eine Flußsohle selbstverständlich nicht beliebig hoch ansteigen. Die Fließgeschwindigkeit würde ja schließlich unendlich groß werden. Das Wachstum der Bank findet durch folgende Erscheinung ein Ende: Anfangs wandert das Geschiebe den Luvhang hinauf und rollt dann hinter der Kuppe am Leehang herunter. Hier lagert es sich mit natürlicher Böschung ab und verlängert so allmählich die Bank. Da sich die Grenzschicht dem verhältnismäßig steilen Leehang nicht anpassen kann, kommt es hinter der Kuppe der Bank zur Ablösung. Es bildet sich hier ein sogenanntes Totwasser mit waagerechter Walze (Abb. 1).

Mit länger und höher werdender Bank steigt die Geschwindigkeit der Grenzschicht im Augenblick ihres Abreißens und damit auch die Drehgeschwindigkeit der Walze. Sie übt einen hangaufwärts gerichteten Schub auf den Leehang aus, der mit wachsender Drehgeschwindigkeit zunimmt. Das ankommende Geschiebe kann daher von einer bestimmten Drehgeschwindigkeit an nicht mehr am Leehang herunterrollen, sondern wird von der Walze zurückgedrängt und fliegt jetzt im freien Flug über sie hinweg zum Fuß der nächsten Strombank. Damit findet das Wachstum der Bank sein Ende. Die nächste Bank beginnt dort, wo sich die abgelöste Grenzschicht wieder an die ursprüngliche Flußsohle anlegt. Nach den Untersuchungen von Plate [2] erfolgt das beim Wind in einer Entfernung von 12,5 mal der Hindernishöhe. Für Wasser gilt dieses Maß anscheinend auch (Abb. 2).

Falls nun die Strömungsgeschwindigkeit im Fluß größer wird, als es nötig ist, um die sogenannte kritische Schubspannung zu erzeugen, bei der sich das Geschiebe zu bewegen beginnt, wird die Bank kürzer. Das erklärt sich so: DieLeehangwalze dreht sich dann schneller und der aufwärts gerichtete Schub ist folglich größer als erforderlich. Der Leehang wird daher erodiert, d.h. er verlagert sich stromaufwärts. Dabei wird die Bank niedriger und die Geschwindigkeit der Grenzschicht im Moment ihres Abreißens über der Kuppe geht entsprechend zurück. Dadurch wird die Walze ihrerseits wieder langsamer, so daß die rückwärtige Erosion der Bank schließlich zum Stillstand kommt. Daraus folgt: Je größer die Differenz zwischen der vorhandenen Fließgeschwindigkeit und derjenigen ist, bei der sich das Geschiebe zu bewegen beginnt, um so kürzer werden die Bänke, bis sie schließlich restlos verschwunden sind. Dann ist die Sohle eben und durchgehend mit Ablösungswirbeln bedeckt, die das Sohlenmaterial völlig unregelmäßig hochreißen und abführen. Nach Laborversuchen tritt das etwa ein, wenn $\tau_{vorh} = 2\tau_{erf}$ ist. Umgekehrt ergibt sich aus dieser Überlegung, daß die längsten und höchsten Bänke dann entstehen müssen, wenn die Geschwindigkeit des Wassers gerade ausreicht, das Sohlenmaterial in Bewegung zu setzen.

Zusammenfassend kann man feststellen, daß Strombänke nichts anderes als der Ausdruck dafür sind, daß sich die Kräfte entlang der Flußsohle im Gleichgewicht befinden, bzw. daß ein gleichförmiger Geschiebetransport erfolgt. Daher bilden sich die Bänke nach einer Baggerung auch sofort wieder neu.

An Hand der Abb. 2 bis 4 möge die Brauchbarkeit dieser Hypothesen beispielhaft demonstriert werden:

In Abb. 2 ist ein Echogramm vom Rio Paraná wiedergegeben, das in [5] veröffentlicht ist (durchgezogene Linie). Es ist gegenüber dem Original doppelt überhöht gezeichnet, weil sich sonst die Abweichungen von den theoretischen Kurven nach Gl. (3) (punktierte Linien) nicht deutlich genug abgehoben hätten. Ihre Nullpunkte wurden gemäß [2] jeweils im Abstand von 12,5 ΔH vom höchsten Punkt der vorhergehenden Bank aus angesetzt. Abgesehen von der zweiten Bank in

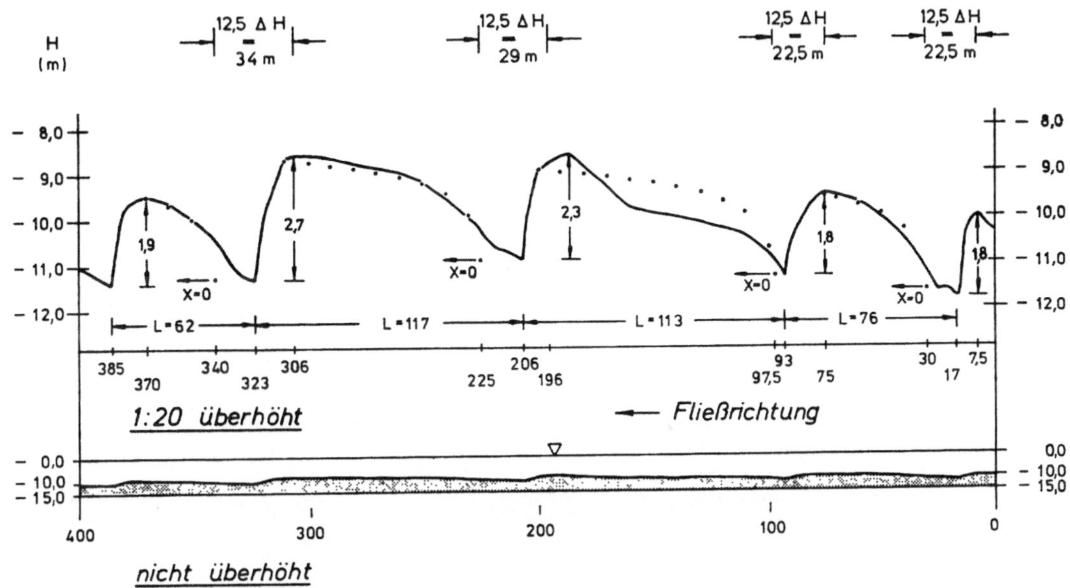

Abb. 2. Vergleich eines Echogrammes vom Rio Paraná mit der Theorie (Punktkurve) (nach Stückrath [5], Abb. 3). Abstand zwischen Kuppe und Wiederanheftung der Grenzschicht $L = 12{,}5\ \Delta H$ (nach Plate [2]).

Fließrichtung, deren Form offensichtlich gestört ist, und abgesehen von den jeweiligen Nullpunkten der theoretischen Kurven, sind die Differenzen zwischen den gemessenen und gerechneten Werten i.a. kleiner als 10 cm. Nur an drei Stellen betragen sie mehr als 10 cm, aber weniger als 20 cm. Das liegt innerhalb der Meß- und Ablesegenauigkeit. Die Abweichungen im Nullpunkt der Bankkurven ergeben sich vermutlich dadurch, daß die sich hier neubildende Grenzschicht noch nicht die volle Schubspannung ausgebildet hat. Um das auszugleichen, muß die Fließgeschwindigkeit hier etwas größer sein, d.h. die Sohle muß höher liegen, als es nach der Theorie nötig wäre. Im unteren Teil der Abb. 2 sind die Strombänke ohne Überhöhung dargestellt, um zu zeigen, daß die Luvhänge tatsächlich nur sehr schwach gekrümmte Kurven sind.

In Abb. 3 sind zwei Echogramme von der Elbe zusammengefügt, und zwar so, daß man sie wegen des gleichen Maßstabes unmittelbar vergleichen kann. Die theoretischen Kurven nach Gl. (3) wurden durch die Schnittpunkte kleiner Kreuze im Abstand von 5,0 m dargestellt. Die Echogramme sind in einer Zeit entstanden, während der jeweils nur eine Strömungsrichtung der Tide geschiebewirksam war, der Ebbstrom oberhalb Hamburgs bei großer Oberwasserführung, der Flutstrom unterhalb bei geringer Oberwasserführung. Besonders auffällig ist in Abb. 3, wie sehr die Form der Bänke, d.h. die Steilheit ihrer Hänge, von der Wassertiefe beeinflußt wird und wie gut das auch durch die Theorie zum Ausdruck kommt.

In Abb. 4 sind drei Echogramme wiedergegeben, die alle an der gleichen Stelle der Elbe, jedoch bei unterschiedlichen Oberwasserführungen Q_0, also auch entsprechend unterschiedlichen Fließgeschwindigkeiten, aufgenommen wurden. Letztere wurden zwar nicht gemessen, sie wachsen aber zweifellos mit zunehmendem Q_0. Bei $Q_0 = 800\ \mathrm{m^3/s}$ sind die konvexen Ebbhänge am längsten. Bei $1500\ \mathrm{m^3/s}$ ist der Abstand der Bänke zwar noch der gleiche, die waagerechten Zwischenstücke in der Talsohle zeigen aber an, daß der Ebbhang jetzt kürzer ist. Bei $Q_0 = 2300\ \mathrm{m^3/s}$ sind nur noch

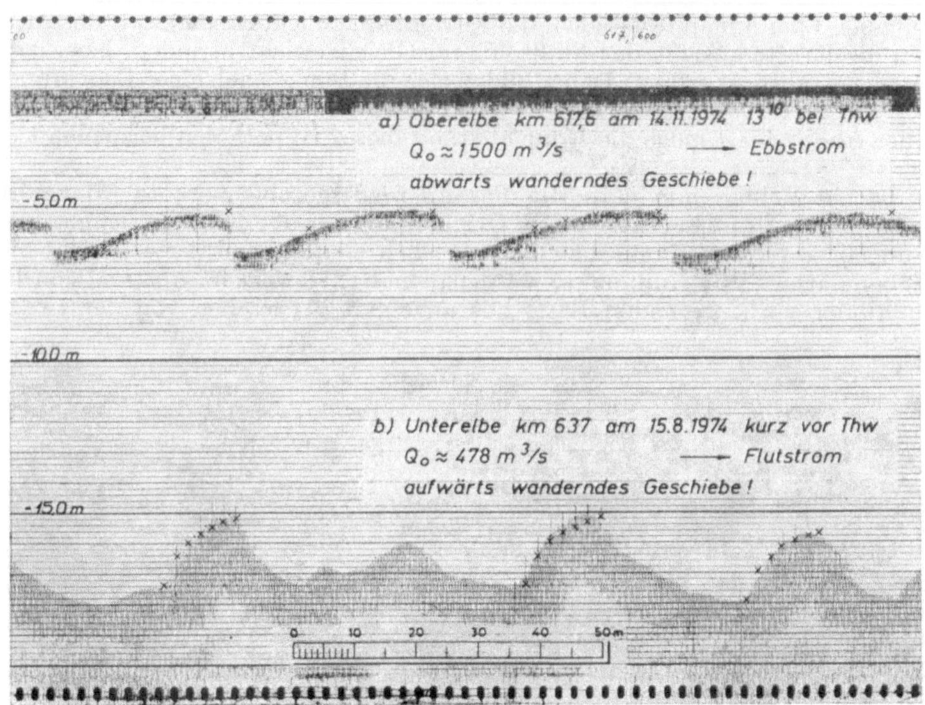

Abb. 3. Echogramme von der Elbe und theoretische Hangkurven.

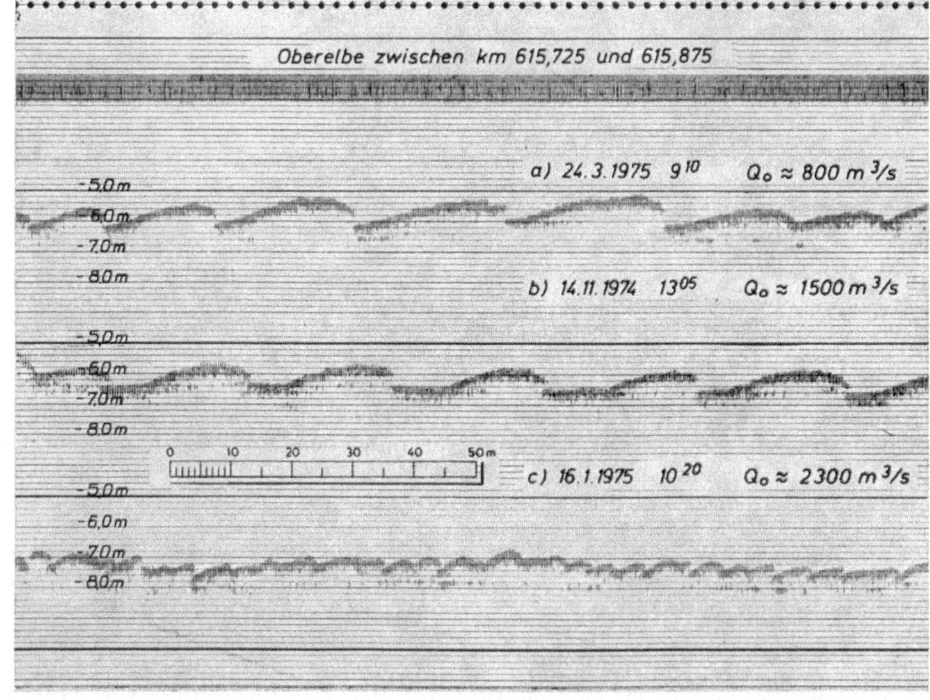

Abb. 4. Änderung der Sohlenform mit wachsender Fließgeschwindigkeit.

Andeutungen von Bänken zu erkennen. Anscheinend ist also die oben ausgesprochene Hypothese richtig, daß die Bänke um so kürzer werden, je größer die Differenz zwischen τ_{vorh} und τ_{krit} ist.

Im Tidegebiet sind die Verhältnisse etwas verwickelter, falls die Strömungsgeschwindigkeiten sowohl bei Ebbe als auch bei Flut ausreichen, um das Geschiebe in Bewegung zu setzen. Nehmen wir zunächst an, während der Ebbe habe sich eine Bank der bisherigen Form gebildet, d.h. konvexer Luvhang und natürliche Böschung in Lee (Abb. 5a). Setzt nun der Flutstrom ein, trifft er auf einen Hang, der steiler ist, also die Geschwindigkeit schneller wachsen läßt, als es nötig ist, um die Schubspannung in der Grenzschicht entsprechend Gl. 2 konstant zu halten. Im oberen Hangbereich kommt es zur Erosion. Der überschüssige Sand wird über die Kuppe hinweggeschoben. Da der folgende Ebbstrom das wieder rückgängig macht, entsteht der schon mehrfach beschriebene Eindruck, bei Tidebänken pendeln nur die Kuppen hin und her, die Täler liegen dagegen fest (Abb. 7).

Interessant ist auch, daß Tidebänke häufig beiderseits konkave Hänge aufweisen. Wie erklärt sich das? Fließt beispielsweise der Flutstrom über einen ursprünglich konvexen Ebbehang hinweg

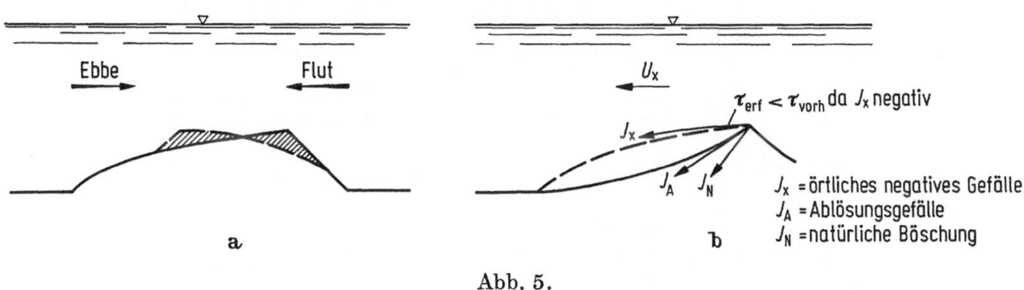

Abb. 5.

(Abb. 5b), so hätte er das Geschiebe dort auf negativem Gefälle zu bewegen. Das erspart Energie. Da auf einer natürlichen Böschung mit dem Gefälle J_N keine Schubspannung für den Geschiebetransport erforderlich ist, wird bei einem negativen Gefälle J_x, das zwischen Null und J_N liegt, eine Schubspannung benötigt von der Größe

$$\tau_{erf} = \tau_0 - \frac{J_x}{J_N} \tau_0 . \tag{4}$$

Auf dem Hang, der jetzt bezüglich der Flutstromrichtung in Lee liegt, ist also ein Überschuß an Schubspannung vorhanden. Das führt dort zur Erosion, wodurch der Hang hinter der Kuppe steiler wird. Dadurch geht zwar der Bedarf an Schubspannung noch weiter zurück, gleichzeitig wird aber auch die Strömungsgeschwindigkeit entlang des steileren Hanges schneller kleiner als bei einem flacheren Hang. Schneller zurückgehende Geschwindigkeit bedeutet nach dem Satz von Bernoulli aber auch, daß der Druck schneller steigt.

Wenn sich eine Grenzschicht gegen steigenden Druck bewegen muß, verliert ihr parabolisches Geschwindigkeitsprofil an Fülligkeit und die Schubspannung geht entsprechend zurück, bis es schließlich zur Ablösung der Grenzschicht kommt. Dann ist die Schubspannung gleich Null und ein Geschiebetransport wird unmöglich.

Aus diesem Grunde würde die Schubspannung auf der Rückseite der Bank bei zunehmender Steilheit des Hanges laufend kleiner werden. Darüber hinaus geht sie entsprechend Gl. (1) auch noch entlang des Fließweges ständig zurück, weil die Strömungsgeschwindigkeit wegen des wachsenden Querschnitts zunehmend kleiner wird. Dieser Schwund an Schubspannung wird nun dadurch kompensiert, daß das negative Gefälle entlang des Hanges von der Kuppe aus gesehen zunehmend kleiner, der Hang also laufend flacher wird. Das wirkt der Neigung zur Ablösung der Grenzschicht entgegen und verstärkt damit ihre Schubwirkung. Die konkave Hangform der Tidebänke ist also nichts anderes als der Ausdruck eines Gleichgewichtes zwischen der erforderlichen Energie nach Gl. (4) und der am jeweiligen Ort vorhandenen Schubspannung, die wegen der Ablösungsneigung der Grenzschicht in einem Druckanstiegsgebiet abhängig ist vom Verhältnis des vorhandenen Hanggefälles J_x zum Ablösungsgefälle J_A sowie von der örtlichen Fließgeschwindigkeit U_x.

Diese Gleichgewichtsbedingung wurde in Form einer Differentialgleichung ausgedrückt. Ihre Lösung ist zwar etwas umständlich, unter gewissen Voraussetzungen aber möglich. Sie ergibt eine konkave Kurve, die sich mit endlicher Länge tangential an die waagerechte Talsohle anschmiegt. Ihr Steigungsgradient ist lediglich abhängig vom Ablösungsgefälle J_A, nicht jedoch von der Wassertiefe H bzw. h_0.

In Abb. 6 sind derartige konkave Hangkurven für sechs verschiedene J_A-Werte in dimensionsloser Form dargestellt. Desgleichen sind dort die konvexen Hangkurven für 15 verschiedene Wassertiefen aufgetragen. Es spricht vieles dafür, daß die Schnittpunkte der zusammengehörigen Kurvenpaare — d.h. die konvexe Kurve für die vorhandene Wassertiefe und die konkave Kurve für das maßgebende Ablösungsgefälle — die größtmögliche Höhe einer Tidebank ergeben, weil diese Schnittpunkte derjenige Ort sind, an denen das Kräftegleichgewicht für beide Hangformen erfüllt

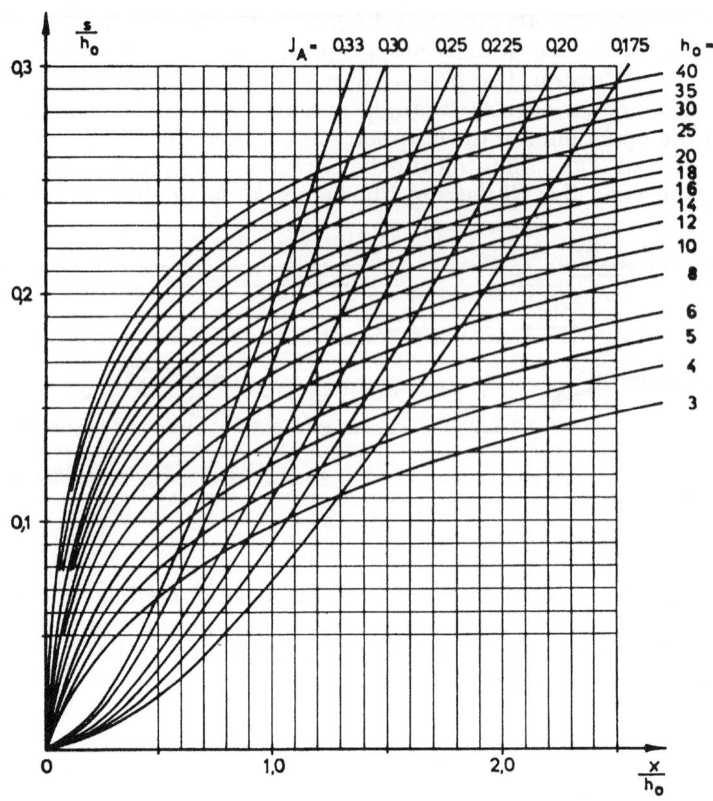

Abb. 6. Konkave und konvexe Hangkurven für verschiedene h_0- und J_A-Werte.

wird. Nach welchem Gesetz sich das Ablösungsgefälle J_A bestimmt, konnte bisher noch nicht eindeutig geklärt werden. Vermutlich wird neben der Zähigkeit des Wassers — also seiner Temperatur — auch die Strömungsgeschwindigkeit und die Rauhigkeit der Sohle eine Rolle spielen.

An Hand von drei Echogrammen aus dem Tidegebiet der Elbe möge nun wieder beispielhaft die oben dargestellte Theorie und die Wirklichkeit verglichen werden:

In Abb. 7 sind zwei Echogramme von 450 m Länge der gleichen Elbstrecke unterhalb Hamburgs wiedergegeben. Das obere Echogramm ist kurz vor Thw aufgenommen, das untere am nächsten Tag kurz vor Tnw. Darunter sind beide Profile übereinandergezeichnet. Man erkennt deutlich, wie die Kuppen der Bänke hin- und herpendeln. Interessant ist auch, daß die während des Flutstromes ausgebildeten Luvhänge überwiegend konvexe Formen zeigen. Es ist also Geschiebe elbaufwärts befördert worden. Während der Ebbezeit sind dagegen beidseitig konkave Hänge entstanden. Ein durchgehender Geschiebetransport kann in dieser Zeit also nicht erfolgt sein.

In Abb. 8 sind vier Strombänke wiedergegeben, die während der Flut aufgenommen wurden. Sie zeigen konvexe Luv- und konkave Leehänge. Durch Kreuzchen markiert wurden über die Luvhänge die theoretischen Kurven nach Gl. (3) und über die Leehänge die theoretische Kurve aus Abb. 6 für $J_A = 0{,}225$ gelegt. Die größte gemessene Bankhöhe beträgt 2,5 m und die größte gemessene Hanglänge 20,0 m. Die entsprechenden theoretischen Werte sind 2,63 m und 19,7 m.

In Abb. 9 sind wiederum vier Bänke zu erkennen, die ebenfalls bei Flutstrom aufgenommen wurden. In diesem Falle sind beide Hänge konkav. Als theoretische Hangkurven wurden daher spiegelsymmetrisch beidseitig die konkaven Kurven aus Abb. 6 für $J_A = 0{,}25$ in das Echogramm eingetragen. Die größte gemessene Bankhöhe beträgt hier 2,8 m und die größte gemessene Hanglänge 19,0 m. Die entsprechenden theoretischen Werte sind 2,72 m und 18,1 m. Wegen weiterer Beispiele sei auf die Originalarbeit verwiesen [4].

Auf die Theorie der kleinen Riffel, die jedermann vom Strand her kennt, kann hier nicht näher eingegangen werden. Sie sind aller Wahrscheinlichkeit nach das Abbild der sogenannten neutralen Schwingungen in der Grenzschicht, die dem laminar/turbulenten Umschlag vorausgehen. Wegen der näheren Einzelheiten muß auf die Originalarbeit [4] verwiesen werden. Abschließend möge die kühne Behauptung gestattet sein, daß sich mit der hier dargelegten Theorie auch das Entstehen von Winddünen und von bestimmten Wasserwellen erklären lassen wird.

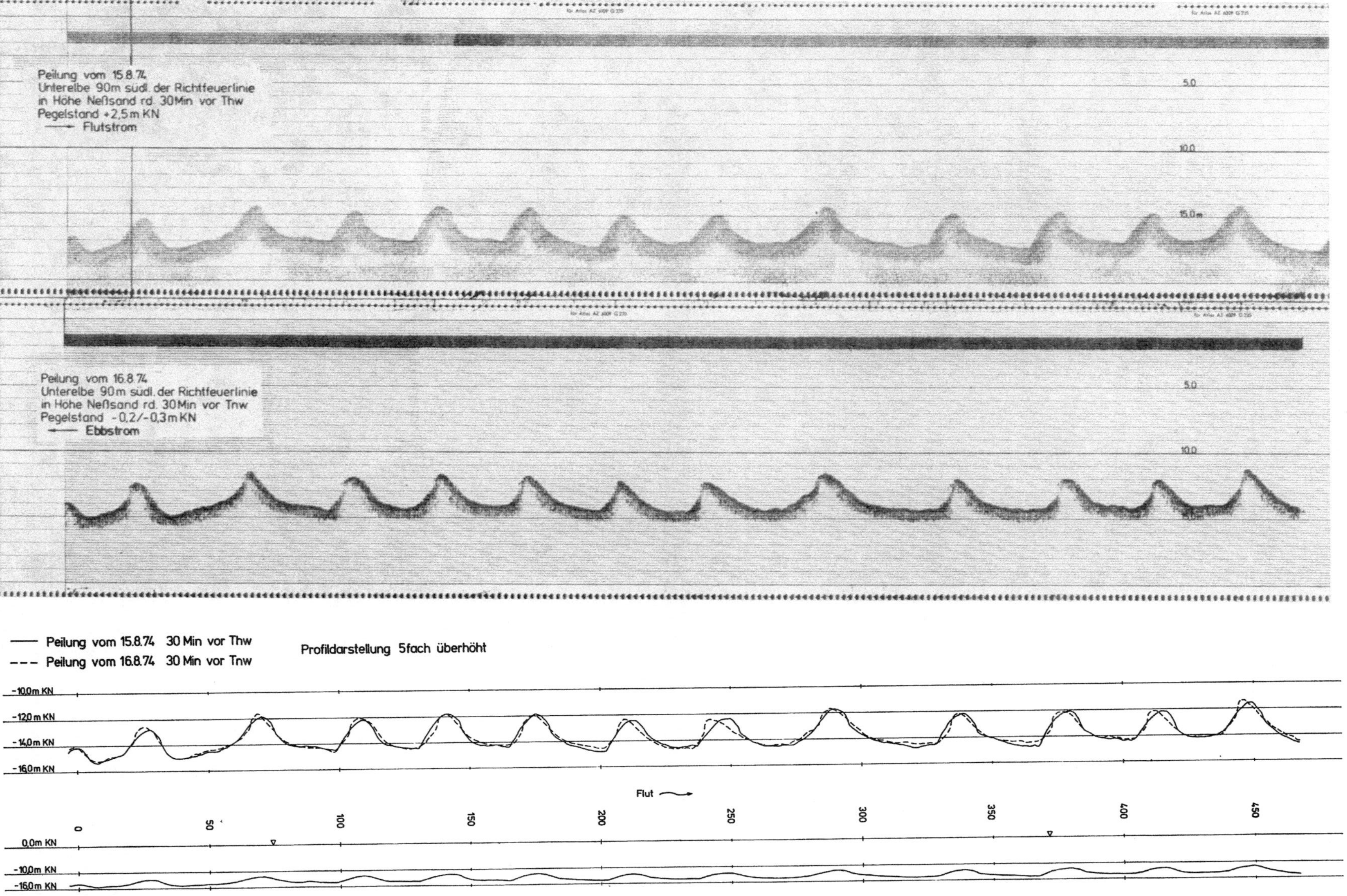

Abb. 7. Änderung der Bankform durch die Tidebewegung.

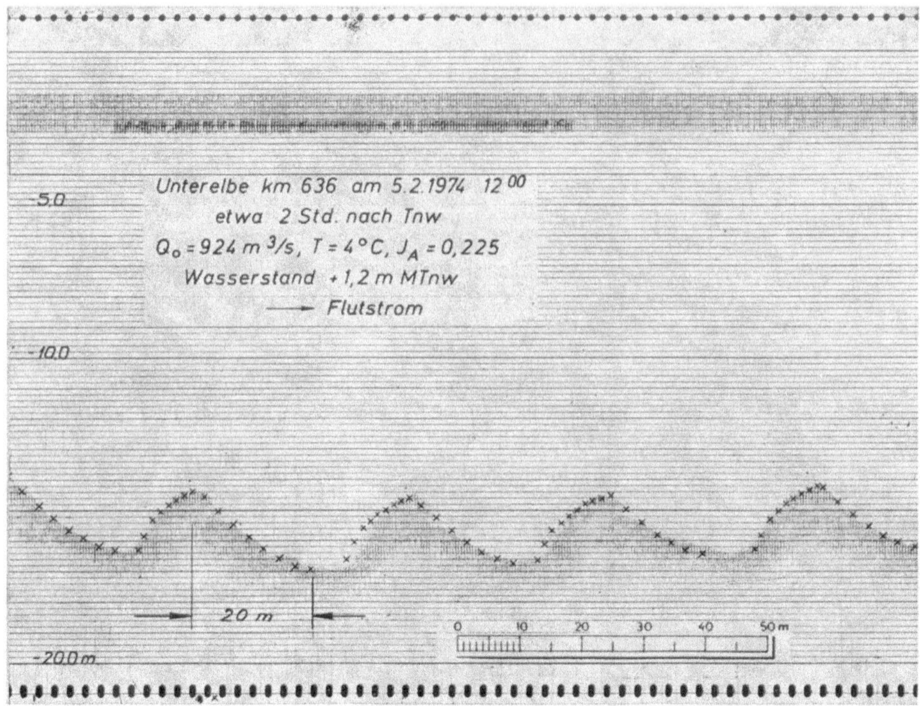

Abb. 8. Echogramm von der Elbe und theoretische Hangkurven.

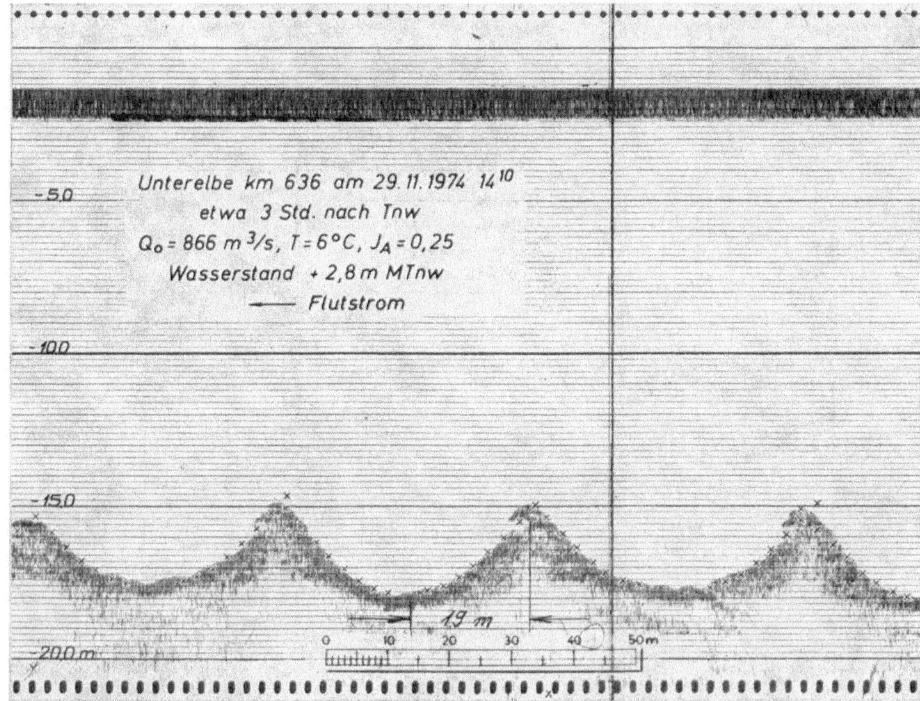

Abb. 9. Echogramm von der Elbe und theoretische Hangkurven.

Schrifttum

1. Nikuradse, J.: Turbulente Reibungsschichten an der Platte. Herausgegeben von der ZWB. München und Berlin R. Oldenbourg 1942
2. Plate, E. J.: Ein Beitrag zur Bestimmung der Windgeschwindigkeitsverteilung in der durch eine Wand gestörten bodennahen Luftschicht. Diss. der T.H. Stuttgart (1966)
3. Schlichting, H.: Grenzschicht-Theorie, 5. Aufl. Karlsruhe: G. Braun 1964
4. Stehr, E.: Grenzschicht-theoretische Studie über die Gesetze der Strombank- und Riffelbildung. (Hamburger Küstenforschung, Heft 34) 1975
5. Stückrath, T.: Die Bewegung von Großriffeln an der Sohle des Rio Paraná. (Mitt. des Franzius-Inst. der T.U. Hannover, Heft 32) 1969

Naturuntersuchungen zur Geschiebebewegung in Transportkörpern*

Von Dr.-Ing. **Horst Nasner**, Bremen

Unter Transportkörpern werden die morphologischen Großformen verstanden, die an der Flußsohle entstehen können und im Schrifttum auch als Riffel, Strombänke, Dünen oder Sandwellen bezeichnet werden.

Langjährige Untersuchungen in den Tidegebieten der Weser und Elbe hatten das Ziel — unter Ausschaltung der laboratoriumsbedingten Maßstabseffekte und den zum Teil widersprüchlichen Angaben in der Theorie — vertiefte Kenntnisse der Sandbewegung in Transportkörpern zu erhalten, um die Mechanik dieser Großformen besser beurteilen zu können. Im folgenden sollen einige Ergebnisse der Forschungsarbeiten kurz zusammengefaßt werden, über die an anderer Stelle bereits ausführlich berichtet wurde [1 bis 4].

Die Sohlformen sind von Bedeutung für die Stabilität der entsprechenden Stromstrecke. In den Ästuarien der Weser und Elbe sind sie im Gegensatz zum Laborversuch kurzfristig nur unbedeutenden Umformungen während einer Tide unterworfen und werden selbst durch Sturmfluten nicht entscheidend verändert. Im oberen Bereich eines Tideflusses bewegen sie sich nur sehr langsam in der resultierenden Ebbestromrichtung fort.

In dem als Beispiel angegebenen Weserabschnitt (Abb. 1) werden die Strömungsverhältnisse langfristig durch das Oberwasser (Q_0) beeinflußt. Mit zunehmendem Oberwasser werden die Ebbestromgeschwindigkeit und -dauer größer, die Flutstromgeschwindigkeit und -dauer kleiner.

Typisch für das Verhalten der Tideriffel ist die Bildung von mehr konvexen Formen kleinerer Höhe bei hohem Oberwasser und entsprechend größeren Ebbestromgeschwindigkeiten (Abb. 1, Peilung vom 22. 5. 1969). Bei geringerem Oberwasser können mehr dreieckige und zum Teil konkave Formen größerer Höhe entstehen.

Die Längenänderungen sind geringfügig, so daß kein eindeutiger Zusammenhang zur Höhenänderung festgestellt werden konnte. In der Tendenz wurden bei hohem Oberwasser etwas größere Längen ermittelt.

Da die mittlere Wassertiefe über den Tälern ($\bar{h}_{max}$) bei der Wechselwirkung zwischen Strömungsbedingungen und Sohlform annähernd konstant bleibt (Abb. 2), treten allein durch Änderung der konvexen zur konkaven Sohlform geringere nutzbare Wassertiefen ($\bar{h}_{min}$) auf und umgekehrt.

Selbst wenn die Tallagen durch Unterhaltungsmaßnahmen in einem Riffelfeld vertieft werden, findet die Regeneration der Sohlformen vornehmlich in den Kammbereichen statt. Die vergrößerten Tiefen in den Tälern bleiben relativ stabil.

Die in Abb. 2 dargestellten Gleichgewichtszustände sind dadurch gekennzeichnet, daß die mittlere Ebbestromgeschwindigkeit über den Kämmen einen vom Sohlenmaterial abhängigen Grenzwert annimmt.

Bei großen Ebbestromgeschwindigkeiten (hohem Oberwasser) stellen sich größere nutzbare Wassertiefen ($\bar{h}_{min}$) bei gleichzeitiger Abnahme der Riffelhöhen ($\bar{H}$) ein (Abb. 2). Während sich der mittlere Tidehub und Tidehalbwasserstand für den dargestellten Oberwasserbereich nur geringfügig ändern, betragen die Schwankungsbereiche von $\bar{H}$ und $\bar{h}_{min}$ mehr als einen Meter. Die Flußsohle reagiert also empfindlicher auf veränderte Strömungsverhältnisse als die freie Oberfläche. Das ist von Bedeutung, wenn man Betrachtungen über die zusätzliche Rauhigkeit einer Flußsohle durch Riffel anstellt.

Untersuchungen mit Luminophoren haben in guter Übereinstimmung mit theoretischen Überlegungen gezeigt, daß sich der Sohlenlängstransport in einem Riffelfeld im wesentlichen durch örtliche Umlagerung vollzieht.

Etwa vier Wochen nach Beginn der Versuche konnten aus Kernentnahmen Leitstoffe über die gesamte Transportkörperhöhe (vom Kamm aus bis zur Talebene) nachgewiesen werden. Bodenproben von der Oberfläche der Flußsohle haben zusätzlich gezeigt, daß sich das Sohlenmaterial

* Als Vortrag gehalten bei der 2. Vortragsveranstaltung Küstenforschung und Küsteningenieurwesen der Hafenbautechnischen Gesellschaft am 18. 11. 1976 in Hannover.

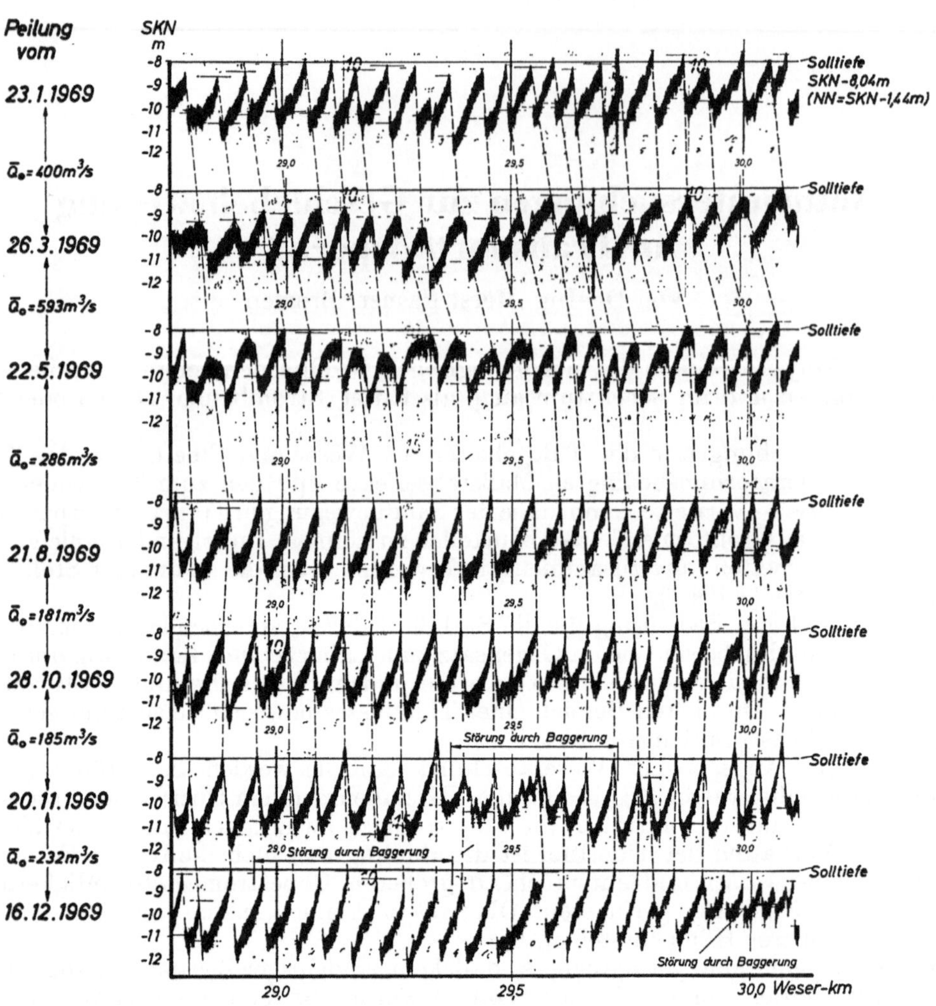

Abb. 1. Die Entwicklung der Wesersohle 1969.

etwa mit der resultierenden Fortschrittsgeschwindigkeit der Tideriffel durch Erosion auf der Luv- und Alluvion auf der Leeseite fortbewegt, wodurch sich ein echter Massentransport ergibt.

Aus den vorstehenden Ergebnissen kann geschlossen werden, daß die Regeneration der Tideriffel nach Baggerungen und die sich daraus ergebenden Mindertiefen ebenfalls durch Nahtransport verursacht werden. Da auch in Riffelstrecken von mehreren Kilometern Länge immer wieder unerwünschte Wassertiefen entstehen, muß das zum Wachstum erforderliche Geschiebe im Quertransport von den Böschungen und Ufern her in die Fahrrinne gelangen.

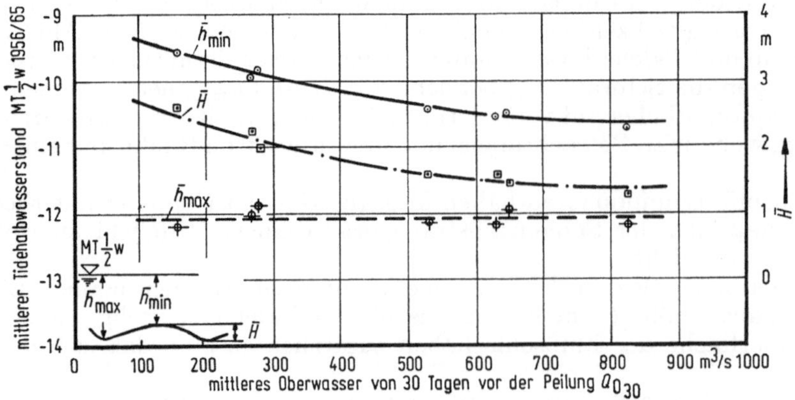

Abb. 2. Gleichgewichtszustände: Wassertiefen, Riffelhöhe und Oberwasser.

Die abschnittsweise durchgeführten Siebanalysen der Bohrkerne ergaben mit zunehmender Bohrtiefe vom Kamm aus eine Abnahme der feineren Bestandteile gegenüber dem gröberen Material. Durch die Einhüllenden dieser Kornverteilungskurven konnte das Sohlenmaterial, aus dem sich in den Tideflüssen der Weser und Elbe ausgeprägte Tideriffel bilden, weitgehend eingegrenzt werden.

Der Erfolg von Baggerungen bezüglich der Regenerationszeit der Tideriffel kann nach den gewonnenen Erkenntnissen über die Geschiebebewegung und die Mechanik der Großformen vergrößert werden, wenn:

1. durch Ufer- und Böschungssicherungen der Materialnachschub in die Fahrrinne von den Seiten her verhindert wird und
2. die Tideriffel von den Kämmen aus abgetragen werden. Dabei wird der Gleichgewichtszustand einer Sohle um so mehr gestört, je stärker das Flußbett durch die Unterhaltungsmaßnahme eingeebnet wird.

Die Forschungsarbeiten wurden zunächst vom Herrn Bundesminister für Bildung und Wissenschaft (jetzt Forschung und Technologie) — Deutsche Kommission für Ozeanographie — und später von der Deutschen Forschungsgemeinschaft gefördert.

Die erzielten Ergebnisse konnten nur durch die gute Zusammenarbeit und das Entgegenkommen der zuständigen Verwaltungen an den Wasserstraßen gewonnen werden. An den Untersuchungen mit Luminophoren war zusätzlich die Bundesanstalt für Wasserbau, Außenstelle Küste, Fachgruppe Geologie, Kiel maßgeblich beteiligt.

Im Juli 1976 hatte der Verfasser die Möglichkeit Beiträge bei der World Dredging Conference in San Francisco und bei der 15th Conference on Coastal Engineering in Honolulu zu vertreten. Die auf den Konferenzen geführten Fachgespräche waren von großem Wert. Besonders gedankt sei der Hafenbautechnischen Gesellschaft e.V. und dem Kuratorium für Küsteningenieurwesen, die dem Verfasser diese Reise durch großzügige finanzielle Unterstützungen ermöglicht haben.

Schrifttum

Ausführliche Berichte über die Untersuchungen an Tideriffeln mit umfangreichen Schrifttumsangaben sind in den folgenden Beiträgen des Verfassers gegeben:

1. Über das Verhalten von Transportkörpern im Tidegebiet (Mitteilungen des Franzius-Instituts für Wasserbau und Küsteningenieurwesen der Technischen Universität Hannover, Heft 40) 1974
2. Zur Frage der Baggerung von Riffeln in Tideflüssen. (Naßbaggerberichte, Forschung und Technik Heft 4.) Hamburg 1975
3. Regeneration of Tidal Dunes after Dredging. Proc. of the World Dredging Conference WODCON VII, 1976. San Pedro, California: World Dredging Association
4. Transport Mechanism in Tidal Dunes. 15th International Conference on Coastal Engineering in Honolulu, Proc. 15th ICCE 1976. Deutsche Fassung mit Ergänzungen in: Die Küste, Heft 31 (1977)

Register

I. Verfasser- und Namenverzeichnis

II. Orts- und Gewässerverzeichnis

III. Sachverzeichnis